国家科技支撑计划项目（2012BAD29B01）
国家科技基础性工作专项（2015FY111200）

中国市售水果蔬菜农药残留报告（2015～2019）

（华东卷一）

庞国芳　主编

科学出版社

内 容 简 介

《中国市售水果蔬菜农药残留报告》共分8卷：华北卷（北京市、天津市、石家庄市、太原市、呼和浩特市），东北卷（沈阳市、长春市、哈尔滨市），华东卷一（上海市、南京市、杭州市、合肥市），华东卷二（福州市、南昌市、山东蔬菜产区、济南市），华中卷（郑州市、武汉市、长沙市），华南卷（广州市、深圳市、南宁市、海口市、海南蔬菜产区），西南卷（重庆市、成都市、贵阳市、昆明市、拉萨市）和西北卷（西安市、兰州市、西宁市、银川市、乌鲁木齐市）。

每卷包括2015~2019年市售20类135种水果蔬菜农药残留侦测报告和膳食暴露风险与预警风险评估报告。分别介绍了市售水果蔬菜样品采集情况，液相色谱-四极杆飞行时间质谱（LC-Q-TOF/MS）和气相色谱-四极杆飞行时间质谱（GC-Q-TOF/MS）农药残留检测结果，农药残留分布情况，农药残留检出水平与最大残留限量（MRL）标准对比分析，以及农药残留膳食暴露风险评估与预警风险评估结果。

本书对从事农产品安全生产、农药科学管理与施用、食品安全研究与管理的相关人员具有重要参考价值，同时可供高等院校食品安全与质量检测等相关专业的师生参考，广大消费者也可从中获取健康饮食的裨益。

图书在版编目（CIP）数据

中国市售水果蔬菜农药残留报告. 2015～2019. 华东卷. 一 / 庞国芳主编. —北京：科学出版社，2019.12

ISBN 978-7-03-063318-7

Ⅰ. ①中… Ⅱ. ①庞… Ⅲ. ①水果-农药残留物-研究报告-华东地区-2015-2019 ②蔬菜-农药残留物-研究报告-华东地区-2015-2019 Ⅳ. ①X592

中国版本图书馆CIP数据核字（2019）第252135号

责任编辑：杨 震 刘 冉 杨新改/责任校对：杜子昂

责任印制：肖 兴/封面设计：北京图阅盛世

科学出版社出版

北京东黄城根北街16号

邮政编码：100717

http：//www.sciencep.com

北京九天鸿程印刷有限责任公司印刷

科学出版社发行 各地新华书店经销

*

2019年12月第 一 版 开本：787×1092 1/16

2019年12月第一次印刷 印张：38 1/4

字数：910 000

定价：298.00元

（如有印装质量问题，我社负责调换）

中国市售水果蔬菜农药残留报告（2015~2019）
（华东卷一）

编　委　会

序

据世界卫生组织统计，全世界每年至少发生 50 万例农药中毒事件，死亡 11.5 万人，数十种疾病与农药残留有关。为此，世界各国均制定了严格的食品标准，对不同农产品设置了农药最大残留限量(MRL)标准。我国将于 2020 年 2 月实施《食品安全国家标准　食品中农药最大残留限量》(GB 2763—2019)，规定食品中 483 种农药的 7107 项最大残留限量标准；欧盟、美国和日本等发达国家和地区分别制定了 162248 项、39147 项和 51600 项农药最大残留限量标准。作为农业大国，我国是世界上农药生产和使用最多的国家。据中国统计年鉴数据统计，2000~2015 年我国化学农药原药产量从 60 万吨/年增加到 374 万吨/年，农药化学污染物已经是当前食品安全源头污染的主要来源之一。

因此，深受广大消费者及政府相关部门关注的各种问题也随之而来：我国“菜篮子”的农药残留污染状况和风险水平到底如何？我国农产品农药残留水平是否影响我国农产品走向国际市场？这些看似简单实则难度相当大的问题，涉及农药的科学管理与施用，食品农产品的安全监管，农药残留检测技术标准以及资源保障等多方面因素。

可喜的是，此次由庞国芳院士科研团队承担完成的国家科技支撑计划项目(2012BAD29B01)和国家科技基础性工作专项(2015FY111200)研究成果之一《中国市售水果蔬菜农药残留报告》(以下简称《报告》)，对上述问题给出了全面、深入、直观的答案，为形成我国农药残留监控体系提供了海量的科学数据支撑。

该《报告》包括水果蔬菜农药残留侦测报告和水果蔬菜农药残留膳食暴露风险与预警风险评估报告两大重点内容。其中，“水果蔬菜农药残留侦测报告”是庞国芳院士科研团队利用他们所取得的具有国际领先水平的多元融合技术，包括高通量非靶向农药残留侦测技术、农药残留侦测数据智能分析及残留侦测结果可视化等研究成果，对我国 46 个城市 1443 个采样点的 40151 例 135 种市售水果蔬菜进行非靶向农药残留侦测的结果汇总；同时，解决了数据维度多、数据关系复杂、数据分析要求高等技术难题，运用自主研发的海量数据智能分析软件，深入比较分析了农药残留侦测数据结果，初步普查了我国主要城市水果蔬菜农药残留的“家底”。而“水果蔬菜农药残留膳食暴露风险与预警风险评估报告”是在上述农药残留侦测数据的基础上，利用食品安全指数模型和风险系数模型，结合农药残留水平、特性、致害效应，进行系统的农药残留风险评价，最终给出了我国主要城市市售水果蔬菜农药残留的膳食暴露风险和预警风险结论。

该《报告》包含了海量的农药残留侦测结果和相关信息，数据准确、真实可靠，具有以下几个特点：

一、样品采集具有代表性。侦测地域范围覆盖全国除港澳台以外省级行政区的 46 个城市(包括 4 个直辖市，27 个省会城市，15 个水果蔬菜主产区城市的 288 个区县)的 1443 个采样点。随机从超市或农贸市场采集样品 22000 多批。样品采集地覆盖全国 25%人口的生活区域，具有代表性。

二、紧扣国家标准反映市场真实情况。侦测所涉及的水果蔬菜样品种类覆盖范围达到 20 类 135 种，其中 85%属于国家农药最大残留限量标准列明品种，彰显了方法的普遍适用性，反映了市场的真实情况。

三、检测过程遵循统一性和科学性原则。所有侦测数据均来源于 10 个网络联盟实验室，按“五统一”规范操作(统一采样标准、统一制样技术、统一检测方法、统一格式数据上传、统一模式统计分析报告)全封闭运行，保障数据的准确性、统一性、完整性、安全性和可靠性。

四、农残数据分析与评价的自动化。充分运用互联网的智能化技术，实现从农产品、农药残留、地域、农药残留最高限量标准等多维度的自动统计和综合评价与预警。

总之，该《报告》数据庞大，信息丰富，内容翔实，图文并茂，直观易懂。它的出版，将有助于广大读者全面了解我国主要城市市售水果蔬菜农药残留的现状、动态变化及风险水平。这对于全面认识我国水果蔬菜食用安全水平、掌握各种农药残留对人体健康的影响，具有十分重要的理论价值和实用意义。

该书适合政府监管部门、食品安全专家、农产品生产和经营者以及广大消费者等各类人员阅读参考，其受众之广、影响之大是该领域内前所未有的，值得大家高度关注。

2019 年 11 月

前　言

食品是人类生存和发展的基本物质基础。食品安全是全球的重大民生问题，也是世界各国目前所面临的共同难题，而食品中农药残留问题是引发食品安全事件的重要因素，尤其受到关注。目前，世界上常用的农药种类超过1000种，而且不断地有新的农药被研发和应用，在关注农药残留对人类身体健康和生存环境造成新的潜在危害的同时，也对农药残留的检测技术、监控手段和风险评估能力提出了更高的要求和全新的挑战。

为解决上述难题，作者团队此前一直围绕世界常用的1200多种农药和化学污染物展开多学科合作研究，例如，采用高分辨质谱技术开展无需实物标准品作参比的高通量非靶向农药残留检测技术研究；运用互联网技术与数据科学理论对海量农药残留检测数据的自动采集和智能分析研究；引入网络地理信息系统(Web-GIS)技术用于农药残留检测结果的空间可视化研究等等。与此同时，对这些前沿及主流技术进行多元融合研究，在农药残留检测技术、农药残留数据智能分析及结果可视化等多个方面取得了原创性突破，实现了农药残留检测技术信息化、检测结果大数据处理智能化、风险溯源可视化。这些创新研究成果已整理成《食用农产品农药残留监测与风险评估溯源技术研究》一书另行出版。

《中国市售水果蔬菜农药残留报告》(以下简称《报告》)是上述多项研究成果综合应用于我国农产品农药残留检测与风险评估的科学报告。为了真实反映我国百姓餐桌上水果蔬菜中农药残留污染状况以及残留农药的相关风险，2015~2019年期间，作者团队采用液相色谱-四极杆飞行时间质谱(LC-Q-TOF/MS)及气相色谱-四极杆飞行时间质谱(GC-Q-TOF/MS)两种高分辨质谱技术，从全国46个城市(包括27个省会城市、4个直辖市及15个水果蔬菜主产区城市)的1443个采样点(包括超市及农贸市场等)，随机采集了20类135种市售水果蔬菜(其中85%属于国家农药最大残留限量标准列明品种)40151例进行了非靶向农药残留筛查，初步摸清了这些城市市售水果蔬菜农药残留的“家底”，形成了2015~2019年全国重点城市市售水果蔬菜农药残留检测报告。在这基础上，运用食品安全指数模型和风险系数模型，开发了风险评价应用程序，对上述水果蔬菜农药残留分别开展膳食暴露风险评估和预警风险评估，形成了2015~2019年全国重点城市市售水果蔬菜农药残留膳食暴露风险与预警风险评估报告。现将这两大报告整理成书，以飨读者。

为了便于查阅，本次出版的《报告》按我国自然地理区域共分为八卷：华北卷(北京市、天津市、石家庄市、太原市、呼和浩特市)，东北卷(沈阳市、长春市、哈尔滨市)，华东卷一(上海市、南京市、杭州市、合肥市)，华东卷二(福州市、南昌市、山东蔬菜产区、济南市)，华中卷(郑州市、武汉市、长沙市)，华南卷(广州市、深圳市、南宁市、海口市、海南蔬菜产区)，西南卷(重庆市、成都市、贵阳市、昆明市、拉萨市)和西北卷(西安市、兰州市、西宁市、银川市、乌鲁木齐市)。

《报告》的每一卷内容均采用统一的结构和方式进行叙述，对每个城市的市售水果蔬菜农药残留状况和风险评估结果均按照 LC-Q-TOF/MS 及 GC-Q-TOF/MS 两种技术分别阐述。主要包括以下几方面内容：①每个城市的样品采集情况与农药残留检测结果；②每个城市的农药残留检出水平与最大残留限量(MRL)标准对比分析；③每个城市的水果(蔬菜)中农药残留分布情况；④每个城市水果蔬菜农药残留报告的初步结论；⑤农药残留风险评估方法及风险评价应用程序的开发；⑥每个城市的水果蔬菜农药残留膳食暴露风险评估；⑦每个城市的水果蔬菜农药残留预警风险评估；⑧每个城市水果蔬菜农药残留风险评估结论与建议。

本《报告》是我国“十二五”国家科技支撑计划项目(2012BAD29B01)和“十三五”国家科技基础性工作专项(2015FY111200)的研究成果之一。该项研究成果紧扣国家“十三五”规划纲要“增强农产品安全保障能力”和“推进健康中国建设”的主题，可在这些领域的发展中发挥重要的技术支撑作用。本《报告》的出版得到河北大学高层次人才科研启动经费项目(521000981273)的支持。

由于作者水平有限，书中不妥之处在所难免，恳请广大读者批评指正。

2019 年 11 月

缩 略 语 表

ADI	allowable daily intake	每日允许最大摄入量
CAC	Codex Alimentarius Commission	国际食品法典委员会
CCPR	Codex Committee on Pesticide Residues	农药残留法典委员会
FAO	Food and Agriculture Organization	联合国粮食及农业组织
GAP	Good Agricultural Practices	农业良好管理规范
GC-Q-TOF/MS	gas chromatograph/quadrupole time-of-flight mass spectrometry	气相色谱-四极杆飞行时间质谱
GEMS	Global Environmental Monitoring System	全球环境监测系统
IFS	index of food safety	食品安全指数
JECFA	Joint FAO/WHO Expert Committee on Food and Additives	FAO、WHO 食品添加剂联合专家委员会
JMPR	Joint FAO/WHO Meeting on Pesticide Residues	FAO、WHO 农药残留联合会议
LC-Q-TOF/MS	liquid chromatograph/quadrupole time-of-flight mass spectrometry	液相色谱-四极杆飞行时间质谱
MRL	maximum residue limit	最大残留限量
R	risk index	风险系数
WHO	World Health Organization	世界卫生组织

缩略词表

CAC	Codex Alimentarius Commission	国际食品法典委员会
CCPR	Codex Committee on Pesticide Residues	农药残留法典委员会
FAO	Food and Agriculture Organization	联合国粮食及农业组织
GAP	Good Agricultural Practices	良好农业规范
GC-Q-TOF/MS	gas chromatograph/quadrupole time-of-flight mass spectrometry	气相色谱-四极杆飞行时间质谱
GEMS	Global Environmental Monitoring System	全球环境监测系统
IFS	index of food safety	食品安全指数
JECFA	Joint FAO/WHO Expert Committee on Food and Additives	FAO/WHO食品添加剂联合专家委员会
JMPR	Joint FAO/WHO Meeting on Pesticide Residues	FAO/WHO农药残留联席会议
LC-Q-TOF/MS	liquid chromatograph/quadrupole time-of-flight mass spectrometry	液相色谱-四极杆飞行时间质谱
MRL	maximum residue limit	最大残留限量
[illegible]	[illegible]	[illegible]
WHO	World Health Organization	世界卫生组织

凡　例

- 采样城市包括31个直辖市及省会城市（未含台北市、香港特别行政区和澳门特别行政区）及山东蔬菜产区、深圳市和海南蔬菜产区，分成华北卷（北京市、天津市、石家庄市、太原市、呼和浩特市）、东北卷（沈阳市、长春市、哈尔滨市）、华东卷一（上海市、南京市、杭州市、合肥市）、华东卷二（福州市、南昌市、山东蔬菜产区、济南市）、华中卷（郑州市、武汉市、长沙市）、华南卷（广州市、深圳市、南宁市、海口市、海南蔬菜产区）、西南卷（重庆市、成都市、贵阳市、昆明市、拉萨市）、西北卷（西安市、兰州市、西宁市、银川市、乌鲁木齐市）共8卷。
- 表中标注*表示剧毒农药；标注◊表示高毒农药；标注▲表示禁用农药；标注 a 表示超标。
- 书中提及的附表（侦测原始数据），请扫描封底二维码，按对应城市获取。

目 录

上 海 市

南 京 市

杭 州 市

合　肥　市

上　海　市

第1章　LC-Q-TOF/MS侦测上海市1316例市售水果蔬菜样品农药残留报告

从上海市所属11个区，随机采集了1316例水果蔬菜样品，使用液相色谱-四极杆飞行时间质谱(LC-Q-TOF/MS)对 565 种农药化学污染物进行示范侦测(7 种负离子模式 ESI$^-$未涉及)。

1.1　样品种类、数量与来源

1.1.1　样品采集与检测

为了真实反映百姓餐桌上水果蔬菜中农药残留污染状况，本次所有检测样品均由检验人员于2015年5月至2018年6月期间，从上海市所属48个采样点，包括8个农贸市场40个超市，以随机购买方式采集，总计51批1316例样品，从中检出农药125种，3105频次。采样及监测概况见表1-1及图1-1，样品及采样点明细见表1-2及表1-3(侦测原始数据见附表1)。

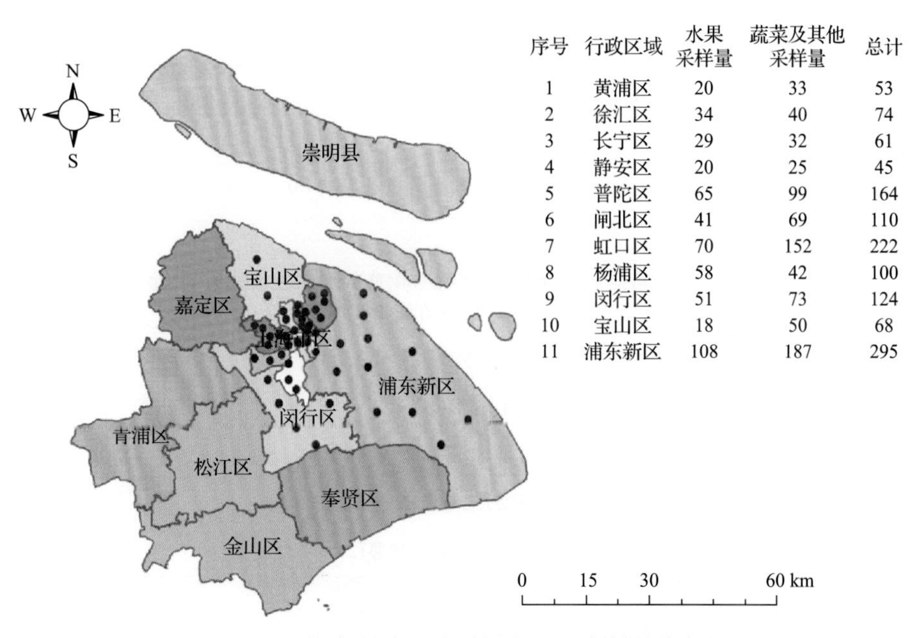

序号	行政区域	水果采样量	蔬菜及其他采样量	总计
1	黄浦区	20	33	53
2	徐汇区	34	40	74
3	长宁区	29	32	61
4	静安区	20	25	45
5	普陀区	65	99	164
6	闸北区	41	69	110
7	虹口区	70	152	222
8	杨浦区	58	42	100
9	闵行区	51	73	124
10	宝山区	18	50	68
11	浦东新区	108	187	295

图1-1　上海市所属48个采样点1316例样品分布图

表 1-1　农药残留监测总体概况

采样地区	上海市所属 11 个区
采样点(超市+农贸市场)	48
样本总数	1316
检出农药品种/频次	125/3105
各采样点样本农药残留检出率范围	40.0%~100.0%

表 1-2　样品分类及数量

样品分类	样品名称(数量)	数量小计
1. 调味料		1
1)叶类调味料	芫荽(1)	1
2. 水果		514
1)仁果类水果	苹果(57),山楂(1),梨(50),枇杷(10)	118
2)核果类水果	桃(3),李子(1)	4
3)浆果和其他小型水果	猕猴桃(40),草莓(11),葡萄(42)	93
4)瓜果类水果	西瓜(28),哈密瓜(27),甜瓜(17)	72
5)热带和亚热带水果	香蕉(3),柿子(2),木瓜(18),芒果(28),荔枝(2),火龙果(42),菠萝(3)	98
6)柑橘类水果	柚(25),橘(12),橙(49),柠檬(40),金橘(3)	129
3. 食用菌		73
1)蘑菇类	香菇(6),蘑菇(5),杏鲍菇(33),金针菇(29)	73
4. 蔬菜		728
1)豆类蔬菜	菜豆(45)	45
2)鳞茎类蔬菜	韭菜(22),大蒜(3),洋葱(30),百合(2),葱(36),蒜薹(18)	111
3)水生类蔬菜	茭白(1)	1
4)叶菜类蔬菜	芹菜(34),蕹菜(3),菠菜(13),奶白菜(14),苋菜(1),油麦菜(10),小白菜(4),小油菜(11),茼蒿(12),生菜(27),娃娃菜(3),青菜(15),莴笋(6)	153
5)芸薹属类蔬菜	结球甘蓝(26),花椰菜(4),芥蓝(3),青花菜(16),紫甘蓝(1)	50
6)茄果类蔬菜	番茄(53),甜椒(49),辣椒(24),茄子(41)	167
7)芽菜类蔬菜	香椿芽(11),草头(2)	13
8)瓜类蔬菜	黄瓜(46),西葫芦(36),南瓜(2),苦瓜(24),冬瓜(6),丝瓜(1)	115
9)根茎类和薯芋类蔬菜	山药(4),胡萝卜(41),芋(2),萝卜(24),马铃薯(2)	73
合计	1.调味料 1 种 2.水果 24 种 3.食用菌 4 种 4.蔬菜 43 种	1316

表 1-3　上海市采样点信息

采样点序号	行政区域	采样点
农贸市场(8)		
1	宝山区	***市场
2	浦东新区	***市场
3	浦东新区	***市场
4	虹口区	***市场
5	长宁区	***市场
6	闵行区	***市场
7	静安区	***市场
8	静安区	***市场
超市(40)		
1	宝山区	***超市(九佰购物中心)
2	徐汇区	***超市(柳州店)
3	徐汇区	***超市(凌云店)
4	徐汇区	***超市(田林店)
5	普陀区	***超市(光新店)
6	普陀区	***超市(大渡河店)
7	普陀区	***超市(新村店)
8	普陀区	***超市(铜川路品尊店)
9	普陀区	***超市(武宁店)
10	杨浦区	***超市(周家嘴路店)
11	杨浦区	***超市(杨浦店)
12	杨浦区	***超市(五角场店)
13	杨浦区	***超市(隆昌店)
14	杨浦区	***超市(牡丹江街店)
15	浦东新区	***超市(百联东郊购物中心店)
16	浦东新区	***超市(周浦万达店)
17	浦东新区	***超市(惠南店)
18	浦东新区	***超市(锦绣店)
19	浦东新区	***超市(上南路店)
20	浦东新区	***超市(杨高中路店)
21	浦东新区	***超市(正大广场店)
22	浦东新区	***超市(成山路店)
23	浦东新区	***超市(张江店)

续表

采样点序号	行政区域	采样点
24	虹口区	***超市(东宝兴路店)
25	虹口区	***超市(广灵二路店)
26	虹口区	***超市(江湾店)
27	虹口区	***超市(新港路店)
28	虹口区	***超市(曲阳店)
29	虹口区	***超市(虹口龙之梦店)
30	虹口区	***超市(通州路店)
31	长宁区	***超市(中山公园店)
32	闵行区	***超市(七宝店)
33	闵行区	***超市(都市店)
34	闵行区	***超市(浦江店)
35	闵行区	***超市(闵行店)
36	闸北区	***超市(中兴店)
37	闸北区	***超市(汶水路店)
38	闸北区	***超市(大宁店)
39	黄浦区	***超市(河南南路店)
40	黄浦区	***超市(鲁班路店)

1.1.2 检测结果

这次使用的检测方法是庞国芳院士团队最新研发的不需使用标准品对照，而以高分辨精确质量数(0.0001 *m/z*)为基准的 LC-Q-TOF/MS 检测技术，对于 1316 例样品，每个样品均侦测了 565 种农药化学污染物的残留现状。通过本次侦测，在 1316 例样品中共计检出农药化学污染物 125 种，检出 3105 频次。

1.1.2.1 各采样点样品检出情况

统计分析发现 48 个采样点中，被测样品的农药检出率范围为 40.0%~100.0%。其中，***市场的检出率最高，为 100.0%，***超市(正大广场店)的检出率最低，为 40.0%，见图 1-2。

1.1.2.2 检出农药的品种总数与频次

统计分析发现，对于 1316 例样品中 565 种农药化学污染物的侦测，共检出农药 3105 频次，涉及农药 125 种，结果如图 1-3 所示。其中多菌灵检出频次最高，共检出 358 次。检出频次排名前 10 的农药如下：①多菌灵(358)；②啶虫脒(249)；③烯酰吗啉(227)；④吡唑醚菌酯(125)；⑤嘧菌酯(124)；⑥吡虫啉(123)；⑦霜霉威(121)；⑧苯醚甲环唑(113)；⑨甲霜灵(91)；⑩四氟醚唑(81)。

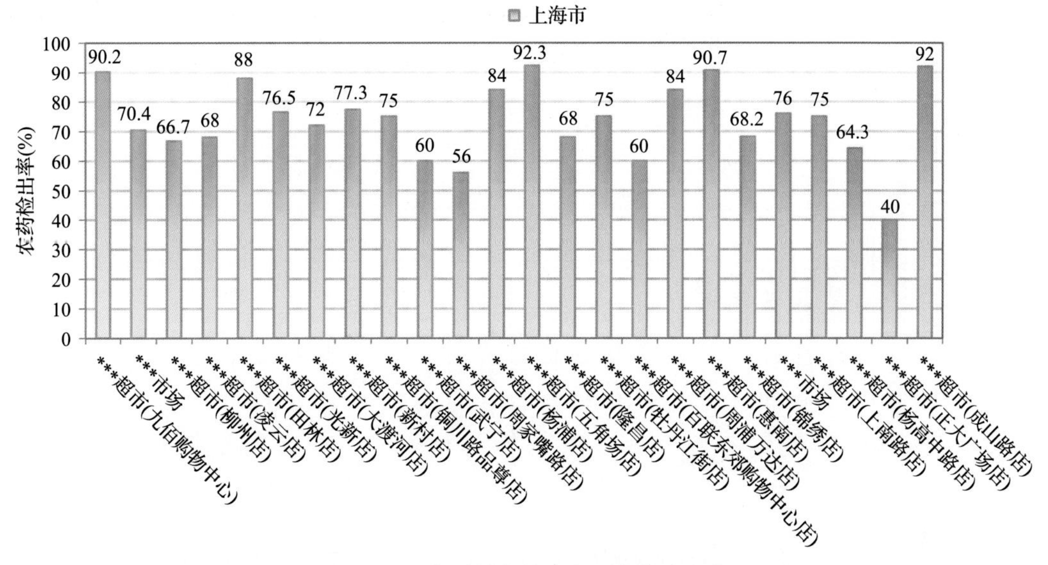

图 1-2-1　各采样点样品中的农药检出率

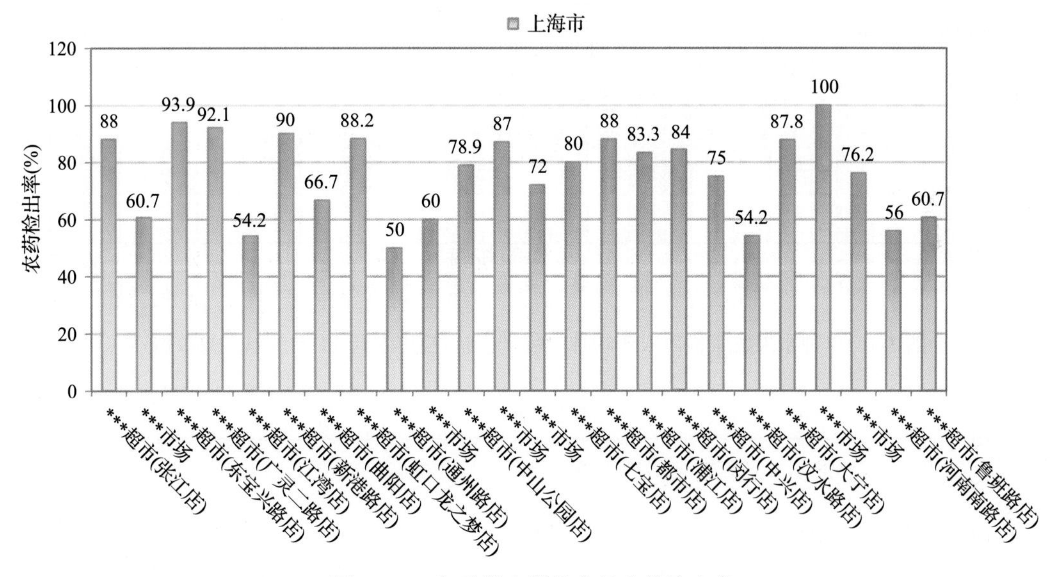

图 1-2-2　各采样点样品中的农药检出率

由图 1-4 可见，甜椒、葡萄、芹菜、番茄、菜豆、黄瓜、生菜、草莓和哈密瓜这 9 种果蔬样品中检出的农药品种数较高，均超过 30 种，其中，甜椒检出农药品种最多，为 46 种。由图 1-5 可见，葡萄、甜椒、柠檬、番茄、芹菜、黄瓜、茄子、生菜、菜豆、梨和芒果这 11 种果蔬样品中的农药检出频次较高，均超过 100 次，其中，葡萄检出农药频次最高，为 207 次。

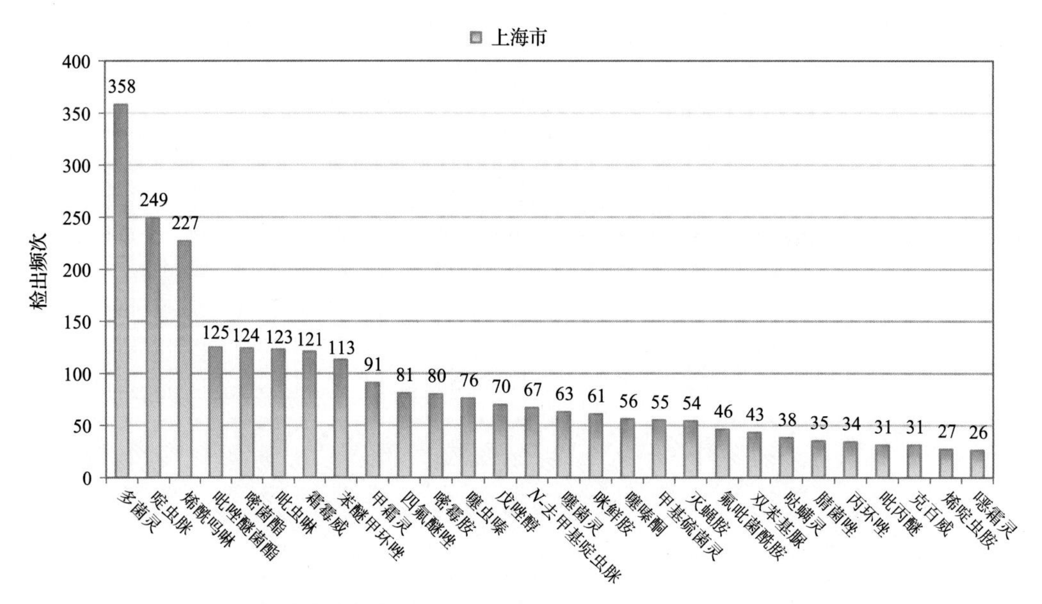

图 1-3　检出农药品种及频次（仅列出检出农药 26 频次及以上的数据）

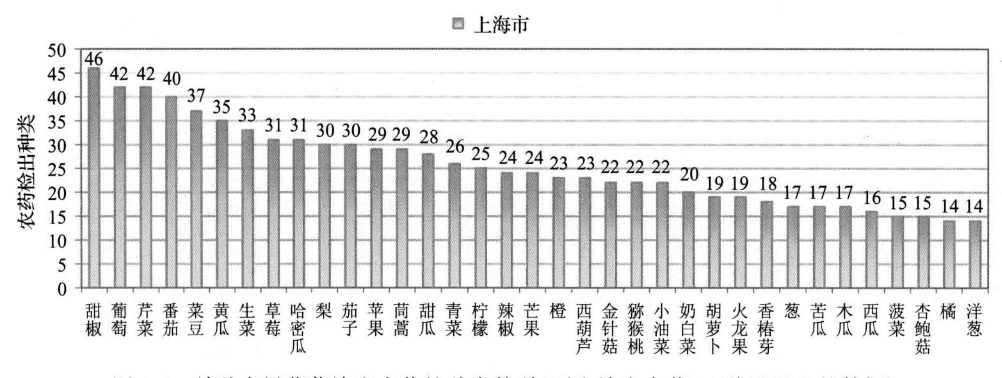

图 1-4　单种水果蔬菜检出农药的种类数（仅列出检出农药 14 种及以上的数据）

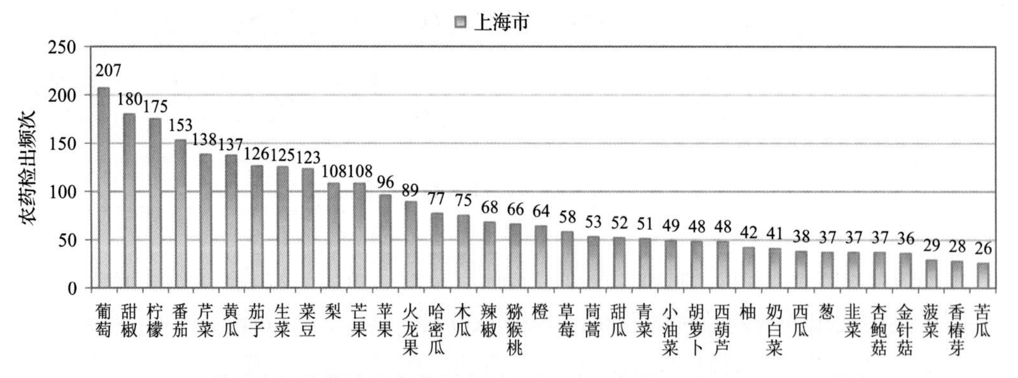

图 1-5　单种水果蔬菜检出农药频次（仅列出检出农药 26 频次及以上的数据）

1.1.2.3　单例样品农药检出种类与占比

对单例样品检出农药种类和频次进行统计发现，未检出农药的样品占总样品数的

24.0%，检出 1 种农药的样品占总样品数的 21.0%，检出 2~5 种农药的样品占总样品数的 44.5%，检出 6~10 种农药的样品占总样品数的 9.6%，检出大于 10 种农药的样品占总样品数的 0.8%。每例样品中平均检出农药为 2.4 种，数据见表 1-4 及图 1-6。

表 1-4　单例样品检出农药品种占比

检出农药品种数	样品数量/占比(%)
未检出	316/24.0
1 种	277/21.0
2~5 种	586/44.5
6~10 种	126/9.6
大于 10 种	11/0.8
单例样品平均检出农药品种	2.4 种

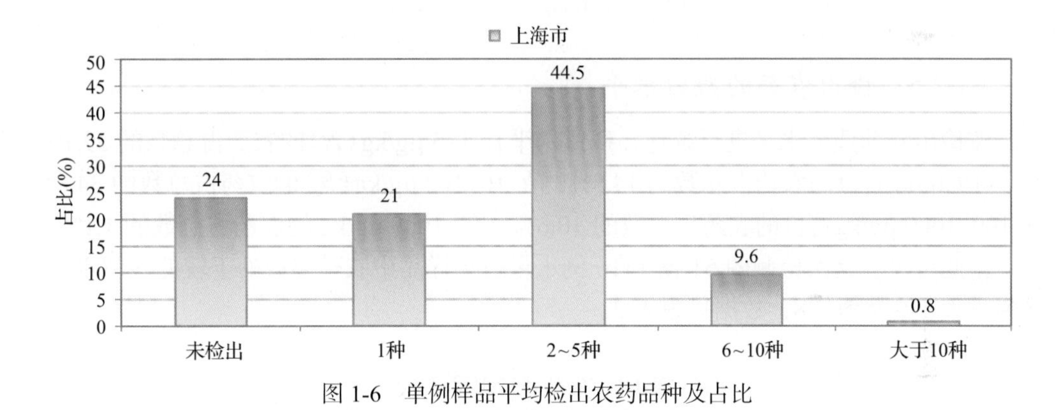

图 1-6　单例样品平均检出农药品种及占比

1.1.2.4　检出农药类别与占比

所有检出农药按功能分类，包括杀虫剂、杀菌剂、除草剂、植物生长调节剂、驱避剂、增效剂共 6 类。其中杀虫剂与杀菌剂为主要检出的农药类别，分别占总数的 43.2% 和 37.6%，见表 1-5 及图 1-7。

表 1-5　检出农药所属类别/占比

农药类别	数量/占比(%)
杀虫剂	54/43.2
杀菌剂	47/37.6
除草剂	16/12.8
植物生长调节剂	6/4.8
驱避剂	1/0.8
增效剂	1/0.8

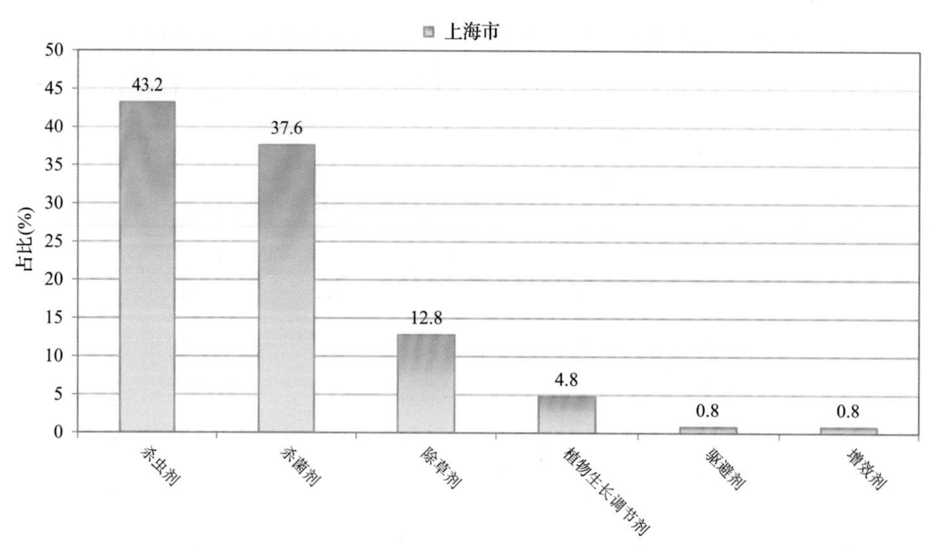

图 1-7　检出农药所属类别和占比

1.1.2.5　检出农药的残留水平

按检出农药残留水平进行统计，残留水平在 1~5 μg/kg(含)的农药占总数的 39.1%，在 5~10 μg/kg(含)的农药占总数的 14.5%，在 10~100 μg/kg(含)的农药占总数的 34.8%，在 100~1000 μg/kg(含)的农药占总数的 10.6%，在>1000 μg/kg 的农药占总数的 1.1%。

由此可见，这次检测的 51 批 1316 例水果蔬菜样品中农药多数处于较低残留水平。结果见表 1-6 及图 1-8，数据见附表 2。

表 1-6　农药残留水平/占比

残留水平(μg/kg)	检出频次数/占比(%)
1~5(含)	1213/39.1
5~10(含)	450/14.5
10~100(含)	1079/34.8
100~1000(含)	329/10.6
>1000	34/1.1

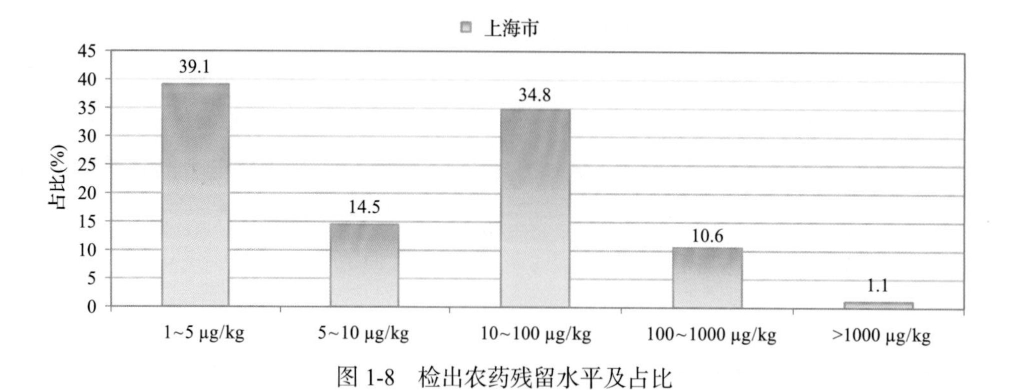

图 1-8　检出农药残留水平及占比

1.1.2.6　检出农药的毒性类别、检出频次和超标频次及占比

对这次检出的 125 种 3105 频次的农药，按剧毒、高毒、中毒、低毒和微毒这五个毒性类别进行分类，从中可以看出，上海市目前普遍使用的农药为中低微毒农药，品种占 91.2%，频次占 97.0%。结果见表 1-7 及图 1-9。

表 1-7　检出农药毒性类别/占比

毒性分类	农药品种/占比(%)	检出频次/占比(%)	超标频次/超标率(%)
剧毒农药	2/1.6	12/0.4	7/58.3
高毒农药	9/7.2	81/2.6	21/25.9
中毒农药	51/40.8	1366/44.0	11/0.8
低毒农药	43/34.4	750/24.2	1/0.1
微毒农药	20/16.0	896/28.9	6/0.7

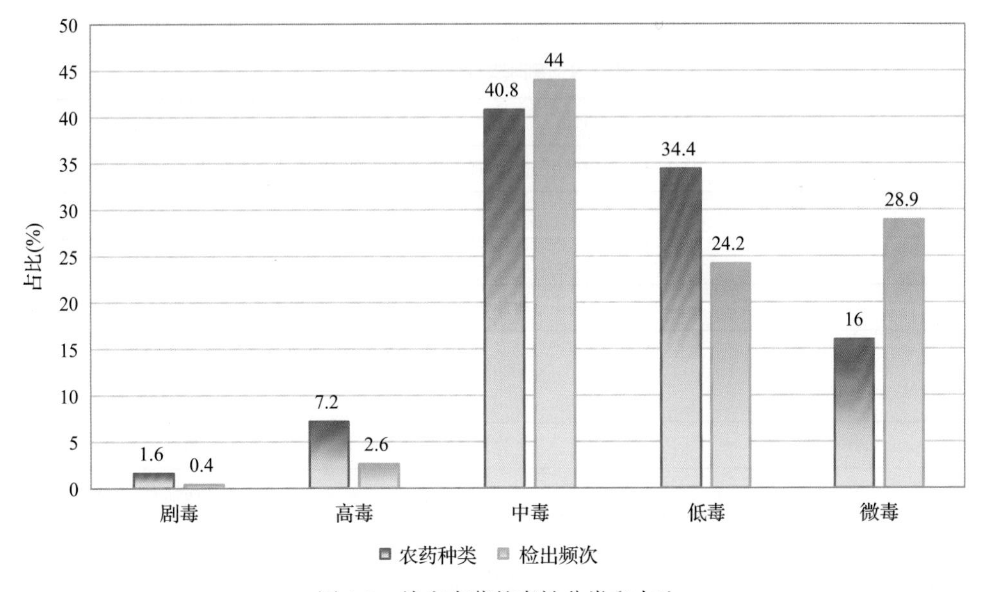

图 1-9　检出农药的毒性分类和占比

1.1.2.7　检出剧毒/高毒类农药的品种和频次

值得特别关注的是，在此次侦测的 1316 例样品中有 21 种蔬菜 9 种水果 1 种调味料 2 种食用菌的 88 例样品检出了 11 种 93 频次的剧毒和高毒农药，占样品总量的 6.7%，详见图 1-10、表 1-8 及表 1-9。

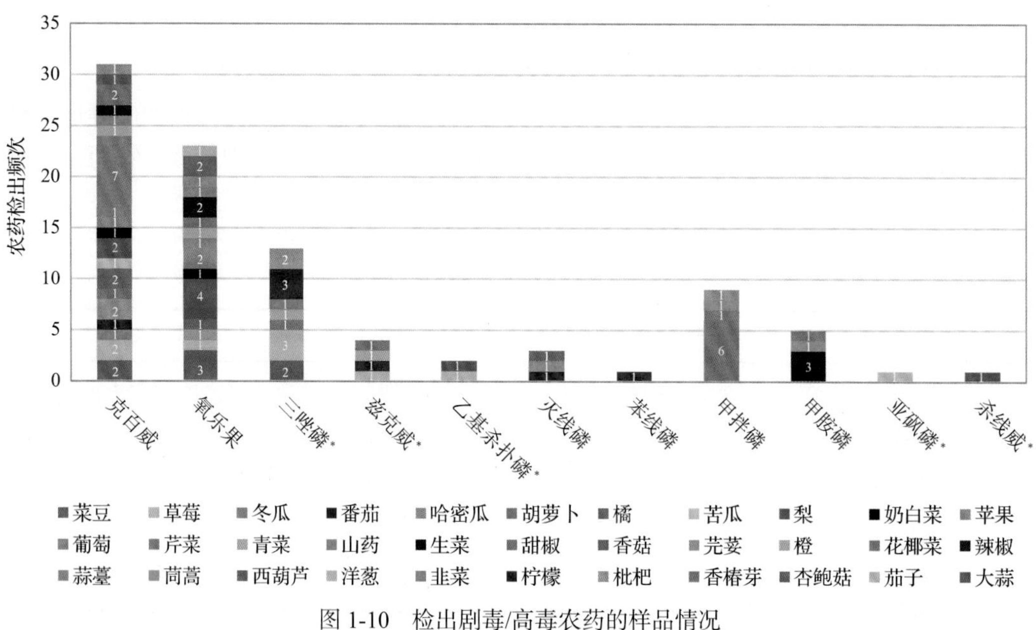

图 1-10 检出剧毒/高毒农药的样品情况

*表示允许在水果和蔬菜上使用的农药

表 1-8 剧毒农药检出情况

序号	农药名称	检出频次	超标频次	超标率
从 1 种水果中检出 1 种剧毒农药，共计检出 1 次				
1	甲拌磷*	1	0	0.0%
	小计	1	0	超标率：0.0%
从 4 种蔬菜中检出 2 种剧毒农药，共计检出 10 次				
1	甲拌磷*	8	5	62.5%
2	灭线磷*	2	2	100.0%
	小计	10	7	超标率：70.0%
	合计	11	7	超标率：63.6%

表 1-9 高毒农药检出情况

序号	农药名称	检出频次	超标频次	超标率
从 9 种水果中检出 5 种高毒农药，共计检出 32 次				
1	氧乐果	11	1	9.1%
2	克百威	10	3	30.0%
3	三唑磷	8	0	0.0%
4	乙基杀扑磷	2	0	0.0%
5	兹克威	1	0	0.0%
	小计	32	4	超标率：12.5%

续表

序号	农药名称	检出频次	超标频次	超标率
从 21 种蔬菜中检出 8 种高毒农药，共计检出 47 次				
1	克百威	19	7	36.8%
2	氧乐果	12	6	50.0%
3	甲胺磷	5	4	80.0%
4	三唑磷	5	0	0.0%
5	兹克威	3	0	0.0%
6	苯线磷	1	0	0.0%
7	杀线威	1	0	0.0%
8	亚砜磷	1	0	0.0%
小计		47	17	超标率：36.2%
合计		79	21	超标率：26.6%

在检出的剧毒和高毒农药中，有 6 种是我国早已禁止在果树和蔬菜上使用的，分别是：克百威、甲拌磷、甲胺磷、氧乐果、苯线磷和灭线磷。禁用农药的检出情况见表 1-10。

表 1-10　禁用农药检出情况

序号	农药名称	检出频次	超标频次	超标率
从 8 种水果中检出 4 种禁用农药，共计检出 24 次				
1	氧乐果	11	1	9.1%
2	克百威	10	3	30.0%
3	丁酰肼	2	0	0.0%
4	甲拌磷*	1	0	0.0%
小计		24	4	超标率：16.7%
从 18 种蔬菜中检出 7 种禁用农药，共计检出 55 次				
1	克百威	19	7	36.8%
2	氧乐果	12	6	50.0%
3	丁酰肼	8	0	0.0%
4	甲拌磷*	8	5	62.5%
5	甲胺磷	5	4	80.0%
6	灭线磷*	2	2	100.0%
7	苯线磷	1	0	0.0%
小计		55	24	超标率：43.6%
合计		79	28	超标率：35.4%

注：超标结果参考 MRL 中国国家标准计算

此次抽检的果蔬样品中，有1种水果4种蔬菜检出了剧毒农药，分别是：枇杷中检出甲拌磷1次；番茄中检出灭线磷1次；胡萝卜中检出甲拌磷6次；芹菜中检出甲拌磷1次；茼蒿中检出灭线磷1次，检出甲拌磷1次。

样品中检出剧毒和高毒农药残留水平超过MRL中国国家标准的频次为28次，其中：橘检出克百威超标1次，检出氧乐果超标1次；草莓检出克百威超标1次；葡萄检出克百威超标1次；冬瓜检出克百威超标1次；洋葱检出氧乐果超标1次；甜椒检出克百威超标1次；生菜检出甲胺磷超标2次，检出克百威超标1次；番茄检出灭线磷超标1次；胡萝卜检出甲拌磷超标4次；芹菜检出克百威超标2次；苦瓜检出克百威超标1次；茼蒿检出氧乐果超标1次，检出甲胺磷超标1次，检出灭线磷超标1次，检出甲拌磷超标1次；菜豆检出氧乐果超标2次；西葫芦检出氧乐果超标1次；辣椒检出氧乐果超标1次；青菜检出克百威超标1次；香椿芽检出甲胺磷超标1次。本次检出结果表明，高毒、剧毒农药的使用现象依旧存在，详见表1-11。

表1-11 各样本中检出剧毒/高毒农药情况

样品名称	农药名称	检出频次	超标频次	检出浓度(μg/kg)
		水果9种		
哈密瓜	克百威▲	2	0	14.2, 7.0
哈密瓜	氧乐果▲	1	0	14.4
枇杷	三唑磷	2	0	56.5, 1.7
枇杷	甲拌磷*▲	1	0	1.5
柠檬	三唑磷	3	0	6.1, 6.0, 40.3
梨	氧乐果▲	4	0	1.4, 2.5, 1.0, 11.3
梨	克百威▲	2	0	15.9, 10.0
梨	乙基杀扑磷	1	0	25.0
橘	克百威▲	2	1	6.2, 27.0[a]
橘	氧乐果▲	1	1	61.0[a]
橙	氧乐果▲	1	0	5.6
苹果	氧乐果▲	2	0	14.0, 4.0
苹果	克百威▲	1	0	5.5
草莓	三唑磷	3	0	100.0, 10.0, 12.0
草莓	克百威▲	2	1	3.0, 65.0[a]
草莓	乙基杀扑磷	1	0	19.0
草莓	兹克威	1	0	7.4
草莓	氧乐果▲	1	0	5.1
葡萄	克百威▲	1	1	213.3[a]
葡萄	氧乐果▲	1	0	2.8
小计		33	4	超标率：12.1%

续表

样品名称	农药名称	检出频次	超标频次	检出浓度(μg/kg)
		蔬菜 21 种		
冬瓜	克百威▲	1	1	120.0[a]
大蒜	杀线威	1	0	55.0
奶白菜	克百威▲	1	0	19.0
奶白菜	氧乐果▲	1	0	4.3
山药	克百威▲	1	0	2.0
洋葱	氧乐果▲	1	1	27.0[a]
甜椒	克百威▲	2	1	1.6, 1010.0[a]
甜椒	兹克威	1	0	190.0
生菜	甲胺磷▲	3	2	49.9, 84.5[a], 95.3[a]
生菜	克百威▲	1	1	21.0[a]
番茄	克百威▲	1	0	17.0
番茄	兹克威	1	0	31.0
番茄	苯线磷▲	1	0	16.0
番茄	灭线磷*▲	1	1	380.0[a]
胡萝卜	克百威▲	1	0	19.0
胡萝卜	甲拌磷*▲	6	4	27.8[a], 1.5, 40.2[a], 54.7[a], 12.1[a], 2.2
花椰菜	氧乐果▲	1	0	2.8
芹菜	克百威▲	7	2	445.1[a], 9.3, 4.3, 20.0, 97.7[a], 1.1, 4.0
芹菜	三唑磷	1	0	13.0
芹菜	甲拌磷*▲	1	0	2.3
苦瓜	克百威▲	1	1	100.3[a]
茄子	亚砜磷	1	0	15.5
茼蒿	氧乐果▲	1	1	29.0[a]
茼蒿	甲胺磷▲	1	1	63.0[a]
茼蒿	灭线磷*▲	1	1	74.0[a]
茼蒿	甲拌磷*▲	1	1	160.0[a]
菜豆	氧乐果▲	3	2	23.2[a], 3.6, 630.8[a]
菜豆	三唑磷	2	0	25.4, 3.9
菜豆	克百威▲	2	0	11.5, 12.6
蒜薹	氧乐果▲	1	0	14.5
西葫芦	氧乐果▲	2	1	57.3[a], 12.5
辣椒	氧乐果▲	2	1	6.1, 131.0[a]

续表

样品名称	农药名称	检出频次	超标频次	检出浓度(μg/kg)
青菜	克百威▲	1	1	57.0[a]
青菜	三唑磷	1	0	6.9
青菜	兹克威	1	0	1.8
韭菜	三唑磷	1	0	13.0
香椿芽	甲胺磷▲	1	1	260.0[a]
小计		57	24	超标率：42.1%
合计		90	28	超标率：31.1%

1.2 农药残留检出水平与最大残留限量标准对比分析

我国于 2014 年 3 月 20 日正式颁布并于 2014 年 8 月 1 日正式实施食品农药残留限量国家标准《食品中农药最大残留限量》(GB 2763—2014)。该标准包括 371 个农药条目，涉及最大残留限量(MRL)标准 3653 项。将 3105 频次检出农药的浓度水平与 3653 项 MRL 中国国家标准进行核对，其中只有 1054 频次的农药找到了对应的 MRL 标准，占 33.9%，还有 2051 频次的侦测数据则无相关 MRL 标准供参考，占 66.1%。

将此次侦测结果与国际上现行 MRL 标准对比发现，在 3105 频次的检出结果中有 3105 频次的结果找到了对应的 MRL 欧盟标准，占 100.0%，其中，2769 频次的结果有明确对应的 MRL 标准，占 89.2%，其余 336 频次按照欧盟一律标准判定，占 10.8%；有 3105 频次的结果找到了对应的 MRL 日本标准，占 100.0%，其中，2181 频次的结果有明确对应的 MRL 标准，占 70.2%，其余 914 频次按照日本一律标准判定，占 29.8%；有 1662 频次的结果找到了对应的 MRL 中国香港标准，占 53.5%；有 1485 频次的结果找到了对应的 MRL 美国标准，占 47.8%；有 1273 频次的结果找到了对应的 MRL CAC 标准，占 41.0%(见图 1-11 和图 1-12，数据见附表 3 至附表 8)。

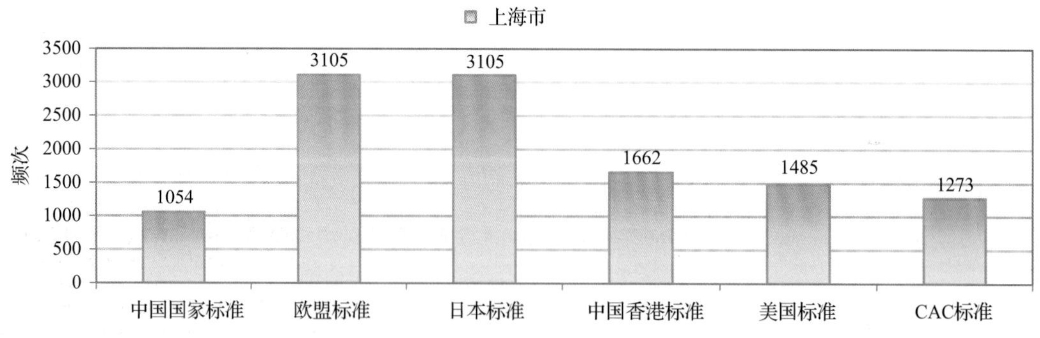

图 1-11 3105 频次检出农药可用 MRL 中国国家标准、欧盟标准、日本标准、中国香港标准、美国标准、CAC 标准判定衡量的数量

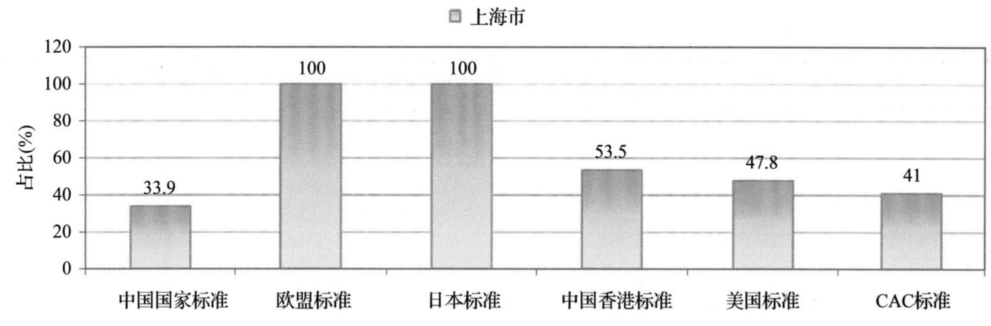

图 1-12 3105 频次检出农药可用 MRL 中国国家标准、欧盟标准、日本标准、中国香港标准、美国标准、CAC 标准衡量的占比

1.2.1 超标农药样品分析

本次侦测的 1316 例样品中，316 例样品未检出任何残留农药，占样品总量的 24.0%，1000 例样品检出不同水平、不同种类的残留农药，占样品总量的 76.0%。在此，我们将本次侦测的农残检出情况与 MRL 中国国家标准、欧盟标准、日本标准、中国香港标准、美国标准和 CAC 标准这 6 大国际主流标准进行对比分析，样品农残检出与超标情况见表 1-12、图 1-13 和图 1-14，详细数据见附表 9 至附表 14。

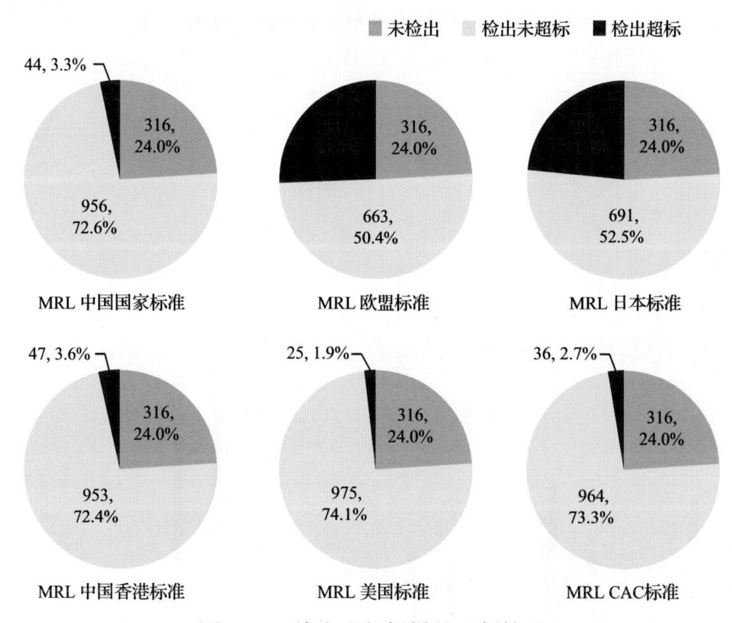

图 1-13 检出和超标样品比例情况

表 1-12 各 MRL 标准下样本农残检出与超标数量及占比

	中国国家标准 数量/占比(%)	欧盟标准 数量/占比(%)	日本标准 数量/占比(%)	中国香港标准 数量/占比(%)	美国标准 数量/占比(%)	CAC 标准 数量/占比(%)
未检出	316/24.0	316/24.0	316/24.0	316/24.0	316/24.0	316/24.0
检出未超标	956/72.6	663/50.4	691/52.5	953/72.4	975/74.1	964/73.3
检出超标	44/3.3	337/25.6	309/23.5	47/3.6	25/1.9	36/2.7

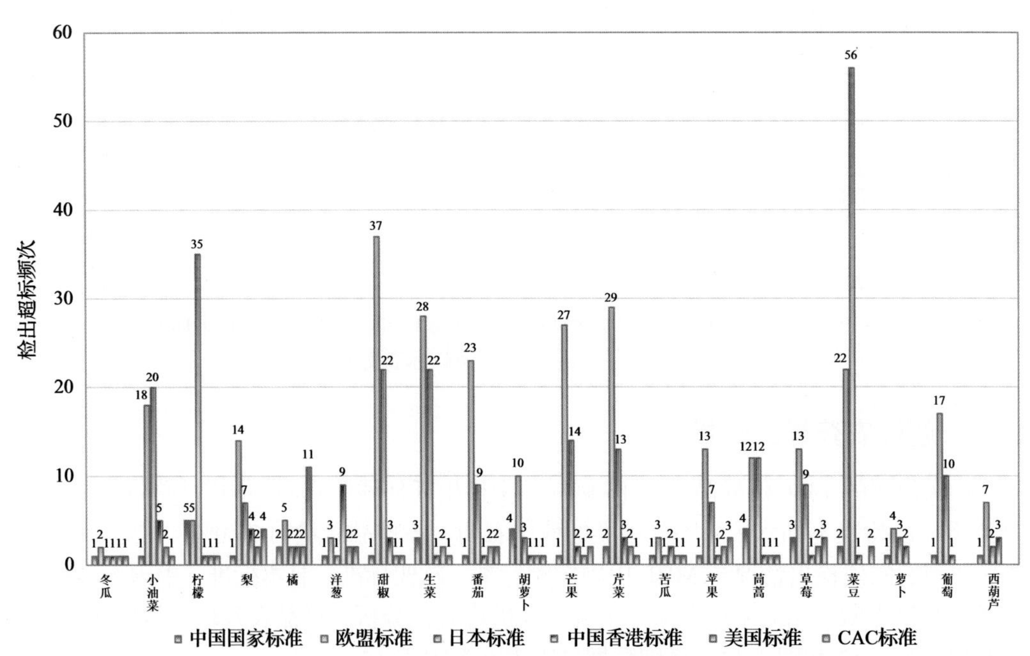

图 1-14-1　超过 MRL 中国国家标准、欧盟标准、日本标准、中国香港标准、美国标准和 CAC 标准结果在水果蔬菜中的分布

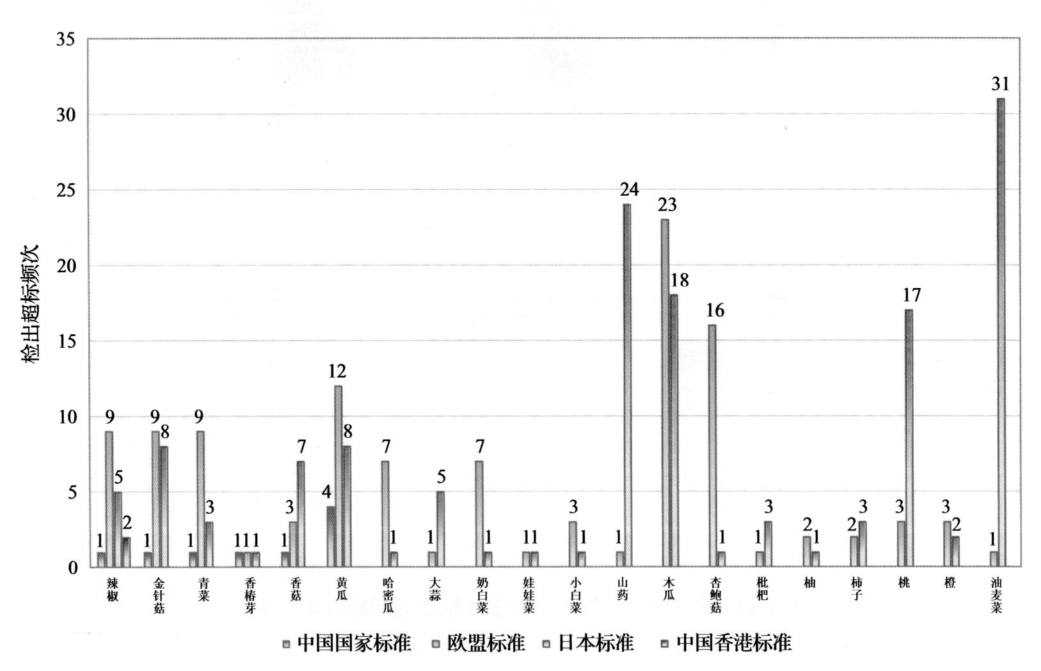

图 1-14-2　超过 MRL 中国国家标准、欧盟标准、日本标准、中国香港标准、美国标准和 CAC 标准结果在水果蔬菜中的分布

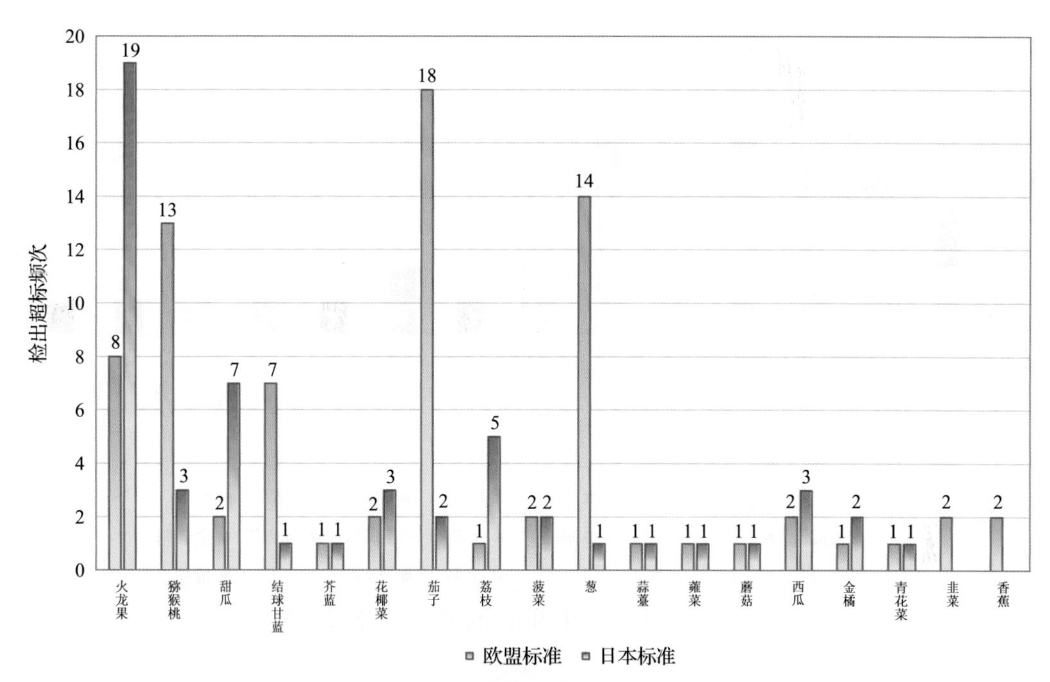

图 1-14-3　超过 MRL 中国国家标准、欧盟标准、日本标准、中国香港标准、美国标准和 CAC 标准结果在水果蔬菜中的分布

1.2.2　超标农药种类分析

按照 MRL 中国国家标准、欧盟标准、日本标准、中国香港标准、美国标准和 CAC 标准这 6 大国际主流标准衡量，本次侦测检出的农药超标品种及频次情况见表 1-13。

表 1-13　各 MRL 标准下超标农药品种及频次

	中国国家标准	欧盟标准	日本标准	中国香港标准	美国标准	CAC 标准
超标农药品种	14	81	78	12	7	10
超标农药频次	46	485	443	47	25	38

1.2.2.1　按 MRL 中国国家标准衡量

按 MRL 中国国家标准衡量，共有 14 种农药超标，检出 46 频次，分别为剧毒农药灭线磷和甲拌磷，高毒农药甲胺磷、克百威和氧乐果，中毒农药噻唑磷、甲霜灵、噻虫嗪、丙环唑、甲氨基阿维菌素、啶虫脒和倍硫磷，低毒农药烯酰吗啉，微毒农药多菌灵。

按超标程度比较，甜椒中克百威超标 49.5 倍，菜豆中氧乐果超标 30.5 倍，芹菜中克百威超标 21.3 倍，黄瓜中甲氨基阿维菌素超标 20.5 倍，番茄中灭线磷超标 18.0 倍。检测结果见图 1-15 和附表 15。

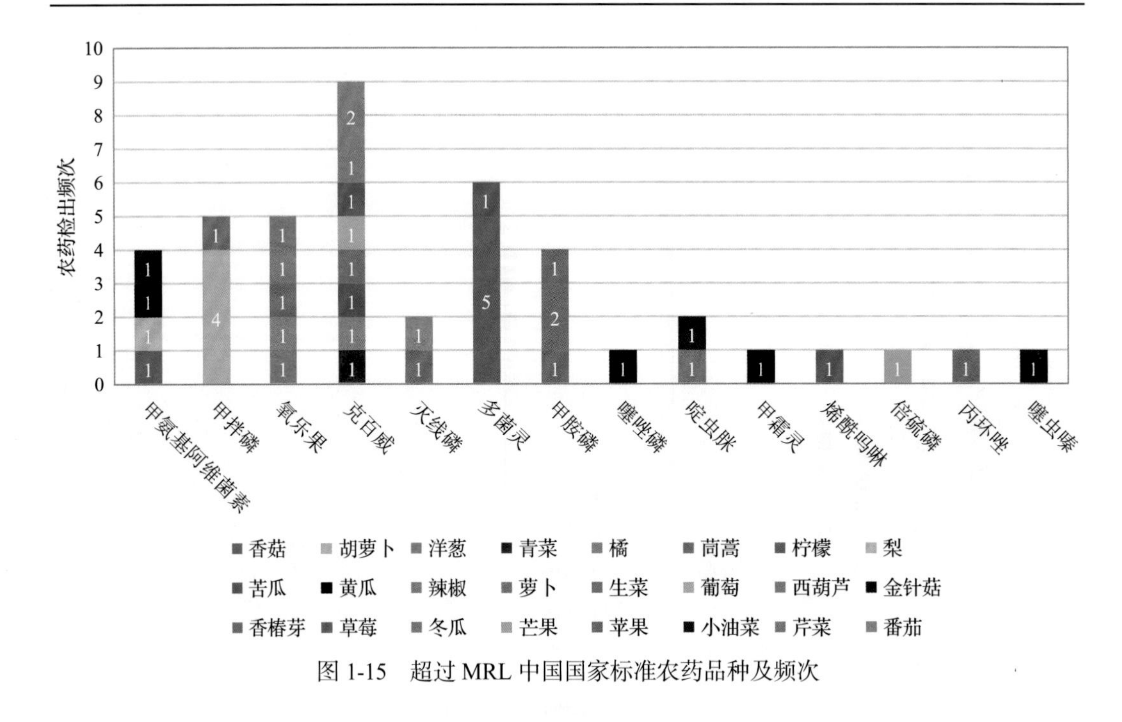

图 1-15 超过 MRL 中国国家标准农药品种及频次

1.2.2.2 按 MRL 欧盟标准衡量

按 MRL 欧盟标准衡量，共有 81 种农药超标，检出 485 频次，分别为剧毒农药灭线磷和甲拌磷，高毒农药乙基杀扑磷、克百威、甲胺磷、杀线威、三唑磷、兹克威、亚砜磷和氧乐果，中毒农药环丙唑醇、乐果、噻唑磷、咪鲜胺、敌百虫、异噁隆、戊唑醇、烯效唑、仲丁威、噻虫胺、烯唑醇、甲霜灵、噻虫嗪、三唑酮、炔丙菊酯、三唑醇、3,4,5-混杀威、氧环唑、甲氨基阿维菌素、噁霜灵、丙环唑、速灭威、唑虫酰胺、啶虫脒、氟硅唑、腈菌唑、哒螨灵、倍硫磷、抑霉唑、吡虫啉、丙溴磷、残杀威、异丙威、螺环菌胺、烯丙菊酯、敌蝇威和 *N*-去甲基啶虫脒，低毒农药灭蝇胺、烯酰吗啉、呋虫胺、氯吡脲、嘧霉胺、氟吡菌酰胺、磺酰草吡唑、螺螨酯、吡虫啉脲、避蚊胺、己唑醇、异丙甲草胺、苄呋菊酯、苯氧菌胺-(E)、烯啶虫胺、丁醚脲、氟唑菌酰胺、双苯基脲、噻嗪酮、炔螨特、胺唑草酮和异丙净，微毒农药多菌灵、吡唑醚菌酯、丁酰肼、乙螨唑、嘧菌酯、联苯肼酯、啶氧菌酯、甲基硫菌灵、吡丙醚、肟菌酯、醚菌酯和霜霉威。

按超标程度比较，甜椒中克百威超标 504.0 倍，芹菜中克百威超标 221.6 倍，小油菜中啶虫脒超标 158.5 倍，葡萄中克百威超标 105.7 倍，萝卜中啶虫脒超标 102.0 倍。检测结果见图 1-16 和附表 16。

1.2.2.3 按 MRL 日本标准衡量

按 MRL 日本标准衡量，共有 78 种农药超标，检出 443 频次，分别为剧毒农药灭线磷，高毒农药乙基杀扑磷、克百威、三唑磷、兹克威和氧乐果，中毒农药环丙唑醇、粉唑醇、噻唑磷、异噁隆、咪鲜胺、甲哌、多效唑、戊唑醇、三环唑、烯效唑、噻虫胺、甲霜灵、烯唑醇、噻虫嗪、三唑酮、三唑醇、炔丙菊酯、3,4,5-混杀威、喹螨醚、氧环唑、

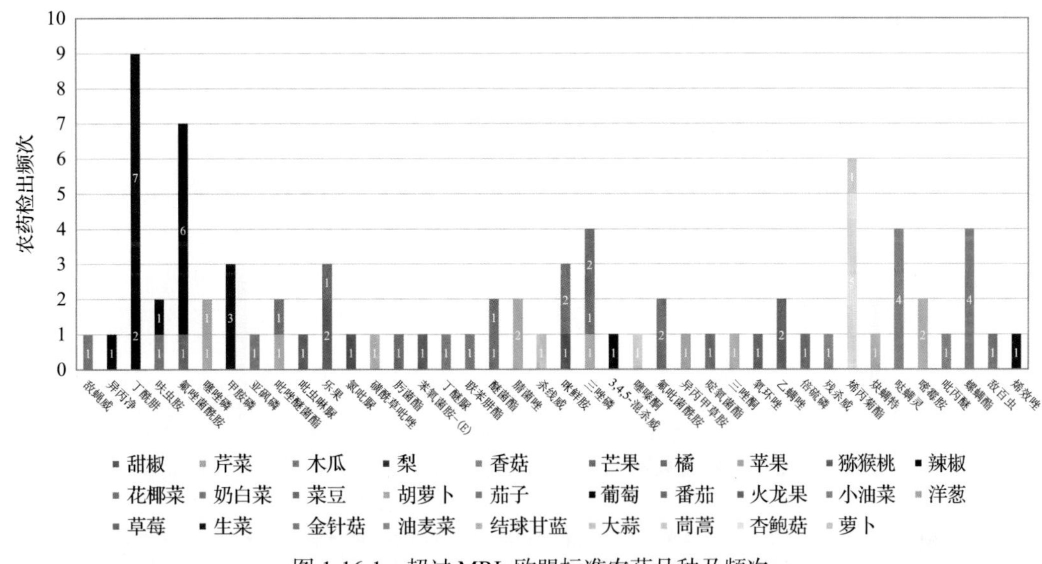

图 1-16-1　超过 MRL 欧盟标准农药品种及频次

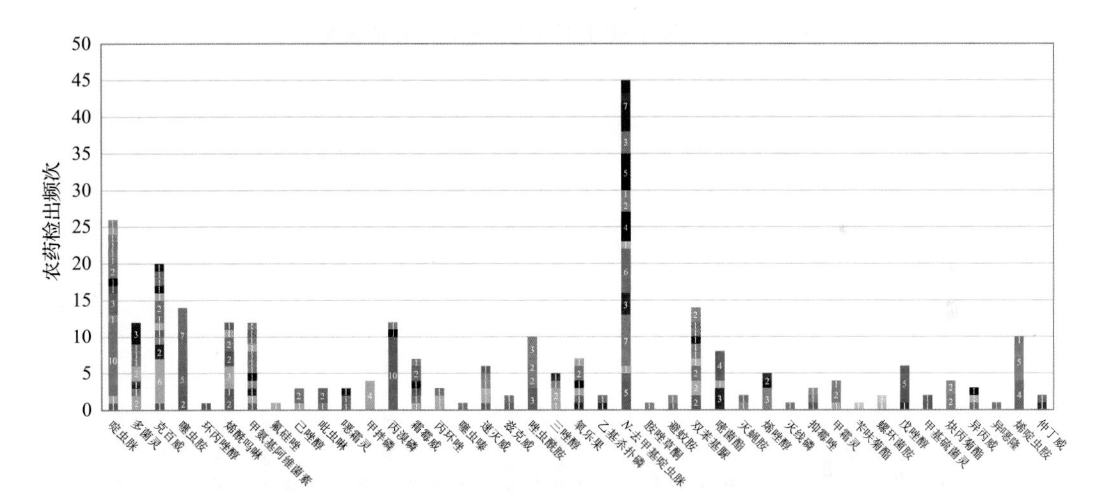

图 1-16-2　超过 MRL 欧盟标准农药品种及频次

苯醚甲环唑、甲氨基阿维菌素、茚虫威、噁霜灵、丙环唑、唑虫酰胺、速灭威、啶虫脒、氟硅唑、腈菌唑、哒螨灵、抑霉唑、吡虫啉、异丙威、丙溴磷、烯丙菊酯、螺环菌胺、敌蝇威和 *N*-去甲基啶虫脒，低毒农药灭蝇胺、烯酰吗啉、呋虫胺、嘧霉胺、嘧菌环胺、氟吡菌酰胺、磺酰草吡唑、吡虫啉脲、避蚊胺、氟环唑、己唑醇、异丙甲草胺、苯氧菌胺-(E)、螺虫乙酯、唑嘧菌胺、氟唑菌酰胺、双苯基脲、乙嘧酚磺酸酯、噻嗪酮、胺唑草酮和异丙净，微毒农药多菌灵、环酰菌胺、吡唑醚菌酯、乙螨唑、丁酰肼、嘧菌酯、联苯肼酯、啶氧菌酯、甲基硫菌灵、肟菌酯、醚菌酯和霜霉威。

按超标程度比较，小油菜中哒螨灵超标 172.4 倍，茼蒿中噻嗪酮超标 157.0 倍，猕猴桃中甲基硫菌灵超标 140.1 倍，柠檬中腈菌唑超标 110.5 倍，柠檬中甲基硫菌灵超标 101.9

倍。检测结果见图 1-17 和附表 17。

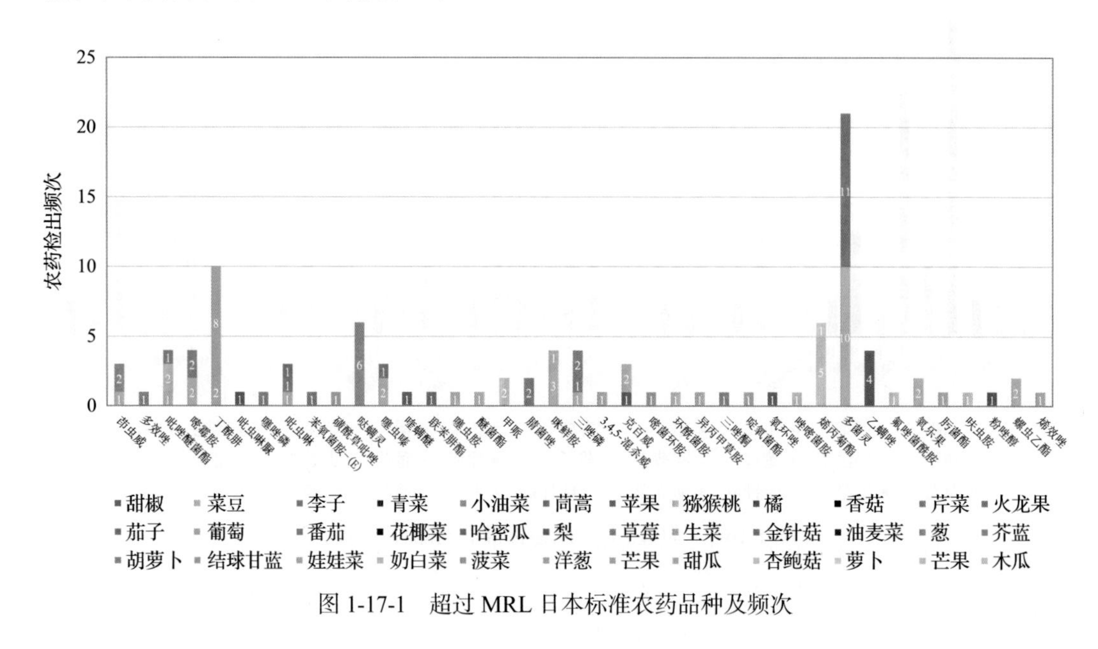

图 1-17-1　超过 MRL 日本标准农药品种及频次

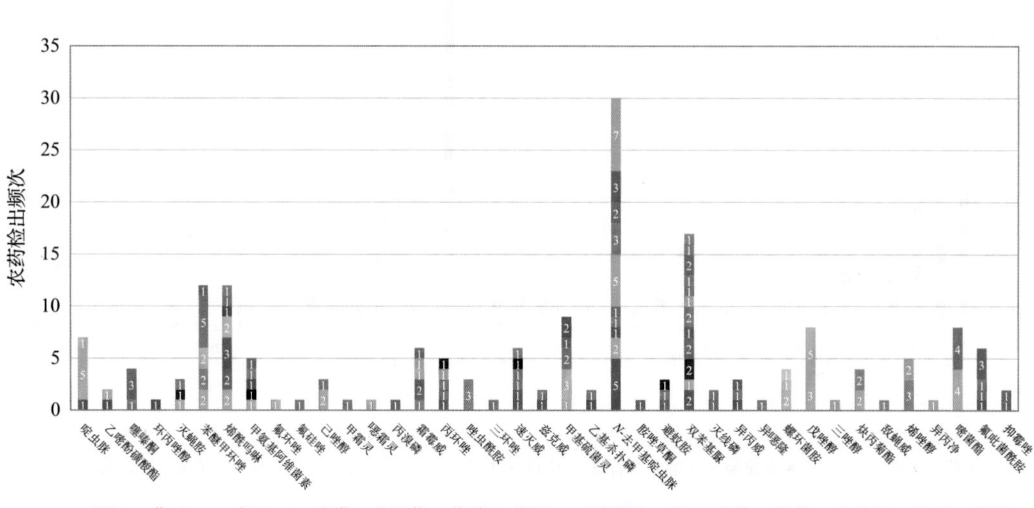

图 1-17-2　超过 MRL 日本标准农药品种及频次

1.2.2.4　按 MRL 中国香港标准衡量

按 MRL 中国香港标准衡量，共有 12 种农药超标，检出 47 频次，分别为剧毒农药灭线磷，高毒农药克百威和甲胺磷，中毒农药噻虫胺、甲霜灵、噻虫嗪、甲氨基阿维菌素、啶虫脒、倍硫磷和吡虫啉，低毒农药烯酰吗啉，微毒农药多菌灵。

按超标程度比较，萝卜中啶虫脒超标 102.0 倍，番茄中灭线磷超标 37.0 倍，菜豆中噻虫嗪超标 19.0 倍，甜椒中甲氨基阿维菌素超标 5.0 倍，甜椒中噻虫胺超标 4.6 倍。检测结果见图 1-18 和附表 18。

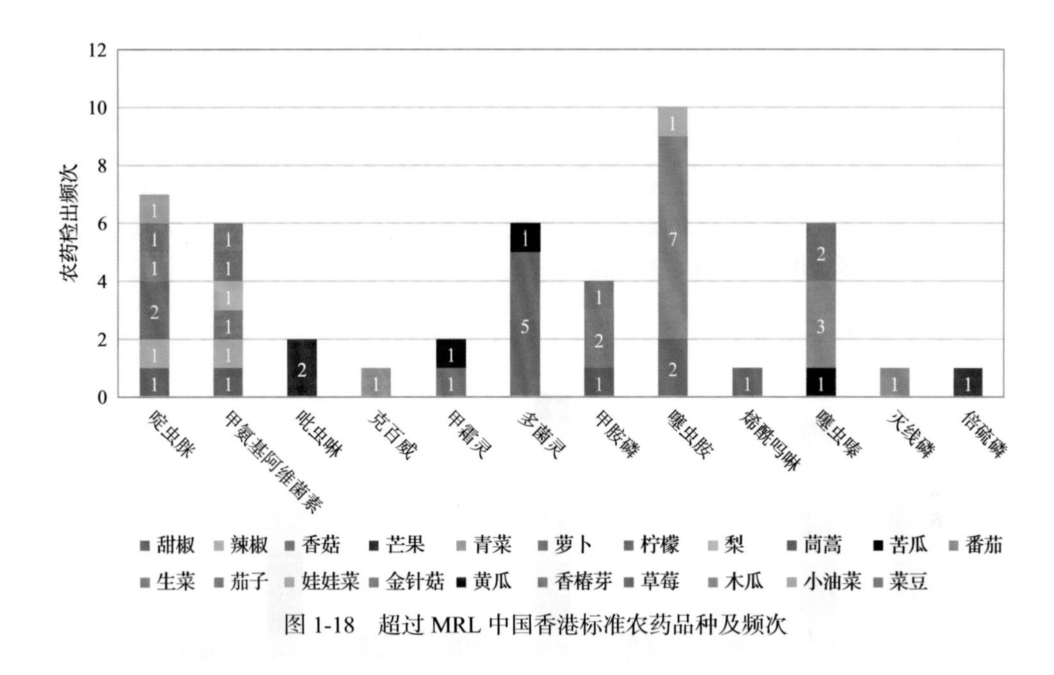

图 1-18　超过 MRL 中国香港标准农药品种及频次

1.2.2.5　按 MRL 美国标准衡量

按 MRL 美国标准衡量，共有 7 种农药超标，检出 25 频次，分别为中毒农药戊唑醇、噻虫胺、噻虫嗪、丙环唑、甲氨基阿维菌素、腈菌唑和啶虫脒。

按超标程度比较，萝卜中啶虫脒超标 102.0 倍，黄瓜中甲氨基阿维菌素超标 20.5 倍，冬瓜中甲氨基阿维菌素超标 13.0 倍，菜豆中噻虫嗪超标 9.0 倍，梨中戊唑醇超标 5.6 倍。检测结果见图 1-19 和附表 19。

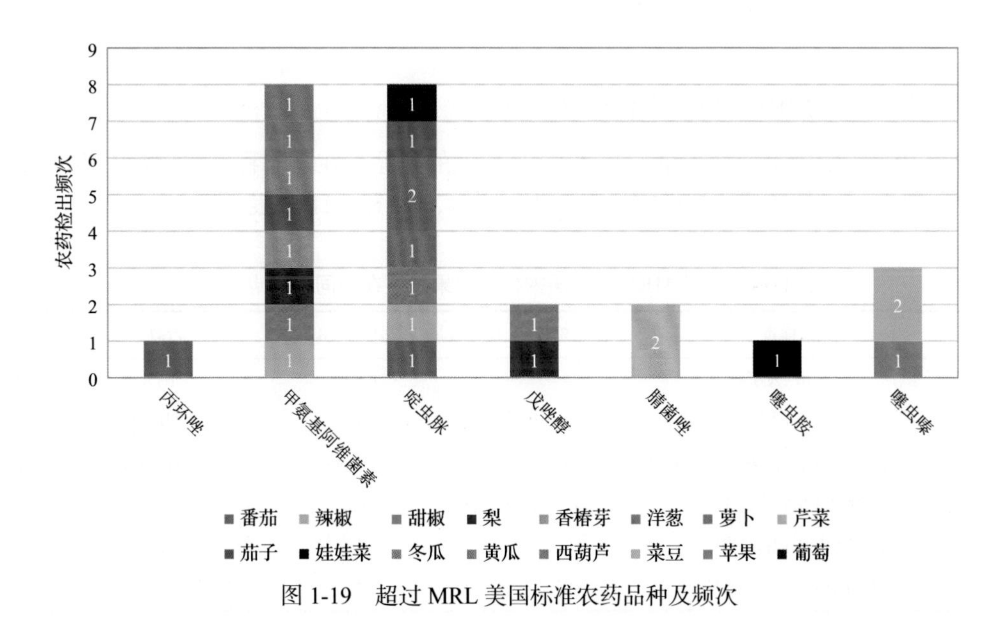

图 1-19　超过 MRL 美国标准农药品种及频次

1.2.2.6　按 MRL CAC 标准衡量

按 MRL CAC 标准衡量，共有 10 种农药超标，检出 38 频次，分别为剧毒农药灭线磷，中毒农药噻虫胺、甲霜灵、噻虫嗪、甲氨基阿维菌素、丙环唑、啶虫脒和吡虫啉，低毒农药烯酰吗啉，微毒农药多菌灵。

按超标程度比较，黄瓜中甲氨基阿维菌素超标 60.4 倍，冬瓜中甲氨基阿维菌素超标 39.0 倍，番茄中灭线磷超标 37.0 倍，菜豆中噻虫嗪超标 19.0 倍，西葫芦中甲氨基阿维菌素超标 16.1 倍。检测结果见图 1-20 和附表 20。

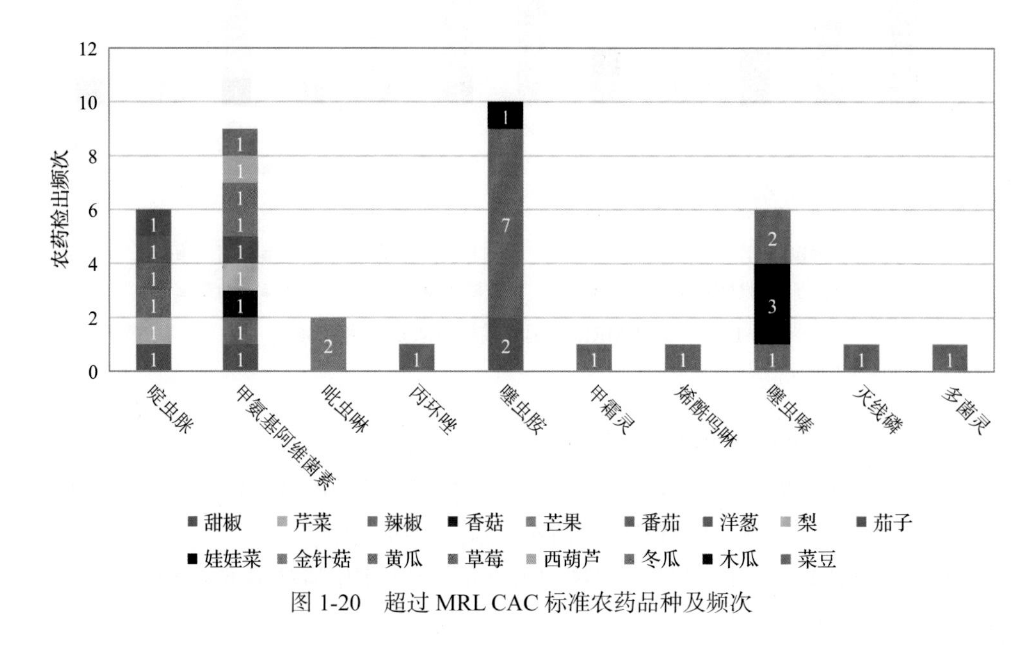

图 1-20　超过 MRL CAC 标准农药品种及频次

1.2.3　48 个采样点超标情况分析

1.2.3.1　按 MRL 中国国家标准衡量

按 MRL 中国国家标准衡量，有 27 个采样点的样品存在不同程度的超标农药检出，其中***超市(五角场店)的超标率最高，为 15.4%，如图 1-21 和表 1-14 所示。

表 1-14　超过 MRL 中国国家标准水果蔬菜在不同采样点分布

序号	采样点	样品总数	超标数量	超标率(%)	行政区域
1	***超市(大宁店)	74	5	6.8	闸北区
2	***超市(光新店)	68	1	1.5	普陀区
3	***超市(惠南店)	43	2	4.7	浦东新区
4	***超市(九佰购物中心)	41	5	12.2	宝山区
5	***超市(中山公园店)	38	1	2.6	长宁区
6	***超市(广灵二路店)	38	2	5.3	虹口区

续表

序号	采样点	样品总数	超标数量	超标率(%)	行政区域
7	***超市(虹口龙之梦店)	34	4	11.8	虹口区
8	***超市(东宝兴路店)	33	1	3.0	虹口区
9	***市场	28	1	3.6	浦东新区
10	***市场	27	1	3.7	宝山区
11	***市场	25	1	4.0	浦东新区
12	***市场	25	1	4.0	虹口区
13	***超市(周家嘴路店)	25	1	4.0	杨浦区
14	***超市(凌云店)	25	1	4.0	徐汇区
15	***超市(武宁店)	25	1	4.0	普陀区
16	***超市(大渡河店)	25	1	4.0	普陀区
17	***超市(百联东郊购物中心店)	25	1	4.0	浦东新区
18	***超市(成山路店)	25	1	4.0	浦东新区
19	***超市(都市店)	25	1	4.0	闵行区
20	***超市(七宝店)	25	1	4.0	闵行区
21	***超市(曲阳店)	24	1	4.2	虹口区
22	***超市(浦江店)	24	1	4.2	闵行区
23	***市场	23	2	8.7	长宁区
24	***超市(锦绣店)	22	1	4.5	浦东新区
25	***超市(新村店)	22	2	9.1	普陀区
26	***超市(新港路店)	20	2	10.0	虹口区
27	***超市(五角场店)	13	2	15.4	杨浦区

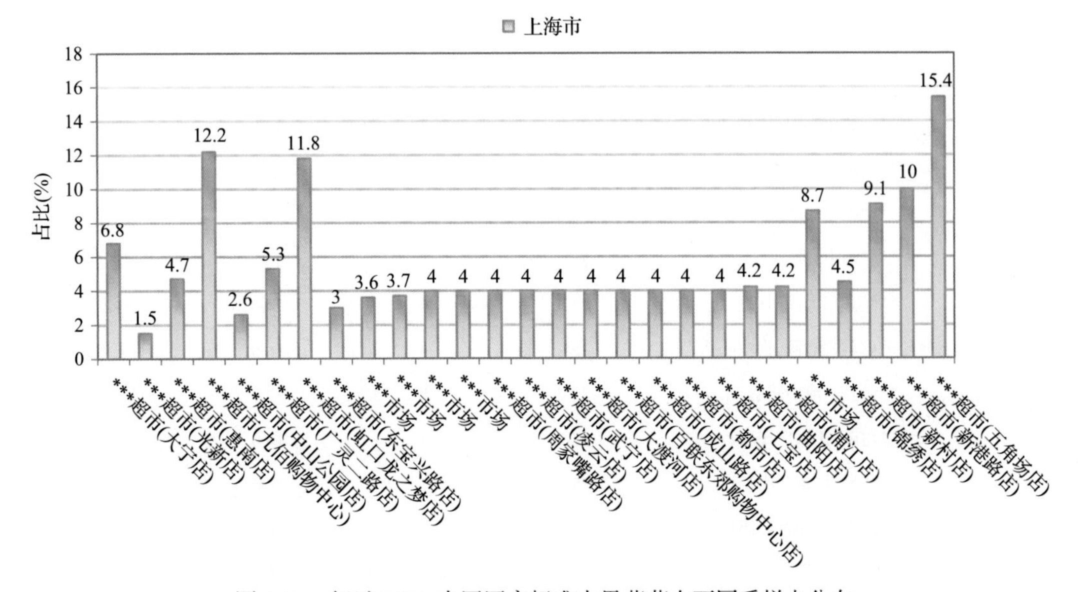

图 1-21　超过 MRL 中国国家标准水果蔬菜在不同采样点分布

1.2.3.2　按 MRL 欧盟标准衡量

按 MRL 欧盟标准衡量，所有采样点的样品均存在不同程度的超标农药检出，其中***超市(九佰购物中心)的超标率最高，为 51.2%，如图 1-22 和表 1-15 所示。

表 1-15　超过 MRL 欧盟标准水果蔬菜在不同采样点分布

序号	采样点	样品总数	超标数量	超标率(%)	行政区域
1	***超市(大宁店)	74	24	32.4	闸北区
2	***超市(光新店)	68	16	23.5	普陀区
3	***超市(惠南店)	43	14	32.6	浦东新区
4	***超市(九佰购物中心)	41	21	51.2	宝山区
5	***超市(中山公园店)	38	4	10.5	长宁区
6	***超市(广灵二路店)	38	17	44.7	虹口区
7	***超市(虹口龙之梦店)	34	12	35.3	虹口区
8	***超市(东宝兴路店)	33	12	36.4	虹口区
9	***超市(鲁班路店)	28	5	17.9	黄浦区
10	***市场	28	4	14.3	浦东新区
11	***超市(杨高中路店)	28	3	10.7	浦东新区
12	***市场	27	7	25.9	宝山区
13	***超市(杨浦店)	25	6	24.0	杨浦区
14	***超市(田林店)	25	9	36.0	徐汇区
15	***超市(河南南路店)	25	5	20.0	黄浦区
16	***市场	25	8	32.0	浦东新区
17	***市场	25	4	16.0	闵行区
18	***市场	25	3	12.0	虹口区
19	***超市(隆昌店)	25	3	12.0	杨浦区
20	***超市(周家嘴路店)	25	6	24.0	杨浦区
21	***超市(凌云店)	25	8	32.0	徐汇区
22	***超市(武宁店)	25	5	20.0	普陀区
23	***超市(大渡河店)	25	6	24.0	普陀区
24	***超市(百联东郊购物中心店)	25	4	16.0	浦东新区
25	***超市(成山路店)	25	8	32.0	浦东新区
26	***超市(正大广场店)	25	4	16.0	浦东新区
27	***超市(张江店)	25	7	28.0	浦东新区
28	***超市(周浦万达店)	25	2	8.0	浦东新区
29	***超市(闵行店)	25	4	16.0	闵行区

续表

序号	采样点	样品总数	超标数量	超标率(%)	行政区域
30	***超市(都市店)	25	8	32.0	闵行区
31	***超市(七宝店)	25	5	20.0	闵行区
32	***超市(汶水路店)	24	3	12.5	闸北区
33	***超市(曲阳店)	24	7	29.2	虹口区
34	***超市(通州路店)	24	2	8.3	虹口区
35	***超市(铜川路品尊店)	24	10	41.7	普陀区
36	***超市(浦江店)	24	3	12.5	闵行区
37	***超市(柳州店)	24	5	20.8	徐汇区
38	***市场	24	9	37.5	静安区
39	***超市(上南路店)	24	6	25.0	浦东新区
40	***超市(江湾店)	24	1	4.2	虹口区
41	***市场	23	11	47.8	长宁区
42	***超市(锦绣店)	22	3	13.6	浦东新区
43	***超市(新村店)	22	8	36.4	普陀区
44	***市场	21	5	23.8	静安区
45	***超市(新港路店)	20	6	30.0	虹口区
46	***超市(五角场店)	13	6	46.2	杨浦区
47	***超市(中兴店)	12	3	25.0	闸北区
48	***超市(牡丹江街店)	12	5	41.7	杨浦区

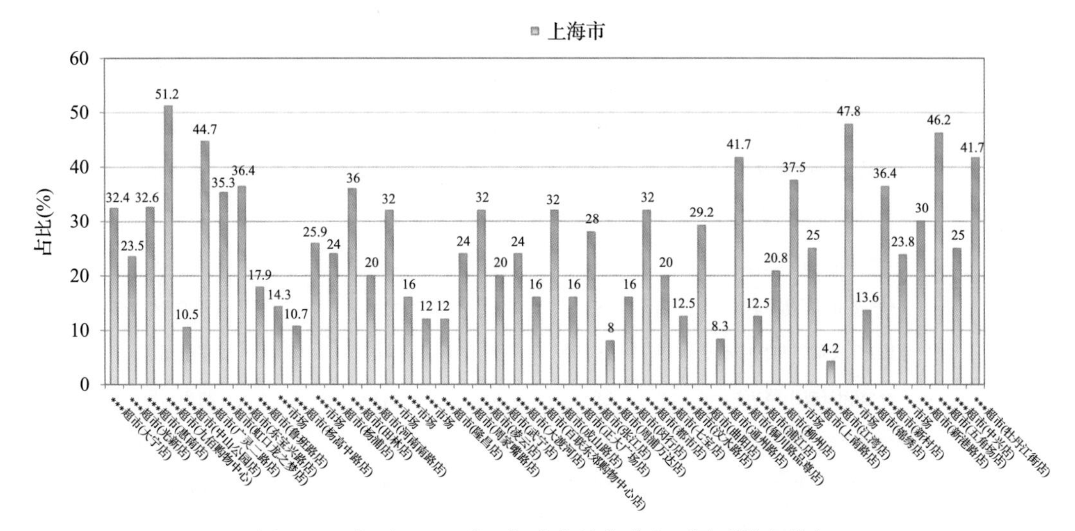

图 1-22　超过 MRL 欧盟标准水果蔬菜在不同采样点分布

1.2.3.3 按 MRL 日本标准衡量

按 MRL 日本标准衡量，所有采样点的样品均存在不同程度的超标农药检出，其中***超市(东宝兴路店)的超标率最高，为 45.5%，如图 1-23 和表 1-16 所示。

表 1-16 超过 MRL 日本标准水果蔬菜在不同采样点分布

序号	采样点	样品总数	超标数量	超标率(%)	行政区域
1	***超市(大宁店)	74	19	25.7	闸北区
2	***超市(光新店)	68	11	16.2	普陀区
3	***超市(惠南店)	43	12	27.9	浦东新区
4	***超市(九佰购物中心)	41	18	43.9	宝山区
5	***超市(中山公园店)	38	5	13.2	长宁区
6	***超市(广灵二路店)	38	9	23.7	虹口区
7	***超市(虹口龙之梦店)	34	8	23.5	虹口区
8	***超市(东宝兴路店)	33	15	45.5	虹口区
9	***超市(鲁班路店)	28	2	7.1	黄浦区
10	***市场	28	4	14.3	浦东新区
11	***超市(杨高中路店)	28	6	21.4	浦东新区
12	***市场	27	3	11.1	宝山区
13	***超市(杨浦店)	25	8	32.0	杨浦区
14	***超市(田林店)	25	9	36.0	徐汇区
15	***超市(河南南路店)	25	2	8.0	黄浦区
16	***市场	25	9	36.0	浦东新区
17	***市场	25	4	16.0	闵行区
18	***市场	25	4	16.0	虹口区
19	***超市(隆昌店)	25	3	12.0	杨浦区
20	***超市(周家嘴路店)	25	4	16.0	杨浦区
21	***超市(凌云店)	25	4	16.0	徐汇区
22	***超市(武宁店)	25	4	16.0	普陀区
23	***超市(大渡河店)	25	8	32.0	普陀区
24	***超市(百联东郊购物中心店)	25	2	8.0	浦东新区
25	***超市(成山路店)	25	6	24.0	浦东新区
26	***超市(正大广场店)	25	3	12.0	浦东新区
27	***超市(张江店)	25	10	40.0	浦东新区
28	***超市(周浦万达店)	25	3	12.0	浦东新区
29	***超市(闵行店)	25	3	12.0	闵行区

续表

序号	采样点	样品总数	超标数量	超标率(%)	行政区域
30	***超市(都市店)	25	11	44.0	闵行区
31	***超市(七宝店)	25	6	24.0	闵行区
32	***超市(汶水路店)	24	5	20.8	闸北区
33	***超市(曲阳店)	24	10	41.7	虹口区
34	***超市(通州路店)	24	2	8.3	虹口区
35	***超市(铜川路品尊店)	24	10	41.7	普陀区
36	***超市(浦江店)	24	5	20.8	闵行区
37	***超市(柳州店)	24	4	16.7	徐汇区
38	***市场	24	7	29.2	静安区
39	***超市(上南路店)	24	4	16.7	浦东新区
40	***超市(江湾店)	24	3	12.5	虹口区
41	***市场	23	8	34.8	长宁区
42	***超市(锦绣店)	22	6	27.3	浦东新区
43	***超市(新村店)	22	8	36.4	普陀区
44	***市场	21	6	28.6	静安区
45	***超市(新港路店)	20	7	35.0	虹口区
46	***超市(五角场店)	13	4	30.8	杨浦区
47	***超市(中兴店)	12	2	16.7	闸北区
48	***超市(牡丹江街店)	12	3	25.0	杨浦区

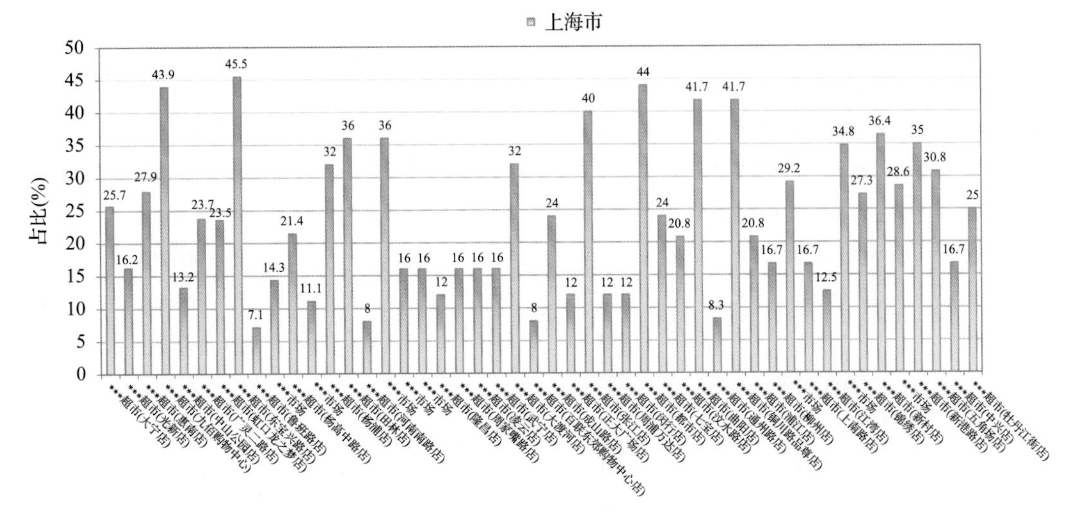

图 1-23　超过 MRL 日本标准水果蔬菜在不同采样点分布

1.2.3.4 按 MRL 中国香港标准衡量

按 MRL 中国香港标准衡量，有 31 个采样点的样品存在不同程度的超标农药检出，其中***超市(广灵二路店)的超标率最高，为 13.2%，如图 1-24 和表 1-17 所示。

表 1-17 超过 MRL 中国香港标准水果蔬菜在不同采样点分布

序号	采样点	样品总数	超标数量	超标率(%)	行政区域
1	***超市(大宁店)	74	7	9.5	闸北区
2	***超市(光新店)	68	1	1.5	普陀区
3	***超市(惠南店)	43	1	2.3	浦东新区
4	***超市(九佰购物中心)	41	1	2.4	宝山区
5	***超市(广灵二路店)	38	5	13.2	虹口区
6	***超市(虹口龙之梦店)	34	3	8.8	虹口区
7	***超市(东宝兴路店)	33	1	3.0	虹口区
8	***超市(鲁班路店)	28	1	3.6	黄浦区
9	***市场	27	1	3.7	宝山区
10	***超市(杨浦店)	25	2	8.0	杨浦区
11	***超市(田林店)	25	2	8.0	徐汇区
12	***市场	25	1	4.0	浦东新区
13	***市场	25	1	4.0	闵行区
14	***超市(周家嘴路店)	25	1	4.0	杨浦区
15	***超市(凌云店)	25	3	12.0	徐汇区
16	***超市(武宁店)	25	1	4.0	普陀区
17	***超市(百联东郊购物中心店)	25	1	4.0	浦东新区
18	***超市(张江店)	25	1	4.0	浦东新区
19	***超市(七宝店)	25	1	4.0	闵行区
20	***超市(汶水路店)	24	1	4.2	闸北区
21	***超市(曲阳店)	24	1	4.2	虹口区
22	***超市(通州路店)	24	1	4.2	虹口区
23	***超市(铜川路品尊店)	24	1	4.2	普陀区
24	***超市(浦江店)	24	1	4.2	闵行区
25	***市场	24	1	4.2	静安区
26	***市场	23	1	4.3	长宁区
27	***超市(锦绣店)	22	1	4.5	浦东新区
28	***超市(新村店)	22	1	4.5	普陀区
29	***市场	21	1	4.8	静安区
30	***超市(新港路店)	20	1	5.0	虹口区
31	***超市(五角场店)	13	1	7.7	杨浦区

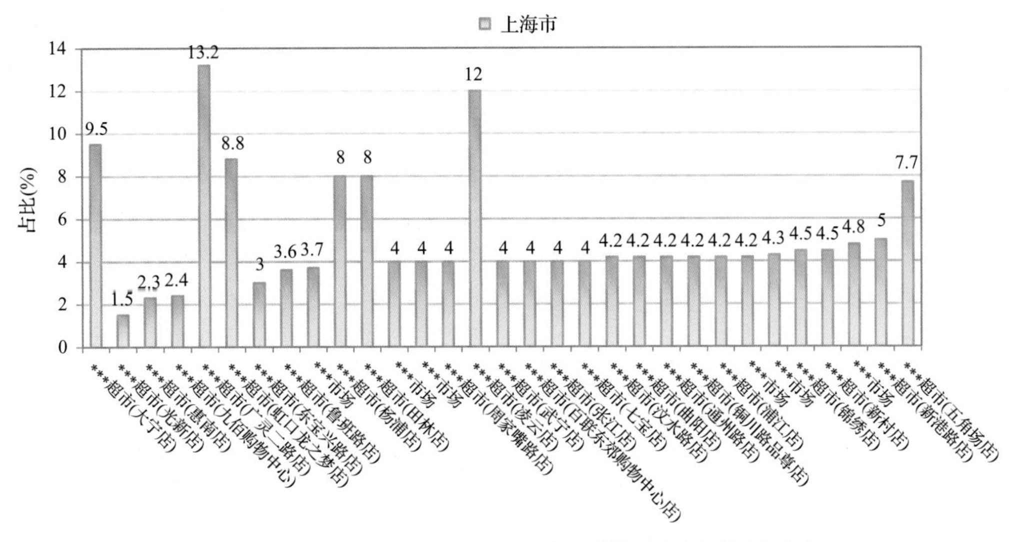

图 1-24　超过 MRL 中国香港标准水果蔬菜在不同采样点分布

1.2.3.5　按 MRL 美国标准衡量

按 MRL 美国标准衡量，有 13 个采样点的样品存在不同程度的超标农药检出，其中***超市(九佰购物中心)的超标率最高，为 9.8%，如图 1-25 和表 1-18 所示。

表 1-18　超过 MRL 美国标准水果蔬菜在不同采样点分布

序号	采样点	样品总数	超标数量	超标率(%)	行政区域
1	***超市(大宁店)	74	7	9.5	闸北区
2	***超市(惠南店)	43	1	2.3	浦东新区
3	***超市(九佰购物中心)	41	4	9.8	宝山区
4	***超市(广灵二路店)	38	3	7.9	虹口区
5	***超市(东宝兴路店)	33	1	3.0	虹口区
6	***超市(杨浦店)	25	1	4.0	杨浦区
7	***超市(隆昌店)	25	1	4.0	杨浦区
8	***超市(正大广场店)	25	1	4.0	浦东新区
9	***超市(都市店)	25	1	4.0	闵行区
10	***超市(七宝店)	25	2	8.0	闵行区
11	***超市(铜川路品尊店)	24	1	4.2	普陀区
12	***超市(新村店)	22	1	4.5	普陀区
13	***市场	21	1	4.8	静安区

1.2.3.6　按 MRL CAC 标准衡量

按 MRL CAC 标准衡量，有 23 个采样点的样品存在不同程度的超标农药检出，其中***超市(大宁店)的超标率最高，为 10.8%，如图 1-26 和表 1-19 所示。

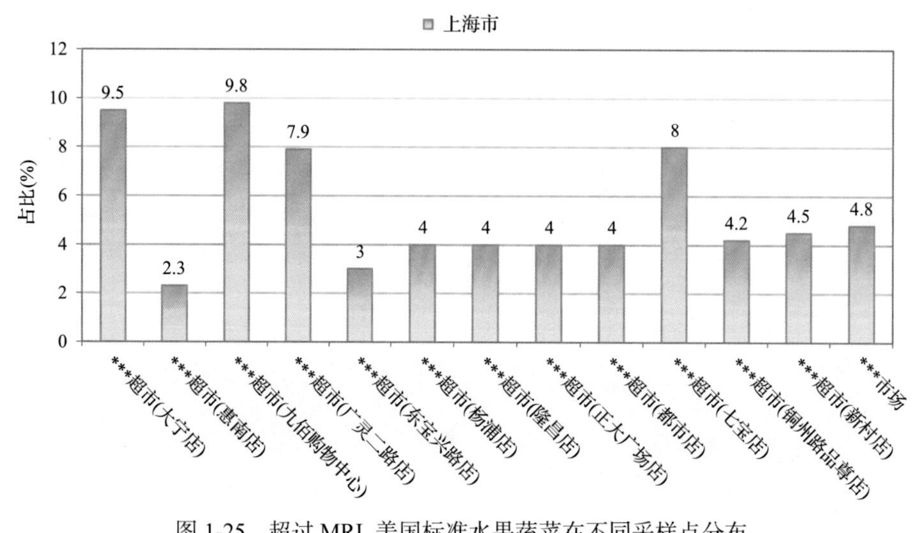

图 1-25　超过 MRL 美国标准水果蔬菜在不同采样点分布

表 1-19　超过 MRL CAC 标准水果蔬菜在不同采样点分布

序号	采样点	样品总数	超标数量	超标率(%)	行政区域
1	***超市(大宁店)	74	8	10.8	闸北区
2	***超市(光新店)	68	1	1.5	普陀区
3	***超市(惠南店)	43	1	2.3	浦东新区
4	***超市(九佰购物中心)	41	3	7.3	宝山区
5	***超市(广灵二路店)	38	2	5.3	虹口区
6	***超市(虹口龙之梦店)	34	1	2.9	虹口区
7	***超市(东宝兴路店)	33	1	3.0	虹口区
8	***超市(鲁班路店)	28	1	3.6	黄浦区
9	***市场	27	1	3.7	宝山区
10	***超市(杨浦店)	25	2	8.0	杨浦区
11	***超市(田林店)	25	2	8.0	徐汇区
12	***市场	25	1	4.0	闵行区
13	***超市(周家嘴路店)	25	1	4.0	杨浦区
14	***超市(凌云店)	25	1	4.0	徐汇区
15	***超市(张江店)	25	1	4.0	浦东新区
16	***超市(七宝店)	25	1	4.0	闵行区
17	***超市(汶水路店)	24	1	4.2	闸北区
18	***超市(通州路店)	24	1	4.2	虹口区
19	***超市(铜川路品尊店)	24	1	4.2	普陀区
20	***市场	24	2	8.3	静安区
21	***超市(新村店)	22	1	4.5	普陀区
22	***市场	21	1	4.8	静安区
23	***超市(五角场店)	13	1	7.7	杨浦区

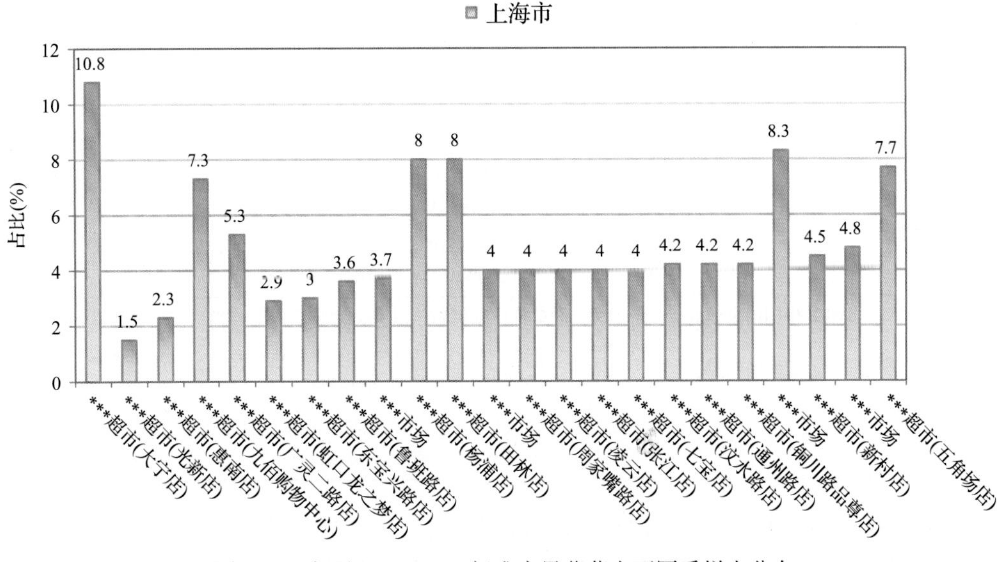

图 1-26　超过 MRL CAC 标准水果蔬菜在不同采样点分布

1.3　水果中农药残留分布

1.3.1　检出农药品种和频次排前 10 的水果

本次残留侦测的水果共 24 种，包括猕猴桃、西瓜、桃、哈密瓜、香蕉、柿子、木瓜、苹果、草莓、葡萄、山楂、梨、柚、李子、枇杷、芒果、荔枝、橘、橙、柠檬、金橘、火龙果、甜瓜和菠萝。

根据检出农药品种及频次进行排名，将各项排名前 10 位的水果样品检出情况列表说明，详见表 1-20。

表 1-20　检出农药品种和频次排名前 10 的水果

检出农药品种排名前 10(品种)	①葡萄(42),②草莓(31),③哈密瓜(31),④梨(30),⑤苹果(29),⑥甜瓜(28),⑦柠檬(25),⑧芒果(24),⑨橙(23),⑩猕猴桃(22)
检出农药频次排名前 10(频次)	①葡萄(207),②柠檬(175),③梨(108),④芒果(108),⑤苹果(96),⑥火龙果(89),⑦哈密瓜(77),⑧木瓜(75),⑨猕猴桃(66),⑩橙(64)
检出禁用、高毒及剧毒农药品种排名前 10(品种)	①草莓(5),②梨(3),③葡萄(3),④哈密瓜(2),⑤橘(2),⑥枇杷(2),⑦苹果(2),⑧橙(1),⑨柠檬(1)
检出禁用、高毒及剧毒农药频次排名前 10(频次)	①草莓(8),②梨(7),③葡萄(4),④哈密瓜(3),⑤橘(3),⑥柠檬(3),⑦枇杷(3),⑧苹果(3),⑨橙(1)

1.3.2　超标农药品种和频次排前 10 的水果

鉴于 MRL 欧盟标准和日本标准制定比较全面且覆盖率较高，我们参照 MRL 中国国家标准、欧盟标准和日本标准衡量水果样品中农残检出情况，将超标农药品种及频次排名前 10 的水果列表说明，详见表 1-21。

表 1-21　超标农药品种和频次排名前 10 的水果

超标农药品种排名前 10（农药品种数）	MRL 中国国家标准	①草莓(3),②橘(2),③梨(1),④芒果(1),⑤柠檬(1),⑥苹果(1),⑦葡萄(1)
	MRL 欧盟标准	①芒果(12),②草莓(11),③苹果(10),④梨(9),⑤猕猴桃(8),⑥木瓜(7),⑦葡萄(7),⑧哈密瓜(5),⑨火龙果(5),⑩柠檬(5)
	MRL 日本标准	①火龙果(13),②猕猴桃(10),③草莓(8),④橙(6),⑤芒果(6),⑥木瓜(6),⑦哈密瓜(5),⑧苹果(5),⑨葡萄(5),⑩梨(4)
超标农药频次排名前 10（农药频次数）	MRL 中国国家标准	①柠檬(5),②草莓(3),③橘(2),④梨(1),⑤芒果(1),⑥苹果(1),⑦葡萄(1)
	MRL 欧盟标准	①芒果(27),②木瓜(23),③葡萄(17),④梨(14),⑤草莓(13),⑥猕猴桃(13),⑦苹果(13),⑧火龙果(8),⑨哈密瓜(7),⑩橘(5)
	MRL 日本标准	①柠檬(35),②火龙果(31),③木瓜(24),④猕猴桃(19),⑤橙(17),⑥芒果(14),⑦葡萄(10),⑧草莓(9),⑨哈密瓜(8),⑩梨(7)

通过对各品种水果样本总数及检出率进行综合分析发现，葡萄、哈密瓜和梨的残留污染最为严重，在此，我们参照 MRL 中国国家标准、欧盟标准和日本标准对这 3 种水果的农残检出情况进行进一步分析。

1.3.3　农药残留检出率较高的水果样品分析

1.3.3.1　葡萄

这次共检测 42 例葡萄样品，38 例样品中检出了农药残留，检出率为 90.5%，检出农药共计 42 种。其中嘧菌酯、吡唑醚菌酯、烯酰吗啉、嘧霉胺和戊唑醇检出频次较高，分别检出了 20、19、18、17 和 15 次。葡萄中农药检出品种和频次见图 1-27，超标农药见图 1-28 和表 1-22。

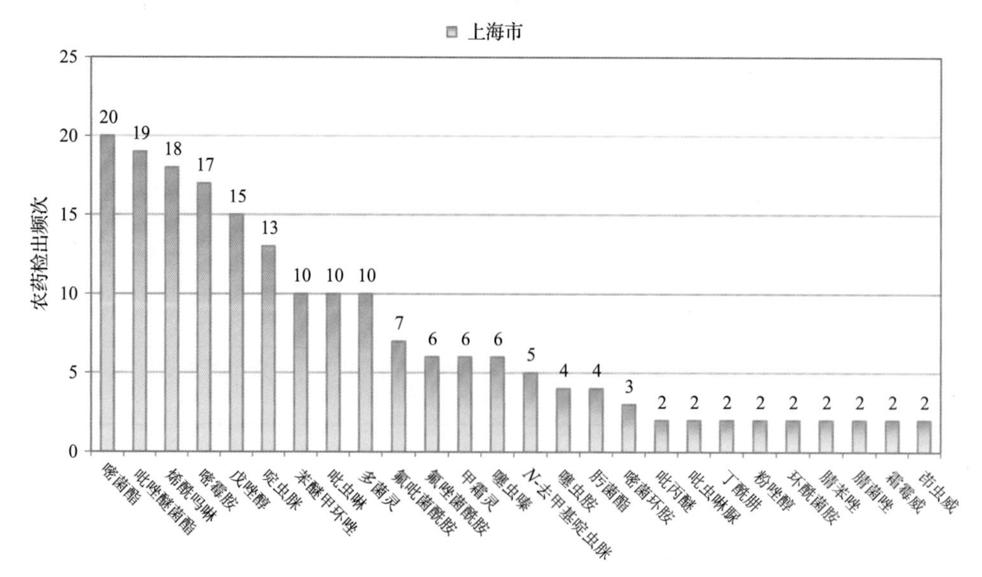

图 1-27　葡萄样品检出农药品种和频次分析(仅列出 2 频次及以上的数据)

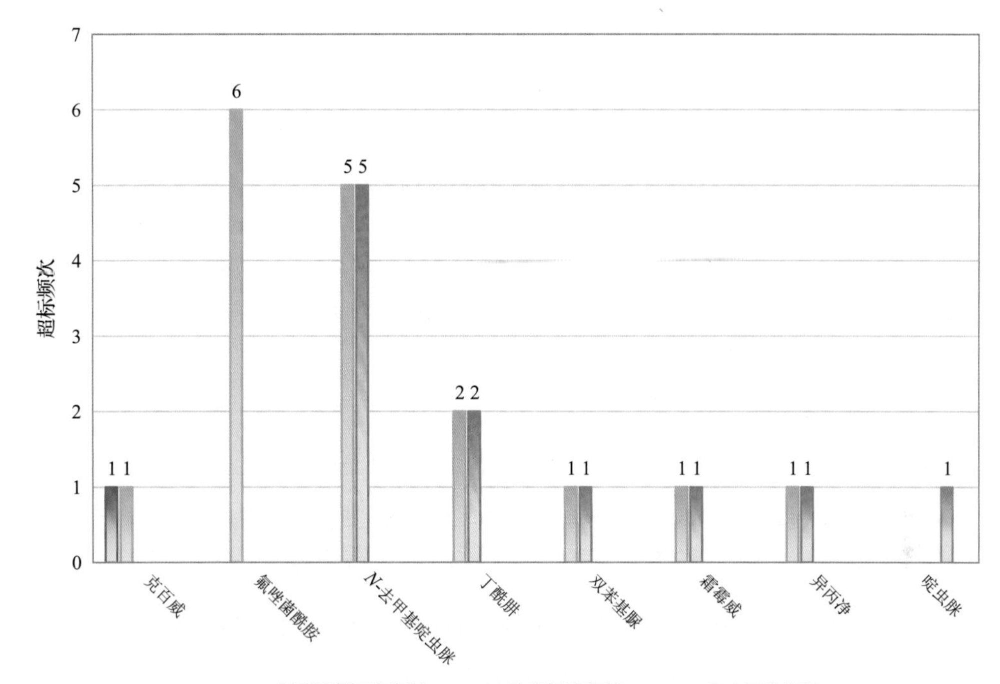

图 1-28　葡萄样品中超标农药分析

表 1-22　葡萄中农药残留超标情况明细表

样品总数 42			检出农药样品数 38	样品检出率(%) 90.5	检出农药品种总数 42
	超标农药品种	超标农药频次	按照 MRL 中国国家标准、欧盟标准和日本标准衡量超标农药名称及频次		
中国国家标准	1	1	克百威(1)		
欧盟标准	7	17	氟唑菌酰胺(6),*N*-去甲基啶虫脒(5),丁酰肼(2),克百威(1),双苯基脲(1),霜霉威(1),异丙净(1)		
日本标准	5	10	*N*-去甲基啶虫脒(5),丁酰肼(2),双苯基脲(1),霜霉威(1),异丙净(1)		

1.3.3.2　哈密瓜

这次共检测 27 例哈密瓜样品，18 例样品中检出了农药残留，检出率为 66.7%，检出农药共计 31 种。其中多菌灵、嘧菌酯、吡虫啉、噻菌灵和吡唑醚菌酯检出频次较高，分别检出了 11、7、6、5 和 3 次。哈密瓜中农药检出品种和频次见图 1-29，超标农药见图 1-30 和表 1-23。

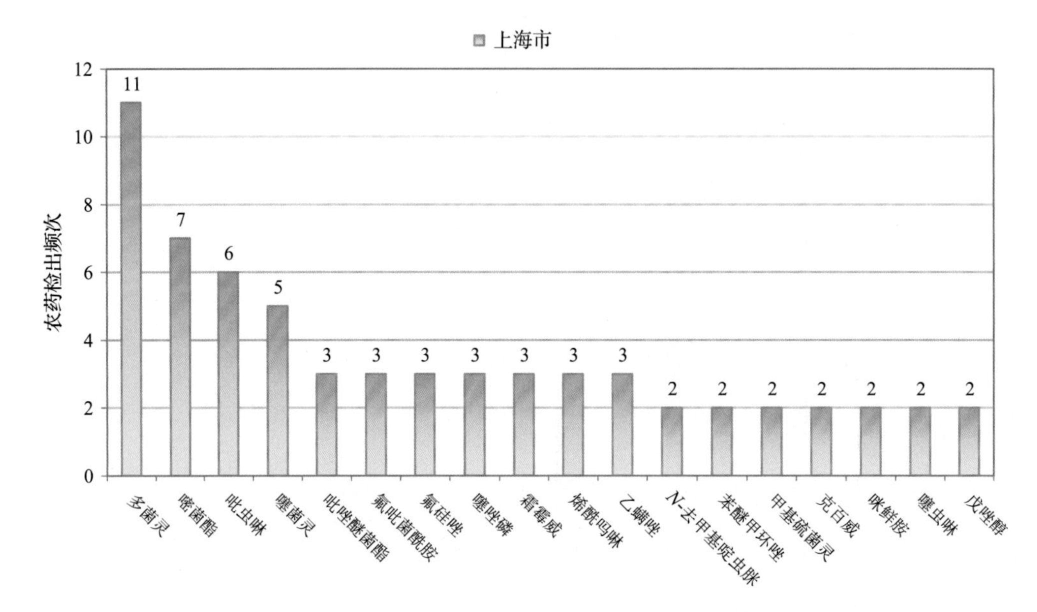

图 1-29　哈密瓜样品检出农药品种和频次分析(仅列出 2 频次及以上的数据)

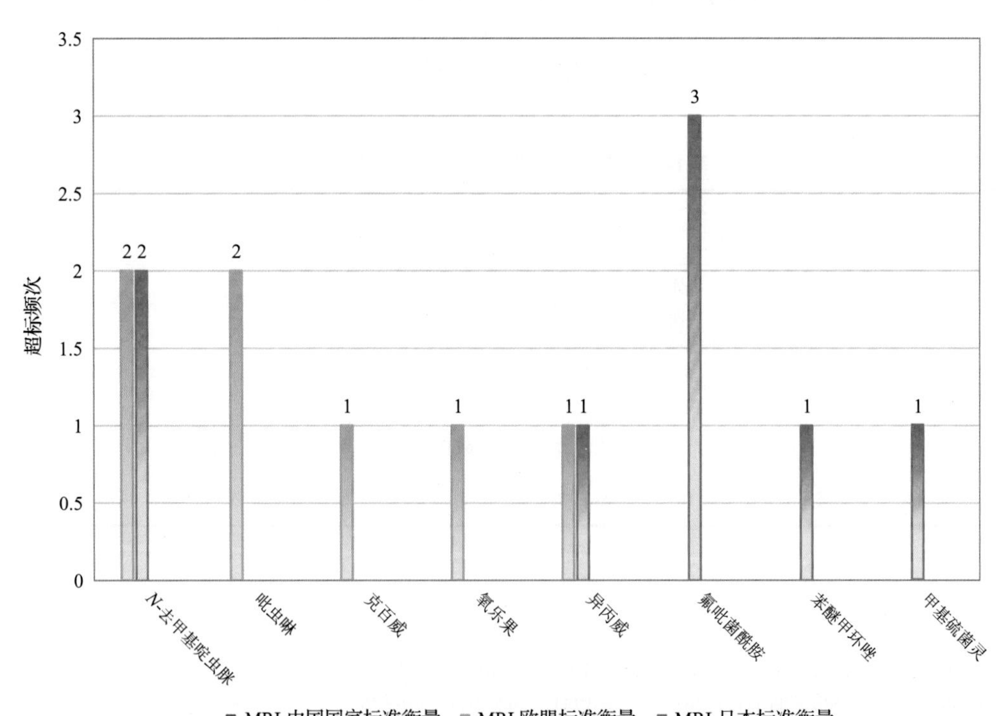

图 1-30　哈密瓜样品中超标农药分析

表 1-23　哈密瓜中农药残留超标情况明细表

样品总数			检出农药样品数	样品检出率(%)	检出农药品种总数
27			18	66.7	31
	超标农药品种	超标农药频次	按照 MRL 中国国家标准、欧盟标准和日本标准衡量超标农药名称及频次		
中国国家标准	0	0			
欧盟标准	5	7	*N*-去甲基啶虫脒(2),吡虫啉(2),克百威(1),氧乐果(1),异丙威(1)		
日本标准	5	8	氟吡菌酰胺(3),*N*-去甲基啶虫脒(2),苯醚甲环唑(1),甲基硫菌灵(1),异丙威(1)		

1.3.3.3　梨

这次共检测 50 例梨样品，42 例样品中检出了农药残留，检出率为 84.0%，检出农药共计 30 种。其中啶虫脒、多菌灵、嘧菌酯、吡虫啉和吡唑醚菌酯检出频次较高，分别检出了 16、16、12、9 和 5 次。梨中农药检出品种和频次见图 1-31，超标农药见图 1-32 和表 1-24。

表 1-24　梨中农药残留超标情况明细表

样品总数			检出农药样品数	样品检出率(%)	检出农药品种总数
50			42	84	30
	超标农药品种	超标农药频次	按照 MRL 中国国家标准、欧盟标准和日本标准衡量超标农药名称及频次		
中国国家标准	1	1	甲氨基阿维菌素(1)		
欧盟标准	9	14	*N*-去甲基啶虫脒(3),嘧菌酯(3),克百威(2),多菌灵(1),甲氨基阿维菌素(1),戊唑醇(1),氧乐果(1),乙基杀扑磷(1),仲丁威(1)		
日本标准	4	7	*N*-去甲基啶虫脒(3),甲基硫菌灵(2),甲氨基阿维菌素(1),乙基杀扑磷(1)		

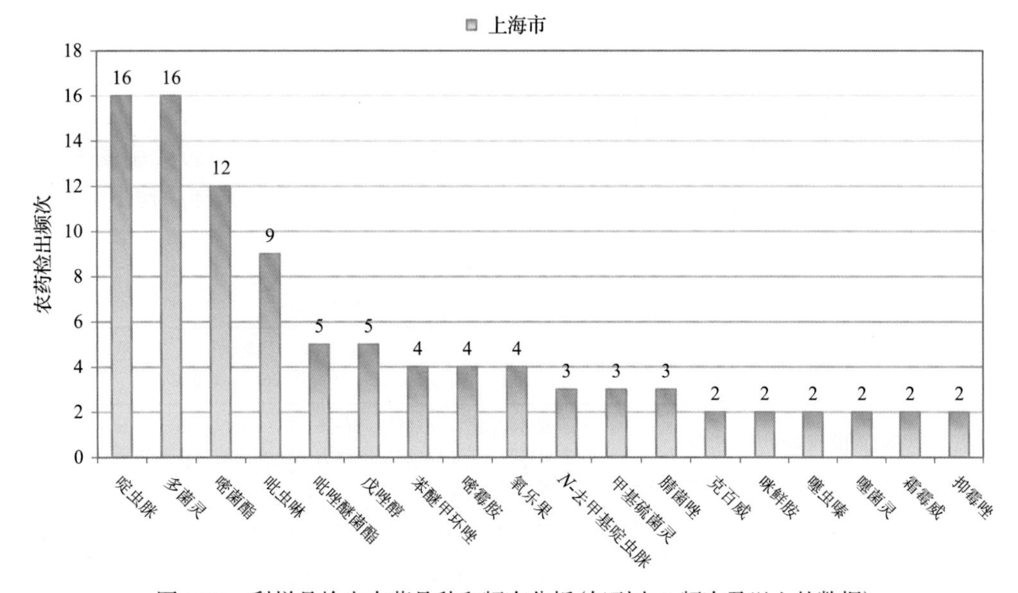

图 1-31　梨样品检出农药品种和频次分析(仅列出 2 频次及以上的数据)

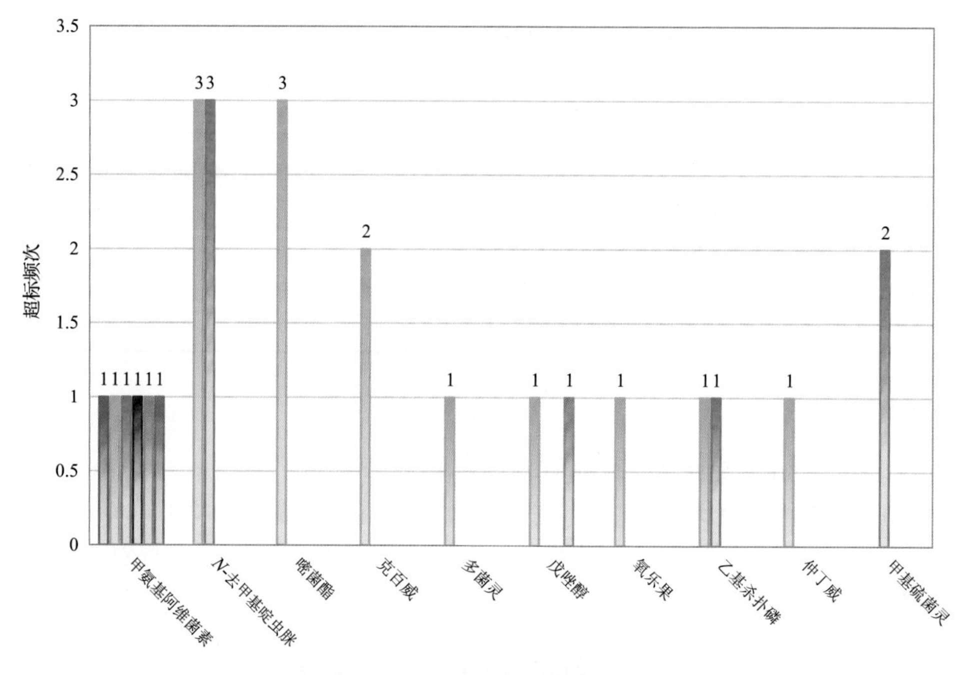

图 1-32 梨样品中超标农药分析

1.4 蔬菜中农药残留分布

1.4.1 检出农药品种和频次排前 10 的蔬菜

本次残留侦测的蔬菜共 43 种，包括结球甘蓝、韭菜、大蒜、芹菜、香椿芽、黄瓜、洋葱、蕹菜、番茄、山药、菠菜、花椰菜、百合、西葫芦、甜椒、芥蓝、辣椒、奶白菜、葱、苋菜、油麦菜、胡萝卜、青花菜、小白菜、南瓜、芋、紫甘蓝、萝卜、茄子、马铃薯、菜豆、小油菜、苦瓜、草头、茼蒿、冬瓜、生菜、茭白、娃娃菜、青菜、莴笋、蒜薹和丝瓜。

根据检出农药品种及频次进行排名，将各项排名前 10 位的蔬菜样品检出情况列表说明，详见表 1-25。

表 1-25 检出农药品种和频次排名前 10 的蔬菜

检出农药品种排名前 10(品种)	①甜椒(46),②芹菜(42),③番茄(40),④菜豆(37),⑤黄瓜(35),⑥生菜(33),⑦茄子(30),⑧茼蒿(29),⑨青菜(26),⑩辣椒(24)
检出农药频次排名前 10(频次)	①甜椒(180),②番茄(153),③芹菜(138),④黄瓜(137),⑤茄子(126),⑥生菜(125),⑦菜豆(123),⑧辣椒(68),⑨茼蒿(53),⑩青菜(51)
检出禁用、高毒及剧毒农药品种排名前 10(品种)	①番茄(4),②茼蒿(4),③菜豆(3),④芹菜(3),⑤青菜(3),⑥生菜(3),⑦胡萝卜(2),⑧奶白菜(2),⑨甜椒(2),⑩大蒜(1)
检出禁用、高毒及剧毒农药频次排名前 10(频次)	①生菜(12),②芹菜(9),③菜豆(7),④胡萝卜(7),⑤番茄(4),⑥茼蒿(4),⑦青菜(3),⑧甜椒(3),⑨辣椒(2),⑩奶白菜(2)

1.4.2　超标农药品种和频次排前 10 的蔬菜

鉴于 MRL 欧盟标准和日本标准制定比较全面且覆盖率较高，我们参照 MRL 中国国家标准、欧盟标准和日本标准衡量蔬菜样品中农残检出情况，将超标农药品种及频次排名前 10 的蔬菜列表说明，详见表 1-26。

表 1-26　超标农药品种和频次排名前 10 的蔬菜

超标农药品种排名前 10（农药品种数）	MRL 中国国家标准	①黄瓜（4），②茼蒿（4），③生菜（2），④菜豆（1），⑤冬瓜（1），⑥番茄（1），⑦胡萝卜（1），⑧苦瓜（1），⑨辣椒（1），⑩萝卜（1）
	MRL 欧盟标准	①芹菜（20），②甜椒（16），③菜豆（15），④番茄（15），⑤生菜（11），⑥黄瓜（10），⑦茼蒿（10），⑧小油菜（10），⑨茄子（9），⑩葱（6）
	MRL 日本标准	①菜豆（26），②甜椒（14），③芹菜（10），④生菜（8），⑤小油菜（8），⑥番茄（7），⑦茼蒿（7），⑧黄瓜（6），⑨奶白菜（4），⑩菠菜（3）
超标农药频次排名前 10（农药频次数）	MRL 中国国家标准	①胡萝卜（4），②黄瓜（4），③茼蒿（4），④生菜（3），⑤菜豆（2），⑥芹菜（2），⑦冬瓜（1），⑧番茄（1），⑨苦瓜（1），⑩辣椒（1）
	MRL 欧盟标准	①甜椒（37），②芹菜（29），③生菜（28），④番茄（23），⑤菜豆（22），⑥茄子（18），⑦小油菜（18），⑧葱（14），⑨黄瓜（12），⑩茼蒿（12）
	MRL 日本标准	①菜豆（56），②生菜（22），③甜椒（22），④小油菜（20），⑤芹菜（13），⑥茼蒿（12），⑦番茄（9），⑧黄瓜（7），⑨结球甘蓝（7），⑩菠菜（5）

通过对各品种蔬菜样本总数及检出率进行综合分析发现，甜椒、芹菜和番茄的残留污染最为严重，在此，我们参照 MRL 中国国家标准、欧盟标准和日本标准对这 3 种蔬菜的农残检出情况进行进一步分析。

1.4.3　农药残留检出率较高的蔬菜样品分析

1.4.3.1　甜椒

这次共检测 49 例甜椒样品，41 例样品中检出了农药残留，检出率为 83.7%，检出农药共计 46 种。其中啶虫脒、多菌灵、四氟醚唑、吡虫啉和丙溴磷检出频次较高，分别检出了 15、13、13、10 和 10 次。甜椒中农药检出品种和频次见图 1-33，超标农药见图 1-34 和表 1-27。

表 1-27　甜椒中农药残留超标情况明细表

	样品总数		检出农药样品数	样品检出率（%）	检出农药品种总数
	49		41	83.7	46
	超标农药品种	超标农药频次	按照 MRL 中国国家标准、欧盟标准和日本标准衡量超标农药名称及频次		
中国国家标准	1	1	克百威（1）		
欧盟标准	16	37	丙溴磷（10），*N*-去甲基啶虫脒（5），烯啶虫胺（4），唑虫酰胺（3），噻虫胺（2），双苯基脲（2），乙螨唑（2），吡虫啉脲（1），啶虫脒（1），环丙唑醇（1），甲氨基阿维菌素（1），克百威（1），速灭威（1），氧环唑（1），异丙威（1），兹克威（1）		
日本标准	14	22	*N*-去甲基啶虫脒（5），乙螨唑（4），双苯基脲（2），吡虫啉脲（1），啶虫脒（1），氟吡菌酰胺（1），环丙唑醇（1），克百威（1），喹螨醚（1），速灭威（1），氧环唑（1），乙嘧酚磺酸酯（1），异丙威（1），兹克威（1）		

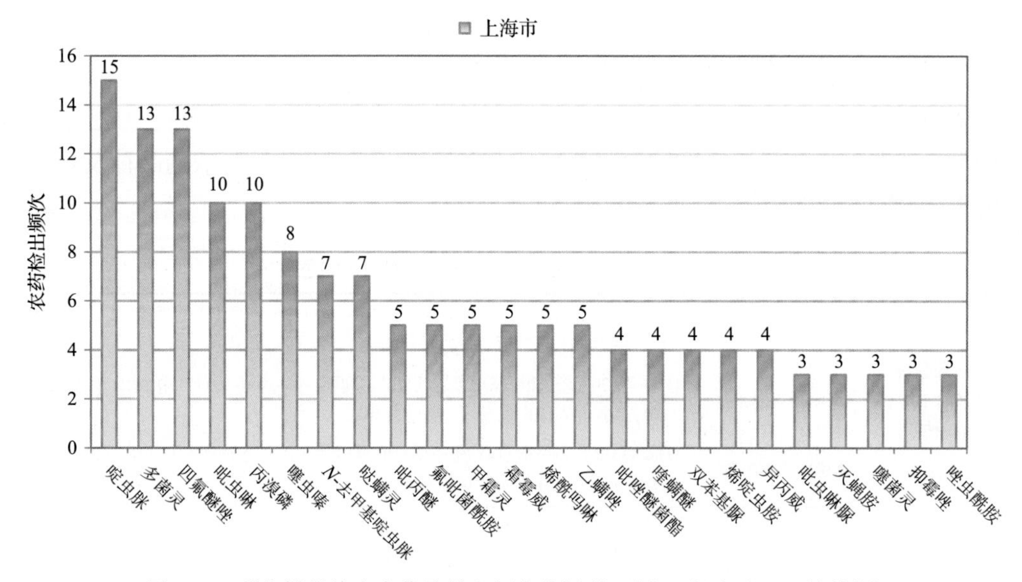

图 1-33　甜椒样品检出农药品种和频次分析(仅列出 3 频次及以上的数据)

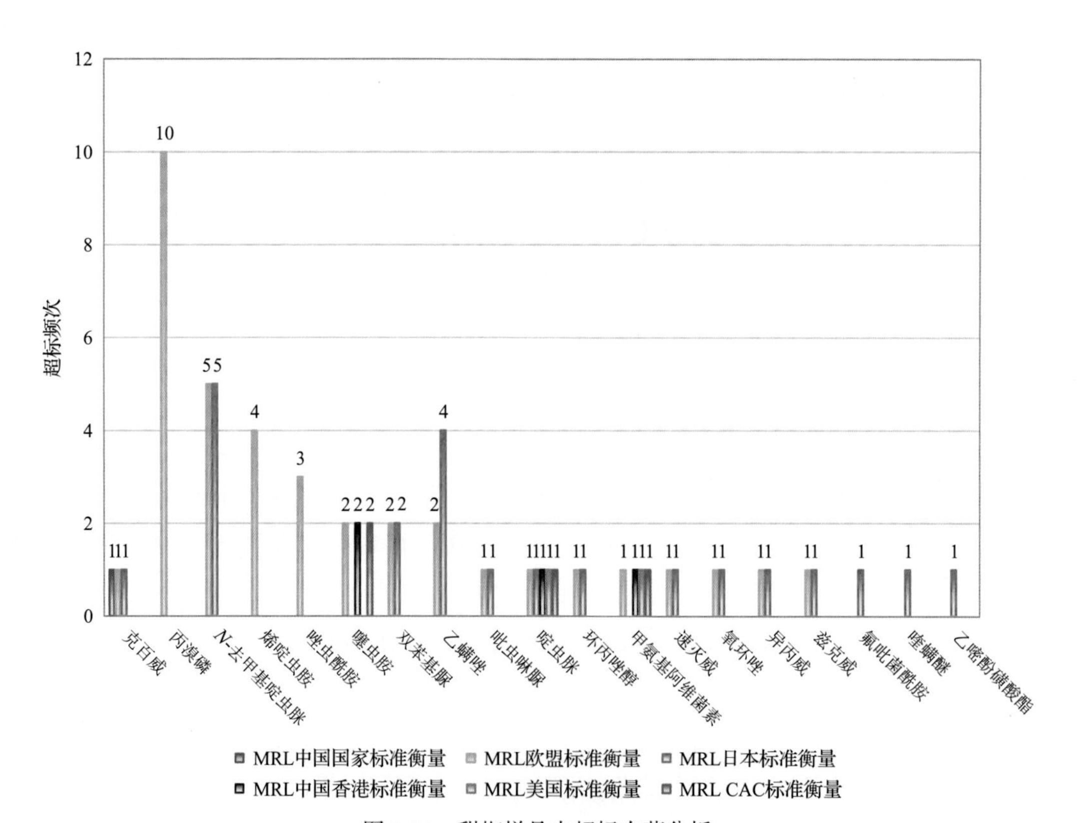

图 1-34　甜椒样品中超标农药分析

1.4.3.2　芹菜

这次共检测 34 例芹菜样品，30 例样品中检出了农药残留，检出率为 88.2%，检出农药共计 42 种。其中苯醚甲环唑、吡虫啉、烯酰吗啉、戊唑醇和多菌灵检出频次较高，分别检出了 11、11、11、10 和 9 次。芹菜中农药检出品种和频次见图 1-35，超标农药见图 1-36 和表 1-28。

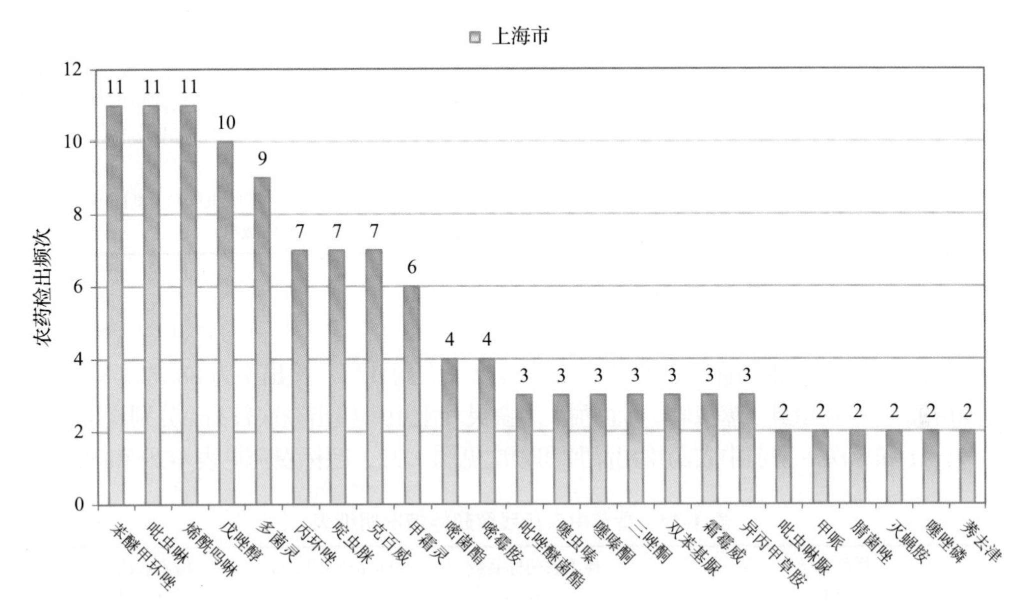

图 1-35　芹菜样品检出农药品种和频次分析(仅列出 2 频次及以上的数据)

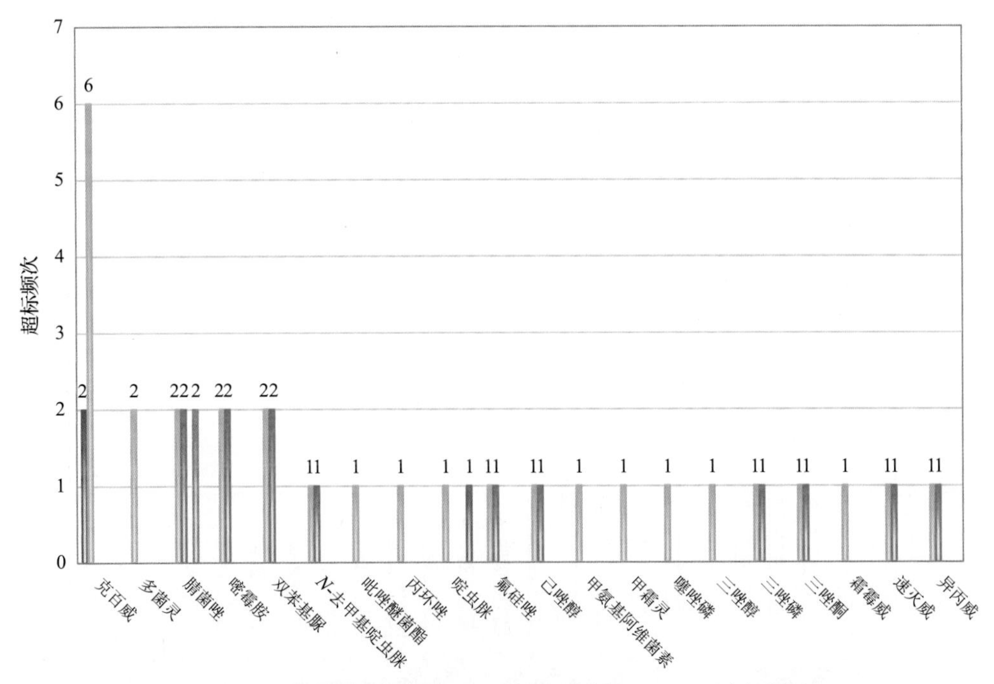

图 1-36　芹菜样品中超标农药分析

表 1-28　芹菜中农药残留超标情况明细表

样品总数			检出农药样品数	样品检出率(%)	检出农药品种总数
34			30	88.2	42
	超标农药品种	超标农药频次	按照 MRL 中国国家标准、欧盟标准和日本标准衡量超标农药名称及频次		
中国国家标准	1	2	克百威(2)		
欧盟标准	20	29	克百威(6),多菌灵(2),腈菌唑(2),嘧霉胺(2),双苯基脲(2),*N*-去甲基啶虫脒(1),吡唑醚菌酯(1),丙环唑(1),啶虫脒(1),氟硅唑(1),己唑醇(1),甲氨基阿维菌素(1),甲霜灵(1),噻唑磷(1),三唑醇(1),三唑磷(1),三唑酮(1),霜霉威(1),速灭威(1),异丙威(1)		
日本标准	10	13	腈菌唑(2),嘧霉胺(2),双苯基脲(2),*N*-去甲基啶虫脒(1),氟硅唑(1),己唑醇(1),三唑磷(1),三唑酮(1),速灭威(1),异丙威(1)		

1.4.3.3　番茄

这次共检测 53 例番茄样品，47 例样品中检出了农药残留，检出率为 88.7%，检出农药共计 40 种。其中啶虫脒、噻虫嗪、吡丙醚、多菌灵和吡虫啉检出频次较高，分别检出了 15、14、11、11 和 8 次。番茄中农药检出品种和频次见图 1-37，超标农药见表 1-29 和图 1-38。

表 1-29　番茄中农药残留超标情况明细表

样品总数			检出农药样品数	样品检出率(%)	检出农药品种总数
53			47	88.7	40
	超标农药品种	超标农药频次	按照 MRL 中国国家标准、欧盟标准和日本标准衡量超标农药名称及频次		
中国国家标准	1	1	灭线磷(1)		
欧盟标准	15	23	噻虫胺(7),*N*-去甲基啶虫脒(3),避蚊胺(1),丙环唑(1),敌百虫(1),啶虫脒(1),多菌灵(1),噁霜灵(1),甲霜灵(1),克百威(1),灭线磷(1),噻虫嗪(1),双苯基脲(1),烯啶虫胺(1),兹克威(1)		
日本标准	7	9	*N*-去甲基啶虫脒(3),避蚊胺(1),丙环唑(1),氟吡菌酰胺(1),灭线磷(1),双苯基脲(1),兹克威(1)		

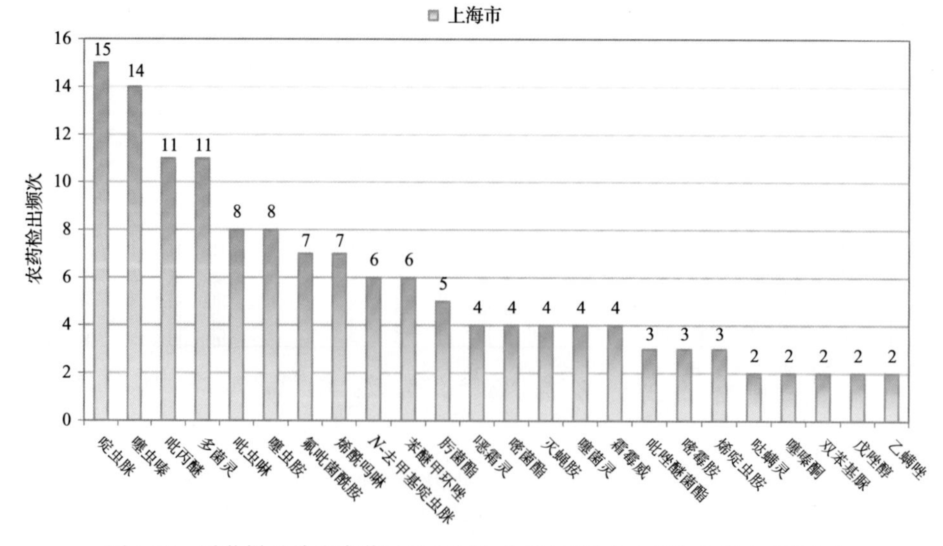

图 1-37　番茄样品检出农药品种和频次分析(仅列出 2 频次及以上的数据)

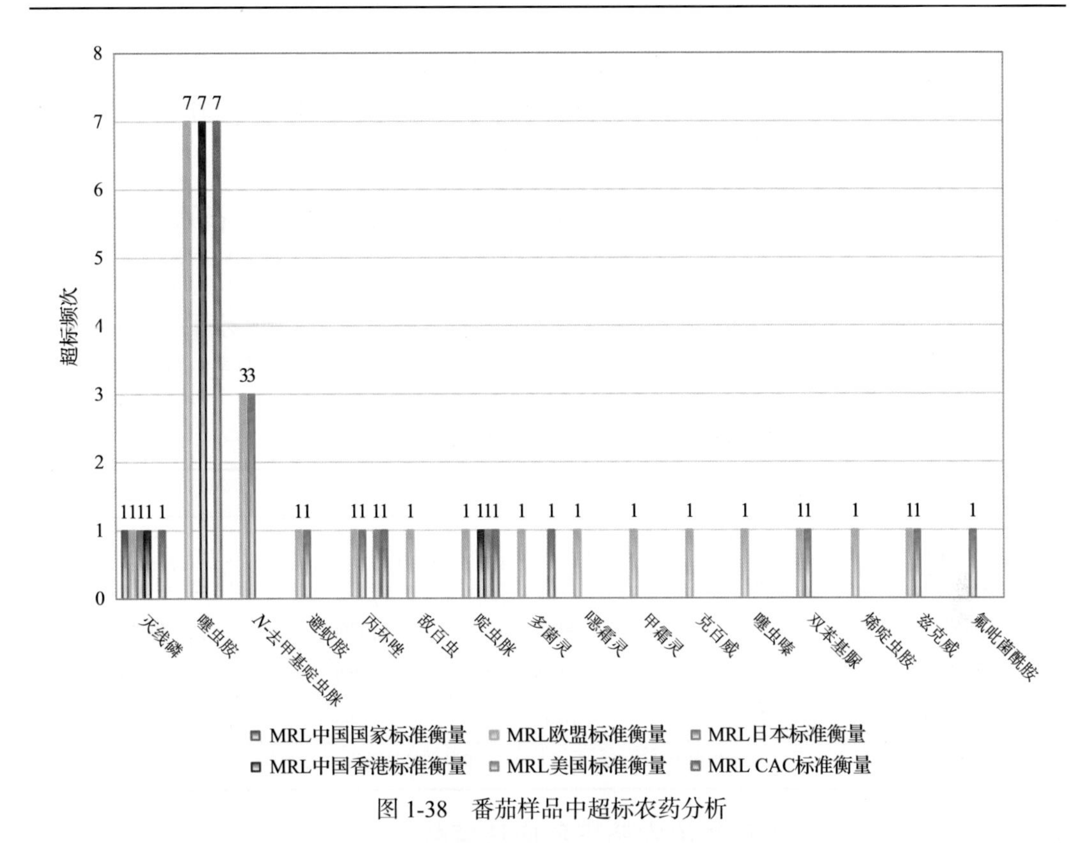

图 1-38　番茄样品中超标农药分析

1.5　初 步 结 论

1.5.1　上海市市售水果蔬菜按 MRL 中国国家标准和国际主要 MRL 标准衡量的合格率

本次侦测的 1316 例样品中，316 例样品未检出任何残留农药，占样品总量的 24.0%，1000 例样品检出不同水平、不同种类的残留农药，占样品总量的 76.0%。在这 1000 例检出农药残留的样品中：

按照 MRL 中国国家标准衡量，有 956 例样品检出残留农药但含量没有超标，占样品总数的 72.6%，有 44 例样品检出了超标农药，占样品总数的 3.3%。

按照 MRL 欧盟标准衡量，有 663 例样品检出残留农药但含量没有超标，占样品总数的 50.4%，有 337 例样品检出了超标农药，占样品总数的 25.6%。

按照 MRL 日本标准衡量，有 691 例样品检出残留农药但含量没有超标，占样品总数的 52.5%，有 309 例样品检出了超标农药，占样品总数的 23.5%。

按照 MRL 中国香港标准衡量，有 953 例样品检出残留农药但含量没有超标，占样品总数的 72.4%，有 47 例样品检出了超标农药，占样品总数的 3.6%。

按照 MRL 美国标准衡量，有 975 例样品检出残留农药但含量没有超标，占样品总数的 74.1%，有 25 例样品检出了超标农药，占样品总数的 1.9%。

按照 MRL CAC 标准衡量，有 964 例样品检出残留农药但含量没有超标，占样品总数的 73.3%，有 36 例样品检出了超标农药，占样品总数的 2.7%。

1.5.2 上海市市售水果蔬菜中检出农药以中低微毒农药为主，占市场主体的 91.2%

这次侦测的 1316 例样品包括调味料 1 种 1 例，食用菌 4 种 514 例，水果 24 种 73 例，蔬菜 43 种 728 例，共检出了 125 种农药，检出农药的毒性以中低微毒为主，详见表 1-30。

表 1-30 市场主体农药毒性分布

毒性	检出品种	占比	检出频次	占比
剧毒农药	2	1.6%	12	0.4%
高毒农药	9	7.2%	81	2.6%
中毒农药	51	40.8%	1366	44.0%
低毒农药	43	34.4%	750	24.2%
微毒农药	20	16.0%	896	28.9%
中低微毒农药，品种占比 91.2%，频次占比 97.0%				

1.5.3 检出剧毒、高毒和禁用农药现象应该警醒

在此次侦测的 1316 例样品中有 21 种蔬菜和 9 种水果的 97 例样品检出了 12 种 103 频次的剧毒和高毒或禁用农药，占样品总量的 7.4%。其中剧毒农药甲拌磷和灭线磷以及高毒农药克百威、氧乐果和三唑磷检出频次较高。

按 MRL 中国国家标准衡量，剧毒农药甲拌磷，检出 9 次，超标 5 次；灭线磷，检出 3 次，超标 2 次；高毒农药克百威，检出 31 次，超标 10 次；氧乐果，检出 23 次，超标 7 次；按超标程度比较，甜椒中克百威超标 49.5 倍，菜豆中氧乐果超标 30.5 倍，芹菜中克百威超标 21.3 倍，番茄中灭线磷超标 18.0 倍，茼蒿中甲拌磷超标 15.0 倍。

剧毒、高毒或禁用农药的检出情况及按照 MRL 中国国家标准衡量的超标情况见表 1-31。

表 1-31 剧毒、高毒或禁用农药的检出及超标明细

序号	农药名称	样品名称	检出频次	超标频次	最大超标倍数	超标率
1.1	灭线磷*▲	番茄	1	1	18	100.0%
1.2	灭线磷*▲	茼蒿	1	1	2.7	100.0%
1.3	灭线磷*▲	杏鲍菇	1	0	0	0.0%
2.1	甲拌磷*▲	胡萝卜	6	4	4.47	66.7%
2.2	甲拌磷*▲	茼蒿	1	1	15	100.0%
2.3	甲拌磷*▲	枇杷	1	0	0	0.0%

续表

序号	农药名称	样品名称	检出频次	超标频次	最大超标倍数	超标率
2.4	甲拌磷*▲	芹菜	1	0	0	0.0%
3.1	三唑磷◊	柠檬	3	0	0	0.0%
3.2	三唑磷◊	草莓	3	0	0	0.0%
3.3	三唑磷◊	枇杷	2	0	0	0.0%
3.4	三唑磷◊	菜豆	2	0	0	0.0%
3.5	三唑磷◊	芹菜	1	0	0	0.0%
3.6	三唑磷◊	青菜	1	0	0	0.0%
3.7	三唑磷◊	韭菜	1	0	0	0.0%
4.1	乙基杀扑磷◊	梨	1	0	0	0.0%
4.2	乙基杀扑磷◊	草莓	1	0	0	0.0%
5.1	亚砜磷◊	茄子	1	0	0	0.0%
6.1	克百威◊▲	芹菜	7	2	21.255	28.6%
6.2	克百威◊▲	甜椒	2	1	49.5	50.0%
6.3	克百威◊▲	草莓	2	1	2.25	50.0%
6.4	克百威◊▲	橘	2	1	0.35	50.0%
6.5	克百威◊▲	哈密瓜	2	0	0	0.0%
6.6	克百威◊▲	梨	2	0	0	0.0%
6.7	克百威◊▲	菜豆	2	0	0	0.0%
6.8	克百威◊▲	葡萄	1	1	9.665	100.0%
6.9	克百威◊▲	冬瓜	1	1	5	100.0%
6.10	克百威◊▲	苦瓜	1	1	4.015	100.0%
6.11	克百威◊▲	青菜	1	1	1.85	100.0%
6.12	克百威◊▲	生菜	1	1	0.05	100.0%
6.13	克百威◊▲	奶白菜	1	0	0	0.0%
6.14	克百威◊▲	山药	1	0	0	0.0%
6.15	克百威◊▲	番茄	1	0	0	0.0%
6.16	克百威◊▲	胡萝卜	1	0	0	0.0%
6.17	克百威◊▲	芫荽	1	0	0	0.0%
6.18	克百威◊▲	苹果	1	0	0	0.0%
6.19	克百威◊▲	香菇	1	0	0	0.0%
7.1	兹克威◊	甜椒	1	0	0	0.0%
7.2	兹克威◊	番茄	1	0	0	0.0%
7.3	兹克威◊	草莓	1	0	0	0.0%

续表

序号	农药名称	样品名称	检出频次	超标频次	最大超标倍数	超标率
7.4	兹克威◊	青菜	1	0	0	0.0%
8.1	杀线威◊	大蒜	1	0	0	0.0%
9.1	氧乐果◊▲	梨	4	0	0	0.0%
9.2	氧乐果◊▲	菜豆	3	2	30.54	66.7%
9.3	氧乐果◊▲	辣椒	2	1	5.55	50.0%
9.4	氧乐果◊▲	西葫芦	2	1	1.865	50.0%
9.5	氧乐果◊▲	苹果	2	0	0	0.0%
9.6	氧乐果◊▲	橘	1	1	2.05	100.0%
9.7	氧乐果◊▲	茼蒿	1	1	0.45	100.0%
9.8	氧乐果◊▲	洋葱	1	1	0.35	100.0%
9.9	氧乐果◊▲	哈密瓜	1	0	0	0.0%
9.10	氧乐果◊▲	奶白菜	1	0	0	0.0%
9.11	氧乐果◊▲	橙	1	0	0	0.0%
9.12	氧乐果◊▲	花椰菜	1	0	0	0.0%
9.13	氧乐果◊▲	草莓	1	0	0	0.0%
9.14	氧乐果◊▲	葡萄	1	0	0	0.0%
9.15	氧乐果◊▲	蒜薹	1	0	0	0.0%
10.1	甲胺磷◊▲	生菜	3	2	0.906	66.7%
10.2	甲胺磷◊▲	香椿芽	1	1	4.2	100.0%
10.3	甲胺磷◊▲	茼蒿	1	1	0.26	100.0%
11.1	苯线磷◊▲	番茄	1	0	0	0.0%
12.1	丁酰肼▲	生菜	8	0	0	0.0%
12.2	丁酰肼▲	葡萄	2	0	0	0.0%
合计			103	28		27.2%

注：超标倍数参照 MRL 中国国家标准衡量

这些超标的剧毒和高毒农药都是中国政府早有规定禁止在水果蔬菜中使用的，为什么还屡次被检出，应该引起警惕。

1.5.4　残留限量标准与先进国家或地区标准差距较大

3105 频次的检出结果与我国公布的《食品中农药最大残留限量》(GB 2763—2014) 对比，有 1054 频次能找到对应的 MRL 中国国家标准，占 33.9%；还有 2051 频次的侦测数据无相关 MRL 标准供参考，占 66.1%。

与国际上现行 MRL 标准对比发现：

有 3105 频次能找到对应的 MRL 欧盟标准，占 100.0%；

有 3105 频次能找到对应的 MRL 日本标准，占 100.0%；

有 1662 频次能找到对应的 MRL 中国香港标准，占 53.5%；

有 1485 频次能找到对应的 MRL 美国标准，占 47.8%；

有 1273 频次能找到对应的 MRL CAC 标准，占 41.0%。

由上可见，MRL 中国国家标准与先进国家或地区标准还有很大差距，我们无标准，境外有标准，这就会导致我们在国际贸易中，处于受制于人的被动地位。

1.5.5　水果蔬菜单种样品检出 31~46 种农药残留，拷问农药使用的科学性

通过此次监测发现，葡萄、草莓和哈密瓜是检出农药品种最多的 3 种水果，甜椒、芹菜和番茄是检出农药品种最多的 3 种蔬菜，从中检出农药品种及频次详见表 1-32。

表 1-32　单种样品检出农药品种及频次

样品名称	样品总数	检出农药样品数	检出率	检出农药品种数	检出农药(频次)
甜椒	49	41	83.7%	46	啶虫脒(15),多菌灵(13),四氟醚唑(13),吡虫啉(10),丙溴磷(10),噻虫嗪(8),*N*-去甲基啶虫脒(7),哒螨灵(7),吡丙醚(5),氟吡菌酰胺(5),甲霜灵(5),霜霉威(5),烯酰吗啉(5),乙螨唑(5),吡唑醚菌酯(4),喹螨醚(4),双苯基脲(4),烯啶虫胺(4),异丙威(4),吡虫啉脲(3),灭蝇胺(3),噻菌灵(3),抑霉唑(3),唑虫酰胺(3),粉唑醇(2),甲氨基阿维菌素(2),腈菌唑(2),克百威(2),联苯肼酯(2),嘧菌酯(2),嘧霉胺(2),噻虫胺(2),噻嗪酮(2),肟菌酯(2),苯醚甲环唑(1),敌百虫(1),氟甲喹(1),环丙唑醇(1),甲哌(1),三环唑(1),三唑醇(1),三唑酮(1),速灭威(1),氧环唑(1),乙嘧酚磺酸酯(1),兹克威(1)
芹菜	34	30	88.2%	42	苯醚甲环唑(11),吡虫啉(11),烯酰吗啉(11),戊唑醇(10),多菌灵(9),丙环唑(7),啶虫脒(7),克百威(7),甲霜灵(6),嘧菌酯(4),嘧霉胺(4),吡唑醚菌酯(3),噻虫嗪(3),噻嗪酮(3),三唑酮(3),双苯基脲(3),霜霉威(3),异丙甲草胺(3),吡虫啉脲(2),甲哌(2),腈菌唑(2),灭蝇胺(2),噻唑磷(2),莠去津(2),*N*-去甲基啶虫脒(1),吡丙醚(1),避蚊胺(1),虫酰肼(1),哒螨灵(1),敌百虫(1),氟硅唑(1),环丙唑醇(1),己唑醇(1),甲氨基阿维菌素(1),甲拌磷(1),三唑醇(1),三唑磷(1),速灭威(1),异丙隆(1),异丙威(1),抑霉唑(1),茚虫威(1)
番茄	53	47	88.7%	40	啶虫脒(15),噻虫嗪(14),吡丙醚(11),多菌灵(11),吡虫啉(8),噻虫胺(8),氟吡菌酰胺(7),烯酰吗啉(7),*N*-去甲基啶虫脒(6),苯醚甲环唑(6),肟菌酯(5),噁霜灵(4),嘧菌酯(4),灭蝇胺(4),噻菌灵(4),霜霉威(4),吡唑醚菌酯(3),嘧霉胺(3),烯啶虫胺(3),哒螨灵(2),噻嗪酮(2),双苯基脲(2),戊唑醇(2),乙螨唑(2),苯线磷(1),避蚊胺(1),丙环唑(1),虫酰肼(1),敌百虫(1),毒死蜱(1),多效唑(1),甲氨基阿维菌素(1),甲霜灵(1),甲氧丙净(1),克百威(1),灭线磷(1),抑霉唑(1),莠去津(1),增效醚(1),兹克威(1)

续表

样品名称	样品总数	检出农药样品数	检出率	检出农药品种数	检出农药(频次)
葡萄	42	38	90.5%	42	嘧菌酯(20),吡唑醚菌酯(19),烯酰吗啉(18),嘧霉胺(17),戊唑醇(15),啶虫脒(13),苯醚甲环唑(10),吡虫啉(10),多菌灵(10),氟吡菌酰胺(7),氟唑菌酰胺(6),甲霜灵(6),噻虫嗪(6),*N*-去甲基啶虫脒(5),噻虫胺(4),肟菌酯(4),嘧菌环胺(3),吡丙醚(2),吡虫啉脲(2),丁酰肼(2),粉唑醇(2),环酰菌胺(2),腈苯唑(2),腈菌唑(2),霜霉威(2),茚虫威(2),避蚊胺(1),丙环唑(1),哒螨灵(1),氟硅唑(1),己唑醇(1),克百威(1),乐果(1),咪鲜胺(1),灭蝇胺(1),噻嗪酮(1),双苯基脲(1),双炔酰菌胺(1),四氟醚唑(1),戊菌唑(1),氧乐果(1),异丙净(1)
草莓	11	10	90.9%	31	烯酰吗啉(6),多菌灵(5),甲霜灵(5),啶虫脒(4),噻嗪酮(3),三唑磷(3),霜霉威(3),避蚊胺(2),克百威(2),嘧菌酯(2),嘧霉胺(2),异丙隆(2),吡虫啉(1),吡唑醚菌酯(1),虫酰肼(1),多效唑(1),甲氨基阿维菌素(1),乐果(1),联苯肼酯(1),嘧菌环胺(1),灭蝇胺(1),双苯基脲(1),双苯酰草胺(1),特丁净(1),氧乐果(1),乙基杀扑磷(1),异噁隆(1),抑霉唑(1),莠去津(1),仲丁威(1),兹克威(1)
哈密瓜	27	18	66.7%	31	多菌灵(11),嘧菌酯(7),吡虫啉(6),噻菌灵(5),吡唑醚菌酯(3),氟吡菌酰胺(3),氟硅唑(3),噻唑磷(3),霜霉威(3),烯酰吗啉(3),乙螨唑(3),*N*-去甲基啶虫脒(2),苯醚甲环唑(2),甲基硫菌灵(2),克百威(2),咪鲜胺(2),噻虫啉(2),戊唑醇(2),吡虫啉脲(1),哒螨灵(1),啶虫脒(1),噁霜灵(1),氟环唑(1),甲霜灵(1),联苯肼酯(1),灭蝇胺(1),噻虫嗪(1),三唑醇(1),四氟醚唑(1),氧乐果(1),异丙威(1)

上述 6 种水果蔬菜，检出农药 31~46 种，是多种农药综合防治，还是未严格实施农业良好管理规范(GAP)，抑或根本就是乱施药，值得我们思考。

第 2 章　LC-Q-TOF/MS 侦测上海市市售水果蔬菜农药残留膳食暴露风险与预警风险评估

2.1　农药残留风险评估方法

2.1.1　上海市农药残留侦测数据分析与统计

庞国芳院士科研团队建立的农药残留高通量侦测技术以高分辨精确质量数(0.0001 *m/z* 为基准)为识别标准，采用 LC-Q-TOF/MS 技术对 565 种农药化学污染物进行侦测。

科研团队于 2015 年 5 月~2018 年 6 月在上海市所属 11 个区的 48 个采样点，随机采集了 1316 例水果蔬菜样品，采样点分布在超市和农贸市场，具体位置如图 2-1 所示，各月内水果蔬菜样品采集数量如表 2-1 所示。

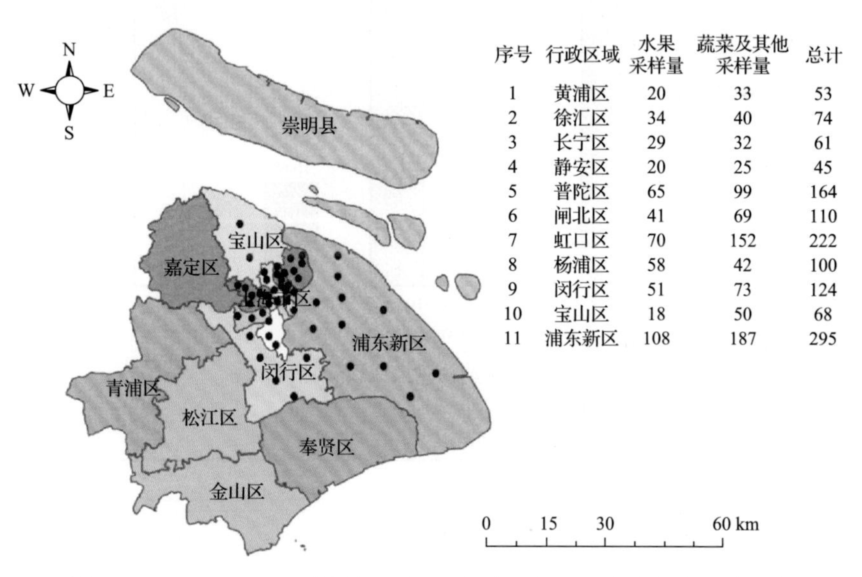

序号	行政区域	水果采样量	蔬菜及其他采样量	总计
1	黄浦区	20	33	53
2	徐汇区	34	40	74
3	长宁区	29	32	61
4	静安区	20	25	45
5	普陀区	65	99	164
6	闸北区	41	69	110
7	虹口区	70	152	222
8	杨浦区	58	42	100
9	闵行区	51	73	124
10	宝山区	18	50	68
11	浦东新区	108	187	295

图 2-1　LC-Q-TOF/MS 侦测上海市 48 个采样点 1316 例样品分布示意图

表 2-1　上海市各月内采集水果蔬菜样品数列表

时间	样品数(例)
2015 年 5 月	100
2015 年 6 月	230
2017 年 7 月	508
2018 年 6 月	478

利用LC-Q-TOF/MS技术对1316例样品中的农药进行侦测，侦测出残留农药125种，3105频次。侦测出农药残留水平如表2-2和图2-2所示。检出频次最高的前10种农药如表2-3所示。从检测结果中可以看出，在水果蔬菜中农药残留普遍存在，且有些水果蔬菜存在高浓度的农药残留，这些可能存在膳食暴露风险，对人体健康产生危害，因此，为了定量地评价水果蔬菜中农药残留的风险程度，有必要对其进行风险评价。

表2-2 侦测出农药的不同残留水平及其所占比例列表

残留水平(μg/kg)	检出频次	占比(%)
1~5(含)	1213	39.1
5~10(含)	450	14.5
10~100(含)	1079	34.7
100~1000(含)	329	10.6
>1000	34	1.1
合计	3105	100

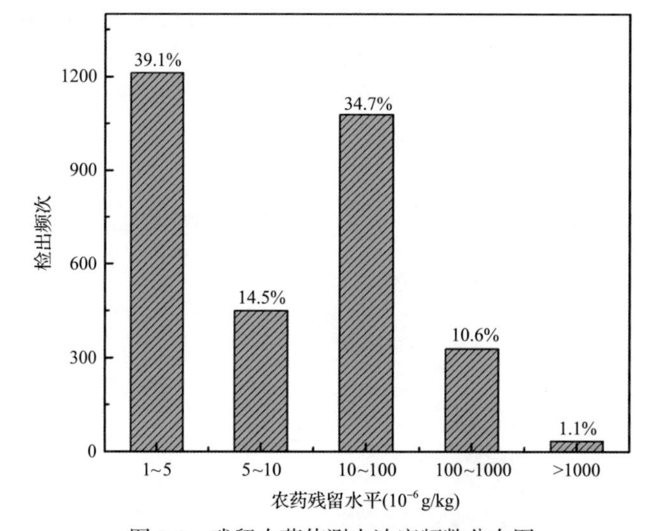

图2-2 残留农药侦测出浓度频数分布图

表2-3 检出频次最高的前10种农药列表

序号	农药	检出频次(次)
1	多菌灵	358
2	啶虫脒	249
3	烯酰吗啉	227
4	吡唑醚菌酯	125
5	嘧菌酯	124
6	吡虫啉	123
7	霜霉威	121
8	苯醚甲环唑	113
9	甲霜灵	91
10	四氟醚唑	81

2.1.2　农药残留风险评价模型

对上海市水果蔬菜中农药残留分别开展暴露风险评估和预警风险评估。膳食暴露风险评估利用食品安全指数模型对水果蔬菜中的残留农药对人体可能产生的危害程度进行评价，该模型结合残留监测和膳食暴露评估评价化学污染物的危害；预警风险评价模型运用风险系数(risk index，*R*)，风险系数综合考虑了危害物的超标率、施检频率及其本身敏感性的影响，能直观而全面地反映出危害物在一段时间内的风险程度。

2.1.2.1　食品安全指数模型

为了加强食品安全管理，《中华人民共和国食品安全法》第二章第十七条规定“国家建立食品安全风险评估制度，运用科学方法，根据食品安全风险监测信息、科学数据以及有关信息，对食品、食品添加剂、食品相关产品中生物性、化学性和物理性危害因素进行风险评估”[1]，膳食暴露评估是食品危险度评估的重要组成部分，也是膳食安全性的衡量标准[2]。国际上最早研究膳食暴露风险评估的机构主要是 JMPR(FAO、WHO 农药残留联合会议)，该组织自 1995 年就已制定了急性毒性物质的风险评估急性毒性农药残留摄入量的预测。1960 年美国规定食品中不得加入致癌物质进而提出零阈值理论，渐渐零阈值理论发展成在一定概率条件下可接受风险的概念[3]，后衍变为食品中每日允许最大摄入量(ADI)，而国际食品农药残留法典委员会(CCPR)认为 ADI 不是独立风险评估的唯一标准[4]，1995 年 JMPR 开始研究农药急性膳食暴露风险评估，并对食品国际短期摄入量的计算方法进行了修正，亦对膳食暴露评估准则及评估方法进行了修正[5]，2002 年，在对世界上现行的食品安全评价方法，尤其是国际公认的 CAC 的评价方法、全球环境监测系统/食品污染监测和评估规划(WHO GEMS/Food)及 FAO、WHO 食品添加剂联合专家委员会(JECFA)和 JMPR 对食品安全风险评估工作研究的基础之上，检验检疫食品安全管理的研究人员提出了结合残留监控和膳食暴露评估，以食品安全指数 IFS 计算食品中各种化学污染物对消费者的健康危害程度[6]。IFS 是表示食品安全状态的新方法，可有效地评价某种农药的安全性，进而评价食品中各种农药化学污染物对消费者健康的整体危害程度[7, 8]。从理论上分析，IFS_c 可指出食品中的污染物 c 对消费者健康是否存在危害及危害的程度[9]。其优点在于操作简单且结果容易被接受和理解，不需要大量的数据来对结果进行验证，使用默认的标准假设或者模型即可[10, 11]。

1) IFS_c 的计算

IFS_c 计算公式如下：

$$IFS_c = \frac{EDI_c \times f}{SI_c \times bw} \tag{2-1}$$

式中，c 为所研究的农药；EDI_c 为农药 c 的实际日摄入量估算值，等于 $\Sigma(R_i \times F_i \times E_i \times P_i)$ (i 为食品种类；R_i 为食品 i 中农药 c 的残留水平，mg/kg；F_i 为食品 i 的估计日消费量，g/(人·天)；E_i 为食品 i 的可食用部分因子；P_i 为食品 i 的加工处理因子)；SI_c 为安全摄入量，可采用每日允许最大摄入量 ADI；bw 为人平均体重，kg；f 为校正因子，如果安全摄入量采用 ADI，则 f 取 1。

$IFS_c \ll 1$，农药 c 对食品安全没有影响；$IFS_c \leqslant 1$，农药 c 对食品安全的影响可以接受；$IFS_c > 1$，农药 c 对食品安全的影响不可接受。

本次评价中：

$IFS_c \leqslant 0.1$，农药 c 对水果蔬菜安全没有影响；

$0.1 < IFS_c \leqslant 1$，农药 c 对水果蔬菜安全的影响可以接受；

$IFS_c > 1$，农药 c 对水果蔬菜安全的影响不可接受。

本次评价中残留水平 R_i 取值为中国检验检疫科学研究院庞国芳院士课题组以高分辨精确质量数(0.0001 *m/z*)为基准的 LC-Q-TOF/MS 侦测技术于 2015 年 5 月~2018 年 6 月对上海市水果蔬菜农药残留的侦测结果。全国水果蔬菜检测结果，估计日消费量 F_i 取值 0.38 kg/(人·天)，E_i=1，P_i=1，f=1，SI_c 采用《食品安全国家标准　食品中农药最大残留限量》(GB 2763—2016)中 ADI 值(具体数值见表 2-4)，人平均体重(bw)取值 60 kg。

表 2-4　上海市水果蔬菜中侦测出农药的 ADI 值

序号	农药	ADI	序号	农药	ADI	序号	农药	ADI
1	唑嘧菌胺	10	25	啶虫脒	0.07	49	氟环唑	0.2
2	烯啶虫胺	0.53	26	氯吡脲	0.07	50	烯效唑	0.2
3	丁酰肼	0.5	27	仲丁威	0.06	51	环丙唑醇	0.2
4	醚菌酯	0.4	28	吡虫啉	0.06	52	莠去津	0.2
5	霜霉威	0.4	29	灭蝇胺	0.06	53	虫酰肼	0.2
6	马拉硫磷	0.3	30	乙螨唑	0.05	54	稻瘟灵	0.2
7	双炔酰菌胺	0.2	31	螺虫乙酯	0.05	55	异丙隆	0.2
8	呋虫胺	0.2	32	三环唑	0.04	56	咪鲜胺	0.1
9	嘧菌酯	0.2	33	扑草净	0.04	57	哒螨灵	0.1
10	嘧霉胺	0.2	34	肟菌酯	0.04	58	唑螨酯	0.1
11	增效醚	0.2	35	乙嘧酚	0.035	59	噁霜灵	0.1
12	烯酰吗啉	0.2	36	三唑酮	0.03	60	噻虫啉	0.1
13	环酰菌胺	0.2	37	三唑醇	0.03	61	毒死蜱	0.1
14	丁草胺	0.1	38	丙溴磷	0.03	62	氟吡菌酰胺	0.09
15	吡丙醚	0.1	39	吡唑醚菌酯	0.03	63	炔螨特	0.08
16	噻菌灵	0.1	40	吡蚜酮	0.03	64	粉唑醇	0.08
17	噻虫胺	0.1	41	嘧菌环胺	0.03	65	联苯肼酯	0.08
18	多效唑	0.1	42	多菌灵	0.03	66	苯醚甲环唑	0.07
19	异丙甲草胺	0.1	43	戊唑醇	10	67	茚虫威	0.07
20	啶氧菌酯	0.09	44	戊菌唑	0.53	68	螺螨酯	0.07
21	噻虫嗪	0.08	45	抑霉唑	0.5	69	噻嗪酮	0.06
22	甲基硫菌灵	0.08	46	腈苯唑	0.4	70	杀线威	0.06
23	甲霜灵	0.08	47	腈菌唑	0.4	71	倍硫磷	0.06
24	丙环唑	0.07	48	乙草胺	0.3	72	氟硅唑	0.05

续表

序号	农药	ADI	序号	农药	ADI	序号	农药	ADI
73	苯噻酰草胺	0.05	91	灭线磷	0.2	109	氟唑菌酰胺	—
74	唑虫酰胺	0.04	92	亚砜磷	0.2	110	氟甲喹	—
75	喹螨醚	0.04	93	氧乐果	0.2	111	氧环唑	—
76	己唑醇	0.04	94	3,4,5-混杀威	—	112	炔丙菊酯	—
77	烯唑醇	0.035	95	*N*-去甲基啶虫脒	—	113	烯丙菊酯	—
78	乙霉威	0.03	96	乙嘧酚磺酸酯	—	114	特丁净	—
79	噻唑磷	0.03	97	乙基杀扑磷	—	115	甲哌	—
80	甲胺磷	0.03	98	兹克威	—	116	甲氧丙净	—
81	丁醚脲	0.03	99	双苯基脲	—	117	磺酰草吡唑	—
82	乐果	0.03	100	双苯酰草胺	—	118	胺唑草酮	—
83	异丙威	0.03	101	吡虫啉脲	—	119	苄呋菊酯	—
84	敌百虫	0.03	102	咪草酸	—	120	苯噻菌胺	—
85	三唑磷	10	103	嘧菌胺	—	121	苯氧威	—
86	克百威	0.53	104	四氟醚唑	—	122	苯氧菌胺-(E)	—
87	敌草隆	0.5	105	异丙净	—	123	螺环菌胺	—
88	苯线磷	0.4	106	异噁隆	—	124	速灭威	—
89	甲拌磷	0.4	107	敌蝇威	—	125	避蚊胺	—
90	甲氨基阿维菌素	0.3	108	残杀威	—			

注：“—”表示为国家标准中无 ADI 值规定；ADI 值单位为 mg/kg bw

2) 计算 IFS_c 的平均值 $\overline{IFS}$，评价农药对食品安全的影响程度

以 $\overline{IFS}$ 评价各种农药对人体健康危害的总程度，评价模型见公式(2-2)。

$$\overline{IFS}=\frac{\sum_{i=1}^{n}IFS_c}{n} \tag{2-2}$$

$\overline{IFS}\ll 1$，所研究消费者人群的食品安全状态很好；$\overline{IFS}\leqslant 1$，所研究消费者人群的食品安全状态可以接受；$\overline{IFS}>1$，所研究消费者人群的食品安全状态不可接受。

本次评价中：

$\overline{IFS}\leqslant 0.1$，所研究消费者人群的水果蔬菜安全状态很好；

$0.1<\overline{IFS}\leqslant 1$，所研究消费者人群的水果蔬菜安全状态可以接受；

$\overline{IFS}>1$，所研究消费者人群的水果蔬菜安全状态不可接受。

2.1.2.2 预警风险评估模型

2003 年，我国检验检疫食品安全管理的研究人员根据 WTO 的有关原则和我国的具体规定，结合危害物本身的敏感性、风险程度及其相应的施检频率，首次提出了食品中危害物风险系数 R 的概念[12]。R 是衡量一个危害物的风险程度大小最直观的参数，即在一定时期内其超标率或阳性检出率的高低,但受其施检频率的高低及其本身的敏感性(受关注程度)影响。该模型综合考察了农药在蔬菜中的超标率、施检频率及其本身敏感性，能直观而全面地反映出农药在一段时间内的风险程度[13]。

1) R 计算方法

危害物的风险系数综合考虑了危害物的超标率或阳性检出率、施检频率和其本身的敏感性影响，并能直观而全面地反映出危害物在一段时间内的风险程度。风险系数 R 的计算公式如式(2-3)：

$$R = aP + \frac{b}{F} + S \tag{2-3}$$

式中，P 为该种危害物的超标率；F 为危害物的施检频率；S 为危害物的敏感因子；a, b 分别为相应的权重系数。

本次评价中 F=1；S=1；a =100；b =0.1，对参数 P 进行计算，计算时首先判断是否为禁用农药，如果为非禁用农药，P=超标的样品数(侦测出的含量高于食品最大残留限量标准值，即 MRL)除以总样品数(包括超标、不超标、未侦测出)；如果为禁用农药，则侦测出即为超标，P=能侦测出的样品数除以总样品数。判断上海市水果蔬菜农药残留是否超标的标准限值 MRL 分别以 MRL 中国国家标准[14]和 MRL 欧盟标准作为对照，具体值列于本报告附表一中。

2) 评价风险程度

R≤1.5，受检农药处于低度风险；
1.5＜R≤2.5，受检农药处于中度风险；
R＞2.5，受检农药处于高度风险。

2.1.2.3 食品膳食暴露风险和预警风险评估应用程序的开发

1) 应用程序开发的步骤

为成功开发膳食暴露风险和预警风险评估应用程序，与软件工程师多次沟通讨论，逐步提出并描述清楚计算需求，开发了初步应用程序。为明确出不同水果蔬菜、不同农药、不同地域和不同季节的风险水平，向软件工程师提出不同的计算需求，软件工程师对计算需求进行逐一地分析，经过反复的细节沟通，需求分析得到明确后，开始进行解决方案的设计，在保证需求的完整性、一致性的前提下，编写出程序代码，最后设计出满足需求的风险评估专用计算软件，并通过一系列的软件测试和改进，完成专用程序的开发。软件开发基本步骤见图2-3。

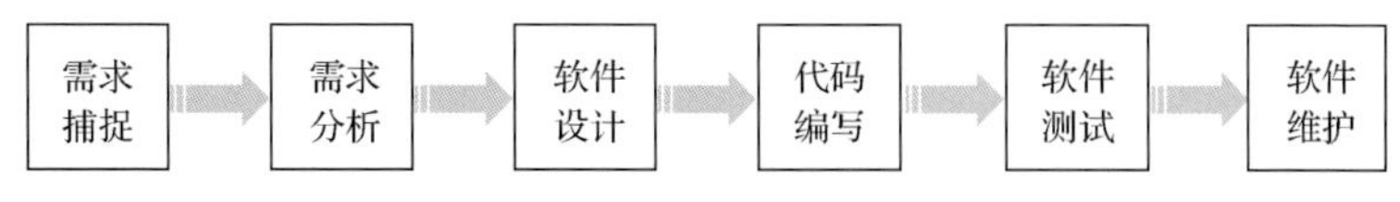

图2-3 专用程序开发总体步骤

2）膳食暴露风险评估专业程序开发的基本要求

首先直接利用公式(2-1)，分别计算LC-Q-TOF/MS和GC-Q-TOF/MS仪器侦测出的各水果蔬菜样品中每种农药IFS_c，将结果列出。为考察超标农药和禁用农药的使用安全性，分别以我国《食品安全国家标准 食品中农药最大残留限量》(GB 2763—2016)和欧盟食品中农药最大残留限量(以下简称MRL中国国家标准和MRL欧盟标准)为标准，对侦测出的禁用农药和超标的非禁用农药IFS_c单独进行评价；按IFS_c大小列表，并找出IFS_c值排名前20的样本重点关注。

对不同水果蔬菜i中每一种侦测出的农药c的安全指数进行计算，多个样品时求平均值。若监测数据为该市多个月的数据，则逐月、逐季度分别列出每个月、每个季度内每一种水果蔬菜i对应的每一种农药c的IFS_c。

按农药种类，计算整个监测时间段内每种农药的IFS_c，不区分水果蔬菜。若检测数据为该市多个月的数据，则需分别计算每个月、每个季度内每种农药的IFS_c。

3）预警风险评估专业程序开发的基本要求

分别以MRL中国国家标准和MRL欧盟标准，按公式(2-3)逐个计算不同水果蔬菜、不同农药的风险系数，禁用农药和非禁用农药分别列表。

为清楚了解各种农药的预警风险，不分时间，不分水果蔬菜，按禁用农药和非禁用农药分类，分别计算各种侦测出农药全部检测时段内风险系数。由于有MRL中国国家标准的农药种类太少，无法计算超标数，非禁用农药的风险系数只以MRL欧盟标准为标准，进行计算。若检测数据为多个月的，则按月计算每个月、每个季度内每种禁用农药残留的风险系数和以MRL欧盟标准为标准的非禁用农药残留的风险系数。

4）风险程度评价专业应用程序的开发方法

采用Python计算机程序设计语言，Python是一个高层次地结合了解释性、编译性、互动性和面向对象的脚本语言。风险评价专用程序主要功能包括：分别读入每例样品LC-Q-TOF/MS和GC-Q-TOF/MS农药残留检测数据，根据风险评价工作要求，依次对不同农药、不同食品、不同时间、不同采样点的IFS_c值和R值分别进行数据计算，筛选出禁用农药、超标农药(分别与MRL中国国家标准、MRL欧盟标准限值进行对比)单独重点分析，再分别对各农药、各水果蔬菜种类分类处理，设计出计算和排序程序，编写计算机代码，最后将生成的膳食暴露风险评估和超标风险评估定量计算结果列入设计好的各个表格中，并定性判断风险对目标的影响程度，直接用文字描述风险发生的高低，如“不可接受”、“可以接受”、“没有影响”、“高度风险”、“中度风险”、“低度风险”。

2.2 LC-Q-TOF/MS 侦测上海市市售水果蔬菜农药残留膳食暴露风险评估

2.2.1 每例水果蔬菜样品中农药残留安全指数分析

基于农药残留侦测数据，发现在 1316 例样品中侦测出农药 3105 频次，计算样品中每种残留农药的安全指数 IFS_c，并分析农药对样品安全的影响程度，结果详见附表二，农药残留对水果蔬菜样品安全的影响程度频次分布情况如图 2-4 所示。

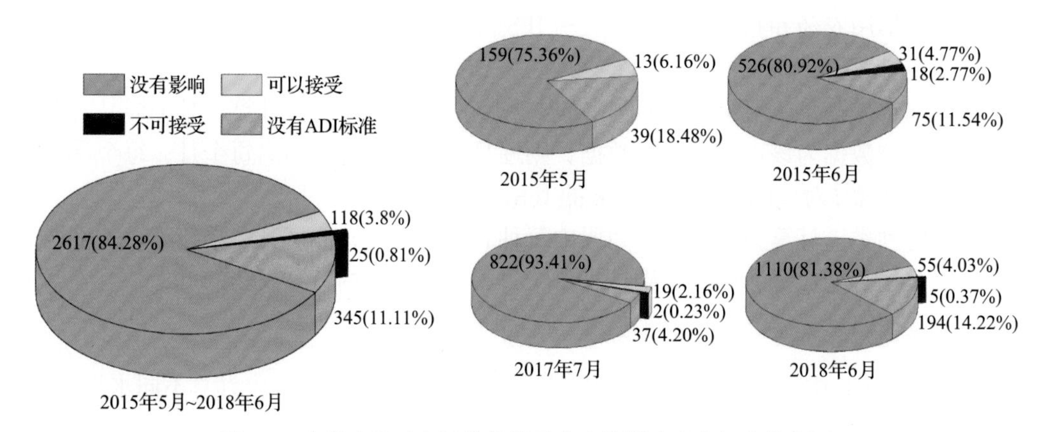

图 2-4 农药残留对水果蔬菜样品安全的影响程度频次分布图

由图 2-4 可以看出，农药残留对样品安全的影响不可接受的频次为 25，占 0.81%；农药残留对样品安全的影响可以接受的频次为 118，占 3.8%；农药残留对样品安全的没有影响的频次为 2617，占 84.28%。分析发现，在 4 个月份内 2015 年 6 月、2017 年 7 月、2018 年 6 月共有 25 频次对样品安全影响不可接受，其他月份内，农药对样品安全的影响均在可以接受和没有影响的范围内。表 2-5 为对水果蔬菜样品中安全指数不可接受的农药残留列表。

部分样品侦测出禁用农药 7 种 82 频次，为了明确残留的禁用农药对样品安全的影响，分析侦测出禁用农药残留的样品安全指数，禁用农药残留对水果蔬菜样品安全的影响程度频次分布情况如图 2-5 所示，农药残留对样品安全的影响不可接受的频次为 10，占 12.2%；农药残留对样品安全的影响可以接受的频次为 31，占 37.8%；农药残留对样品安全没有影响的频次为 41，占 50%。从图中可以看出，4 个月份的水果蔬菜样品中均侦测出禁用农药残留，分析发现，在该 4 个月份内，2015 年 6 月、2017 年 7 月、2018 年 6 月检测出禁用农药对样品安全影响为不可接受，其他月份内，禁用农药对样品安全的影响均在可以接受和没有影响的范围内。表 2-6 列出了水果蔬菜样品中侦测出的禁用农药残留不可接受的安全指数表。

表 2-5　水果蔬菜样品中安全影响不可接受的农药残留列表

序号	样品编号	采样点	基质	农药	含量(mg/kg)	IFS_c
1	20180603-310107-CAIQ-DJ-16A	***超市(新村店)	菜豆	氧乐果	0.6308	13.3169
2	20150601-310108-SHCIQ-ST-05B	***超市(大宁店)	草莓	甲氨基阿维菌素	0.5500	6.9667
3	20150608-310113-SHCIQ-PP-10A	***超市(九佰购物中心)	甜椒	克百威	1.0100	6.3967
4	20150601-310115-SHCIQ-TO-07A	***超市(惠南店)	番茄	灭线磷	0.3800	6.0167
5	20150601-310108-SHCIQ-CU-05A	***超市(大宁店)	黄瓜	甲氨基阿维菌素	0.4300	5.4467
6	20150608-310113-SHCIQ-DG-10A	***超市(九佰购物中心)	冬瓜	甲氨基阿维菌素	0.2800	3.5467
7	20150601-310115-SHCIQ-ST-07A	***超市(惠南店)	草莓	乐果	0.9900	3.1350
8	20170723-310110-USI-CE-36A	***超市(周家嘴路店)	芹菜	克百威	0.4451	2.8190
9	20180602-310115-CAIQ-LJ-14A	***超市(成山路店)	辣椒	氧乐果	0.1310	2.7656
10	20150601-310108-SHCIQ-XC-05B	***超市(大宁店)	香椿芽	甲氨基阿维菌素	0.1600	2.0267
11	20150601-310108-SHCIQ-XH-05A	***超市(大宁店)	西葫芦	甲氨基阿维菌素	0.1200	1.5200
12	20150608-310113-SHCIQ-PP-10A	***超市(九佰购物中心)	甜椒	甲氨基阿维菌素	0.1200	1.5200
13	20150608-310109-SHCIQ-TH-08A	***超市(东宝兴路店)	茼蒿	甲拌磷	0.1600	1.4476
14	20150601-310108-SHCIQ-JZ-05A	***超市(大宁店)	金针菇	甲氨基阿维菌素	0.1100	1.3933
15	20150601-310108-SHCIQ-LJ-05A	***超市(大宁店)	辣椒	甲氨基阿维菌素	0.1100	1.3933
16	20150601-310108-SHCIQ-MS-05B	***超市(大宁店)	香菇	甲氨基阿维菌素	0.1100	1.3933
17	20150608-310113-SHCIQ-GP-10A	***超市(九佰购物中心)	葡萄	克百威	0.2133	1.3509
18	20150608-310105-SHCIQ-OR-09A	***超市(中山公园店)	橘	氧乐果	0.0610	1.2878
19	20170723-310110-USI-HM-36A	***超市(周家嘴路店)	哈密瓜	异丙威	0.3906	1.2369
20	20180603-310107-CAIQ-XH-16A	***超市(新村店)	西葫芦	氧乐果	0.0573	1.2097
21	20150608-310109-SHCIQ-TH-08A	***超市(东宝兴路店)	茼蒿	灭线磷	0.0740	1.1717
22	20150608-310109-SHCIQ-TH-08A	***超市(东宝兴路店)	茼蒿	噻嗪酮	1.5800	1.1119
23	20180602-310107-CAIQ-CL-18A	***超市(铜川路品尊店)	小油菜	哒螨灵	1.7341	1.0983
24	20180602-310115-CAIQ-CL-13A	***超市(上南路店)	小油菜	哒螨灵	1.6687	1.0568
25	20150601-310108-SHCIQ-LE-05A	***超市(大宁店)	生菜	甲氨基阿维菌素	0.0830	1.0513

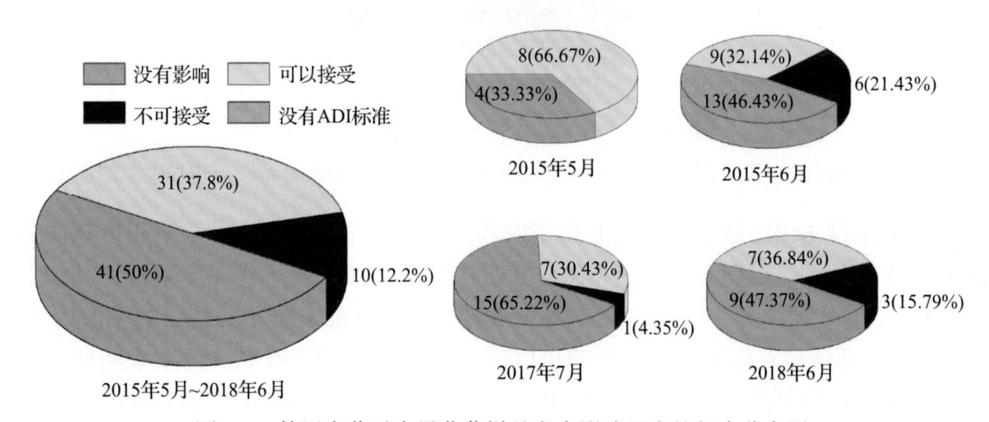

图 2-5　禁用农药对水果蔬菜样品安全影响程度的频次分布图

表 2-6　水果蔬菜样品中侦测出的禁用农药残留不可接受的安全指数表

序号	样品编号	采样点	基质	农药	含量(mg/kg)	IFS_c
1	20180603-310107-CAIQ-DJ-16A	***超市(新村店)	菜豆	氧乐果	0.6308	13.3169
2	20150608-310113-SHCIQ-PP-10A	***超市(九佰购物中心)	甜椒	克百威	1.0100	6.3967
3	20150601-310115-SHCIQ-TO-07A	***超市(惠南店)	番茄	灭线磷	0.3800	6.0167
4	20170723-310110-USI-CE-36A	***超市(周家嘴路店)	芹菜	克百威	0.4451	2.8190
5	20180602-310115-CAIQ-LJ-14A	***超市(成山路店)	辣椒	氧乐果	0.1310	2.7656
6	20150608-310109-SHCIQ-TH-08A	***超市(东宝兴路店)	茼蒿	甲拌磷	0.1600	1.4476
7	20150608-310113-SHCIQ-GP-10A	***超市(九佰购物中心)	葡萄	克百威	0.2133	1.3509
8	20150608-310105-SHCIQ-OR-09A	***超市(中山公园店)	橘	氧乐果	0.0610	1.2878
9	20180603-310107-CAIQ-XH-16A	***超市(新村店)	西葫芦	氧乐果	0.0573	1.2097
10	20150608-310109-SHCIQ-TH-08A	***超市(东宝兴路店)	茼蒿	灭线磷	0.0740	1.1717

此外，本次侦测发现部分样品中非禁用农药残留量超过了 MRL 中国国家标准和欧盟标准，为了明确超标的非禁用农药对样品安全的影响，分析了非禁用农药残留超标的样品安全指数。

水果蔬菜残留量超过 MRL 中国国家标准的非禁用农药对水果蔬菜样品安全的影响程度频次分布情况如图 2-6 所示。可以看出侦测出超过 MRL 中国国家标准的非禁用农药共 17 频次，其中农药残留对样品安全的影响不可接受的频次为 3，占 17.65%；农药残留对样品安全的影响可以接受的频次为 9，占 52.94%；农药残留对样品安全没有影响的频次为 5，占 29.41%。表 2-7 为水果蔬菜样品中侦测出的非禁用农药残留安全指数表。

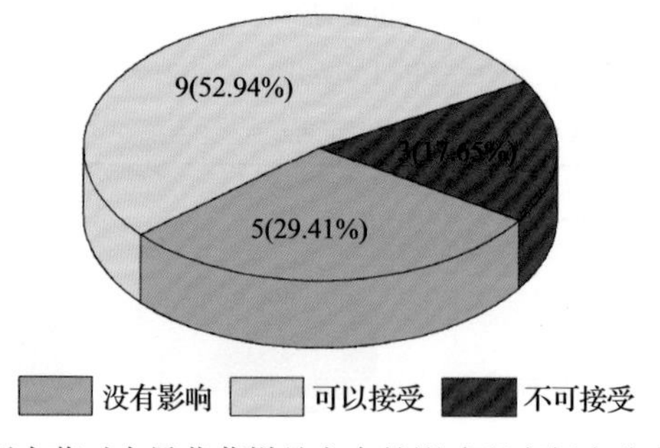

图 2-6　残留超标的非禁用农药对水果蔬菜样品安全的影响程度频次分布图(MRL 中国国家标准)

残留量超过 MRL 欧盟标准的非禁用农药对水果蔬菜样品安全的影响程度频次分布情况如图 2-7 所示。可以看出超过 MRL 欧盟标准的非禁用农药共 428 频次，其中农药没有 ADI 标准的频次为 139，占 32.48%；农药残留对样品安全不可接受的频次为 13，占 3.04%；农药残留对样品安全的影响可以接受的频次为 52，占 12.15%；农药残留对样品安全没有影响的频次为 224，占 52.34%。表 2-8 为水果蔬菜样品中不可接受的残留超标非禁用农药安全指数列表。

表 2-7　水果蔬菜样品中侦测出的非禁用农药残留安全指数表（MRL 中国国家标准）

序号	样品编号	采样点	基质	农药	含量(mg/kg)	中国国家标准	IFS_c	影响程度
1	20150601-310108-SHCIQ-CU-05A	***超市(大宁店)	黄瓜	甲氨基阿维菌素	0.4300	0.02	5.4467	不可接受
2	20150601-310108-SHCIQ-JZ-05A	***超市(大宁店)	金针菇	甲氨基阿维菌素	0.1100	0.05	1.3933	不可接受
3	20150601-310108-SHCIQ-MS-05B	***超市(大宁店)	香菇	甲氨基阿维菌素	0.1100	0.05	1.3933	不可接受
4	20150601-310108-SHCIQ-PE-05B	***超市(大宁店)	梨	甲氨基阿维菌素	0.0730	0.02	0.9247	可以接受
5	20180602-310105-CAIQ-NM-20A	***菜市场	柠檬	多菌灵	0.8467	0.5	0.1787	可以接受
6	20170723-310115-USI-MG-32A	***超市(百联东郊购物中心店)	芒果	倍硫磷	0.1639	0.05	0.1483	可以接受
7	20180602-310109-CAIQ-NM-06A	***超市(曲阳店)	柠檬	多菌灵	0.6897	0.5	0.1456	可以接受
8	20180603-310112-CAIQ-CL-09A	***超市(浦江店)	小油菜	啶虫脒	1.5949	1	0.1443	可以接受
9	20150513-310110-SHCIQ-ST-04A	***超市(五角场店)	草莓	多菌灵	0.6600	0.5	0.1393	可以接受
10	20180603-310109-CAIQ-NM-04A	***超市(新港路店)	柠檬	多菌灵	0.6436	0.5	0.1359	可以接受
11	20170724-310115-CAIQ-NM-30A	***超市(锦绣店)	柠檬	多菌灵	0.5380	0.5	0.1136	可以接受
12	20180602-310115-CAIQ-NM-15A	***菜市场	柠檬	多菌灵	0.5324	0.5	0.1124	可以接受
13	20150601-310108-SHCIQ-LB-05A	***超市(大宁店)	萝卜	啶虫脒	1.0300	0.5	0.0932	没有影响
14	20180603-310112-CAIQ-CU-07A	***超市(七宝店)	黄瓜	噻虫嗪	0.8640	0.5	0.0684	没有影响
15	20150513-310109-SHCIQ-CU-02A	***超市(虹口龙之梦店)	黄瓜	甲霜灵	0.7300	0.5	0.0578	没有影响
16	20150601-310115-SHCIQ-AP-07C	***超市(惠南店)	苹果	丙环唑	0.1800	0.1	0.0163	没有影响
17	20150513-310110-SHCIQ-ST-04A	***超市(五角场店)	草莓	烯酰吗啉	0.2500	0.05	0.0079	没有影响

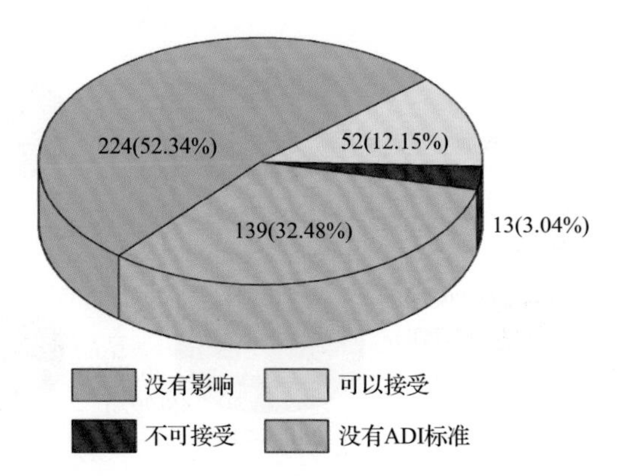

图 2-7　残留超标的非禁用农药对水果蔬菜样品安全的影响程度频次分布图(MRL 欧盟标准)

表 2-8　对水果蔬菜样品中不可接受的残留超标非禁用农药安全指数列表（MRL 欧盟标准）

序号	样品编号	采样点	基质	农药	含量(mg/kg)	欧盟标准	IFS_c
1	20150601-310108-SHCIQ-ST-05B	***超市(大宁店)	草莓	甲氨基阿维菌素	0.5500	0.05	6.9667
2	20150601-310108-SHCIQ-CU-05A	***超市(大宁店)	黄瓜	甲氨基阿维菌素	0.4300	0.01	5.4467
3	20150608-310113-SHCIQ-DG-10A	***超市(九佰购物中心)	冬瓜	甲氨基阿维菌素	0.2800	0.01	3.5467
4	20150601-310115-SHCIQ-ST-07A	***超市(惠南店)	草莓	乐果	0.9900	0.02	3.1350
5	20150608-310113-SHCIQ-PP-10A	***超市(九佰购物中心)	甜椒	甲氨基阿维菌素	0.1200	0.02	1.5200
6	20150601-310108-SHCIQ-XH-05A	***超市(大宁店)	西葫芦	甲氨基阿维菌素	0.1200	0.01	1.5200
7	20150601-310108-SHCIQ-LJ-05A	***超市(大宁店)	辣椒	甲氨基阿维菌素	0.1100	0.02	1.3933
8	20150601-310108-SHCIQ-JZ-05A	***超市(大宁店)	金针菇	甲氨基阿维菌素	0.1100	0.01	1.3933
9	20150601-310108-SHCIQ-MS-05B	***超市(大宁店)	香菇	甲氨基阿维菌素	0.1100	0.01	1.3933
10	20170723-310110-USI-HM-36A	***超市(周家嘴路店)	哈密瓜	异丙威	0.3906	0.01	1.2369
11	20150608-310109-SHCIQ-TH-08A	***超市(东宝兴路店)	茼蒿	噻嗪酮	1.5800	0.05	1.1119
12	20180602-310107-CAIQ-CL-18A	***超市(铜川路品尊店)	小油菜	哒螨灵	1.7341	0.05	1.0983
13	20180602-310115-CAIQ-CL-13A	***超市(上南路店)	小油菜	哒螨灵	1.6687	0.05	1.0568

在 1316 例样品中，316 例样品未侦测出农药残留，1000 例样品中侦测出农药残留，计算每例有农药侦测出样品的 $\overline{IFS}$ 值，进而分析样品的安全状态，结果如图 2-8 所示（未侦测出农药的样品安全状态视为很好）。可以看出，0.76%的样品安全状态不可接受；3.65%的样品安全状态可以接受；92.1%的样品安全状态很好。此外，可以看出 2015 年 6 月有 7 例样品安全状态不可接受，2018 年 6 月有 3 例样品安全状态不可接受，其他月份内的样品安全状态均在很好和可以接受的范围内。表 2-9 列出安全状态了不可接受的水果蔬菜样品。

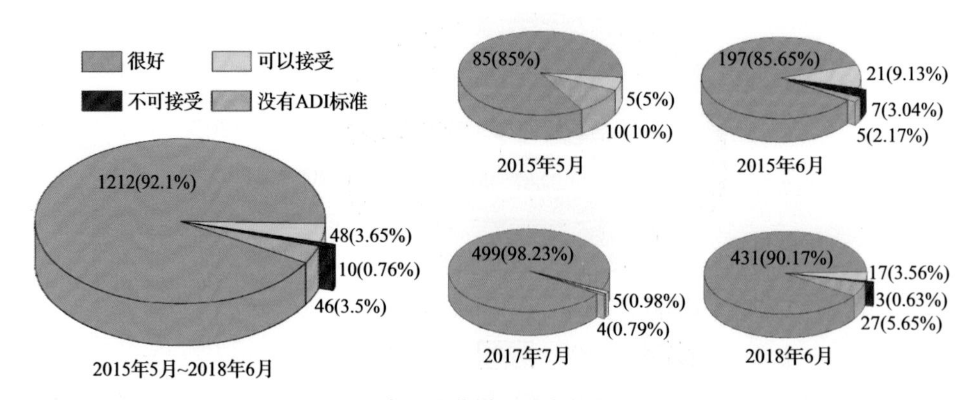

图 2-8　水果蔬菜样品安全状态分布图

表 2-9 水果蔬菜安全状态不可接受的样品列表

序号	样品编号	采样点	基质	$\overline{\text{IFS}}$
1	20180602-310115-CAIQ-LJ-14A	***超市(成山路店)	辣椒	2.7656
2	20150601-310108-SHCIQ-CU-05A	***超市(大宁店)	黄瓜	2.7242
3	20150608-310113-SHCIQ-PP-10A	***超市(九佰购物中心)	甜椒	2.6390
4	20150601-310108-SHCIQ-ST-05B	***超市(大宁店)	草莓	1.3939
5	20150601-310108-SHCIQ-LJ-05A	***超市(大宁店)	辣椒	1.3933
6	20180603-310107-CAIQ-DJ-16A	***超市(新村店)	菜豆	1.3770
7	20180603-310107-CAIQ-XH-16A	***超市(新村店)	西葫芦	1.2097
8	20150601-310115-SHCIQ-TO-07A	***超市(惠南店)	番茄	1.1192
9	20150601-310115-SHCIQ-ST-07A	***超市(惠南店)	草莓	1.0668
10	20150601-310108-SHCIQ-XC-05B	***超市(大宁店)	香椿芽	1.0135

2.2.2 单种水果蔬菜中农药残留安全指数分析

本次 72 种水果蔬菜侦测 125 种农药，检出频次为 3105 次，其中 32 种农药没有 ADI 标准，93 种农药存在 ADI 标准。苋菜未侦测出任何农药，南瓜侦测出农药残留全部没有 ADI 标准，对其他的 70 种水果蔬菜按不同种类分别计算侦测出的具有 ADI 标准的各种农药的 IFS_c 值，农药残留对水果蔬菜的安全指数分布图如图 2-9 所示。

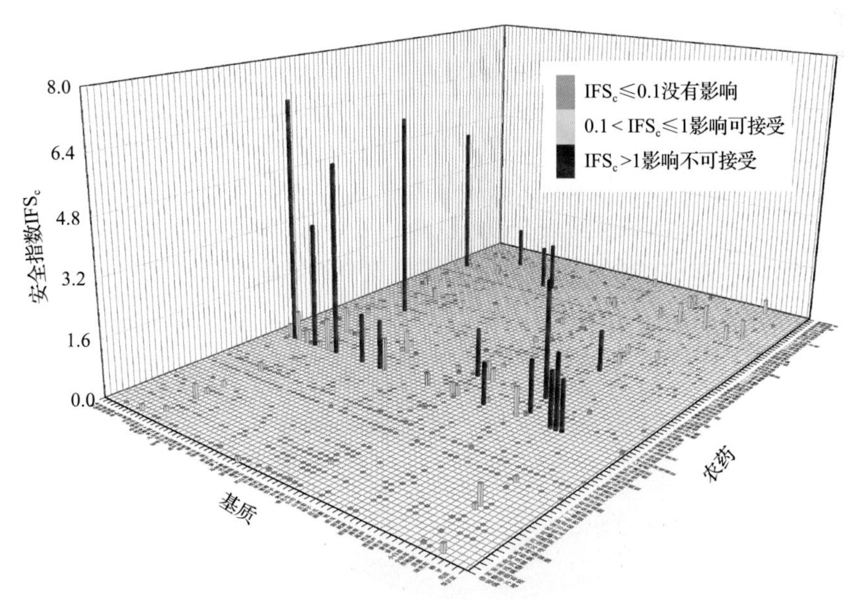

图 2-9 70 种水果蔬菜中 93 种残留农药的安全指数分布图

分析发现 16 种水果蔬菜残留对食品安全影响不可接受，如表 2-10 所示。

表 2-10 单种水果蔬菜中安全影响不可接受的残留农药安全指数表

序号	基质	农药	检出频次	检出率(%)	IFS>1 的频次	IFS>1 的比例(%)	IFS_c
1	草莓	甲氨基阿维菌素	1	1.72	1	1.72	6.9667
2	番茄	灭线磷	1	0.65	1	0.65	6.0167
3	黄瓜	甲氨基阿维菌素	1	0.73	1	0.73	5.4467
4	菜豆	氧乐果	3	2.44	1	0.81	4.6276
5	冬瓜	甲氨基阿维菌素	1	8.33	1	8.33	3.5467
6	甜椒	克百威	2	1.11	1	0.56	3.2034
7	草莓	乐果	1	1.72	1	1.72	3.1350
8	香椿芽	甲氨基阿维菌素	1	3.57	1	3.57	2.0267
9	西葫芦	甲氨基阿维菌素	1	2.08	1	2.08	1.5200
10	茼蒿	甲拌磷	1	1.89	1	1.89	1.4476
11	辣椒	氧乐果	2	2.94	1	1.47	1.4472
12	辣椒	甲氨基阿维菌素	1	1.47	1	1.47	1.3933
13	金针菇	甲氨基阿维菌素	1	2.78	1	2.78	1.3933
14	香菇	甲氨基阿维菌素	1	16.67	1	16.67	1.3933
15	葡萄	克百威	1	0.48	1	0.48	1.3509
16	橘	氧乐果	1	4.00	1	4.00	1.2878
17	哈密瓜	异丙威	1	1.30	1	1.30	1.2369
18	茼蒿	灭线磷	1	1.89	1	1.89	1.1717
19	生菜	甲氨基阿维菌素	1	0.80	1	0.80	1.0513

本次侦测中，71 种水果蔬菜和 125 种残留农药(包括没有 ADI 标准)共涉及 1082 个分析样本，农药对单种水果蔬菜安全的影响程度分布情况如图 2-10 所示。可以看出，76.43%的样本中农药对水果蔬菜安全没有影响，6.19%的样本中农药对水果蔬菜安全的影响可以接受，1.76%的样本中农药对水果蔬菜安全的影响不可接受。

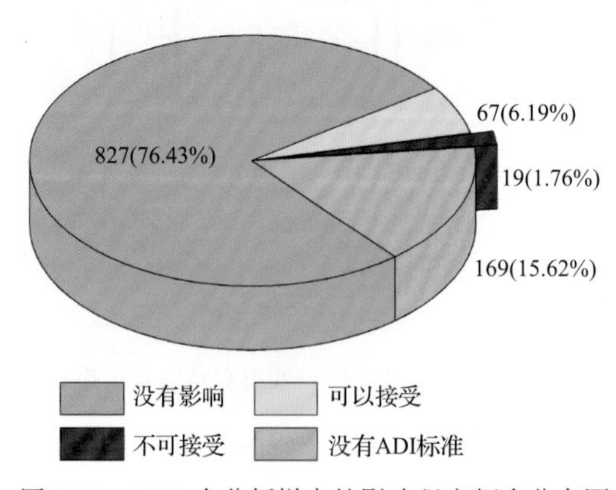

图 2-10 1082 个分析样本的影响程度频次分布图

此外，分别计算 70 种水果蔬菜中所有侦测出农药 IFS_c 的平均值 $\overline{IFS}$，分析每种水果蔬菜的安全状态，结果如图 2-11 所示，分析发现，14 种水果蔬菜(20.00%)的安全状态可接受，56 种(80.00%)水果蔬菜的安全状态很好。

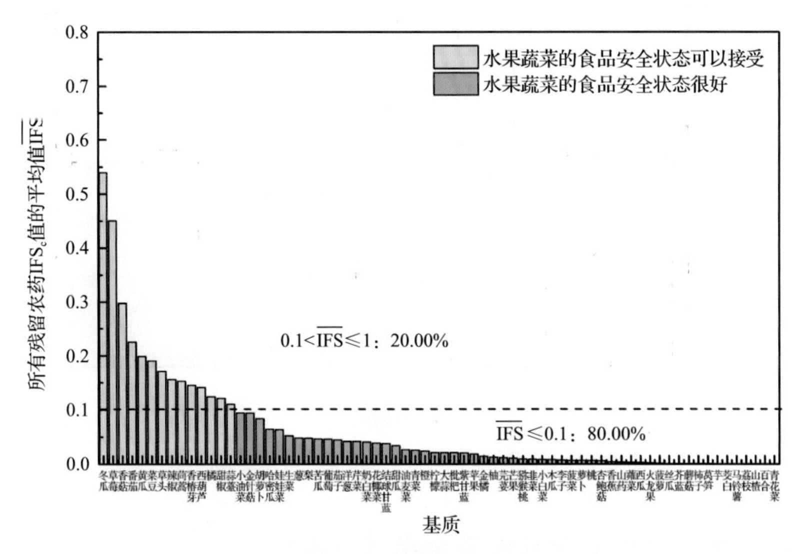

图 2-11　70 种水果蔬菜的 $\overline{IFS}$ 值和安全状态统计图

对每个月内每种水果蔬菜中农药的 IFS_c 进行分析，并计算每月内每种水果蔬菜的 $\overline{IFS}$ 值，以评价每种水果蔬菜的安全状态，结果如图 2-12 所示，可以看出，4 个月份的所有水果蔬菜的安全状态均处于很好和可以接受的范围内，各月份内单种水果蔬菜安全状态统计情况如图 2-13 所示。

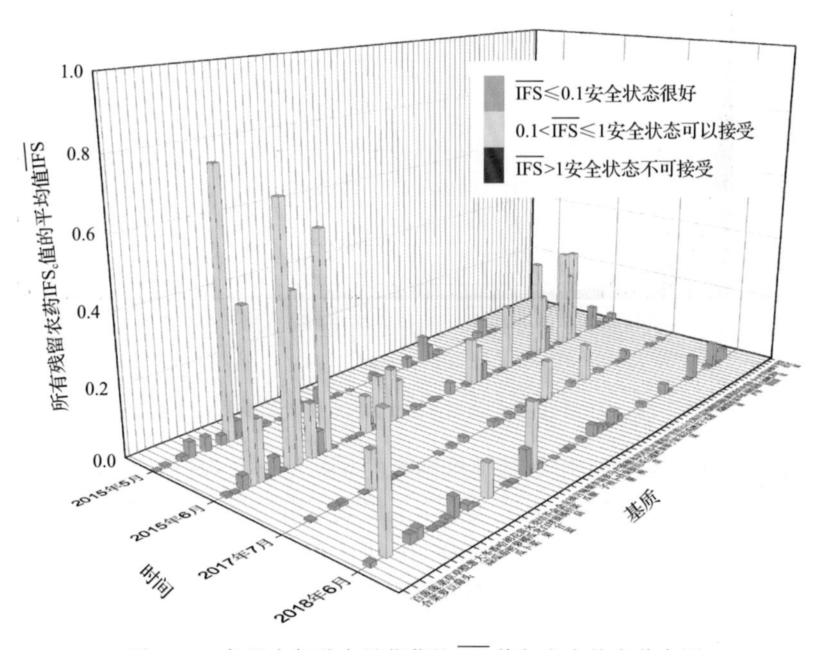

图 2-12　各月内每种水果蔬菜的 $\overline{IFS}$ 值与安全状态分布图

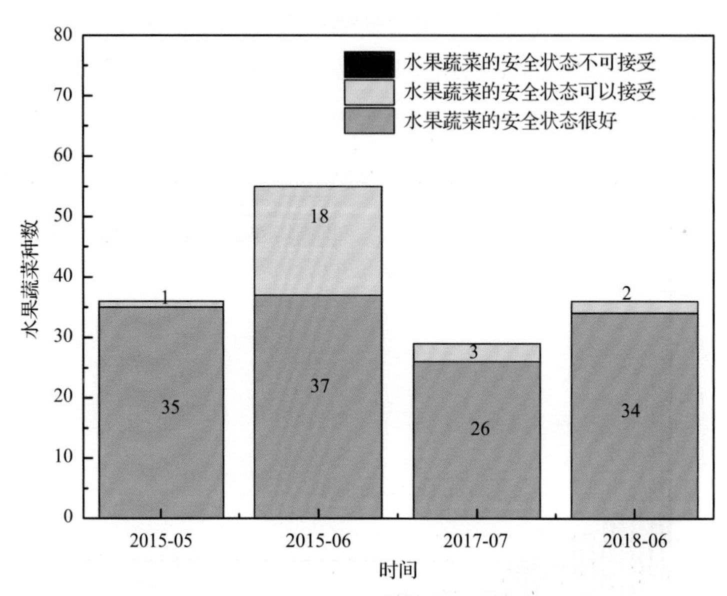

图 2-13 各月份内单种水果蔬菜安全状态统计图

2.2.3 所有水果蔬菜中农药残留安全指数分析

计算所有水果蔬菜中 93 种农药的 $\overline{IFS}_c$ 值，结果如图 2-14 及表 2-11 所示。

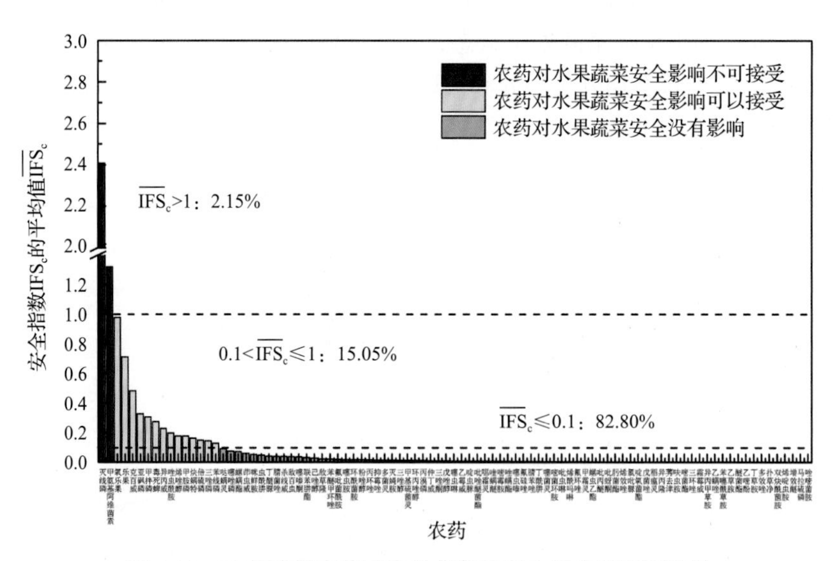

图 2-14 93 种残留农药对水果蔬菜的安全影响程度统计图

分析发现，只有灭线磷、甲氨基阿维菌素的 $\overline{IFS}_c$ 大于 1，其他农药的 $\overline{IFS}_c$ 小于 1，说明灭线磷、甲氨基阿维菌素对水果蔬菜安全的影响不可接受，其他农药对水果蔬菜安全的影响均在没有影响和可以接受的范围内，其中 15.05%的农药对水果蔬菜安全的影响可以接受，82.80%的农药对水果蔬菜安全没有影响。

表 2-11 水果蔬菜中 93 种农药残留的安全指数表

序号	农药	检出频次	检出率(%)	$\overline{IFS_c}$	影响程度	序号	农药	检出频次	检出率(%)	$\overline{IFS_c}$	影响程度
1	灭线磷	3	0.10	2.4077	不可接受	48	乙霉威	2	0.06	0.0080	没有影响
2	甲氨基阿维菌素	24	0.77	1.3202	不可接受	49	啶虫脒	249	8.02	0.0080	没有影响
3	氧乐果	23	0.74	0.9777	可以接受	50	吡唑醚菌酯	125	4.03	0.0079	没有影响
4	乐果	5	0.16	0.7129	可以接受	51	噁霜灵	26	0.84	0.0078	没有影响
5	克百威	31	1.00	0.4819	可以接受	52	喹螨醚	5	0.16	0.0077	没有影响
6	亚砜磷	1	0.03	0.3272	可以接受	53	嘧霉胺	80	2.58	0.0066	没有影响
7	甲拌磷	9	0.29	0.3039	可以接受	54	唑螨酯	2	0.06	0.0063	没有影响
8	毒死蜱	1	0.03	0.2723	可以接受	55	噻虫嗪	76	2.45	0.0062	没有影响
9	异丙威	10	0.32	0.2266	可以接受	56	氟硅唑	14	0.45	0.0061	没有影响
10	唑虫酰胺	16	0.52	0.1953	可以接受	57	腈苯唑	2	0.06	0.0051	没有影响
11	烯唑醇	8	0.26	0.1757	可以接受	58	丁酰肼	10	0.32	0.0050	没有影响
12	甲胺磷	5	0.16	0.1750	可以接受	59	噻菌灵	63	2.03	0.0044	没有影响
13	炔螨特	1	0.03	0.1604	可以接受	60	嘧菌环胺	13	0.42	0.0042	没有影响
14	倍硫磷	1	0.03	0.1483	可以接受	61	吡虫啉	123	3.96	0.0042	没有影响
15	三唑磷	13	0.42	0.1436	可以接受	62	烯酰吗啉	227	7.31	0.0041	没有影响
16	苯线磷	1	0.03	0.1267	可以接受	63	氟环唑	3	0.10	0.0035	没有影响
17	哒螨灵	38	1.22	0.0895	没有影响	64	甲霜灵	91	2.93	0.0032	没有影响
18	噻唑磷	13	0.42	0.0747	没有影响	65	螺虫乙酯	3	0.10	0.0027	没有影响
19	螺螨酯	6	0.19	0.0715	没有影响	66	吡丙醚	31	1.00	0.0024	没有影响
20	茚虫威	8	0.26	0.0599	没有影响	67	吡蚜酮	2	0.06	0.0023	没有影响
21	咪鲜胺	61	1.96	0.0523	没有影响	68	肟菌酯	24	0.77	0.0022	没有影响
22	虫酰肼	7	0.23	0.0471	没有影响	69	烯效唑	7	0.23	0.0020	没有影响
23	丁醚脲	1	0.03	0.0410	没有影响	70	氯吡脲	1	0.03	0.0019	没有影响
24	腈菌唑	35	1.13	0.0392	没有影响	71	啶氧菌酯	1	0.03	0.0017	没有影响
25	杀线威	1	0.03	0.0387	没有影响	72	戊菌唑	1	0.03	0.0015	没有影响
26	敌百虫	6	0.19	0.0380	没有影响	73	稻瘟灵	2	0.06	0.0015	没有影响
27	噻嗪酮	56	1.80	0.0360	没有影响	74	异丙隆	5	0.16	0.0014	没有影响
28	联苯肼酯	5	0.16	0.0303	没有影响	75	莠去津	13	0.42	0.0014	没有影响
29	己唑醇	5	0.16	0.0275	没有影响	76	呋虫胺	2	0.06	0.0013	没有影响
30	敌草隆	1	0.03	0.0222	没有影响	77	嘧菌酯	124	3.99	0.0011	没有影响
31	苯醚甲环唑	113	3.64	0.0208	没有影响	78	三环唑	6	0.19	0.0011	没有影响
32	氟吡菌酰胺	46	1.48	0.0188	没有影响	79	霜霉威	121	3.90	0.0010	没有影响
33	噻虫胺	24	0.77	0.0166	没有影响	80	异丙甲草胺	7	0.23	0.0010	没有影响
34	环酰菌胺	3	0.10	0.0164	没有影响	81	乙螨唑	21	0.68	0.0009	没有影响
35	粉唑醇	5	0.16	0.0163	没有影响	82	苯噻酰草胺	1	0.03	0.0009	没有影响
36	丙环唑	34	1.10	0.0143	没有影响	83	乙草胺	3	0.10	0.0008	没有影响
37	抑霉唑	24	0.77	0.0141	没有影响	84	醚菌酯	4	0.13	0.0007	没有影响
38	多菌灵	358	11.53	0.0137	没有影响	85	乙嘧酚	4	0.13	0.0006	没有影响
39	灭蝇胺	54	1.74	0.0127	没有影响	86	丁草胺	1	0.03	0.0004	没有影响
40	三唑醇	10	0.32	0.0123	没有影响	87	多效唑	9	0.29	0.0004	没有影响
41	甲基硫菌灵	55	1.77	0.0121	没有影响	88	扑草净	3	0.10	0.0003	没有影响
42	环丙唑醇	3	0.10	0.0117	没有影响	89	双炔酰菌胺	1	0.03	0.0003	没有影响
43	丙溴磷	12	0.39	0.0111	没有影响	90	烯啶虫胺	27	0.87	0.0003	没有影响
44	仲丁威	2	0.06	0.0098	没有影响	91	增效醚	3	0.10	0.0001	没有影响
45	三唑酮	7	0.23	0.0097	没有影响	92	马拉硫磷	1	0.03	0.0001	没有影响
46	戊唑醇	70	2.25	0.0094	没有影响	93	唑嘧菌胺	1	0.03	0.0000	没有影响
47	噻虫啉	5	0.16	0.0084	没有影响						

对每个月内所有水果蔬菜中残留农药的 $\overline{IFS}_c$ 进行分析，结果如图 2-15 所示。分析发现，2015 年 6 月的灭线磷、乐果、甲氨基阿维菌素、甲拌磷及 2018 年的氧乐果对水果蔬菜安全的影响不可接受，该 4 个月份的其他农药和其他月份的所有农药对水果蔬菜安全的影响均处于没有影响和可以接受的范围内。每月内不同农药对水果蔬菜安全影响程度的统计如图 2-16 所示。

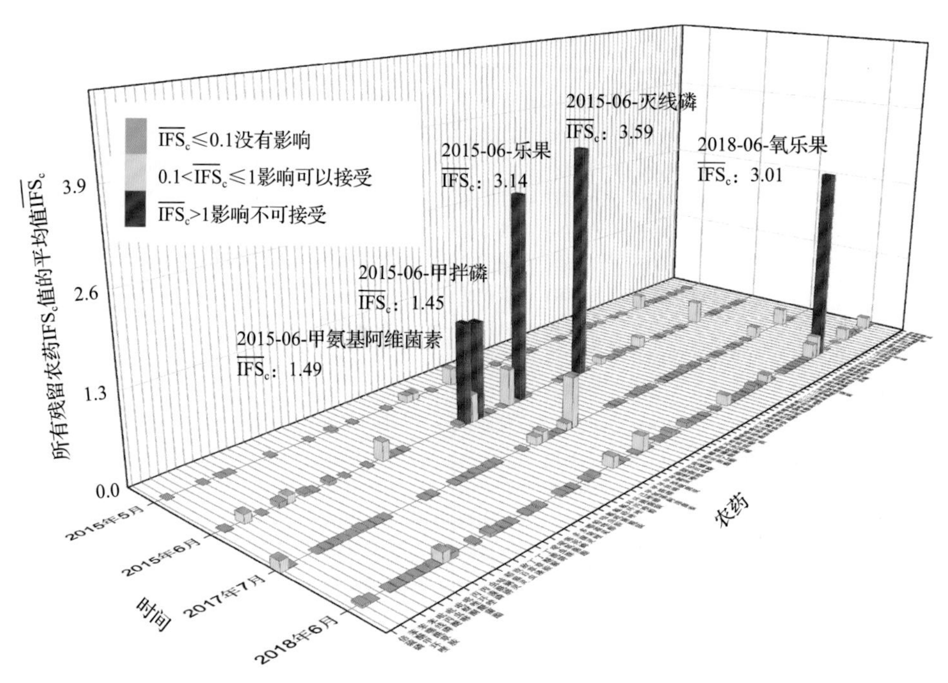

图 2-15　各月份内水果蔬菜中每种残留农药的安全指数分布图

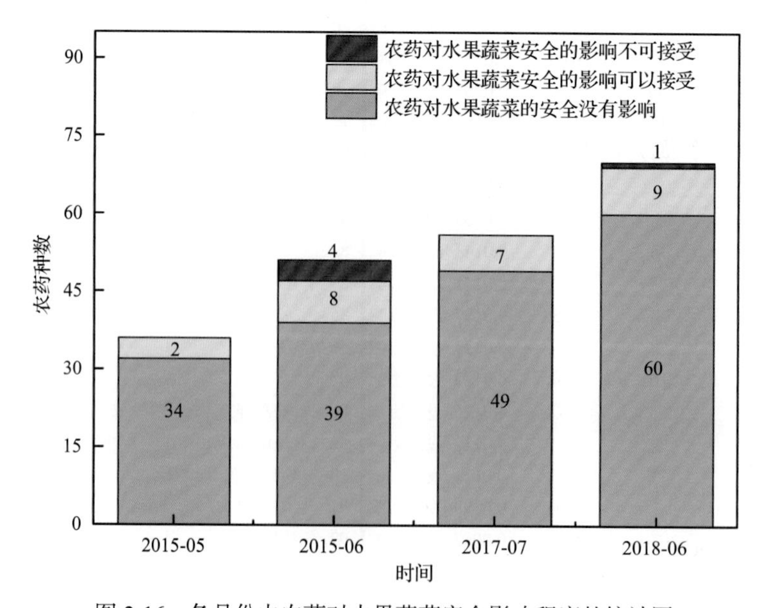

图 2-16　各月份内农药对水果蔬菜安全影响程度的统计图

计算每个月内水果蔬菜的 $\overline{IFS}$，以分析每月内水果蔬菜的安全状态，结果如图 2-17 所示，可以看出，4 个月份的水果蔬菜安全状态均处于很好和可以接受的范围内。分析发现，在 43 个月份内，25.00%水果蔬菜安全状态可以接受，75.00%的月份内水果蔬菜的安全状态很好。

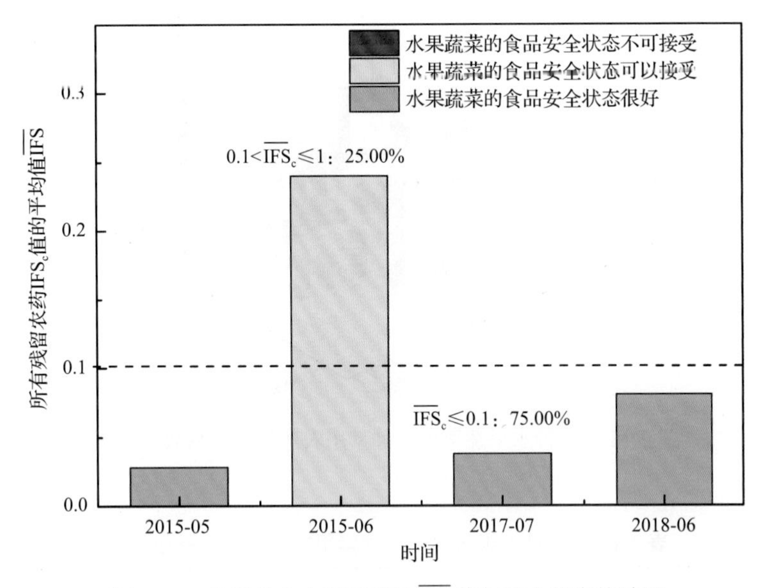

图 2-17　各月份内水果蔬菜的 $\overline{IFS}$ 值与安全状态统计图

2.3　LC-Q-TOF/MS 侦测上海市市售水果蔬菜农药残留预警风险评估

基于上海市水果蔬菜样品中农药残留 LC-Q-TOF/MS 侦测数据，分析禁用农药的检出率，同时参照中华人民共和国国家标准 GB2763—2016 和欧盟农药最大残留限量(MRL)标准分析非禁用农药残留的超标率，并计算农药残留风险系数。分析单种水果蔬菜中农药残留以及所有水果蔬菜中农药残留的风险程度。

2.3.1　单种水果蔬菜中农药残留风险系数分析

2.3.1.1　单种水果蔬菜中禁用农药残留风险系数分析

侦测出的 125 种残留农药中有 7 种为禁用农药，且它们分布在 29 种水果蔬菜中，计算 29 种水果蔬菜中禁用农药的超标率，根据超标率计算风险系数 R，进而分析水果蔬菜中禁用农药的风险程度，结果如图 2-18 与表 2-12 所示。分析发现 7 种禁用农药在 29 种水果蔬菜中的残留处均于高度风险。

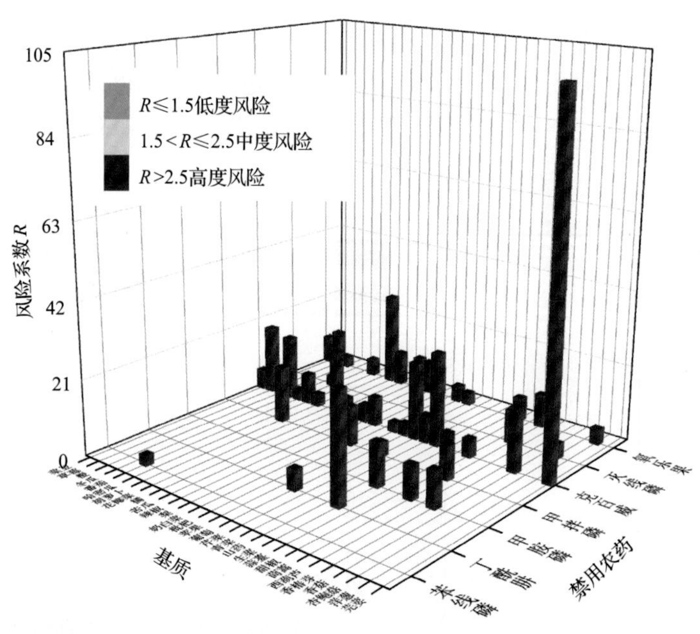

图 2-18　29 种水果蔬菜中 7 种禁用农药的风险系数分布图

表 2-12　29 种水果蔬菜中 7 种禁用农药的风险系数列表

序号	基质	农药	检出频次	检出率(%)	风险系数 R	风险程度
1	芫荽	克百威	1	100	101.10	高度风险
2	生菜	丁酰肼	8	29.63	30.73	高度风险
3	山药	克百威	1	25.00	26.10	高度风险
4	花椰菜	氧乐果	1	25.00	26.10	高度风险
5	芹菜	克百威	7	20.59	21.69	高度风险
6	草莓	克百威	2	18.18	19.28	高度风险
7	冬瓜	克百威	1	16.67	17.77	高度风险
8	橘	克百威	2	16.67	17.77	高度风险
9	香菇	克百威	1	16.67	17.77	高度风险
10	胡萝卜	甲拌磷	6	14.63	15.73	高度风险
11	生菜	甲胺磷	3	11.11	12.21	高度风险
12	枇杷	甲拌磷	1	10.00	11.10	高度风险
13	草莓	氧乐果	1	9.09	10.19	高度风险
14	香椿芽	甲胺磷	1	9.09	10.19	高度风险
15	橘	氧乐果	1	8.33	9.43	高度风险
16	茼蒿	氧乐果	1	8.33	9.43	高度风险
17	茼蒿	灭线磷	1	8.33	9.43	高度风险

续表

序号	基质	农药	检出频次	检出率(%)	风险系数 R	风险程度
18	茼蒿	甲拌磷	1	8.33	9.43	高度风险
19	茼蒿	甲胺磷	1	8.33	9.43	高度风险
20	辣椒	氧乐果	2	8.33	9.43	高度风险
21	梨	氧乐果	4	8.00	9.10	高度风险
22	哈密瓜	克百威	2	7.41	8.51	高度风险
23	奶白菜	克百威	1	7.14	8.24	高度风险
24	奶白菜	氧乐果	1	7.14	8.24	高度风险
25	菜豆	氧乐果	3	6.67	7.77	高度风险
26	青菜	克百威	1	6.67	7.77	高度风险
27	蒜薹	氧乐果	1	5.56	6.66	高度风险
28	西葫芦	氧乐果	2	5.56	6.66	高度风险
29	葡萄	丁酰肼	2	4.76	5.86	高度风险
30	菜豆	克百威	2	4.44	5.54	高度风险
31	苦瓜	克百威	1	4.17	5.27	高度风险
32	甜椒	克百威	2	4.08	5.18	高度风险
33	梨	克百威	2	4.00	5.10	高度风险
34	哈密瓜	氧乐果	1	3.70	4.80	高度风险
35	生菜	克百威	1	3.70	4.80	高度风险
36	苹果	氧乐果	2	3.51	4.61	高度风险
37	洋葱	氧乐果	1	3.33	4.43	高度风险
38	杏鲍菇	灭线磷	1	3.03	4.13	高度风险
39	芹菜	甲拌磷	1	2.94	4.04	高度风险
40	胡萝卜	克百威	1	2.44	3.54	高度风险
41	葡萄	克百威	1	2.38	3.48	高度风险
42	葡萄	氧乐果	1	2.38	3.48	高度风险
43	橙	氧乐果	1	2.04	3.14	高度风险
44	番茄	克百威	1	1.89	2.99	高度风险
45	番茄	灭线磷	1	1.89	2.99	高度风险
46	番茄	苯线磷	1	1.89	2.99	高度风险
47	苹果	克百威	1	1.75	2.85	高度风险

2.3.1.2　基于 MRL 中国国家标准的单种水果蔬菜中非禁用农药残留风险系数分析

参照中华人民共和国国家标准 GB2763—2016 中农药残留限量计算每种水果蔬菜中每种非禁用农药的超标率，进而计算其风险系数，根据风险系数大小判断残留农药的预警风险程度，水果蔬菜中非禁用农药残留风险程度分布情况如图 2-19 所示。

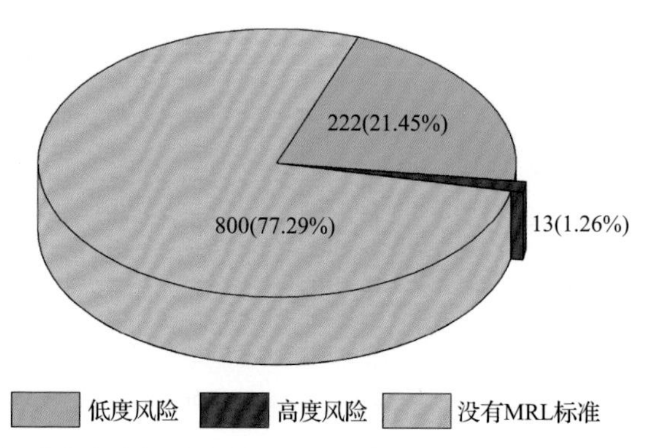

图 2-19　水果蔬菜中非禁用农药风险程度的频次分布图(MRL 中国国家标准)

本次分析中，发现在 71 种水果蔬菜侦测出 118 种残留非禁用农药，涉及样本 1035 个，在 1035 个样本中，1.26%处于高度风险，21.45%处于低度风险，此外发现有 800 个样本没有 MRL 中国国家标准值，无法判断其风险程度，有 MRL 中国国家标准值的 235 个样本涉及 48 种水果蔬菜中的 55 种非禁用农药，其风险系数 R 值如图 2-20 所示。表 2-13 为非禁用农药残留处于高度风险的水果蔬菜列表。

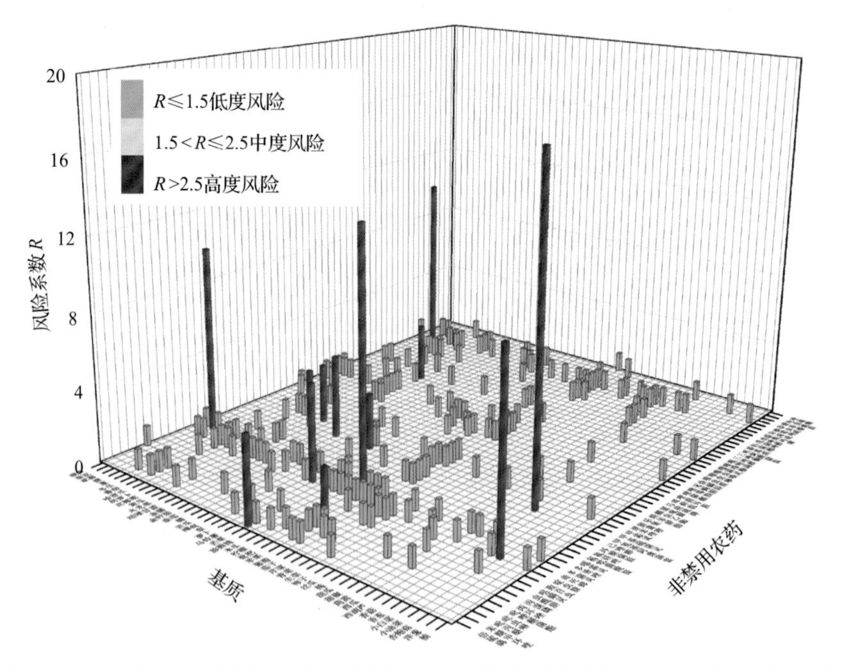

图 2-20　48 种水果蔬菜中 55 种非禁用农药的风险系数分布图(MRL 中国国家标准)

表 2-13　单种水果蔬菜中处于高度风险的非禁用农药风险系数表(MRL 中国国家标准)

序号	基质	农药	超标频次	超标率 P(%)	风险系数 R
1	香菇	甲氨基阿维菌素	1	16.67	17.77
2	柠檬	多菌灵	5	12.50	13.60
3	小油菜	啶虫脒	1	9.09	10.19
4	草莓	多菌灵	1	9.09	10.19
5	草莓	烯酰吗啉	1	9.09	10.19
6	萝卜	啶虫脒	1	4.17	5.27
7	芒果	倍硫磷	1	3.57	4.67
8	金针菇	甲氨基阿维菌素	1	3.45	4.55
9	黄瓜	噻虫嗪	1	2.17	3.27
10	黄瓜	甲氨基阿维菌素	1	2.17	3.27
11	黄瓜	甲霜灵	1	2.17	3.27
12	梨	甲氨基阿维菌素	1	2.00	3.10
13	苹果	丙环唑	1	1.75	2.85

2.3.1.3　基于 MRL 欧盟标准的单种水果蔬菜中非禁用农药残留风险系数分析

参照 MRL 欧盟标准计算每种水果蔬菜中每种非禁用农药的超标率，进而计算其风险系数，根据风险系数大小判断农药残留的预警风险程度，水果蔬菜中非禁用农药残留风险程度分布情况如图 2-21 所示。

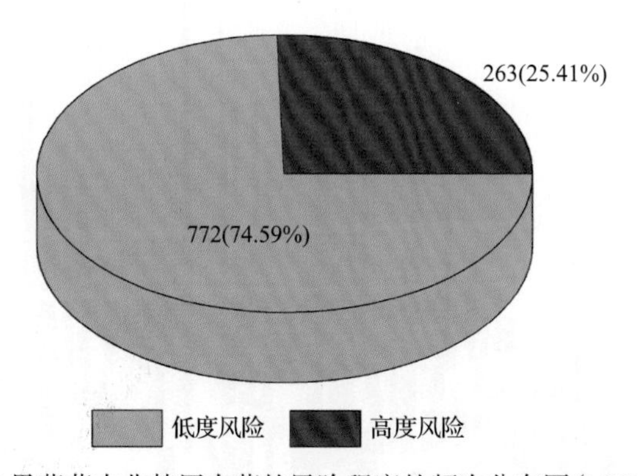

图 2-21　水果蔬菜中非禁用农药的风险程度的频次分布图(MRL 欧盟标准)

本次分析中，发现在 71 种水果蔬菜中共侦测出 118 种非禁用农药，涉及样本 1035 个，其中，25.41%处于高度风险，涉及 56 种水果蔬菜和 75 种农药；74.59%处于低度风险，涉及 71 种水果蔬菜和 94 种农药。单种水果蔬菜中的非禁用农药风险系数分布图如图 2-22 所示。单种水果蔬菜中处于高度风险的非禁用农药风险系数如图 2-23 和表 2-14 所示。

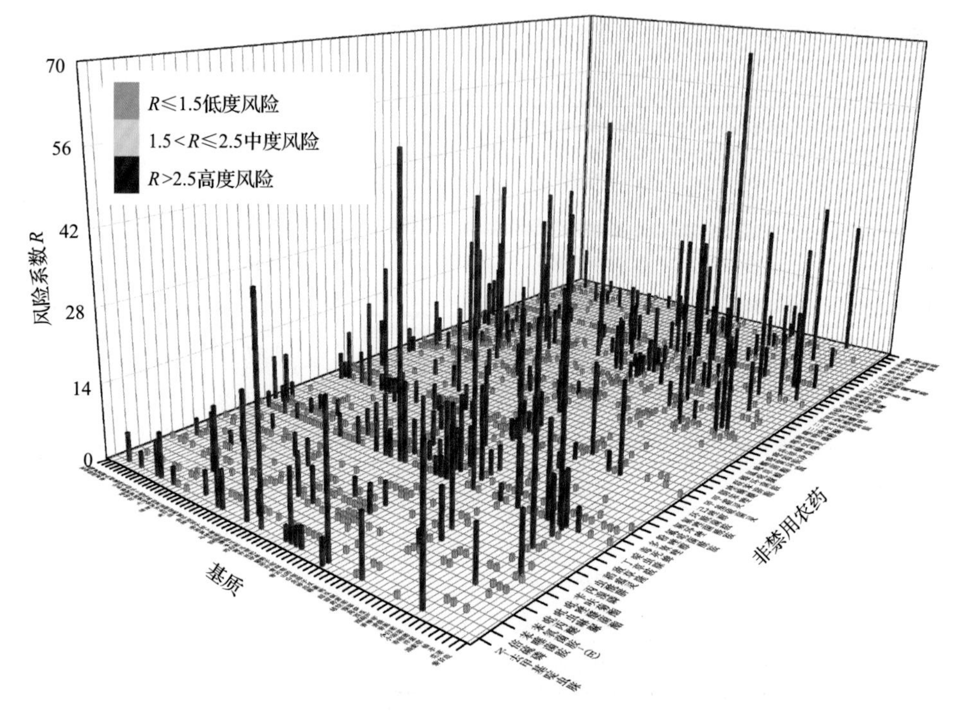

图 2-22　71 种水果蔬菜中 118 种非禁用农药的风险系数分布图(MRL 欧盟标准)

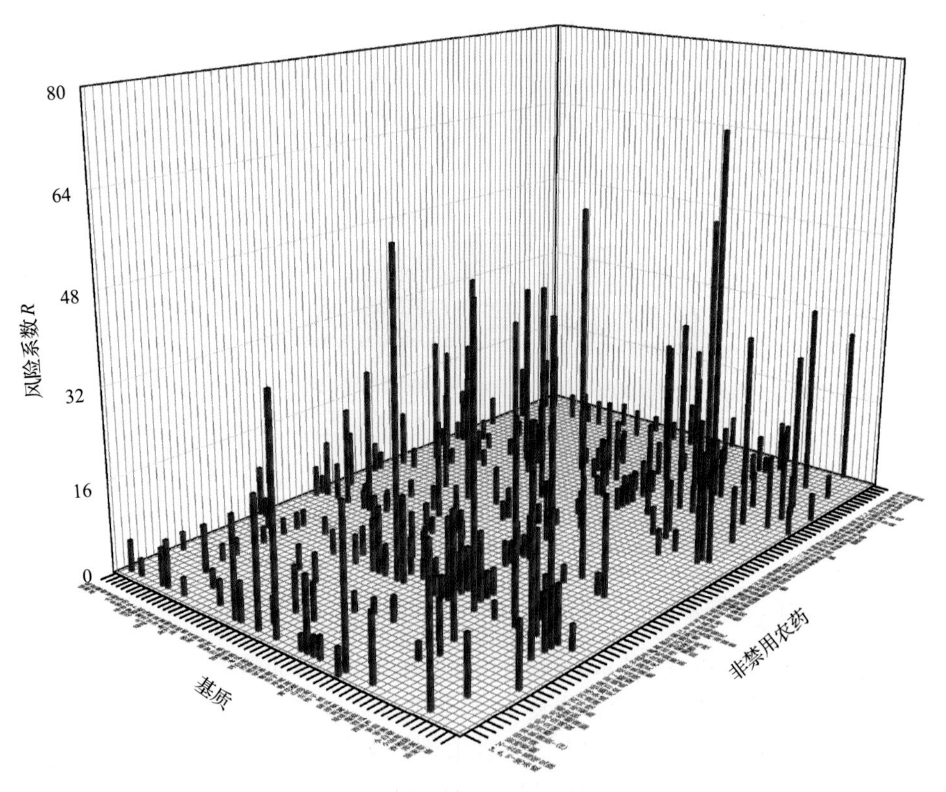

图 2-23　单种水果蔬菜中处于高度风险的非禁用农药的风险系数分布图(MRL 欧盟标准)

表 2-14　单种水果蔬菜中处于高度风险的非禁用农药的风险系数表(MRL 欧盟标准)

序号	基质	农药	超标频次	超标率 *P*(%)	风险系数 *R*
1	桃	烯酰吗啉	2	66.67	67.77
2	木瓜	啶虫脒	10	55.56	56.66
3	小白菜	啶虫脒	2	50.00	51.10
4	柿子	啶虫脒	1	50.00	51.10
5	柿子	烯酰吗啉	1	50.00	51.10
6	荔枝	速灭威	1	50.00	51.10
7	木瓜	*N*-去甲基啶虫脒	7	38.89	39.99
8	小油菜	哒螨灵	4	36.36	37.46
9	大蒜	杀线威	1	33.33	34.43
10	娃娃菜	噻虫胺	1	33.33	34.43
11	桃	双苯基脲	1	33.33	34.43
12	芥蓝	双苯基脲	1	33.33	34.43
13	蕹菜	啶虫脒	1	33.33	34.43
14	金橘	速灭威	1	33.33	34.43
15	香蕉	异丙净	1	33.33	34.43
16	香蕉	霜霉威	1	33.33	34.43
17	小油菜	唑虫酰胺	3	27.27	28.37
18	小油菜	烯唑醇	3	27.27	28.37
19	生菜	*N*-去甲基啶虫脒	7	25.93	27.03
20	小白菜	*N*-去甲基啶虫脒	1	25.00	26.10
21	山药	烯酰吗啉	1	25.00	26.10
22	花椰菜	甲氨基阿维菌素	1	25.00	26.10
23	花椰菜	速灭威	1	25.00	26.10
24	葱	噻虫嗪	8	22.22	23.32
25	芒果	*N*-去甲基啶虫脒	6	21.43	22.53
26	甜椒	丙溴磷	10	20.41	21.51
27	蘑菇	异丙净	1	20.00	21.10
28	结球甘蓝	炔丙菊酯	5	19.23	20.33
29	小油菜	炔丙菊酯	2	18.18	19.28
30	草莓	三唑磷	2	18.18	19.28
31	草莓	霜霉威	2	18.18	19.28
32	芒果	噻虫胺	5	17.86	18.96
33	冬瓜	甲氨基阿维菌素	1	16.67	17.77

续表

序号	基质	农药	超标频次	超标率 P(%)	风险系数 R
34	橘	乐果	2	16.67	17.77
35	茼蒿	双苯基脲	2	16.67	17.77
36	茼蒿	甲霜灵	2	16.67	17.77
37	辣椒	*N*-去甲基啶虫脒	4	16.67	17.77
38	香菇	啶虫脒	1	16.67	17.77
39	香菇	甲氨基阿维菌素	1	16.67	17.77
40	杏鲍菇	炔丙菊酯	5	15.15	16.25
41	杏鲍菇	烯丙菊酯	5	15.15	16.25
42	奶白菜	啶虫脒	2	14.29	15.39
43	葡萄	氟唑菌酰胺	6	14.29	15.39
44	青菜	双苯基脲	2	13.33	14.43
45	青菜	啶虫脒	2	13.33	14.43
46	青菜	多菌灵	2	13.33	14.43
47	番茄	噻虫胺	7	13.21	14.31
48	猕猴桃	戊唑醇	5	12.50	13.60
49	茄子	烯啶虫胺	5	12.20	13.30
50	杏鲍菇	速灭威	4	12.12	13.22
51	葡萄	*N*-去甲基啶虫脒	5	11.90	13.00
52	木瓜	唑虫酰胺	2	11.11	12.21
53	生菜	多菌灵	3	11.11	12.21
54	芒果	啶虫脒	3	10.71	11.81
55	甜椒	*N*-去甲基啶虫脒	5	10.20	11.30
56	枇杷	三唑磷	1	10.00	11.10
57	油麦菜	避蚊胺	1	10.00	11.10
58	茄子	螺螨酯	4	9.76	10.86
59	火龙果	嘧菌酯	4	9.52	10.62
60	小油菜	丁醚脲	1	9.09	10.19
61	小油菜	三唑醇	1	9.09	10.19
62	小油菜	吡丙醚	1	9.09	10.19
63	小油菜	啶虫脒	1	9.09	10.19
64	小油菜	敌蝇威	1	9.09	10.19
65	小油菜	灭蝇胺	1	9.09	10.19
66	草莓	乐果	1	9.09	10.19

续表

序号	基质	农药	超标频次	超标率 P(%)	风险系数 R
67	草莓	乙基杀扑磷	1	9.09	10.19
68	草莓	仲丁威	1	9.09	10.19
69	草莓	双苯基脲	1	9.09	10.19
70	草莓	多菌灵	1	9.09	10.19
71	草莓	异噁隆	1	9.09	10.19
72	草莓	灭蝇胺	1	9.09	10.19
73	草莓	甲氨基阿维菌素	1	9.09	10.19
74	橘	烯酰吗啉	1	8.33	9.43
75	茼蒿	噻嗪酮	1	8.33	9.43
76	茼蒿	多菌灵	1	8.33	9.43
77	茼蒿	抑霉唑	1	8.33	9.43
78	茼蒿	避蚊胺	1	8.33	9.43
79	萝卜	啶虫脒	2	8.33	9.43
80	甜椒	烯啶虫胺	4	8.16	9.26
81	菠菜	多菌灵	1	7.69	8.79
82	菠菜	速灭威	1	7.69	8.79
83	哈密瓜	*N*-去甲基啶虫脒	2	7.41	8.51
84	哈密瓜	吡虫啉	2	7.41	8.51
85	生菜	烯唑醇	2	7.41	8.51
86	奶白菜	双苯基脲	1	7.14	8.24
87	奶白菜	抑霉唑	1	7.14	8.24
88	奶白菜	甲氨基阿维菌素	1	7.14	8.24
89	奶白菜	速灭威	1	7.14	8.24
90	芒果	双苯基脲	2	7.14	8.24
91	芒果	吡虫啉	2	7.14	8.24
92	芒果	氟吡菌酰胺	2	7.14	8.24
93	芒果	烯酰吗啉	2	7.14	8.24
94	金针菇	双苯基脲	2	6.90	8.00
95	青菜	噁霜灵	1	6.67	7.77
96	青菜	甲霜灵	1	6.67	7.77
97	黄瓜	烯啶虫胺	3	6.52	7.62
98	青花菜	异丙净	1	6.25	7.35
99	甜椒	唑虫酰胺	3	6.12	7.22

续表

序号	基质	农药	超标频次	超标率 P(%)	风险系数 R
100	杏鲍菇	烯酰吗啉	2	6.06	7.16
101	梨	*N*-去甲基啶虫脒	3	6.00	7.10
102	梨	嘧菌酯	3	6.00	7.10
103	甜瓜	异丙威	1	5.88	6.98
104	甜瓜	烯啶虫胺	1	5.88	6.98
105	芹菜	双苯基脲	2	5.88	6.98
106	芹菜	嘧霉胺	2	5.88	6.98
107	芹菜	多菌灵	2	5.88	6.98
108	芹菜	腈菌唑	2	5.88	6.98
109	番茄	*N*-去甲基啶虫脒	3	5.66	6.76
110	木瓜	吡虫啉	1	5.56	6.66
111	木瓜	呋虫胺	1	5.56	6.66
112	木瓜	多菌灵	1	5.56	6.66
113	木瓜	霜霉威	1	5.56	6.66
114	葱	甲氨基阿维菌素	2	5.56	6.66
115	西葫芦	烯啶虫胺	2	5.56	6.66
116	苹果	烯酰吗啉	3	5.26	6.36
117	猕猴桃	烯酰吗啉	2	5.00	6.10
118	胡萝卜	三唑醇	2	4.88	5.98
119	茄子	唑虫酰胺	2	4.88	5.98
120	茄子	甲霜灵	2	4.88	5.98
121	韭菜	三唑磷	1	4.55	5.65
122	韭菜	醚菌酯	1	4.55	5.65
123	菜豆	*N*-去甲基啶虫脒	2	4.44	5.54
124	菜豆	咪鲜胺	2	4.44	5.54
125	菜豆	己唑醇	2	4.44	5.54
126	菜豆	炔丙菊酯	2	4.44	5.54
127	菜豆	烯酰吗啉	2	4.44	5.54
128	苦瓜	多菌灵	1	4.17	5.27
129	苦瓜	螺环菌胺	1	4.17	5.27
130	萝卜	烯丙菊酯	1	4.17	5.27
131	萝卜	甲霜灵	1	4.17	5.27
132	辣椒	丙溴磷	1	4.17	5.27

续表

序号	基质	农药	超标频次	超标率 P(%)	风险系数 R
133	辣椒	啶虫脒	1	4.17	5.27
134	辣椒	异丙威	1	4.17	5.27
135	辣椒	甲氨基阿维菌素	1	4.17	5.27
136	甜椒	乙螨唑	2	4.08	5.18
137	甜椒	双苯基脲	2	4.08	5.18
138	甜椒	噻虫胺	2	4.08	5.18
139	柚	烯酰吗啉	1	4.00	5.10
140	柚	速灭威	1	4.00	5.10
141	结球甘蓝	异丙威	1	3.85	4.95
142	结球甘蓝	磺酰草吡唑	1	3.85	4.95
143	哈密瓜	异丙威	1	3.70	4.80
144	生菜	3,4,5-混杀威	1	3.70	4.80
145	生菜	三唑醇	1	3.70	4.80
146	生菜	呋虫胺	1	3.70	4.80
147	生菜	噁霜灵	1	3.70	4.80
148	生菜	烯效唑	1	3.70	4.80
149	芒果	倍硫磷	1	3.57	4.67
150	芒果	啶氧菌酯	1	3.57	4.67
151	芒果	氟唑菌酰胺	1	3.57	4.67
152	芒果	肟菌酯	1	3.57	4.67
153	芒果	醚菌酯	1	3.57	4.67
154	西瓜	嘧霉胺	1	3.57	4.67
155	西瓜	噁霜灵	1	3.57	4.67
156	苹果	多菌灵	2	3.51	4.61
157	金针菇	啶虫脒	1	3.45	4.55
158	金针菇	抑霉唑	1	3.45	4.55
159	金针菇	残杀威	1	3.45	4.55
160	金针菇	甲氨基阿维菌素	1	3.45	4.55
161	金针菇	联苯肼酯	1	3.45	4.55
162	金针菇	胺唑草酮	1	3.45	4.55
163	金针菇	霜霉威	1	3.45	4.55
164	洋葱	啶虫脒	1	3.33	4.43
165	洋葱	异丙甲草胺	1	3.33	4.43

续表

序号	基质	农药	超标频次	超标率 P(%)	风险系数 R
166	芹菜	*N*-去甲基啶虫脒	1	2.94	4.04
167	芹菜	三唑磷	1	2.94	4.04
168	芹菜	三唑酮	1	2.94	4.04
169	芹菜	三唑醇	1	2.94	4.04
170	芹菜	丙环唑	1	2.94	4.04
171	芹菜	吡唑醚菌酯	1	2.94	4.04
172	芹菜	啶虫脒	1	2.94	4.04
173	芹菜	噻唑磷	1	2.94	4.04
174	芹菜	己唑醇	1	2.94	4.04
175	芹菜	异丙威	1	2.94	4.04
176	芹菜	氟硅唑	1	2.94	4.04
177	芹菜	甲氨基阿维菌素	1	2.94	4.04
178	芹菜	甲霜灵	1	2.94	4.04
179	芹菜	速灭威	1	2.94	4.04
180	芹菜	霜霉威	1	2.94	4.04
181	葱	双苯基脲	1	2.78	3.88
182	葱	啶虫脒	1	2.78	3.88
183	葱	灭蝇胺	1	2.78	3.88
184	葱	速灭威	1	2.78	3.88
185	西葫芦	噻唑磷	1	2.78	3.88
186	西葫芦	炔丙菊酯	1	2.78	3.88
187	西葫芦	甲氨基阿维菌素	1	2.78	3.88
188	柠檬	三唑磷	1	2.50	3.60
189	柠檬	多菌灵	1	2.50	3.60
190	柠檬	氟硅唑	1	2.50	3.60
191	柠檬	苄呋菊酯	1	2.50	3.60
192	柠檬	醚菌酯	1	2.50	3.60
193	猕猴桃	咪鲜胺	1	2.50	3.60
194	猕猴桃	啶虫脒	1	2.50	3.60
195	猕猴桃	抑霉唑	1	2.50	3.60
196	猕猴桃	氯吡脲	1	2.50	3.60
197	猕猴桃	甲基硫菌灵	1	2.50	3.60
198	猕猴桃	霜霉威	1	2.50	3.60

续表

序号	基质	农药	超标频次	超标率 P(%)	风险系数 R
199	胡萝卜	噻唑磷	1	2.44	3.54
200	胡萝卜	烯酰吗啉	1	2.44	3.54
201	胡萝卜	甲氨基阿维菌素	1	2.44	3.54
202	茄子	*N*-去甲基啶虫脒	1	2.44	3.54
203	茄子	丙溴磷	1	2.44	3.54
204	茄子	亚砜磷	1	2.44	3.54
205	茄子	啶虫脒	1	2.44	3.54
206	茄子	甲氨基阿维菌素	1	2.44	3.54
207	火龙果	烯酰吗啉	1	2.38	3.48
208	火龙果	甲基硫菌灵	1	2.38	3.48
209	火龙果	苯氧菌胺-(E)	1	2.38	3.48
210	火龙果	速灭威	1	2.38	3.48
211	葡萄	双苯基脲	1	2.38	3.48
212	葡萄	异丙净	1	2.38	3.48
213	葡萄	霜霉威	1	2.38	3.48
214	菜豆	三唑磷	1	2.22	3.32
215	菜豆	双苯基脲	1	2.22	3.32
216	菜豆	吡唑醚菌酯	1	2.22	3.32
217	菜豆	啶虫脒	1	2.22	3.32
218	菜豆	噁霜灵	1	2.22	3.32
219	菜豆	多菌灵	1	2.22	3.32
220	菜豆	甲氨基阿维菌素	1	2.22	3.32
221	菜豆	醚菌酯	1	2.22	3.32
222	黄瓜	*N*-去甲基啶虫脒	1	2.17	3.27
223	黄瓜	双苯基脲	1	2.17	3.27
224	黄瓜	噁霜灵	1	2.17	3.27
225	黄瓜	噻唑磷	1	2.17	3.27
226	黄瓜	噻虫嗪	1	2.17	3.27
227	黄瓜	异丙威	1	2.17	3.27
228	黄瓜	甲氨基阿维菌素	1	2.17	3.27
229	黄瓜	甲霜灵	1	2.17	3.27
230	黄瓜	螺环菌胺	1	2.17	3.27
231	橙	*N*-去甲基啶虫脒	1	2.04	3.14

续表

序号	基质	农药	超标频次	超标率 P(%)	风险系数 R
232	橙	双苯基脲	1	2.04	3.14
233	橙	霜霉威	1	2.04	3.14
234	甜椒	兹克威	1	2.04	3.14
235	甜椒	吡虫啉脲	1	2.04	3.14
236	甜椒	啶虫脒	1	2.04	3.14
237	甜椒	异丙威	1	2.04	3.14
238	甜椒	氧环唑	1	2.04	3.14
239	甜椒	环丙唑醇	1	2.04	3.14
240	甜椒	甲氨基阿维菌素	1	2.04	3.14
241	甜椒	速灭威	1	2.04	3.14
242	梨	乙基杀扑磷	1	2.00	3.10
243	梨	仲丁威	1	2.00	3.10
244	梨	多菌灵	1	2.00	3.10
245	梨	戊唑醇	1	2.00	3.10
246	梨	甲氨基阿维菌素	1	2.00	3.10
247	番茄	丙环唑	1	1.89	2.99
248	番茄	兹克威	1	1.89	2.99
249	番茄	双苯基脲	1	1.89	2.99
250	番茄	啶虫脒	1	1.89	2.99
251	番茄	噁霜灵	1	1.89	2.99
252	番茄	噻虫嗪	1	1.89	2.99
253	番茄	多菌灵	1	1.89	2.99
254	番茄	敌百虫	1	1.89	2.99
255	番茄	烯啶虫胺	1	1.89	2.99
256	番茄	甲霜灵	1	1.89	2.99
257	番茄	避蚊胺	1	1.89	2.99
258	苹果	*N*-去甲基啶虫脒	1	1.75	2.85
259	苹果	丙环唑	1	1.75	2.85
260	苹果	双苯基脲	1	1.75	2.85
261	苹果	嘧菌酯	1	1.75	2.85
262	苹果	炔螨特	1	1.75	2.85
263	苹果	速灭威	1	1.75	2.85

2.3.2　所有水果蔬菜中农药残留风险系数分析

2.3.2.1　所有水果蔬菜中禁用农药残留风险系数分析

在侦测出的 125 种农药中有 7 种为禁用农药，计算所有水果蔬菜中禁用农药的风险系数，结果如表 2-15 所示。禁用农药克百威、氧乐果处于高度风险，丁酰肼、甲拌磷 2 种禁用农药处于中度风险，剩余 3 种禁用农药处于低度风险。

表 2-15　水果蔬菜中 7 种禁用农药的风险系数表

序号	农药	检出频次	检出率(%)	风险系数 R	风险程度
1	克百威	31	2.36	3.46	高度风险
2	氧乐果	23	1.75	2.85	高度风险
3	丁酰肼	10	0.76	1.86	中度风险
4	甲拌磷	9	0.68	1.78	中度风险
5	甲胺磷	5	0.38	1.48	低度风险
6	灭线磷	3	0.23	1.33	低度风险
7	苯线磷	1	0.08	1.18	低度风险

对每个月内的禁用农药的风险系数进行分析，结果如图 2-24 和表 2-16 所示。

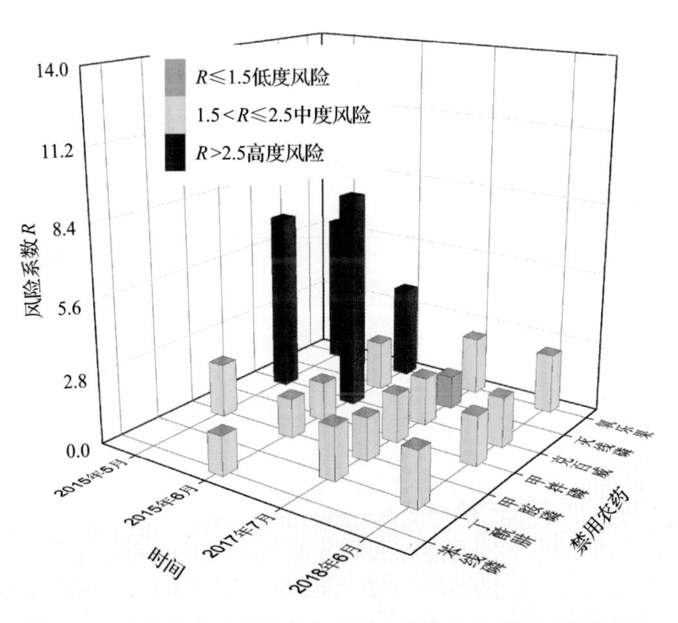

图 2-24　各月份内水果蔬菜中禁用农药残留的风险系数分布图

表 2-16 各月份内水果蔬菜中禁用农药的风险系数表

序号	年月	农药	检出频次	检出率 *P*(%)	风险系数 *R*	风险程度
1	2015 年 5 月	克百威	6	6.00	7.10	高度风险
2	2015 年 5 月	氧乐果	5	5.00	6.10	高度风险
3	2015 年 5 月	甲胺磷	1	1.00	2.10	中度风险
4	2015 年 6 月	克百威	17	7.39	8.49	高度风险
5	2015 年 6 月	氧乐果	6	2.61	3.71	高度风险
6	2015 年 6 月	灭线磷	2	0.87	1.97	中度风险
7	2015 年 6 月	甲拌磷	1	0.43	1.53	中度风险
8	2015 年 6 月	甲胺磷	1	0.43	1.53	中度风险
9	2015 年 6 月	苯线磷	1	0.43	1.53	中度风险
10	2017 年 7 月	氧乐果	6	1.18	2.28	中度风险
11	2017 年 7 月	丁酰肼	5	0.98	2.08	中度风险
12	2017 年 7 月	克百威	4	0.79	1.89	中度风险
13	2017 年 7 月	甲拌磷	4	0.79	1.89	中度风险
14	2017 年 7 月	甲胺磷	3	0.59	1.69	中度风险
15	2017 年 7 月	灭线磷	1	0.20	1.30	低度风险
16	2018 年 6 月	氧乐果	6	1.26	2.36	中度风险
17	2018 年 6 月	丁酰肼	5	1.05	2.15	中度风险
18	2018 年 6 月	克百威	4	0.84	1.94	中度风险
19	2018 年 6 月	甲拌磷	4	0.84	1.94	中度风险

2.3.2.2 所有水果蔬菜中非禁用农药残留风险系数分析

参照MRL欧盟标准计算所有水果蔬菜中每种非禁用农药残留的风险系数，如图 2-25 与表 2-17 所示。在侦测出的 118 种非禁用农药中，4 种农药(3.39%)残留处于高度风险，18 种农药(15.25%)残留处于中度风险，96 种农药(81.36%)残留处于低度风险。

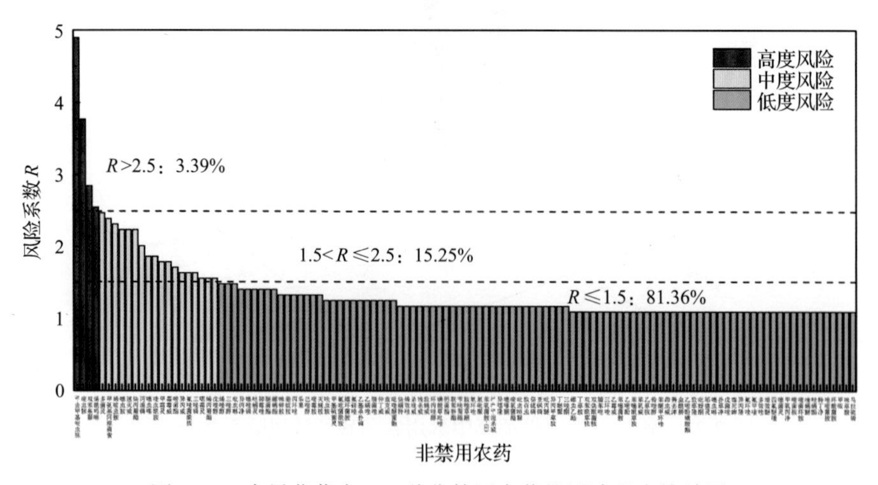

图 2-25 水果蔬菜中 118 种非禁用农药的风险程度统计图

表 2-17　水果蔬菜中 118 种非禁用农药的风险系数表

序号	农药	超标频次	超标率 P(%)	风险系数 R	风险程度
1	N-去甲基啶虫脒	50	3.80	4.90	高度风险
2	啶虫脒	35	2.66	3.76	高度风险
3	双苯基脲	23	1.75	2.85	高度风险
4	烯酰吗啉	19	1.44	2.54	高度风险
5	多菌灵	18	1.37	2.47	中度风险
6	甲氨基阿维菌素	17	1.29	2.39	中度风险
7	烯啶虫胺	16	1.22	2.32	中度风险
8	噻虫胺	15	1.14	2.24	中度风险
9	速灭威	15	1.14	2.24	中度风险
10	炔丙菊酯	15	1.14	2.24	中度风险
11	丙溴磷	12	0.91	2.01	中度风险
12	噻虫嗪	10	0.76	1.86	中度风险
13	唑虫酰胺	10	0.76	1.86	中度风险
14	甲霜灵	9	0.68	1.78	中度风险
15	霜霉威	9	0.68	1.78	中度风险
16	嘧菌酯	8	0.61	1.71	中度风险
17	异丙威	7	0.53	1.63	中度风险
18	氟唑菌酰胺	7	0.53	1.63	中度风险
19	三唑磷	7	0.53	1.63	中度风险
20	噁霜灵	6	0.46	1.56	中度风险
21	烯丙菊酯	6	0.46	1.56	中度风险
22	戊唑醇	6	0.46	1.56	中度风险
23	烯唑醇	5	0.38	1.48	低度风险
24	三唑醇	5	0.38	1.48	低度风险
25	吡虫啉	5	0.38	1.48	低度风险
26	异丙净	4	0.30	1.40	低度风险
27	噻唑磷	4	0.30	1.40	低度风险
28	哒螨灵	4	0.30	1.40	低度风险
29	抑霉唑	4	0.30	1.40	低度风险
30	醚菌酯	4	0.30	1.40	低度风险
31	螺螨酯	4	0.30	1.40	低度风险
32	咪鲜胺	3	0.23	1.33	低度风险
33	避蚊胺	3	0.23	1.33	低度风险

续表

序号	农药	超标频次	超标率 P(%)	风险系数 R	风险程度
34	丙环唑	3	0.23	1.33	低度风险
35	乐果	3	0.23	1.33	低度风险
36	己唑醇	3	0.23	1.33	低度风险
37	嘧霉胺	3	0.23	1.33	低度风险
38	灭蝇胺	3	0.23	1.33	低度风险
39	呋虫胺	2	0.15	1.25	低度风险
40	甲基硫菌灵	2	0.15	1.25	低度风险
41	氟吡菌酰胺	2	0.15	1.25	低度风险
42	螺环菌胺	2	0.15	1.25	低度风险
43	氟硅唑	2	0.15	1.25	低度风险
44	乙基杀扑磷	2	0.15	1.25	低度风险
45	乙螨唑	2	0.15	1.25	低度风险
46	腈菌唑	2	0.15	1.25	低度风险
47	仲丁威	2	0.15	1.25	低度风险
48	兹克威	2	0.15	1.25	低度风险
49	吡唑醚菌酯	2	0.15	1.25	低度风险
50	炔螨特	1	0.08	1.18	低度风险
51	烯效唑	1	0.08	1.18	低度风险
52	杀线威	1	0.08	1.18	低度风险
53	残杀威	1	0.08	1.18	低度风险
54	敌蝇威	1	0.08	1.18	低度风险
55	环丙唑醇	1	0.08	1.18	低度风险
56	磺酰草吡唑	1	0.08	1.18	低度风险
57	肟菌酯	1	0.08	1.18	低度风险
58	联苯肼酯	1	0.08	1.18	低度风险
59	苄呋菊酯	1	0.08	1.18	低度风险
60	胺唑草酮	1	0.08	1.18	低度风险
61	氧环唑	1	0.08	1.18	低度风险
62	氯吡脲	1	0.08	1.18	低度风险
63	苯氧菌胺-(E)	1	0.08	1.18	低度风险
64	3,4,5-混杀威	1	0.08	1.18	低度风险
65	异噁隆	1	0.08	1.18	低度风险
66	噻嗪酮	1	0.08	1.18	低度风险
67	啶氧菌酯	1	0.08	1.18	低度风险

续表

序号	农药	超标频次	超标率 P(%)	风险系数 R	风险程度
68	吡虫啉脲	1	0.08	1.18	低度风险
69	敌百虫	1	0.08	1.18	低度风险
70	倍硫磷	1	0.08	1.18	低度风险
71	亚砜磷	1	0.08	1.18	低度风险
72	吡丙醚	1	0.08	1.18	低度风险
73	异丙甲草胺	1	0.08	1.18	低度风险
74	丁醚脲	1	0.08	1.18	低度风险
75	三唑酮	1	0.08	1.18	低度风险
76	螺虫乙酯	0	0	1.10	低度风险
77	丁草胺	0	0	1.10	低度风险
78	双苯酰草胺	0	0	1.10	低度风险
79	双炔酰菌胺	0	0	1.10	低度风险
80	腈苯唑	0	0	1.10	低度风险
81	三环唑	0	0	1.10	低度风险
82	乙霉威	0	0	1.10	低度风险
83	苯噻菌胺	0	0	1.10	低度风险
84	乙嘧酚	0	0	1.10	低度风险
85	苯噻酰草胺	0	0	1.10	低度风险
86	苯氧威	0	0	1.10	低度风险
87	乙草胺	0	0	1.10	低度风险
88	粉唑醇	0	0	1.10	低度风险
89	苯醚甲环唑	0	0	1.10	低度风险
90	茚虫威	0	0	1.10	低度风险
91	莠去津	0	0	1.10	低度风险
92	虫酰肼	0	0	1.10	低度风险
93	乙嘧酚磺酸酯	0	0	1.10	低度风险
94	敌草隆	0	0	1.10	低度风险
95	吡蚜酮	0	0	1.10	低度风险
96	稻瘟灵	0	0	1.10	低度风险
97	噻虫啉	0	0	1.10	低度风险
98	扑草净	0	0	1.10	低度风险
99	戊菌唑	0	0	1.10	低度风险
100	毒死蜱	0	0	1.10	低度风险
101	异丙隆	0	0	1.10	低度风险

续表

序号	农药	超标频次	超标率 P(%)	风险系数 R	风险程度
102	氟环唑	0	0	1.10	低度风险
103	氟甲喹	0	0	1.10	低度风险
104	多效唑	0	0	1.10	低度风险
105	增效醚	0	0	1.10	低度风险
106	四氟醚唑	0	0	1.10	低度风险
107	噻菌灵	0	0	1.10	低度风险
108	甲氧丙净	0	0	1.10	低度风险
109	嘧菌胺	0	0	1.10	低度风险
110	嘧菌环胺	0	0	1.10	低度风险
111	喹螨醚	0	0	1.10	低度风险
112	唑螨酯	0	0	1.10	低度风险
113	特丁净	0	0	1.10	低度风险
114	唑嘧菌胺	0	0	1.10	低度风险
115	环酰菌胺	0	0	1.10	低度风险
116	甲哌	0	0	1.10	低度风险
117	咪草酸	0	0	1.10	低度风险
118	马拉硫磷	0	0	1.10	低度风险

对每个月份内的非禁用农药的风险系数分析，每月内非禁用农药风险程度分布图如图 2-26 所示。4 个月份内处于高度风险的农药数排序为 2015 年 6 月(8)>2015 年 5 月(7)=2018 年 6 月(6)>2017 年 7 月(3)。

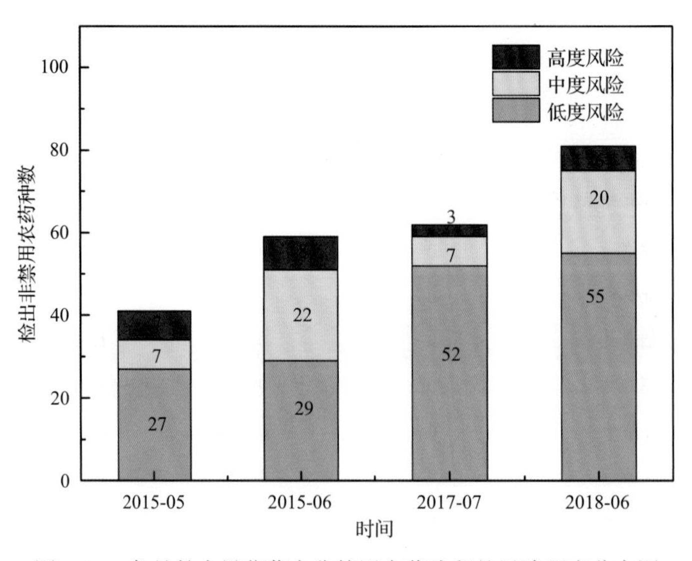

图 2-26　各月份水果蔬菜中非禁用农药残留的风险程度分布图

4 个月份内水果蔬菜中非禁用农药处于中度风险和高度风险的风险系数如图 2-27 和表 2-18 所示。

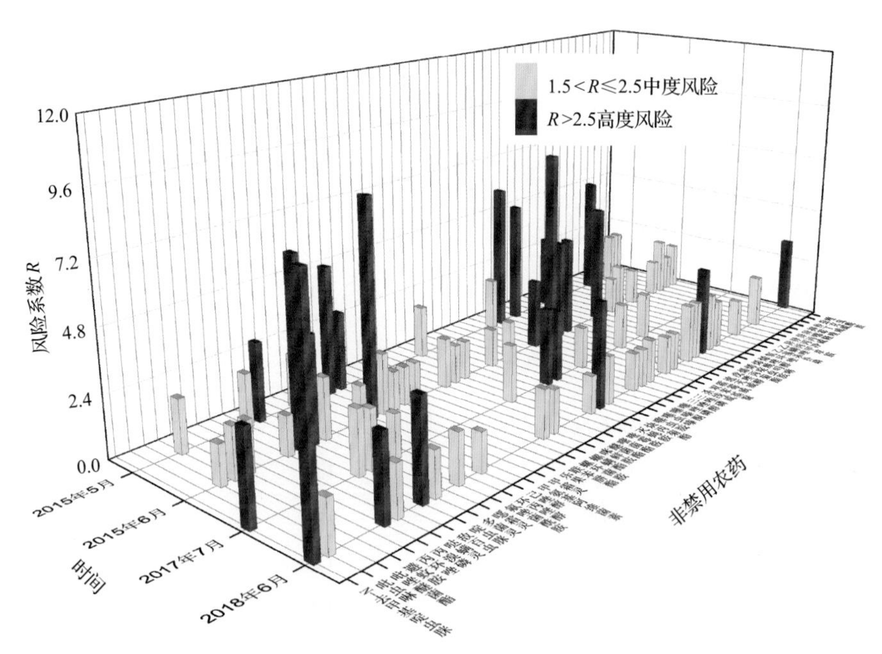

图 2-27　各月份水果蔬菜中非禁用农药处于中度风险和高度风险的风险系数分布图

表 2-18　各月份水果蔬菜中非禁用农药处于中度风险和高度风险的风险系数表

序号	年月	农药	超标频次	超标率 P(%)	风险系数 R	风险程度
1	2015 年 5 月	双苯基脲	5	7.95	6.10	高度风险
2	2015 年 5 月	异丙净	4	7.39	5.10	高度风险
3	2015 年 5 月	甲霜灵	4	6.96	5.10	高度风险
4	2015 年 5 月	速灭威	4	6.09	5.10	高度风险
5	2015 年 5 月	乐果	2	5.00	3.10	高度风险
6	2015 年 5 月	多菌灵	2	4.00	3.10	高度风险
7	2015 年 5 月	烯酰吗啉	2	4.00	3.10	高度风险
8	2015 年 5 月	仲丁威	1	4.00	2.10	中度风险
9	2015 年 5 月	啶虫脒	1	3.91	2.10	中度风险
10	2015 年 5 月	抑霉唑	1	3.14	2.10	中度风险
11	2015 年 5 月	杀线威	1	3.04	2.10	中度风险
12	2015 年 5 月	灭蝇胺	1	3.04	2.10	中度风险
13	2015 年 5 月	环丙唑醇	1	3.04	2.10	中度风险
14	2015 年 5 月	避蚊胺	1	2.72	2.10	中度风险
15	2015 年 6 月	甲氨基阿维菌素	17	2.51	8.49	高度风险

续表

序号	年月	农药	超标频次	超标率 P(%)	风险系数 R	风险程度
16	2015 年 6 月	双苯基脲	16	2.36	8.06	高度风险
17	2015 年 6 月	啶虫脒	14	2.09	7.19	高度风险
18	2015 年 6 月	烯酰吗啉	9	2.09	5.01	高度风险
19	2015 年 6 月	多菌灵	7	2.00	4.14	高度风险
20	2015 年 6 月	速灭威	7	2.00	4.14	高度风险
21	2015 年 6 月	霜霉威	7	2.00	4.14	高度风险
22	2015 年 6 月	三唑磷	4	1.97	2.84	高度风险
23	2015 年 6 月	噁霜灵	3	1.77	2.40	中度风险
24	2015 年 6 月	抑霉唑	3	1.74	2.40	中度风险
25	2015 年 6 月	甲霜灵	3	1.38	2.40	中度风险
26	2015 年 6 月	丙环唑	2	1.30	1.97	中度风险
27	2015 年 6 月	乙基杀扑磷	2	1.30	1.97	中度风险
28	2015 年 6 月	兹克威	2	1.30	1.97	中度风险
29	2015 年 6 月	避蚊胺	2	1.26	1.97	中度风险
30	2015 年 6 月	醚菌酯	2	1.26	1.97	中度风险
31	2015 年 6 月	乐果	1	1.26	1.53	中度风险
32	2015 年 6 月	仲丁威	1	1.18	1.53	中度风险
33	2015 年 6 月	吡唑醚菌酯	1	1.18	1.53	中度风险
34	2015 年 6 月	嘧菌酯	1	1.05	1.53	中度风险
35	2015 年 6 月	嘧霉胺	1	1.00	1.53	中度风险
36	2015 年 6 月	噻嗪酮	1	1.00	1.53	中度风险
37	2015 年 6 月	噻虫胺	1	1.00	1.53	中度风险
38	2015 年 6 月	己唑醇	1	1.00	1.53	中度风险
39	2015 年 6 月	异丙甲草胺	1	1.00	1.53	中度风险
40	2015 年 6 月	异噁隆	1	1.00	1.53	中度风险
41	2015 年 6 月	敌百虫	1	1.00	1.53	中度风险
42	2015 年 6 月	氧环唑	1	0.87	1.53	中度风险
43	2015 年 6 月	联苯肼酯	1	0.87	1.53	中度风险
44	2015 年 6 月	螺环菌胺	1	0.87	1.53	中度风险
45	2017 年 7 月	*N*-去甲基啶虫脒	12	0.87	3.46	高度风险
46	2017 年 7 月	噻虫胺	10	0.87	3.07	高度风险
47	2017 年 7 月	噻虫嗪	9	0.84	2.87	高度风险
48	2017 年 7 月	啶虫脒	7	0.84	2.48	中度风险

续表

序号	年月	农药	超标频次	超标率 *P*(%)	风险系数 *R*	风险程度
49	2017 年 7 月	嘧菌酯	6	0.84	2.28	中度风险
50	2017 年 7 月	多菌灵	6	0.84	2.28	中度风险
51	2017 年 7 月	烯啶虫胺	4	0.84	1.89	中度风险
52	2017 年 7 月	速灭威	4	0.84	1.89	中度风险
53	2017 年 7 月	三唑醇	3	0.79	1.69	中度风险
54	2017 年 7 月	氟唑菌酰胺	3	0.79	1.69	中度风险
55	2018 年 6 月	*N*-去甲基啶虫脒	38	0.63	9.05	高度风险
56	2018 年 6 月	炔丙菊酯	15	0.63	4.24	高度风险
57	2018 年 6 月	啶虫脒	13	0.63	3.82	高度风险
58	2018 年 6 月	烯啶虫胺	12	0.59	3.61	高度风险
59	2018 年 6 月	丙溴磷	10	0.59	3.19	高度风险
60	2018 年 6 月	唑虫酰胺	10	0.43	3.19	高度风险
61	2018 年 6 月	戊唑醇	6	0.43	2.36	中度风险
62	2018 年 6 月	烯丙菊酯	6	0.43	2.36	中度风险
63	2018 年 6 月	烯酰吗啉	6	0.43	2.36	中度风险
64	2018 年 6 月	异丙威	5	0.43	2.15	中度风险
65	2018 年 6 月	吡虫啉	4	0.43	1.94	中度风险
66	2018 年 6 月	哒螨灵	4	0.43	1.94	中度风险
67	2018 年 6 月	噻虫胺	4	0.43	1.94	中度风险
68	2018 年 6 月	氟唑菌酰胺	4	0.43	1.94	中度风险
69	2018 年 6 月	烯唑醇	4	0.43	1.94	中度风险
70	2018 年 6 月	螺螨酯	4	0.43	1.94	中度风险
71	2018 年 6 月	三唑磷	3	0.43	1.73	中度风险
72	2018 年 6 月	咪鲜胺	3	0.43	1.73	中度风险
73	2018 年 6 月	多菌灵	3	0.43	1.73	中度风险
74	2018 年 6 月	三唑醇	2	0.42	1.52	中度风险
75	2018 年 6 月	乙螨唑	2	0.42	1.52	中度风险
76	2018 年 6 月	双苯基脲	2	0.42	1.52	中度风险
77	2018 年 6 月	噻唑磷	2	0.42	1.52	中度风险
78	2018 年 6 月	己唑醇	2	0.42	1.52	中度风险
79	2018 年 6 月	灭蝇胺	2	0.42	1.52	中度风险
80	2018 年 6 月	霜霉威	2	0.42	1.52	中度风险

2.4 LC-Q-TOF/MS 侦测上海市市售水果蔬菜农药残留风险评估结论与建议

农药残留是影响水果蔬菜安全和质量的主要因素，也是我国食品安全领域备受关注的敏感话题和亟待解决的重大问题之一[15,16]。各种水果蔬菜均存在不同程度的农药残留现象，本研究主要针对上海市各类水果蔬菜存在的农药残留问题，基于 2015 年 5 月~2018 年 6 月对上海市 1316 例水果蔬菜样品中农药残留侦测得出的 3105 个侦测结果，分别采用食品安全指数模型和风险系数模型，开展水果蔬菜中农药残留的膳食暴露风险和预警风险评估。水果蔬菜样品取自超市和农贸市场，符合大众的膳食来源，风险评价时更具有代表性和可信度。

本研究力求通用简单地反映食品安全中的主要问题，且为管理部门和大众容易接受，为政府及相关管理机构建立科学的食品安全信息发布和预警体系提供科学的规律与方法，加强对农药残留的预警和食品安全重大事件的预防，控制食品风险。

2.4.1 上海市水果蔬菜中农药残留膳食暴露风险评价结论

1) 水果蔬菜样品中农药残留安全状态评价结论

采用食品安全指数模型，对 2015 年 5 月~2018 年 6 月期间上海市水果蔬菜食品农药残留膳食暴露风险进行评价，根据 IFS_c 的计算结果发现，水果蔬菜中农药的 $\overline{IFS}$ 为 0.0979，说明上海市水果蔬菜总体处于很好的安全状态，但部分禁用农药、高残留农药在蔬菜、水果中仍有侦测出，导致膳食暴露风险的存在，成为不安全因素。

2) 单种水果蔬菜中农药膳食暴露风险不可接受情况评价结论

单种水果蔬菜中农药残留安全指数分析结果显示，农药对单种水果蔬菜安全影响不可接受($IFS_c>1$)的样本数共 19 个，占总样本数的 2.16%，19 个样本分别为香菇、香椿芽、西葫芦、生菜、辣椒、金针菇、黄瓜、冬瓜、草莓中的甲氨基阿维菌素，甜椒、葡萄中的克百威，茼蒿、番茄中的灭线磷，茼蒿中的甲拌磷，草莓中的乐果，哈密瓜中的异丙威，辣椒、菜豆、橘中的氧乐果，说明这些样本对消费者身体健康造成较大的膳食暴露风险。氧乐果、灭线磷、克百威、甲拌磷属于禁用的剧毒农药，且橘子、番茄和葡萄均为较常见的水果蔬菜，百姓日常食用量较大，长期食用大量残留氧乐果、灭线磷、克百威、甲拌磷的橘子、番茄和葡萄会对人体造成不可接受的影响。本次检测发现氧乐果、灭线磷、克百威、甲拌磷在橘子、番茄和葡萄样品中多次并大量侦测出，是未严格实施农业良好管理规范(GAP)，抑或是农药滥用，这应该引起相关管理部门的警惕，应加强对橘子、番茄和葡萄中的氧乐果、灭线磷、克百威、甲拌磷的严格管控。

3) 禁用农药膳食暴露风险评价

本次检测发现部分水果蔬菜样品中有禁用农药侦测出，侦测出禁用农药 7 种，检出频次为 82，水果蔬菜样品中的禁用农药 IFS_c 计算结果表明，禁用农药残留膳食暴露风险不可接受的频次为 10，占 12.2%；可以接受的频次为 31，占 37.8%；没有影响的频次为 41，占 50%。对于水果蔬菜样品中所有农药而言，膳食暴露风险不可接受的频次为 25，仅占总体频次的 0.81%。可以看出，禁用农药的膳食暴露风险不可接受的比例远高于总体水平，这在一定程度上说明禁用农药更容易导致严重的膳食暴露风险。此外，膳食暴露风险不可接受的残留禁用农药为氧乐果、克百威、灭线磷、甲拌磷，因此，应该加强对禁用农药氧乐果、克百威、灭线磷、甲拌磷的管控力度。为何在国家明令禁止禁用农药喷洒的情况下，还能在多种水果蔬菜中多次侦测出禁用农药残留并造成不可接受的膳食暴露风险，这应该引起相关部门的高度警惕，应该在禁止禁用农药喷洒的同时，严格管控禁用农药的生产和售卖，从根本上杜绝安全隐患。

2.4.2 上海市水果蔬菜中农药残留预警风险评价结论

1) 单种水果蔬菜中禁用农药残留的预警风险评价结论

本次检测过程中，在 29 种水果蔬菜中检测超出 7 种禁用农药，禁用农药为克百威、氧乐果、灭线磷、苯线磷、甲拌磷、丁酰肼和甲胺磷，水果蔬菜为：芫荽、生菜、山药、花椰菜、芹菜、草莓、冬瓜、橘、香菇、胡萝卜、枇杷、香椿芽、茼蒿、辣椒、梨、哈密瓜、奶白菜、菜豆、青菜、蒜薹、西葫芦、葡萄、苦瓜、甜椒、苹果、洋葱、杏鲍菇、橙、番茄，水果蔬菜中禁用农药的风险系数分析结果显示，7 种禁用农药在 29 种水果蔬菜中的残留均处于高度风险，说明在单种水果蔬菜中禁用农药的残留会导致较高的预警风险。

2) 单种水果蔬菜中非禁用农药残留的预警风险评价结论

以 MRL 中国国家标准为标准，计算水果蔬菜中非禁用农药风险系数情况下，1035 个样本中，13 个处于高度风险(1.26%)，222 个处于低度风险(21.45%)，800 个样本没有 MRL 中国国家标准(77.29%)。以 MRL 欧盟标准为标准，计算水果蔬菜中非禁用农药风险系数情况下，发现有 263 个处于高度风险(25.41%)，772 个处于低度风险(74.59%)。基于两种 MRL 标准，评价的结果差异显著，可以看出 MRL 欧盟标准比中国国家标准更加严格和完善，过于宽松的 MRL 中国国家标准值能否有效保障人体的健康有待研究。

2.4.3 加强上海市水果蔬菜食品安全建议

我国食品安全风险评价体系仍不够健全，相关制度不够完善，多年来，由于农药用药次数多、用药量大或用药间隔时间短，产品残留量大，农药残留所造成的食品安全问题日益严峻，给人体健康带来了直接或间接的危害。据估计，美国与农药有关的癌症患者数约占全国癌症患者总数的 50%，中国更高。同样，农药对其他生物也会形成直接杀伤和慢性危害，植物中的农药可经过食物链逐级传递并不断蓄积，对人和动物构成潜在威胁，并影响生态系统。

基于本次农药残留侦测数据的风险评价结果，提出以下几点建议：

1) 加快食品安全标准制定步伐

我国食品标准中对农药每日允许最大摄入量 ADI 的数据严重缺乏，在本次评价所涉及的 125 种农药中，仅有 74.4%的农药具有 ADI 值，而 25.6%的农药中国尚未规定相应的 ADI 值，亟待完善。

我国食品中农药最大残留限量值的规定严重缺乏，对评估涉及的不同水果蔬菜中不同农药 1082 个 MRL 限值进行统计来看，我国仅制定出 277 个标准，我国标准完整率仅为 25.6%，欧盟的完整率达到 100%(表 2-19)。因此，中国更应加快 MRL 标准的制定步伐。

表 2-19　我国国家食品标准农药的 ADI、MRL 值与欧盟标准的数量差异

分类		中国 ADI	MRL 中国国家标准	MRL 欧盟标准
标准限值(个)	有	93	277	1082
	无	32	805	0
总数(个)		125	1082	1082
无标准限值比例(%)		25.6	74.4	0

此外，MRL 中国国家标准限值普遍高于欧盟标准限值，这些标准中共有 152 个高于欧盟。过高的 MRL 值难以保障人体健康，建议继续加强对限值基准和标准的科学研究，将农产品中的危险性减少到尽可能低的水平。

2) 加强农药的源头控制和分类监管

在上海市某些水果蔬菜中仍有禁用农药残留，利用 LC-Q-TOF/MS 技术侦测出 7 种禁用农药，检出频次为 82 次，残留禁用农药均存在较大的膳食暴露风险和预警风险。早已列入黑名单的禁用农药在我国并未真正退出，有些药物由于价格便宜、工艺简单，此类高毒农药一直生产和使用。建议在我国采取严格有效的控制措施，从源头控制禁用农药。

对于非禁用农药，在我国作为“田间地头”最典型单位的县级蔬果产地中，农药残留的检测几乎缺失。建议根据农药的毒性，对高毒、剧毒、中毒农药实现分类管理，减少使用高毒和剧毒高残留农药，进行分类监管。

3) 加强残留农药的生物修复及降解新技术

市售果蔬中残留农药的品种多、频次高、禁用农药多次检出这一现状，说明了我国的田间土壤和水体因农药长期、频繁、不合理的使用而遭到严重污染。为此，建议中国相关部门出台相关政策，鼓励高校及科研院所积极开展分子生物学、酶学等研究，加强土壤、水体中残留农药的生物修复及降解新技术研究，切实加大农药监管力度，以控制农药的面源污染问题。

综上所述，在本工作基础上，根据蔬菜残留危害，可进一步针对其成因提出和采取严格管理、大力推广无公害蔬菜种植与生产、健全食品安全控制技术体系、加强蔬菜食品质量检测体系建设和积极推行蔬菜食品质量追溯制度等相应对策。建立和完善食品安全综合评价指数与风险监测预警系统，对食品安全进行实时、全面的监控与分析，为我国的食品安全科学监管与决策提供新的技术支持，可实现各类检验数据的信息化系统管理，降低食品安全事故的发生。

第3章　GC-Q-TOF/MS 侦测上海市 1334 例市售水果蔬菜样品农药残留报告

从上海市所属 13 个区，随机采集了 1334 例水果蔬菜样品，使用气相色谱-四极杆飞行时间质谱(GC-Q-TOF/MS)对 507 种农药化学污染物进行示范侦测。

3.1　样品种类、数量与来源

3.1.1　样品采集与检测

为了真实反映百姓餐桌上水果蔬菜中农药残留污染状况，本次所有检测样品均由检验人员于 2015 年 7 月至 2018 年 6 月期间，从上海市所属 51 个采样点，包括 8 个农贸市场 43 个超市，以随机购买方式采集，总计 54 批 1334 例样品，从中检出农药 160 种，2118 频次。采样及监测概况见表 3-1 及图 3-1，样品及采样点明细见表 3-2 及表 3-3(侦测原始数据见附表 1)。

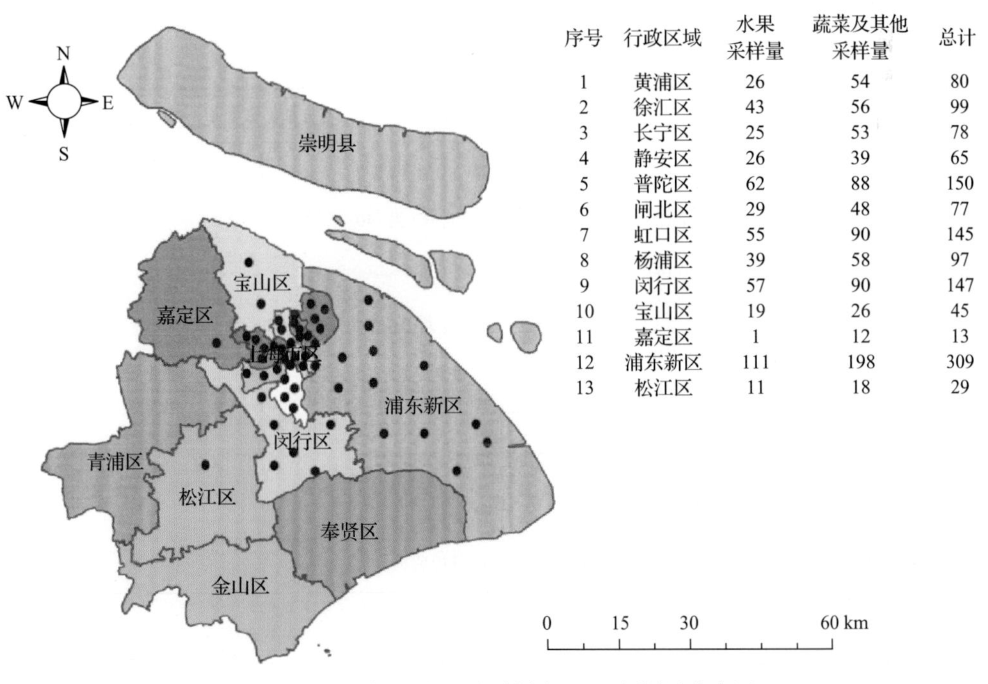

序号	行政区域	水果采样量	蔬菜及其他采样量	总计
1	黄浦区	26	54	80
2	徐汇区	43	56	99
3	长宁区	25	53	78
4	静安区	26	39	65
5	普陀区	62	88	150
6	闸北区	29	48	77
7	虹口区	55	90	145
8	杨浦区	39	58	97
9	闵行区	57	90	147
10	宝山区	19	26	45
11	嘉定区	1	12	13
12	浦东新区	111	198	309
13	松江区	11	18	29

图 3-1　上海市所属 51 个采样点 1334 例样品分布图

表 3-1　农药残留监测总体概况

采样地区	上海市所属 13 个区县
采样点(超市+农贸市场)	51
样本总数	1334
检出农药品种/频次	160/2118
各采样点样本农药残留检出率范围	36.0%~100.0%

表 3-2　样品分类及数量

样品分类	样品名称(数量)	数量小计
1. 水果		504
1)仁果类水果	苹果(47),梨(49),枇杷(10)	106
2)核果类水果	桃(7)	7
3)浆果和其他小型水果	猕猴桃(47),葡萄(42)	89
4)瓜果类水果	西瓜(38),哈密瓜(27),香瓜(6),甜瓜(15)	86
5)热带和亚热带水果	山竹(8),香蕉(12),木瓜(17),芒果(28),火龙果(48)	113
6)柑橘类水果	柚(18),橘(8),橙(38),柠檬(39)	103
2. 食用菌		60
1)蘑菇类	平菇(8),杏鲍菇(33),金针菇(19)	60
3. 蔬菜		770
1)豆类蔬菜	豇豆(5),菜用大豆(6),扁豆(2),菜豆(40),食荚豌豆(4)	57
2)鳞茎类蔬菜	青蒜(6),韭菜(23),洋葱(27),大蒜(4),百合(6),葱(40),蒜薹(18)	124
3)水生类蔬菜	莲藕(5),茭白(4)	9
4)叶菜类蔬菜	芹菜(36),蕹菜(2),菠菜(5),苋菜(4),小白菜(8),油麦菜(6),小油菜(11),大白菜(3),生菜(27),莴笋(5),青菜(12)	119
5)芸薹属类蔬菜	结球甘蓝(37),芥蓝(3),青花菜(22),紫甘蓝(2)	64
6)瓜类蔬菜	黄瓜(47),西葫芦(45),苦瓜(32),冬瓜(11),丝瓜(4)	139
7)茄果类蔬菜	番茄(47),甜椒(47),辣椒(18),茄子(44)	156
8)根茎类和薯芋类蔬菜	山药(4),胡萝卜(49),姜(10),萝卜(30),马铃薯(9)	102
合计	1.水果 19 种 2.食用菌 3 种 3.蔬菜 43 种	1334

表 3-3　上海市采样点信息

采样点序号	行政区域	采样点
农贸市场(8)		
1	宝山区	***市场
2	浦东新区	***市场
3	浦东新区	***市场
4	虹口区	***市场
5	长宁区	***市场
6	闵行区	***市场
7	静安区	***市场
8	静安区	***市场
超市(43)		
1	嘉定区	***超市(安亭店)
2	宝山区	***超市(通河路店)
3	徐汇区	***超市(光启城店)
4	徐汇区	***超市(柳州店)
5	徐汇区	***超市(凌云店)
6	徐汇区	***超市(田林店)
7	普陀区	***超市(光新店)
8	普陀区	***超市(大渡河店)
9	普陀区	***超市(环球港店)
10	普陀区	***超市(新村店)
11	普陀区	***超市(铜川路品尊店)
12	普陀区	***超市(武宁店)
13	杨浦区	***超市(周家嘴路店)
14	杨浦区	***超市(杨浦店)
15	杨浦区	***超市(黄兴路店)
16	杨浦区	***超市(隆昌店)
17	松江区	***超市(松江店)
18	浦东新区	***超市(张扬北路店)
19	浦东新区	***超市(百联东郊购物中心店)
20	浦东新区	***超市(周浦万达店)
21	浦东新区	***超市(锦绣店)
22	浦东新区	***超市(上南路店)
23	浦东新区	***超市(杨高中路店)

续表

采样点序号	行政区域	采样点
24	浦东新区	***超市(正大广场店)
25	浦东新区	***超市(成山路店)
26	浦东新区	***超市(张江店)
27	虹口区	***超市(江湾店)
28	虹口区	***超市(新港路店)
29	虹口区	***超市(曲阳店)
30	虹口区	***超市(曲阳店)
31	虹口区	***超市(通州路店)
32	长宁区	***超市(中山公园店)
33	长宁区	***超市(龙之梦店)
34	闵行区	***超市(七宝店)
35	闵行区	***超市(都市店)
36	闵行区	***超市(七宝店)
37	闵行区	***超市(浦江店)
38	闵行区	***超市(闵行店)
39	闸北区	***超市(汶水路店)
40	闸北区	***超市(大宁店)
41	静安区	***超市(富民路店)
42	黄浦区	***超市(河南南路店)
43	黄浦区	***超市(鲁班路店)

3.1.2 检测结果

这次使用的检测方法是庞国芳院士团队最新研发的不需使用标准品对照，而以高分辨精确质量数(0.0001 *m/z*)为基准的 GC-Q-TOF/MS 检测技术，对于 1334 例样品，每个样品均侦测了 507 种农药化学污染物的残留现状。通过本次侦测，在 1334 例样品中共计检出农药化学污染物 160 种，检出 2118 频次。

3.1.2.1　各采样点样品检出情况

统计分析发现 51 个采样点中，被测样品的农药检出率范围为 36.0%~100.0%。其中，***超市(安亭店)的检出率最高，为 100.0%，***超市(杨浦店)的检出率最低，为 36.0%，见图 3-2。

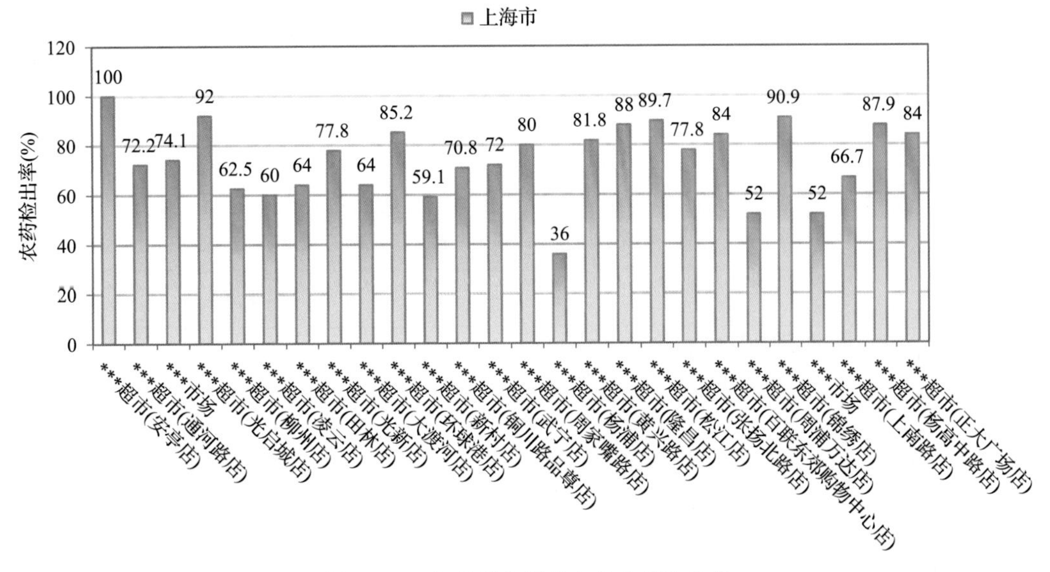

图 3-2-1　各采样点样品中的农药检出率

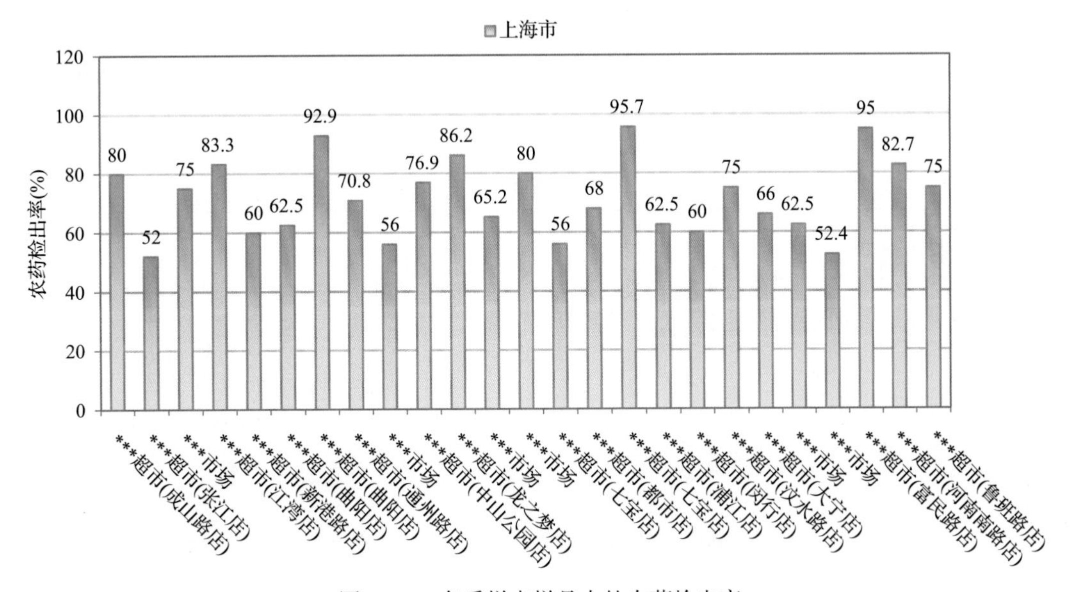

图 3-2-2　各采样点样品中的农药检出率

3.1.2.2　检出农药的品种总数与频次

统计分析发现，对于 1334 例样品中 507 种农药化学污染物的侦测，共检出农药 2118 频次，涉及农药 160 种，结果如图 3-3 所示。其中威杀灵检出频次最高，共检出 289 次。检出频次排名前 10 的农药如下：①威杀灵(289)；②除虫菊酯(195)；③毒死蜱(163)；④邻苯二甲酰亚胺(94)；⑤烯丙菊酯(70)；⑥仲丁威(69)；⑦联苯(66)；⑧联苯菊酯(60)；⑨嘧霉胺(54)；⑩吡喃灵(53)。

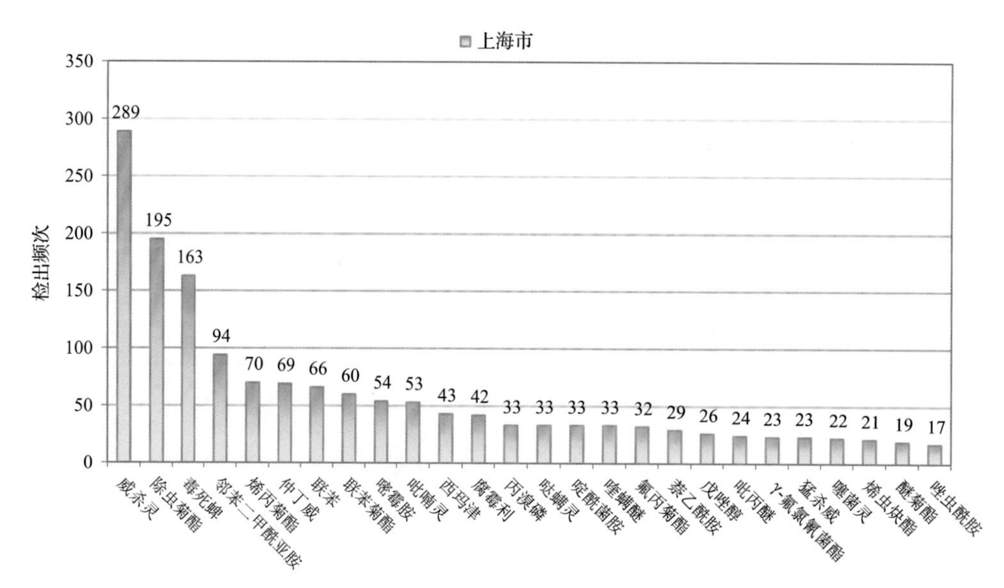

图 3-3　检出农药品种及频次(仅列出 17 频次及以上的数据)

由图 3-4 可见，芹菜、菜豆和黄瓜这 3 种果蔬样品中检出的农药品种数较高，均超过 30 种，其中，芹菜检出农药品种最多，为 35 种。由图 3-5 可见，胡萝卜、黄瓜、菜豆、葡萄、柠檬和芹菜这 6 种果蔬样品中的农药检出频次较高，均超过 90 次，其中，胡萝卜检出农药频次最高，为 112 次。

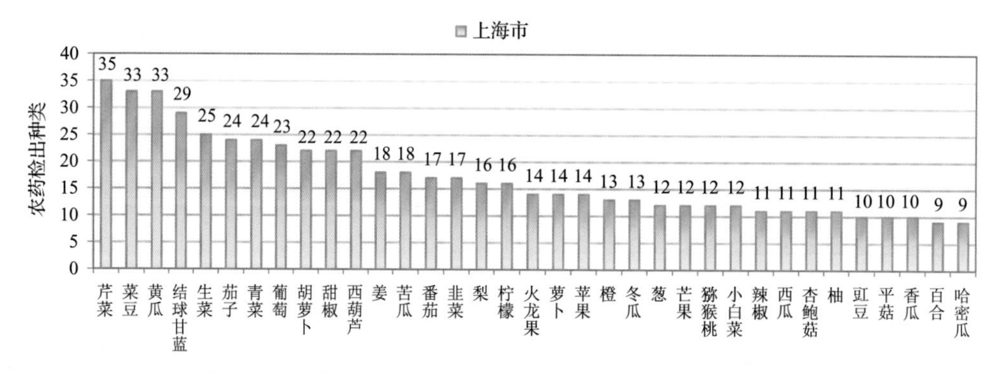

图 3-4　单种水果蔬菜检出农药的种类数(仅列出检出农药 9 种及以上的数据)

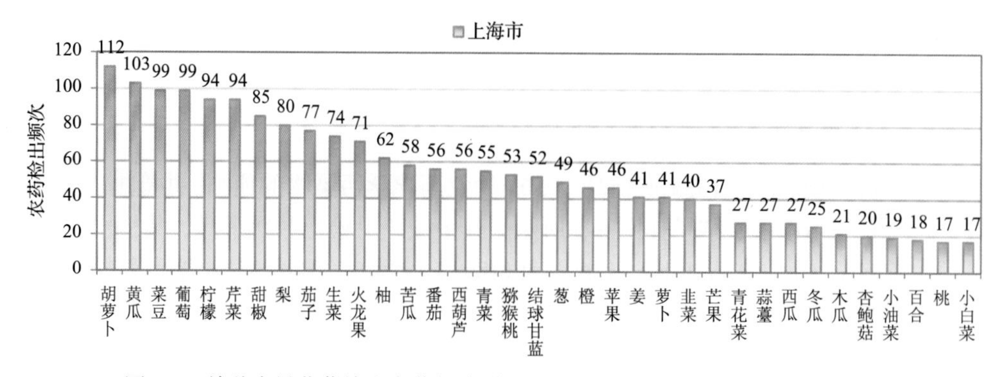

图 3-5　单种水果蔬菜检出农药频次(仅列出检出农药 17 频次及以上的数据)

3.1.2.3　单例样品农药检出种类与占比

对单例样品检出农药种类和频次进行统计发现，未检出农药的样品占总样品数的26.8%，检出 1 种农药的样品占总样品数的 30.8%，检出 2~5 种农药的样品占总样品数的39.5%，检出 6~10 种农药的样品占总样品数的 2.8%，检出大于 10 种农药的样品占总样品数的 0.1%。每例样品中平均检出农药为 1.6 种，数据见表 3-4 及图 3-6。

表 3-4　单例样品检出农药品种占比

检出农药品种数	样品数量/占比(%)
未检出	357/26.8
1 种	411/30.8
2~5 种	527/39.5
6~10 种	38/2.8
大于 10 种	1/0.1
单例样品平均检出农药品种	1.6 种

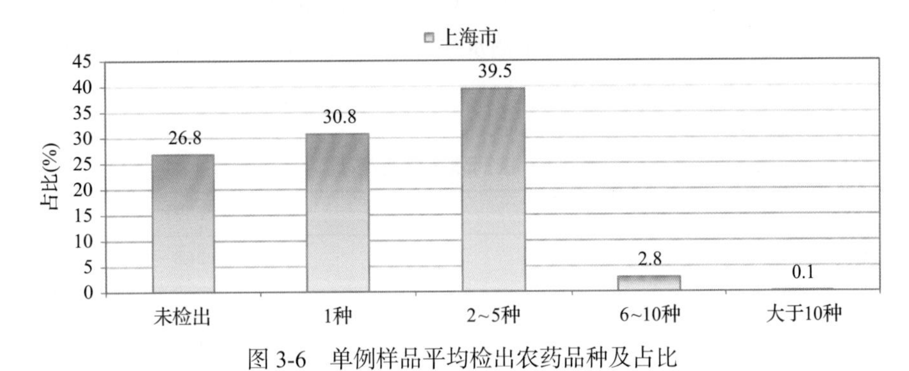

图 3-6　单例样品平均检出农药品种及占比

3.1.2.4　检出农药类别与占比

所有检出农药按功能分类，包括杀虫剂、杀菌剂、除草剂、植物生长调节剂和其他共 5 类。其中杀虫剂与杀菌剂为主要检出的农药类别，分别占总数的 43.1%和 28.8%，见表 3-5 及图 3-7。

表 3-5　检出农药所属类别/占比

农药类别	数量/占比(%)
杀虫剂	69/43.1
杀菌剂	46/28.8
除草剂	38/23.8
植物生长调节剂	6/3.8
其他	1/0.6

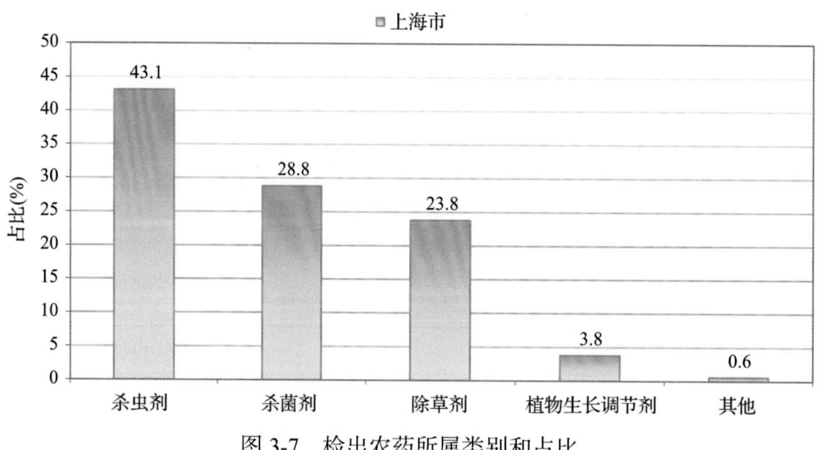

图 3-7　检出农药所属类别和占比

3.1.2.5　检出农药的残留水平

按检出农药残留水平进行统计，残留水平在 1~5 μg/kg(含)的农药占总数的 24.8%，在 5~10 μg/kg(含)的农药占总数的 15.2%，在 10~100 μg/kg(含)的农药占总数的 45.3%，在 100~1000 μg/kg(含)的农药占总数的 14.6%，在>1000 μg/kg 的农药占总数的 0.1%。

由此可见，这次检测的 54 批 1334 例水果蔬菜样品中农药多数处于中高残留水平。结果见表 3-6 及图 3-8，数据见附表 2。

表 3-6　农药残留水平/占比

残留水平(μg/kg)	检出频次数/占比(%)
1~5(含)	526/24.8
5~10(含)	321/15.2
10~100(含)	959/45.3
100~1000(含)	309/14.6
>1000	3/0.1

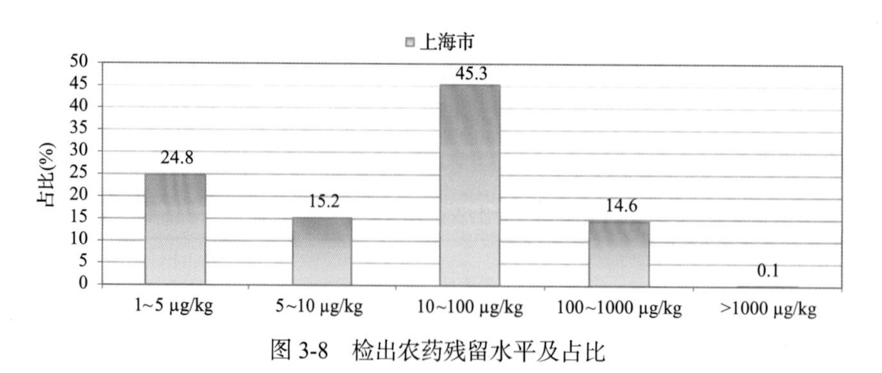

图 3-8　检出农药残留水平及占比

3.1.2.6　检出农药的毒性类别、检出频次和超标频次及占比

对这次检出的 160 种 2118 频次的农药，按剧毒、高毒、中毒、低毒和微毒这五个毒

性类别进行分类，从中可以看出，上海市目前普遍使用的农药为中低微毒农药，品种占 89.4%，频次占 96.2%。结果见表 3-7 及图 3-9。

表 3-7　检出农药毒性类别/占比

毒性分类	农药品种/占比(%)	检出频次/占比(%)	超标频次/超标率(%)
剧毒农药	4/2.5	7/0.3	1/14.3
高毒农药	13/8.1	73/3.4	2/2.7
中毒农药	58/36.3	892/42.1	5/0.6
低毒农药	56/35.0	857/40.5	0/0.0
微毒农药	29/18.1	289/13.6	0/0.0

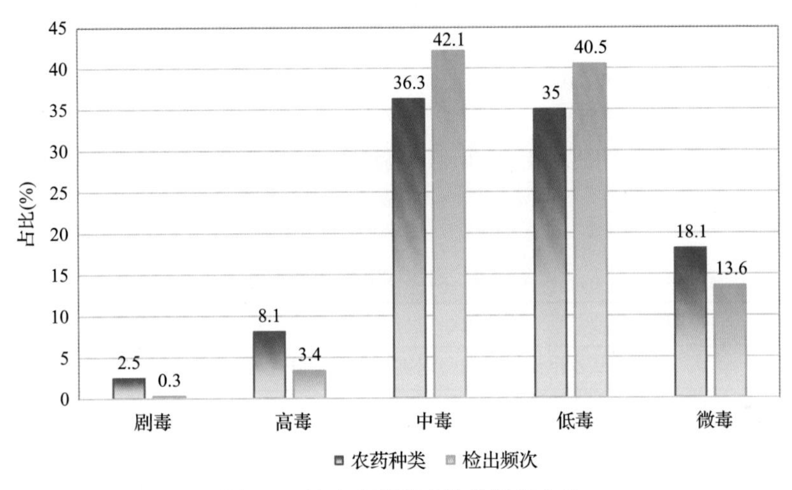

图 3-9　检出农药的毒性分类和占比

3.1.2.7　检出剧毒/高毒类农药的品种和频次

值得特别关注的是，在此次侦测的 1334 例样品中有 18 种蔬菜 6 种水果 1 种食用菌的 73 例样品检出了 17 种 80 频次的剧毒和高毒农药，占样品总量的 5.5%，详见图 3-10、表 3-8 及表 3-9。

表 3-8　剧毒农药检出情况

序号	农药名称	检出频次	超标频次	超标率
水果中未检出剧毒农药				
小计		0	0	超标率：0.0%
从 4 种蔬菜中检出 3 种剧毒农药，共计检出 6 次				
1	乙拌磷*	3	0	0.0%
2	甲拌磷*	2	0	0.0%
3	特丁硫磷*	1	1	100.0%
小计		6	1	超标率：16.7%
合计		6	1	超标率：16.7%

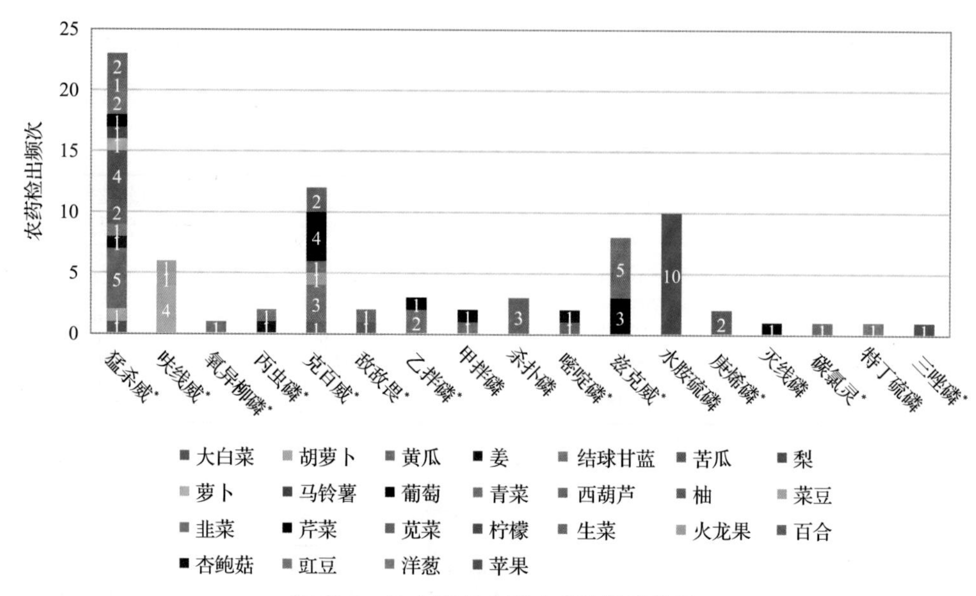

图 3-10　检出剧毒/高毒农药的样品情况

*表示允许在水果和蔬菜上使用的农药

表 3-9　高毒农药检出情况

序号	农药名称	检出频次	超标频次	超标率
从 6 种水果中检出 7 种高毒农药，共计检出 25 次				
1	水胺硫磷	10	0	0.0%
2	猛杀威	7	0	0.0%
3	杀扑磷	3	0	0.0%
4	敌敌畏	2	0	0.0%
5	呋线威	1	0	0.0%
6	嘧啶磷	1	0	0.0%
7	三唑磷	1	0	0.0%
小计		25	0	超标率：0.0%
从 17 种蔬菜中检出 8 种高毒农药，共计检出 47 次				
1	猛杀威	16	0	0.0%
2	克百威	12	2	16.7%
3	兹克威	8	0	0.0%
4	呋线威	5	0	0.0%
5	丙虫磷	2	0	0.0%
6	庚烯磷	2	0	0.0%
7	碳氯灵	1	0	0.0%
8	氧异柳磷	1	0	0.0%
小计		47	2	超标率：4.3%
合计		72	2	超标率：2.8%

在检出的剧毒和高毒农药中，有 6 种是我国早已禁止在果树和蔬菜上使用的，分别是：克百威、甲拌磷、杀扑磷、特丁硫磷、灭线磷和水胺硫磷。禁用农药的检出情况见表 3-10。

表 3-10 禁用农药检出情况

序号	农药名称	检出频次	超标频次	超标率
从 4 种水果中检出 4 种禁用农药，共计检出 15 次				
1	水胺硫磷	10	0	0.0%
2	杀扑磷	3	0	0.0%
3	硫丹	1	0	0.0%
4	氰戊菊酯	1	1	100.0%
小计		15	1	超标率：6.7%
从 12 种蔬菜中检出 7 种禁用农药，共计检出 26 次				
1	克百威	12	2	16.7%
2	氟虫腈	4	0	0.0%
3	硫丹	3	0	0.0%
4	六六六	3	0	0.0%
5	甲拌磷*	2	0	0.0%
6	氰戊菊酯	1	0	0.0%
7	特丁硫磷*	1	1	100.0%
小计		26	3	超标率：11.5%
合计		41	4	超标率：9.8%

注：超标结果参考 MRL 中国国家标准计算

此次抽检的果蔬样品中，有 4 种蔬菜检出了剧毒农药，分别是：洋葱中检出特丁硫磷 1 次；芹菜中检出乙拌磷 1 次，检出甲拌磷 1 次；西葫芦中检出甲拌磷 1 次；青菜中检出乙拌磷 2 次。

样品中检出剧毒和高毒农药残留水平超过 MRL 中国国家标准的频次为 3 次，其中：洋葱检出特丁硫磷超标 1 次；青菜检出克百威超标 2 次。本次检出结果表明，高毒、剧毒农药的使用现象依旧存在。详见表 3-11。

表 3-11 各样本中检出剧毒/高毒农药情况

样品名称	农药名称	检出频次	超标频次	检出浓度(μg/kg)
水果 6 种				
柚	杀扑磷▲	3	0	29.4, 65.7, 33.4
柚	猛杀威	2	0	147.2, 252.4
柚	嘧啶磷	1	0	9.3

续表

样品名称	农药名称	检出频次	超标频次	检出浓度(μg/kg)
柚	敌敌畏	1	0	14.7
柠檬	水胺硫磷▲	10	0	6.3, 47.0, 25.0, 38.8, 46.3, 38.1, 31.2, 7.1, 1.5, 30.6
梨	猛杀威	4	0	34.1, 21.7, 8.0, 7.5
梨	敌敌畏	1	0	25.2
火龙果	呋线威	1	0	25.4
苹果	三唑磷	1	0	25.7
葡萄	猛杀威	1	0	2.1
小计		25	0	超标率：0.0%
蔬菜 18 种				
大白菜	猛杀威	1	0	8.1
姜	丙虫磷	1	0	99.4
姜	猛杀威	1	0	66.5
洋葱	特丁硫磷*▲	1	1	24.5[a]
生菜	兹克威	5	0	9.9, 32.1, 11.8, 23.8, 17.6
百合	庚烯磷	2	0	3.6, 3.0
结球甘蓝	猛杀威	1	0	29.2
胡萝卜	呋线威	4	0	2.1, 4.8, 2.5, 4.2
胡萝卜	猛杀威	1	0	4.7
芹菜	克百威▲	4	0	2.0, 1.1, 7.9, 4.5
芹菜	兹克威	3	0	17.3, 10.6, 27.5
芹菜	乙拌磷*	1	0	17.7
芹菜	甲拌磷*▲	1	0	6.2
苋菜	克百威▲	2	0	1.2, 1.8
苦瓜	猛杀威	2	0	31.3, 31.6
苦瓜	克百威▲	1	0	11.4
菜豆	克百威▲	1	0	3.6
菜豆	呋线威	1	0	4.5
萝卜	猛杀威	1	0	40.8
西葫芦	猛杀威	1	0	91.5
西葫芦	甲拌磷*▲	1	0	3.1
豇豆	丙虫磷	1	0	1.7
豇豆	碳氯灵	1	0	2.4
青菜	克百威▲	3	2	63.2[a], 1.1, 44.8[a]

续表

样品名称	农药名称	检出频次	超标频次	检出浓度(μg/kg)
青菜	猛杀威	2	0	1.1, 4.5
青菜	乙拌磷*	2	0	3.9, 2.9
韭菜	克百威▲	1	0	1.1
马铃薯	猛杀威	1	0	6.8
黄瓜	猛杀威	5	0	22.6, 4.5, 12.9, 19.0, 14.4
黄瓜	氧异柳磷	1	0	1.0
小计		53	3	超标率：5.7%
合计		78	3	超标率：3.8%

3.2　农药残留检出水平与最大残留限量标准对比分析

我国于 2014 年 3 月 20 日正式颁布并于 2014 年 8 月 1 日正式实施食品农药残留限量国家标准《食品中农药最大残留限量》(GB 2763—2014)。该标准包括 371 个农药条目，涉及最大残留限量(MRL)标准 3653 项。将 2118 频次检出农药的浓度水平与 3653 项 MRL 中国国家标准进行核对，其中只有 304 频次的农药找到了对应的 MRL 标准，占 14.4%，还有 1814 频次的侦测数据则无相关 MRL 标准供参考，占 85.6%。

将此次侦测结果与国际上现行 MRL 标准对比发现，在 2118 频次的检出结果中有 2118 频次的结果找到了对应的 MRL 欧盟标准，占 100.0%，其中，1252 频次的结果有明确对应的 MRL 标准，占 59.1%，其余 866 频次按照欧盟一律标准判定，占 40.9%；有 2118 频次的结果找到了对应的 MRL 日本标准，占 100.0%，其中，979 频次的结果有明确对应的 MRL 标准，占 46.2%，其余 1139 频次按照日本一律标准判定，占 53.8%；有 625 频次的结果找到了对应的 MRL 中国香港标准，占 29.5%；有 436 频次的结果找到了对应的 MRL 美国标准，占 20.6%；有 346 频次的结果找到了对应的 MRL CAC 标准，占 16.3%(见图 3-11 和图 3-12，数据见附表 3 至附表 8)。

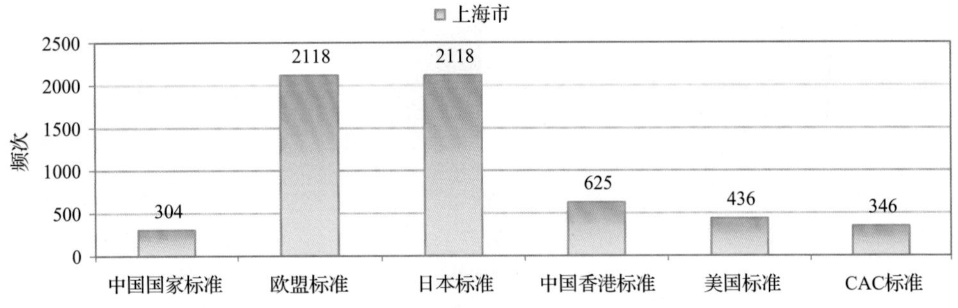

图 3-11　2118 频次检出农药可用 MRL 中国国家标准、欧盟标准、日本标准、中国香港标准、美国标准和 CAC 标准判定衡量的数量

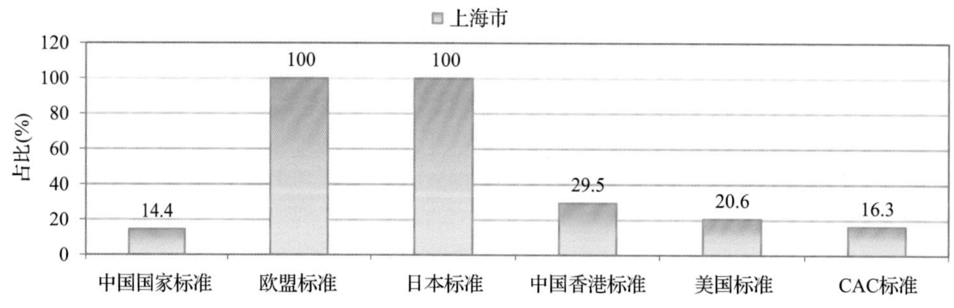

图 3-12　2118 频次检出农药可用 MRL 中国国家标准、欧盟标准、日本标准、中国香港标准、美国标准和 CAC 标准衡量的占比

3.2.1　超标农药样品分析

本次侦测的 1334 例样品中，357 例样品未检出任何残留农药，占样品总量的 26.8%，977 例样品检出不同水平、不同种类的残留农药，占样品总量的 73.2%。在此，我们将本次侦测的农残检出情况与 MRL 中国国家标准、欧盟标准、日本标准、中国香港标准、美国标准和 CAC 标准这 6 大国际主流标准进行对比分析，样品农残检出与超标情况见表 3-12、图 3-13 和图 3-14，详细数据见附表 9 至附表 14。

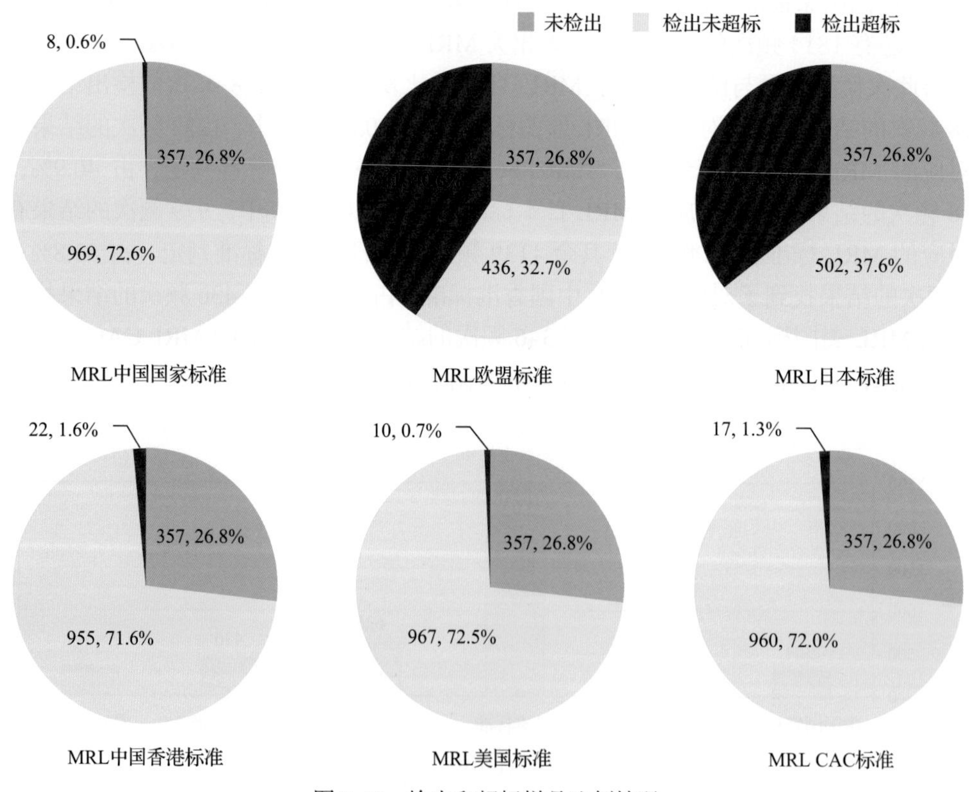

图 3-13　检出和超标样品比例情况

表 3-12　各 MRL 标准下样本农残检出与超标数量及占比

	中国国家标准 数量/占比(%)	欧盟标准 数量/占比(%)	日本标准 数量/占比(%)	中国香港标准 数量/占比(%)	美国标准 数量/占比(%)	CAC 标准 数量/占比(%)
未检出	357/26.8	357/26.8	357/26.8	357/26.8	357/26.8	357/26.8
检出未超标	969/72.6	436/32.7	502/37.6	955/71.6	967/72.5	960/72.0
检出超标	8/0.6	541/40.6	475/35.6	22/1.6	10/0.7	17/1.3

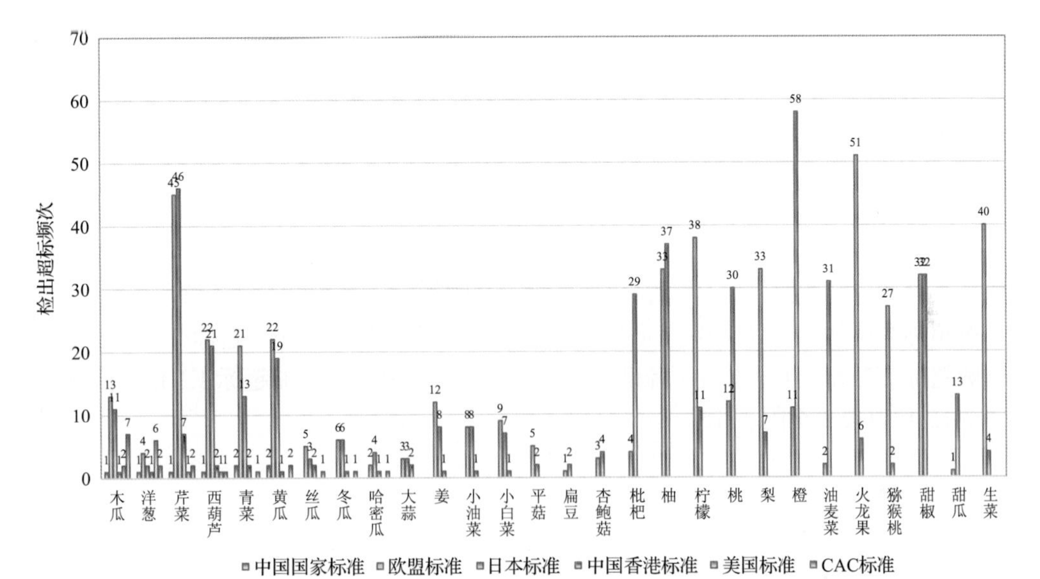

图 3-14-1　超过 MRL 中国国家标准、欧盟标准、日本标准、中国香港标准、美国标准和 CAC 标准结果在水果蔬菜中的分布

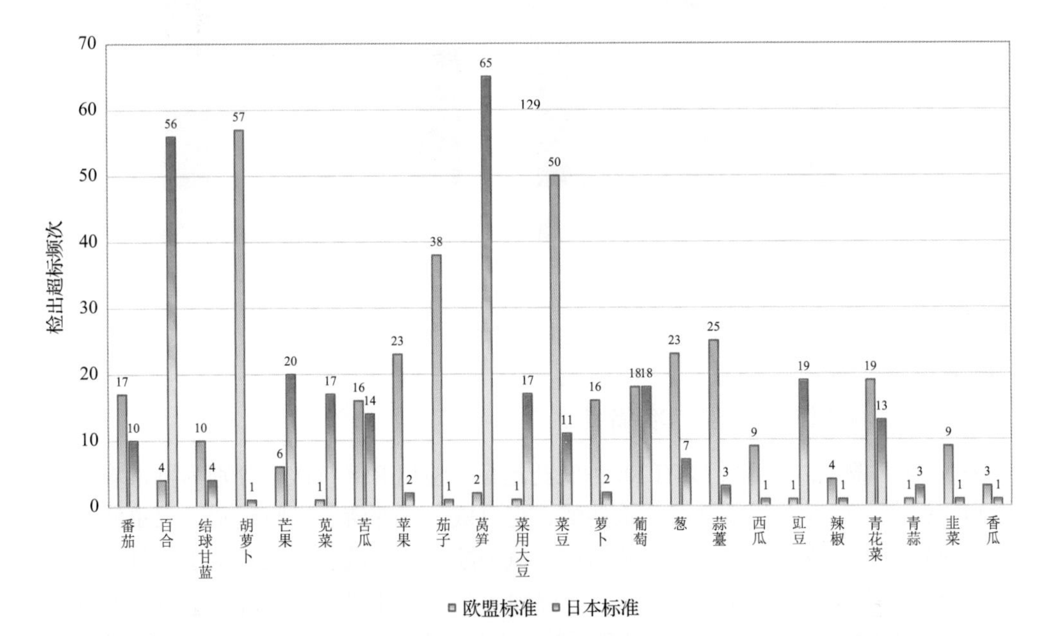

图 3-14-2　超过 MRL 中国国家标准、欧盟标准、日本标准、中国香港标准、美国标准和 CAC 标准结果在水果蔬菜中的分布

3.2.2 超标农药种类分析

按照 MRL 中国国家标准、欧盟标准、日本标准、中国香港标准、美国标准和 CAC 标准这 6 大国际主流标准衡量，本次侦测检出的农药超标品种及频次情况见表 3-13。

表 3-13 各 MRL 标准下超标农药品种及频次

	中国国家标准	欧盟标准	日本标准	中国香港标准	美国标准	CAC 标准
超标农药品种	6	88	79	5	5	3
超标农药频次	8	818	706	23	10	18

3.2.2.1 按 MRL 中国国家标准衡量

按 MRL 中国国家标准衡量，共有 6 种农药超标，检出 8 频次，分别为剧毒农药特丁硫磷，高毒农药克百威，中毒农药毒死蜱、三唑醇、三唑酮和氰戊菊酯。

按超标程度比较，芹菜中毒死蜱超标 12.6 倍，西葫芦中三唑醇超标 2.3 倍，青菜中克百威超标 2.2 倍，洋葱中特丁硫磷超标 1.4 倍，木瓜中氰戊菊酯超标 1.1 倍。检测结果见图 3-15 和附表 3 至附表 15。

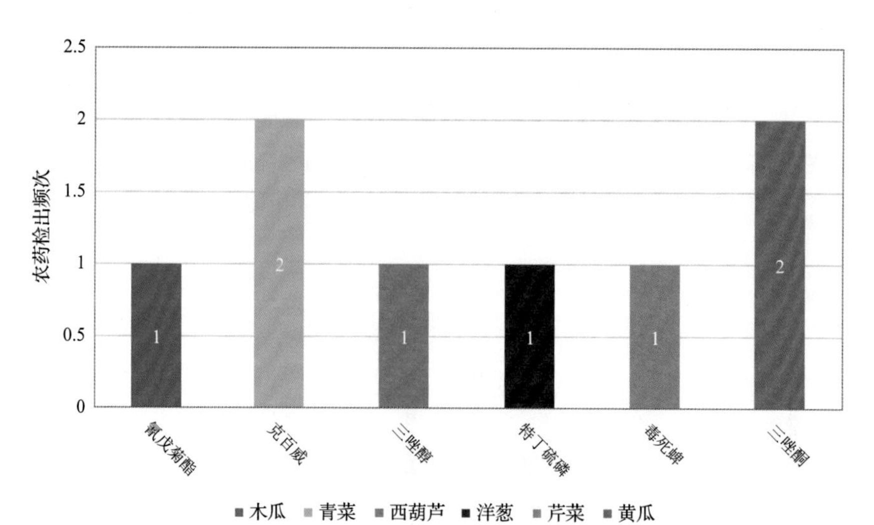

图 3-15 超过 MRL 中国国家标准农药品种及频次

3.2.2.2 按 MRL 欧盟标准衡量

按 MRL 欧盟标准衡量，共有 88 种农药超标，检出 818 频次，分别为剧毒农药特丁硫磷和乙拌磷，高毒农药猛杀威、杀扑磷、克百威、三唑磷、水胺硫磷、丙虫磷、兹克威、敌敌畏和呋线威，中毒农药联苯菊酯、氯菊酯、克草敌、除虫菊素Ⅰ、氟虫腈、戊唑醇、甲苯氟磺胺、烯效唑、仲丁威、辛酰溴苯腈、毒死蜱、烯唑醇、硫丹、喹螨醚、甲氰菊酯、禾草敌、三唑醇、γ-氟氯氰菌酯、3,4,5-混杀威、二丙烯草胺、虫螨腈、稻瘟灵、高效氯氟氰菊酯、唑虫酰胺、仲丁灵、氟硅唑、哒螨灵、倍硫磷、丙溴磷、异丙威、棉铃威、茵草敌、氰戊菊酯、特丁通和烯丙菊酯，低毒农药丁苯吗啉、嘧霉胺、三氯杀螨砜、2-甲-4-氯丁氧乙基酯、螺螨酯、扑草净、灭草环、吡喃灵、己唑醇、烯虫炔酯、五氯苯甲腈、噻菌灵、扑灭通、四氢吩胺、新燕灵、氟唑菌酰胺、西玛津、邻苯二甲酰亚胺、威杀灵、去乙基阿特拉津、抑芽唑、联苯、萘乙酸、炔螨特、特丁净、拌种胺、3,5-二氯苯胺和五氯苯胺，微毒农药萘乙酰胺、醚菊酯、腐霉利、灭锈胺、五氯硝基苯、解草腈、啶氧菌酯、氟硫草定、百菌清、氟乐灵、肟菌酯、生物苄呋菊酯、烯虫酯和仲草丹。

按超标程度比较，柠檬中除虫菊素 I 超标 124.5 倍，梨中 γ-氟氯氰菌酯超标 119.4 倍，葡萄中 γ-氟氯氰菌酯超标 98.5 倍，菜豆中西玛津超标 97.9 倍，葡萄中烯丙菊酯超标 92.8 倍。检测结果见图 3-16 和附表 16。

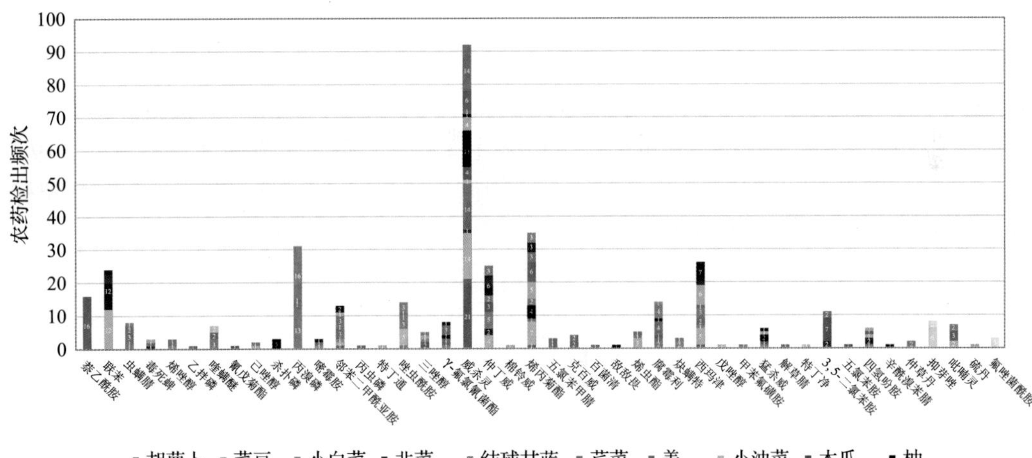

图 3-16-1　超过 MRL 欧盟标准农药品种及频次

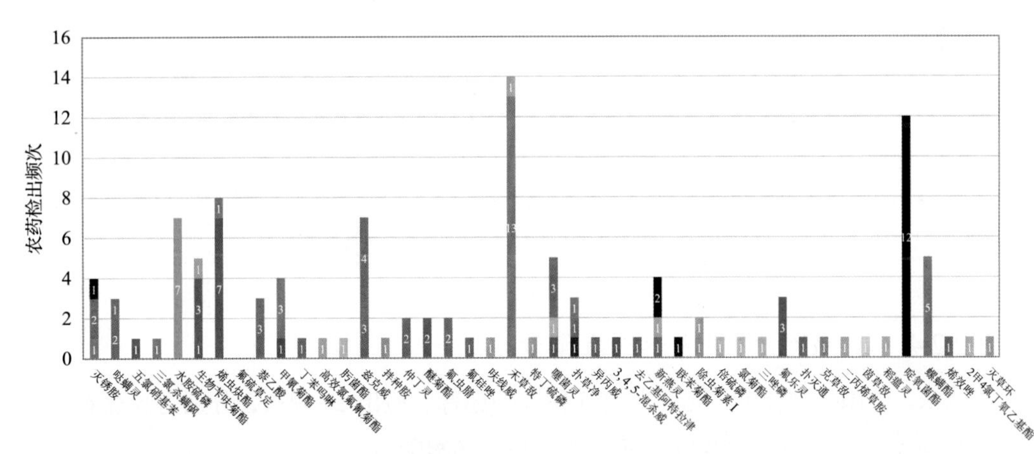

图 3-16-2　超过 MRL 欧盟标准农药品种及频次

3.2.2.3 按 MRL 日本标准衡量

按 MRL 日本标准衡量，共有 79 种农药超标，检出 706 频次，分别为高毒农药猛杀威、三唑磷、水胺硫磷、丙虫磷、兹克威和呋线威，中毒农药联苯菊酯、克草敌、氯菊酯、抗蚜威、除虫菊素 I 、仲丁威、氟虫腈、戊唑醇、甲苯氟磺胺、烯效唑、辛酰溴苯腈、毒死蜱、甲霜灵、苯嗪草酮、烯唑醇、禾草敌、三唑酮、γ-氟氯氰菌酯、3,4,5-混杀威、喹螨醚、二丙烯草胺、稻瘟灵、除虫菊酯、唑虫酰胺、高效氯氟氰菊酯、氟硅唑、二甲戊灵、哒螨灵、仲丁灵、异丙威、丙溴磷、烯丙菊酯、茵草敌和特丁通，低毒农药丁苯吗啉、嘧霉胺、嘧菌环胺、2-甲-4-氯丁氧乙基酯、氟吡菌酰胺、螺螨酯、灭草环、吡喃灵、己唑醇、烯虫炔酯、五氯苯甲腈、莠去津、噻菌灵、扑灭通、四氢吩胺、新燕灵、西玛津、邻苯二甲酰亚胺、威杀灵、去乙基阿特拉津、抑芽唑、联苯、萘乙酸、炔螨特、特丁净、拌种胺、3,5-二氯苯胺和五氯苯胺，微毒农药醚菊酯、萘乙酰胺、灭锈胺、解草腈、五氯硝基苯、氟硫草定、啶氧菌酯、啶酰菌胺、肟菌酯、烯虫酯和仲草丹。

按超标程度比较，柠檬中除虫菊素 I 超标 124.5 倍，梨中 γ-氟氯氰菌酯超标 119.4 倍，葡萄中 γ-氟氯氰菌酯超标 98.5 倍，菜豆中西玛津超标 97.9 倍，菜豆中肟菌酯超标 95.2 倍。检测结果见图 3-17 和附表 17。

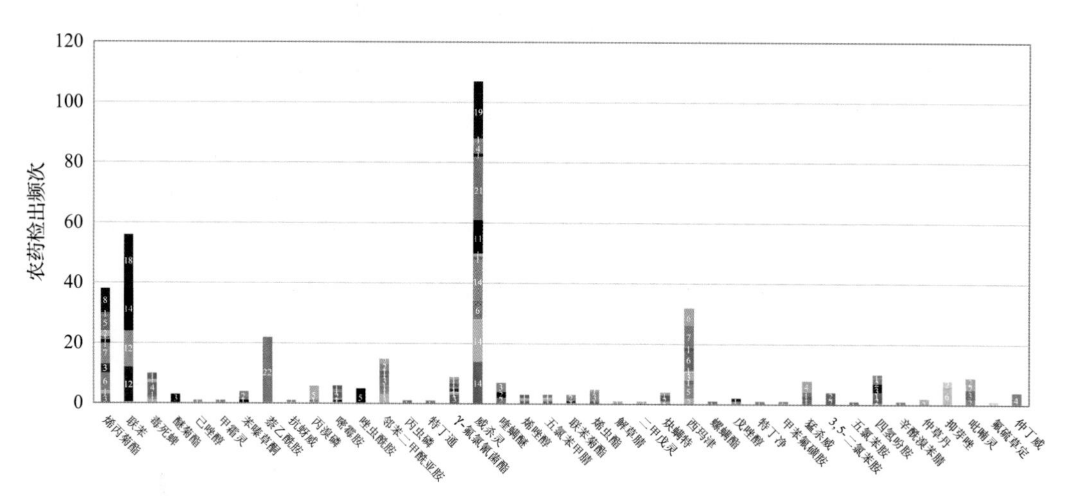

图 3-17-1 超过 MRL 日本标准农药品种及频次

3.2.2.4 按 MRL 中国香港标准衡量

按 MRL 中国香港标准衡量，共有 5 种农药超标，检出 23 频次，分别为高毒农药克百威，中毒农药毒死蜱、三唑醇、除虫菊酯和氰戊菊酯。

按超标程度比较，芹菜中毒死蜱超标 12.6 倍，西葫芦中除虫菊酯超标 12.6 倍，香瓜中除虫菊酯超标 2.6 倍，西葫芦中三唑醇超标 2.3 倍，青菜中克百威超标 2.2 倍。检测结果见图 3-18 和附表 18。

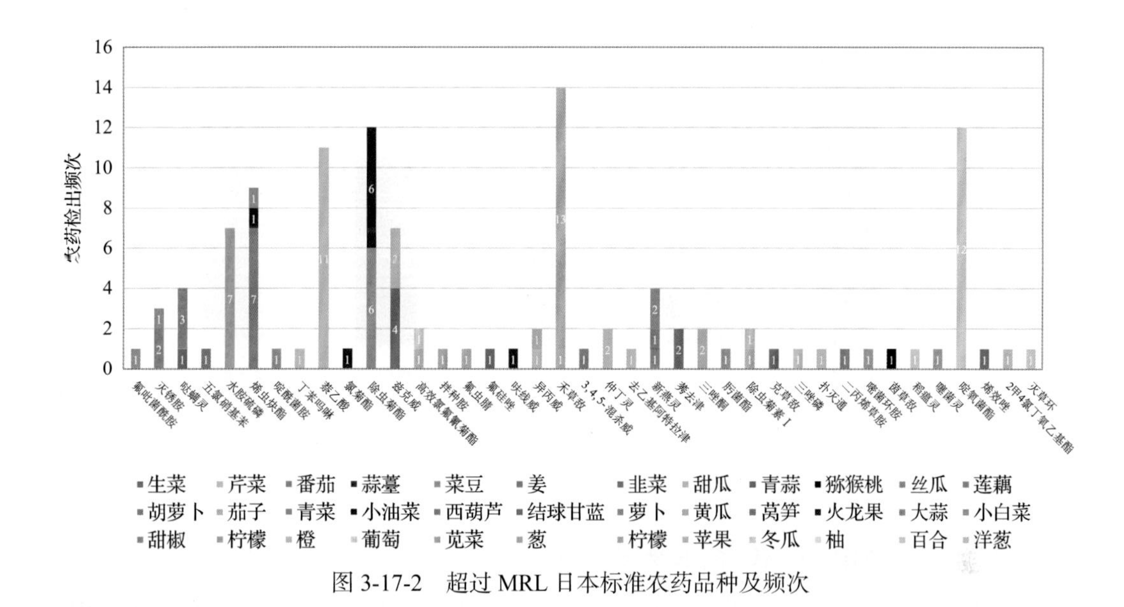

图 3-17-2　超过 MRL 日本标准农药品种及频次

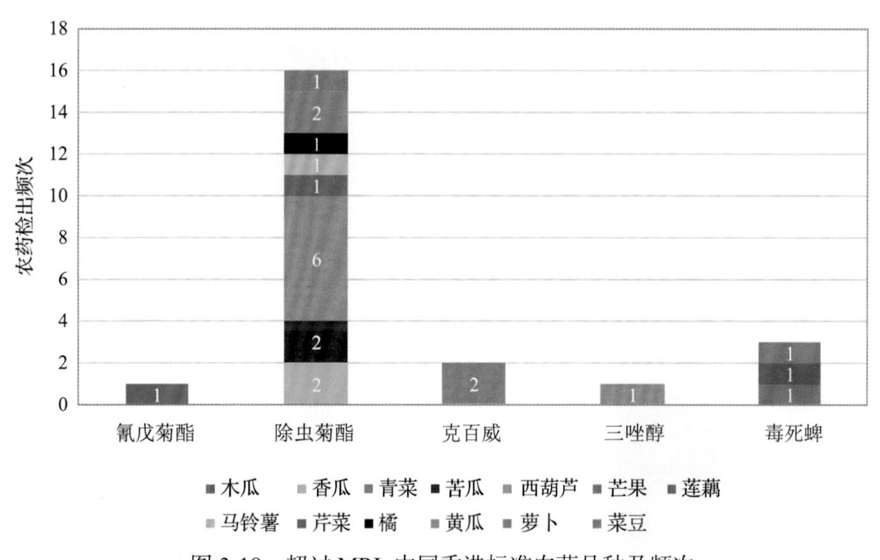

图 3-18　超过 MRL 中国香港标准农药品种及频次

3.2.2.5　按 MRL 美国标准衡量

按 MRL 美国标准衡量，共有 5 种农药超标，检出 10 频次，分别为中毒农药戊唑醇、毒死蜱、γ-氟氯氰菌酯和除虫菊酯，低毒农药噻菌灵。

按超标程度比较，黄瓜中噻菌灵超标 5.4 倍，梨中 γ-氟氯氰菌酯超标 3.0 倍，梨中毒死蜱超标 0.7 倍，梨中戊唑醇超标 0.4 倍，马铃薯中除虫菊酯超标 0.3 倍。检测结果见图 3-19 和附表 19。

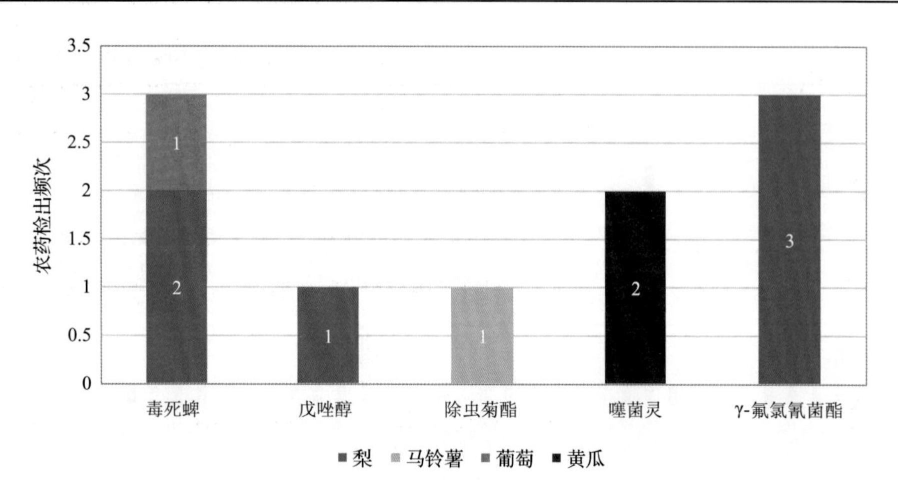

图 3-19 超过 MRL 美国标准农药品种及频次

3.2.2.6 按 MRL CAC 标准衡量

按 MRL CAC 标准衡量，共有 3 种农药超标，检出 18 频次，分别为中毒农药毒死蜱、三唑醇和除虫菊酯。

按超标程度比较，西葫芦中除虫菊酯超标 12.6 倍，香瓜中除虫菊酯超标 2.6 倍，西葫芦中三唑醇超标 2.3 倍，萝卜中除虫菊酯超标 2.1 倍，菜豆中毒死蜱超标 1.1 倍。检测结果见图 3-20 和附表 20。

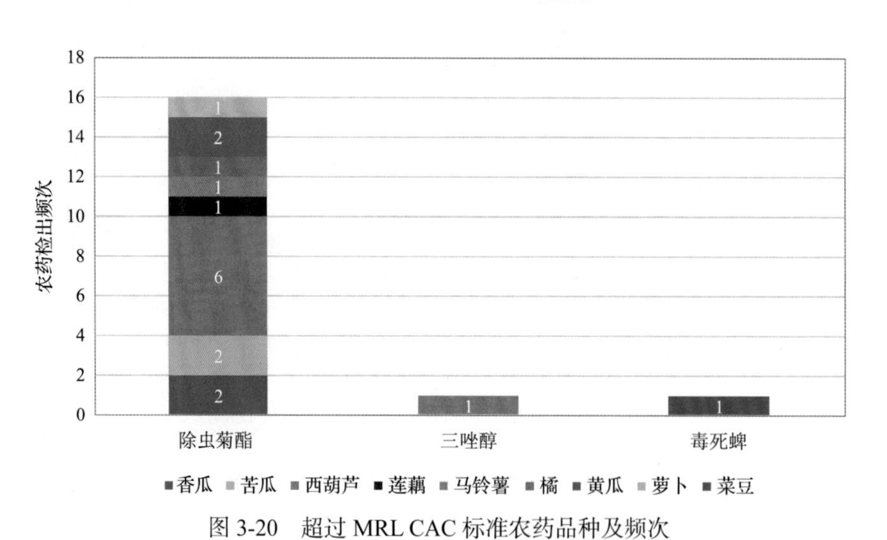

图 3-20 超过 MRL CAC 标准农药品种及频次

3.2.3 51 个采样点超标情况分析

3.2.3.1 按 MRL 中国国家标准衡量

按 MRL 中国国家标准衡量，有 8 个采样点的样品存在不同程度的超标农药检出，其中***超市(安亭店)的超标率最高，为 7.7%，如表 3-14 和图 3-21 所示。

表 3-14 超过 MRL 中国国家标准水果蔬菜在不同采样点分布

序号	采样点	样品总数	超标数量	超标率(%)	行政区域
1	***超市(杨高中路店)	58	1	1.7	浦东新区
2	***超市(大宁店)	53	1	1.9	闸北区
3	***超市(河南南路店)	52	1	1.9	黄浦区
4	***超市(张扬北路店)	27	1	3.7	浦东新区
5	***超市(光启城店)	25	1	4.0	徐汇区
6	***超市(凌云店)	25	1	4.0	徐汇区
7	***超市(新村店)	22	1	4.5	普陀区
8	***超市(安亭店)	13	1	7.7	嘉定区

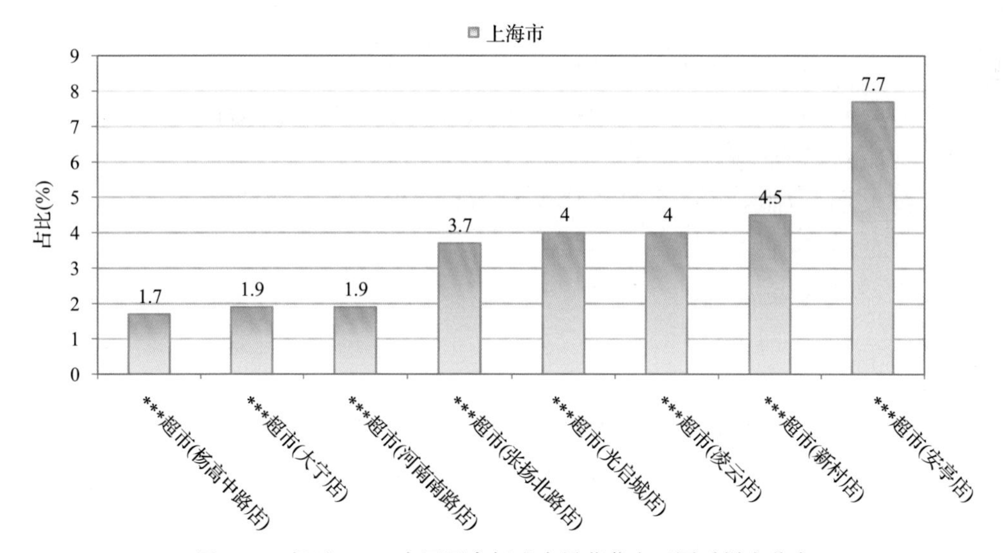

图 3-21 超过 MRL 中国国家标准水果蔬菜在不同采样点分布

3.2.3.2 按 MRL 欧盟标准衡量

按 MRL 欧盟标准衡量，所有采样点的样品均存在不同程度的超标农药检出，其中***超市(百联东郊购物中心店)的超标率最高，为 72.0%，如表 3-15 和图 3-22 所示。

表 3-15 超过 MRL 欧盟标准水果蔬菜在不同采样点分布

序号	采样点	样品总数	超标数量	超标率(%)	行政区域
1	***超市(杨高中路店)	58	29	50.0	浦东新区
2	***超市(大宁店)	53	15	28.3	闸北区
3	***超市(河南南路店)	52	27	51.9	黄浦区
4	***超市(龙之梦店)	29	12	41.4	长宁区

续表

序号	采样点	样品总数	超标数量	超标率(%)	行政区域
5	***超市(松江店)	29	12	41.4	松江区
6	***超市(鲁班路店)	28	15	53.6	黄浦区
7	***超市(曲阳店)	28	6	21.4	虹口区
8	***市场	28	16	57.1	浦东新区
9	***超市(环球港店)	27	11	40.7	普陀区
10	***超市(光新店)	27	15	55.6	普陀区
11	***市场	27	12	44.4	宝山区
12	***超市(张扬北路店)	27	8	29.6	浦东新区
13	***超市(中山公园店)	26	14	53.8	长宁区
14	***超市(杨浦店)	25	4	16.0	杨浦区
15	***超市(田林店)	25	7	28.0	徐汇区
16	***超市(光启城店)	25	12	48.0	徐汇区
17	***超市(闵行店)	25	14	56.0	闵行区
18	***市场	25	3	12.0	浦东新区
19	***市场	25	15	60.0	闵行区
20	***市场	25	11	44.0	虹口区
21	***超市(隆昌店)	25	17	68.0	杨浦区
22	***超市(周家嘴路店)	25	14	56.0	杨浦区
23	***超市(凌云店)	25	12	48.0	徐汇区
24	***超市(武宁店)	25	14	56.0	普陀区
25	***超市(大渡河店)	25	5	20.0	普陀区
26	***超市(百联东郊购物中心店)	25	18	72.0	浦东新区
27	***超市(成山路店)	25	9	36.0	浦东新区
28	***超市(正大广场店)	25	14	56.0	浦东新区
29	***超市(张江店)	25	7	28.0	浦东新区
30	***超市(周浦万达店)	25	5	20.0	浦东新区
31	***超市(都市店)	25	10	40.0	闵行区
32	***超市(七宝店)	25	9	36.0	闵行区
33	***市场	24	8	33.3	静安区
34	***超市(江湾店)	24	14	58.3	虹口区
35	***超市(曲阳店)	24	6	25.0	虹口区
36	***超市(通州路店)	24	15	62.5	虹口区
37	***超市(浦江店)	24	4	16.7	闵行区

续表

序号	采样点	样品总数	超标数量	超标率(%)	行政区域
38	***超市(柳州店)	24	4	16.7	徐汇区
39	***超市(汶水路店)	24	13	54.2	闸北区
40	***超市(铜川路品尊店)	24	5	20.8	普陀区
41	***超市(上南路店)	24	6	25.0	浦东新区
42	***市场	23	7	30.4	长宁区
43	***超市(七宝店)	23	13	56.5	闵行区
44	***超市(锦绣店)	22	12	54.5	浦东新区
45	***超市(新村店)	22	4	18.2	普陀区
46	***超市(黄兴路店)	22	9	40.9	杨浦区
47	***市场	21	3	14.3	静安区
48	***超市(富民路店)	20	9	45.0	静安区
49	***超市(新港路店)	20	6	30.0	虹口区
50	***超市(通河路店)	18	4	22.2	宝山区
51	***超市(安亭店)	13	7	53.8	嘉定区

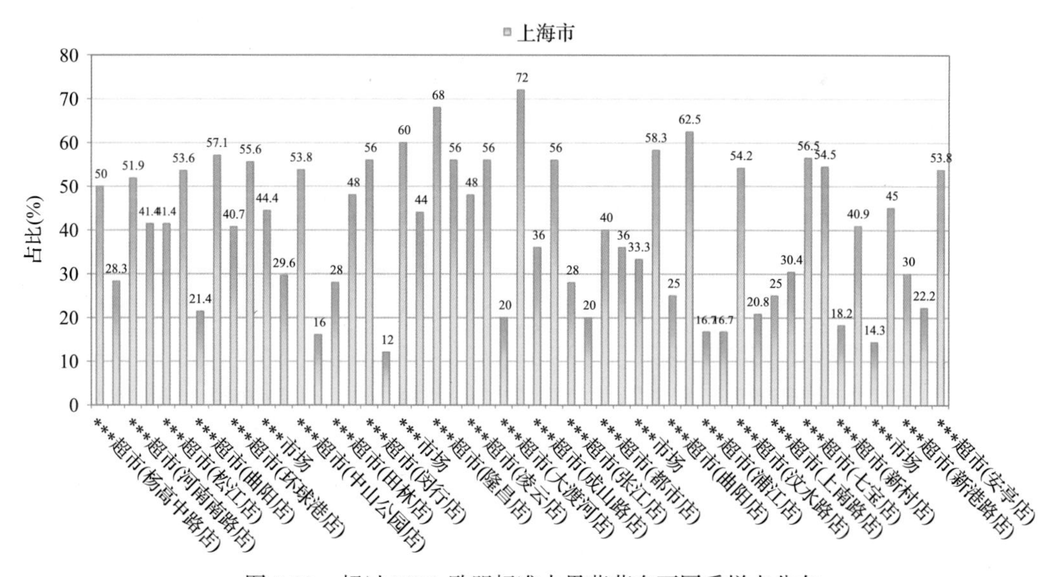

图 3-22　超过 MRL 欧盟标准水果蔬菜在不同采样点分布

3.2.3.3　按 MRL 日本标准衡量

按 MRL 日本标准衡量，所有采样点的样品均存在不同程度的超标农药检出，其中***超市(隆昌店)的超标率最高，为 64.0%，如表 3-16 和图 3-23 所示。

表 3-16 超过 MRL 日本标准水果蔬菜在不同采样点分布

序号	采样点	样品总数	超标数量	超标率(%)	行政区域
1	***超市(杨高中路店)	58	27	46.6	浦东新区
2	***超市(大宁店)	53	15	28.3	闸北区
3	***超市(河南南路店)	52	23	44.2	黄浦区
4	***超市(龙之梦店)	29	12	41.4	长宁区
5	***超市(松江店)	29	11	37.9	松江区
6	***超市(鲁班路店)	28	13	46.4	黄浦区
7	***超市(曲阳店)	28	9	32.1	虹口区
8	***市场	28	12	42.9	浦东新区
9	***超市(环球港店)	27	11	40.7	普陀区
10	***超市(光新店)	27	11	40.7	普陀区
11	***市场	27	11	40.7	宝山区
12	***超市(张扬北路店)	27	10	37.0	浦东新区
13	***超市(中山公园店)	26	13	50.0	长宁区
14	***超市(杨浦店)	25	4	16.0	杨浦区
15	***超市(田林店)	25	3	12.0	徐汇区
16	***超市(光启城店)	25	12	48.0	徐汇区
17	***超市(闵行店)	25	11	44.0	闵行区
18	***市场	25	3	12.0	浦东新区
19	***市场	25	12	48.0	闵行区
20	***市场	25	8	32.0	虹口区
21	***超市(隆昌店)	25	16	64.0	杨浦区
22	***超市(周家嘴路店)	25	14	56.0	杨浦区
23	***超市(凌云店)	25	10	40.0	徐汇区
24	***超市(武宁店)	25	11	44.0	普陀区
25	***超市(大渡河店)	25	5	20.0	普陀区
26	***超市(百联东郊购物中心店)	25	15	60.0	浦东新区
27	***超市(成山路店)	25	7	28.0	浦东新区
28	***超市(正大广场店)	25	11	44.0	浦东新区
29	***超市(张江店)	25	6	24.0	浦东新区
30	***超市(周浦万达店)	25	5	20.0	浦东新区
31	***超市(都市店)	25	8	32.0	闵行区
32	***超市(七宝店)	25	8	32.0	闵行区
33	***市场	24	6	25.0	静安区

续表

序号	采样点	样品总数	超标数量	超标率(%)	行政区域
34	***超市(江湾店)	24	10	41.7	虹口区
35	***超市(曲阳店)	24	4	16.7	虹口区
36	***超市(通州路店)	24	14	58.3	虹口区
37	***超市(浦江店)	24	3	12.5	闵行区
38	***超市(柳州店)	24	3	12.5	徐汇区
39	***超市(汶水路店)	24	11	45.8	闸北区
40	***超市(铜川路品尊店)	24	5	20.8	普陀区
41	***超市(上南路店)	24	6	25.0	浦东新区
42	***市场	23	5	21.7	长宁区
43	***超市(七宝店)	23	10	43.5	闵行区
44	***超市(锦绣店)	22	12	54.5	浦东新区
45	***超市(新村店)	22	3	13.6	普陀区
46	***超市(黄兴路店)	22	8	36.4	杨浦区
47	***市场	21	4	19.0	静安区
48	***超市(富民路店)	20	8	40.0	静安区
49	***超市(新港路店)	20	5	25.0	虹口区
50	***超市(通河路店)	18	5	27.8	宝山区
51	***超市(安亭店)	13	6	46.2	嘉定区

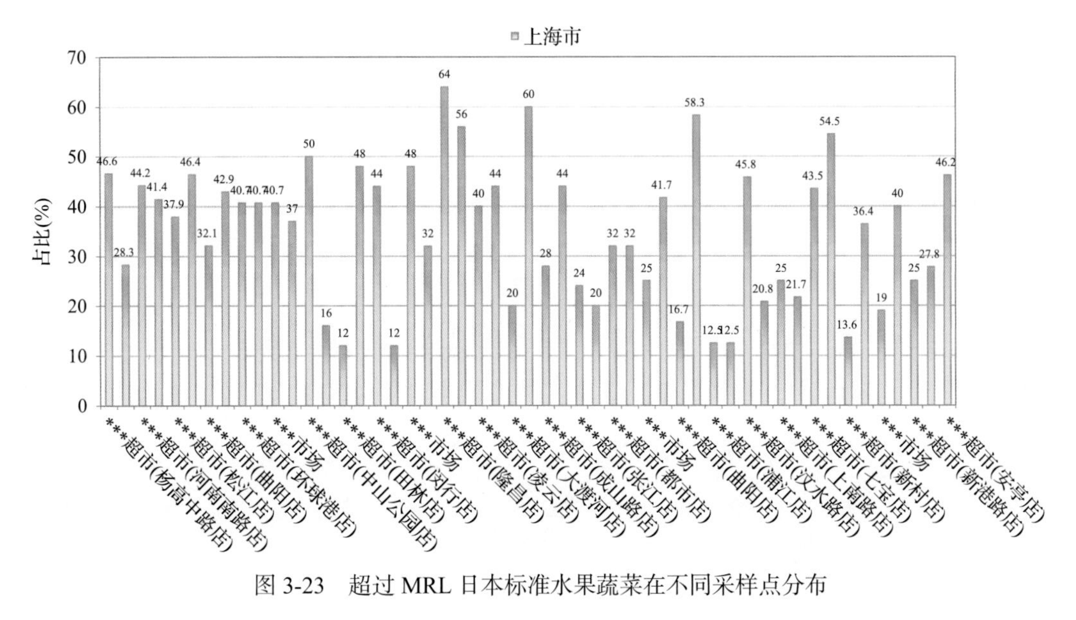

图 3-23 超过 MRL 日本标准水果蔬菜在不同采样点分布

3.2.3.4 按 MRL 中国香港标准衡量

按 MRL 中国香港标准衡量，有 14 个采样点的样品存在不同程度的超标农药检出，其中***超市(通河路店)的超标率最高，为 16.7%，如表 3-17 和图 3-24 所示。

表 3-17 超过 MRL 中国香港标准水果蔬菜在不同采样点分布

	采样点	样品总数	超标数量	超标率(%)	行政区域
1	***超市(杨高中路店)	58	2	3.4	浦东新区
2	***超市(大宁店)	53	3	5.7	闸北区
3	***超市(龙之梦店)	29	1	3.4	长宁区
4	***超市(松江店)	29	2	6.9	松江区
5	***市场	28	1	3.6	浦东新区
6	***超市(环球港店)	27	1	3.7	普陀区
7	***超市(张扬北路店)	27	2	7.4	浦东新区
8	***超市(光启城店)	25	2	8.0	徐汇区
9	***超市(凌云店)	25	1	4.0	徐汇区
10	***超市(柳州店)	24	1	4.2	徐汇区
11	***超市(新村店)	22	1	4.5	普陀区
12	***超市(黄兴路店)	22	1	4.5	杨浦区
13	***超市(通河路店)	18	3	16.7	宝山区
14	***超市(安亭店)	13	1	7.7	嘉定区

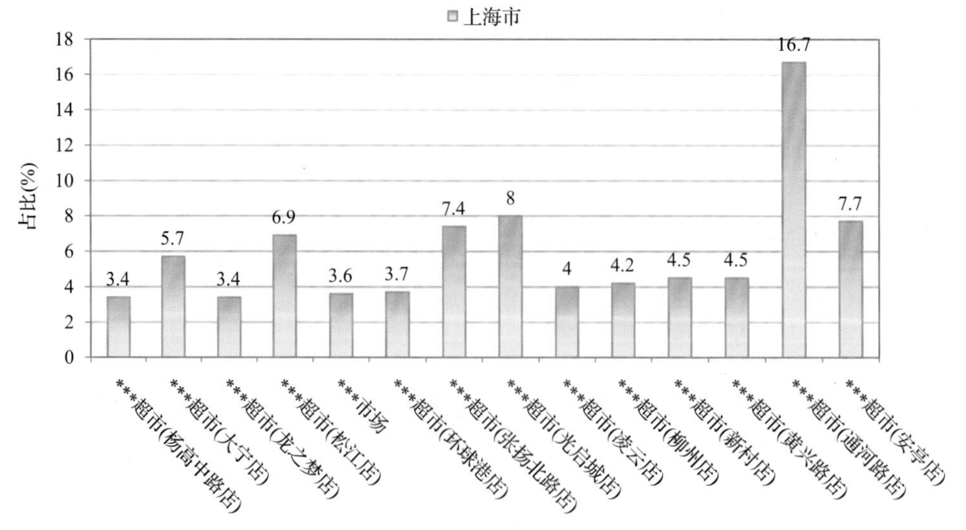

图 3-24 超过 MRL 中国香港标准水果蔬菜在不同采样点分布

3.2.3.5　按 MRL 美国标准衡量

按 MRL 美国标准衡量，有 10 个采样点的样品存在不同程度的超标农药检出，其中 ***超市(富民路店)的超标率最高，为 5.0%，如表 3-18 和图 3-25 所示。

表 3-18　超过 MRL 美国标准水果蔬菜在不同采样点分布

	采样点	样品总数	超标数量	超标率(%)	行政区域
1	***超市(杨高中路店)	58	1	1.7	浦东新区
2	***超市(大宁店)	53	1	1.9	闸北区
3	***超市(鲁班路店)	28	1	3.6	黄浦区
4	***超市(光启城店)	25	1	4.0	徐汇区
5	***市场	25	1	4.0	闵行区
6	***超市(武宁店)	25	1	4.0	普陀区
7	***超市(铜川路品尊店)	24	1	4.2	普陀区
8	***超市(锦绣店)	22	1	4.5	浦东新区
9	***超市(新村店)	22	1	4.5	普陀区
10	***超市(富民路店)	20	1	5.0	静安区

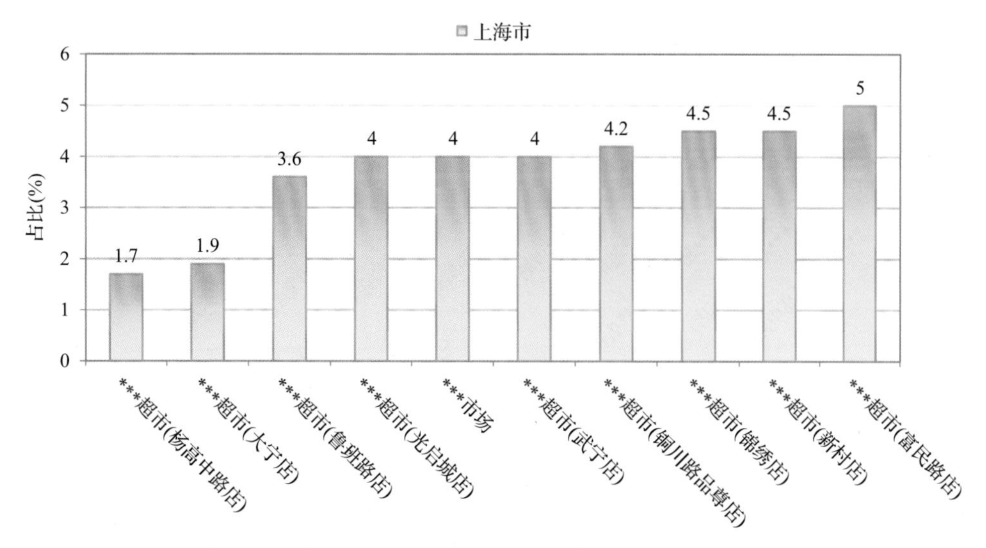

图 3-25　超过 MRL 美国标准水果蔬菜在不同采样点分布

3.2.3.6　按 MRL CAC 标准衡量

按 MRL CAC 标准衡量，有 11 个采样点的样品存在不同程度的超标农药检出，其中 ***超市(通河路店)的超标率最高，为 16.7%，如表 3-19 和图 3-26 所示。

表 3-19 超过 MRL CAC 标准水果蔬菜在不同采样点分布

	采样点	样品总数	超标数量	超标率(%)	行政区域
1	***超市(杨高中路店)	58	2	3.4	浦东新区
2	***超市(大宁店)	53	3	5.7	闸北区
3	***超市(龙之梦店)	29	1	3.4	长宁区
4	***超市(松江店)	29	2	6.9	松江区
5	***市场	28	1	3.6	浦东新区
6	***超市(环球港店)	27	1	3.7	普陀区
7	***超市(张扬北路店)	27	1	3.7	浦东新区
8	***超市(光启城店)	25	1	4.0	徐汇区
9	***超市(黄兴路店)	22	1	4.5	杨浦区
10	***超市(通河路店)	18	3	16.7	宝山区
11	***超市(安亭店)	13	1	7.7	嘉定区

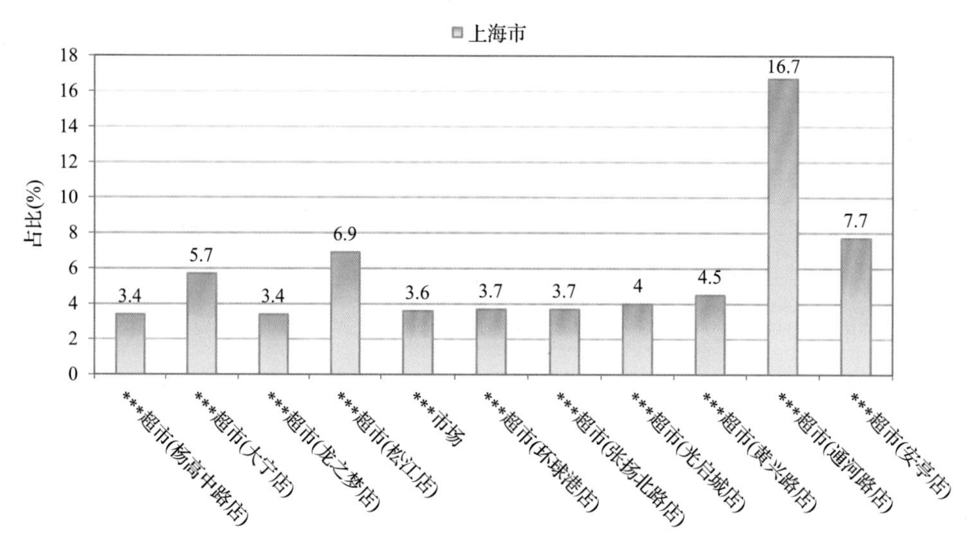

图 3-26 超过 MRL CAC 标准水果蔬菜在不同采样点分布

3.3 水果中农药残留分布

3.3.1 检出农药品种和频次排前 10 的水果

本次残留侦测的水果共 19 种，包括西瓜、猕猴桃、山竹、桃、哈密瓜、香蕉、木瓜、苹果、香瓜、葡萄、梨、枇杷、芒果、柚、橘、橙、柠檬、火龙果和甜瓜。

根据检出农药品种及频次进行排名，将各项排名前 10 位的水果样品检出情况列表说明，详见表 3-20。

表 3-20 检出农药品种和频次排名前 10 的水果

检出农药品种排名前 10(品种)	①葡萄(23),②梨(16),③柠檬(16),④火龙果(14),⑤苹果(14),⑥橙(13),⑦芒果(12),⑧猕猴桃(12),⑨西瓜(11),⑩柚(11)
检出农药频次排名前 10(频次)	①葡萄(99),②柠檬(94),③梨(80),④火龙果(71),⑤柚(62),⑥猕猴桃(53),⑦橙(46),⑧苹果(46),⑨芒果(37),⑩西瓜(27)
检出禁用、高毒及剧毒农药品种排名前 10(品种)	①柚(4),②梨(3),③火龙果(1),④木瓜(1),⑤柠檬(1),⑥苹果(1),⑦葡萄(1)
检出禁用、高毒及剧毒农药频次排名前 10(频次)	①柠檬(10),②柚(7),③梨(6),④火龙果(1),⑤木瓜(1),⑥苹果(1),⑦葡萄(1)

3.3.2 超标农药品种和频次排前 10 的水果

鉴于 MRL 欧盟标准和日本标准制定比较全面且覆盖率较高，我们参照 MRL 中国国家标准、欧盟标准和日本标准衡量水果样品中农残检出情况，将超标农药品种及频次排名前 10 的水果列表说明，详见表 3-21。

表 3-21 超标农药品种和频次排名前 10 的水果

超标农药品种排名前 10(农药品种数)	MRL 中国国家标准	①木瓜(1)
	MRL 欧盟标准	①梨(9),②火龙果(7),③柠檬(6),④苹果(6),⑤葡萄(6),⑥柚(6),⑦橙(5),⑧芒果(5),⑨西瓜(5),⑩猕猴桃(4)
	MRL 日本标准	①火龙果(9),②梨(6),③猕猴桃(6),④柠檬(5),⑤苹果(5),⑥葡萄(5),⑦橙(4),⑧哈密瓜(4),⑨柚(4),⑩芒果(3)
超标农药频次排名前 10(农药频次数)	MRL 中国国家标准	①木瓜(1)
	MRL 欧盟标准	①火龙果(51),②柠檬(38),③梨(33),④柚(33),⑤猕猴桃(27),⑥苹果(23),⑦葡萄(18),⑧木瓜(13),⑨桃(12),⑩橙(11)
	MRL 日本标准	①火龙果(58),②柠檬(37),③猕猴桃(31),④梨(30),⑤柚(29),⑥苹果(17),⑦木瓜(11),⑧葡萄(11),⑨桃(11),⑩橙(7)

通过对各品种水果样本总数及检出率进行综合分析发现，葡萄、柠檬和梨的残留污染最为严重，在此，我们参照 MRL 中国国家标准、欧盟标准和日本标准对这 3 种水果的农残检出情况进行进一步分析。

3.3.3 农药残留检出率较高的水果样品分析

3.3.3.1 葡萄

这次共检测 42 例葡萄样品，37 例样品中检出了农药残留，检出率为 88.1%，检出农药共计 23 种。其中嘧霉胺、啶酰菌胺、腐霉利、戊唑醇和除虫菊酯检出频次较高，分别检出了 17、10、8、8 和 7 次。葡萄中农药检出品种和频次见图 3-27，超标农药见图 3-28 和表 3-22。

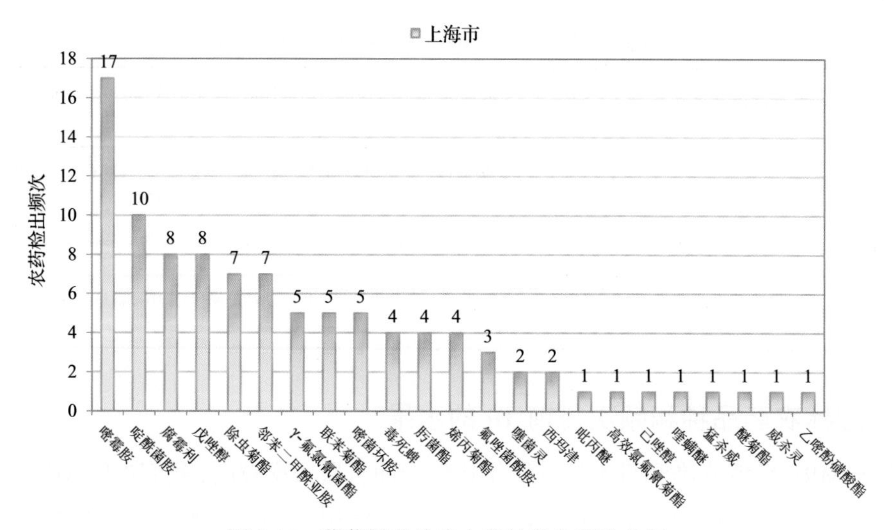

图 3-27　葡萄样品检出农药品种和频次分析

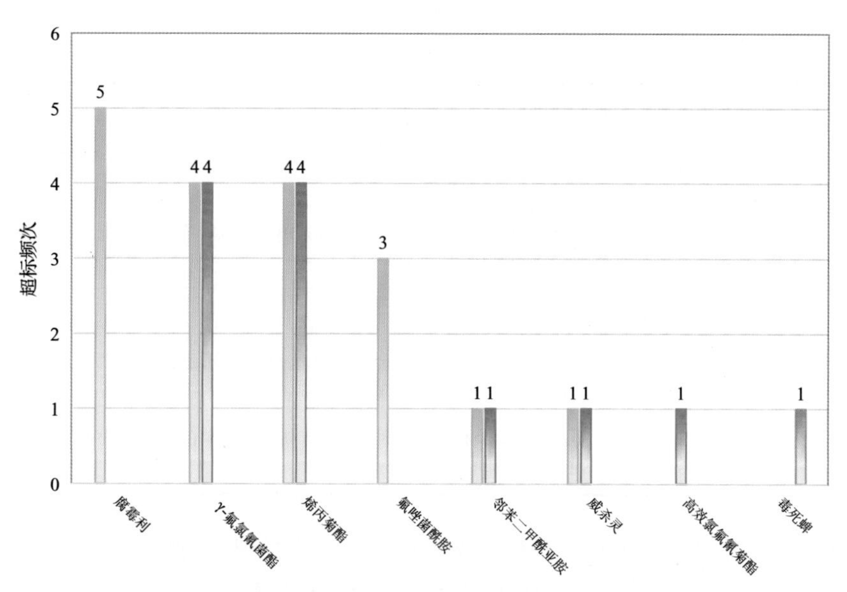

图 3-28　葡萄样品中超标农药分析

表 3-22　葡萄中农药残留超标情况明细表

	样品总数		检出农药样品数	样品检出率(%)	检出农药品种总数
	42		37	88.1	23
	超标农药品种	超标农药频次	按照 MRL 中国国家标准、欧盟标准和日本标准衡量超标农药名称及频次		
中国国家标准	0	0			
欧盟标准	6	18	腐霉利(5),γ-氟氯氰菌酯(4),烯丙菊酯(4),氟唑菌酰胺(3),邻苯二甲酰亚胺(1),威杀灵(1)		
日本标准	5	11	γ-氟氯氰菌酯(4),烯丙菊酯(4),高效氯氟氰菊酯(1),邻苯二甲酰亚胺(1),威杀灵(1)		

3.3.3.2 柠檬

这次共检测 39 例柠檬样品，37 例样品中检出了农药残留，检出率为 94.9%，检出农药共计 16 种。其中毒死蜱、威杀灵、禾草敌、水胺硫磷和哒螨灵检出频次较高，分别检出了 27、17、13、10 和 8 次。柠檬中农药检出品种和频次见图 3-29，超标农药见图 3-30 和表 3-23。

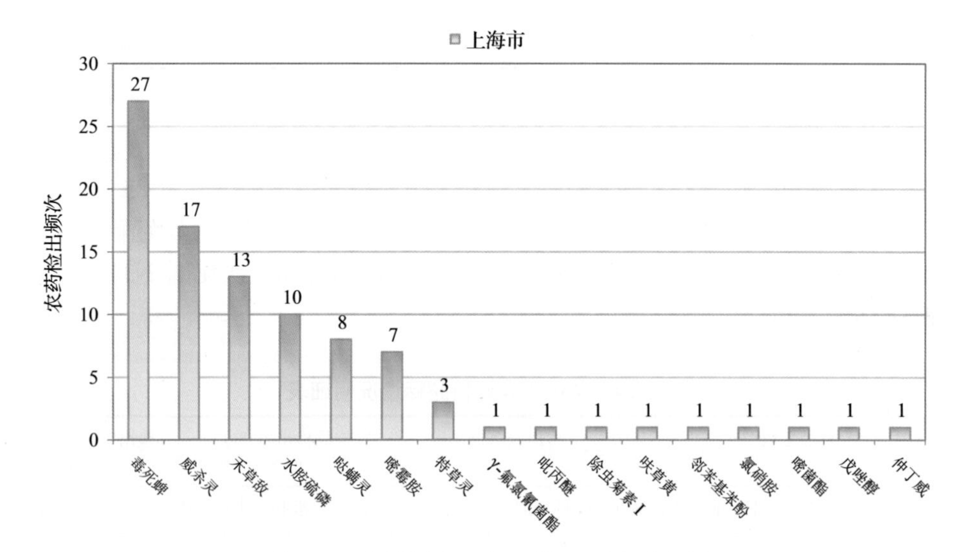

图 3-29 柠檬样品检出农药品种和频次分析

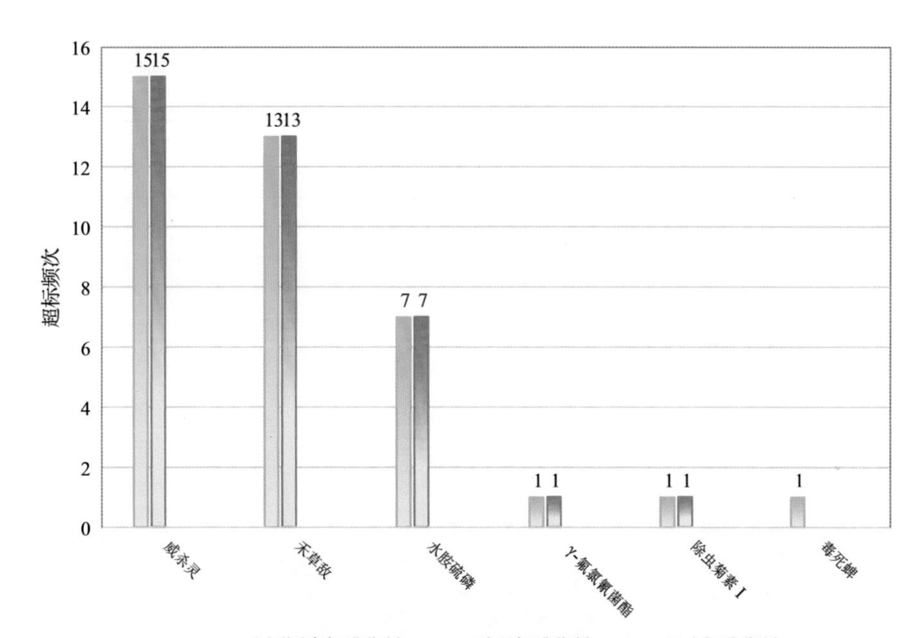

图 3-30 柠檬样品中超标农药分析

表 3-23　柠檬中农药残留超标情况明细表

	样品总数 39		检出农药样品数 37	样品检出率(%) 94.9	检出农药品种总数 16
	超标农药品种	超标农药频次	按照 MRL 中国国家标准、欧盟标准和日本标准衡量超标农药名称及频次		
中国国家标准	0	0			
欧盟标准	6	38	威杀灵(15),禾草敌(13),水胺硫磷(7),γ-氟氯氰菌酯(1),除虫菊素 I (1),毒死蜱(1)		
日本标准	5	37	威杀灵(15),禾草敌(13),水胺硫磷(7),γ-氟氯氰菌酯(1),除虫菊素 I (1)		

3.3.3.3　梨

这次共检测 49 例梨样品，42 例样品中检出了农药残留，检出率为 85.7%，检出农药共计 16 种。其中毒死蜱、威杀灵、烯丙菊酯、γ-氟氯氰菌酯和联苯菊酯检出频次较高，分别检出了 27、22、7、5 和 4 次。梨中农药检出品种和频次见图 3-31，超标农药见图 3-32 和表 3-24。

表 3-24　梨中农药残留超标情况明细表

	样品总数 49		检出农药样品数 42	样品检出率(%) 85.7	检出农药品种总数 16
	超标农药品种	超标农药频次	按照 MRL 中国国家标准、欧盟标准和日本标准衡量超标农药名称及频次		
中国国家标准	0	0			
欧盟标准	9	33	威杀灵(14),烯丙菊酯(7),γ-氟氯氰菌酯(5),猛杀威(2),敌敌畏(1),甲氰菊酯(1),硫丹(1),四氢吩胺(1),异丙威(1)		
日本标准	6	30	威杀灵(14),烯丙菊酯(7),γ-氟氯氰菌酯(5),猛杀威(2),四氢吩胺(1),异丙威(1)		

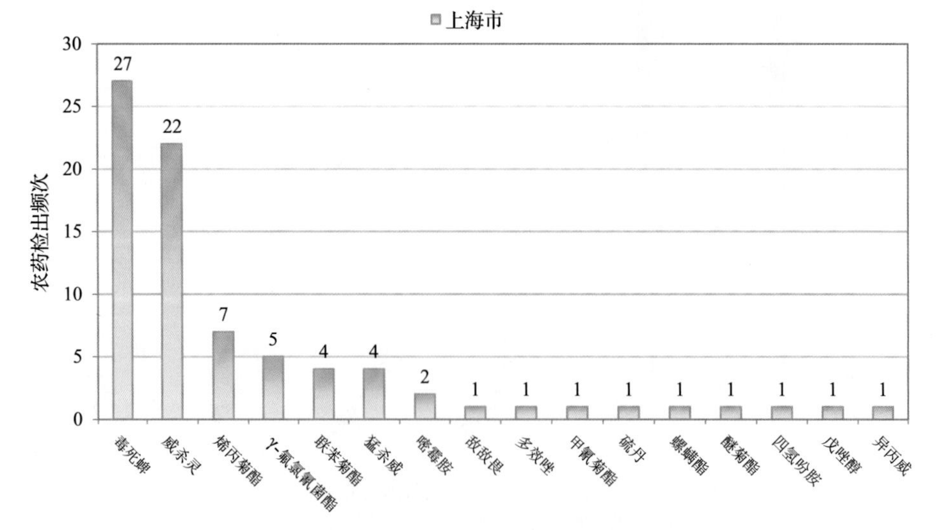

图 3-31　梨样品检出农药品种和频次分析

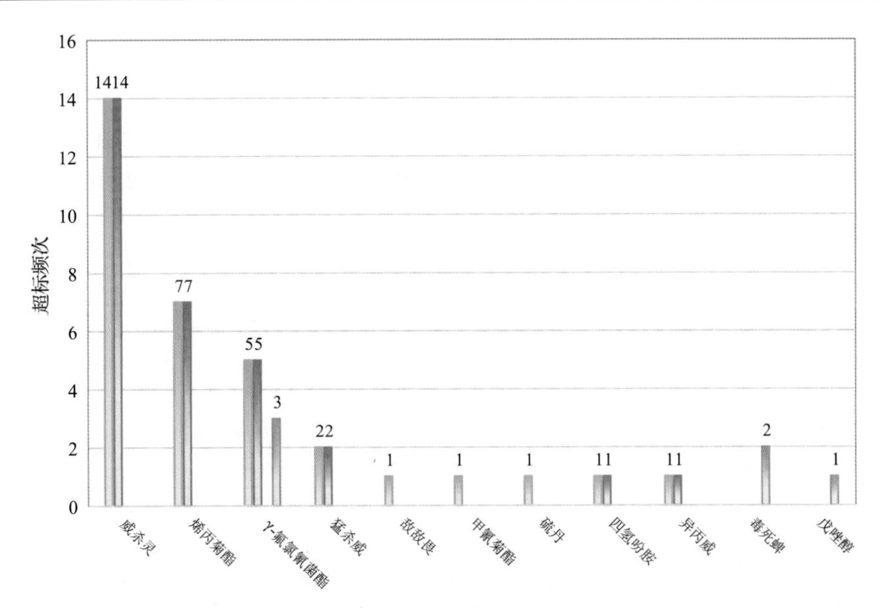

图 3-32 梨样品中超标农药分析

3.4 蔬菜中农药残留分布

3.4.1 检出农药品种和频次排前 10 的蔬菜

本次残留侦测的蔬菜共 43 种，包括结球甘蓝、青蒜、莲藕、韭菜、芹菜、黄瓜、洋葱、大蒜、蕹菜、番茄、百合、菠菜、豇豆、山药、菜用大豆、西葫芦、甜椒、芥蓝、葱、辣椒、苋菜、扁豆、胡萝卜、青花菜、小白菜、油麦菜、紫甘蓝、姜、茄子、萝卜、马铃薯、菜豆、苦瓜、小油菜、冬瓜、大白菜、茭白、生菜、食荚豌豆、莴笋、蒜薹、青菜和丝瓜。

根据检出农药品种及频次进行排名，将各项排名前 10 位的蔬菜样品检出情况列表说明，详见表 3-25。

表 3-25 检出农药品种和频次排名前 10 的蔬菜

检出农药品种排名前 10(品种)	①芹菜(35),②菜豆(33),③黄瓜(33),④结球甘蓝(29),⑤生菜(25),⑥茄子(24),⑦青菜(24),⑧胡萝卜(22),⑨甜椒(22),⑩西葫芦(22)
检出农药频次排名前 10(频次)	①胡萝卜(112),②黄瓜(103),③菜豆(99),④芹菜(94),⑤甜椒(85),⑥茄子(77),⑦生菜(74),⑧苦瓜(58),⑨番茄(56),⑩西葫芦(56)
检出禁用、高毒及剧毒农药品种排名前 10(品种)	①黄瓜(4),②芹菜(4),③青菜(4),④菜豆(3),⑤姜(3),⑥葱(2),⑦胡萝卜(2),⑧豇豆(2),⑨苦瓜(2),⑩西葫芦(2)
检出禁用、高毒及剧毒农药频次排名前 10(频次)	①黄瓜(10),②芹菜(9),③青菜(9),④胡萝卜(5),⑤生菜(5),⑥菜豆(3),⑦姜(3),⑧苦瓜(3),⑨百合(2),⑩葱(2)

3.4.2 超标农药品种和频次排前 10 的蔬菜

鉴于 MRL 欧盟标准和日本标准制定比较全面且覆盖率较高，我们参照 MRL 中国国家标准、欧盟标准和日本标准衡量蔬菜样品中农残检出情况，将超标农药品种及频次排名前 10 的蔬菜列表说明，详见表 3-26。

表 3-26 超标农药品种和频次排名前 10 的蔬菜

超标农药品种排名前 10 (农药品种数)	MRL 中国国家标准	①黄瓜(1),②芹菜(1),③青菜(1),④西葫芦(1),⑤洋葱(1)
	MRL 欧盟标准	①芹菜(21),②生菜(15),③胡萝卜(13),④青菜(13),⑤菜豆(10),⑥黄瓜(10),⑦茄子(10),⑧西葫芦(10),⑨结球甘蓝(9),⑩萝卜(8)
	MRL 日本标准	①菜豆(19),②芹菜(17),③生菜(11),④胡萝卜(9),⑤结球甘蓝(9),⑥西葫芦(9),⑦黄瓜(8),⑧萝卜(8),⑨青菜(8),⑩韭菜(6)
超标农药频次排名前 10 (农药频次数)	MRL 中国国家标准	①黄瓜(2),②青菜(2),③芹菜(1),④西葫芦(1),⑤洋葱(1)
	MRL 欧盟标准	①胡萝卜(57),②菜豆(50),③芹菜(45),④生菜(40),⑤茄子(38),⑥甜椒(32),⑦蒜薹(25),⑧葱(23),⑨黄瓜(22),⑩西葫芦(22)
	MRL 日本标准	①菜豆(65),②胡萝卜(56),③芹菜(46),④生菜(32),⑤西葫芦(21),⑥苦瓜(20),⑦黄瓜(19),⑧青花菜(19),⑨蒜薹(18),⑩萝卜(17)

通过对各品种蔬菜样本总数及检出率进行综合分析发现，芹菜、黄瓜和菜豆的残留污染最为严重，在此，我们参照 MRL 中国国家标准、欧盟标准和日本标准对这 3 种蔬菜的农残检出情况进行进一步分析。

3.4.3 农药残留检出率较高的蔬菜样品分析

3.4.3.1 芹菜

这次共检测 36 例芹菜样品，34 例样品中检出了农药残留，检出率为 94.4%，检出农药共计 35 种。其中威杀灵、萘乙酸、除虫菊酯、毒死蜱和戊唑醇检出频次较高，分别检出了 14、13、8、8 和 7 次。芹菜中农药检出品种和频次见图 3-33，超标农药见图 3-34 和表 3-27。

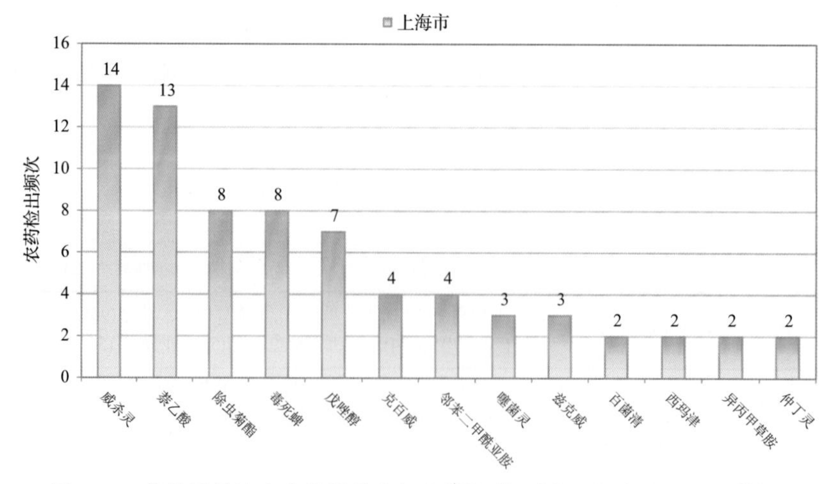

图 3-33 芹菜样品检出农药品种和频次分析(仅列出 2 频次及以上的数据)

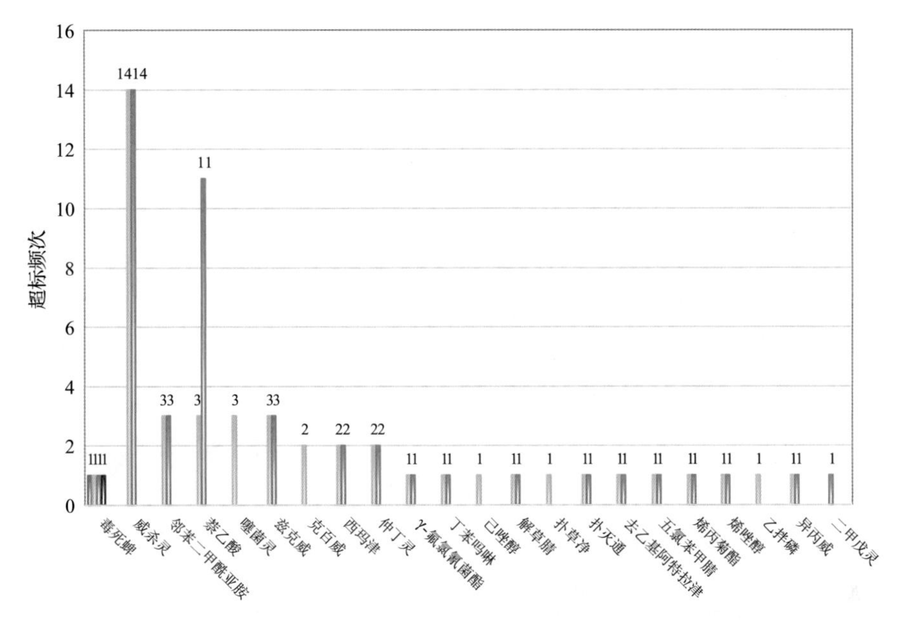

图 3-34 芹菜样品中超标农药分析

表 3-27 芹菜中农药残留超标情况明细表

	样品总数 36		检出农药样品数 34	样品检出率(%) 94.4	检出农药品种总数 35
	超标农药品种	超标农药频次	按照 MRL 中国国家标准、欧盟标准和日本标准衡量超标农药名称及频次		
中国国家标准	1	1	毒死蜱(1)		
欧盟标准	21	45	威杀灵(14),邻苯二甲酰亚胺(3),萘乙酸(3),噻菌灵(3),兹克威(3),克百威(2),西玛津(2),仲丁灵(2),γ-氟氯氰菌酯(1),丁苯吗啉(1),毒死蜱(1),己唑醇(1),解草腈(1),扑草净(1),扑灭通(1),去乙基阿特拉津(1),五氯苯甲腈(1),烯丙菊酯(1),烯唑醇(1),乙拌磷(1),异丙威(1)		
日本标准	17	46	威杀灵(14),萘乙酸(11),邻苯二甲酰亚胺(3),兹克威(3),西玛津(2),仲丁灵(2),γ-氟氯氰菌酯(1),丁苯吗啉(1),毒死蜱(1),二甲戊灵(1),解草腈(1),扑灭通(1),去乙基阿特拉津(1),五氯苯甲腈(1),烯丙菊酯(1),烯唑醇(1),异丙威(1)		

3.4.3.2 黄瓜

这次共检测 47 例黄瓜样品，39 例样品中检出了农药残留，检出率为 83.0%，检出农药共计 33 种。其中除虫菊酯、邻苯二甲酰亚胺、吡喃灵、哒螨灵和西玛津检出频次较高，分别检出了 12、9、8、7 和 7 次。黄瓜中农药检出品种和频次见图 3-35，超标农药见图 3-36 和表 3-28。

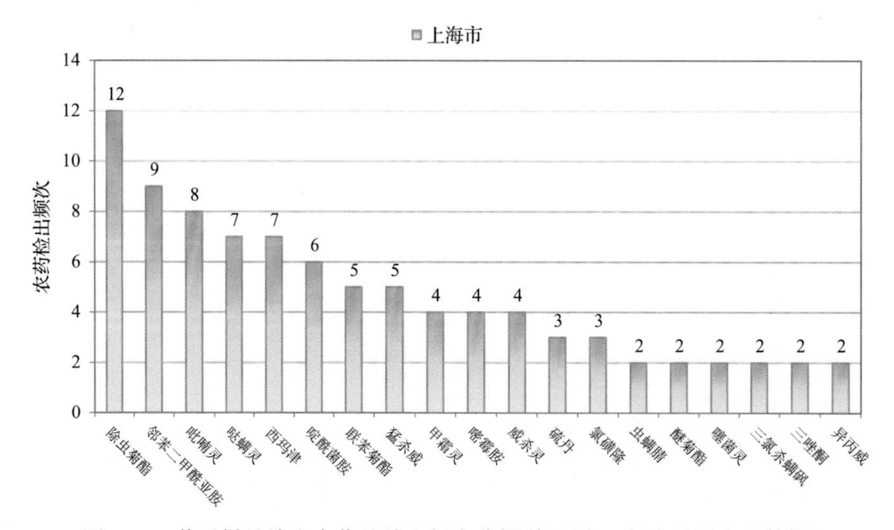

图 3-35 黄瓜样品检出农药品种和频次分析(仅列出 2 频次及以上的数据)

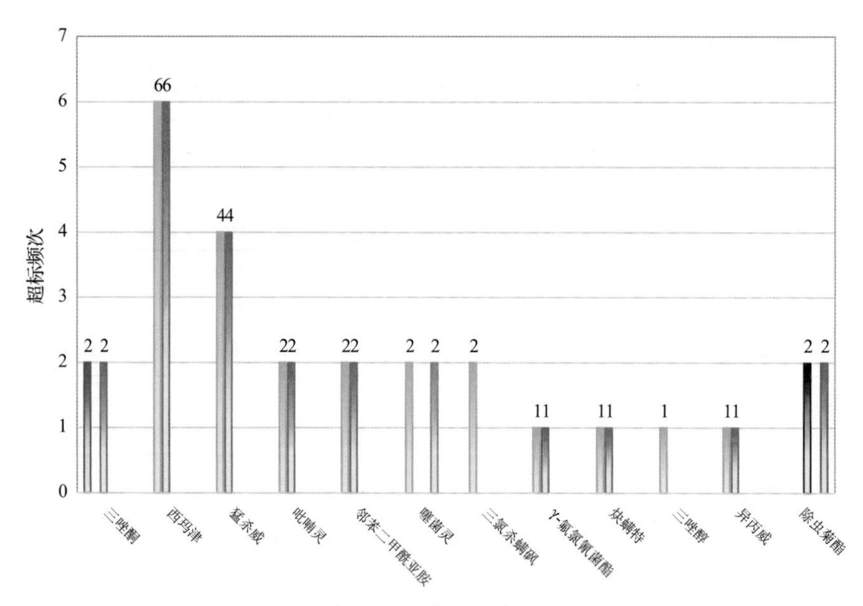

图 3-36 黄瓜样品中超标农药分析

表 3-28 黄瓜中农药残留超标情况明细表

	样品总数 47		检出农药样品数 39	样品检出率(%) 83	检出农药品种总数 33
	超标农药品种	超标农药频次	按照 MRL 中国国家标准、欧盟标准和日本标准衡量超标农药名称及频次		
中国国家标准	1	2	三唑酮(2)		
欧盟标准	10	22	西玛津(6),猛杀威(4),吡喃灵(2),邻苯二甲酰亚胺(2),噻菌灵(2),三氯杀螨砜(2),γ-氟氯氰菌酯(1),炔螨特(1),三唑醇(1),异丙威(1)		
日本标准	8	19	西玛津(6),猛杀威(4),吡喃灵(2),邻苯二甲酰亚胺(2),三唑酮(2),γ-氟氯氰菌酯(1),炔螨特(1),异丙威(1)		

3.4.3.3　菜豆

这次共检测 40 例菜豆样品，30 例样品中检出了农药残留，检出率为 75.0%，检出农药共计 33 种。其中威杀灵、联苯、除虫菊酯、邻苯二甲酰亚胺和烯丙菊酯检出频次较高，分别检出了 16、12、7、7 和 7 次。菜豆中农药检出品种和频次见图 3-37，超标农药见图 3-38 和表 3-29。

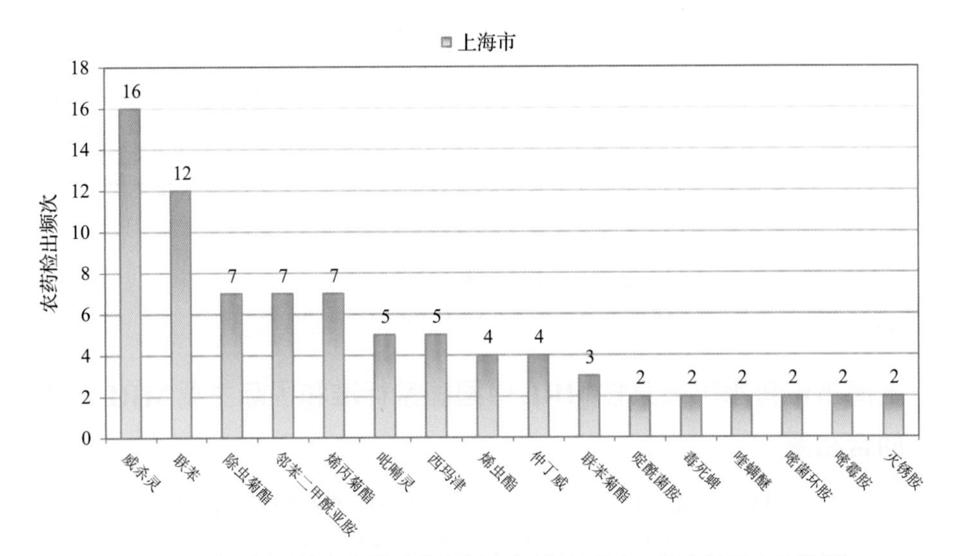

图 3-37　菜豆样品检出农药品种和频次分析(仅列出 2 频次及以上的数据)

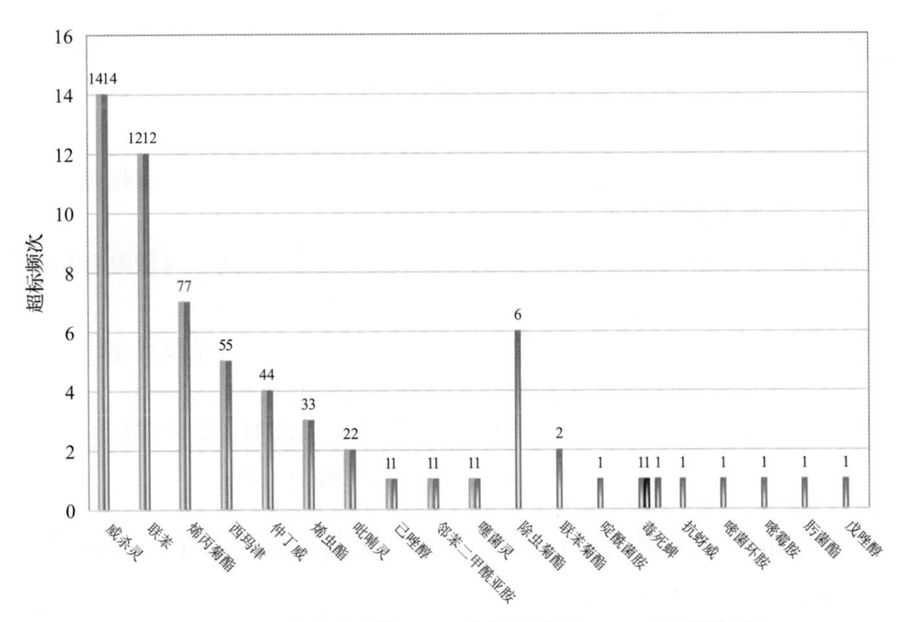

图 3-38　菜豆样品中超标农药分析

表 3-29　菜豆中农药残留超标情况明细表

样品总数			检出农药样品数	样品检出率(%)	检出农药品种总数
40			30	75	33
	超标农药品种	超标农药频次	按照 MRL 中国国家标准、欧盟标准和日本标准衡量超标农药名称及频次		
中国国家标准	0	0			
欧盟标准	10	50	威杀灵(14),联苯(12),烯丙菊酯(7),西玛津(5),仲丁威(4),烯虫酯(3),吡喃灵(2),己唑醇(1),邻苯二甲酰亚胺(1),噻菌灵(1)		
日本标准	19	65	威杀灵(14),联苯(12),烯丙菊酯(7),除虫菊酯(6),西玛津(5),仲丁威(4),烯虫酯(3),吡喃灵(2),联苯菊酯(2),啶酰菌胺(1),毒死蜱(1),己唑醇(1),抗蚜威(1),邻苯二甲酰亚胺(1),嘧菌环胺(1),嘧霉胺(1),噻菌灵(1),肟菌酯(1),戊唑醇(1)		

3.5　初 步 结 论

3.5.1　上海市市售水果蔬菜按 MRL 中国国家标准和国际主要 MRL 标准衡量的合格率

本次侦测的 1334 例样品中，357 例样品未检出任何残留农药，占样品总量的 26.8%，977 例样品检出不同水平、不同种类的残留农药，占样品总量的 73.2%。在这 977 例检出农药残留的样品中：

按照 MRL 中国国家标准衡量，有 969 例样品检出残留农药但含量没有超标，占样品总数的 72.6%，有 8 例样品检出了超标农药，占样品总数的 0.6%。

按照 MRL 欧盟标准衡量，有 436 例样品检出残留农药但含量没有超标，占样品总数的 32.7%，有 541 例样品检出了超标农药，占样品总数的 40.6%。

按照 MRL 日本标准衡量，有 502 例样品检出残留农药但含量没有超标，占样品总数的 37.6%，有 475 例样品检出了超标农药，占样品总数的 35.6%。

按照 MRL 中国香港标准衡量，有 955 例样品检出残留农药但含量没有超标，占样品总数的 71.6%，有 22 例样品检出了超标农药，占样品总数的 1.6%。

按照 MRL 美国标准衡量，有 967 例样品检出残留农药但含量没有超标，占样品总数的 72.5%，有 10 例样品检出了超标农药，占样品总数的 0.7%。

按照 MRL CAC 标准衡量，有 960 例样品检出残留农药但含量没有超标，占样品总数的 72.0%，有 17 例样品检出了超标农药，占样品总数的 1.3%。

3.5.2　上海市市售水果蔬菜中检出农药以中低微毒农药为主，占市场主体的 89.4%

这次侦测的 1334 例样品包括水果 19 种 504 例，食用菌 3 种 60 例，蔬菜 43 种 770 例，共检出了 160 种农药，检出农药的毒性以中低微毒为主，详见表 3-30。

表 3-30　市场主体农药毒性分布

毒性	检出品种	占比	检出频次	占比
剧毒农药	4	2.5%	7	0.3%
高毒农药	13	8.1%	73	3.4%
中毒农药	58	36.2%	892	42.1%
低毒农药	56	35.0%	857	40.5%
微毒农药	29	18.1%	289	13.6%
中低微毒农药，品种占比 89.4%，频次占比 96.2%				

3.5.3　检出剧毒、高毒和禁用农药现象应该警醒

在此次侦测的 1334 例样品中有 20 种蔬菜和 7 种水果的 85 例样品检出了 21 种 95 频次的剧毒和高毒或禁用农药，占样品总量的 6.4%。其中剧毒农药乙拌磷、甲拌磷和灭线磷以及高毒农药猛杀威、克百威和水胺硫磷检出频次较高。

按 MRL 中国国家标准衡量，剧毒农药高毒农药克百威，检出 12 次，超标 2 次；按超标程度比较，青菜中克百威超标 2.2 倍，洋葱中特丁硫磷超标 1.4 倍。

剧毒、高毒或禁用农药的检出情况及按照 MRL 中国国家标准衡量的超标情况见表 3-31。

表 3-31　剧毒、高毒或禁用农药的检出及超标明细

序号	农药名称	样品名称	检出频次	超标频次	最大超标倍数	超标率
1.1	乙拌磷*	青菜	2	0	0	0.0%
1.2	乙拌磷*	芹菜	1	0	0	0.0%
2.1	灭线磷*▲	杏鲍菇	1	0	0	0.0%
3.1	特丁硫磷*▲	洋葱	1	1	1.45	100.0%
4.1	甲拌磷*▲	芹菜	1	0	0	0.0%
4.2	甲拌磷*▲	西葫芦	1	0	0	0.0%
5.1	三唑磷◊	苹果	1	0	0	0.0%
6.1	丙虫磷◊	姜	1	0	0	0.0%
6.2	丙虫磷◊	豇豆	1	0	0	0.0%
7.1	克百威◊▲	芹菜	4	0	0	0.0%
7.2	克百威◊▲	青菜	3	2	2.16	66.7%
7.3	克百威◊▲	苋菜	2	0	0	0.0%
7.4	克百威◊▲	苦瓜	1	0	0	0.0%
7.5	克百威◊▲	菜豆	1	0	0	0.0%
7.6	克百威◊▲	韭菜	1	0	0	0.0%
8.1	兹克威◊	生菜	5	0	0	0.0%

续表

序号	农药名称	样品名称	检出频次	超标频次	最大超标倍数	超标率
8.2	兹克威◊	芹菜	3	0	0	0.0%
9.1	呋线威◊	胡萝卜	4	0	0	0.0%
9.2	呋线威◊	火龙果	1	0	0	0.0%
9.3	呋线威◊	菜豆	1	0	0	0.0%
10.1	嘧啶磷◊	杏鲍菇	1	0	0	0.0%
10.2	嘧啶磷◊	柚	1	0	0	0.0%
11.1	庚烯磷◊	百合	2	0	0	0.0%
12.1	敌敌畏◊	柚	1	0	0	0.0%
12.2	敌敌畏◊	梨	1	0	0	0.0%
13.1	杀扑磷◊▲	柚	3	0	0	0.0%
14.1	氧异柳磷◊	黄瓜	1	0	0	0.0%
15.1	水胺硫磷◊▲	柠檬	10	0	0	0.0%
16.1	猛杀威◊	黄瓜	5	0	0	0.0%
16.2	猛杀威◊	梨	4	0	0	0.0%
16.3	猛杀威◊	柚	2	0	0	0.0%
16.4	猛杀威◊	苦瓜	2	0	0	0.0%
16.5	猛杀威◊	青菜	2	0	0	0.0%
16.6	猛杀威◊	大白菜	1	0	0	0.0%
16.7	猛杀威◊	姜	1	0	0	0.0%
16.8	猛杀威◊	结球甘蓝	1	0	0	0.0%
16.9	猛杀威◊	胡萝卜	1	0	0	0.0%
16.10	猛杀威◊	萝卜	1	0	0	0.0%
16.11	猛杀威◊	葡萄	1	0	0	0.0%
16.12	猛杀威◊	西葫芦	1	0	0	0.0%
16.13	猛杀威◊	马铃薯	1	0	0	0.0%
17.1	碳氯灵◊	豇豆	1	0	0	0.0%
18.1	六六六▲	姜	1	0	0	0.0%
18.2	六六六▲	葱	1	0	0	0.0%
18.3	六六六▲	黄瓜	1	0	0	0.0%
19.1	氟虫腈▲	青菜	2	0	0	0.0%
19.2	氟虫腈▲	菜豆	1	0	0	0.0%
19.3	氟虫腈▲	葱	1	0	0	0.0%
20.1	氰戊菊酯▲	木瓜	1	1	1.1135	100.0%

续表

序号	农药名称	样品名称	检出频次	超标频次	最大超标倍数	超标率
20.2	氰戊菊酯▲	茄子	1	0	0	0.0%
21.1	硫丹▲	黄瓜	3	0	0	0.0%
21.2	硫丹▲	平菇	2	0	0	0.0%
21.3	硫丹▲	梨	1	0	0	0.0%
合计			95	4		4.2%

注：超标倍数参照 MRL 中国国家标准衡量

这些超标的剧毒和高毒农药都是中国政府早有规定禁止在水果蔬菜中使用的，为什么还屡次被检出，应该引起警惕。

3.5.4　残留限量标准与先进国家或地区标准差距较大

2118 频次的检出结果与我国公布的《食品中农药最大残留限量》(GB 2763—2014) 对比，有 304 频次能找到对应的 MRL 中国国家标准，占 14.4%；还有 1814 频次的侦测数据无相关 MRL 标准供参考，占 85.6%。

与国际上现行 MRL 标准对比发现：

有 2118 频次能找到对应的 MRL 欧盟标准，占 100.0%；

有 2118 频次能找到对应的 MRL 日本标准，占 100.0%；

有 625 频次能找到对应的 MRL 中国香港标准，占 29.5%；

有 436 频次能找到对应的 MRL 美国标准，占 20.6%；

有 346 频次能找到对应的 MRL CAC 标准，占 16.3%；

由上可见，MRL 中国国家标准与先进国家或地区标准还有很大差距，我们无标准，境外有标准，这就会导致我们在国际贸易中，处于受制于人的被动地位。

3.5.5　水果蔬菜单种样品检出 16~35 种农药残留，拷问农药使用的科学性

通过此次监测发现，葡萄、梨和柠檬是检出农药品种最多的 3 种水果，芹菜、菜豆和黄瓜是检出农药品种最多的 3 种蔬菜，从中检出农药品种及频次详见表 3-32。

表 3-32　单种样品检出农药品种及频次

样品名称	样品总数	检出农药样品数	检出率	检出农药品种数	检出农药(频次)
芹菜	36	34	94.4%	35	威杀灵(14),萘乙酸(13),除虫菊酯(8),毒死蜱(8),戊唑醇(7),克百威(4),邻苯二甲酰亚胺(4),噻菌灵(3),兹克威(3),百菌清(2),西玛津(2),异丙甲草胺(2),仲丁灵(2),γ-氟氯氰菌酯(1),拌种胺(1),丁苯吗啉(1),二丙烯草胺(1),二甲戊灵(1),氟丙菊酯(1),己唑醇(1),甲拌磷(1),解草腈(1),喹螨醚(1),棉铃威(1),扑草净(1),扑灭通(1),去乙基阿特拉津(1),霜霉威(1),五氯苯甲腈(1),五氯硝基苯(1),烯丙菊酯(1),烯唑醇(1),乙拌磷(1),异丙威(1),莠去津(1)

续表

样品名称	样品总数	检出农药样品数	检出率	检出农药品种数	检出农药(频次)
菜豆	40	30	75.0%	33	威杀灵(16),联苯(12),除虫菊酯(7),邻苯二甲酰亚胺(7),烯丙菊酯(7),吡喃灵(5),西玛津(5),烯虫酯(4),仲丁威(4),联苯菊酯(3),啶酰菌胺(2),毒死蜱(2),喹螨醚(2),嘧菌环胺(2),嘧霉胺(2),灭锈胺(2),3,4,5-混杀威(1),百菌清(1),呋线威(1),氟吡菌酰胺(1),氟虫腈(1),氟硅唑(1),腐霉利(1),己唑醇(1),腈菌唑(1),抗蚜威(1),克百威(1),醚菊酯(1),醚菌酯(1),萘乙酰胺(1),噻菌灵(1),肟菌酯(1),戊唑醇(1)
黄瓜	47	39	83.0%	33	除虫菊酯(12),邻苯二甲酰亚胺(9),吡喃灵(8),哒螨灵(7),西玛津(7),啶酰菌胺(6),联苯菊酯(5),猛杀威(5),甲霜灵(4),嘧霉胺(4),威杀灵(4),硫丹(3),氯磺隆(3),虫螨腈(2),醚菊酯(2),噻菌灵(2),三氯杀螨砜(2),三唑酮(2),异丙威(2),3,4,5-混杀威(1),γ-氟氯氰菌酯(1),百菌清(1),苯嗪草酮(1),多效唑(1),己唑醇(1),六六六(1),嘧菌环胺(1),灭锈胺(1),炔螨特(1),三唑醇(1),烯唑醇(1),氧异柳磷(1),莠去津(1)
葡萄	42	37	88.1%	23	嘧霉胺(17),啶酰菌胺(10),腐霉利(8),戊唑醇(8),除虫菊酯(7),邻苯二甲酰亚胺(7),γ-氟氯氰菌酯(5),联苯菊酯(5),嘧菌环胺(5),毒死蜱(4),肟菌酯(4),烯丙菊酯(4),氟唑菌酰胺(3),噻菌灵(2),西玛津(2),吡丙醚(1),高效氯氟氰菊酯(1),己唑醇(1),喹螨醚(1),猛杀威(1),醚菊酯(1),威杀灵(1),乙嘧酚磺酸酯(1)
梨	49	42	85.7%	16	毒死蜱(27),威杀灵(22),烯丙菊酯(7),γ-氟氯氰菌酯(5),联苯菊酯(4),猛杀威(4),嘧霉胺(2),敌敌畏(1),多效唑(1),甲氰菊酯(1),硫丹(1),螺螨酯(1),醚菊酯(1),四氢吩胺(1),戊唑醇(1),异丙威(1)
柠檬	39	37	94.9%	16	毒死蜱(27),威杀灵(17),禾草敌(13),水胺硫磷(10),哒螨灵(8),嘧霉胺(7),特草灵(3),γ-氟氯氰菌酯(1),吡丙醚(1),除虫菊素Ⅰ(1),呋草黄(1),邻苯基苯酚(1),氯硝胺(1),嘧菌酯(1),戊唑醇(1),仲丁威(1)

上述 6 种水果蔬菜，检出农药 16~35 种，是多种农药综合防治，还是未严格实施农业良好管理规范(GAP)，抑或根本就是乱施药，值得我们思考。

第 4 章　GC-Q-TOF/MS 侦测上海市市售水果蔬菜农药残留膳食暴露风险与预警风险评估

4.1　农药残留风险评估方法

4.1.1　上海市农药残留侦测数据分析与统计

庞国芳院士科研团队建立的农药残留高通量侦测技术以高分辨精确质量数（0.0001 *m/z* 为基准）为识别标准，采用 GC-Q-TOF/MS 技术对 507 种农药化学污染物进行侦测。

科研团队于 2015 年 7 月~2018 年 6 月在上海市所属 13 个区的 51 个采样点，随机采集了 1334 例水果蔬菜样品，采样点分布在超市和农贸市场，具体位置如图 4-1 所示，各月内水果蔬菜样品采集数量如表 4-1 所示。

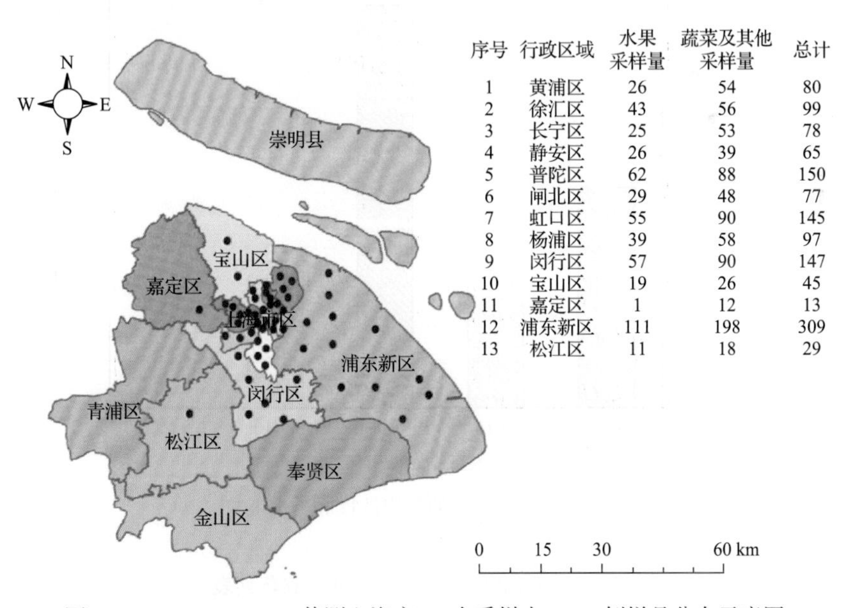

序号	行政区域	水果采样量	蔬菜及其他采样量	总计
1	黄浦区	26	54	80
2	徐汇区	43	56	99
3	长宁区	25	53	78
4	静安区	26	39	65
5	普陀区	62	88	150
6	闸北区	29	48	77
7	虹口区	55	90	145
8	杨浦区	39	58	97
9	闵行区	57	90	147
10	宝山区	19	26	45
11	嘉定区	1	12	13
12	浦东新区	111	198	309
13	松江区	11	18	29

图 4-1　GC-Q-TOF/MS 侦测上海市 51 个采样点 1334 例样品分布示意图

表 4-1　上海市各月内采集水果蔬菜样品数列表

时间	样品数（例）
2015 年 7 月	127
2015 年 8 月	221
2017 年 7 月	508
2018 年 6 月	478

利用 GC-Q-TOF/MS 技术对 1334 例样品中的农药进行侦测，侦测出残留农药 160 种，2118 频次。侦测出农药残留水平如表 4-2 和图 4-2 所示。检出频次最高的前 10 种农药如表 4-3 所示。从检测结果中可以看出，在水果蔬菜中农药残留普遍存在，且有些水果蔬菜存在高浓度的农药残留，这些可能存在膳食暴露风险，对人体健康产生危害，因此，为了定量地评价水果蔬菜中农药残留的风险程度，有必要对其进行风险评价。

表 4-2　侦测出农药的不同残留水平及其所占比例列表

残留水平(μg/kg)	检出频次	占比(%)
1~5(含)	526	24.8
5~10(含)	321	15.2
10~100(含)	959	45.3
100~1000(含)	309	14.6
>1000	3	0.1
合计	2118	100

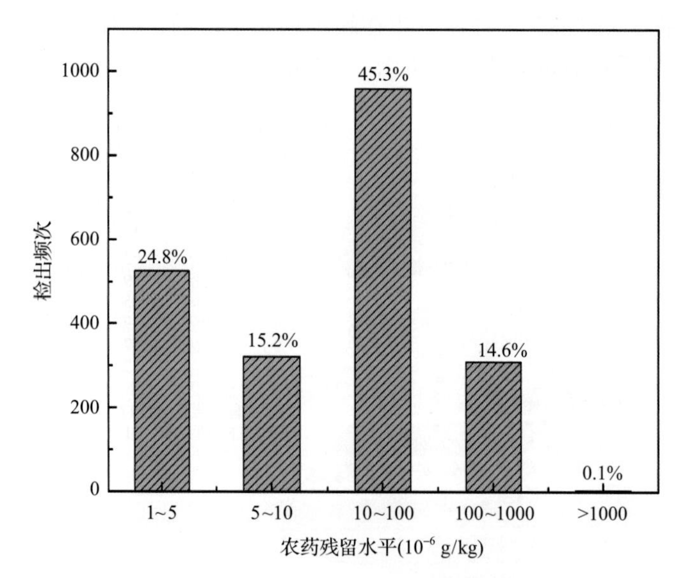

图 4-2　残留农药侦测出浓度频数分布图

表 4-3　检出频次最高的前 10 种农药列表

序号	农药	检出频次(次)
1	威杀灵	289
2	除虫菊酯	195
3	毒死蜱	163
4	邻苯二甲酰亚胺	94

续表

序号	农药	检出频次(次)
5	烯丙菊酯	70
6	仲丁威	69
7	联苯	66
8	联苯菊酯	60
9	嘧霉胺	54
10	吡喃灵	53

4.1.2　农药残留风险评价模型

对上海市水果蔬菜中农药残留分别开展暴露风险评估和预警风险评估。膳食暴露风险评估利用食品安全指数模型对水果蔬菜中的残留农药对人体可能产生的危害程度进行评价，该模型结合残留监测和膳食暴露评估评价化学污染物的危害；预警风险评价模型运用风险系数(risk index，*R*)，风险系数综合考虑了危害物的超标率、施检频率及其本身敏感性的影响，能直观而全面地反映出危害物在一段时间内的风险程度。

4.1.2.1　食品安全指数模型

为了加强食品安全管理，《中华人民共和国食品安全法》第二章第十七条规定“国家建立食品安全风险评估制度，运用科学方法，根据食品安全风险监测信息、科学数据以及有关信息，对食品、食品添加剂、食品相关产品中生物性、化学性和物理性危害因素进行风险评估”[1]，膳食暴露评估是食品危险度评估的重要组成部分，也是膳食安全性的衡量标准[2]。国际上最早研究膳食暴露风险评估的机构主要是 JMPR(FAO、WHO 农药残留联合会议)，该组织自 1995 年就已制定了急性毒性物质的风险评估急性毒性农药残留摄入量的预测。1960 年美国规定食品中不得加入致癌物质进而提出零阈值理论，渐渐零阈值理论发展成在一定概率条件下可接受风险的概念[3]，后衍变为食品中每日允许最大摄入量(ADI)，而国际食品农药残留法典委员会(CCPR)认为 ADI 不是独立风险评估的唯一标准[4]，1995 年 JMPR 开始研究农药急性膳食暴露风险评估，并对食品国际短期摄入量的计算方法进行了修正，亦对膳食暴露评估准则及评估方法进行了修正[5]，2002 年，在对世界上现行的食品安全评价方法，尤其是国际公认的 CAC 的评价方法、全球环境监测系统/食品污染监测和评估规划(WHO GEMS/Food)及 FAO、WHO 食品添加剂联合专家委员会(JECFA)和 JMPR 对食品安全风险评估工作研究的基础之上，检验检疫食品安全管理的研究人员提出了结合残留监控和膳食暴露评估，以食品安全指数 IFS 计算食品中各种化学污染物对消费者的健康危害程度[6]。IFS 是表示食品安全状态的新方法，可有效地评价某种农药的安全性，进而评价食品中各种农药化学污染物对消费者健康的整体危害程度[7, 8]。从理论上分析，IFS_c 可指出食品中的污染物 c 对消费者健康是否存在危害及危害的程度[9]。其优点在于操作简单且结果容易被接受和理解，不需要大量的数据来对结果进行验证，使用默认的标准假设或者模型即可[10, 11]。

1) IFS_c 的计算

IFS_c 计算公式如下：

$$IFS_c = \frac{EDI_c \times f}{SI_c \times bw} \tag{4-1}$$

式中，c 为所研究的农药；EDI_c 为农药 c 的实际日摄入量估算值，等于 $\Sigma(R_i \times F_i \times E_i \times P_i)$（$i$ 为食品种类；R_i 为食品 i 中农药 c 的残留水平，mg/kg；F_i 为食品 i 的估计日消费量，g/(人·天)；E_i 为食品 i 的可食用部分因子；P_i 为食品 i 的加工处理因子）；SI_c 为安全摄入量，可采用每日允许最大摄入量 ADI；bw 为人平均体重，kg；f 为校正因子，如果安全摄入量采用 ADI，则 f 取 1。

$IFS_c \ll 1$，农药 c 对食品安全没有影响；$IFS_c \leqslant 1$，农药 c 对食品安全的影响可以接受；$IFS_c > 1$，农药 c 对食品安全的影响不可接受。

本次评价中：

$IFS_c \leqslant 0.1$，农药 c 对水果蔬菜安全没有影响；

$0.1 < IFS_c \leqslant 1$，农药 c 对水果蔬菜安全的影响可以接受；

$IFS_c > 1$，农药 c 对水果蔬菜安全的影响不可接受。

本次评价中残留水平 R_i 取值为中国检验检疫科学研究院庞国芳院士课题组利用以高分辨精确质量数（0.0001 m/z）为基准的 GC-Q-TOF/MS 侦测技术于 2015 年 7 月~2018 年 6 月对上海市水果蔬菜农药残留的侦测结果，估计日消费量 F_i 取值 0.38 kg/(人·天)，E_i=1，P_i=1，f=1，SI_c 采用《食品安全国家标准　食品中农药最大残留限量》(GB 2763—2016) 中 ADI 值（具体数值见表 4-4），人平均体重（bw）取值 60 kg。

2) 计算 IFS_c 的平均值 $\overline{IFS}$，评价农药对食品安全的影响程度

以 $\overline{IFS}$ 评价各种农药对人体健康危害的总程度，评价模型见公式（4-2）。

$$\overline{IFS} = \frac{\sum_{i=1}^{n} IFS_c}{n} \tag{4-2}$$

$\overline{IFS} \ll 1$，所研究消费者人群的食品安全状态很好；$\overline{IFS} \leqslant 1$，所研究消费者人群的食品安全状态可以接受；$\overline{IFS} > 1$，所研究消费者人群的食品安全状态不可接受。

本次评价中：

$\overline{IFS} \leqslant 0.1$，所研究消费者人群的水果蔬菜安全状态很好；

$0.1 < \overline{IFS} \leqslant 1$，所研究消费者人群的水果蔬菜安全状态可以接受；

$\overline{IFS} > 1$，所研究消费者人群的水果蔬菜安全状态不可接受。

表 4-4　上海市水果蔬菜中侦测出农药的 ADI 值

序号	农药	ADI	序号	农药	ADI	序号	农药	ADI
1	毒草胺	0.54	55	双甲脒	0.01	109	兹克威	—
2	邻苯基苯酚	0.4	56	哒螨灵	0.01	110	去乙基阿特拉津	—
3	醚菌酯	0.4	57	噁霜灵	0.01	111	双苯酰草胺	—
4	霜霉威	0.4	58	毒死蜱	0.01	112	叶菌唑	—
5	仲丁灵	0.2	59	氟吡菌酰胺	0.01	113	吡喃灵	—
6	喹氧灵	0.2	60	氯硝胺	0.01	114	吡螨胺	—
7	嘧菌酯	0.2	61	炔螨特	0.01	115	呋嘧醇	—
8	嘧霉胺	0.2	62	甲基毒死蜱	0.01	116	呋线威	—
9	氯磺隆	0.2	63	联苯三唑醇	0.01	117	呋草黄	—
10	萘乙酸	0.15	64	联苯肼酯	0.01	118	呋菌胺	—
11	丁草胺	0.1	65	联苯菊酯	0.01	119	嘧啶磷	—
12	吡丙醚	0.1	66	螺螨酯	0.01	120	四氢吩胺	—
13	噻菌灵	0.1	67	噻嗪酮	0.009	121	威杀灵	—
14	多效唑	0.1	68	倍硫磷	0.007	122	庚烯磷	—
15	异丙甲草胺	0.1	69	氟硅唑	0.007	123	异丙净	—
16	腐霉利	0.1	70	唑虫酰胺	0.006	124	扑灭通	—
17	啶氧菌酯	0.09	71	硫丹	0.006	125	抑芽唑	—
18	二苯胺	0.08	72	六六六	0.005	126	拌种咯	—
19	甲苯氟磺胺	0.08	73	喹螨醚	0.005	127	拌种胺	—
20	甲霜灵	0.08	74	己唑醇	0.005	128	敌草胺	—
21	甲基立枯磷	0.07	75	氟胺氰菊酯	0.005	129	新燕灵	—
22	仲丁威	0.06	76	烯唑醇	0.005	130	杀螨酯	—
23	氯菊酯	0.05	77	乙霉威	0.004	131	棉铃威	—
24	灭锈胺	0.05	78	敌敌畏	0.004	132	氟丙菊酯	—
25	啶酰菌胺	0.04	79	噁草酮	0.0036	133	氟吡酰草胺	—
26	扑草净	0.04	80	丁苯吗啉	0.003	134	氟唑菌酰胺	—
27	肟菌酯	0.04	81	水胺硫磷	0.003	135	氟硫草定	—
28	三唑酮	0.03	82	禾草灵	0.0023	136	氧异柳磷	—
29	三唑醇	0.03	83	三氯杀螨醇	0.002	137	氯苯甲醚	—
30	丙溴磷	0.03	84	异丙威	0.002	138	氯酞酸甲酯	—
31	二甲戊灵	0.03	85	三唑磷	0.001	139	溴丁酰草胺	—
32	嘧菌环胺	0.03	86	克百威	0.001	140	灭草环	—
33	戊唑醇	0.03	87	杀扑磷	0.001	141	炔丙菊酯	—
34	戊菌唑	0.03	88	禾草敌	0.001	142	烯丙菊酯	—
35	生物苄呋菊酯	0.03	89	甲拌磷	0.0007	143	烯虫炔酯	—
36	甲基嘧啶磷	0.03	90	特丁硫磷	0.0006	144	烯虫酯	—
37	甲氰菊酯	0.03	91	灭线磷	0.0004	145	特丁净	—
38	腈菌唑	0.03	92	氟虫腈	0.0002	146	特丁通	—
39	苯嗪草酮	0.03	93	2,4-滴丙酸	—	147	特草灵	—
40	虫螨腈	0.03	94	2-甲-4-氯丁氧乙基酯	—	148	猛杀威	—
41	醚菊酯	0.03	95	3,4,5-混杀威	—	149	甲醚菊酯	—
42	氟乐灵	0.025	96	3,5-二氯苯胺	—	150	碳氯灵	—
43	三氯杀螨砜	0.02	97	*o*, *p*'-滴滴伊	—	151	联苯	—
44	抗蚜威	0.02	98	γ-氟氯氰菌酯	—	152	胺菊酯	—
45	氯氰菊酯	0.02	99	丙虫磷	—	153	茵草敌	—
46	氰戊菊酯	0.02	100	乙嘧酚磺酸酯	—	154	草达津	—
47	烯效唑	0.02	101	乙拌磷	—	155	萘乙酰胺	—
48	百菌清	0.02	102	乙滴滴	—	156	解草腈	—
49	莠去津	0.02	103	二丙烯草胺	—	157	邻苯二甲酰亚胺	—
50	高效氯氟氰菊酯	0.02	104	二甲草胺	—	158	除线磷	—
51	西玛津	0.018	105	五氯苯甲腈	—	159	除虫菊素 I	—
52	稻瘟灵	0.016	106	五氯苯胺	—	160	除虫菊酯	—
53	辛酰溴苯腈	0.015	107	仲草丹	—			
54	五氯硝基苯	0.01	108	克草敌	—			

注：“—”表示为国家标准中无 ADI 值规定；ADI 值单位为 mg/kg bw

4.1.2.2 预警风险评估模型

2003 年，我国检验检疫食品安全管理的研究人员根据 WTO 的有关原则和我国的具体规定，结合危害物本身的敏感性、风险程度及其相应的施检频率，首次提出了食品中危害物风险系数 R 的概念[12]。R 是衡量一个危害物的风险程度大小最直观的参数，即在一定时期内其超标率或阳性检出率的高低,但受其施检频率的高低及其本身的敏感性(受关注程度)影响。该模型综合考察了农药在蔬菜中的超标率、施检频率及其本身敏感性，能直观而全面地反映出农药在一段时间内的风险程度[13]。

1) R 计算方法

危害物的风险系数综合考虑了危害物的超标率或阳性检出率、施检频率和其本身的敏感性影响，并能直观而全面地反映出危害物在一段时间内的风险程度。风险系数 R 的计算公式如式(4-3)：

$$R = aP + \frac{b}{F} + S \tag{4-3}$$

式中，P 为该种危害物的超标率；F 为危害物的施检频率；S 为危害物的敏感因子；a, b 分别为相应的权重系数。

本次评价中 F=1；S=1；a =100；b =0.1，对参数 P 进行计算，计算时首先判断是否为禁用农药，如果为非禁用农药，P=超标的样品数(侦测出的含量高于食品最大残留限量标准值，即 MRL)除以总样品数(包括超标、不超标、未侦测出)；如果为禁用农药，则侦测出即为超标，P=能侦测出的样品数除以总样品数。判断上海市水果蔬菜农药残留是否超标的标准限值 MRL 分别以 MRL 中国国家标准[14]和 MRL 欧盟标准作为对照，具体值列于本报告附表一中。

2) 评价风险程度

$R \leqslant 1.5$，受检农药处于低度风险；
$1.5 < R \leqslant 2.5$，受检农药处于中度风险；
$R > 2.5$，受检农药处于高度风险。

4.1.2.3 食品膳食暴露风险和预警风险评估应用程序的开发

1) 应用程序开发的步骤

为成功开发膳食暴露风险和预警风险评估应用程序，与软件工程师多次沟通讨论，逐步提出并描述清楚计算需求，开发了初步应用程序。为明确出不同水果蔬菜、不同农药、不同地域和不同季节的风险水平，向软件工程师提出不同的计算需求，软件工程师对计算需求进行逐一地分析，经过反复的细节沟通，需求分析得到明确后，开始进行解决方案的设计，在保证需求的完整性、一致性的前提下，编写出程序代码，最后设计出满足需求的风险评估专用计算软件，并通过一系列的软件测试和改进，完成专用程序的开发。软件开发基本步骤见图 4-3。

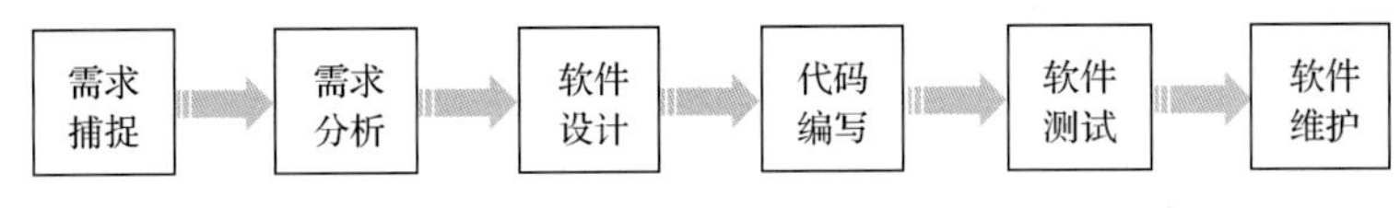

图 4-3　专用程序开发总体步骤

2) 膳食暴露风险评估专业程序开发的基本要求

首先直接利用公式(4-1)，分别计算 LC-Q-TOF/MS 和 GC-Q-TOF/MS 仪器侦测出的各水果蔬菜样品中每种农药 IFS_c，将结果列出。为考察超标农药和禁用农药的使用安全性，分别以我国《食品安全国家标准　食品中农药最大残留限量》(GB 2763—2016) 和欧盟食品中农药最大残留限量(以下简称 MRL 中国国家标准和 MRL 欧盟标准)为标准，对侦测出的禁用农药和超标的非禁用农药 IFS_c 单独进行评价；按 IFS_c 大小列表，并找出 IFS_c 值排名前 20 的样本重点关注。

对不同水果蔬菜 *i* 中每一种侦测出的农药 c 的安全指数进行计算，多个样品时求平均值。若监测数据为该市多个月的数据，则逐月、逐季度分别列出每个月、每个季度内每一种水果蔬菜 *i* 对应的每一种农药 c 的 IFS_c。

按农药种类，计算整个监测时间段内每种农药的 IFS_c，不区分水果蔬菜。若检测数据为该市多个月的数据，则需分别计算每个月、每个季度内每种农药的 IFS_c。

3) 预警风险评估专业程序开发的基本要求

分别以 MRL 中国国家标准和 MRL 欧盟标准，按公式(4-3)逐个计算不同水果蔬菜、不同农药的风险系数，禁用农药和非禁用农药分别列表。

为清楚了解各种农药的预警风险，不分时间，不分水果蔬菜，按禁用农药和非禁用农药分类，分别计算各种侦测出农药全部检测时段内风险系数。由于有 MRL 中国国家标准的农药种类太少，无法计算超标数，非禁用农药的风险系数只以 MRL 欧盟标准为标准，进行计算。若检测数据为多个月的，则按月计算每个月、每个季度内每种禁用农药残留的风险系数和以 MRL 欧盟标准为标准的非禁用农药残留的风险系数。

4) 风险程度评价专业应用程序的开发方法

采用 Python 计算机程序设计语言，Python 是一个高层次地结合了解释性、编译性、互动性和面向对象的脚本语言。风险评价专用程序主要功能包括：分别读入每例样品 LC-Q-TOF/MS 和 GC-Q-TOF/MS 农药残留检测数据，根据风险评价工作要求，依次对不同农药、不同食品、不同时间、不同采样点的 IFS_c 值和 *R* 值分别进行数据计算，筛选出禁用农药、超标农药(分别与 MRL 中国国家标准、MRL 欧盟标准限值进行对比)单独重点分析，再分别对各农药、各水果蔬菜种类分类处理，设计出计算和排序程序，编写计算机代码，最后将生成的膳食暴露风险评估和超标风险评估定量计算结果列入设计好的各个表格中，并定性判断风险对目标的影响程度，直接用文字描述风险发生的高低，如“不可接受”、“可以接受”、“没有影响”、“高度风险”、“中度风险”、“低度风险”。

4.2 GC-Q-TOF/MS 侦测上海市市售水果蔬菜农药残留膳食暴露风险评估

4.2.1 每例水果蔬菜样品中农药残留安全指数分析

基于农药残留侦测数据，发现在 1334 例样品中侦测出农药 2118 频次，计算样品中每种残留农药的安全指数 IFS_c，并分析农药对样品安全的影响程度，结果详见附表二，农药残留对水果蔬菜样品安全的影响程度频次分布情况如图 4-4 所示。

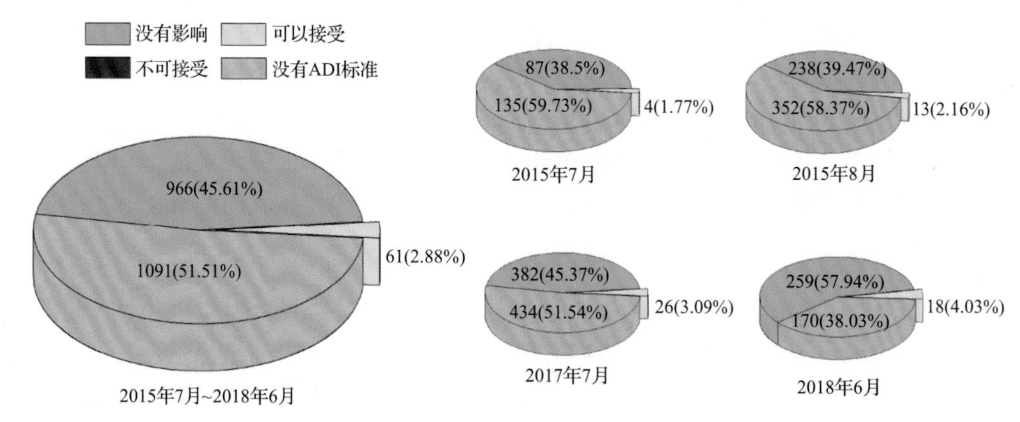

图 4-4 农药残留对水果蔬菜样品安全的影响程度频次分布图

由图 4-4 可以看出，农药残留对样品安全的影响无不可接受，农药残留对样品安全的影响可以接受的频次为 61，占 2.88%；农药残留对样品安全的没有影响的频次为 966，占 45.61%。分析发现，在 4 个月份内农药对样品安全的影响均在可以接受和没有影响的范围内。表 4-5 为对水果蔬菜样品中安全指数排名前 10 的农药残留列表。

表 4-5 水果蔬菜样品中安全指数排名前 10 的农药残留列表

序号	样品编号	采样点	基质	农药	含量(mg/kg)	IFS_c	影响程度
1	20170723-310110-USI-HM-36A	***超市(周家嘴路店)	哈密瓜	异丙威	0.2668	0.8449	可以接受
2	20180603-310112-CAIQ-CL-07A	***超市(七宝店)	小油菜	唑虫酰胺	0.5820	0.6143	可以接受
3	20150816-310109-SHCIQ-QC-06A	***超市(曲阳店)	青菜	氟虫腈	0.0179	0.5668	可以接受
4	20150713-310108-SHCIQ-CE-05A	***超市(大宁店)	芹菜	丁苯吗啉	0.2618	0.5527	可以接受
5	20180602-310112-CAIQ-CL-08A	***超市(都市店)	小油菜	唑虫酰胺	0.4208	0.4442	可以接受
6	20170718-310104-CAIQ-CE-20A	***超市(凌云店)	芹菜	毒死蜱	0.6804	0.4309	可以接受
7	20180602-310106-CAIQ-CL-05A	***菜市场	小油菜	唑虫酰胺	0.4055	0.4280	可以接受
8	20170720-310109-USI-YZ-29A	***菜市场	柚	杀扑磷	0.0657	0.4161	可以接受
9	20150818-310104-SHCIQ-QC-07A	***超市(光启城店)	青菜	克百威	0.0632	0.4003	可以接受
10	20150818-310106-SHCIQ-DJ-10A	***超市(富民路店)	菜豆	西玛津	0.9887	0.3479	可以接受

部分样品侦测出禁用农药 10 种 44 频次，为了明确残留的禁用农药对样品安全的影响，分析侦测出禁用农药残留的样品安全指数，禁用农药残留对水果蔬菜样品安全的影响程度频次分布情况如图 4-5 所示，农药残留对样品安全的影响可以接受的频次为 11，占 25%；农药残留对样品安全没有影响的频次为 33，占 75%。由图中可以看出在该 4 个月份内禁用农药对样品安全的影响均在可以接受和没有影响的范围内。表 4-6 列出了水果蔬菜样品中侦测出的禁用农药残留排名前 10 的安全指数表。

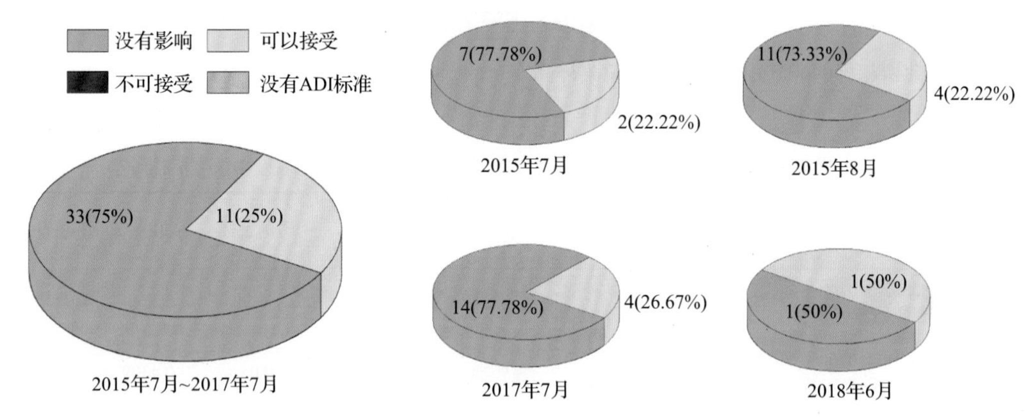

图 4-5　禁用农药对水果蔬菜样品安全影响程度的频次分布图

表 4-6　水果蔬菜样品中侦测出的禁用农药残留排名前 10 的安全指数表

序号	样品编号	采样点	基质	农药	含量(mg/kg)	IFS_c	影响程度
1	20150816-310109-SHCIQ-QC-06A	***超市(曲阳店)	青菜	氟虫腈	0.0179	0.5668	可以接受
2	20170720-310109-USI-YZ-29A	***菜市场	柚	杀扑磷	0.0657	0.4161	可以接受
3	20150818-310104-SHCIQ-QC-07A	***超市(光启城店)	青菜	克百威	0.0632	0.4003	可以接受
4	20150705-310115-SHCIQ-QC-02A	***超市(张扬北路店)	青菜	克百威	0.0448	0.2837	可以接受
5	20170720-310101-CAIQ-YC-28A	***超市(河南南路店)	洋葱	特丁硫磷	0.0245	0.2586	可以接受
6	20150819-310112-SHCIQ-QC-12A	***超市(七宝店)	青菜	氟虫腈	0.0078	0.2470	可以接受
7	20150820-310114-SHCIQ-CO-14A	***超市(安亭店)	葱	氟虫腈	0.0071	0.2248	可以接受
8	20170718-310112-USI-YZ-22A	***菜市场	柚	杀扑磷	0.0334	0.2115	可以接受
9	20170718-310113-USI-YZ-21A	***菜市场	柚	杀扑磷	0.0294	0.1862	可以接受
10	20180603-310107-CAIQ-PY-16A	***超市(新村店)	木瓜	氰戊菊酯	0.4227	0.1339	可以接受

此外，本次侦测发现部分样品中非禁用农药残留量超过了 MRL 中国国家标准和欧盟标准，为了明确超标的非禁用农药对样品安全的影响，分析了非禁用农药残留超标的样品安全指数。

水果蔬菜残留量超过 MRL 中国国家标准的非禁用农药对水果蔬菜样品安全的影响程度频次分布情况如图 4-6 所示。可以看出侦测出超过 MRL 中国国家标准的非禁用农药共 5 频次，其中农药残留对样品安全的影响可以接受的频次为 2，占 40.0%；农药残留对样品安全没有影响的频次为 3，占 60.0%。表 4-7 为水果蔬菜样品中侦测出的非禁用农药残留安全指数表。

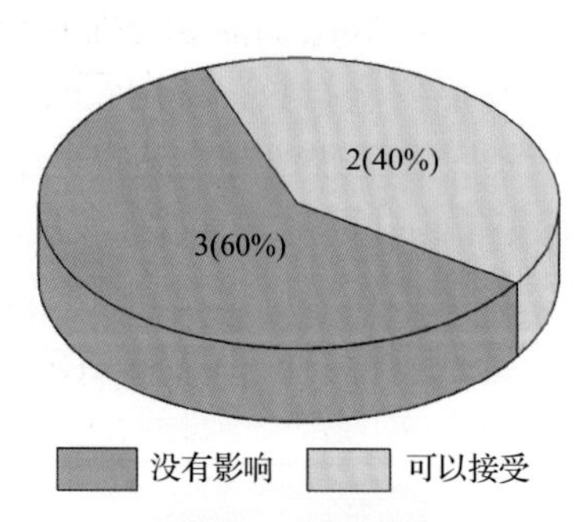

图 4-6 残留超标的非禁用农药对水果蔬菜样品安全的影响程度频次分布图(MRL 中国国家标准)

表 4-7 水果蔬菜样品中侦测出的非禁用农药残留安全指数表(MRL 中国国家标准)

序号	样品编号	采样点	基质	农药	含量(mg/kg)	中国国家标准	IFS_c	影响程度
1	20180602-310105-CAIQ-CZ-20A	***菜市场	橙	高效氯氟氰菊酯	0.3833	0.2	0.1214	可以接受
2	20170718-310104-CAIQ-CE-20A	***超市(凌云店)	芹菜	毒死蜱	0.6804	0.05	0.4309	可以接受
3	20150701-310115-SHCIQ-XH-01A	***超市(杨高中路店)	西葫芦	三唑醇	0.6544	0.2	0.1382	可以接受
4	20150820-310114-SHCIQ-CU-14A	***超市(安亭店)	黄瓜	三唑酮	0.1302	0.1	0.0275	没有影响
5	20150713-310108-SHCIQ-CU-05A	***超市(大宁店)	黄瓜	三唑酮	0.1116	0.1	0.0236	没有影响

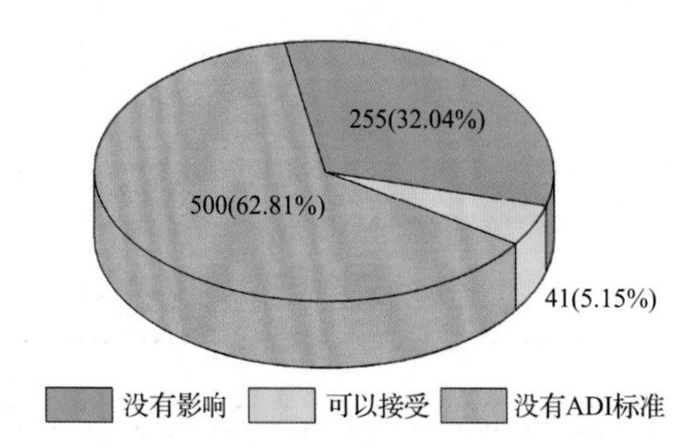

图 4-7 残留超标的非禁用农药对水果蔬菜样品安全的影响程度频次分布图(MRL 欧盟标准)

残留量超过 MRL 欧盟标准的非禁用农药对水果蔬菜样品安全的影响程度频次分布情况如图 4-7 所示。可以看出超过 MRL 欧盟标准的非禁用农药共 796 频次，其中农药没有 ADI 标准的频次为 500，占 62.81%；农药残留对样品安全的影响可以接受的频次为 41，占 5.15%；农药残留对样品安全没有影响的频次为 255，占 32.04%。表 4-8 为水果蔬菜样品中排名前 10 的残留超标非禁用农药安全指数列表。

在 1334 例样品中，357 例样品未侦测出农药残留，977 例样品中侦测出农药残留，计算每例有农药侦测出样品的 $\overline{IFS}$ 值，进而分析样品的安全状态，结果如图 4-8 所示(未侦测出农药的样品安全状态视为很好)。可以看出，2.4%的样品安全状态可以接受；71.14%的样品安全状态很好。此外，该 4 个月份内的样品安全状态均在很好和可以接受的范围内。表 4-9 列出了农药侦测出 $\overline{IFS}$ 排名前 10 的水果蔬菜样品。

表 4-8　对水果蔬菜样品中残留超标非禁用农药排名前 10 的安全指数列表(MRL 欧盟标准)

序号	样品编号	采样点	基质	农药	含量(mg/kg)	欧盟标准	IFS_c	影响程度
1	20170723-310110-USI-HM-36A	***超市(周家嘴路店)	哈密瓜	异丙威	0.2668	0.01	0.8449	可以接受
2	20180603-310112-CAIQ-CL-07A	***超市(七宝店)	小油菜	唑虫酰胺	0.5820	0.01	0.6143	可以接受
3	20150713-310108-SHCIQ-CE-05A	***超市(大宁店)	芹菜	丁苯吗啉	0.2618	0.05	0.5527	可以接受
4	20180602-310112-CAIQ-CL-08A	***超市(都市店)	小油菜	唑虫酰胺	0.4208	0.01	0.4442	可以接受
5	20170718-310104-CAIQ-CE-20A	***超市(凌云店)	芹菜	毒死蜱	0.6804	0.05	0.4309	可以接受
6	20180602-310106-CAIQ-CL-05A	***菜市场	小油菜	唑虫酰胺	0.4055	0.01	0.4280	可以接受
7	20150818-310106-SHCIQ-DJ-10A	***超市(富民路店)	菜豆	西玛津	0.9887	0.01	0.3479	可以接受
8	20150819-310112-SHCIQ-DJ-12A	***超市(七宝店)	菜豆	西玛津	0.9547	0.01	0.3359	可以接受
9	20180602-310112-CAIQ-YM-08A	***超市(都市店)	油麦菜	唑虫酰胺	0.3050	0.01	0.3219	可以接受
10	20170718-310104-CAIQ-NM-20A	***超市(凌云店)	柠檬	禾草敌	0.0476	0.01	0.3015	可以接受

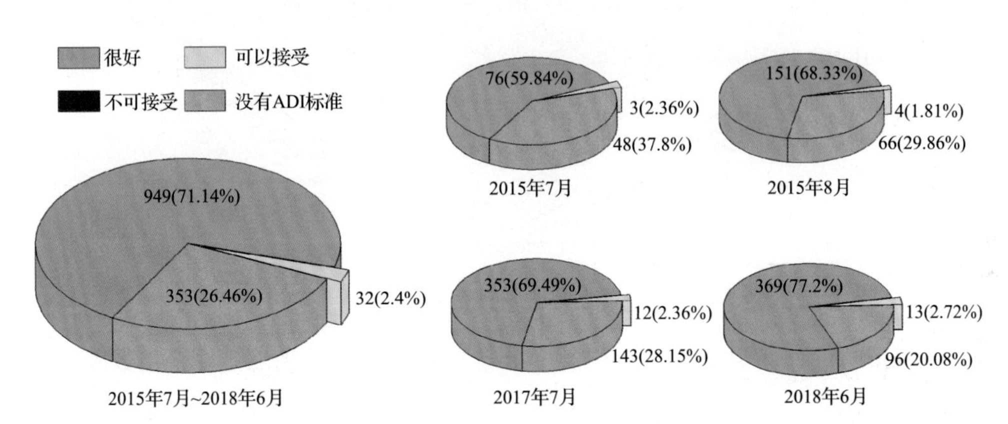

图 4-8　水果蔬菜样品安全状态分布图

表 4-9　水果蔬菜安全状态排名前 10 的样品列表

序号	样品编号	采样点	基质	$\overline{IFS}$	影响程度
1	20180603-310112-CAIQ-CL-07A	***超市(七宝店)	小油菜	0.6143	可以接受
2	20170718-310104-CAIQ-CE-20A	***超市(凌云店)	芹菜	0.4309	可以接受
3	20170723-310110-USI-HM-36A	***超市(周家嘴路店)	哈密瓜	0.4228	可以接受
4	20150818-310104-SHCIQ-QC-07A	***超市(光启城店)	青菜	0.4003	可以接受
5	20150818-310106-SHCIQ-DJ-10A	***超市(富民路店)	菜豆	0.3479	可以接受
6	20150819-310112-SHCIQ-DJ-12A	***超市(七宝店)	菜豆	0.3359	可以接受
7	20180602-310112-CAIQ-YM-08A	***超市(都市店)	油麦菜	0.3219	可以接受
8	20170720-310109-USI-CU-29A	***菜市场	黄瓜	0.3102	可以接受
9	20150713-310108-SHCIQ-CE-05A	***超市(大宁店)	芹菜	0.2827	可以接受
10	20170720-310101-CAIQ-YC-28A	***超市(河南南路店)	洋葱	0.2586	可以接受

4.2.2　单种水果蔬菜中农药残留安全指数分析

本次 65 种水果蔬菜侦测 160 种农药，检出频次为 2118 次，其中 68 种农药没有 ADI 标准，92 种农药存在 ADI 标准。山竹没有侦测出农药残留，紫甘蓝、大白菜、芥蓝、茭白、枇杷 5 种水果蔬菜侦测出的农药残留全部没有 ADI 标准。对其他的 59 种水果蔬菜按不同种类分别计算侦测出的具有 ADI 标准的各种农药的 IFS_c 值，农药残留对水果蔬菜的安全指数分布图如图 4-9 所示。

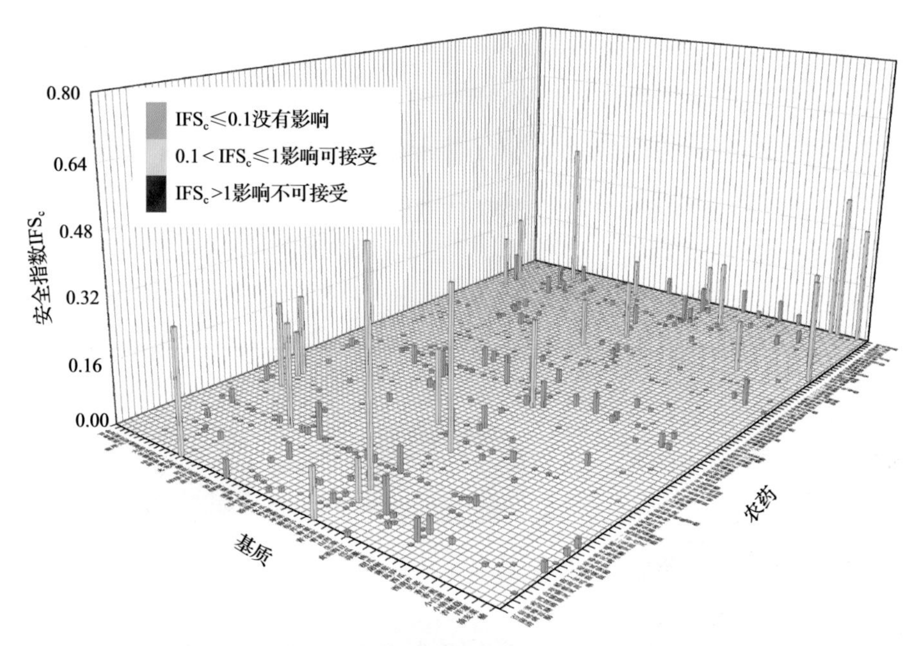

图 4-9　59 种水果蔬菜中 92 种残留农药的安全指数分布图

如表 4-10 所示，单种水果蔬菜中安全影响排名前 10 的残留农药安全指数表。

表 4-10　单种水果蔬菜中安全影响排名前 10 的残留农药安全指数表

序号	基质	农药	检出频次	检出率(%)	IFS＞1 的频次	IFS＞1 的比例(%)	IFS_c	影响程度
1	芹菜	丁苯吗啉	1	1.06	0	0	0.5527	可以接受
2	哈密瓜	异丙威	2	16.67	0	0	0.4296	可以接受
3	青菜	氟虫腈	2	3.64	0	0	0.4069	可以接受
4	小油菜	唑虫酰胺	5	26.32	0	0	0.4032	可以接受
5	油麦菜	唑虫酰胺	1	25.00	0	0	0.3219	可以接受
6	黄瓜	百菌清	1	0.97	0	0	0.3102	可以接受
7	小白菜	唑虫酰胺	1	5.88	0	0	0.2848	可以接受
8	柚	杀扑磷	3	4.84	0	0	0.2713	可以接受
9	结球甘蓝	毒死蜱	1	1.92	0	0	0.2626	可以接受
10	洋葱	特丁硫磷	1	7.69	0	0	0.2586	可以接受

本次侦测中，64 种水果蔬菜和 160 种残留农药(包括没有 ADI 标准)共涉及 718 个分析样本，农药对单种水果蔬菜安全的影响程度分布情况如图 4-10 所示。可以看出，53.76%的样本中农药对水果蔬菜安全没有影响，3.48%的样本中农药对水果蔬菜安全的影响可以接受。

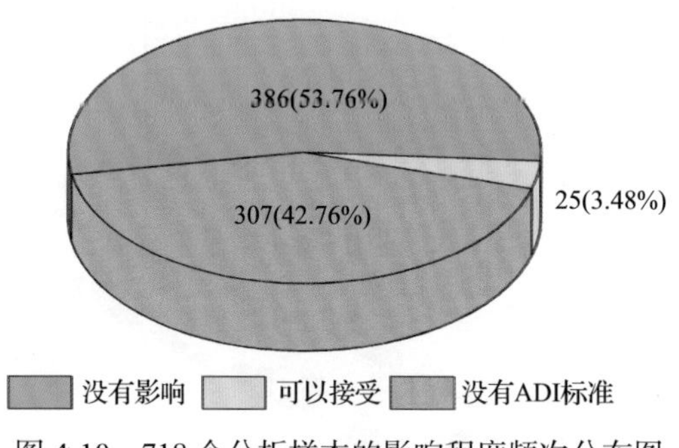

图 4-10　718 个分析样本的影响程度频次分布图

此外，分别计算 59 种水果蔬菜中所有侦测出农药 IFS_c 的平均值 $\overline{IFS}$，分析每种水果蔬菜的安全状态，结果如图 4-11 所示，分析发现，2 种水果蔬菜(3.39%)的安全状态可接受，57 种(96.61%)水果蔬菜的安全状态很好。

对每个月内每种水果蔬菜中农药的 IFS_c 进行分析，并计算每月内每种水果蔬菜的 $\overline{IFS}$ 值，以评价每种水果蔬菜的安全状态，结果如图 4-12 所示，可以看出，4 个月份水所有水果蔬菜的安全状态均处于很好和可以接受的范围内，各月份内单种水果蔬菜安全状态统计情况如图 4-13 所示。

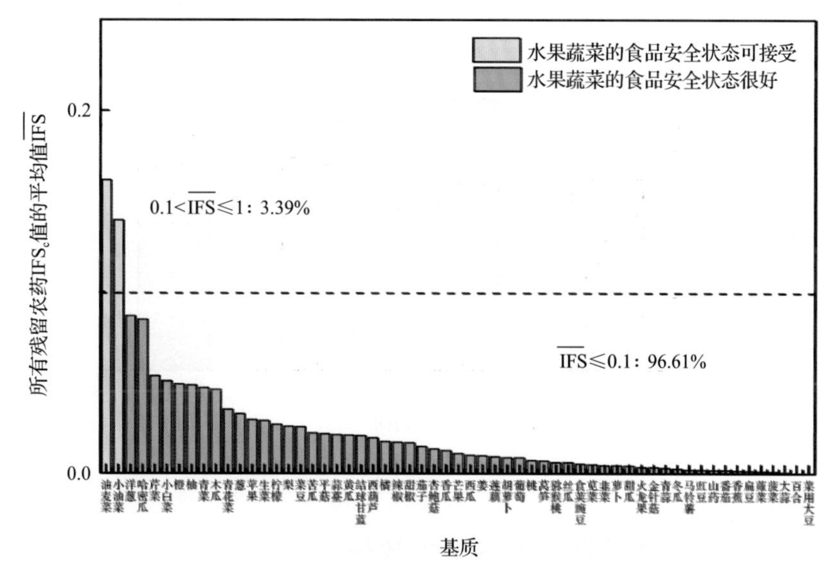

图 4-11　59 种水果蔬菜的 $\overline{IFS}$ 值和安全状态统计图

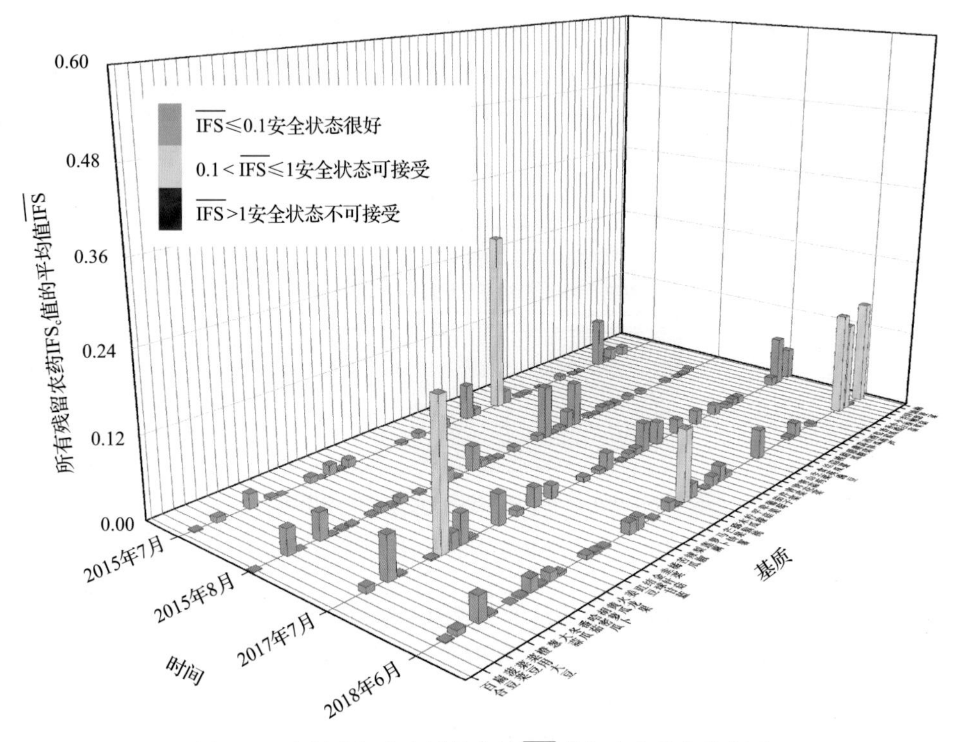

图 4-12　各月内每种水果蔬菜的 $\overline{\text{IFS}}$ 值与安全状态分布图

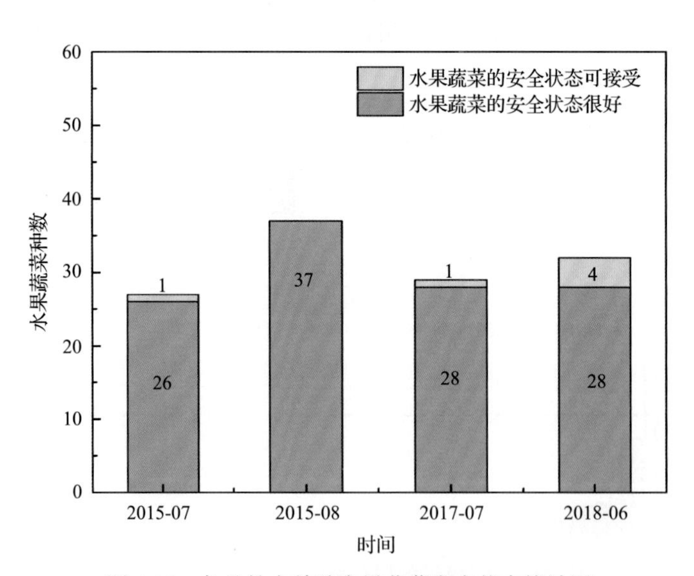

图 4-13　各月份内单种水果蔬菜安全状态统计图

4.2.3　所有水果蔬菜中农药残留安全指数分析

计算所有水果蔬菜中 92 种农药的 IFS_c 值的平均值 $\overline{IFS_c}$，结果如表 4-11 及图 4-14 所示。

表 4-11 水果蔬菜中 92 种农药残留的安全指数表

序号	农药	检出频次	检出率(%)	$\overline{\text{IFS}_c}$	影响程度	序号	农药	检出频次	检出率(%)	$\overline{\text{IFS}_c}$	影响程度
1	杀扑磷	3	0.14	0.2713	可以接受	47	氟胺氰菊酯	1	0.05	0.0072	没有影响
2	氟虫腈	4	0.19	0.2700	可以接受	48	氯菊酯	2	0.09	0.0072	没有影响
3	特丁硫磷	1	0.05	0.2586	可以接受	49	霜霉威	2	0.09	0.0066	没有影响
4	唑虫酰胺	17	0.80	0.1973	可以接受	50	联苯三唑醇	7	0.33	0.0065	没有影响
5	禾草敌	14	0.66	0.1939	可以接受	51	氯硝胺	1	0.05	0.0061	没有影响
6	三唑磷	1	0.05	0.1628	可以接受	52	啶酰菌胺	33	1.56	0.0058	没有影响
7	丁苯吗啉	4	0.19	0.1518	可以接受	53	氟乐灵	3	0.14	0.0057	没有影响
8	异丙威	9	0.42	0.1290	可以接受	54	苯嗪草酮	5	0.24	0.0054	没有影响
9	百菌清	6	0.28	0.1015	可以接受	55	腐霉利	42	1.98	0.0052	没有影响
10	高效氯氟氰菊酯	2	0.09	0.0924	没有影响	56	噻菌灵	22	1.04	0.0049	没有影响
11	克百威	12	0.57	0.0758	没有影响	57	仲丁威	69	3.26	0.0047	没有影响
12	氰戊菊酯	2	0.09	0.0728	没有影响	58	嘧菌环胺	8	0.38	0.0045	没有影响
13	灭线磷	1	0.05	0.0697	没有影响	59	氟吡菌酰胺	3	0.14	0.0039	没有影响
14	水胺硫磷	10	0.47	0.0574	没有影响	60	三氯杀螨醇	1	0.05	0.0038	没有影响
15	烯唑醇	7	0.33	0.0429	没有影响	61	六六六	3	0.14	0.0038	没有影响
16	甲拌磷	2	0.09	0.0421	没有影响	62	虫螨腈	13	0.61	0.0038	没有影响
17	西玛津	43	2.03	0.0401	没有影响	63	莠去津	7	0.33	0.0038	没有影响
18	喹螨醚	33	1.56	0.0375	没有影响	64	噁草酮	1	0.05	0.0033	没有影响
19	丙溴磷	33	1.56	0.0363	没有影响	65	二甲戊灵	2	0.09	0.0033	没有影响
20	三唑醇	6	0.28	0.0346	没有影响	66	生物苄呋菊酯	10	0.47	0.0032	没有影响
21	硫丹	6	0.28	0.0341	没有影响	67	醚菊酯	19	0.90	0.0030	没有影响
22	五氯硝基苯	2	0.09	0.0320	没有影响	68	稻瘟灵	3	0.14	0.0030	没有影响
23	敌敌畏	2	0.09	0.0316	没有影响	69	嘧菌酯	2	0.09	0.0029	没有影响
24	螺螨酯	16	0.76	0.0269	没有影响	70	甲苯氟磺胺	1	0.05	0.0024	没有影响
25	三唑酮	2	0.09	0.0255	没有影响	71	双甲脒	1	0.05	0.0023	没有影响
26	哒螨灵	33	1.56	0.0233	没有影响	72	灭锈胺	14	0.66	0.0023	没有影响
27	炔螨特	5	0.24	0.0211	没有影响	73	嘧霉胺	54	2.55	0.0020	没有影响
28	禾草灵	3	0.14	0.0206	没有影响	74	萘乙酸	13	0.61	0.0016	没有影响
29	毒死蜱	163	7.70	0.0200	没有影响	75	扑草净	13	0.61	0.0014	没有影响
30	噻嗪酮	1	0.05	0.0194	没有影响	76	腈菌唑	1	0.05	0.0012	没有影响
31	三氯杀螨砜	2	0.09	0.0180	没有影响	77	戊菌唑	4	0.19	0.0011	没有影响
32	甲氰菊酯	7	0.33	0.0154	没有影响	78	噁霜灵	2	0.09	0.0010	没有影响
33	辛酰溴苯腈	3	0.14	0.0148	没有影响	79	仲丁灵	2	0.09	0.0010	没有影响
34	乙霉威	1	0.05	0.0146	没有影响	80	吡丙醚	24	1.13	0.0009	没有影响
35	肟菌酯	13	0.61	0.0144	没有影响	81	甲基嘧啶磷	1	0.05	0.0008	没有影响
36	啶氧菌酯	14	0.66	0.0143	没有影响	82	甲基立枯磷	2	0.09	0.0007	没有影响
37	己唑醇	5	0.24	0.0136	没有影响	83	甲霜灵	9	0.42	0.0007	没有影响
38	联苯菊酯	60	2.83	0.0129	没有影响	84	二苯胺	9	0.42	0.0006	没有影响
39	联苯肼酯	3	0.14	0.0128	没有影响	85	多效唑	5	0.24	0.0004	没有影响
40	甲基毒死蜱	1	0.05	0.0117	没有影响	86	丁草胺	1	0.05	0.0004	没有影响
41	戊唑醇	26	1.23	0.0110	没有影响	87	异丙甲草胺	4	0.19	0.0002	没有影响
42	抗蚜威	1	0.05	0.0105	没有影响	88	喹氧灵	2	0.09	0.0002	没有影响
43	烯效唑	1	0.05	0.0102	没有影响	89	邻苯基苯酚	14	0.66	0.0001	没有影响
44	倍硫磷	1	0.05	0.0101	没有影响	90	醚菌酯	3	0.14	0.0001	没有影响
45	氟硅唑	2	0.09	0.0097	没有影响	91	氯磺隆	3	0.14	0.0001	没有影响
46	氯氰菊酯	2	0.09	0.0073	没有影响	92	毒草胺	1	0.05	0.0000	没有影响

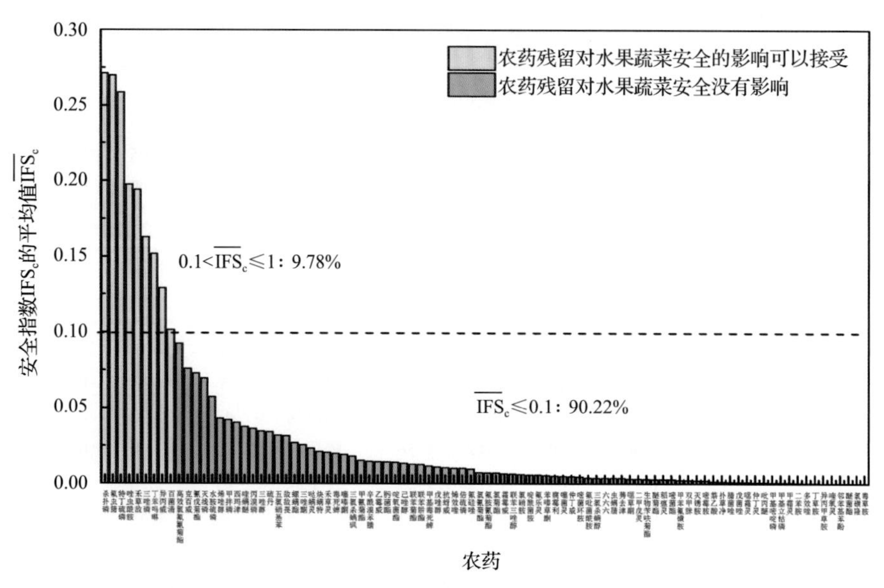

图 4-14　92 种残留农药对水果蔬菜的安全影响程度统计图

分析发现，所有农药的 $\overline{IFS}_c$ 均小于 1，说明农药对水果蔬菜安全的影响均在没有影响和可以接受的范围内，其中 9.78%的农药对水果蔬菜安全的影响可以接受，90.22%的农药对水果蔬菜安全的影响可以接受。

对每个月内所有水果蔬菜中残留农药的 $\overline{IFS}_c$ 进行分析，结果如图 4-15 所示。分析发现，该 4 个月份的所有农药对水果蔬菜安全的影响均处于没有影响和可以接受的范围内。每月内不同农药对水果蔬菜安全影响程度的统计如图 4-16 所示。

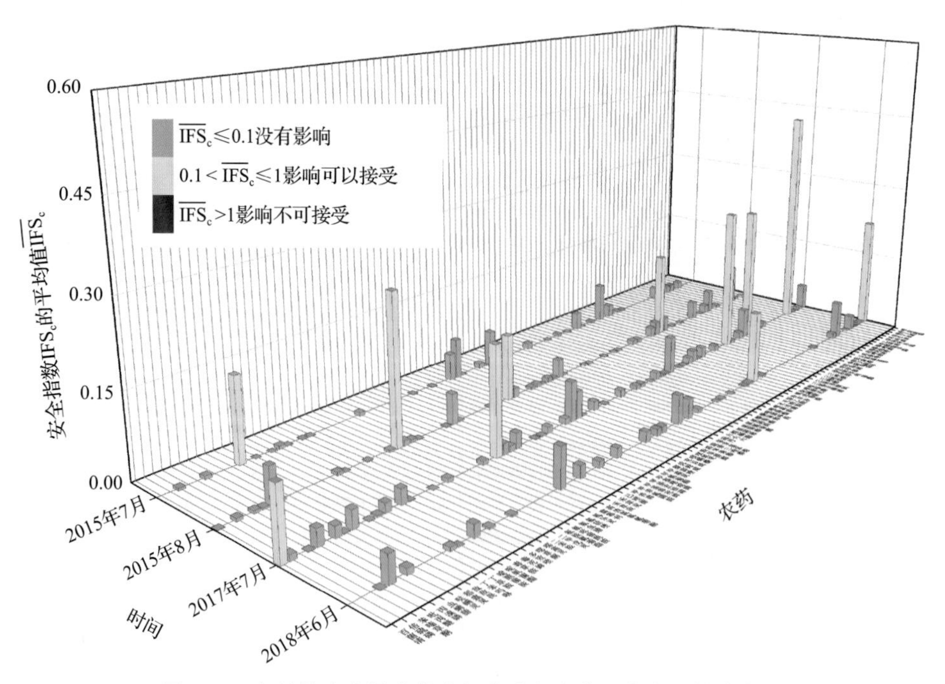

图 4-15　各月份内水果蔬菜中每种残留农药的安全指数分布图

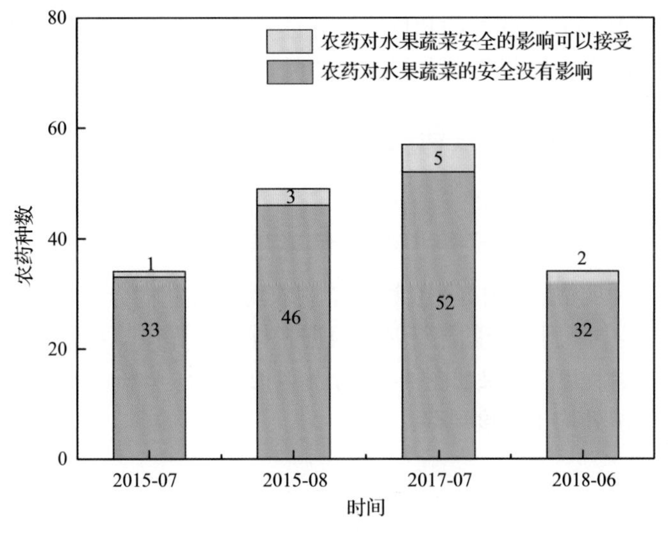

图 4-16　各月份内农药对水果蔬菜安全影响程度的统计图

计算每个月内水果蔬菜的 $\overline{\text{IFS}}$，以分析每月内水果蔬菜的安全状态，结果如图 4-17 所示，可以看出，4 个月份的水果蔬菜安全状态均处于很好的范围内。

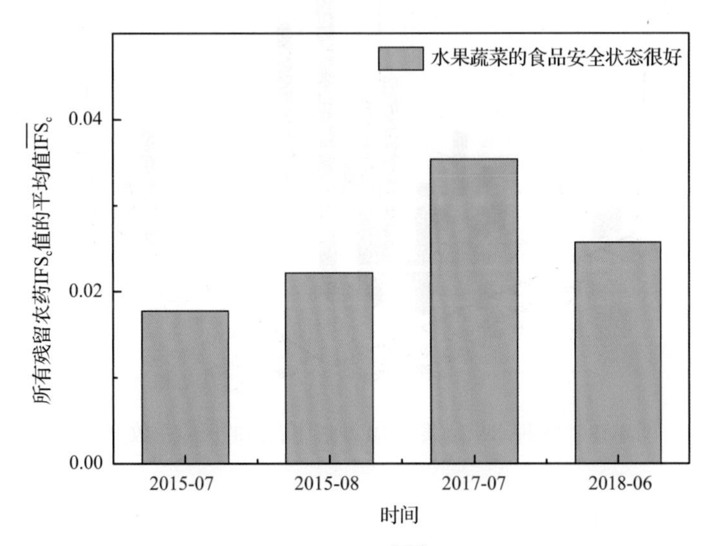

图 4-17　各月份内水果蔬菜的 $\overline{\text{IFS}}$ 值与安全状态统计图

4.3　GC-Q-TOF/MS 侦测上海市市售水果蔬菜农药残留预警风险评估

基于上海市水果蔬菜样品中农药残留 GC-Q-TOF/MS 侦测数据，分析禁用农药的检出率，同时参照中华人民共和国国家标准 GB2763—2016 和欧盟农药最大残留限量

(MRL)标准分析非禁用农药残留的超标率，并计算农药残留风险系数。分析单种水果蔬菜中农药残留以及所有水果蔬菜中农药残留的风险程度。

4.3.1　单种水果蔬菜中农药残留风险系数分析

4.3.1.1　单种水果蔬菜中禁用农药残留风险系数分析

侦测出的 160 种残留农药中有 10 种为禁用农药，且它们分布在 18 种水果蔬菜中，计算 18 种水果蔬菜中禁用农药的超标率，根据超标率计算风险系数 R，进而分析水果蔬菜中禁用农药的风险程度，结果如图 4-18 与表 4-12 所示。分析发现 10 种禁用农药在 18 种水果蔬菜中的残留处均于高度风险。

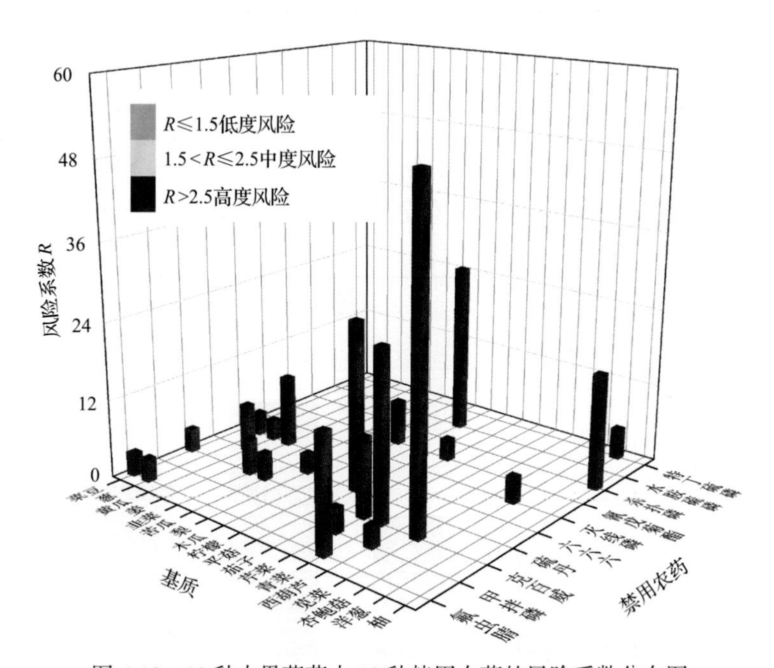

图 4-18　18 种水果蔬菜中 10 种禁用农药的风险系数分布图

表 4-12　18 种水果蔬菜中 10 种禁用农药的风险系数列表

序号	基质	农药	检出频次	检出率(%)	风险系数 R	风险程度
1	苋菜	克百威	2	50.00	51.10	高度风险
2	柠檬	水胺硫磷	10	25.64	26.74	高度风险
3	平菇	硫丹	2	25.00	26.10	高度风险
4	青菜	克百威	3	25.00	26.10	高度风险
5	柚	杀扑磷	3	16.67	17.77	高度风险
6	青菜	氟虫腈	2	16.67	17.77	高度风险
7	芹菜	克百威	4	11.11	12.21	高度风险

续表

序号	基质	农药	检出频次	检出率(%)	风险系数 R	风险程度
8	姜	六六六	1	10.00	11.10	高度风险
9	黄瓜	硫丹	3	6.38	7.48	高度风险
10	木瓜	氰戊菊酯	1	5.88	6.98	高度风险
11	韭菜	克百威	1	4.35	5.45	高度风险
12	洋葱	特丁硫磷	1	3.70	4.80	高度风险
13	苦瓜	克百威	1	3.13	4.23	高度风险
14	杏鲍菇	灭线磷	1	3.03	4.13	高度风险
15	芹菜	甲拌磷	1	2.78	3.88	高度风险
16	菜豆	克百威	1	2.50	3.60	高度风险
17	菜豆	氟虫腈	1	2.50	3.60	高度风险
18	葱	六六六	1	2.50	3.60	高度风险
19	葱	氟虫腈	1	2.50	3.60	高度风险
20	茄子	氰戊菊酯	1	2.27	3.37	高度风险
21	西葫芦	甲拌磷	1	2.22	3.32	高度风险
22	黄瓜	六六六	1	2.13	3.23	高度风险
23	梨	硫丹	1	2.04	3.14	高度风险

4.3.1.2　基于 MRL 中国国家标准的单种水果蔬菜中非禁用农药残留风险系数分析

参照中华人民共和国国家标准 GB2763—2016 中农药残留限量计算每种水果蔬菜中每种非禁用农药的超标率，进而计算其风险系数，根据风险系数大小判断残留农药的预警风险程度，水果蔬菜中非禁用农药残留风险程度分布情况如图 2-19 所示。

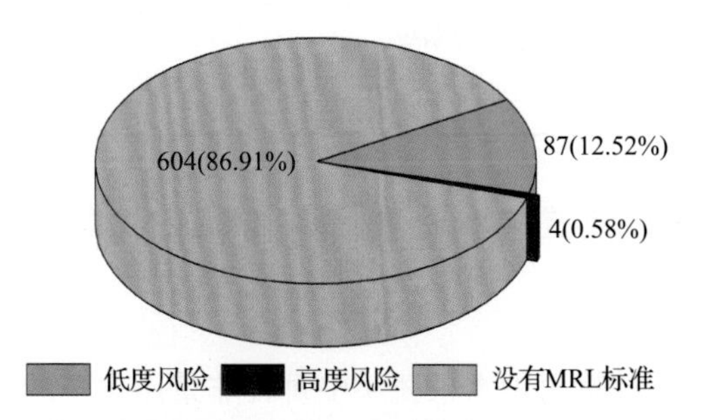

图 4-19　水果蔬菜中非禁用农药风险程度的频次分布图(MRL 中国国家标准)

本次分析中，发现在 64 种水果蔬菜侦测出 150 种残留非禁用农药，涉及样本 695

个，在 695 个样本中，0.58%处于高度风险，12.52%处于低度风险，此外发现有 604 个样本没有 MRL 中国国家标准值，无法判断其风险程度，有 MRL 中国国家标准值的 91 个样本涉及 31 种水果蔬菜中的 34 种非禁用农药，其风险系数 R 值如图 4-20 所示。表 4-13 为非禁用农药残留处于高度风险的水果蔬菜列表。

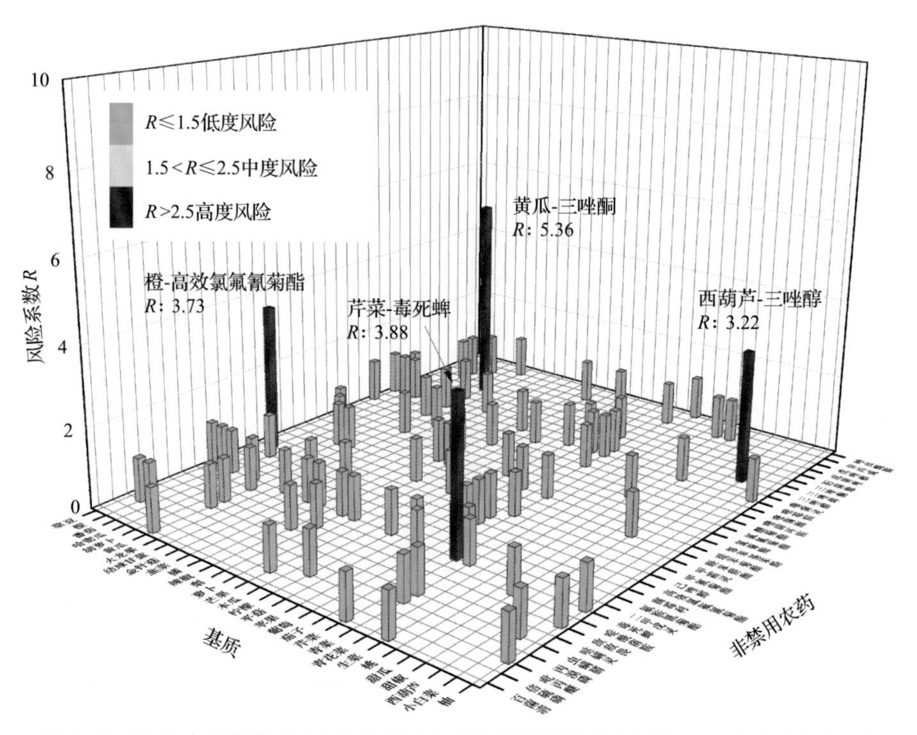

图 4-20　31 种水果蔬菜中 34 种非禁用农药的风险系数分布图(MRL 中国国家标准)

表 4-13　单种水果蔬菜中处于高度风险的非禁用农药风险系数表(MRL 中国国家标准)

序号	基质	农药	超标频次	超标率 P(%)	风险系数 R
1	黄瓜	三唑酮	2	4.26	5.36
2	芹菜	毒死蜱	1	2.78	3.88
3	橙	高效氯氟氰菊酯	1	2.63	3.73
4	西葫芦	三唑醇	1	2.22	3.32

4.3.1.3　基于 MRL 欧盟标准的单种水果蔬菜中非禁用农药残留风险系数分析

参照 MRL 欧盟标准计算每种水果蔬菜中每种非禁用农药的超标率，进而计算其风险系数，根据风险系数大小判断农药残留的预警风险程度，水果蔬菜中非禁用农药残留风险程度分布情况如图 4-21 所示。

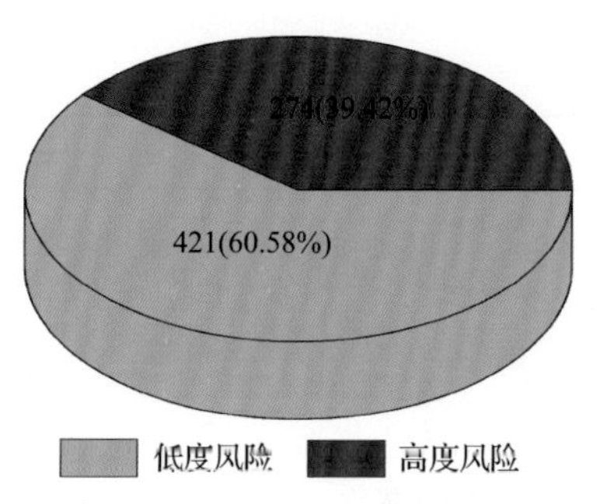

图 4-21　水果蔬菜中非禁用农药的风险程度的频次分布图(MRL 欧盟标准)

本次分析中，发现在 64 种水果蔬菜中共侦测出 150 种非禁用农药，涉及样本 695 个，其中，39.42%处于高度风险，涉及 51 种水果蔬菜和 81 种农药；60.58%处于低度风险，涉及 64 种水果蔬菜和 116 种农药。单种水果蔬菜中的非禁用农药风险系数分布图如图 4-22 所示。单种水果蔬菜中处于高度风险的非禁用农药风险系数如表 4-14 和图 4-23 所示。

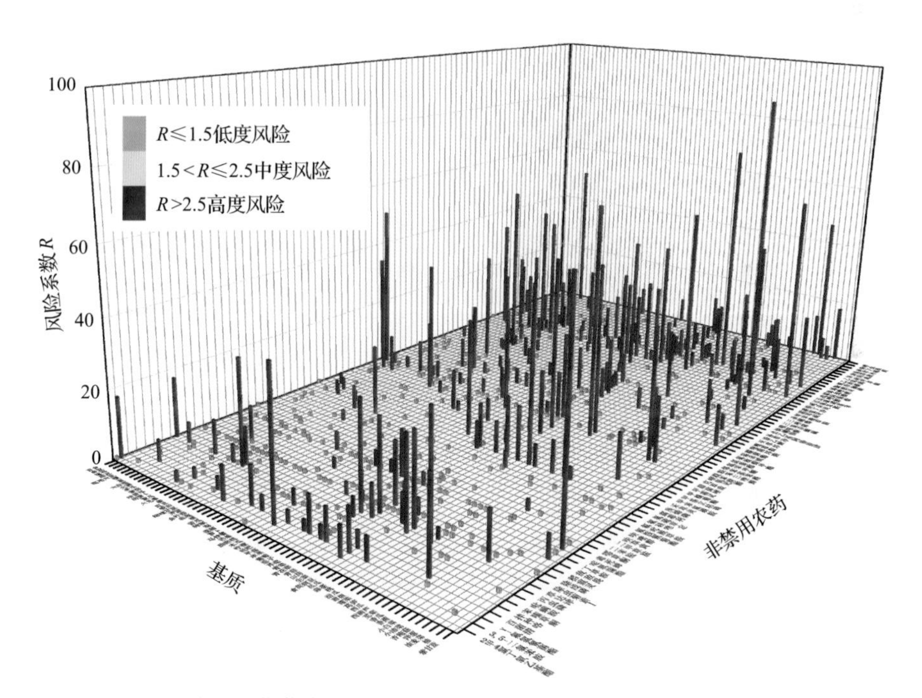

图 4-22　64 种水果蔬菜中 150 种非禁用农药的风险系数分布图(MRL 欧盟标准)

表 4-14　单种水果蔬菜中处于高度风险的非禁用农药的风险系数表(MRL 欧盟标准)

序号	基质	农药	超标频次	超标率 P(%)	风险系数 R
1	桃	抑芽唑	6	85.71	86.81
2	桃	烯虫炔酯	5	71.43	72.53
3	柚	啶氧菌酯	12	66.67	67.77
4	蒜薹	联苯	12	66.67	67.77

续表

序号	基质	农药	超标频次	超标率 P(%)	风险系数 R
5	柚	威杀灵	11	61.11	62.21
6	生菜	威杀灵	14	51.85	52.95
7	丝瓜	腐霉利	2	50.00	51.10
8	大蒜	四氢吩胺	2	50.00	51.10
9	扁豆	邻苯二甲酰亚胺	1	50.00	51.10
10	葱	仲丁威	20	50.00	51.10
11	青花菜	喹螨醚	11	50.00	51.10
12	小油菜	唑虫酰胺	5	45.45	46.55
13	胡萝卜	威杀灵	21	42.86	43.96
14	木瓜	3,5-二氯苯胺	7	41.18	42.28
15	火龙果	威杀灵	19	39.58	40.68
16	芹菜	威杀灵	14	38.89	39.99
17	柠檬	威杀灵	15	38.46	39.56
18	小白菜	喹螨醚	3	37.50	38.60
19	火龙果	联苯	18	37.50	38.60
20	菜豆	威杀灵	14	35.00	36.10
21	甜椒	丙溴磷	16	34.04	35.14
22	柠檬	禾草敌	13	33.33	34.43
23	百合	邻苯二甲酰亚胺	2	33.33	34.43
24	蒜薹	仲丁威	6	33.33	34.43
25	胡萝卜	萘乙酰胺	16	32.65	33.75
26	姜	吡喃灵	3	30.00	31.10
27	姜	生物苄呋菊酯	3	30.00	31.10
28	菜豆	联苯	12	30.00	31.10
29	猕猴桃	联苯	14	29.79	30.89
30	茄子	丙溴磷	13	29.55	30.65
31	梨	威杀灵	14	28.57	29.67
32	苹果	威杀灵	12	25.53	26.63
33	丝瓜	丙溴磷	1	25.00	26.10
34	丝瓜	虫螨腈	1	25.00	26.10
35	丝瓜	邻苯二甲酰亚胺	1	25.00	26.10
36	大蒜	特丁净	1	25.00	26.10
37	苋菜	拌种胺	1	25.00	26.10
38	苦瓜	威杀灵	8	25.00	26.10

续表

序号	基质	农药	超标频次	超标率 P(%)	风险系数 R
39	青菜	虫螨腈	3	25.00	26.10
40	青菜	邻苯二甲酰亚胺	3	25.00	26.10
41	木瓜	威杀灵	4	23.53	24.63
42	猕猴桃	威杀灵	11	23.40	24.50
43	萝卜	西玛津	7	23.33	24.43
44	柚	烯丙菊酯	4	22.22	23.32
45	姜	喹螨醚	2	20.00	21.10
46	姜	醚菊酯	2	20.00	21.10
47	枇杷	威杀灵	2	20.00	21.10
48	枇杷	烯虫炔酯	2	20.00	21.10
49	莴笋	烯丙菊酯	1	20.00	21.10
50	莴笋	腐霉利	1	20.00	21.10
51	豇豆	氟硫草定	1	20.00	21.10
52	冬瓜	威杀灵	2	18.18	19.28
53	小油菜	喹螨醚	2	18.18	19.28
54	青花菜	解草腈	4	18.18	19.28
55	菜豆	烯丙菊酯	7	17.50	18.60
56	油麦菜	唑虫酰胺	1	16.67	17.77
57	油麦菜	扑草净	1	16.67	17.77
58	火龙果	烯丙菊酯	8	16.67	17.77
59	百合	2-甲-4-氯丁氧乙基酯	1	16.67	17.77
60	百合	吡喃灵	1	16.67	17.77
61	菜用大豆	特丁通	1	16.67	17.77
62	蒜薹	烯丙菊酯	3	16.67	17.77
63	青菜	哒螨灵	2	16.67	17.77
64	青菜	灭锈胺	2	16.67	17.77
65	青蒜	腐霉利	1	16.67	17.77
66	香瓜	新燕灵	1	16.67	17.77
67	香瓜	辛酰溴苯腈	1	16.67	17.77
68	香瓜	邻苯二甲酰亚胺	1	16.67	17.77
69	生菜	兹克威	4	14.81	15.91
70	生菜	腐霉利	4	14.81	15.91
71	桃	炔螨特	1	14.29	15.39
72	梨	烯丙菊酯	7	14.29	15.39

续表

序号	基质	农药	超标频次	超标率 *P* (%)	风险系数 *R*
73	胡萝卜	烯虫炔酯	7	14.29	15.39
74	西葫芦	西玛津	6	13.33	14.43
75	西瓜	威杀灵	5	13.16	14.26
76	番茄	威杀灵	6	12.77	13.87
77	番茄	烯丙菊酯	6	12.77	13.87
78	苹果	联苯	6	12.77	13.87
79	黄瓜	西玛津	6	12.77	13.87
80	小白菜	唑虫酰胺	1	12.50	13.60
81	小白菜	四氢吩胺	1	12.50	13.60
82	小白菜	灭锈胺	1	12.50	13.60
83	小白菜	烯虫炔酯	1	12.50	13.60
84	小白菜	甲苯氟磺胺	1	12.50	13.60
85	小白菜	虫螨腈	1	12.50	13.60
86	平菇	四氢吩胺	1	12.50	13.60
87	平菇	棉铃威	1	12.50	13.60
88	平菇	毒死蜱	1	12.50	13.60
89	平菇	生物苄呋菊酯	1	12.50	13.60
90	菜豆	西玛津	5	12.50	13.60
91	葡萄	腐霉利	5	11.90	13.00
92	茄子	仲丁威	5	11.36	12.46
93	茄子	螺螨酯	5	11.36	12.46
94	柚	猛杀威	2	11.11	12.21
95	生菜	γ-氟氯氰菌酯	3	11.11	12.21
96	生菜	烯丙菊酯	3	11.11	12.21
97	西葫芦	烯丙菊酯	5	11.11	12.21
98	辣椒	甲氰菊酯	2	11.11	12.21
99	橙	联苯	4	10.53	11.63
100	梨	γ-氟氯氰菌酯	5	10.20	11.30
101	姜	丙虫磷	1	10.00	11.10
102	姜	猛杀威	1	10.00	11.10
103	菜豆	仲丁威	4	10.00	11.10
104	葡萄	γ-氟氯氰菌酯	4	9.52	10.62
105	葡萄	烯丙菊酯	4	9.52	10.62
106	苦瓜	烯丙菊酯	3	9.38	10.48

续表

序号	基质	农药	超标频次	超标率 P(%)	风险系数 R
107	冬瓜	吡喃灵	1	9.09	10.19
108	冬瓜	稻瘟灵	1	9.09	10.19
109	冬瓜	西玛津	1	9.09	10.19
110	冬瓜	邻苯二甲酰亚胺	1	9.09	10.19
111	小油菜	威杀灵	1	9.09	10.19
112	青花菜	抑芽唑	2	9.09	10.19
113	青花菜	烯丙菊酯	2	9.09	10.19
114	西葫芦	威杀灵	4	8.89	9.99
115	韭菜	3,5-二氯苯胺	2	8.70	9.80
116	韭菜	仲丁威	2	8.70	9.80
117	韭菜	四氢吩胺	2	8.70	9.80
118	甜椒	腐霉利	4	8.51	9.61
119	黄瓜	猛杀威	4	8.51	9.61
120	芹菜	兹克威	3	8.33	9.43
121	芹菜	噻菌灵	3	8.33	9.43
122	芹菜	萘乙酸	3	8.33	9.43
123	芹菜	邻苯二甲酰亚胺	3	8.33	9.43
124	青菜	γ-氟氯氰菌酯	1	8.33	9.43
125	青菜	丙溴磷	1	8.33	9.43
126	青菜	五氯苯甲腈	1	8.33	9.43
127	青菜	嘧霉胺	1	8.33	9.43
128	青菜	新燕灵	1	8.33	9.43
129	青菜	腐霉利	1	8.33	9.43
130	青菜	西玛津	1	8.33	9.43
131	橙	烯虫酯	3	7.89	8.99
132	菜豆	烯虫酯	3	7.50	8.60
133	生菜	3,5-二氯苯胺	2	7.41	8.51
134	生菜	虫螨腈	2	7.41	8.51
135	芒果	唑虫酰胺	2	7.14	8.24
136	葡萄	氟唑菌酰胺	3	7.14	8.24
137	茄子	唑虫酰胺	3	6.82	7.92
138	茄子	甲氰菊酯	3	6.82	7.92
139	茄子	西玛津	3	6.82	7.92
140	甜瓜	威杀灵	1	6.67	7.77

续表

序号	基质	农药	超标频次	超标率 P(%)	风险系数 R
141	萝卜	新燕灵	2	6.67	7.77
142	萝卜	邻苯二甲酰亚胺	2	6.67	7.77
143	甜椒	仲丁威	3	6.38	7.48
144	甜椒	唑虫酰胺	3	6.38	7.48
145	甜椒	烯丙菊酯	3	6.38	7.48
146	番茄	仲丁威	3	6.38	7.48
147	火龙果	四氢吩胺	3	6.25	7.35
148	苦瓜	猛杀威	2	6.25	7.35
149	胡萝卜	氟乐灵	3	6.12	7.22
150	杏鲍菇	仲丁威	2	6.06	7.16
151	木瓜	甲氰菊酯	1	5.88	6.98
152	柚	敌敌畏	1	5.56	6.66
153	芹菜	仲丁灵	2	5.56	6.66
154	芹菜	西玛津	2	5.56	6.66
155	蒜薹	γ-氟氯氰菌酯	1	5.56	6.66
156	蒜薹	嘧霉胺	1	5.56	6.66
157	蒜薹	联苯菊酯	1	5.56	6.66
158	蒜薹	腐霉利	1	5.56	6.66
159	辣椒	威杀灵	1	5.56	6.66
160	辣椒	氯菊酯	1	5.56	6.66
161	结球甘蓝	炔螨特	2	5.41	6.51
162	橙	γ-氟氯氰菌酯	2	5.26	6.36
163	菜豆	吡喃灵	2	5.00	6.10
164	茄子	吡喃灵	2	4.55	5.65
165	茄子	烯丙菊酯	2	4.55	5.65
166	韭菜	威杀灵	1	4.35	5.45
167	韭菜	扑草净	1	4.35	5.45
168	韭菜	毒死蜱	1	4.35	5.45
169	甜椒	仲草丹	2	4.26	5.36
170	苹果	烯丙菊酯	2	4.26	5.36
171	黄瓜	三氯杀螨砜	2	4.26	5.36
172	黄瓜	吡喃灵	2	4.26	5.36
173	黄瓜	噻菌灵	2	4.26	5.36
174	黄瓜	邻苯二甲酰亚胺	2	4.26	5.36

续表

序号	基质	农药	超标频次	超标率 P(%)	风险系数 R
175	梨	猛杀威	2	4.08	5.18
176	胡萝卜	三唑醇	2	4.08	5.18
177	哈密瓜	异丙威	1	3.70	4.80
178	哈密瓜	烯唑醇	1	3.70	4.80
179	洋葱	仲丁威	1	3.70	4.80
180	洋葱	灭草环	1	3.70	4.80
181	洋葱	烯丙菊酯	1	3.70	4.80
182	生菜	五氯苯甲腈	1	3.70	4.80
183	生菜	哒螨灵	1	3.70	4.80
184	生菜	唑虫酰胺	1	3.70	4.80
185	生菜	氟硅唑	1	3.70	4.80
186	生菜	烯唑醇	1	3.70	4.80
187	生菜	烯效唑	1	3.70	4.80
188	生菜	烯虫酯	1	3.70	4.80
189	生菜	百菌清	1	3.70	4.80
190	芒果	倍硫磷	1	3.57	4.67
191	芒果	毒死蜱	1	3.57	4.67
192	芒果	烯丙菊酯	1	3.57	4.67
193	芒果	肟菌酯	1	3.57	4.67
194	萝卜	γ-氟氯氰菌酯	1	3.33	4.43
195	萝卜	威杀灵	1	3.33	4.43
196	萝卜	灭锈胺	1	3.33	4.43
197	萝卜	猛杀威	1	3.33	4.43
198	萝卜	辛酰溴苯腈	1	3.33	4.43
199	苦瓜	西玛津	1	3.13	4.23
200	苦瓜	邻苯二甲酰亚胺	1	3.13	4.23
201	杏鲍菇	三唑醇	1	3.03	4.13
202	芹菜	γ-氟氯氰菌酯	1	2.78	3.88
203	芹菜	丁苯吗啉	1	2.78	3.88
204	芹菜	乙拌磷	1	2.78	3.88
205	芹菜	五氯苯甲腈	1	2.78	3.88
206	芹菜	去乙基阿特拉津	1	2.78	3.88
207	芹菜	己唑醇	1	2.78	3.88
208	芹菜	异丙威	1	2.78	3.88

续表

序号	基质	农药	超标频次	超标率 P(%)	风险系数 R
209	芹菜	扑灭通	1	2.78	3.88
210	芹菜	扑草净	1	2.78	3.88
211	芹菜	毒死蜱	1	2.78	3.88
212	芹菜	烯丙菊酯	1	2.78	3.88
213	芹菜	烯唑醇	1	2.78	3.88
214	芹菜	解草腈	1	2.78	3.88
215	结球甘蓝	γ-氟氯氰菌酯	1	2.70	3.80
216	结球甘蓝	三唑醇	1	2.70	3.80
217	结球甘蓝	克草敌	1	2.70	3.80
218	结球甘蓝	嘧霉胺	1	2.70	3.80
219	结球甘蓝	烯唑醇	1	2.70	3.80
220	结球甘蓝	猛杀威	1	2.70	3.80
221	结球甘蓝	西玛津	1	2.70	3.80
222	结球甘蓝	邻苯二甲酰亚胺	1	2.70	3.80
223	橙	禾草敌	1	2.63	3.73
224	橙	高效氯氟氰菊酯	1	2.63	3.73
225	西瓜	唑虫酰胺	1	2.63	3.73
226	西瓜	嘧霉胺	1	2.63	3.73
227	西瓜	烯丙菊酯	1	2.63	3.73
228	西瓜	腐霉利	1	2.63	3.73
229	柠檬	γ-氟氯氰菌酯	1	2.56	3.66
230	柠檬	毒死蜱	1	2.56	3.66
231	柠檬	除虫菊素 I	1	2.56	3.66
232	菜豆	噻菌灵	1	2.50	3.60
233	菜豆	己唑醇	1	2.50	3.60
234	菜豆	邻苯二甲酰亚胺	1	2.50	3.60
235	葱	腐霉利	1	2.50	3.60
236	葱	邻苯二甲酰亚胺	1	2.50	3.60
237	葡萄	威杀灵	1	2.38	3.48
238	葡萄	邻苯二甲酰亚胺	1	2.38	3.48
239	茄子	炔螨特	1	2.27	3.37
240	茄子	烯虫酯	1	2.27	3.37
241	西葫芦	三唑醇	1	2.22	3.32
242	西葫芦	二丙烯草胺	1	2.22	3.32

续表

序号	基质	农药	超标频次	超标率 P(%)	风险系数 R
243	西葫芦	四氢吩胺	1	2.22	3.32
244	西葫芦	新燕灵	1	2.22	3.32
245	西葫芦	特丁通	1	2.22	3.32
246	西葫芦	猛杀威	1	2.22	3.32
247	西葫芦	邻苯二甲酰亚胺	1	2.22	3.32
248	猕猴桃	烯丙菊酯	1	2.13	3.23
249	猕猴桃	茵草敌	1	2.13	3.23
250	甜椒	虫螨腈	1	2.13	3.23
251	番茄	四氢吩胺	1	2.13	3.23
252	番茄	腐霉利	1	2.13	3.23
253	苹果	γ-氟氯氰菌酯	1	2.13	3.23
254	苹果	三唑磷	1	2.13	3.23
255	苹果	除虫菊素 I	1	2.13	3.23
256	黄瓜	γ-氟氯氰菌酯	1	2.13	3.23
257	黄瓜	三唑醇	1	2.13	3.23
258	黄瓜	异丙威	1	2.13	3.23
259	黄瓜	炔螨特	1	2.13	3.23
260	火龙果	呋线威	1	2.08	3.18
261	火龙果	戊唑醇	1	2.08	3.18
262	火龙果	烯虫炔酯	1	2.08	3.18
263	梨	四氢吩胺	1	2.04	3.14
264	梨	异丙威	1	2.04	3.14
265	梨	敌敌畏	1	2.04	3.14
266	梨	甲氰菊酯	1	2.04	3.14
267	胡萝卜	3,4,5-混杀威	1	2.04	3.14
268	胡萝卜	五氯硝基苯	1	2.04	3.14
269	胡萝卜	五氯苯胺	1	2.04	3.14
270	胡萝卜	噻菌灵	1	2.04	3.14
271	胡萝卜	烯丙菊酯	1	2.04	3.14
272	胡萝卜	生物苄呋菊酯	1	2.04	3.14
273	胡萝卜	西玛津	1	2.04	3.14
274	胡萝卜	邻苯二甲酰亚胺	1	2.04	3.14

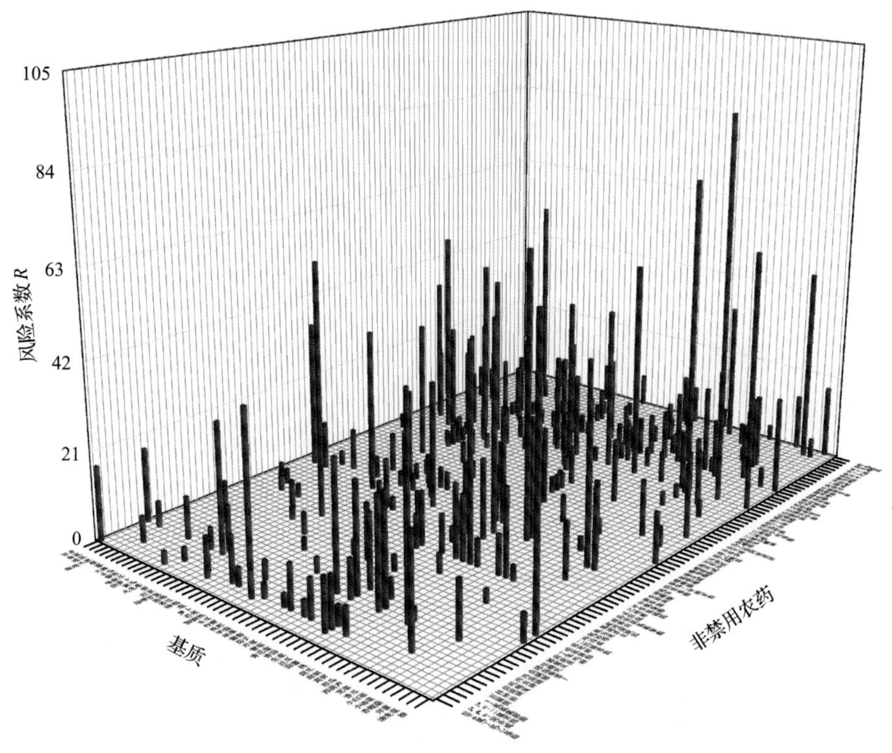

图 4-23 单种水果蔬菜中处于高度风险的非禁用农药的风险系数分布图（MRL 欧盟标准）

4.3.2 所有水果蔬菜中农药残留风险系数分析

4.3.2.1 所有水果蔬菜中禁用农药残留风险系数分析

在侦测出的 160 种农药中有 10 种为禁用农药，计算所有水果蔬菜中禁用农药的风险系数，结果如表 4-15 所示。禁用农药克百威、水胺硫磷、硫丹 3 种禁用农药处于中度风险，剩余 7 种禁用农药处于低度风险。

表 4-15 水果蔬菜中 10 种禁用农药的风险系数表

序号	农药	检出频次	检出率(%)	风险系数 R	风险程度
1	克百威	12	0.90	2.00	中度风险
2	水胺硫磷	10	0.75	1.85	中度风险
3	硫丹	6	0.45	1.55	中度风险
4	氟虫腈	4	0.30	1.40	低度风险
5	六六六	3	0.22	1.32	低度风险
6	杀扑磷	3	0.22	1.32	低度风险
7	氰戊菊酯	2	0.15	1.25	低度风险
8	甲拌磷	2	0.15	1.25	低度风险
9	灭线磷	1	0.07	1.17	低度风险
10	特丁硫磷	1	0.07	1.17	低度风险

对每个月内的禁用农药的风险系数进行分析，结果如图 4-24 和表 4-16 所示。

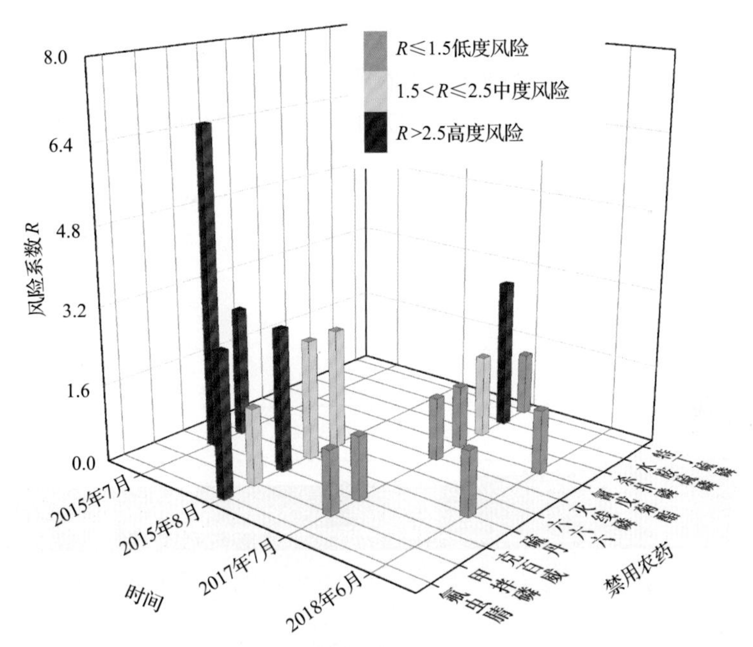

图 4-24　各月份内水果蔬菜中禁用农药残留的风险系数分布图

表 4-16　各月份内水果蔬菜中禁用农药的风险系数表

序号	年月	农药	检出频次	检出率 P(%)	风险系数 R	风险程度
1	2015 年 7 月	克百威	7	5.51	6.61	高度风险
2	2015 年 7 月	硫丹	2	1.57	2.67	高度风险
3	2015 年 8 月	克百威	4	1.81	2.91	高度风险
4	2015 年 8 月	氟虫腈	4	1.81	2.91	高度风险
5	2015 年 8 月	六六六	3	1.36	2.46	中度风险
6	2015 年 8 月	硫丹	3	1.36	2.46	中度风险
7	2015 年 8 月	甲拌磷	1	0.45	1.55	中度风险
8	2017 年 7 月	水胺硫磷	10	1.97	3.07	高度风险
9	2017 年 7 月	杀扑磷	3	0.59	1.69	中度风险
10	2017 年 7 月	克百威	1	0.20	1.30	低度风险
11	2017 年 7 月	氰戊菊酯	1	0.20	1.30	低度风险
12	2017 年 7 月	灭线磷	1	0.20	1.30	低度风险
13	2017 年 7 月	特丁硫磷	1	0.20	1.30	低度风险
14	2017 年 7 月	甲拌磷	1	0.20	1.30	低度风险
15	2018 年 6 月	氰戊菊酯	1	0.21	1.31	低度风险
16	2018 年 6 月	硫丹	1	0.21	1.31	低度风险

4.3.2.2　所有水果蔬菜中非禁用农药残留风险系数分析

参照MRL欧盟标准计算所有水果蔬菜中每种非禁用农药残留的风险系数，如图4-25与表4-17所示。在侦测出的150种非禁用农药中，9种农药(6.00%)残留处于高度风险，17种农药(11.33%)残留处于中度风险，127种农药(82.67%)残留处于低度风险。

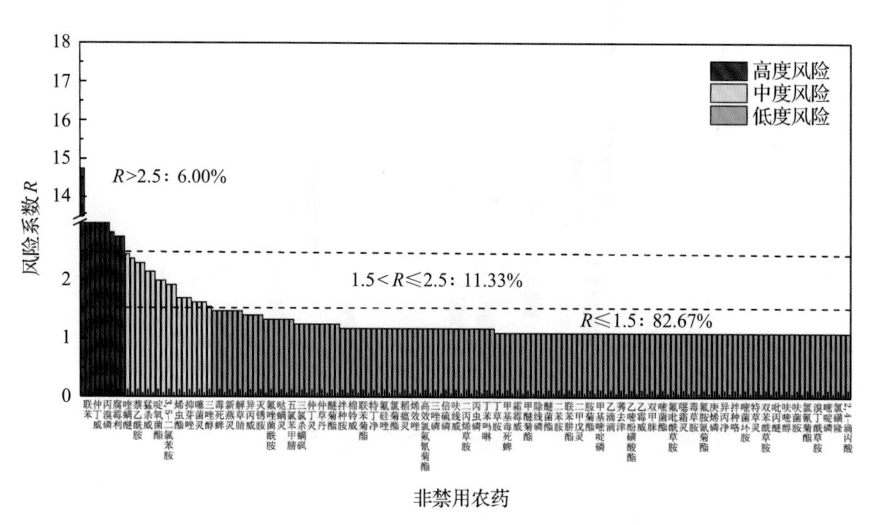

图4-25　水果蔬菜中150种非禁用农药的风险程度统计图

表4-17　水果蔬菜中150种非禁用农药的风险系数表

序号	农药	超标频次	超标率 P(%)	风险系数 R	风险程度
1	威杀灵	182	13.64	14.74	高度风险
2	联苯	66	4.95	6.05	高度风险
3	烯丙菊酯	66	4.95	6.05	高度风险
4	仲丁威	46	3.45	4.55	高度风险
5	西玛津	34	2.55	3.65	高度风险
6	丙溴磷	31	2.32	3.42	高度风险
7	邻苯二甲酰亚胺	23	1.72	2.82	高度风险
8	腐霉利	22	1.65	2.75	高度风险
9	γ-氟氯氰菌酯	22	1.65	2.75	高度风险
10	喹螨醚	18	1.35	2.45	中度风险
11	唑虫酰胺	17	1.27	2.37	中度风险
12	萘乙酰胺	16	1.20	2.30	中度风险
13	烯虫炔酯	16	1.20	2.30	中度风险
14	猛杀威	14	1.05	2.15	中度风险
15	禾草敌	14	1.05	2.15	中度风险
16	啶氧菌酯	12	0.90	2.00	中度风险

续表

序号	农药	超标频次	超标率 P(%)	风险系数 R	风险程度
17	四氢吩胺	12	0.90	2.00	中度风险
18	3,5-二氯苯胺	11	0.82	1.92	中度风险
19	吡喃灵	11	0.82	1.92	中度风险
20	烯虫酯	8	0.60	1.70	中度风险
21	虫螨腈	8	0.60	1.70	中度风险
22	抑芽唑	8	0.60	1.70	中度风险
23	甲氰菊酯	7	0.52	1.62	中度风险
24	噻菌灵	7	0.52	1.62	中度风险
25	兹克威	7	0.52	1.62	中度风险
26	三唑醇	6	0.45	1.55	中度风险
27	炔螨特	5	0.37	1.47	低度风险
28	毒死蜱	5	0.37	1.47	低度风险
29	生物苄呋菊酯	5	0.37	1.47	低度风险
30	新燕灵	5	0.37	1.47	低度风险
31	螺螨酯	5	0.37	1.47	低度风险
32	解草腈	5	0.37	1.47	低度风险
33	烯唑醇	4	0.30	1.40	低度风险
34	异丙威	4	0.30	1.40	低度风险
35	嘧霉胺	4	0.30	1.40	低度风险
36	灭锈胺	4	0.30	1.40	低度风险
37	氟乐灵	3	0.22	1.32	低度风险
38	氟唑菌酰胺	3	0.22	1.32	低度风险
39	萘乙酸	3	0.22	1.32	低度风险
40	哒螨灵	3	0.22	1.32	低度风险
41	扑草净	3	0.22	1.32	低度风险
42	五氯苯甲腈	3	0.22	1.32	低度风险
43	特丁通	2	0.15	1.25	低度风险
44	三氯杀螨砜	2	0.15	1.25	低度风险
45	除虫菊素 I	2	0.15	1.25	低度风险
46	仲丁灵	2	0.15	1.25	低度风险
47	敌敌畏	2	0.15	1.25	低度风险
48	仲草丹	2	0.15	1.25	低度风险
49	己唑醇	2	0.15	1.25	低度风险
50	醚菊酯	2	0.15	1.25	低度风险

续表

序号	农药	超标频次	超标率 P(%)	风险系数 R	风险程度
51	辛酰溴苯腈	2	0.15	1.25	低度风险
52	拌种胺	1	0.07	1.17	低度风险
53	2-甲-4-氯丁氧乙基酯	1	0.07	1.17	低度风险
54	棉铃威	1	0.07	1.17	低度风险
55	扑灭通	1	0.07	1.17	低度风险
56	联苯菊酯	1	0.07	1.17	低度风险
57	肟菌酯	1	0.07	1.17	低度风险
58	特丁净	1	0.07	1.17	低度风险
59	百菌清	1	0.07	1.17	低度风险
60	氟硅唑	1	0.07	1.17	低度风险
61	氟硫草定	1	0.07	1.17	低度风险
62	氯菊酯	1	0.07	1.17	低度风险
63	灭草环	1	0.07	1.17	低度风险
64	稻瘟灵	1	0.07	1.17	低度风险
65	茵草敌	1	0.07	1.17	低度风险
66	烯效唑	1	0.07	1.17	低度风险
67	甲苯氟磺胺	1	0.07	1.17	低度风险
68	高效氯氟氰菊酯	1	0.07	1.17	低度风险
69	去乙基阿特拉津	1	0.07	1.17	低度风险
70	三唑磷	1	0.07	1.17	低度风险
71	克草敌	1	0.07	1.17	低度风险
72	倍硫磷	1	0.07	1.17	低度风险
73	五氯苯胺	1	0.07	1.17	低度风险
74	呋线威	1	0.07	1.17	低度风险
75	五氯硝基苯	1	0.07	1.17	低度风险
76	二丙烯草胺	1	0.07	1.17	低度风险
77	乙拌磷	1	0.07	1.17	低度风险
78	丙虫磷	1	0.07	1.17	低度风险
79	戊唑醇	1	0.07	1.17	低度风险
80	丁苯吗啉	1	0.07	1.17	低度风险
81	3,4,5-混杀威	1	0.07	1.17	低度风险
82	丁草胺	0	0	1.10	低度风险
83	联苯三唑醇	0	0	1.10	低度风险
84	甲基毒死蜱	0	0	1.10	低度风险

续表

序号	农药	超标频次	超标率 P(%)	风险系数 R	风险程度
85	甲基立枯磷	0	0	1.10	低度风险
86	霜霉威	0	0	1.10	低度风险
87	除虫菊酯	0	0	1.10	低度风险
88	甲醚菊酯	0	0	1.10	低度风险
89	甲霜灵	0	0	1.10	低度风险
90	除线磷	0	0	1.10	低度风险
91	碳氯灵	0	0	1.10	低度风险
92	醚菌酯	0	0	1.10	低度风险
93	禾草灵	0	0	1.10	低度风险
94	二苯胺	0	0	1.10	低度风险
95	二甲草胺	0	0	1.10	低度风险
96	联苯肼酯	0	0	1.10	低度风险
97	三唑酮	0	0	1.10	低度风险
98	二甲戊灵	0	0	1.10	低度风险
99	o,p'-滴滴伊	0	0	1.10	低度风险
100	胺菊酯	0	0	1.10	低度风险
101	腈菌唑	0	0	1.10	低度风险
102	甲基嘧啶磷	0	0	1.10	低度风险
103	苯嗪草酮	0	0	1.10	低度风险
104	乙滴滴	0	0	1.10	低度风险
105	草达津	0	0	1.10	低度风险
106	莠去津	0	0	1.10	低度风险
107	邻苯基苯酚	0	0	1.10	低度风险
108	乙嘧酚磺酸酯	0	0	1.10	低度风险
109	三氯杀螨醇	0	0	1.10	低度风险
110	乙霉威	0	0	1.10	低度风险
111	戊菌唑	0	0	1.10	低度风险
112	双甲脒	0	0	1.10	低度风险
113	噻嗪酮	0	0	1.10	低度风险
114	嘧菌酯	0	0	1.10	低度风险
115	噁草酮	0	0	1.10	低度风险
116	氟吡酰草胺	0	0	1.10	低度风险
117	氟吡菌酰胺	0	0	1.10	低度风险
118	噁霜灵	0	0	1.10	低度风险

续表

序号	农药	超标频次	超标率 P(%)	风险系数 R	风险程度
119	氟丙菊酯	0	0	1.10	低度风险
120	毒草胺	0	0	1.10	低度风险
121	多效唑	0	0	1.10	低度风险
122	氟胺氰菊酯	0	0	1.10	低度风险
123	杀螨酯	0	0	1.10	低度风险
124	庚烯磷	0	0	1.10	低度风险
125	敌草胺	0	0	1.10	低度风险
126	异丙净	0	0	1.10	低度风险
127	异丙甲草胺	0	0	1.10	低度风险
128	拌种咯	0	0	1.10	低度风险
129	抗蚜威	0	0	1.10	低度风险
130	嘧菌环胺	0	0	1.10	低度风险
131	氧异柳磷	0	0	1.10	低度风险
132	特草灵	0	0	1.10	低度风险
133	炔丙菊酯	0	0	1.10	低度风险
134	双苯酰草胺	0	0	1.10	低度风险
135	叶菌唑	0	0	1.10	低度风险
136	吡丙醚	0	0	1.10	低度风险
137	吡螨胺	0	0	1.10	低度风险
138	呋嘧醇	0	0	1.10	低度风险
139	呋草黄	0	0	1.10	低度风险
140	呋菌胺	0	0	1.10	低度风险
141	啶酰菌胺	0	0	1.10	低度风险
142	氯氰菊酯	0	0	1.10	低度风险
143	喹氧灵	0	0	1.10	低度风险
144	溴丁酰草胺	0	0	1.10	低度风险
145	氯酞酸甲酯	0	0	1.10	低度风险
146	嘧啶磷	0	0	1.10	低度风险
147	氯苯甲醚	0	0	1.10	低度风险
148	氯磺隆	0	0	1.10	低度风险
149	氯硝胺	0	0	1.10	低度风险
150	2,4-滴丙酸	0	0	1.10	低度风险

对每个月份内的非禁用农药的风险系数分析，每月内非禁用农药风险程度分布图如图 4-26 所示。4 个月份内处于高度风险的农药数排序为 2015 年 7 月(13)=2017 年 7 月(13)>2015 年 8 月(9)>2018 年 6 月(6)。

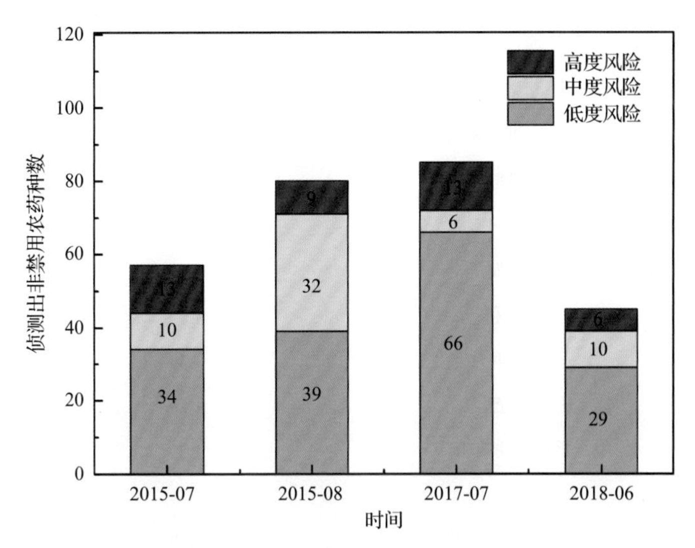

图 4-26　各月份水果蔬菜中非禁用农药残留的风险程度分布图

4 个月份内水果蔬菜中非禁用农药处于中度风险和高度风险的风险系数如图 4-27 和表 4-18 所示。

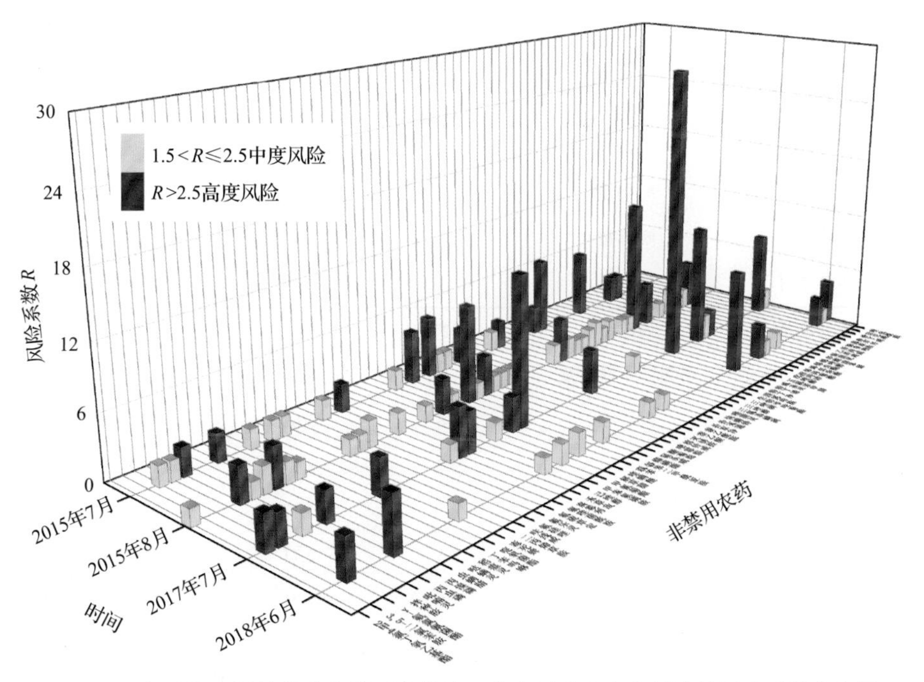

图 4-27　各月份水果蔬菜中非禁用农药处于中度风险和高度风险的风险系数分布图

表 4-18　各月份水果蔬菜中非禁用农药处于中度风险和高度风险的风险系数表

序号	年月	农药	超标频次	超标率 P(%)	风险系数 R	风险程度
1	2015 年 7 月	四氢吩胺	8	6.35	7.45	高度风险
2	2015 年 7 月	西玛津	7	5.56	6.66	高度风险
3	2015 年 7 月	猛杀威	6	4.76	5.86	高度风险
4	2015 年 7 月	邻苯二甲酰亚胺	5	3.97	5.07	高度风险
5	2015 年 7 月	灭锈胺	3	2.38	3.48	高度风险
6	2015 年 7 月	吡喃灵	2	1.59	2.69	高度风险
7	2015 年 7 月	虫螨腈	2	1.59	2.69	高度风险
8	2015 年 7 月	腐霉利	2	1.59	2.69	高度风险
9	2015 年 7 月	炔螨特	2	1.59	2.69	高度风险
10	2015 年 7 月	三唑醇	2	1.59	2.69	高度风险
11	2015 年 7 月	生物苄呋菊酯	2	1.59	2.69	高度风险
12	2015 年 7 月	辛酰溴苯腈	2	1.59	2.69	高度风险
13	2015 年 7 月	新燕灵	2	1.59	2.69	高度风险
14	2015 年 7 月	γ-氟氯氰菌酯	1	0.79	1.89	中度风险
15	2015 年 7 月	拌种胺	1	0.79	1.89	中度风险
16	2015 年 7 月	丁苯吗啉	1	0.79	1.89	中度风险
17	2015 年 7 月	毒死蜱	1	0.79	1.89	中度风险
18	2015 年 7 月	二丙烯草胺	1	0.79	1.89	中度风险
19	2015 年 7 月	氟硫草定	1	0.79	1.89	中度风险
20	2015 年 7 月	喹螨醚	1	0.79	1.89	中度风险
21	2015 年 7 月	醚菊酯	1	0.79	1.89	中度风险
22	2015 年 7 月	嘧霉胺	1	0.79	1.89	中度风险
23	2015 年 7 月	扑灭通	1	0.79	1.89	中度风险
24	2015 年 8 月	西玛津	27	12.22	13.32	高度风险
25	2015 年 8 月	邻苯二甲酰亚胺	18	8.14	9.24	高度风险
26	2015 年 8 月	抑芽唑	8	3.62	4.72	高度风险
27	2015 年 8 月	噻菌灵	7	3.17	4.27	高度风险
28	2015 年 8 月	烯虫炔酯	7	3.17	4.27	高度风险
29	2015 年 8 月	虫螨腈	6	2.71	3.81	高度风险
30	2015 年 8 月	猛杀威	6	2.71	3.81	高度风险
31	2015 年 8 月	吡喃灵	5	2.26	3.36	高度风险
32	2015 年 8 月	解草腈	5	2.26	3.36	高度风险
33	2015 年 8 月	丙溴磷	3	1.36	2.46	中度风险

续表

序号	年月	农药	超标频次	超标率 P(%)	风险系数 R	风险程度
34	2015 年 8 月	氟乐灵	3	1.36	2.46	中度风险
35	2015 年 8 月	四氢吩胺	3	1.36	2.46	中度风险
36	2015 年 8 月	新燕灵	3	1.36	2.46	中度风险
37	2015 年 8 月	哒螨灵	2	0.90	2.00	中度风险
38	2015 年 8 月	腐霉利	2	0.90	2.00	中度风险
39	2015 年 8 月	炔螨特	2	0.90	2.00	中度风险
40	2015 年 8 月	三氯杀螨砜	2	0.90	2.00	中度风险
41	2015 年 8 月	生物苄呋菊酯	2	0.90	2.00	中度风险
42	2015 年 8 月	特丁通	2	0.90	2.00	中度风险
43	2015 年 8 月	异丙威	2	0.90	2.00	中度风险
44	2015 年 8 月	仲草丹	2	0.90	2.00	中度风险
45	2015 年 8 月	2-甲-4-氯丁氧乙基酯	1	0.45	1.55	中度风险
46	2015 年 8 月	丙虫磷	1	0.45	1.55	中度风险
47	2015 年 8 月	稻瘟灵	1	0.45	1.55	中度风险
48	2015 年 8 月	呋线威	1	0.45	1.55	中度风险
49	2015 年 8 月	氟硅唑	1	0.45	1.55	中度风险
50	2015 年 8 月	甲苯氟磺胺	1	0.45	1.55	中度风险
51	2015 年 8 月	喹螨醚	1	0.45	1.55	中度风险
52	2015 年 8 月	螺螨酯	1	0.45	1.55	中度风险
53	2015 年 8 月	醚菊酯	1	0.45	1.55	中度风险
54	2015 年 8 月	嘧霉胺	1	0.45	1.55	中度风险
55	2015 年 8 月	棉铃威	1	0.45	1.55	中度风险
56	2015 年 8 月	灭锈胺	1	0.45	1.55	中度风险
32	2015 年 8 月	三唑醇	1	0.45	1.55	中度风险
58	2015 年 8 月	三唑磷	1	0.45	1.55	中度风险
59	2015 年 8 月	特丁净	1	0.45	1.55	中度风险
60	2015 年 8 月	五氯苯甲腈	1	0.45	1.55	中度风险
61	2015 年 8 月	戊唑醇	1	0.45	1.55	中度风险
62	2015 年 8 月	烯唑醇	1	0.45	1.55	中度风险
63	2015 年 8 月	乙拌磷	1	0.45	1.55	中度风险
64	2015 年 8 月	茵草敌	1	0.45	1.55	中度风险
65	2017 年 7 月	威杀灵	140	27.56	28.66	高度风险
66	2017 年 7 月	联苯	66	12.99	14.09	高度风险

续表

序号	年月	农药	超标频次	超标率 P(%)	风险系数 R	风险程度
67	2017 年 7 月	烯丙菊酯	55	10.83	11.93	高度风险
68	2017 年 7 月	仲丁威	37	7.28	8.38	高度风险
69	2017 年 7 月	腐霉利	18	3.54	4.64	高度风险
70	2017 年 7 月	萘乙酰胺	16	3.15	4.25	高度风险
71	2017 年 7 月	禾草敌	14	2.76	3.86	高度风险
72	2017 年 7 月	啶氧菌酯	12	2.36	3.46	高度风险
73	2017 年 7 月	3,5-二氯苯胺	11	2.17	3.27	高度风险
74	2017 年 7 月	喹螨醚	11	2.17	3.27	高度风险
75	2017 年 7 月	γ-氟氯氰菌酯	9	1.77	2.87	高度风险
76	2017 年 7 月	丙溴磷	9	1.77	2.87	高度风险
77	2017 年 7 月	烯虫酯	8	1.57	2.67	高度风险
78	2017 年 7 月	烯虫炔酯	7	1.38	2.48	中度风险
79	2017 年 7 月	兹克威	5	0.98	2.08	中度风险
80	2017 年 7 月	吡喃灵	4	0.79	1.89	中度风险
81	2017 年 7 月	氟唑菌酰胺	3	0.59	1.69	中度风险
82	2017 年 7 月	甲氰菊酯	3	0.59	1.69	中度风险
83	2017 年 7 月	三唑醇	3	0.59	1.69	中度风险
84	2018 年 6 月	威杀灵	42	8.79	9.89	高度风险
85	2018 年 6 月	丙溴磷	19	3.97	5.07	高度风险
86	2018 年 6 月	唑虫酰胺	15	3.14	4.24	高度风险
87	2018 年 6 月	γ-氟氯氰菌酯	12	2.51	3.61	高度风险
88	2018 年 6 月	烯丙菊酯	11	2.30	3.40	高度风险
89	2018 年 6 月	仲丁威	9	1.88	2.98	高度风险
90	2018 年 6 月	喹螨醚	5	1.05	2.15	中度风险
91	2018 年 6 月	甲氰菊酯	4	0.84	1.94	中度风险
92	2018 年 6 月	螺螨酯	4	0.84	1.94	中度风险
93	2018 年 6 月	烯唑醇	3	0.63	1.73	中度风险
94	2018 年 6 月	兹克威	2	0.42	1.52	中度风险
95	2018 年 6 月	己唑醇	2	0.42	1.52	中度风险
96	2018 年 6 月	扑草净	2	0.42	1.52	中度风险
97	2018 年 6 月	毒死蜱	2	0.42	1.52	中度风险
98	2018 年 6 月	烯虫炔酯	2	0.42	1.52	中度风险
99	2018 年 6 月	萘乙酸	2	0.42	1.52	中度风险

4.4 GC-Q-TOF/MS 侦测上海市市售水果蔬菜农药残留风险评估结论与建议

农药残留是影响水果蔬菜安全和质量的主要因素，也是我国食品安全领域备受关注的敏感话题和亟待解决的重大问题之一[15,16]。各种水果蔬菜均存在不同程度的农药残留现象，本研究主要针对上海市各类水果蔬菜存在的农药残留问题，基于 2015 年 7 月~2018 年 6 月对上海市 1334 例水果蔬菜样品中农药残留侦测得出的 2118 个侦测结果，分别采用食品安全指数模型和风险系数模型，开展水果蔬菜中农药残留的膳食暴露风险和预警风险评估。水果蔬菜样品取自超市和农贸市场，符合大众的膳食来源，风险评价时更具有代表性和可信度。

本研究力求通用简单地反映食品安全中的主要问题，且为管理部门和大众容易接受，为政府及相关管理机构建立科学的食品安全信息发布和预警体系提供科学的规律与方法，加强对农药残留的预警和食品安全重大事件的预防，控制食品风险。

4.4.1 上海市水果蔬菜中农药残留膳食暴露风险评价结论

1) 水果蔬菜样品中农药残留安全状态评价结论

采用食品安全指数模型，对 2015 年 7 月~2018 年 6 月期间上海市水果蔬菜食品农药残留膳食暴露风险进行评价，根据 IFS_c 的计算结果发现，水果蔬菜中农药的 $\overline{IFS}$ 为 0.0318，说明上海市水果蔬菜总体处于很好的安全状态，但部分禁用农药、高残留农药在蔬菜、水果中仍有侦测出，导致膳食暴露风险的存在，成为不安全因素。

2) 单种水果蔬菜中农药膳食暴露风险不可接受情况评价结论

单种果蔬中农药残留安全指数分析结果显示，在单种果蔬中未发现膳食暴露风险不可接受的残留农药，检测出的残留农药对单种水果蔬菜安全的影响均在可以接受和没有影响的范围内，说明上海市的果蔬中虽侦测出农药残留，但残留农药不会造成膳食暴露风险或造成的膳食暴露风险可以接受。

3) 禁用农药膳食暴露风险评价

本次检测发现部分水果蔬菜禁用农药侦测出，侦测出禁用农药 10 种为氟虫腈、克百威、六六六、硫丹、水胺硫磷、氰戊菊酯、甲拌磷、灭线磷、特丁硫磷、杀扑磷，检出频次为 44，果蔬样品中的禁用农药 IFS_c 计算结果表明，禁用农药残留的膳食暴露风险均在可以接受和没有影响的范围内，可以接受的频次为 11，占 25%，没有影响的频次为 33，占 75%。虽然残留禁用农药没有造成不可接受的膳食暴露风险，但为何在国家明令禁止禁用农药喷洒的情况下，还能在多种果蔬中多次侦测出禁用农药残留，这应该引起相关部门的高度警惕，应该在禁止禁用农药喷洒的同时，严格管控禁用农药的生产和售卖，从根本上杜绝安全隐患。

4.4.2 上海市水果蔬菜中农药残留预警风险评价结论

1) 单种水果蔬菜中禁用农药残留的预警风险评价结论

本次检测过程中，在 18 种水果蔬菜中检测超出 10 种禁用农药，禁用农药为：克百威、氟虫腈、六六六、硫丹、水胺硫磷、氰戊菊酯、甲拌磷、灭线磷、特丁硫磷、杀扑磷，水果蔬菜为：菜豆、葱、黄瓜、姜、韭菜、苦瓜、柠檬、平菇、茄子、芹菜、青菜、西葫芦、苋菜、杏鲍菇、洋葱、柚、梨、木瓜，水果蔬菜中禁用农药的风险系数分析结果显示，10 种禁用农药在 18 种水果蔬菜中的残留均处于高度风险，说明在单种水果蔬菜中禁用农药的残留会导致较高的预警风险。

2) 单种水果蔬菜中非禁用农药残留的预警风险评价结论

以 MRL 中国国家标准为标准，计算水果蔬菜中非禁用农药风险系数情况下，695 个样本中，4 个处于高度风险(0.58%)，87 个处于低度风险(12.52%)，604 个样本没有 MRL 中国国家标准(86.91%)。以 MRL 欧盟标准为标准，计算水果蔬菜中非禁用农药风险系数情况下，发现有 274 个处于高度风险(39.42%)，421 个处于低度风险(60.58%)。基于两种 MRL 标准，评价的结果差异显著，可以看出 MRL 欧盟标准比中国国家标准更加严格和完善，过于宽松的 MRL 中国国家标准值能否有效保障人体的健康有待研究。

4.4.3 加强上海市水果蔬菜食品安全建议

我国食品安全风险评价体系仍不够健全，相关制度不够完善，多年来，由于农药用药次数多、用药量大或用药间隔时间短，产品残留量大，农药残留所造成的食品安全问题日益严峻，给人体健康带来了直接或间接的危害。据估计，美国与农药有关的癌症患者数约占全国癌症患者总数的 50%，中国更高。同样，农药对其他生物也会形成直接杀伤和慢性危害，植物中的农药可经过食物链逐级传递并不断蓄积，对人和动物构成潜在威胁，并影响生态系统。

基于本次农药残留侦测数据的风险评价结果，提出以下几点建议：

1) 加快食品安全标准制定步伐

我国食品标准中对农药每日允许最大摄入量 ADI 的数据严重缺乏，在本次评价所涉及的 160 种农药中，仅有 57.5%的农药具有 ADI 值，而 42.5%的农药中国尚未规定相应的 ADI 值，亟待完善。

我国食品中农药最大残留限量值的规定严重缺乏，对评估涉及的不同水果蔬菜中不同农药 718 个 MRL 限值进行统计来看，我国仅制定出 112 个标准，我国标准完整率仅为 15.6%，欧盟的完整率达到 100%(表 4-19)。因此，中国更应加快 MRL 标准的制定步伐。

表 4-19　我国国家食品标准农药的 ADI、MRL 值与欧盟标准的数量差异

分类		中国 ADI	MRL 中国国家标准	MRL 欧盟标准
标准限值(个)	有	92	112	718
	无	68	606	0
总数(个)		160	718	718
无标准限值比例(%)		42.5	84.4	0

此外，MRL 中国国家标准限值普遍高于欧盟标准限值，这些标准中共有 64 个高于欧盟。过高的 MRL 值难以保障人体健康，建议继续加强对限值基准和标准的科学研究，将农产品中的危险性减少到尽可能低的水平。

2) 加强农药的源头控制和分类监管

在上海市某些水果蔬菜中仍有禁用农药残留，利用 GC-Q-TOF/MS 技术侦测出 10 种禁用农药，检出频次为 44 次，残留禁用农药均存在较大的膳食暴露风险和预警风险。早已列入黑名单的禁用农药在我国并未真正退出，有些药物由于价格便宜、工艺简单，此类高毒农药一直生产和使用。建议在我国采取严格有效的控制措施，从源头控制禁用农药。

对于非禁用农药，在我国作为“田间地头”最典型单位的县级蔬果产地中，农药残留的检测几乎缺失。建议根据农药的毒性，对高毒、剧毒、中毒农药实现分类管理，减少使用高毒和剧毒高残留农药，进行分类监管。

3) 加强残留农药的生物修复及降解新技术

市售果蔬中残留农药的品种多、频次高、禁用农药多次检出这一现状，说明了我国的田间土壤和水体因农药长期、频繁、不合理的使用而遭到严重污染。为此，建议中国相关部门出台相关政策，鼓励高校及科研院所积极开展分子生物学、酶学等研究，加强土壤、水体中残留农药的生物修复及降解新技术研究，切实加大农药监管力度，以控制农药的面源污染问题。

综上所述，在本工作基础上，根据蔬菜残留危害，可进一步针对其成因提出和采取严格管理、大力推广无公害蔬菜种植与生产、健全食品安全控制技术体系、加强蔬菜食品质量检测体系建设和积极推行蔬菜食品质量追溯制度等相应对策。建立和完善食品安全综合评价指数与风险监测预警系统，对食品安全进行实时、全面的监控与分析，为我国的食品安全科学监管与决策提供新的技术支持，可实现各类检验数据的信息化系统管理，降低食品安全事故的发生。

南 京 市

第 5 章　LC-Q-TOF/MS 侦测南京市 489 例市售水果蔬菜样品农药残留报告

从南京市所属 4 个区，随机采集了 489 例水果蔬菜样品，使用液相色谱-四极杆飞行时间质谱(LC-Q-TOF/MS)对 565 种农药化学污染物进行示范侦测(7 种负离子模式 ESI$^-$未涉及)。

5.1　样品种类、数量与来源

5.1.1　样品采集与检测

为了真实反映百姓餐桌上水果蔬菜中农药残留污染状况，本次所有检测样品均由检验人员于 2017 年 4 月，从南京市所属 20 个采样点，包括 4 个农贸市场 16 个超市，以随机购买方式采集，总计 20 批 489 例样品，从中检出农药 78 种，967 频次。采样及监测概况见表 5-1 及图 5-1，样品及采样点明细见表 5-2 及表 5-3(侦测原始数据见附表 1)。

表 5-1　农药残留监测总体概况

采样地区	南京市所属 4 个区
采样点(超市+农贸市场)	20
样本总数	489
检出农药品种/频次	78/967
各采样点样本农药残留检出率范围	58.3%~87.0%

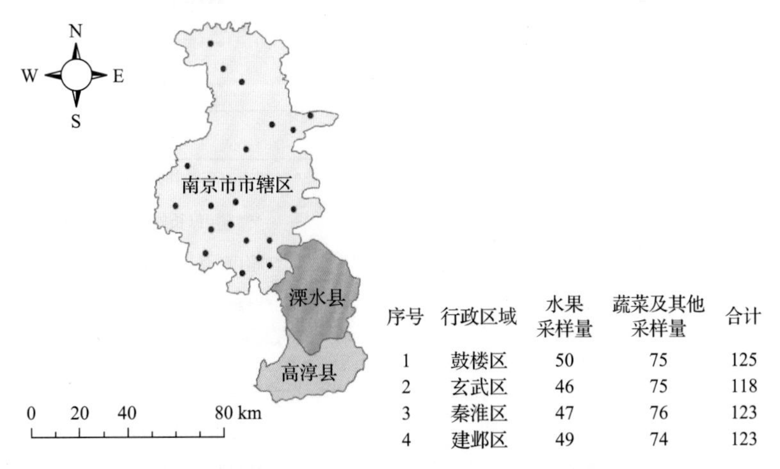

序号	行政区域	水果采样量	蔬菜及其他采样量	合计
1	鼓楼区	50	75	125
2	玄武区	46	75	118
3	秦淮区	47	76	123
4	建邺区	49	74	123

图 5-1　南京市所属 20 个采样点 489 例样品分布图

表 5-2 样品分类及数量

样品分类	样品名称(数量)	数量小计
1. 水果		192
1)仁果类水果	苹果(20),梨(20)	40
2)浆果和其他小型水果	猕猴桃(19),葡萄(18)	37
3)瓜果类水果	哈密瓜(18)	18
4)热带和亚热带水果	芒果(20),火龙果(19)	39
5)柑橘类水果	橘(19),橙(20),柠檬(19)	58
2. 食用菌		18
1)蘑菇类	金针菇(18)	18
3. 蔬菜		279
1)豆类蔬菜	菜豆(18)	18
2)鳞茎类蔬菜	韭菜(19)	19
3)叶菜类蔬菜	芹菜(19),菠菜(19),油麦菜(17),生菜(19),茼蒿(13)	87
4)茄果类蔬菜	番茄(20),甜椒(17),辣椒(19),茄子(20)	76
5)瓜类蔬菜	黄瓜(20),西葫芦(20),冬瓜(19)	59
6)根茎类和薯芋类蔬菜	胡萝卜(20)	20
合计	1.水果 10 种 2.食用菌 1 种 3.蔬菜 15 种	489

表 5-3 南京市采样点信息

采样点序号	行政区域	采样点
农贸市场(4)		
1	建邺区	***市场
2	玄武区	***市场
3	秦淮区	***菜场
4	鼓楼区	***市场
超市(16)		
1	建邺区	***超市(河西中央公园店)
2	建邺区	***超市(长虹店)
3	建邺区	***超市(万达水西门店)
4	建邺区	***超市(油坊桥店)
5	玄武区	***超市(灵谷寺路店)
6	玄武区	***超市(大行宫店)
7	玄武区	***超市(花园路店)
8	玄武区	***超市(马标店)

续表

采样点序号	行政区域	采样点
9	秦淮区	***超市(瑞金店)
10	秦淮区	***超市(南京秦淮店)
11	秦淮区	***超市(新街口店)
12	秦淮区	***超市(光华路购物广场店)
13	鼓楼区	***超市(鼓楼店)
14	鼓楼区	***超市(大桥南路店)
15	鼓楼区	***超市(中山北路购物广场店)
16	鼓楼区	***超市(龙江小区店)

5.1.2　检测结果

这次使用的检测方法是庞国芳院士团队最新研发的不需使用标准品对照，而以高分辨精确质量数(0.0001 *m/z*)为基准的 LC-Q-TOF/MS 检测技术，对于 489 例样品，每个样品均侦测了 565 种农药化学污染物的残留现状。通过本次侦测，在 489 例样品中共计检出农药化学污染物 78 种，检出 967 频次。

5.1.2.1　各采样点样品检出情况

统计分析发现，在 20 个采样点中，被测样品的农药检出率范围为 58.3%~87.0%。其中，***市场的检出率最高，为 87.0%，***超市(新街口店)的检出率最低，为 58.3%，见图 5-2。

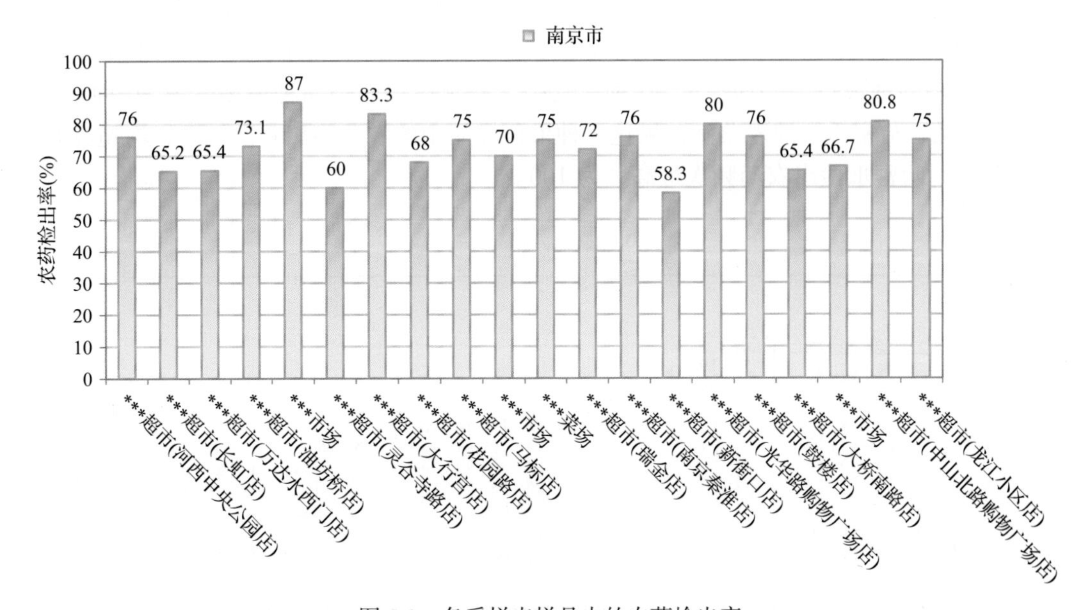

图 5-2　各采样点样品中的农药检出率

5.1.2.2　检出农药的品种总数与频次

统计分析发现，对于 489 例样品中 565 种农药化学污染物的侦测，共检出农药 967 频次，涉及农药 78 种，结果如图 5-3 所示。其中多菌灵检出频次最高，共检出 113 次。检出频次排名前 10 的农药如下：①多菌灵(113)；②啶虫脒(79)；③烯酰吗啉(67)；④霜霉威(61)；⑤嘧菌酯(51)；⑥甲基硫菌灵(44)；⑦吡虫啉(43)；⑧吡唑醚菌酯(43)；⑨氟吡菌酰胺(36)；⑩甲霜灵(36)。

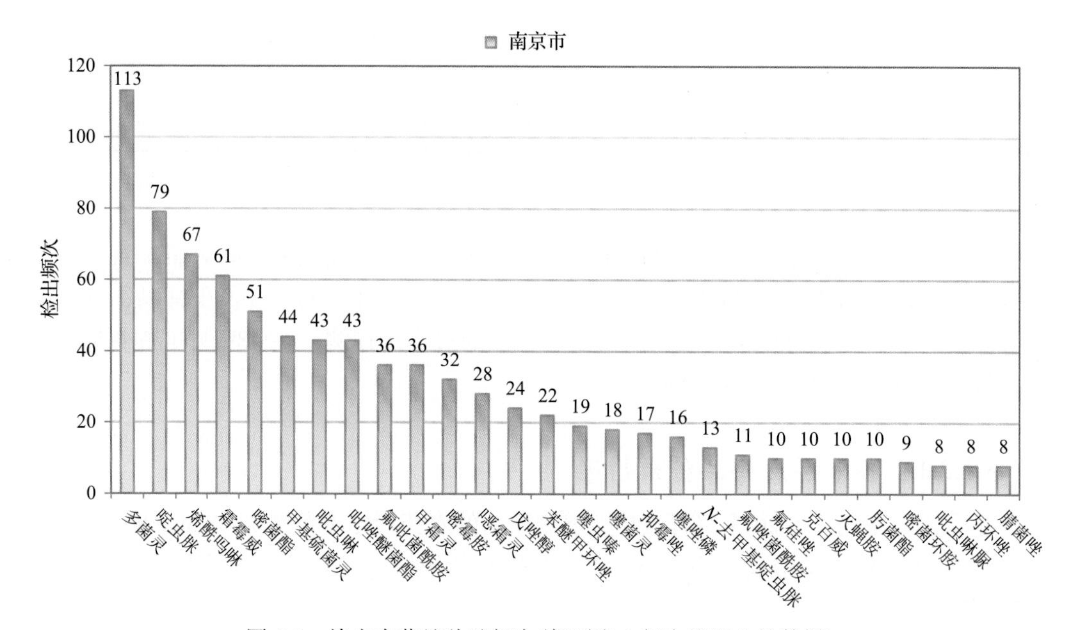

图 5-3　检出农药品种及频次(仅列出 8 频次及以上的数据)

由图 5-4 可见，韭菜、橘、芒果、甜椒、油麦菜、哈密瓜和茄子这 7 种果蔬样品中检出的农药品种数较高，均超过 20 种，其中，韭菜检出农药品种最多，为 30 种。由图 5-5 可见，哈密瓜、油麦菜和芒果这 3 种果蔬样品中的农药检出频次较高，均超过 80 次，其中，哈密瓜检出农药频次最高，为 100 次。

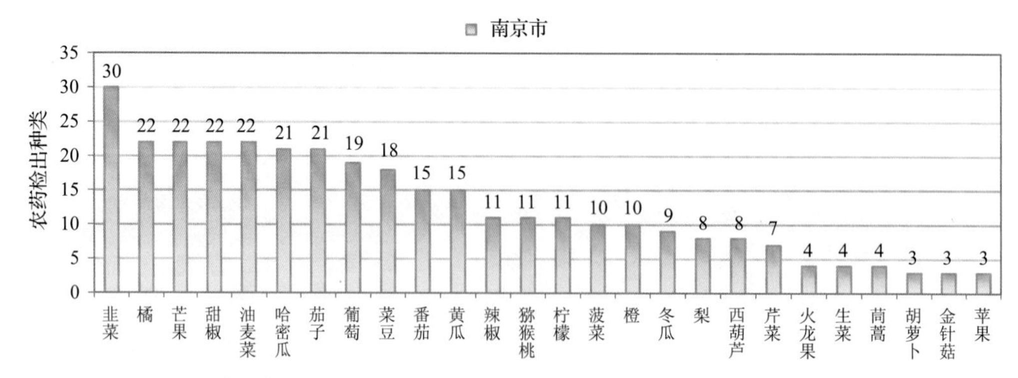

图 5-4　单种水果蔬菜检出农药的种类数(仅列出检出农药 3 种及以上的数据)

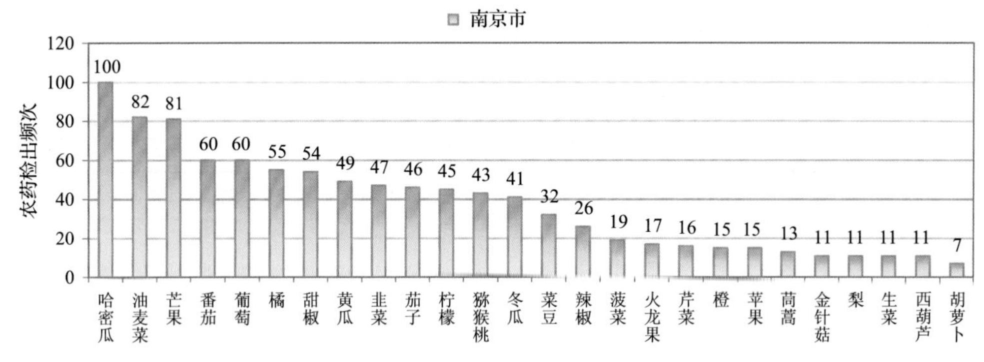

图 5-5　单种水果蔬菜检出农药频次(仅列出检出农药 7 频次及以上的数据)

5.1.2.3　单例样品农药检出种类与占比

对单例样品检出农药种类和频次进行统计发现，未检出农药的样品占总样品数的 27.6%，检出 1 种农药的样品占总样品数的 24.9%，检出 2~5 种农药的样品占总样品数的 39.7%，检出 6~10 种农药的样品占总样品数的 7.4%，检出大于 10 种农药的样品占总样品数的 0.4%。每例样品中平均检出农药为 2.0 种，数据见表 5-4 及图 5-6。

表 5-4　单例样品检出农药品种占比

检出农药品种数	样品数量/占比(%)
未检出	135/27.6
1 种	122/24.9
2~5 种	194/39.7
6~10 种	36/7.4
大于 10 种	2/0.4
单例样品平均检出农药品种	2.0 种

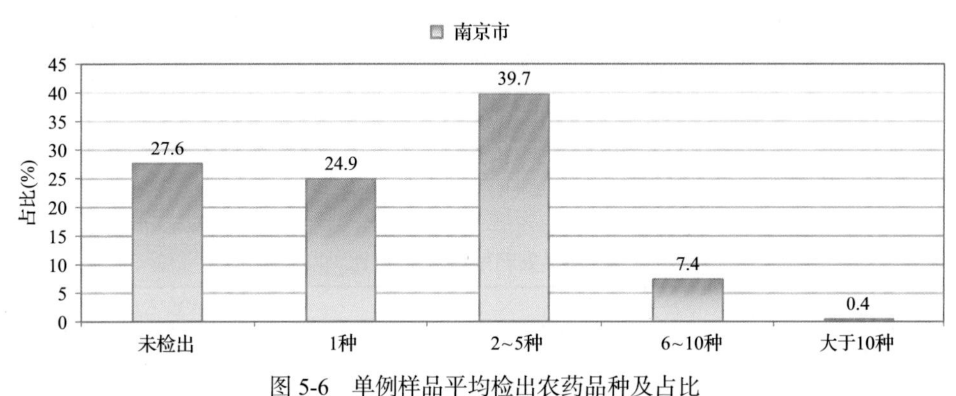

图 5-6　单例样品平均检出农药品种及占比

5.1.2.4　检出农药类别与占比

所有检出农药按功能分类，包括杀菌剂、杀虫剂、除草剂、植物生长调节剂共 4 类。

其中杀菌剂与杀虫剂为主要检出的农药类别，分别占总数的 43.6%和 39.7%，见表 5-5 及图 5-7。

表 5-5 检出农药所属类别/占比

农药类别	数量/占比(%)
杀菌剂	34/43.6
杀虫剂	31/39.7
除草剂	8/10.3
植物生长调节剂	5/6.4

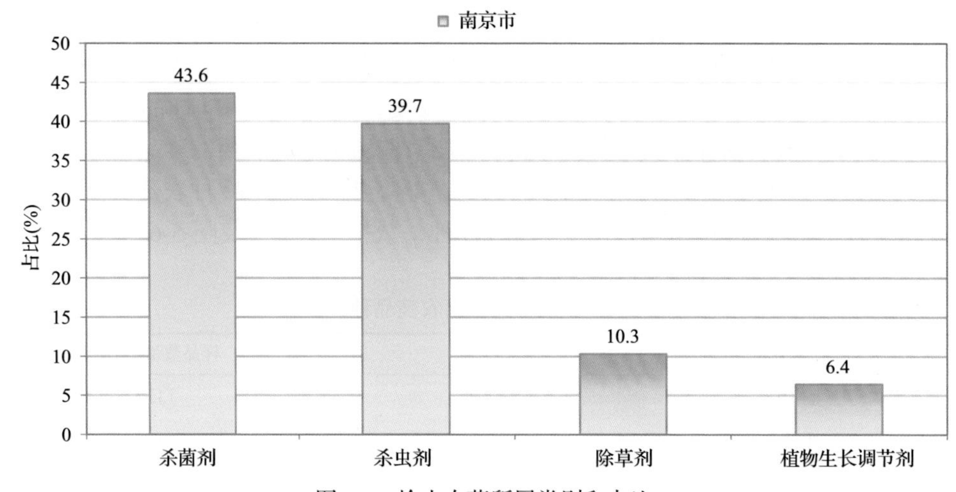

图 5-7 检出农药所属类别和占比

5.1.2.5 检出农药的残留水平

按检出农药残留水平进行统计，残留水平在 1~5 μg/kg(含)的农药占总数的 23.8%，在 5~10 μg/kg(含)的农药占总数的 13.1%，在 10~100 μg/kg(含)的农药占总数的 48.8%，在 100~1000 μg/kg(含)的农药占总数的 11.8%，在>1000 μg/kg 的农药占总数的 2.5%。

由此可见，这次检测的 20 批 489 例水果蔬菜样品中农药多数处于中高残留水平。结果见表 5-6 及图 5-8，数据见附表 2。

表 5-6 农药残留水平/占比

残留水平(μg/kg)	检出频次数/占比(%)
1~5(含)	230/23.8
5~10(含)	127/13.1
10~100(含)	472/48.8
100~1000(含)	114/11.8
>1000	24/2.5

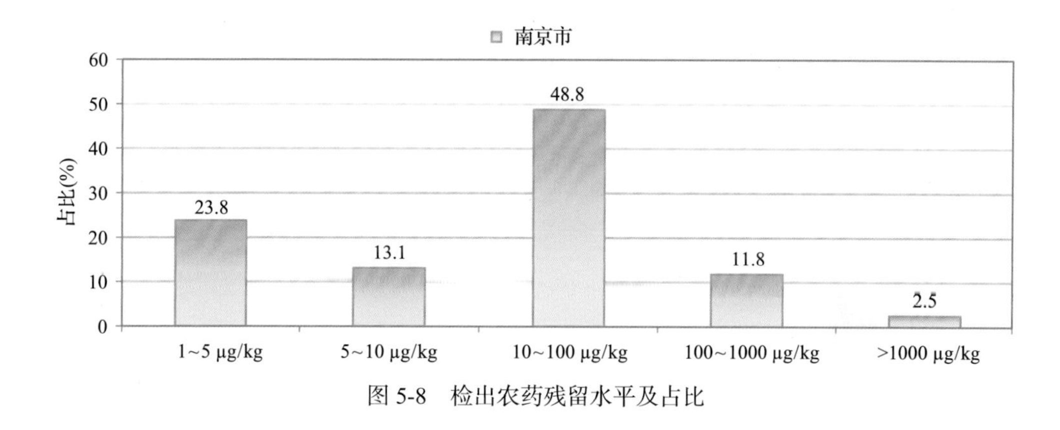

图 5-8　检出农药残留水平及占比

5.1.2.6　检出农药的毒性类别、检出频次和超标频次及占比

对这次检出的 78 种 967 频次的农药，按剧毒、高毒、中毒、低毒和微毒这五个毒性类别进行分类，从中可以看出，南京市目前普遍使用的农药为中低微毒农药，品种占 91.0%，频次占 96.9%。结果见表 5-7 及图 5-9。

表 5-7　检出农药毒性类别/占比

毒性分类	农药品种/占比(%)	检出频次/占比(%)	超标频次/超标率(%)
剧毒农药	2/2.6	6/0.6	6/100.0
高毒农药	5/6.4	24/2.5	12/50.0
中毒农药	31/39.7	368/38.1	2/0.5
低毒农药	27/34.6	231/23.9	0/0.0
微毒农药	13/16.7	338/35.0	6/1.8

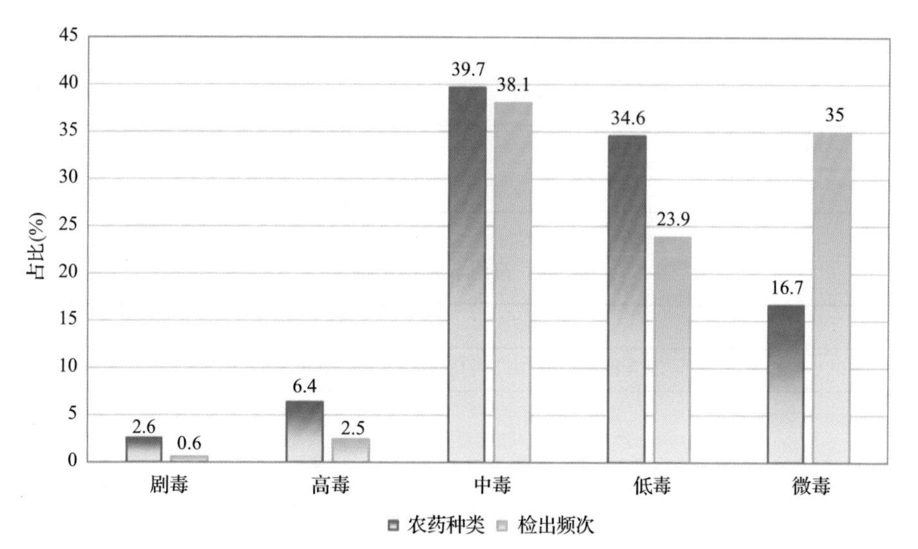

图 5-9　检出农药的毒性分类和占比

5.1.2.7 检出剧毒/高毒类农药的品种和频次

值得特别关注的是，在此次侦测的489例样品中有8种蔬菜4种水果的27例样品检出了7种30频次的剧毒和高毒农药，占样品总量的5.5%，详见图5-10、表5-8及表5-9。

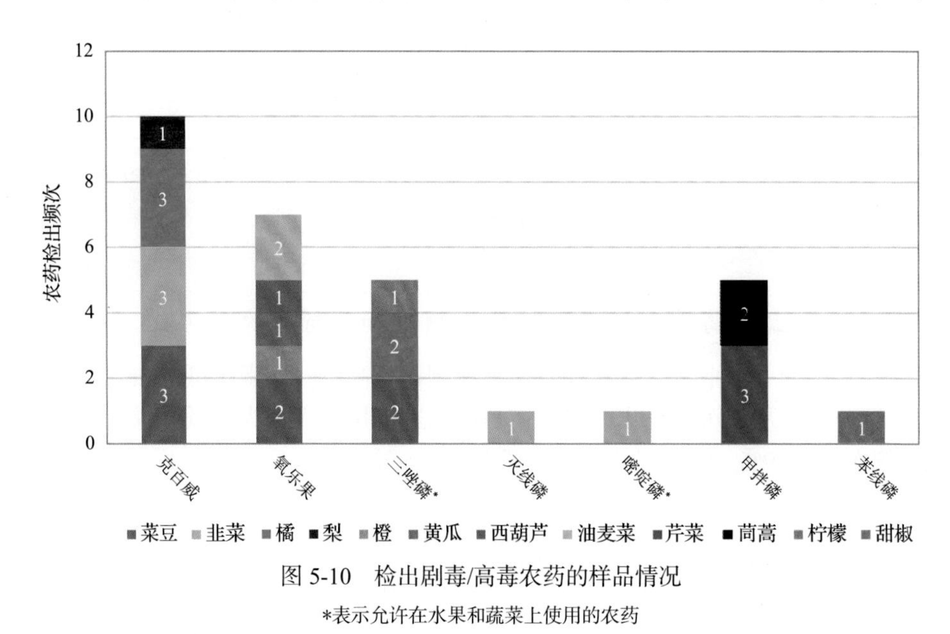

图5-10 检出剧毒/高毒农药的样品情况

*表示允许在水果和蔬菜上使用的农药

表5-8 剧毒农药检出情况

序号	农药名称	检出频次	超标频次	超标率
水果中未检出剧毒农药				
	小计	0	0	超标率：0.0%
从3种蔬菜中检出2种剧毒农药，共计检出6次				
1	甲拌磷*	5	5	100.0%
2	灭线磷*	1	1	100.0%
	小计	6	6	超标率：100.0%
	合计	6	6	超标率：100.0%

表5-9 高毒农药检出情况

序号	农药名称	检出频次	超标频次	超标率
从4种水果中检出3种高毒农药，共计检出8次				
1	克百威	4	2	50.0%
2	三唑磷	3	0	0.0%
3	氧乐果	1	0	0.0%
	小计	8	2	超标率：25.0%

续表

序号	农药名称	检出频次	超标频次	超标率
从 6 种蔬菜中检出 5 种高毒农药，共计检出 16 次				
1	克百威	6	6	100.0%
2	氧乐果	6	4	66.7%
3	三唑磷	2	0	0.0%
4	苯线磷	1	0	0.0%
5	嘧啶磷	1	0	0.0%
小计		16	10	超标率：62.5%
合计		24	12	超标率：50.0%

在检出的剧毒和高毒农药中，有 5 种是我国早已禁止在果树和蔬菜上使用的，分别是：克百威、甲拌磷、氧乐果、灭线磷和苯线磷。禁用农药的检出情况见表 5-10。

表 5-10 禁用农药检出情况

序号	农药名称	检出频次	超标频次	超标率
从 3 种水果中检出 2 种禁用农药，共计检出 5 次				
1	克百威	4	2	50.0%
2	氧乐果	1	0	0.0%
小计		5	2	超标率：40.0%
从 9 种蔬菜中检出 6 种禁用农药，共计检出 22 次				
1	克百威	6	6	100.0%
2	氧乐果	6	4	66.7%
3	甲拌磷*	5	5	100.0%
4	丁酰肼	3	0	0.0%
5	苯线磷	1	0	0.0%
6	灭线磷*	1	1	100.0%
小计		22	16	超标率：72.7%
合计		27	18	超标率：66.7%

注：超标结果参考 MRL 中国国家标准计算

此次抽检的果蔬样品中，有 3 种蔬菜检出了剧毒农药，分别是：芹菜中检出甲拌磷 3 次；茼蒿中检出甲拌磷 2 次；韭菜中检出灭线磷 1 次。

样品中检出剧毒和高毒农药残留水平超过 MRL 中国国家标准的频次为 18 次，其中：橘检出克百威超标 2 次；油麦菜检出氧乐果超标 1 次；芹菜检出甲拌磷超标 3 次；茼蒿检出甲拌磷超标 2 次；菜豆检出克百威超标 3 次，检出氧乐果超标 1 次；西葫芦检出氧乐果超标 1 次；韭菜检出克百威超标 3 次，检出灭线磷超标 1 次；黄瓜检出氧乐果超标 1 次。本次检出结果表明，高毒、剧毒农药的使用现象依旧存在，详见表 5-11。

表 5-11　各样本中检出剧毒/高毒农药情况

样品名称	农药名称	检出频次	超标频次	检出浓度(μg/kg)
		水果 4 种		
柠檬	三唑磷	1	0	13.0
梨	克百威▲	1	0	11.3
橘	克百威▲	3	2	63.2[a], 2.6, 32.3[a]
橘	三唑磷	2	0	27.7, 5.3
橙	氧乐果▲	1	0	8.0
小计		8	2	超标率：25.0%
		蔬菜 8 种		
油麦菜	氧乐果▲	2	1	13.5, 41.9[a]
甜椒	苯线磷▲	1	0	1.0
芹菜	甲拌磷*▲	3	3	31.7[a], 23.6[a], 42.3[a]
茼蒿	甲拌磷*▲	2	2	19.0[a], 131.0[a]
菜豆	克百威▲	3	3	49.5[a], 26.9[a], 79.6[a]
菜豆	氧乐果▲	2	1	65.4[a], 9.6
菜豆	三唑磷	2	0	1.3, 2.1
西葫芦	氧乐果▲	1	1	27.1[a]
韭菜	克百威▲	3	3	688.5[a], 243.1[a], 273.4[a]
韭菜	嘧啶磷	1	0	2.9
韭菜	灭线磷*▲	1	1	52.5[a]
黄瓜	氧乐果▲	1	1	945.3[a]
小计		22	16	超标率：72.7%
合计		30	18	超标率：60.0%

5.2　农药残留检出水平与最大残留限量标准对比分析

我国于 2014 年 3 月 20 日正式颁布并于 2014 年 8 月 1 日正式实施食品农药残留限量国家标准《食品中农药最大残留限量》(GB 2763—2014)。该标准包括 371 个农药条目，涉及最大残留限量(MRL)标准 3653 项。将 967 频次检出农药的浓度水平与 3653 项 MRL 中国国家标准进行核对，其中只有 339 频次的农药找到了对应的 MRL 标准，占

35.1%，还有 628 频次的侦测数据则无相关 MRL 标准供参考，占 64.9%。

将此次侦测结果与国际上现行 MRL 标准对比发现，在 967 频次的检出结果中有 967 频次的结果找到了对应的 MRL 欧盟标准，占 100.0%，其中，908 频次的结果有明确对应的 MRL 标准，占 93.9%，其余 59 频次按照欧盟一律标准判定，占 6.1%；有 967 频次的结果找到了对应的 MRL 日本标准，占 100.0%，其中，714 频次的结果有明确对应的 MRL 标准，占 73.8%，其余 250 频次按照日本一律标准判定，占 26.2%；有 533 频次的结果找到了对应的 MRL 中国香港标准，占 55.1%；有 539 频次的结果找到了对应的 MRL 美国标准，占 55.7%；有 442 频次的结果找到了对应的 MRL CAC 标准，占 45.7%（见图 5-11 和图 5-12，数据见附表 3 至附表 8）。

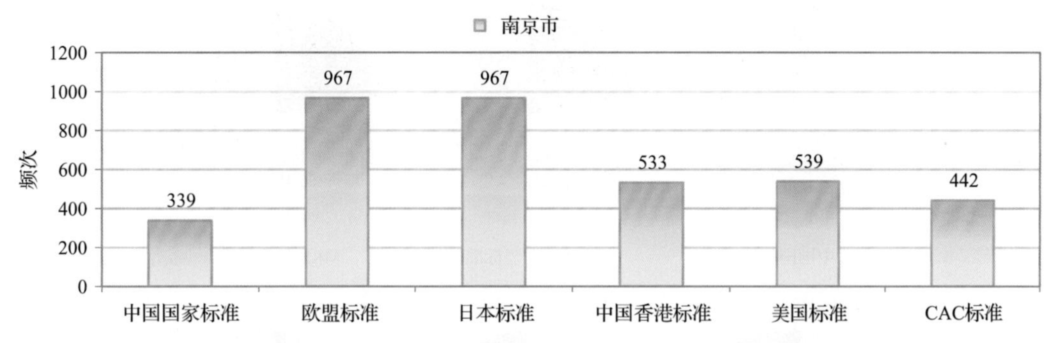

图 5-11　967 频次检出农药可用 MRL 中国国家标准、欧盟标准、日本标准、中国香港标准、美国标准、CAC 标准判定衡量的数量

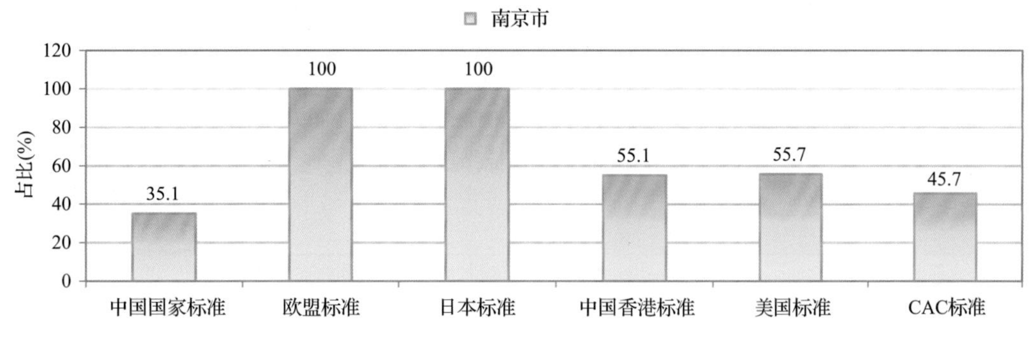

图 5-12　967 频次检出农药可用 MRL 中国国家标准、欧盟标准、日本标准、中国香港标准、美国标准、CAC 标准衡量的占比

5.2.1　超标农药样品分析

本次侦测的 489 例样品中，135 例样品未检出任何残留农药，占样品总量的 27.6%，354 例样品检出不同水平、不同种类的残留农药，占样品总量的 72.4%。在此，我们将本次侦测的农残检出情况与 MRL 中国国家标准、欧盟标准、日本标准、中国香港标准、美国标准和 CAC 标准这 6 大国际主流标准进行对比分析，样品农残检出与超标情况见表 5-12、图 5-13 和图 5-14，详细数据见附表 9 至附表 14。

表 5-12　各 MRL 标准下样本农残检出与超标数量及占比

	中国国家标准	欧盟标准	日本标准	中国香港标准	美国标准	CAC 标准
	数量/占比(%)	数量/占比(%)	数量/占比(%)	数量/占比(%)	数量/占比(%)	数量/占比(%)
未检出	135/27.6	135/27.6	135/27.6	135/27.6	135/27.6	135/27.6
检出未超标	329/67.3	245/50.1	245/50.1	345/70.6	354/72.4	345/70.6
检出超标	25/5.1	109/22.3	109/22.3	9/1.8	0/0.0	9/1.8

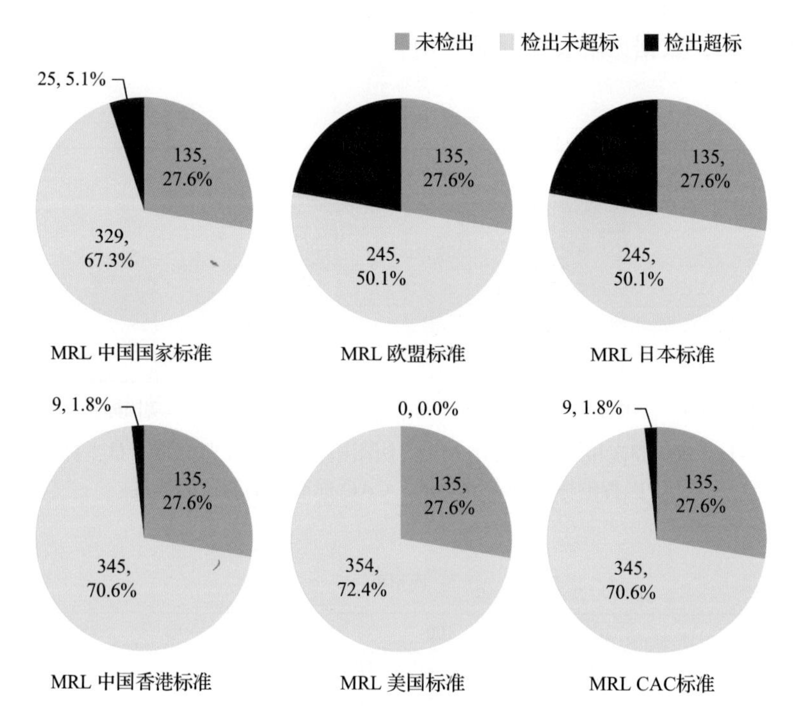

图 5-13　检出和超标样品比例情况

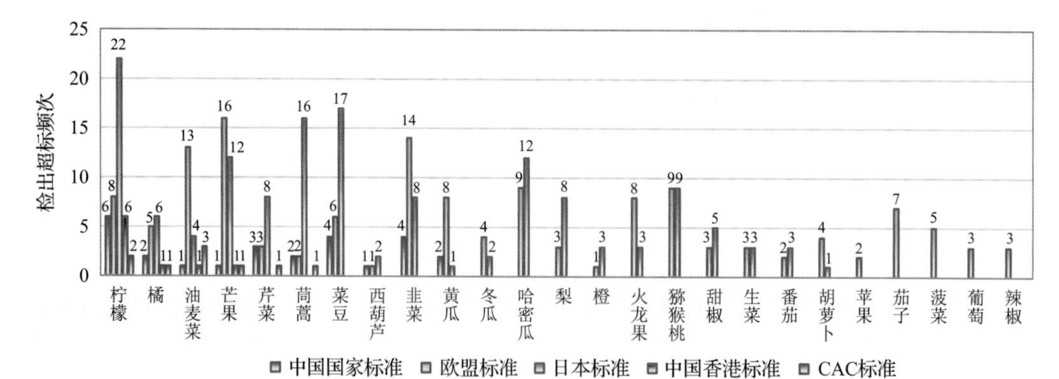

图 5-14　超过 MRL 中国国家标准、欧盟标准、日本标准、中国香港标准、美国标准和 CAC 标准结果在水果蔬菜中的分布

5.2.2　超标农药种类分析

按照 MRL 中国国家标准、欧盟标准、日本标准、中国香港标准、美国标准和 CAC 标准这 6 大国际主流标准衡量，本次侦测检出的农药超标品种及频次情况见表 5-13。

表 5-13　各 MRL 标准下超标农药品种及频次

	中国国家标准	欧盟标准	日本标准	中国香港标准	美国标准	CAC 标准
超标农药品种	7	43	39	3	0	6
超标农药频次	26	142	145	9	0	9

5.2.2.1　按 MRL 中国国家标准衡量

按 MRL 中国国家标准衡量，共有 7 种农药超标，检出 26 频次，分别为剧毒农药灭线磷和甲拌磷，高毒农药克百威和氧乐果，中毒农药噻唑磷和戊唑醇，微毒农药多菌灵。

按超标程度比较，黄瓜中氧乐果超标 46.3 倍，韭菜中克百威超标 33.4 倍，茼蒿中甲拌磷超标 12.1 倍，黄瓜中噻唑磷超标 4.2 倍，柠檬中多菌灵超标 4.1 倍。检测结果见图 5-15 和附表 15。

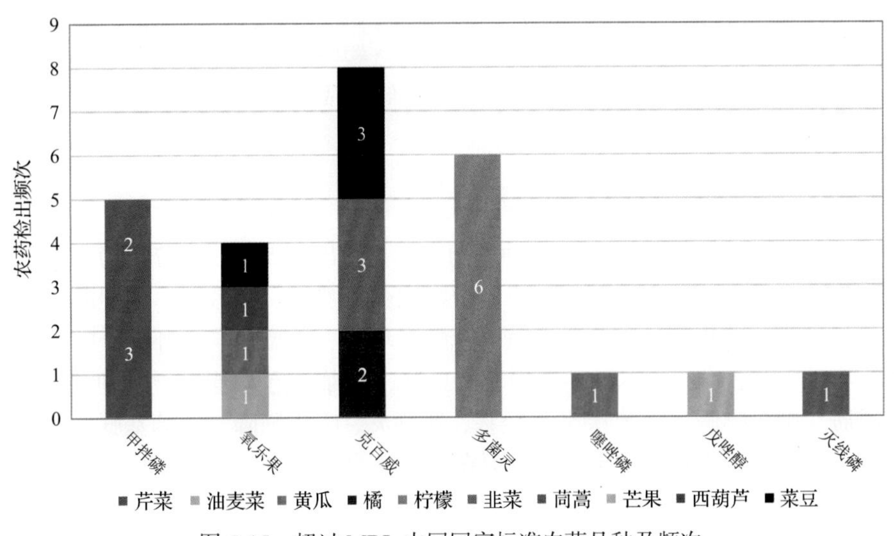

图 5-15　超过 MRL 中国国家标准农药品种及频次

5.2.2.2　按 MRL 欧盟标准衡量

按 MRL 欧盟标准衡量，共有 43 种农药超标，检出 142 频次，分别为剧毒农药灭线磷和甲拌磷，高毒农药克百威、三唑磷和氧乐果，中毒农药乐果、噻唑磷、呋嘧醇、戊唑醇、烯唑醇、甲霜灵、三唑醇、双苯酰草胺、稻瘟灵、噁霜灵、噻虫啉、唑虫酰胺、啶虫脒、氟硅唑、吡虫啉、丙溴磷、残杀威和 *N*-去甲基啶虫脒，低毒农药烯酰吗啉、呋虫胺、嘧霉胺、吡虫啉脲、苯噻菌胺、烯啶虫胺、噻苯咪唑-5-羟基、噻菌灵、新燕灵、氟唑菌酰胺、噻酮磺隆、双苯基脲和异丙草胺，微毒农药多菌灵、丁酰肼、溴丁酰草胺、嘧菌酯、甲基硫菌灵、醚菌酯和霜霉威。

按超标程度比较，黄瓜中氧乐果超标 93.5 倍，茄子中丙溴磷超标 86.3 倍，生菜中丁酰肼超标 40.2 倍，芒果中啶虫脒超标 36.6 倍，韭菜中克百威超标 33.4 倍。检测结果见图 5-16 和附表 16。

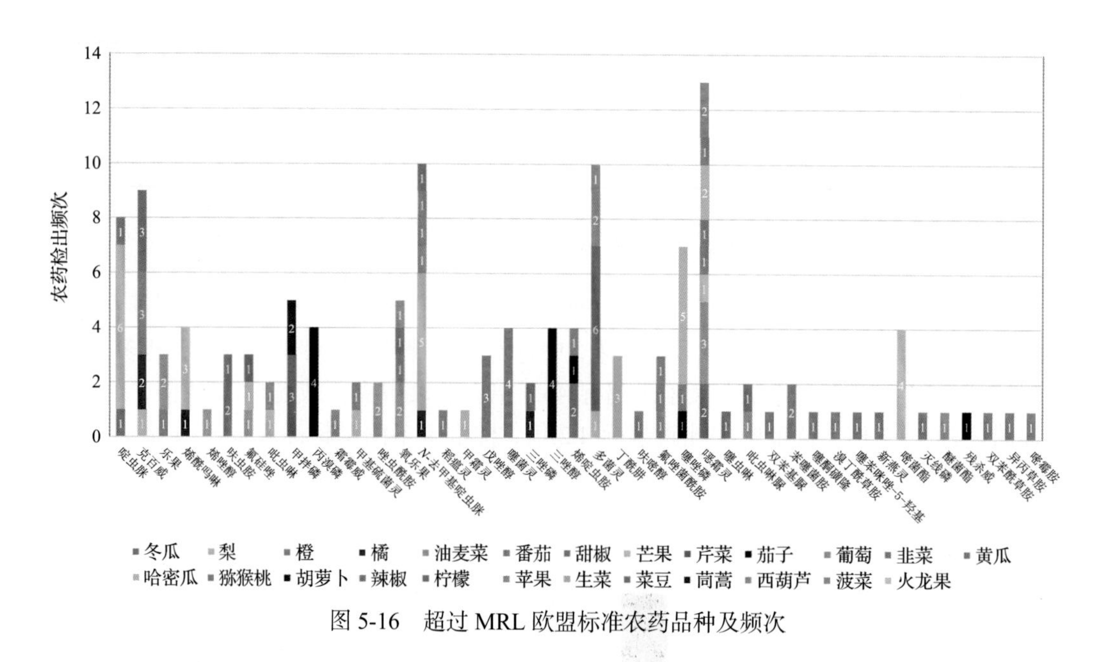

图 5-16　超过 MRL 欧盟标准农药品种及频次

5.2.2.3　按 MRL 日本标准衡量

按 MRL 日本标准衡量，共有 39 种农药超标，检出 145 频次，分别为剧毒农药灭线磷，高毒农药克百威、三唑磷和氧乐果，中毒农药粉唑醇、多效唑、戊唑醇、呋嘧醇、甲霜灵、烯唑醇、噻虫嗪、双苯酰草胺、苯醚甲环唑、稻瘟灵、丙环唑、啶虫脒、氟硅唑、腈菌唑、吡虫啉、丙溴磷和 *N*-去甲基啶虫脒，低毒农药灭蝇胺、烯酰吗啉、嘧霉胺、氟吡菌酰胺、吡虫啉脲、噻苯咪唑-5-羟基、新燕灵、噻酮磺隆、双苯基脲、异丙草胺和乙嘧酚磺酸酯，微毒农药多菌灵、吡唑醚菌酯、丁酰肼、溴丁酰草胺、嘧菌酯、甲基硫菌灵和霜霉威。

按超标程度比较，柠檬中甲基硫菌灵超标 261.4 倍，柠檬中腈菌唑超标 234.7 倍，橘中甲基硫菌灵超标 129.7 倍，菜豆中吡虫啉超标 80.4 倍，梨中甲基硫菌灵超标 61.1 倍。检测结果见图 5-17 和附表 17。

5.2.2.4　按 MRL 中国香港标准衡量

按 MRL 中国香港标准衡量，共有 3 种农药超标，检出 9 频次，分别为中毒农药噻虫嗪和吡虫啉，微毒农药多菌灵。

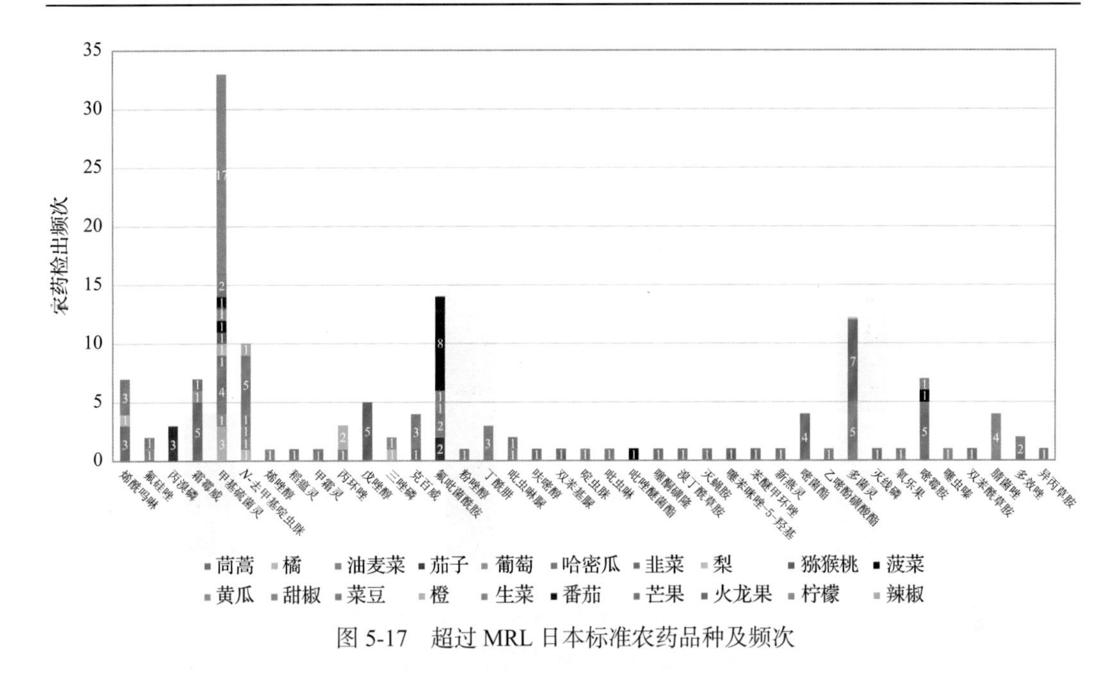

图 5-17　超过 MRL 日本标准农药品种及频次

按超标程度比较，柠檬中多菌灵超标 4.1 倍，芒果中吡虫啉超标 2.1 倍，茄子中吡虫啉超标 1.0 倍，菜豆中噻虫嗪超标 0.4 倍。检测结果见图 5-18 和附表 18。

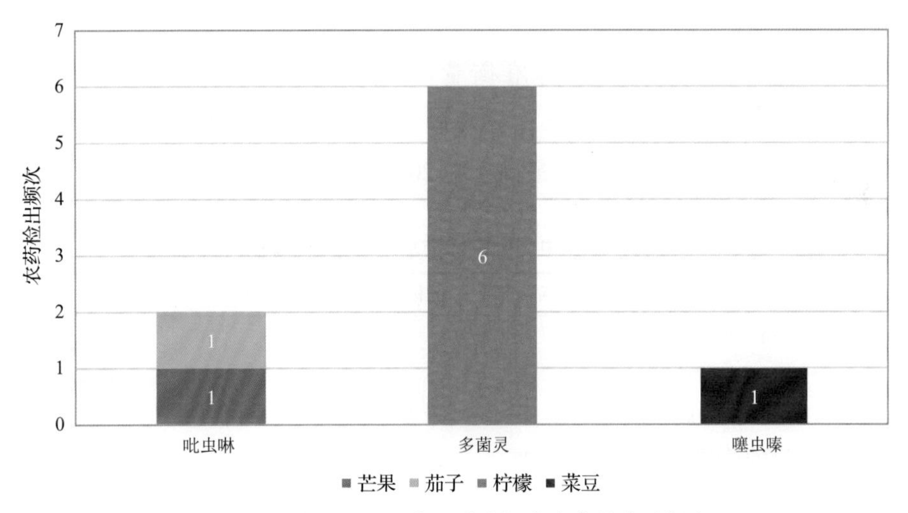

图 5-18　超过 MRL 中国香港标准农药品种及频次

5.2.2.5　按 MRL 美国标准衡量

按 MRL 美国标准衡量，无样品检出超标农药残留。

5.2.2.6　按 MRL CAC 标准衡量

按 MRL CAC 标准衡量，共有 6 种农药超标，检出 9 频次，分别为中毒农药戊唑醇、噻虫嗪、啶虫脒和吡虫啉，低毒农药氟吡菌酰胺，微毒农药多菌灵。

按超标程度比较，芒果中吡虫啉超标 2.1 倍，冬瓜中啶虫脒超标 1.1 倍，茄子中吡虫啉超标 1.0 倍，黄瓜中啶虫脒超标 0.7 倍，菜豆中噻虫嗪超标 0.4 倍。检测结果见图 5-19 和附表 20。

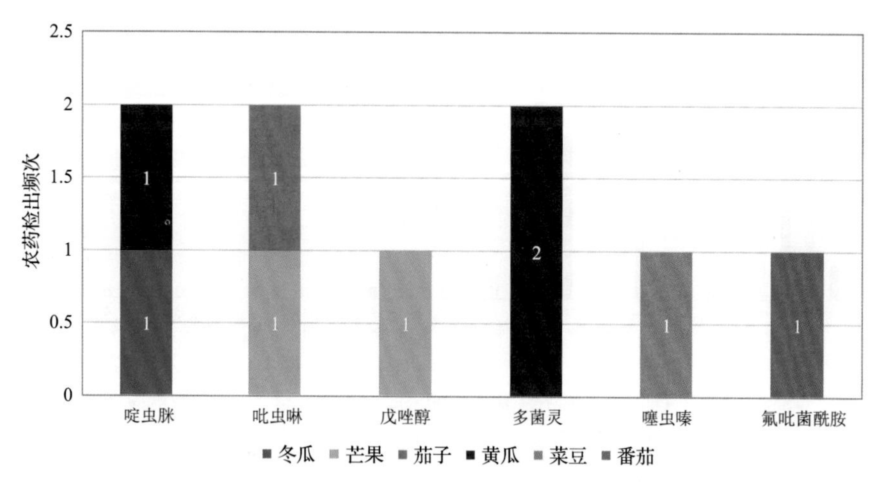

图 5-19　超过 MRL CAC 标准农药品种及频次

5.2.3　20 个采样点超标情况分析

5.2.3.1　按 MRL 中国国家标准衡量

按 MRL 中国国家标准衡量，有 14 个采样点的样品存在不同程度的超标农药检出，其中***超市(龙江小区店)的超标率最高，为 20.8%，如表 5-14 和图 5-20 所示。

表 5-14　超过 MRL 中国国家标准水果蔬菜在不同采样点分布

序号	采样点	样品总数	超标数量	超标率(%)	行政区域
1	***超市(油坊桥店)	26	2	7.7	建邺区
2	***超市(万达水西门店)	26	1	3.8	建邺区
3	***超市(瑞金店)	25	2	8.0	秦淮区
4	***超市(鼓楼店)	25	2	8.0	鼓楼区
5	***超市(灵谷寺路店)	25	2	8.0	玄武区
6	***超市(花园路店)	25	1	4.0	玄武区
7	***超市(光华路购物广场店)	25	2	8.0	秦淮区
8	***菜场	24	1	4.2	秦淮区
9	***市场	24	1	4.2	鼓楼区
10	***超市(龙江小区店)	24	5	20.8	鼓楼区
11	***超市(马标店)	24	1	4.2	玄武区
12	***市场	23	1	4.3	建邺区
13	***超市(长虹店)	23	1	4.3	建邺区
14	***市场	20	3	15.0	玄武区

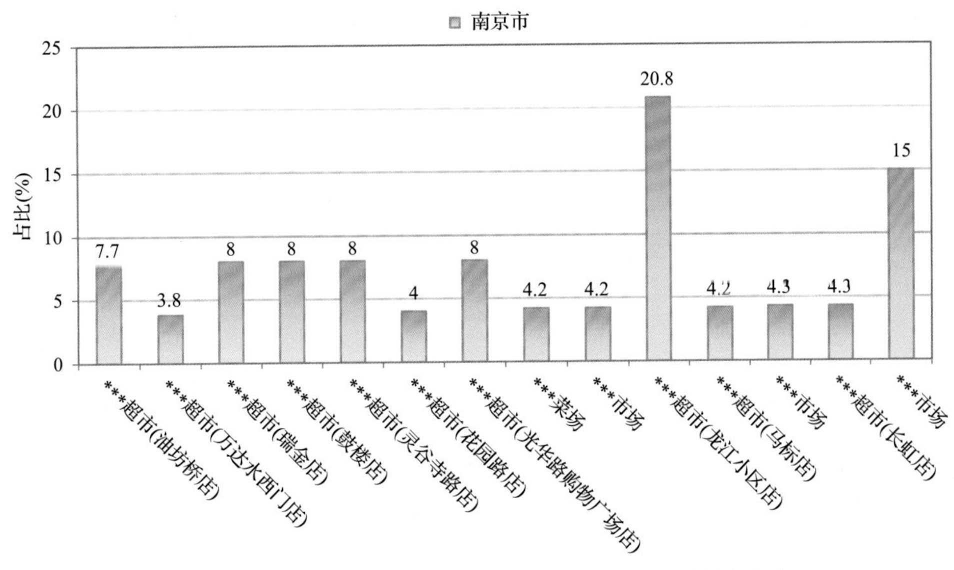

图5-20 超过MRL中国国家标准水果蔬菜在不同采样点分布

5.2.3.2 按MRL欧盟标准衡量

按MRL欧盟标准衡量，所有采样点的样品均存在不同程度的超标农药检出，其中***超市(鼓楼店)和***市场的超标率最高，为40.0%，如表5-15和图5-21所示。

表5-15 超过MRL欧盟标准水果蔬菜在不同采样点分布

序号	采样点	样品总数	超标数量	超标率(%)	行政区域
1	***超市(大桥南路店)	26	4	15.4	鼓楼区
2	***超市(油坊桥店)	26	4	15.4	建邺区
3	***超市(中山北路购物广场店)	26	3	11.5	鼓楼区
4	***超市(万达水西门店)	26	5	19.2	建邺区
5	***超市(瑞金店)	25	6	24.0	秦淮区
6	***超市(鼓楼店)	25	10	40.0	鼓楼区
7	***超市(南京秦淮店)	25	3	12.0	秦淮区
8	***超市(灵谷寺路店)	25	5	20.0	玄武区
9	***超市(河西中央公园店)	25	6	24.0	建邺区
10	***超市(花园路店)	25	3	12.0	玄武区
11	***超市(光华路购物广场店)	25	6	24.0	秦淮区
12	***菜场	24	4	16.7	秦淮区
13	***市场	24	7	29.2	鼓楼区
14	***超市(大行宫店)	24	4	16.7	玄武区

续表

序号	采样点	样品总数	超标数量	超标率(%)	行政区域
15	***超市(龙江小区店)	24	8	33.3	鼓楼区
16	***超市(新街口店)	24	5	20.8	秦淮区
17	***超市(马标店)	24	4	16.7	玄武区
18	***市场	23	8	34.8	建邺区
19	***超市(长虹店)	23	6	26.1	建邺区
20	***市场	20	8	40.0	玄武区

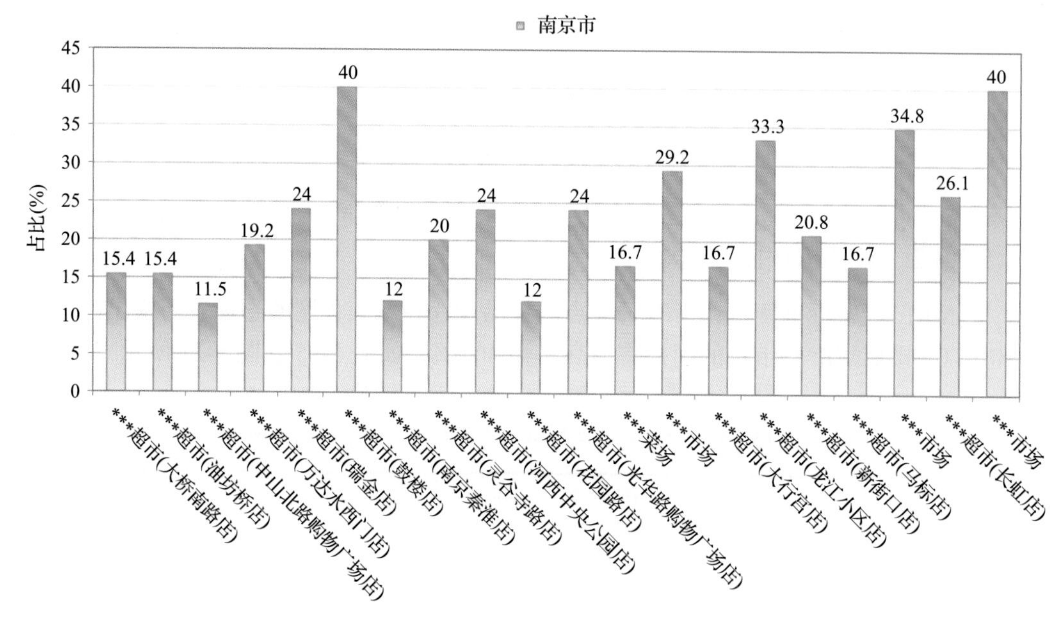

图 5-21　超过 MRL 欧盟标准水果蔬菜在不同采样点分布

5.2.3.3　按 MRL 日本标准衡量

按 MRL 日本标准衡量，所有采样点的样品均存在不同程度的超标农药检出，其中***市场的超标率最高，为 43.5%，如表 5-16 和图 5-22 所示。

表 5-16　超过 MRL 日本标准水果蔬菜在不同采样点分布

	采样点	样品总数	超标数量	超标率(%)	行政区域
1	***超市(大桥南路店)	26	6	23.1	鼓楼区
2	***超市(油坊桥店)	26	6	23.1	建邺区
3	***超市(中山北路购物广场店)	26	6	23.1	鼓楼区
4	***超市(万达水西门店)	26	7	26.9	建邺区

续表

	采样点	样品总数	超标数量	超标率(%)	行政区域
5	***超市(瑞金店)	25	6	24.0	秦淮区
6	***超市(鼓楼店)	25	5	20.0	鼓楼区
7	***超市(南京秦淮店)	25	5	20.0	秦淮区
8	***超市(灵谷寺路店)	25	3	12.0	玄武区
9	***超市(河西中央公园店)	25	6	24.0	建邺区
10	***超市(花园路店)	25	4	16.0	玄武区
11	***超市(光华路购物广场店)	25	5	20.0	秦淮区
12	***菜场	24	3	12.5	秦淮区
13	***市场	24	5	20.8	鼓楼区
14	***超市(大行宫店)	24	5	20.8	玄武区
15	***超市(龙江小区店)	24	6	25.0	鼓楼区
16	***超市(新街口店)	24	5	20.8	秦淮区
17	***超市(马标店)	24	3	12.5	玄武区
18	***市场	23	10	43.5	建邺区
19	***超市(长虹店)	23	8	34.8	建邺区
20	***市场	20	5	25.0	玄武区

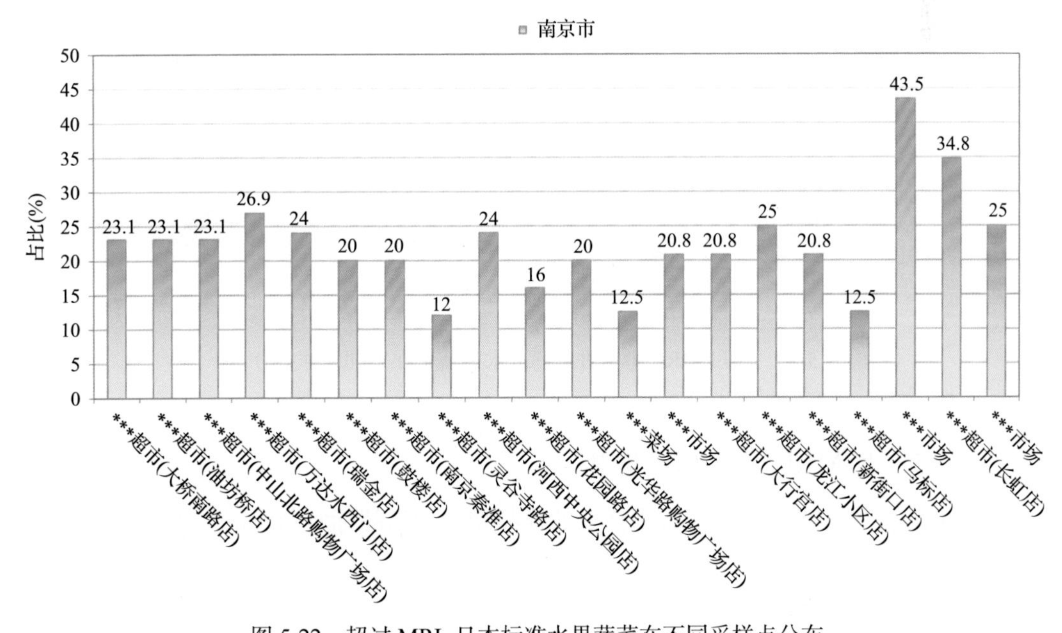

图 5-22　超过 MRL 日本标准水果蔬菜在不同采样点分布

5.2.3.4 按 MRL 中国香港标准衡量

按 MRL 中国香港标准衡量，有 7 个采样点的样品存在不同程度的超标农药检出，其中***市场的超标率最高，为 8.7%，如表 5-17 和图 5-23 所示。

表 5-17 超过 MRL 中国香港标准水果蔬菜在不同采样点分布

	采样点	样品总数	超标数量	超标率(%)	行政区域
1	***超市(油坊桥店)	26	1	3.8	建邺区
2	***超市(光华路购物广场店)	25	1	4.0	秦淮区
3	***超市(龙江小区店)	24	1	4.2	鼓楼区
4	***超市(马标店)	24	2	8.3	玄武区
5	***市场	23	2	8.7	建邺区
6	***超市(长虹店)	23	1	4.3	建邺区
7	***市场	20	1	5.0	玄武区

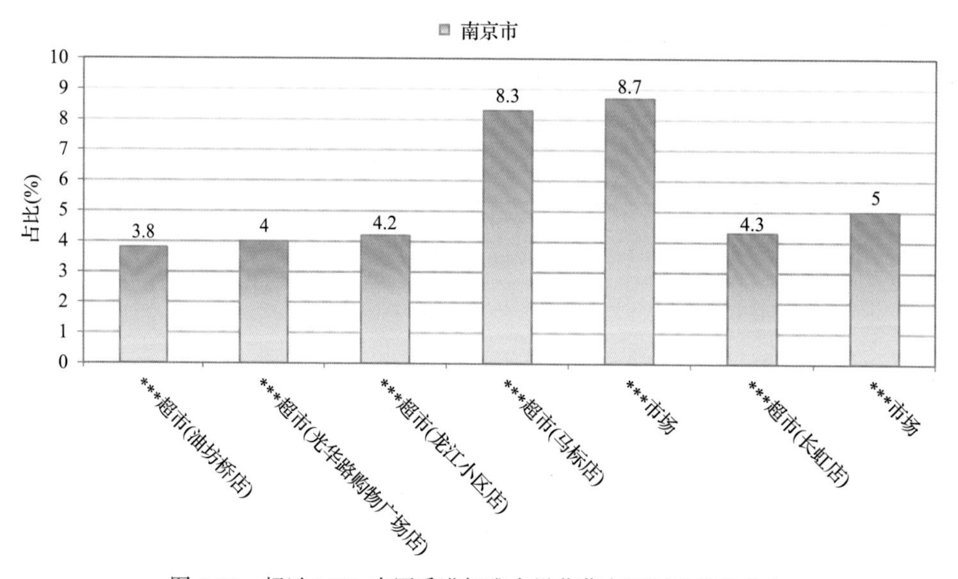

图 5-23 超过 MRL 中国香港标准水果蔬菜在不同采样点分布

5.2.3.5 按 MRL 美国标准衡量

按 MRL 美国标准衡量，所有采样点的样品均未检出超标农药残留。

5.2.3.6 按 MRL CAC 标准衡量

按 MRL CAC 标准衡量，有 9 个采样点的样品存在不同程度的超标农药检出，其中***市场和***超市(长虹店)的超标率最高，为 4.3%，如表 5-18 和图 5-24 所示。

表 5-18　超过 MRL CAC 标准水果蔬菜在不同采样点分布

	采样点	样品总数	超标数量	超标率(%)	行政区域
1	***超市(油坊桥店)	26	1	3.8	建邺区
2	***超市(鼓楼店)	25	1	4.0	鼓楼区
3	***超市(灵谷寺路店)	25	1	4.0	玄武区
4	***超市(光华路购物广场店)	25	1	4.0	秦淮区
5	***超市(龙江小区店)	24	1	4.2	鼓楼区
6	***超市(新街口店)	24	1	4.2	秦淮区
7	***超市(马标店)	24	1	4.2	玄武区
8	***市场	23	1	4.3	建邺区
9	***超市(长虹店)	23	1	4.3	建邺区

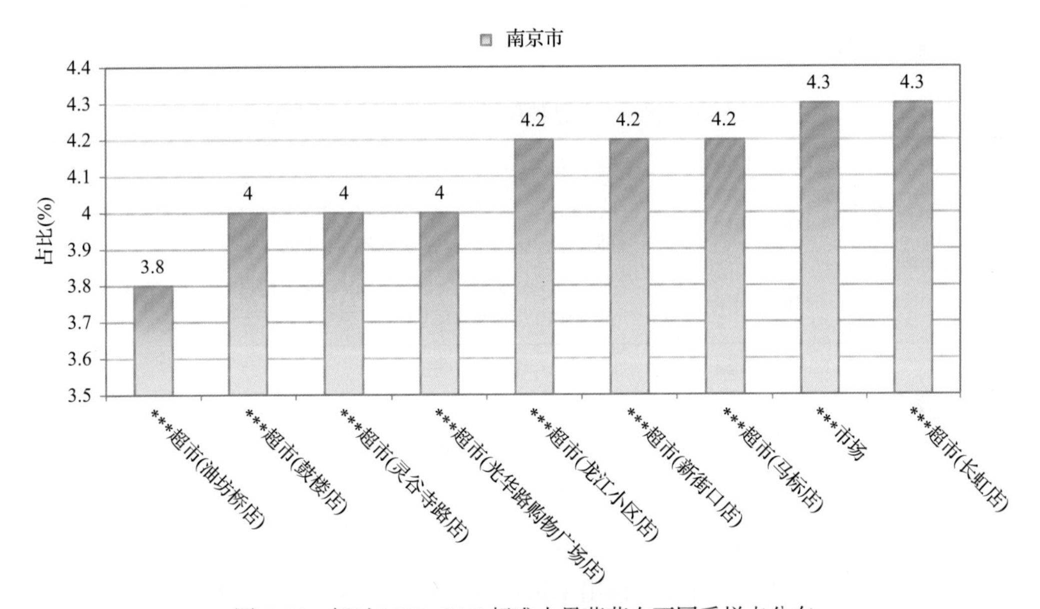

图 5-24　超过 MRL CAC 标准水果蔬菜在不同采样点分布

5.3　水果中农药残留分布

5.3.1　检出农药品种和频次排前 10 的水果

本次残留侦测的水果共 10 种，包括猕猴桃、哈密瓜、苹果、葡萄、梨、芒果、橘、火龙果、橙和柠檬。

根据检出农药品种及频次进行排名，将各项排名前 10 位的水果样品检出情况列表说明，详见表 5-19。

表 5-19　检出农药品种和频次排名前 10 的水果

检出农药品种排名前 10(品种)	①橘(22),②芒果(22),③哈密瓜(21),④葡萄(19),⑤猕猴桃(11),⑥柠檬(11),⑦橙(10),⑧梨(8),⑨火龙果(4),⑩苹果(3)
检出农药频次排名前 10(频次)	①哈密瓜(100),②芒果(81),③葡萄(60),④橘(55),⑤柠檬(45),⑥猕猴桃(43),⑦火龙果(17),⑧橙(15),⑨苹果(15),⑩梨(11)
检出禁用、高毒及剧毒农药品种排名前 10(品种)	①橘(2),②橙(1),③梨(1),④柠檬(1)
检出禁用、高毒及剧毒农药频次排名前 10(频次)	①橘(5),②橙(1),③梨(1),④柠檬(1)

5.3.2　超标农药品种和频次排前 10 的水果

鉴于 MRL 欧盟标准和日本标准制定比较全面且覆盖率较高，我们参照 MRL 中国国家标准、欧盟标准和日本标准衡量水果样品中农残检出情况，将超标农药品种及频次排名前 10 的水果列表说明，详见表 5-20。

表 5-20　超标农药品种和频次排名前 10 的水果

超标农药品种排名前 10(农药品种数)	MRL 中国国家标准	①橘(1),②芒果(1),③柠檬(1)
	MRL 欧盟标准	①芒果(5),②哈密瓜(4),③橘(4),④猕猴桃(4),⑤梨(3),⑥柠檬(3),⑦葡萄(3),⑧火龙果(2),⑨橙(1),⑩苹果(1)
	MRL 日本标准	①哈密瓜(4),②橘(4),③芒果(4),④猕猴桃(4),⑤火龙果(3),⑥柠檬(3),⑦葡萄(3),⑧橙(1),⑨梨(1)
超标农药频次排名前 10(农药频次数)	MRL 中国国家标准	①柠檬(6),②橘(2),③芒果(1)
	MRL 欧盟标准	①芒果(16),②哈密瓜(9),③猕猴桃(9),④火龙果(8),⑤柠檬(8),⑥橘(5),⑦梨(3),⑧葡萄(3),⑨苹果(2),⑩橙(1)
	MRL 日本标准	①柠檬(22),②火龙果(12),③芒果(12),④哈密瓜(8),⑤猕猴桃(8),⑥橘(6),⑦葡萄(3),⑧橙(2),⑨梨(1)

通过对各品种水果样本总数及检出率进行综合分析发现，芒果、橘和哈密瓜的残留污染最为严重，在此，我们参照 MRL 中国国家标准、欧盟标准和日本标准对这 3 种水果的农残检出情况进行进一步分析。

5.3.3　农药残留检出率较高的水果样品分析

5.3.3.1　芒果

这次共检测 20 例芒果样品，全部检出了农药残留，检出率为 100.0%，检出农药共计 22 种。其中啶虫脒、嘧菌酯、吡虫啉、多菌灵和 *N*-去甲基啶虫脒检出频次较高，分别检出了 10、10、9、8 和 5 次。芒果中农药检出品种和频次见图 5-25，超标农药见图 5-26 和表 5-21。

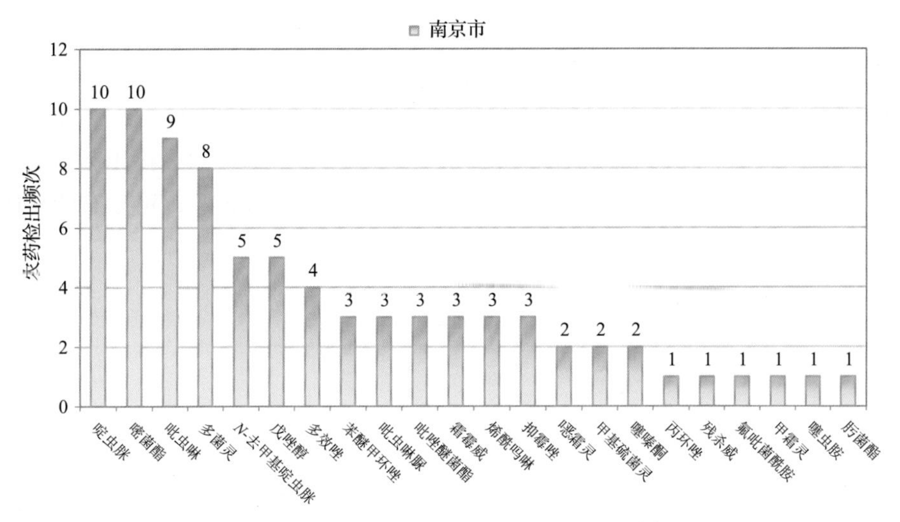

图 5-25 芒果样品检出农药品种和频次分析

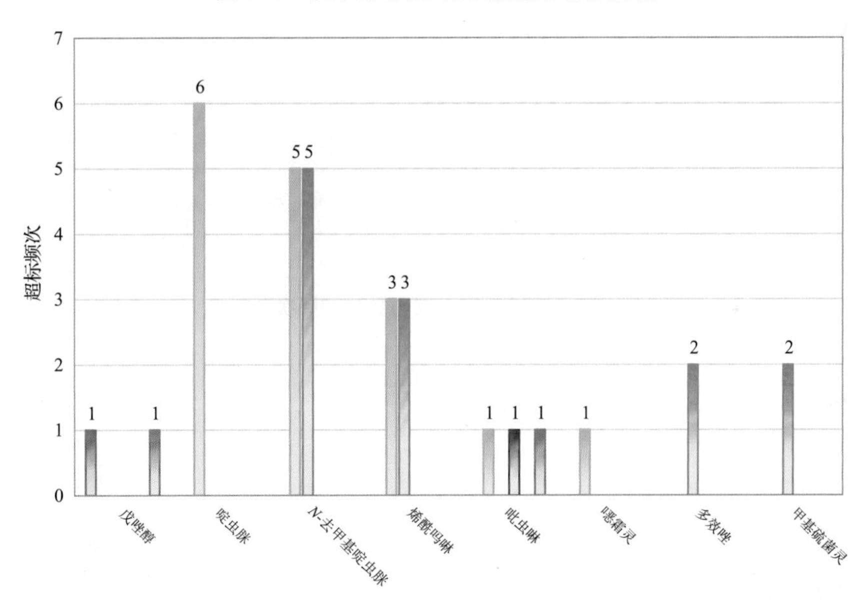

图 5-26 芒果样品中超标农药分析

表 5-21 芒果中农药残留超标情况明细表

样品总数			检出农药样品数	样品检出率(%)	检出农药品种总数
20			20	100	22
	超标农药品种	超标农药频次	按照 MRL 中国国家标准、欧盟标准和日本标准衡量超标农药名称及频次		
中国国家标准	1	1	戊唑醇(1)		
欧盟标准	5	16	啶虫脒(6),N-去甲基啶虫脒(5),烯酰吗啉(3),吡虫啉(1),噁霜灵(1)		
日本标准	4	12	N-去甲基啶虫脒(5),烯酰吗啉(3),多效唑(2),甲基硫菌灵(2)		

5.3.3.2　橘

这次共检测 19 例橘样品，全部检出了农药残留，检出率为 100.0%，检出农药共计 22 种。其中抑霉唑、吡唑醚菌酯、咪鲜胺、戊唑醇和甲基硫菌灵检出频次较高，分别检出了 9、6、5、5 和 4 次。橘中农药检出品种和频次见图 5-27，超标农药见图 5-28 和表 5-22。

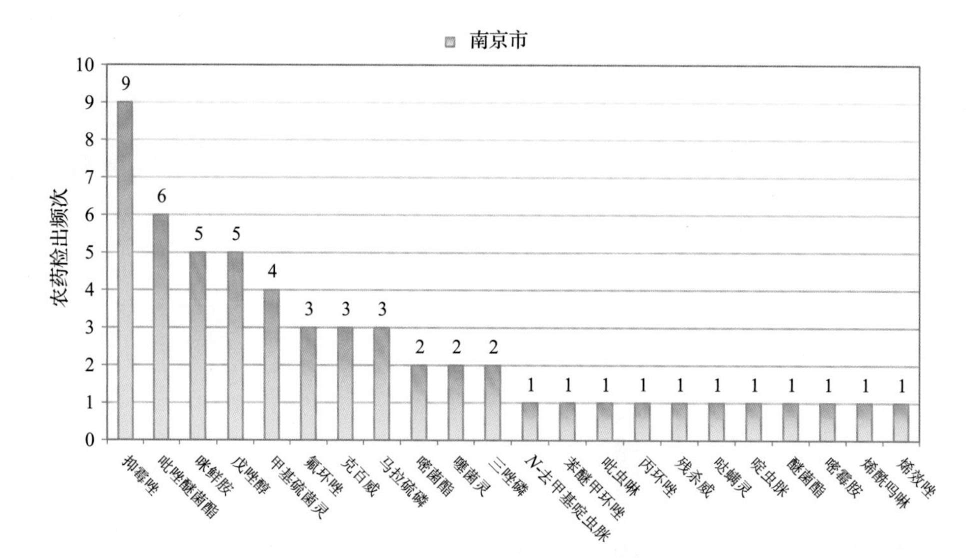

图 5-27　橘样品检出农药品种和频次分析

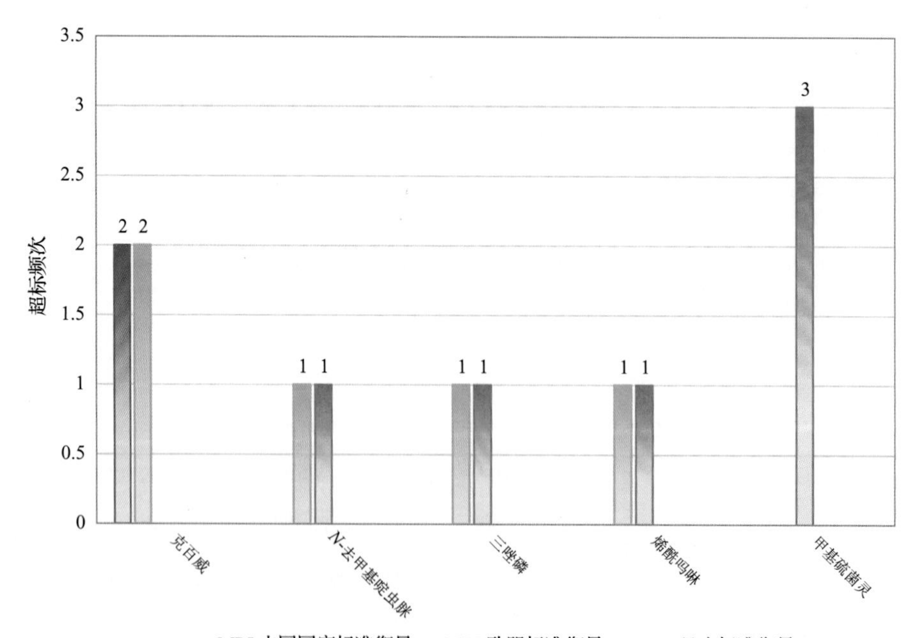

图 5-28　橘样品中超标农药分析

表 5-22　橘中农药残留超标情况明细表

样品总数			检出农药样品数	样品检出率(%)	检出农药品种总数
19			19	100	22
	超标农药品种	超标农药频次	按照 MRL 中国国家标准、欧盟标准和日本标准衡量超标农药名称及频次		
中国国家标准	1	2	克百威(2)		
欧盟标准	4	5	克百威(2),N-去甲基啶虫脒(1),三唑磷(1),烯酰吗啉(1)		
日本标准	4	6	甲基硫菌灵(3),N-去甲基啶虫脒(1),三唑磷(1),烯酰吗啉(1)		

5.3.3.3　哈密瓜

这次共检测 18 例哈密瓜样品，全部检出了农药残留，检出率为 100.0%，检出农药共计 21 种。其中噁霜灵、烯酰吗啉、噻唑磷、霜霉威和多菌灵检出频次较高，分别检出了 13、11、10、10 和 9 次。哈密瓜中农药检出品种和频次见图 5-29，超标农药见图 5-30 和表 5-23。

表 5-23　哈密瓜中农药残留超标情况明细表

样品总数			检出农药样品数	样品检出率(%)	检出农药品种总数
18			18	100	21
	超标农药品种	超标农药频次	按照 MRL 中国国家标准、欧盟标准和日本标准衡量超标农药名称及频次		
中国国家标准	0	0			
欧盟标准	4	9	噻唑磷(5),噁霜灵(2),氟硅唑(1),甲霜灵(1)		
日本标准	4	8	甲基硫菌灵(4),氟吡菌酰胺(2),氟硅唑(1),甲霜灵(1)		

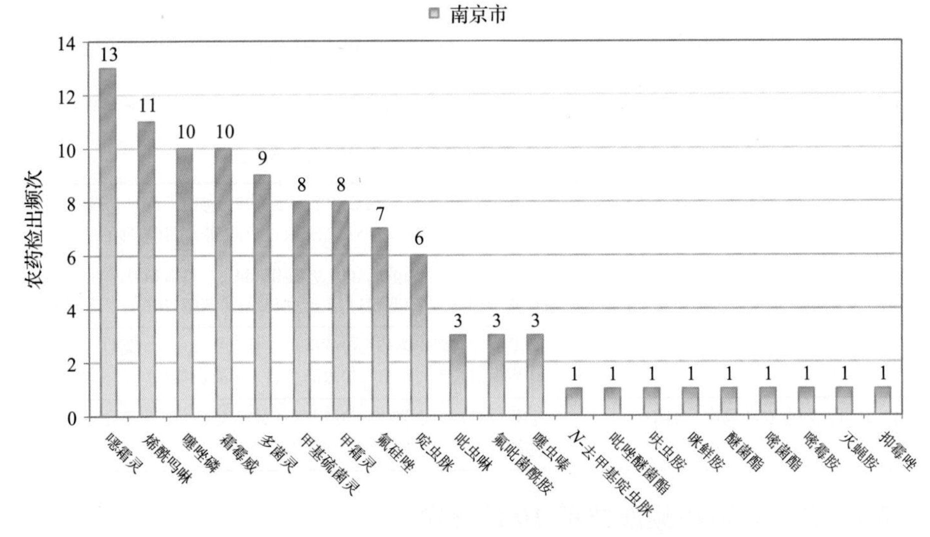

图 5-29　哈密瓜样品检出农药品种和频次分析

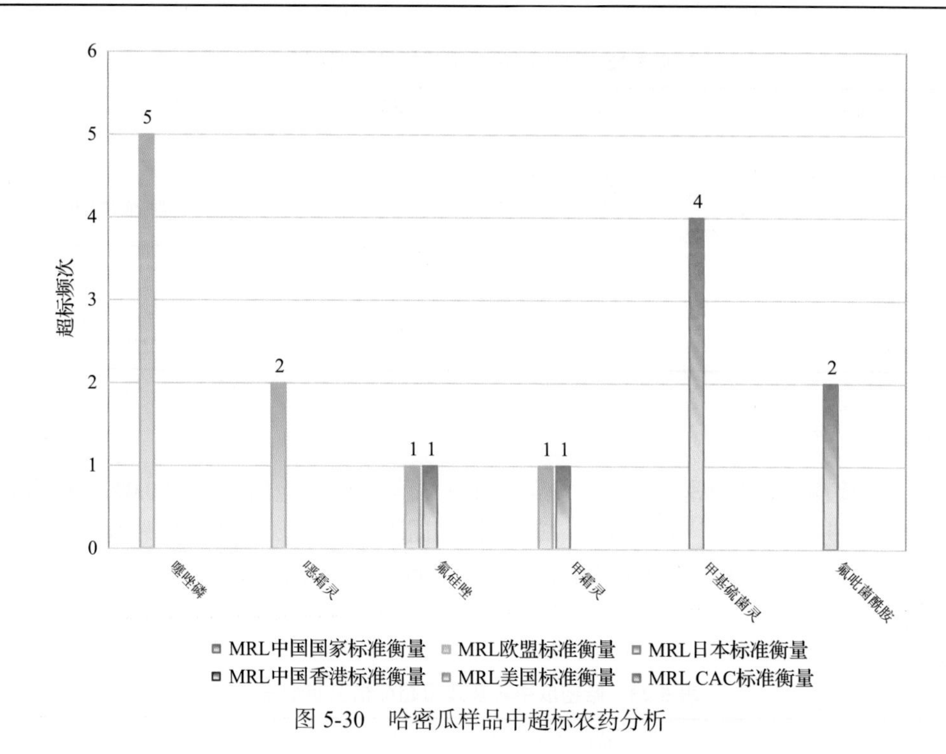

图 5-30 哈密瓜样品中超标农药分析

5.4 蔬菜中农药残留分布

5.4.1 检出农药品种和频次排前 10 的蔬菜

本次残留侦测的蔬菜共 15 种，包括芹菜、黄瓜、韭菜、菠菜、番茄、甜椒、西葫芦、辣椒、油麦菜、胡萝卜、茄子、生菜、茼蒿、菜豆和冬瓜。

根据检出农药品种及频次进行排名，将各项排名前 10 位的蔬菜样品检出情况列表说明，详见表 5-24。

表 5-24 检出农药品种和频次排名前 10 的蔬菜

检出农药品种排名前 10（品种）	①韭菜(30),②甜椒(22),③油麦菜(22),④茄子(21),⑤菜豆(18),⑥番茄(15),⑦黄瓜(15),⑧辣椒(11),⑨菠菜(10),⑩冬瓜(9)
检出农药频次排名前 10（频次）	①油麦菜(82),②番茄(60),③甜椒(54),④黄瓜(49),⑤韭菜(47),⑥茄子(46),⑦冬瓜(41),⑧菜豆(32),⑨辣椒(26),⑩菠菜(19)
检出禁用、高毒及剧毒农药品种排名前 10（品种）	①菜豆(3),②韭菜(3),③黄瓜(1),④芹菜(1),⑤生菜(1),⑥甜椒(1),⑦茼蒿(1),⑧西葫芦(1),⑨油麦菜(1)
检出禁用、高毒及剧毒农药频次排名前 10（频次）	①菜豆(7),②韭菜(5),③芹菜(3),④生菜(3),⑤茼蒿(2),⑥油麦菜(2),⑦黄瓜(1),⑧甜椒(1),⑨西葫芦(1)

5.4.2 超标农药品种和频次排前 10 的蔬菜

鉴于 MRL 欧盟标准和日本标准制定比较全面且覆盖率较高，我们参照 MRL 中国国家标准、欧盟标准和日本标准衡量蔬菜样品中农残检出情况，将超标农药品种及频次排名前 10 的蔬菜列表说明，详见表 5-25。

表 5-25　超标农药品种和频次排名前 10 的蔬菜

超标农药品种排名前 10 (农药品种数)	MRL 中国国家标准	①菜豆(2),②黄瓜(2),③韭菜(2),④芹菜(1), ⑤茼蒿(1),⑥西葫芦(1),⑦油麦菜(1)
	MRL 欧盟标准	①韭菜(12),②油麦菜(8),③黄瓜(7),④菠菜(4),⑤菜豆(4), ⑥茄子(4),⑦冬瓜(3),⑧辣椒(3),⑨甜椒(2),⑩番茄(1)
	MRL 日本标准	①韭菜(13),②菜豆(10),③油麦菜(4),④菠菜(3),⑤甜椒(3), ⑥番茄(2),⑦黄瓜(2),⑧茄子(2),⑨茼蒿(2),⑩辣椒(1)
超标农药频次排名前 10 (农药频次数)	MRL 中国国家标准	①菜豆(4),②韭菜(4),③芹菜(3),④黄瓜(2), ⑤茼蒿(2),⑥西葫芦(1),⑦油麦菜(1)
	MRL 欧盟标准	①韭菜(14),②油麦菜(13),③黄瓜(8),④茄子(7),⑤菜豆(6), ⑥菠菜(5),⑦冬瓜(4),⑧胡萝卜(4),⑨辣椒(3),⑩芹菜(3)
	MRL 日本标准	①韭菜(17),②菜豆(16),③番茄(9),④茼蒿(8),⑤茄子(5), ⑥油麦菜(4),⑦菠菜(3),⑧生菜(3),⑨甜椒(3),⑩黄瓜(2)

通过对各品种蔬菜样本总数及检出率进行综合分析发现，韭菜、油麦菜和甜椒的残留污染最为严重，在此，我们参照 MRL 中国国家标准、欧盟标准和日本标准对这 3 种蔬菜的农残检出情况进行进一步分析。

5.4.3　农药残留检出率较高的蔬菜样品分析

5.4.3.1　韭菜

这次共检测 19 例韭菜样品，14 例样品中检出了农药残留，检出率为 73.7%，检出农药共计 30 种。其中嘧霉胺、烯酰吗啉、克百威、双苯基脲和苯醚甲环唑检出频次较高，分别检出了 7、5、3、3 和 2 次。韭菜中农药检出品种和频次见图 5-31，超标农药见图 5-32 和表 5-26。

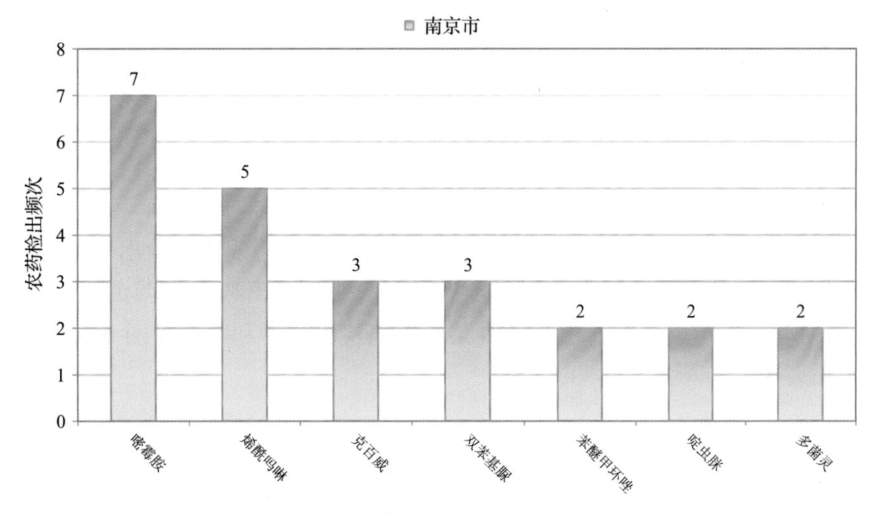

图 5-31　韭菜样品检出农药品种和频次分析(仅列出 2 频次及以上的数据)

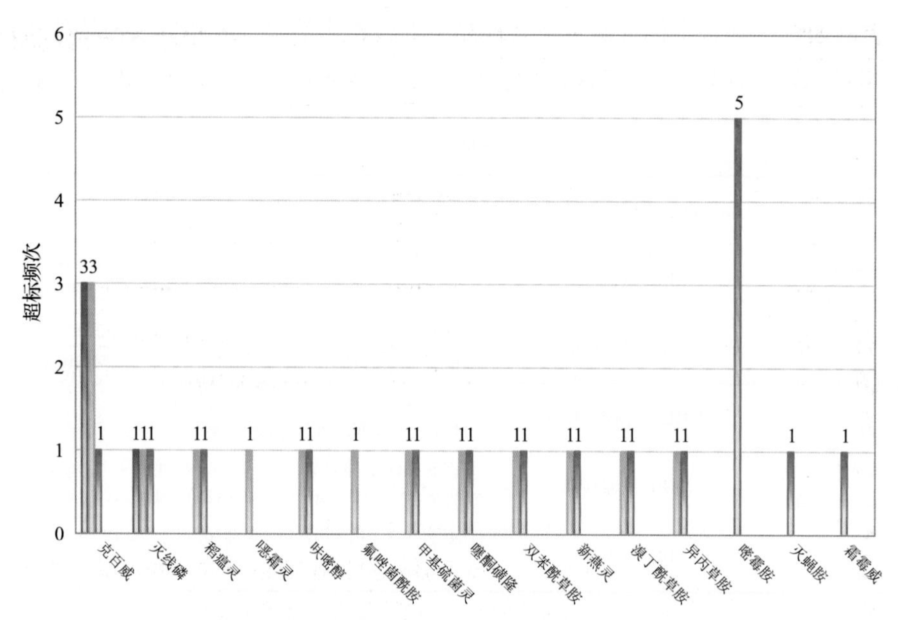

图 5-32　韭菜样品中超标农药分析

表 5-26　韭菜中农药残留超标情况明细表

样品总数			检出农药样品数	样品检出率(%)	检出农药品种总数
19			14	73.7	30
	超标农药品种	超标农药频次	按照 MRL 中国国家标准、欧盟标准和日本标准衡量超标农药名称及频次		
中国国家标准	2	4	克百威(3),灭线磷(1)		
欧盟标准	12	14	克百威(3),稻瘟灵(1),噁霜灵(1),呋嘧醇(1),氟唑菌酰胺(1),甲基硫菌灵(1),灭线磷(1),噻酮磺隆(1),双苯酰草胺(1),新燕灵(1),溴丁酰草胺(1),异丙草胺(1)		
日本标准	13	17	嘧霉胺(5),稻瘟灵(1),呋嘧醇(1),甲基硫菌灵(1),克百威(1),灭线磷(1),灭蝇胺(1),噻酮磺隆(1),双苯酰草胺(1),霜霉威(1),新燕灵(1),溴丁酰草胺(1),异丙草胺(1)		

5.4.3.2　油麦菜

这次共检测 17 例油麦菜样品，16 例样品中检出了农药残留，检出率为 94.1%，检出农药共计 22 种。其中烯酰吗啉、甲霜灵、霜霉威、苯醚甲环唑和多菌灵检出频次较高，分别检出了 14、11、7、6 和 6 次。油麦菜中农药检出品种和频次见图 5-33，超标农药见图 5-34 和表 5-27。

5.4.3.3　甜椒

这次共检测 17 例甜椒样品，16 例样品中检出了农药残留，检出率为 94.1%，检出农药共计 22 种。其中啶虫脒、吡虫啉、多菌灵、氟吡菌酰胺和嘧霉胺检出频次较高，分别检出了 10、8、4、4 和 3 次。甜椒中农药检出品种和频次见图 5-35，超标农药见图 5-36 和表 5-28。

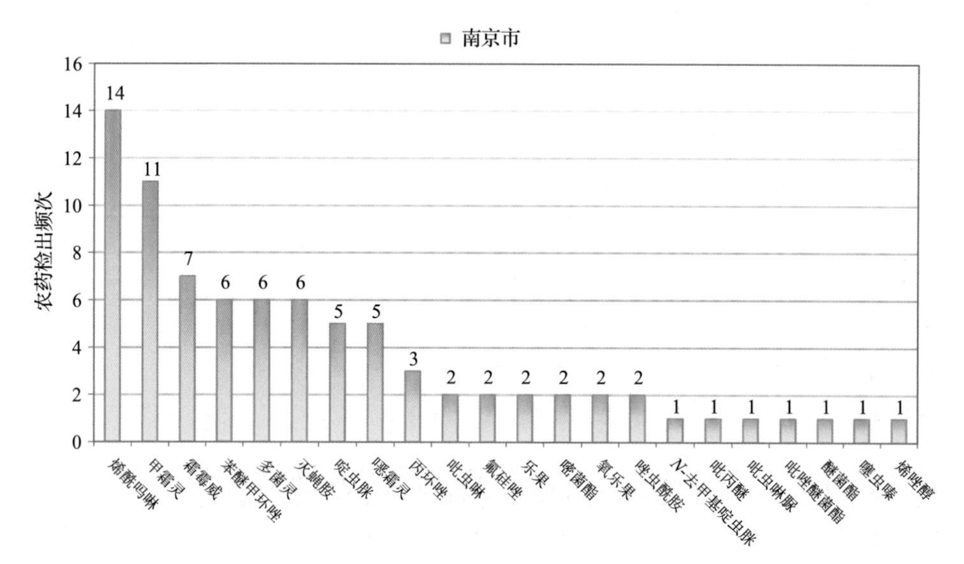

图 5-33　油麦菜样品检出农药品种和频次分析

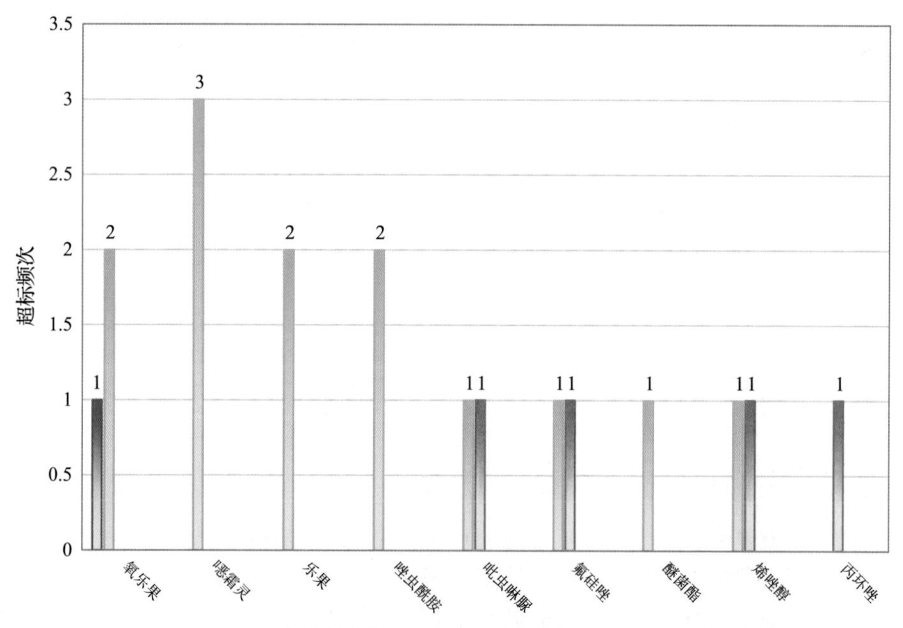

图 5-34　油麦菜样品中超标农药分析

表 5-27　油麦菜中农药残留超标情况明细表

样品总数			检出农药样品数	样品检出率(%)	检出农药品种总数
17			16	94.1	22
	超标农药品种	超标农药频次	按照 MRL 中国国家标准、欧盟标准和日本标准衡量超标农药名称及频次		
中国国家标准	1	1	氧乐果(1)		
欧盟标准	8	13	噁霜灵(3),乐果(2),氧乐果(2),唑虫酰胺(2),吡虫啉脲(1),氟硅唑(1),醚菌酯(1),烯唑醇(1)		
日本标准	4	4	吡虫啉脲(1),丙环唑(1),氟硅唑(1),烯唑醇(1)		

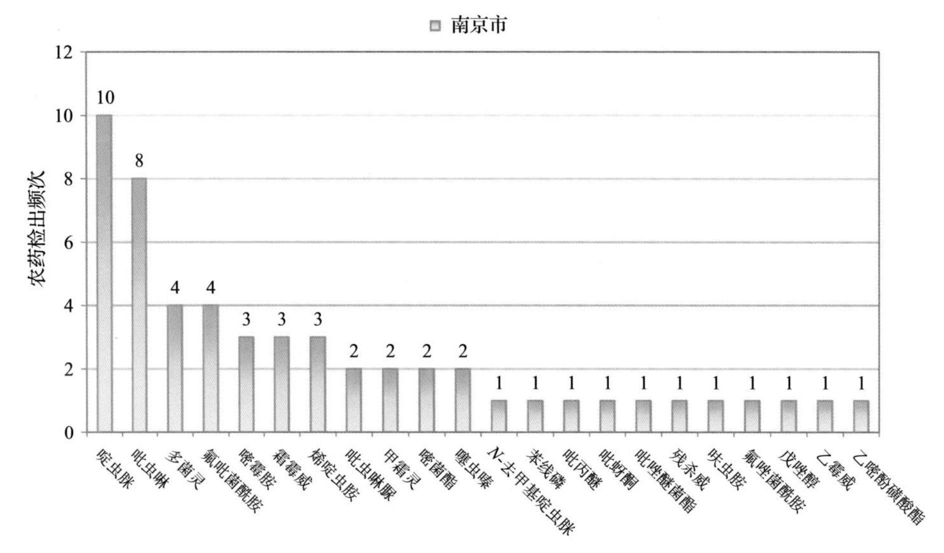

图 5-35　甜椒样品检出农药品种和频次分析

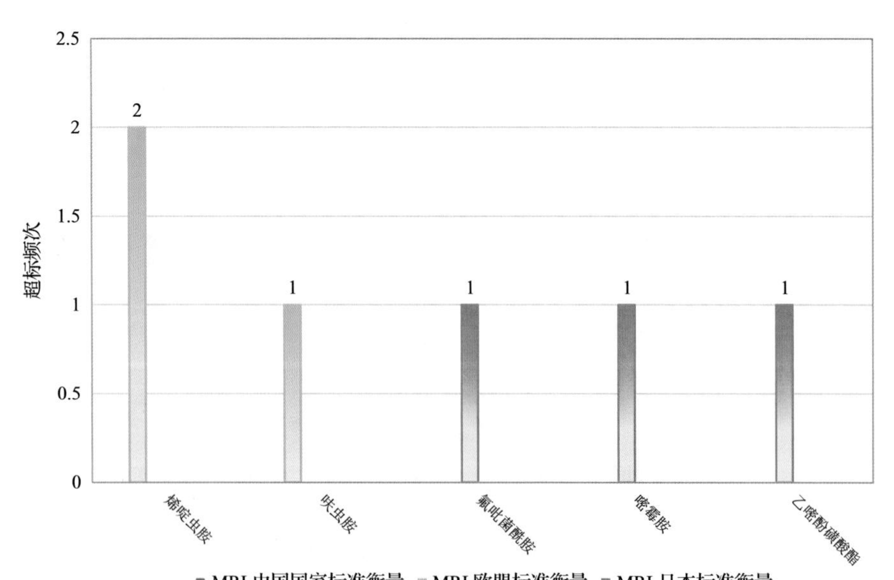

图 5-36　甜椒样品中超标农药分析

表 5-28 甜椒中农药残留超标情况明细表

样品总数			检出农药样品数	样品检出率(%)	检出农药品种总数
17			16	94.1	22
	超标农药品种	超标农药频次	按照 MRL 中国国家标准、欧盟标准和日本标准衡量超标农药名称及频次		
中国国家标准	0	0			
欧盟标准	2	3	烯啶虫胺(2),呋虫胺(1)		
日本标准	3	3	氟吡菌酰胺(1),嘧霉胺(1),乙嘧酚磺酸酯(1)		

5.5 初步结论

5.5.1 南京市市售水果蔬菜按 MRL 中国国家标准和国际主要 MRL 标准衡量的合格率

本次侦测的 489 例样品中，135 例样品未检出任何残留农药，占样品总量的 27.6%，354 例样品检出不同水平、不同种类的残留农药，占样品总量的 72.4%。在这 354 例检出农药残留的样品中：

按照 MRL 中国国家标准衡量，有 329 例样品检出残留农药但含量没有超标，占样品总数的 67.3%，有 25 例样品检出了超标农药，占样品总数的 5.1%。

按照 MRL 欧盟标准衡量，有 245 例样品检出残留农药但含量没有超标，占样品总数的 50.1%，有 109 例样品检出了超标农药，占样品总数的 22.3%。

按照 MRL 日本标准衡量，有 245 例样品检出残留农药但含量没有超标，占样品总数的 50.1%，有 109 例样品检出了超标农药，占样品总数的 22.3%。

按照 MRL 中国香港标准衡量，有 345 例样品检出残留农药但含量没有超标，占样品总数的 70.6%，有 9 例样品检出了超标农药，占样品总数的 1.8%。

按照 MRL 美国标准衡量，有 354 例样品检出残留农药但含量没有超标，占样品总数的 72.4%，未检出超标样品。

按照 MRL CAC 标准衡量，有 345 例样品检出残留农药但含量没有超标，占样品总数的 70.6%，有 9 例样品检出了超标农药，占样品总数的 1.8%。

5.5.2 南京市市售水果蔬菜中检出农药以中低微毒农药为主，占市场主体的 91.0%

这次侦测的 489 例样品包括食用菌 1 种 192 例，水果 10 种 18 例，蔬菜 15 种 279 例，共检出了 78 种农药，检出农药的毒性以中低微毒为主，详见表 5-29。

表 5-29　市场主体农药毒性分布

毒性	检出品种	占比	检出频次	占比
剧毒农药	2	2.6%	6	0.6%
高毒农药	5	6.4%	24	2.5%
中毒农药	31	39.7%	368	38.1%
低毒农药	27	34.6%	231	23.9%
微毒农药	13	16.7%	338	35.0%
中低微毒农药，品种占比 91.0%，频次占比 96.9%				

5.5.3　检出剧毒、高毒和禁用农药现象应该警醒

在此次侦测的 489 例样品中有 9 种蔬菜和 4 种水果的 30 例样品检出了 8 种 33 频次的剧毒和高毒或禁用农药，占样品总量的 6.1%。其中剧毒农药甲拌磷和灭线磷以及高毒农药克百威、氧乐果和三唑磷检出频次较高。

按 MRL 中国国家标准衡量，剧毒农药甲拌磷，检出 5 次，超标 5 次；灭线磷，检出 1 次，超标 1 次；高毒农药克百威，检出 10 次，超标 8 次；氧乐果，检出 7 次，超标 4 次；按超标程度比较，黄瓜中氧乐果超标 46.3 倍，韭菜中克百威超标 33.4 倍，茼蒿中甲拌磷超标 12.1 倍，芹菜中甲拌磷超标 3.2 倍，菜豆中克百威超标 3.0 倍。

剧毒、高毒或禁用农药的检出情况及按照 MRL 中国国家标准衡量的超标情况见表 5-30。

表 5-30　剧毒、高毒或禁用农药的检出及超标明细

序号	农药名称	样品名称	检出频次	超标频次	最大超标倍数	超标率
1.1	灭线磷*▲	韭菜	1	1	1.625	100.0%
2.1	甲拌磷*▲	芹菜	3	3	3.23	100.0%
2.2	甲拌磷*▲	茼蒿	2	2	12.1	100.0%
3.1	三唑磷◊	橘	2	0	0	0.0%
3.2	三唑磷◊	菜豆	2	0	0	0.0%
3.3	三唑磷◊	柠檬	1	0	0	0.0%
4.1	克百威◊▲	韭菜	3	3	33.425	100.0%
4.2	克百威◊▲	菜豆	3	3	2.98	100.0%
4.3	克百威◊▲	橘	3	2	2.16	66.7%
4.4	克百威◊▲	梨	1	0	0	0.0%
5.1	嘧啶磷◊	韭菜	1	0	0	0.0%
6.1	氧乐果◊▲	菜豆	2	1	2.27	50.0%
6.2	氧乐果◊▲	油麦菜	2	1	1.095	50.0%

续表

序号	农药名称	样品名称	检出频次	超标频次	最大超标倍数	超标率
6.3	氧乐果◇▲	黄瓜	1	1	46.265	100.0%
6.4	氧乐果◇▲	西葫芦	1	1	0.355	100.0%
6.5	氧乐果◇▲	橙	1	0	0	0.0%
7.1	苯线磷◇▲	甜椒	1	0	0	0.0%
8.1	丁酰肼▲	生菜	3	0	0	0.0%
合计			33	18		54.5%

注：超标倍数参照 MRL 中国国家标准衡量

这些超标的剧毒和高毒农药都是中国政府早有规定禁止在水果蔬菜中使用的，为什么还屡次被检出，应该引起警惕。

5.5.4　残留限量标准与先进国家或地区差距较大

967 频次的检出结果与我国公布的《食品中农药最大残留限量》(GB 2763—2014) 对比，有 339 频次能找到对应的 MRL 中国国家标准，占 35.1%；还有 628 频次的侦测数据无相关 MRL 标准供参考，占 64.9%。

与国际上现行 MRL 标准对比发现：

有 967 频次能找到对应的 MRL 欧盟标准，占 100.0%；

有 967 频次能找到对应的 MRL 日本标准，占 100.0%；

有 533 频次能找到对应的 MRL 中国香港标准，占 55.1%；

有 539 频次能找到对应的 MRL 美国标准，占 55.7%；

有 442 频次能找到对应的 MRL CAC 标准，占 45.7%。

由上可见，MRL 中国国家标准与先进国家或地区标准还有很大差距，我们无标准，境外有标准，这就会导致我们在国际贸易中，处于受制于人的被动地位。

5.5.5　水果蔬菜单种样品检出 21~30 种农药残留，拷问农药使用的科学性

通过此次监测发现，橘、芒果和哈密瓜是检出农药品种最多的 3 种水果，韭菜、甜椒和油麦菜是检出农药品种最多的 3 种蔬菜，从中检出农药品种及频次详见表 5-31。

表 5-31　单种样品检出农药品种及频次

样品名称	样品总数	检出农药样品数	检出率	检出农药品种数	检出农药(频次)
韭菜	19	14	73.7%	30	嘧霉胺(7),烯酰吗啉(5),克百威(3),双苯基脲(3),苯醚甲环唑(2),啶虫脒(2),多菌灵(2),吡唑醚菌酯(1),稻瘟灵(1),丁草胺(1),噁霜灵(1),呋嘧醇(1),氟唑菌酰胺(1),甲基硫菌灵(1),甲基嘧啶磷(1),甲霜灵(1),嘧啶磷(1),嘧菌酯(1),灭线磷(1),灭蝇胺(1),噻菌灵(1),噻酮磺隆(1),双苯酰草胺(1),霜霉威(1),戊草丹(1),戊菌唑(1),新燕灵(1),溴丁酰草胺(1),异丙草胺(1),异丙隆(1)

续表

样品名称	样品总数	检出农药样品数	检出率	检出农药品种数	检出农药(频次)
甜椒	17	16	94.1%	22	啶虫脒(10),吡虫啉(8),多菌灵(4),氟吡菌酰胺(4),嘧霉胺(3),霜霉威(3),烯啶虫胺(3),吡虫啉脲(2),甲霜灵(2),嘧菌酯(2),噻虫嗪(2),*N*-去甲基啶虫脒(1),苯线磷(1),吡丙醚(1),吡蚜酮(1),吡唑醚菌酯(1),残杀威(1),呋虫胺(1),氟唑菌酰胺(1),戊唑醇(1),乙霉威(1),乙嘧酚磺酸酯(1)
油麦菜	17	16	94.1%	22	烯酰吗啉(14),甲霜灵(11),霜霉威(7),苯醚甲环唑(6),多菌灵(6),灭蝇胺(6),啶虫脒(5),噁霜灵(5),丙环唑(3),吡虫啉(2),氟硅唑(2),乐果(2),嘧菌酯(2),氧乐果(2),唑虫酰胺(2),*N*-去甲基啶虫脒(1),吡丙醚(1),吡虫啉脲(1),吡唑醚菌酯(1),醚菌酯(1),噻虫嗪(1),烯唑醇(1)
橘	19	19	100.0%	22	抑霉唑(9),吡唑醚菌酯(6),咪鲜胺(5),戊唑醇(5),甲基硫菌灵(4),氟环唑(3),克百威(3),马拉硫磷(3),嘧菌酯(2),噻菌灵(2),三唑磷(2),*N*-去甲基啶虫脒(1),苯醚甲环唑(1),吡虫啉(1),丙环唑(1),残杀威(1),哒螨灵(1),啶虫脒(1),醚菌酯(1),嘧霉胺(1),烯酰吗啉(1),烯效唑(1)
芒果	20	20	100.0%	22	啶虫脒(10),嘧菌酯(10),吡虫啉(9),多菌灵(8),*N*-去甲基啶虫脒(5),戊唑醇(5),多效唑(4),苯醚甲环唑(3),吡虫啉脲(3),吡唑醚菌酯(3),霜霉威(3),烯酰吗啉(3),抑霉唑(3),噁霜灵(2),甲基硫菌灵(2),噻嗪酮(2),丙环唑(1),残杀威(1),氟吡菌酰胺(1),甲霜灵(1),噻虫胺(1),肟菌酯(1)
哈密瓜	18	18	100.0%	21	噁霜灵(13),烯酰吗啉(11),噻唑磷(10),霜霉威(10),多菌灵(9),甲基硫菌灵(8),甲霜灵(8),氟硅唑(7),啶虫脒(6),吡虫啉(3),氟吡菌酰胺(3),噻虫嗪(3),*N*-去甲基啶虫脒(1),吡唑醚菌酯(1),呋虫胺(1),咪鲜胺(1),醚菌酯(1),嘧菌酯(1),嘧霉胺(1),灭蝇胺(1),抑霉唑(1)

上述 6 种水果蔬菜，检出农药 21~30 种，是多种农药综合防治，还是未严格实施农业良好管理规范(GAP)，抑或根本就是乱施药，值得我们思考。

第 6 章　LC-Q-TOF/MS 侦测南京市市售水果蔬菜农药残留膳食暴露风险与预警风险评估

6.1　农药残留风险评估方法

6.1.1　南京市农药残留侦测数据分析与统计

庞国芳院士科研团队建立的农药残留高通量侦测技术以高分辨精确质量数（0.0001*m/z* 为基准）为识别标准，采用 LC-Q-TOF/MS 技术对 565 种农药化学污染物进行侦测。

科研团队于 2017 年 4 月期间在南京市 20 个采样点，随机采集了 489 例水果蔬菜样品，采样点分布在超市和农贸市场，具体位置如图 6-1 所示，各月内水果蔬菜样品采集数量如表 6-1 所示。

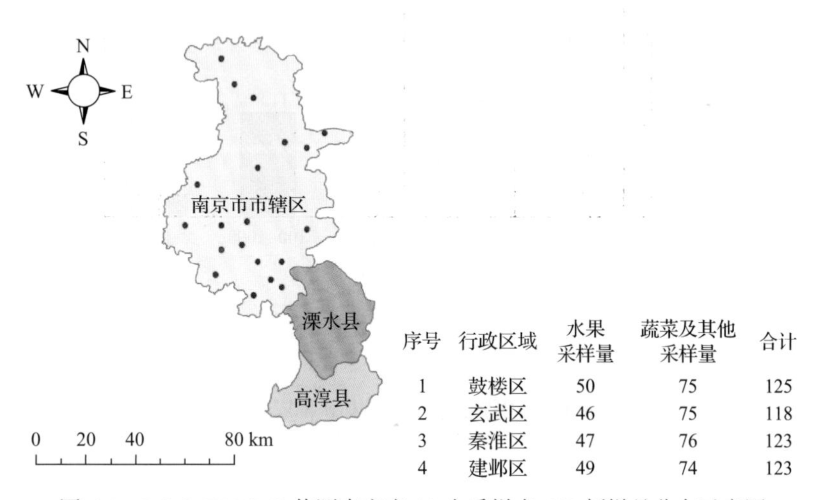

图 6-1　LC-Q-TOF/MS 侦测南京市 20 个采样点 489 例样品分布示意图

表 6-1　南京市各月内采集水果蔬菜样品数列表

时间	样品数（例）
2017 年 4 月	489

利用 LC-Q-TOF/MS 技术对 489 例样品中的农药进行侦测，侦测出残留农药 78 种，967 频次。侦测出农药残留水平如表 6-2 和图 6-2 所示。检出频次最高的前 10 种农药如表 6-3 所示。从检测结果中可以看出，在水果蔬菜中农药残留普遍存在，且有些水果蔬

菜存在高浓度的农药残留，这些可能存在膳食暴露风险，对人体健康产生危害，因此，为了定量地评价水果蔬菜中农药残留的风险程度，有必要对其进行风险评价。

表 6-2　侦测出农药的不同残留水平及其所占比例列表

残留水平(μg/kg)	检出频次	占比(%)
1~5(含)	230	23.8
5~10(含)	127	13.1
10~100(含)	472	48.8
100~1000(含)	114	11.8
>1000	24	2.5
合计	967	100

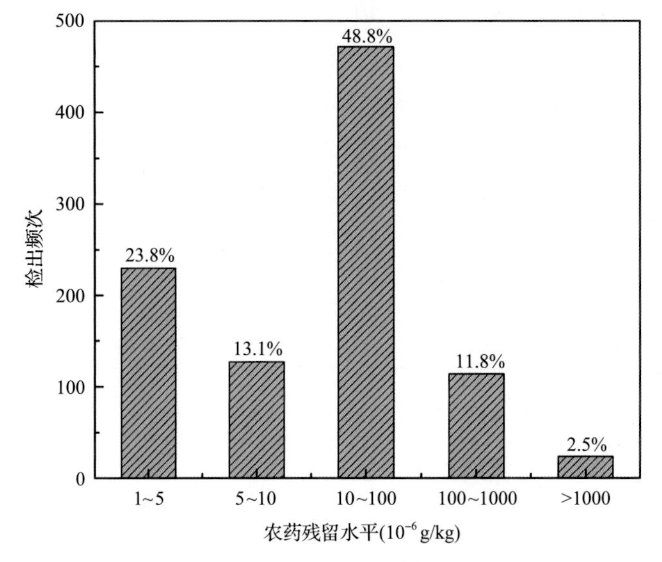

图 6-2　残留农药检出浓度频数分布图

表 6-3　检出频次最高的前 10 种农药列表

序号	农药	检出频次(次)
1	多菌灵	113
2	啶虫脒	79
3	烯酰吗啉	67
4	霜霉威	61
5	嘧霉酯	51
6	甲基硫菌灵	44
7	吡虫啉	43
8	吡唑醚菌酯	43
9	氟吡菌酰胺	36
10	甲霜灵	36

6.1.2　农药残留风险评价模型

对南京市水果蔬菜中农药残留分别开展暴露风险评估和预警风险评估。膳食暴露风险评估利用食品安全指数模型对水果蔬菜中的残留农药对人体可能产生的危害程度进行评价，该模型结合残留监测和膳食暴露评估评价化学污染物的危害；预警风险评价模型运用风险系数(risk index，*R*)，风险系数综合考虑了危害物的超标率、施检频率及其本身敏感性的影响，能直观而全面地反映出危害物在一段时间内的风险程度。

6.1.2.1　食品安全指数模型

为了加强食品安全管理，《中华人民共和国食品安全法》第二章第十七条规定“国家建立食品安全风险评估制度，运用科学方法，根据食品安全风险监测信息、科学数据以及有关信息，对食品、食品添加剂、食品相关产品中生物性、化学性和物理性危害因素进行风险评估”[1]，膳食暴露评估是食品危险度评估的重要组成部分，也是膳食安全性的衡量标准[2]。国际上最早研究膳食暴露风险评估的机构主要是 JMPR(FAO、WHO 农药残留联合会议)，该组织自 1995 年就已制定了急性毒性物质的风险评估急性毒性农药残留摄入量的预测。1960 年美国规定食品中不得加入致癌物质进而提出零阈值理论，渐渐零阈值理论发展成在一定概率条件下可接受风险的概念[3]，后衍变为食品中每日允许最大摄入量(ADI)，而国际食品农药残留法典委员会(CCPR)认为 ADI 不是独立风险评估的唯一标准[4]，1995 年 JMPR 开始研究农药急性膳食暴露风险评估，并对食品国际短期摄入量的计算方法进行了修正，亦对膳食暴露评估准则及评估方法进行了修正[5]，2002 年，在对世界上现行的食品安全评价方法，尤其是国际公认的 CAC 的评价方法、全球环境监测系统/食品污染监测和评估规划(WHO GEMS/Food)及 FAO、WHO 食品添加剂联合专家委员会(JECFA)和 JMPR 对食品安全风险评估工作研究的基础之上，检验检疫食品安全管理的研究人员提出了结合残留监控和膳食暴露评估，以食品安全指数 IFS 计算食品中各种化学污染物对消费者的健康危害程度[6]。IFS 是表示食品安全状态的新方法，可有效地评价某种农药的安全性，进而评价食品中各种农药化学污染物对消费者健康的整体危害程度[7, 8]。从理论上分析，IFS_c 可指出食品中的污染物 c 对消费者健康是否存在危害及危害的程度[9]。其优点在于操作简单且结果容易被接受和理解，不需要大量的数据来对结果进行验证，使用默认的标准假设或者模型即可[10, 11]。

1) IFS_c 的计算

IFS_c 计算公式如下：

$$IFS_c = \frac{EDI_c \times f}{SI_c \times bw} \tag{6-1}$$

式中，c 为所研究的农药；EDI_c 为农药 c 的实际日摄入量估算值，等于 $\sum(R_i \times F_i \times E_i \times P_i)$ (i 为食品种类；R_i 为食品 i 中农药 c 的残留水平，mg/kg；F_i 为食品 i 的估计日消费量，g/(人·天)；E_i 为食品 i 的可食用部分因子；P_i 为食品 i 的加工处理因子)；SI_c 为安全摄入量，可采用每日允许最大摄入量 ADI；bw 为人平均体重，kg；f 为校正因子，如果安全摄入量采用 ADI，则 f 取 1。

IFS_c≪1，农药 c 对食品安全没有影响；IFS_c≤1，农药 c 对食品安全的影响可以接受；IFS_c>1，农药 c 对食品安全的影响不可接受。

本次评价中：

IFS_c≤0.1，农药 c 对水果蔬菜安全没有影响；

0.1<IFS_c≤1，农药 c 对水果蔬菜安全的影响可以接受；

IFS_c>1，农药 c 对水果蔬菜安全的影响不可接受。

本次评价中残留水平 R_i 取值为中国检验检疫科学研究院庞国芳院士课题组利用以高分辨精确质量数(0.0001 m/z)为基准的 GC-Q-TOF/MS 侦测技术于 2017 年 4 月期间对南京市水果蔬菜农药残留的侦测结果，估计日消费量 F_i 取值 0.38 kg/(人·天)，E_i=1，P_i=1，f=1，SI_c 采用《食品安全国家标准　食品中农药最大残留量》(GB 2763—2016)中 ADI 值(具体数值见表 6-4)，人平均体重(bw)取值 60 kg。

表 6-4　南京市水果蔬菜中侦测出农药的 ADI 值

序号	农药	ADI	序号	农药	ADI	序号	农药	ADI
1	烯啶虫胺	0.53	27	吡唑醚菌酯	0.03	53	己唑醇	0.005
2	丁酰肼	0.5	28	丙溴磷	0.03	54	烯唑醇	0.005
3	醚菌酯	0.4	29	多菌灵	0.03	55	噻唑磷	0.004
4	霜霉威	0.4	30	甲基嘧啶磷	0.03	56	乙霉威	0.004
5	马拉硫磷	0.3	31	腈菌唑	0.03	57	乐果	0.002
6	呋虫胺	0.2	32	嘧菌环胺	0.03	58	克百威	0.001
7	环酰菌胺	0.2	33	三唑醇	0.03	59	三唑磷	0.001
8	嘧菌酯	0.2	34	戊菌唑	0.03	60	苯线磷	0.0008
9	嘧霉胺	0.2	35	戊唑醇	0.03	61	甲拌磷	0.0007
10	烯酰吗啉	0.2	36	抑霉唑	0.03	62	灭线磷	0.0004
11	吡丙醚	0.1	37	氟环唑	0.02	63	氧乐果	0.0003
12	丁草胺	0.1	38	烯效唑	0.02	64	*N*-去甲基啶虫脒	—
13	多效唑	0.1	39	稻瘟灵	0.016	65	苯噻菌胺	—
14	噻虫胺	0.1	40	异丙隆	0.015	66	吡虫啉脲	—
15	噻菌灵	0.1	41	异丙草胺	0.013	67	残杀威	—
16	甲基硫菌灵	0.08	42	苯醚甲环唑	0.01	68	呋嘧醇	—
17	甲霜灵	0.08	43	哒螨灵	0.01	69	氟唑菌酰胺	—
18	噻虫嗪	0.08	44	噁霜灵	0.01	70	嘧啶磷	—
19	丙环唑	0.07	45	粉唑醇	0.01	71	噻苯咪唑-5-羟基	—
20	啶虫脒	0.07	46	氟吡菌酰胺	0.01	72	噻酮磺隆	—
21	吡虫啉	0.06	47	联苯肼酯	0.01	73	双苯基脲	—
22	灭蝇胺	0.06	48	咪鲜胺	0.01	74	双苯酰草胺	—
23	螺虫乙酯	0.05	49	噻虫啉	0.01	75	戊草丹	—
24	三环唑	0.04	50	噻嗪酮	0.009	76	新燕灵	—
25	肟菌酯	0.04	51	氟硅唑	0.007	77	溴丁酰草胺	—
26	吡蚜酮	0.03	52	唑虫酰胺	0.006	78	乙嘧酚磺酸酯	—

注：“—”表示为国家标准中无 ADI 值规定；ADI 值单位为 mg/kg bw

2) 计算 IFS_c 的平均值 $\overline{IFS}$，评价农药对食品安全的影响程度

以 $\overline{IFS}$ 评价各种农药对人体健康危害的总程度，评价模型见公式(6-2)。

$$\overline{IFS}=\frac{\sum_{i=1}^{n}IFS_c}{n} \tag{6-2}$$

$\overline{IFS}\ll1$，所研究消费者人群的食品安全状态很好；$\overline{IFS}\leqslant1$，所研究消费者人群的食品安全状态可以接受；$\overline{IFS}>1$，所研究消费者人群的食品安全状态不可接受。

本次评价中：

$\overline{IFS}\leqslant0.1$，所研究消费者人群的水果蔬菜安全状态很好；

$0.1<\overline{IFS}\leqslant1$，所研究消费者人群的水果蔬菜安全状态可以接受；

$\overline{IFS}>1$，所研究消费者人群的水果蔬菜安全状态不可接受。

6.1.2.2　预警风险评估模型

2003 年，我国检验检疫食品安全管理的研究人员根据 WTO 的有关原则和我国的具体规定，结合危害物本身的敏感性、风险程度及其相应的施检频率，首次提出了食品中危害物风险系数 R 的概念[12]。R 是衡量一个危害物的风险程度大小最直观的参数，即在一定时期内其超标率或阳性检出率的高低，但受其施检频率的高低及其本身的敏感性(受关注程度)影响。该模型综合考察了农药在蔬菜中的超标率、施检频率及其本身敏感性，能直观而全面地反映出农药在一段时间内的风险程度[13]。

1) R 计算方法

危害物的风险系数综合考虑了危害物的超标率或阳性检出率、施检频率和其本身的敏感性影响，并能直观而全面地反映出危害物在一段时间内的风险程度。风险系数 R 的计算公式如式(6-3)：

$$R=aP+\frac{b}{F}+S \tag{6-3}$$

式中，P 为该种危害物的超标率；F 为危害物的施检频率；S 为危害物的敏感因子；a, b 分别为相应的权重系数。

本次评价中 F=1；S=1；a=100；b=0.1，对参数 P 进行计算，计算时首先判断是否为禁用农药，如果为非禁用农药，P=超标的样品数(侦测出的含量高于食品最大残留限量标准值，即 MRL)除以总样品数(包括超标、不超标、未侦测出)；如果为禁用农药，则侦测出即为超标，P=能侦测出的样品数除以总样品数。判断南京市水果蔬菜农药残留是否超标的标准限值 MRL 分别以 MRL 中国国家标准[14]和 MRL 欧盟标准作为对照，具体值列于本报告附表一中。

2) 评价风险程度

$R\leqslant1.5$，受检农药处于低度风险；

$1.5 < R \leq 2.5$，受检农药处于中度风险；

$R > 2.5$，受检农药处于高度风险。

6.1.2.3 食品膳食暴露风险和预警风险评估应用程序的开发

1) 应用程序开发的步骤

为成功开发膳食暴露风险和预警风险评估应用程序，与软件工程师多次沟通讨论，逐步提出并描述清楚计算需求，开发了初步应用程序。为明确出不同水果蔬菜、不同农药、不同地域和不同季节的风险水平，向软件工程师提出不同的计算需求，软件工程师对计算需求进行逐一地分析，经过反复的细节沟通，需求分析得到明确后，开始进行解决方案的设计，在保证需求的完整性、一致性的前提下，编写出程序代码，最后设计出满足需求的风险评估专用计算软件，并通过一系列的软件测试和改进，完成专用程序的开发。软件开发基本步骤见图 6-3。

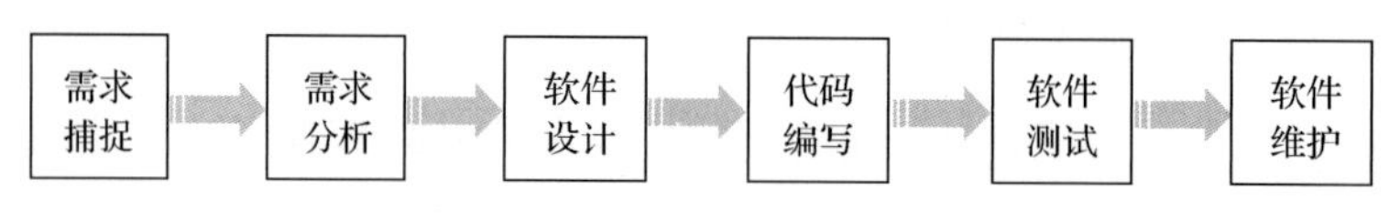

图 6-3 专用程序开发总体步骤

2) 膳食暴露风险评估专业程序开发的基本要求

首先直接利用公式(6-1)，分别计算 LC-Q-TOF/MS 和 GC-Q-TOF/MS 仪器侦测出的各水果蔬菜样品中每种农药 IFS_c，将结果列出。为考察超标农药和禁用农药的使用安全性，分别以我国《食品安全国家标准 食品中农药最大残留限量》(GB 2763—2016) 和欧盟食品中农药最大残留限量(以下简称 MRL 中国国家标准和 MRL 欧盟标准)为标准，对侦测出的禁用农药和超标的非禁用农药 IFS_c 单独进行评价；按 IFS_c 大小列表，并找出 IFS_c 值排名前 20 的样本重点关注。

对不同水果蔬菜 i 中每一种侦测出的农药 c 的安全指数进行计算，多个样品时求平均值。若监测数据为该市多个月的数据，则逐月、逐季度分别列出每个月、每个季度内每一种水果蔬菜 i 对应的每一种农药 c 的 IFS_c。

按农药种类，计算整个监测时间段内每种农药的 IFS_c，不区分水果蔬菜。若检测数据为该市多个月的数据，则需分别计算每个月、每个季度内每种农药的 IFS_c。

3) 预警风险评估专业程序开发的基本要求

分别以 MRL 中国国家标准和 MRL 欧盟标准，按公式(6-3)逐个计算不同水果蔬菜、不同农药的风险系数，禁用农药和非禁用农药分别列表。

为清楚了解各种农药的预警风险，不分时间，不分水果蔬菜，按禁用农药和非禁用农药分类，分别计算各种侦测出农药全部检测时段内风险系数。由于有 MRL 中国国家标准的农药种类太少，无法计算超标数，非禁用农药的风险系数只以 MRL 欧盟标准为标准，进行计算。若检测数据为多个月的，则按月计算每个月、每个季度内每种禁用农药残留的风险系数和以 MRL 欧盟标准为标准的非禁用农药残留的风险系数。

4) 风险程度评价专业应用程序的开发方法

采用 Python 计算机程序设计语言，Python 是一个高层次地结合了解释性、编译性、互动性和面向对象的脚本语言。风险评价专用程序主要功能包括：分别读入每例样品 LC-Q-TOF/MS 和 GC-Q-TOF/MS 农药残留检测数据，根据风险评价工作要求，依次对不同农药、不同食品、不同时间、不同采样点的 IFS_c 值和 R 值分别进行数据计算，筛选出禁用农药、超标农药(分别与 MRL 中国国家标准、MRL 欧盟标准限值进行对比) 单独重点分析，再分别对各农药、各水果蔬菜种类分类处理，设计出计算和排序程序，编写计算机代码，最后将生成的膳食暴露风险评估和超标风险评估定量计算结果列入设计好的各个表格中，并定性判断风险对目标的影响程度，直接用文字描述风险发生的高低，如“不可接受”、“可以接受”、“没有影响”、“高度风险”、“中度风险”、“低度风险”。

6.2　LC-Q-TOF/MS 侦测南京市市售水果蔬菜农药残留膳食暴露风险评估

6.2.1　每例水果蔬菜样品中农药残留安全指数分析

基于 2017 年 4 月的农药残留侦测数据，发现在 489 例样品中侦测出农药 967 频次，计算样品中每种残留农药的安全指数 IFS_c，并分析农药对样品安全的影响程度，结果详见附表二，农药残留对水果蔬菜样品安全的影响程度频次分布情况如图 6-4 所示。

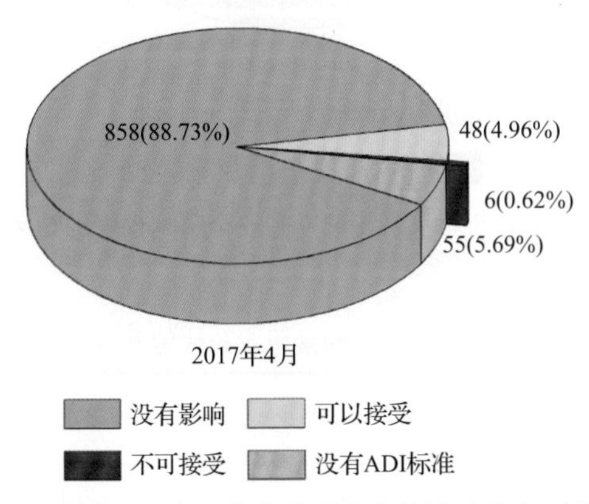

图 6-4　农药残留对水果蔬菜样品安全的影响程度频次分布图

由图 6-4 可以看出，农药残留对样品安全的影响不可接受的频次为 6，占 0.62%；农药残留对样品安全的影响可以接受的频次为 48，占 4.96%；农药残留对样品安全的没有影响的频次为 858，占 88.73%。表 6-5 为对水果蔬菜样品中安全指数不可接受的农药残留列表。

表 6-5 水果蔬菜样品中安全影响不可接受的农药残留列表

序号	样品编号	采样点	基质	农药	含量 (mg/kg)	IFS_c
1	20170420-320100-USI-CU-36A	***超市(灵谷寺路店)	黄瓜	氧乐果	0.9453	19.9563
2	20170420-320100-USI-JC-30A	***超市(龙江小区店)	韭菜	克百威	0.6885	4.3605
3	20170418-320100-USI-JC-24A	***超市(瑞金店)	韭菜	克百威	0.2734	1.7315
4	20170420-320100-USI-JC-31A	***超市(万达水西门店)	韭菜	克百威	0.2431	1.5396
5	20170420-320100-USI-DJ-30A	***超市(龙江小区店)	菜豆	氧乐果	0.0654	1.3807
6	20170418-320100-USI-TH-23A	***市场	茼蒿	甲拌磷	0.1310	1.1852

部分样品侦测出禁用农药 6 种 27 频次，为了明确残留的禁用农药对样品安全的影响，分析侦测出禁用农药残留的样品安全指数，禁用农药残留对水果蔬菜样品安全的影响程度频次分布情况如图 6-5 所示，农药残留对样品安全的影响不可接受的频次为 6，占 22.22%；农药残留对样品安全的影响可以接受的频次为 15，占 55.56%；农药残留对样品安全没有影响的频次为 6，占 22.22%。表 6-6 列出了水果蔬菜样品中侦测出的禁用农药残留不可接受的安全指数表。

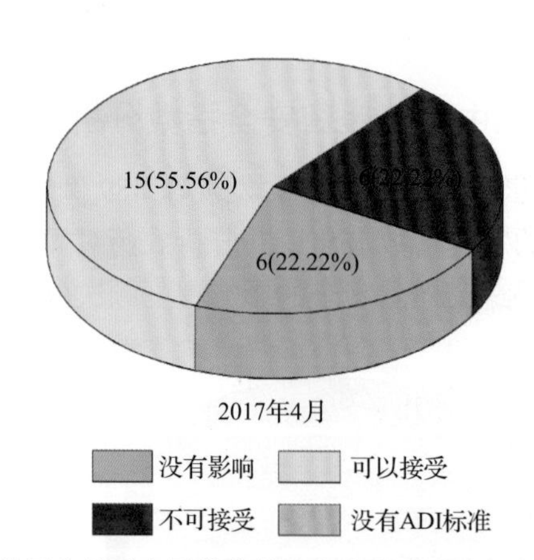

图 6-5 禁用农药对水果蔬菜样品安全影响程度的频次分布图

表 6-6 水果蔬菜样品中侦测出的禁用农药残留不可接受的安全指数表

序号	样品编号	采样点	基质	农药	含量 (mg/kg)	IFS_c
1	20170420-320100-USI-CU-36A	***超市(灵谷寺路店)	黄瓜	氧乐果	0.9453	19.9563
2	20170420-320100-USI-JC-30A	***超市(龙江小区店)	韭菜	克百威	0.6885	4.3605
3	20170418-320100-USI-JC-24A	***超市(瑞金店)	韭菜	克百威	0.2734	1.7315
4	20170420-320100-USI-JC-31A	***超市(万达水西门店)	韭菜	克百威	0.2431	1.5396
5	20170420-320100-USI-DJ-30A	***超市(龙江小区店)	菜豆	氧乐果	0.0654	1.3807
6	20170418-320100-USI-TH-23A	***市场	茼蒿	甲拌磷	0.1310	1.1852

此外，本次侦测发现部分样品中非禁用农药残留量超过了 MRL 中国国家标准和欧盟标准，为了明确超标的非禁用农药对样品安全的影响，分析了非禁用农药残留超标的样品安全指数。

水果蔬菜残留量超过 MRL 中国国家标准的非禁用农药对水果蔬菜样品安全的影响程度频次分布情况如图 6-6 所示。可以看出侦测出超过 MRL 中国国家标准的非禁用农药共 7 频次，其中农药残留对样品安全的影响可以接受的频次为 6，占 85.71%；农药残留对样品安全没有影响的频次为 1，占 14.29%。表 6-7 为水果蔬菜样品中侦测出的非禁用农药残留安全指数表。

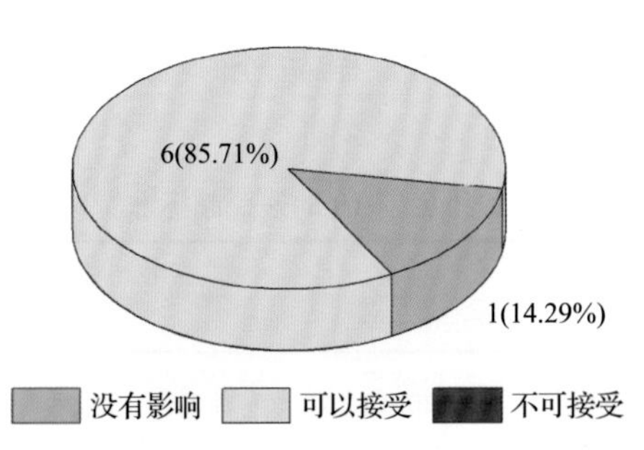

图 6-6　残留超标的非禁用农药对水果蔬菜样品安全的影响程度频次分布图(MRL 中国国家标准)

表 6-7　水果蔬菜样品中侦测出的非禁用农药残留安全指数表(MRL 中国国家标准)

序号	样品编号	采样点	基质	农药	含量(mg/kg)	中国国家标准	IFS_c	影响程度
1	20170420-320100-USI-NM-38A	***超市(光华路购物广场店)	柠檬	多菌灵	2.5408	0.5	0.5364	可以接受
2	20170418-320100-USI-NM-23A	***市场	柠檬	多菌灵	2.5184	0.5	0.5317	可以接受
3	20170418-320100-USI-NM-25A	***超市(马标店)	柠檬	多菌灵	2.1476	0.5	0.4534	可以接受
4	20170422-320100-USI-NM-35A	***超市(长虹店)	柠檬	多菌灵	0.8512	0.5	0.1797	可以接受
5	20170420-320100-USI-NM-32A	***市场	柠檬	多菌灵	0.7918	0.5	0.1672	可以接受
6	20170423-320100-USI-NM-40A	***超市(油坊桥店)	柠檬	多菌灵	0.7872	0.5	0.1662	可以接受
7	20170420-320100-USI-MG-38A	***超市(光华路购物广场店)	芒果	戊唑醇	0.0614	0.05	0.0130	没有影响

残留量超过 MRL 欧盟标准的非禁用农药对水果蔬菜样品安全的影响程度频次分布情况如图 6-7 所示。可以看出超过 MRL 欧盟标准的非禁用农药共 119 频次，其中农药没有 ADI 标准的频次为 25，占 21.01%；农药残留对样品安全的影响可以接受的频次为 14，占 11.76%；农药残留对样品安全没有影响的频次为 80，占 67.23%。表 6-8 为水果蔬菜样品中安全指数排名前 10 的残留超标非禁用农药列表。

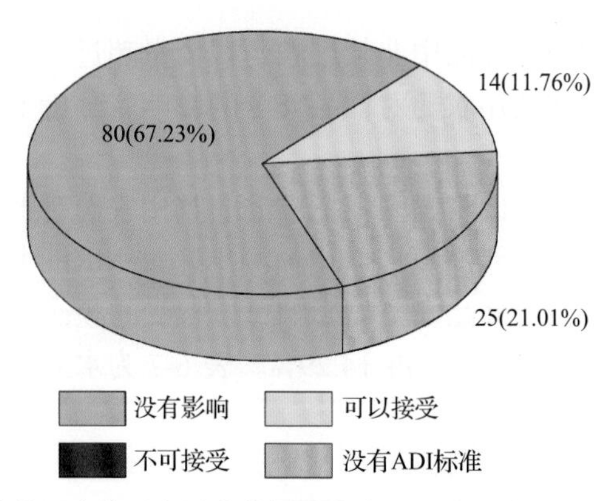

图 6-7　残留超标的非禁用农药对水果蔬菜样品安全的影响程度频次分布图(MRL 欧盟标准)

表 6-8　水果蔬菜样品中安全指数排名前 10 的残留超标非禁用农药列表(MRL 欧盟标准)

序号	样品编号	采样点	基质	农药	含量 (mg/kg)	欧盟标准	IFS_c	影响程度
1	20170418-320100-USI-YM-24A	***超市(瑞金店)	油麦菜	乐果	0.2012	0.02	0.6371	可以接收
2	20170420-320100-USI-NM-38A	***超市(光华路购物广场店)	柠檬	多菌灵	2.5408	0.7	0.5364	可以接受
3	20170418-320100-USI-NM-23A	***市场	柠檬	多菌灵	2.5184	0.7	0.5317	可以接受
4	20170418-320100-USI-NM-25A	***超市(马标店)	柠檬	多菌灵	2.1476	0.7	0.4534	可以接受
5	20170418-320100-USI-YM-23A	***市场	油麦菜	乐果	0.1224	0.02	0.3876	可以接受
6	20170418-320100-USI-CZ-21A	***超市(鼓楼店)	橙	乐果	0.0694	0.02	0.2198	可以接受
7	20170418-320100-USI-EP-22A	***超市(大行宫店)	茄子	丙溴磷	0.8733	0.01	0.1844	可以接受
8	20170420-320100-USI-HM-37A	***菜场	哈密瓜	噻唑磷	0.1135	0.02	0.1797	可以接受
9	20170422-320100-USI-NM-35A	***超市(长虹店)	柠檬	多菌灵	0.8512	0.7	0.1797	可以接受
10	20170420-320100-USI-OR-39A	***超市(河西中央公园店)	橘	三唑磷	0.0277	0.01	0.1754	可以接受

在 489 例样品中，135 例样品未侦测出农药残留，354 例样品中侦测出农药残留，计算每例有农药侦测出样品的 $\overline{IFS}$ 值，进而分析样品的安全状态，结果如图 6-8 所示(未侦测出农药的样品安全状态视为很好)。可以看出，0.41%的样品安全状态不可接受；4.29%的样品安全状态可以接受；95.09%的样品安全状态很好。此外，可以看出有 2 例样品安全状态不可接受，其他样品的安全状态均在很好和可以接受的范围内。表 6-9 列出了安全状态不可接受的水果蔬菜样品。

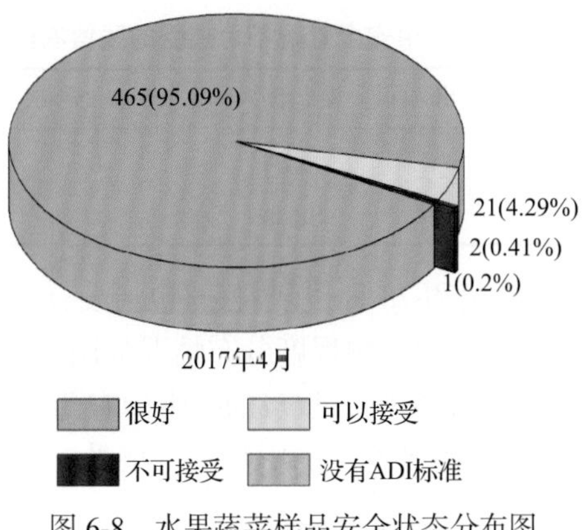

图 6-8　水果蔬菜样品安全状态分布图

表 6-9　水果蔬菜安全状态不可接受的样品列表

序号	样品编号	采样点	基质	$\overline{IFS}$
1	20170420-320100-USI-CU-36A	***超市(灵谷寺路店)	黄瓜	19.9563
2	20170420-320100-USI-JC-30A	***超市(龙江小区店)	韭菜	1.4536

6.2.2　单种水果蔬菜中农药残留安全指数分析

本次 26 种水果蔬菜侦测 78 种农药，检出频次为 967 次，其中 15 种农药没有 ADI 标准，63 种农药存在 ADI 标准。26 种水果蔬菜按不同种类分别计算侦测出的具有 ADI 标准的各种农药的 IFS_c 值，农药残留对水果蔬菜的安全指数分布图如图 6-9 所示。

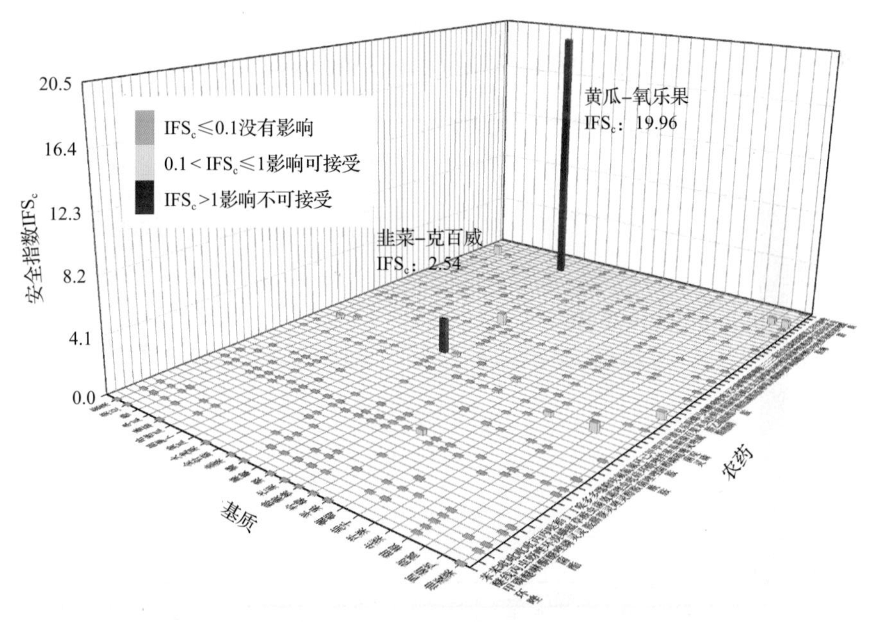

图 6-9　26 种水果蔬菜中 63 种残留农药的安全指数分布图

分析发现 2 种水果蔬菜韭菜中的克百威和黄瓜中的氧乐果残留对食品安全影响不可接受，如表 6-10 所示。

表 6-10　单种水果蔬菜中安全影响不可接受的残留农药安全指数表

序号	基质	农药	检出频次	检出率(%)	IFS>1 的频次	IFS>1 的比例(%)	IFS_c
1	黄瓜	氧乐果	1	2.04	1	2.04	19.9563
2	韭菜	克百威	3	6.38	3	6.38	2.5439

本次侦测中，26 种水果蔬菜和 78 种残留农药(包括没有 ADI 标准)共涉及 333 个分析样本，农药对单种水果蔬菜安全的影响程度分布情况如图 6-10 所示。可以看出，83.78%的样本中农药对水果蔬菜安全没有影响，4.5%的样本中农药对水果蔬菜安全的影响可以接受，0.6%的样本中农药对水果蔬菜安全的影响不可接受。

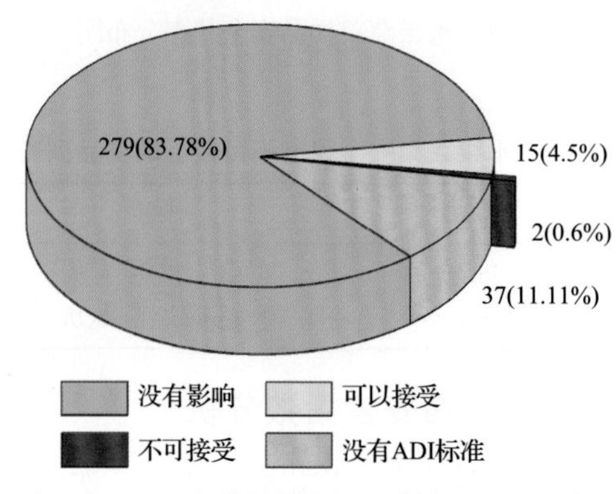

图 6-10　333 个分析样本的影响程度频次分布图

此外，分别计算 26 种水果蔬菜中所有侦测出农药 IFS_c 的平均值 $\overline{\text{IFS}}$，分析每种水果蔬菜的安全状态，结果如图 6-11 所示，分析发现，1 种水果蔬菜(3.85%)的安全状态不可接受，2 种水果蔬菜(7.69%)的安全状态可以接受，23 种(88.46%)水果蔬菜的安全状态很好。

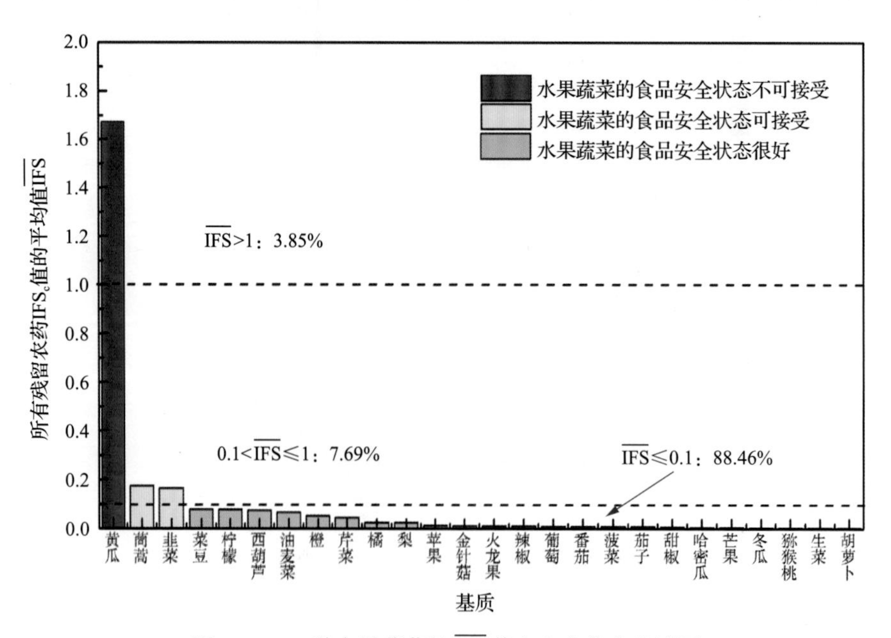

图 6-11　26 种水果蔬菜的 $\overline{\text{IFS}}$ 值和安全状态统计图

6.2.3　所有水果蔬菜中农药残留安全指数分析

计算所有水果蔬菜中 63 种农药的 IFS_c 值，结果如图 6-12 及表 6-11 所示。

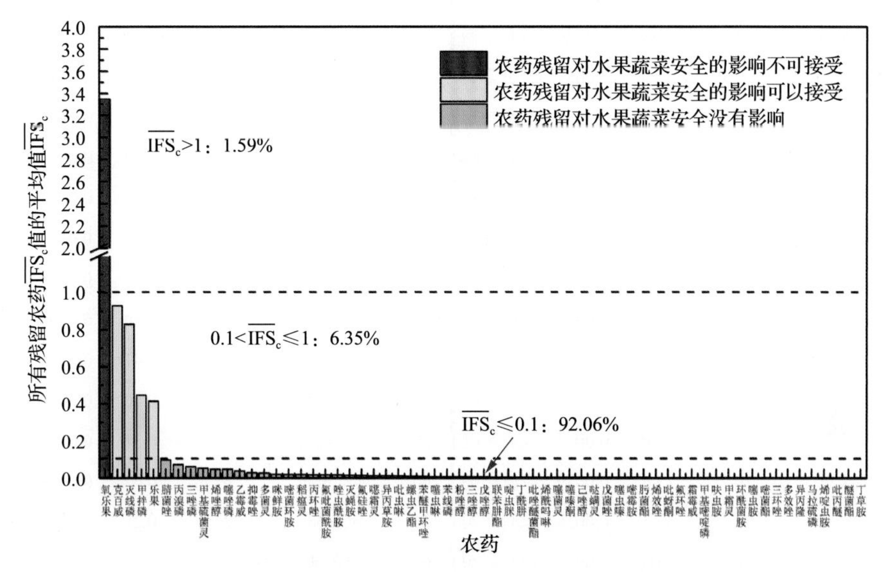

图 6-12　63 种残留农药对水果蔬菜的安全影响程度统计图

表 6-11　水果蔬菜中 63 种农药残留的安全指数表

序号	农药	检出频次	检出率(%)	$\overline{IFS_c}$	影响程度	序号	农药	检出频次	检出率(%)	$\overline{IFS_c}$	影响程度
1	氧乐果	7	0.72	3.3500	不可接受	16	嘧菌环胺	9	0.93	0.0201	没有影响
2	克百威	10	1.03	0.9313	可以接受	17	稻瘟灵	1	0.10	0.0191	没有影响
3	灭线磷	1	0.10	0.8313	可以接受	18	丙环唑	8	0.83	0.0189	没有影响
4	甲拌磷	5	0.52	0.4480	可以接受	19	氟吡菌酰胺	36	3.72	0.0181	没有影响
5	乐果	3	0.31	0.4148	可以接受	20	唑虫酰胺	2	0.21	0.0178	没有影响
6	腈菌唑	8	0.83	0.0973	没有影响	21	灭蝇胺	10	1.03	0.0154	没有影响
7	丙溴磷	4	0.41	0.0732	没有影响	22	氟硅唑	10	1.03	0.0137	没有影响
8	三唑磷	5	0.52	0.0626	没有影响	23	噁霜灵	28	2.90	0.0131	没有影响
9	甲基硫菌灵	44	4.55	0.0544	没有影响	24	异丙草胺	1	0.10	0.0124	没有影响
10	烯唑醇	1	0.10	0.0489	没有影响	25	吡虫啉	43	4.45	0.0114	没有影响
11	噻唑磷	16	1.65	0.0485	没有影响	26	螺虫乙酯	2	0.21	0.0104	没有影响
12	乙霉威	1	0.10	0.0391	没有影响	27	苯醚甲环唑	22	2.28	0.0082	没有影响
13	抑霉唑	17	1.76	0.0294	没有影响	28	噻虫啉	5	0.52	0.0080	没有影响
14	多菌灵	113	11.69	0.0284	没有影响	29	苯线磷	1	0.10	0.0079	没有影响
15	咪鲜胺	6	0.62	0.0217	没有影响	30	粉唑醇	1	0.10	0.0069	没有影响

续表

序号	农药	检出频次	检出率(%)	$\overline{IFS_c}$	影响程度	序号	农药	检出频次	检出率(%)	$\overline{IFS_c}$	影响程度
31	三唑醇	4	0.41	0.0064	没有影响	48	氟环唑	3	0.31	0.0020	没有影响
32	戊唑醇	24	2.48	0.0059	没有影响	49	霜霉威	61	6.31	0.0020	没有影响
33	联苯肼酯	1	0.10	0.0051	没有影响	50	甲基嘧啶磷	1	0.10	0.0019	没有影响
34	啶虫脒	79	8.17	0.0051	没有影响	51	呋虫胺	4	0.41	0.0014	没有影响
35	丁酰肼	3	0.31	0.0048	没有影响	52	甲霜灵	36	3.72	0.0014	没有影响
36	吡唑醚菌酯	43	4.45	0.0040	没有影响	53	环酰菌胺	3	0.31	0.0013	没有影响
37	烯酰吗啉	67	6.93	0.0039	没有影响	54	噻虫胺	1	0.10	0.0009	没有影响
38	噻菌灵	18	1.86	0.0037	没有影响	55	嘧菌酯	51	5.27	0.0008	没有影响
39	噻嗪酮	3	0.31	0.0035	没有影响	56	三环唑	1	0.10	0.0006	没有影响
40	己唑醇	1	0.10	0.0033	没有影响	57	多效唑	4	0.41	0.0005	没有影响
41	哒螨灵	2	0.21	0.0031	没有影响	58	异丙隆	1	0.10	0.0005	没有影响
42	戊菌唑	1	0.10	0.0031	没有影响	59	马拉硫磷	3	0.31	0.0005	没有影响
43	噻虫嗪	19	1.96	0.0029	没有影响	60	烯啶虫胺	6	0.62	0.0003	没有影响
44	嘧霉胺	32	3.31	0.0026	没有影响	61	吡丙醚	2	0.21	0.0003	没有影响
45	肟菌酯	10	1.03	0.0026	没有影响	62	醚菌酯	5	0.52	0.0003	没有影响
46	烯效唑	1	0.10	0.0023	没有影响	63	丁草胺	1	0.10	0.0003	没有影响
47	吡蚜酮	1	0.10	0.0023	没有影响						

分析发现，只有氧乐果的 $\overline{IFS_c}$ 大于 1，其他农药的 $\overline{IFS_c}$ 均小于 1，说明氧乐果对水果蔬菜安全的影响不可接受，其他农药对水果蔬菜安全的影响均在没有影响和可接受的范围内，其中 6.35%的农药对水果蔬菜安全的影响可以接受，92.06%的农药对水果蔬菜安全没有影响。

6.3 LC-Q-TOF/MS 侦测南京市市售水果蔬菜农药残留预警风险评估

基于南京市水果蔬菜样品中农药残留 LC-Q-TOF/MS 侦测数据，分析禁用农药的检出率，同时参照中华人民共和国国家标准 GB2763—2016 和欧盟农药最大残留限量(MRL)标准分析非禁用农药残留的超标率，并计算农药残留风险系数。分析单种水果蔬菜中农药残留以及所有水果蔬菜中农药残留的风险程度。

6.3.1 单种水果蔬菜中农药残留风险系数分析

6.3.1.1 单种水果蔬菜中禁用农药残留风险系数分析

侦测出的 78 种残留农药中有 6 种为禁用农药，且它们分布在 12 种水果蔬菜中，计算 12 种水果蔬菜中禁用农药的超标率，根据超标率计算风险系数 R，进而分析水果蔬菜中禁用农药的风险程度，结果如图 6-13 与表 6-12 所示。分析发现 6 种禁用农药在 12 种水果蔬菜中的残留处均于高度风险。

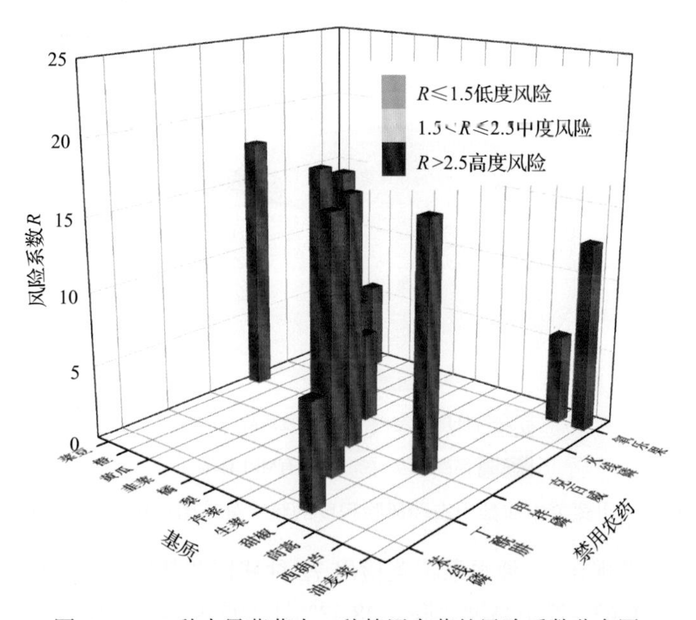

图 6-13　12 种水果蔬菜中 6 种禁用农药的风险系数分布图

表 6-12　12 种水果蔬菜中 6 种禁用农药的风险系数列表

序号	基质	农药	检出频次	检出率(%)	风险系数 R	风险程度
1	菜豆	克百威	3	16.67	17.77	高度风险
2	韭菜	克百威	3	15.79	16.89	高度风险
3	橘	克百威	3	15.79	16.89	高度风险
4	芹菜	甲拌磷	3	15.79	16.89	高度风险
5	生菜	丁酰肼	3	15.79	16.89	高度风险
6	茼蒿	甲拌磷	2	15.38	16.48	高度风险
7	油麦菜	氧乐果	2	11.76	12.86	高度风险
8	菜豆	氧乐果	2	11.11	12.21	高度风险
9	甜椒	苯线磷	1	5.88	6.98	高度风险
10	韭菜	灭线磷	1	5.26	6.36	高度风险
11	橙	氧乐果	1	5.00	6.10	高度风险
12	黄瓜	氧乐果	1	5.00	6.10	高度风险
13	梨	克百威	1	5.00	6.10	高度风险
14	西葫芦	氧乐果	1	5.00	6.10	高度风险

6.3.1.2　基于 MRL 中国国家标准的单种水果蔬菜中非禁用农药残留风险系数分析

参照中华人民共和国国家标准 GB2763—2016 中农药残留限量计算每种水果蔬菜中每种非禁用农药的超标率，进而计算其风险系数，根据风险系数大小判断残留农药的预警风险程度，水果蔬菜中非禁用农药残留风险程度分布情况如图 6-14 所示。

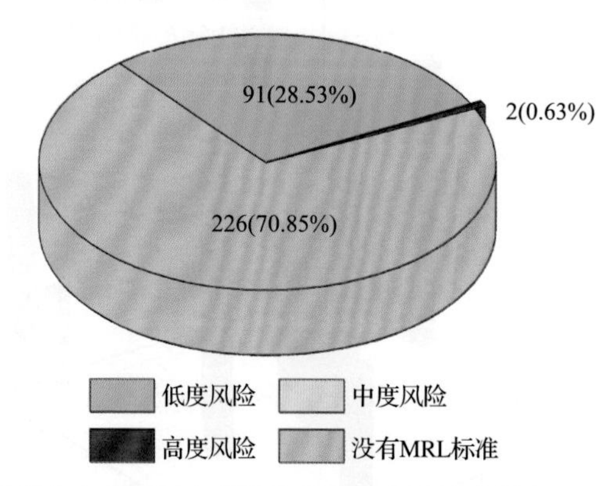

图 6-14　水果蔬菜中非禁用农药风险程度的频次分布图(MRL 中国国家标准)

本次分析中，发现在 26 种水果蔬菜检出 72 种残留非禁用农药，涉及样本 319 个，在 319 个样本中，0.63%处于高度风险，28.53%处于低度风险，此外发现有 226 个样本没有 MRL 中国国家标准值，无法判断其风险程度，有 MRL 中国国家标准值的 93 个样本涉及 22 种水果蔬菜中的 31 种非禁用农药，其风险系数 R 值如图 6-20 所示。表 6-13 为非禁用农药残留处于高度风险的水果蔬菜列表。

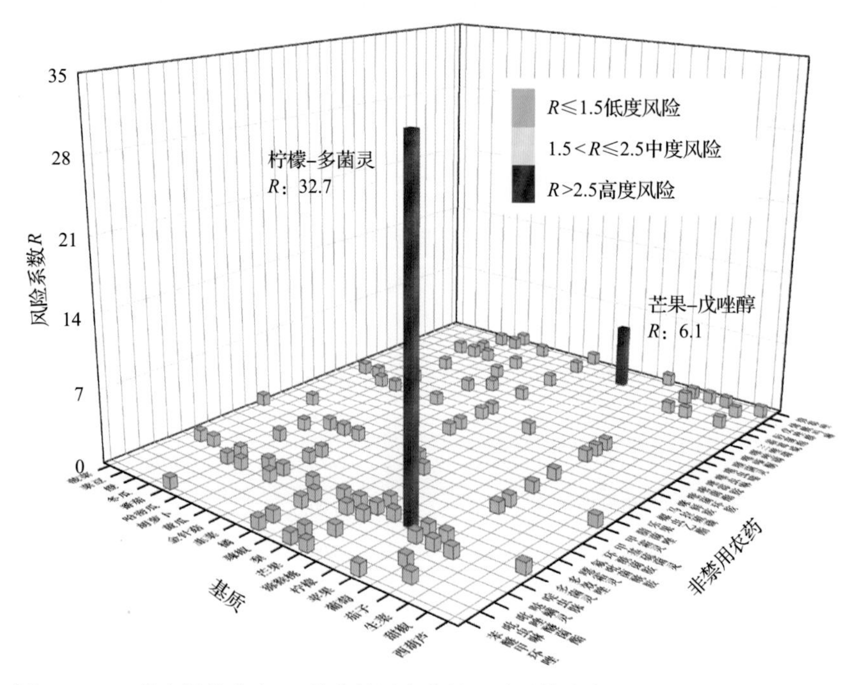

图 6-15　22 种水果蔬菜中 31 种非禁用农药的风险系数分布图(MRL 中国国家标准)

表 6-13　单种水果蔬菜中处于高度风险的非禁用农药风险系数表（MRL 中国国家标准）

序号	基质	农药	超标频次	超标率 P(%)	风险系数 R
1	柠檬	多菌灵	6	31.58	32.68
2	芒果	戊唑醇	1	0.05	6.10

6.3.1.3　基于 MRL 欧盟标准的单种水果蔬菜中非禁用农药残留风险系数分析

参照 MRL 欧盟标准计算每种水果蔬菜中每种非禁用农药的超标率，进而计算其风险系数，根据风险系数大小判断农药残留的预警风险程度，水果蔬菜中非禁用农药残留风险程度分布情况如图 6-21 所示。

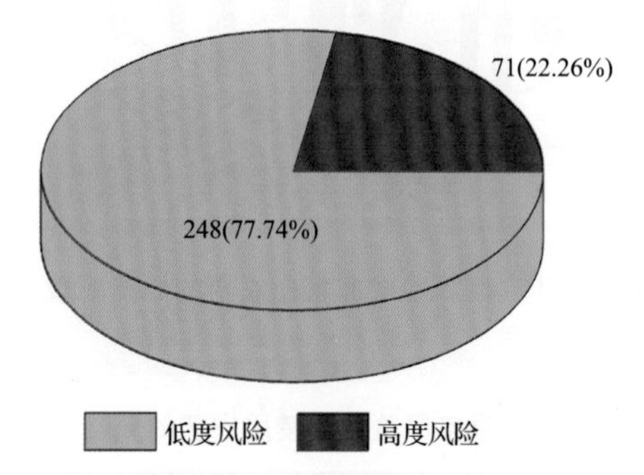

图 6-16　水果蔬菜中非禁用农药的风险程度的频次分布图（MRL 欧盟标准）

本次分析中，发现在 26 种水果蔬菜中共侦测出 72 种非禁用农药，涉及样本 319 个，其中，22.26%处于高度风险，涉及 21 种水果蔬菜和 38 种农药；77.74%处于低度风险，涉及 27 种水果蔬菜和 56 种农药。单种水果蔬菜中的非禁用农药风险系数分布图如图 6-17 所示。单种水果蔬菜中处于高度风险的非禁用农药风险系数如图 6-18 和表 6-14 所示。

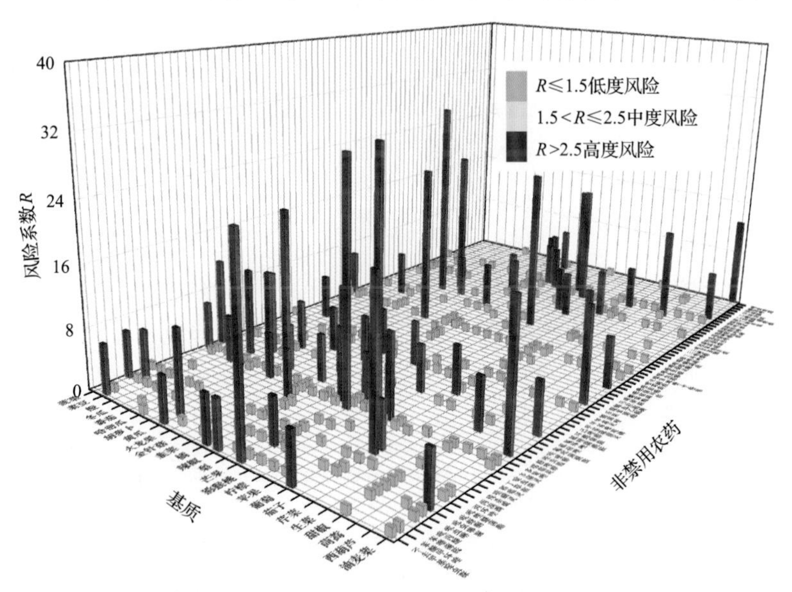

图 6-17　26 种水果蔬菜中 72 种非禁用农药的风险系数分布图（MRL 欧盟标准）

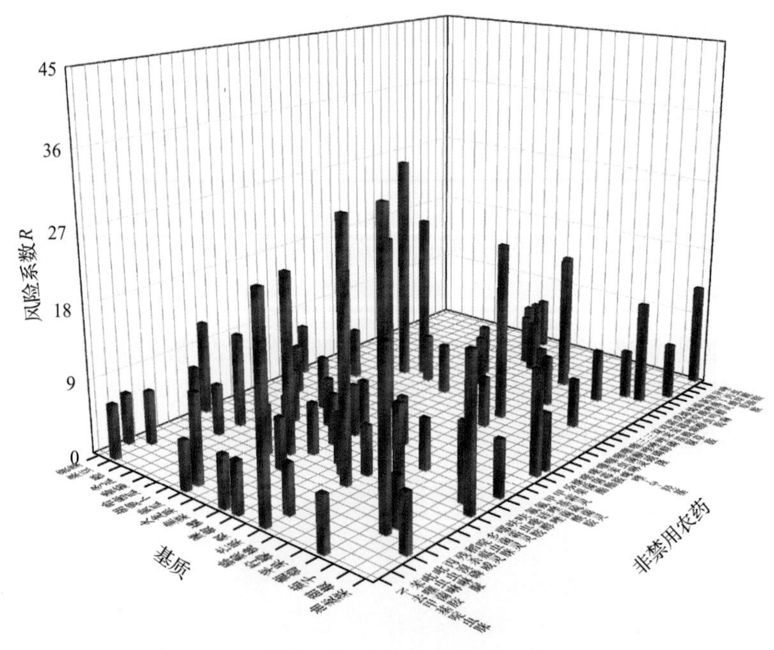

图 6-18　单种水果蔬菜中处于高度风险的非禁用农药的风险系数分布图(MRL 欧盟标准)

表 6-14　单种水果蔬菜中处于高度风险的非禁用农药的风险系数表(MRL 欧盟标准)

序号	基质	农药	超标频次	超标率 P(%)	风险系数 R
1	柠檬	多菌灵	6	31.58	32.68
2	芒果	啶虫脒	6	30.00	31.10
3	哈密瓜	噻唑磷	5	27.78	28.88
4	芒果	N-去甲基啶虫脒	5	25.00	26.10
5	火龙果	嘧菌酯	4	21.05	22.15
6	火龙果	多菌灵	4	21.05	22.15
7	猕猴桃	噻菌灵	4	21.05	22.15
8	胡萝卜	三唑醇	4	20.00	21.10
9	茄子	丙溴磷	4	20.00	21.10
10	油麦菜	噁霜灵	3	17.65	18.75
11	猕猴桃	戊唑醇	3	15.79	16.89
12	芒果	烯酰吗啉	3	15.00	16.10
13	甜椒	烯啶虫胺	2	11.76	12.86
14	油麦菜	乐果	2	11.76	12.86
15	油麦菜	唑虫酰胺	2	11.76	12.86
16	哈密瓜	噁霜灵	2	11.11	12.21
17	菠菜	噁霜灵	2	10.53	11.63
18	冬瓜	噁霜灵	2	10.53	11.63

续表

序号	基质	农药	超标频次	超标率 P(%)	风险系数 R
19	番茄	呋虫胺	2	10.00	11.10
20	黄瓜	苯噻菌胺	2	10.00	11.10
21	苹果	多菌灵	2	10.00	11.10
22	甜椒	呋虫胺	1	5.88	6.98
23	油麦菜	吡虫啉脲	1	5.88	6.98
24	油麦菜	氟硅唑	1	5.88	6.98
25	油麦菜	烯唑醇	1	5.88	6.98
26	油麦菜	醚菌酯	1	5.88	6.98
27	菜豆	*N*-去甲基啶虫脒	1	5.56	6.66
28	菜豆	吡虫啉脲	1	5.56	6.66
29	哈密瓜	氟硅唑	1	5.56	6.66
30	哈密瓜	甲霜灵	1	5.56	6.66
31	葡萄	*N*-去甲基啶虫脒	1	5.56	6.66
32	葡萄	氟唑菌酰胺	1	5.56	6.66
33	葡萄	霜霉威	1	5.56	6.66
34	菠菜	吡虫啉	1	5.26	6.36
35	菠菜	嘧霉胺	1	5.26	6.36
36	菠菜	多菌灵	1	5.26	6.36
37	冬瓜	啶虫脒	1	5.26	6.36
38	冬瓜	噻虫啉	1	5.26	6.36
39	韭菜	双苯酰草胺	1	5.26	6.36
40	韭菜	呋嘧醇	1	5.26	6.36
41	韭菜	噁霜灵	1	5.26	6.36
42	韭菜	噻酮磺隆	1	5.26	6.36
43	韭菜	异丙草胺	1	5.26	6.36
44	韭菜	新燕灵	1	5.26	6.36
45	韭菜	氟唑菌酰胺	1	5.26	6.36
46	韭菜	溴丁酰草胺	1	5.26	6.36
47	韭菜	甲基硫菌灵	1	5.26	6.36
48	韭菜	稻瘟灵	1	5.26	6.36
49	橘	*N*-去甲基啶虫脒	1	5.26	6.36
50	橘	三唑磷	1	5.26	6.36
51	橘	烯酰吗啉	1	5.26	6.36
52	辣椒	*N*-去甲基啶虫脒	1	5.26	6.36
53	辣椒	噁霜灵	1	5.26	6.36

续表

序号	基质	农药	超标频次	超标率 P(%)	风险系数 R
54	辣椒	烯啶虫胺	1	5.26	6.36
55	猕猴桃	双苯基脲	1	5.26	6.36
56	猕猴桃	噻苯咪唑-5-羟基	1	5.26	6.36
57	柠檬	三唑磷	1	5.26	6.36
58	柠檬	氟硅唑	1	5.26	6.36
59	橙	乐果	1	5.00	6.10
60	黄瓜	*N*-去甲基啶虫脒	1	5.00	6.10
61	黄瓜	啶虫脒	1	5.00	6.10
62	黄瓜	噁霜灵	1	5.00	6.10
63	黄瓜	噻唑磷	1	5.00	6.10
64	黄瓜	氟唑菌酰胺	1	5.00	6.10
65	梨	多菌灵	1	5.00	6.10
66	梨	甲基硫菌灵	1	5.00	6.10
67	芒果	吡虫啉	1	5.00	6.10
68	芒果	噁霜灵	1	5.00	6.10
69	茄子	噻唑磷	1	5.00	6.10
70	茄子	残杀威	1	5.00	6.10
71	茄子	烯啶虫胺	1	5.00	6.10

6.3.2 所有水果蔬菜中农药残留风险系数分析

6.3.2.1 所有水果蔬菜中禁用农药残留风险系数分析

在侦测出的 78 种农药中有 6 种为禁用农药，计算所有水果蔬菜中禁用农药的风险系数，结果如表 6-15 所示。禁用农药克百威和氧乐果处于高度风险，甲拌磷和丁酰肼禁用农药处于中度风险，剩余 2 种禁用农药处于低度风险。

表 6-15　水果蔬菜中 6 种禁用农药的风险系数表

序号	农药	检出频次	检出率(%)	风险系数 R	风险程度
1	克百威	10	2.04	3.14	高度风险
2	氧乐果	7	1.43	2.53	高度风险
3	甲拌磷	5	1.02	2.12	中度风险
4	丁酰肼	3	0.61	1.71	中度风险
5	苯线磷	1	0.20	1.30	低度风险
6	灭线磷	1	0.20	1.30	低度风险

6.3.2.2　所有水果蔬菜中非禁用农药残留风险系数分析

参照 MRL 欧盟标准计算所有水果蔬菜中每种非禁用农药残留的风险系数，如图 6-19 与表 6-16 所示。在侦测出的 72 种非禁用农药中，5 种农药(6.94%)残留处于高度风险，17 种农药(23.61%)残留处于中度风险，50 种农药(69.44%)残留处于低度风险。

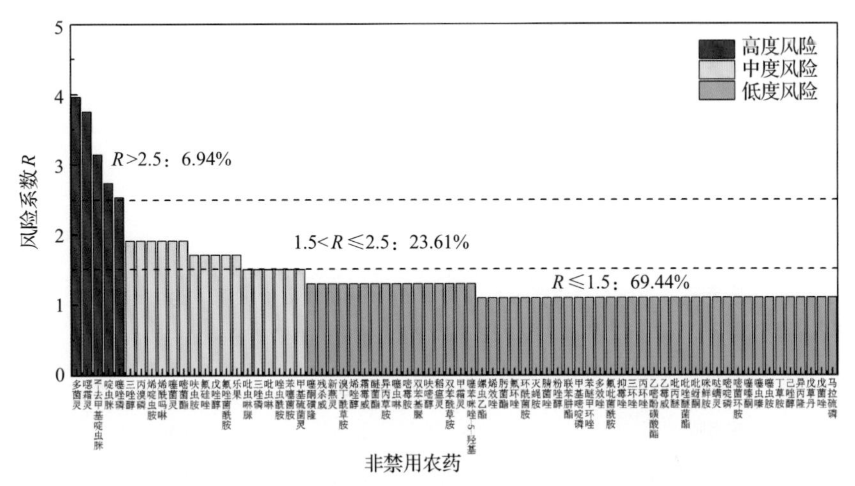

图 6-19　水果蔬菜中 72 种非禁用农药的风险程度统计图

表 6-16　水果蔬菜中 72 种非禁用农药的风险系数表

序号	农药	超标频次	超标率 P(%)	风险系数 R	风险程度
1	多菌灵	14	2.86	3.96	高度风险
2	噁霜灵	13	2.66	3.76	高度风险
3	*N*-去甲基啶虫脒	10	2.04	3.14	高度风险
4	啶虫脒	8	1.64	2.74	高度风险
5	噻唑磷	7	1.43	2.53	高度风险
6	丙溴磷	4	0.82	1.92	中度风险
7	嘧菌酯	4	0.82	1.92	中度风险
8	噻菌灵	4	0.82	1.92	中度风险
9	三唑醇	4	0.82	1.92	中度风险
10	烯啶虫胺	4	0.82	1.92	中度风险
11	烯酰吗啉	4	0.82	1.92	中度风险
12	呋虫胺	3	0.61	1.71	中度风险
13	氟硅唑	3	0.61	1.71	中度风险
14	氟唑菌酰胺	3	0.61	1.71	中度风险
15	乐果	3	0.61	1.71	中度风险

续表

序号	农药	超标频次	超标率 P(%)	风险系数 R	风险程度
16	戊唑醇	3	0.61	1.71	中度风险
17	苯噻菌胺	2	0.41	1.51	中度风险
18	吡虫啉	2	0.41	1.51	中度风险
19	吡虫啉脲	2	0.41	1.51	中度风险
20	甲基硫菌灵	2	0.41	1.51	中度风险
21	三唑磷	2	0.41	1.51	中度风险
22	唑虫酰胺	2	0.41	1.51	中度风险
23	残杀威	1	0.20	1.30	低度风险
24	稻瘟灵	1	0.20	1.30	低度风险
25	呋嘧醇	1	0.20	1.30	低度风险
26	甲霜灵	1	0.20	1.30	低度风险
27	醚菌酯	1	0.20	1.30	低度风险
28	嘧霉胺	1	0.20	1.30	低度风险
29	噻苯咪唑-5-羟基	1	0.20	1.30	低度风险
30	噻虫啉	1	0.20	1.30	低度风险
31	噻酮磺隆	1	0.20	1.30	低度风险
32	双苯基脲	1	0.20	1.30	低度风险
33	双苯酰草胺	1	0.20	1.30	低度风险
34	霜霉威	1	0.20	1.30	低度风险
35	烯唑醇	1	0.20	1.30	低度风险
36	新燕灵	1	0.20	1.30	低度风险
37	溴丁酰草胺	1	0.20	1.30	低度风险
38	异丙草胺	1	0.20	1.30	低度风险
39	苯醚甲环唑	0	0	1.10	低度风险
40	吡丙醚	0	0	1.10	低度风险
41	吡蚜酮	0	0	1.10	低度风险
42	吡唑醚菌酯	0	0	1.10	低度风险
43	丙环唑	0	0	1.10	低度风险
44	哒螨灵	0	0	1.10	低度风险
45	丁草胺	0	0	1.10	低度风险
46	多效唑	0	0	1.10	低度风险
47	粉唑醇	0	0	1.10	低度风险
48	氟吡菌酰胺	0	0	1.10	低度风险
49	氟环唑	0	0	1.10	低度风险

续表

序号	农药	超标频次	超标率 P(%)	风险系数 R	风险程度
50	环酰菌胺	0	0	1.10	低度风险
51	己唑醇	0	0	1.10	低度风险
52	甲基嘧啶磷	0	0	1.10	低度风险
53	腈菌唑	0	0	1.10	低度风险
54	联苯肼酯	0	0	1.10	低度风险
55	螺虫乙酯	0	0	1.10	低度风险
56	马拉硫磷	0	0	1.10	低度风险
57	咪鲜胺	0	0	1.10	低度风险
58	嘧啶磷	0	0	1.10	低度风险
59	嘧菌环胺	0	0	1.10	低度风险
60	灭蝇胺	0	0	1.10	低度风险
61	噻虫胺	0	0	1.10	低度风险
62	噻虫嗪	0	0	1.10	低度风险
63	噻嗪酮	0	0	1.10	低度风险
64	三环唑	0	0	1.10	低度风险
65	肟菌酯	0	0	1.10	低度风险
66	戊草丹	0	0	1.10	低度风险
67	戊菌唑	0	0	1.10	低度风险
68	烯效唑	0	0	1.10	低度风险
69	乙霉威	0	0	1.10	低度风险
70	乙嘧酚磺酸酯	0	0	1.10	低度风险
71	异丙隆	0	0	1.10	低度风险
72	抑霉唑	0	0	1.10	低度风险

6.4 LC-Q-TOF/MS 侦测南京市市售水果蔬菜农药残留风险评估结论与建议

农药残留是影响水果蔬菜安全和质量的主要因素，也是我国食品安全领域备受关注的敏感话题和亟待解决的重大问题之一[15,16]。各种水果蔬菜均存在不同程度的农药残留现象，本研究主要针对南京市各类水果蔬菜存在的农药残留问题，基于 2017 年 4 月对南京市 489 例水果蔬菜样品中农药残留侦测得出的 967 个侦测结果，分别采用食品安全指数模型和风险系数模型，开展水果蔬菜中农药残留的膳食暴露风险和预警风险评估。水果蔬菜样品取自超市和农贸市场，符合大众的膳食来源，风险评价时更具有代表性和可信度。

本研究力求通用简单地反映食品安全中的主要问题，且为管理部门和大众容易接受，为政府及相关管理机构建立科学的食品安全信息发布和预警体系提供科学的规律与方法，加强对农药残留的预警和食品安全重大事件的预防，控制食品风险。

6.4.1 南京市水果蔬菜中农药残留膳食暴露风险评价结论

1) 水果蔬菜样品中农药残留安全状态评价结论

采用食品安全指数模型，对 2017 年 4 月期间南京市水果蔬菜食品农药残留膳食暴露风险进行评价，根据 IFS_c 的计算结果发现，水果蔬菜中农药的 $\overline{IFS}$ 为 0.1073，说明南京市水果蔬菜总体处于可以接受的安全状态，但部分禁用农药、高残留农药在蔬菜、水果中仍有侦测出，导致膳食暴露风险的存在，成为不安全因素。

2) 单种水果蔬菜中农药膳食暴露风险不可接受情况评价结论

单种水果蔬菜中农药残留安全指数分析结果显示，农药对单种水果蔬菜安全影响不可接受($IFS_c>1$)的样本数共 2 个，占总样本数的 0.6%，2 个样本分别为黄瓜中的氧乐果、韭菜中的克百威，说明黄瓜中的氧乐果、韭菜中的克百威会对消费者身体健康造成较大的膳食暴露风险。氧乐果和克百威属于禁用的剧毒农药，且韭菜和黄瓜均为较常见的水果蔬菜，百姓日常食用量较大，长期食用大量残留氧乐果的黄瓜、克百威的韭菜会对人体造成不可接受的影响，本次检测发现氧乐果在黄瓜、克百威在韭菜样品中多次并大量侦测出，是未严格实施农业良好管理规范(GAP)，抑或是农药滥用，这应该引起相关管理部门的警惕，应加强对韭菜中的克百威、黄瓜中的氧乐果严格管控。

3) 禁用农药膳食暴露风险评价

本次检测发现部分水果蔬菜样品中有禁用农药侦测出，侦测出禁用农药 6 种，侦测出频次为 27，水果蔬菜样品中的禁用农药 IFS_c 计算结果表明，禁用农药残留膳食暴露风险不可接受的频次为 6，占 22.22%；可以接受的频次为 15，占 55.56%；没有影响的频次为 6，占 22.22%。对于水果蔬菜样品中所有农药而言，膳食暴露风险不可接受的频次为 6，仅占总体频次的 0.62%。可以看出，禁用农药的膳食暴露风险不可接受的比例远高于总体水平，这在一定程度上说明禁用农药更容易导致严重的膳食暴露风险。此外，膳食暴露风险不可接受的残留禁用农药均为氧乐果和克百威，因此，应该加强对禁用农药氧乐果和克百威的管控力度。为何在国家明令禁止禁用农药喷洒的情况下，还能在多种水果蔬菜中多次侦测出禁用农药残留并造成不可接受的膳食暴露风险，这应该引起相关部门的高度警惕，应该在禁止禁用农药喷洒的同时，严格管控禁用农药的生产和售卖，从根本上杜绝安全隐患。

6.4.2 南京市水果蔬菜中农药残留预警风险评价结论

1) 单种水果蔬菜中禁用农药残留的预警风险评价结论

本次检测过程中，在 12 种水果蔬菜中检测超出 6 种禁用农药，禁用农药为：克百威、甲拌磷、丁酰肼、氧乐果、苯线磷、灭线磷，水果蔬菜为：菜豆、橙、黄瓜、韭菜、橘、梨、芹菜、生菜、甜椒、茼蒿、西葫芦、油麦菜，水果蔬菜中禁用农药的风险系数分析结果显示，6 种禁用农药在 12 种水果蔬菜中的残留均处于高度风险，说明在单种水果蔬菜中禁用农药的残留会导致较高的预警风险。

2) 单种水果蔬菜中非禁用农药残留的预警风险评价结论

以 MRL 中国国家标准为标准，计算水果蔬菜中非禁用农药风险系数情况下，319 个样本中，2 个处于高度风险(0.63%)，91 个处于低度风险(25.83%)，226 个样本没有 MRL 中国国家标准(70.85%)。以 MRL 欧盟标准为标准，计算水果蔬菜中非禁用农药风险系数情况下，发现有 71 个处于高度风险(22.26%)，248 个处于低度风险(77.74%)。基于两种 MRL 标准，评价的结果差异显著，可以看出 MRL 欧盟标准比中国国家标准更加严格和完善，过于宽松的 MRL 中国国家标准值能否有效保障人体的健康有待研究。

6.4.3　加强南京市水果蔬菜食品安全建议

我国食品安全风险评价体系仍不够健全，相关制度不够完善，多年来，由于农药用药次数多、用药量大或用药间隔时间短，产品残留量大，农药残留所造成的食品安全问题日益严峻，给人体健康带来了直接或间接的危害。据估计，美国与农药有关的癌症患者数约占全国癌症患者总数的 50%，中国更高。同样，农药对其他生物也会形成直接杀伤和慢性危害，植物中的农药可经过食物链逐级传递并不断蓄积，对人和动物构成潜在威胁，并影响生态系统。

基于本次农药残留侦测数据的风险评价结果，提出以下几点建议：

1) 加快食品安全标准制定步伐

我国食品标准中对农药每日允许最大摄入量 ADI 的数据严重缺乏，在本次评价所涉及的 78 种农药中，仅有 80.8%的农药具有 ADI 值，而 19.2%的农药中国尚未规定相应的 ADI 值，亟待完善。

我国食品中农药最大残留限量值的规定严重缺乏，对评估涉及的不同水果蔬菜中不同农药 333 个 MRL 限值进行统计来看，我国仅制定出 106 个标准，我国标准完整率仅为 31.8%，欧盟的完整率达到 100%(表 6-17)。因此，中国更应加快 MRL 标准的制定步伐。

表 6-17　我国国家食品标准农药的 ADI、MRL 值与欧盟标准的数量差异

分类		中国 ADI	MRL 中国国家标准	MRL 欧盟标准
标准限值(个)	有	63	106	333
	无	15	227	0
总数(个)		78	333	333
无标准限值比例(%)		19.2	68.2	0

此外，MRL 中国国家标准限值普遍高于欧盟标准限值，这些标准中共有 52 个高于欧盟。过高的 MRL 值难以保障人体健康，建议继续加强对限值基准和标准的科学研究，将农产品中的危险性减少到尽可能低的水平。

2) 加强农药的源头控制和分类监管

在南京市某些水果蔬菜中仍有禁用农药残留，利用 LC-Q-TOF/MS 技术侦测出 6 种禁用农药，检出频次为 27 次，残留禁用农药均存在较大的膳食暴露风险和预警风险。早已列入黑名单的禁用农药在我国并未真正退出，有些药物由于价格便宜、工艺简单，此类高毒农药一直生产和使用。建议在我国采取严格有效的控制措施，从源头控制禁用农药。

对于非禁用农药，在我国作为“田间地头”最典型单位的县级蔬果产地中，农药残留的检测几乎缺失。建议根据农药的毒性，对高毒、剧毒、中毒农药实现分类管理，减少使用高毒和剧毒高残留农药，进行分类监管。

3) 加强农药生物基准和降解技术研究

市售果蔬中残留农药的品种多、频次高、禁用农药多次检出这一现状，说明了我国的田间土壤和水体因农药长期、频繁、不合理的使用而遭到严重污染。为此，建议中国相关部门出台相关政策，鼓励高校及科研院所积极开展分子生物学、酶学等研究，加强土壤、水体中残留农药的生物修复及降解新技术研究，切实加大农药监管力度，以控制农药的面源污染问题。

综上所述，在本工作基础上，根据蔬菜残留危害，可进一步针对其成因提出和采取严格管理、大力推广无公害蔬菜种植与生产、健全食品安全控制技术体系、加强蔬菜食品质量检测体系建设和积极推行蔬菜食品质量追溯制度等相应对策。建立和完善食品安全综合评价指数与风险监测预警系统，对食品安全进行实时、全面的监控与分析，为我国的食品安全科学监管与决策提供新的技术支持，可实现各类检验数据的信息化系统管理，降低食品安全事故的发生。

第 7 章　GC-Q-TOF/MS 侦测南京市 794 例市售水果蔬菜样品农药残留报告

从南京市所属 8 个区，随机采集了 794 例水果蔬菜样品，使用气相色谱-四极杆飞行时间质谱(GC-Q-TOF/MS)对 507 种农药化学污染物进行示范侦测。

7.1　样品种类、数量与来源

7.1.1　样品采集与检测

为了真实反映百姓餐桌上水果蔬菜中农药残留污染状况，本次所有检测样品均由检验人员于 2015 年 7 月至 2017 年 4 月期间，从南京市所属 30 个采样点，包括 6 个农贸市场 24 个超市，以随机购买方式采集，总计 40 批 794 例样品，从中检出农药 144 种，1963 频次。采样及监测概况见表 7-1 及图 7-1，样品及采样点明细见表 7-2 及表 7-3(侦测原始数据见附表 1)。

表 7-1　农药残留监测总体概况

采样地区	南京市所属 8 个区
采样点(超市+农贸市场)	30
样本总数	794
检出农药品种/频次	144/1963
各采样点样本农药残留检出率范围	66.7%~96.0%

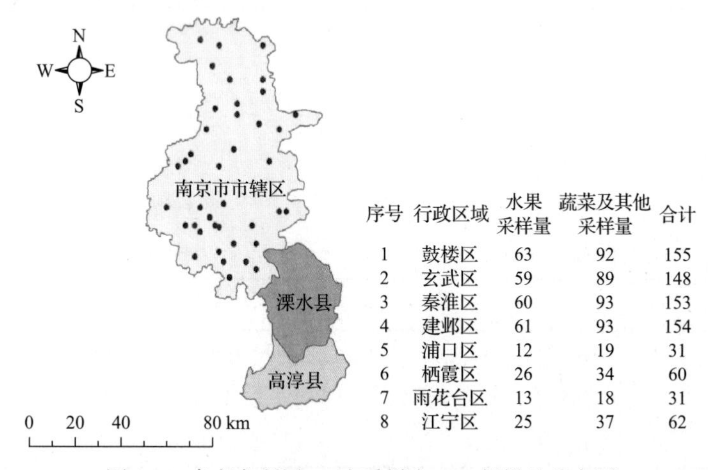

序号	行政区域	水果采样量	蔬菜及其他采样量	合计
1	鼓楼区	63	92	155
2	玄武区	59	89	148
3	秦淮区	60	93	153
4	建邺区	61	93	154
5	浦口区	12	19	31
6	栖霞区	26	34	60
7	雨花台区	13	18	31
8	江宁区	25	37	62

图 7-1　南京市所属 30 个采样点 794 例样品分布图

表 7-2　样品分类及数量

样品分类	样品名称(数量)	数量小计
1. 水果		319
1)仁果类水果	苹果(40),梨(40)	80
2)核果类水果	桃(10)	10
3)浆果和其他小型水果	猕猴桃(19),葡萄(37)	56
4)瓜果类水果	西瓜(10),哈密瓜(28)	38
5)热带和亚热带水果	芒果(20),荔枝(9),火龙果(28)	57
6)柑橘类水果	柚(10),橘(29),柠檬(19),橙(20)	78
2. 食用菌		26
1)蘑菇类	蘑菇(8),金针菇(18)	26
3. 蔬菜		449
1)豆类蔬菜	菜豆(28)	28
2)鳞茎类蔬菜	韭菜(27)	27
3)叶菜类蔬菜	芹菜(28),菠菜(19),油麦菜(17),茼蒿(13),生菜(27),青菜(18)	122
4)芸薹属类蔬菜	青花菜(20)	20
5)瓜类蔬菜	黄瓜(40),西葫芦(20),瓠瓜(9),冬瓜(19)	88
6)茄果类蔬菜	番茄(39),甜椒(36),辣椒(19),茄子(30)	124
7)根茎类和薯芋类蔬菜	胡萝卜(30),马铃薯(10)	40
合计	1.水果 14 种 2.食用菌 2 种 3.蔬菜 19 种	794

表 7-3　南京市采样点信息

采样点序号	行政区域	采样点
农贸市场(6)		
1	建邺区	***市场
2	栖霞区	***市场
3	江宁区	***市场
4	玄武区	***市场
5	秦淮区	***菜场
6	鼓楼区	***市场
超市(24)		
1	建邺区	***超市(河西中央公园店)
2	建邺区	***超市(长虹店)
3	建邺区	***超市(万达水西门店)

续表

采样点序号	行政区域	采样点
4	建邺区	***超市(江东南路购物中心店)
5	建邺区	***超市(油坊桥店)
6	栖霞区	***超市(万寿村购物广场店)
7	江宁区	***超市(江宁店)
8	浦口区	***超市(桥北店)
9	浦口区	***超市(金浦广场店)
10	玄武区	***超市(灵谷寺路店)
11	玄武区	***超市(大行宫店)
12	玄武区	***超市(新庄店)
13	玄武区	***超市(花园路店)
14	玄武区	***超市(马标店)
15	秦淮区	***超市(瑞金店)
16	秦淮区	***超市(南京秦淮店)
17	秦淮区	***超市(新街口店)
18	秦淮区	***超市(光华路购物广场店)
19	雨花台区	***超市(雨花店)
20	鼓楼区	***超市(鼓楼店)
21	鼓楼区	***超市(大桥南路店)
22	鼓楼区	***超市(中山北路购物广场店)
23	鼓楼区	***超市(龙江小区店)
24	鼓楼区	***超市(龙江店)

7.1.2　检测结果

这次使用的检测方法是庞国芳院士团队最新研发的不需使用标准品对照，而以高分辨精确质量数(0.0001 *m/z*)为基准的 GC-Q-TOF/MS 检测技术，对于 794 例样品，每个样品均侦测了 507 种农药化学污染物的残留现状。通过本次侦测，在 794 例样品中共计检出农药化学污染物 144 种，检出 1963 频次。

7.1.2.1　各采样点样品检出情况

统计分析发现 30 个采样点中，被测样品的农药检出率范围为 66.7%~96.0%。其中，***超市(光华路购物广场店)的检出率最高，为 96.0%，***超市(金浦广场店)的检出率最低，为 66.7%，见图 7-2。

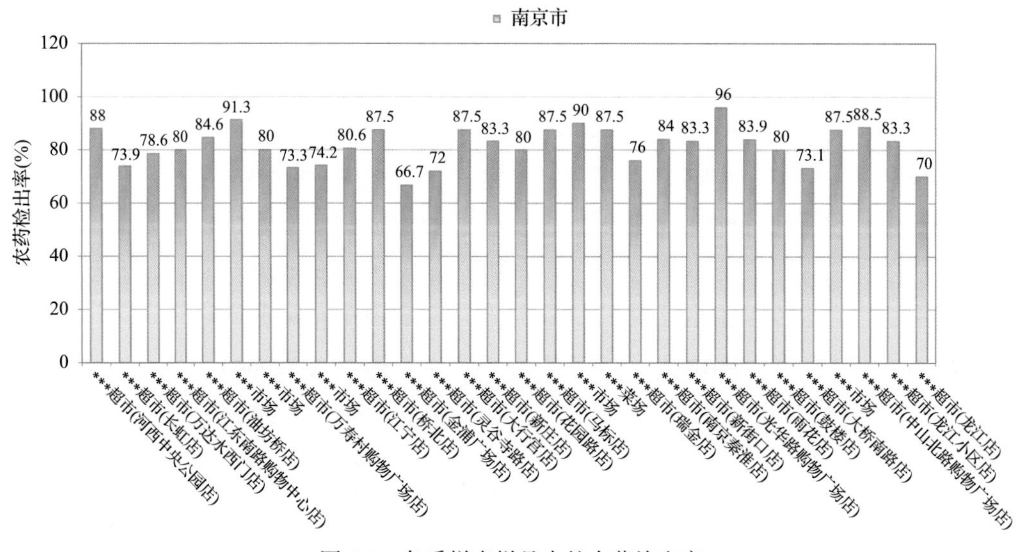

图 7-2　各采样点样品中的农药检出率

7.1.2.2　检出农药的品种总数与频次

统计分析发现，对于 794 例样品中 507 种农药化学污染物的侦测，共检出农药 1963 频次，涉及农药 144 种，结果如图 7-3 所示。其中毒死蜱检出频次最高，共检出 163 次。检出频次排名前 10 的农药如下：①毒死蜱(163)；②威杀灵(160)；③腐霉利(151)；④嘧霉胺(67)；⑤喹螨醚(66)；⑥哒螨灵(61)；⑦联苯(61)；⑧醚菊酯(59)；⑨联苯菊酯(55)；⑩氟吡菌酰胺(49)。

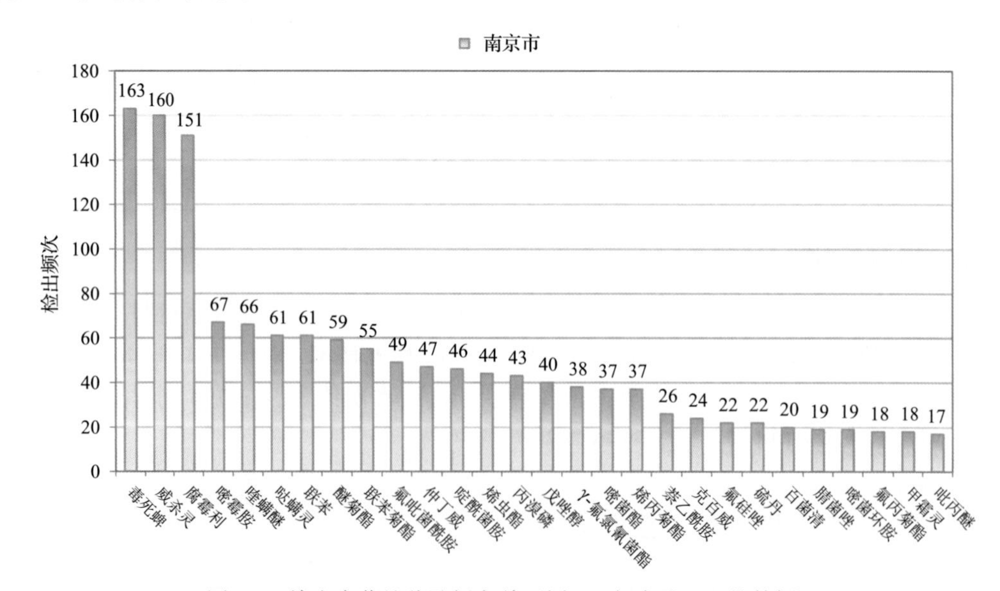

图 7-3　检出农药品种及频次(仅列出 17 频次及以上的数据)

由图 7-4 可见，甜椒、芹菜、菜豆和茄子这 4 种果蔬样品中检出的农药品种数较高，均超过 30 种，其中，甜椒检出农药品种最多，为 36 种。由图 7-5 可见，番茄、黄瓜、甜椒、葡萄、茄子和橘这 6 种果蔬样品中的农药检出频次较高，均超过 100 次，其中，番茄检出农药频次最高，为 141 次。

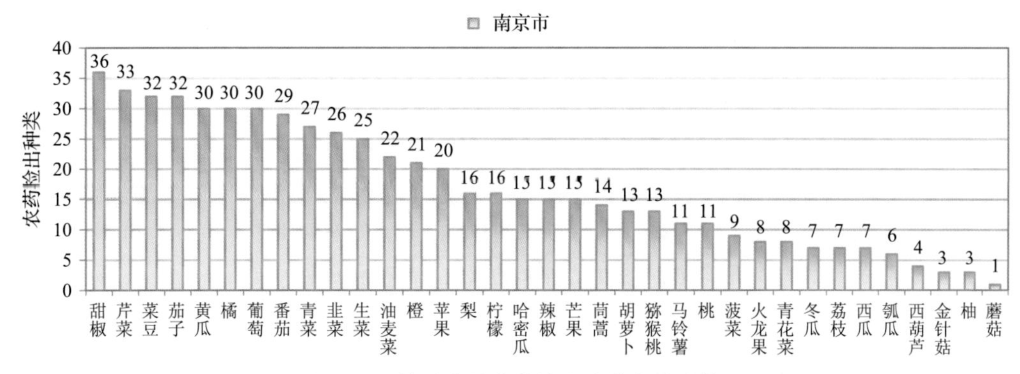

图 7-4　单种水果蔬菜检出农药的种类数

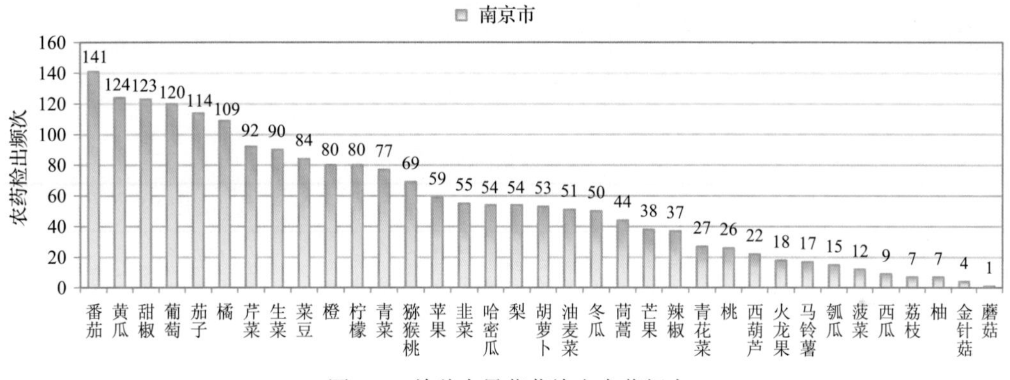

图 7-5　单种水果蔬菜检出农药频次

7.1.2.3　单例样品农药检出种类与占比

对单例样品检出农药种类和频次进行统计发现，未检出农药的样品占总样品数的 18.4%，检出 1 种农药的样品占总样品数的 21.7%，检出 2~5 种农药的样品占总样品数的 50.4%，检出 6~10 种农药的样品占总样品数的 9.1%，检出大于 10 种农药的样品占总样品数的 0.5%。每例样品中平均检出农药为 2.5 种，数据见表 7-4 及图 7-6。

表 7-4　单例样品检出农药品种占比

检出农药品种数	样品数量/占比(%)
未检出	146/18.4
1 种	172/21.7
2~5 种	400/50.4
6~10 种	72/9.1
大于 10 种	4/0.5
单例样品平均检出农药品种	2.5 种

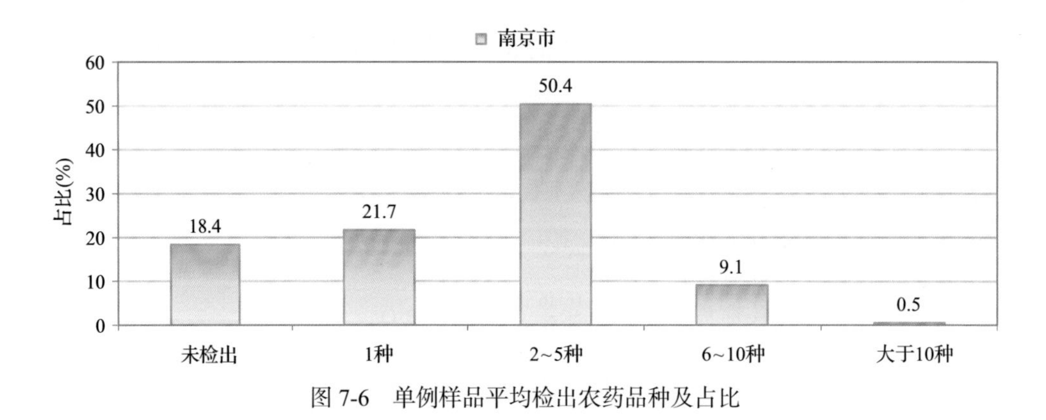

图 7-6 单例样品平均检出农药品种及占比

7.1.2.4 检出农药类别与占比

所有检出农药按功能分类，包括杀虫剂、杀菌剂、除草剂、植物生长调节剂、驱避剂和其他共 6 类。其中杀虫剂与杀菌剂为主要检出的农药类别，分别占总数的 45.1%和 29.9%，见表 7-5 及图 7-7。

表 7-5 检出农药所属类别/占比

农药类别	数量/占比(%)
杀虫剂	65/45.1
杀菌剂	43/29.9
除草剂	26/18.1
植物生长调节剂	7/4.9
驱避剂	1/0.7
其他	2/1.4

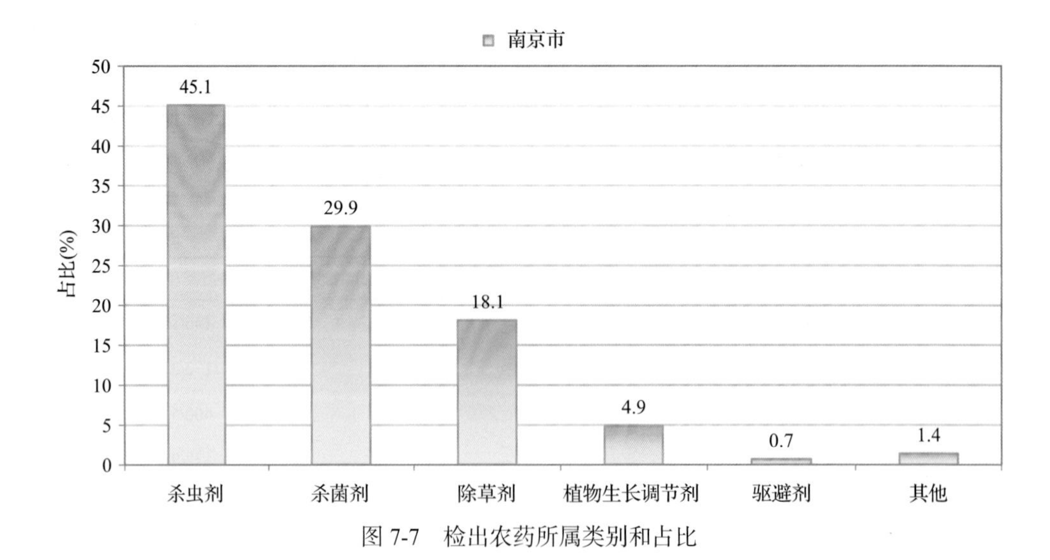

图 7-7 检出农药所属类别和占比

7.1.2.5　检出农药的残留水平

按检出农药残留水平进行统计，残留水平在 1~5 μg/kg(含)的农药占总数的 25.6%，在 5~10 μg/kg(含)的农药占总数的 14.8%，在 10~100 μg/kg(含)的农药占总数的 46.3%，在 100~1000 μg/kg(含)的农药占总数的 12.7%，在>1000 μg/kg 的农药占总数的 0.6%。

由此可见，这次检测的 40 批 794 例水果蔬菜样品中农药多数处于中高残留水平。结果见表 7-6 及图 7-8，数据见附表 2。

表 7-6　农药残留水平/占比

残留水平(μg/kg)	检出频次数/占比(%)
1~5(含)	502/25.6
5~10(含)	290/14.8
10~100(含)	909/46.3
100~1000(含)	250/12.7
>1000	12/0.6

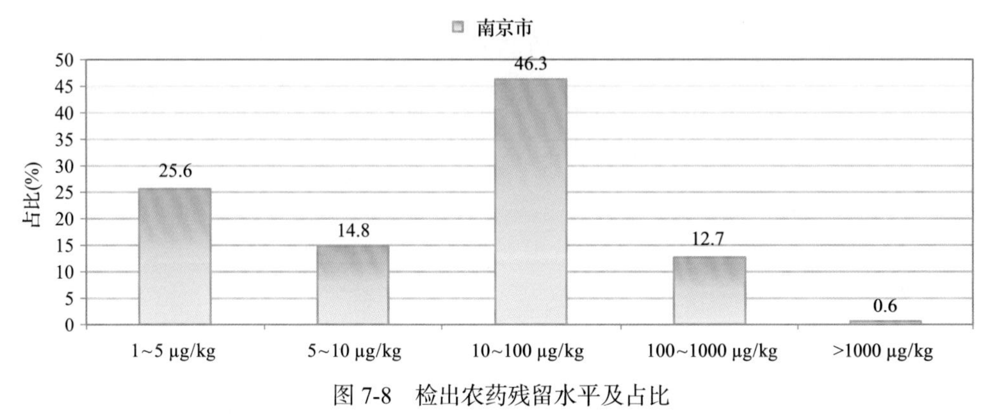

图 7-8　检出农药残留水平及占比

7.1.2.6　检出农药的毒性类别、检出频次和超标频次及占比

对这次检出的 144 种 1963 频次的农药，按剧毒、高毒、中毒、低毒和微毒这五个毒性类别进行分类，从中可以看出，南京市目前普遍使用的农药为中低微毒农药，品种占 89.6%，频次占 96.5%。结果见表 7-7 及图 7-9。

表 7-7　检出农药毒性类别/占比

毒性分类	农药品种/占比(%)	检出频次/占比(%)	超标频次/超标率(%)
剧毒农药	6/4.2	9/0.5	1/11.1
高毒农药	9/6.3	60/3.1	28/46.7
中毒农药	52/36.1	830/42.3	18/2.2
低毒农药	56/38.9	580/29.5	0/0.0
微毒农药	21/14.6	484/24.7	2/0.4

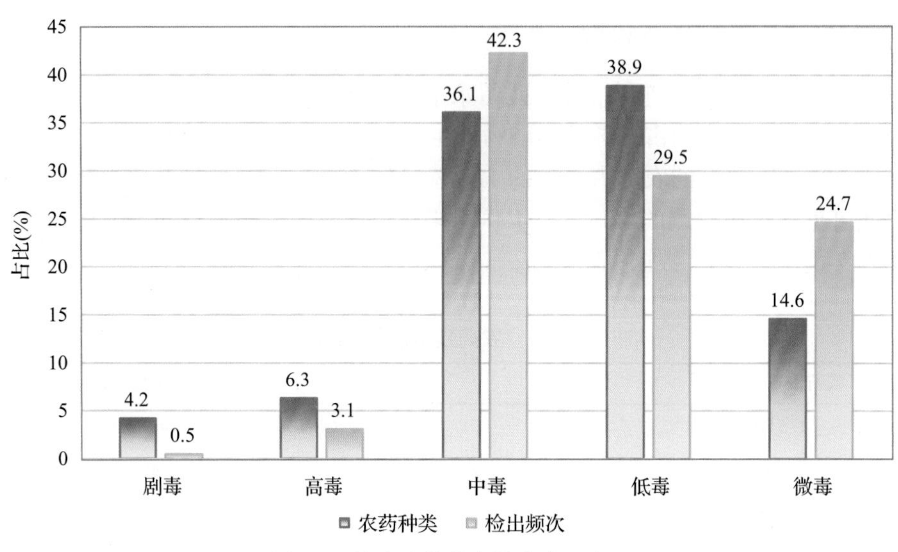

图 7-9　检出农药的毒性分类和占比

7.1.2.7　检出剧毒/高毒类农药的品种和频次

值得特别关注的是，在此次侦测的 794 例样品中有 11 种蔬菜 7 种水果的 56 例样品检出了 15 种 69 频次的剧毒和高毒农药，占样品总量的 7.1%，详见图 7-10、表 7-8 及表 7-9。

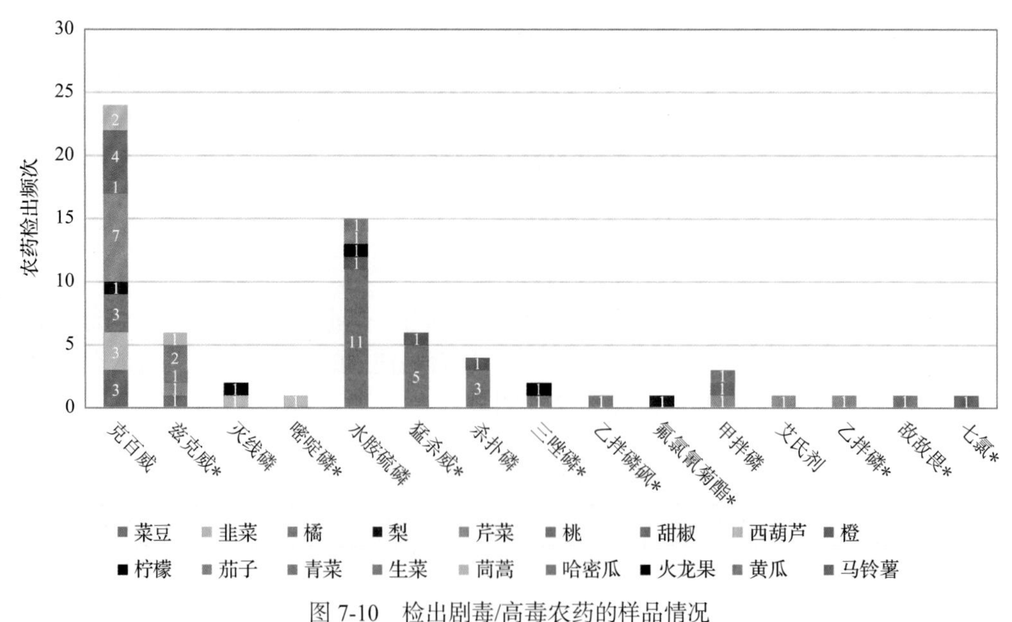

图 7-10　检出剧毒/高毒农药的样品情况

*表示允许在水果和蔬菜上使用的农药

表 7-8　剧毒农药检出情况

序号	农药名称	检出频次	超标频次	超标率
		从 3 种水果中检出 3 种剧毒农药，共计检出 3 次		
1	甲拌磷*	1	1	100.0%
2	灭线磷*	1	0	0.0%
3	乙拌磷砜*	1	0	0.0%
	小计	3	1	超标率：33.3%
		从 4 种蔬菜中检出 5 种剧毒农药，共计检出 6 次		
1	甲拌磷*	2	0	0.0%
2	艾氏剂*	1	0	0.0%
3	灭线磷*	1	0	0.0%
4	七氯*	1	0	0.0%
5	乙拌磷*	1	0	0.0%
	小计	6	0	超标率：0.0%
	合计	9	1	超标率：11.1%

表 7-9　高毒农药检出情况

序号	农药名称	检出频次	超标频次	超标率
		从 5 种水果中检出 6 种高毒农药，共计检出 31 次		
1	水胺硫磷	13	10	76.9%
2	猛杀威	6	0	0.0%
3	克百威	5	0	0.0%
4	杀扑磷	4	0	0.0%
5	三唑磷	2	1	50.0%
6	氟氯氰菊酯	1	1	100.0%
	小计	31	12	超标率：38.7%
		从 10 种蔬菜中检出 5 种高毒农药，共计检出 29 次		
1	克百威	19	16	84.2%
2	兹克威	6	0	0.0%
3	水胺硫磷	2	0	0.0%
4	敌敌畏	1	0	0.0%
5	嘧啶磷	1	0	0.0%
	小计	29	16	超标率：55.2%
	合计	60	28	超标率：46.7%

在检出的剧毒和高毒农药中，有 6 种是我国早已禁止在果树和蔬菜上使用的，分别是：克百威、艾氏剂、甲拌磷、杀扑磷、灭线磷和水胺硫磷。禁用农药的检出情况见表 7-10。

表 7-10 禁用农药检出情况

序号	农药名称	检出频次	超标频次	超标率
从 8 种水果中检出 7 种禁用农药，共计检出 28 次				
1	水胺硫磷	13	10	76.9%
2	克百威	5	0	0.0%
3	杀扑磷	4	0	0.0%
4	硫丹	3	0	0.0%
5	氟虫腈	1	0	0.0%
6	甲拌磷*	1	1	100.0%
7	灭线磷*	1	0	0.0%
小计		28	11	超标率：39.3%
从 9 种蔬菜中检出 6 种禁用农药，共计检出 44 次				
1	克百威	19	16	84.2%
2	硫丹	19	0	0.0%
3	甲拌磷*	2	0	0.0%
4	水胺硫磷	2	0	0.0%
5	艾氏剂*	1	0	0.0%
6	灭线磷*	1	0	0.0%
小计		44	16	超标率：36.4%
合计		72	27	超标率：37.5%

注：超标结果参考 MRL 中国国家标准计算

此次抽检的果蔬样品中，有 3 种水果 4 种蔬菜检出了剧毒农药，分别是：哈密瓜中检出甲拌磷 1 次；橘中检出乙拌磷砜 1 次；火龙果中检出灭线磷 1 次；甜椒中检出甲拌磷 1 次；芹菜中检出乙拌磷 1 次，检出甲拌磷 1 次，检出艾氏剂 1 次；韭菜中检出灭线磷 1 次；马铃薯中检出七氯 1 次。

样品中检出剧毒和高毒农药残留水平超过 MRL 中国国家标准的频次为 29 次，其中：哈密瓜检出甲拌磷超标 1 次；梨检出氟氯氰菊酯超标 1 次；橘检出水胺硫磷超标 9 次，检出三唑磷超标 1 次；橙检出水胺硫磷超标 1 次；甜椒检出克百威超标 4 次；芹菜检出克百威超标 7 次；菜豆检出克百威超标 2 次；韭菜检出克百威超标 3 次。本次检出结果表明，高毒、剧毒农药的使用现象依旧存在，详见表 7-11。

表 7-11　各样本中检出剧毒/高毒农药情况

样品名称	农药名称	检出频次	超标频次	检出浓度(μg/kg)
		水果 7 种		
哈密瓜	甲拌磷*▲	1	1	13.4[a]
柠檬	三唑磷	1	0	25.2
柠檬	水胺硫磷▲	1	0	812.8
桃	克百威▲	1	0	3.9
梨	氟氯氰菊酯	1	1	462.9[a]
梨	克百威▲	1	0	12.6
橘	水胺硫磷▲	11	9	82.8[a], 26.7[a], 22.0[a], 25.1[a], 102.5[a], 146.7[a], 10.2, 7.3, 26.2[a], 83.2[a], 102.1[a]
橘	猛杀威	5	0	26.0, 38.7, 26.8, 32.4, 31.6
橘	克百威▲	3	0	16.6, 2.9, 1.7
橘	杀扑磷▲	3	0	25.8, 12.6, 3.6
橘	三唑磷	1	1	387.2[a]
橘	乙拌磷砜*	1	0	7.5
橙	水胺硫磷▲	1	1	117.8[a]
橙	杀扑磷▲	1	0	7.9
橙	猛杀威	1	0	21.9
火龙果	灭线磷*▲	1	0	1.7
小计		34	13	超标率：38.2%
		蔬菜 11 种		
甜椒	克百威▲	4	4	456.9[a], 22.3[a], 58.0[a], 75.4[a]
甜椒	甲拌磷*▲	1	0	2.7
生菜	兹克威	2	0	19.7, 13.1
芹菜	克百威▲	7	7	81.8[a], 91.1[a], 97.3[a], 100.0[a], 88.4[a], 96.5[a], 59.7[a]
芹菜	兹克威	1	0	20.4
芹菜	乙拌磷*	1	0	11.7
芹菜	甲拌磷*▲	1	0	7.7
芹菜	艾氏剂*▲	1	0	6.1
茄子	水胺硫磷▲	1	0	90.0
茼蒿	兹克威	1	0	27.2
菜豆	克百威▲	3	2	70.4[a], 11.3, 23.5[a]
菜豆	兹克威	1	0	12.8
西葫芦	克百威▲	2	0	4.2, 4.9

续表

样品名称	农药名称	检出频次	超标频次	检出浓度(μg/kg)
青菜	兹克威	1	0	10.1
青菜	水胺硫磷▲	1	0	42.4
韭菜	克百威▲	3	3	1076.4[a], 34.9[a], 52.6[a]
韭菜	嘧啶磷	1	0	13.7
韭菜	灭线磷*▲	1	0	15.5
马铃薯	七氯*	1	0	1.1
黄瓜	敌敌畏	1	0	14.5
小计		35	16	超标率：45.7%
合计		69	29	超标率：42.0%

7.2 农药残留检出水平与最大残留限量标准对比分析

我国于 2014 年 3 月 20 日正式颁布并于 2014 年 8 月 1 日正式实施食品农药残留限量国家标准《食品中农药最大残留限量》(GB 2763—2014)。该标准包括 371 个农药条目，涉及最大残留限量(MRL)标准 3653 项。将 1963 频次检出农药的浓度水平与 3653 项 MRL 中国国家标准进行核对，其中只有 514 频次的农药找到了对应的 MRL 标准，占 26.2%，还有 1449 频次的侦测数据则无相关 MRL 标准供参考，占 73.8%。

将此次侦测结果与国际上现行 MRL 标准对比发现，在 1963 频次的检出结果中有 1963 频次的结果找到了对应的 MRL 欧盟标准，占 100.0%，其中，1433 频次的结果有明确对应的 MRL 标准，占 73.0%，其余 530 频次按照欧盟一律标准判定，占 27.0%；有 1963 频次的结果找到了对应的 MRL 日本标准，占 100.0%，其中，1035 频次的结果有明确对应的 MRL 标准，占 52.7%，其余 928 频次按照日本一律标准判定，占 47.3%；有 688 频次的结果找到了对应的 MRL 中国香港标准，占 35.0%；有 657 频次的结果找到了对应的 MRL 美国标准，占 33.5%；有 443 频次的结果找到了对应的 MRL CAC 标准，占 22.6%(见图 7-11 和图 7-12，数据见附表 3 至附表 8)。

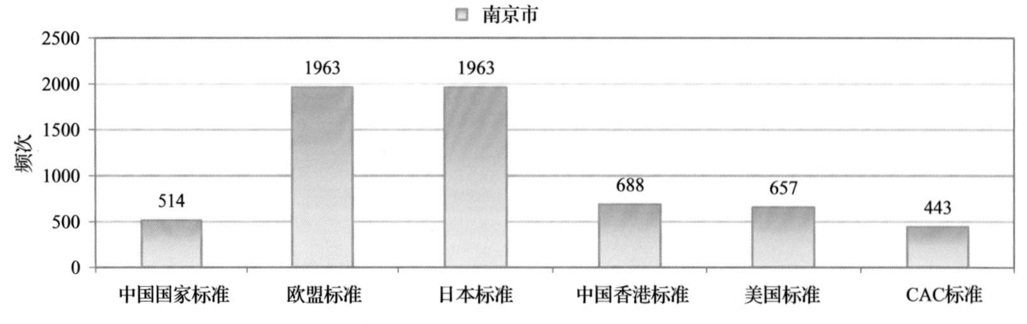

图 7-11 1963 频次检出农药可用 MRL 中国国家标准、欧盟标准、日本标准、中国香港标准、美国标准、CAC 标准判定衡量的数量

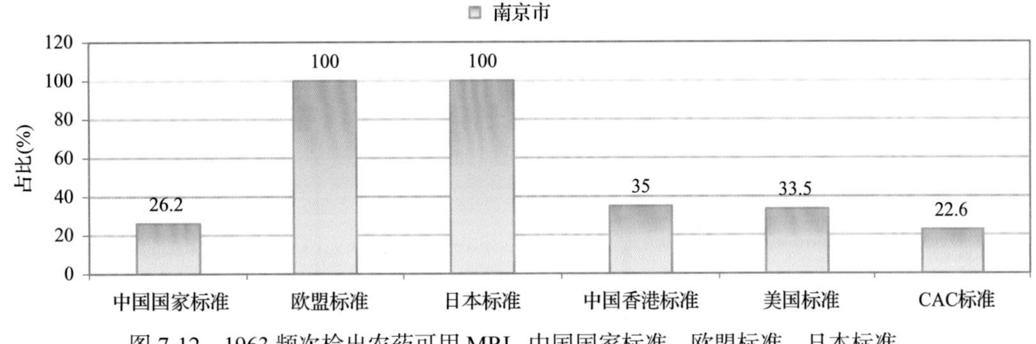

图 7-12　1963 频次检出农药可用 MRL 中国国家标准、欧盟标准、日本标准、中国香港标准、美国标准、CAC 标准衡量的占比

7.2.1　超标农药样品分析

本次侦测的 794 例样品中，146 例样品未检出任何残留农药，占样品总量的 18.4%，648 例样品检出不同水平、不同种类的残留农药，占样品总量的 81.6%。在此，我们将本次侦测的农残检出情况与 MRL 中国国家标准、欧盟标准、日本标准、中国香港标准、美国标准和 CAC 标准这 6 大国际主流标准进行对比分析，样品农残检出与超标情况见表 7-12、图 7-13 和图 7-14，详细数据见附表 9 至附表 14。

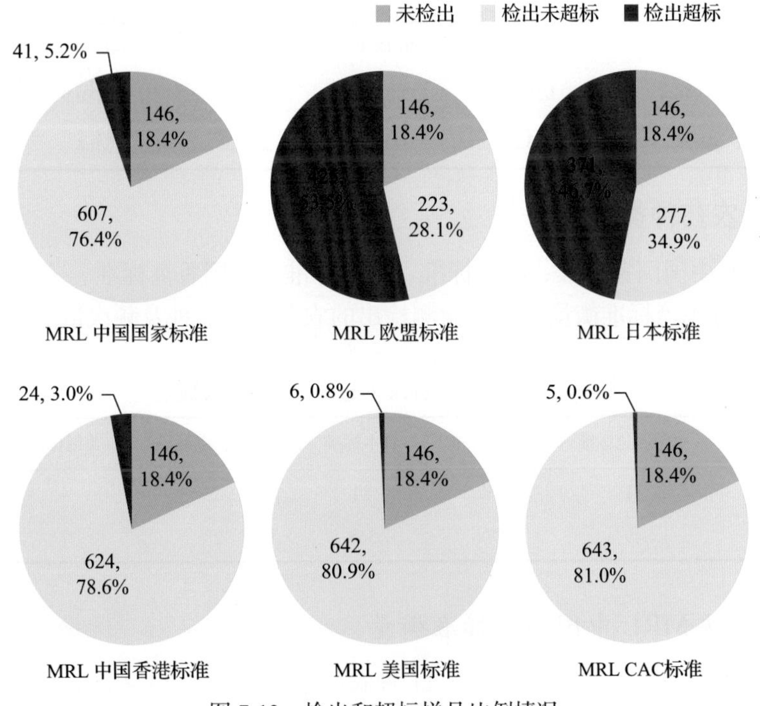

图 7-13　检出和超标样品比例情况

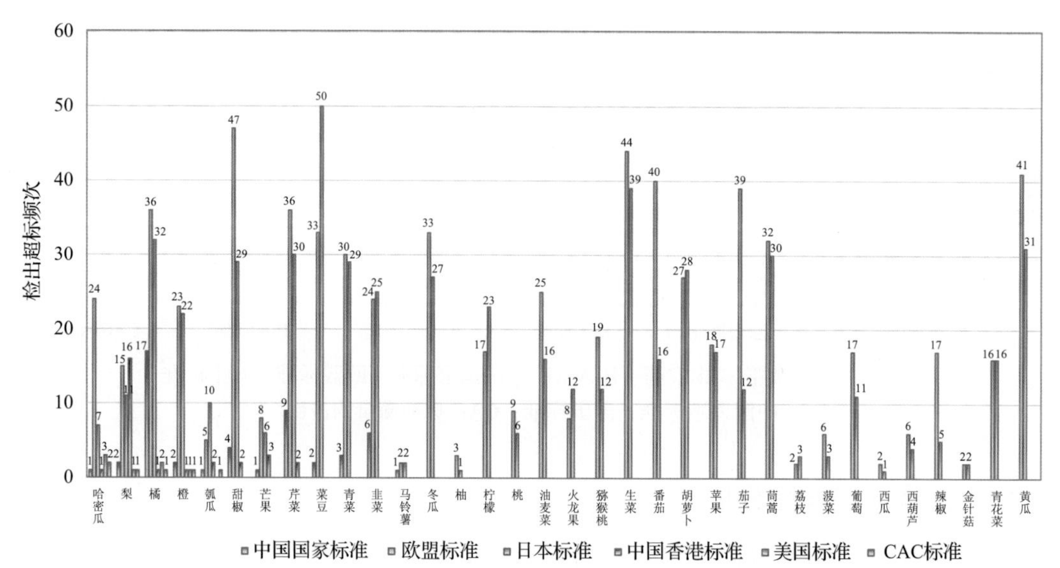

图 7-14　超过 MRL 中国国家标准、欧盟标准、日本标准、中国香港标准、美国标准和 CAC 标准结果在水果蔬菜中的分布

表 7-12　各 MRL 标准下样本农残检出与超标数量及占比

	中国国家标准 数量/占比(%)	欧盟标准 数量/占比(%)	日本标准 数量/占比(%)	中国香港标准 数量/占比(%)	美国标准 数量/占比(%)	CAC 标准 数量/占比(%)
未检出	146/18.4	146/18.4	146/18.4	146/18.4	146/18.4	146/18.4
检出未超标	607/76.4	223/28.1	277/34.9	624/78.6	642/80.9	643/81.0
检出超标	41/5.2	425/53.5	371/46.7	24/3.0	6/0.8	5/0.6

7.2.2　超标农药种类分析

按照 MRL 中国国家标准、欧盟标准、日本标准、中国香港标准、美国标准和 CAC 标准这 6 大国际主流标准衡量，本次侦测检出的农药超标品种及频次情况见表 7-13。

表 7-13　各 MRL 标准下超标农药品种及频次

	中国国家标准	欧盟标准	日本标准	中国香港标准	美国标准	CAC 标准
超标农药品种	11	87	84	5	4	3
超标农药频次	49	706	568	28	7	6

7.2.2.1　按 MRL 中国国家标准衡量

按 MRL 中国国家标准衡量，共有 11 种农药超标，检出 49 频次，分别为剧毒农药甲拌磷，高毒农药克百威、三唑磷、水胺硫磷和氟氯氰菊酯，中毒农药戊唑醇、毒死蜱、灭蚁灵、丙溴磷和氯氰菊酯，微毒农药腐霉利。

按超标程度比较，韭菜中克百威超标 52.8 倍，甜椒中克百威超标 21.8 倍，橘中丙溴磷超标 12.5 倍，橘中水胺硫磷超标 6.3 倍，橙中丙溴磷超标 6.0 倍。检测结果见图 7-15 和附表 15。

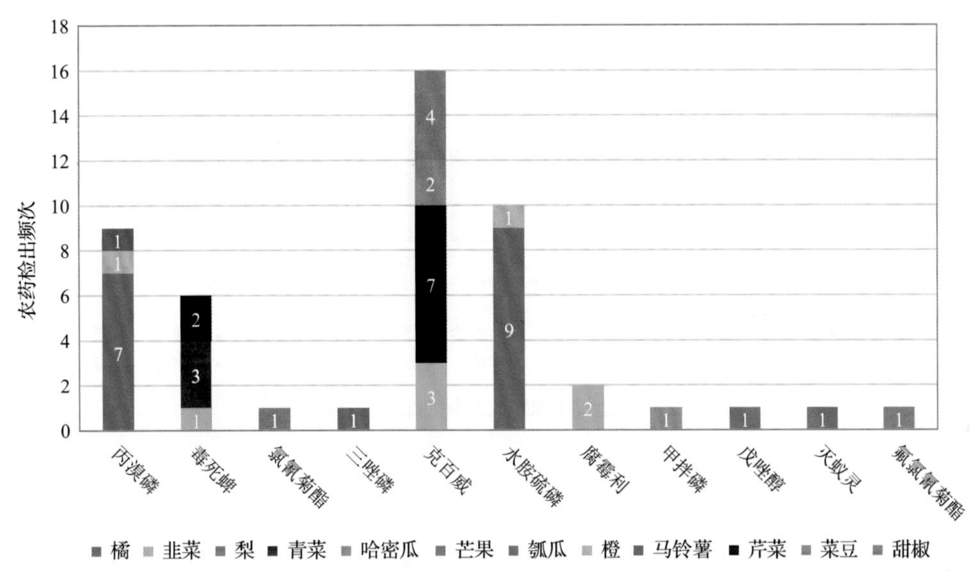

图 7-15 超过 MRL 中国国家标准农药品种及频次

7.2.2.2 按 MRL 欧盟标准衡量

按 MRL 欧盟标准衡量，共有 87 种农药超标，检出 706 频次，分别为剧毒农药乙拌磷和甲拌磷，高毒农药猛杀威、嘧啶磷、杀扑磷、克百威、三唑磷、水胺硫磷、兹克威、氟氯氰菊酯和敌敌畏，中毒农药杀螟硫磷、除虫菊素Ⅰ、氟虫腈、多效唑、戊唑醇、仲丁威、毒死蜱、烯唑醇、硫丹、甲霜灵、灭蚁灵、甲萘威、喹螨醚、甲氰菊酯、禾草敌、炔丙菊酯、三唑醇、γ-氟氯氰菌酯、2,6-二氯苯甲酰胺、双苯酰草胺、虫螨腈、氟噻草胺、稻瘟灵、噁霜灵、速灭威、唑虫酰胺、氟硅唑、腈菌唑、哒螨灵、氯氰菊酯、丙溴磷、异丙威、安硫磷、特丁通和烯丙菊酯，低毒农药嘧霉胺、螺螨酯、己唑醇、五氯苯、烯虫炔酯、戊草丹、五氯苯甲腈、环酯草醚、丙硫磷、四氢吩胺、新燕灵、氟唑菌酰胺、邻苯二甲酰亚胺、甲醚菊酯、威杀灵、呋草黄、抑芽唑、联苯、杀螨酯、八氯二丙醚、芬螨酯、炔螨特、3,5-二氯苯胺、间羟基联苯、五氯苯胺和丁草胺，微毒农药萘乙酰胺、腐霉利、溴丁酰草胺、嘧菌酯、五氯硝基苯、解草腈、啶氧菌酯、百菌清、氟乐灵、吡丙醚、肟菌酯、醚菌酯、烯虫酯、霜霉威和仲草丹。

按超标程度比较，橘中丙溴磷超标 268.6 倍，甜椒中克百威超标 227.4 倍，甜椒中丙溴磷超标 193.6 倍，油麦菜中唑虫酰胺超标 161.0 倍，橙中丙溴磷超标 139.7 倍。检测结果见图 7-16 和附表 16。

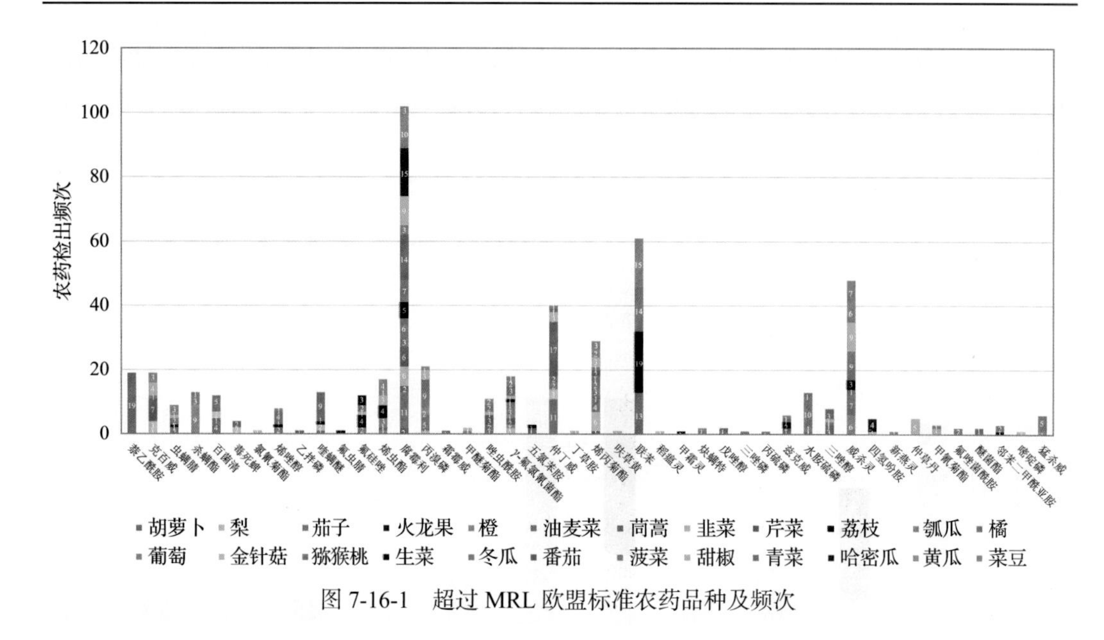

图 7-16-1　超过 MRL 欧盟标准农药品种及频次

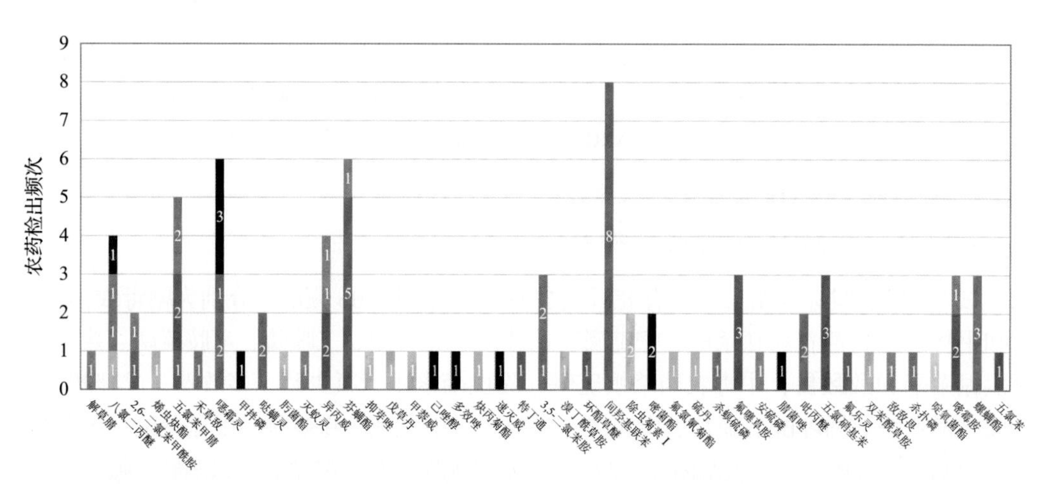

图 7-16-2　超过 MRL 欧盟标准农药品种及频次

7.2.2.3　按 MRL 日本标准衡量

按 MRL 日本标准衡量，共有 84 种农药超标，检出 568 频次，分别为剧毒农药灭线磷，高毒农药猛杀威、嘧啶磷、克百威、三唑磷、水胺硫磷和兹克威，中毒农药氯菊酯、除虫菊素 Ⅰ、仲丁威、氟虫腈、多效唑、戊唑醇、呋嘧醇、毒死蜱、硫丹、甲霜灵、灭蚁灵、烯唑醇、甲氰菊酯、禾草敌、炔丙菊酯、γ-氟氯氰菌酯、2,6-二氯苯甲酰胺、喹螨醚、双苯酰草胺、虫螨腈、氟噻草胺、稻瘟灵、唑虫酰胺、速灭威、高效氯氟氰菊酯、氟硅唑、腈菌唑、二甲戊灵、哒螨灵、氯氰菊酯、异丙威、丙溴磷、烯丙菊酯、特丁通和安硫磷，低毒农药嘧霉胺、喹禾灵、嘧菌环胺、氟吡菌酰胺、乙草胺、戊草丹、五氯苯、烯虫炔酯、五氯苯甲腈、环酯草醚、四氢吩胺、新燕灵、呋草黄、邻苯二甲酰亚胺、甲醚菊酯、威杀灵、抑芽唑、联苯、异丙草胺、八氯二丙醚、芬螨酯、杀螨酯、乙嘧酚磺酸酯、丁草胺、萘乙酸、炔螨特、3,5-二氯苯胺、间羟基联苯和五氯苯胺，微毒农药萘乙酰胺、氟丙菊酯、溴丁酰草胺、腐霉利、嘧菌酯、解草腈、啶氧菌酯、百菌清、啶酰菌胺、吡丙醚、烯虫酯、霜霉威和仲草丹。

按超标程度比较，韭菜中嘧霉胺超标 105.2 倍，柠檬中水胺硫磷超标 80.3 倍，茼蒿中联苯超标 75.9 倍，甜椒中 γ-氟氯氰菌酯超标 74.6 倍，橘中杀螨酯超标 66.0 倍。检测结果见图 7-17 和附表 17。

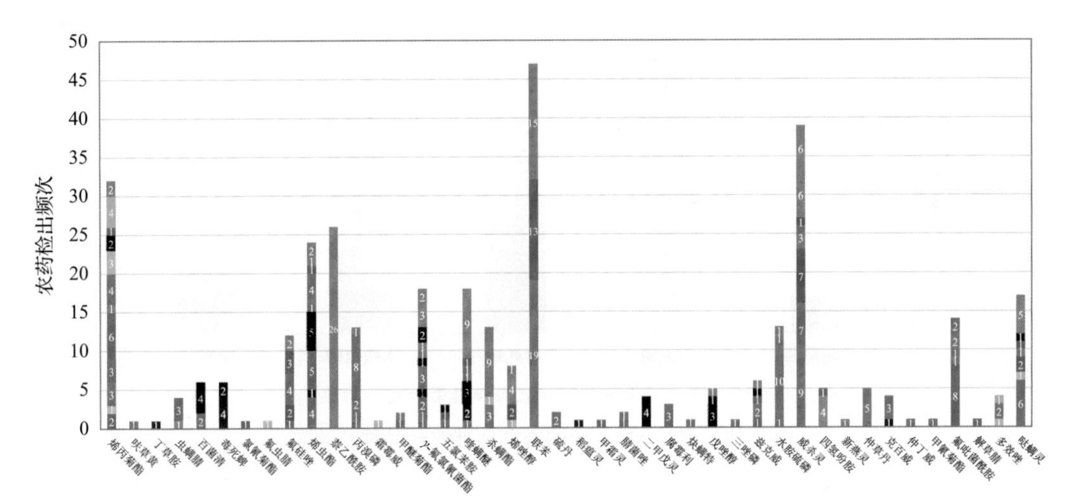

图 7-17-1　超过 MRL 日本标准农药品种及频次

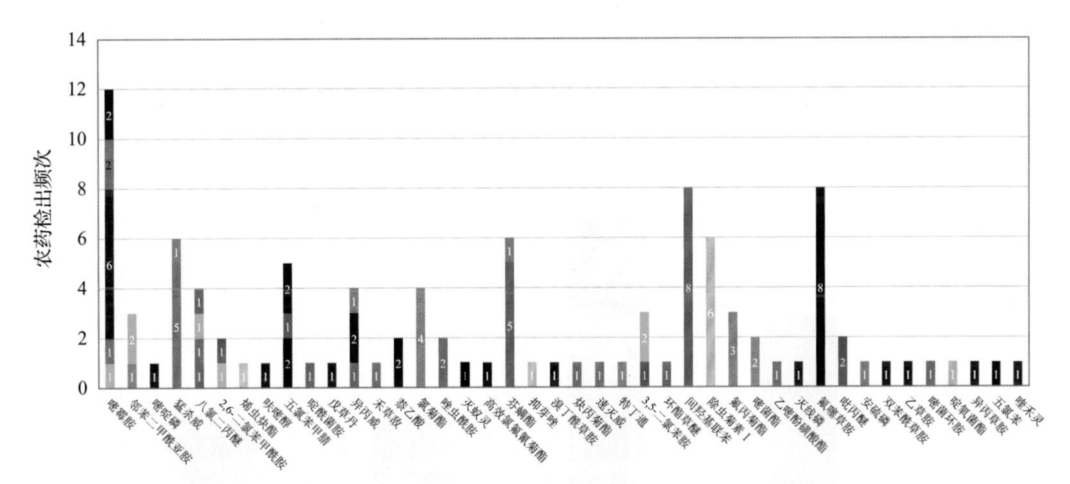

图 7-17-2　超过 MRL 日本标准农药品种及频次

7.2.2.4　按 MRL 中国香港标准衡量

按 MRL 中国香港标准衡量，共有 5 种农药超标，检出 28 频次，分别为高毒农药水胺硫磷，中毒农药毒死蜱、氯氰菊酯和丙溴磷，微毒农药腐霉利。

按超标程度比较，橘中丙溴磷超标 26.0 倍，橙中丙溴磷超标 13.1 倍，橘中水胺硫磷超标 6.3 倍，梨中氯氰菊酯超标 3.1 倍，甜椒中丙溴磷超标 2.9 倍。检测结果见图 7-18 和附表 18。

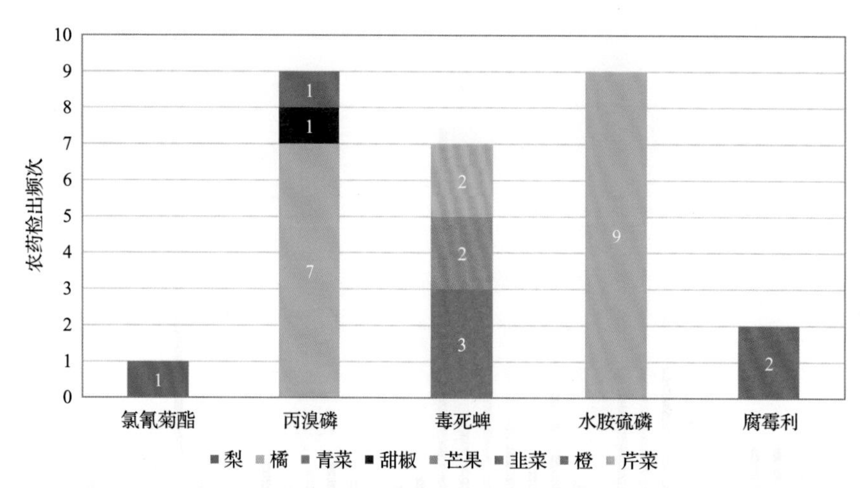

图 7-18　超过 MRL 中国香港标准农药品种及频次

7.2.2.5　按 MRL 美国标准衡量

按 MRL 美国标准衡量，共有 4 种农药超标，检出 7 频次，分别为中毒农药戊唑醇、毒死蜱、γ-氟氯氰菌酯和氯氰菊酯。

按超标程度比较，梨中戊唑醇超标 4.9 倍，梨中氯氰菊酯超标 3.1 倍，甜椒中 γ-氟氯氰菌酯超标 2.8 倍，苹果中毒死蜱超标 2.6 倍，橙中氯氰菊酯超标 1.0 倍。检测结果见图 7-19 和附表 19。

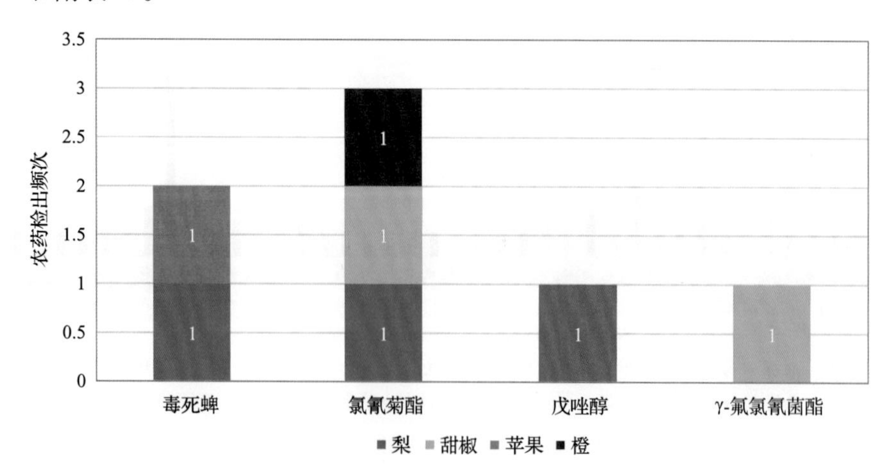

图 7-19　超过 MRL 美国标准农药品种及频次

7.2.2.6　按 MRL CAC 标准衡量

按 MRL CAC 标准衡量，共有 3 种农药超标，检出 6 频次，分别为高毒农药氟氯氰菊酯，中毒农药戊唑醇和氯氰菊酯。

按超标程度比较，梨中氯氰菊酯超标 10.6 倍，梨中氟氯氰菊酯超标 3.6 倍，甜椒中氯氰菊酯超标 1.5 倍，橙中氯氰菊酯超标 1.4 倍，茄子中氯氰菊酯超标 1.0 倍。检测结果见图 7-20 和附表 20。

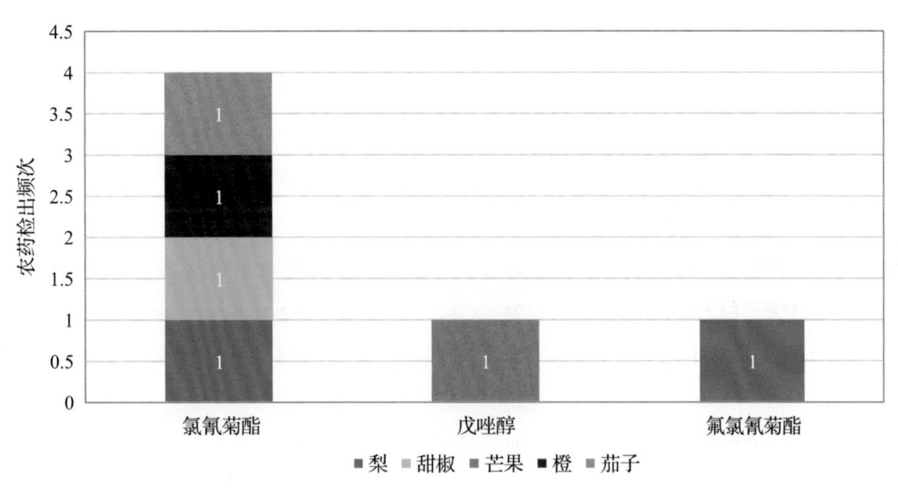

图 7-20　超过 MRL CAC 标准农药品种及频次

7.2.3　30 个采样点超标情况分析

7.2.3.1　按 MRL 中国国家标准衡量

按 MRL 中国国家标准衡量，有 26 个采样点的样品存在不同程度的超标农药检出，其中***超市(金浦广场店)的超标率最高，为 13.3%，如表 7-14 和图 7-21 所示。

表 7-14　超过 MRL 中国国家标准水果蔬菜在不同采样点分布

序号	采样点	样品总数	超标数量	超标率(%)	行政区域
1	***超市(新街口店)	54	3	5.6	秦淮区
2	***超市(万达水西门店)	42	3	7.1	建邺区
3	***超市(江宁店)	31	1	3.2	江宁区
4	***市场	31	2	6.5	江宁区
5	***市场	30	2	6.7	栖霞区
6	***超市(万寿村购物广场店)	30	2	6.7	栖霞区
7	***超市(新庄店)	30	1	3.3	玄武区
8	***超市(龙江店)	30	2	6.7	鼓楼区

续表

序号	采样点	样品总数	超标数量	超标率(%)	行政区域
9	***超市(油坊桥店)	26	1	3.8	建邺区
10	***超市(大桥南路店)	26	2	7.7	鼓楼区
11	***超市(中山北路购物广场店)	26	1	3.8	鼓楼区
12	***超市(瑞金店)	25	1	4.0	秦淮区
13	***超市(鼓楼店)	25	1	4.0	鼓楼区
14	***超市(南京秦淮店)	25	1	4.0	秦淮区
15	***超市(灵谷寺路店)	25	1	4.0	玄武区
16	***超市(河西中央公园店)	25	1	4.0	建邺区
17	***超市(花园路店)	25	1	4.0	玄武区
18	***超市(光华路购物广场店)	25	2	8.0	秦淮区
19	***超市(马标店)	24	1	4.2	玄武区
20	***超市(大行宫店)	24	1	4.2	玄武区
21	***超市(龙江小区店)	24	3	12.5	鼓楼区
22	***菜场	24	2	8.3	秦淮区
23	***市场	23	1	4.3	建邺区
24	***超市(长虹店)	23	2	8.7	建邺区
25	***市场	20	1	5.0	玄武区
26	***超市(金浦广场店)	15	2	13.3	浦口区

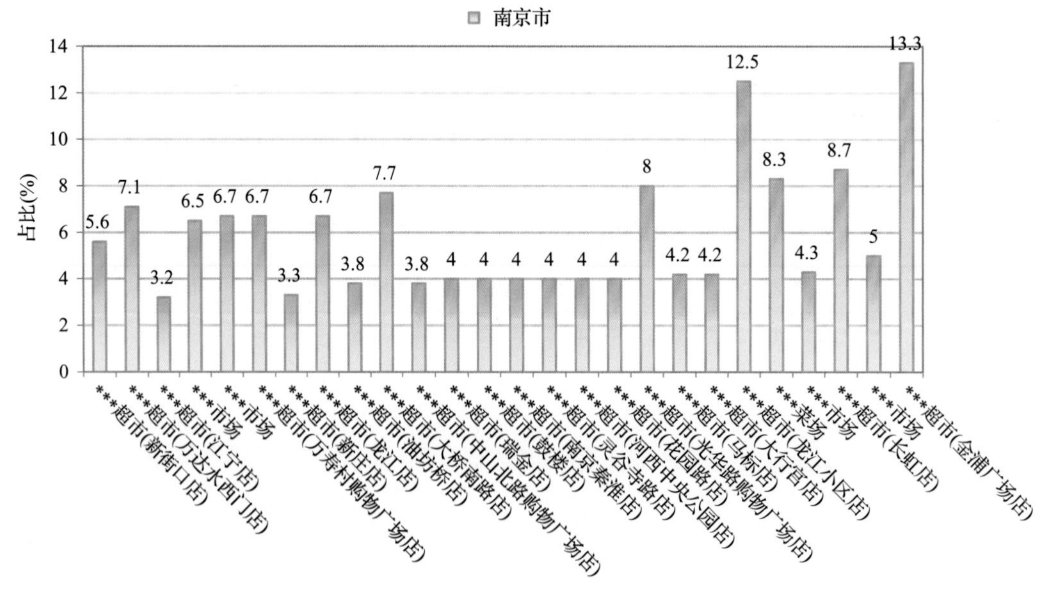

图 7-21　超过 MRL 中国国家标准水果蔬菜在不同采样点分布

7.2.3.2　按 MRL 欧盟标准衡量

按 MRL 欧盟标准衡量，所有采样点的样品存在不同程度的超标农药检出，其中***超市(南京秦淮店)和***超市(光华路购物广场店)的超标率最高，为 72.0%，如表 7-15 和图 7-22 所示。

表 7-15　超过 MRL 欧盟标准水果蔬菜在不同采样点分布

序号	采样点	样品总数	超标数量	超标率(%)	行政区域
1	***超市(新街口店)	54	30	55.6	秦淮区
2	***超市(万达水西门店)	42	25	59.5	建邺区
3	***超市(江宁店)	31	10	32.3	江宁区
4	***市场	31	10	32.3	江宁区
5	***超市(雨花店)	31	12	38.7	雨花台区
6	***市场	30	12	40.0	栖霞区
7	***超市(万寿村购物广场店)	30	11	36.7	栖霞区
8	***超市(新庄店)	30	13	43.3	玄武区
9	***超市(龙江店)	30	9	30.0	鼓楼区
10	***超市(油坊桥店)	26	17	65.4	建邺区
11	***超市(大桥南路店)	26	15	57.7	鼓楼区
12	***超市(中山北路购物广场店)	26	13	50.0	鼓楼区
13	***超市(瑞金店)	25	13	52.0	秦淮区
14	***超市(鼓楼店)	25	13	52.0	鼓楼区
15	***超市(南京秦淮店)	25	18	72.0	秦淮区
16	***超市(灵谷寺路店)	25	14	56.0	玄武区
17	***超市(河西中央公园店)	25	17	68.0	建邺区
18	***超市(花园路店)	25	13	52.0	玄武区
19	***超市(光华路购物广场店)	25	18	72.0	秦淮区
20	***市场	24	14	58.3	鼓楼区
21	***超市(马标店)	24	17	70.8	玄武区
22	***超市(大行宫店)	24	16	66.7	玄武区
23	***超市(龙江小区店)	24	16	66.7	鼓楼区
24	***菜场	24	17	70.8	秦淮区
25	***市场	23	15	65.2	建邺区
26	***超市(长虹店)	23	15	65.2	建邺区
27	***市场	20	14	70.0	玄武区
28	***超市(桥北店)	16	8	50.0	浦口区
29	***超市(金浦广场店)	15	5	33.3	浦口区
30	***超市(江东南路购物中心店)	15	5	33.3	建邺区

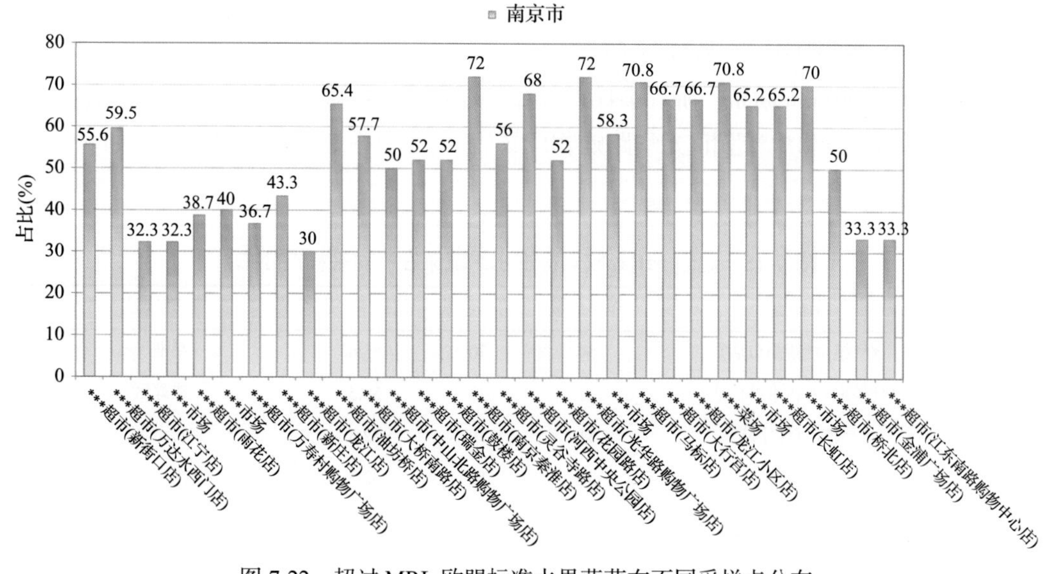

图 7-22　超过 MRL 欧盟标准水果蔬菜在不同采样点分布

7.2.3.3　按 MRL 日本标准衡量

按 MRL 日本标准衡量，所有采样点的样品均存在不同程度的超标农药检出，其中***超市(河西中央公园店)的超标率最高，为 64.0%，如表 7-16 和图 7-23 所示。

表 7-16　超过 MRL 日本标准水果蔬菜在不同采样点分布

序号	采样点	样品总数	超标数量	超标率(%)	行政区域
1	***超市(新街口店)	54	27	50.0	秦淮区
2	***超市(万达水西门店)	42	18	42.9	建邺区
3	***超市(江宁店)	31	11	35.5	江宁区
4	***市场	31	11	35.5	江宁区
5	***超市(雨花店)	31	12	38.7	雨花台区
6	***市场	30	12	40.0	栖霞区
7	***超市(万寿村购物广场店)	30	11	36.7	栖霞区
8	***超市(新庄店)	30	13	43.3	玄武区
9	***超市(龙江店)	30	9	30.0	鼓楼区
10	***超市(油坊桥店)	26	16	61.5	建邺区
11	***超市(大桥南路店)	26	15	57.7	鼓楼区
12	***超市(中山北路购物广场店)	26	13	50.0	鼓楼区
13	***超市(瑞金店)	25	9	36.0	秦淮区
14	***超市(鼓楼店)	25	11	44.0	鼓楼区
15	***超市(南京秦淮店)	25	14	56.0	秦淮区

续表

序号	采样点	样品总数	超标数量	超标率(%)	行政区域
16	***超市(灵谷寺路店)	25	10	40.0	玄武区
17	***超市(河西中央公园店)	25	16	64.0	建邺区
18	***超市(花园路店)	25	11	44.0	玄武区
19	***超市(光华路购物广场店)	25	13	52.0	秦淮区
20	***市场	24	14	58.3	鼓楼区
21	***超市(马标店)	24	10	41.7	玄武区
22	***超市(大行宫店)	24	14	58.3	玄武区
23	***超市(龙江小区店)	24	14	58.3	鼓楼区
24	***菜场	24	11	45.8	秦淮区
25	***市场	23	11	47.8	建邺区
26	***超市(长虹店)	23	13	56.5	建邺区
27	***市场	20	12	60.0	玄武区
28	***超市(桥北店)	16	7	43.8	浦口区
29	***超市(金浦广场店)	15	6	40.0	浦口区
30	***超市(江东南路购物中心店)	15	7	46.7	建邺区

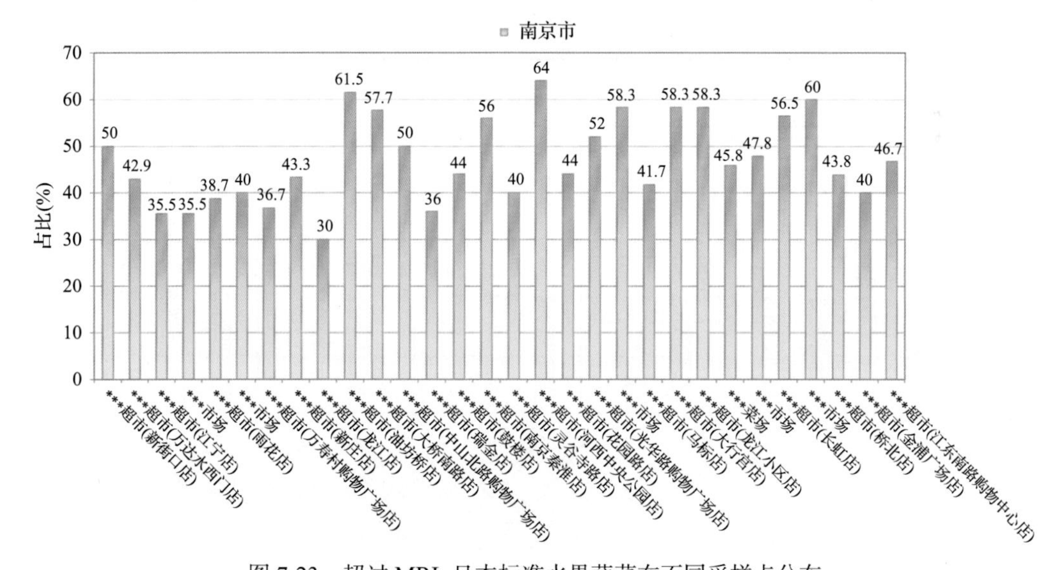

图 7-23　超过 MRL 日本标准水果蔬菜在不同采样点分布

7.2.3.4　按 MRL 中国香港标准衡量

按 MRL 中国香港标准衡量，有 18 个采样点的样品存在不同程度的超标农药检出，其中***超市(大行宫店)和***超市(龙江小区店)的超标率最高，为 8.3%，如表 7-17 和图 7-24 所示。

表 7-17 超过 MRL 中国香港标准水果蔬菜在不同采样点分布

序号	采样点	样品总数	超标数量	超标率(%)	行政区域
1	***超市(新街口店)	54	3	5.6	秦淮区
2	***超市(万达水西门店)	42	2	4.8	建邺区
3	***超市(江宁店)	31	1	3.2	江宁区
4	***市场	31	1	3.2	江宁区
5	***市场	30	1	3.3	栖霞区
6	***超市(龙江店)	30	1	3.3	鼓楼区
7	***超市(油坊桥店)	26	1	3.8	建邺区
8	***超市(大桥南路店)	26	2	7.7	鼓楼区
9	***超市(中山北路购物广场店)	26	1	3.8	鼓楼区
10	***超市(河西中央公园店)	25	1	4.0	建邺区
11	***超市(花园路店)	25	1	4.0	玄武区
12	***超市(光华路购物广场店)	25	1	4.0	秦淮区
13	***超市(马标店)	24	1	4.2	玄武区
14	***超市(大行宫店)	24	2	8.3	玄武区
15	***超市(龙江小区店)	24	2	8.3	鼓楼区
16	***菜场	24	1	4.2	秦淮区
17	***超市(长虹店)	23	1	4.3	建邺区
18	***市场	20	1	5.0	玄武区

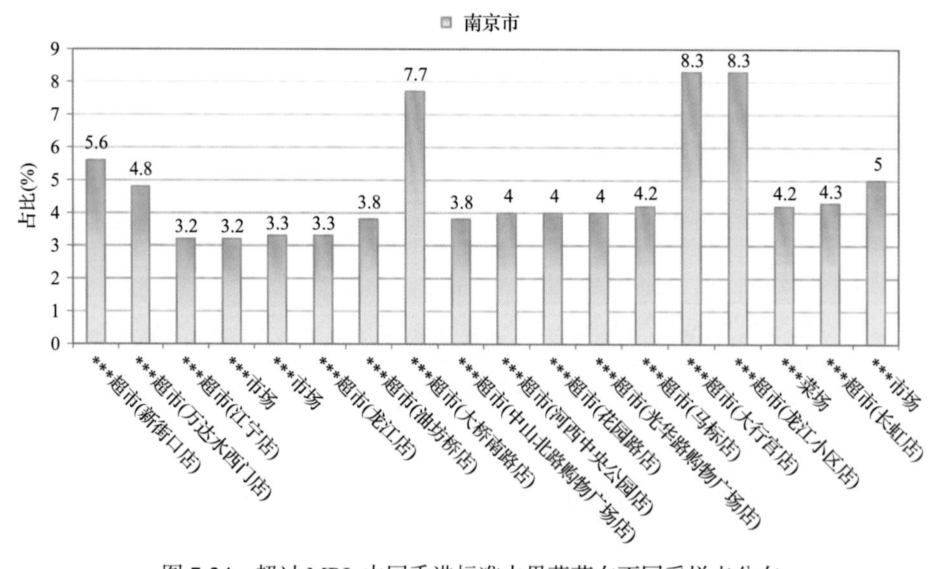

图 7-24 超过 MRL 中国香港标准水果蔬菜在不同采样点分布

7.2.3.5 按 MRL 美国标准衡量

按 MRL 美国标准衡量，有 6 个采样点的样品存在不同程度的超标农药检出，其中

***超市(金浦广场店)的超标率最高，为 6.7%，如表 7-18 和图 7-25 所示。

表 7-18　超过 MRL 美国标准水果蔬菜在不同采样点分布

序号	采样点	样品总数	超标数量	超标率(%)	行政区域
1	***超市(万达水西门店)	42	1	2.4	建邺区
2	***超市(雨花店)	31	1	3.2	雨花台区
3	***超市(中山北路购物广场店)	26	1	3.8	鼓楼区
4	***超市(大行宫店)	24	1	4.2	玄武区
5	***菜场	24	1	4.2	秦淮区
6	***超市(金浦广场店)	15	1	6.7	浦口区

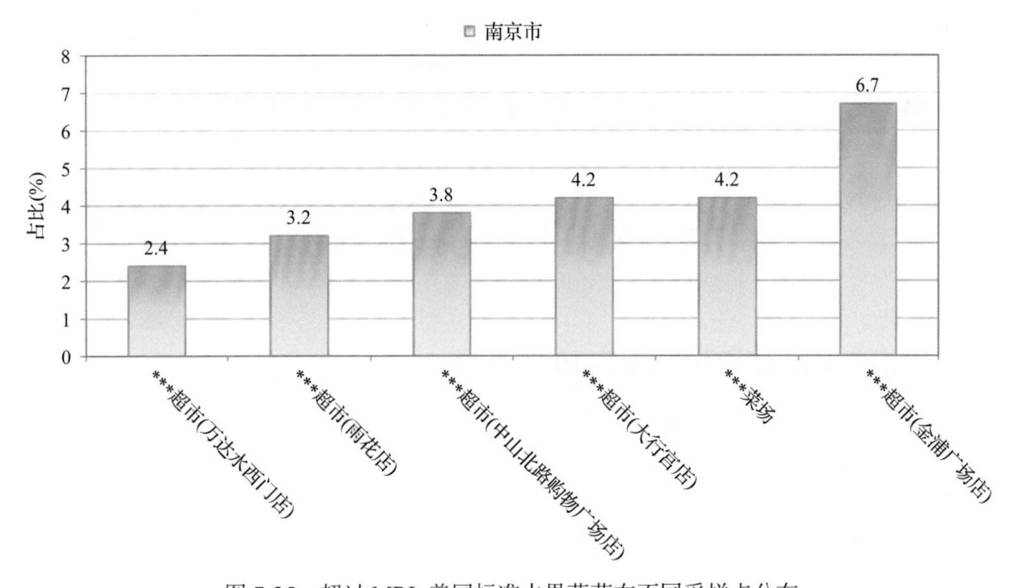

图 7-25　超过 MRL 美国标准水果蔬菜在不同采样点分布

7.2.3.6　按 MRL CAC 标准衡量

按 MRL CAC 标准衡量，有 5 个采样点的样品存在不同程度的超标农药检出，其中***菜场的超标率最高，为 4.2%，如图 7-26 和表 7-19 所示。

表 7-19　超过 MRL CAC 标准水果蔬菜在不同采样点分布

序号	采样点	样品总数	超标数量	超标率(%)	行政区域
1	***超市(新街口店)	54	1	1.9	秦淮区
2	***超市(万达水西门店)	42	1	2.4	建邺区
3	***超市(中山北路购物广场店)	26	1	3.8	鼓楼区
4	***超市(光华路购物广场店)	25	1	4.0	秦淮区
5	***菜场	24	1	4.2	秦淮区

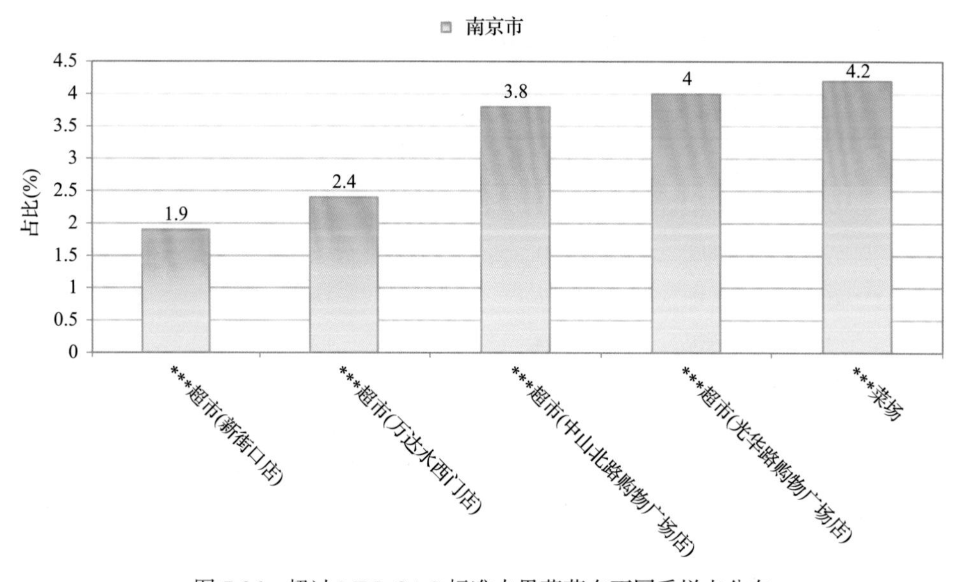

图 7-26 超过 MRL CAC 标准水果蔬菜在不同采样点分布

7.3 水果中农药残留分布

7.3.1 检出农药品种和频次排前 10 的水果

本次残留侦测的水果共 14 种，包括西瓜、猕猴桃、桃、哈密瓜、苹果、葡萄、梨、柚、芒果、荔枝、橘、火龙果、柠檬和橙。

根据检出农药品种及频次进行排名，将各项排名前 10 位的水果样品检出情况列表说明，详见表 7-20。

表 7-20 检出农药品种和频次排名前 10 的水果

检出农药品种排名前 10(品种)	①橘(30),②葡萄(30),③橙(21),④苹果(20),⑤梨(16),⑥柠檬(16),⑦哈密瓜(15),⑧芒果(15),⑨猕猴桃(13),⑩桃(11)
检出农药频次排名前 10(频次)	①葡萄(120),②橘(109),③橙(80),④柠檬(80),⑤猕猴桃(69),⑥苹果(59),⑦哈密瓜(54),⑧梨(54),⑨芒果(38),⑩桃(26)
检出禁用、高毒及剧毒农药品种排名前 10(品种)	①橘(6),②橙(3),③梨(3),④柠檬(2),⑤桃(2),⑥哈密瓜(1),⑦火龙果(1),⑧荔枝(1)
检出禁用、高毒及剧毒农药频次排名前 10(频次)	①橘(24),②梨(4),③橙(3),④柠檬(2),⑤桃(2),⑥哈密瓜(1),⑦火龙果(1),⑧荔枝(1)

7.3.2 超标农药品种和频次排前 10 的水果

鉴于 MRL 欧盟标准和日本标准制定比较全面且覆盖率较高，我们参照 MRL 中国国家标准、欧盟标准和日本标准衡量水果样品中农残检出情况，将超标农药品种及频次排名前 10 的水果列表说明，详见表 7-21。

表 7-21　超标农药品种和频次排名前 10 的水果

超标农药品种排名前 10（农药品种数）	MRL 中国国家标准	①橘(3),②橙(2),③梨(2),④哈密瓜(1),⑤芒果(1)
	MRL 欧盟标准	①橘(11),②葡萄(10),③橙(9),④梨(9),⑤苹果(8),⑥芒果(7),⑦猕猴桃(7),⑧柠檬(7),⑨哈密瓜(6),⑩桃(5)
	MRL 日本标准	①橙(9),②橘(8),③苹果(7),④葡萄(7),⑤火龙果(5),⑥梨(5),⑦猕猴桃(5),⑧柠檬(5),⑨哈密瓜(4),⑩芒果(4)
超标农药频次排名前 10（农药频次数）	MRL 中国国家标准	①橘(17),②橙(2),③梨(2),④哈密瓜(1),⑤芒果(1)
	MRL 欧盟标准	①橘(36),②哈密瓜(24),③橙(23),④猕猴桃(19),⑤苹果(18),⑥柠檬(17),⑦葡萄(17),⑧梨(15),⑨桃(9),⑩火龙果(8)
	MRL 日本标准	①橘(32),②柠檬(23),③橙(22),④苹果(17),⑤火龙果(12),⑥猕猴桃(12),⑦梨(11),⑧葡萄(11),⑨哈密瓜(7),⑩芒果(6)

通过对各品种水果样本总数及检出率进行综合分析发现，葡萄、橘和橙的残留污染最为严重，在此，我们参照 MRL 中国国家标准、欧盟标准和日本标准对这 3 种水果的农残检出情况进行进一步分析。

7.3.3　农药残留检出率较高的水果样品分析

7.3.3.1　葡萄

这次共检测 37 例葡萄样品，36 例样品中检出了农药残留，检出率为 97.3%，检出农药共计 30 种。其中嘧霉胺、啶酰菌胺、嘧菌环胺、戊唑醇和嘧菌酯检出频次较高，分别检出了 19、14、13、12 和 8 次。葡萄中农药检出品种和频次见图 7-27，超标农药见图 7-28 和表 7-22。

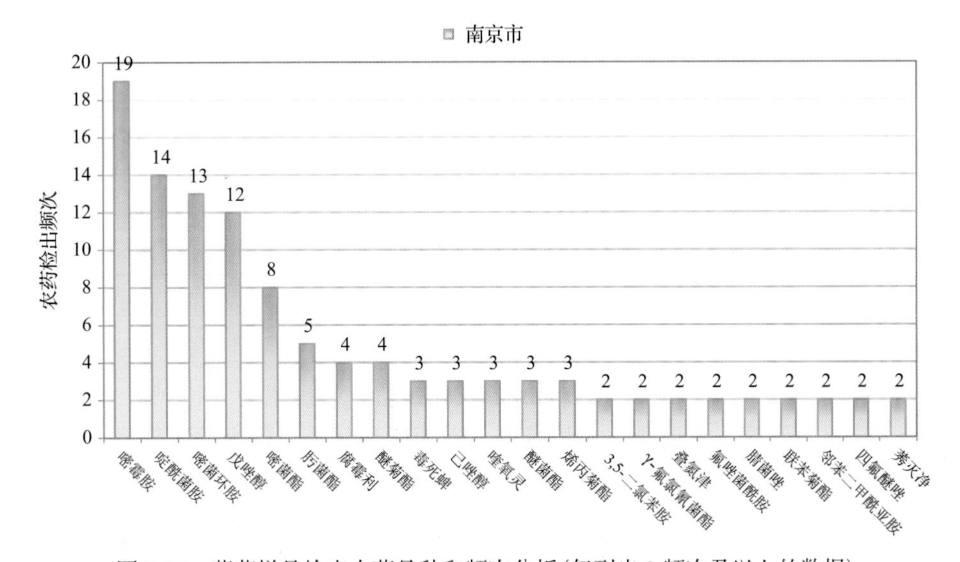

图 7-27　葡萄样品检出农药品种和频次分析（仅列出 2 频次及以上的数据）

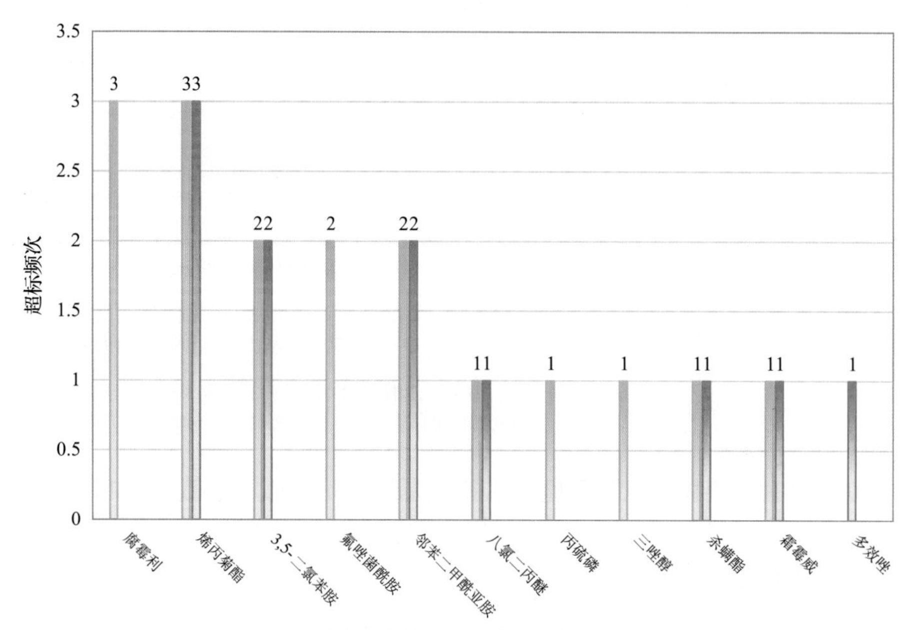

图 7-28　葡萄样品中超标农药分析

表 7-22　葡萄中农药残留超标情况明细表

样品总数			检出农药样品数	样品检出率(%)	检出农药品种总数
37			36	97.3	30
	超标农药品种	超标农药频次	按照 MRL 中国国家标准、欧盟标准和日本标准衡量超标农药名称及频次		
中国国家标准	0	0			
欧盟标准	10	17	腐霉利(3),烯丙菊酯(3),3,5-二氯苯胺(2),氟唑菌酰胺(2),邻苯二甲酰亚胺(2),八氯二丙醚(1),丙硫磷(1),三唑醇(1),杀螨酯(1),霜霉威(1)		
日本标准	7	11	烯丙菊酯(3),3,5-二氯苯胺(2),邻苯二甲酰亚胺(2),八氯二丙醚(1),多效唑(1),杀螨酯(1),霜霉威(1)		

7.3.3.2　橘

这次共检测 29 例橘样品，全部检出了农药残留，检出率为 100.0%，检出农药共计 30 种。其中毒死蜱、丙溴磷、水胺硫磷、醚菊酯和猛杀威检出频次较高，分别检出了 19、14、11、10 和 5 次。橘中农药检出品种和频次见图 7-29，超标农药见图 7-30 和表 7-23。

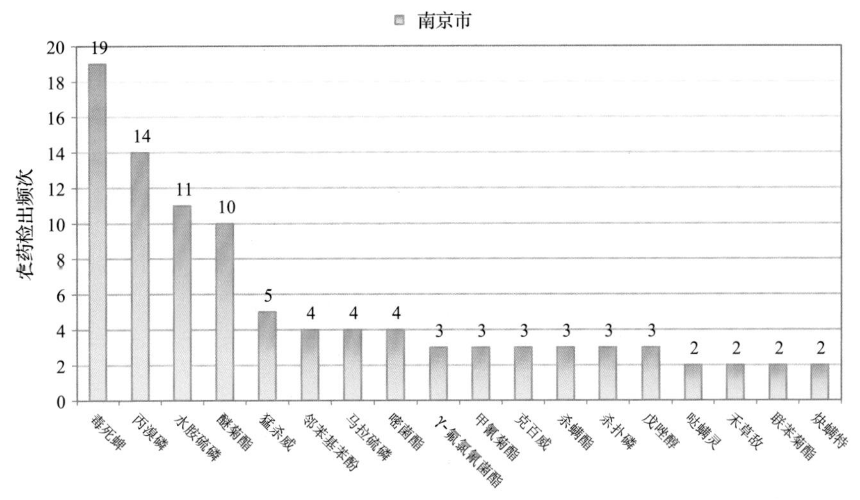

图 7-29 橘样品检出农药品种和频次分析(仅列出 2 频次及以上的数据)

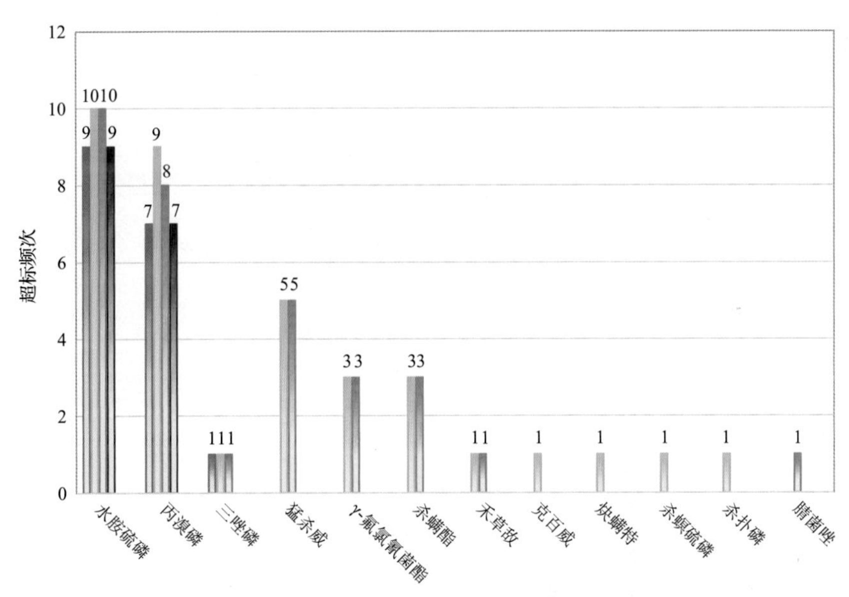

图 7-30 橘样品中超标农药分析

表 7-23 橘中农药残留超标情况明细表

样品总数			检出农药样品数	样品检出率(%)	检出农药品种总数
29			29	100	30
	超标农药品种	超标农药频次	按照 MRL 中国国家标准、欧盟标准和日本标准衡量超标农药名称及频次		
中国国家标准	3	17	水胺硫磷(9),丙溴磷(7),三唑磷(1)		
欧盟标准	11	36	水胺硫磷(10),丙溴磷(9),猛杀威(5),γ-氟氯氰菌酯(3),杀螨酯(3),禾草敌(1),克百威(1),炔螨特(1),三唑磷(1),杀螟硫磷(1),杀扑磷(1)		
日本标准	8	32	水胺硫磷(10),丙溴磷(8),猛杀威(5),γ-氟氯氰菌酯(3),杀螨酯(3),禾草敌(1),腈菌唑(1),三唑磷(1)		

7.3.3.3 橙

这次共检测 20 例橙样品，全部检出了农药残留，检出率为 100.0%，检出农药共计 21 种。其中嘧菌酯、毒死蜱、威杀灵、杀螨酯和嘧霉胺检出频次较高，分别检出了 18、15、15、9 和 5 次。橙中农药检出品种和频次见图 7-31，超标农药见图 7-32 和表 7-24。

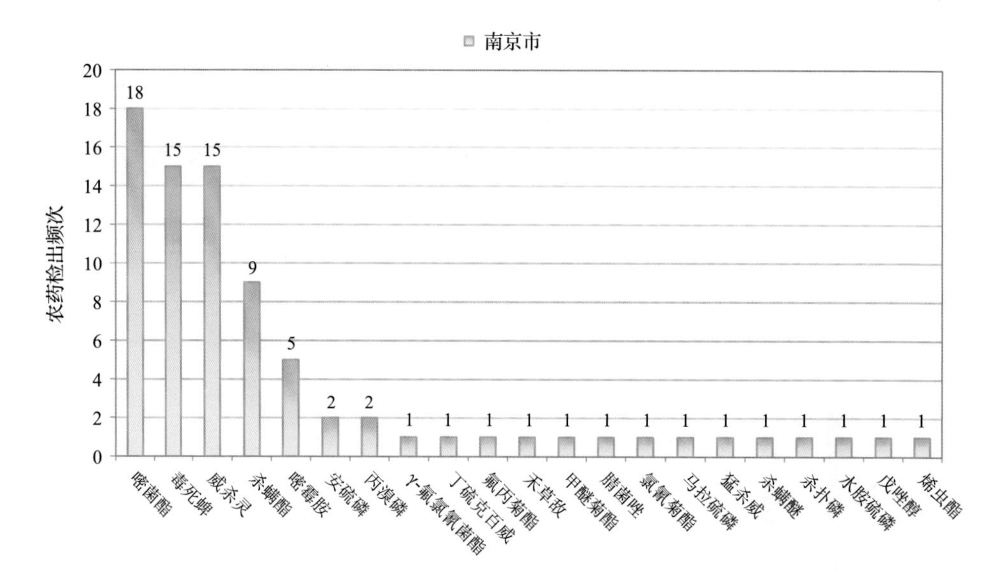

图 7-31 橙样品检出农药品种和频次分析

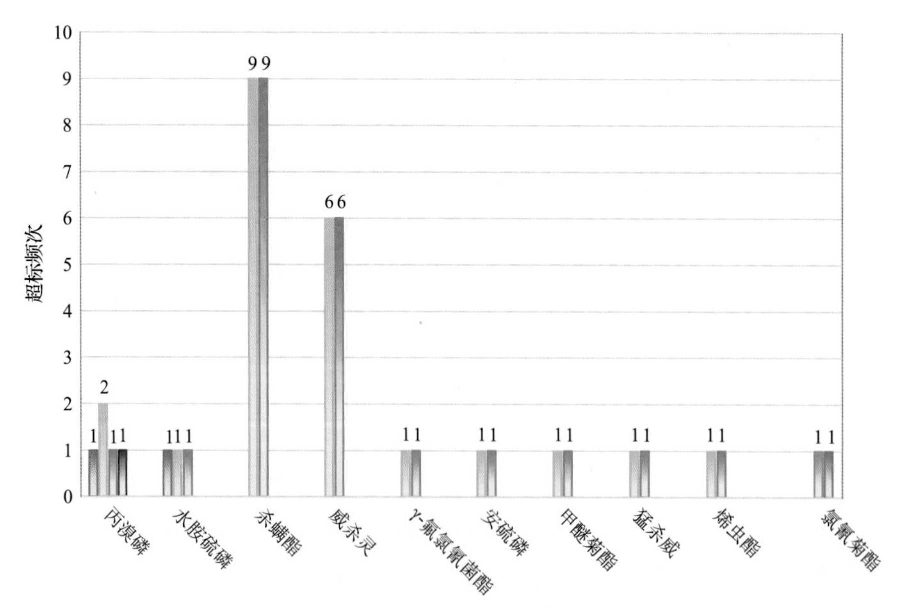

图 7-32 橙样品中超标农药分析

表 7-24　橙中农药残留超标情况明细表

样品总数			检出农药样品数	样品检出率(%)	检出农药品种总数
20			20	100	21
	超标农药品种	超标农药频次	按照 MRL 中国国家标准、欧盟标准和日本标准衡量超标农药名称及频次		
中国国家标准	2	2	丙溴磷(1),水胺硫磷(1)		
欧盟标准	9	23	杀螨酯(9),威杀灵(6),丙溴磷(2),γ-氟氯氰菌酯(1),安硫磷(1),甲醚菊酯(1),猛杀威(1),水胺硫磷(1),烯虫酯(1)		
日本标准	9	22	杀螨酯(9),威杀灵(6),γ-氟氯氰菌酯(1),安硫磷(1),丙溴磷(1),甲醚菊酯(1),猛杀威(1),水胺硫磷(1),烯虫酯(1)		

7.4　蔬菜中农药残留分布

7.4.1　检出农药品种和频次排前 10 的蔬菜

本次残留侦测的蔬菜共 19 种，包括韭菜、黄瓜、芹菜、菠菜、番茄、甜椒、西葫芦、辣椒、油麦菜、瓠瓜、青花菜、胡萝卜、茄子、马铃薯、菜豆、茼蒿、生菜、冬瓜和青菜。

根据检出农药品种及频次进行排名，将各项排名前 10 位的蔬菜样品检出情况列表说明，详见表 7-25。

表 7-25　检出农药品种和频次排名前 10 的蔬菜

检出农药品种排名前 10(品种)	①甜椒(36),②芹菜(33),③菜豆(32),④茄子(32),⑤黄瓜(30),⑥番茄(29),⑦青菜(27),⑧韭菜(26),⑨生菜(25),⑩油麦菜(22)
检出农药频次排名前 10(频次)	①番茄(141),②黄瓜(124),③甜椒(123),④茄子(114),⑤芹菜(92),⑥生菜(90),⑦菜豆(84),⑧青菜(77),⑨韭菜(55),⑩胡萝卜(53)
检出禁用、高毒及剧毒农药品种排名前 10(品种)	①芹菜(5),②菜豆(3),③韭菜(3),④黄瓜(2),⑤茄子(2),⑥青菜(2),⑦甜椒(2),⑧西葫芦(2),⑨番茄(1),⑩马铃薯(1)
检出禁用、高毒及剧毒农药频次排名前 10(频次)	①芹菜(11),②西葫芦(10),③菜豆(8),④韭菜(5),⑤甜椒(5),⑥黄瓜(4),⑦番茄(3),⑧茄子(2),⑨青菜(2),⑩生菜(2)

7.4.2　超标农药品种和频次排前 10 的蔬菜

鉴于 MRL 欧盟标准和日本标准制定比较全面且覆盖率较高，我们参照 MRL 中国国家标准、欧盟标准和日本标准衡量蔬菜样品中农残检出情况，将超标农药品种及频次排名前 10 的蔬菜列表说明，详见表 7-26。

表 7-26 超标农药品种和频次排名前 10 的蔬菜

超标农药品种排名前 10（农药品种数）	MRL 中国国家标准	①韭菜(3),②芹菜(2),③菜豆(1),④瓠瓜(1),⑤马铃薯(1),⑥青菜(1),⑦甜椒(1)
	MRL 欧盟标准	①菜豆(15),②甜椒(15),③芹菜(14),④生菜(13),⑤韭菜(12),⑥青菜(12),⑦茼蒿(12),⑧黄瓜(11),⑨油麦菜(10),⑩茄子(9)
	MRL 日本标准	①菜豆(23),②韭菜(16),③芹菜(14),④甜椒(12),⑤生菜(11),⑥茼蒿(11),⑦黄瓜(9),⑧青菜(9),⑨茄子(7),⑩油麦菜(6)
超标农药频次排名前 10（农药频次数）	MRL 中国国家标准	①芹菜(9),②韭菜(6),③甜椒(4),④青菜(3),⑤菜豆(2),⑥瓠瓜(1),⑦马铃薯(1)
	MRL 欧盟标准	①甜椒(47),②生菜(44),③黄瓜(41),④番茄(40),⑤茄子(39),⑥芹菜(36),⑦菜豆(33),⑧冬瓜(33),⑨茼蒿(32),⑩青菜(30)
	MRL 日本标准	①菜豆(50),②生菜(39),③黄瓜(31),④芹菜(30),⑤茼蒿(30),⑥青菜(29),⑦甜椒(29),⑧胡萝卜(28),⑨冬瓜(27),⑩韭菜(25)

通过对各品种蔬菜样本总数及检出率进行综合分析发现，甜椒、芹菜和茄子的残留污染最为严重，在此，我们参照 MRL 中国国家标准、欧盟标准和日本标准对这 3 种蔬菜的农残检出情况进行进一步分析。

7.4.3 农药残留检出率较高的蔬菜样品分析

7.4.3.1 甜椒

这次共检测 36 例甜椒样品，35 例样品中检出了农药残留，检出率为 97.2%，检出农药共计 36 种。其中腐霉利、喹螨醚、威杀灵、哒螨灵和毒死蜱检出频次较高，分别检出了 19、14、13、8 和 5 次。甜椒中农药检出品种和频次见图 7-33，超标农药见图 7-34 和表 7-27。

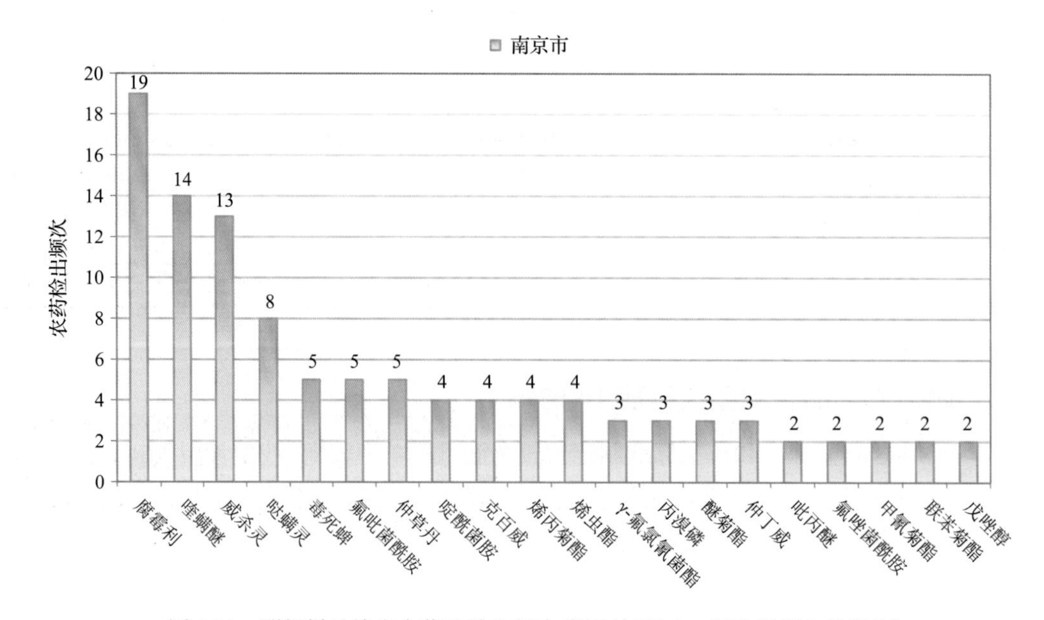

图 7-33 甜椒样品检出农药品种和频次分析（仅列出 2 频次及以上的数据）

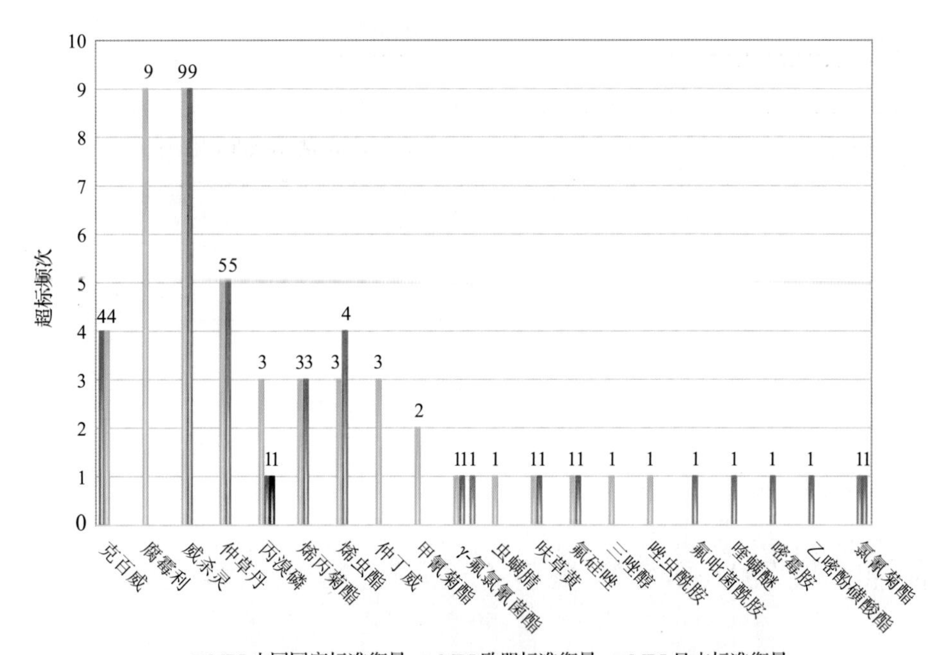

图 7-34　甜椒样品中超标农药分析

表 7-27　甜椒中农药残留超标情况明细表

样品总数			检出农药样品数	样品检出率(%)	检出农药品种总数
36			35	97.2	36
	超标农药品种	超标农药频次	按照 MRL 中国国家标准、欧盟标准和日本标准衡量超标农药名称及频次		
中国国家标准	1	4	克百威(4)		
欧盟标准	15	47	腐霉利(9),威杀灵(9),仲草丹(5),克百威(4),丙溴磷(3),烯丙菊酯(3),烯虫酯(3),仲丁威(3),甲氰菊酯(2),γ-氟氯氰菌酯(1),虫螨腈(1),呋草黄(1),氟硅唑(1),三唑醇(1),唑虫酰胺(1)		
日本标准	12	29	威杀灵(9),仲草丹(5),烯虫酯(4),烯丙菊酯(3),γ-氟氯氰菌酯(1),丙溴磷(1),呋草黄(1),氟吡菌酰胺(1),氟硅唑(1),喹螨醚(1),嘧霉胺(1),乙嘧酚磺酸酯(1)		

7.4.3.2　芹菜

这次共检测 28 例芹菜样品，23 例样品中检出了农药残留，检出率为 82.1%，检出农药共计 33 种。其中氟噻草胺、毒死蜱、克百威、腐霉利和吡喃灵检出频次较高，分别检出了 8、7、7、6 和 5 次。芹菜中农药检出品种和频次见图 7-35，超标农药见图 7-36 和表 7-28。

7.4.3.3　茄子

这次共检测 30 例茄子样品，28 例样品中检出了农药残留，检出率为 93.3%，检出农药共计 32 种。其中威杀灵、腐霉利、仲丁威、丙溴磷和联苯菊酯检出频次较高，分别检出了 14、12、11、9 和 8 次。茄子中农药检出品种和频次见图 7-37，超标农药见图 7-38 和表 7-29。

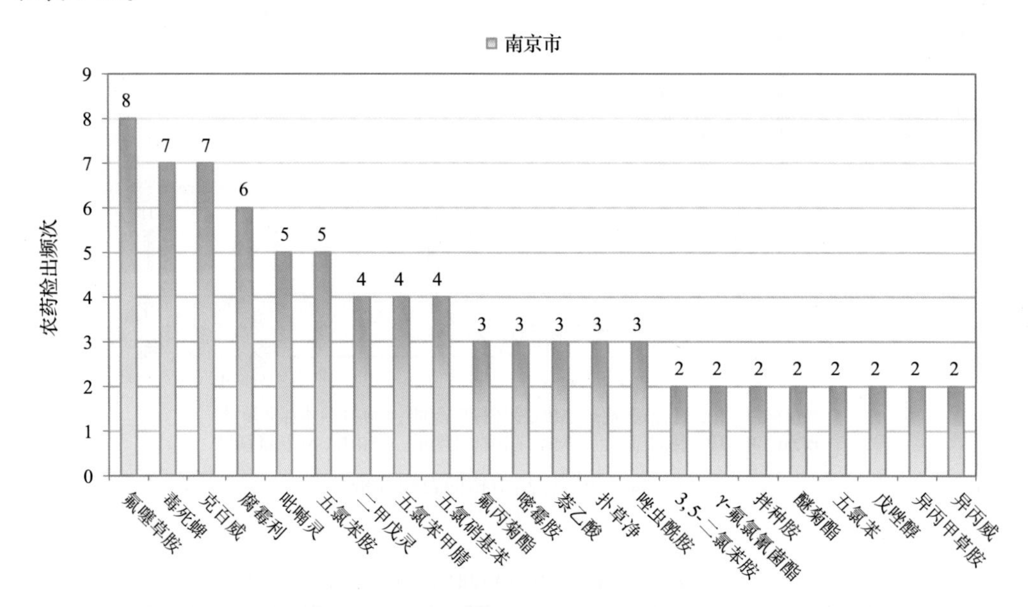

图 7-35　芹菜样品检出农药品种和频次分析(仅列出 2 频次及以上的数据)

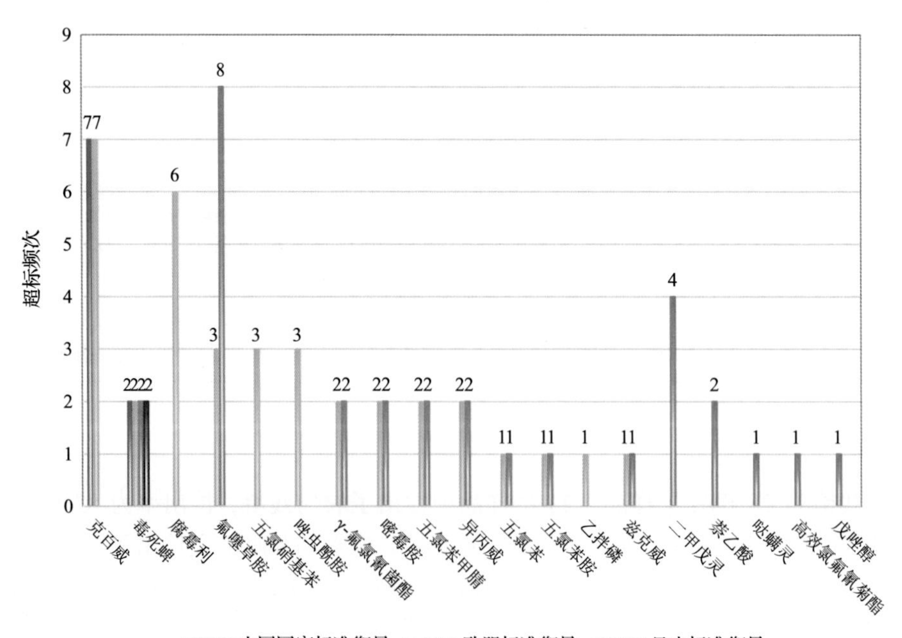

图 7-36　芹菜样品中超标农药分析

表 7-28　芹菜中农药残留超标情况明细表

样品总数	检出农药样品数	样品检出率(%)	检出农药品种总数
28	23	82.1	33
	超标农药品种	超标农药频次	按照 MRL 中国国家标准、欧盟标准和日本标准衡量超标农药名称及频次
中国国家标准	2	9	克百威(7),毒死蜱(2)
欧盟标准	14	36	克百威(7),腐霉利(6),氟噻草胺(3),五氯硝基苯(3),唑虫酰胺(3),γ-氟氯氰菌酯(2),毒死蜱(2),嘧霉胺(2),五氯苯甲腈(2),异丙威(2),五氯苯(1),五氯苯胺(1),乙拌磷(1),兹克威(1)
日本标准	14	30	氟噻草胺(8),二甲戊灵(4),γ-氟氯氰菌酯(2),毒死蜱(2),嘧霉胺(2),萘乙酸(2),五氯苯甲腈(2),异丙威(2),哒螨灵(1),高效氯氟氰菊酯(1),五氯苯(1),五氯苯胺(1),戊唑醇(1),兹克威(1)

表 7-29　茄子中农药残留超标情况明细表

样品总数	检出农药样品数	样品检出率(%)	检出农药品种总数
30	28	93.3	32
	超标农药品种	超标农药频次	按照 MRL 中国国家标准、欧盟标准和日本标准衡量超标农药名称及频次
中国国家标准	0	0	
欧盟标准	9	39	腐霉利(11),仲丁威(11),丙溴磷(5),烯丙菊酯(4),螺螨酯(3),虫螨腈(2),八氯二丙醚(1),水胺硫磷(1),唑虫酰胺(1)
日本标准	7	12	烯丙菊酯(4),丙溴磷(2),氟吡菌酰胺(2),八氯二丙醚(1),喹螨醚(1),水胺硫磷(1),烯虫酯(1)

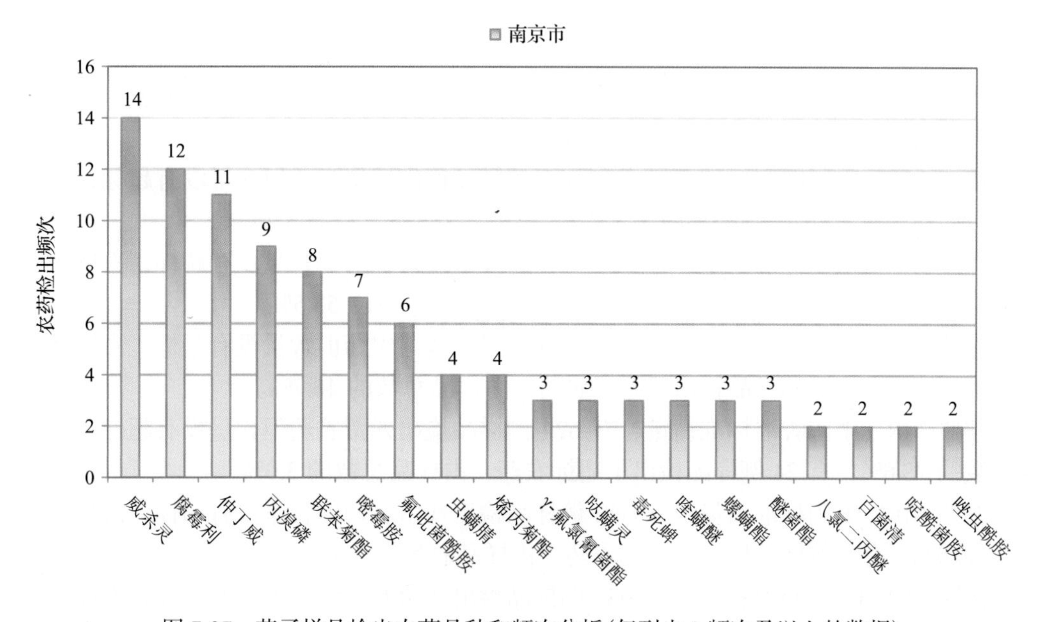

图 7-37　茄子样品检出农药品种和频次分析(仅列出 2 频次及以上的数据)

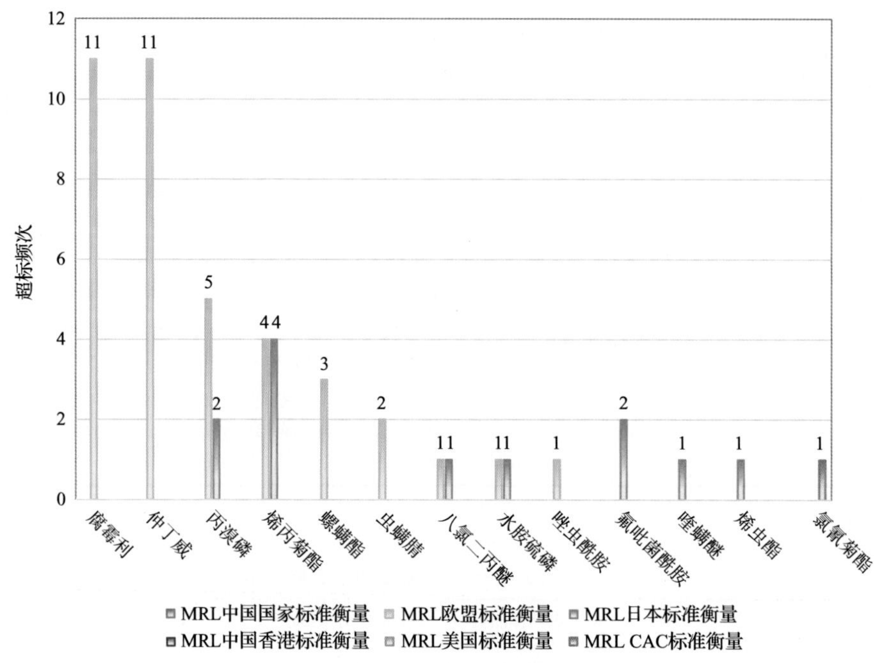

图 7-38　茄子样品中超标农药分析

7.5　初 步 结 论

7.5.1　南京市市售水果蔬菜按 MRL 中国国家标准和国际主要 MRL 标准衡量的合格率

本次侦测的 794 例样品中，146 例样品未检出任何残留农药，占样品总量的 18.4%，648 例样品检出不同水平、不同种类的残留农药，占样品总量的 81.6%。在这 648 例检出农药残留的样品中：

按照 MRL 中国国家标准衡量，有 607 例样品检出残留农药但含量没有超标，占样品总数的 76.4%，有 41 例样品检出了超标农药，占样品总数的 5.2%。

按照 MRL 欧盟标准衡量，有 223 例样品检出残留农药但含量没有超标，占样品总数的 28.1%，有 425 例样品检出了超标农药，占样品总数的 53.5%。

按照 MRL 日本标准衡量，有 277 例样品检出残留农药但含量没有超标，占样品总数的 34.9%，有 371 例样品检出了超标农药，占样品总数的 46.7%。

按照 MRL 中国香港标准衡量，有 624 例样品检出残留农药但含量没有超标，占样品总数的 78.6%，有 24 例样品检出了超标农药，占样品总数的 3.0%。

按照 MRL 美国标准衡量，有 642 例样品检出残留农药但含量没有超标，占样品总数的 80.9%，有 6 例样品检出了超标农药，占样品总数的 0.8%。

按照 MRL CAC 标准衡量，有 643 例样品检出残留农药但含量没有超标，占样品总数的 81.0%，有 5 例样品检出了超标农药，占样品总数的 0.6%。

7.5.2　南京市市售水果蔬菜中检出农药以中低微毒农药为主，占市场主体的 89.6%

这次侦测的 794 例样品包括食用菌 2 种 319 例，水果 14 种 26 例，蔬菜 19 种 449 例，共检出了 144 种农药，检出农药的毒性以中低微毒为主，详见表 7-30。

表 7-30　市场主体农药毒性分布

毒性	检出品种	占比	检出频次	占比
剧毒农药	6	4.2%	9	0.5%
高毒农药	9	6.2%	60	3.1%
中毒农药	52	36.1%	830	42.3%
低毒农药	56	38.9%	580	29.5%
微毒农药	21	14.6%	484	24.7%
中低微毒农药，品种占比 89.6%，频次占比 96.5%				

7.5.3　检出剧毒、高毒和禁用农药现象应该警醒

在此次侦测的 794 例样品中有 12 种蔬菜和 8 种水果的 78 例样品检出了 17 种 92 频次的剧毒和高毒或禁用农药，占样品总量的 9.8%。其中剧毒农药甲拌磷、灭线磷和艾氏剂以及高毒农药克百威、水胺硫磷和猛杀威检出频次较高。

按 MRL 中国国家标准衡量，剧毒农药甲拌磷，检出 3 次，超标 1 次；高毒农药克百威，检出 24 次，超标 16 次；水胺硫磷，检出 15 次，超标 10 次；按超标程度比较，韭菜中克百威超标 52.8 倍，甜椒中克百威超标 21.8 倍，橘中水胺硫磷超标 6.3 倍，橙中水胺硫磷超标 4.9 倍，芹菜中克百威超标 4.0 倍。

剧毒、高毒或禁用农药的检出情况及按照 MRL 中国国家标准衡量的超标情况见表 7-31。

表 7-31　剧毒、高毒或禁用农药的检出及超标明细

序号	农药名称	样品名称	检出频次	超标频次	最大超标倍数	超标率
1.1	七氯*	马铃薯	1	0	0	0.0%
2.1	乙拌磷*	芹菜	1	0	0	0.0%
3.1	乙拌磷砜*	橘	1	0	0	0.0%
4.1	灭线磷*▲	火龙果	1	0	0	0.0%
4.2	灭线磷*▲	韭菜	1	0	0	0.0%
5.1	甲拌磷*▲	哈密瓜	1	1	0.34	100.0%
5.2	甲拌磷*▲	甜椒	1	0	0	0.0%
5.3	甲拌磷*▲	芹菜	1	0	0	0.0%

续表

序号	农药名称	样品名称	检出频次	超标频次	最大超标倍数	超标率
6.1	艾氏剂*▲	芹菜	1	0	0	0.0%
7.1	三唑磷◊	橘	1	1	0.936	100.0%
7.2	三唑磷◊	柠檬	1	0	0	0.0%
8.1	克百威◊▲	芹菜	7	7	4	100.0%
8.2	克百威◊▲	甜椒	4	4	21.845	100.0%
8.3	克百威◊▲	韭菜	3	3	52.82	100.0%
8.4	克百威◊▲	菜豆	3	2	2.52	66.7%
8.5	克百威◊▲	橘	3	0	0	0.0%
8.6	克百威◊▲	西葫芦	2	0	0	0.0%
8.7	克百威◊▲	桃	1	0	0	0.0%
8.8	克百威◊▲	梨	1	0	0	0.0%
9.1	兹克威◊	生菜	2	0	0	0.0%
9.2	兹克威◊	芹菜	1	0	0	0.0%
9.3	兹克威◊	茼蒿	1	0	0	0.0%
9.4	兹克威◊	菜豆	1	0	0	0.0%
9.5	兹克威◊	青菜	1	0	0	0.0%
10.1	嘧啶磷◊	韭菜	1	0	0	0.0%
11.1	敌敌畏◊	黄瓜	1	0	0	0.0%
12.1	杀扑磷◊▲	橘	3	0	0	0.0%
12.2	杀扑磷◊▲	橙	1	0	0	0.0%
13.1	氟氯氰菊酯◊	梨	1	1	3.629	100.0%
14.1	水胺硫磷◊▲	橘	11	9	6.335	81.8%
14.2	水胺硫磷◊▲	橙	1	1	4.89	100.0%
14.3	水胺硫磷◊▲	柠檬	1	0	0	0.0%
14.4	水胺硫磷◊▲	茄子	1	0	0	0.0%
14.5	水胺硫磷◊▲	青菜	1	0	0	0.0%
15.1	猛杀威◊	橘	5	0	0	0.0%
15.2	猛杀威◊	橙	1	0	0	0.0%
16.1	氟虫腈▲	荔枝	1	0	0	0.0%
17.1	硫丹▲	西葫芦	8	0	0	0.0%
17.2	硫丹▲	菜豆	4	0	0	0.0%
17.3	硫丹▲	番茄	3	0	0	0.0%

续表

序号	农药名称	样品名称	检出频次	超标频次	最大超标倍数	超标率
17.4	硫丹▲	黄瓜	3	0	0	0.0%
17.5	硫丹▲	梨	2	0	0	0.0%
17.6	硫丹▲	桃	1	0	0	0.0%
17.7	硫丹▲	茄子	1	0	0	0.0%
合计			92	29		31.5%

注：超标倍数参照 MRL 中国国家标准衡量

这些超标的剧毒和高毒农药大部分是中国政府早有规定禁止在水果蔬菜中使用的，为什么还屡次被检出，应该引起警惕。

7.5.4　残留限量标准与先进国家或地区标准差距较大

1963 频次的检出结果与我国公布的《食品中农药最大残留限量》(GB 2763—2014)对比，有 514 频次能找到对应的 MRL 中国国家标准，占 26.2%；还有 1449 频次的侦测数据无相关 MRL 标准供参考，占 73.8%。

与国际上现行 MRL 标准对比发现：

有 1963 频次能找到对应的 MRL 欧盟标准，占 100.0%；

有 1963 频次能找到对应的 MRL 日本标准，占 100.0%；

有 688 频次能找到对应的 MRL 中国香港标准，占 35.0%；

有 657 频次能找到对应的 MRL 美国标准，占 33.5%；

有 443 频次能找到对应的 MRL CAC 标准，占 22.6%。

由上可见，MRL 中国国家标准与先进国家或地区标准还有很大差距，我们无标准，境外有标准，这就会导致我们在国际贸易中，处于受制于人的被动地位。

7.5.5　水果蔬菜单种样品检出 21~36 种农药残留，拷问农药使用的科学性

通过此次监测发现，橘、葡萄和橙是检出农药品种最多的 3 种水果，甜椒、芹菜和菜豆是检出农药品种最多的 3 种蔬菜，从中检出农药品种及频次详见表 7-32。

表 7-32　单种样品检出农药品种及频次

样品名称	样品总数	检出农药样品数	检出率	检出农药品种数	检出农药(频次)
甜椒	36	35	97.2%	36	腐霉利(19),喹螨醚(14),威杀灵(13),哒螨灵(8),毒死蜱(5),氟吡菌酰胺(5),仲草丹(5),啶酰菌胺(4),克百威(4),烯丙菊酯(4),烯虫酯(4),γ-氟氯氰菌酯(3),丙溴磷(3),醚菊酯(3),仲丁威(3),吡丙醚(2),氟唑菌酰胺(2),甲氰菊酯(2),联苯菊酯(2),戊唑醇(2),虫螨腈(1),呋草黄(1),氟硅唑(1),甲拌磷(1),腈菌唑(1),联苯肼酯(1),氯草敏(1),氯氰菊酯(1),嘧菌酯(1),嘧霉胺(1),三唑醇(1),肟菌酯(1),乙霉威(1),乙嘧酚磺酸酯(1),茵草敌(1),唑虫酰胺(1)

续表

样品名称	样品总数	检出农药样品数	检出率	检出农药品种数	检出农药(频次)
芹菜	28	23	82.1%	33	氟噻草胺(8),毒死蜱(7),克百威(7),腐霉利(6),吡喃灵(5),五氯苯胺(5),二甲戊灵(4),五氯苯甲腈(4),五氯硝基苯(4),氟丙菊酯(3),嘧霉胺(3),萘乙酸(3),扑草净(3),唑虫酰胺(3),3,5-二氯苯胺(2),γ-氟氯氰菌酯(2),拌种胺(2),醚菊酯(2),五氯苯(2),戊唑醇(2),异丙甲草胺(2),异丙威(2),艾氏剂(1),百菌清(1),哒螨灵(1),稻瘟灵(1),高效氯氟氰菊酯(1),甲拌磷(1),喹螨醚(1),威杀灵(1),肟菌酯(1),乙拌磷(1),兹克威(1)
菜豆	28	28	100.0%	32	喹螨醚(9),威杀灵(8),哒螨灵(6),烯虫酯(5),腐霉利(4),硫丹(4),嘧霉胺(4),虫螨腈(3),克百威(3),联苯菊酯(3),烯丙菊酯(3),仲丁威(3),γ-氟氯氰菌酯(2),百菌清(2),丙溴磷(2),毒死蜱(2),粉唑醇(2),醚菊酯(2),新燕灵(2),异丙威(2),唑虫酰胺(2),啶酰菌胺(1),多效唑(1),氟吡菌酰胺(1),氟唑菌酰胺(1),甲氰菊酯(1),解草腈(1),腈菌唑(1),嘧菌环胺(1),炔螨特(1),烯效唑(1),兹克威(1)
橘	29	29	100.0%	30	毒死蜱(19),丙溴磷(14),水胺硫磷(11),醚菊酯(10),猛杀威(5),邻苯基苯酚(4),马拉硫磷(4),嘧菌酯(4),γ-氟氯氰菌酯(3),甲氰菊酯(3),克百威(3),杀螨酯(3),杀扑磷(3),戊唑醇(3),哒螨灵(2),禾草敌(2),联苯菊酯(2),炔螨特(2),啶酰菌胺(1),氟丙菊酯(1),甲基毒死蜱(1),腈菌唑(1),螺螨酯(1),嘧霉胺(1),三唑磷(1),三唑酮(1),杀螟腈(1),杀螟硫磷(1),烯效唑(1),乙拌磷砜(1)
葡萄	37	36	97.3%	30	嘧霉胺(19),啶酰菌胺(14),嘧菌环胺(13),戊唑醇(12),嘧菌酯(8),肟菌酯(5),腐霉利(4),醚菊酯(4),毒死蜱(3),己唑醇(3),喹氧灵(3),醚菌酯(3),烯丙菊酯(3),3,5-二氯苯胺(2),γ-氟氯氰菌酯(2),叠氮津(2),氟唑菌酰胺(2),腈菌唑(2),联苯菊酯(2),邻苯二甲酰亚胺(2),四氟醚唑(2),莠灭净(2),八氯二丙醚(1),丙硫磷(1),多效唑(1),氟吡菌酰胺(1),三唑醇(1),杀螨酯(1),霜霉威(1),仲丁威(1)
橙	20	20	100.0%	21	嘧菌酯(18),毒死蜱(15),威杀灵(15),杀螨酯(9),嘧霉胺(5),安硫磷(2),丙溴磷(2),γ-氟氯氰菌酯(1),丁硫克百威(1),氟丙菊酯(1),禾草敌(1),甲醚菊酯(1),腈菌唑(1),氯氰菊酯(1),马拉硫磷(1),猛杀威(1),杀螨醚(1),杀扑磷(1),水胺硫磷(1),戊唑醇(1),烯虫酯(1)

上述6种水果蔬菜，检出农药21~36种，是多种农药综合防治，还是未严格实施农业良好管理规范(GAP)，抑或根本就是乱施药，值得我们思考。

第 8 章　GC-Q-TOF/MS 侦测南京市市售水果蔬菜农药残留膳食暴露风险与预警风险评估

8.1　农药残留风险评估方法

8.1.1　南京市农药残留侦测数据分析与统计

庞国芳院士科研团队建立的农药残留高通量侦测技术以高分辨精确质量数(0.0001 *m/z* 为基准)为识别标准，采用 GC-Q-TOF/MS 技术对 507 种农药化学污染物进行侦测。

科研团队于 2015 年 7 月~2017 年 4 月在南京市所属 8 个区的 30 个采样点，随机采集了 794 例水果蔬菜样品，采样点分布在超市和农贸市场，具体位置如图 8-1 所示，各月内水果蔬菜样品采集数量如表 8-1 所示。

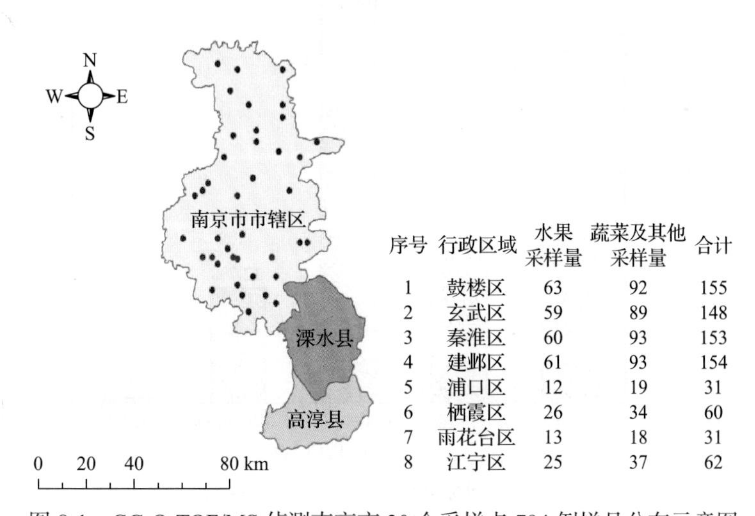

序号	行政区域	水果采样量	蔬菜及其他采样量	合计
1	鼓楼区	63	92	155
2	玄武区	59	89	148
3	秦淮区	60	93	153
4	建邺区	61	93	154
5	浦口区	12	19	31
6	栖霞区	26	34	60
7	雨花台区	13	18	31
8	江宁区	25	37	62

图 8-1　GC-Q-TOF/MS 侦测南京市 30 个采样点 794 例样品分布示意图

表 8-1　南京市各月内采集水果蔬菜样品数列表

时间	样品数(例)
2015 年 7 月	155
2015 年 9 月	150
2017 年 4 月	489

利用 GC-Q-TOF/MS 技术对 794 例样品中的农药进行侦测，侦测出残留农药 144 种，1961 频次。侦测出农药残留水平如表 8-2 和图 8-2 所示。检出频次最高的前 10 种农药如表 8-3 所示。从检测结果中可以看出，在水果蔬菜中农药残留普遍存在，且有些水果蔬菜存在高浓度的农药残留，这些可能存在膳食暴露风险，对人体健康产生危害，因此，为了定量地评价水果蔬菜中农药残留的风险程度，有必要对其进行风险评价。

表 8-2　侦测出农药的不同残留水平及其所占比例列表

残留水平(μg/kg)	检出频次	占比(%)
1~5(含)	502	25.6
5~10(含)	290	14.8
10~100(含)	907	46.3
100~1000(含)	250	12.7
>1000	12	0.6
合计	1961	100

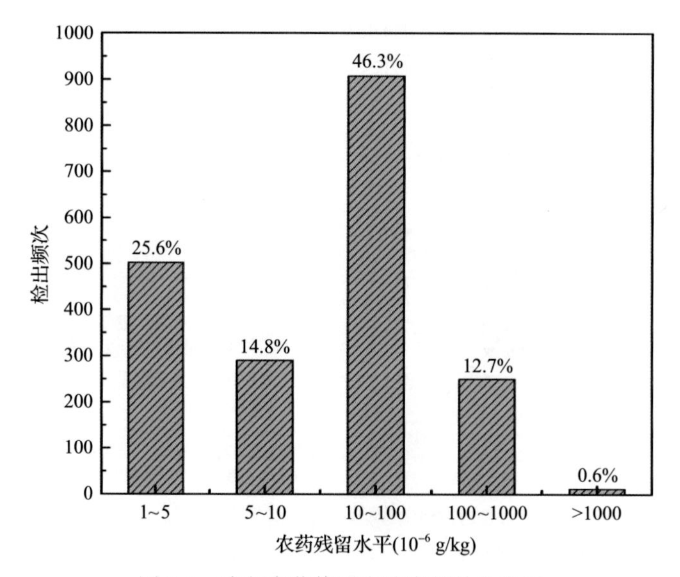

图 8-2　残留农药侦测出浓度频数分布图

表 8-3　检出频次最高的前 10 种农药列表

序号	农药	检出频次(次)
1	毒死蜱	163
2	威杀灵	160
3	腐霉利	151
4	嘧霉胺	67

续表

序号	农药	检出频次(次)
5	喹螨醚	66
6	哒螨灵	61
7	联苯	61
8	醚菊酯	59
9	联苯菊酯	55
10	氟吡菌酰胺	49

8.1.2　农药残留风险评价模型

对南京市水果蔬菜中农药残留分别开展暴露风险评估和预警风险评估。膳食暴露风险评估利用食品安全指数模型对水果蔬菜中的残留农药对人体可能产生的危害程度进行评价，该模型结合残留监测和膳食暴露评估评价化学污染物的危害；预警风险评价模型运用风险系数(risk index，*R*)，风险系数综合考虑了危害物的超标率、施检频率及其本身敏感性的影响，能直观而全面地反映出危害物在一段时间内的风险程度。

8.1.2.1　食品安全指数模型

为了加强食品安全管理，《中华人民共和国食品安全法》第二章第十七条规定“国家建立食品安全风险评估制度，运用科学方法，根据食品安全风险监测信息、科学数据以及有关信息，对食品、食品添加剂、食品相关产品中生物性、化学性和物理性危害因素进行风险评估”[1]，膳食暴露评估是食品危险度评估的重要组成部分，也是膳食安全性的衡量标准[2]。国际上最早研究膳食暴露风险评估的机构主要是 JMPR(FAO、WHO 农药残留联合会议)，该组织自 1995 年就已制定了急性毒性物质的风险评估急性毒性农药残留摄入量的预测。1960 年美国规定食品中不得加入致癌物质进而提出零阈值理论，渐渐零阈值理论发展成在一定概率条件下可接受风险的概念[3]，后衍变为食品中每日允许最大摄入量(ADI)，而国际食品农药残留法典委员会(CCPR)认为 ADI 不是独立风险评估的唯一标准[4]，1995 年 JMPR 开始研究农药急性膳食暴露风险评估，并对食品国际短期摄入量的计算方法进行了修正，亦对膳食暴露评估准则及评估方法进行了修正[5]，2002 年，在对世界上现行的食品安全评价方法，尤其是国际公认的 CAC 的评价方法、全球环境监测系统/食品污染监测和评估规划(WHO GEMS/Food)及 FAO、WHO 食品添加剂联合专家委员会(JECFA)和 JMPR 对食品安全风险评估工作研究的基础之上，检验检疫食品安全管理的研究人员提出了结合残留监控和膳食暴露评估，以食品安全指数 IFS 计算食品中各种化学污染物对消费者的健康危害程度[6]。IFS 是表示食品安全状态的新方法，可有效地评价某种农药的安全性，进而评价食品中各种农药化学污染物对消费者健康的整体危害程度[7, 8]。从理论上分析，IFS_c 可指出食品中的污染物 c 对消费者健康是否存在危害及危害的程度[9]。其优点在于操作简单且结果容易被接受和理解，不需要大量的数据来对结果进行验证，使用默认的标准假设或者模型即可[10, 11]。

1) IFS_c 的计算

IFS_c 计算公式如下：

$$IFS_c = \frac{EDI_c \times f}{SI_c \times bw} \tag{8-1}$$

式中，c 为所研究的农药；EDI_c 为农药 c 的实际日摄入量估算值，等于 $\sum(R_i \times F_i \times E_i \times P_i)$（$i$ 为食品种类；R_i 为食品 i 中农药 c 的残留水平，mg/kg；F_i 为食品 i 的估计日消费量，g/(人·天)；E_i 为食品 i 的可食用部分因子；P_i 为食品 i 的加工处理因子）；SI_c 为安全摄入量，可采用每日允许最大摄入量 ADI；bw 为人平均体重，kg；f 为校正因子，如果安全摄入量采用 ADI，则 f 取 1。

$IFS_c \ll 1$，农药 c 对食品安全没有影响；$IFS_c \leqslant 1$，农药 c 对食品安全的影响可以接受；$IFS_c > 1$，农药 c 对食品安全的影响不可接受。

本次评价中：

$IFS_c \leqslant 0.1$，农药 c 对水果蔬菜安全没有影响；

$0.1 < IFS_c \leqslant 1$，农药 c 对水果蔬菜安全的影响可以接受；

$IFS_c > 1$，农药 c 对水果蔬菜安全的影响不可接受。

本次评价中残留水平 R_i 取值为中国检验检疫科学研究院庞国芳院士课题组以高分辨精确质量数(0.0001 m/z)为基准的 GC-Q-TOF/MS 侦测技术于 2015 年 7 月~2017 年 4 月对南京市水果蔬菜侦测结果，估计日消费量 F_i 取值 0.38 kg/(人·天)，E_i=1，P_i=1，f=1，SI_c 采用《食品安全国家标准　食品中农药最大残留限量》(GB 2763—2016) 中 ADI 值(具体数值见表 8-4)，人平均体重(bw)取值 60 kg。

2) 计算 IFS_c 的平均值 $\overline{IFS}$，评价农药对食品安全的影响程度

以 $\overline{IFS}$ 评价各种农药对人体健康危害的总程度，评价模型见公式(8-2)。

$$\overline{IFS} = \frac{\sum_{i=1}^{n} IFS_c}{n} \tag{8-2}$$

$\overline{IFS} \ll 1$，所研究消费者人群的食品安全状态很好；$\overline{IFS} \leqslant 1$，所研究消费者人群的食品安全状态可以接受；$\overline{IFS} > 1$，所研究消费者人群的食品安全状态不可接受。

本次评价中：

$\overline{IFS} \leqslant 0.1$，所研究消费者人群的水果蔬菜安全状态很好；

$0.1 < \overline{IFS} \leqslant 1$，所研究消费者人群的水果蔬菜安全状态可以接受；

$\overline{IFS} > 1$，所研究消费者人群的水果蔬菜安全状态不可接受。

表 8-4　南京市水果蔬菜中检出农药的 ADI 值

序号	农药	ADI	序号	农药	ADI	序号	农药	ADI
1	艾氏剂	0.0001	49	烯效唑	0.02	97	吡喃灵	—
2	七氯	0.0001	50	乙草胺	0.02	98	避蚊胺	—
3	氟虫腈	0.0002	51	莠去津	0.02	99	丙硫磷	—
4	灭蚁灵	0.0002	52	氟乐灵	0.025	100	除虫菊素 I	—
5	灭线磷	0.0004	53	丙溴磷	0.03	101	叠氮津	—
6	唑硫磷	0.0005	54	虫螨腈	0.03	102	丁羟茴香醚	—
7	氯丹	0.0005	55	二甲戊灵	0.03	103	芬螨酯	—
8	甲拌磷	0.0007	56	甲基嘧啶磷	0.03	104	呋草黄	—
9	喹禾灵	0.0009	57	甲氰菊酯	0.03	105	呋嘧醇	—
10	禾草敌	0.001	58	腈菌唑	0.03	106	氟丙菊酯	—
11	克百威	0.001	59	醚菊酯	0.03	107	氟噻草胺	—
12	三唑磷	0.001	60	嘧菌环胺	0.03	108	氟唑菌酰胺	—
13	杀扑磷	0.001	61	三唑醇	0.03	109	甲醚菊酯	—
14	三氯杀螨醇	0.002	62	三唑酮	0.03	110	间羟基联苯	—
15	异丙威	0.002	63	戊菌唑	0.03	111	解草腈	—
16	禾草灵	0.0023	64	戊唑醇	0.03	112	联苯	—
17	水胺硫磷	0.003	65	啶酰菌胺	0.04	113	邻苯二甲酰亚胺	—
18	敌敌畏	0.004	66	氟氯氰菊酯	0.04	114	氯草敏	—
19	乙霉威	0.004	67	扑草净	0.04	115	猛杀威	—
20	己唑醇	0.005	68	肟菌酯	0.04	116	嘧啶磷	—
21	喹螨醚	0.005	69	氯菊酯	0.05	117	萘乙酰胺	—
22	烯唑醇	0.005	70	仲丁威	0.06	118	炔丙菊酯	—
23	环酯草醚	0.0056	71	莠灭净	0.072	119	杀螨醚	—
24	硫丹	0.006	72	二苯胺	0.08	120	杀螨酯	—
25	杀螟硫磷	0.006	73	甲霜灵	0.08	121	杀螟腈	—
26	唑虫酰胺	0.006	74	啶氧菌酯	0.09	122	双苯酰草胺	—
27	氟硅唑	0.007	75	吡丙醚	0.1	123	四氟醚唑	—
28	甲萘威	0.008	76	丁草胺	0.1	124	四氢吩胺	—
29	萎锈灵	0.008	77	多效唑	0.1	125	速灭威	—
30	噻嗪酮	0.009	78	腐霉利	0.1	126	特草灵	—
31	哒螨灵	0.01	79	噻菌灵	0.1	127	特丁通	—
32	丁硫克百威	0.01	80	异丙甲草胺	0.1	128	威杀灵	—
33	毒死蜱	0.01	81	萘乙酸	0.15	129	五氯苯	—
34	噁霜灵	0.01	82	喹氧灵	0.2	130	五氯苯胺	—
35	粉唑醇	0.01	83	嘧菌酯	0.2	131	五氯苯甲腈	—
36	氟吡菌酰胺	0.01	84	嘧霉胺	0.2	132	戊草丹	—
37	甲基毒死蜱	0.01	85	马拉硫磷	0.3	133	烯丙菊酯	—
38	联苯肼酯	0.01	86	邻苯基苯酚	0.4	134	烯虫炔酯	—
39	联苯菊酯	0.01	87	醚菌酯	0.4	135	烯虫酯	—
40	螺螨酯	0.01	88	霜霉威	0.4	136	新燕灵	—
41	氯硝胺	0.01	89	氯氟吡氧乙酸	1	137	溴丁酰草胺	—
42	炔螨特	0.01	90	2,6-二氯苯甲酰胺	—	138	乙拌磷	—
43	五氯硝基苯	0.01	91	3,4,5-混杀威	—	139	乙拌磷砜	—
44	异丙草胺	0.013	92	3,5-二氯苯胺	—	140	乙嘧酚磺酸酯	—
45	稻瘟灵	0.016	93	γ-氟氯氰菌酯	—	141	抑芽唑	—
46	百菌清	0.02	94	安硫磷	—	142	茵草敌	—
47	高效氯氟氰菊酯	0.02	95	八氯二丙醚	—	143	仲草丹	—
48	氯氰菊酯	0.02	96	拌种胺	—	144	兹克威	—

注：“—”表示为国家标准中无 ADI 值规定；ADI 值单位为 mg/kg bw

8.1.2.2　预警风险评估模型

2003 年，我国检验检疫食品安全管理的研究人员根据 WTO 的有关原则和我国的具体规定，结合危害物本身的敏感性、风险程度及其相应的施检频率，首次提出了食品中危害物风险系数 R 的概念[12]。R 是衡量一个危害物的风险程度大小最直观的参数，即在一定时期内其超标率或阳性检出率的高低，但受其施检频率的高低及其本身的敏感性（受关注程度）影响。该模型综合考察了农药在蔬菜中的超标率、施检频率及其本身敏感性，能直观而全面地反映出农药在一段时间内的风险程度[13]。

1）R 计算方法

危害物的风险系数综合考虑了危害物的超标率或阳性检出率、施检频率和其本身的敏感性影响，并能直观而全面地反映出危害物在一段时间内的风险程度。风险系数 R 的计算公式如式（8-3）：

$$R = aP + \frac{b}{F} + S \tag{8-3}$$

式中，P 为该种危害物的超标率；F 为危害物的施检频率；S 为危害物的敏感因子；a, b 分别为相应的权重系数。

本次评价中 F=1；S=1；a =100；b =0.1，对参数 P 进行计算，计算时首先判断是否为禁用农药，如果为非禁用农药，P=超标的样品数（侦测出的含量高于食品最大残留限量标准值，即 MRL）除以总样品数（包括超标、不超标、未侦测出）；如果为禁用农药，则侦测出即为超标，P=能侦测出的样品数除以总样品数。判断南京市水果蔬菜农药残留是否超标的标准限值 MRL 分别以 MRL 中国国家标准[14]和 MRL 欧盟标准作为对照，具体值列于本报告附表一中。

2）评价风险程度

R≤1.5，受检农药处于低度风险；

1.5＜R≤2.5，受检农药处于中度风险；

R＞2.5，受检农药处于高度风险。

8.1.2.3　食品膳食暴露风险和预警风险评估应用程序的开发

1）应用程序开发的步骤

为成功开发膳食暴露风险和预警风险评估应用程序，与软件工程师多次沟通讨论，逐步提出并描述清楚计算需求，开发了初步应用程序。为明确出不同水果蔬菜、不同农药、不同地域和不同季节的风险水平，向软件工程师提出不同的计算需求，软件工程师对计算需求进行逐一地分析，经过反复的细节沟通，需求分析得到明确后，开始进行解决方案的设计，在保证需求的完整性、一致性的前提下，编写出程序代码，最后设计出满足需求的风险评估专用计算软件，并通过一系列的软件测试和改进，完成专用程序的开发。软件开发基本步骤见图 8-3。

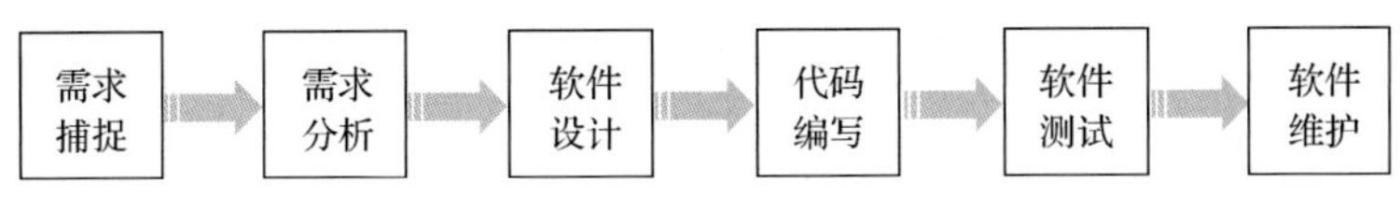

图 8-3　专用程序开发总体步骤

2) 膳食暴露风险评估专业程序开发的基本要求

首先直接利用公式(8-1)，分别计算 LC-Q-TOF/MS 和 GC-Q-TOF/MS 仪器侦测出的各水果蔬菜样品中每种农药 IFS_c，将结果列出。为考察超标农药和禁用农药的使用安全性，分别以我国《食品安全国家标准　食品中农药最大残留限量》(GB 2763—2016) 和欧盟食品中农药最大残留限量(以下简称 MRL 中国国家标准和 MRL 欧盟标准) 为标准，对侦测出的禁用农药和超标的非禁用农药 IFS_c 单独进行评价；按 IFS_c 大小列表，并找出 IFS_c 值排名前 20 的样本重点关注。

对不同水果蔬菜 i 中每一种侦测出的农药 c 的安全指数进行计算，多个样品时求平均值。若监测数据为该市多个月的数据，则逐月、逐季度分别列出每个月、每个季度内每一种水果蔬菜 i 对应的每一种农药 c 的 IFS_c。

按农药种类，计算整个监测时间段内每种农药的 IFS_c，不区分水果蔬菜。若检测数据为该市多个月的数据，则需分别计算每个月、每个季度内每种农药的 IFS_c。

3) 预警风险评估专业程序开发的基本要求

分别以 MRL 中国国家标准和 MRL 欧盟标准，按公式(8-3)逐个计算不同水果蔬菜、不同农药的风险系数，禁用农药和非禁用农药分别列表。

为清楚了解各种农药的预警风险，不分时间，不分水果蔬菜，按禁用农药和非禁用农药分类，分别计算各种侦测出农药全部检测时段内风险系数。由于有 MRL 中国国家标准的农药种类太少，无法计算超标数，非禁用农药的风险系数只以 MRL 欧盟标准为标准，进行计算。若检测数据为多个月的，则按月计算每个月、每个季度内每种禁用农药残留的风险系数和以 MRL 欧盟标准为标准的非禁用农药残留的风险系数。

4) 风险程度评价专业应用程序的开发方法

采用 Python 计算机程序设计语言，Python 是一个高层次地结合了解释性、编译性、互动性和面向对象的脚本语言。风险评价专用程序主要功能包括：分别读入每例样品 LC-Q-TOF/MS 和 GC-Q-TOF/MS 农药残留检测数据，根据风险评价工作要求，依次对不同农药、不同食品、不同时间、不同采样点的 IFS_c 值和 R 值分别进行数据计算，筛选出禁用农药、超标农药(分别与 MRL 中国国家标准、MRL 欧盟标准限值进行对比) 单独重点分析，再分别对各农药、各水果蔬菜种类分类处理，设计出计算和排序程序，编写计算机代码，最后将生成的膳食暴露风险评估和超标风险评估定量计算结果列入设计好的各个表格中，并定性判断风险对目标的影响程度，直接用文字描述风险发生的高低，如“不可接受”、“可以接受”、“没有影响”、“高度风险”、“中度风险”、“低度风险”。

8.2　GC-Q-TOF/MS 侦测南京市市售水果蔬菜农药残留膳食暴露风险评估

8.2.1　每例水果蔬菜样品中农药残留安全指数分析

基于农药残留侦测数据，发现在 794 例样品中侦测出农药 1961 频次，计算样品中每种残留农药的安全指数 IFS_c，并分析农药对样品安全的影响程度，结果详见附表二，农药残留对水果蔬菜样品安全的影响程度频次分布情况如图 8-4 所示。

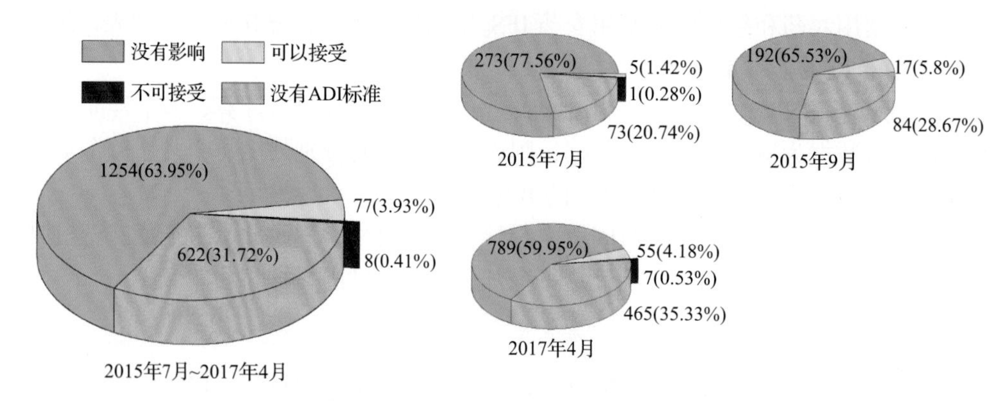

图 8-4　农药残留对水果蔬菜样品安全的影响程度频次分布图

由图 8-4 可以看出，农药残留对样品安全的影响不可接受的频次为 8，占 0.41%；农药残留对样品安全的影响可以接受的频次为 77，占 3.93%；农药残留对样品安全的没有影响的频次为 1254，占 63.95%。分析发现，在 3 个月份内只有 2015 年 7 月、2017 年 4 月有 6 频次农药对样品安全影响不可接受，其他月份内，农药对样品安全的影响均在可以接受和没有影响的范围内。表 8-5 为对水果蔬菜样品中安全指数不可接受的农药残留列表。

表 8-5　水果蔬菜样品中安全影响不可接受的农药残留列表

序号	样品编号	采样点	基质	农药	含量 (mg/kg)	IFS_c
1	20170420-320100-USI-JC-30A	***超市(龙江小区店)	韭菜	克百威	1.0764	6.8172
2	20170420-320100-USI-PP-37A	***菜场	甜椒	克百威	0.4569	2.8937
3	20170420-320100-USI-PE-31A	***超市(万达水西门店)	梨	氯氰菊酯	8.1369	2.5767
4	20170420-320100-USI-OR-39A	***超市(河西中央公园店)	橘	三唑磷	0.3872	2.4522
5	20170420-320100-USI-NM-39A	***超市(河西中央公园店)	柠檬	水胺硫磷	0.8128	1.7159
6	20170420-320100-USI-YM-27A	***超市(花园路店)	油麦菜	唑虫酰胺	1.6202	1.7102
7	20150702-320100-AHCIQ-LI-02A	***超市(江宁店)	荔枝	氟虫腈	0.0464	1.469
8	20170420-320100-USI-CE-28A	***超市(中山北路购物广场店)	芹菜	唑虫酰胺	1.0255	1.0824

部分样品侦测出禁用农药 8 种 72 频次，为了明确残留的禁用农药对样品安全的影响，分析侦测出禁用农药残留的样品安全指数，禁用农药残留对水果蔬菜样品安全的影响程度频次分布情况如图 8-5 所示，农药残留对样品安全的影响不可接受的频次为 4，占 5.56%；农药残留对样品安全的影响可以接受的频次为 26，占 36.11%；农药残留对样品安全没有影响的频次为 42，占 58.33%。由图中可以分析发现，在该 3 个月份内有 2 个月份出现不可接受频次，排序为：2017 年 4 月(3)＞2015 年 7 月(1)，其他月份内，禁用农药对样品安全的影响均在可以接受和没有影响的范围内。表 8-6 列出了水果蔬菜样品中侦测出的禁用农药残留不可接受的安全指数表。

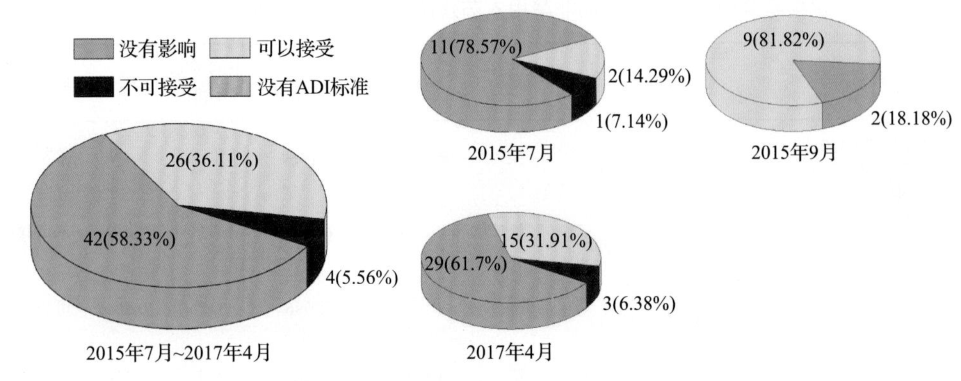

图 8-5　禁用农药对水果蔬菜样品安全影响程度的频次分布图

表 8-6　水果蔬菜样品中侦测出的禁用农药残留不可接受的安全指数表

序号	样品编号	采样点	基质	农药	含量 (mg/kg)	IFS_c
1	20170420-320100-USI-JC-30A	***超市(龙江小区店)	韭菜	克百威	1.0764	6.8172
2	20170420-320100-USI-PP-37A	***菜场	甜椒	克百威	0.4569	2.8937
3	20170420-320100-USI-NM-39A	***超市(河西中央公园店)	柠檬	水胺硫磷	0.8128	1.7159
4	20150702-320100-AHCIQ-LI-02A	***超市(江宁店)	荔枝	氟虫腈	0.0464	1.4693

此外，本次侦测发现部分样品中非禁用农药残留量超过了 MRL 中国国家标准和欧盟标准，为了明确超标的非禁用农药对样品安全的影响，分析了非禁用农药残留超标的样品安全指数。

水果蔬菜残留量超过 MRL 中国国家标准的非禁用农药对水果蔬菜样品安全的影响程度频次分布情况如图 8-6 所示。可以看出侦测出超过 MRL 中国国家标准的非禁用农药共 21 频次，其中农药残留对样品安全的影响不可接受的频次为 2，占 9.52%；农药残留对样品安全的影响可以接受的频次为 10，占 47.62%；农药残留对样品安全没有影响的频次为 9，占 42.86%。表 8-7 为水果蔬菜样品中侦测出的非禁用农药残留安全指数表。

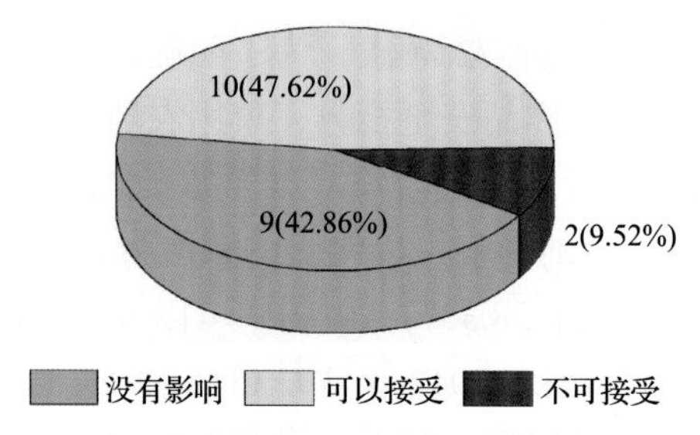

图 8-6 残留超标的非禁用农药对水果蔬菜样品安全的影响程度频次分布图(MRL 中国国家标准)

表 8-7 水果蔬菜样品中侦测出的非禁用农药残留安全指数表(MRL 中国国家标准)

序号	样品编号	采样点	基质	农药	含量(mg/kg)	中国国家标准	IFS_c	影响程度
1	20170420-320100-USI-PE-31A	***超市(万达水西门店)	梨	氯氰菊酯	8.1369	2	2.5767	不可接受
2	20170420-320100-USI-OR-39A	***超市(河西中央公园店)	橘	三唑磷	0.3872	0.2	2.4523	不可接受
3	20170420-320100-USI-OR-39A	***超市(河西中央公园店)	橘	丙溴磷	2.696	0.2	0.5692	可以接受
4	20170418-320100-USI-OR-22A	***超市(大行宫店)	橘	丙溴磷	2.0272	0.2	0.4280	可以接受
5	20150913-320100-AHCIQ-HG-10A	***超市(金浦广场店)	瓠瓜	灭蚁灵	0.0121	0.01	0.3832	可以接受
6	20170420-320100-USI-OR-37A	***菜场	橘	丙溴磷	1.2868	0.2	0.2717	可以接受
7	20170420-320100-USI-OR-27A	***超市(花园路店)	橘	丙溴磷	1.0042	0.2	0.2120	可以接受
8	20170420-320100-USI-OR-31A	***超市(万达水西门店)	橘	丙溴磷	0.8182	0.2	0.1727	可以接受
9	20150912-320100-AHCIQ-QC-04A	***超市(龙江店)	青菜	毒死蜱	0.201	0.1	0.1273	可以接受
10	20170418-320100-USI-OR-26A	***超市(新街口店)	橘	丙溴磷	0.5498	0.2	0.1161	可以接受
11	20150703-320100-AHCIQ-QC-09A	***市场	青菜	毒死蜱	0.1664	0.1	0.1054	可以接受
12	20170418-320100-USI-OR-25A	***超市(马标店)	橘	丙溴磷	0.4876	0.2	0.1029	可以接受
13	20170420-320100-USI-PE-31A	***超市(万达水西门店)	梨	氟氯氰菊酯	0.4629	0.1	0.0733	没有影响
14	20150702-320100-AHCIQ-QC-06A	***市场	青菜	毒死蜱	0.1126	0.1	0.0713	没有影响
15	20170422-320100-USI-JC-35A	***超市(长虹店)	韭菜	毒死蜱	0.1008	0.1	0.0638	没有影响
16	20150912-320100-AHCIQ-CE-03A	***超市(江宁店)	芹菜	毒死蜱	0.1	0.05	0.0633	没有影响
17	20150912-320100-AHCIQ-CE-02A	***超市(新街口店)	芹菜	毒死蜱	0.0916	0.05	0.0580	没有影响

续表

序号	样品编号	采样点	基质	农药	含量 (mg/kg)	中国国家标准	IFS_c	影响程度
18	20170420-320100-USI-JC-38A	***超市（光华路购物广场店）	韭菜	腐霉利	0.2402	0.2	0.0152	没有影响
19	20150702-320100-AHCIQ-PO-03A	***超市（新街口店）	马铃薯	丙溴磷	0.0674	0.05	0.0142	没有影响
20	20170420-320100-USI-JC-29A	***超市（大桥南路店）	韭菜	腐霉利	0.2023	0.2	0.0128	没有影响
21	20170420-320100-USI-MG-38A	***超市（光华路购物广场店）	芒果	戊唑醇	0.054	0.05	0.0114	没有影响

残留量超过 MRL 欧盟标准的非禁用农药对水果蔬菜样品安全的影响程度频次分布情况如图 8-7 所示。可以看出超过 MRL 欧盟标准的非禁用农药共 665 频次，其中农药没有 ADI 标准的频次为 325，占 48.87%；农药残留对样品安全不可接受的频次为 4，占 0.6%；农药残留对样品安全的影响可以接受的频次为 31，占 4.66%；农药残留对样品安全没有影响的频次为 305，占 45.86%。表 8-8 为水果蔬菜样品中不可接受的残留超标非禁用农药安全指数列表。

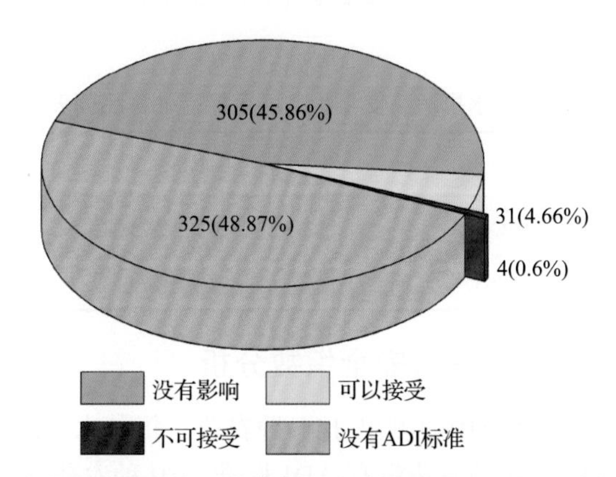

图 8-7　残留超标的非禁用农药对水果蔬菜样品安全的影响程度频次分布图（MRL 欧盟标准）

表 8-8　对水果蔬菜样品中不可接受的残留超标非禁用农药安全指数列表（MRL 欧盟标准）

序号	样品编号	采样点	基质	农药	含量 (mg/kg)	欧盟标准	IFS_c
1	20170420-320100-USI-PE-31A	***超市（万达水西门店）	梨	氯氰菊酯	8.1369	1	2.5767
2	20170420-320100-USI-OR-39A	***超市（河西中央公园店）	橘	三唑磷	0.3872	0.01	2.4523
3	20170420-320100-USI-YM-27A	***超市（花园路店）	油麦菜	唑虫酰胺	1.6202	0.01	1.7102
4	20170420-320100-USI-CE-28A	***超市（中山北路购物广场店）	芹菜	唑虫酰胺	1.0255	0.01	1.0825

在 794 例样品中，146 例样品未侦测出农药残留，648 例样品中侦测出农药残留，计算每例有农药侦测出样品的$\overline{IFS}$值，进而分析样品的安全状态，结果如图 8-8 所示(未侦测出农药的样品安全状态视为很好)。可以看出，0.25%的样品安全状态不可接受；4.03%的样品安全状态可以接受；84.63%的样品安全状态很好。此外，可以看出只有 2017 年 4 月有 2 例样品安全状态不可接受，其他月份内的样品安全状态均在很好和可以接受的范围内。表 8-9 列出了安全状态不可接受的水果蔬菜样品。

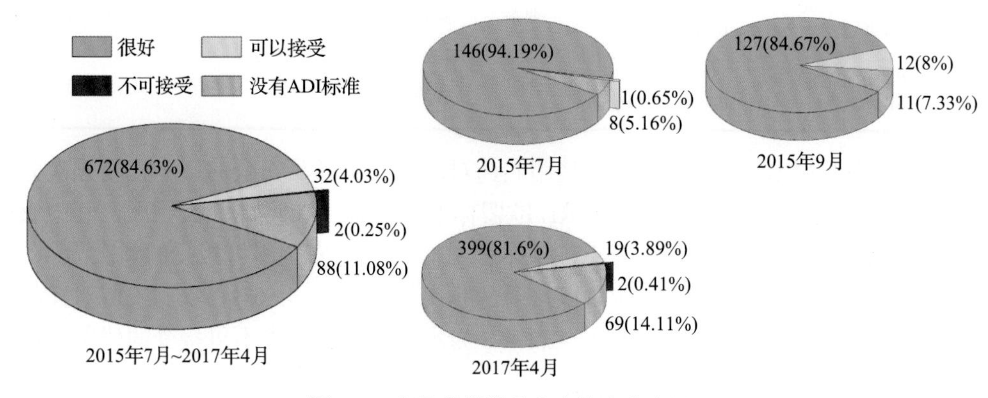

图 8-8 水果蔬菜样品安全状态分布图

表 8-9 水果蔬菜安全状态不可接受的样品列表

序号	样品编号	采样点	基质	$\overline{IFS}$
1	20170420-320100-USI-JC-30A	***超市(龙江小区店)	韭菜	6.8172
2	20170420-320100-USI-PP-37A	***菜场	甜椒	1.0065

8.2.2 单种水果蔬菜中农药残留安全指数分析

本次采集的 35 种水果蔬菜中侦测出 144 种农药，每种水果蔬菜均侦测出了农药，检出频次为 1961 次，其中 55 种农药没有 ADI 标准，89 种农药存在 ADI 标准。按水果蔬菜种类分别计算具有 ADI 标准的侦测出农药的 IFS_c 值，农药残留对水果蔬菜的安全指数分布如图 8-9 所示。

分析发现 6 种水果蔬菜(荔枝、橘、梨、柠檬、油麦菜和韭菜)中的氟虫腈、三唑磷、氯氰菊酯、水胺硫磷、噻虫酰胺和克百威残留对食品安全影响不可接受，如表 8-10 所示。

本次侦测中，35 种水果蔬菜和 144 种残留农药(包括没有 ADI 标准)共涉及 595 个分析样本，农药对单种水果蔬菜安全的影响程度分布情况如图 8-10 所示。可以看出，65.21%的样本中农药对水果蔬菜安全没有影响，4.87%的样本中农药对水果蔬菜安全的影响可以接受，1.01%的样本中农药对水果蔬菜安全的影响不可接受。

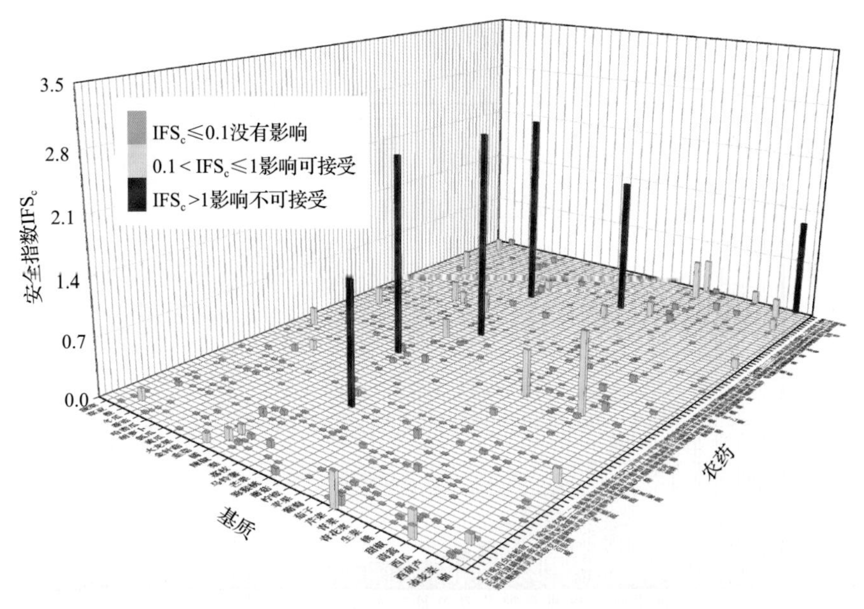

图 8-9　35 种水果蔬菜中 89 种残留农药的安全指数分布图

表 8-10　单种水果蔬菜中安全影响不可接受的残留农药安全指数表

序号	基质	农药	检出频次	检出率(%)	IFS>1 的频次	IFS>1 的比例(%)	IFS_c
1	梨	氯氰菊酯	1	1.85	1	1.85	2.5766
2	韭菜	克百威	3	5.45	1	1.82	2.4571
3	橘	三唑磷	1	0.92	1	0.92	2.4523
4	柠檬	水胺硫磷	1	1.25	1	1.25	1.7159
5	荔枝	氟虫腈	1	14.29	1	14.29	1.4693
6	油麦菜	唑虫酰胺	2	3.92	1	1.96	1.2307

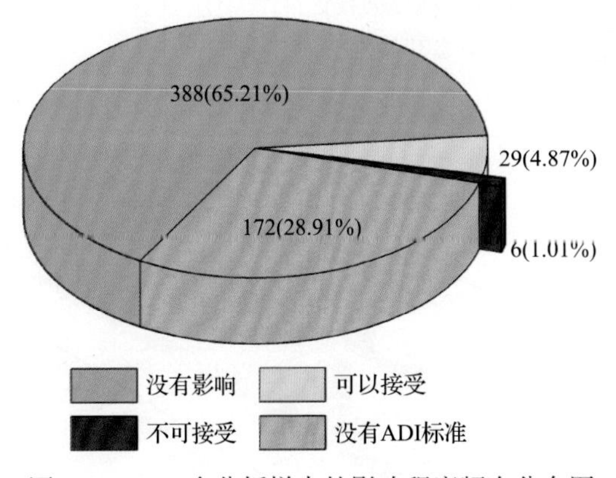

图 8-10　595 个分析样本的影响程度频次分布图

此外，分别计算 35 种水果蔬菜中所有侦测出农药 IFS_c 的平均值 $\overline{IFS}$，分析每种水果蔬菜的安全状态，结果如图 8-11 所示，分析发现，7 种水果蔬菜(20.0%)的安全状态可接受，28 种(80.0%)水果蔬菜的安全状态很好。

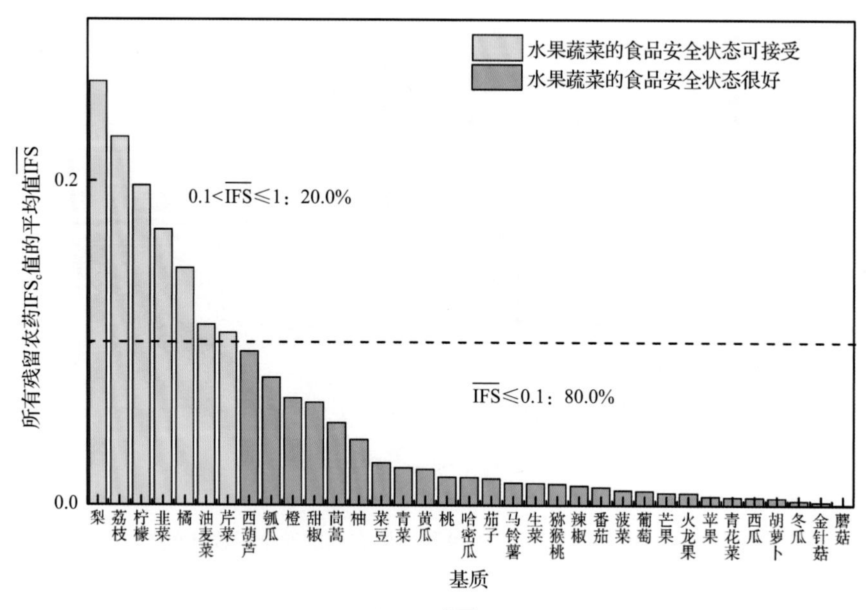

图 8-11　35 种水果蔬菜的 $\overline{\text{IFS}}$ 值和安全状态统计图

对每个月内每种水果蔬菜中农药的 IFS_c 进行分析，并计算每月内每种水果蔬菜的 $\overline{\text{IFS}}$ 值，以评价每种水果蔬菜的安全状态，结果如图 8-12 所示，可以看出，该 3 个月份所有水果蔬菜的安全状态均处于很好和可以接受的范围内，各月份内单种水果蔬菜安全状态统计情况如图 8-13 所示。

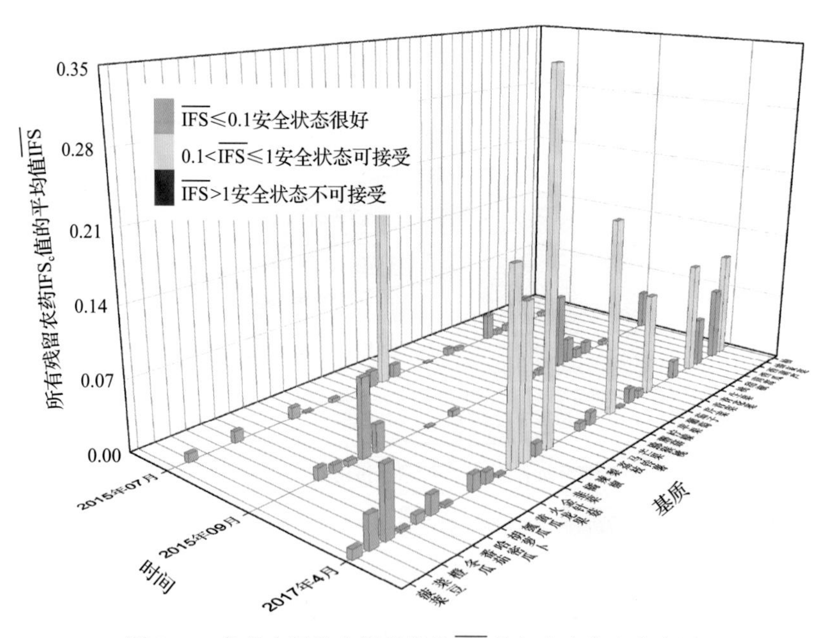

图 8-12　各月内每种水果蔬菜的 $\overline{\text{IFS}}$ 值与安全状态分布图

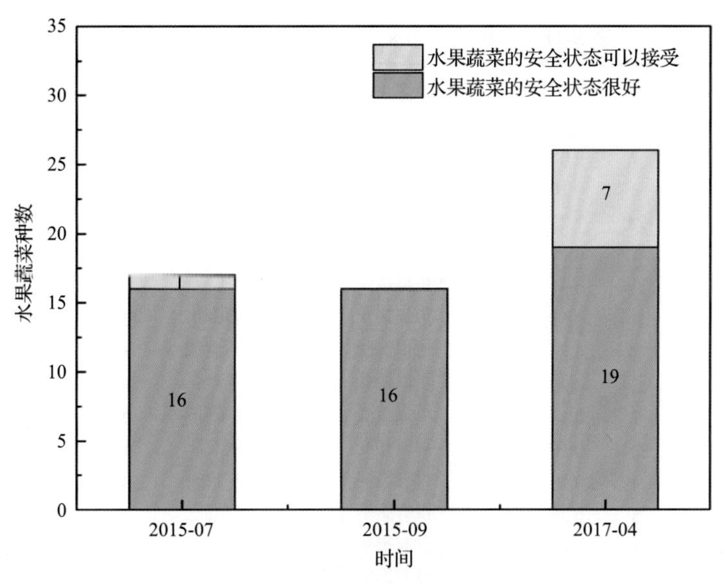

图 8-13　各月份内单种水果蔬菜安全状态统计图

8.2.3　所有水果蔬菜中农药残留安全指数分析

计算所有水果蔬菜中 89 种农药的 $\overline{\mathrm{IFS}}_{\mathrm{c}}$ 值，结果如图 8-14 及表 8-11 所示。

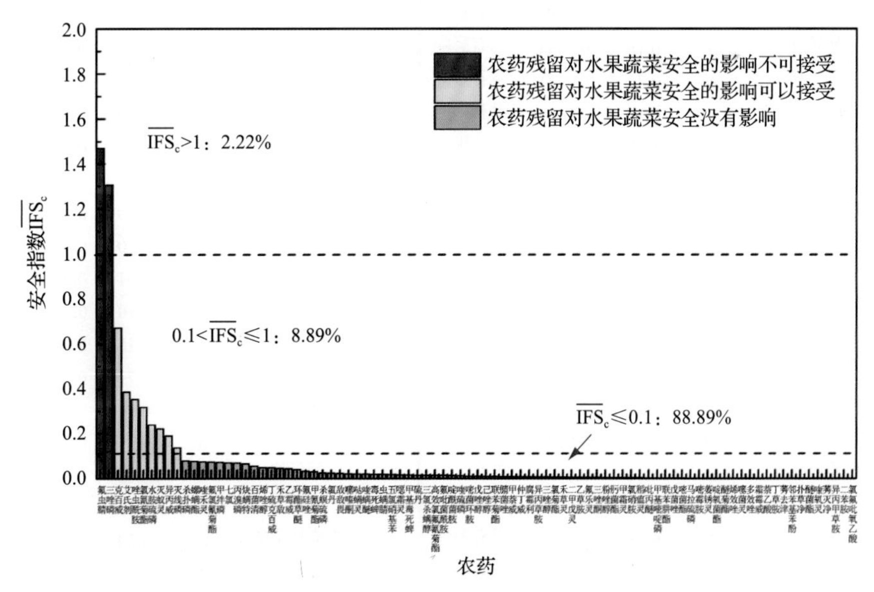

图 8-14　89 种残留农药对水果蔬菜的安全影响程度统计图

分析发现，只有氟虫腈和三唑磷的 $\overline{\mathrm{IFS}}_{\mathrm{c}}$ 大于 1，其他农药的 $\overline{\mathrm{IFS}}_{\mathrm{c}}$ 均小于 1，说明氟虫腈和三唑磷对水果蔬菜安全的影响不可接受，其他农药对水果蔬菜安全的影响均在没有影响和可接受的范围内，其中 8.89%的农药对水果蔬菜安全的影响可以接受，88.89%的农药对水果蔬菜安全的没有影响。

表 8-11　水果蔬菜中 89 种农药残留的安全指数表

序号	农药	检出频次	检出率（%）	$\overline{IFS_c}$	影响程度	序号	农药	检出频次	检出率（%）	$\overline{IFS_c}$	影响程度
1	氟虫腈	1	0.05	1.4693	不可接受	46	己唑醇	5	0.25	0.0091	没有影响
2	三唑磷	2	0.10	1.3059	不可接受	47	联苯菊酯	55	2.80	0.0090	没有影响
3	克百威	24	1.22	0.6711	可以接受	48	腈菌唑	19	0.97	0.0084	没有影响
4	艾氏剂	1	0.05	0.3863	可以接受	49	甲萘威	3	0.15	0.0081	没有影响
5	唑虫酰胺	12	0.61	0.3523	可以接受	50	仲丁威	47	2.40	0.0081	没有影响
6	氯氰菊酯	10	0.51	0.3169	可以接受	51	腐霉利	151	7.70	0.0072	没有影响
7	水胺硫磷	15	0.76	0.2389	可以接受	52	异丙草胺	1	0.05	0.0068	没有影响
8	灭蚁灵	5	0.25	0.2210	可以接受	53	三唑醇	10	0.51	0.0067	没有影响
9	异丙威	9	0.46	0.1893	可以接受	54	氯菊酯	2	0.10	0.0059	没有影响
10	灭线磷	2	0.10	0.1362	可以接受	55	禾草灵	1	0.05	0.0058	没有影响
11	杀扑磷	4	0.20	0.0790	没有影响	56	二甲戊灵	4	0.20	0.0054	没有影响
12	螺螨酯	5	0.25	0.0769	没有影响	57	乙草胺	1	0.05	0.0046	没有影响
13	喹禾灵	1	0.05	0.0746	没有影响	58	氟乐灵	1	0.05	0.0045	没有影响
14	氟氯氰菊酯	1	0.05	0.0733	没有影响	59	三唑酮	5	0.25	0.0044	没有影响
15	甲拌磷	3	0.15	0.0718	没有影响	60	粉唑醇	3	0.15	0.0040	没有影响
16	七氯	1	0.05	0.0697	没有影响	61	肟菌酯	16	0.82	0.0039	没有影响
17	丙溴磷	43	2.19	0.0688	没有影响	62	甲霜灵	18	0.92	0.0037	没有影响
18	炔螨特	6	0.31	0.0653	没有影响	63	氯硝胺	5	0.25	0.0035	没有影响
19	百菌清	20	1.02	0.0559	没有影响	64	稻瘟灵	2	0.10	0.0033	没有影响
20	烯唑醇	13	0.66	0.0484	没有影响	65	吡丙醚	17	0.87	0.0032	没有影响
21	丁硫克百威	1	0.05	0.0482	没有影响	66	甲基嘧啶磷	1	0.05	0.0031	没有影响
22	禾草敌	3	0.15	0.0454	没有影响	67	联苯肼酯	1	0.05	0.0029	没有影响
23	乙霉威	6	0.31	0.0441	没有影响	68	戊菌唑	1	0.05	0.0028	没有影响
24	环酯草醚	2	0.10	0.0405	没有影响	69	嘧菌酯	37	1.89	0.0027	没有影响
25	氟硅唑	22	1.12	0.0334	没有影响	70	马拉硫磷	10	0.51	0.0021	没有影响
26	甲氰菊酯	6	0.31	0.0303	没有影响	71	嘧霉胺	67	3.42	0.0020	没有影响
27	杀螟硫磷	1	0.05	0.0252	没有影响	72	萎锈灵	4	0.20	0.0019	没有影响
28	氯丹	1	0.05	0.0241	没有影响	73	啶氧菌酯	2	0.10	0.0015	没有影响
29	敌敌畏	1	0.05	0.0230	没有影响	74	醚菊酯	59	3.01	0.0014	没有影响
30	噻嗪酮	2	0.10	0.0222	没有影响	75	烯效唑	2	0.10	0.0013	没有影响
31	哒螨灵	61	3.11	0.0208	没有影响	76	噻菌灵	3	0.15	0.0013	没有影响
32	喹螨醚	66	3.37	0.0207	没有影响	77	多效唑	14	0.71	0.0011	没有影响
33	毒死蜱	163	8.31	0.0199	没有影响	78	霜霉威	6	0.31	0.0010	没有影响
34	虫螨腈	14	0.71	0.0199	没有影响	79	萘乙酸	3	0.15	0.0009	没有影响
35	五氯硝基苯	8	0.41	0.0186	没有影响	80	丁草胺	1	0.05	0.0009	没有影响
36	噁霜灵	11	0.56	0.0176	没有影响	81	莠去津	3	0.15	0.0006	没有影响
37	甲基毒死蜱	1	0.05	0.0161	没有影响	82	邻苯基苯酚	4	0.20	0.0005	没有影响
38	硫丹	22	1.12	0.0155	没有影响	83	扑草净	4	0.20	0.0005	没有影响
39	三氯杀螨醇	1	0.05	0.0152	没有影响	84	醚菌酯	14	0.71	0.0003	没有影响
40	高效氯氟氰菊酯	1	0.05	0.0150	没有影响	85	喹氧灵	3	0.15	0.0002	没有影响
41	氟吡菌酰胺	49	2.50	0.0145	没有影响	86	莠灭净	2	0.10	0.0001	没有影响
42	啶酰菌胺	46	2.35	0.0141	没有影响	87	异丙甲草胺	2	0.10	0.0001	没有影响
43	喹硫磷	1	0.05	0.0127	没有影响	88	二苯胺	2	0.10	0.0001	没有影响
44	嘧菌环胺	19	0.97	0.0110	没有影响	89	氯氟吡氧乙酸	2	0.10	0.0000	没有影响
45	戊唑醇	40	2.04	0.0100	没有影响						

对每个月内所有水果蔬菜中残留农药的 IFS_c 进行分析，结果如图 8-15 所示。分析发现，2015 年 7 月、2017 年 4 月的氟虫腈和三唑磷对水果蔬菜安全的影响不可接受，该三个月份的其他农药和其他月份的所有农药对水果蔬菜安全的影响均处于没有影响和可以接受的范围内。每月内不同农药对水果蔬菜安全影响程度的统计如图 8-16 所示。

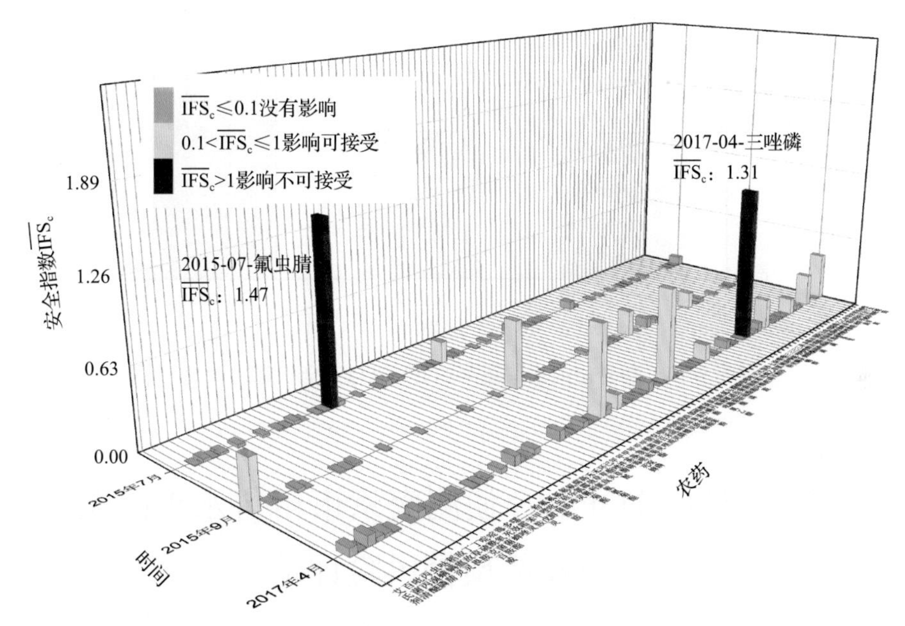

图 8-15　各月份内水果蔬菜中每种残留农药的安全指数分布图

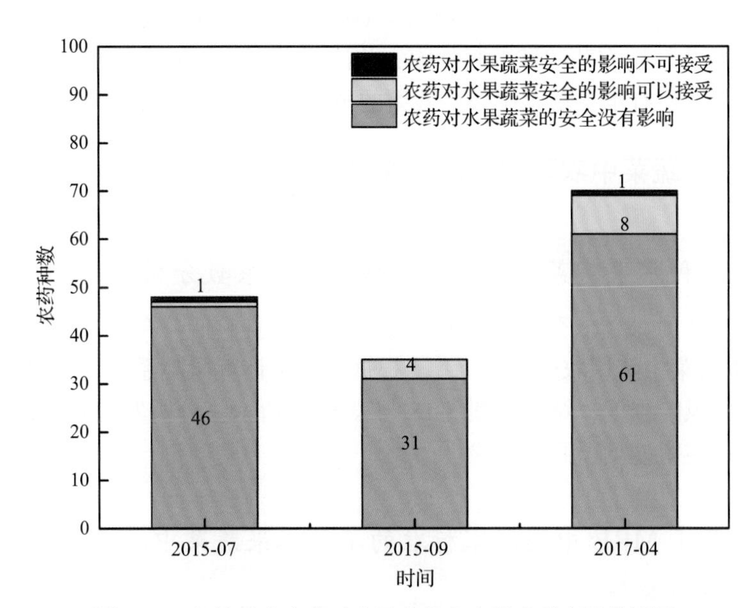

图 8-16　各月份内农药对水果蔬菜安全影响程度的统计图

计算每个月内水果蔬菜的 $\overline{IFS}$，以分析每月内水果蔬菜的安全状态，结果如图 8-17 所示，可以看出，3 个月份的水果蔬菜安全状态均处于很好的范围内。

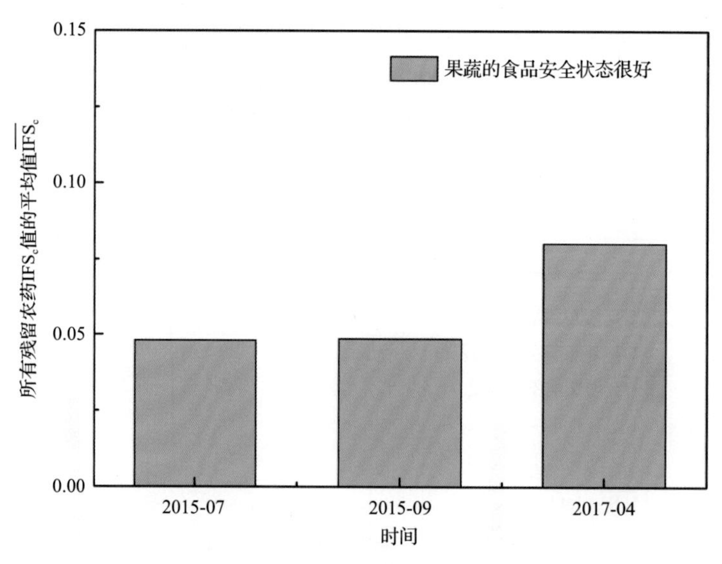

图 8-17　各月份内水果蔬菜的 $\overline{IFS}$ 值与安全状态统计图

8.3　GC-Q-TOF/MS 侦测南京市市售水果蔬菜农药残留预警风险评估

基于南京市水果蔬菜样品中农药残留 GC-Q-TOF/MS 侦测数据，分析禁用农药的检出率，同时参照中华人民共和国国家标准 GB2763—2016 和欧盟农药最大残留限量(MRL)标准分析非禁用农药残留的超标率，并计算农药残留风险系数。分析单种水果蔬菜中农药残留以及所有水果蔬菜中农药残留的风险程度。

8.3.1　单种水果蔬菜中农药残留风险系数分析

8.3.1.1　单种水果蔬菜中禁用农药残留风险系数分析

侦测出的 144 种残留农药中有 8 种为禁用农药，且它们分布在 17 种水果蔬菜中，计算 17 种水果蔬菜中禁用农药的超标率，根据超标率计算风险系数 R，进而分析水果蔬菜中禁用农药的风险程度，结果如图 8-18 与表 8-12 所示。分析发现 8 种禁用农药在 17 种水果蔬菜中的残留处均于高度风险。

8.3.1.2　基于 MRL 中国国家标准的单种水果蔬菜中非禁用农药残留风险系数分析

参照中华人民共和国国家标准 GB2763—2016 中农药残留限量计算每种水果蔬菜中每种非禁用农药的超标率，进而计算其风险系数，根据风险系数大小判断残留农药的预警风险程度，水果蔬菜中非禁用农药残留风险程度分布情况如图 8-19 所示。

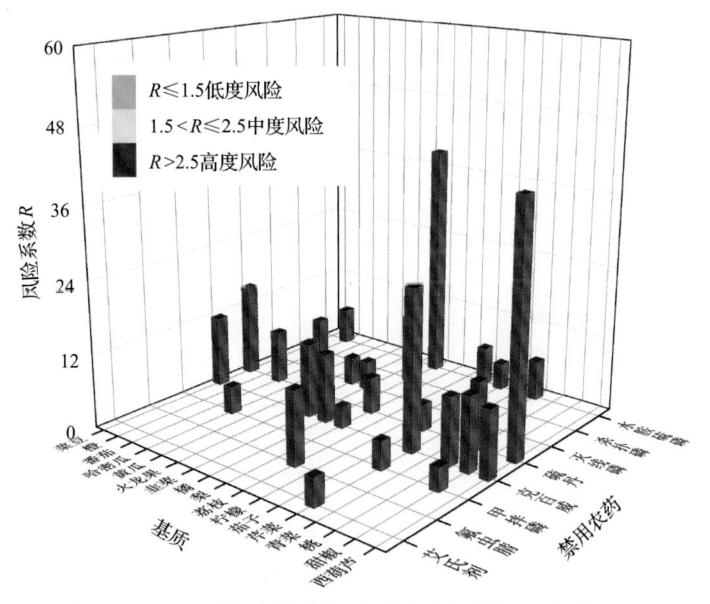

图 8-18　17 种水果蔬菜中 8 种禁用农药的风险系数分布图

表 8-12　17 种水果蔬菜中 8 种禁用农药的风险系数列表

序号	基质	农药	检出频次	检出率(%)	风险系数 R	风险程度
1	西葫芦	硫丹	8	40.00	41.10	高度风险
2	橘	水胺硫磷	11	37.93	39.03	高度风险
3	芹菜	克百威	7	25.00	26.10	高度风险
4	菜豆	硫丹	4	14.29	15.39	高度风险
5	韭菜	克百威	3	11.11	12.21	高度风险
6	荔枝	氟虫腈	1	11.11	12.21	高度风险
7	甜椒	克百威	4	11.11	12.21	高度风险
8	菜豆	克百威	3	10.71	11.81	高度风险
9	橘	克百威	3	10.34	11.44	高度风险
10	橘	杀扑磷	3	10.34	11.44	高度风险
11	桃	克百威	1	10.00	11.10	高度风险
12	桃	硫丹	1	10.00	11.10	高度风险
13	西葫芦	克百威	2	10.00	11.10	高度风险
14	番茄	硫丹	3	7.69	8.79	高度风险
15	黄瓜	硫丹	3	7.50	8.60	高度风险
16	青菜	水胺硫磷	1	5.56	6.66	高度风险
17	柠檬	水胺硫磷	1	5.26	6.36	高度风险
18	橙	杀扑磷	1	5.00	6.10	高度风险

续表

序号	基质	农药	检出频次	检出率(%)	风险系数 R	风险程度
19	橙	水胺硫磷	1	5.00	6.10	高度风险
20	梨	硫丹	2	5.00	6.10	高度风险
21	韭菜	灭线磷	1	3.70	4.80	高度风险
22	哈密瓜	甲拌磷	1	3.57	4.67	高度风险
23	火龙果	灭线磷	1	3.57	4.67	高度风险
24	芹菜	甲拌磷	1	3.57	4.67	高度风险
25	芹菜	艾氏剂	1	3.57	4.67	高度风险
26	茄子	水胺硫磷	1	3.33	4.43	高度风险
27	茄子	硫丹	1	3.33	4.43	高度风险
28	甜椒	甲拌磷	1	2.78	3.88	高度风险
29	梨	克百威	1	2.50	3.60	高度风险

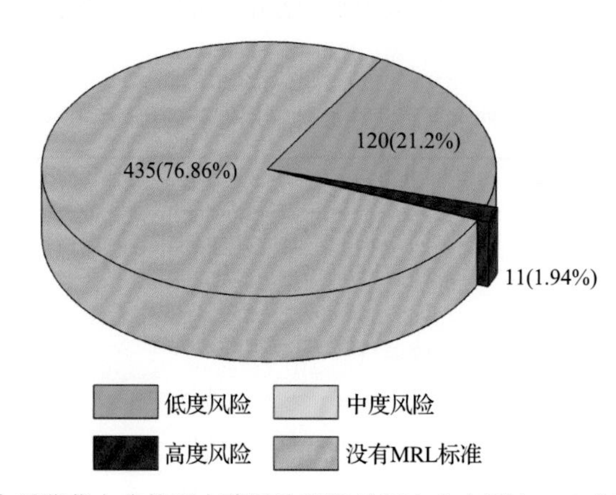

图 8-19　水果蔬菜中非禁用农药风险程度的频次分布图(MRL 中国国家标准)

本次分析中，发现在 35 种水果蔬菜侦测出 136 种残留非禁用农药，涉及样本 566 个，在 566 个样本中，1.94%处于高度风险，21.2%处于低度风险，此外发现有 435 个样本没有 MRL 中国国家标准值，无法判断其风险程度，有 MRL 中国国家标准值的 131 个样本涉及 27 种水果蔬菜中的 52 种非禁用农药，其风险系数 R 值如图 8-20 所示。表 8-13 为非禁用农药残留处于高度风险的水果蔬菜列表。

8.3.1.3　基于 MRL 欧盟标准的单种水果蔬菜中非禁用农药残留风险系数分析

参照 MRL 欧盟标准计算每种水果蔬菜中每种非禁用农药的超标率，进而计算其风险系数，根据风险系数大小判断农药残留的预警风险程度，水果蔬菜中非禁用农药残留风险程度分布情况如图 8-21 所示。

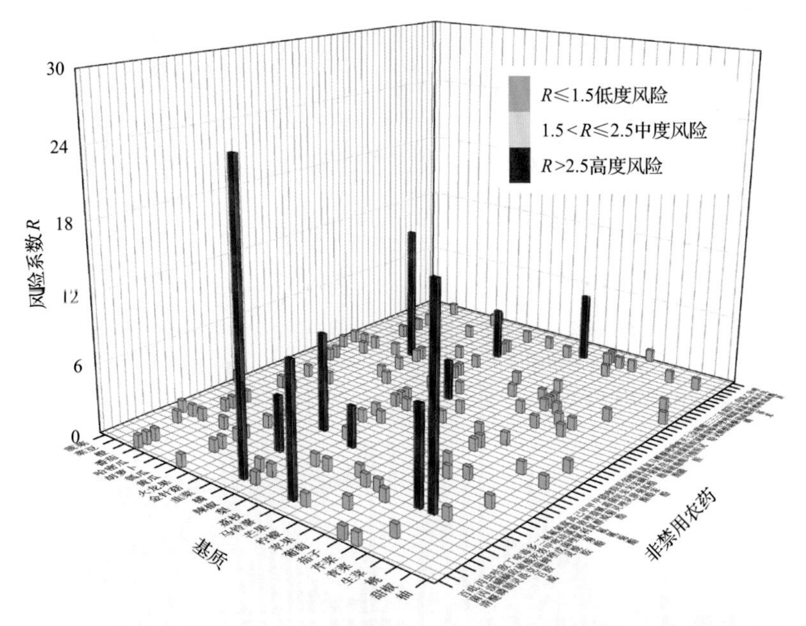

图 8-20　27 种水果蔬菜中 52 种非禁用农药的风险系数分布图(MRL 中国国家标准)

表 8-13　单种水果蔬菜中处于高度风险的非禁用农药风险系数表(MRL 中国国家标准)

序号	基质	农药	超标频次	超标率 P(%)	风险系数 R
1	橘	丙溴磷	7	24.14	25.24
2	青菜	毒死蜱	3	16.67	17.77
3	瓠瓜	灭蚁灵	1	11.11	12.21
4	马铃薯	丙溴磷	1	10.00	11.10
5	韭菜	腐霉利	2	7.41	8.51
6	芹菜	毒死蜱	2	7.14	8.24
7	芒果	戊唑醇	1	5.00	6.10
8	韭菜	毒死蜱	1	3.70	4.80
9	橘	三唑磷	1	3.45	4.55
10	梨	氟氯氰菊酯	1	2.50	3.60
11	梨	氯氰菊酯	1	2.50	3.60

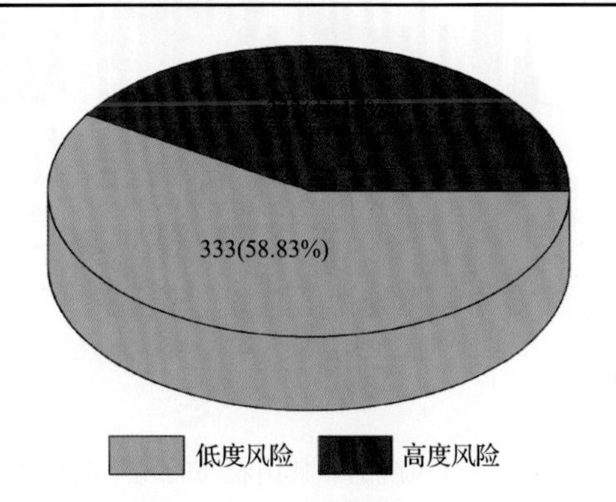

图 8-21　水果蔬菜中非禁用农药的风险程度的频次分布图(MRL 欧盟标准)

本次分析中，发现在 35 种水果蔬菜中共侦测出 136 种非禁用农药，涉及样本 566 个，其中，41.17%处于高度风险，涉及 34 种水果蔬菜和 81 种农药；58.83%处于低度风险，涉及 34 种水果蔬菜和 105 种农药。单种水果蔬菜中的非禁用农药风险系数分布图如图 8-22 所示。单种水果蔬菜中处于高度风险的非禁用农药风险系数如图 8-23 和表 8-14 所示。

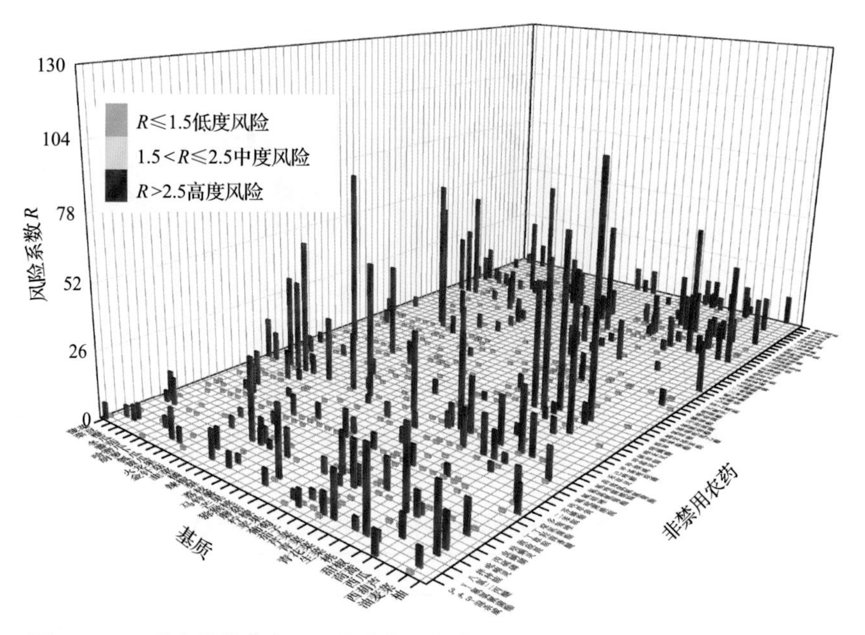

图 8-22　35 种水果蔬菜中 136 种非禁用农药的风险系数分布图(MRL 欧盟标准)

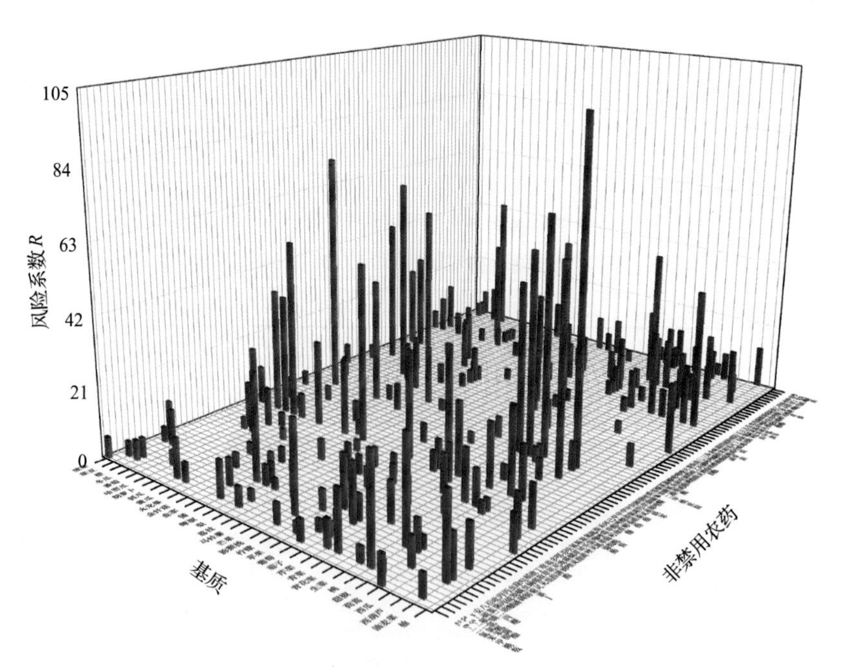

图 8-23　单种水果蔬菜中处于高度风险的非禁用农药的风险系数分布图(MRL 欧盟标准)

表 8-14　单种水果蔬菜中处于高度风险的非禁用农药的风险系数表(MRL 欧盟标准)

序号	基质	农药	超标频次	超标率 P(%)	风险系数 R
1	茼蒿	联苯	13	100	101.10
2	冬瓜	联苯	14	73.68	74.78
3	生菜	联苯	19	70.37	71.47
4	胡萝卜	萘乙酰胺	19	63.33	64.43
5	茼蒿	间羟基联苯	8	61.54	62.64
6	青花菜	喹螨醚	12	60.00	61.10
7	哈密瓜	腐霉利	15	53.57	54.67
8	辣椒	腐霉利	10	52.63	53.73
9	青菜	喹螨醚	9	50.00	51.10
10	冬瓜	威杀灵	9	47.37	48.47
11	柠檬	威杀灵	9	47.37	48.47
12	橙	杀螨酯	9	45.00	46.10
13	番茄	仲丁威	17	43.59	44.69
14	油麦菜	威杀灵	7	41.18	42.28
15	黄瓜	联苯	15	37.50	38.60
16	冬瓜	腐霉利	7	36.84	37.94
17	茄子	仲丁威	11	36.67	37.77
18	茄子	腐霉利	11	36.67	37.77
19	番茄	腐霉利	14	35.90	37.00
20	瓠瓜	烯虫酯	3	33.33	34.43
21	猕猴桃	腐霉利	6	31.58	32.68
22	橘	丙溴磷	9	31.03	32.13
23	橙	威杀灵	6	30.00	31.10
24	桃	γ-氟氯氰菌酯	3	30.00	31.10
25	桃	丙溴磷	3	30.00	31.10
26	猕猴桃	百菌清	5	26.32	27.42
27	菜豆	威杀灵	7	25.00	26.10
28	黄瓜	腐霉利	10	25.00	26.10
29	甜椒	威杀灵	9	25.00	26.10
30	甜椒	腐霉利	9	25.00	26.10
31	油麦菜	百菌清	4	23.53	24.63
32	韭菜	腐霉利	6	22.22	23.32
33	青菜	烯唑醇	4	22.22	23.32

续表

序号	基质	农药	超标频次	超标率 *P*(%)	风险系数 *R*
34	芹菜	腐霉利	6	21.43	22.53
35	辣椒	烯丙菊酯	4	21.05	22.15
36	柚	炔螨特	2	20.00	21.10
37	生菜	腐霉利	5	18.52	19.62
38	橘	猛杀威	5	17.24	18.34
39	茄子	丙溴磷	5	16.67	17.77
40	青菜	γ-氟氯氰菌酯	3	16.67	17.77
41	青菜	三唑醇	3	16.67	17.77
42	菠菜	腐霉利	3	15.79	16.89
43	柠檬	杀螨酯	3	15.79	16.89
44	茼蒿	腐霉利	2	15.38	16.48
45	黄瓜	威杀灵	6	15.00	16.10
46	梨	烯丙菊酯	6	15.00	16.10
47	苹果	除虫菊素 I	6	15.00	16.10
48	青花菜	烯虫酯	3	15.00	16.10
49	西葫芦	威杀灵	3	15.00	16.10
50	生菜	氟硅唑	4	14.81	15.91
51	生菜	烯虫酯	4	14.81	15.91
52	菜豆	烯虫酯	4	14.29	15.39
53	火龙果	四氢吩胺	4	14.29	15.39
54	甜椒	仲草丹	5	13.89	14.99
55	茄子	烯丙菊酯	4	13.33	14.43
56	番茄	芬螨酯	5	12.82	13.92
57	苹果	炔丙菊酯	5	12.50	13.60
58	油麦菜	吡丙醚	2	11.76	12.86
59	油麦菜	唑虫酰胺	2	11.76	12.86
60	油麦菜	噁霜灵	2	11.76	12.86
61	油麦菜	氟硅唑	2	11.76	12.86
62	油麦菜	烯唑醇	2	11.76	12.86
63	油麦菜	虫螨腈	2	11.76	12.86
64	瓠瓜	γ-氟氯氰菌酯	1	11.11	12.21
65	瓠瓜	灭蚁灵	1	11.11	12.21
66	韭菜	仲丁威	3	11.11	12.21
67	荔枝	烯唑醇	1	11.11	12.21

续表

序号	基质	农药	超标频次	超标率 P(%)	风险系数 R
68	青菜	哒螨灵	2	11.11	12.21
69	青菜	唑虫酰胺	2	11.11	12.21
70	青菜	氟硅唑	2	11.11	12.21
71	生菜	威杀灵	3	11.11	12.21
72	菜豆	烯丙菊酯	3	10.71	11.81
73	菜豆	腐霉利	3	10.71	11.81
74	菜豆	虫螨腈	3	10.71	11.81
75	哈密瓜	噁霜灵	3	10.71	11.81
76	哈密瓜	氟硅唑	3	10.71	11.81
77	芹菜	五氯硝基苯	3	10.71	11.81
78	芹菜	唑虫酰胺	3	10.71	11.81
79	芹菜	氟噻草胺	3	10.71	11.81
80	冬瓜	仲丁威	2	10.53	11.63
81	猕猴桃	五氯苯甲腈	2	10.53	11.63
82	猕猴桃	仲丁威	2	10.53	11.63
83	猕猴桃	烯丙菊酯	2	10.53	11.63
84	橘	γ-氟氯氰菌酯	3	10.34	11.44
85	橘	杀螨酯	3	10.34	11.44
86	橙	丙溴磷	2	10.00	11.10
87	胡萝卜	三唑醇	3	10.00	11.10
88	马铃薯	丙溴磷	1	10.00	11.10
89	马铃薯	仲丁威	1	10.00	11.10
90	芒果	毒死蜱	2	10.00	11.10
91	茄子	螺螨酯	3	10.00	11.10
92	桃	氟硅唑	1	10.00	11.10
93	西瓜	仲丁威	1	10.00	11.10
94	西瓜	烯虫酯	1	10.00	11.10
95	柚	啶氧菌酯	1	10.00	11.10
96	甜椒	丙溴磷	3	8.33	9.43
97	甜椒	仲丁威	3	8.33	9.43
98	甜椒	烯丙菊酯	3	8.33	9.43
99	甜椒	烯虫酯	3	8.33	9.43
100	葡萄	烯丙菊酯	3	8.11	9.21
101	葡萄	腐霉利	3	8.11	9.21

续表

序号	基质	农药	超标频次	超标率 *P*(%)	风险系数 *R*
102	茼蒿	2,6-二氯苯甲酰胺	1	7.69	8.79
103	茼蒿	五氯苯甲腈	1	7.69	8.79
104	茼蒿	五氯苯胺	1	7.69	8.79
105	茼蒿	兹克威	1	7.69	8.79
106	茼蒿	喹螨醚	1	7.69	8.79
107	茼蒿	威杀灵	1	7.69	8.79
108	茼蒿	烯丙菊酯	1	7.69	8.79
109	茼蒿	烯虫酯	1	7.69	8.79
110	茼蒿	百菌清	1	7.69	8.79
111	韭菜	喹螨醚	2	7.41	8.51
112	韭菜	毒死蜱	2	7.41	8.51
113	韭菜	百菌清	2	7.41	8.51
114	生菜	兹克威	2	7.41	8.51
115	菜豆	唑虫酰胺	2	7.14	8.24
116	火龙果	嘧菌酯	2	7.14	8.24
117	芹菜	γ-氟氯氰菌酯	2	7.14	8.24
118	芹菜	五氯苯甲腈	2	7.14	8.24
119	芹菜	嘧霉胺	2	7.14	8.24
120	芹菜	异丙威	2	7.14	8.24
121	芹菜	毒死蜱	2	7.14	8.24
122	胡萝卜	腐霉利	2	6.67	7.77
123	茄子	虫螨腈	2	6.67	7.77
124	油麦菜	3,5-二氯苯胺	1	5.88	6.98
125	油麦菜	醚菌酯	1	5.88	6.98
126	金针菇	炔丙菊酯	1	5.56	6.66
127	金针菇	甲醚菊酯	1	5.56	6.66
128	青菜	仲丁威	1	5.56	6.66
129	青菜	兹克威	1	5.56	6.66
130	青菜	戊唑醇	1	5.56	6.66
131	青菜	醚菌酯	1	5.56	6.66
132	甜椒	甲氰菊酯	2	5.56	6.66
133	葡萄	3,5-二氯苯胺	2	5.41	6.51
134	葡萄	氟唑菌酰胺	2	5.41	6.51
135	葡萄	邻苯二甲酰亚胺	2	5.41	6.51

续表

序号	基质	农药	超标频次	超标率 P(%)	风险系数 R
136	菠菜	2,6-二氯苯甲酰胺	1	5.26	6.36
137	菠菜	嘧霉胺	1	5.26	6.36
138	菠菜	烯丙菊酯	1	5.26	6.36
139	冬瓜	烯丙菊酯	1	5.26	6.36
140	辣椒	丙溴磷	1	5.26	6.36
141	辣椒	噁霜灵	1	5.26	6.36
142	辣椒	虫螨腈	1	5.26	6.36
143	猕猴桃	γ-氟氯氰菌酯	1	5.26	6.36
144	猕猴桃	戊唑醇	1	5.26	6.36
145	柠檬	三唑磷	1	5.26	6.36
146	柠檬	丙溴磷	1	5.26	6.36
147	柠檬	毒死蜱	1	5.26	6.36
148	柠檬	氟硅唑	1	5.26	6.36
149	番茄	烯丙菊酯	2	5.13	6.23
150	橙	γ-氟氯氰菌酯	1	5.00	6.10
151	橙	安硫磷	1	5.00	6.10
152	橙	烯虫酯	1	5.00	6.10
153	橙	猛杀威	1	5.00	6.10
154	橙	甲醚菊酯	1	5.00	6.10
155	黄瓜	γ-氟氯氰菌酯	2	5.00	6.10
156	黄瓜	烯丙菊酯	2	5.00	6.10
157	梨	γ-氟氯氰菌酯	2	5.00	6.10
158	芒果	仲丁威	1	5.00	6.10
159	芒果	噁霜灵	1	5.00	6.10
160	芒果	氟硅唑	1	5.00	6.10
161	芒果	烯虫炔酯	1	5.00	6.10
162	芒果	甲萘威	1	5.00	6.10
163	芒果	肟菌酯	1	5.00	6.10
164	苹果	芬螨酯	2	5.00	6.10
165	青花菜	仲丁威	1	5.00	6.10
166	西葫芦	异丙威	1	5.00	6.10
167	韭菜	丁草胺	1	3.70	4.80
168	韭菜	双苯酰草胺	1	3.70	4.80
169	韭菜	嘧啶磷	1	3.70	4.80

续表

序号	基质	农药	超标频次	超标率 P(%)	风险系数 R
170	韭菜	戊草丹	1	3.70	4.80
171	韭菜	溴丁酰草胺	1	3.70	4.80
172	韭菜	稻瘟灵	1	3.70	4.80
173	生菜	γ-氟氯氰菌酯	1	3.70	4.80
174	生菜	五氯苯胺	1	3.70	4.80
175	生菜	喹螨醚	1	3.70	4.80
176	生菜	多效唑	1	3.70	4.80
177	生菜	己唑醇	1	3.70	4.80
178	生菜	腈菌唑	1	3.70	4.80
179	生菜	速灭威	1	3.70	4.80
180	菜豆	γ-氟氯氰菌酯	1	3.57	4.67
181	菜豆	丙溴磷	1	3.57	4.67
182	菜豆	仲丁威	1	3.57	4.67
183	菜豆	兹克威	1	3.57	4.67
184	菜豆	异丙威	1	3.57	4.67
185	菜豆	炔螨特	1	3.57	4.67
186	菜豆	甲氰菊酯	1	3.57	4.67
187	菜豆	解草腈	1	3.57	4.67
188	哈密瓜	八氯二丙醚	1	3.57	4.67
189	哈密瓜	甲霜灵	1	3.57	4.67
190	火龙果	虫螨腈	1	3.57	4.67
191	火龙果	邻苯二甲酰亚胺	1	3.57	4.67
192	芹菜	乙拌磷	1	3.57	4.67
193	芹菜	五氯苯	1	3.57	4.67
194	芹菜	五氯苯胺	1	3.57	4.67
195	芹菜	兹克威	1	3.57	4.67
196	橘	三唑磷	1	3.45	4.55
197	橘	杀螟硫磷	1	3.45	4.55
198	橘	炔螨特	1	3.45	4.55
199	橘	禾草敌	1	3.45	4.55
200	胡萝卜	氟乐灵	1	3.33	4.43
201	胡萝卜	烯丙菊酯	1	3.33	4.43
202	胡萝卜	特丁通	1	3.33	4.43
203	茄子	八氯二丙醚	1	3.33	4.43

续表

序号	基质	农药	超标频次	超标率 *P*(%)	风险系数 *R*
204	茄子	唑虫酰胺	1	3.33	4.43
205	甜椒	γ-氟氯氰菌酯	1	2.78	3.88
206	甜椒	三唑醇	1	2.78	3.88
207	甜椒	呋草黄	1	2.78	3.88
208	甜椒	唑虫酰胺	1	2.78	3.88
209	甜椒	氟硅唑	1	2.78	3.88
210	甜椒	虫螨腈	1	2.78	3.88
211	葡萄	三唑醇	1	2.70	3.80
212	葡萄	丙硫磷	1	2.70	3.80
213	葡萄	八氯二丙醚	1	2.70	3.80
214	葡萄	杀螨酯	1	2.70	3.80
215	葡萄	霜霉威	1	2.70	3.80
216	番茄	噁霜灵	1	2.56	3.66
217	番茄	环酯草醚	1	2.56	3.66
218	黄瓜	异丙威	1	2.50	3.60
219	黄瓜	敌敌畏	1	2.50	3.60
220	黄瓜	新燕灵	1	2.50	3.60
221	黄瓜	烯唑醇	1	2.50	3.60
222	黄瓜	烯虫酯	1	2.50	3.60
223	黄瓜	芬螨酯	1	2.50	3.60
224	梨	丙溴磷	1	2.50	3.60
225	梨	八氯二丙醚	1	2.50	3.60
226	梨	四氢吩胺	1	2.50	3.60
227	梨	氟氯氰菊酯	1	2.50	3.60
228	梨	氯氰菊酯	1	2.50	3.60
229	苹果	γ-氟氯氰菌酯	1	2.50	3.60
230	苹果	抑芽唑	1	2.50	3.60
231	苹果	炔螨特	1	2.50	3.60
232	苹果	烯唑醇	1	2.50	3.60
233	苹果	解草腈	1	2.50	3.60

8.3.2 所有水果蔬菜中农药残留风险系数分析

8.3.2.1 所有水果蔬菜中禁用农药残留风险系数分析

在侦测出的 144 种农药中有 8 种为禁用农药，计算所有水果蔬菜中禁用农药的风险系数，结果如表 8-15 所示。禁用农药克百威、硫丹和水胺硫磷处于高度风险，杀扑磷处于中度风险，剩余 4 种禁用农药处于低度风险。

表 8-15　水果蔬菜中 8 种禁用农药的风险系数表

序号	农药	检出频次	检出率(%)	风险系数 R	风险程度
1	克百威	24	3.02	4.12	高度风险
2	硫丹	22	2.77	3.87	高度风险
3	水胺硫磷	15	1.89	2.99	高度风险
4	杀扑磷	4	0.50	1.60	中度风险
5	甲拌磷	3	0.38	1.48	低度风险
6	灭线磷	2	0.25	1.35	低度风险
7	艾氏剂	1	0.13	1.23	低度风险
8	氟虫腈	1	0.13	1.23	低度风险

对每个月内的禁用农药的风险系数进行分析，结果如图 8-24 和表 8-16 所示。

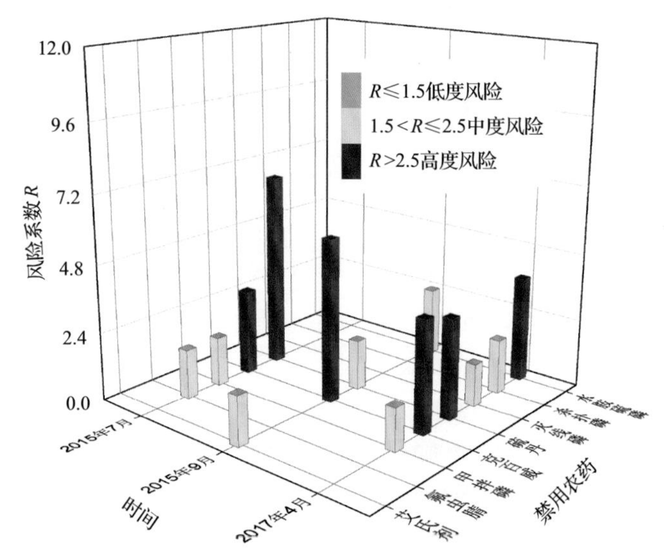

图 8-24　各月份内水果蔬菜中禁用农药残留的风险系数分布图

表 8-16　各月份内水果蔬菜中禁用农药的风险系数表

序号	年月	农药	检出频次	检出率 P(%)	风险系数 R	风险程度
1	2015 年 7 月	硫丹	9	5.81	6.91	高度风险
2	2015 年 7 月	克百威	3	1.94	3.04	高度风险
3	2015 年 7 月	氟虫腈	1	0.65	1.75	中度风险
4	2015 年 7 月	甲拌磷	1	0.65	1.75	中度风险
5	2015 年 7 月	甲拌磷	1	0.65	1.75	中度风险

续表

序号	年月	农药	检出频次	检出率 P(%)	风险系数 R	风险程度
6	2015 年 9 月	克百威	7	4.67	5.77	高度风险
7	2015 年 9 月	水胺硫磷	2	1.33	2.43	中度风险
8	2015 年 9 月	硫丹	1	0.67	1.77	中度风险
9	2015 年 9 月	艾氏剂	1	0.67	1.77	中度风险
10	2017 年 4 月	克百威	14	2.86	3.96	高度风险
11	2017 年 4 月	水胺硫磷	13	2.66	3.76	高度风险
12	2017 年 4 月	硫丹	12	2.45	3.55	高度风险
13	2017 年 4 月	杀扑磷	4	0.82	1.92	中度风险
14	2017 年 4 月	甲拌磷	2	0.41	1.51	中度风险
15	2017 年 4 月	灭线磷	2	0.41	1.51	中度风险

8.3.2.2　所有水果蔬菜中非禁用农药残留风险系数分析

参照 MRL 欧盟标准计算所有水果蔬菜中每种非禁用农药残留的风险系数，如图 8-25 与表 8-17 所示。在侦测出的 136 种非禁用农药中，13 种农药(7.35%)残留处于高度风险，18 种农药(13.24%)残留处于中度风险，108 种农药(79.41%)残留处于低度风险。

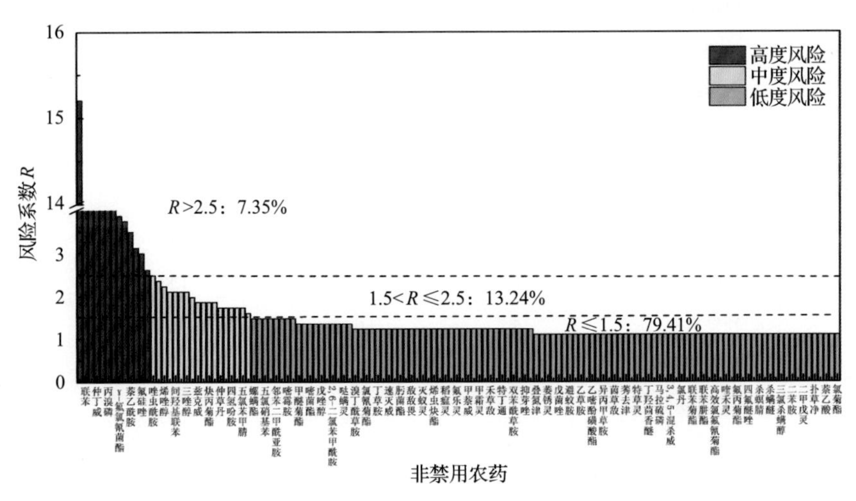

图 8-25　水果蔬菜中 136 种非禁用农药的风险程度统计图

表 8-17　水果蔬菜中 136 种非禁用农药的风险系数表

序号	农药	超标频次	超标率 P(%)	风险系数 R	风险程度
1	腐霉利	112	14.11	15.21	高度风险
2	联苯	61	7.68	8.78	高度风险
3	威杀灵	60	7.56	8.66	高度风险
4	仲丁威	44	5.54	6.64	高度风险

续表

序号	农药	超标频次	超标率 P(%)	风险系数 R	风险程度
5	烯丙菊酯	33	4.16	5.26	高度风险
6	丙溴磷	27	3.40	4.50	高度风险
7	喹螨醚	25	3.15	4.25	高度风险
8	γ-氟氯氰菌酯	22	2.77	3.87	高度风险
9	烯虫酯	21	2.64	3.74	高度风险
10	萘乙酰胺	19	2.39	3.49	高度风险
11	杀螨酯	16	2.02	3.12	高度风险
12	氟硅唑	15	1.89	2.99	高度风险
13	百菌清	12	1.51	2.61	高度风险
14	唑虫酰胺	11	1.39	2.49	中度风险
15	虫螨腈	10	1.26	2.36	中度风险
16	烯唑醇	9	1.13	2.23	中度风险
17	芬螨酯	8	1.01	2.11	中度风险
18	间羟基联苯	8	1.01	2.11	中度风险
19	噁霜灵	8	1.01	2.11	中度风险
20	三唑醇	8	1.01	2.11	中度风险
21	毒死蜱	7	0.88	1.98	中度风险
22	兹克威	6	0.76	1.86	中度风险
23	猛杀威	6	0.76	1.86	中度风险
24	炔丙菊酯	6	0.76	1.86	中度风险
25	除虫菊素 I	6	0.76	1.86	中度风险
26	仲草丹	5	0.63	1.73	中度风险
27	炔螨特	5	0.63	1.73	中度风险
28	四氢吩胺	5	0.63	1.73	中度风险
29	异丙威	5	0.63	1.73	中度风险
30	五氯苯甲腈	5	0.63	1.73	中度风险
31	八氯二丙醚	4	0.50	1.60	中度风险
32	螺螨酯	3	0.38	1.48	低度风险
33	3,5-二氯苯胺	3	0.38	1.48	低度风险
34	五氯硝基苯	3	0.38	1.48	低度风险
35	氟噻草胺	3	0.38	1.48	低度风险
36	邻苯二甲酰亚胺	3	0.38	1.48	低度风险
37	甲氰菊酯	3	0.38	1.48	低度风险
38	嘧霉胺	3	0.38	1.48	低度风险

续表

序号	农药	超标频次	超标率 P(%)	风险系数 R	风险程度
39	五氯苯胺	3	0.38	1.48	低度风险
40	甲醚菊酯	2	0.25	1.35	低度风险
41	醚菌酯	2	0.25	1.35	低度风险
42	嘧菌酯	2	0.25	1.35	低度风险
43	解草腈	2	0.25	1.35	低度风险
44	戊唑醇	2	0.25	1.35	低度风险
45	三唑磷	2	0.25	1.35	低度风险
46	2,6-二氯苯甲酰胺	2	0.25	1.35	低度风险
47	吡丙醚	2	0.25	1.35	低度风险
48	哒螨灵	2	0.25	1.35	低度风险
49	氟唑菌酰胺	2	0.25	1.35	低度风险
50	溴丁酰草胺	1	0.13	1.23	低度风险
51	啶氧菌酯	1	0.13	1.23	低度风险
52	氯氰菊酯	1	0.13	1.23	低度风险
53	多效唑	1	0.13	1.23	低度风险
54	丁草胺	1	0.13	1.23	低度风险
55	乙拌磷	1	0.13	1.23	低度风险
56	速灭威	1	0.13	1.23	低度风险
57	新燕灵	1	0.13	1.23	低度风险
58	肟菌酯	1	0.13	1.23	低度风险
59	嘧啶磷	1	0.13	1.23	低度风险
60	敌敌畏	1	0.13	1.23	低度风险
61	呋草黄	1	0.13	1.23	低度风险
62	灭蚁灵	1	0.13	1.23	低度风险
63	丙硫磷	1	0.13	1.23	低度风险
64	烯虫炔酯	1	0.13	1.23	低度风险
65	五氯苯	1	0.13	1.23	低度风险
66	稻瘟灵	1	0.13	1.23	低度风险
67	戊草丹	1	0.13	1.23	低度风险
68	氟乐灵	1	0.13	1.23	低度风险
69	己唑醇	1	0.13	1.23	低度风险
70	甲萘威	1	0.13	1.23	低度风险
71	环酯草醚	1	0.13	1.23	低度风险
72	甲霜灵	1	0.13	1.23	低度风险

续表

序号	农药	超标频次	超标率 *P*(%)	风险系数 *R*	风险程度
73	安硫磷	1	0.13	1.23	低度风险
74	禾草敌	1	0.13	1.23	低度风险
75	腈菌唑	1	0.13	1.23	低度风险
76	特丁通	1	0.13	1.23	低度风险
77	霜霉威	1	0.13	1.23	低度风险
78	双苯酰草胺	1	0.13	1.23	低度风险
79	杀螟硫磷	1	0.13	1.23	低度风险
80	抑芽唑	1	0.13	1.23	低度风险
81	氟氯氰菊酯	1	0.13	1.23	低度风险
82	叠氮津	0	0	1.10	低度风险
83	丁硫克百威	0	0	1.10	低度风险
84	萎锈灵	0	0	1.10	低度风险
85	甲基毒死蜱	0	0	1.10	低度风险
86	戊菌唑	0	0	1.10	低度风险
87	烯效唑	0	0	1.10	低度风险
88	避蚊胺	0	0	1.10	低度风险
89	乙拌磷砜	0	0	1.10	低度风险
90	乙草胺	0	0	1.10	低度风险
91	乙霉威	0	0	1.10	低度风险
92	乙嘧酚磺酸酯	0	0	1.10	低度风险
93	异丙草胺	0	0	1.10	低度风险
94	异丙甲草胺	0	0	1.10	低度风险
95	吡喃灵	0	0	1.10	低度风险
96	茵草敌	0	0	1.10	低度风险
97	莠灭净	0	0	1.10	低度风险
98	莠去津	0	0	1.10	低度风险
99	拌种胺	0	0	1.10	低度风险
100	特草灵	0	0	1.10	低度风险
101	三唑酮	0	0	1.10	低度风险
102	丁羟茴香醚	0	0	1.10	低度风险
103	邻苯基苯酚	0	0	1.10	低度风险
104	马拉硫磷	0	0	1.10	低度风险
105	氯硝胺	0	0	1.10	低度风险
106	3,4,5-混杀威	0	0	1.10	低度风险

续表

序号	农药	超标频次	超标率 P(%)	风险系数 R	风险程度
107	氯氟吡氧乙酸	0	0	1.10	低度风险
108	氯丹	0	0	1.10	低度风险
109	氯草敏	0	0	1.10	低度风险
110	联苯菊酯	0	0	1.10	低度风险
111	醚菊酯	0	0	1.10	低度风险
112	联苯肼酯	0	0	1.10	低度风险
113	喹氧灵	0	0	1.10	低度风险
114	高效氯氟氰菊酯	0	0	1.10	低度风险
115	喹硫磷	0	0	1.10	低度风险
116	喹禾灵	0	0	1.10	低度风险
117	禾草灵	0	0	1.10	低度风险
118	氟丙菊酯	0	0	1.10	低度风险
119	氟吡菌酰胺	0	0	1.10	低度风险
120	四氟醚唑	0	0	1.10	低度风险
121	噻菌灵	0	0	1.10	低度风险
122	杀螟腈	0	0	1.10	低度风险
123	啶酰菌胺	0	0	1.10	低度风险
124	杀螨醚	0	0	1.10	低度风险
125	甲基嘧啶磷	0	0	1.10	低度风险
126	三氯杀螨醇	0	0	1.10	低度风险
127	噻嗪酮	0	0	1.10	低度风险
128	二苯胺	0	0	1.10	低度风险
129	嘧菌环胺	0	0	1.10	低度风险
130	二甲戊灵	0	0	1.10	低度风险
131	七氯	0	0	1.10	低度风险
132	扑草净	0	0	1.10	低度风险
133	粉唑醇	0	0	1.10	低度风险
134	萘乙酸	0	0	1.10	低度风险
135	呋嘧醇	0	0	1.10	低度风险
136	氯菊酯	0	0	1.10	低度风险

对每个月份内的非禁用农药的风险系数分析，每月内非禁用农药风险程度分布图如图 8-26 所示。3 个月份内处于高度风险的农药数排序为 2017 年 4 月(15)>2015 年 7 月(14)>2015 年 9 月(5)。

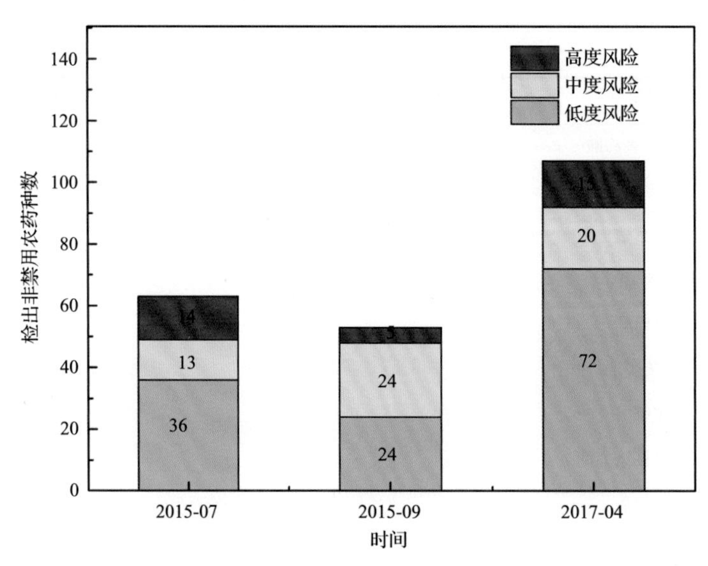

图 8-26　各月份水果蔬菜中非禁用农药残留的风险程度分布图

3 个月份内水果蔬菜中非禁用农药处于中度风险和高度风险的风险系数如图 8-27 和表 8-18 所示。

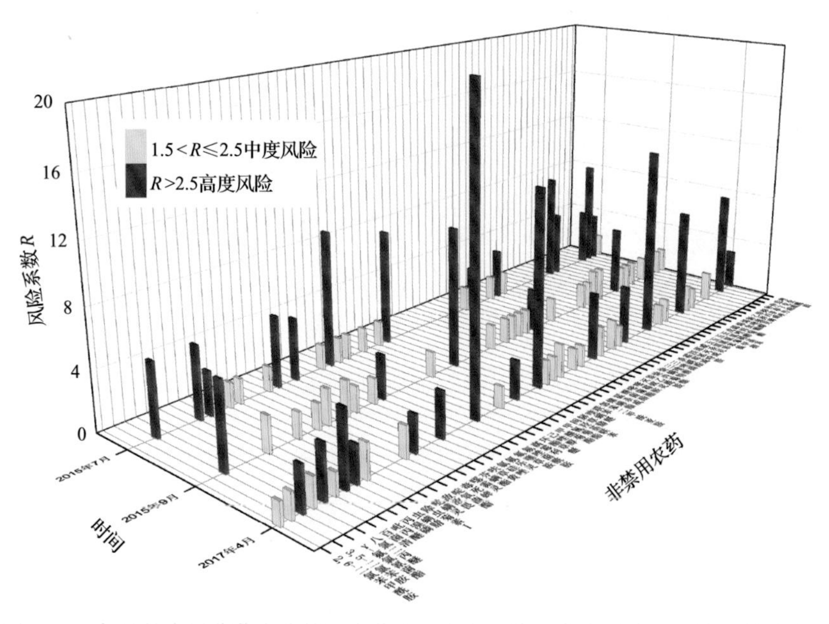

图 8-27　各月份水果蔬菜中非禁用农药处于中度风险和高度风险的风险系数分布图

表 8-18　各月份水果蔬菜中非禁用农药处于中度风险和高度风险的风险系数表

序号	年月	农药	超标频次	超标率 P(%)	风险系数 R	风险程度
1	2015 年 7 月	腐霉利	13	8.39	9.49	高度风险
2	2015 年 7 月	喹螨醚	11	7.10	8.20	高度风险
3	2015 年 7 月	烯虫酯	11	7.10	8.20	高度风险

续表

序号	年月	农药	超标频次	超标率 *P*(%)	风险系数 *R*	风险程度
4	2015 年 7 月	仲丁威	11	7.10	8.20	高度风险
5	2015 年 7 月	γ-氟氯氰菌酯	6	3.87	4.97	高度风险
6	2015 年 7 月	丙溴磷	6	3.87	4.97	高度风险
7	2015 年 7 月	芬螨酯	6	3.87	4.97	高度风险
8	2015 年 7 月	烯唑醇	6	3.87	4.97	高度风险
9	2015 年 7 月	氟硅唑	5	3.23	4.33	高度风险
10	2015 年 7 月	仲草丹	5	3.23	4.33	高度风险
11	2015 年 7 月	四氢吩胺	4	2.58	3.68	高度风险
12	2015 年 7 月	兹克威	4	2.58	3.68	高度风险
13	2015 年 7 月	虫螨腈	3	1.94	3.04	高度风险
14	2015 年 7 月	三唑醇	3	1.94	3.04	高度风险
15	2015 年 7 月	哒螨灵	1	0.65	1.75	中度风险
16	2015 年 7 月	敌敌畏	1	0.65	1.75	中度风险
17	2015 年 7 月	噁霜灵	1	0.65	1.75	中度风险
18	2015 年 7 月	氟唑菌酰胺	1	0.65	1.75	中度风险
19	2015 年 7 月	环酯草醚	1	0.65	1.75	中度风险
20	2015 年 7 月	己唑醇	1	0.65	1.75	中度风险
21	2015 年 7 月	甲氰菊酯	1	0.65	1.75	中度风险
22	2015 年 7 月	解草腈	1	0.65	1.75	中度风险
23	2015 年 7 月	炔螨特	1	0.65	1.75	中度风险
24	2015 年 7 月	霜霉威	1	0.65	1.75	中度风险
25	2015 年 7 月	速灭威	1	0.65	1.75	中度风险
26	2015 年 7 月	戊唑醇	1	0.65	1.75	中度风险
27	2015 年 7 月	唑虫酰胺	1	0.65	1.75	中度风险
28	2015 年 9 月	喹螨醚	13	8.67	9.77	高度风险
29	2015 年 9 月	γ-氟氯氰菌酯	7	4.67	5.77	高度风险
30	2015 年 9 月	烯虫酯	6	4.00	5.10	高度风险
31	2015 年 9 月	氟噻草胺	3	2.00	3.10	高度风险
32	2015 年 9 月	炔螨特	3	2.00	3.10	高度风险
33	2015 年 9 月	丙溴磷	2	1.33	2.43	中度风险
34	2015 年 9 月	毒死蜱	2	1.33	2.43	中度风险
35	2015 年 9 月	芬螨酯	2	1.33	2.43	中度风险
36	2015 年 9 月	五氯苯甲腈	2	1.33	2.43	中度风险
37	2015 年 9 月	五氯硝基苯	2	1.33	2.43	中度风险
38	2015 年 9 月	哒螨灵	1	0.67	1.77	中度风险
39	2015 年 9 月	啶氧菌酯	1	0.67	1.77	中度风险

续表

序号	年月	农药	超标频次	超标率 P(%)	风险系数 R	风险程度
40	2015年9月	呋草黄	1	0.67	1.77	中度风险
41	2015年9月	氟乐灵	1	0.67	1.77	中度风险
42	2015年9月	甲氰菊酯	1	0.67	1.77	中度风险
43	2015年9月	醚菌酯	1	0.67	1.77	中度风险
44	2015年9月	嘧霉胺	1	0.67	1.77	中度风险
45	2015年9月	灭蚁灵	1	0.67	1.77	中度风险
46	2015年9月	萘乙酰胺	1	0.67	1.77	中度风险
47	2015年9月	炔丙菊酯	1	0.67	1.77	中度风险
48	2015年9月	杀螨酯	1	0.67	1.77	中度风险
49	2015年9月	五氯苯	1	0.67	1.77	中度风险
50	2015年9月	五氯苯胺	1	0.67	1.77	中度风险
51	2015年9月	烯唑醇	1	0.67	1.77	中度风险
52	2015年9月	新燕灵	1	0.67	1.77	中度风险
53	2015年9月	乙拌磷	1	0.67	1.77	中度风险
54	2015年9月	抑芽唑	1	0.67	1.77	中度风险
55	2015年9月	兹克威	1	0.67	1.77	中度风险
56	2015年9月	唑虫酰胺	1	0.67	1.77	中度风险
57	2017年4月	腐霉利	99	20.25	21.35	高度风险
58	2017年4月	联苯	61	12.47	13.57	高度风险
59	2017年4月	威杀灵	60	12.27	13.37	高度风险
60	2017年4月	烯丙菊酯	33	6.75	7.85	高度风险
61	2017年4月	仲丁威	33	6.75	7.85	高度风险
62	2017年4月	丙溴磷	19	3.89	4.99	高度风险
63	2017年4月	萘乙酰胺	18	3.68	4.78	高度风险
64	2017年4月	杀螨酯	15	3.07	4.17	高度风险
65	2017年4月	百菌清	12	2.45	3.55	高度风险
66	2017年4月	氟硅唑	10	2.04	3.14	高度风险
67	2017年4月	γ-氟氯氰菌酯	9	1.84	2.94	高度风险
68	2017年4月	唑虫酰胺	9	1.84	2.94	高度风险
69	2017年4月	间羟基联苯	8	1.64	2.74	高度风险
70	2017年4月	虫螨腈	7	1.43	2.53	高度风险
71	2017年4月	噁霜灵	7	1.43	2.53	高度风险
72	2017年4月	除虫菊素 I	6	1.23	2.33	中度风险
73	2017年4月	猛杀威	6	1.23	2.33	中度风险
74	2017年4月	毒死蜱	5	1.02	2.12	中度风险
75	2017年4月	炔丙菊酯	5	1.02	2.12	中度风险

续表

序号	年月	农药	超标频次	超标率 P(%)	风险系数 R	风险程度
76	2017 年 4 月	三唑醇	5	1.02	2.12	中度风险
77	2017 年 4 月	异丙威	5	1.02	2.12	中度风险
78	2017 年 4 月	八氯二丙醚	4	0.82	1.92	中度风险
79	2017 年 4 月	烯虫酯	4	0.82	1.92	中度风险
80	2017 年 4 月	3,5-二氯苯胺	3	0.61	1.71	中度风险
81	2017 年 4 月	邻苯二甲酰亚胺	3	0.61	1.71	中度风险
82	2017 年 4 月	螺螨酯	3	0.61	1.71	中度风险
83	2017 年 4 月	五氯苯甲腈	3	0.61	1.71	中度风险
84	2017 年 4 月	2,6-二氯苯甲酰胺	2	0.41	1.51	中度风险
85	2017 年 4 月	吡丙醚	2	0.41	1.51	中度风险
86	2017 年 4 月	甲醚菊酯	2	0.41	1.51	中度风险
87	2017 年 4 月	嘧菌酯	2	0.41	1.51	中度风险
88	2017 年 4 月	嘧霉胺	2	0.41	1.51	中度风险
89	2017 年 4 月	三唑磷	2	0.41	1.51	中度风险
90	2017 年 4 月	五氯苯胺	2	0.41	1.51	中度风险
91	2017 年 4 月	烯唑醇	2	0.41	1.51	中度风险

8.4　GC-Q-TOF/MS 侦测南京市市售水果蔬菜农药残留风险评估结论与建议

农药残留是影响水果蔬菜安全和质量的主要因素，也是我国食品安全领域备受关注的敏感话题和亟待解决的重大问题之一[15,16]。各种水果蔬菜均存在不同程度的农药残留现象，本研究主要针对南京市各类水果蔬菜存在的农药残留问题，基于 2015 年 7 月~2017 年 4 月对南京市 794 例水果蔬菜样品中农药残留侦测得出的 1961 个侦测结果，分别采用食品安全指数模型和风险系数模型，开展水果蔬菜中农药残留的膳食暴露风险和预警风险评估。水果蔬菜样品取自超市和农贸市场，符合大众的膳食来源，风险评价时更具有代表性和可信度。

本研究力求通用简单地反映食品安全中的主要问题，且为管理部门和大众容易接受，为政府及相关管理机构建立科学的食品安全信息发布和预警体系提供科学的规律与方法，加强对农药残留的预警和食品安全重大事件的预防，控制食品风险。

8.4.1　南京市水果蔬菜中农药残留膳食暴露风险评价结论

1) 水果蔬菜样品中农药残留安全状态评价结论

采用食品安全指数模型，对 2015 年 7 月~2017 年 4 月期间南京市水果蔬菜食品农药残留膳食暴露风险进行评价，根据 IFS_c 的计算结果发现，水果蔬菜中农药的 $\overline{IFS}$ 为 0.0752，说明南京市水果蔬菜总体处于很好的安全状态，但部分禁用农药、高残留农药在蔬菜、水果中仍有侦测出，导致膳食暴露风险的存在，成为不安全因素。

2) 单种水果蔬菜中农药膳食暴露风险不可接受情况评价结论

单种水果蔬菜中农药残留安全指数分析结果显示，农药对单种水果蔬菜安全影响不可接受($IFS_c>1$)的样本数共 6 个，占总样本数的 1.01%，6 个样本分别为荔枝中的氟虫腈、橘中的三唑磷、梨中的氯氰菊酯、柠檬中的水胺硫磷、油麦菜中的唑虫酰胺、韭菜中的克百威，说明这些水果蔬菜中的农药残留会对消费者身体健康造成较大的膳食暴露风险。克百威、水胺硫磷和氟虫腈属于禁用的剧毒农药，且韭菜、梨和橘子均为较常见的水果蔬菜，百姓日常食用量较大，长期食用大量残留荔枝中的氟虫腈、橘中的三唑磷、梨中的氯氰菊酯、柠檬中的水胺硫磷、油麦菜中的唑虫酰胺、韭菜中的克百威会对人体造成不可接受的影响，本次检测发现这些禁药在水果蔬菜样品中多次并大量侦测出，是未严格实施农业良好管理规范(GAP)，抑或是农药滥用，这应该引起相关管理部门的警惕，应加强对荔枝中的氟虫腈、橘中的三唑磷、梨中的氯氰菊酯、柠檬中的水胺硫磷、油麦菜中的唑虫酰胺、韭菜中的克百威的严格管控。

3) 禁用农药膳食暴露风险评价

本次检测发现部分水果蔬菜样品中有禁用农药侦测出，侦测出禁用农药 8 种，侦测出频次为 72，水果蔬菜样品中的禁用农药 IFS_c 计算结果表明，禁用农药残留膳食暴露风险不可接受的频次为 4，占 5.56%；可以接受的频次为 26，占 36.11%；没有影响的频次为 42，占 58.33%。对于水果蔬菜样品中所有农药而言，膳食暴露风险不可接受的频次为 8，仅占总体频次的 0.41%。可以看出，禁用农药的膳食暴露风险不可接受的比例远高于总体水平，这在一定程度上说明禁用农药更容易导致严重的膳食暴露风险。此外，膳食暴露风险不可接受的残留禁用农药均为氧乐果，因此，应该加强对禁用农药氧乐果的管控力度。为何在国家明令禁止禁用农药喷洒的情况下，还能在多种水果蔬菜中多次侦测出禁用农药残留并造成不可接受的膳食暴露风险，这应该引起相关部门的高度警惕，应该在禁止禁用农药喷洒的同时，严格管控禁用农药的生产和售卖，从根本上杜绝安全隐患。

8.4.2　南京市水果蔬菜中农药残留预警风险评价结论

1) 单种水果蔬菜中禁用农药残留的预警风险评价结论

本次检测过程中，在 17 种水果蔬菜中检测超出 8 种禁用农药，禁用农药为：克百威、硫丹、杀扑磷、水胺硫磷、甲拌磷、灭线磷、氟虫腈、艾氏剂，水果蔬菜为：菜豆、橙、番茄、哈密瓜、黄瓜、火龙果、韭菜、橘、梨、荔枝、柠檬、茄子、芹菜、青菜、桃、甜椒、西葫芦，水果蔬菜中禁用农药的风险系数分析结果显示，8 种禁用农药在 17 种水果蔬菜中的残留均处于高度风险，说明在单种水果蔬菜中禁用农药的残留会导致较高的预警风险。

2) 单种水果蔬菜中非禁用农药残留的预警风险评价结论

以 MRL 中国国家标准为标准，计算水果蔬菜中非禁用农药风险系数情况下，566 个样本中，11 个处于高度风险(1.94%)，120 个处于低度风险(21.20%)，435 个样本没有 MRL 中国国家标准(76.86%)。以 MRL 欧盟标准为标准，计算水果蔬菜中非禁用农药风险系数情况下，发现有 233 个处于高度风险(41.17%)，333 个处于低度风险(58.83%)。基于两种 MRL 标准，评价的结果差异显著，可以看出 MRL 欧盟标准比中国国家标准更加严格和完善，过于宽松的 MRL 中国国家标准值能否有效保障人体的健康有待研究。

8.4.3　加强南京市水果蔬菜食品安全建议

我国食品安全风险评价体系仍不够健全，相关制度不够完善，多年来，由于农药用药次数多、用药量大或用药间隔时间短，产品残留量大，农药残留所造成的食品安全问题日益严峻，给人体健康带来了直接或间接的危害。据估计，美国与农药有关的癌症患者数约占全国癌症患者总数的 50%，中国更高。同样，农药对其他生物也会形成直接杀伤和慢性危害，植物中的农药可经过食物链逐级传递并不断蓄积，对人和动物构成潜在威胁，并影响生态系统。

基于本次农药残留侦测数据的风险评价结果，提出以下几点建议：

1) 加快食品安全标准制定步伐

我国食品标准中对农药每日允许最大摄入量 ADI 的数据严重缺乏，在本次评价所涉及的 144 种农药中，仅有 61.8%的农药具有 ADI 值，而 38.2%的农药中国尚未规定相应的 ADI 值，亟待完善。

我国食品中农药最大残留限量值的规定严重缺乏，对评估涉及的不同水果蔬菜中不同农药 550 个 MRL 限值进行统计来看，我国仅制定出 155 个标准，我国标准完整率仅为 26.0%，欧盟的完整率达到 100%(表 8-19)。因此，中国更应加快 MRL 标准的制定步伐。

表 8-19　我国国家食品标准农药的 ADI、MRL 值与欧盟标准的数量差异

分类		中国 ADI	MRL 中国国家标准	MRL 欧盟标准
标准限值(个)	有	89	155	595
	无	55	440	0
总数(个)		144	595	595
无标准限值比例(%)		38.2	74.0	0

此外，MRL 中国国家标准限值普遍高于欧盟标准限值，这些标准中共有 91 个高于欧盟。过高的 MRL 值难以保障人体健康，建议继续加强对限值基准和标准的科学研究，将农产品中的危险性减少到尽可能低的水平。

2) 加强农药的源头控制和分类监管

在南京市某些水果蔬菜中仍有禁用农药残留，利用 GC-Q-TOF/MS 技术侦测出 8 种禁用农药，检出频次为 72 次，残留禁用农药均存在较大的膳食暴露风险和预警风险。早已列入黑名单的禁用农药在我国并未真正退出，有些药物由于价格便宜、工艺简单，此类高毒农药一直生产和使用。建议在我国采取严格有效的控制措施，从源头控制禁用农药。

对于非禁用农药，在我国作为“田间地头”最典型单位的县级蔬果产地中，农药残留的检测几乎缺失。建议根据农药的毒性，对高毒、剧毒、中毒农药实现分类管理，减少使用高毒和剧毒高残留农药，进行分类监管。

3) 加强残留农药的生物修复及降解新技术

市售果蔬中残留农药的品种多、频次高、禁用农药多次检出这一现状，说明了我国的田间土壤和水体因农药长期、频繁、不合理的使用而遭到严重污染。为此，建议中国相关部门出台相关政策，鼓励高校及科研院所积极开展分子生物学、酶学等研究，加强土壤、水体中残留农药的生物修复及降解新技术研究，切实加大农药监管力度，以控制农药的面源污染问题。

综上所述，在本工作基础上，根据蔬菜残留危害，可进一步针对其成因提出和采取严格管理、大力推广无公害蔬菜种植与生产、健全食品安全控制技术体系、加强蔬菜食品质量检测体系建设和积极推行蔬菜食品质量追溯制度等相应对策。建立和完善食品安全综合评价指数与风险监测预警系统，对食品安全进行实时、全面的监控与分析，为我国的食品安全科学监管与决策提供新的技术支持，可实现各类检验数据的信息化系统管理，降低食品安全事故的发生。

杭　州　市

第 9 章　LC-Q-TOF/MS 侦测杭州市 567 例市售水果蔬菜样品农药残留报告

从杭州市所属 7 个区，随机采集了 567 例水果蔬菜样品，使用液相色谱-四极杆飞行时间质谱仪（LC-Q-TOF/MS）对 565 种农药化学污染物示范侦测（7 种负离子模式 ESI$^-$ 未涉及），现将侦测结果报告如下。

9.1　样品种类、数量与来源

9.1.1　样品采集与检测

为了真实反映百姓餐桌上水果蔬菜中农药残留污染状况，本次所有检测样品均由检验人员于 2015 年 5 月至 2017 年 7 月期间，从杭州市所属 17 个采样点，包括 2 个农贸市场 15 个超市，以随机购买方式采集，总计 20 批 567 例样品，从中检出农药 77 种，889 频次。采样及监测概况见表 9-1 及图 9-1，样品及采样点明细见表 9-2 及表 9-3（侦测原始数据见附表 1）。

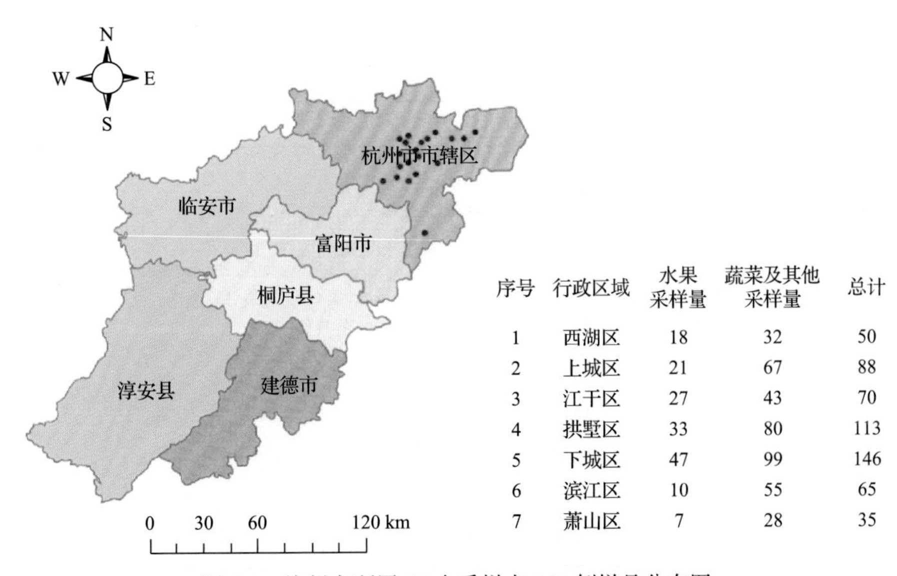

序号	行政区域	水果采样量	蔬菜及其他采样量	总计
1	西湖区	18	32	50
2	上城区	21	67	88
3	江干区	27	43	70
4	拱墅区	33	80	113
5	下城区	47	99	146
6	滨江区	10	55	65
7	萧山区	7	28	35

图 9-1　杭州市所属 17 个采样点 567 例样品分布图

表 9-1　农药残留监测总体概况

采样地区	杭州市所属 7 个区
采样点(超市+农贸市场)	17
样本总数	567
检出农药品种/频次	77/889
各采样点样本农药残留检出率范围	40.0% ~ 82.9%

表 9-2　样品分类及数量

样品分类	样品名称(数量)	数量小计
1. 调味料		1
1) 叶类调味料	芫荽(1)	1
2. 谷物		1
1) 旱粮类谷物	鲜食玉米(1)	1
3. 食用菌		28
1) 蘑菇类	香菇(5)，蘑菇(10)，杏鲍菇(8)，金针菇(5)	28
4. 水果		163
1) 仁果类水果	苹果(16)，梨(16)	32
2) 核果类水果	桃(4)，枣(5)，李子(2)	11
3) 浆果和其他小型水果	猕猴桃(11)，葡萄(21)，草莓(7)	39
4) 瓜果类水果	西瓜(8)，哈密瓜(9)	17
5) 热带和亚热带水果	柿子(1)，香蕉(1)，木瓜(7)，芒果(8)，火龙果(10)，菠萝(1)	28
6) 柑橘类水果	柚(10)，橘(4)，柠檬(9)，橙(13)	36
5. 蔬菜		374
1) 豆类蔬菜	豇豆(7)，菜豆(13)	20
2) 鳞茎类蔬菜	韭菜(13)，洋葱(11)，大蒜(5)，葱(11)，蒜薹(9)	49
3) 水生类蔬菜	茭白(2)	2
4) 叶菜类蔬菜	芹菜(26)，菠菜(11)，苋菜(3)，油麦菜(1)，娃娃菜(5)，生菜(13)，茼蒿(13)，大白菜(11)，小油菜(3)，青菜(21)，莴笋(3)	110
5) 芸薹属类蔬菜	结球甘蓝(10)，芥蓝(1)，青花菜(14)	25
6) 瓜类蔬菜	黄瓜(22)，西葫芦(15)，佛手瓜(1)，南瓜(1)，苦瓜(12)，冬瓜(1)，丝瓜(1)	53
7) 茄果类蔬菜	番茄(25)，甜椒(26)，辣椒(3)，茄子(12)	66
8) 芽菜类蔬菜	香椿芽(14)	14
9) 根茎类和薯芋类蔬菜	紫薯(1)，山药(2)，胡萝卜(17)，芋(3)，马铃薯(8)，萝卜(2)，姜(2)	35
合计	1.调味料 1 种 2.谷物 1 种 3.食用菌 4 种 4.水果 20 种 5.蔬菜 41 种	567

表 9-3　杭州市采样点信息

采样点序号	行政区域	采样点
农贸市场(2)		
1	上城区	***市场
2	西湖区	***市场
超市(15)		
1	上城区	***超市(涌金店)
2	下城区	***超市(庆春店)
3	下城区	***超市(德胜店)
4	下城区	***超市(东新店)
5	拱墅区	***超市(云和店)
6	拱墅区	***超市(大关路店)
7	拱墅区	***超市(上塘店)
8	拱墅区	***超市(莫干山店)
9	江干区	***超市(学府宝龙店)
10	江干区	***超市(下沙店)
11	江干区	***超市(高沙店)
12	滨江区	***超市(河滨店)
13	滨江区	***超市(滨江店)
14	萧山区	***超市(萧山店)
15	西湖区	***超市(古墩路店)

9.1.2　检测结果

这次使用的检测方法是庞国芳院士团队最新研发的不需使用标准品对照，而以高分辨精确质量数(0.0001 *m/z*)为基准的 LC-Q-TOF/MS 检测技术，对于 567 例样品，每个样品均侦测了 565 种农药化学污染物的残留现状。通过本次侦测，在 567 例样品中共计检出农药化学污染物 77 种，检出 889 频次。

9.1.2.1　各采样点样品检出情况

统计分析发现 17 个采样点中，被测样品的农药检出率范围为 40.0%～82.9%。其中，***超市(萧山店)的检出率最高，为 82.9%，***市场的检出率最低，为 40.0%，见图 9-2。

9.1.2.2　检出农药的品种总数与频次

统计分析发现，对于 567 例样品中 565 种农药化学污染物的侦测，共检出农药 889 频次，涉及农药 77 种，结果如图 9-3 所示。其中啶虫脒检出频次最高，共检出 138 次。

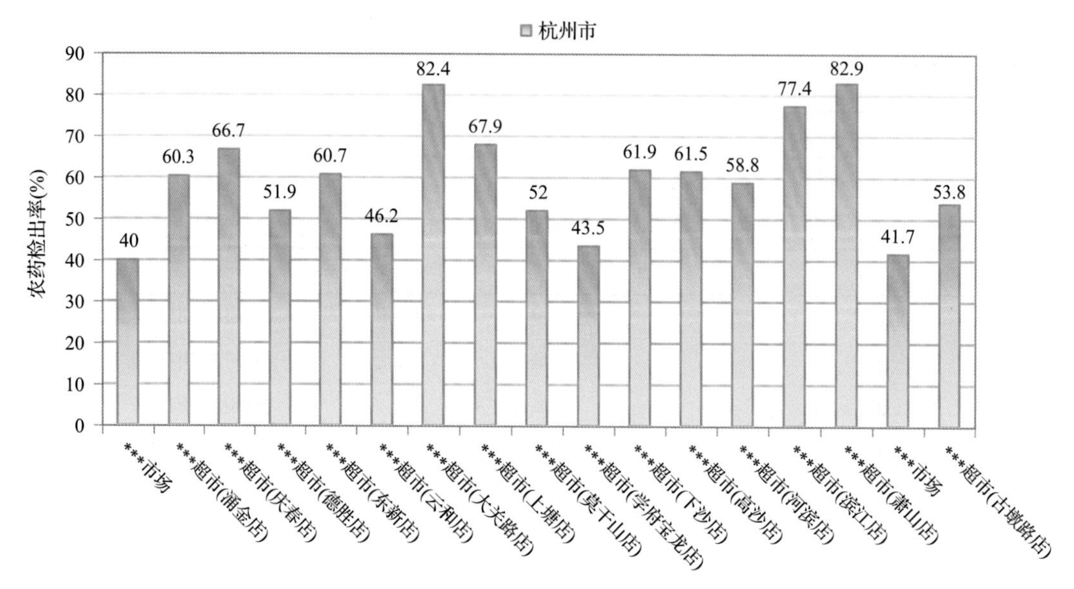

图 9-2　各采样点样品中的农药检出率

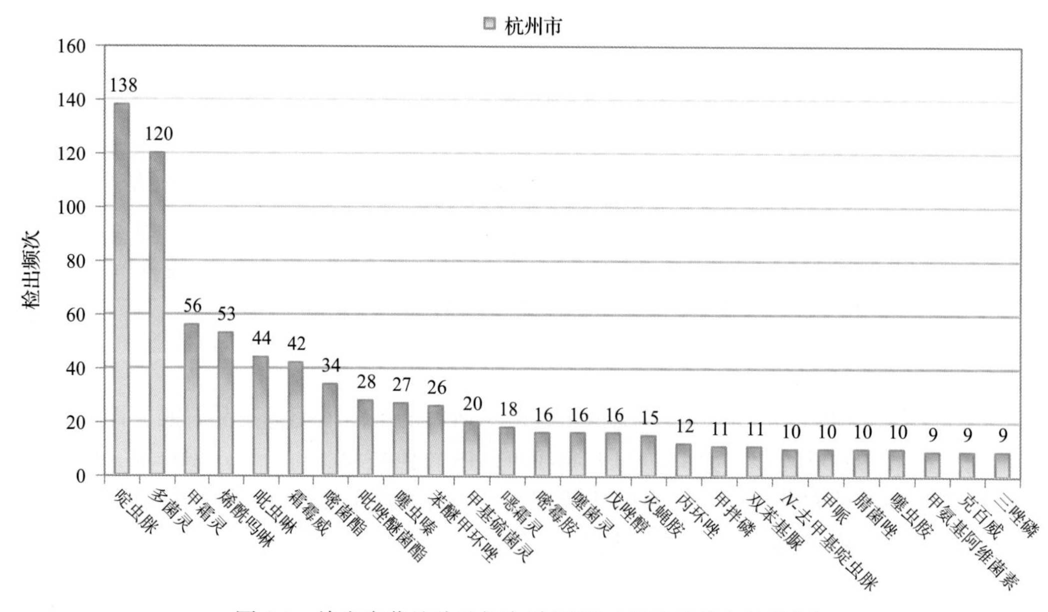

图 9-3　检出农药品种及频次（仅列出 9 频次及以上的数据）

检出频次排名前 10 的农药如下：①啶虫脒（138）；②多菌灵（120）；③甲霜灵（56）；④烯酰吗啉（53）；⑤吡虫啉（44）；⑥霜霉威（42）；⑦嘧菌酯（34）；⑧吡唑醚菌酯（28）；⑨噻虫嗪（27）；⑩苯醚甲环唑（26）。

由图 9-4 可见，芹菜、葡萄和番茄这 3 种果蔬样品中检出的农药品种数较高，均超过 25 种，其中，芹菜检出农药品种最多，为 31 种。由图 9-5 可见，葡萄、芹菜、番茄和茼蒿这 4 种果蔬样品中的农药检出频次较高，均超过 60 次，其中，葡萄检出农药频次最高，为 97 次。

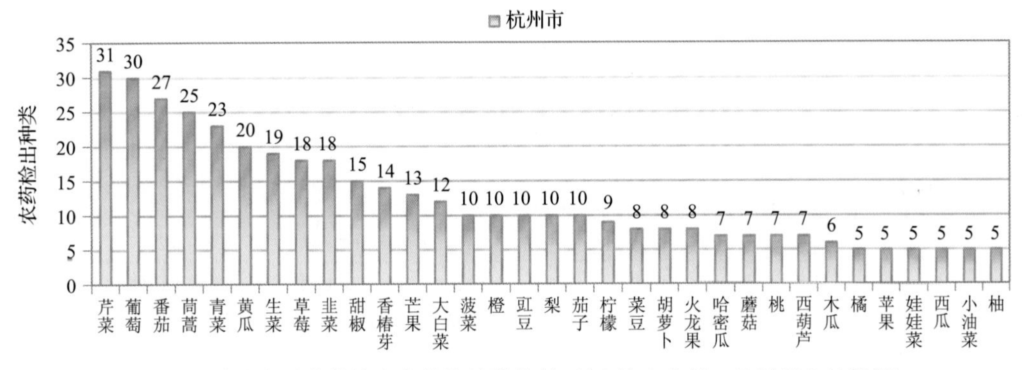

图 9-4　单种水果蔬菜检出农药的种类数(仅列出检出农药 5 种及以上的数据)

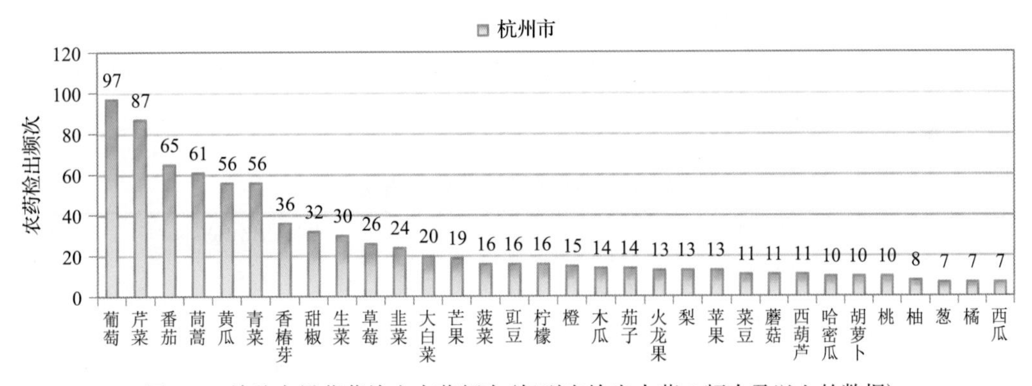

图 9-5　单种水果蔬菜检出农药频次(仅列出检出农药 7 频次及以上的数据)

9.1.2.3　单例样品农药检出种类与占比

对单例样品检出农药种类和频次进行统计发现，未检出农药的样品占总样品数的 39.7%，检出 1 种农药的样品占总样品数的 21.9%，检出 2～5 种农药的样品占总样品数的 33.9%，检出 6～10 种农药的样品占总样品数的 4.4%，检出大于 10 种农药的样品占总样品数的 0.2%。每例样品中平均检出农药为 1.6 种，数据见表 9-4 及图 9-6。

表 9-4　单例样品检出农药品种占比

检出农药品种数	样品数量/占比(%)
未检出	225/39.7
1 种	124/21.9
2～5 种	192/33.9
6～10 种	25/4.4
大于 10 种	1/0.2
单例样品平均检出农药品种	1.6 种

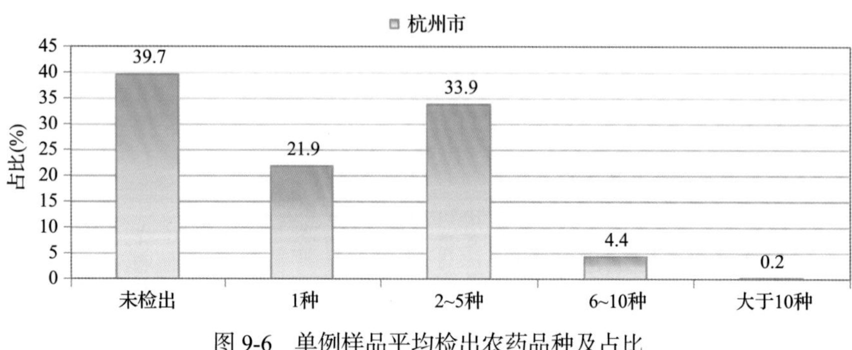

图 9-6　单例样品平均检出农药品种及占比

9.1.2.4　检出农药类别与占比

所有检出农药按功能分类，包括杀菌剂、杀虫剂、除草剂、植物生长调节剂、驱避剂共 5 类。其中杀菌剂与杀虫剂为主要检出的农药类别，分别占总数的 42.9%和 37.7%，见表 9-5 及图 9-7。

表 9-5　检出农药所属类别/占比

农药类别	数量/占比(%)
杀菌剂	33/42.9
杀虫剂	29/37.7
除草剂	10/13.0
植物生长调节剂	4/5.2
驱避剂	1/1.3

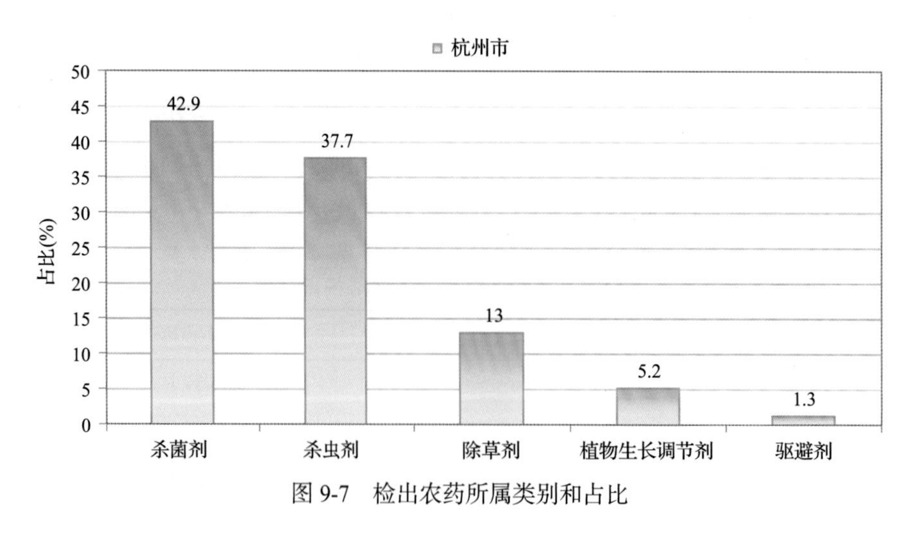

图 9-7　检出农药所属类别和占比

9.1.2.5　检出农药的残留水平

按检出农药残留水平进行统计，残留水平在 1～5 μg/kg(含)的农药占总数的 30.7%，在 5～10 μg/kg(含)的农药占总数的 14.6%，在 10～100 μg/kg(含)的农药占总数的 41.1%，在 100～1000 μg/kg(含)的农药占总数的 12.6%，在>1000μg/kg 的农药占总数的 1.0%。

由此可见，这次检测的 20 批 567 例水果蔬菜样品中农药多数处于中高残留水平。结果见表 9-6 及图 9-8，数据见附表 2。

表 9-6　农药残留水平/占比

残留水平(μg/kg)	检出频次数/占比(%)
1～5(含)	273/30.7
5～10(含)	130/14.6
10～100(含)	365/41.1
100～1000(含)	112/12.6
>1000(含)	9/1.0

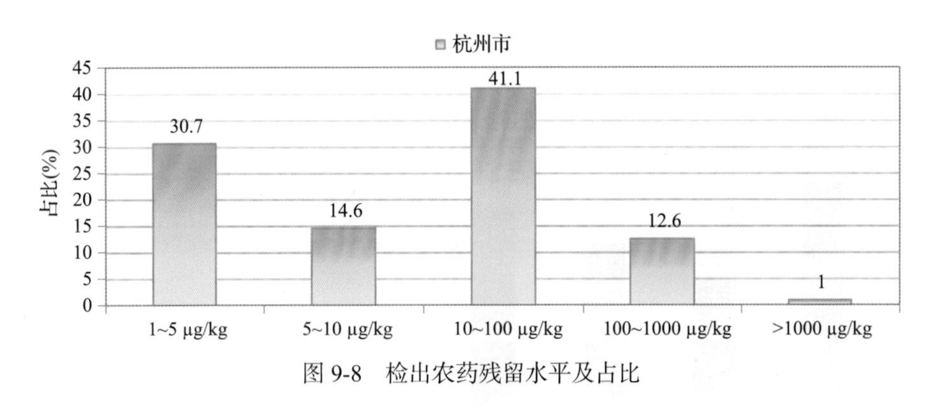

图 9-8　检出农药残留水平及占比

9.1.2.6　检出农药的毒性类别、检出频次和超标频次及占比

对这次检出的 77 种 889 频次的农药，按剧毒、高毒、中毒、低毒和微毒这五个毒性类别进行分类，从中可以看出，杭州市目前普遍使用的农药为中低微毒农药，品种占 89.6%，频次占 95.2%。结果见表 9-7 及图 9-9。

9.1.2.7　检出剧毒/高毒类农药的品种和频次

值得特别关注的是，在此次侦测的 567 例样品中有 11 种蔬菜 6 种水果的 37 例样品检出了 8 种 43 频次的剧毒和高毒农药，占样品总量的 6.5%，详见图 9-10、表 9-8 及表 9-9。

表 9-7　检出农药毒性类别/占比

毒性分类	农药品种/占比(%)	检出频次/占比(%)	超标频次/超标率(%)
剧毒农药	3/3.9	14/1.6	11/78.6
高毒农药	5/6.5	29/3.3	6/20.7
中毒农药	36/46.8	437/49.2	1/0.2
低毒农药	22/28.6	153/17.2	0/0.0
微毒农药	11/14.3	256/28.8	0/0.0

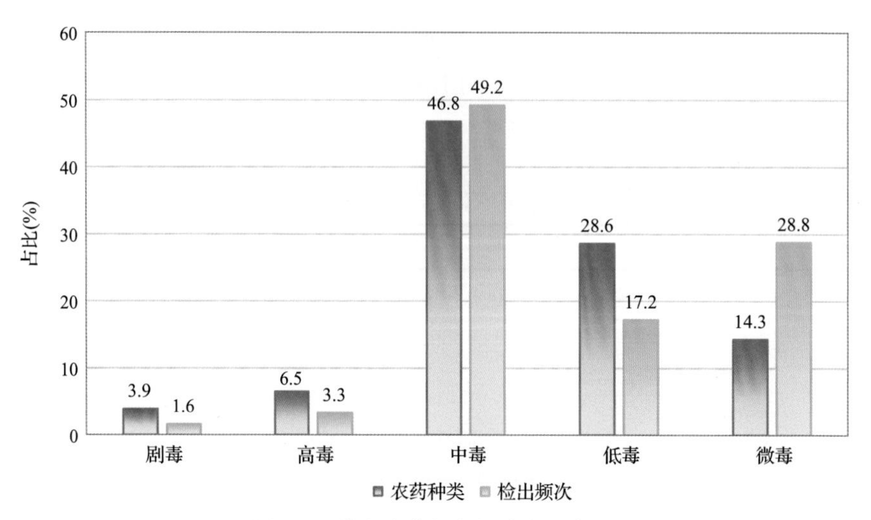

图 9-9　检出农药的毒性分类和占比

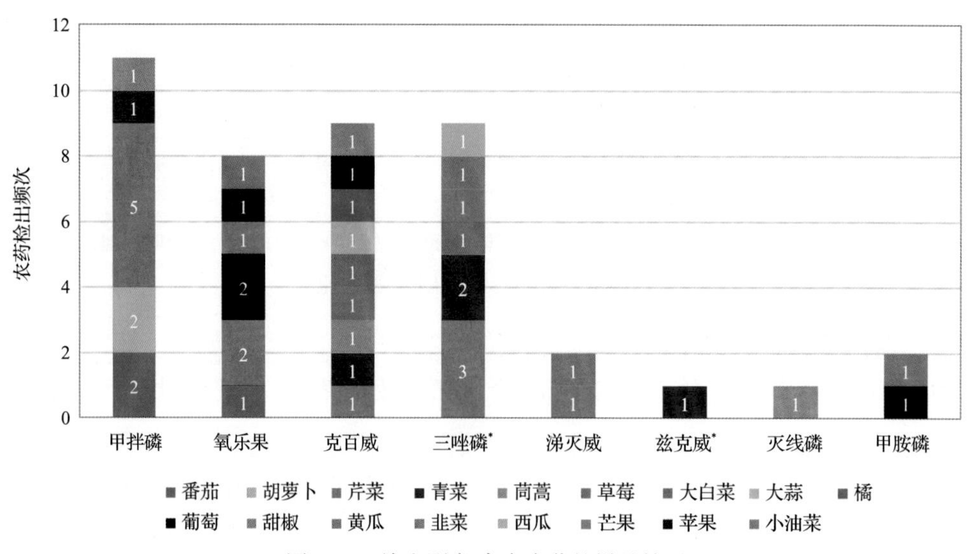

图 9-10　检出剧毒/高毒农药的样品情况

*表示允许在水果和蔬菜上使用的农药

表 9-8　剧毒农药检出情况

序号	农药名称	检出频次	超标频次	超标率
水果中未检出剧毒农药				
小计		0	0	超标率：0.0%
从 6 种蔬菜中检出 3 种剧毒农药，共计检出 14 次				
1	甲拌磷*	11	8	72.7%
2	涕灭威*	2	2	100.0%
3	灭线磷*	1	1	100.0%
小计		14	11	超标率：78.6%
合计		14	11	超标率：78.6%

表 9-9　高毒农药检出情况

序号	农药名称	检出频次	超标频次	超标率
从 6 种水果中检出 4 种高毒农药，共计检出 10 次				
1	氧乐果	4	0	0.0%
2	克百威	3	1	33.3%
3	三唑磷	2	0	0.0%
4	甲胺磷	1	1	100.0%
小计		10	2	超标率：20.0%
从 10 种蔬菜中检出 5 种高毒农药，共计检出 19 次				
1	三唑磷	7	0	0.0%
2	克百威	6	3	50.0%
3	氧乐果	4	1	25.0%
4	甲胺磷	1	0	0.0%
5	兹克威	1	0	0.0%
小计		19	4	超标率：21.1%
合计		29	6	超标率：20.7%

在检出的剧毒和高毒农药中，有 6 种是我国早已禁止在果树和蔬菜上使用的，分别是：克百威、甲拌磷、甲胺磷、氧乐果、灭线磷和涕灭威。禁用农药的检出情况见表 9-10。

表 9-10　禁用农药检出情况

序号	农药名称	检出频次	超标频次	超标率
从 5 种水果中检出 4 种禁用农药，共计检出 9 次				
1	氧乐果	4	0	0.0%
2	克百威	3	1	33.3%
3	丁酰肼	1	0	0.0%
4	甲胺磷	1	1	100.0%
小计		9	2	超标率：22.2%
从 11 种蔬菜中检出 6 种禁用农药，共计检出 25 次				
1	甲拌磷*	11	8	72.7%
2	克百威	6	3	50.0%
3	氧乐果	4	1	25.0%
4	涕灭威*	2	2	100.0%
5	甲胺磷	1	0	0.0%
6	灭线磷*	1	1	100.0%
小计		25	15	超标率：60.0%
合计		34	17	超标率：50.0%

注：超标结果参考 MRL 中国国家标准计算

此次抽检的果蔬样品中，有 6 种蔬菜检出了剧毒农药，分别是：番茄中检出甲拌磷 2 次；胡萝卜中检出甲拌磷 2 次；芹菜中检出涕灭威 1 次，检出甲拌磷 5 次；茼蒿中检出灭线磷 1 次，检出甲拌磷 1 次；青菜中检出甲拌磷 1 次；黄瓜中检出涕灭威 1 次。

样品中检出剧毒和高毒农药残留水平超过 MRL 中国国家标准的频次为 17 次，其中：草莓检出克百威超标 1 次；葡萄检出甲胺磷超标 1 次；大白菜检出克百威超标 1 次；小油菜检出氧乐果超标 1 次；甜椒检出克百威超标 1 次；番茄检出甲拌磷超标 1 次；芹菜检出甲拌磷超标 5 次，检出涕灭威超标 1 次；茼蒿检出灭线磷超标 1 次，检出甲拌磷超标 1 次；青菜检出克百威超标 1 次，检出甲拌磷超标 1 次；黄瓜检出涕灭威超标 1 次。本次检出结果表明，高毒、剧毒农药的使用现象依旧存在。详见表 9-11。

表 9-11 各样本中检出剧毒/高毒农药情况

样品名称	农药名称	检出频次	超标频次	检出浓度(μg/kg)
		水果 6 种		
橘	克百威▲	1	0	19.0
芒果	氧乐果▲	1	0	3.0
苹果	氧乐果▲	1	0	2.7
草莓	克百威▲	1	1	84.0[a]
草莓	三唑磷	1	0	5.5
葡萄	氧乐果▲	2	0	2.0, 14.0
葡萄	甲胺磷▲	1	1	60.0[a]
葡萄	克百威▲	1	0	14.0
西瓜	三唑磷	1	0	5.0
小计		10	2	超标率：20.0%
		蔬菜 11 种		
大白菜	克百威▲	1	1	24.0[a]
大蒜	克百威▲	1	0	1.5
小油菜	氧乐果▲	1	1	36.0[a]
甜椒	克百威▲	1	1	22.0[a]
番茄	氧乐果▲	1	0	9.1
番茄	甲拌磷*▲	2	1	2.2, 91.0[a]
胡萝卜	甲拌磷*▲	2	0	8.6, 2.5
芹菜	三唑磷	3	0	1.0, 160.0, 4.5
芹菜	氧乐果▲	2	0	1.0, 12.0
芹菜	克百威▲	1	0	1.0
芹菜	甲拌磷*▲	5	5	75.9[a], 44.0[a], 186.7[a], 95.7[a], 120.0[a]

续表

样品名称	农药名称	检出频次	超标频次	检出浓度(μg/kg)
		蔬菜11种		
芹菜	涕灭威*▲	1	1	610.0[a]
茼蒿	克百威▲	1	0	17.0
茼蒿	灭线磷*▲	1	1	71.0[a]
茼蒿	甲拌磷*▲	1	1	11.0[a]
青菜	三唑磷	2	0	1.2, 4.3
青菜	克百威▲	1	1	93.0[a]
青菜	兹克威	1	0	5.5
青菜	甲拌磷*▲	1	1	12.0[a]
韭菜	三唑磷	1	0	12.0
韭菜	甲胺磷▲	1	0	41.0
黄瓜	三唑磷	1	0	2.1
黄瓜	涕灭威*▲	1	1	81.0[a]
小计		33	15	超标率：45.5%
合计		43	17	超标率：39.5%

9.2　农药残留检出水平与最大残留限量标准对比分析

我国于2014年3月20日正式颁布并于2014年8月1日正式实施食品农药残留限量国家标准《食品中农药最大残留限量》(GB 2763—2014)。该标准包括371个农药条目，涉及最大残留限量(MRL)标准3653项。将889频次检出农药的浓度水平与3653项MRL中国国家标准进行核对，其中只有315频次的农药找到了对应的MRL标准，占35.4%，还有574频次的侦测数据则无相关MRL标准供参考，占64.6%。

将此次侦测结果与国际上现行MRL标准对比发现，在889频次的检出结果中有889频次的结果找到了对应的MRL欧盟标准，占100.0%，其中，839频次的结果有明确对应的MRL，占94.4%，其余50频次按照欧盟一律标准判定，占5.6%；有889频次的结果找到了对应的MRL日本标准，占100.0%，其中，683频次的结果有明确对应的MRL，占76.8%，其余205频次按照日本一律标准判定，占23.2%；有461频次的结果找到了对应的MRL中国香港标准，占51.9%；有470频次的结果找到了对应的MRL美国标准，占52.9%；有353频次的结果找到了对应的MRL CAC标准，占39.7%(见图9-11和图9-12，数据见附表3至附表8)。

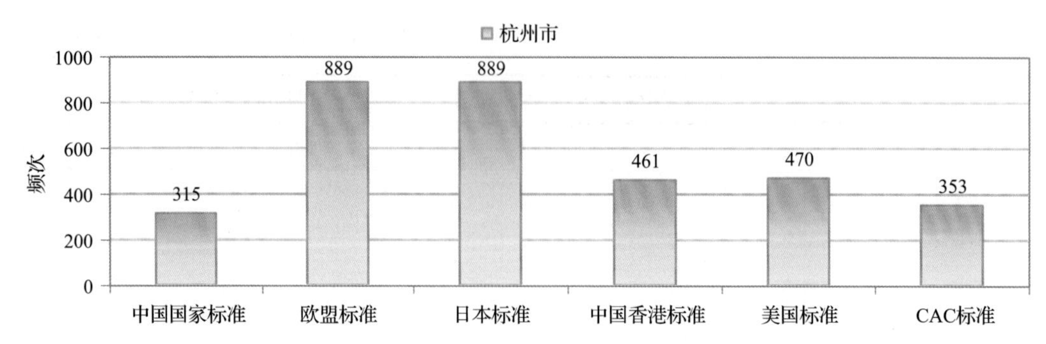

图 9-11 889 频次检出农药可用 MRL 中国国家标准、欧盟标准、日本标准、中国香港标准、美国标准和 CAC 标准判定衡量的数量

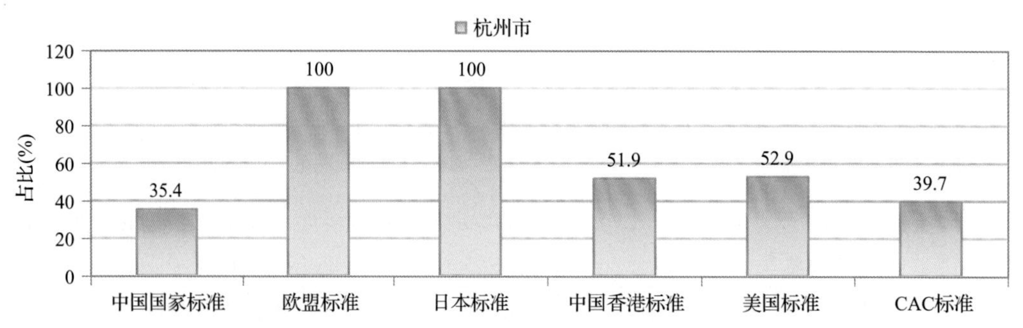

图 9-12 889 频次检出农药可用 MRL 中国国家标准、欧盟标准、日本标准、中国香港标准、美国标准和 CAC 标准衡量的占比

9.2.1 超标农药样品分析

本次侦测的 567 例样品中，225 例样品未检出任何残留农药，占样品总量的 39.7%，342 例样品检出不同水平、不同种类的残留农药，占样品总量的 60.3%。在此，我们将本次侦测的农残检出情况与 MRL 中国国家标准、欧盟标准、日本标准、中国香港标准、美国标准和 CAC 标准这 6 大国际主流标准进行对比分析，样品农残检出与超标情况见表 9-12、图 9-13 和图 9-14，详细数据见附表 9 至附表 14。

9.2.2 超标农药种类分析

按照 MRL 中国国家标准、欧盟标准、日本标准、中国香港标准、美国标准和 CAC 标准这 6 大国际主流标准衡量，本次侦测检出的农药超标品种及频次情况见表 9-13。

表 9-12 各 MRL 标准下样本农残检出与超标数量及占比

	中国国家标准 数量/占比(%)	欧盟标准 数量/占比(%)	日本标准 数量/占比(%)	中国香港标准 数量/占比(%)	美国标准 数量/占比(%)	CAC 标准 数量/占比(%)
未检出	225/39.7	225/39.7	225/39.7	225/39.7	225/39.7	225/39.7
检出未超标	325/57.3	238/42.0	265/46.7	336/59.3	334/58.9	335/59.1
检出超标	17/3.0	104/18.3	77/13.6	6/1.1	8/1.4	7/1.2

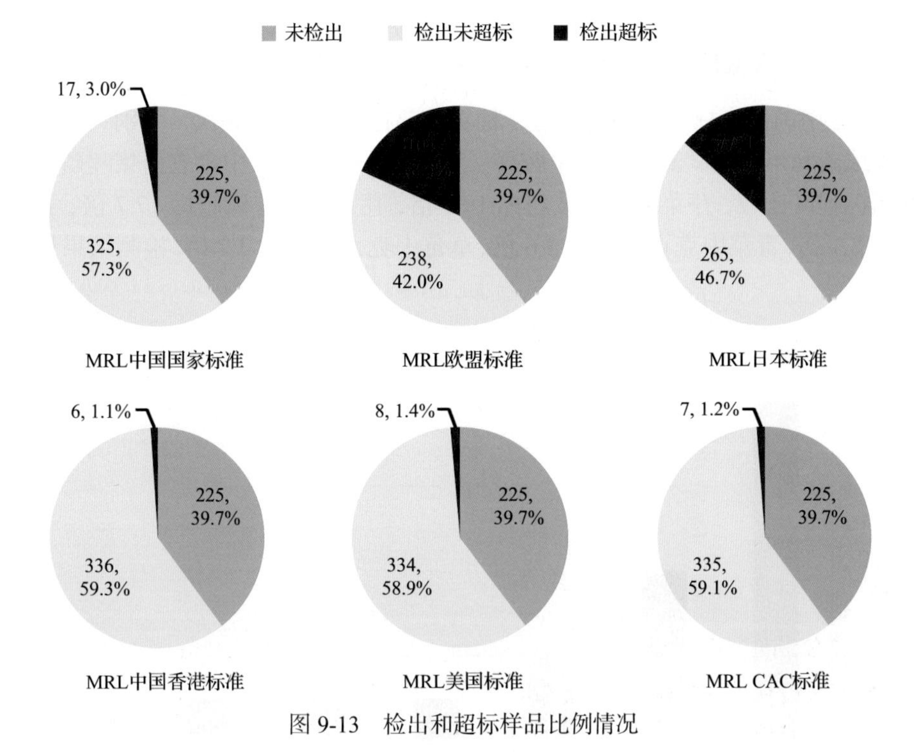

图 9-13　检出和超标样品比例情况

图 9-14　超过 MRL 中国国家标准、欧盟标准、日本标准、中国香港标准、美国标准和 CAC 标准结果在水果蔬菜中的分布

表 9-13　各 MRL 标准下超标农药品种及频次

	中国国家标准	欧盟标准	日本标准	中国香港标准	美国标准	CAC 标准
超标农药品种	7	44	40	3	6	2
超标农药频次	18	139	110	6	8	8

9.2.2.1 按 MRL 中国国家标准衡量

按 MRL 中国国家标准衡量，共有 7 种农药超标，检出 18 频次，分别为剧毒农药涕灭威、灭线磷和甲拌磷，高毒农药甲胺磷、克百威和氧乐果，中毒农药噻唑磷。

按超标程度比较，芹菜中涕灭威超标 19.3 倍，芹菜中甲拌磷超标 17.7 倍，番茄中甲拌磷超标 8.1 倍，青菜中克百威超标 3.6 倍，草莓中克百威超标 3.2 倍。检测结果见图 9-15 和附表 15。

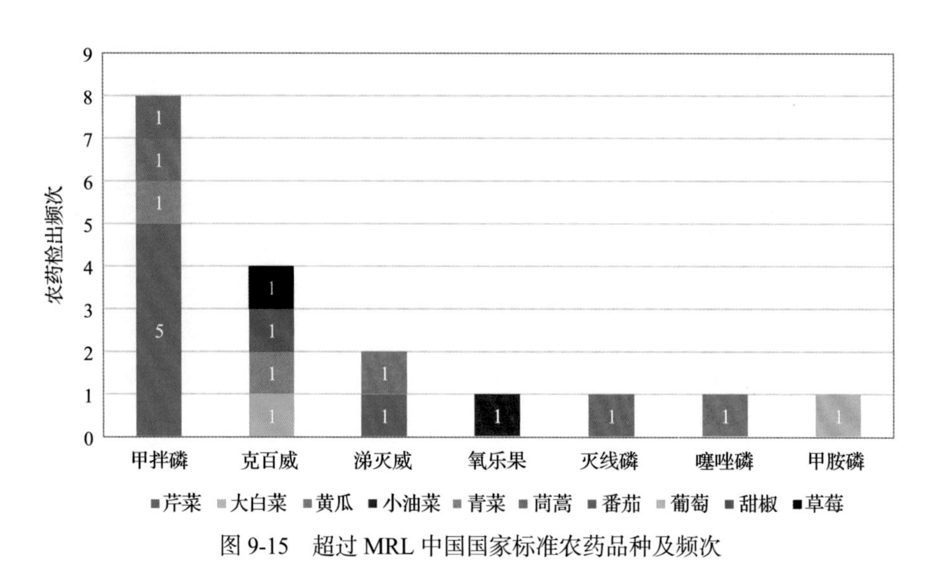

图 9-15 超过 MRL 中国国家标准农药品种及频次

9.2.2.2 按 MRL 欧盟标准衡量

按 MRL 欧盟标准衡量，共有 44 种农药超标，检出 139 频次，分别为剧毒农药涕灭威、灭线磷和甲拌磷，高毒农药克百威、甲胺磷、三唑磷和氧乐果，中毒农药噻唑磷、多效唑、戊唑醇、毒死蜱、烯唑醇、甲霜灵、噻虫嗪、甲氨基阿维菌素、噁霜灵、丙环唑、唑虫酰胺、啶虫脒、仲丁灵、氟硅唑、腈菌唑、哒螨灵、抑霉唑、吡虫啉、丙溴磷、异丙威和 *N*-去甲基啶虫脒，低毒农药烯酰吗啉、丁苯吗啉、嘧霉胺、虫酰肼、苯氧威、氟唑菌酰胺、双苯基脲、噻嗪酮和异丙净，微毒农药多菌灵、吡唑醚菌酯、丁酰肼、嘧菌酯、甲基硫菌灵、醚菌酯和霜霉威。

按超标程度比较，茼蒿中嘧霉胺超标 210.0 倍，番茄中噁霜灵超标 127.0 倍，橘中噁霜灵超标 54.0 倍，大白菜中啶虫脒超标 47.0 倍，青菜中克百威超标 45.5 倍。检测结果见图 9-16 和附表 16。

9.2.2.3 按 MRL 日本标准衡量

按 MRL 日本标准衡量，共有 40 种农药超标，检出 110 频次，分别为剧毒农药涕灭威和灭线磷，高毒农药三唑磷，中毒农药噻唑磷、甲哌、多效唑、戊唑醇、毒死蜱、甲霜灵、烯唑醇、噻虫嗪、苯醚甲环唑、丙环唑、啶虫脒、氟硅唑、腈菌唑、哒螨灵、仲

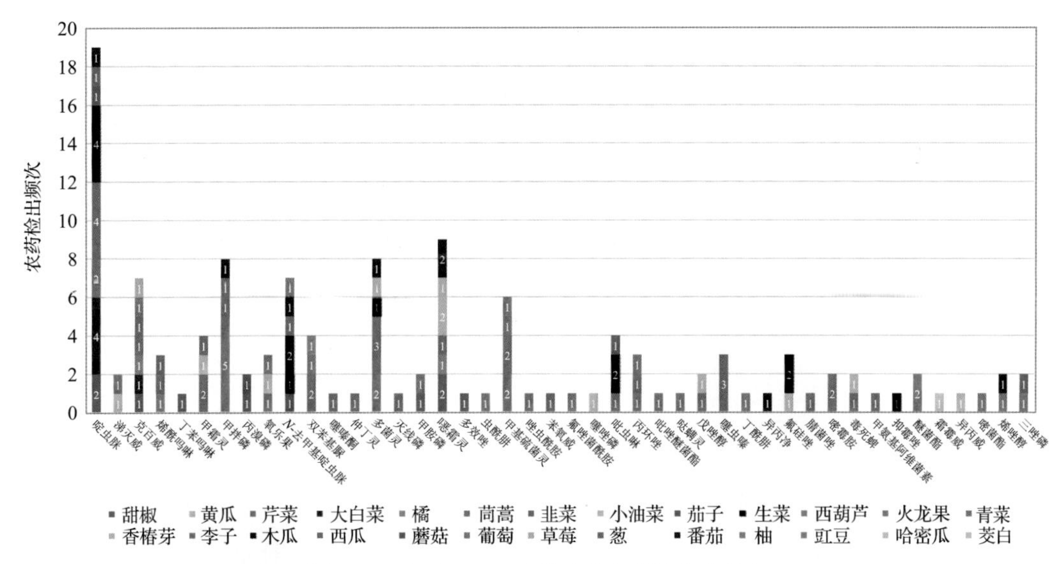

图 9-16　超过 MRL 欧盟标准农药品种及频次

丁灵、抑霉唑、吡虫啉、异丙威、丙溴磷和 *N*-去甲基啶虫脒，低毒农药灭蝇胺、烯酰吗啉、丁苯吗啉、嘧霉胺、氟吡菌酰胺、虫酰肼、苯氧威、氟唑菌酰胺、双苯基脲、噻嗪酮和异丙净，微毒农药多菌灵、丁酰肼、嘧菌酯、甲基硫菌灵、吡丙醚和霜霉威。

按超标程度比较，李子中甲基硫菌灵超标 352.0 倍，茼蒿中嘧霉胺超标 210.0 倍，茼蒿中甲基硫菌灵超标 163.0 倍，茼蒿中烯酰吗啉超标 152.0 倍，火龙果中甲基硫菌灵超标 96.5 倍。检测结果见图 9-17 和附表 17。

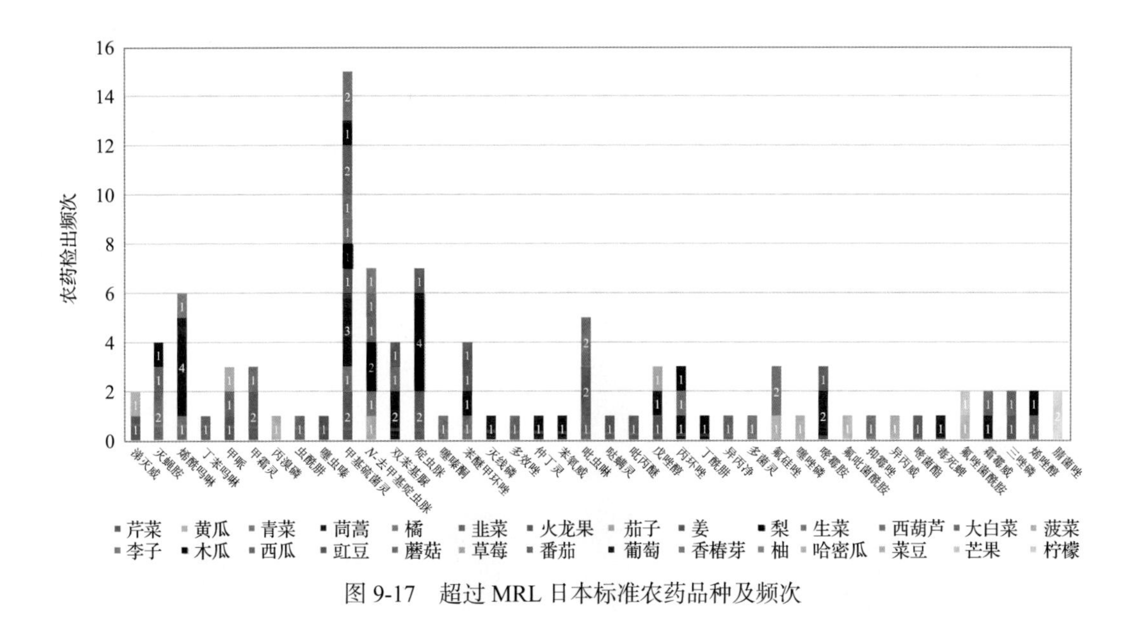

图 9-17　超过 MRL 日本标准农药品种及频次

9.2.2.4　按 MRL 中国香港标准衡量

按 MRL 中国香港标准衡量，共有 3 种农药超标，检出 6 频次，分别为高毒农药克百威，中毒农药毒死蜱和啶虫脒。

按超标程度比较，青菜中克百威超标 3.6 倍，茼蒿中毒死蜱超标 1.6 倍，甜椒中啶虫脒超标 1.3 倍，香椿芽中毒死蜱超标 1.2 倍，番茄中啶虫脒超标 0.6 倍。检测结果见图 9-18 和附表 18。

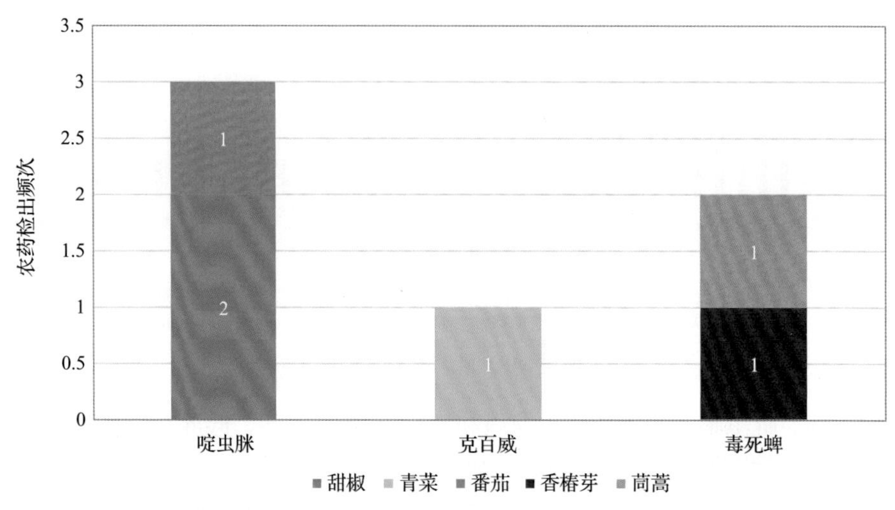

图 9-18　超过 MRL 中国香港标准农药品种及频次

9.2.2.5　按 MRL 美国标准衡量

按 MRL 美国标准衡量，共有 6 种农药超标，检出 8 频次，分别为中毒农药甲霜灵、噻虫嗪、甲氨基阿维菌素和啶虫脒，微毒农药嘧菌酯和甲基硫菌灵。

按超标程度比较，李子中甲基硫菌灵超标 6.1 倍，姜中噻虫嗪超标 1.4 倍，甜椒中啶虫脒超标 1.3 倍，番茄中啶虫脒超标 0.6 倍，青菜中甲氨基阿维菌素超标 0.3 倍。检测结果见图 9-19 和附表 19。

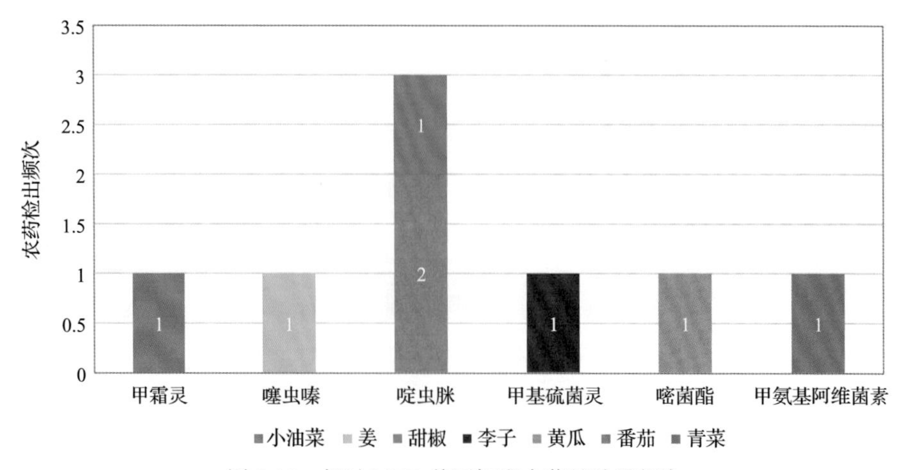

图 9-19　超过 MRL 美国标准农药品种及频次

9.2.2.6　按 MRL CAC 标准衡量

按 MRL CAC 标准衡量，共有 2 种农药超标，检出 8 频次，分别为中毒农药啶虫脒，微毒农药多菌灵。

按超标程度比较，甜椒中啶虫脒超标 1.3 倍，番茄中多菌灵超标 1.0 倍，番茄中啶虫脒超标 0.6 倍，黄瓜中多菌灵超标 0.5 倍，黄瓜中啶虫脒超标 0.1 倍。检测结果见图 9-20 和附表 20。

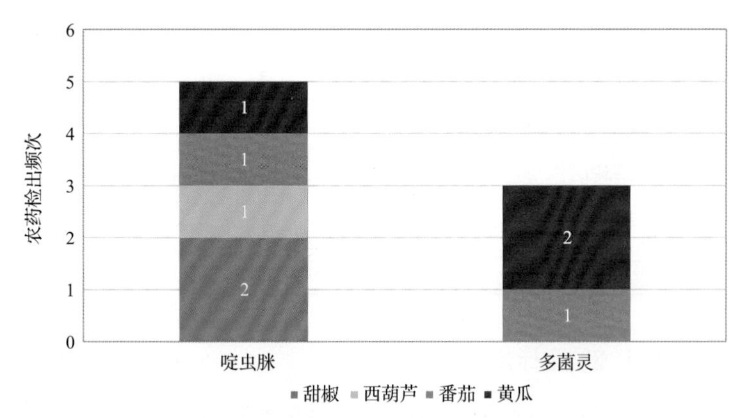

图 9-20　超过 MRL CAC 标准农药品种及频次

9.2.3　17 个采样点超标情况分析

9.2.3.1　按 MRL 中国国家标准衡量

按 MRL 中国国家标准衡量，有 10 个采样点的样品存在不同程度的超标农药检出，其中***超市(大关路店)的超标率最高，为 8.8%，如图 9-21 和表 9-14 所示。

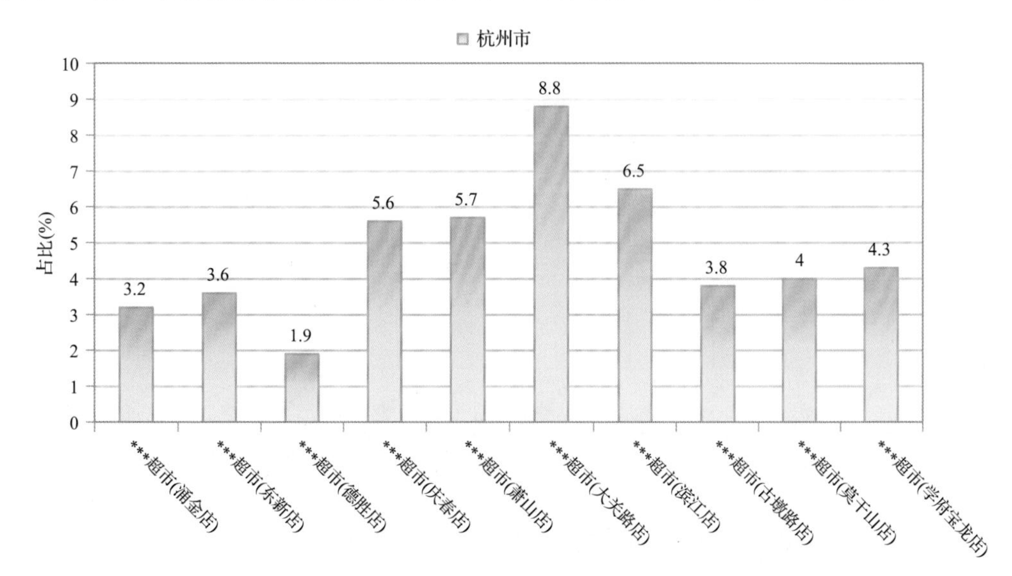

图 9-21　超过 MRL 中国国家标准水果蔬菜在不同采样点分布

表 9-14　超过 MRL 中国国家标准水果蔬菜在不同采样点分布

序号	采样点	样品总数	超标数量	超标率(%)	行政区域
1	***超市(涌金店)	63	2	3.2	上城区
2	***超市(东新店)	56	2	3.6	下城区
3	***超市(德胜店)	54	1	1.9	下城区
4	***超市(庆春店)	36	2	5.6	下城区
5	***超市(萧山店)	35	2	5.7	萧山区
6	***超市(大关路店)	34	3	8.8	拱墅区
7	***超市(滨江店)	31	2	6.5	滨江区
8	***超市(古墩路店)	26	1	3.8	西湖区
9	***超市(莫干山店)	25	1	4.0	拱墅区
10	***超市(学府宝龙店)	23	1	4.3	江干区

9.2.3.2　按 MRL 欧盟标准衡量

按 MRL 欧盟标准衡量，所有采样点的样品存在不同程度的超标农药检出，其中***超市(滨江店)的超标率最高，为 35.5%，如图 9-22 和表 9-15 所示。

9.2.3.3　按 MRL 日本标准衡量

按 MRL 日本标准衡量，所有采样点的样品存在不同程度的超标农药检出，其中***超市(萧山店)的超标率最高，为 22.9%，如图 9-23 和表 9-16 所示。

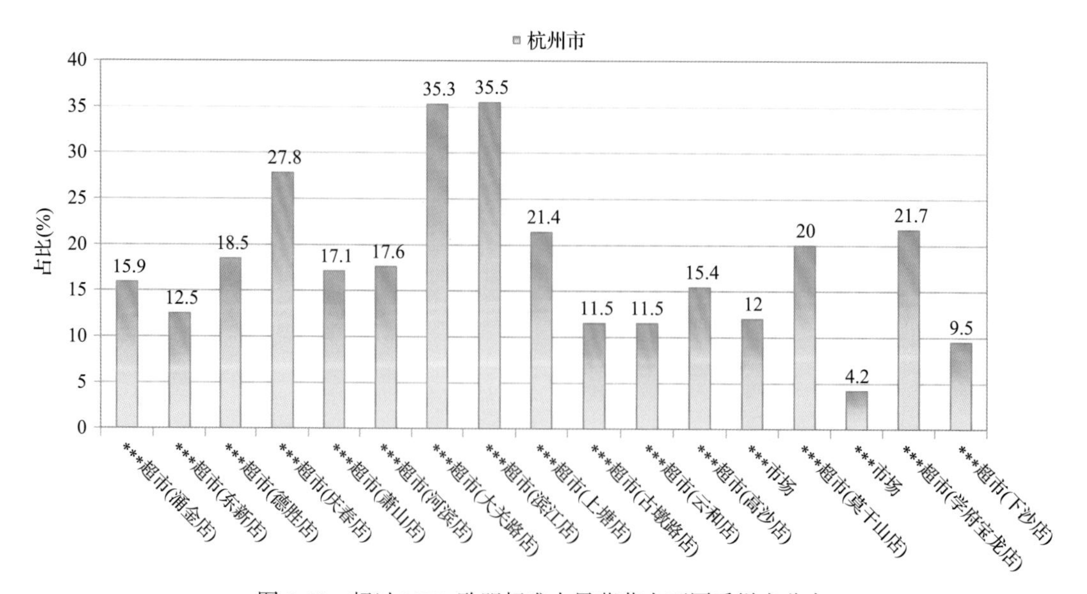

图 9-22　超过 MRL 欧盟标准水果蔬菜在不同采样点分布

表 9-15　超过 MRL 欧盟标准水果蔬菜在不同采样点分布

序号	采样点	样品总数	超标数量	超标率(%)	行政区域
1	***超市(涌金店)	63	10	15.9	上城区
2	***超市(东新店)	56	7	12.5	下城区
3	***超市(德胜店)	54	10	18.5	下城区
4	***超市(庆春店)	36	10	27.8	下城区
5	***超市(萧山店)	35	6	17.1	萧山区
6	***超市(河滨店)	34	6	17.6	滨江区
7	***超市(大关路店)	34	12	35.3	拱墅区
8	***超市(滨江店)	31	11	35.5	滨江区
9	***超市(上塘店)	28	6	21.4	拱墅区
10	***超市(古墩路店)	26	3	11.5	西湖区
11	***超市(云和店)	26	3	11.5	拱墅区
12	***超市(高沙店)	26	4	15.4	江干区
13	***市场	25	3	12.0	上城区
14	***超市(莫干山店)	25	5	20.0	拱墅区
15	***市场	24	1	4.2	西湖区
16	***超市(学府宝龙店)	23	5	21.7	江干区
17	***超市(下沙店)	21	2	9.5	江干区

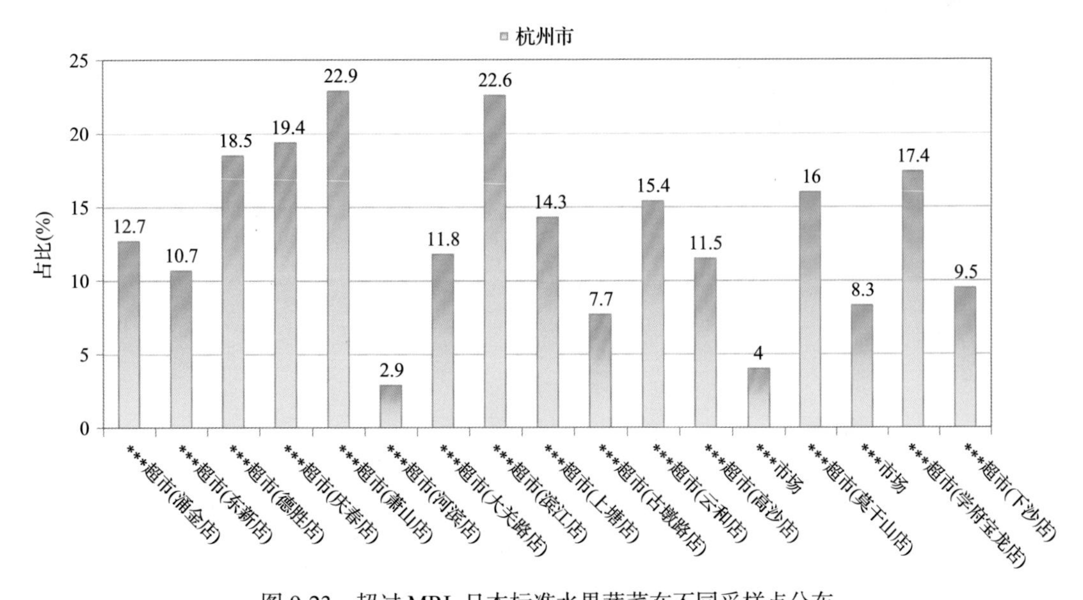

图 9-23　超过 MRL 日本标准水果蔬菜在不同采样点分布

表 9-16　超过 MRL 日本标准水果蔬菜在不同采样点分布

序号	采样点	样品总数	超标数量	超标率(%)	行政区域
1	***超市(涌金店)	63	8	12.7	上城区
2	***超市(东新店)	56	6	10.7	下城区
3	***超市(德胜店)	54	10	18.5	下城区
4	***超市(庆春店)	36	7	19.4	下城区
5	***超市(萧山店)	35	8	22.9	萧山区
6	***超市(河滨店)	34	1	2.9	滨江区
7	***超市(大关路店)	34	4	11.8	拱墅区
8	***超市(滨江店)	31	7	22.6	滨江区
9	***超市(上塘店)	28	4	14.3	拱墅区
10	***超市(古墩路店)	26	2	7.7	西湖区
11	***超市(云和店)	26	4	15.4	拱墅区
12	***超市(高沙店)	26	3	11.5	江干区
13	***市场	25	1	4.0	上城区
14	***超市(莫干山店)	25	4	16.0	拱墅区
15	***市场	24	2	8.3	西湖区
16	***超市(学府宝龙店)	23	4	17.4	江干区
17	***超市(下沙店)	21	2	9.5	江干区

9.2.3.4　按 MRL 中国香港标准衡量

按 MRL 中国香港标准衡量，有 5 个采样点的样品存在不同程度的超标农药检出，其中***超市(滨江店)的超标率最高，为 6.5%，如图 9-24 和表 9-17 所示。

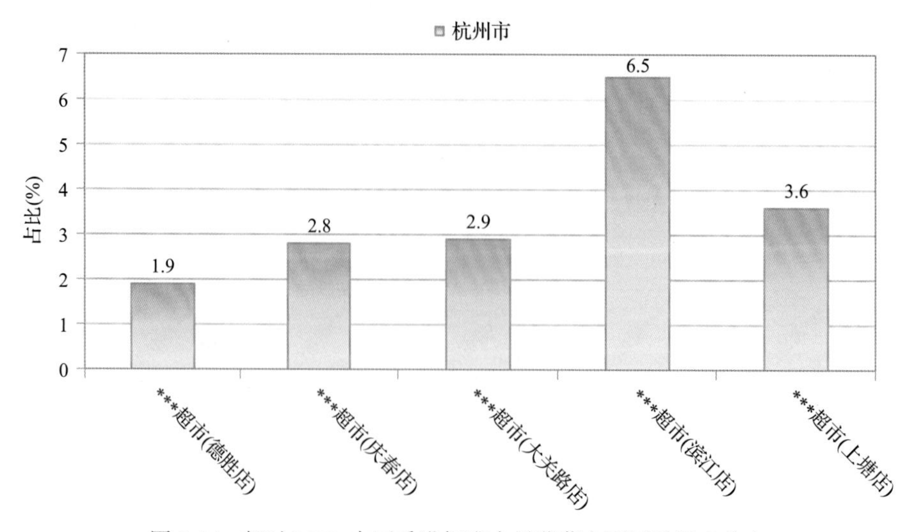

图 9-24　超过 MRL 中国香港标准水果蔬菜在不同采样点分布

表 9-17 超过 MRL 中国香港标准水果蔬菜在不同采样点分布

序号	采样点	样品总数	超标数量	超标率(%)	行政区域
1	***超市(德胜店)	54	1	1.9	下城区
2	***超市(庆春店)	36	1	2.8	下城区
3	***超市(大关路店)	34	1	2.9	拱墅区
4	***超市(滨江店)	31	2	6.5	滨江区
5	***超市(上塘店)	28	1	3.6	拱墅区

9.2.3.5 按 MRL 美国标准衡量

按 MRL 美国标准衡量，有 7 个采样点的样品存在不同程度的超标农药检出，其中***超市(庆春店)的超标率最高，为 5.6%，如图 9-25 和表 9-18 所示。

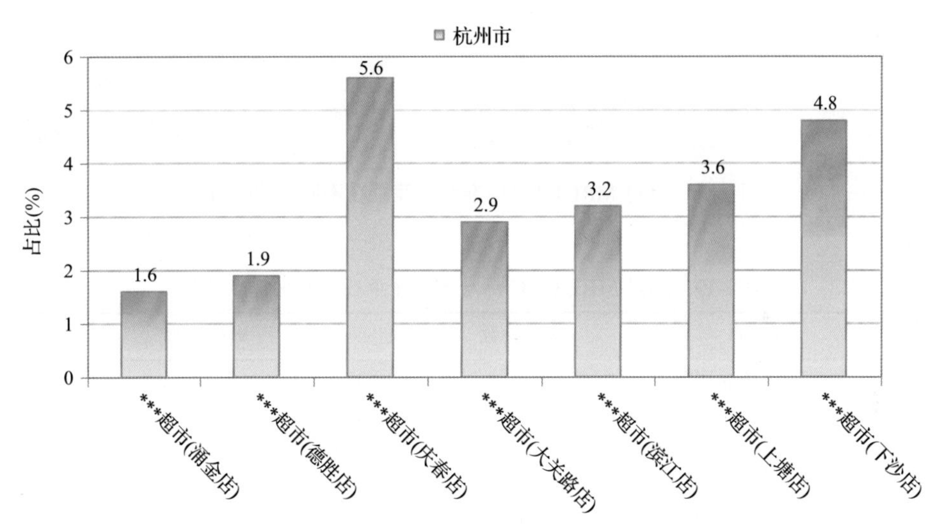

图 9-25 超过 MRL 美国标准水果蔬菜在不同采样点分布

表 9-18 超过 MRL 美国标准水果蔬菜在不同采样点分布

序号	采样点	样品总数	超标数量	超标率(%)	行政区域
1	***超市(涌金店)	63	1	1.6	上城区
2	***超市(德胜店)	54	1	1.9	下城区
3	***超市(庆春店)	36	2	5.6	下城区
4	***超市(大关路店)	34	1	2.9	拱墅区
5	***超市(滨江店)	31	1	3.2	滨江区
6	***超市(上塘店)	28	1	3.6	拱墅区
7	***超市(下沙店)	21	1	4.8	江干区

9.2.3.6　按 MRL CAC 标准衡量

按 MRL CAC 标准衡量，有 6 个采样点的样品存在不同程度的超标农药检出，其中***超市(滨江店)的超标率最高，为 6.5%，如图 9-26 和表 9-19 所示。

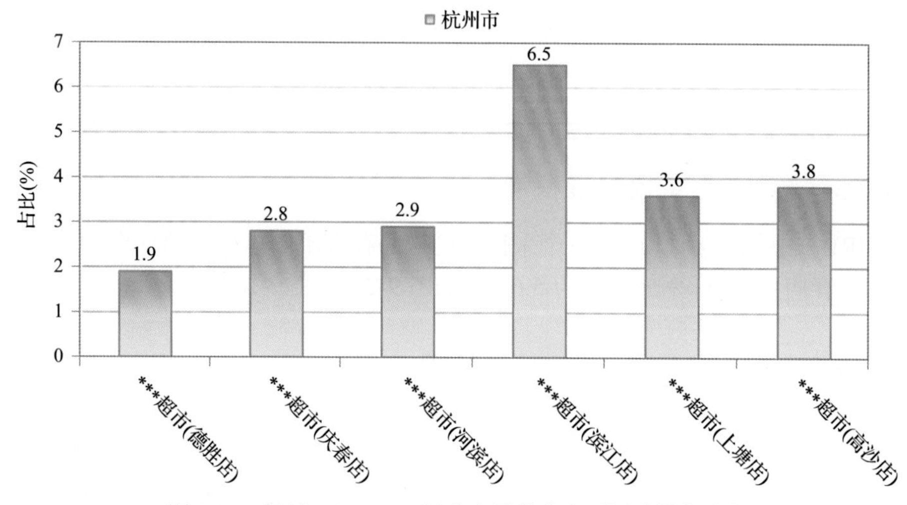

图 9-26　超过 MRL CAC 标准水果蔬菜在不同采样点分布

表 9-19　超过 MRL CAC 标准水果蔬菜在不同采样点分布

序号	采样点	样品总数	超标数量	超标率(%)	行政区域
1	***超市(德胜店)	54	1	1.9	下城区
2	***超市(庆春店)	36	1	2.8	下城区
3	***超市(河滨店)	34	1	2.9	滨江区
4	***超市(滨江店)	31	2	6.5	滨江区
5	***超市(上塘店)	28	1	3.6	拱墅区
6	***超市(高沙店)	26	1	3.8	江干区

9.3　水果中农药残留分布

9.3.1　检出农药品种和频次排前 10 的水果

本次残留侦测的水果共 20 种，包括猕猴桃、桃、西瓜、柿子、哈密瓜、香蕉、木瓜、苹果、葡萄、草莓、枣、柚、梨、芒果、李子、橘、柠檬、橙、火龙果和菠萝。

根据检出农药品种及频次进行排名，将各项排名前 10 位的水果样品检出情况列表说明，详见表 9-20。

表 9-20　检出农药品种和频次排名前 10 的水果

检出农药品种排名前 10(品种)	①葡萄(30),②草莓(18),③芒果(13),④橙(10),⑤梨(10),⑥柠檬(9),⑦火龙果(8),⑧哈密瓜(7),⑨桃(7),⑩木瓜(6)
检出农药频次排名前 10(频次)	①葡萄(97),②草莓(26),③芒果(19),④柠檬(16),⑤橙(15),⑥木瓜(14),⑦火龙果(13),⑧梨(13),⑨苹果(13),⑩哈密瓜(10)
检出禁用、高毒及剧毒农药品种排名前 10(品种)	①葡萄(4),②草莓(2),③橘(1),④芒果(1),⑤苹果(1),⑥西瓜(1)
检出禁用、高毒及剧毒农药频次排名前 10(频次)	①葡萄(5),②草莓(2),③橘(1),④芒果(1),⑤苹果(1),⑥西瓜(1)

9.3.2　超标农药品种和频次排前 10 的水果

鉴于 MRL 欧盟标准和日本标准制定比较全面且覆盖率较高，我们参照 MRL 中国国家标准、欧盟标准和日本标准衡量水果样品中农残检出情况，将超标农药品种及频次排名前 10 的水果列表说明，详见表 9-21。

表 9-21　超标农药品种和频次排名前 10 的水果

超标农药品种排名前 10(农药品种数)	MRL 中国国家标准	①草莓(1),②葡萄(1)
	MRL 欧盟标准	①葡萄(7),②草莓(3),③哈密瓜(3),④火龙果(3),⑤橘(3),⑥木瓜(3),⑦芒果(2),⑧李子(1),⑨桃(1),⑩西瓜(1)
	MRL 日本标准	①火龙果(5),②葡萄(5),③哈密瓜(2),④李子(2),⑤芒果(2),⑥木瓜(2),⑦柠檬(2),⑧草莓(1),⑨橘(1),⑩梨(1)
超标农药频次排名前 10(农药频次数)	MRL 中国国家标准	①草莓(1),②葡萄(1)
	MRL 欧盟标准	①木瓜(8),②葡萄(7),③火龙果(4),④草莓(3),⑤哈密瓜(3),⑥橘(3),⑦芒果(2),⑧李子(1),⑨桃(1),⑩西瓜(1)
	MRL 日本标准	①火龙果(7),②木瓜(6),③柠檬(5),④葡萄(5),⑤哈密瓜(2),⑥李子(2),⑦芒果(2),⑧草莓(1),⑨橘(1),⑩梨(1)

通过对各品种水果样本总数及检出率进行综合分析发现，葡萄、橙和梨的残留污染最为严重，在此，我们参照 MRL 中国国家标准、欧盟标准和日本标准对这 3 种水果的农残检出情况进行进一步分析。

9.3.3　农药残留检出率较高的水果样品分析

9.3.3.1　葡萄

这次共检测 21 例葡萄样品，全部检出了农药残留，检出率为 100.0%，检出农药共计 30 种。其中多菌灵、啶虫脒、嘧菌酯、吡唑醚菌酯和嘧霉胺检出频次较高，分别检出了 12、9、8、7 和 7 次。葡萄中农药检出品种和频次见图 9-27，超标农药见图 9-28 和表 9-22。

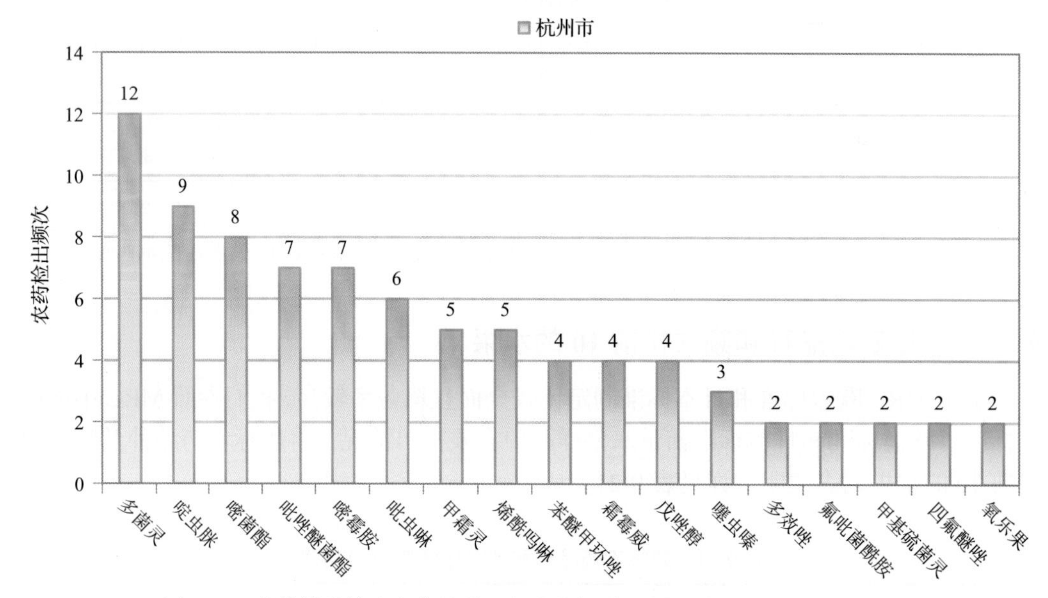

图 9-27　葡萄样品检出农药品种和频次分析(仅列出 2 频次及以上的数据)

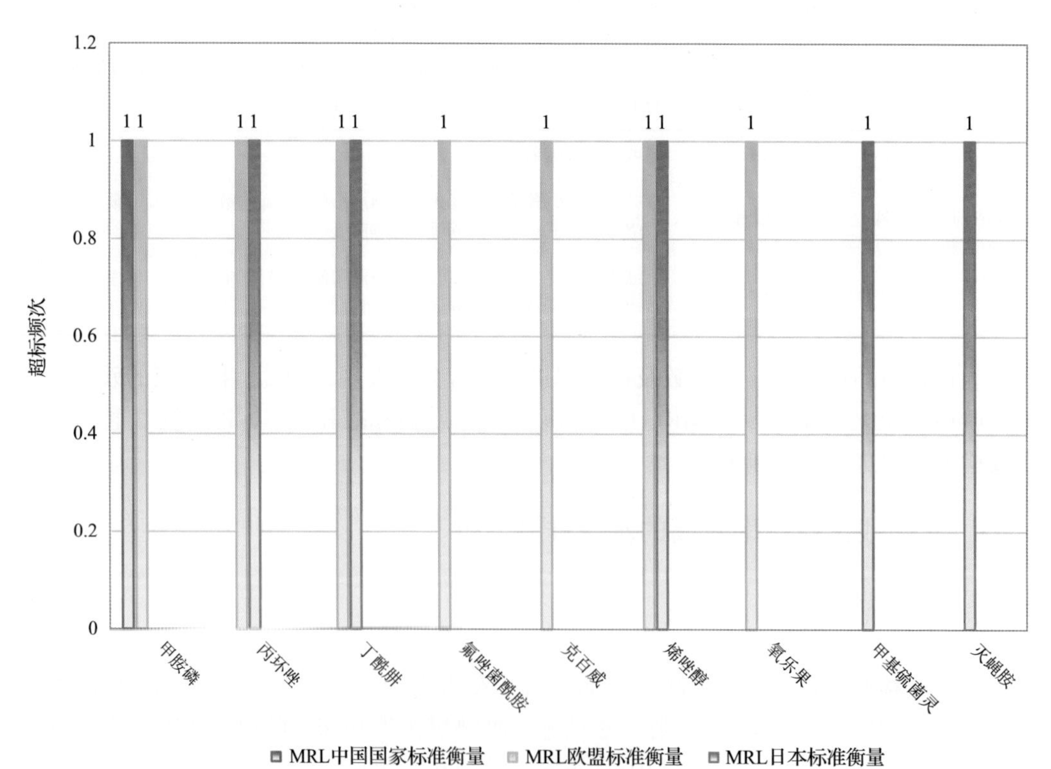

图 9-28　葡萄样品中超标农药分析

表 9-22　葡萄中农药残留超标情况明细表

样品总数			检出农药样品数	样品检出率(%)	检出农药品种总数
21			21	100	30
	超标农药品种	超标农药频次	按照 MRL 中国国家标准、欧盟标准和日本标准衡量超标农药名称及频次		
中国国家标准	1	1	甲胺磷(1)		
欧盟标准	7	7	丙环唑(1)，丁酰肼(1)，氟唑菌酰胺(1)，甲胺磷(1)，克百威(1)，烯唑醇(1)，氧乐果(1)		
日本标准	5	5	丙环唑(1)，丁酰肼(1)，甲基硫菌灵(1)，灭蝇胺(1)，烯唑醇(1)		

9.3.3.2　橙

这次共检测 13 例橙样品，8 例样品中检出了农药残留，检出率为 61.5%，检出农药共计 10 种。其中嘧霉胺、丙环唑、甲霜灵、吡丙醚和吡虫啉检出频次较高，分别检出了 4、2、2、1 和 1 次。橙中农药检出品种和频次见图 9-29，超标农药见表 9-23。

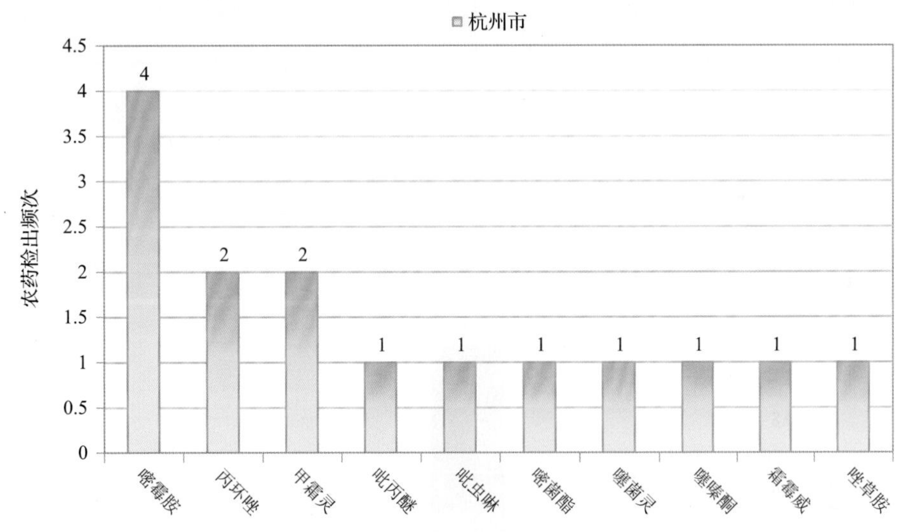

图 9-29　橙样品检出农药品种和频次分析

表 9-23　橙中农药残留超标情况明细表

样品总数			检出农药样品数	样品检出率(%)	检出农药品种总数
13			8	61.5	10
	超标农药品种	超标农药频次	按照 MRL 中国国家标准、欧盟标准和日本标准衡量超标农药名称及频次		
中国国家标准	0	0			
欧盟标准	0	0			
日本标准	0	0			

9.3.3.3　梨

这次共检测 16 例梨样品，11 例样品中检出了农药残留，检出率为 68.8%，检出农药共计 10 种。其中甲霜灵、嘧菌酯、苯醚甲环唑、吡虫啉和吡唑醚菌酯检出频次较高，分别检出了 3、2、1、1 和 1 次。梨中农药检出品种和频次见图 9-30，超标农药见图 9-31 和表 9-24。

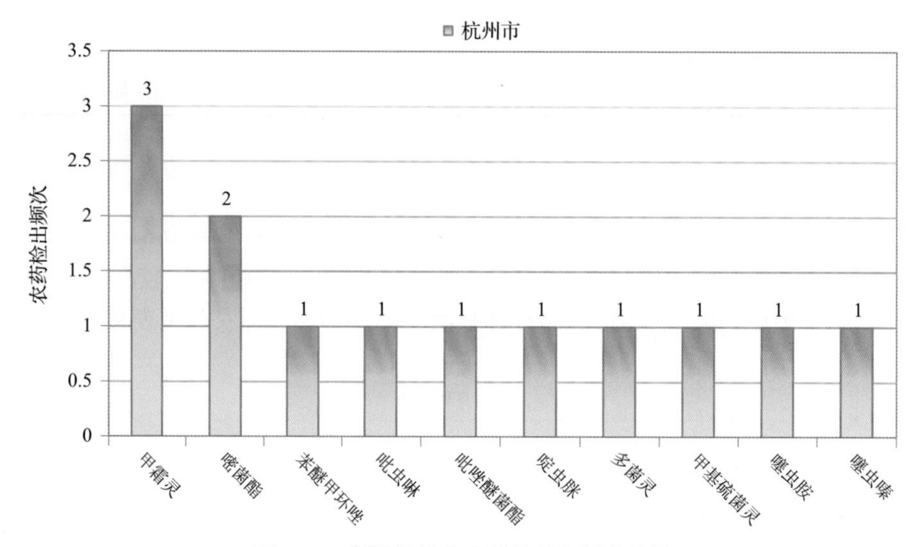

图 9-30　梨样品检出农药品种和频次分析

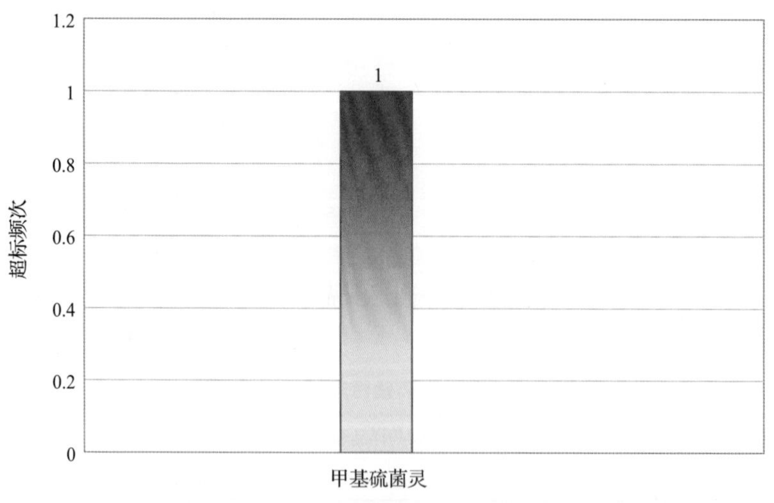

图 9-31　梨样品中超标农药分析

表 9-24　梨中农药残留超标情况明细表

样品总数			检出农药样品数	样品检出率(%)	检出农药品种总数
16			11	68.8	10
	超标农药品种	超标农药频次	按照 MRL 中国国家标准、欧盟标准和日本标准衡量超标农药名称及频次		
中国国家标准	0	0			
欧盟标准	0	0			
日本标准	1	1	甲基硫菌灵(1)		

9.4　蔬菜中农药残留分布

9.4.1　检出农药品种和频次排前 10 的蔬菜

本次残留侦测的蔬菜共 41 种，包括韭菜、黄瓜、香椿芽、芹菜、结球甘蓝、洋葱、大蒜、紫薯、番茄、菠菜、豇豆、山药、西葫芦、甜椒、芥蓝、佛手瓜、葱、辣椒、苋菜、青花菜、胡萝卜、芋、油麦菜、南瓜、茄子、马铃薯、萝卜、姜、娃娃菜、生菜、苦瓜、茼蒿、大白菜、小油菜、菜豆、茭白、冬瓜、青菜、蒜薹、丝瓜和莴笋。

根据检出农药品种及频次进行排名，将各项排名前 10 位的蔬菜样品检出情况列表说明，详见表 9-25。

表 9-25　检出农药品种和频次排名前 10 的蔬菜

检出农药品种排名前 10(品种)	①芹菜(31),②番茄(27),③茼蒿(25),④青菜(23),⑤黄瓜(20),⑥生菜(19),⑦韭菜(18),⑧甜椒(15),⑨香椿芽(14),⑩大白菜(12)
检出农药频次排名前 10(频次)	①芹菜(87),②番茄(65),③茼蒿(61),④黄瓜(56),⑤青菜(56),⑥香椿芽(36),⑦甜椒(32),⑧生菜(30),⑨韭菜(24),⑩大白菜(20)
检出禁用、高毒及剧毒农药品种排名前 10(品种)	①芹菜(5),②青菜(4),③茼蒿(3),④番茄(2),⑤黄瓜(2),⑥韭菜(2),⑦大白菜(1),⑧大蒜(1),⑨胡萝卜(1),⑩甜椒(1)
检出禁用、高毒及剧毒农药频次排名前 10(频次)	①芹菜(12),②青菜(5),③番茄(3),④茼蒿(3),⑤胡萝卜(2),⑥黄瓜(2),⑦韭菜(2),⑧大白菜(1),⑨大蒜(1),⑩甜椒(1)

9.4.2　超标农药品种和频次排前 10 的蔬菜

鉴于 MRL 欧盟标准和日本标准制定比较全面且覆盖率较高，我们参照 MRL 中国国家标准、欧盟标准和日本标准衡量蔬菜样品中农残检出情况，将超标农药品种及频次排名前 10 的蔬菜列表说明，详见表 9-26。

通过对各品种蔬菜样本总数及检出率进行综合分析发现，芹菜、番茄和青菜的残留污染最为严重，在此，我们参照 MRL 中国国家标准、欧盟标准和日本标准对这 3 种蔬菜的农残检出情况进行进一步分析。

表 9-26　超标农药品种和频次排名前 10 的蔬菜

超标农药品种排名前 10(农药品种数)	MRL 中国国家标准	①黄瓜(2)，②芹菜(2)，③青菜(2)，④茼蒿(2)，⑤大白菜(1)，⑥番茄(1)，⑦甜椒(1)，⑧小油菜(1)
	MRL 欧盟标准	①茼蒿(16)，②芹菜(12)，③青菜(8)，④番茄(7)，⑤韭菜(4)，⑥生菜(4)，⑦甜椒(4)，⑧黄瓜(3)，⑨香椿芽(3)，⑩葱(2)
	MRL 日本标准	①茼蒿(12)，②豇豆(6)，③韭菜(6)，④芹菜(6)，⑤青菜(5)，⑥生菜(5)，⑦菜豆(4)，⑧番茄(4)，⑨大白菜(2)，⑩黄瓜(2)
超标农药频次排名前 10(农药频次数)	MRL 中国国家标准	①芹菜(6)，②黄瓜(2)，③青菜(2)，④茼蒿(2)，⑤大白菜(1)，⑥番茄(1)，⑦甜椒(1)，⑧小油菜(1)
	MRL 欧盟标准	①茼蒿(22)，②芹菜(19)，③青菜(11)，④番茄(8)，⑤甜椒(6)，⑥大白菜(5)，⑦生菜(5)，⑧葱(4)，⑨韭菜(4)，⑩香椿芽(4)
	MRL 日本标准	①茼蒿(19)，②豇豆(7)，③芹菜(7)，④韭菜(6)，⑤青菜(6)，⑥生菜(6)，⑦番茄(5)，⑧菜豆(4)，⑨大白菜(2)，⑩黄瓜(2)

9.4.3　农药残留检出率较高的蔬菜样品分析

9.4.3.1　芹菜

这次共检测 26 例芹菜样品，22 例样品中检出了农药残留，检出率为 84.6%，检出农药共计 31 种。其中啶虫脒、烯酰吗啉、吡虫啉、多菌灵和苯醚甲环唑检出频次较高，分别检出了 9、9、6、6 和 5 次。芹菜中农药检出品种和频次见图 9-32，超标农药见图 9-33 和表 9-27。

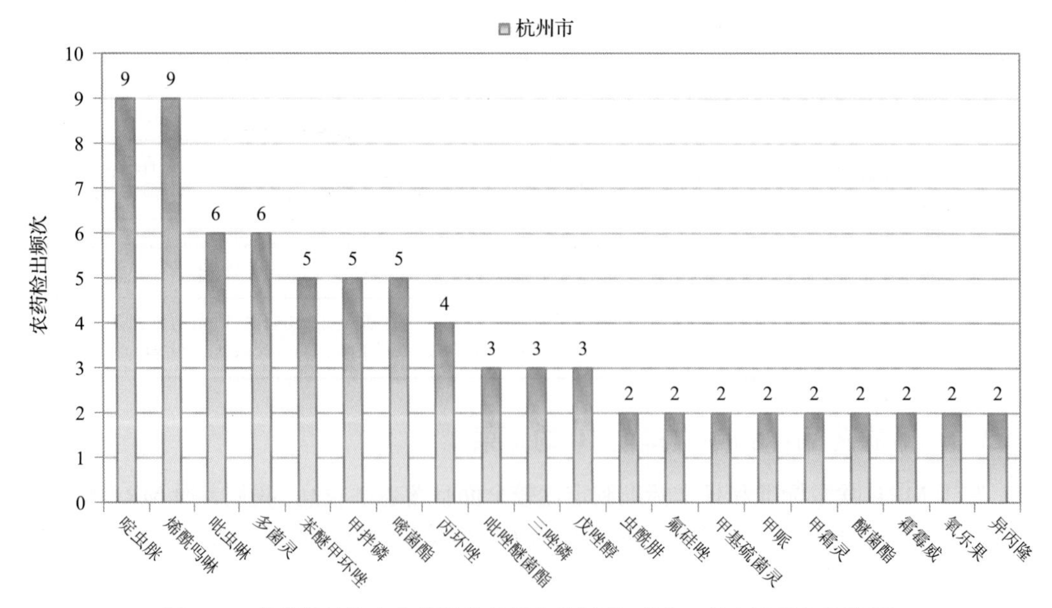

图 9-32　芹菜样品检出农药品种和频次分析(仅列出 2 频次及以上的数据)

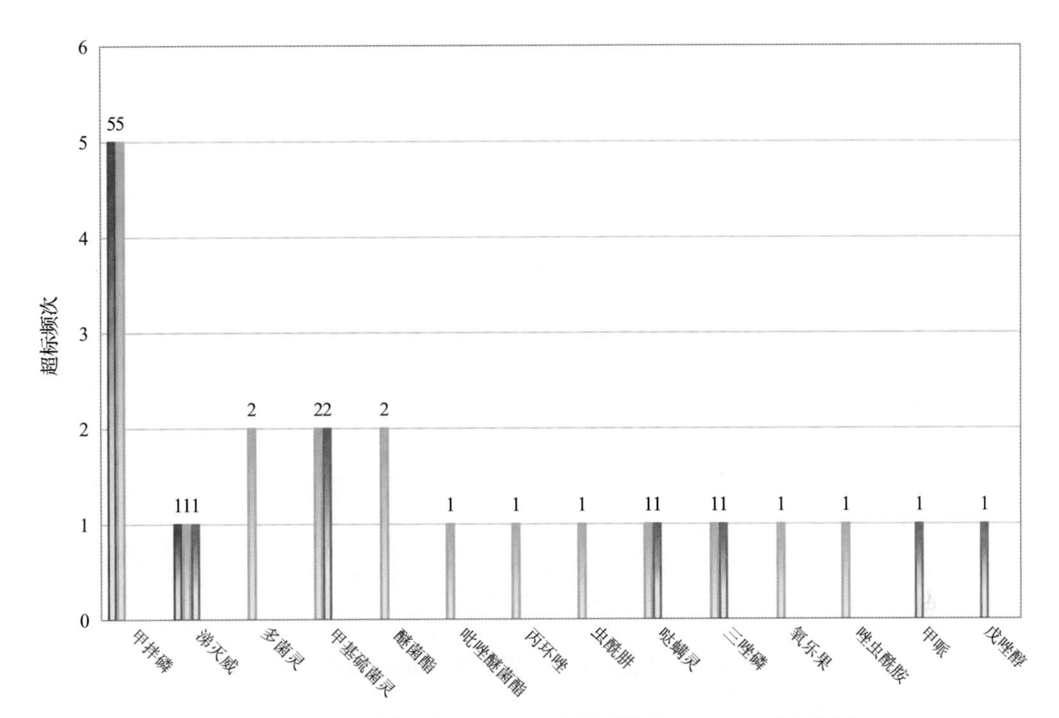

图 9-33　芹菜样品中超标农药分析

表 9-27　芹菜中农药残留超标情况明细表

样品总数			检出农药样品数	样品检出率(%)	检出农药品种总数
26			22	84.6	31
	超标农药品种	超标农药频次	按照 MRL 中国国家标准、欧盟标准和日本标准衡量超标农药名称及频次		
中国国家标准	2	6	甲拌磷(5)，涕灭威(1)		
欧盟标准	12	19	甲拌磷(5)，多菌灵(2)，甲基硫菌灵(2)，醚菌酯(2)，吡唑醚菌酯(1)，丙环唑(1)，虫酰肼(1)，哒螨灵(1)，三唑磷(1)，涕灭威(1)，氧乐果(1)，唑虫酰胺(1)		
日本标准	6	7	甲基硫菌灵(2)，哒螨灵(1)，甲哌(1)，三唑磷(1)，涕灭威(1)，戊唑醇(1)		

9.4.3.2　番茄

这次共检测 25 例番茄样品，24 例样品中检出了农药残留，检出率为 96.0%，检出农药共计 27 种。其中啶虫脒、多菌灵、噻虫嗪、噻虫胺和甲霜灵检出频次较高，分别检出了 8、8、7、6 和 5 次。番茄中农药检出品种和频次见图 9-34，超标农药见图 9-35 和表 9-28。

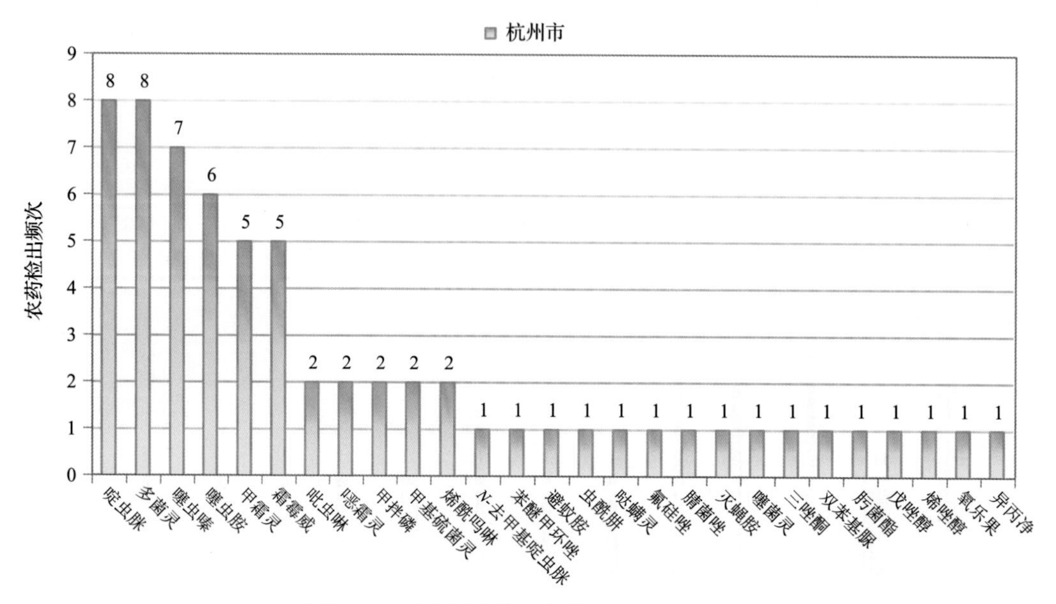

图 9-34　番茄样品检出农药品种和频次分析

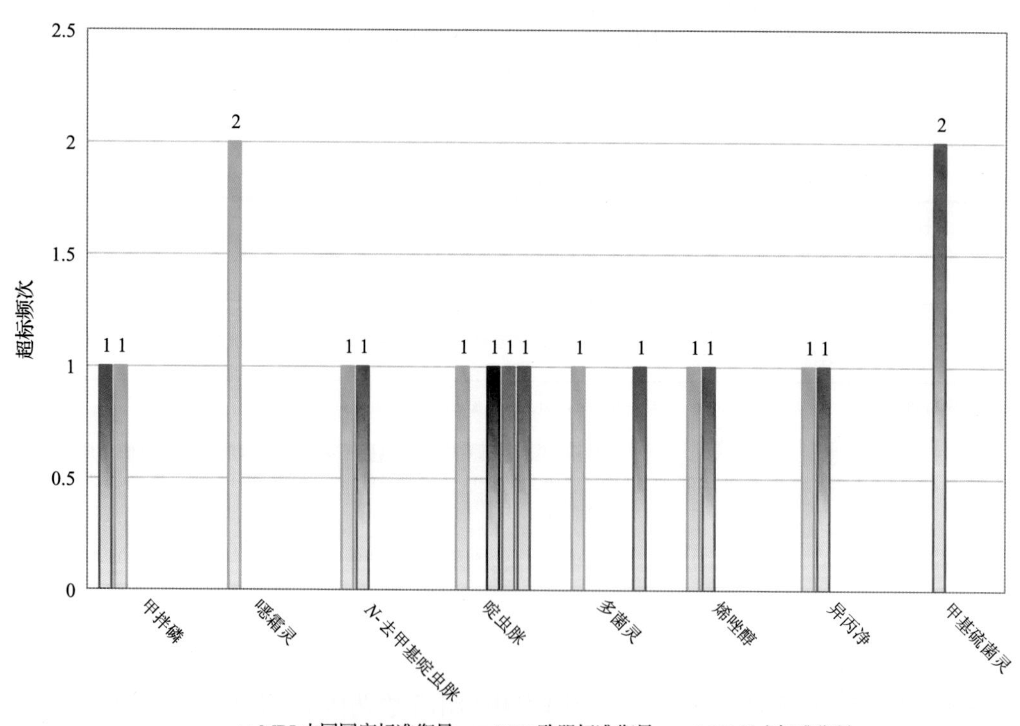

图 9-35　番茄样品中超标农药分析

表 9-28　番茄中农药残留超标情况明细表

样品总数			检出农药样品数	样品检出率(%)	检出农药品种总数
25			24	96	27
	超标农药品种	超标农药频次	按照 MRL 中国国家标准、欧盟标准和日本标准衡量超标农药名称及频次		
中国国家标准	1	1	甲拌磷(1)		
欧盟标准	7	8	噁霜灵(2), *N*-去甲基啶虫脒(1), 啶虫脒(1), 多菌灵(1), 甲拌磷(1), 烯唑醇(1), 异丙净(1)		
日本标准	4	5	甲基硫菌灵(2), *N*-去甲基啶虫脒(1), 烯唑醇(1), 异丙净(1)		

9.4.3.3　青菜

这次共检测 21 例青菜样品，19 例样品中检出了农药残留，检出率为 90.5%，检出农药共计 23 种。其中多菌灵、啶虫脒、甲霜灵、甲氨基阿维菌素和噻嗪酮检出频次较高，分别检出了 12、7、7、3 和 3 次。青菜中农药检出品种和频次见图 9-36，超标农药见图 9-37 和表 9-29。

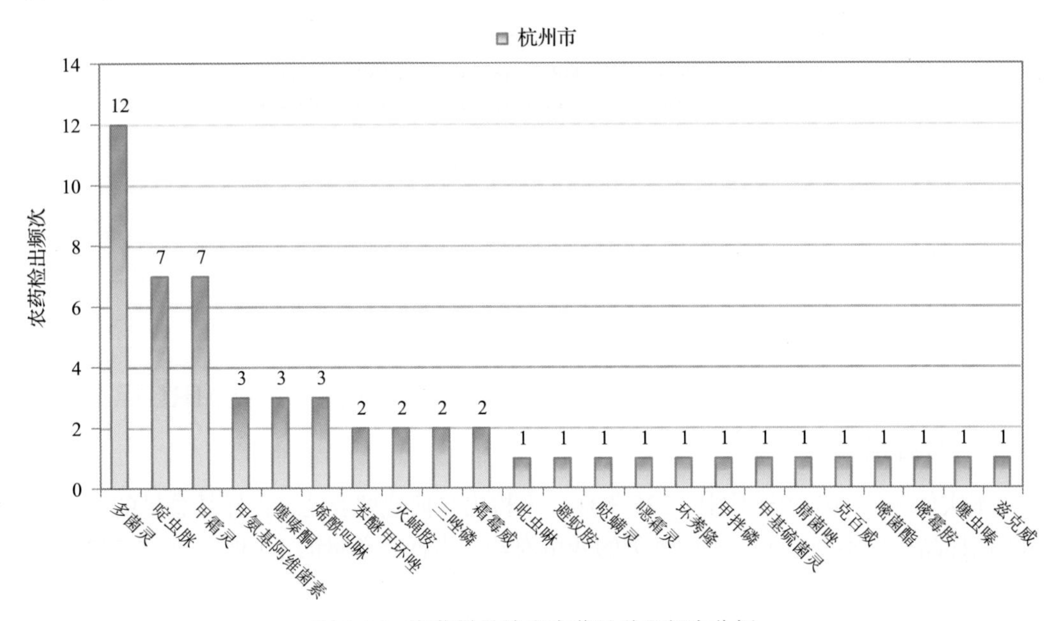

图 9-36　青菜样品检出农药品种和频次分析

表 9-29　青菜中农药残留超标情况明细表

样品总数			检出农药样品数	样品检出率(%)	检出农药品种总数
21			19	90.5	23
	超标农药品种	超标农药频次	按照 MRL 中国国家标准、欧盟标准和日本标准衡量超标农药名称及频次		
中国国家标准	2	2	甲拌磷(1), 克百威(1)		
欧盟标准	8	11	啶虫脒(4), 噁霜灵(1), 甲氨基阿维菌素(1), 甲拌磷(1), 甲霜灵(1), 克百威(1), 噻嗪酮(1), 烯酰吗啉(1)		
日本标准	5	6	灭蝇胺(2), 苯醚甲环唑(1), 甲基硫菌灵(1), 噻嗪酮(1), 烯酰吗啉(1)		

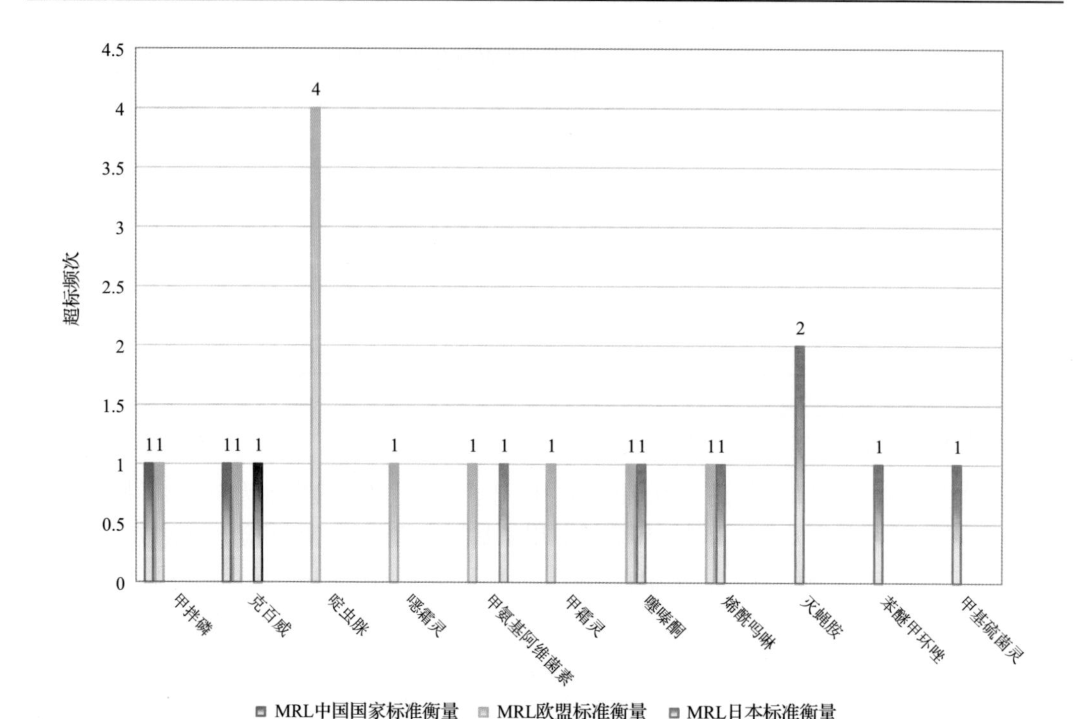

图 9-37　青菜样品中超标农药分析

9.5 初 步 结 论

9.5.1 杭州市市售水果蔬菜按 MRL 中国国家标准和国际主要 MRL 标准衡量的合格率

本次侦测的 567 例样品中，225 例样品未检出任何残留农药，占样品总量的 39.7%，342 例样品检出不同水平、不同种类的残留农药，占样品总量的 60.3%。在这 342 例检出农药残留的样品中：

按照 MRL 中国国家标准衡量，有 325 例样品检出残留农药但含量没有超标，占样品总数的 57.3%，有 17 例样品检出了超标农药，占样品总数的 3.0%。

按照 MRL 欧盟标准衡量，有 238 例样品检出残留农药但含量没有超标，占样品总数的 42.0%，有 104 例样品检出了超标农药，占样品总数的 18.3%。

按照 MRL 日本标准衡量，有 265 例样品检出残留农药但含量没有超标，占样品总数的 46.7%，有 77 例样品检出了超标农药，占样品总数的 13.6%。

按照 MRL 中国香港标准衡量，有 336 例样品检出残留农药但含量没有超标，占样品总数的 59.3%，有 6 例样品检出了超标农药，占样品总数的 1.1%。

按照 MRL 美国标准衡量，有 334 例样品检出残留农药但含量没有超标，占样品总数的 58.9%，有 8 例样品检出了超标农药，占样品总数的 1.4%。

按照 MRL CAC 标准衡量，有 335 例样品检出残留农药但含量没有超标，占样品总数的 59.1%，有 7 例样品检出了超标农药，占样品总数的 1.2%。

9.5.2　杭州市市售水果蔬菜中检出农药以中低微毒农药为主，占市场主体的 89.6%

这次侦测的 567 例样品包括调味料 1 种 1 例，谷物 1 种 1 例，食用菌 4 种 28 例，水果 20 种 163 例，蔬菜 41 种 374 例，共检出了 77 种农药，检出农药的毒性以中低微毒为主，详见表 9-30。

表 9-30　市场主体农药毒性分布

毒性	检出品种	占比	检出频次	占比
剧毒农药	3	3.9%	14	1.6%
高毒农药	5	6.5%	29	3.3%
中毒农药	36	46.8%	437	49.2%
低毒农药	22	28.6%	153	17.2%
微毒农药	11	14.3%	256	28.8%
中低微毒农药，品种占比 89.6%，频次占比 95.2%				

9.5.3　检出剧毒、高毒和禁用农药现象应该警醒

在此次侦测的 567 例样品中有 11 种蔬菜和 6 种水果的 38 例样品检出了 9 种 44 频次的剧毒和高毒或禁用农药，占样品总量的 6.7%。其中剧毒农药甲拌磷、涕灭威和灭线磷以及高毒农药克百威、三唑磷和氧乐果检出频次较高。

按 MRL 中国国家标准衡量，剧毒农药甲拌磷，检出 11 次，超标 8 次；涕灭威，检出 2 次，超标 2 次；灭线磷，检出 1 次，超标 1 次；高毒农药克百威，检出 9 次，超标 4 次；氧乐果，检出 8 次，超标 1 次；按超标程度比较，芹菜中涕灭威超标 19.3 倍，芹菜中甲拌磷超标 17.7 倍，番茄中甲拌磷超标 8.1 倍，青菜中克百威超标 3.6 倍，草莓中克百威超标 3.2 倍。

剧毒、高毒或禁用农药的检出情况及按照 MRL 中国国家标准衡量的超标情况见表 9-31。

这些超标的剧毒和高毒农药都是中国政府早有规定禁止在水果蔬菜中使用的，为什么还屡次被检出，应该引起警惕。

9.5.4　残留限量标准与先进国家或地区标准差距较大

889 频次的检出结果与我国公布的《食品中农药最大残留限量》(GB 2763—2014) 对比，有 315 频次能找到对应的 MRL 中国国家标准，占 35.4%；还有 574 频次的侦测数据无相关 MRL 标准供参考，占 64.6%。

表 9-31 剧毒、高毒或禁用农药的检出及超标明细

序号	农药名称	样品名称	检出频次	超标频次	最大超标倍数	超标率
1.1	涕灭威*▲	芹菜	1	1	19.33	100.0%
1.2	涕灭威*▲	黄瓜	1	1	1.7	100.0%
2.1	灭线磷*▲	茼蒿	1	1	2.55	100.0%
3.1	甲拌磷*▲	芹菜	5	5	17.67	100.0%
3.2	甲拌磷*▲	番茄	2	1	8.1	50.0%
3.3	甲拌磷*▲	胡萝卜	2	0	0	0.0%
3.4	甲拌磷*▲	青菜	1	1	0.2	100.0%
3.5	甲拌磷*▲	茼蒿	1	1	0.1	100.0%
4.1	三唑磷◊	芹菜	3	0	0	0.0%
4.2	三唑磷◊	青菜	2	0	0	0.0%
4.3	三唑磷◊	草莓	1	0	0	0.0%
4.4	三唑磷◊	西瓜	1	0	0	0.0%
4.5	三唑磷◊	韭菜	1	0	0	0.0%
4.6	三唑磷◊	黄瓜	1	0	0	0.0%
5.1	克百威◊▲	青菜	1	1	3.65	100.0%
5.2	克百威◊▲	草莓	1	1	3.2	100.0%
5.3	克百威◊▲	大白菜	1	1	0.2	100.0%
5.4	克百威◊▲	甜椒	1	1	0.1	100.0%
5.5	克百威◊▲	大蒜	1	0	0	0.0%
5.6	克百威◊▲	橘	1	0	0	0.0%
5.7	克百威◊▲	芹菜	1	0	0	0.0%
5.8	克百威◊▲	茼蒿	1	0	0	0.0%
5.9	克百威◊▲	葡萄	1	0	0	0.0%
6.1	兹克威◊	青菜	1	0	0	0.0%
7.1	氧乐果◊▲	芹菜	2	0	0	0.0%
7.2	氧乐果◊▲	葡萄	2	0	0	0.0%
7.3	氧乐果◊▲	小油菜	1	1	0.8	100.0%
7.4	氧乐果◊▲	番茄	1	0	0	0.0%
7.5	氧乐果◊▲	芒果	1	0	0	0.0%
7.6	氧乐果◊▲	苹果	1	0	0	0.0%
8.1	甲胺磷◊▲	葡萄	1	1	0.2	100.0%
8.2	甲胺磷◊▲	韭菜	1	0	0	0.0%
9.1	丁酰肼▲	葡萄	1	0	0	0.0%
合计			44	17		38.6%

注：超标倍数参照 MRL 中国国家标准衡量

与国际上现行 MRL 标准对比发现：

有 889 频次能找到对应的 MRL 欧盟标准，占 100.0%；

有 889 频次能找到对应的 MRL 日本标准，占 100.0%；

有 461 频次能找到对应的 MRL 中国香港标准，占 51.9%；

有 470 频次能找到对应的 MRL 美国标准，占 52.9%；

有 353 频次能找到对应的 MRL CAC 标准，占 39.7%。

由上可见，MRL 中国国家标准与先进国家或地区标准还有很大差距，我们无标准，境外有标准，这就会导致我们在国际贸易中，处于受制于人的被动地位。

9.5.5　水果蔬菜单种样品检出 13~31 种农药残留，拷问农药使用的科学性

通过此次监测发现，葡萄、草莓和芒果是检出农药品种最多的 3 种水果，芹菜、番茄和茼蒿是检出农药品种最多的 3 种蔬菜，从中检出农药品种及频次详见表 9-32。

表 9-32　单种样品检出农药品种及频次

样品名称	样品总数	检出农药样品数	检出率	检出农药品种数	检出农药(频次)
芹菜	26	22	84.6%	31	啶虫脒(9)，烯酰吗啉(9)，吡虫啉(6)，多菌灵(6)，苯醚甲环唑(5)，甲拌磷(5)，嘧菌酯(5)，丙环唑(4)，吡唑醚菌酯(3)，三唑磷(3)，戊唑醇(3)，虫酰肼(2)，氟硅唑(2)，甲基硫菌灵(2)，甲哌(2)，甲霜灵(2)，醚菌酯(2)，霜霉威(2)，氧乐果(2)，异丙隆(2)，哒螨灵(1)，噁霜灵(1)，甲氨基阿维菌素(1)，克百威(1)，噻虫胺(1)，噻虫嗪(1)，噻菌灵(1)，噻嗪酮(1)，涕灭威(1)，莠去津(1)，唑虫酰胺(1)
番茄	25	24	96.0%	27	啶虫脒(8)，多菌灵(8)，噻虫嗪(7)，噻虫胺(6)，甲霜灵(5)，霜霉威(5)，吡虫啉(2)，噁霜灵(2)，甲拌磷(2)，甲基硫菌灵(2)，烯酰吗啉(2)，*N*-去甲基啶虫脒(1)，苯醚甲环唑(1)，避蚊胺(1)，虫酰肼(1)，哒螨灵(1)，氟硅唑(1)，腈菌唑(1)，灭蝇胺(1)，噻菌灵(1)，三唑酮(1)，双苯基脲(1)，肟菌酯(1)，戊唑醇(1)，烯唑醇(1)，氧乐果(1)，异丙净(1)
茼蒿	13	11	84.6%	25	多菌灵(11)，啶虫脒(8)，吡虫啉(4)，甲霜灵(4)，烯酰吗啉(4)，甲基硫菌灵(3)，霜霉威(3)，苯醚甲环唑(2)，避蚊胺(2)，嘧霉胺(2)，灭蝇胺(2)，双苯基脲(2)，戊唑醇(2)，苯氧威(1)，丙环唑(1)，毒死蜱(1)，噁霜灵(1)，甲拌磷(1)，甲哌(1)，腈菌唑(1)，克百威(1)，嘧菌酯(1)，灭线磷(1)，噻虫嗪(1)，仲丁灵(1)
葡萄	21	21	100.0%	30	多菌灵(12)，啶虫脒(9)，嘧菌酯(8)，吡唑醚菌酯(7)，嘧霉胺(7)，吡虫啉(6)，甲霜灵(5)，烯酰吗啉(5)，苯醚甲环唑(4)，霜霉威(4)，戊唑醇(4)，噻虫嗪(3)，多效唑(2)，氟吡菌酰胺(2)，甲基硫菌灵(2)，四氟醚唑(2)，氧乐果(2)，避蚊胺(1)，丙环唑(1)，丁酰肼(1)，氟唑菌酰胺(1)，甲胺磷(1)，克百威(1)，灭蝇胺(1)，噻虫胺(1)，噻菌灵(1)，双苯基脲(1)，肟菌酯(1)，烯唑醇(1)，乙嘧酚(1)
草莓	7	7	100.0%	18	啶虫脒(5)，多菌灵(2)，甲哌(2)，霜霉威(2)，烯酰吗啉(2)，吡虫啉(1)，噁霜灵(1)，克百威(1)，联苯肼酯(1)，嘧菌酯(1)，灭蝇胺(1)，扑草净(1)，噻虫啉(1)，噻菌灵(1)，噻嗪酮(1)，三唑磷(1)，双苯基脲(1)，戊唑醇(1)
芒果	8	5	62.5%	13	啶虫脒(3)，嘧菌酯(3)，吡唑醚菌酯(2)，烯酰吗啉(2)，*N*-去甲基啶虫脒(1)，苯醚甲环唑(1)，吡虫啉(1)，丙环唑(1)，多菌灵(1)，氟唑菌酰胺(1)，甲基硫菌灵(1)，腈菌唑(1)，氧乐果(1)

上述 6 种水果蔬菜，检出农药 13 ~ 31 种，是多种农药综合防治，还是未严格实施农业良好管理规范(GAP)，抑或根本就是乱施药，值得我们思考。

第10章 LC-Q-TOF/MS侦测杭州市市售水果蔬菜农药残留膳食暴露风险与预警风险评估

10.1 农药残留风险评估方法

10.1.1 杭州市农药残留侦测数据分析与统计

庞国芳院士科研团队建立的农药残留高通量侦测技术以高分辨精确质量数(0.0001 *m/z* 为基准)为识别标准，采用 LC-Q-TOF/MS 技术对 565 种农药化学污染物进行侦测。

科研团队于 2015 年 5 月～2017 年 7 月在杭州市所属 7 个区的 17 个采样点，随机采集了 567 例水果蔬菜样品，采样点分布在超市和农贸市场，具体位置如图 10-1 所示，各月内水果蔬菜样品采集数量如表 10-1 所示。

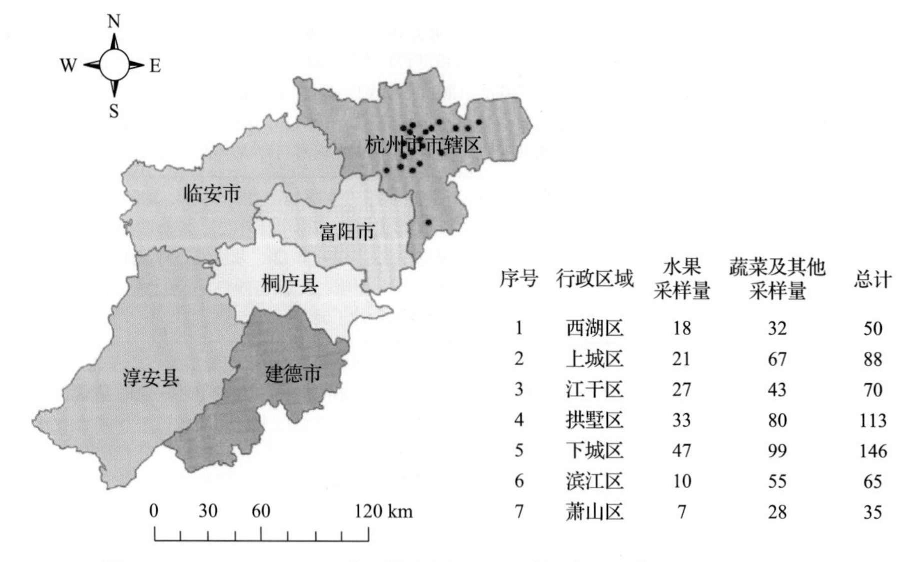

序号	行政区域	水果采样量	蔬菜及其他采样量	总计
1	西湖区	18	32	50
2	上城区	21	67	88
3	江干区	27	43	70
4	拱墅区	33	80	113
5	下城区	47	99	146
6	滨江区	10	55	65
7	萧山区	7	28	35

图 10-1 LC-Q-TOF/MS 侦测杭州市 17 个采样点 567 例样品分布示意图

表 10-1 杭州市各月内采集水果蔬菜样品数列表

时间	样品数(例)
2015 年 5 月	245
2015 年 6 月	71
2017 年 7 月	251

利用 LC-Q-TOF/MS 技术对 567 例样品中的农药进行侦测，侦测出残留农药 77 种，889 频次。侦测出农药残留水平如表 10-2 和图 10-2 所示。检出频次最高的前 10 种农药如表 10-3 所示。从检测结果中可以看出，在水果蔬菜中农药残留普遍存在，且有些水果蔬菜存在高浓度的农药残留，这些可能存在膳食暴露风险，对人体健康产生危害，因此，为了定量地评价水果蔬菜中农药残留的风险程度，有必要对其进行风险评价。

表 10-2　侦测出农药的不同残留水平及其所占比例列表

残留水平(μg/kg)	检出频次	占比(%)
1 ~ 5(含)	273	30.7
5 ~ 10(含)	130	14.6
10 ~ 100(含)	365	41.1
100 ~ 1000(含)	112	12.6
>1000	9	1.0
合计	889	100

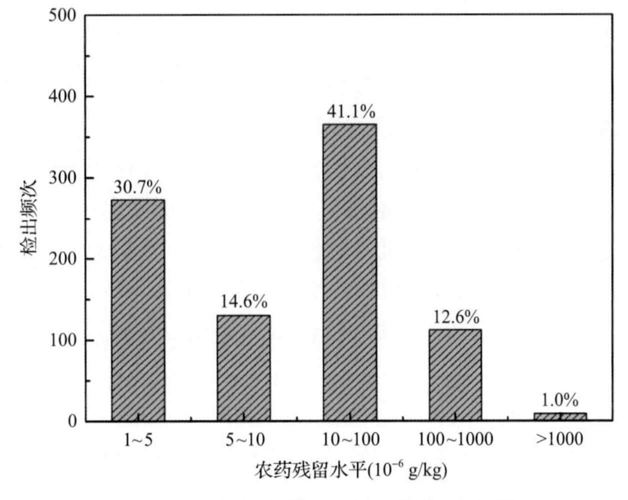

图 10-2　残留农药检出浓度频数分布图

表 10-3　检出频次最高的前 10 种农药列表

序号	农药	检出频次(次)
1	啶虫脒	138
2	多菌灵	120
3	甲霜灵	56
4	烯酰吗啉	53
5	吡虫啉	44
6	霜霉威	42
7	嘧菌酯	34
8	吡唑醚菌酯	28
9	噻虫嗪	27
10	苯醚甲环唑	26

10.1.2　农药残留风险评价模型

对杭州市水果蔬菜中农药残留分别开展暴露风险评估和预警风险评估。膳食暴露风险评估利用食品安全指数模型对水果蔬菜中的残留农药对人体可能产生的危害程度进行评价，该模型结合残留监测和膳食暴露评估评价化学污染物的危害；预警风险评价模型运用风险系数(risk index，*R*)，风险系数综合考虑了危害物的超标率、施检频率及其本身敏感性的影响，能直观而全面地反映出危害物在一段时间内的风险程度。

10.1.2.1　食品安全指数模型

为了加强食品安全管理，《中华人民共和国食品安全法》第二章第十七条规定“国家建立食品安全风险评估制度，运用科学方法，根据食品安全风险监测信息、科学数据以及有关信息，对食品、食品添加剂、食品相关产品中生物性、化学性和物理性危害因素进行风险评估”[1]，膳食暴露评估是食品危险度评估的重要组成部分，也是膳食安全性的衡量标准[2]。国际上最早研究膳食暴露风险评估的机构主要是 JMPR(FAO、WHO 农药残留联合会议)，该组织自 1995 年就已制定了急性毒性物质的风险评估急性毒性农药残留摄入量的预测。1960 年美国规定食品中不得加入致癌物质进而提出零阈值理论，渐渐零阈值理论发展成在一定概率条件下可接受风险的概念[3]，后衍变为食品中每日允许最大摄入量(ADI)，而国际食品农药残留法典委员会(CCPR)认为 ADI 不是独立风险评估的唯一标准[4]，1995 年 JMPR 开始研究农药急性膳食暴露风险评估，并对食品国际短期摄入量的计算方法进行了修正，亦对膳食暴露评估准则及评估方法进行了修正[5]，2002 年，在对世界上现行的食品安全评价方法，尤其是国际公认的 CAC 评价方法、全球环境监测系统/食品污染监测和评估规划(WHO GEMS/Food)及 FAO、WHO 食品添加剂联合专家委员会(JECFA)和 JMPR 对食品安全风险评估工作研究的基础之上，检验检疫食品安全管理的研究人员提出了结合残留监控和膳食暴露评估，以食品安全指数 IFS 计算食品中各种化学污染物对消费者的健康危害程度[6]。IFS 是表示食品安全状态的新方法，可有效地评价某种农药的安全性，进而评价食品中各种农药化学污染物对消费者健康的整体危害程度[7,8]。从理论上分析，IFS_c 可指出食品中的污染物 c 对消费者健康是否存在危害及危害的程度[9]。其优点在于操作简单且结果容易被接受和理解，不需要大量的数据来对结果进行验证，使用默认的标准假设或者模型即可[10,11]。

1) IFS_c 的计算

IFS_c 计算公式如下：

$$IFS_c=\frac{EDI_c \times f}{SI_c \times bw} \tag{10-1}$$

式中，c 为所研究的农药；EDI_c 为农药 c 的实际日摄入量估算值，等于 $\sum(R_i \times F_i \times E_i \times P_i)$ (i 为食品种类；R_i 为食品 i 中农药 c 的残留水平，mg/kg；F_i 为食品 i 的估计日消费量，g/(人·天)；E_i 为食品 i 的可食用部分因子；P_i 为食品 i 的加工处理因子)；SI_c 为安全摄入量，可采用每日允许最大摄入量 ADI；bw 为人平均体重，kg；f 为校正因子，如果安全摄入量采用 ADI，则 f 取 1。

$IFS_c \ll 1$，农药 c 对食品安全没有影响；$IFS_c \leq 1$，农药 c 对食品安全的影响可以接受；$IFS_c > 1$，农药 c 对食品安全的影响不可接受。

本次评价中：

$IFS_c \leq 0.1$，农药 c 对水果蔬菜安全没有影响；

$0.1 < IFS_c \leq 1$，农药 c 对水果蔬菜安全的影响可以接受；

$IFS_c > 1$，农药 c 对水果蔬菜安全的影响不可接受。

本次评价中残留水平 R_i 取值为中国检验检疫科学研究院庞国芳院士课题组利用以高分辨精确质量数(0.0001 m/z)为基准的 GC-Q-TOF/MS 侦测技术于 2015 年 5 月～2017 年 7 月对杭州市水果蔬菜农药残留的侦测结果，估计日消费量 F_i 取值 0.38 kg/(人·天)，E_i=1，P_i=1，f=1，SI_c 采用《食品安全国家标准　食品中农药最大残留限量》(GB 2763—2016)中 ADI 值(具体数值见表 10-4)，人平均体重(bw)取值 60 kg。

表 10-4　杭州市水果蔬菜中侦测出农药的 ADI 值

序号	农药	ADI	序号	农药	ADI	序号	农药	ADI
1	氧乐果	0.0003	27	噻虫啉	0.01	53	吡丙醚	0.1
2	灭线磷	0.0004	28	异丙隆	0.015	54	多效唑	0.1
3	甲氨基阿维菌素	0.0005	29	稻瘟灵	0.016	55	噻虫胺	0.1
4	甲拌磷	0.0007	30	虫酰肼	0.02	56	噻菌灵	0.1
5	克百威	0.001	31	莠去津	0.02	57	异丙甲草胺	0.1
6	三唑磷	0.001	32	吡唑醚菌酯	0.03	58	嘧菌酯	0.2
7	乐果	0.002	33	丙溴磷	0.03	59	嘧霉胺	0.2
8	异丙威	0.002	34	多菌灵	0.03	60	烯酰吗啉	0.2
9	丁苯吗啉	0.003	35	腈菌唑	0.03	61	仲丁灵	0.2
10	涕灭威	0.003	36	嘧菌环胺	0.03	62	醚菌酯	0.4
11	甲胺磷	0.004	37	三唑醇	0.03	63	霜霉威	0.4
12	噻唑磷	0.004	38	三唑酮	0.03	64	丁酰肼	0.5
13	己唑醇	0.005	39	戊唑醇	0.03	65	*N*-去甲基啶虫脒	—
14	烯唑醇	0.005	40	抑霉唑	0.03	66	苯噻菌胺	—
15	唑虫酰胺	0.006	41	乙嘧酚	0.035	67	苯氧威	—
16	氟硅唑	0.007	42	扑草净	0.04	68	避蚊胺	—
17	噻嗪酮	0.009	43	三环唑	0.04	69	氟唑菌酰胺	—
18	苯醚甲环唑	0.01	44	肟菌酯	0.04	70	环莠隆	—
19	哒螨灵	0.01	45	环嗪酮	0.05	71	甲哌	—
20	毒死蜱	0.01	46	吡虫啉	0.06	72	双苯基脲	—
21	噁霜灵	0.01	47	灭蝇胺	0.06	73	双苯酰草胺	—
22	粉唑醇	0.01	48	丙环唑	0.07	74	四氟醚唑	—
23	氟吡菌酰胺	0.01	49	啶虫脒	0.07	75	异丙净	—
24	联苯肼酯	0.01	50	甲基硫菌灵	0.08	76	兹克威	—
25	螺螨酯	0.01	51	甲霜灵	0.08	77	唑草胺	—
26	咪鲜胺	0.01	52	噻虫嗪	0.08			

注：“—”表示为国家标准中无 ADI 值规定；ADI 值单位为 mg/kgbw

2) 计算 $\mathrm{IFS_c}$ 的平均值 $\overline{\mathrm{IFS}}$，评价农药对食品安全的影响程度

以 $\overline{\mathrm{IFS}}$ 评价各种农药对人体健康危害的总程度，评价模型见公式(10-2)。

$$\overline{\mathrm{IFS}} = \frac{\sum_{i=1}^{n} \mathrm{IFS_c}}{n} \tag{10-2}$$

$\overline{\mathrm{IFS}} \ll 1$，所研究消费者人群的食品安全状态很好；$\overline{\mathrm{IFS}} \leqslant 1$，所研究消费者人群的食品安全状态可以接受；$\overline{\mathrm{IFS}} > 1$，所研究消费者人群的食品安全状态不可接受。

本次评价中：

$\overline{\mathrm{IFS}} \leqslant 0.1$，所研究消费者人群的水果蔬菜安全状态很好；

$0.1 < \overline{\mathrm{IFS}} \leqslant 1$，所研究消费者人群的水果蔬菜安全状态可以接受；

$\overline{\mathrm{IFS}} > 1$，所研究消费者人群的水果蔬菜安全状态不可接受。

10.1.2.2　预警风险评估模型

2003 年，我国检验检疫食品安全管理的研究人员根据 WTO 的有关原则和我国的具体规定，结合危害物本身的敏感性、风险程度及其相应的施检频率，首次提出了食品中危害物风险系数 R 的概念[12]。R 是衡量一个危害物的风险程度大小最直观的参数，即在一定时期内其超标率或阳性检出率的高低，但受其施检频率的高低及其本身的敏感性(受关注程度)影响。该模型综合考察了农药在蔬菜中的超标率、施检频率及其本身敏感性，能直观而全面地反映出农药在一段时间内的风险程度[13]。

1) R 计算方法

危害物的风险系数综合考虑了危害物的超标率或阳性检出率、施检频率和其本身的敏感性影响，并能直观而全面地反映出危害物在一段时间内的风险程度。风险系数 R 的计算公式如式(2-3)：

$$R = aP + \frac{b}{F} + S \tag{10-3}$$

式中，P 为该种危害物的超标率；F 为危害物的施检频率；S 为危害物的敏感因子；a，b 分别为相应的权重系数。

本次评价中 F=1；S=1；a=100；b=0.1，对参数 P 进行计算，计算时首先判断是否为禁用农药，如果为非禁用农药，P=超标的样品数(侦测出的含量高于食品最大残留限量标准值，即 MRL)除以总样品数(包括超标、不超标、未侦测出)；如果为禁用农药，则侦测出即为超标，P=能侦测出的样品数除以总样品数。判断杭州市水果蔬菜农药残留是否超标的标准限值 MRL 分别以 MRL 中国国家标准[14]和 MRL 欧盟标准作为对照，具体值列于本报告附表一中。

2) 评价风险程度

$R \leqslant 1.5$，受检农药处于低度风险；

1.5<R≤2.5，受检农药处于中度风险；

R>2.5，受检农药处于高度风险。

10.1.2.3　食品膳食暴露风险和预警风险评估应用程序的开发

1) 应用程序开发的步骤

为成功开发膳食暴露风险和预警风险评估应用程序，与软件工程师多次沟通讨论，逐步提出并描述清楚计算需求，开发了初步应用程序。为明确出不同水果蔬菜、不同农药、不同地域和不同季节的风险水平，向软件工程师提出不同的计算需求，软件工程师对计算需求进行逐一地分析，经过反复的细节沟通，需求分析得到明确后，开始进行解决方案的设计，在保证需求的完整性、一致性的前提下，编写出程序代码，最后设计出满足需求的风险评估专用计算软件，并通过一系列的软件测试和改进，完成专用程序的开发。软件开发基本步骤见图 10-3。

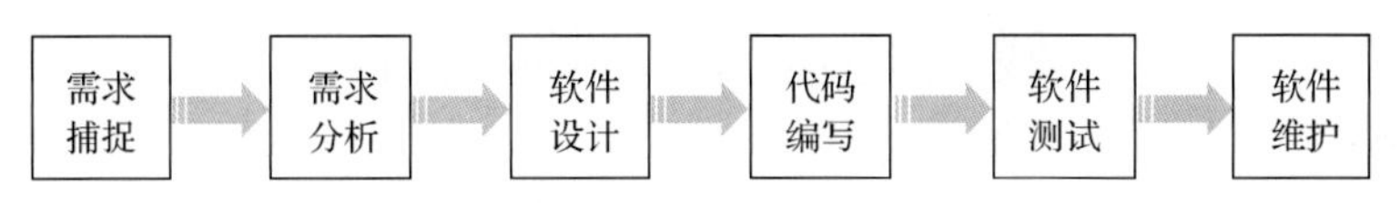

图 10-3　专用程序开发总体步骤

2) 膳食暴露风险评估专业程序开发的基本要求

首先直接利用公式(10-1)，分别计算 LC-Q-TOF/MS 和 GC-Q-TOF/MS 仪器侦测出的各水果蔬菜样品中每种农药 IFS_c，将结果列出。为考察超标农药和禁用农药的使用安全性，分别以我国《食品安全国家标准　食品中农药最大残留限量》(GB 2763—2016) 和欧盟食品中农药最大残留限量(以下简称 MRL 中国国家标准和 MRL 欧盟标准)为标准，对侦测出的禁用农药和超标的非禁用农药 IFS_c 单独进行评价；按 IFS_c 大小列表，并找出 IFS_c 值排名前 20 的样本重点关注。

对不同水果蔬菜 i 中每一种侦测出的农药 c 的安全指数进行计算，多个样品时求平均值。若监测数据为该市多个月的数据，则逐月、逐季度分别列出每个月、每个季度内每一种水果蔬菜 i 对应的每一种农药 c 的 IFS_c。

按农药种类，计算整个监测时间段内每种农药的 IFS_c，不区分水果蔬菜。若检测数据为该市多个月的数据，则需分别计算每个月、每个季度内每种农药的 IFS_c。

3) 预警风险评估专业程序开发的基本要求

分别以 MRL 中国国家标准和 MRL 欧盟标准，按公式(10-3)逐个计算不同水果蔬菜、不同农药的风险系数，禁用农药和非禁用农药分别列表。

为清楚了解各种农药的预警风险，不分时间，不分水果蔬菜，按禁用农药和非禁用农药分类，分别计算各种侦测出农药全部检测时段内风险系数。由于有 MRL 中国国家标准的农药种类太少，无法计算超标数，非禁用农药的风险系数只以 MRL 欧盟标准为标准，进行计算。若检测数据为多个月的，则按月计算每个月、每个季度内每种禁用农药残留的风险系数和以 MRL 欧盟标准为标准的非禁用农药残留的风险系数。

4）风险程度评价专业应用程序的开发方法

采用 Python 计算机程序设计语言，Python 是一个高层次地结合了解释性、编译性、互动性和面向对象的脚本语言。风险评价专用程序主要功能包括：分别读入每例样品 LC-Q-TOF/MS 和 GC-Q-TOF/MS 农药残留检测数据，根据风险评价工作要求，依次对不同农药、不同食品、不同时间、不同采样点的 IFS_c 值和 R 值分别进行数据计算，筛选出禁用农药、超标农药（分别与 MRL 中国国家标准、MRL 欧盟标准限值进行对比）单独重点分析，再分别对各农药、各水果蔬菜种类分类处理，设计出计算和排序程序，编写计算机代码，最后将生成的膳食暴露风险评估和超标风险评估定量计算结果列入设计好的各个表格中，并定性判断风险对目标的影响程度，直接用文字描述风险发生的高低，如“不可接受”、“可以接受”、“没有影响”、“高度风险”、“中度风险”、“低度风险”。

10.2　LC-Q-TOF/MS 侦测杭州市市售水果蔬菜农药残留膳食暴露风险评估

10.2.1　每例水果蔬菜样品中农药残留安全指数分析

基于农药残留侦测数据，发现在 567 例样品中侦测出农药 889 频次，计算样品中每种残留农药的安全指数 IFS_c，并分析农药对样品安全的影响程度，结果详见附表二，农药残留对水果蔬菜样品安全的影响程度频次分布情况如图 10-4 所示。

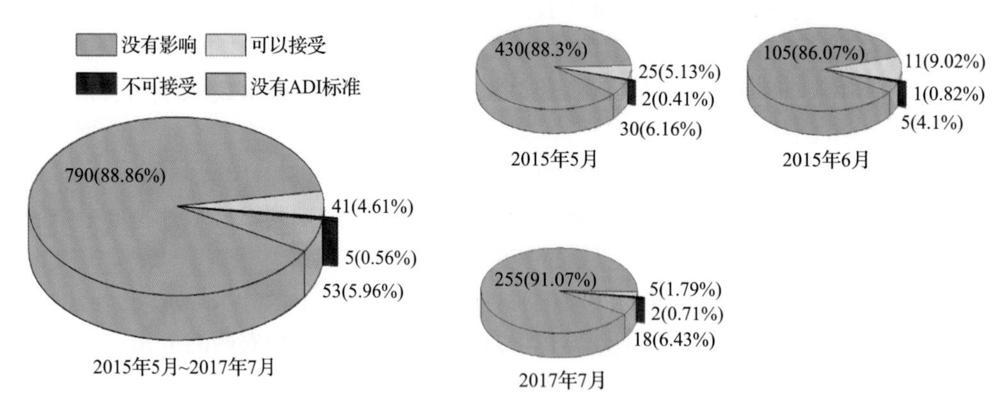

图 10-4　农药残留对水果蔬菜样品安全的影响程度频次分布图

由图 10-4 可以看出，农药残留对样品安全的影响不可接受的频次为 5，占 0.56%；农药残留对样品安全的影响可以接受的频次为 41，占 4.61%；农药残留对样品安全的没有影响的频次为 790，占 88.86%。分析发现，在 3 个月份内均出现不可接受频次，排序为：2015 年 5 月（2）=2017 年 7 月（2）>2015 年 6 月（1），其余农药对样品安全的影响均在可以接受和没有影响的范围内。表 10-5 为对水果蔬菜样品中安全指数不可接受的农药残留列表。

表 10-5　水果蔬菜样品中安全影响不可接受的农药残留列表

序号	样品编号	采样点	基质	农药	含量(mg/kg)	IFS_c
1	20170726-330100-USI-CE-37A	***超市(古墩路店)	芹菜	甲拌磷	0.1867	1.6892
2	20150606-330100-SHCIQ-CE-09A	***超市(庆春店)	芹菜	涕灭威	0.6100	1.2878
3	20150507-330100-SHCIQ-TH-01B	***超市(滨江店)	茼蒿	灭线磷	0.0710	1.1242
4	20170726-330100-USI-CE-43A	***超市(莫干山店)	芹菜	甲拌磷	0.1200	1.0857
5	20150526-330100-SHCIQ-CE-03B	***超市(涌金店)	芹菜	三唑磷	0.1600	1.0133

部分样品侦测出禁用农药 7 种 34 频次，为了明确残留的禁用农药对样品安全的影响，分析侦测出禁用农药残留的样品安全指数，禁用农药残留对水果蔬菜样品安全的影响程度频次分布情况如图 10-5 所示，农药残留对样品安全的影响不可接受的频次为 4，占 11.76%；农药残留对样品安全的影响可以接受的频次为 16，占 47.06%；农药残留对样品安全没有影响的频次为 14，占 41.18%。分析发现，在该 3 个月份内 2015 年 5 月、2015 年 6 月、2017 年 7 月都有禁用农药对样品安全影响不可接受，其余禁用农药对样品安全的影响均在可以接受和没有影响的范围内。表 10-6 列出了水果蔬菜样品中侦测出的禁用农药残留不可接受的安全指数表。

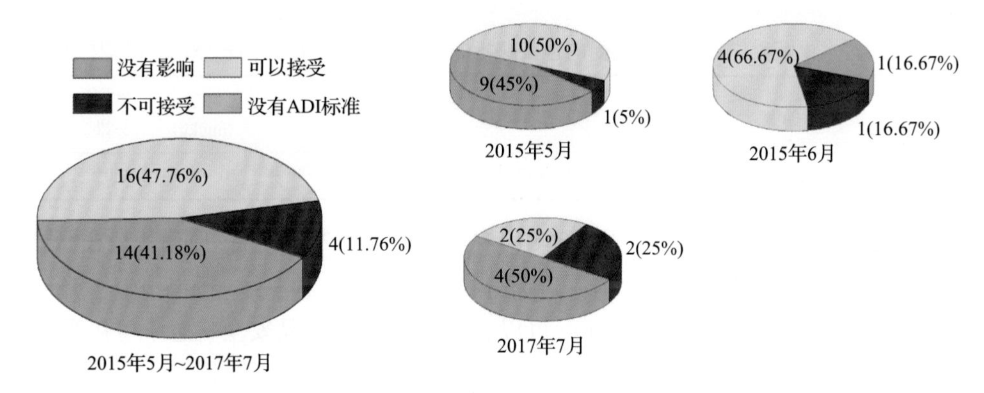

图 10-5　禁用农药对水果蔬菜样品安全影响程度的频次分布图

表 10-6　水果蔬菜样品中侦测出的禁用农药残留不可接受的安全指数表

序号	样品编号	采样点	基质	农药	含量(mg/kg)	IFS_c
1	20170726-330100-USI-CE-37A	***超市(古墩路店)	芹菜	甲拌磷	0.1867	1.6892
2	20150606-330100-SHCIQ-CE-09A	***超市(庆春店)	芹菜	涕灭威	0.6100	1.2878
3	20150507-330100-SHCIQ-TH-01B	***超市(滨江店)	茼蒿	灭线磷	0.0710	1.1242
4	20170726-330100-USI-CE-43A	***超市(莫干山店)	芹菜	甲拌磷	0.1200	1.0857

此外，本次侦测发现部分样品中非禁用农药残留量超过了 MRL 中国国家标准和欧盟标准，为了明确超标的非禁用农药对样品安全的影响，分析了非禁用农药残留超标的样品安全指数。

水果蔬菜非禁用农药的残留量没有超过 MRL 中国国家标准。

残留量超过 MRL 欧盟标准的非禁用农药对水果蔬菜样品安全的影响程度频次分布情况如图 10-6 所示。可以看出超过 MRL 欧盟标准的非禁用农药共 115 频次，其中农药没有 ADI 的频次为 15，占 13.04%；农药残留对样品安全不可接受的频次为 1，占 0.87%；农药残留对样品安全的影响可以接受的频次为 19，占 16.52%；农药残留对样品安全没有影响的频次为 80，占 69.57%。表 10-7 为水果蔬菜样品中不可接受的残留超标非禁用农药安全指数列表。

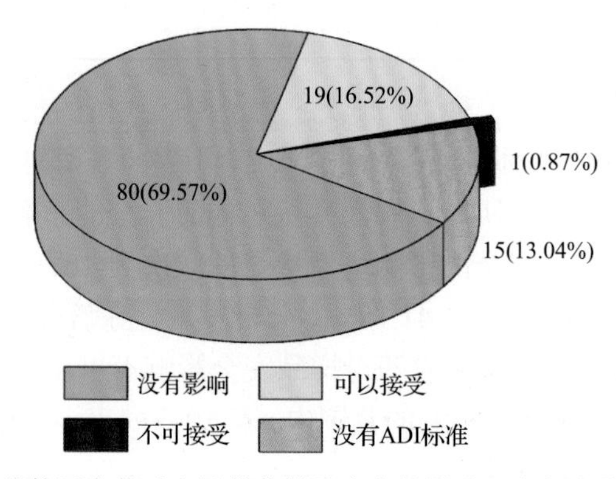

图 10-6 残留超标的非禁用农药对水果蔬菜样品安全的影响程度频次分布图（MRL 欧盟标准）

表 10-7 对水果蔬菜样品中不可接受的残留超标非禁用农药安全指数列表（MRL 欧盟标准）

序号	样品编号	采样点	基质	农药	含量（mg/kg）	欧盟标准	IFS_c
1	20150526-330100-SHCIQ-CE-03B	***超市（涌金店）	芹菜	三唑磷	0.1600	0.01	1.0133

在 567 例样品中，225 例样品未侦测出农药残留，342 例样品中侦测出农药残留，计算每例有农药侦测出样品的 $\overline{IFS}$ 值，进而分析样品的安全状态结果如图 10-7 所示（未侦测出农药的样品安全状态视为很好）。可以看出，0.18%的样品安全状态不可接受；3.7%的样品安全状态可以接受；95.06%的样品安全状态很好。此外，可以看出只有 2015 年 6 月有一例样品安全状态不可接受，其他月份内的样品安全状态均在很好和可以接受的范围内。表 10-8 列出了安全状态不可接受的水果蔬菜样品。

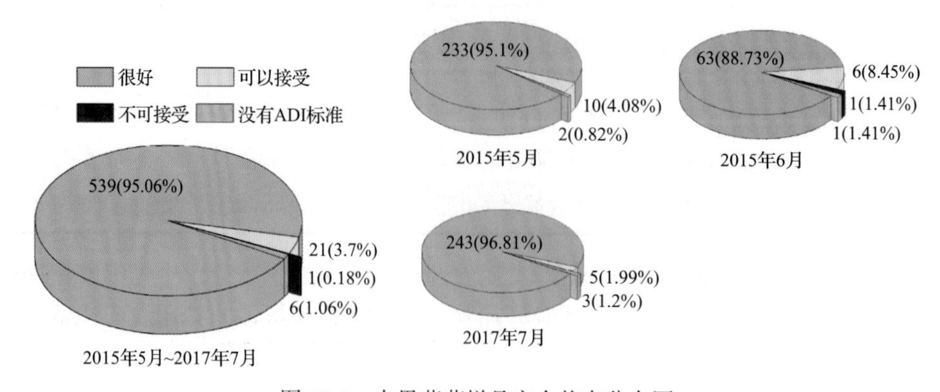

图 10-7 水果蔬菜样品安全状态分布图

表 10-8　水果蔬菜安全状态不可接受的样品列表

序号	样品编号	采样点	基质	$\overline{IFS}$
1	20150606-330100-SHCIQ-CE-09A	***超市(庆春店)	芹菜	1.2878

10.2.2　单种水果蔬菜中农药残留安全指数分析

本次 67 种水果蔬菜侦测 77 种农药，检出频次为 889 次，其中 13 种农药没有 ADI，64 种农药存在 ADI 标准。菠萝和佛手瓜等 13 种水果蔬菜种水果蔬菜未侦测出任何农药，对其他的 54 种水果蔬菜按不同种类分别计算侦测出的具有 ADI 标准的各种农药的 IFS_c 值，农药残留对水果蔬菜的安全指数分布图如图 10-8 所示。

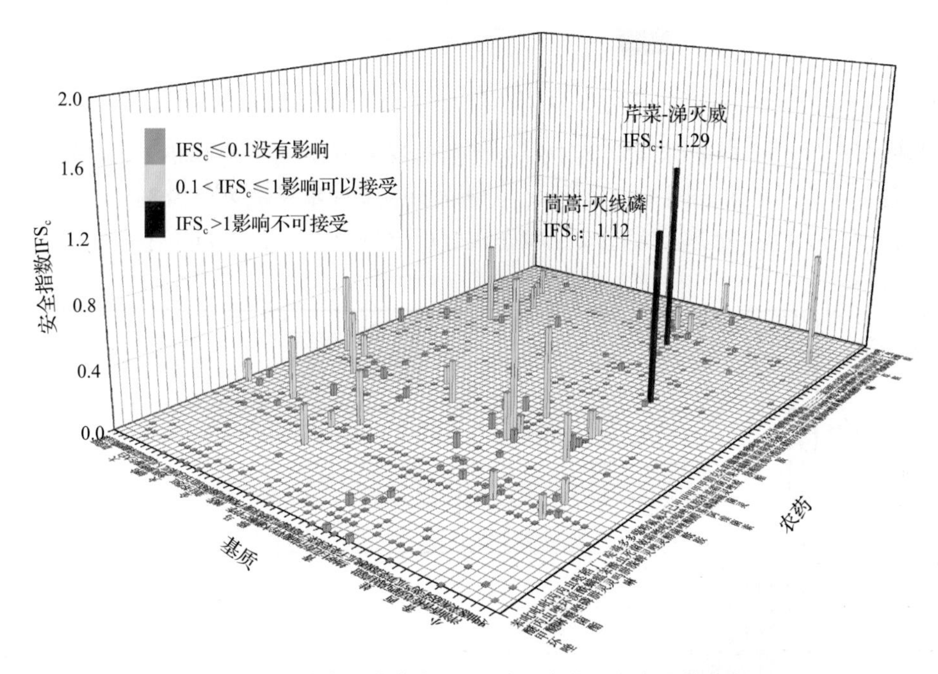

图 10-8　54 种水果蔬菜中 64 种残留农药的安全指数分布图

分析发现芹菜中的涕灭威和茼蒿中的灭线磷残留对食品安全影响不可接受，如表 10-9 所示。

表 10-9　单种水果蔬菜中安全影响不可接受的残留农药安全指数表

序号	基质	农药	检出频次	检出率(%)	IFS>1 的频次	IFS>1 的比例(%)	IFS_c
1	芹菜	涕灭威	1	1.15	1	1.15	1.2878
2	茼蒿	灭线磷	1	1.64	1	1.64	1.1242

本次侦测中，54 种水果蔬菜和 77 种残留农药(包括没有 ADI 标准)共涉及 462 个分析样本，农药对单种水果蔬菜安全的影响程度分布情况如图 10-9 所示。可以看出，83.98%

的样本中农药对水果蔬菜安全没有影响，6.49%的样本中农药对水果蔬菜安全的影响可以接受，0.43%的样本中农药对水果蔬菜安全的影响不可接受。

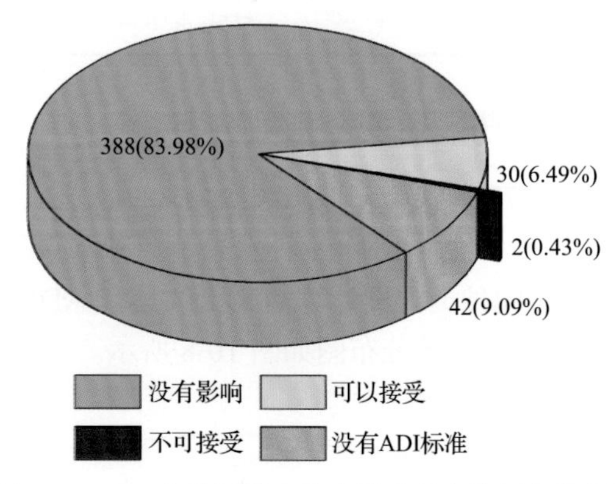

图 10-9 462 个分析样本安全影响程度的频次分布图

此外，分别计算 54 种水果蔬菜中所有侦测出农药 IFS_c 的平均值 $\overline{IFS}$，分析每种水果蔬菜的安全状态，结果如图 10-11 所示，分析发现，3 种水果蔬菜（5.56%）的安全状态可接受，51 种（94.44%）水果蔬菜的安全状态很好。

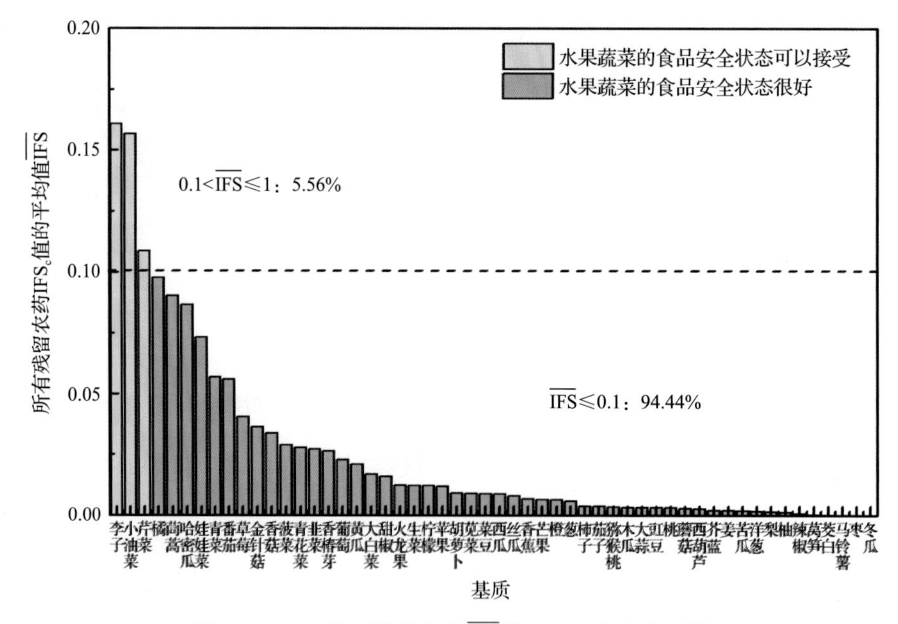

图 10-10 54 种水果蔬菜的 $\overline{IFS}$ 值和安全状态统计图

对每个月内每种水果蔬菜中农药的 IFS_c 进行分析，并计算每月内每种水果蔬菜的 $\overline{IFS}$ 值，以评价每种水果蔬菜的安全状态，结果如图 10-11 所示，可以看出，3 个月份的所有水果蔬菜的安全状态均处于很好和可以接受的范围内，各月份内单种水果蔬菜安全状态统计情况如图 10-12 所示。

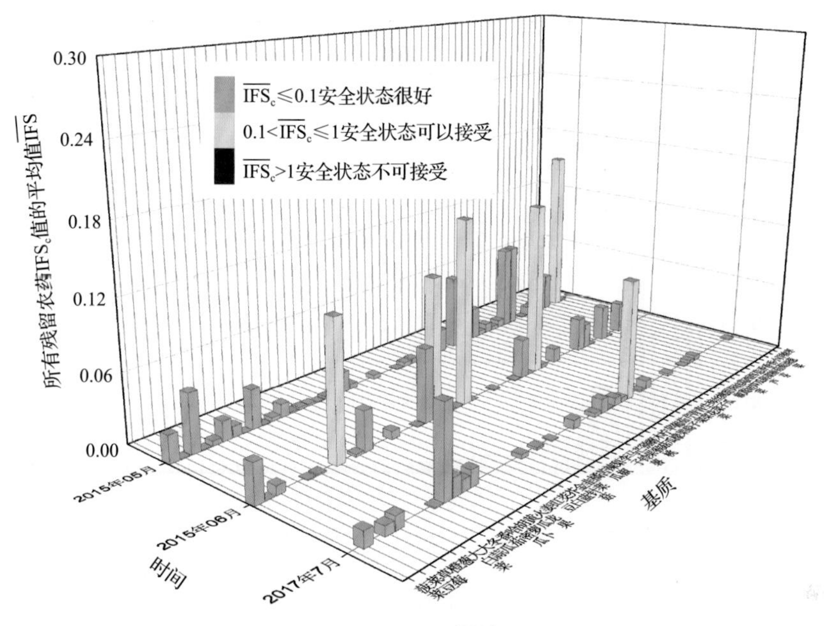

图 10-11　各月内每种水果蔬菜的$\overline{IFS}$值与安全状态分布图

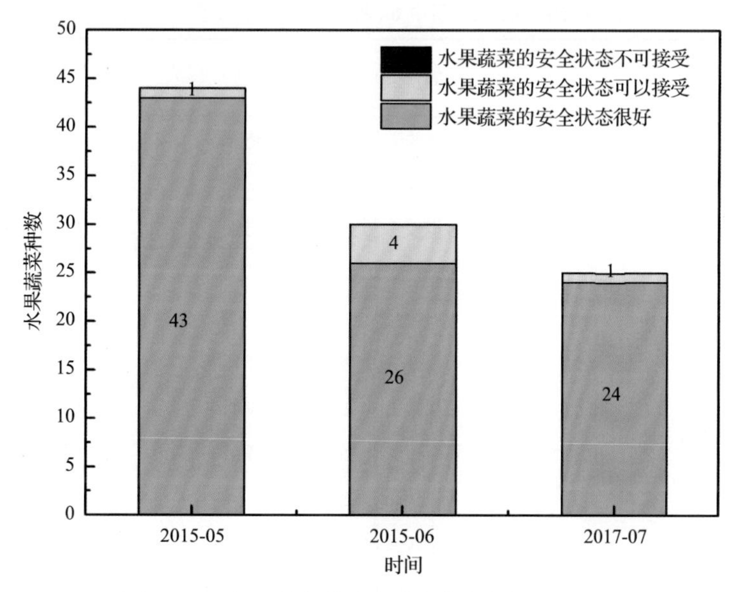

图 10-12　各月份内单种水果蔬菜安全状态统计图

10.2.3　所有水果蔬菜中农药残留安全指数分析

计算所有水果蔬菜中 64 种农药的$\overline{IFS_c}$值，结果如图 10-13 及表 10-10 所示。

分析发现，只有灭线磷的$\overline{IFS_c}$大于 1，其他农药的$\overline{IFS}$均小于 1，说明灭线磷对水果蔬菜安全的影响不可接受，其他农药对水果蔬菜安全的影响均在没有影响和可以接受的范围内，其中 17.19%的农药对水果蔬菜安全的影响可以接受，81.25%的农药对水果蔬菜安全的影响可以接受。

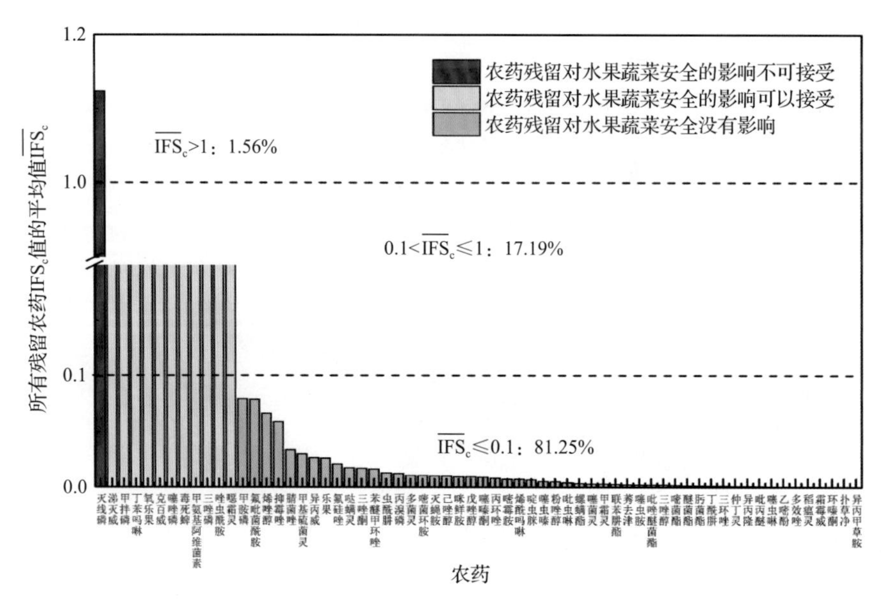

图 10-13　64 种残留农药对水果蔬菜的安全影响程度统计图

表 10-10　水果蔬菜中 64 种农药残留的安全指数表

序号	农药	检出频次	检出率(%)	$\overline{IFS_c}$	影响程度	序号	农药	检出频次	检出率(%)	$\overline{IFS_c}$	影响程度
1	灭线磷	1	0.11	1.1242	不可接受	19	异丙威	2	0.22	0.0269	没有影响
2	涕灭威	2	0.22	0.7294	可以接受	20	乐果	1	0.11	0.0263	没有影响
3	甲拌磷	11	1.24	0.5343	可以接受	21	氟硅唑	7	0.79	0.0212	没有影响
4	丁苯吗啉	1	0.11	0.2533	可以接受	22	哒螨灵	3	0.34	0.0176	没有影响
5	氧乐果	8	0.90	0.2106	可以接受	23	三唑酮	3	0.34	0.0172	没有影响
6	克百威	9	1.01	0.1939	可以接受	24	苯醚甲环唑	26	2.92	0.0165	没有影响
7	噻唑磷	4	0.45	0.1576	可以接受	25	虫酰肼	4	0.45	0.0132	没有影响
8	毒死蜱	2	0.22	0.1520	可以接受	26	丙溴磷	2	0.22	0.0124	没有影响
9	甲氨基阿维菌素	9	1.01	0.1500	可以接受	27	多菌灵	120	13.50	0.0109	没有影响
10	三唑磷	9	1.01	0.1376	可以接受	28	嘧菌环胺	1	0.11	0.0108	没有影响
11	唑虫酰胺	2	0.22	0.1188	可以接受	29	灭蝇胺	15	1.69	0.0105	没有影响
12	噁霜灵	18	2.02	0.1003	可以接受	30	己唑醇	2	0.22	0.0104	没有影响
13	甲胺磷	2	0.22	0.0800	没有影响	31	咪鲜胺	2	0.22	0.0098	没有影响
14	氟吡菌酰胺	3	0.34	0.0794	没有影响	32	戊唑醇	16	1.80	0.0097	没有影响
15	烯唑醇	2	0.22	0.0665	没有影响	33	噻嗪酮	8	0.90	0.0093	没有影响
16	抑霉唑	1	0.11	0.0591	没有影响	34	丙环唑	12	1.35	0.0083	没有影响
17	腈菌唑	10	1.12	0.0339	没有影响	35	嘧霉胺	16	1.80	0.0075	没有影响
18	甲基硫菌灵	20	2.25	0.0302	没有影响	36	烯酰吗啉	53	5.96	0.0073	没有影响

续表

序号	农药	检出频次	检出率(%)	$\overline{IFS_c}$	影响程度	序号	农药	检出频次	检出率(%)	$\overline{IFS_c}$	影响程度
37	啶虫脒	138	15.52	0.0069	没有影响	51	肟菌酯	3	0.34	0.0014	没有影响
38	噻虫嗪	27	3.04	0.0054	没有影响	52	丁酰肼	1	0.11	0.0013	没有影响
39	粉唑醇	1	0.11	0.0050	没有影响	53	三环唑	1	0.11	0.0012	没有影响
40	吡虫啉	44	4.95	0.0042	没有影响	54	仲丁灵	1	0.11	0.0011	没有影响
41	螺螨酯	1	0.11	0.0036	没有影响	55	异丙隆	3	0.34	0.0010	没有影响
42	噻菌灵	16	1.80	0.0032	没有影响	56	吡丙醚	4	0.45	0.0007	没有影响
43	甲霜灵	56	6.30	0.0031	没有影响	57	噻虫啉	1	0.11	0.0006	没有影响
44	联苯肼酯	1	0.11	0.0029	没有影响	58	乙嘧酚	1	0.11	0.0005	没有影响
45	莠去津	2	0.22	0.0023	没有影响	59	多效唑	7	0.79	0.0005	没有影响
46	噻虫胺	10	1.12	0.0022	没有影响	60	稻瘟灵	1	0.11	0.0004	没有影响
47	吡唑醚菌酯	28	3.15	0.0022	没有影响	61	霜霉威	42	4.72	0.0002	没有影响
48	三唑醇	1	0.11	0.0021	没有影响	62	环嗪酮	1	0.11	0.0002	没有影响
49	嘧菌酯	34	3.82	0.0019	没有影响	63	扑草净	1	0.11	0.0002	没有影响
50	醚菌酯	2	0.22	0.0015	没有影响	64	异丙甲草胺	1	0.11	0.0001	没有影响

对每个月内所有水果蔬菜中残留农药的 IFS_c 进行分析，结果如图 10-14 所示。分析发现，2015 年 5 月的灭线磷对水果蔬菜安全的影响不可接受，该 3 个月份的其他农药和其他月份的所有农药对水果蔬菜安全的影响均处于没有影响和可以接受的范围内。每月内不同农药对水果蔬菜安全影响程度的统计如图 10-15 所示。

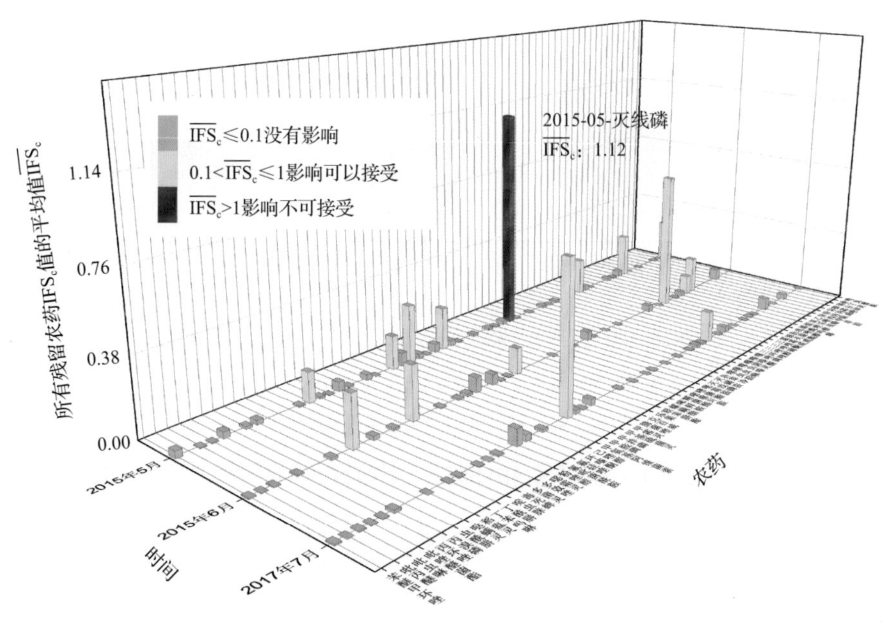

图 10-14　各月份内水果蔬菜中每种残留农药的安全指数分布图

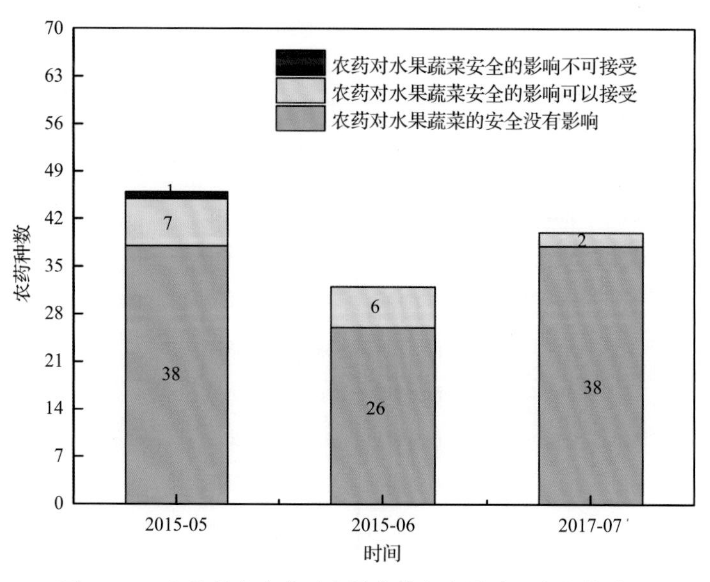

图 10-15 各月份内农药对水果蔬菜安全影响程度的统计图

计算每个月内水果蔬菜的 $\overline{IFS}$，以分析每月内水果蔬菜的安全状态，结果如图 10-16 所示，可以看出，100%的月份内水果蔬菜的安全状态很好。

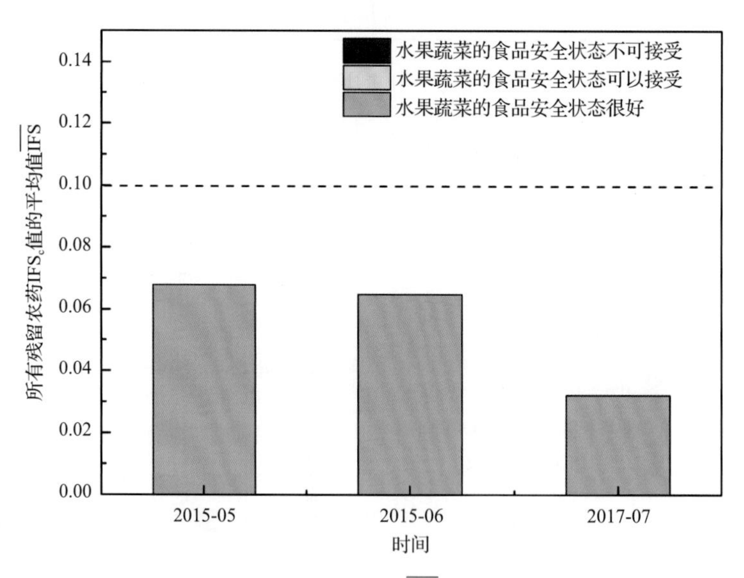

图 10-16 各月份内水果蔬菜的 $\overline{IFS}$ 值与安全状态统计图

10.3 LC-Q-TOF/MS 侦测杭州市市售水果蔬菜农药残留预警风险评估

基于杭州市水果蔬菜样品中农药残留 LC-Q-TOF/MS 侦测数据，分析禁用农药的检出率，同时参照中华人民共和国国家标准 GB 2763—2016 和欧盟农药最大残留限量(MRL)标准分析非禁用农药残留的超标率，并计算农药残留风险系数。分析单种水果蔬菜中农药残留以及所有水果蔬菜中农药残留的风险程度。

10.3.1　单种水果蔬菜中农药残留风险系数分析

10.3.1.1　单种水果蔬菜中禁用农药残留风险系数分析

侦测出的 77 种残留农药中有 7 种为禁用农药，且它们分布在 16 种水果蔬菜中，计算 16 种水果蔬菜中禁用农药的超标率，根据超标率计算风险系数 R，进而分析水果蔬菜中禁用农药的风险程度，结果如图 10-17 与表 10-11 所示。分析发现 7 种禁用农药在 16 种水果蔬菜中的残留处均于高度风险。

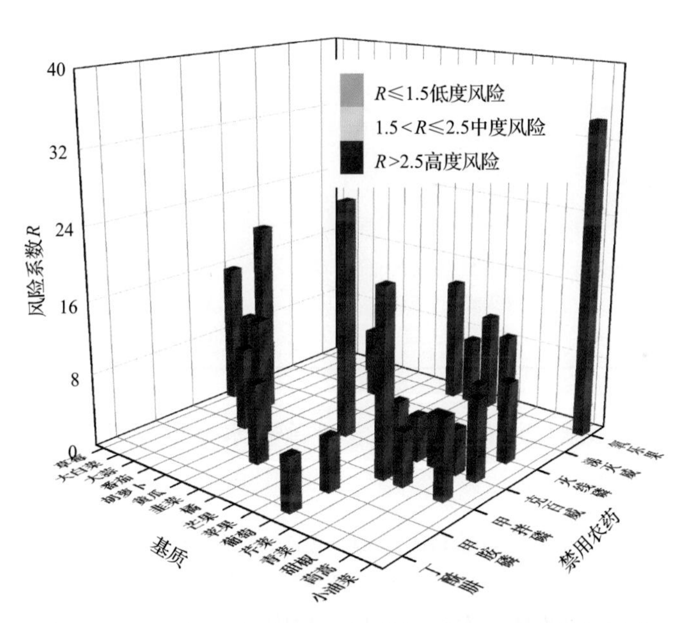

图 10-17　16 种水果蔬菜中 7 种禁用农药的风险系数分布图

表 10-11　16 种水果蔬菜中 7 种禁用农药的风险系数列表

序号	基质	农药	检出频次	检出率(%)	风险系数 R	风险程度
1	小油菜	氧乐果	1	33.33	34.43	高度风险
2	橘	克百威	1	25.00	26.10	高度风险
3	大蒜	克百威	1	20.00	21.10	高度风险
4	芹菜	甲拌磷	5	19.23	20.33	高度风险
5	草莓	克百威	1	14.29	15.39	高度风险
6	芒果	氧乐果	1	12.50	13.60	高度风险
7	胡萝卜	甲拌磷	2	11.76	12.86	高度风险
8	葡萄	氧乐果	2	9.52	10.62	高度风险

续表

序号	基质	农药	检出频次	检出率(%)	风险系数 *R*	风险程度
9	大白菜	克百威	1	9.09	10.19	高度风险
10	番茄	甲拌磷	2	8.00	9.10	高度风险
11	韭菜	甲胺磷	1	7.69	8.79	高度风险
12	芹菜	氧乐果	2	7.69	8.79	高度风险
13	茼蒿	克百威	1	7.69	8.79	高度风险
14	茼蒿	灭线磷	1	7.69	8.79	高度风险
15	茼蒿	甲拌磷	1	7.69	8.79	高度风险
16	苹果	氧乐果	1	6.25	7.35	高度风险
17	葡萄	丁酰肼	1	4.76	5.86	高度风险
18	葡萄	克百威	1	4.76	5.86	高度风险
19	葡萄	甲胺磷	1	4.76	5.86	高度风险
20	青菜	克百威	1	4.76	5.86	高度风险
21	青菜	甲拌磷	1	4.76	5.86	高度风险
22	黄瓜	涕灭威	1	4.55	5.65	高度风险
23	番茄	氧乐果	1	4.00	5.10	高度风险
24	芹菜	克百威	1	3.85	4.95	高度风险
25	芹菜	涕灭威	1	3.85	4.95	高度风险
26	甜椒	克百威	1	3.85	4.95	高度风险

10.3.1.2　基于 MRL 中国国家标准的单种水果蔬菜中非禁用农药残留风险系数分析

参照中华人民共和国国家标准 GB 2763—2016 中农药残留限量计算每种水果蔬菜中每种非禁用农药的超标率，进而计算其风险系数，根据风险系数大小判断残留农药的预警风险程度，水果蔬菜中非禁用农药残留风险程度分布情况如图 10-18 所示。

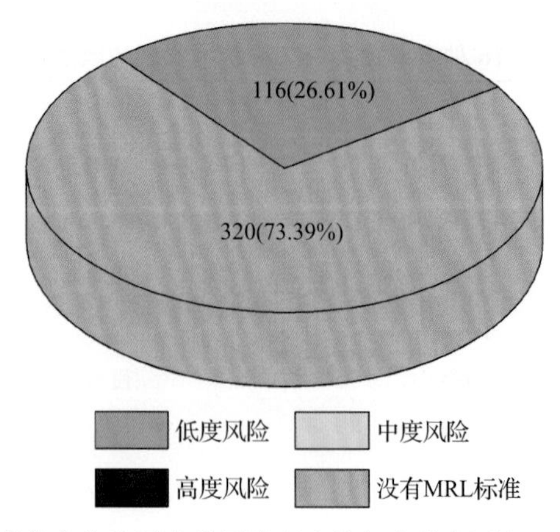

图 10-18　水果蔬菜中非禁用农药风险程度的频次分布图(MRL 中国国家标准)

本次分析中，发现在 54 种水果蔬菜侦测出 70 种残留非禁用农药，涉及样本 436 个，在 436 个样本中，26.61%处于低度风险，此外发现有 320 个样本没有 MRL 中国国家标准值，无法判断其风险程度，有 MRL 中国国家标准值的 116 个样本涉及 36 种水果蔬菜中的 28 种非禁用农药，其风险系数 *R* 值如图 10-19 所示。

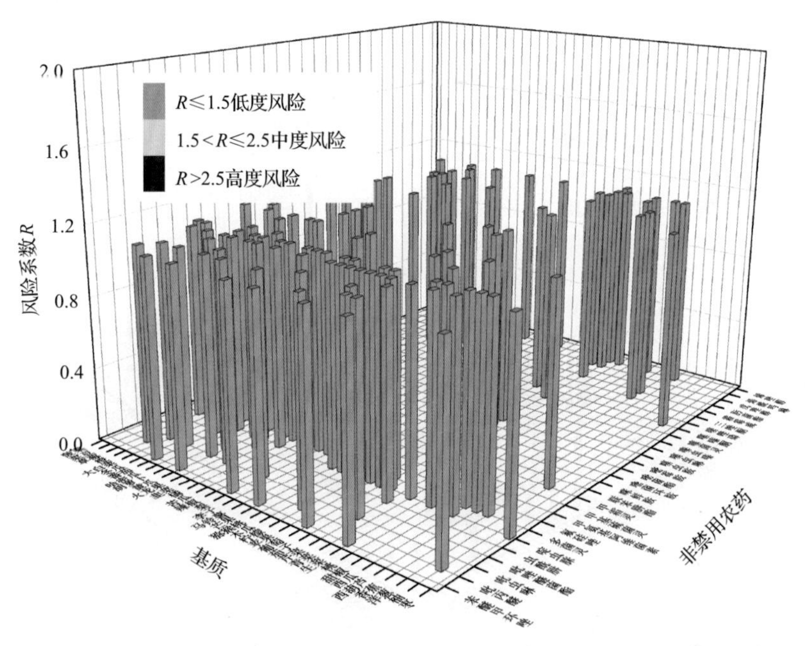

图 10-19　36 种水果蔬菜中 28 种非禁用农药的风险系数分布图（MRL 中国国家标准）

10.3.1.3　基于 MRL 欧盟标准的单种水果蔬菜中非禁用农药残留风险系数分析

参照 MRL 欧盟标准计算每种水果蔬菜中每种非禁用农药的超标率，进而计算其风险系数，根据风险系数大小判断农药残留的预警风险程度，水果蔬菜中非禁用农药残留风险程度分布情况如图 10-20 所示。

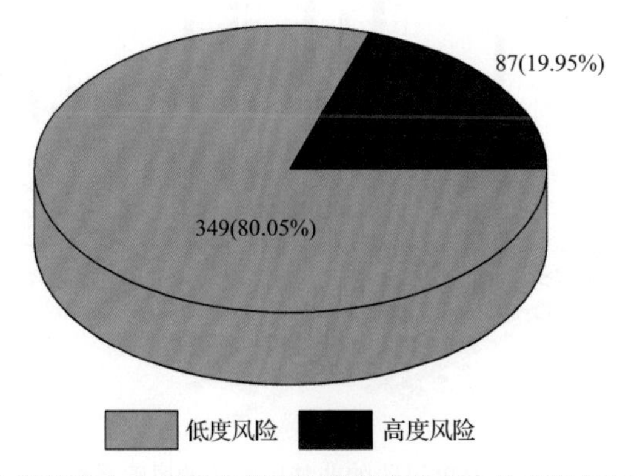

图 10-20　水果蔬菜中非禁用农药的风险程度的频次分布图（MRL 欧盟标准）

本次分析中，发现在 54 种水果蔬菜中共侦测出 70 种非禁用农药，涉及样本 436 个，其中，19.95%处于高度风险，涉及 33 种水果蔬菜和 37 种农药；80.05%处于低度风险，涉及 54 种水果蔬菜和 60 种农药。单种水果蔬菜中的非禁用农药风险系数分布图如图 10-21 所示。单种水果蔬菜中处于高度风险的非禁用农药风险系数如图 10-22 和表 10-12 所示。

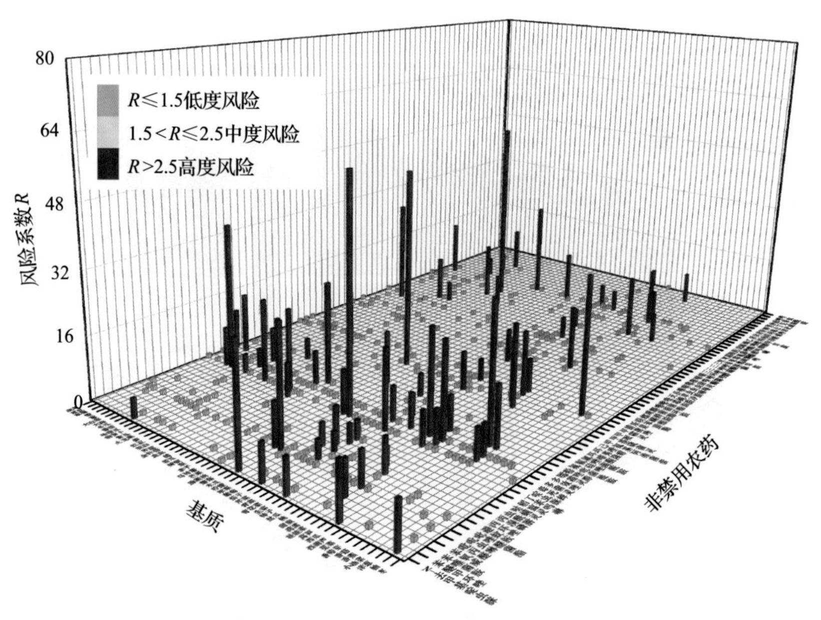

图 10-21　54 种水果蔬菜中 70 种非禁用农药的风险系数分布图(MRL 欧盟标准)

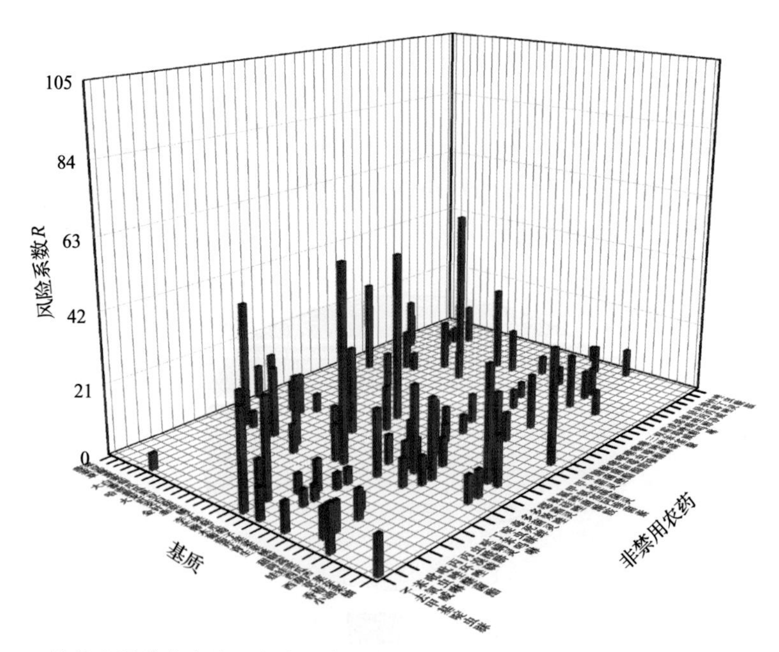

图 10-22　单种水果蔬菜中处于高度风险的非禁用农药的风险系数分布图(MRL 欧盟标准)

表 10-12　单种水果蔬菜中处于高度风险的非禁用农药的风险系数表(MRL 欧盟标准)

序号	基质	农药	超标频次	超标率 P(%)	风险系数 R
1	木瓜	啶虫脒	4	57.14	58.24
2	茭白	霜霉威	1	50.00	51.10
3	李子	甲基硫菌灵	1	50.00	51.10
4	大白菜	啶虫脒	4	36.36	37.46
5	苋菜	噁霜灵	1	33.33	34.43
6	小油菜	甲霜灵	1	33.33	34.43
7	木瓜	N-去甲基啶虫脒	2	28.57	29.67
8	木瓜	吡虫啉	2	28.57	29.67
9	葱	噻虫嗪	3	27.27	28.37
10	橘	噁霜灵	1	25.00	26.10
11	橘	烯酰吗啉	1	25.00	26.10
12	桃	多菌灵	1	25.00	26.10
13	茼蒿	多菌灵	3	23.08	24.18
14	火龙果	啶虫脒	2	20.00	21.10
15	金针菇	啶虫脒	1	20.00	21.10
16	娃娃菜	甲氨基阿维菌素	1	20.00	21.10
17	青菜	啶虫脒	4	19.05	20.15
18	生菜	氟硅唑	2	15.38	16.48
19	茼蒿	双苯基脲	2	15.38	16.48
20	茼蒿	嘧霉胺	2	15.38	16.48
21	茼蒿	甲基硫菌灵	2	15.38	16.48
22	茼蒿	甲霜灵	2	15.38	16.48
23	草莓	噁霜灵	1	14.29	15.39
24	草莓	戊唑醇	1	14.29	15.39
25	豇豆	双苯基脲	1	14.29	15.39
26	香椿芽	噁霜灵	2	14.29	15.39
27	芒果	氟唑菌酰胺	1	12.50	13.60
28	芒果	烯酰吗啉	1	12.50	13.60
29	西瓜	N-去甲基啶虫脒	1	12.50	13.60
30	哈密瓜	噁霜灵	1	11.11	12.21
31	哈密瓜	噻唑磷	1	11.11	12.21
32	哈密瓜	异丙威	1	11.11	12.21
33	火龙果	嘧菌酯	1	10.00	11.10

续表

序号	基质	农药	超标频次	超标率 P(%)	风险系数 R
34	火龙果	甲基硫菌灵	1	10.00	11.10
35	蘑菇	吡虫啉	1	10.00	11.10
36	蘑菇	啶虫脒	1	10.00	11.10
37	柚	*N*-去甲基啶虫脒	1	10.00	11.10
38	菠菜	噁霜灵	1	9.09	10.19
39	葱	啶虫脒	1	9.09	10.19
40	茄子	*N*-去甲基啶虫脒	1	8.33	9.43
41	茄子	丙溴磷	1	8.33	9.43
42	番茄	噁霜灵	2	8.00	9.10
43	菜豆	烯酰吗啉	1	7.69	8.79
44	韭菜	丁苯吗啉	1	7.69	8.79
45	韭菜	三唑磷	1	7.69	8.79
46	韭菜	多效唑	1	7.69	8.79
47	芹菜	多菌灵	2	7.69	8.79
48	芹菜	甲基硫菌灵	2	7.69	8.79
49	芹菜	醚菌酯	2	7.69	8.79
50	生菜	*N*-去甲基啶虫脒	1	7.69	8.79
51	生菜	多菌灵	1	7.69	8.79
52	生菜	抑霉唑	1	7.69	8.79
53	甜椒	啶虫脒	2	7.69	8.79
54	甜椒	噁霜灵	2	7.69	8.79
55	茼蒿	丙环唑	1	7.69	8.79
56	茼蒿	仲丁灵	1	7.69	8.79
57	茼蒿	吡虫啉	1	7.69	8.79
58	茼蒿	戊唑醇	1	7.69	8.79
59	茼蒿	毒死蜱	1	7.69	8.79
60	茼蒿	烯酰吗啉	1	7.69	8.79
61	茼蒿	腈菌唑	1	7.69	8.79
62	茼蒿	苯氧威	1	7.69	8.79
63	香椿芽	多菌灵	1	7.14	8.24
64	香椿芽	毒死蜱	1	7.14	8.24
65	西葫芦	双苯基脲	1	6.67	7.77
66	葡萄	丙环唑	1	4.76	5.86
67	葡萄	氟唑菌酰胺	1	4.76	5.86

续表

序号	基质	农药	超标频次	超标率 P(%)	风险系数 R
68	葡萄	烯唑醇	1	4.76	5.86
69	青菜	噁霜灵	1	4.76	5.86
70	青菜	噻嗪酮	1	4.76	5.86
71	青菜	烯酰吗啉	1	4.76	5.86
72	青菜	甲氨基阿维菌素	1	4.76	5.86
73	青菜	甲霜灵	1	4.76	5.86
74	黄瓜	噻唑膦	1	4.55	5.65
75	黄瓜	氟硅唑	1	4.55	5.65
76	番茄	*N*-去甲基啶虫脒	1	4.00	5.10
77	番茄	啶虫脒	1	4.00	5.10
78	番茄	多菌灵	1	4.00	5.10
79	番茄	异丙净	1	4.00	5.10
80	番茄	烯唑醇	1	4.00	5.10
81	芹菜	三唑磷	1	3.85	4.95
82	芹菜	丙环唑	1	3.85	4.95
83	芹菜	吡唑醚菌酯	1	3.85	4.95
84	芹菜	哒螨灵	1	3.85	4.95
85	芹菜	唑虫酰胺	1	3.85	4.95
86	芹菜	虫酰肼	1	3.85	4.95
87	甜椒	丙溴磷	1	3.85	4.95

10.3.2　所有水果蔬菜中农药残留风险系数分析

10.3.2.1　所有水果蔬菜中禁用农药残留风险系数分析

在侦测出的 77 种农药中有 7 种为禁用农药，计算所有水果蔬菜中禁用农药的风险系数，结果如表 10-13 所示。禁用农药克百威、氧乐果、甲拌磷处于高度风险，剩余 4 种禁用农药处于低度风险。

对每个月内的禁用农药的风险系数进行分析，结果如图 10-23 和表 10-14 所示。

10.3.2.2　所有水果蔬菜中非禁用农药残留风险系数分析

参照 MRL 欧盟标准计算所有水果蔬菜中每种非禁用农药残留的风险系数，如图 2-24 与表 10-15 所示。在侦测出的 70 种非禁用农药中，3 种农药(4.29%)残留处于高度风险，9 种农药(12.86%)残留处于中度风险，58 种农药(82.85%)残留处于低度风险。

表 10-13 水果蔬菜中 7 种禁用农药的风险系数表

序号	农药	检出频次	检出率(%)	风险系数 R	风险程度
1	甲拌磷	11	1.94	3.04	高度风险
2	克百威	9	1.59	2.69	高度风险
3	氧乐果	8	1.41	2.51	高度风险
4	甲胺磷	2	0.35	1.45	低度风险
5	涕灭威	2	0.35	1.45	低度风险
6	丁酰肼	1	0.18	1.28	低度风险
7	灭线磷	1	0.18	1.28	低度风险

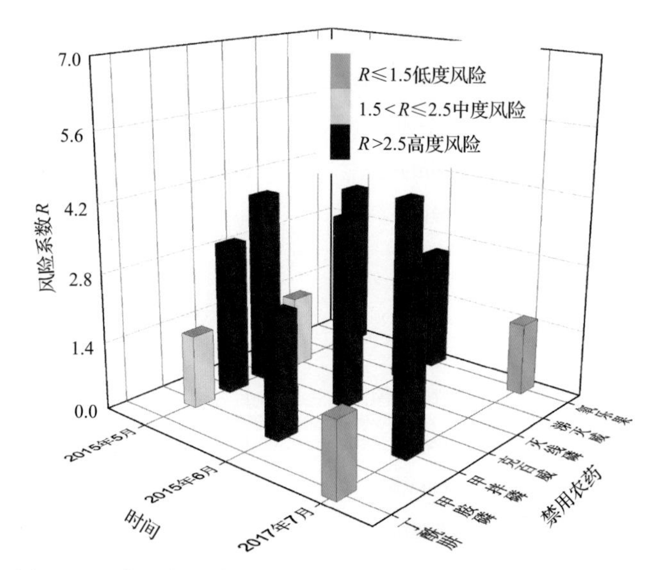

图 10-23 各月份内水果蔬菜中禁用农药残留的风险系数分布图

表 10-14 各月份内水果蔬菜中禁用农药的风险系数表

序号	年月	农药	检出频次	检出率(%)	风险系数 R	风险程度
1	2015 年 5 月	克百威	7	2.86	3.96	高度风险
2	2015 年 5 月	氧乐果	6	2.45	3.55	高度风险
3	2015 年 5 月	甲拌磷	5	2.04	3.14	高度风险
4	2015 年 5 月	甲胺磷	1	0.41	1.51	中度风险
5	2015 年 5 月	灭线磷	1	0.41	1.51	中度风险
6	2015 年 6 月	克百威	2	2.82	3.92	高度风险
7	2015 年 6 月	涕灭威	2	2.82	3.92	高度风险
8	2015 年 6 月	甲胺磷	1	1.41	2.51	高度风险
9	2015 年 6 月	氧乐果	1	1.41	2.51	高度风险
10	2017 年 7 月	甲拌磷	6	2.39	3.49	高度风险
11	2017 年 7 月	丁酰肼	1	0.40	1.50	低度风险
12	2017 年 7 月	氧乐果	1	0.40	1.50	低度风险

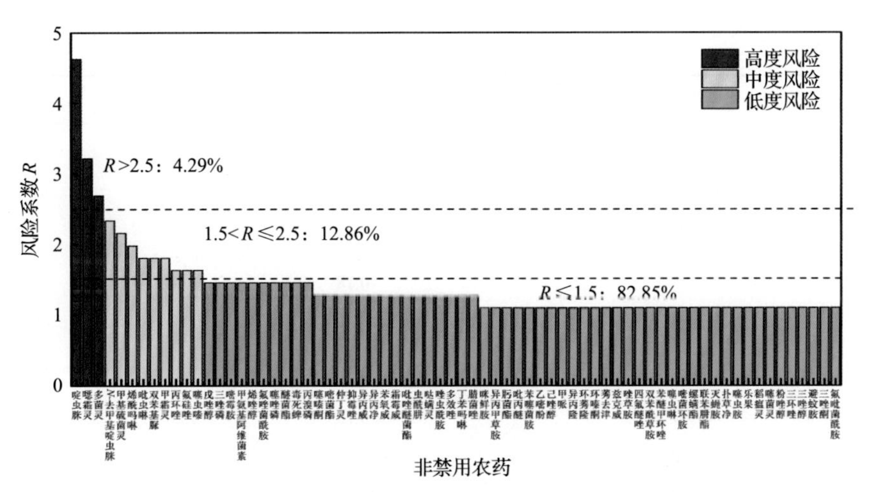

图 10-24　水果蔬菜中 70 种非禁用农药的风险程度统计图

表 10-15　水果蔬菜中 70 种非禁用农药的风险系数表

序号	农药	超标频次	超标率 P(%)	风险系数 R	风险程度
1	啶虫脒	20	3.53	4.63	高度风险
2	噁霜灵	12	2.12	3.22	高度风险
3	多菌灵	9	1.59	2.69	高度风险
4	*N*-去甲基啶虫脒	7	1.23	2.33	中度风险
5	甲基硫菌灵	6	1.06	2.16	中度风险
6	烯酰吗啉	5	0.88	1.98	中度风险
7	吡虫啉	4	0.71	1.81	中度风险
8	双苯基脲	4	0.71	1.81	中度风险
9	甲霜灵	4	0.71	1.81	中度风险
10	丙环唑	3	0.53	1.63	中度风险
11	氟硅唑	3	0.53	1.63	中度风险
12	噻虫嗪	3	0.53	1.63	中度风险
13	戊唑醇	2	0.35	1.45	低度风险
14	三唑磷	2	0.35	1.45	低度风险
15	嘧霉胺	2	0.35	1.45	低度风险
16	甲氨基阿维菌素	2	0.35	1.45	低度风险
17	烯唑醇	2	0.35	1.45	低度风险
18	氟唑菌酰胺	2	0.35	1.45	低度风险
19	噻唑磷	2	0.35	1.45	低度风险
20	醚菌酯	2	0.35	1.45	低度风险
21	毒死蜱	2	0.35	1.45	低度风险

续表

序号	农药	超标频次	超标率 P(%)	风险系数 R	风险程度
22	丙溴磷	2	0.35	1.45	低度风险
23	噻嗪酮	1	0.18	1.28	低度风险
24	嘧菌酯	1	0.18	1.28	低度风险
25	仲丁灵	1	0.18	1.28	低度风险
26	抑霉唑	1	0.18	1.28	低度风险
27	异丙威	1	0.18	1.28	低度风险
28	异丙净	1	0.18	1.28	低度风险
29	苯氧威	1	0.18	1.28	低度风险
30	霜霉威	1	0.18	1.28	低度风险
31	吡唑醚菌酯	1	0.18	1.28	低度风险
32	虫酰肼	1	0.18	1.28	低度风险
33	哒螨灵	1	0.18	1.28	低度风险
34	唑虫酰胺	1	0.18	1.28	低度风险
35	多效唑	1	0.18	1.28	低度风险
36	丁苯吗啉	1	0.18	1.28	低度风险
37	腈菌唑	1	0.18	1.28	低度风险
38	咪鲜胺	0	0	1.10	低度风险
39	异丙甲草胺	0	0	1.10	低度风险
40	肟菌酯	0	0	1.10	低度风险
41	吡丙醚	0	0	1.10	低度风险
42	苯噻菌胺	0	0	1.10	低度风险
43	乙嘧酚	0	0	1.10	低度风险
44	己唑醇	0	0	1.10	低度风险
45	甲哌	0	0	1.10	低度风险
46	异丙隆	0	0	1.10	低度风险
47	环莠隆	0	0	1.10	低度风险
48	环嗪酮	0	0	1.10	低度风险
49	莠去津	0	0	1.10	低度风险
50	兹克威	0	0	1.10	低度风险
51	唑草胺	0	0	1.10	低度风险
52	四氟醚唑	0	0	1.10	低度风险
53	双苯酰草胺	0	0	1.10	低度风险
54	苯醚甲环唑	0	0	1.10	低度风险
55	噻虫啉	0	0	1.10	低度风险

续表

序号	农药	超标频次	超标率 P(%)	风险系数 R	风险程度
56	嘧菌环胺	0	0	1.10	低度风险
57	螺螨酯	0	0	1.10	低度风险
58	联苯肼酯	0	0	1.10	低度风险
59	灭蝇胺	0	0	1.10	低度风险
60	扑草净	0	0	1.10	低度风险
61	噻虫胺	0	0	1.10	低度风险
62	乐果	0	0	1.10	低度风险
63	稻瘟灵	0	0	1.10	低度风险
64	噻菌灵	0	0	1.10	低度风险
65	粉唑醇	0	0	1.10	低度风险
66	三环唑	0	0	1.10	低度风险
67	三唑醇	0	0	1.10	低度风险
68	避蚊胺	0	0	1.10	低度风险
69	三唑酮	0	0	1.10	低度风险
70	氟吡菌酰胺	0	0	1.10	低度风险

对每个月份内的非禁用农药的风险系数分析，每月内非禁用农药风险程度分布图如图 10-25 所示。3 个月份内处于高度风险的农药数排序为 2015 年 6 月(11)>2015 年 5 月(4)>2017 年 7 月(2)。

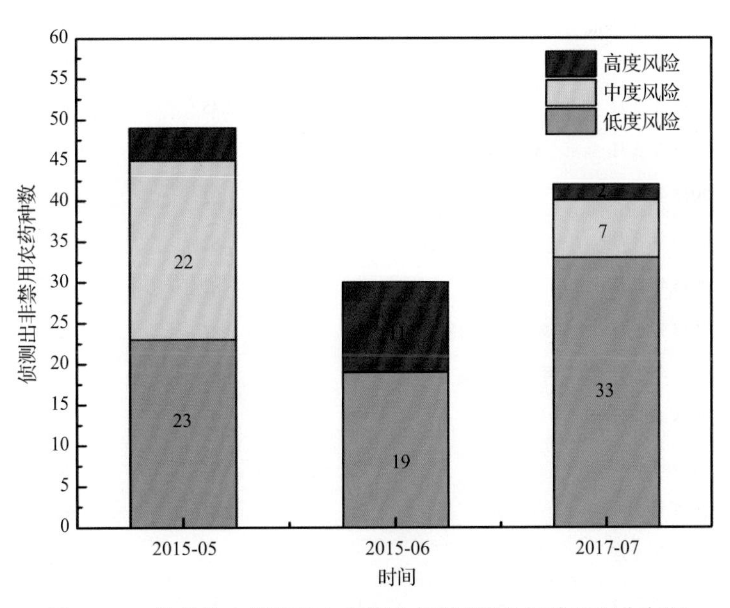

图 10-25　各月份水果蔬菜中非禁用农药残留的风险程度分布图

3 个月份内水果蔬菜中非禁用农药处于中度风险和高度风险的风险系数如图 10-26 和表 10-16 所示。

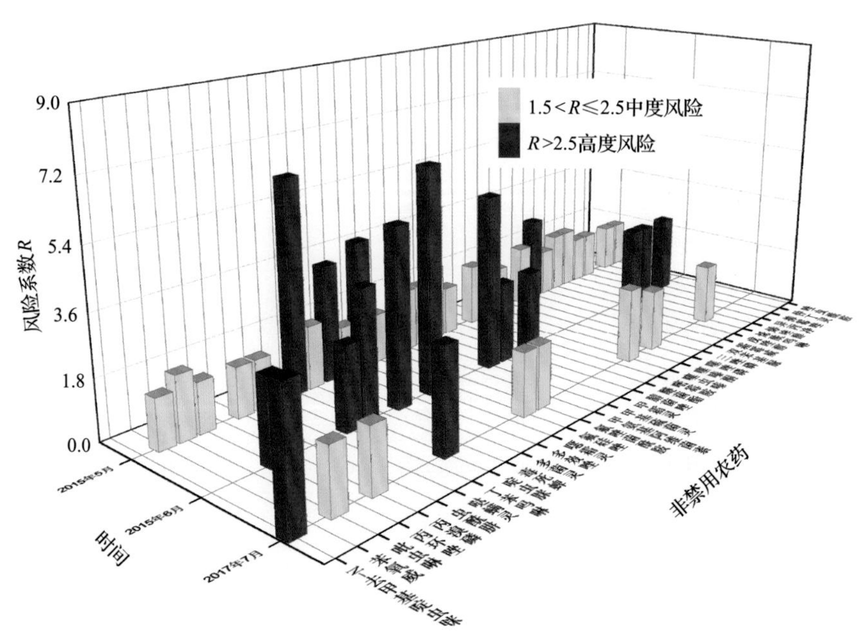

图 10-26　各月份水果蔬菜中非禁用农药处于中度风险和高度风险的风险系数分布图

表 10-16　各月份水果蔬菜中非禁用农药处于中度风险和高度风险的风险系数表

序号	年月	农药	超标频次	超标率 P(%)	风险系数 R	风险程度
1	2015 年 5 月	啶虫脒	13	5.31	6.41	高度风险
2	2015 年 5 月	噁霜灵	7	2.86	3.96	高度风险
3	2015 年 5 月	多菌灵	6	2.45	3.55	高度风险
4	2015 年 5 月	双苯基脲	4	1.63	2.73	高度风险
5	2015 年 5 月	甲霜灵	3	1.22	2.32	中度风险
6	2015 年 5 月	吡虫啉	2	0.82	1.92	中度风险
7	2015 年 5 月	毒死蜱	2	0.82	1.92	中度风险
8	2015 年 5 月	甲氨基阿维菌素	2	0.82	1.92	中度风险
9	2015 年 5 月	甲基硫菌灵	2	0.82	1.92	中度风险
10	2015 年 5 月	嘧霉胺	2	0.82	1.92	中度风险
11	2015 年 5 月	三唑磷	2	0.82	1.92	中度风险
12	2015 年 5 月	戊唑醇	2	0.82	1.92	中度风险
13	2015 年 5 月	烯酰吗啉	2	0.82	1.92	中度风险
14	2015 年 5 月	苯氧威	1	0.41	1.51	中度风险
15	2015 年 5 月	丙环唑	1	0.41	1.51	中度风险

续表

序号	年月	农药	超标频次	超标率 P(%)	风险系数 R	风险程度
16	2015 年 5 月	虫酰肼	1	0.41	1.51	中度风险
17	2015 年 5 月	哒螨灵	1	0.41	1.51	中度风险
18	2015 年 5 月	多效唑	1	0.41	1.51	中度风险
19	2015 年 5 月	氟硅唑	1	0.41	1.51	中度风险
20	2015 年 5 月	腈菌唑	1	0.41	1.51	中度风险
21	2015 年 5 月	噻嗪酮	1	0.41	1.51	中度风险
22	2015 年 5 月	霜霉威	1	0.41	1.51	中度风险
23	2015 年 5 月	烯唑醇	1	0.41	1.51	中度风险
24	2015 年 5 月	异丙净	1	0.41	1.51	中度风险
25	2015 年 5 月	仲丁灵	1	0.41	1.51	中度风险
26	2015 年 5 月	唑虫酰胺	1	0.41	1.51	中度风险
27	2015 年 6 月	噁霜灵	4	5.63	6.73	高度风险
28	2015 年 6 月	多菌灵	3	4.23	5.33	高度风险
29	2015 年 6 月	甲基硫菌灵	3	4.23	5.33	高度风险
30	2015 年 6 月	啶虫脒	2	2.82	3.92	高度风险
31	2015 年 6 月	丙环唑	1	1.41	2.51	高度风险
32	2015 年 6 月	丁苯吗啉	1	1.41	2.51	高度风险
33	2015 年 6 月	甲霜灵	1	1.41	2.51	高度风险
34	2015 年 6 月	醚菌酯	1	1.41	2.51	高度风险
35	2015 年 6 月	烯酰吗啉	1	1.41	2.51	高度风险
36	2015 年 6 月	烯唑醇	1	1.41	2.51	高度风险
37	2015 年 6 月	抑霉唑	1	1.41	2.51	高度风险
38	2017 年 7 月	*N*-去甲基啶虫脒	7	2.79	3.89	高度风险
39	2017 年 7 月	啶虫脒	5	1.99	3.09	高度风险
40	2017 年 7 月	噻虫嗪	3	1.20	2.30	中度风险
41	2017 年 7 月	吡虫啉	2	0.80	1.90	中度风险
42	2017 年 7 月	丙溴磷	2	0.80	1.90	中度风险
43	2017 年 7 月	氟硅唑	2	0.80	1.90	中度风险
44	2017 年 7 月	氟唑菌酰胺	2	0.80	1.90	中度风险
45	2017 年 7 月	噻唑磷	2	0.80	1.90	中度风险
46	2017 年 7 月	烯酰吗啉	2	0.80	1.90	中度风险

10.4　LC-Q-TOF/MS 侦测杭州市市售水果蔬菜农药残留风险评估结论与建议

农药残留是影响水果蔬菜安全和质量的主要因素，也是我国食品安全领域备受关注的敏感话题和亟待解决的重大问题之一[15,16]。各种水果蔬菜均存在不同程度的农药残留现象，本研究主要针对杭州市各类水果蔬菜存在的农药残留问题，基于 2015 年 5 月 ~ 2017 年 7 月对杭州市 567 例水果蔬菜样品中农药残留侦测得出的 889 个侦测结果，分别采用食品安全指数模型和风险系数模型，开展水果蔬菜中农药残留的膳食暴露风险和预警风险评估。水果蔬菜样品取自超市和农贸市场，符合大众的膳食来源，风险评价时更具有代表性和可信度。

本研究力求通用简单地反映食品安全中的主要问题，且为管理部门和大众容易接受，为政府及相关管理机构建立科学的食品安全信息发布和预警体系提供科学的规律与方法，加强对农药残留的预警和食品安全重大事件的预防，控制食品风险。

10.4.1　杭州市水果蔬菜中农药残留膳食暴露风险评价结论

1) 水果蔬菜样品中农药残留安全状态评价结论

采用食品安全指数模型，对 2015 年 5 月 ~ 2017 年 7 月期间杭州市水果蔬菜食品农药残留膳食暴露风险进行评价，根据 IFS_c 的计算结果发现，水果蔬菜中农药的 $\overline{IFS}$ 为 0.0705，说明杭州市水果蔬菜总体处于很好的安全状态，但部分禁用农药、高残留农药在蔬菜、水果中仍有侦测出，导致膳食暴露风险的存在，成为不安全因素。

2) 单种水果蔬菜中农药膳食暴露风险不可接受情况评价结论

单种水果蔬菜中农药残留安全指数分析结果显示，农药对单种水果蔬菜安全影响不可接受(IFS_c>1)的样本数共 2 个，占总样本数的 0.43%，2 个样本分别为芹菜中的涕灭威、茼蒿中的灭线磷，说明芹菜中的涕灭威、茼蒿中的灭线磷会对消费者身体健康造成较大的膳食暴露风险。涕灭威和灭线磷属于禁用的剧毒农药，且芹菜和茼蒿均为较常见的蔬菜，百姓日常食用量较大，长期食用大量残留涕灭威和灭线磷的芹菜和茼蒿会对人体造成不可接受的影响，本次检测发现涕灭威和灭线磷在芹菜和茼蒿样品中多次侦测出，是未严格实施农业良好管理规范(GAP)，抑或是农药滥用，这应该引起相关管理部门的警惕，应加强对芹菜中的涕灭威、茼蒿中的灭线磷的严格管控。

3) 禁用农药膳食暴露风险评价

本次检测发现部分水果蔬菜样品中有禁用农药侦测出，侦测出禁用农药 7 种，检出频次为 34，水果蔬菜样品中的禁用农药 IFS_c 计算结果表明，禁用农药残留膳食暴露风险不可接受的频次为 4，占 11.76%；可以接受的频次为 16，占 47.76%；没有影响的频次为 14，占 41.18%。对于水果蔬菜样品中所有农药而言，膳食暴露风险不可接受的频次为 5，仅占总体频次的 0.56%。可以看出，禁用农药的膳食暴露风险不可接受的比例远高于总体水平，这在一定程度上说明禁用农药更容易导致严重的膳食暴露风险。此外，膳食暴露风险不可接受的残留禁用农药均为灭线磷、涕灭威和甲拌磷，因此，应该加强对禁用农药灭线磷、涕灭威和甲拌磷的管控力度。为何在国家明令禁止禁用农药喷洒的情况下，还能在多种水果蔬菜中多次侦测出禁用农药残留并造成不可接受的膳食暴露风险，这应该引起相关部门的高度警惕，应该在禁止禁用农药喷洒的同时，严格管控禁用农药的生产和售卖，从根本上杜绝安全隐患。

10.4.2　杭州市水果蔬菜中农药残留预警风险评价结论

1) 单种水果蔬菜中禁用农药残留的预警风险评价结论

本次检测过程中，在 16 种水果蔬菜中检测超出 7 种禁用农药，禁用农药为：克百威、氧乐果、甲拌磷、涕灭威、甲胺磷、丁酰肼、灭线磷，水果蔬菜为：草莓、大白菜、大蒜、番茄、胡萝卜、黄瓜、韭菜、橘、芒果、苹果、葡萄、芹菜、青菜、甜椒、茼蒿、小油菜，水果蔬菜中禁用农药的风险系数分析结果显示，7 种禁用农药在 16 种水果蔬菜中的残留均处于高度风险，说明在单种水果蔬菜中禁用农药的残留会导致较高的预警风险。

2) 单种水果蔬菜中非禁用农药残留的预警风险评价结论

以 MRL 中国国家标准为标准，计算水果蔬菜中非禁用农药风险系数情况下，436 个样本中，116 个处于低度风险(26.21%)，320 个样本没有 MRL 中国国家标准(73.49%)。以 MRL 欧盟标准为标准，计算水果蔬菜中非禁用农药风险系数情况下，发现有 87 个处于高度风险(19.95%)，349 个处于低度风险(80.05%)。基于两种 MRL 标准，评价的结果差异显著，可以看出 MRL 欧盟标准比中国国家标准更加严格和完善，过于宽松的 MRL 中国国家标准值能否有效保障人体的健康有待研究。

10.4.3　加强杭州市水果蔬菜食品安全建议

我国食品安全风险评价体系仍不够健全，相关制度不够完善，多年来，由于农药用药次数多、用药量大或用药间隔时间短，产品残留量大，农药残留所造成的食品安全问题日益严峻，给人体健康带来了直接或间接的危害。据估计，美国与农药有关的癌症患者数约占全国癌症患者总数的 50%，中国更高。同样，农药对其他生物也会形成直接杀伤和慢性危害，植物中的农药可经过食物链逐级传递并不断蓄积，对人和动物构成潜在威胁，并影响生态系统。

基于本次农药残留侦测数据的风险评价结果，提出以下几点建议：

1) 加快食品安全标准制定步伐

我国食品标准中对农药每日允许最大摄入量 ADI 的数据严重缺乏，在本次评价所涉及的 77 种农药中，仅有 83.1%的农药具有 ADI 值，而 16.9%的农药中国尚未规定相应的 ADI 值，亟待完善。

我国食品中农药最大残留限量值的规定严重缺乏，对评估涉及到的不同水果蔬菜中不同农药 462 个 MRL 限值进行统计来看，我国仅制定出 141 个标准，我国标准完整率仅为 30.5%，欧盟的完整率达到 100%(表 10-17)。因此，中国更应加快 MRL 标准的制定步伐。

表 10-17　我国国家食品标准农药的 ADI、MRL 值与欧盟标准的数量差异

分类		中国 ADI	MRL 中国国家标准	MRL 欧盟标准
标准限值(个)	有	64	141	462
	无	13	321	0
总数(个)		77	462	462
无标准限值比例(%)		16.9	69.5	0

此外，MRL 中国国家标准限值普遍高于欧盟标准限值，这些标准中共有 83 个高于欧盟。过高的 MRL 值难以保障人体健康，建议继续加强对限值基准和标准的科学研究，将农产品中的危险性减少到尽可能低的水平。

2) 加强农药的源头控制和分类监管

在杭州市某些水果蔬菜中仍有禁用农药残留，利用 LC-Q-TOF/MS 技术侦测出 7 种禁用农药，检出频次为 34 次，残留禁用农药均存在较大的膳食暴露风险和预警风险。早已列入黑名单的禁用农药在我国并未真正退出，有些药物由于价格便宜、工艺简单，此类高毒农药一直生产和使用。建议在我国采取严格有效的控制措施，从源头控制禁用农药。

对于非禁用农药，在我国作为“田间地头”最典型单位的县级蔬果产地中，农药残留的检测几乎缺失。建议根据农药的毒性，对高毒、剧毒、中毒农药实现分类管理，减少使用高毒和剧毒高残留农药，进行分类监管。

3) 加强农药生物基准和降解技术研究

市售果蔬中残留农药的品种多、频次高、禁用农药多次检出这一现状，说明了我国的田间土壤和水体因农药长期、频繁、不合理的使用而遭到严重污染。为此，建议中国相关部门出台相关政策，鼓励高校及科研院所积极开展分子生物学、酶学等研究，加强土壤、水体中残留农药的生物修复及降解新技术研究，切实加大农药监管力度，以控制农药的面源污染问题。

综上所述，在本工作基础上，根据蔬菜残留危害，可进一步针对其成因提出和采取严格管理、大力推广无公害蔬菜种植与生产、健全食品安全控制技术体系、加强蔬菜食品质量检测体系建设和积极推行蔬菜食品质量追溯制度等相应对策。建立和完善食品安全综合评价指数与风险监测预警系统，对食品安全进行实时、全面的监控与分析，为我国的食品安全科学监管与决策提供新的技术支持，可实现各类检验数据的信息化系统管理，降低食品安全事故的发生。

第 11 章　GC-Q-TOF/MS 侦测杭州市 501 例市售水果蔬菜样品农药残留报告

从杭州市所属 9 个区县，随机采集了 501 例水果蔬菜样品，使用气相色谱-四极杆飞行时间质谱（GC-Q-TOF/MS）对 507 种农药化学污染物进行示范侦测。

11.1　样品种类、数量与来源

11.1.1　样品采集与检测

为了真实反映百姓餐桌上水果蔬菜中农药残留污染状况，本次所有检测样品均由检验人员于 2015 年 7 月至 2017 年 7 月期间，从杭州市所属 23 个采样点，包括 2 个农贸市场 21 个超市，以随机购买方式采集，总计 24 批 501 例样品，从中检出农药 111 种，1146 频次。采样及监测概况见表 11-1 及图 11-1，样品及采样点明细见表 11-2 及表 11-3（侦测原始数据见附表 1）。

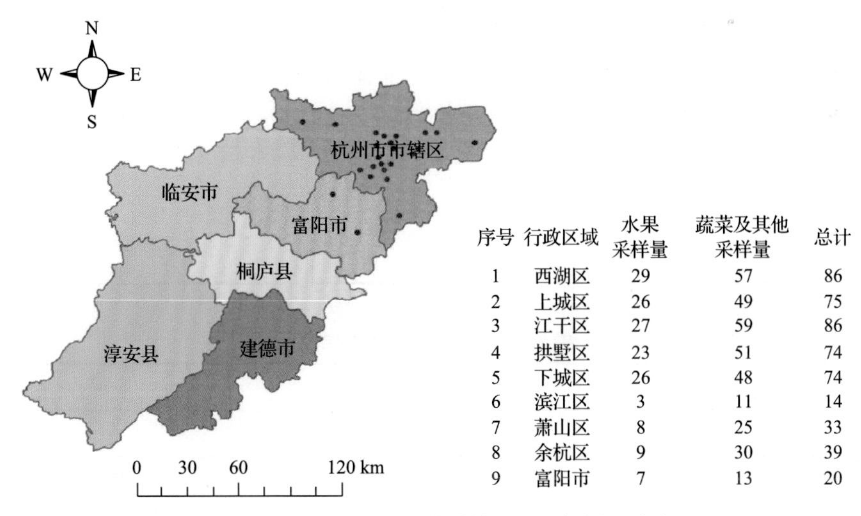

序号	行政区域	水果采样量	蔬菜及其他采样量	总计
1	西湖区	29	57	86
2	上城区	26	49	75
3	江干区	27	59	86
4	拱墅区	23	51	74
5	下城区	26	48	74
6	滨江区	3	11	14
7	萧山区	8	25	33
8	余杭区	9	30	39
9	富阳市	7	13	20

图 11-1　杭州市所属 23 个采样点 501 例样品分布图

表 11-1　农药残留监测总体概况

采样地区	杭州市所属 9 个区县
采样点（超市+农贸市场）	23
样本总数	501
检出农药品种/频次	111/1146
各采样点样本农药残留检出率范围	69.6%～100.0%

表 11-2　样品分类及数量

样品分类	样品名称(数量)	数量小计
1. 调味料		6
1)叶类调味料	芫荽(6)	6
2. 水果		158
1)仁果类水果	苹果(17)，梨(23)	40
2)核果类水果	桃(7)，枣(6)	13
3)浆果和其他小型水果	猕猴桃(8)，葡萄(17)	25
4)瓜果类水果	西瓜(6)，哈密瓜(7)，香瓜(5)	18
5)热带和亚热带水果	山竹(7)，木瓜(7)，芒果(7)，火龙果(8)	29
6)柑橘类水果	柚(9)，橘(7)，柠檬(8)，橙(9)	33
3. 食用菌		27
1)蘑菇类	平菇(5)，香菇(4)，蘑菇(5)，杏鲍菇(8)，金针菇(5)	27
4. 蔬菜		310
1)豆类蔬菜	扁豆(6)，菜豆(14)	20
2)鳞茎类蔬菜	洋葱(19)，韭菜(10)，大蒜(5)，青蒜(6)，百合(3)，葱(15)，蒜薹(9)	67
3)叶菜类蔬菜	芹菜(13)，蕹菜(5)，苋菜(6)，生菜(11)，青菜(4)，莴笋(3)	42
4)芸薹属类蔬菜	结球甘蓝(14)，芥蓝(5)，青花菜(10)	29
5)茄果类蔬菜	番茄(18)，甜椒(13)，茄子(15)	46
6)瓜类蔬菜	黄瓜(15)，西葫芦(13)，佛手瓜(3)，南瓜(4)，苦瓜(15)，冬瓜(4)	54
7)根茎类和薯芋类蔬菜	甘薯(4)，紫薯(6)，山药(5)，胡萝卜(15)，芋(4)，姜(7)，马铃薯(4)，萝卜(7)	52
合计	1.调味料 1 种 2.水果 17 种 3.食用菌 5 种 4.蔬菜 35 种	501

表 11-3　杭州市采样点信息

采样点序号	行政区域	采样点
农贸市场(2)		
1	上城区	***市场
2	西湖区	***市场
超市(21)		
1	上城区	***超市(涌金店)
2	上城区	***超市(望江东路店)
3	下城区	***超市(建国店)
4	下城区	***超市(德胜店)

续表

采样点序号	行政区域	采样点
超市(21)		
5	下城区	***超市(东新店)
6	余杭区	***超市(临平店)
7	余杭区	***超市(翡翠城店)
8	富阳市	***超市(九龙大道店)
9	富阳市	***超市(富阳店)
10	拱墅区	***超市(云和店)
11	拱墅区	***超市(莫干山店)
12	江干区	***超市(新塘路店)
13	江干区	***超市(庆春店)
14	江干区	***超市(学府宝龙店)
15	江干区	***超市(高沙店)
16	滨江区	***超市(浦沿店)
17	萧山区	***超市(萧山店)
18	萧山区	***超市(金星路店)
19	西湖区	***超市(古墩路店)
20	西湖区	***超市(黄龙店)
21	西湖区	***超市(文一店)

11.1.2　检测结果

这次使用的检测方法是庞国芳院士团队最新研发的不需使用标准品对照，而以高分辨精确质量数(0.0001 *m/z*)为基准的 GC-Q-TOF/MS 检测技术，对于 501 例样品，每个样品均侦测了 507 种农药化学污染物的残留现状。通过本次侦测，在 501 例样品中共计检出农药化学污染物 111 种，检出 1146 频次。

11.1.2.1　各采样点样品检出情况

统计分析发现 23 个采样点中，被测样品的农药检出率范围为 69.6%～100.0%。其中，有 3 个采样点样品的检出率最高，达到了 100.0%，分别是：***超市(九龙大道店)、***超市(浦沿店)和***超市(金星路店)。***超市(学府宝龙店)的检出率最低，为 69.6%，见图 11-2。

11.1.2.2　检出农药的品种总数与频次

统计分析发现，对于 501 例样品中 507 种农药化学污染物的侦测，共检出农药 1146 频次，涉及农药 111 种，结果如图 11-3 所示。其中威杀灵检出频次最高，共检出 159 次。

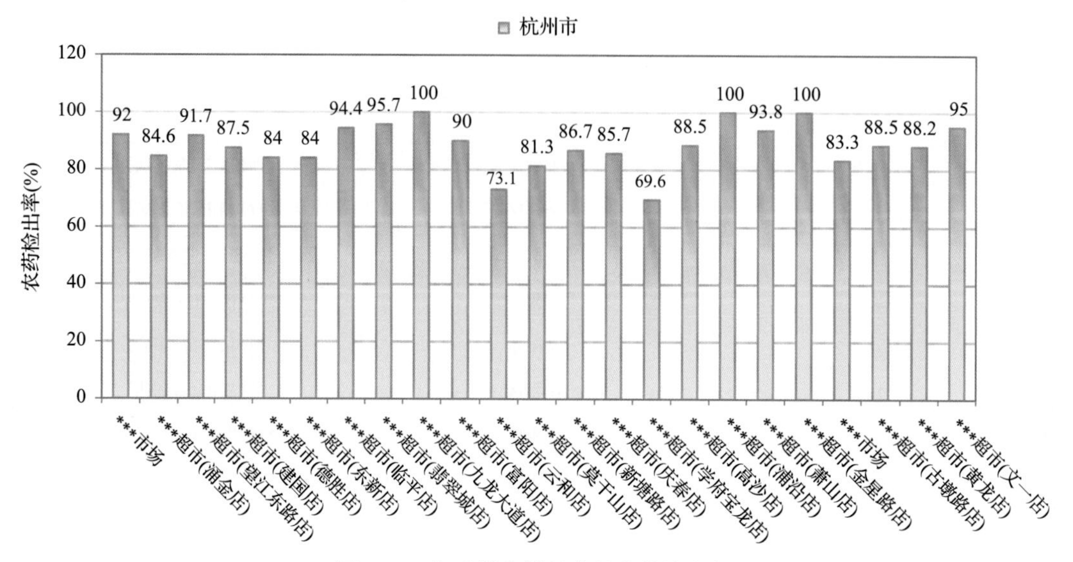

图 11-2　各采样点样品中的农药检出率

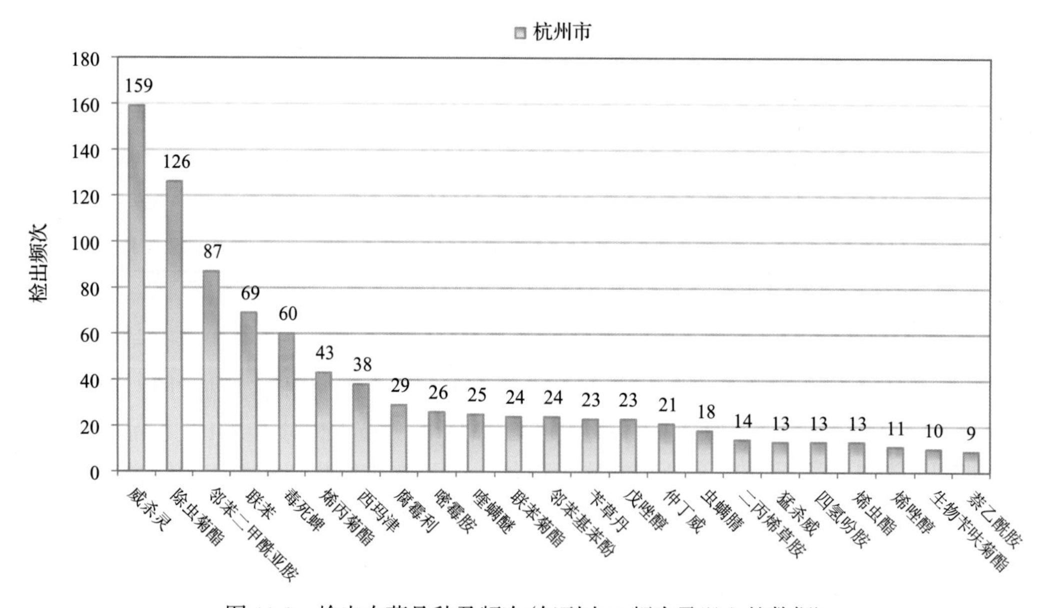

图 11-3　检出农药品种及频次（仅列出 9 频次及以上的数据）

检出频次排名前 10 的农药如下：①威杀灵（159）；②除虫菊酯（126）；③邻苯二甲酰亚胺（87）；④联苯（69）；⑤毒死蜱（60）；⑥烯丙菊酯（43）；⑦西玛津（38）；⑧腐霉利（29）；⑨嘧霉胺（26）；⑩喹螨醚（25）。

由图 11-4 可见，菜豆、生菜和葡萄这 3 种果蔬样品中检出的农药品种数较高，均超过 20 种，其中，菜豆检出农药品种最多，为 23 种。由图 11-5 可见，菜豆、茄子、梨、胡萝卜和葡萄这 5 种果蔬样品中的农药检出频次较高，均超过 40 次，其中，菜豆检出农药频次最高，为 62 次。

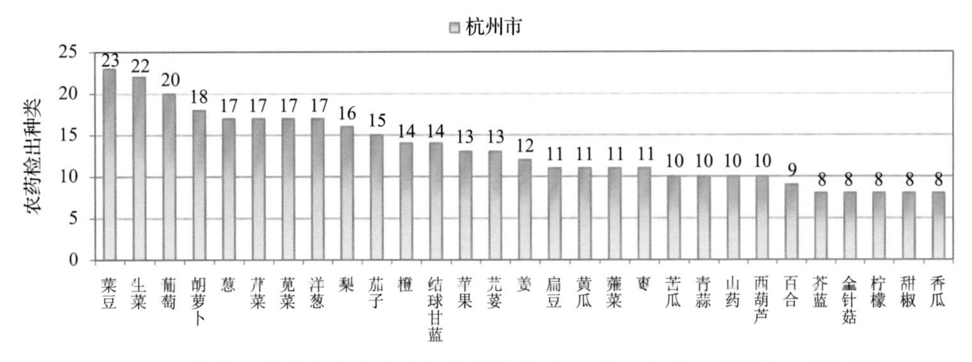

图 11-4　单种水果蔬菜检出农药的种类数(仅列出检出农药 8 种及以上的数据)

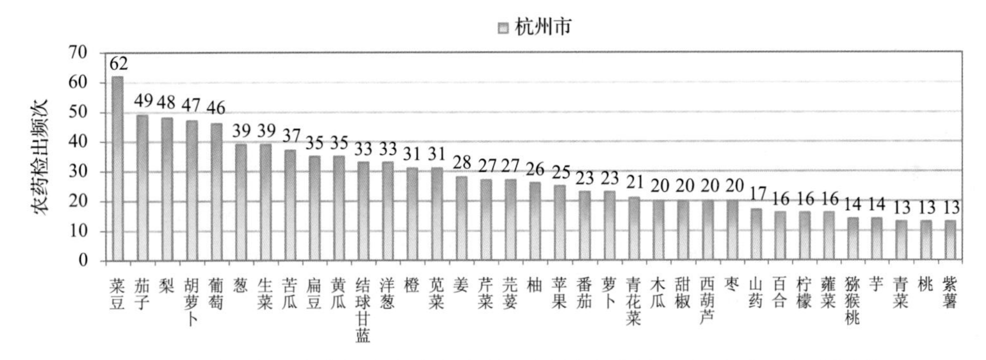

图 11-5　单种水果蔬菜检出农药频次(仅列出检出农药 13 频次及以上的数据)

11.1.2.3　单例样品农药检出种类与占比

对单例样品检出农药种类和频次进行统计发现，未检出农药的样品占总样品数的 12.8%，检出 1 种农药的样品占总样品数的 22.2%，检出 2～5 种农药的样品占总样品数的 59.7%，检出 6～10 种农药的样品占总样品数的 5.4%。每例样品中平均检出农药为 2.3 种，数据见表 11-4 及图 11-6。

11.1.2.4　检出农药类别与占比

所有检出农药按功能分类，包括杀虫剂、杀菌剂、除草剂、植物生长调节剂、增效剂和其他共 6 类。其中杀虫剂与杀菌剂为主要检出的农药类别，分别占总数的 45.0%和 31.5%，见表 11-5 及图 11-7。

表 11-4　单例样品检出农药品种占比

检出农药品种数	样品数量/占比(%)
未检出	64/12.8
1 种	111/22.2
2～5 种	299/59.7
6～10 种	27/5.4
单例样品平均检出农药品种	2.3 种

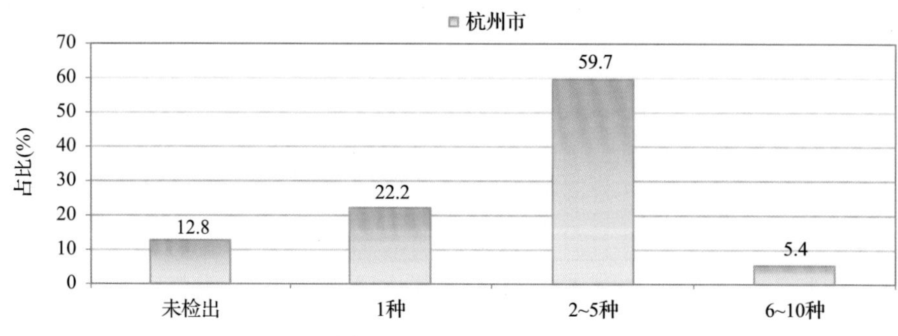

图 11-6　单例样品平均检出农药品种及占比

表 11-5　检出农药所属类别/占比

农药类别	数量/占比(%)
杀虫剂	50/45.0
杀菌剂	35/31.5
除草剂	18/16.2
植物生长调节剂	5/4.5
增效剂	1/0.9
其他	2/1.8

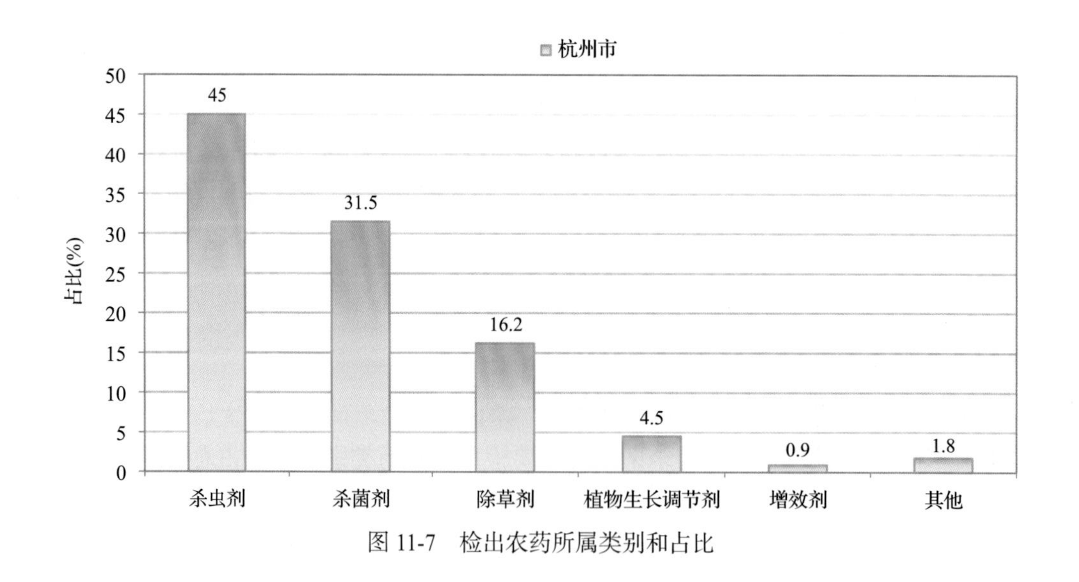

图 11-7　检出农药所属类别和占比

11.1.2.5　检出农药的残留水平

按检出农药残留水平进行统计，残留水平在 1～5 μg/kg(含)的农药占总数的 24.1%，在 5～10 μg/kg(含)的农药占总数的 14.6%，在 10～100 μg/kg(含)的农药占总数的 46.2%，在 100～1000 μg/kg(含)的农药占总数的 14.5%，在>1000μg/kg 的农药占总数的 0.6%。

由此可见，这次检测的 24 批 501 例水果蔬菜样品中农药多数处于中高残留水平。结果见表 11-6 及图 11-8，数据见附表 2。

表 11-6　农药残留水平/占比

残留水平(μg/kg)	检出频次数/占比(%)
1～5(含)	276/24.1
5～10(含)	167/14.6
10～100(含)	530/46.2
100～1000(含)	166/14.5
>1000	7/0.6

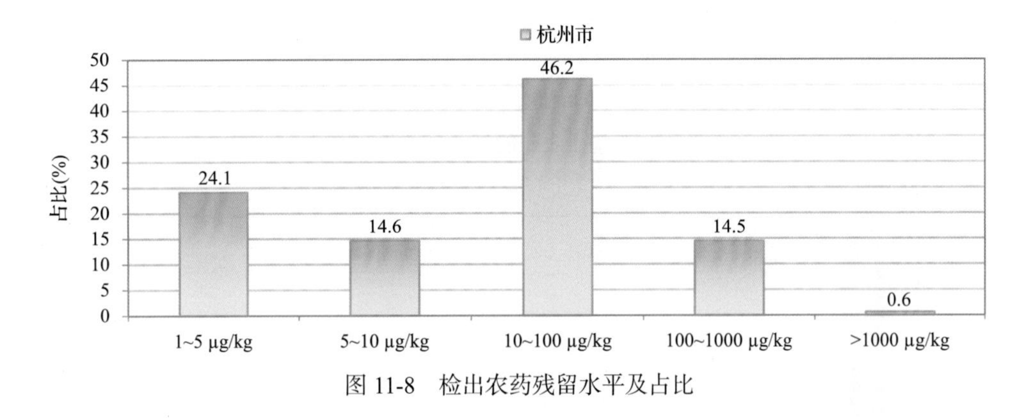

图 11-8　检出农药残留水平及占比

11.1.2.6　检出农药的毒性类别、检出频次和超标频次及占比

对这次检出的 111 种 1146 频次的农药，按剧毒、高毒、中毒、低毒和微毒这五个毒性类别进行分类，从中可以看出，杭州市目前普遍使用的农药为中低微毒农药，品种占 92.8%，频次占 97.8%。结果见表 11-7 及图 11-9。

11.1.2.7　检出剧毒/高毒类农药的品种和频次

值得特别关注的是，在此次侦测的 501 例样品中有 9 种蔬菜 1 种调味料 5 种水果 1 种食用菌的 25 例样品检出了 8 种 25 频次的剧毒和高毒农药，占样品总量的 5.0%，详见图 11-10、表 11-8 及表 11-9。

表 11-7　检出农药毒性类别/占比

毒性分类	农药品种/占比(%)	检出频次/占比(%)	超标频次/超标率(%)
剧毒农药	1/0.9	1/0.1	1/100.0
高毒农药	7/6.3	24/2.1	2/8.3
中毒农药	47/42.3	489/42.7	0/0.0
低毒农药	37/33.3	517/45.1	0/0.0
微毒农药	19/17.1	115/10.0	1/0.9

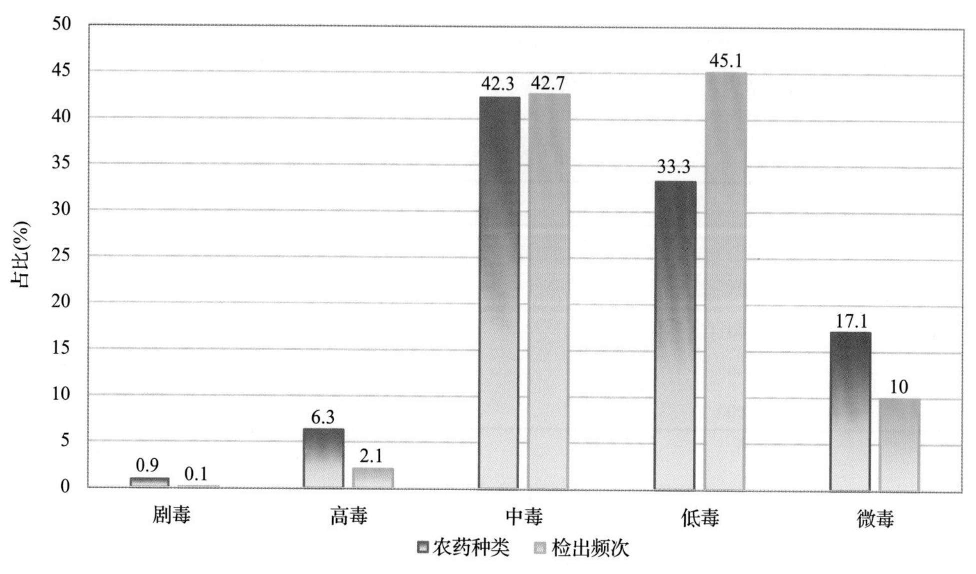

图 11-9　检出农药的毒性分类和占比

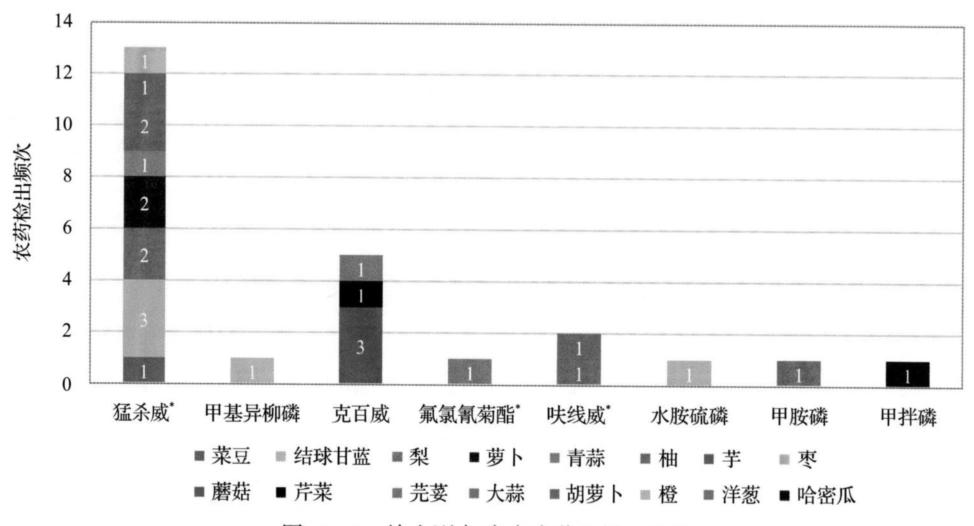

图 11-10　检出剧毒/高毒农药的样品情况

*表示允许在水果和蔬菜上使用的农药

表 11-8　剧毒农药检出情况

序号	农药名称	检出频次	超标频次	超标率
从 1 种水果中检出 1 种剧毒农药，共计检出 1 次				
1	甲拌磷*	1	1	100.0%
	小计	1	1	超标率：100.0%
蔬菜中未检出剧毒农药				
	小计	0	0	超标率：0.0%
	合计	1	1	超标率：100.0%

表 11-9　高毒农药检出情况

序号	农药名称	检出频次	超标频次	超标率
从 4 种水果中检出 2 种高毒农药，共计检出 6 次				
1	猛杀威	5	0	0.0%
2	水胺硫磷	1	1	100.0%
小计		6	1	超标率：16.7%
从 9 种蔬菜中检出 5 种高毒农药，共计检出 13 次				
1	猛杀威	8	0	0.0%
2	呋线威	2	0	0.0%
3	甲胺磷	1	0	0.0%
4	甲基异柳磷	1	1	100.0%
5	克百威	1	0	0.0%
小计		13	1	超标率：7.7%
合计		19	2	超标率：10.5%

在检出的剧毒和高毒农药中，有 5 种是我国早已禁止在果树和蔬菜上使用的，分别是：克百威、甲拌磷、甲基异柳磷、甲胺磷和水胺硫磷。禁用农药的检出情况见表 11-10。

表 11-10　禁用农药检出情况

序号	农药名称	检出频次	超标频次	超标率
从 4 种水果中检出 4 种禁用农药，共计检出 4 次				
1	甲拌磷*	1	1	100.0%
2	六六六	1	0	0.0%
3	氰戊菊酯	1	0	0.0%
4	水胺硫磷	1	1	100.0%
小计		4	2	超标率：50.0%
从 6 种蔬菜中检出 5 种禁用农药，共计检出 9 次				
1	氟虫腈	5	0	0.0%
2	甲胺磷	1	0	0.0%
3	甲基异柳磷	1	1	100.0%
4	克百威	1	0	0.0%
5	硫丹	1	0	0.0%
小计		9	1	超标率：11.1%
合计		13	3	超标率：23.1%

注：超标结果参考 MRL 中国国家标准计算

此次抽检的果蔬样品中，有 1 种水果检出了剧毒农药，即哈密瓜中检出甲拌磷 1 次。

样品中检出剧毒和高毒农药残留水平超过 MRL 中国国家标准的频次为 3 次，其中：哈密瓜检出甲拌磷超标 1 次；橙检出水胺硫磷超标 1 次；结球甘蓝检出甲基异柳磷超标 1 次。本次检出结果表明，高毒、剧毒农药的使用现象依旧存在。详见表 11-11。

表 11-11　各样本中检出剧毒/高毒农药情况

样品名称	农药名称	检出频次	超标频次	检出浓度(μg/kg)
		水果 5 种		
哈密瓜	甲拌磷*▲	1	1	11.3[a]
枣	猛杀威	1	0	1.1
柚	猛杀威	2	0	43.0, 72.6
梨	猛杀威	2	0	8.0, 1.6
橙	水胺硫磷▲	1	1	743.8[a]
小计		7	2	超标率：28.6%
		蔬菜 9 种		
大蒜	呋线威	1	0	35.0
洋葱	甲胺磷▲	1	0	3.1
结球甘蓝	猛杀威	3	0	4.1, 2.3, 2.1
结球甘蓝	甲基异柳磷▲	1	1	69.7[a]
胡萝卜	呋线威	1	0	8.0
芋	猛杀威	1	0	4.2
芹菜	克百威▲	1	0	8.6
菜豆	猛杀威	1	0	23.2
萝卜	猛杀威	2	0	11.8, 17.6
青蒜	猛杀威	1	0	4.8
小计		13	1	超标率：7.7%
合计		20	3	超标率：15.0%

11.2　农药残留检出水平与最大残留限量标准对比分析

我国于 2014 年 3 月 20 日正式颁布并于 2014 年 8 月 1 日正式实施食品农药残留限量国家标准《食品中农药最大残留限量》(GB 2763—2014)。该标准包括 371 个农药条目，涉及最大残留限量(MRL)标准 3653 项。将 1146 频次检出农药的浓度水平与 3653 项 MRL 中国国家标准进行核对，其中只有 122 频次的农药找到了对应的 MRL 标准，占 10.6%，还有 1024 频次的侦测数据则无相关 MRL 标准供参考，占 89.4%。

将此次侦测结果与国际上现行 MRL 标准对比发现，在 1146 频次的检出结果中有 1146 频次的结果找到了对应的 MRL 欧盟标准，占 100.0%，其中，692 频次的结果有明确对应的 MRL，占 60.4%，其余 454 频次按照欧盟一律标准判定，占 39.6%；有 1146 频次的结果找到了对应的 MRL 日本标准，占 100.0%，其中，416 频次的结果有明确对应的

MRL，占 36.3%，其余 730 频次按照日本一律标准判定，占 63.7%；有 289 频次的结果找到了对应的 MRL 中国香港标准，占 25.2%；有 193 频次的结果找到了对应的 MRL 美国标准，占 16.8%；有 159 频次的结果找到了对应的 MRL CAC 标准，占 13.9%（见图 11-11 和图 11-12，数据见附表 3 至附表 8）。

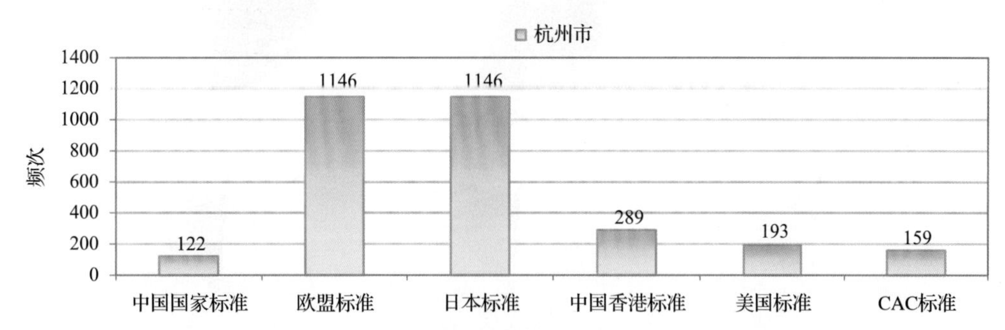

图 11-11　1146 频次检出农药可用 MRL 中国国家标准、欧盟标准、日本标准、中国香港标准、美国标准和 CAC 标准判定衡量的数量

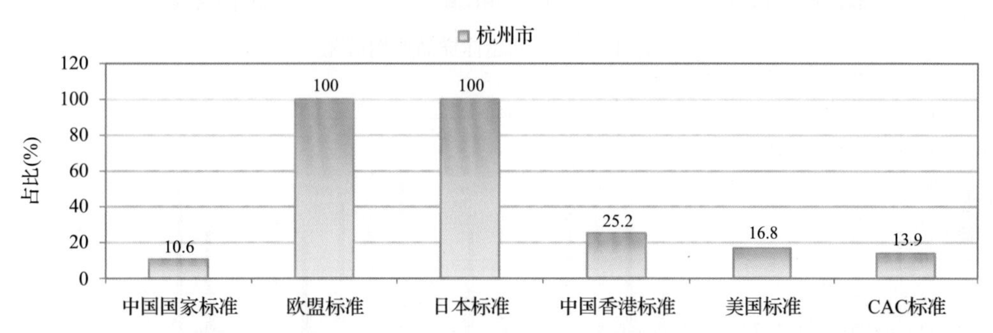

图 11-12　1146 频次检出农药可用 MRL 中国国家标准、欧盟标准、日本标准、中国香港标准、美国标准和 CAC 标准衡量的占比

11.2.1　超标农药样品分析

本次侦测的 501 例样品中，64 例样品未检出任何残留农药，占样品总量的 12.8%，437 例样品检出不同水平、不同种类的残留农药，占样品总量的 87.2%。在此，我们将本次侦测的农残检出情况与 MRL 中国国家标准、欧盟标准、日本标准、中国香港标准、美国标准和 CAC 标准这 6 大国际主流标准进行对比分析，样品农残检出与超标情况见表 11-12、图 11-13 和图 11-14，详细数据见附表 9 至附表 14。

表 11-12　各 MRL 标准下样本农残检出与超标数量及占比

	中国国家标准 数量/占比(%)	欧盟标准 数量/占比(%)	日本标准 数量/占比(%)	中国香港标准 数量/占比(%)	美国标准 数量/占比(%)	CAC 标准 数量/占比(%)
未检出	64/12.8	64/12.8	64/12.8	64/12.8	64/12.8	64/12.8
检出未超标	433/86.4	153/30.5	180/35.9	430/85.8	432/86.2	429/85.6
检出超标	4/0.8	284/56.7	257/51.3	7/1.4	5/1.0	8/1.6

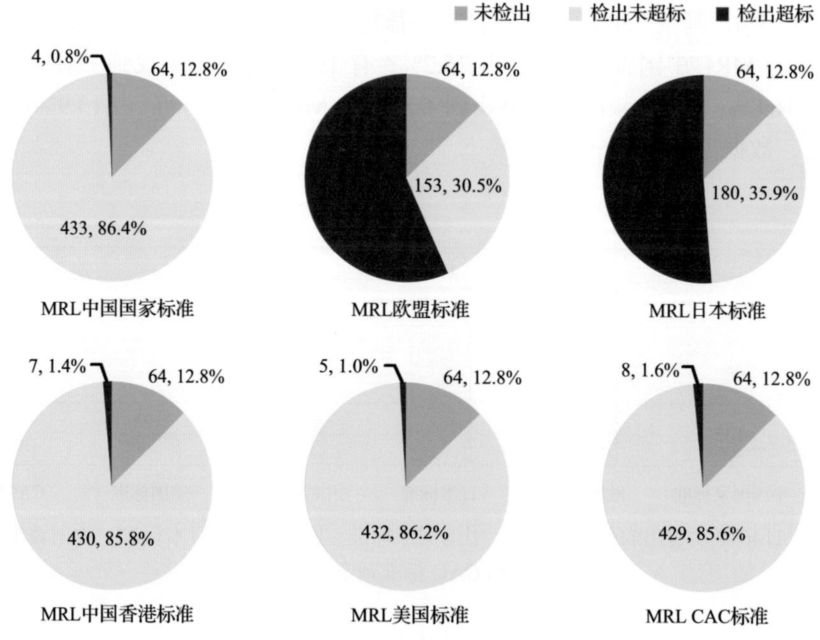

图 11-13　检出和超标样品比例情况

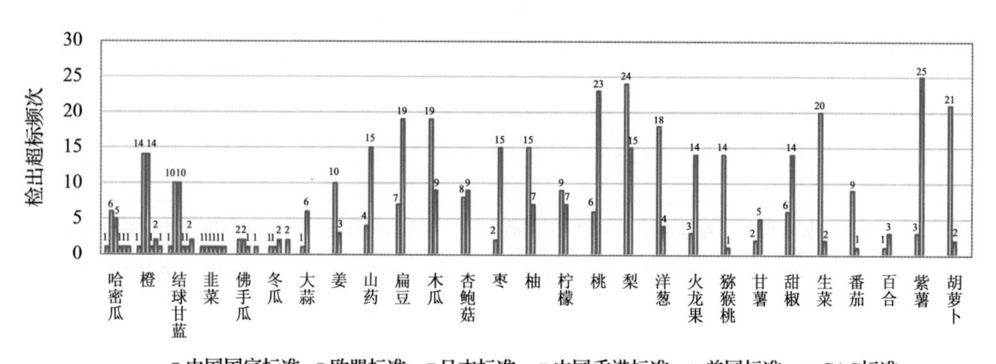

图 11-14-1　超过 MRL 中国国家标准、欧盟标准、日本标准、中国香港标准、美国标准和 CAC 标准结果在水果蔬菜中的分布

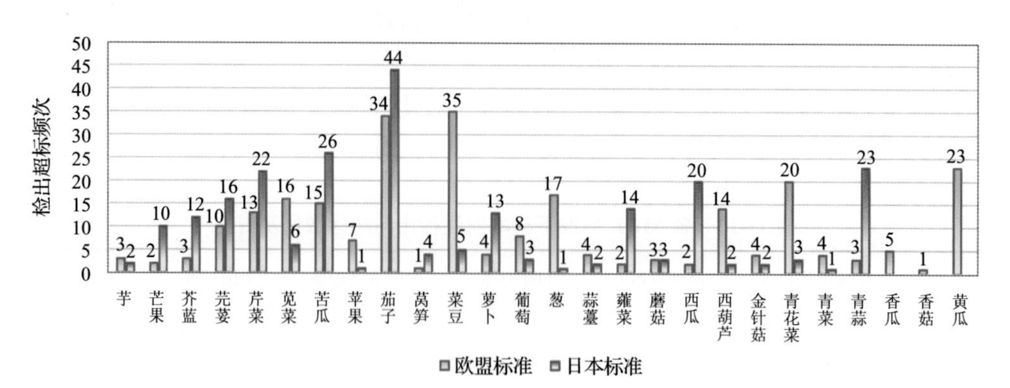

图 11-14-2　超过 MRL 中国国家标准、欧盟标准、日本标准、中国香港标准、美国标准和 CAC 标准结果在水果蔬菜中的分布

11.2.2　超标农药种类分析

按照 MRL 中国国家标准、欧盟标准、日本标准、中国香港标准、美国标准和 CAC 标准这 6 大国际主流标准衡量，本次侦测检出的农药超标品种及频次情况见表 11-13。

表 11-13　各 MRL 标准下超标农药品种及频次

	中国国家标准	欧盟标准	日本标准	中国香港标准	美国标准	CAC 标准
超标农药品种	4	70	62	3	3	2
超标农药频次	4	489	467	7	5	8

11.2.2.1　按 MRL 中国国家标准衡量

按 MRL 中国国家标准衡量，共有 4 种农药超标，检出 4 频次，分别为剧毒农药甲拌磷，高毒农药水胺硫磷和甲基异柳磷，微毒农药腐霉利。

按超标程度比较，橙中水胺硫磷超标 36.2 倍，结球甘蓝中甲基异柳磷超标 6.0 倍，韭菜中腐霉利超标 4.0 倍，哈密瓜中甲拌磷超标 0.1 倍。检测结果见图 11-15 和附表 15。

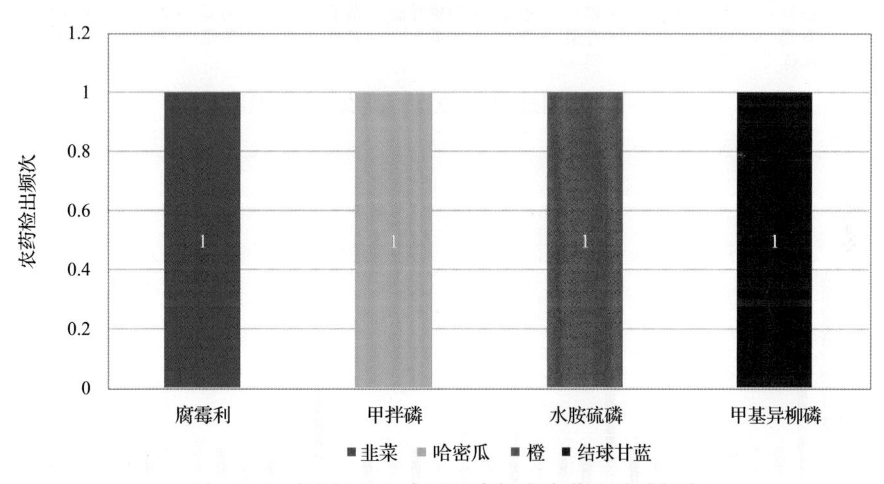

图 11-15　超过 MRL 中国国家标准农药品种及频次

11.2.2.2　按 MRL 欧盟标准衡量

按 MRL 欧盟标准衡量，共有 70 种农药超标，检出 489 频次，分别为剧毒农药甲拌磷，高毒农药猛杀威、克百威、水胺硫磷、氟氯氰菊酯、呋线威和甲基异柳磷，中毒农药联苯菊酯、除虫菊素Ⅰ、氟虫腈、仲丁威、毒死蜱、烯唑醇、硫丹、甲霜灵、甲萘威、喹螨醚、甲氰菊酯、禾草敌、炔丙菊酯、γ-氟氯氰菌酯、3,4,5-混杀威、二丙烯草胺、消螨通、虫螨腈、噁霜灵、唑虫酰胺、氟硅唑、二甲戊灵、哒螨灵、氯氰菊酯、丙溴磷、异丙威、棉铃威、氰戊菊酯、特丁通和烯丙菊酯，低毒农药嘧霉胺、西草净、螺螨酯、己唑醇、异丙甲草胺、苄草丹、吡咪唑、五氯苯、烯虫炔酯、环酯草醚、四氢吩胺、新燕灵、西玛津、邻苯二甲酰亚胺、甲醚菊酯、威杀灵、去乙基阿特拉津、抑芽唑、联苯、杀螨酯、噻嗪酮和炔螨特，微毒农药萘乙酰胺、醚菊酯、氟丙菊酯、腐霉利、灭锈胺、解草腈、百菌清、氟乐灵、生物苄呋菊酯、醚菌酯和烯虫酯。

按超标程度比较，柠檬中仲丁威超标 400.2 倍，茄子中烯丙菊酯超标 290.6 倍，芹菜中 γ-氟氯氰菌酯超标 141.1 倍，柠檬中烯丙菊酯超标 118.6 倍，橙中除虫菊素Ⅰ超标 106.2 倍。检测结果见图 11-16 和附表 16。

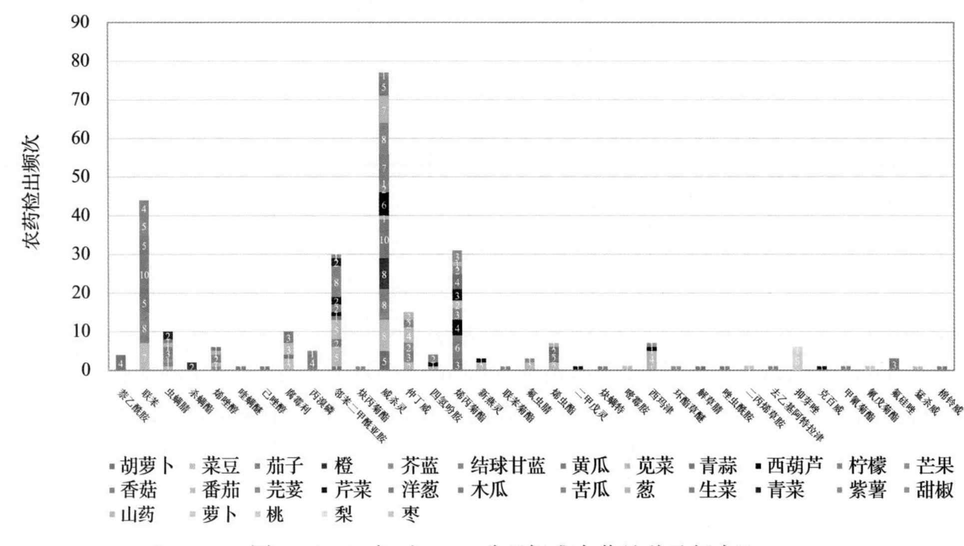

图 11-16-1 超过 MRL 欧盟标准农药品种及频次

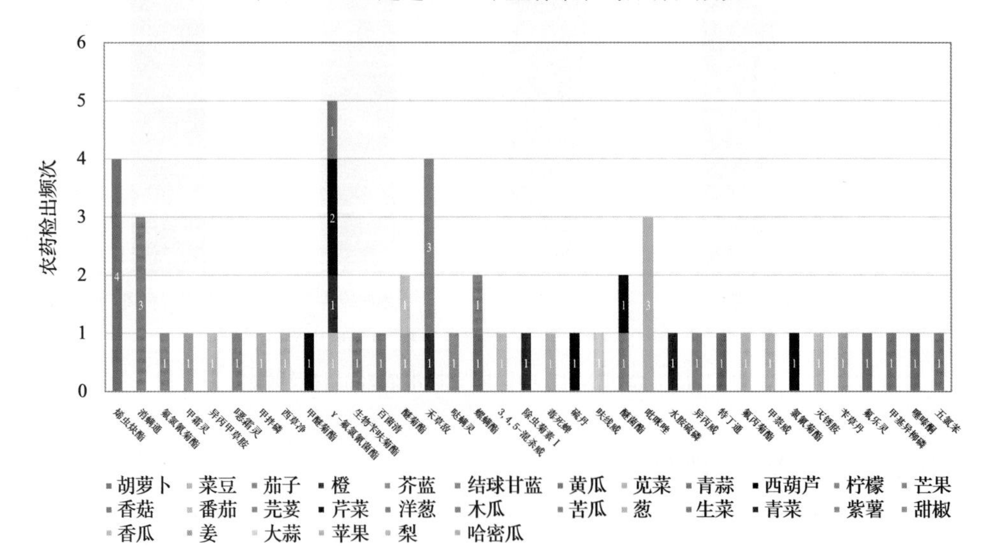

图 11-16-2 超过 MRL 欧盟标准农药品种及频次

11.2.2.3 按 MRL 日本标准衡量

按 MRL 日本标准衡量，共有 62 种农药超标，检出 467 频次，分别为高毒农药猛杀威、水胺硫磷和甲基异柳磷，中毒农药联苯菊酯、除虫菊素Ⅰ、仲丁威、氟虫腈、多效唑、戊唑醇、毒死蜱、烯唑醇、禾草敌、炔丙菊酯、γ-氟氯氰菌酯、3,4,5-混杀威、喹螨醚、二丙烯草胺、消螨通、虫螨腈、茚虫威、除虫菊酯、甲草胺、氟硅唑、二甲戊灵、哒螨灵、异丙威、丙溴磷、烯丙菊酯、氰戊菊酯和特丁通，低毒农药嘧霉胺、西草净、螺螨酯、己唑醇、异丙甲草胺、苄草丹、吡咪唑、五氯苯、烯虫炔酯、环酯草醚、四氢吩胺、新燕灵、西玛津、邻苯二甲酰亚胺、甲醚菊酯、威杀灵、去乙基阿特拉津、抑芽唑、联苯、异丙草胺、杀螨酯、噻嗪酮、萘乙酸和炔螨特，微毒农药萘乙酰胺、腐霉利、解草腈、百菌清、啶酰菌胺、肟菌酯、醚菌酯和烯虫酯。

按超标程度比较，茄子中烯丙菊酯超标 290.6 倍，芹菜中 γ-氟氯氰菌酯超标 141.1 倍，柠檬中烯丙菊酯超标 118.6 倍，橙中除虫菊素 I 超标 106.2 倍，橙中杀螨酯超标 100.6 倍。检测结果见图 11-17 和附表 17。

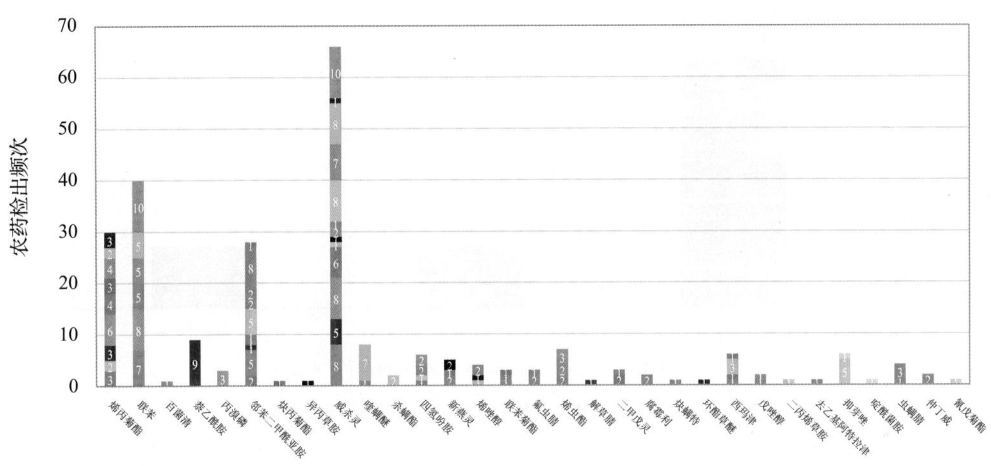

图 11-17-1　超过 MRL 日本标准农药品种及频次

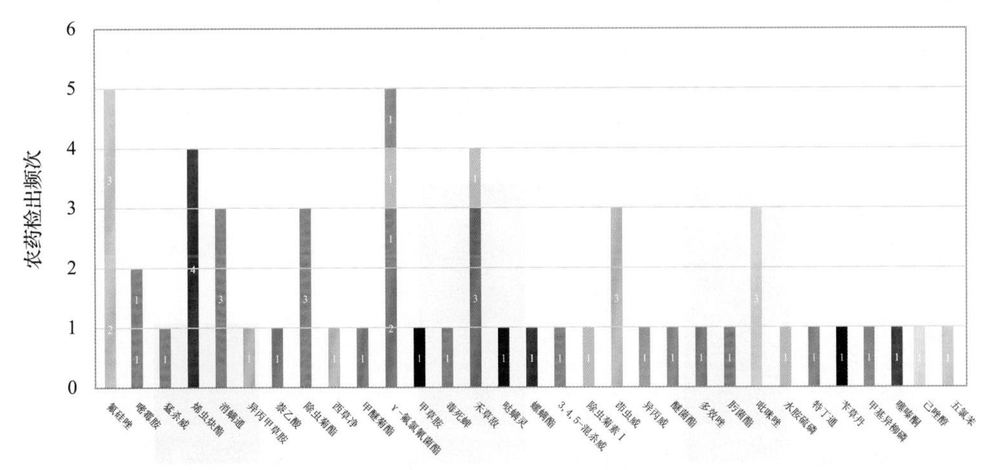

图 11-17-2　超过 MRL 日本标准农药品种及频次

11.2.2.4　按 MRL 中国香港标准衡量

按 MRL 中国香港标准衡量，共有 3 种农药超标，检出 7 频次，分别为中毒农药毒死蜱和除虫菊酯，微毒农药腐霉利。

按超标程度比较，韭菜中腐霉利超标 4.0 倍，山药中除虫菊酯超标 1.6 倍，甘薯中除虫菊酯超标 0.9 倍，南瓜中除虫菊酯超标 0.5 倍，菜豆中毒死蜱超标 0.5 倍。检测结果见图 11-18 和附表 18。

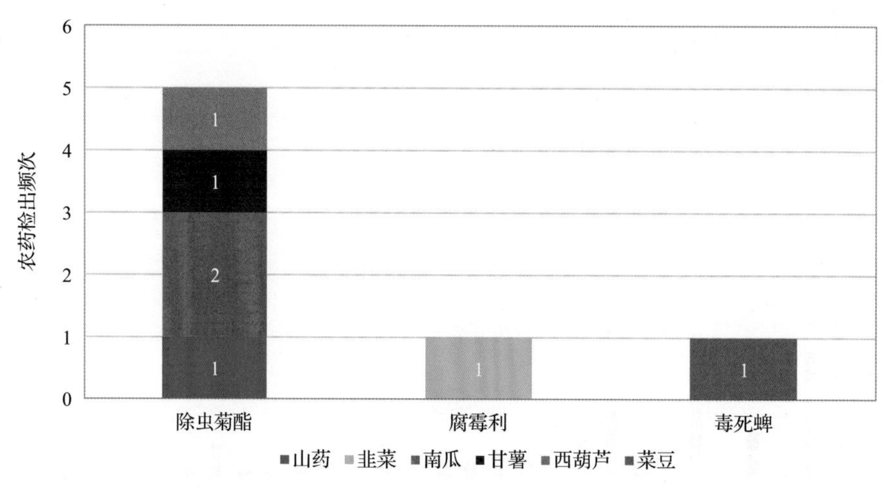

图 11-18　超过 MRL 中国香港标准农药品种及频次

11.2.2.5　按 MRL 美国标准衡量

按 MRL 美国标准衡量，共有 3 种农药超标，检出 5 频次，分别为中毒农药毒死蜱、γ-氟氯氰菌酯和除虫菊酯。

按超标程度比较，梨中毒死蜱超标 7.1 倍，山药中除虫菊酯超标 1.6 倍，甘薯中除虫菊酯超标 0.9 倍，菜豆中 γ-氟氯氰菌酯超标 0.1 倍。检测结果见图 11-19 和附表 19。

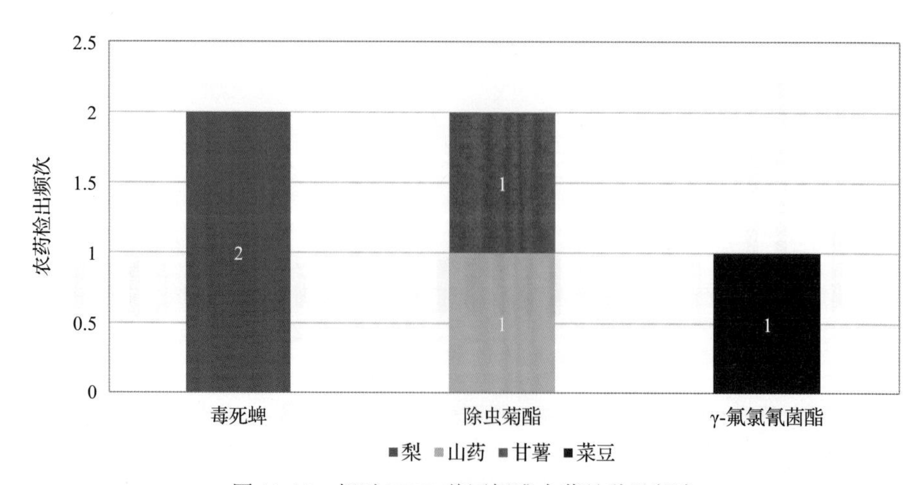

图 11-19　超过 MRL 美国标准农药品种及频次

11.2.2.6　按 MRL CAC 标准衡量

按 MRL CAC 标准衡量，共有 2 种农药超标，检出 8 频次，分别为中毒农药毒死蜱和除虫菊酯。

按超标程度比较，番茄中除虫菊酯超标 3.2 倍，山药中除虫菊酯超标 1.6 倍，甘薯中除虫菊酯超标 0.9 倍，南瓜中除虫菊酯超标 0.5 倍，菜豆中毒死蜱超标 0.5 倍。检测结果见图 11-20 和附表 20。

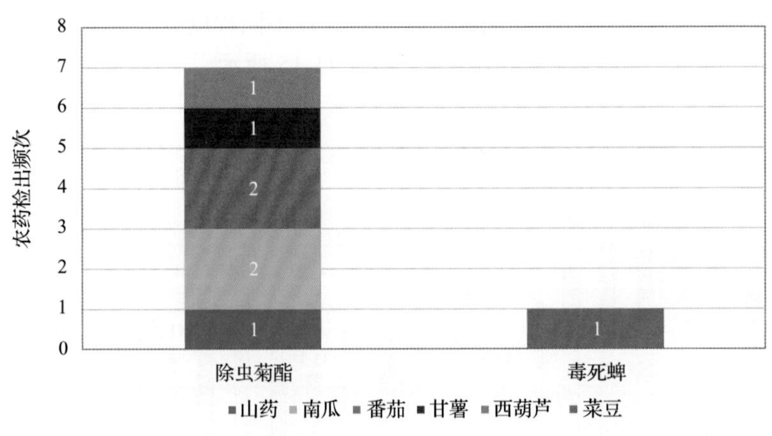

图 11-20　超过 MRL CAC 标准农药品种及频次

11.2.3　23 个采样点超标情况分析

11.2.3.1　按 MRL 中国国家标准衡量

按 MRL 中国国家标准衡量，有 3 个采样点的样品存在不同程度的超标农药检出，其中***超市(莫干山店)和***市场的超标率最高，为 4.2%，如图 11-21 和表 11-14 所示。

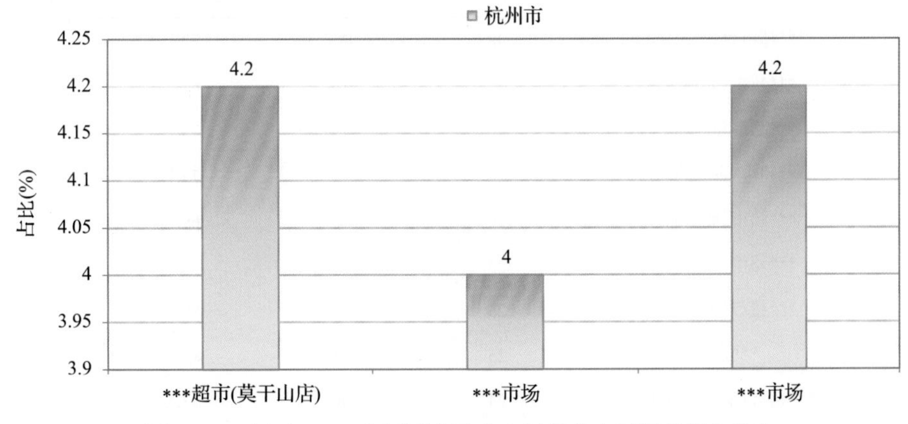

图 11-21　超过 MRL 中国国家标准水果蔬菜在不同采样点分布

表 11-14　超过 MRL 中国国家标准水果蔬菜在不同采样点分布

序号	采样点	样品总数	超标数量	超标率(%)	行政区域
1	***超市(莫干山店)	48	2	4.2	拱墅区
2	***市场	25	1	4.0	上城区
3	***市场	24	1	4.2	西湖区

11.2.3.2　按 MRL 欧盟标准衡量

按 MRL 欧盟标准衡量，所有采样点的样品存在不同程度的超标农药检出，其中***市场的超标率最高，为 84.0%，如图 11-22 和表 11-15 所示。

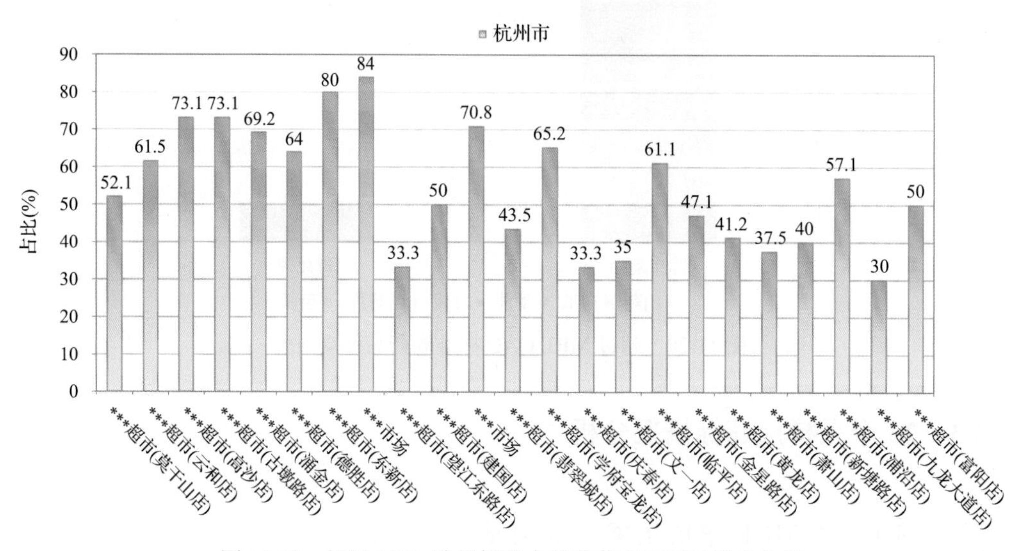

图 11-22　超过 MRL 欧盟标准水果蔬菜在不同采样点分布

表 11-15　超过 MRL 欧盟标准水果蔬菜在不同采样点分布

序号	采样点	样品总数	超标数量	超标率(%)	行政区域
1	***超市(莫干山店)	48	25	52.1	拱墅区
2	***超市(云和店)	26	16	61.5	拱墅区
3	***超市(高沙店)	26	19	73.1	江干区
4	***超市(古墩路店)	26	19	73.1	西湖区
5	***超市(涌金店)	26	18	69.2	上城区
6	***超市(德胜店)	25	16	64.0	下城区
7	***超市(东新店)	25	20	80.0	下城区
8	***市场	25	21	84.0	上城区
9	***超市(望江东路店)	24	8	33.3	上城区
10	***超市(建国店)	24	12	50.0	下城区
11	***市场	24	17	70.8	西湖区

续表

序号	采样点	样品总数	超标数量	超标率(%)	行政区域
12	***超市(翡翠城店)	23	10	43.5	余杭区
13	***超市(学府宝龙店)	23	15	65.2	江干区
14	***超市(庆春店)	21	7	33.3	江干区
15	***超市(文一店)	20	7	35.0	西湖区
16	***超市(临平店)	18	11	61.1	余杭区
17	***超市(金星路店)	17	8	47.1	萧山区
18	***超市(黄龙店)	17	7	41.2	西湖区
19	***超市(萧山店)	16	6	37.5	萧山区
20	***超市(新塘路店)	15	6	40.0	江干区
21	***超市(浦沿店)	14	8	57.1	滨江区
22	***超市(九龙大道店)	10	3	30.0	富阳市
23	***超市(富阳店)	10	5	50.0	富阳市

11.2.3.3 按 MRL 日本标准衡量

按 MRL 日本标准衡量，所有采样点的样品存在不同程度的超标农药检出，其中***超市(东新店)的超标率最高，为 80.0%，如图 11-23 和表 11-16 所示。

11.2.3.4 按 MRL 中国香港标准衡量

按 MRL 中国香港标准衡量，有 6 个采样点的样品存在不同程度的超标农药检出，其中***超市(富阳店)的超标率最高，为 10.0%，如图 11-24 和表 11-17 所示。

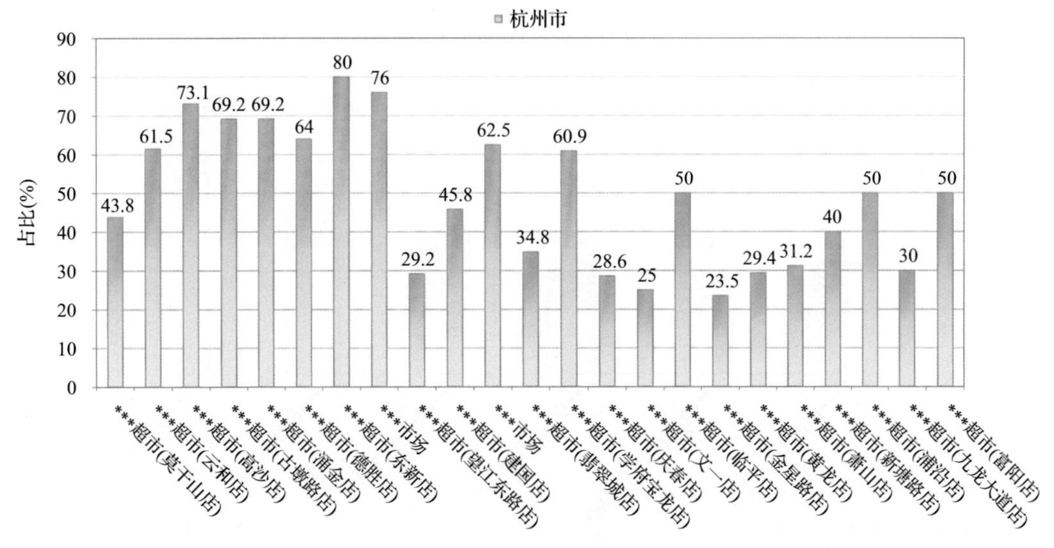

图 11-23　超过 MRL 日本标准水果蔬菜在不同采样点分布

表 11-16 超过 MRL 日本标准水果蔬菜在不同采样点分布

序号	采样点	样品总数	超标数量	超标率(%)	行政区域
1	***超市(莫干山店)	48	21	43.8	拱墅区
2	***超市(云和店)	26	16	61.5	拱墅区
3	***超市(高沙店)	26	19	73.1	江干区
4	***超市(古墩路店)	26	18	69.2	西湖区
5	***超市(涌金店)	26	18	69.2	上城区
6	***超市(德胜店)	25	16	64.0	下城区
7	***超市(东新店)	25	20	80.0	下城区
8	***市场	25	19	76.0	上城区
9	***超市(望江东路店)	24	7	29.2	上城区
10	***超市(建国店)	24	11	45.8	下城区
11	***市场	24	15	62.5	西湖区
12	***超市(翡翠城店)	23	8	34.8	余杭区
13	***超市(学府宝龙店)	23	14	60.9	江干区
14	***超市(庆春店)	21	6	28.6	江干区
15	***超市(文一店)	20	5	25.0	西湖区
16	***超市(临平店)	18	9	50.0	余杭区
17	***超市(金星路店)	17	4	23.5	萧山区
18	***超市(黄龙店)	17	5	29.4	西湖区
19	***超市(萧山店)	16	5	31.2	萧山区
20	***超市(新塘路店)	15	6	40.0	江干区
21	***超市(浦沿店)	14	7	50.0	滨江区
22	***超市(九龙大道店)	10	3	30.0	富阳市
23	***超市(富阳店)	10	5	50.0	富阳市

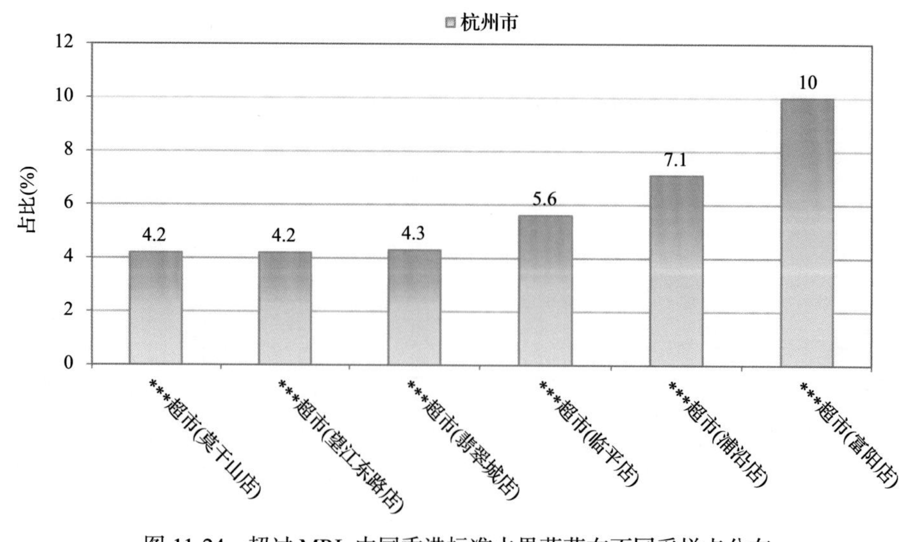

图 11-24 超过 MRL 中国香港标准水果蔬菜在不同采样点分布

表 11-17　超过 MRL 中国香港标准水果蔬菜在不同采样点分布

序号	采样点	样品总数	超标数量	超标率(%)	行政区域
1	***超市(莫干山店)	48	2	4.2	拱墅区
2	***超市(望江东路店)	24	1	4.2	上城区
3	***超市(翡翠城店)	23	1	4.3	余杭区
4	***超市(临平店)	18	1	5.6	余杭区
5	***超市(浦沿店)	14	1	7.1	滨江区
6	***超市(富阳店)	10	1	10.0	富阳市

11.2.3.5　按 MRL 美国标准衡量

按 MRL 美国标准衡量，有 5 个采样点的样品存在不同程度的超标农药检出，其中***超市(翡翠城店)的超标率最高，为 4.3%，如图 11-25 和表 11-18 所示。

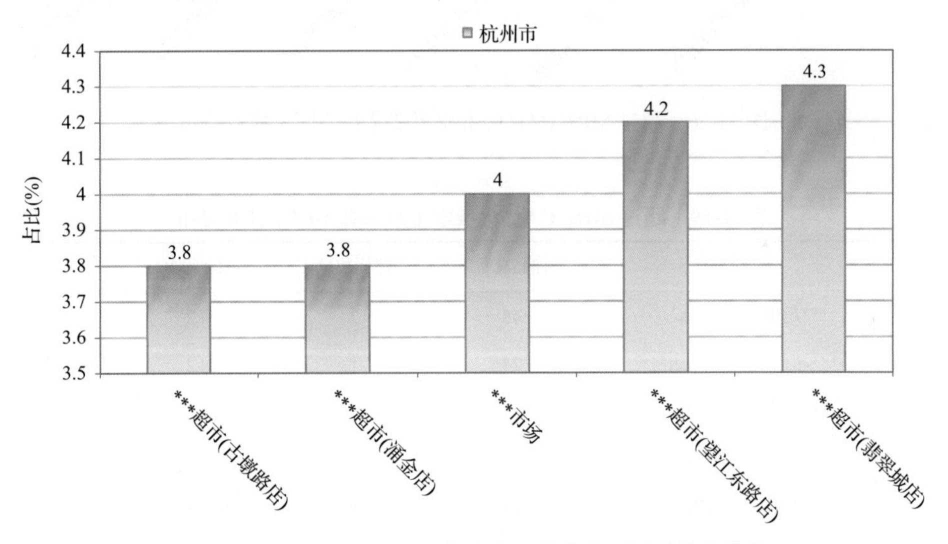

图 11-25　超过 MRL 美国标准水果蔬菜在不同采样点分布

表 11-18　超过 MRL 美国标准水果蔬菜在不同采样点分布

序号	采样点	样品总数	超标数量	超标率(%)	行政区域
1	***超市(古墩路店)	26	1	3.8	西湖区
2	***超市(涌金店)	26	1	3.8	上城区
3	***市场	25	1	4.0	上城区
4	***超市(望江东路店)	24	1	4.2	上城区
5	***超市(翡翠城店)	23	1	4.3	余杭区

11.2.3.6 按 MRL CAC 标准衡量

按 MRL CAC 标准衡量，有 6 个采样点的样品存在不同程度的超标农药检出，其中***超市(临平店)的超标率最高，为 11.1%，如图 11-26 和表 11-19 所示。

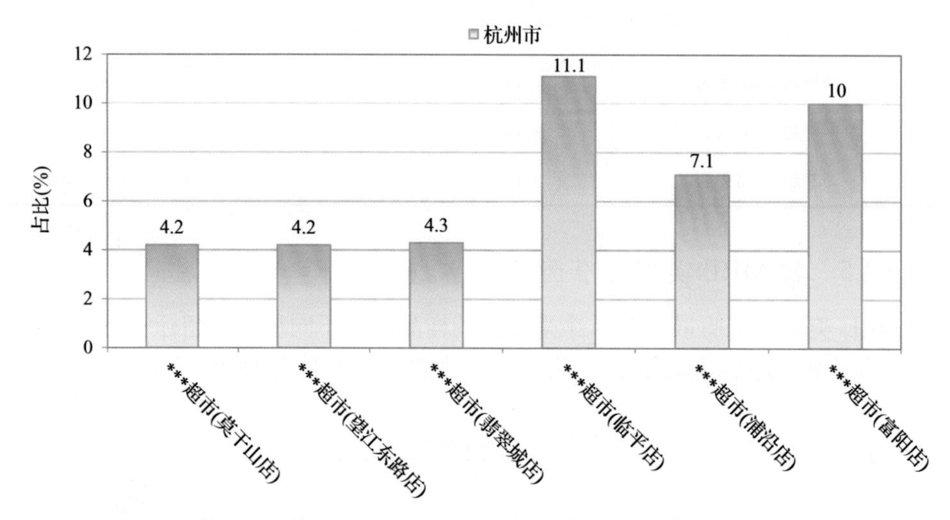

图 11-26 超过 MRL CAC 标准水果蔬菜在不同采样点分布

表 11-19 超过 MRL CAC 标准水果蔬菜在不同采样点分布

序号	采样点	样品总数	超标数量	超标率(%)	行政区域
1	***超市(莫干山店)	48	2	4.2	拱墅区
2	***超市(望江东路店)	24	1	4.2	上城区
3	***超市(翡翠城店)	23	1	4.3	余杭区
4	***超市(临平店)	18	2	11.1	余杭区
5	***超市(浦沿店)	14	1	7.1	滨江区
6	***超市(富阳店)	10	1	10.0	富阳市

11.3 水果中农药残留分布

11.3.1 检出农药品种和频次排前 10 的水果

本次残留侦测的水果共 17 种，包括桃、西瓜、猕猴桃、山竹、哈密瓜、木瓜、苹果、香瓜、葡萄、梨、柚、枣、芒果、橘、柠檬、火龙果和橙。

根据检出农药品种及频次进行排名，将各项排名前 10 位的水果样品检出情况列表说明，详见表 11-20。

表 11-20 检出农药品种和频次排名前 10 的水果

检出农药品种排名前 10(品种)	①葡萄(20),②梨(16),③橙(14),④苹果(13),⑤枣(11),⑥柠檬(8),⑦香瓜(8),⑧哈密瓜(6),⑨木瓜(6),⑩柚(6)
检出农药频次排名前 10(频次)	①梨(48),②葡萄(46),③橙(31),④柚(26),⑤苹果(25),⑥木瓜(20),⑦枣(20),⑧柠檬(16),⑨猕猴桃(14),⑩桃(13)
检出禁用、高毒及剧毒农药品种排名前 10(品种)	①枣(2),②橙(1),③哈密瓜(1),④梨(1),⑤苹果(1),⑥柚(1)
检出禁用、高毒及剧毒农药频次排名前 10(频次)	①梨(2),②柚(2),③枣(2),④橙(1),⑤哈密瓜(1),⑥苹果(1)

11.3.2 超标农药品种和频次排前 10 的水果

鉴于 MRL 欧盟标准和日本标准制定比较全面且覆盖率较高,我们参照 MRL 中国国家标准、欧盟标准和日本标准衡量水果样品中农残检出情况,将超标农药品种及频次排名前 10 的水果列表说明,详见表 11-21。

表 11-21 超标农药品种和频次排名前 10 的水果

超标农药品种排名前 10(农药品种数)	MRL 中国国家标准	①橙(1),②哈密瓜(1)
	MRL 欧盟标准	①葡萄(7),②橙(6),③梨(6),④木瓜(5),⑤苹果(5),⑥香瓜(5),⑦柠檬(4),⑧哈密瓜(3),⑨柚(3),⑩火龙果(2)
	MRL 日本标准	①橙(6),②枣(6),③梨(5),④木瓜(5),⑤葡萄(5),⑥苹果(4),⑦火龙果(3),⑧柠檬(3),⑨香瓜(3),⑩柚(3)
超标农药频次排名前 10(农药频次数)	MRL 中国国家标准	①橙(1),②哈密瓜(1)
	MRL 欧盟标准	①梨(24),②木瓜(19),③柚(15),④橙(14),⑤猕猴桃(14),⑥柠檬(9),⑦葡萄(8),⑧苹果(7),⑨哈密瓜(6),⑩桃(6)
	MRL 日本标准	①梨(23),②木瓜(19),③柚(15),④橙(14),⑤猕猴桃(14),⑥枣(9),⑦柠檬(7),⑧桃(7),⑨苹果(6),⑩哈密瓜(5)

通过对各品种水果样本总数及检出率进行综合分析发现,葡萄、梨和苹果的残留污染最为严重,在此,我们参照 MRL 中国国家标准、欧盟标准和日本标准对这 3 种水果的农残检出情况进行进一步分析。

11.3.3 农药残留检出率较高的水果样品分析

11.3.3.1 葡萄

这次共检测 17 例葡萄样品,14 例样品中检出了农药残留,检出率为 82.4%,检出农药共计 20 种。其中嘧霉胺、除虫菊酯、联苯菊酯、啶酰菌胺和腐霉利检出频次较高,分别检出了 7、6、5、3 和 3 次。葡萄中农药检出品种和频次见图 11-27,超标农药见图 11-28 和表 11-22。

11.3.3.2 梨

这次共检测 23 例梨样品,全部检出了农药残留,检出率为 100.0%,检出农药共计 16 种。其中毒死蜱、联苯、威杀灵、二苯胺和猛杀威检出频次较高,分别检出了 13、10、10、2 和 2 次。梨中农药检出品种和频次见图 11-29,超标农药见图 11-30 和表 11-23。

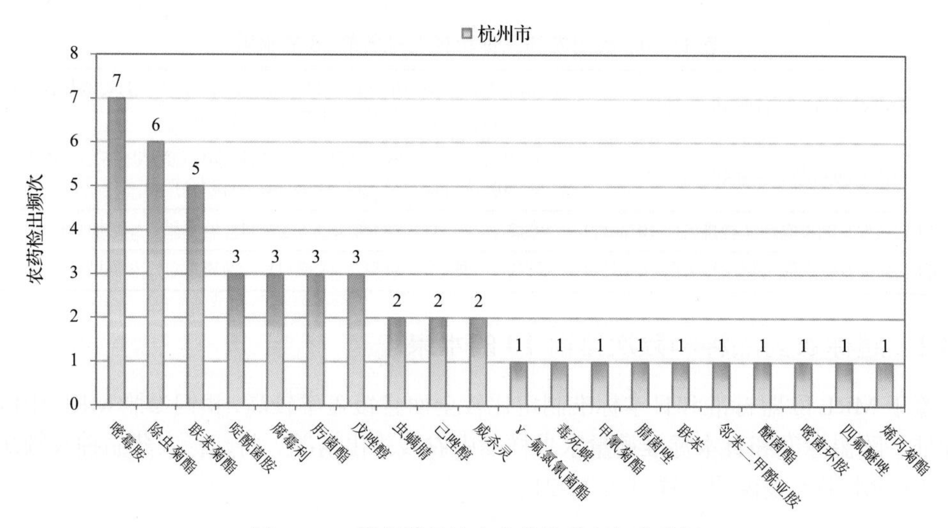

图 11-27　葡萄样品检出农药品种和频次分析

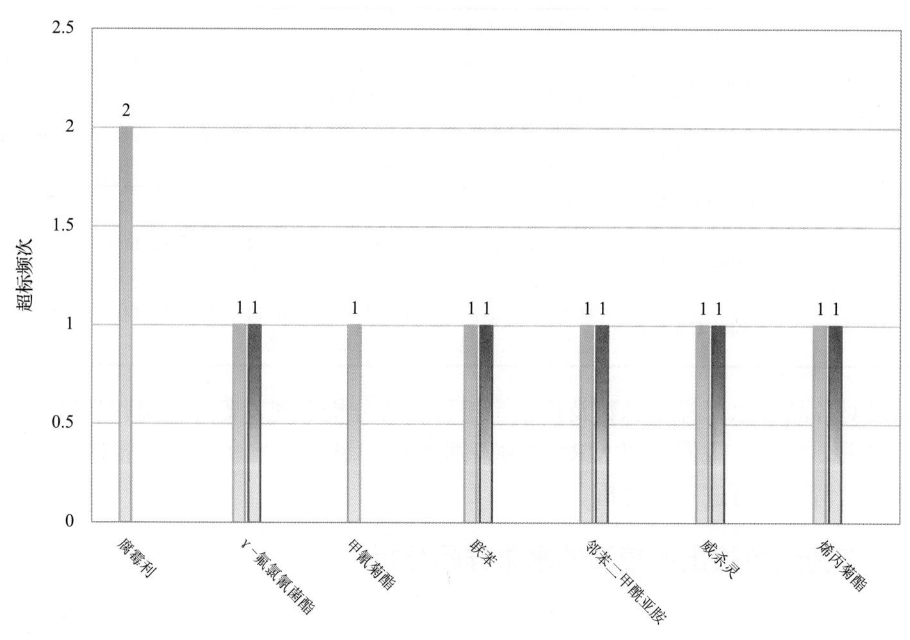

图 11-28　葡萄样品中超标农药分析

表 11-22　葡萄中农药残留超标情况明细表

样品总数			检出农药样品数	样品检出率(%)	检出农药品种总数
17			14	82.4	20
	超标农药品种	超标农药频次	按照MRL中国国家标准、欧盟标准和日本标准衡量超标农药名称及频次		
中国国家标准	0	0			
欧盟标准	7	8	腐霉利(2)，γ-氟氯氰菌酯(1)，甲氰菊酯(1)，联苯(1)，邻苯二甲酰亚胺(1)，威杀灵(1)，烯丙菊酯(1)		
日本标准	5	5	γ-氟氯氰菌酯(1)，联苯(1)，邻苯二甲酰亚胺(1)，威杀灵(1)，烯丙菊酯(1)		

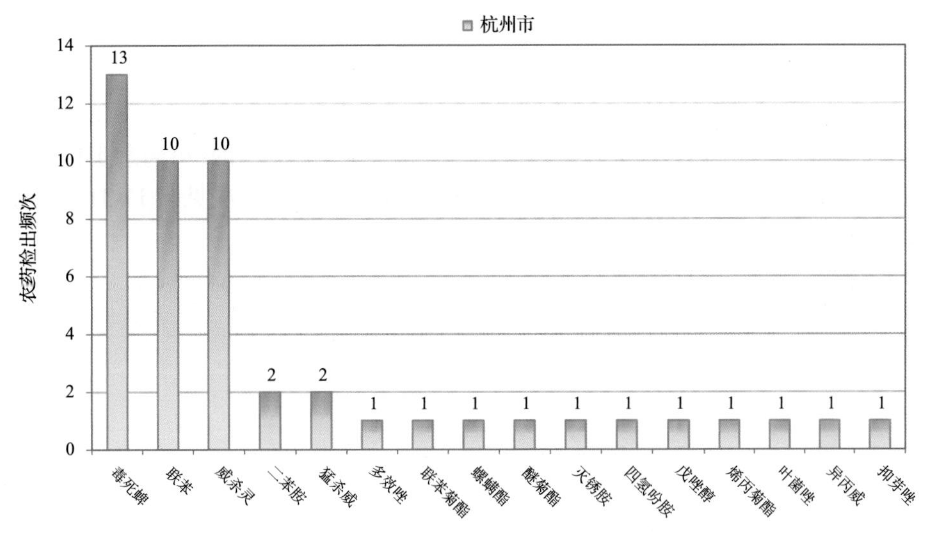

图 11-29　梨样品检出农药品种和频次分析

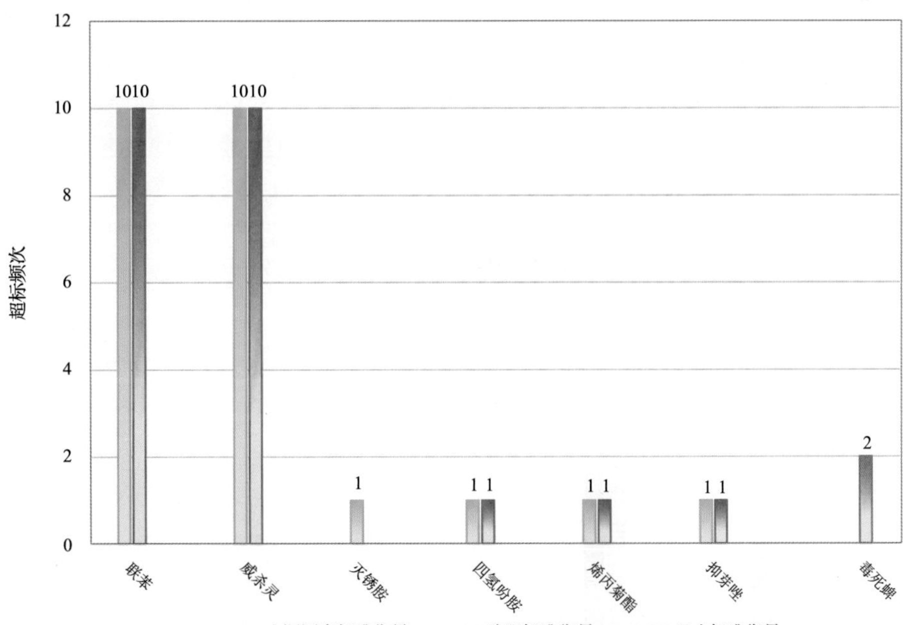

图 11-30　梨样品中超标农药分析

表 11-23　梨中农药残留超标情况明细表

样品总数			检出农药样品数	样品检出率(%)	检出农药品种总数
23			23	100	16
	超标农药品种	超标农药频次	按照 MRL 中国国家标准、欧盟标准和日本标准衡量超标农药名称及频次		
中国国家标准	0	0			
欧盟标准	6	24	联苯(10)，威杀灵(10)，灭锈胺(1)，四氢吩胺(1)，烯丙菊酯(1)，抑芽唑(1)		
日本标准	5	23	联苯(10)，威杀灵(10)，四氢吩胺(1)，烯丙菊酯(1)，抑芽唑(1)		

11.3.3.3　苹果

这次共检测 17 例苹果样品，14 例样品中检出了农药残留，检出率为 82.4%，检出农药共计 13 种。其中除虫菊酯、毒死蜱、甲醚菊酯、烯丙菊酯和除虫菊素 I 检出频次较高，分别检出了 6、3、3、3 和 2 次。苹果中农药检出品种和频次见图 11-31，超标农药见图 11-32 和表 11-24。

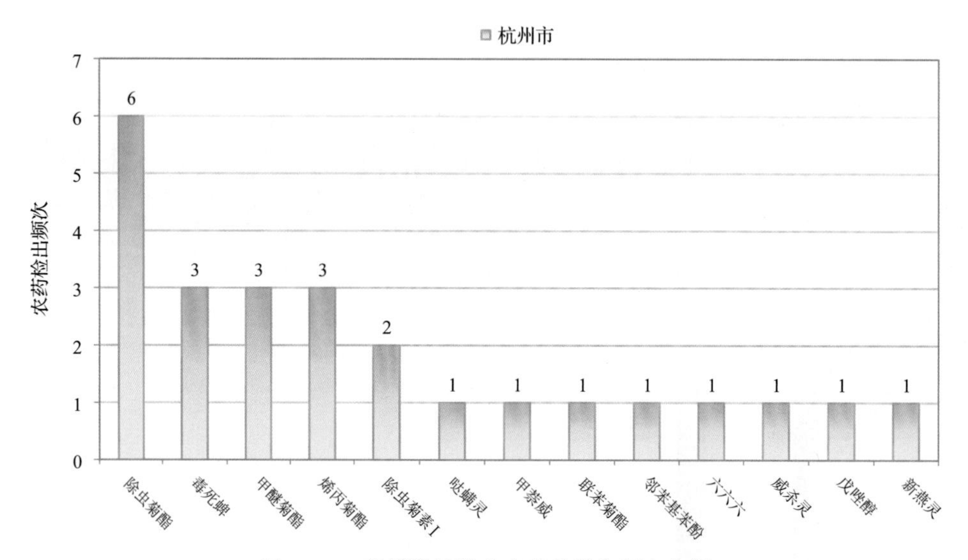

图 11-31　苹果样品检出农药品种和频次分析

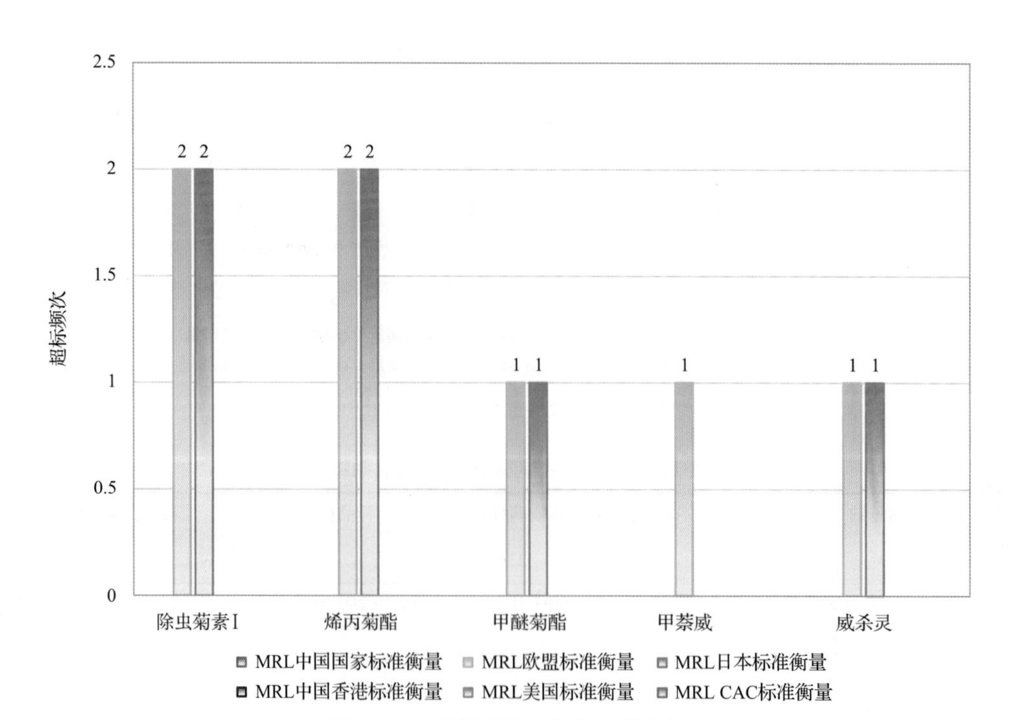

图 11-32　苹果样品中超标农药分析

表 11-24　苹果中农药残留超标情况明细表

样品总数			检出农药样品数	样品检出率(%)	检出农药品种总数
17			14	82.4	13
	超标农药品种	超标农药频次	按照 MRL 中国国家标准、欧盟标准和日本标准衡量超标农药名称及频次		
中国国家标准	0	0			
欧盟标准	5	7	除虫菊素 I (2)，烯丙菊酯(2)，甲醚菊酯(1)，甲萘威(1)，威杀灵(1)		
日本标准	4	6	除虫菊素 I (2)，烯丙菊酯(2)，甲醚菊酯(1)，威杀灵(1)		

11.4　蔬菜中农药残留分布

11.4.1　检出农药品种和频次排前 10 的蔬菜

本次残留侦测的蔬菜共 35 种，包括洋葱、芹菜、韭菜、黄瓜、结球甘蓝、蕹菜、大蒜、青蒜、甘薯、紫薯、番茄、百合、山药、甜椒、西葫芦、芥蓝、苋菜、葱、扁豆、佛手瓜、胡萝卜、南瓜、青花菜、芋、姜、茄子、马铃薯、萝卜、苦瓜、冬瓜、生菜、菜豆、蒜薹、青菜和莴笋。

根据检出农药品种及频次进行排名，将各项排名前 10 位的蔬菜样品检出情况列表说明，详见表 11-25。

表 11-25　检出农药品种和频次排名前 10 的蔬菜

检出农药品种排名前 10(品种)	①菜豆(23)，②生菜(22)，③胡萝卜(18)，④葱(17)，⑤芹菜(17)，⑥苋菜(17)，⑦洋葱(17)，⑧茄子(15)，⑨结球甘蓝(14)，⑩姜(12)
检出农药频次排名前 10(频次)	①菜豆(62)，②茄子(49)，③胡萝卜(47)，④葱(39)，⑤生菜(39)，⑥苦瓜(37)，⑦扁豆(35)，⑧黄瓜(35)，⑨结球甘蓝(33)，⑩洋葱(33)
检出禁用、高毒及剧毒农药品种排名前 10(品种)	①菜豆(2)，②结球甘蓝(2)，③芹菜(2)，④大蒜(1)，⑤胡萝卜(1)，⑥萝卜(1)，⑦青蒜(1)，⑧蕹菜(1)，⑨洋葱(1)，⑩芋(1)
检出禁用、高毒及剧毒农药频次排名前 10(频次)	①菜豆(4)，②结球甘蓝(4)，③萝卜(2)，④芹菜(2)，⑤大蒜(1)，⑥胡萝卜(1)，⑦青蒜(1)，⑧蕹菜(1)，⑨洋葱(1)，⑩芋(1)

11.4.2　超标农药品种和频次排前 10 的蔬菜

鉴于 MRL 欧盟标准和日本标准制定比较全面且覆盖率较高，我们参照 MRL 中国国家标准、欧盟标准和日本标准衡量蔬菜样品中农残检出情况，将超标农药品种及频次排名前 10 的蔬菜列表说明，详见表 11-26。

表 11-26　超标农药品种和频次排名前 10 的蔬菜

超标农药品种排名前 10(农药品种数)	MRL 中国国家标准	①结球甘蓝(1)，②韭菜(1)
	MRL 欧盟标准	①菜豆(13)，②茄子(10)，③胡萝卜(9)，④芹菜(9)，⑤生菜(9)，⑥苋菜(9)，⑦葱(8)，⑧洋葱(7)，⑨姜(6)，⑩西葫芦(6)
	MRL 日本标准	①菜豆(20)，②胡萝卜(8)，③苋菜(8)，④芹菜(7)，⑤扁豆(6)，⑥西葫芦(6)，⑦葱(5)，⑧姜(5)，⑨结球甘蓝(5)，⑩茄子(5)
超标农药频次排名前 10(农药频次数)	MRL 中国国家标准	①结球甘蓝(1)，②韭菜(1)
	MRL 欧盟标准	①菜豆(35)，②茄子(34)，③黄瓜(23)，④胡萝卜(21)，⑤青花菜(20)，⑥生菜(20)，⑦洋葱(18)，⑧葱(17)，⑨苋菜(16)，⑩苦瓜(15)
	MRL 日本标准	①菜豆(44)，②茄子(26)，③胡萝卜(25)，④黄瓜(23)，⑤苦瓜(22)，⑥青花菜(20)，⑦苋菜(16)，⑧扁豆(15)，⑨洋葱(15)，⑩生菜(14)

通过对各品种蔬菜样本总数及检出率进行综合分析发现，菜豆、胡萝卜和葱的残留污染最为严重，在此，我们参照 MRL 中国国家标准、欧盟标准和日本标准对这 3 种蔬菜的农残检出情况进行进一步分析。

11.4.3　农药残留检出率较高的蔬菜样品分析

11.4.3.1　菜豆

这次共检测 14 例菜豆样品，全部检出了农药残留，检出率为 100.0%，检出农药共计 23 种。其中威杀灵、联苯、除虫菊酯、邻苯二甲酰亚胺和苄草丹检出频次较高，分别检出了 8、7、6、5 和 4 次。菜豆中农药检出品种和频次见图 11-33，超标农药见图 11-34 和表 11-27。

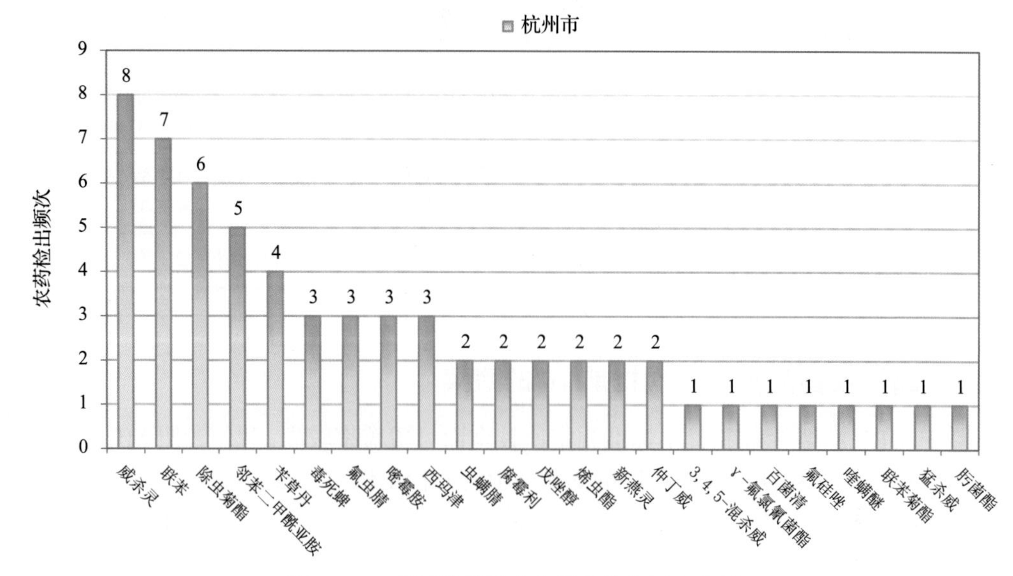

图 11-33　菜豆样品检出农药品种和频次分析

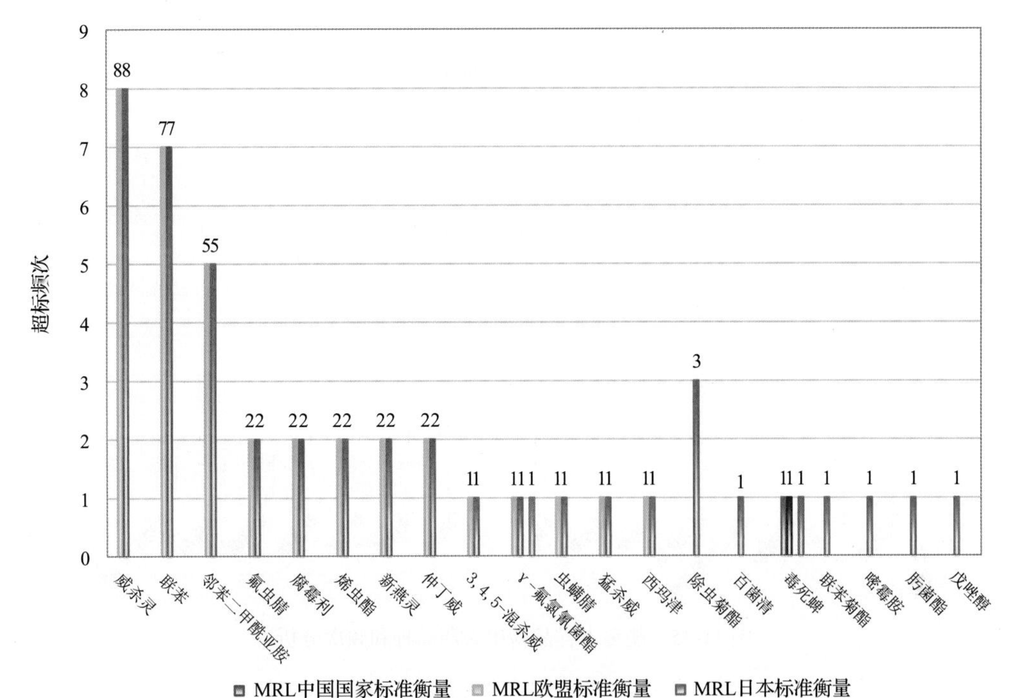

图 11-34 菜豆样品中超标农药分析

表 11-27 菜豆中农药残留超标情况明细表

样品总数			检出农药样品数	样品检出率(%)	检出农药品种总数
14			14	100	23
	超标农药品种	超标农药频次	按照 MRL 中国国家标准、欧盟标准和日本标准衡量超标农药名称及频次		
中国国家标准	0	0			
欧盟标准	13	35	威杀灵(8), 联苯(7), 邻苯二甲酰亚胺(5), 氟虫腈(2), 腐霉利(2), 烯虫酯(2), 新燕灵(2), 仲丁威(2), 3,4,5-混杀威(1), γ-氟氯氰菌酯(1), 虫螨腈(1), 猛杀威(1), 西玛津(1)		
日本标准	20	44	威杀灵(8), 联苯(7), 邻苯二甲酰亚胺(5), 除虫菊酯(3), 氟虫腈(2), 腐霉利(2), 烯虫酯(2), 新燕灵(2), 仲丁威(2), 3,4,5-混杀威(1), γ-氟氯氰菌酯(1), 百菌清(1), 虫螨腈(1), 毒死蜱(1), 联苯菊酯(1), 猛杀威(1), 嘧霉胺(1), 肟菌酯(1), 戊唑醇(1), 西玛津(1)		

11.4.3.2 胡萝卜

这次共检测 15 例胡萝卜样品，14 例样品中检出了农药残留，检出率为 93.3%，检出农药共计 18 种。其中萘乙酰胺、威杀灵、除虫菊酯、邻苯二甲酰亚胺和烯虫炔酯检出频次较高，分别检出了 9、6、4、4 和 4 次。胡萝卜中农药检出品种和频次见图 11-35，超标农药见图 11-36 和表 11-28。

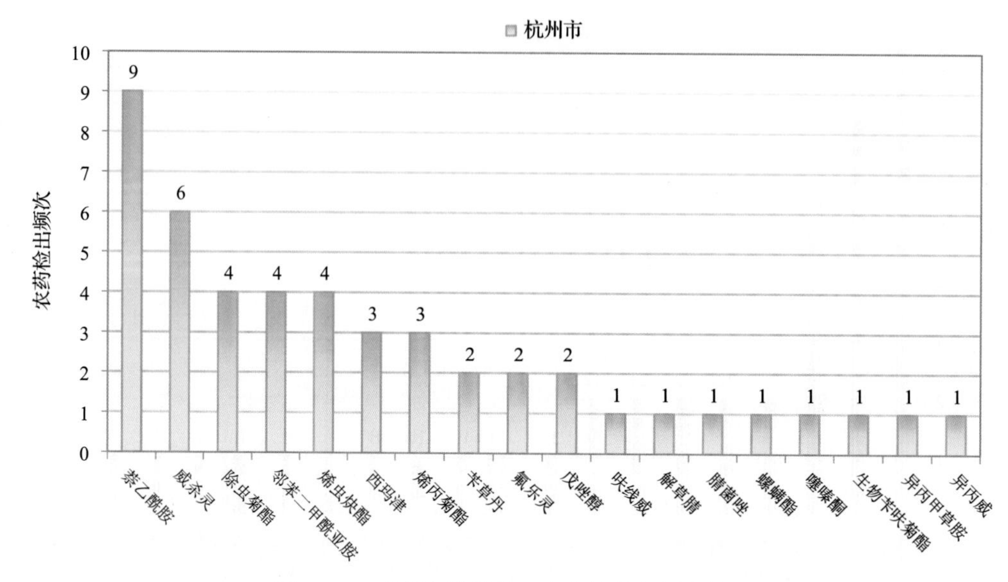

图 11-35 胡萝卜样品检出农药品种和频次分析

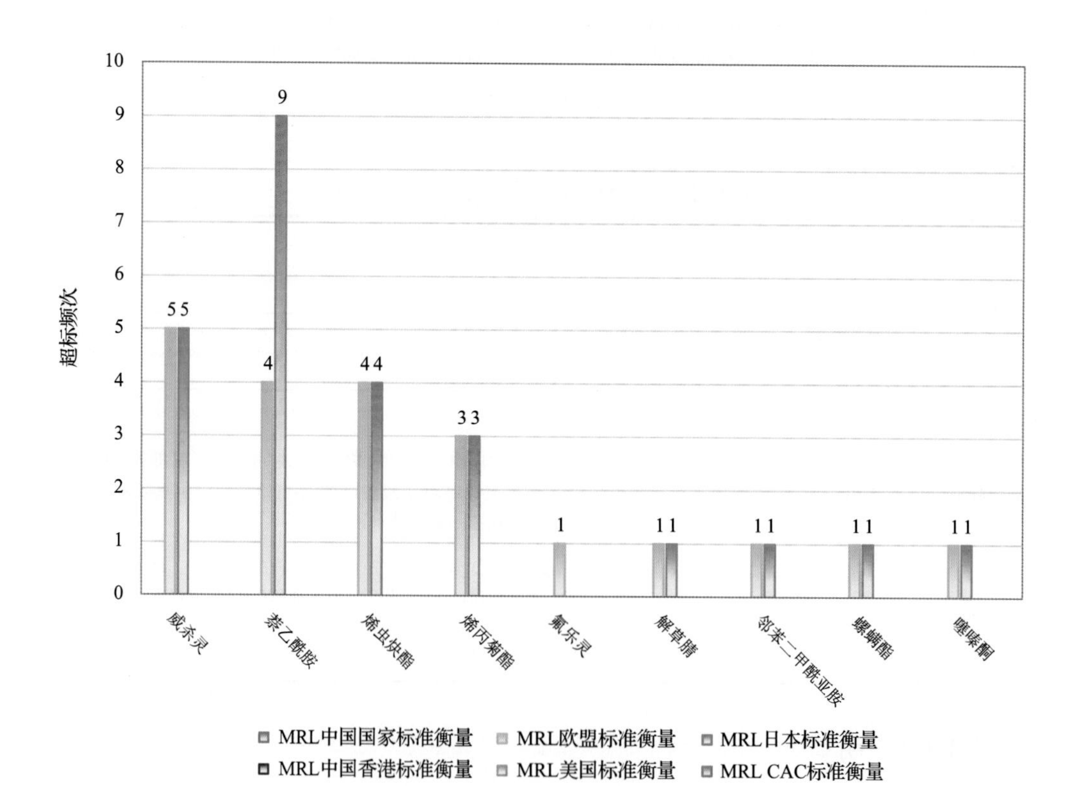

图 11-36 胡萝卜样品中超标农药分析

表 11-28　胡萝卜中农药残留超标情况明细表

样品总数			检出农药样品数	样品检出率(%)	检出农药品种总数
15			14	93.3	18
	超标农药品种	超标农药频次	按照 MRL 中国国家标准、欧盟标准和日本标准衡量超标农药名称及频次		
中国国家标准	0	0			
欧盟标准	9	21	威杀灵(5)，萘乙酰胺(4)，烯虫炔酯(4)，烯丙菊酯(3)，氟乐灵(1)，解草腈(1)，邻苯二甲酰亚胺(1)，螺螨酯(1)，噻嗪酮(1)		
日本标准	8	25	萘乙酰胺(9)，威杀灵(5)，烯虫炔酯(4)，烯丙菊酯(3)，解草腈(1)，邻苯二甲酰亚胺(1)，螺螨酯(1)，噻嗪酮(1)		

11.4.3.3　葱

这次共检测 15 例葱样品，14 例样品中检出了农药残留，检出率为 93.3%，检出农药共计 17 种。其中威杀灵、除虫菊酯、吡咪唑、虫螨腈和毒死蜱检出频次较高，分别检出了 8、7、3、3 和 3 次。葱中农药检出品种和频次见图 11-37，超标农药见图 11-38 和表 11-29。

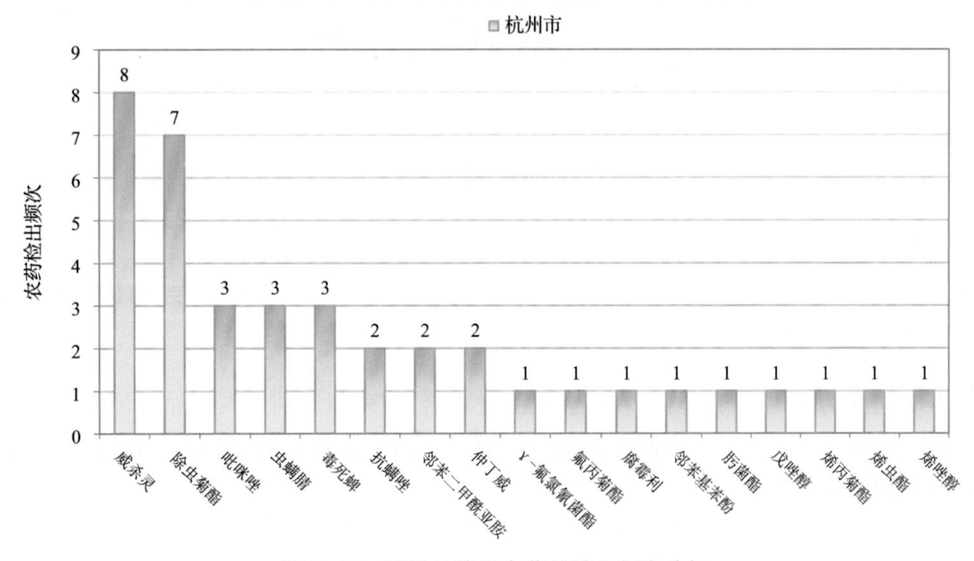

图 11-37　葱样品检出农药品种和频次分析

表 11-29　葱中农药残留超标情况明细表

样品总数			检出农药样品数	样品检出率(%)	检出农药品种总数
15			14	93.3	17
	超标农药品种	超标农药频次	按照 MRL 中国国家标准、欧盟标准和日本标准衡量超标农药名称及频次		
中国国家标准	0	0			
欧盟标准	8	17	威杀灵(7)，吡咪唑(3)，仲丁威(2)，虫螨腈(1)，毒死蜱(1)，烯丙菊酯(1)，烯虫酯(1)，烯唑醇(1)		
日本标准	5	13	威杀灵(7)，吡咪唑(3)，烯丙菊酯(1)，烯虫酯(1)，烯唑醇(1)		

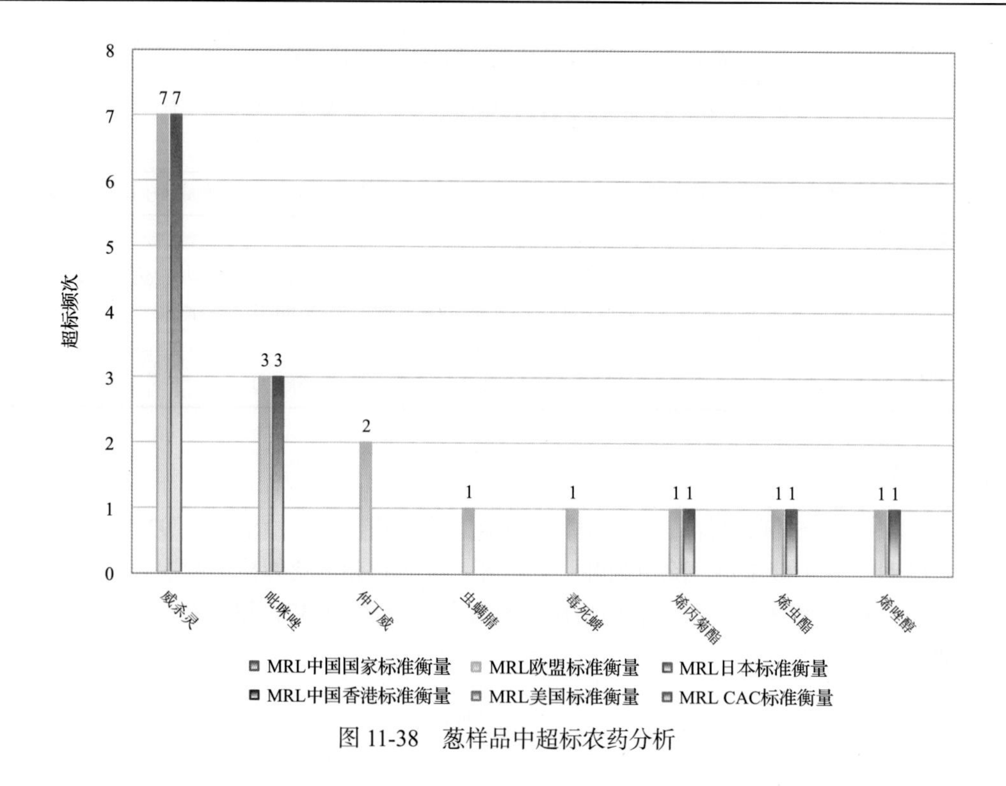

图 11-38　葱样品中超标农药分析

11.5　初步结论

11.5.1　杭州市市售水果蔬菜按 MRL 中国国家标准和国际主要 MRL 标准衡量的合格率

本次侦测的 501 例样品中，64 例样品未检出任何残留农药，占样品总量的 12.8%，437 例样品检出不同水平、不同种类的残留农药，占样品总量的 87.2%。在这 437 例检出农药残留的样品中：

按照 MRL 中国国家标准衡量，有 433 例样品检出残留农药但含量没有超标，占样品总数的 86.4%，有 4 例样品检出了超标农药，占样品总数的 0.8%。

按照 MRL 欧盟标准衡量，有 153 例样品检出残留农药但含量没有超标，占样品总数的 30.5%，有 284 例样品检出了超标农药，占样品总数的 56.7%。

按照 MRL 日本标准衡量，有 180 例样品检出残留农药但含量没有超标，占样品总数的 35.9%，有 257 例样品检出了超标农药，占样品总数的 51.3%。

按照 MRL 中国香港标准衡量，有 430 例样品检出残留农药但含量没有超标，占样品总数的 85.8%，有 7 例样品检出了超标农药，占样品总数的 1.4%。

按照 MRL 美国标准衡量，有 432 例样品检出残留农药但含量没有超标，占样品总数的 86.2%，有 5 例样品检出了超标农药，占样品总数的 1.0%。

按照 MRL CAC 标准衡量，有 429 例样品检出残留农药但含量没有超标，占样品总数的 85.6%，有 8 例样品检出了超标农药，占样品总数的 1.6%。

11.5.2　杭州市市售水果蔬菜中检出农药以中低微毒农药为主，占市场主体的 92.8%

这次侦测的 501 例样品包括调味料 1 种 6 例，水果 17 种 158 例，食用菌 5 种 27 例，蔬菜 35 种 310 例，共检出了 111 种农药，检出农药的毒性以中低微毒为主，详见表 11-30。

表 11-30　市场主体农药毒性分布

毒性	检出品种	占比	检出频次	占比
剧毒农药	1	0.9%	1	0.1%
高毒农药	7	6.3%	24	2.1%
中毒农药	47	42.3%	489	42.7%
低毒农药	37	33.3%	517	45.1%
微毒农药	19	17.1%	115	10.0%
中低微毒农药，品种占比 92.8%，频次占比 97.8%				

11.5.3　检出剧毒、高毒和禁用农药现象应该警醒

在此次侦测的 501 例样品中有 11 种蔬菜和 6 种水果的 32 例样品检出了 12 种 33 频次的剧毒和高毒或禁用农药，占样品总量的 6.4%。其中剧毒农药甲拌磷以及高毒农药猛杀威、克百威和呋线威检出频次较高。

按 MRL 中国国家标准衡量，剧毒农药甲拌磷，检出 1 次，超标 1 次；高毒农药按超标程度比较，橙中水胺硫磷超标 36.2 倍，结球甘蓝中甲基异柳磷超标 6.0 倍，哈密瓜中甲拌磷超标 0.1 倍。

剧毒、高毒或禁用农药的检出情况及按照 MRL 中国国家标准衡量的超标情况见表 11-31。

表 11-31　剧毒、高毒或禁用农药的检出及超标明细

序号	农药名称	样品名称	检出频次	超标频次	最大超标倍数	超标率
1.1	甲拌磷*▲	哈密瓜	1	1	0.13	100.0%
2.1	克百威◊▲	蘑菇	3	0	0	0.0%
2.2	克百威◊▲	芫荽	1	0	0	0.0%
2.3	克百威◊▲	芹菜	1	0	0	0.0%
3.1	呋线威◊	大蒜	1	0	0	0.0%
3.2	呋线威◊	胡萝卜	1	0	0	0.0%
4.1	氟氯氰菊酯◊	芫荽	1	0	0	0.0%
5.1	水胺硫磷◊▲	橙	1	1	36.19	100.0%
6.1	猛杀威◊	结球甘蓝	3	0	0	0.0%

续表

序号	农药名称	样品名称	检出频次	超标频次	最大超标倍数	超标率
6.2	猛杀威◊	柚	2	0	0	0.0%
6.3	猛杀威◊	梨	2	0	0	0.0%
6.4	猛杀威◊	萝卜	2	0	0	0.0%
6.5	猛杀威◊	枣	1	0	0	0.0%
6.6	猛杀威◊	芋	1	0	0	0.0%
6.7	猛杀威◊	菜豆	1	0	0	0.0%
6.8	猛杀威◊	青蒜	1	0	0	0.0%
7.1	甲基异柳磷◊▲	结球甘蓝	1	1	5.97	100.0%
8.1	甲胺磷◊▲	洋葱	1	0	0	0.0%
9.1	六六六▲	苹果	1	0	0	0.0%
10.1	氟虫腈▲	菜豆	3	0	0	0.0%
10.2	氟虫腈▲	紫薯	1	0	0	0.0%
10.3	氟虫腈▲	蕹菜	1	0	0	0.0%
11.1	氰戊菊酯▲	枣	1	0	0	0.0%
12.1	硫丹▲	芹菜	1	0	0	0.0%
合计			33	3		9.1%

注：超标倍数参照 MRL 中国国家标准衡量

这些超标的剧毒和高毒农药都是中国政府早有规定禁止在水果蔬菜中使用的，为什么还屡次被检出，应该引起警惕。

11.5.4 残留限量标准与先进国家或地区标准差距较大

1146 频次的检出结果与我国公布的《食品中农药最大残留限量》(GB 2763—2014) 对比，有 122 频次能找到对应的 MRL 中国国家标准，占 10.6%；还有 1024 频次的侦测数据无相关 MRL 标准供参考，占 89.4%。

与国际上现行 MRL 标准对比发现：

有 1146 频次能找到对应的 MRL 欧盟标准，占 100.0%；

有 1146 频次能找到对应的 MRL 日本标准，占 100.0%；

有 289 频次能找到对应的 MRL 中国香港标准，占 25.2%；

有 193 频次能找到对应的 MRL 美国标准，占 16.8%；

有 159 频次能找到对应的 MRL CAC 标准，占 13.9%。

由上可见，MRL 中国国家标准与先进国家或地区标准还有很大差距，我们无标准，境外有标准，这就会导致我们在国际贸易中，处于受制于人的被动地位。

11.5.5 水果蔬菜单种样品检出 14~23 种农药残留，拷问农药使用的科学性

通过此次监测发现，葡萄、梨和橙是检出农药品种最多的 3 种水果，菜豆、生菜和

胡萝卜是检出农药品种最多的 3 种蔬菜，从中检出农药品种及频次详见表 11-32。

表 11-32　单种样品检出农药品种及频次

样品名称	样品总数	检出农药样品数	检出率	检出农药品种数	检出农药(频次)
菜豆	14	14	100.0%	23	威杀灵(8)，联苯(7)，除虫菊酯(6)，邻苯二甲酰亚胺(5)，苄草丹(4)，毒死蜱(3)，氟虫腈(3)，嘧霉胺(3)，西玛津(3)，虫螨腈(2)，腐霉利(2)，戊唑醇(2)，烯虫酯(2)，新燕灵(2)，仲丁威(2)，3,4,5-混杀威(1)，γ-氟氯氰菌酯(1)，百菌清(1)，氟硅唑(1)，喹螨醚(1)，联苯菊酯(1)，猛杀威(1)，肟菌酯(1)
生菜	11	11	100.0%	22	威杀灵(6)，联苯(4)，氟硅唑(3)，腐霉利(3)，虫螨腈(2)，啶酰菌胺(2)，氟丙菊酯(2)，联苯菊酯(2)，戊唑醇(2)，2,6-二氯苯甲酰胺(1)，毒死蜱(1)，多效唑(1)，甲霜灵(1)，喹螨醚(1)，嘧霉胺(1)，棉铃威(1)，萎锈灵(1)，五氯苯(1)，五氯硝基苯(1)，烯唑醇(1)，乙酯杀螨醇(1)，唑虫酰胺(1)
胡萝卜	15	14	93.3%	18	萘乙酰胺(9)，威杀灵(6)，除虫菊酯(4)，邻苯二甲酰亚胺(4)，烯虫炔酯(4)，西玛津(3)，烯丙菊酯(3)，苄草丹(2)，氟乐灵(2)，戊唑醇(2)，呋线威(1)，解草腈(1)，腈菌唑(1)，螺螨酯(1)，噻嗪酮(1)，生物苄呋菊酯(1)，异丙甲草胺(1)，异丙威(1)
葡萄	17	14	82.4%	20	嘧霉胺(7)，除虫菊酯(6)，联苯菊酯(5)，啶酰菌胺(3)，腐霉利(3)，肟菌酯(3)，戊唑醇(3)，虫螨腈(2)，己唑醇(2)，威杀灵(2)，γ-氟氯氰菌酯(1)，毒死蜱(1)，甲氰菊酯(1)，腈菌唑(1)，联苯(1)，邻苯二甲酰亚胺(1)，醚菌酯(1)，嘧菌环胺(1)，四氟醚唑(1)，烯丙菊酯(1)
梨	23	23	100.0%	16	毒死蜱(13)，联苯(10)，威杀灵(10)，二苯胺(2)，猛杀威(2)，多效唑(1)，联苯菊酯(1)，螺螨酯(1)，醚菊酯(1)，灭锈胺(1)，四氢吩胺(1)，戊唑醇(1)，烯丙菊酯(1)，叶菌唑(1)，异丙威(1)，抑芽唑(1)
橙	9	8	88.9%	14	威杀灵(8)，毒死蜱(4)，嘧霉胺(4)，禾草敌(3)，噻菌灵(2)，杀螨酯(2)，γ-氟氯氰菌酯(1)，吡丙醚(1)，除虫菊素 I (1)，丁羟茴香醚(1)，甲醚菊酯(1)，邻苯基苯酚(1)，水胺硫磷(1)，增效醚(1)

上述 6 种水果蔬菜，检出农药 14～23 种，是多种农药综合防治，还是未严格实施农业良好管理规范(GAP)，抑或根本就是乱施药，值得我们思考。

第 12 章　GC-Q-TOF/MS 侦测杭州市市售水果蔬菜农药残留膳食暴露风险与预警风险评估

12.1　农药残留风险评估方法

12.1.1　杭州市农药残留侦测数据分析与统计

庞国芳院士科研团队建立的农药残留高通量侦测技术以高分辨精确质量数(0.0001 *m/z* 为基准)为识别标准，采用 GC-Q-TOF/MS 技术对 507 种农药化学污染物进行侦测。

科研团队于 2015 年 7 月～2017 年 7 月在杭州市所属 9 个区县的 23 个采样点，随机采集了 501 例水果蔬菜样品，采样点分布在超市和农贸市场，具体位置如图 12-1 所示，各月内水果蔬菜样品采集数量如表 12-1 所示。

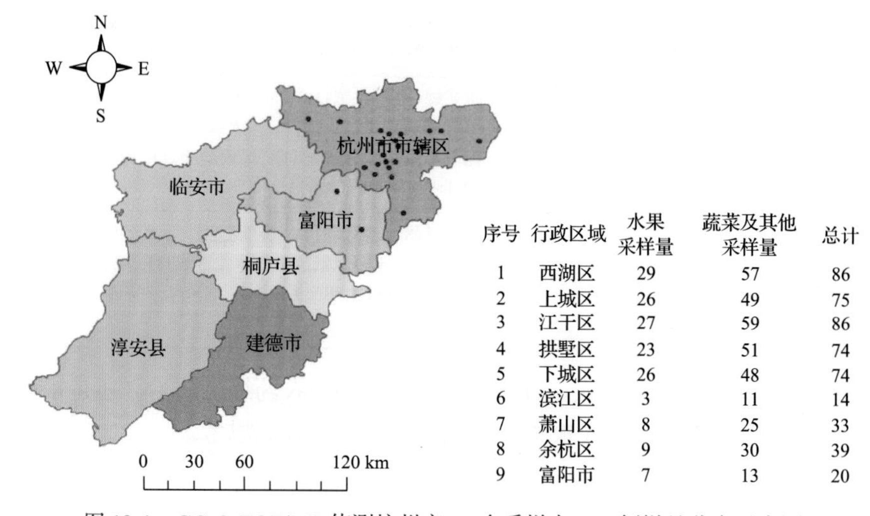

图 12-1　GC-Q-TOF/MS 侦测杭州市 23 个采样点 501 例样品分布示意图

表 12-1　杭州市各月内采集水果蔬菜样品数列表

时间	样品数(例)
2015 年 7 月	116
2015 年 8 月	134
2017 年 7 月	251

利用 GC-Q-TOF/MS 技术对 501 例样品中的农药进行侦测，侦测出残留农药 111 种，

1146 频次。侦测出农药残留水平如表 12-2 和图 12-2 所示。检出频次最高的前 10 种农药如表 12-3 所示。从检测结果中可以看出，在水果蔬菜中农药残留普遍存在，且有些水果蔬菜存在高浓度的农药残留，这些可能存在膳食暴露风险，对人体健康产生危害，因此，为了定量地评价水果蔬菜中农药残留的风险程度，有必要对其进行风险评价。

表 12-2　侦测出农药的不同残留水平及其所占比例列表

残留水平(μg/kg)	检出频次	占比(%)
1～5(含)	276	24.1
5～10(含)	167	14.6
10～100(含)	530	46.2
100～1000(含)	166	14.5
>1000	7	0.6
合计	1146	100

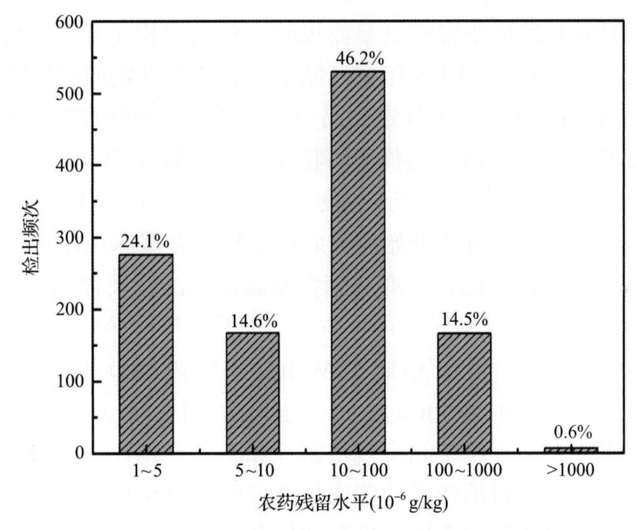

图 12-2　残留农药侦测出浓度频数分布图

表 12-3　检出频次最高的前 10 种农药列表

序号	农药	检出频次(次)
1	威杀灵	159
2	除虫菊酯	126
3	邻苯二甲酰亚胺	87
4	联苯	69
5	毒死蜱	60
6	烯丙菊酯	43
7	西玛津	38
8	腐霉利	29
9	嘧霉胺	26
10	喹螨醚	25

12.1.2　农药残留风险评价模型

对杭州市水果蔬菜中农药残留分别开展暴露风险评估和预警风险评估。膳食暴露风险评估利用食品安全指数模型对水果蔬菜中的残留农药对人体可能产生的危害程度进行评价，该模型结合残留监测和膳食暴露评估评价化学污染物的危害；预警风险评价模型运用风险系数(risk index，*R*)，风险系数综合考虑了危害物的超标率、施检频率及其本身敏感性的影响，能直观而全面地反映出危害物在一段时间内的风险程度。

12.1.2.1　食品安全指数模型

为了加强食品安全管理，《中华人民共和国食品安全法》第二章第十七条规定“国家建立食品安全风险评估制度，运用科学方法，根据食品安全风险监测信息、科学数据以及有关信息，对食品、食品添加剂、食品相关产品中生物性、化学性和物理性危害因素进行风险评估”[1]，膳食暴露评估是食品危险度评估的重要组成部分，也是膳食安全性的衡量标准[2]。国际上最早研究膳食暴露风险评估的机构主要是 JMPR(FAO、WHO农药残留联合会议)，该组织自 1995 年就已制定了急性毒性物质的风险评估急性毒性农药残留摄入量的预测。1960 年美国规定食品中不得加入致癌物质进而提出零阈值理论，渐渐零阈值理论发展成在一定概率条件下可接受风险的概念[3]，后衍变为食品中每日允许最大摄入量(ADI)，而国际食品农药残留法典委员会(CCPR)认为 ADI 不是独立风险评估的唯一标准[4]，1995 年 JMPR 开始研究农药急性膳食暴露风险评估，并对食品国际短期摄入量的计算方法进行了修正，亦对膳食暴露评估准则及评估方法进行了修正[5]，2002 年，在对世界上现行的食品安全评价方法，尤其是国际公认的 CAC 评价方法、全球环境监测系统/食品污染监测和评估规划(WHO GEMS/Food)及 FAO、WHO 食品添加剂联合专家委员会(JECFA)和 JMPR 对食品安全风险评估工作研究的基础之上，检验检疫食品安全管理的研究人员提出了结合残留监控和膳食暴露评估，以食品安全指数 IFS 计算食品中各种化学污染物对消费者的健康危害程度[6]。IFS 是表示食品安全状态的新方法，可有效地评价某种农药的安全性，进而评价食品中各种农药化学污染物对消费者健康的整体危害程度[7,8]。从理论上分析，IFS_c 可指出食品中的污染物 c 对消费者健康是否存在危害及危害的程度[9]。其优点在于操作简单且结果容易被接受和理解，不需要大量的数据来对结果进行验证，使用默认的标准假设或者模型即可[10,11]。

1) IFS_c 的计算

IFS_c 计算公式如下：

$$IFS_c=\frac{EDI_c \times f}{SI_c \times bw} \tag{12-1}$$

式中，c 为所研究的农药；EDI_c 为农药 c 的实际日摄入量估算值，等于 $\sum(R_i \times F_i \times E_i \times P_i)$ (i 为食品种类；R_i 为食品 i 中农药 c 的残留水平，mg/kg；F_i 为食品 i 的估计日消费量，g/(人·天)；E_i 为食品 i 的可食用部分因子；P_i 为食品 i 的加工处理因子)；SI_c 为安全摄入量，可采用每日允许最大摄入量 ADI；bw 为人平均体重，kg；f 为校正因子，如果安全摄入量采用 ADI，则 f 取 1。

$IFS_c \ll 1$，农药 c 对食品安全没有影响；$IFS_c \leqslant 1$，农药 c 对食品安全的影响可以接受；$IFS_c > 1$，农药 c 对食品安全的影响不可接受。

本次评价中：

$IFS_c \leqslant 0.1$，农药 c 对水果蔬菜安全没有影响；

$0.1 < IFS_c \leqslant 1$，农药 c 对水果蔬菜安全的影响可以接受；

$IFS_c > 1$，农药 c 对水果蔬菜安全的影响不可接受。

本次评价中残留水平 R_i 取值为中国检验检疫科学研究院庞国芳院士课题组以高分辨精确质量数(0.0001 m/z)为基准的 GC-Q-TOF/MS 侦测技术于 2015 年 7 月～2017 年 7 月对杭州市水果蔬菜农药残留的侦测结果。估计日消费量 F_i 取值 0.38 kg/(人·天)，E_i=1，P_i=1，f=1，SI_c 采用《食品安全国家标准　食品中农药最大残留限量》(GB 2763—2016)中 ADI 值(具体数值见表 12-4)，人平均体重(bw)取值 60 kg。

表 12-4　杭州市水果蔬菜中侦测出农药的 ADI 值

序号	农药	ADI	序号	农药	ADI	序号	农药	ADI
1	氟虫腈	0.0002	23	毒死蜱	0.01	45	醚菊酯	0.03
2	氟吡禾灵	0.0007	24	噁霜灵	0.01	46	嘧菌环胺	0.03
3	甲拌磷	0.0007	25	甲草胺	0.01	47	三唑醇	0.03
4	禾草敌	0.001	26	联苯菊酯	0.01	48	生物苄呋菊酯	0.03
5	克百威	0.001	27	联苯三唑醇	0.01	49	戊唑醇	0.03
6	异丙威	0.002	28	螺螨酯	0.01	50	啶酰菌胺	0.04
7	甲基异柳磷	0.003	29	炔螨特	0.01	51	氟氯氰菊酯	0.04
8	水胺硫磷	0.003	30	五氯硝基苯	0.01	52	肟菌酯	0.04
9	甲胺磷	0.004	31	茚虫威	0.01	53	氯菊酯	0.05
10	乙霉威	0.004	32	异丙草胺	0.013	54	灭锈胺	0.05
11	己唑醇	0.005	33	稻瘟灵	0.016	55	仲丁威	0.06
12	喹螨醚	0.005	34	西玛津	0.018	56	二苯胺	0.08
13	六六六	0.005	35	百菌清	0.02	57	甲霜灵	0.08
14	烯唑醇	0.005	36	氯氰菊酯	0.02	58	吡丙醚	0.1
15	环酯草醚	0.0056	37	氰戊菊酯	0.02	59	多效唑	0.1
16	硫丹	0.006	38	氟乐灵	0.025	60	腐霉利	0.1
17	唑虫酰胺	0.006	39	西草净	0.025	61	噻菌灵	0.1
18	氟硅唑	0.007	40	丙溴磷	0.03	62	异丙甲草胺	0.1
19	甲萘威	0.008	41	虫螨腈	0.03	63	萘乙酸	0.15
20	萎锈灵	0.008	42	二甲戊灵	0.03	64	嘧霉胺	0.2
21	噻嗪酮	0.009	43	甲氰菊酯	0.03	65	增效醚	0.2
22	哒螨灵	0.01	44	腈菌唑	0.03	66	邻苯基苯酚	0.4

续表

序号	农药	ADI	序号	农药	ADI	序号	农药	ADI
67	醚菌酯	0.4	82	氟丙菊酯	—	97	特草灵	—
68	霜霉威	0.4	83	甲醚菊酯	—	98	特丁通	—
69	2,4-滴丙酸	—	84	解草腈	—	99	威杀灵	—
70	2,6-二氯苯甲酰胺	—	85	抗螨唑	—	100	五氯苯	—
71	2甲4氯丁氧乙基酯	—	86	联苯	—	101	五氯苯胺	—
72	3,4,5-混杀威	—	87	邻苯二甲酰亚胺	—	102	五氯苯甲腈	—
73	γ-氟氯氰菌酯	—	88	氯苯甲醚	—	103	烯丙菊酯	—
74	吡咪唑	—	89	猛杀威	—	104	烯虫炔酯	—
75	苄草丹	—	90	棉铃威	—	105	烯虫酯	—
76	除虫菊素 I	—	91	萘乙酰胺	—	106	消螨通	—
77	除虫菊酯	—	92	去乙基阿特拉津	—	107	新燕灵	—
78	丁羟茴香醚	—	93	炔丙菊酯	—	108	叶菌唑	—
79	二丙烯草胺	—	94	杀螨酯	—	109	乙嘧酚磺酸酯	—
80	二甲草胺	—	95	四氟醚唑	—	110	乙酯杀螨醇	—
81	呋线威	—	96	四氢吩胺	—	111	抑芽唑	—

注："—"表示为国家标准中无 ADI 值规定；ADI 值单位为 mg/kgbw

2) 计算 IFS_c 的平均值 $\overline{IFS}$，评价农药对食品安全的影响程度

以 $\overline{IFS}$ 评价各种农药对人体健康危害的总程度，评价模型见公式(12-2)。

$$\overline{IFS} = \frac{\sum_{i=1}^{n} IFS_c}{n} \tag{12-2}$$

$\overline{IFS} \ll 1$，所研究消费者人群的食品安全状态很好；$\overline{IFS} \leq 1$，所研究消费者人群的食品安全状态可以接受；$\overline{IFS}>1$，所研究消费者人群的食品安全状态不可接受。

本次评价中：

$\overline{IFS} \leqslant 0.1$，所研究消费者人群的水果蔬菜安全状态很好；

$0.1<\overline{IFS} \leqslant 1$，所研究消费者人群的水果蔬菜安全状态可以接受；

$\overline{IFS}>1$，所研究消费者人群的水果蔬菜安全状态不可接受。

12.1.2.2 预警风险评估模型

2003 年，我国检验检疫食品安全管理的研究人员根据 WTO 的有关原则和我国的具体规定，结合危害物本身的敏感性、风险程度及其相应的施检频率，首次提出了食品中危害物风险系数 R 的概念[12]。R 是衡量一个危害物的风险程度大小最直观的参数，即在一定时期内其超标率或阳性检出率的高低，但受其施检频率的高低及其本身的敏感性（受

关注程度)影响。该模型综合考察了农药在蔬菜中的超标率、施检频率及其本身敏感性，能直观而全面地反映出农药在一段时间内的风险程度[13]。

1) R 计算方法

危害物的风险系数综合考虑了危害物的超标率或阳性检出率、施检频率和其本身的敏感性影响，并能直观而全面地反映出危害物在一段时间内的风险程度。风险系数 R 的计算公式如式(12-3)：

$$R = aP + \frac{b}{F} + S \tag{12-3}$$

式中，P 为该种危害物的超标率；F 为危害物的施检频率；S 为危害物的敏感因子；a，b 分别为相应的权重系数。

本次评价中 F=1；S=1；a=100；b=0.1，对参数 P 进行计算，计算时首先判断是否为禁用农药，如果为非禁用农药，P=超标的样品数(侦测出的含量高于食品最大残留限量标准值，即 MRL)除以总样品数(包括超标、不超标、未侦测出)；如果为禁用农药，则侦测出即为超标，P=能侦测出的样品数除以总样品数。判断杭州市水果蔬菜农药残留是否超标的标准限值 MRL 分别以 MRL 中国国家标准[14]和 MRL 欧盟标准作为对照，具体值列于本报告附表一中。

2) 评价风险程度

R≤1.5，受检农药处于低度风险；

1.5<R≤2.5，受检农药处于中度风险；

R>2.5，受检农药处于高度风险。

12.1.2.3　食品膳食暴露风险和预警风险评估应用程序的开发

1) 应用程序开发的步骤

为成功开发膳食暴露风险和预警风险评估应用程序，与软件工程师多次沟通讨论，逐步提出并描述清楚计算需求，开发了初步应用程序。为明确出不同水果蔬菜、不同农药、不同地域和不同季节的风险水平，向软件工程师提出不同的计算需求，软件工程师对计算需求进行逐一地分析，经过反复的细节沟通，需求分析得到明确后，开始进行解决方案的设计，在保证需求的完整性、一致性的前提下，编写出程序代码，最后设计出满足需求的风险评估专用计算软件，并通过一系列的软件测试和改进，完成专用程序的开发。软件开发基本步骤见图 12-3。

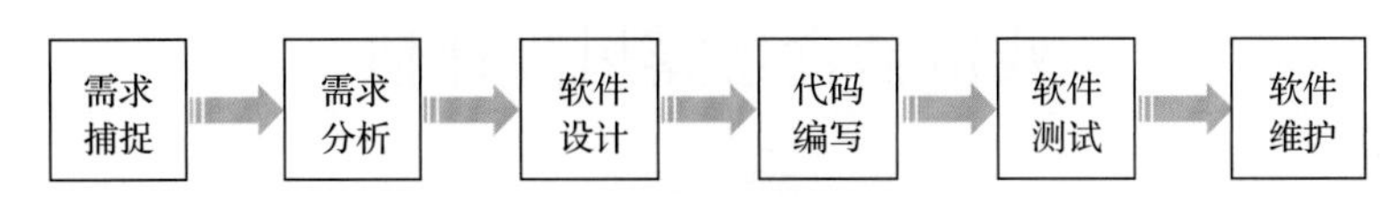

图 12-3　专用程序开发总体步骤

2) 膳食暴露风险评估专业程序开发的基本要求

首先直接利用公式(12-1)，分别计算 LC-Q-TOF/MS 和 GC-Q-TOF/MS 仪器侦测出的各水果蔬菜样品中每种农药 IFS_c，将结果列出。为考察超标农药和禁用农药的使用安全性，分别以我国《食品安全国家标准食品中农药最大残留限量》(GB 2763—2016)和欧盟食品中农药最大残留限量(以下简称 MRL 中国国家标准和 MRL 欧盟标准)为标准，对侦测出的禁用农药和超标的非禁用农药 IFS_c 单独进行评价；按 IFS_c 大小列表，并找出 IFS_c 值排名前 20 的样本重点关注。

对不同水果蔬菜 i 中每一种侦测出的农药 c 的安全指数进行计算，多个样品时求平均值。若监测数据为该市多个月的数据，则逐月、逐季度分别列出每个月、每个季度内每一种水果蔬菜 i 对应的每一种农药 c 的 IFS_c。

按农药种类，计算整个监测时间段内每种农药的 IFS_c，不区分水果蔬菜。若检测数据为该市多个月的数据，则需分别计算每个月、每个季度内每种农药的 IFS_c。

3) 预警风险评估专业程序开发的基本要求

分别以 MRL 中国国家标准和 MRL 欧盟标准，按公式(12-3)逐个计算不同水果蔬菜、不同农药的风险系数，禁用农药和非禁用农药分别列表。

为清楚了解各种农药的预警风险，不分时间，不分水果蔬菜，按禁用农药和非禁用农药分类，分别计算各种侦测出农药全部检测时段内风险系数。由于有 MRL 中国国家标准的农药种类太少，无法计算超标数，非禁用农药的风险系数只以 MRL 欧盟标准为标准，进行计算。若检测数据为多个月的，则按月计算每个月、每个季度内每种禁用农药残留的风险系数和以 MRL 欧盟标准为标准的非禁用农药残留的风险系数。

4) 风险程度评价专业应用程序的开发方法

采用 Python 计算机程序设计语言，Python 是一个高层次地结合了解释性、编译性、互动性和面向对象的脚本语言。风险评价专用程序主要功能包括：分别读入每例样品 LC-Q-TOF/MS 和 GC-Q-TOF/MS 农药残留检测数据，根据风险评价工作要求，依次对不同农药、不同食品、不同时间、不同采样点的 IFS_c 值和 R 值分别进行数据计算，筛选出禁用农药、超标农药(分别与 MRL 中国国家标准、MRL 欧盟标准限值进行对比)单独重点分析，再分别对各农药、各水果蔬菜种类分类处理，设计出计算和排序程序，编写计算机代码，最后将生成的膳食暴露风险评估和超标风险评估定量计算结果列入设计好的各个表格中，并定性判断风险对目标的影响程度，直接用文字描述风险发生的高低，如“不可接受”、“可以接受”、“没有影响”、“高度风险”、“中度风险”、“低度风险”。

12.2 GC-Q-TOF/MS 侦测杭州市市售水果蔬菜农药残留膳食暴露风险评估

12.2.1 每例水果蔬菜样品中农药残留安全指数分析

基于农药残留侦测数据，发现在 501 例样品中侦测出农药 1146 频次，计算样品中每种残留农药的安全指数 IFS_c，并分析农药对样品安全的影响程度，结果详见附表二，农药残留对水果蔬菜样品安全的影响程度频次分布情况如图 12-4 所示。

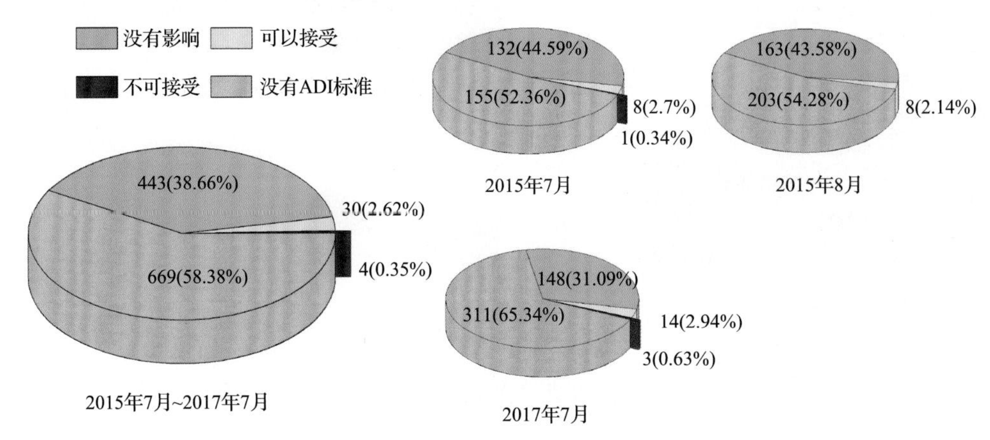

图 12-4　农药残留对水果蔬菜样品安全的影响程度频次分布图

由图 12-4 可以看出，农药残留对样品安全的影响不可接受的频次为 4，占 0.35%；农药残留对样品安全的影响可以接受的频次为 30，占 2.62%；农药残留对样品安全的没有影响的频次为 443，占 38.66%。分析发现，在 3 个月份内只有 2015 年 7 月、2017 年 7 月有农药对样品安全影响不可接受，其他月份内，农药对样品安全的影响均在可以接受和没有影响的范围内。表 12-5 为对水果蔬菜样品中安全指数不可接受的农药残留列表。

表 12-5　水果蔬菜样品中安全影响不可接受的农药残留列表

序号	样品编号	采样点	基质	农药	含量(mg/kg)	IFS_c
1	20150731-330100-SHCIQ-IP-04A	***超市(黄龙店)	蕹菜	氟虫腈	0.1005	3.1825
2	20170726-330100-USI-CZ-42A	***市场	橙	水胺硫磷	0.7438	1.5702
3	20170726-330100-USI-NM-37A	***超市(古墩路店)	柠檬	禾草敌	0.1764	1.1172
4	20170726-330100-USI-NM-38A	***超市(涌金店)	柠檬	禾草敌	0.1655	1.0482

部分样品侦测出禁用农药 9 种 17 频次，为了明确残留的禁用农药对样品安全的影响，分析侦测出禁用农药残留的样品安全指数，禁用农药残留对水果蔬菜样品安全的影响程度频次分布情况如图 12-5 所示，农药残留对样品安全的影响不可接受的频次为 2，占 11.76%；农药残留对样品安全的影响可以接受的频次为 8，占 47.06%；农药残留对样品安全没有影响的频次为 7，占 41.18%。由图中分析发现，在该 3 个月份内只有 2015 年 7 月、2017 年 7 月内分别有 1 种禁用农药对样品安全影响不可接受，其他月份内，禁用农药对样品安全的影响均在可以接受和没有影响的范围内。表 12-6 列出了水果蔬菜样品中侦测出的禁用农药残留不可接受的安全指数表。

此外，本次侦测发现部分样品中非禁用农药残留量超过了 MRL 中国国家标准和欧盟标准，为了明确超标的非禁用农药对样品安全的影响，分析了非禁用农药残留超标的样品安全指数。

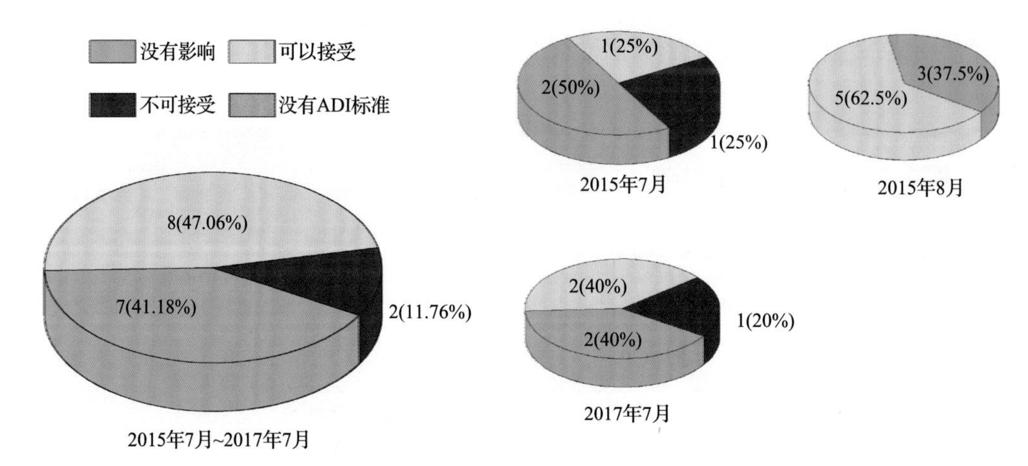

图 12-5　禁用农药对水果蔬菜样品安全影响程度的频次分布图

表 12-6　水果蔬菜样品中侦测出的禁用农药残留不可接受的安全指数表

序号	样品编号	采样点	基质	农药	含量(mg/kg)	IFS_c
1	20150731-330100-SHCIQ-IP-04A	***超市(黄龙店)	蕹菜	氟虫腈	0.1005	3.1825
2	20170726-330100-USI-CZ-42A	***市场	橙	水胺硫磷	0.7438	1.5702

水果蔬菜残留量超过 MRL 中国国家标准的非禁用农药共 1 频次，并且农药残留对样品安全没有影响。表 12-7 为水果蔬菜样品中侦测出的非禁用农药残留安全指数表(MRL 中国国家标准)。

表 12-7　水果蔬菜样品中侦测出的非禁用农药残留安全指数表(MRL 中国国家标准)

序号	样品编号	采样点	基质	农药	含量(mg/kg)	中国国家标准	IFS_c	影响程度
1	20170726-330100-USI-JC-43A	***超市(莫干山店)	韭菜	腐霉利	0.9983	0.2	0.0632	没有影响

残留量超过 MRL 欧盟标准的非禁用农药对水果蔬菜样品安全的影响程度频次分布情况如图 12-6 所示。可以看出超过 MRL 欧盟标准的非禁用农药共 476 频次，其中农药

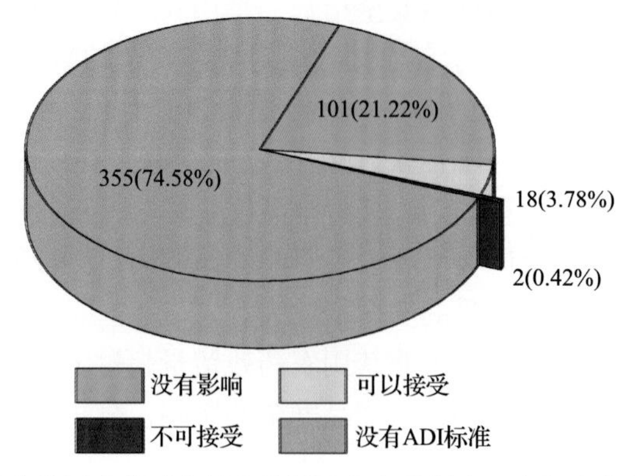

图 12-6　残留超标的非禁用农药对水果蔬菜样品安全的影响程度频次分布图(MRL 欧盟标准)

没有 ADI 的频次为 355，占 74.58%；农药残留对样品安全不可接受的频次为 2，占 0.42%；农药残留对样品安全的影响可以接受的频次为 18，占 3.78%；农药残留对样品安全没有影响的频次为 101，占 21.22%。表 12-8 为水果蔬菜样品中不可接受的残留超标非禁用农药安全指数列表。

表 12-8 对水果蔬菜样品中不可接受的残留超标非禁用农药安全指数列表(MRL 欧盟标准)

序号	样品编号	采样点	基质	农药	含量 (mg/kg)	欧盟标准	IFS_c
1	20170726-330100-USI-NM-37A	***超市(古墩路店)	柠檬	禾草敌	0.1764	0.01	1.1172
2	20170726-330100-USI-NM-38A	***超市(涌金店)	柠檬	禾草敌	0.1655	0.01	1.0482

在 501 例样品中，64 例样品未侦测出农药残留，437 例样品中侦测出农药残留，计算每例有农药侦测出样品的 $\overline{IFS}$ 值，进而分析样品的安全状态结果如图 12-7 所示(未侦测出农药的样品安全状态视为很好)。可以看出，0.2%的样品安全状态不可接受；3.39%的样品安全状态可以接受；65.07%的样品安全状态很好。此外，可以看出只有 2017 年 7 月有一例样品安全状态不可接受，其他月份内的样品安全状态均在很好和可以接受的范围内。表 12-9 列出了安全状态不可接受的水果蔬菜样品。

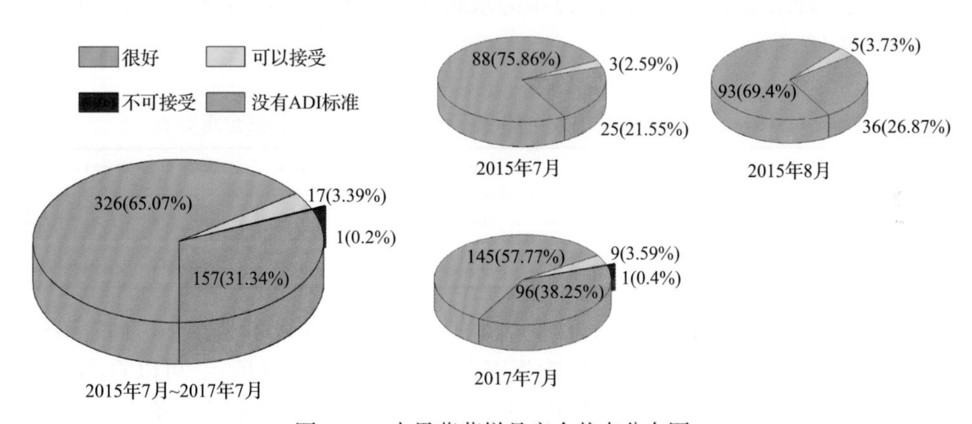

图 12-7 水果蔬菜样品安全状态分布图

表 12-9 水果蔬菜安全状态不可接受的样品列表

序号	样品编号	采样点	基质	$\overline{IFS}$
1	20170726-330100-USI-NM-37A	***超市(古墩路店)	柠檬	1.1172

12.2.2 单种水果蔬菜中农药残留安全指数分析

本次 58 种水果蔬菜侦测 111 种农药，检出频次为 1146 次，其中 43 种农药没有 ADI 标准，68 种农药存在 ADI 标准。山竹未侦测出任何农药，南瓜、香菇、橘、甘薯、猕猴桃、西瓜以及莴笋等 7 种侦测出农药残留全部没有 ADI 标准，对其他的 50 种水果蔬菜按不同种类分别计算侦测出的具有 ADI 标准的各种农药的 IFS_c 值。农药残留对水果蔬菜的安全指数分布图如图 12-8 所示。

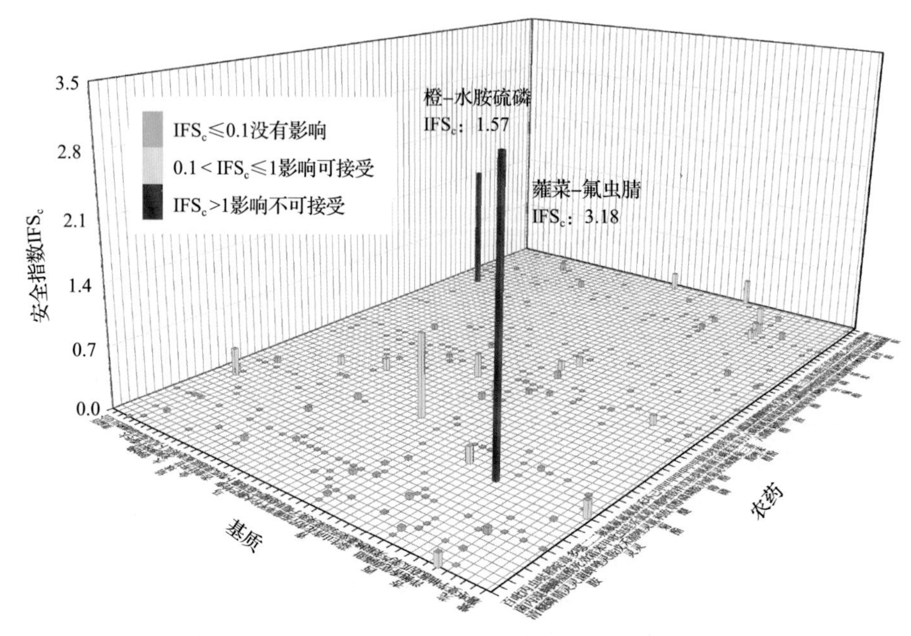

图 12-8　50 种水果蔬菜中 68 种残留农药的安全指数分布图

分析发现 2 种水果蔬菜（蕹菜和橙）中的水胺硫磷和氟虫腈残留对食品安全影响不可接受，如表 12-10 所示。

表 12-10　单种水果蔬菜中安全影响不可接受的残留农药安全指数表

序号	基质	农药	检出频次	检出率(%)	IFS>1 的频次	IFS>1 的比例(%)	IFS_c
1	蕹菜	氟虫腈	1	6.25	1	0.06	3.1825
2	橙	水胺硫磷	1	3.23	1	0.03	1.5702

本次侦测中，57 种水果蔬菜和 111 种残留农药（包括没有 ADI 标准）共涉及 505 个分析样本，农药对单种水果蔬菜安全的影响程度分布情况如图 12-9 所示。可以看出，50.89%的样本中农药对水果蔬菜安全没有影响，3.37%的样本中农药对水果蔬菜安全的影响可以接受，0.40%的样本中农药对水果蔬菜安全的影响不可接受。

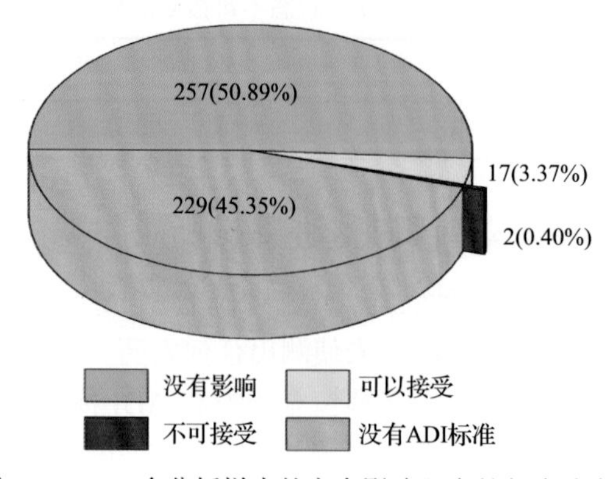

图 12-9　505 个分析样本的安全影响程度的频次分布图

此外，分别计算 50 种水果蔬菜中所有侦测出农药 IFS_c 的平均值 $\overline{IFS}$，分析每种水果蔬菜的安全状态，结果如图 12-10 所示，分析发现，3 种水果蔬菜(6.00%)的安全状态可以接受，47 种(94.00%)水果蔬菜的安全状态很好。

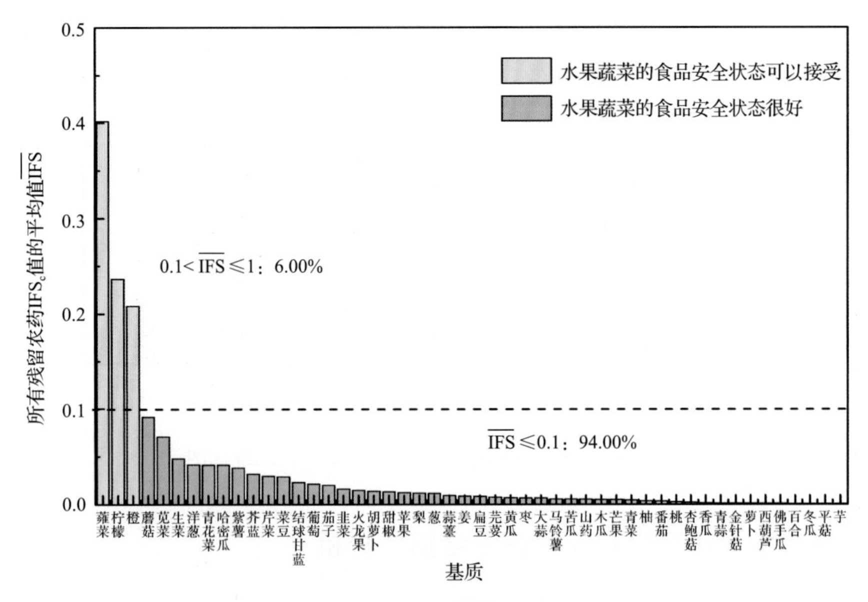

图 12-10　50 种水果蔬菜的 $\overline{IFS}$ 值和安全状态统计图

对每个月内每种水果蔬菜中农药的 IFS_c 进行分析，并计算每月内每种水果蔬菜的 $\overline{IFS}$ 值，以评价每种水果蔬菜的安全状态，结果如图 12-11 所示，可以看出，该 3 个月份所有水果蔬菜的安全状态均处于很好和可以接受的范围内，各月份内单种水果蔬菜安全状态统计情况如图 12-12 所示。

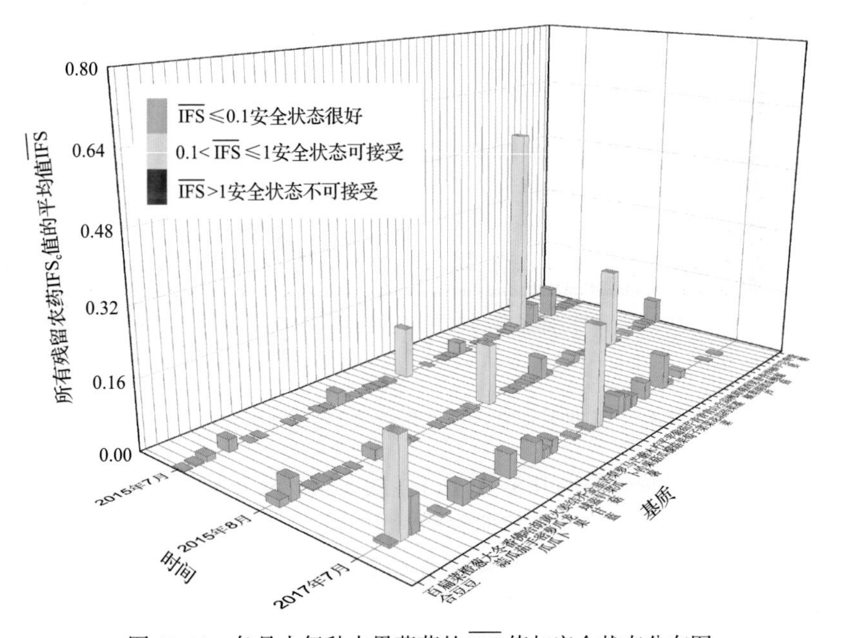

图 12-11　各月内每种水果蔬菜的 $\overline{IFS}$ 值与安全状态分布图

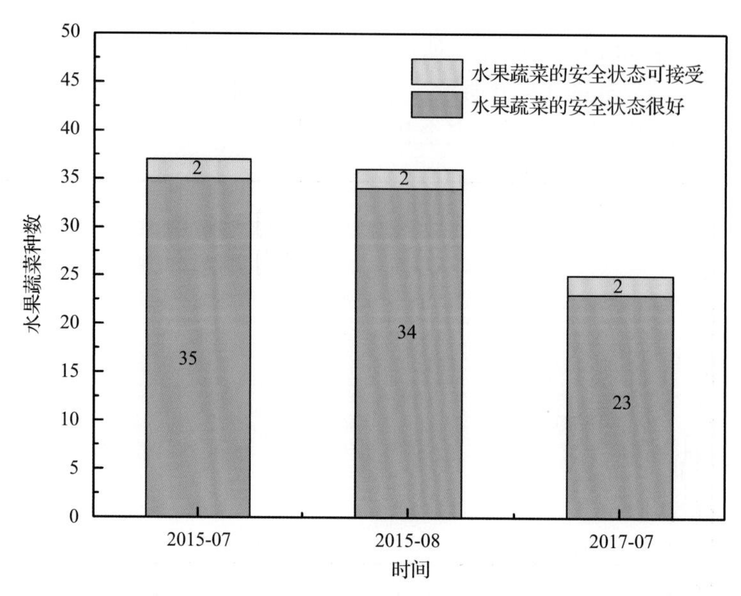

图 12-12　各月份内单种水果蔬菜安全状态统计图

12.2.3　所有水果蔬菜中农药残留安全指数分析

计算所有水果蔬菜中 68 种农药的 IFS_c 值，结果如图 12-13 及表 12-11 所示。

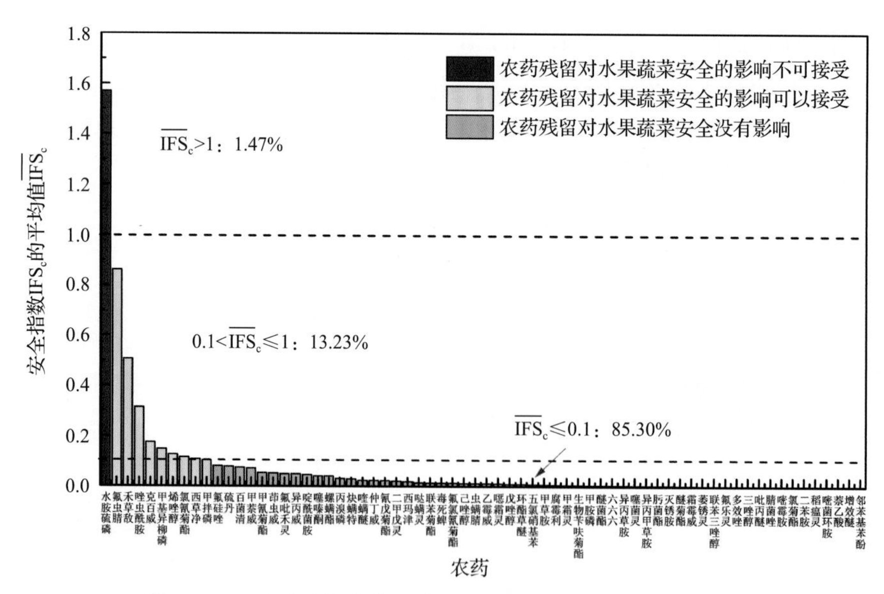

图 12-13　68 种残留农药对水果蔬菜的安全影响程度统计图

分析发现，只有水胺硫磷的 $\overline{IFS}_c$ 大于 1，其他农药的 $\overline{IFS}_c$ 均小于 1，说明水胺硫磷对水果蔬菜安全的影响不可接受，其他农药对水果蔬菜安全的影响均在没有影响和可接受的范围内，其中 13.23%的农药对水果蔬菜安全的影响可以接受，85.30%的农药对水果蔬菜安全没有影响。

表 12-11　水果蔬菜中 68 种农药残留的安全指数表

序号	农药	检出频次	检出率(%)	$\overline{IFS_c}$	影响程度	序号	农药	检出频次	检出率(%)	$\overline{IFS_c}$	影响程度
1	水胺硫磷	1	0.09	1.5702	不可接受	35	乙霉威	1	0.09	0.0127	没有影响
2	氟虫腈	5	0.44	0.8619	可以接受	36	噁霜灵	3	0.26	0.0115	没有影响
3	禾草敌	6	0.52	0.5060	可以接受	37	戊唑醇	23	2.01	0.0098	没有影响
4	唑虫酰胺	1	0.09	0.3141	可以接受	38	环酯草醚	2	0.17	0.0098	没有影响
5	克百威	5	0.44	0.1757	可以接受	39	五氯硝基苯	1	0.09	0.0082	没有影响
6	甲基异柳磷	1	0.09	0.1471	可以接受	40	甲草胺	1	0.09	0.0070	没有影响
7	烯唑醇	11	0.96	0.12567	可以接受	41	腐霉利	29	2.53	0.0062	没有影响
8	氯氰菊酯	1	0.09	0.1142	可以接受	42	甲霜灵	5	0.44	0.0056	没有影响
9	西草净	1	0.09	0.1079	可以接受	43	生物苄呋菊酯	10	0.87	0.0055	没有影响
10	甲拌磷	1	0.09	0.1022	可以接受	44	甲胺磷	1	0.09	0.0049	没有影响
11	氟硅唑	8	0.70	0.0806	没有影响	45	醚菌酯	3	0.26	0.0048	没有影响
12	硫丹	1	0.09	0.0784	没有影响	46	六六六	1	0.09	0.0044	没有影响
13	百菌清	2	0.17	0.0744	没有影响	47	异丙草胺	2	0.17	0.0043	没有影响
14	甲萘威	1	0.09	0.0714	没有影响	48	噻菌灵	2	0.17	0.0037	没有影响
15	甲氰菊酯	4	0.35	0.0529	没有影响	49	异丙甲草胺	2	0.17	0.0033	没有影响
16	茚虫威	3	0.26	0.0522	没有影响	50	肟菌酯	5	0.44	0.0030	没有影响
17	氟吡禾灵	1	0.09	0.0489	没有影响	51	灭锈胺	1	0.09	0.0029	没有影响
18	异丙威	5	0.44	0.0488	没有影响	52	醚菊酯	8	0.70	0.0025	没有影响
19	啶酰菌胺	8	0.70	0.0463	没有影响	53	霜霉威	1	0.09	0.0021	没有影响
20	噻嗪酮	1	0.09	0.0407	没有影响	54	萎锈灵	1	0.09	0.0017	没有影响
21	螺螨酯	6	0.52	0.0405	没有影响	55	联苯三唑醇	2	0.17	0.0017	没有影响
22	丙溴磷	8	0.70	0.0302	没有影响	56	氟乐灵	3	0.26	0.0014	没有影响
23	炔螨特	2	0.17	0.0298	没有影响	57	多效唑	6	0.52	0.0012	没有影响
24	喹螨醚	25	2.18	0.0241	没有影响	58	三唑醇	2	0.17	0.0008	没有影响
25	仲丁威	21	1.83	0.0232	没有影响	59	吡丙醚	7	0.61	0.0008	没有影响
26	氰戊菊酯	1	0.09	0.0231	没有影响	60	腈菌唑	5	0.44	0.0008	没有影响
27	二甲戊灵	6	0.52	0.0206	没有影响	61	嘧霉胺	26	2.27	0.0008	没有影响
28	西玛津	38	3.32	0.0190	没有影响	62	氯菊酯	1	0.09	0.0006	没有影响
29	哒螨灵	6	0.52	0.0141	没有影响	63	二苯胺	4	0.35	0.0006	没有影响
30	联苯菊酯	24	2.09	0.0133	没有影响	64	稻瘟灵	2	0.17	0.0005	没有影响
31	毒死蜱	60	5.24	0.0131	没有影响	65	嘧菌胺	1	0.09	0.0003	没有影响
32	氟氯氰菊酯	1	0.09	0.0130	没有影响	66	萘乙酸	4	0.35	0.0002	没有影响
33	己唑醇	4	0.35	0.0129	没有影响	67	增效醚	1	0.09	0.0002	没有影响
34	虫螨腈	18	1.57	0.0129	没有影响	68	邻苯基苯酚	24	2.09	0.0001	没有影响

对每个月内所有水果蔬菜中残留农药的 $\overline{IFS_c}$ 进行分析，结果如图 12-14 所示。分析发现，2015 年 7 月的氟虫腈和 2017 年 7 月的水胺硫磷对水果蔬菜安全的影响不可接受，3 个月份的其他农药对水果蔬菜安全的影响均处于没有影响和可以接受的范围内。每月内不同农药对水果蔬菜安全影响程度的统计如图 12-15 所示。

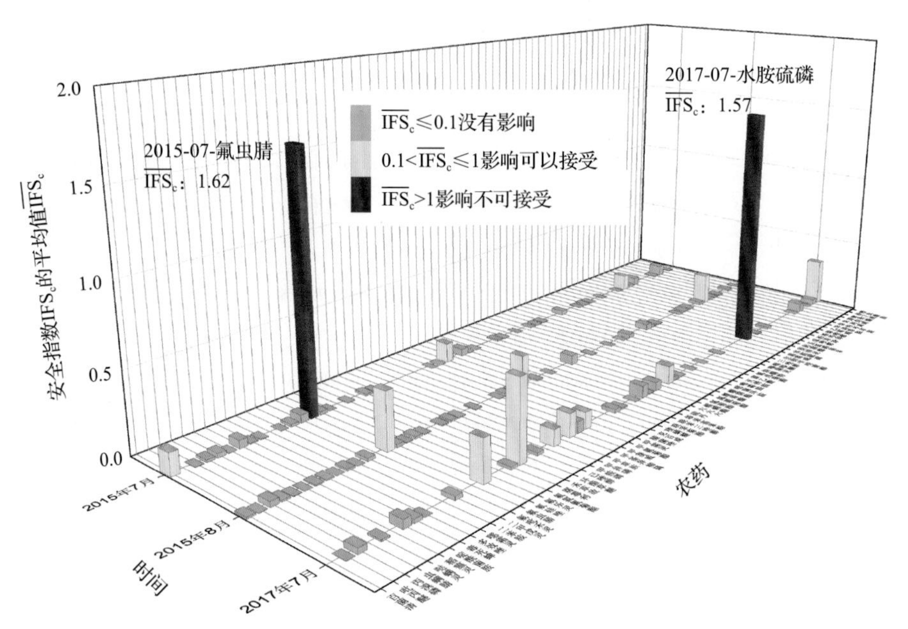

图 12-14　各月份内水果蔬菜中每种残留农药的安全指数分布图

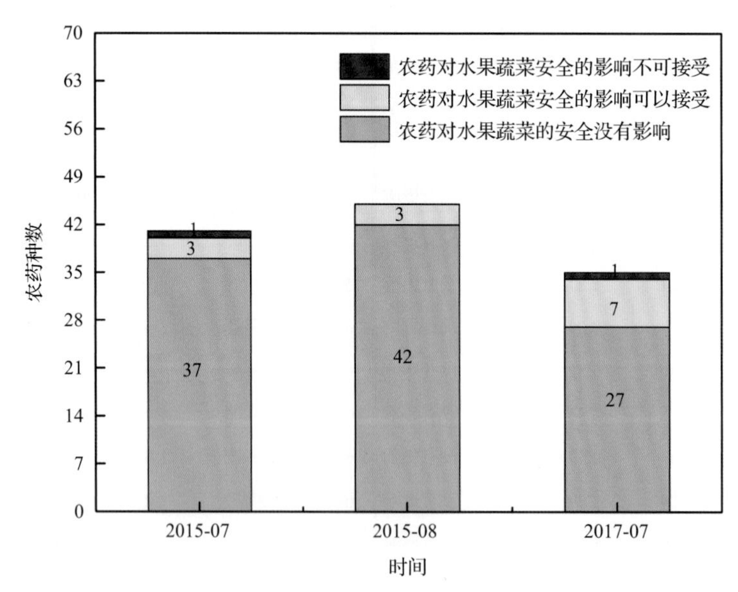

图 12-15　各月份内农药对水果蔬菜安全影响程度的统计图

计算每个月内水果蔬菜的 $\overline{IFS}$，以分析每月内水果蔬菜的安全状态，结果如图 12-16 所示，可以看出，2015 年 7 月和 2015 年 8 月水果蔬菜的安全状态均属于很好，2017 年 7 月安全状态为可以接受。

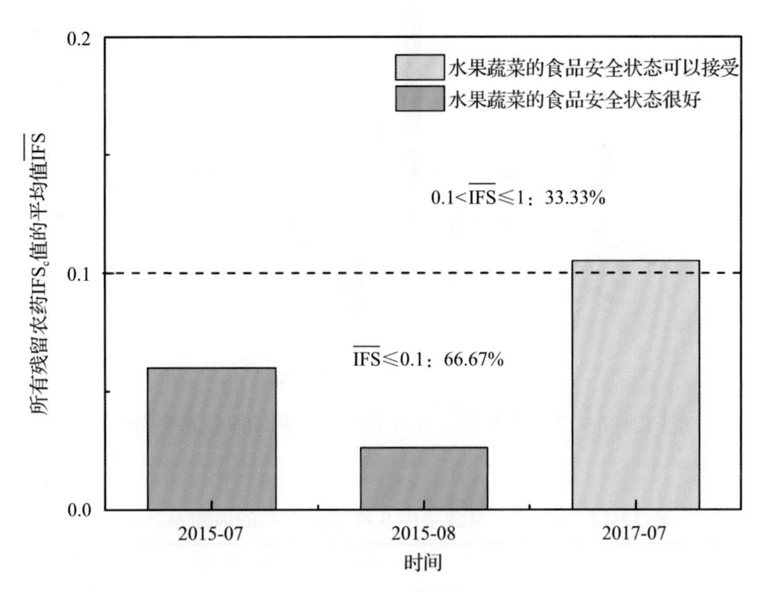

图 12-16 各月份内水果蔬菜的 $\overline{IFS}$ 值与安全状态统计图

12.3 GC-Q-TOF/MS 侦测杭州市市售水果蔬菜农药残留预警风险评估

基于杭州市水果蔬菜样品中农药残留 GC-Q-TOF/MS 侦测数据，分析禁用农药的检出率，同时参照中华人民共和国国家标准 GB2763—2016 和欧盟农药最大残留限量(MRL)标准分析非禁用农药残留的超标率，并计算农药残留风险系数。分析单种水果蔬菜中农药残留以及所有水果蔬菜中农药残留的风险程度。

12.3.1 单种水果蔬菜中农药残留风险系数分析

12.3.1.1 单种水果蔬菜中禁用农药残留风险系数分析

侦测出的 111 种残留农药中有 9 种为禁用农药，且它们分布在 12 种水果蔬菜禁用农药，计算 12 种水果蔬菜中禁用农药的超标率，根据超标率计算风险系数 R，进而分析水果蔬菜中禁用农药的风险程度，结果如图 12-17 与表 2-12 所示。分析发现 9 种禁用农药在 12 种水果蔬菜中的残留处均于高度风险。

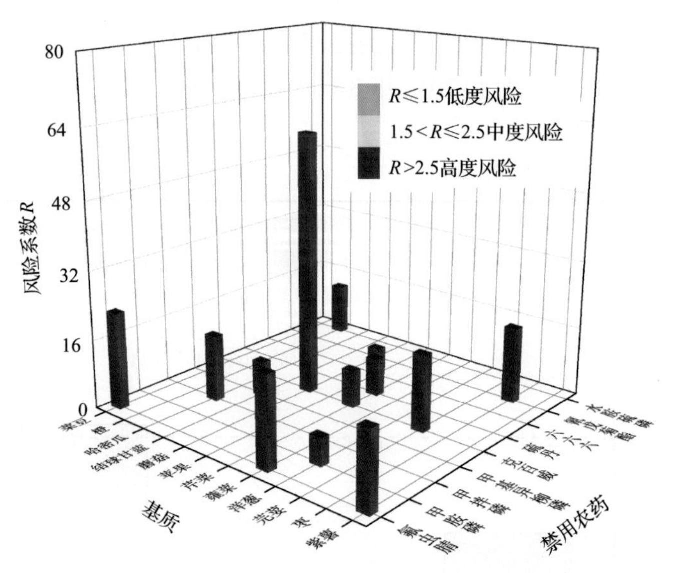

图 12-17　12 种水果蔬菜中 9 种禁用农药的风险系数分布图

表 12-12　12 种水果蔬菜中 9 种禁用农药的风险系数列表

序号	基质	农药	检出频次	检出率(%)	风险系数 R	风险程度
1	蘑菇	克百威	3	60.00	61.10	高度风险
2	菜豆	氟虫腈	3	21.43	22.53	高度风险
3	蕹菜	氟虫腈	1	20.00	21.10	高度风险
4	芫荽	克百威	1	16.67	17.77	高度风险
5	枣	氰戊菊酯	1	16.67	17.77	高度风险
6	紫薯	氟虫腈	1	16.67	17.77	高度风险
7	哈密瓜	甲拌磷	1	14.29	15.39	高度风险
8	橙	水胺硫磷	1	11.11	12.21	高度风险
9	芹菜	克百威	1	7.69	8.79	高度风险
10	芹菜	硫丹	1	7.69	8.79	高度风险
11	结球甘蓝	甲基异柳磷	1	7.14	8.24	高度风险
12	苹果	六六六	1	5.88	6.98	高度风险
13	洋葱	甲胺磷	1	5.26	6.36	高度风险

12.3.1.2　基于 MRL 中国国家标准的单种水果蔬菜中非禁用农药残留风险系数分析

参照中华人民共和国国家标准 GB2763—2016 中农药残留限量计算每种水果蔬菜中每种非禁用农药的超标率，进而计算其风险系数，根据风险系数大小判断残留农药的预警风险程度，水果蔬菜中非禁用农药残留风险程度分布情况如图 12-18 所示。

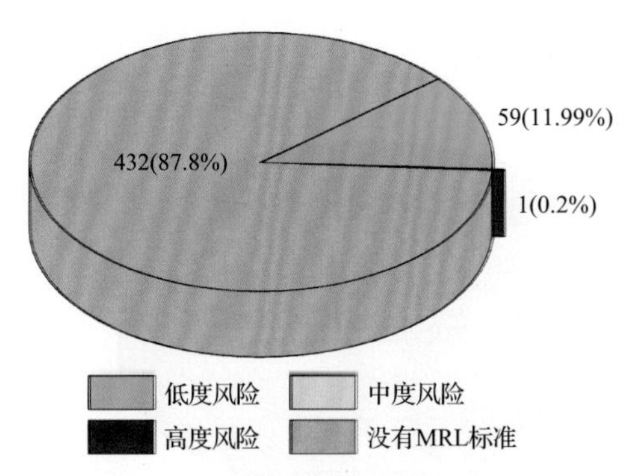

图 12-18　水果蔬菜中非禁用农药风险程度的频次分布图(MRL 中国国家标准)

本次分析中，发现在 57 种水果蔬菜侦测出 102 种残留非禁用农药，涉及样本 492 个，在 492 个样本中，0.2%处于高度风险，11.99%处于低度风险，此外发现有 432 个样本没有 MRL 中国国家标准值，无法判断其风险程度，有 MRL 中国国家标准值的 60 个样本涉及 25 种水果蔬菜中的 24 种非禁用农药，其风险系数 R 值如图 12-19 所示。表 12-13 为非禁用农药残留处于高度风险的水果蔬菜列表。

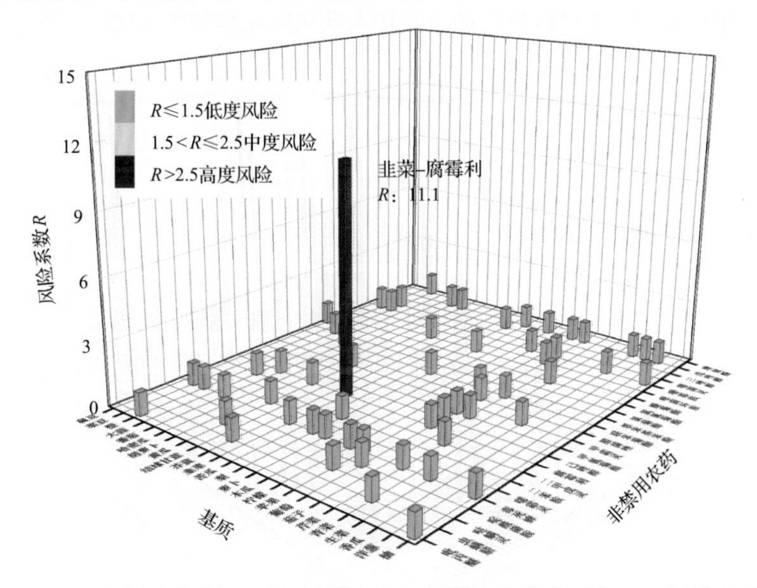

图 12-19　25 种水果蔬菜中 24 种非禁用农药的风险系数分布图(MRL 中国国家标准)

表 12-13　单种水果蔬菜中处于高度风险的非禁用农药风险系数表(MRL 中国国家标准)

序号	基质	农药	超标频次	超标率 P(%)	风险系数 R
1	韭菜	腐霉利	1	10.00	11.10

12.3.1.3　基于 MRL 欧盟标准的单种水果蔬菜中非禁用农药残留风险系数分析

参照 MRL 欧盟标准计算每种水果蔬菜中每种非禁用农药的超标率，进而计算其风险系数，根据风险系数大小判断农药残留的预警风险程度，水果蔬菜中非禁用农药残留风险程度分布情况如图 12-20 所示。

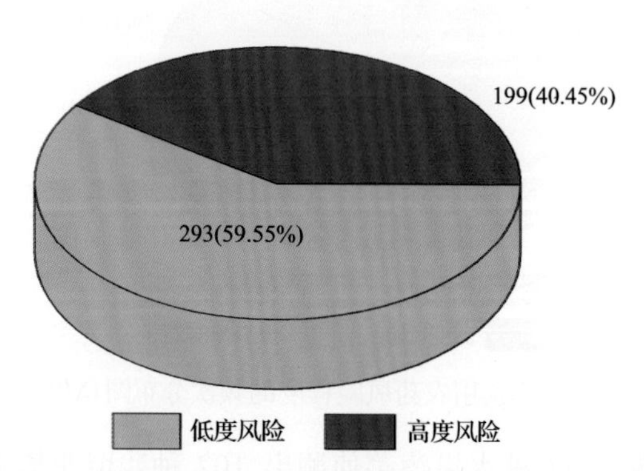

图 12-20　水果蔬菜中非禁用农药的风险程度的频次分布图(MRL 欧盟标准)

本次分析中，发现在 57 种水果蔬菜中共侦测出 102 种非禁用农药，涉及样本 492 个，其中，40.45%处于高度风险，涉及 52 种水果蔬菜和 63 种农药；59.55%处于低度风险，涉及 53 种水果蔬菜和 81 种农药。单种水果蔬菜中的非禁用农药风险系数分布图如图 12-21 所示。单种水果蔬菜中处于高度风险的非禁用农药风险系数如图 12-22 和表 12-14 所示。

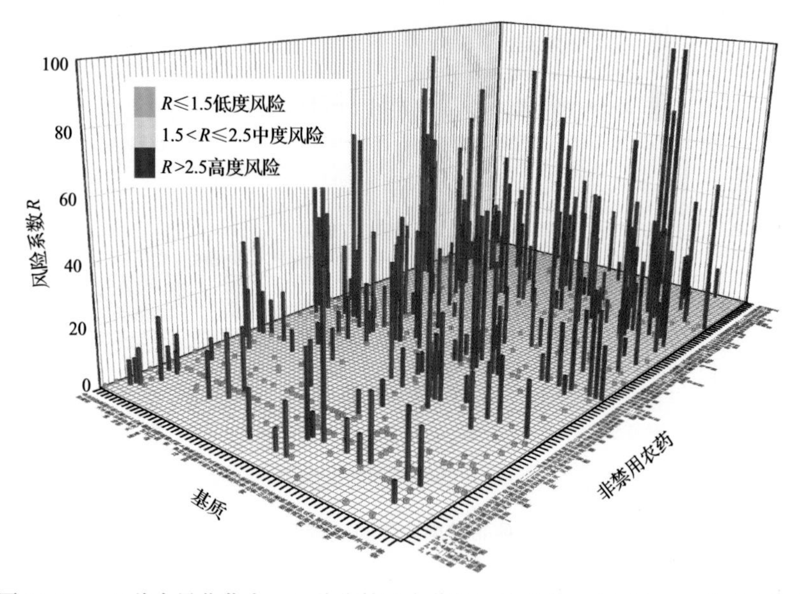

图 12-21　57 种水果蔬菜中 102 种非禁用农药的风险系数分布图(MRL 欧盟标准)

12.3.2　所有水果蔬菜中农药残留风险系数分析

12.3.2.1　所有水果蔬菜中禁用农药残留风险系数分析

在侦测出的 111 种农药中有 9 种为禁用农药，计算所有水果蔬菜中禁用农药的风险系数，结果如表 12-15 所示。禁用农药克百威处于高度风险，氧乐果、甲拌磷、和灭多威 3 种禁用农药处于中度风险，剩余 5 种禁用农药处于低度风险

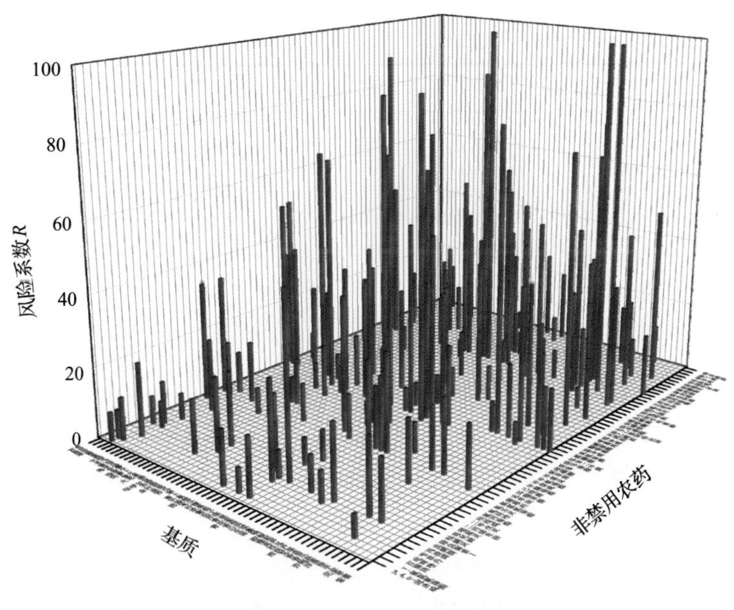

图 12-22　单种水果蔬菜中处于高度风险的非禁用农药的风险系数分布图(MRL 欧盟标准)

表 12-14　单种水果蔬菜中处于高度风险的非禁用农药的风险系数表(MRL 欧盟标准)

序号	基质	农药	超标频次	超标率 P(%)	风险系数 R
1	木瓜	威杀灵	7	100	101.10
2	杏鲍菇	威杀灵	8	100	101.10
3	柚	威杀灵	9	100	101.10
4	青花菜	喹螨醚	9	90.00	91.10
5	橙	威杀灵	8	88.89	89.99
6	猕猴桃	威杀灵	7	87.50	88.60
7	猕猴桃	联苯	7	87.50	88.60
8	苋菜	邻苯二甲酰亚胺	5	83.33	84.43
9	芋	棉铃威	3	75.00	76.10
10	木瓜	联苯	5	71.43	72.53
11	桃	抑芽唑	5	71.43	72.53
12	佛手瓜	邻苯二甲酰亚胺	2	66.67	67.77
13	黄瓜	威杀灵	10	66.67	67.77
14	黄瓜	联苯	10	66.67	67.77
15	苋菜	西玛津	4	66.67	67.77
16	菜豆	威杀灵	8	57.14	58.24
17	姜	生物苄呋菊酯	4	57.14	58.24
18	木瓜	烯丙菊酯	4	57.14	58.24
19	苦瓜	威杀灵	8	53.33	54.43

续表

序号	基质	农药	超标频次	超标率 P(%)	风险系数 R
20	茄子	威杀灵	8	53.33	54.43
21	茄子	联苯	8	53.33	54.43
22	扁豆	邻苯二甲酰亚胺	3	50.00	51.10
23	菜豆	联苯	7	50.00	51.10
24	青菜	虫螨腈	2	50.00	51.10
25	青菜	邻苯二甲酰亚胺	2	50.00	51.10
26	青花菜	威杀灵	5	50.00	51.10
27	青花菜	联苯	5	50.00	51.10
28	芫荽	消螨通	3	50.00	51.10
29	葱	威杀灵	7	46.67	47.77
30	西葫芦	威杀灵	6	46.15	47.25
31	生菜	威杀灵	5	45.45	46.55
32	柚	烯丙菊酯	4	44.44	45.54
33	梨	威杀灵	10	43.48	44.58
34	梨	联苯	10	43.48	44.58
35	哈密瓜	威杀灵	3	42.86	43.96
36	洋葱	邻苯二甲酰亚胺	8	42.11	43.21
37	茄子	烯丙菊酯	6	40.00	41.10
38	山药	四氢吩胺	2	40.00	41.10
39	柠檬	烯丙菊酯	3	37.50	38.60
40	柠檬	禾草敌	3	37.50	38.60
41	生菜	联苯	4	36.36	37.46
42	菜豆	邻苯二甲酰亚胺	5	35.71	36.81
43	结球甘蓝	联苯	5	35.71	36.81
44	百合	邻苯二甲酰亚胺	1	33.33	34.43
45	扁豆	氟硅唑	2	33.33	34.43
46	扁豆	腐霉利	2	33.33	34.43
47	胡萝卜	威杀灵	5	33.33	34.43
48	苦瓜	联苯	5	33.33	34.43
49	莴笋	烯虫酯	1	33.33	34.43
50	西瓜	烯丙菊酯	2	33.33	34.43
51	芫荽	四氢吩胺	2	33.33	34.43
52	芫荽	邻苯二甲酰亚胺	2	33.33	34.43
53	西葫芦	烯丙菊酯	4	30.77	31.87
54	哈密瓜	异丙威	2	28.57	29.67

续表

序号	基质	农药	超标频次	超标率 *P*(%)	风险系数 *R*
55	姜	新燕灵	2	28.57	29.67
56	萝卜	猛杀威	2	28.57	29.67
57	芒果	威杀灵	2	28.57	29.67
58	木瓜	烯虫酯	2	28.57	29.67
59	生菜	氟硅唑	3	27.27	28.37
60	生菜	腐霉利	3	27.27	28.37
61	胡萝卜	烯虫炔酯	4	26.67	27.77
62	胡萝卜	萘乙酰胺	4	26.67	27.77
63	茄子	丙溴磷	4	26.67	27.77
64	冬瓜	邻苯二甲酰亚胺	1	25.00	26.10
65	甘薯	棉铃威	1	25.00	26.10
66	甘薯	邻苯二甲酰亚胺	1	25.00	26.10
67	火龙果	四氢吩胺	2	25.00	26.10
68	柠檬	仲丁威	2	25.00	26.10
69	香菇	威杀灵	1	25.00	26.10
70	芹菜	烯丙菊酯	3	23.08	24.18
71	甜椒	烯丙菊酯	3	23.08	24.18
72	橙	杀螨酯	2	22.22	23.32
73	番茄	仲丁威	4	22.22	23.32
74	蒜薹	仲丁威	2	22.22	23.32
75	蒜薹	联苯	2	22.22	23.32
76	柚	猛杀威	2	22.22	23.32
77	葱	吡咪唑	3	20.00	21.10
78	大蒜	呋线威	1	20.00	21.10
79	胡萝卜	烯丙菊酯	3	20.00	21.10
80	芥蓝	哒螨灵	1	20.00	21.10
81	芥蓝	烯唑醇	1	20.00	21.10
82	芥蓝	虫螨腈	1	20.00	21.10
83	金针菇	仲丁威	1	20.00	21.10
84	金针菇	四氢吩胺	1	20.00	21.10
85	金针菇	炔丙菊酯	1	20.00	21.10
86	金针菇	解草腈	1	20.00	21.10
87	茄子	仲丁威	3	20.00	21.10
88	山药	嘧霉胺	1	20.00	21.10
89	山药	腐霉利	1	20.00	21.10

续表

序号	基质	农药	超标频次	超标率 P(%)	风险系数 R
90	蕹菜	虫螨腈	1	20.00	21.10
91	香瓜	新燕灵	1	20.00	21.10
92	香瓜	腐霉利	1	20.00	21.10
93	香瓜	虫螨腈	1	20.00	21.10
94	香瓜	邻苯二甲酰亚胺	1	20.00	21.10
95	香瓜	醚菊酯	1	20.00	21.10
96	番茄	腐霉利	3	16.67	17.77
97	青蒜	特丁通	1	16.67	17.77
98	青蒜	腐霉利	1	16.67	17.77
99	青蒜	邻苯二甲酰亚胺	1	16.67	17.77
100	苋菜	四氢吩胺	1	16.67	17.77
101	苋菜	威杀灵	1	16.67	17.77
102	苋菜	异丙甲草胺	1	16.67	17.77
103	苋菜	氟丙菊酯	1	16.67	17.77
104	苋菜	烯唑醇	1	16.67	17.77
105	苋菜	腐霉利	1	16.67	17.77
106	苋菜	西草净	1	16.67	17.77
107	芫荽	去乙基阿特拉津	1	16.67	17.77
108	芫荽	氟氯氰菊酯	1	16.67	17.77
109	芫荽	生物苄呋菊酯	1	16.67	17.77
110	枣	邻苯二甲酰亚胺	1	16.67	17.77
111	紫薯	西玛津	1	16.67	17.77
112	紫薯	邻苯二甲酰亚胺	1	16.67	17.77
113	洋葱	虫螨腈	3	15.79	16.89
114	芹菜	γ-氟氯氰菌酯	2	15.38	16.48
115	芹菜	邻苯二甲酰亚胺	2	15.38	16.48
116	菜豆	仲丁威	2	14.29	15.39
117	菜豆	新燕灵	2	14.29	15.39
118	菜豆	烯虫酯	2	14.29	15.39
119	菜豆	腐霉利	2	14.29	15.39
120	姜	威杀灵	1	14.29	15.39
121	姜	甲霜灵	1	14.29	15.39
122	姜	苄草丹	1	14.29	15.39
123	姜	醚菊酯	1	14.29	15.39
124	结球甘蓝	邻苯二甲酰亚胺	2	14.29	15.39

续表

序号	基质	农药	超标频次	超标率 P(%)	风险系数 R
125	萝卜	二丙烯草胺	1	14.29	15.39
126	萝卜	邻苯二甲酰亚胺	1	14.29	15.39
127	木瓜	γ-氟氯氰菌酯	1	14.29	15.39
128	桃	烯虫酯	1	14.29	15.39
129	葱	仲丁威	2	13.33	14.43
130	黄瓜	烯虫酯	2	13.33	14.43
131	苦瓜	烯丙菊酯	2	13.33	14.43
132	火龙果	己唑醇	1	12.50	13.60
133	柠檬	炔丙菊酯	1	12.50	13.60
134	苹果	烯丙菊酯	2	11.76	12.86
135	苹果	除虫菊素 I	2	11.76	12.86
136	葡萄	腐霉利	2	11.76	12.86
137	橙	γ-氟氯氰菌酯	1	11.11	12.21
138	橙	禾草敌	1	11.11	12.21
139	橙	除虫菊素 I	1	11.11	12.21
140	番茄	烯丙菊酯	2	11.11	12.21
141	洋葱	仲丁威	2	10.53	11.63
142	洋葱	烯唑醇	2	10.53	11.63
143	韭菜	腐霉利	1	10.00	11.10
144	青花菜	烯丙菊酯	1	10.00	11.10
145	生菜	五氯苯	1	9.09	10.19
146	生菜	唑虫酰胺	1	9.09	10.19
147	生菜	棉铃威	1	9.09	10.19
148	生菜	烯唑醇	1	9.09	10.19
149	生菜	虫螨腈	1	9.09	10.19
150	芹菜	二甲戊灵	1	7.69	8.79
151	芹菜	氯氰菊酯	1	7.69	8.79
152	芹菜	甲醚菊酯	1	7.69	8.79
153	芹菜	醚菌酯	1	7.69	8.79
154	甜椒	丙溴磷	1	7.69	8.79
155	甜椒	威杀灵	1	7.69	8.79
156	甜椒	环酯草醚	1	7.69	8.79
157	西葫芦	四氢吩胺	1	7.69	8.79
158	西葫芦	新燕灵	1	7.69	8.79

续表

序号	基质	农药	超标频次	超标率 P(%)	风险系数 R
159	西葫芦	西玛津	1	7.69	8.79
160	西葫芦	邻苯二甲酰亚胺	1	7.69	8.79
161	菜豆	3,4,5-混杀威	1	7.14	8.24
162	菜豆	γ-氟氯氰菌酯	1	7.14	8.24
163	菜豆	猛杀威	1	7.14	8.24
164	菜豆	虫螨腈	1	7.14	8.24
165	菜豆	西玛津	1	7.14	8.24
166	结球甘蓝	喹螨醚	1	7.14	8.24
167	结球甘蓝	醚菌酯	1	7.14	8.24
168	葱	毒死蜱	1	6.67	7.77
169	葱	烯丙菊酯	1	6.67	7.77
170	葱	烯唑醇	1	6.67	7.77
171	葱	烯虫酯	1	6.67	7.77
172	葱	虫螨腈	1	6.67	7.77
173	胡萝卜	噻嗪酮	1	6.67	7.77
174	胡萝卜	氟乐灵	1	6.67	7.77
175	胡萝卜	螺螨酯	1	6.67	7.77
176	胡萝卜	解草腈	1	6.67	7.77
177	胡萝卜	邻苯二甲酰亚胺	1	6.67	7.77
178	黄瓜	己唑醇	1	6.67	7.77
179	茄子	噁霜灵	1	6.67	7.77
180	茄子	异丙威	1	6.67	7.77
181	茄子	甲氰菊酯	1	6.67	7.77
182	茄子	虫螨腈	1	6.67	7.77
183	茄子	螺螨酯	1	6.67	7.77
184	苹果	威杀灵	1	5.88	6.98
185	苹果	甲萘威	1	5.88	6.98
186	苹果	甲醚菊酯	1	5.88	6.98
187	葡萄	γ-氟氯氰菌酯	1	5.88	6.98
188	葡萄	威杀灵	1	5.88	6.98
189	葡萄	烯丙菊酯	1	5.88	6.98
190	葡萄	甲氰菊酯	1	5.88	6.98
191	葡萄	联苯	1	5.88	6.98
192	葡萄	邻苯二甲酰亚胺	1	5.88	6.98

续表

序号	基质	农药	超标频次	超标率 *P*(%)	风险系数 *R*
193	洋葱	炔螨特	1	5.26	6.36
194	洋葱	百菌清	1	5.26	6.36
195	洋葱	联苯菊酯	1	5.26	6.36
196	梨	四氢吩胺	1	4.35	5.45
197	梨	抑芽唑	1	4.35	5.45
198	梨	灭锈胺	1	4.35	5.45
199	梨	烯丙菊酯	1	4.35	5.45

表 12-15　水果蔬菜中 9 种禁用农药的风险系数表

序号	农药	检出频次	检出率(%)	风险系数 *R*	风险程度
1	氟虫腈	5	100	2.10	中度风险
2	克百威	5	100	2.10	中度风险
3	甲胺磷	1	20.00	1.30	低度风险
4	甲拌磷	1	20.00	1.30	低度风险
5	甲基异柳磷	1	20.00	1.30	低度风险
6	硫丹	1	20.00	1.30	低度风险
7	六六六	1	20.00	1.30	低度风险
8	氰戊菊酯	1	20.00	1.30	低度风险
9	水胺硫磷	1	20.00	1.30	低度风险

对每个月内的禁用农药的风险系数进行分析，结果如图 12-23 和表 12-16 所示。

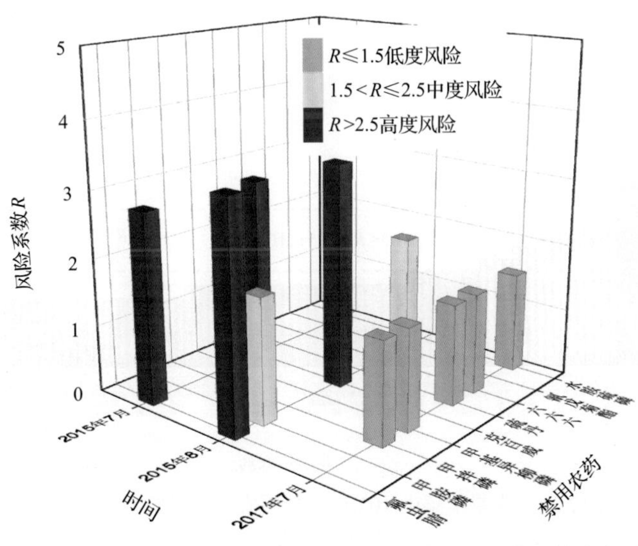

图 12-23　各月份内水果蔬菜中禁用农药残留的风险系数分布图

表 12-16　各月份内水果蔬菜中禁用农药的风险系数表

序号	年月	农药	检出频次	检出率(%)	风险系数 *R*	风险程度
1	2015 年 7 月	氟虫腈	2	1.72	2.82	高度风险
2	2015 年 7 月	克百威	2	1.72	2.82	高度风险
3	2015 年 8 月	氟虫腈	3	2.24	3.34	高度风险
4	2015 年 8 月	克百威	3	2.24	3.34	高度风险
5	2015 年 8 月	甲胺磷	1	0.75	1.85	中度风险
6	2015 年 8 月	氰戊菊酯	1	0.75	1.85	中度风险
7	2017 年 7 月	甲拌磷	1	0.40	1.50	低度风险
8	2017 年 7 月	甲基异柳磷	1	0.40	1.50	低度风险
9	2017 年 7 月	硫丹	1	0.40	1.50	低度风险
10	2017 年 7 月	六六六	1	0.40	1.50	低度风险
11	2017 年 7 月	水胺硫磷	1	0.40	1.50	低度风险

12.3.2.2　所有水果蔬菜中非禁用农药残留风险系数分析

参照 MRL 欧盟标准计算所有水果蔬菜中每种非禁用农药残留的风险系数，如图 12-24 与表 12-17 所示。在侦测出的 102 种非禁用农药中，10 种农药(9.8%)残留处于高度风险，17 种农药(16.67%)残留处于中度风险，75 种农药(75.53%)残留处于低度风险。

对每个月份内的非禁用农药的风险系数分析，每月内非禁用农药风险程度分布图如图 12-25 所示。3 个月份内处于高度风险的农药数排序为 2015 年 8 月(16)>2017 年 7 月(12)>2015 年 7 月(11)。

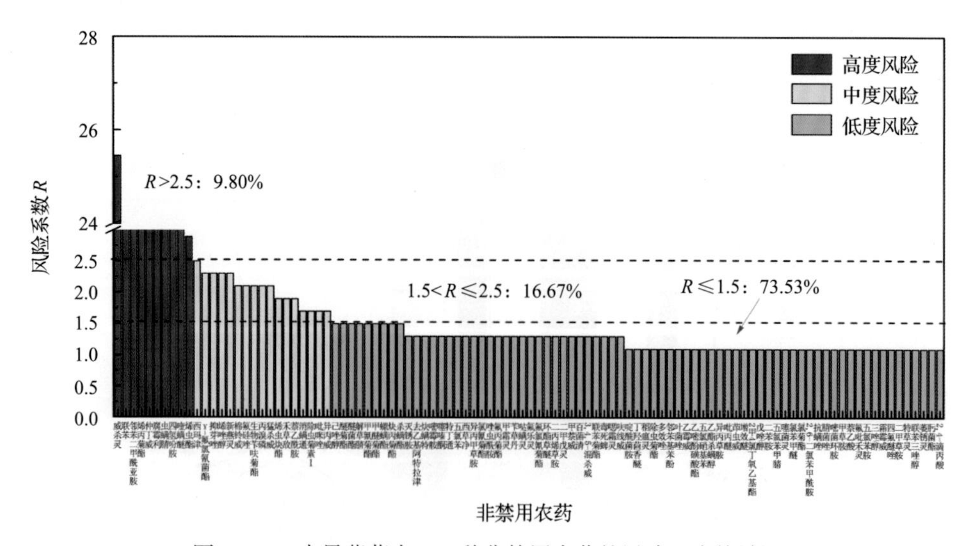

图 12-24　水果蔬菜中 102 种非禁用农药的风险程度统计图

表 12-17　水果蔬菜中 102 种非禁用农药的风险系数表

序号	农药	超标频次	超标率 P(%)	风险系数 R	风险程度
1	威杀灵	122	24.35	25.45	高度风险
2	联苯	69	13.77	14.87	高度风险
3	邻苯二甲酰亚胺	42	8.38	9.48	高度风险
4	烯丙菊酯	42	8.38	9.48	高度风险
5	仲丁威	18	3.59	4.69	高度风险
6	腐霉利	17	3.39	4.49	高度风险
7	虫螨腈	12	2.40	3.50	高度风险
8	四氢吩胺	10	2.00	3.10	高度风险
9	喹螨醚	10	2.00	3.10	高度风险
10	烯虫酯	9	1.80	2.90	高度风险
11	西玛津	7	1.40	2.50	中度风险
12	γ-氟氯氰菌酯	6	1.20	2.30	中度风险
13	抑芽唑	6	1.20	2.30	中度风险
14	烯唑醇	6	1.20	2.30	中度风险
15	新燕灵	6	1.20	2.30	中度风险
16	棉铃威	5	1.00	2.10	中度风险
17	氟硅唑	5	1.00	2.10	中度风险
18	生物苄呋菊酯	5	1.00	2.10	中度风险
19	丙溴磷	5	1.00	2.10	中度风险
20	猛杀威	5	1.00	2.10	中度风险
21	烯虫炔酯	4	0.80	1.90	中度风险
22	禾草敌	4	0.80	1.90	中度风险
23	萘乙酰胺	4	0.80	1.90	中度风险
24	消螨通	3	0.60	1.70	中度风险
25	除虫菊素 I	3	0.60	1.70	中度风险
26	吡咪唑	3	0.60	1.70	中度风险
27	异丙威	3	0.60	1.70	中度风险
28	己唑醇	2	0.40	1.50	低度风险
29	醚菊酯	2	0.40	1.50	低度风险
30	醚菌酯	2	0.40	1.50	低度风险
31	解草腈	2	0.40	1.50	低度风险
32	甲氰菊酯	2	0.40	1.50	低度风险
33	甲醚菊酯	2	0.40	1.50	低度风险

续表

序号	农药	超标频次	超标率 P(%)	风险系数 R	风险程度
34	螺螨酯	2	0.40	1.50	低度风险
35	炔丙菊酯	2	0.40	1.50	低度风险
36	杀螨酯	2	0.40	1.50	低度风险
37	灭锈胺	1	0.20	1.30	低度风险
38	去乙基阿特拉津	1	0.20	1.30	低度风险
39	炔螨特	1	0.20	1.30	低度风险
40	嘧霉胺	1	0.20	1.30	低度风险
41	噻嗪酮	1	0.20	1.30	低度风险
42	特丁通	1	0.20	1.30	低度风险
43	五氯苯	1	0.20	1.30	低度风险
44	西草净	1	0.20	1.30	低度风险
45	异丙甲草胺	1	0.20	1.30	低度风险
46	氯氰菊酯	1	0.20	1.30	低度风险
47	唑虫酰胺	1	0.20	1.30	低度风险
48	氟丙菊酯	1	0.20	1.30	低度风险
49	甲霜灵	1	0.20	1.30	低度风险
50	苄草丹	1	0.20	1.30	低度风险
51	哒螨灵	1	0.20	1.30	低度风险
52	氟乐灵	1	0.20	1.30	低度风险
53	氟氯氰菊酯	1	0.20	1.30	低度风险
54	环酯草醚	1	0.20	1.30	低度风险
55	二丙烯草胺	1	0.20	1.30	低度风险
56	二甲戊灵	1	0.20	1.30	低度风险
57	甲萘威	1	0.20	1.30	低度风险
58	百菌清	1	0.20	1.30	低度风险
59	3,4,5-混杀威	1	0.20	1.30	低度风险
60	联苯菊酯	1	0.20	1.30	低度风险
61	毒死蜱	1	0.20	1.30	低度风险
62	噁霜灵	1	0.20	1.30	低度风险
63	呋线威	1	0.20	1.30	低度风险
64	啶酰菌胺	0	0	1.10	低度风险
65	丁羟茴香醚	0	0	1.10	低度风险
66	稻瘟灵	0	0	1.10	低度风险
67	除虫菊酯	0	0	1.10	低度风险

续表

序号	农药	超标频次	超标率 *P*(%)	风险系数 *R*	风险程度
68	多效唑	0	0	1.10	低度风险
69	邻苯基苯酚	0	0	1.10	低度风险
70	叶菌唑	0	0	1.10	低度风险
71	乙霉威	0	0	1.10	低度风险
72	乙嘧酚磺酸酯	0	0	1.10	低度风险
73	五氯硝基苯	0	0	1.10	低度风险
74	乙酯杀螨醇	0	0	1.10	低度风险
75	异丙草胺	0	0	1.10	低度风险
76	吡丙醚	0	0	1.10	低度风险
77	茚虫威	0	0	1.10	低度风险
78	增效醚	0	0	1.10	低度风险
79	2 甲 4 氯丁氧乙基酯	0	0	1.10	低度风险
80	戊唑醇	0	0	1.10	低度风险
81	二苯胺	0	0	1.10	低度风险
82	五氯苯甲腈	0	0	1.10	低度风险
83	噻菌灵	0	0	1.10	低度风险
84	氯苯甲醚	0	0	1.10	低度风险
85	氯菊酯	0	0	1.10	低度风险
86	2,6-二氯苯甲酰胺	0	0	1.10	低度风险
87	抗螨唑	0	0	1.10	低度风险
88	腈菌唑	0	0	1.10	低度风险
89	嘧菌环胺	0	0	1.10	低度风险
90	甲草胺	0	0	1.10	低度风险
91	萘乙酸	0	0	1.10	低度风险
92	氟吡禾灵	0	0	1.10	低度风险
93	五氯苯胺	0	0	1.10	低度风险
94	三唑醇	0	0	1.10	低度风险
95	霜霉威	0	0	1.10	低度风险
96	四氟醚唑	0	0	1.10	低度风险
97	二甲草胺	0	0	1.10	低度风险
98	特草灵	0	0	1.10	低度风险
99	联苯三唑醇	0	0	1.10	低度风险
100	萎锈灵	0	0	1.10	低度风险
101	肟菌酯	0	0	1.10	低度风险
102	2,4-滴丙酸	0	0	1.10	低度风险

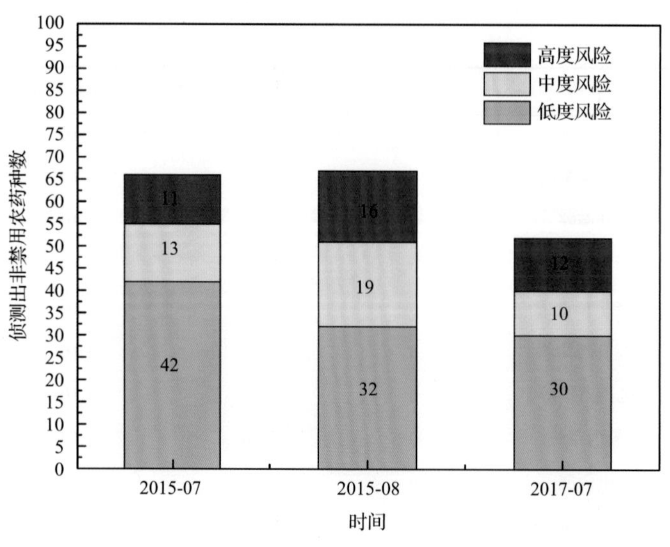

图 12-25　各月份水果蔬菜中非禁用农药残留的风险程度分布图

3 个月份内水果蔬菜中非禁用农药处于中度风险和高度风险的风险系数如图 12-26 和表 12-18 所示。

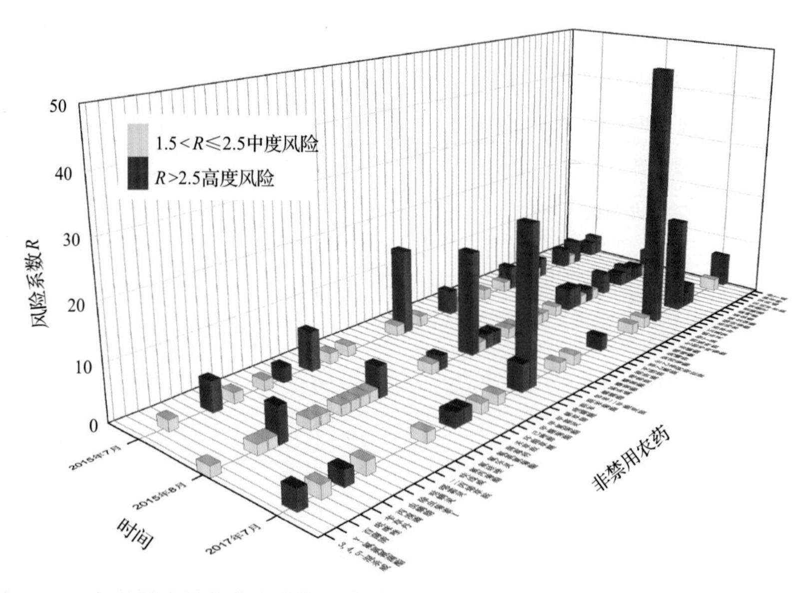

图 12-26　各月份水果蔬菜中非禁用农药处于中度风险和高度风险的风险系数分布图

表 12-18　各月份水果蔬菜中非禁用农药处于中度风险和高度风险的风险系数表

序号	年月	农药	超标频次	超标率 P(%)	风险系数 R	风险程度
1	2015 年 7 月	邻苯二甲酰亚胺	17	14.66	15.76	高度风险
2	2015 年 7 月	腐霉利	7	6.03	7.13	高度风险
3	2015 年 7 月	虫螨腈	5	4.31	5.41	高度风险
4	2015 年 7 月	棉铃威	4	3.45	4.55	高度风险

续表

序号	年月	农药	超标频次	超标率 *P*(%)	风险系数 *R*	风险程度
5	2015 年 7 月	四氢吩胺	4	3.45	4.55	高度风险
6	2015 年 7 月	新燕灵	4	3.45	4.55	高度风险
7	2015 年 7 月	西玛津	3	2.59	3.69	高度风险
8	2015 年 7 月	烯唑醇	3	2.59	3.69	高度风险
9	2015 年 7 月	仲丁威	3	2.59	3.69	高度风险
10	2015 年 7 月	氟硅唑	2	1.72	2.82	高度风险
11	2015 年 7 月	抑芽唑	2	1.72	2.82	高度风险
12	2015 年 7 月	百菌清	1	0.86	1.96	中度风险
13	2015 年 7 月	哒螨灵	1	0.86	1.96	中度风险
14	2015 年 7 月	呋线威	1	0.86	1.96	中度风险
15	2015 年 7 月	环酯草醚	1	0.86	1.96	中度风险
16	2015 年 7 月	甲醚菊酯	1	0.86	1.96	中度风险
17	2015 年 7 月	联苯菊酯	1	0.86	1.96	中度风险
18	2015 年 7 月	猛杀威	1	0.86	1.96	中度风险
19	2015 年 7 月	灭锈胺	1	0.86	1.96	中度风险
20	2015 年 7 月	炔螨特	1	0.86	1.96	中度风险
21	2015 年 7 月	生物苄呋菊酯	1	0.86	1.96	中度风险
22	2015 年 7 月	威杀灵	1	0.86	1.96	中度风险
23	2015 年 7 月	西草净	1	0.86	1.96	中度风险
24	2015 年 7 月	消螨通	1	0.86	1.96	中度风险
25	2015 年 8 月	邻苯二甲酰亚胺	24	17.91	19.01	高度风险
26	2015 年 8 月	虫螨腈	7	5.22	6.32	高度风险
27	2015 年 8 月	腐霉利	6	4.48	5.58	高度风险
28	2015 年 8 月	生物苄呋菊酯	4	2.99	4.09	高度风险
29	2015 年 8 月	四氢吩胺	4	2.99	4.09	高度风险
30	2015 年 8 月	西玛津	4	2.99	4.09	高度风险
31	2015 年 8 月	抑芽唑	4	2.99	4.09	高度风险
32	2015 年 8 月	烯唑醇	3	2.24	3.34	高度风险
33	2015 年 8 月	解草腈	2	1.49	2.59	高度风险
34	2015 年 8 月	猛杀威	2	1.49	2.59	高度风险
35	2015 年 8 月	醚菊酯	2	1.49	2.59	高度风险
36	2015 年 8 月	威杀灵	2	1.49	2.59	高度风险
37	2015 年 8 月	烯虫酯	2	1.49	2.59	高度风险

续表

序号	年月	农药	超标频次	超标率 P(%)	风险系数 R	风险程度
38	2015 年 8 月	消螨通	2	1.49	2.59	高度风险
39	2015 年 8 月	新燕灵	2	1.49	2.59	高度风险
40	2015 年 8 月	仲丁威	2	1.49	2.59	高度风险
41	2015 年 8 月	3,4,5-混杀威	1	0.75	1.85	中度风险
42	2015 年 8 月	苄草丹	1	0.75	1.85	中度风险
43	2015 年 8 月	丙溴磷	1	0.75	1.85	中度风险
44	2015 年 8 月	噁霜灵	1	0.75	1.85	中度风险
45	2015 年 8 月	二丙烯草胺	1	0.75	1.85	中度风险
46	2015 年 8 月	氟丙菊酯	1	0.75	1.85	中度风险
47	2015 年 8 月	氟硅唑	1	0.75	1.85	中度风险
48	2015 年 8 月	氟乐灵	1	0.75	1.85	中度风险
49	2015 年 8 月	氟氯氰菊酯	1	0.75	1.85	中度风险
50	2015 年 8 月	甲霜灵	1	0.75	1.85	中度风险
51	2015 年 8 月	螺螨酯	1	0.75	1.85	中度风险
52	2015 年 8 月	嘧霉胺	1	0.75	1.85	中度风险
53	2015 年 8 月	棉铃威	1	0.75	1.85	中度风险
54	2015 年 8 月	去乙基阿特拉津	1	0.75	1.85	中度风险
55	2015 年 8 月	炔丙菊酯	1	0.75	1.85	中度风险
56	2015 年 8 月	噻嗪酮	1	0.75	1.85	中度风险
57	2015 年 8 月	特丁通	1	0.75	1.85	中度风险
58	2015 年 8 月	五氯苯	1	0.75	1.85	中度风险
59	2015 年 8 月	异丙甲草胺	1	0.75	1.85	中度风险
60	2017 年 7 月	威杀灵	119	47.41	48.51	高度风险
61	2017 年 7 月	联苯	69	27.49	28.59	高度风险
62	2017 年 7 月	烯丙菊酯	42	16.73	17.83	高度风险
63	2017 年 7 月	仲丁威	13	5.18	6.28	高度风险
64	2017 年 7 月	喹螨醚	10	3.98	5.08	高度风险
65	2017 年 7 月	烯虫酯	7	2.79	3.89	高度风险
66	2017 年 7 月	γ-氟氯氰菌酯	6	2.39	3.49	高度风险
67	2017 年 7 月	丙溴磷	4	1.59	2.69	高度风险
68	2017 年 7 月	腐霉利	4	1.59	2.69	高度风险
69	2017 年 7 月	禾草敌	4	1.59	2.69	高度风险
70	2017 年 7 月	萘乙酰胺	4	1.59	2.69	高度风险

续表

序号	年月	农药	超标频次	超标率 *P*(%)	风险系数 *R*	风险程度
71	2017 年 7 月	烯虫炔酯	4	1.59	2.69	高度风险
72	2017 年 7 月	吡咪唑	3	1.20	2.30	中度风险
73	2017 年 7 月	除虫菊素 I	3	1.20	2.30	中度风险
74	2017 年 7 月	异丙威	3	1.20	2.30	中度风险
75	2017 年 7 月	氟硅唑	2	0.80	1.90	中度风险
76	2017 年 7 月	己唑醇	2	0.80	1.90	中度风险
77	2017 年 7 月	甲氰菊酯	2	0.80	1.90	中度风险
78	2017 年 7 月	猛杀威	2	0.80	1.90	中度风险
79	2017 年 7 月	醚菌酯	2	0.80	1.90	中度风险
80	2017 年 7 月	杀螨酯	2	0.80	1.90	中度风险
81	2017 年 7 月	四氢吩胺	2	0.80	1.90	中度风险

12.4　GC-Q-TOF/MS 侦测杭州市市售水果蔬菜农药残留风险评估结论与建议

农药残留是影响水果蔬菜安全和质量的主要因素，也是我国食品安全领域备受关注的敏感话题和亟待解决的重大问题之一[15,16]。各种水果蔬菜均存在不同程度的农药残留现象，本研究主要针对杭州市各类水果蔬菜存在的农药残留问题，基于 2015 年 7 月～2017 年 7 月对杭州市 501 例水果蔬菜样品中农药残留侦测得出的 1146 个侦测结果，分别采用食品安全指数模型和风险系数模型，开展水果蔬菜中农药残留的膳食暴露风险和预警风险评估。水果蔬菜样品取自超市和农贸市场，符合大众的膳食来源，风险评价时更具有代表性和可信度。

本研究力求通用简单地反映食品安全中的主要问题，且为管理部门和大众容易接受，为政府及相关管理机构建立科学的食品安全信息发布和预警体系提供科学的规律与方法，加强对农药残留的预警和食品安全重大事件的预防，控制食品风险。

12.4.1　杭州市水果蔬菜中农药残留膳食暴露风险评价结论

1) 水果蔬菜样品中农药残留安全状态评价结论

采用食品安全指数模型，对 2015 年 7 月～2017 年 7 月期间杭州市水果蔬菜食品农药残留膳食暴露风险进行评价，根据 IFS_c 的计算结果发现，水果蔬菜中农药的 $\overline{IFS}$ 为 0.0740，说明杭州市水果蔬菜总体处于很好的安全状态，但部分禁用农药、高残留农药在蔬菜、水果中仍有侦测出，导致膳食暴露风险的存在，成为不安全因素。

2) 单种水果蔬菜中农药膳食暴露风险不可接受情况评价结论

单种水果蔬菜中农药残留安全指数分析结果显示，农药对单种水果蔬菜安全影响不可接受(IFS_c>1)的样本数共2个，占总样本数的0.40%，2个样本分别为蕹菜中的氟虫腈、橙中的水胺硫磷，说明蕹菜中的氟虫腈、橙中的水胺硫磷会对消费者身体健康造成较大的膳食暴露风险。氟虫腈和水胺硫磷属于禁用的剧毒农药，且橙子和蕹菜均为较常见的水果蔬菜，百姓日常食用量较大，长期食用大量残留氧乐果的韭菜、草莓和芹菜会对人体造成不可接受的影响，本次检测发现氧乐果在韭菜、草莓和芹菜样品中多次并大量侦测出，是未严格实施农业良好管理规范(GAP)，抑或是农药滥用，这应该引起相关管理部门的警惕，应加强对蕹菜中的氟虫腈、橙中的水胺硫磷的严格管控。

3) 禁用农药膳食暴露风险评价

本次检测发现部分水果蔬菜样品中有禁用农药侦测出，侦测出禁用农药9种，检出频次为17，水果蔬菜样品中的禁用农药IFS_c计算结果表明，禁用农药残留膳食暴露风险不可接受的频次为2，占11.76%；可以接受的频次为8，占47.06%；没有影响的频次为7，占41.18%。对于水果蔬菜样品中所有农药而言，膳食暴露风险不可接受的频次为4，仅占总体频次的0.35%。可以看出，禁用农药的膳食暴露风险不可接受的比例远高于总体水平，这在一定程度上说明禁用农药更容易导致严重的膳食暴露风险。此外，膳食暴露风险不可接受的残留禁用农药均为氟虫腈和水胺硫磷，因此，应该加强对禁用农药氟虫腈和水胺硫磷的管控力度。为何在国家明令禁止禁用农药喷洒的情况下，还能在多种水果蔬菜中多次侦测出禁用农药残留并造成不可接受的膳食暴露风险，这应该引起相关部门的高度警惕，应该在禁止禁用农药喷洒的同时，严格管控禁用农药的生产和售卖，从根本上杜绝安全隐患。

12.4.2 杭州市水果蔬菜中农药残留预警风险评价结论

1) 单种水果蔬菜中禁用农药残留的预警风险评价结论

本次检测过程中，在12种水果蔬菜中检测超出9种禁用农药，禁用农药为：氟虫腈、水胺硫磷、甲拌磷、甲基异柳磷、克百威、六六六、硫丹、甲胺磷、氰戊菊酯，水果蔬菜为：菜豆、橙、哈密瓜、结球甘蓝、蘑菇、苹果、芹菜、蕹菜、洋葱、芫荽、枣、紫薯，水果蔬菜中禁用农药的风险系数分析结果显示，9种禁用农药在12种水果蔬菜中的残留均处于高度风险，说明在单种水果蔬菜中禁用农药的残留会导致较高的预警风险。

2) 单种水果蔬菜中非禁用农药残留的预警风险评价结论

以MRL中国国家标准为标准，计算水果蔬菜中非禁用农药风险系数情况下，492个样本中，1个处于高度风险(0.2%)，59个处于低度风险(11.99%)，432个样本没有MRL中国国家标准(87.8%)。以MRL欧盟标准为标准，计算水果蔬菜中非禁用农药风险系数情况下，发现有199个处于高度风险(40.45%)，293个处于低度风险(59.55%)。基于两种MRL标准，评价的结果差异显著，可以看出MRL欧盟标准比中国国家标准更加严格和完善，过于宽松的MRL中国国家标准值能否有效保障人体的健康有待研究。

12.4.3 加强杭州市水果蔬菜食品安全建议

我国食品安全风险评价体系仍不够健全，相关制度不够完善，多年来，由于农药用药次数多、用药量大或用药间隔时间短，产品残留量大，农药残留所造成的食品安全问题日益严峻，给人体健康带来了直接或间接的危害。据估计，美国与农药有关的癌症患者数约占全国癌症患者总数的 50%，中国更高。同样，农药对其他生物也会形成直接杀伤和慢性危害，植物中的农药可经过食物链逐级传递并不断蓄积，对人和动物构成潜在威胁，并影响生态系统。

基于本次农药残留侦测数据的风险评价结果，提出以下几点建议：

1) 加快食品安全标准制定步伐

我国食品标准中对农药每日允许最大摄入量 ADI 的数据严重缺乏，在本次评价所涉及的 111 种农药中，仅有 61.26%的农药具有 ADI 值，而 38.74%的农药中国尚未规定相应的 ADI 值，亟待完善。

我国食品中农药最大残留限量值的规定严重缺乏，对评估涉及的不同水果蔬菜中不同农药 505 个 MRL 限值进行统计来看，我国仅制定出 70 个标准，我国标准完整率仅为 13.9%，欧盟的完整率达到 100%(表 12-19)。因此，中国更应加快 MRL 标准的制定步伐。

表 12-19 我国国家食品标准农药的 ADI、MRL 值与欧盟标准的数量差异

分类		中国 ADI	MRL 中国国家标准	MRL 欧盟标准
标准限值(个)	有	68	70	505
	无	43	435	0
总数(个)		111	505	505
无标准限值比例		38.74%	86.1%	0

此外，MRL 中国国家标准限值普遍高于欧盟标准限值，这些标准中共有 46 个高于欧盟。过高的 MRL 值难以保障人体健康，建议继续加强对限值基准和标准的科学研究，将农产品中的危险性减少到尽可能低的水平。

2) 加强农药的源头控制和分类监管

在杭州市某些水果蔬菜中仍有禁用农药残留，利用 GC-Q-TOF/MS 技术侦测出 9 种禁用农药，检出频次为 17 次，残留禁用农药均存在较大的膳食暴露风险和预警风险。早已列入黑名单的禁用农药在我国并未真正退出，有些药物由于价格便宜、工艺简单，此类高毒农药一直生产和使用。建议在我国采取严格有效的控制措施，从源头控制禁用农药。

对于非禁用农药，在我国作为“田间地头”最典型单位的县级蔬果产地中，农药残留的检测几乎缺失。建议根据农药的毒性，对高毒、剧毒、中毒农药实现分类管理，减少使用高毒和剧毒高残留农药，进行分类监管。

3) 加强残留农药的生物修复及降解新技术

市售果蔬中残留农药的品种多、频次高、禁用农药多次检出这一现状，说明了我国的田间土壤和水体因农药长期、频繁、不合理的使用而遭到严重污染。为此，建议中国相关部门出台相关政策，鼓励高校及科研院所积极开展分子生物学、酶学等研究，加强土壤、水体中残留农药的生物修复及降解新技术研究，切实加大农药监管力度，以控制农药的面源污染问题。

综上所述，在本工作基础上，根据蔬菜残留危害，可进一步针对其成因提出和采取严格管理、大力推广无公害蔬菜种植与生产、健全食品安全控制技术体系、加强蔬菜食品质量检测体系建设和积极推行蔬菜食品质量追溯制度等相应对策。建立和完善食品安全综合评价指数与风险监测预警系统，对食品安全进行实时、全面的监控与分析，为我国的食品安全科学监管与决策提供新的技术支持，可实现各类检验数据的信息化系统管理，降低食品安全事故的发生。

合 肥 市

第 13 章　LC-Q-TOF/MS 侦测合肥市 396 例市售水果蔬菜样品农药残留报告

从合肥市所属 6 个区县，随机采集了 396 例水果蔬菜样品，使用 LC-Q-TOF/MS 对 565 种农药化学污染物进行示范侦测(7 种负离子模式 ESI⁻未涉及)。

13.1　样品种类、数量与来源

13.1.1　样品采集与检测

为了真实反映百姓餐桌上水果蔬菜中农药残留污染状况，本次所有检测样品均由检验人员于 2015 年 7 月至 2016 年 3 月期间，从合肥市所属 22 个采样点，包括 4 个农贸市场 18 个超市，以随机购买方式采集，总计 27 批 396 例样品，从中检出农药 50 种，542 频次。采样及监测概况见表 13-1 及图 13-1，样品及采样点明细见表 13-2 及表 13-3(侦测原始数据见附表 1)。

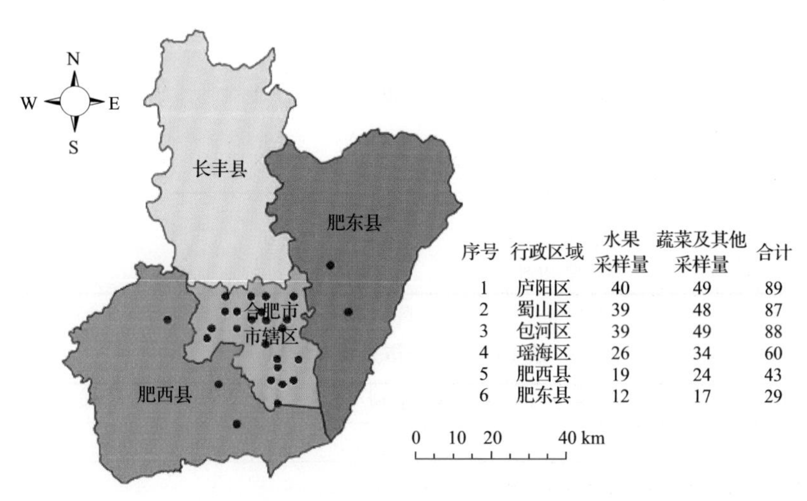

图 13-1　合肥市所属 22 个采样点 396 例样品分布图

表 13-1　农药残留监测总体概况

采样地区	合肥市所属 6 个区县
采样点(超市+农贸市场)	22
样本总数	396

续表

采样地区	合肥市所属 6 个区县
检出农药品种/频次	50/542
各采样点样本农药残留检出率范围	33.3%~81.3%

表 13-2　样品分类及数量

样品分类	样品名称(数量)	数量小计
1. 水果		175
1)仁果类水果	苹果(27),梨(27)	54
2)核果类水果	桃(10)	10
3)浆果和其他小型水果	草莓(6),葡萄(20)	26
4)瓜果类水果	西瓜(10),哈密瓜(9)	19
5)热带和亚热带水果	石榴(9),香蕉(7),芒果(7),菠萝(7),火龙果(9)	39
6)柑橘类水果	柚(10),橘(10),橙(7)	27
2. 食用菌		7
1)蘑菇类	蘑菇(7)	7
3. 蔬菜		214
1)豆类蔬菜	豌豆(6),菜豆(5)	11
2)鳞茎类蔬菜	韭菜(16)	16
3)叶菜类蔬菜	芹菜(10),菠菜(5),生菜(10),大白菜(7),青菜(17)	49
4)芸薹属类蔬菜	花椰菜(7),青花菜(12)	19
5)瓜类蔬菜	黄瓜(19),瓠瓜(9),丝瓜(7)	35
6)茄果类蔬菜	番茄(20),甜椒(27),茄子(10)	57
7)其他类蔬菜	竹笋(7)	7
8)根茎类和薯芋类蔬菜	胡萝卜(10),马铃薯(10)	20
合计	1.水果 15 种 2.食用菌 1 种 3.蔬菜 19 种	396

表 13-3　合肥市采样点信息

采样点序号	行政区域	采样点
农贸市场(4)		
1	包河区	***市场
2	包河区	***市场
3	庐阳区	***市场
4	庐阳区	***市场
超市(18)		
1	包河区	***超市(乐城生活广场店)
2	包河区	***超市(马鞍山路店)
3	包河区	***超市(马鞍山路店)
4	庐阳区	***超市(鼓楼店)

续表

采样点序号	行政区域	采样点
5	庐阳区	***超市(庐阳店)
6	瑶海区	***超市(元一店)
7	瑶海区	***超市(合肥宝业店)
8	瑶海区	***超市(铜陵路店)
9	瑶海区	***超市(长江东路)
10	肥东县	***超市(肥东店)
11	肥东县	***超市
12	肥西县	***超市(肥西百大店)
13	肥西县	***超市
14	肥西县	***超市(水晶城店)
15	蜀山区	***超市(潜山店)
16	蜀山区	***超市(国购店)
17	蜀山区	***超市(大溪地店)
18	蜀山区	***超市(翡翠路店)

13.1.2 检测结果

这次使用的检测方法是庞国芳院士团队最新研发的不需使用标准品对照，而以高分辨精确质量数(0.0001 *m/z*)为基准的 LC-Q-TOF/MS 检测技术，对于 396 例样品，每个样品均侦测了 565 种农药化学污染物的残留现状。通过本次侦测，在 396 例样品中共计检出农药化学污染物 50 种，检出 542 频次。

13.1.2.1 各采样点样品检出情况

统计分析发现 22 个采样点中，被测样品的农药检出率范围为 33.3%~81.3%。其中，***超市(水晶城店)的检出率最高，为 81.3%。***超市(乐城生活广场店)的检出率最低，为 33.3%，见图 13-2。

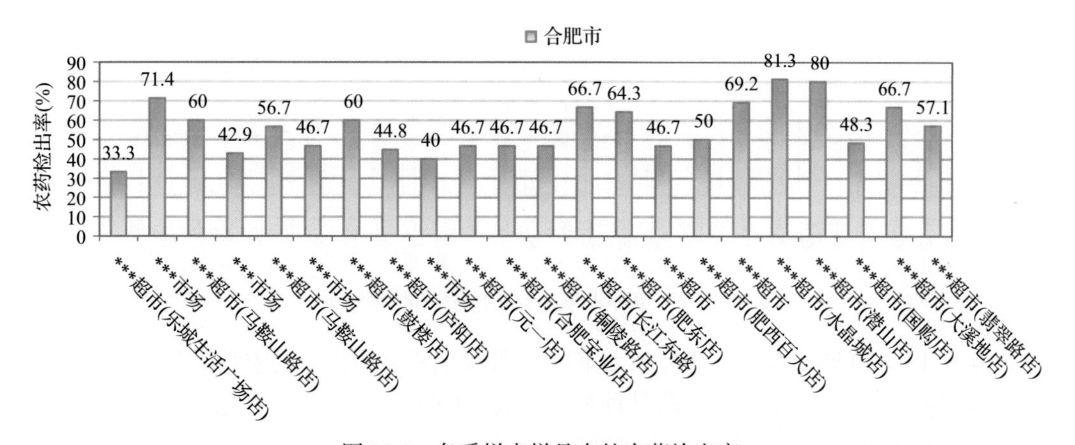

图 13-2　各采样点样品中的农药检出率

13.1.2.2　检出农药的品种总数与频次

统计分析发现，对于 396 例样品中 565 种农药化学污染物的侦测，共检出农药 542 频次，涉及农药 50 种，结果如图 13-3 所示。其中多菌灵检出频次最高，共检出 85 次。检出频次排名前 10 的农药如下：①多菌灵(85)；②烯酰吗啉(68)；③嘧菌酯(43)；④啶虫脒(42)；⑤嘧霉胺(26)；⑥霜霉威(26)；⑦灭蝇胺(22)；⑧苯醚甲环唑(20)；⑨戊唑醇(20)；⑩甲霜灵(17)。

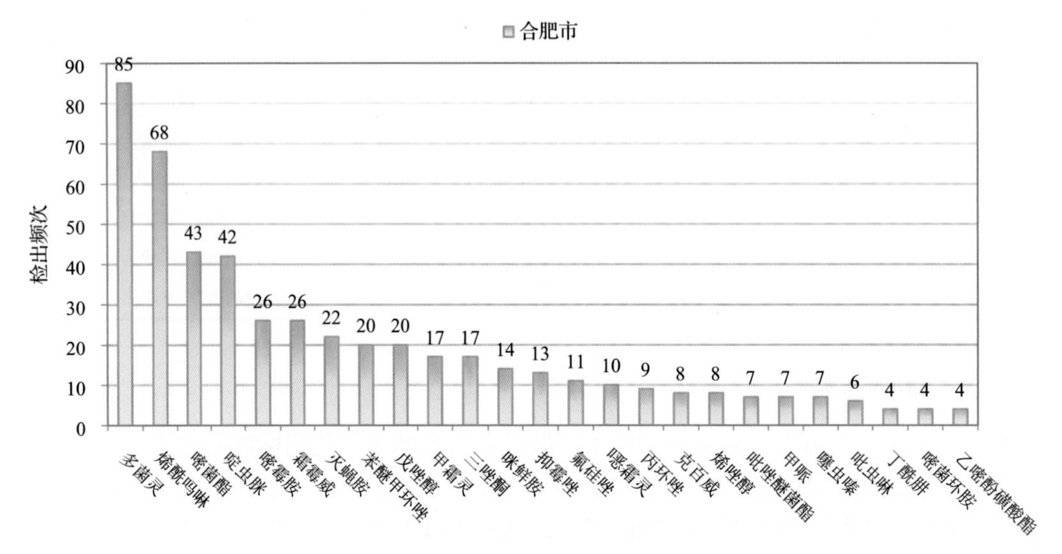

图 13-3　检出农药品种及频次(仅列出 4 频次及以上的数据)

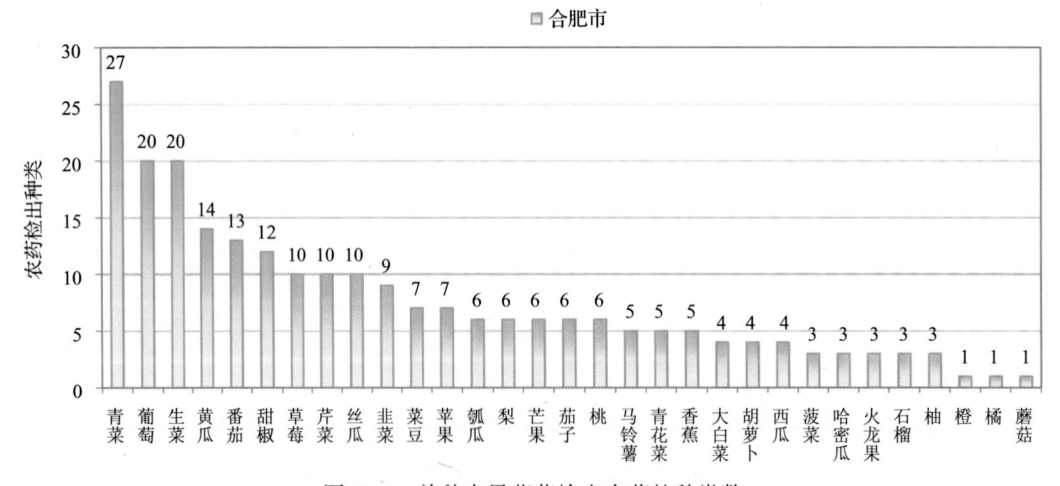

图 13-4　单种水果蔬菜检出农药的种类数

由图 13-4 可见，青菜、葡萄和生菜这 3 种果蔬样品中检出的农药品种数较高，均超过 20 种，其中，青菜检出农药品种最多，为 27 种。由图 13-5 可见，葡萄、青菜和生菜这 3 种果蔬样品中的农药检出频次较高，均超过 50 次，其中，葡萄检出农药频次最高，为 87 次。

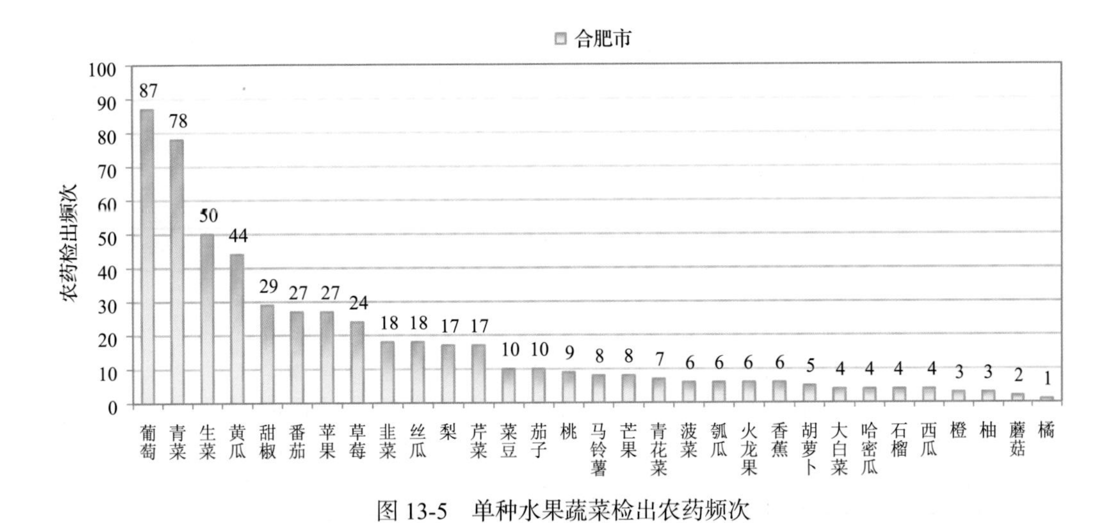

图 13-5 单种水果蔬菜检出农药频次

13.1.2.3 单例样品农药检出种类与占比

对单例样品检出农药种类和频次进行统计发现，未检出农药的样品占总样品数的 45.2%，检出 1 种农药的样品占总样品数的 23.0%，检出 2~5 种农药的样品占总样品数的 26.5%，检出 6~10 种农药的样品占总样品数的 5.3%。每例样品中平均检出农药为 1.4 种，数据见表 13-4 及图 13-6。

表 13-4 单例样品检出农药品种占比

检出农药品种数	样品数量/占比(%)
未检出	179/45.2
1 种	91/23.0
2~5 种	105/26.5
6~10 种	21/5.3
单例样品平均检出农药品种	1.4 种

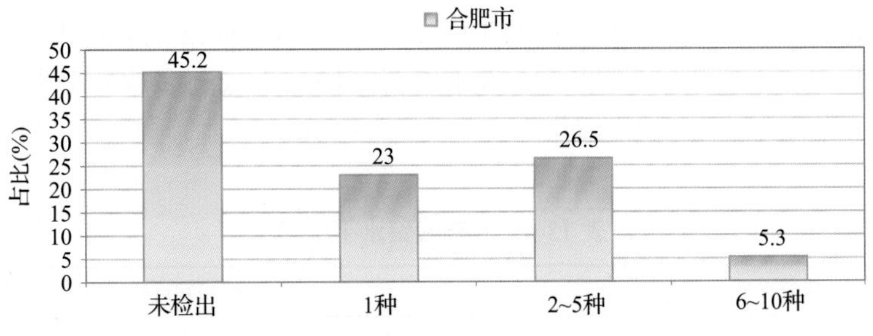

图 13-6 单例样品平均检出农药品种及占比

13.1.2.4　检出农药类别与占比

所有检出农药按功能分类，包括杀菌剂、杀虫剂、植物生长调节剂、除草剂、驱避剂、增效剂共 6 类。其中杀菌剂与杀虫剂为主要检出的农药类别，分别占总数的 50.0% 和 38.0%，见表 13-5 及图 13-7。

表 13-5　检出农药所属类别/占比

农药类别	数量/占比(%)
杀菌剂	25/50.0
杀虫剂	19/38.0
植物生长调节剂	3/6.0
除草剂	1/2.0
驱避剂	1/2.0
增效剂	1/2.0

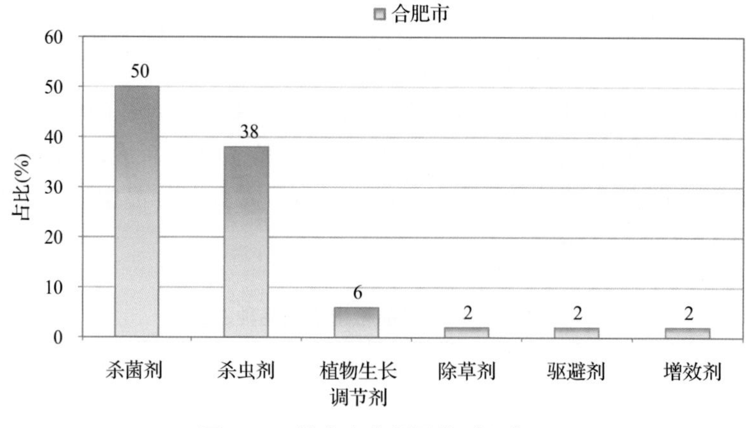

图 13-7　检出农药所属类别和占比

13.1.2.5　检出农药的残留水平

按检出农药残留水平进行统计，残留水平在 1~5 μg/kg(含)的农药占总数的 22.0%，在 5~10 μg/kg(含)的农药占总数的 14.8%，在 10~100 μg/kg(含)的农药占总数的 52.4%，在 100~1000 μg/kg(含)的农药占总数的 10.5%，在>1000 μg/kg 的农药占总数的 0.4%。

由此可见，这次检测的 27 批 396 例水果蔬菜样品中农药多数处于中高残留水平。结果见表 13-6 及图 13-8，数据见附表 2。

表 13-6　农药残留水平/占比

残留水平(μg/kg)	检出频次数/占比(%)
1~5(含)	119/22.0
5~10(含)	80/14.8

续表

残留水平(μg/kg)	检出频次数/占比(%)
10~100(含)	284/52.4
100~1000(含)	57/10.5
>1000	2/0.4

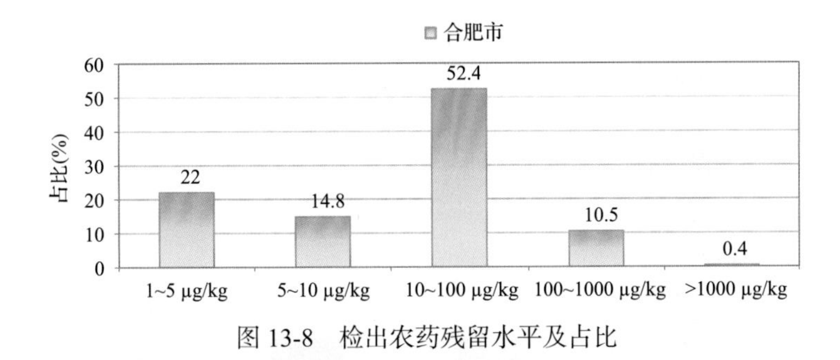

图 13-8　检出农药残留水平及占比

13.1.2.6　检出农药的毒性类别、检出频次和超标频次及占比

对这次检出的 50 种 542 频次的农药，按剧毒、高毒、中毒、低毒和微毒这五个毒性类别进行分类，从中可以看出，合肥市目前普遍使用的农药为中低微毒农药，品种占 92.0%，频次占 97.8%。结果见表 13-7 及图 13-9。

表 13-7　检出农药毒性类别/占比

毒性分类	农药品种/占比(%)	检出频次/占比(%)	超标频次/超标率(%)
剧毒农药	1/2.0	2/0.4	2/100.0
高毒农药	3/6.0	10/1.8	4/40.0
中毒农药	25/50.0	220/40.6	0/0.0
低毒农药	9/18.0	130/24.0	0/0.0
微毒农药	12/24.0	180/33.2	0/0.0

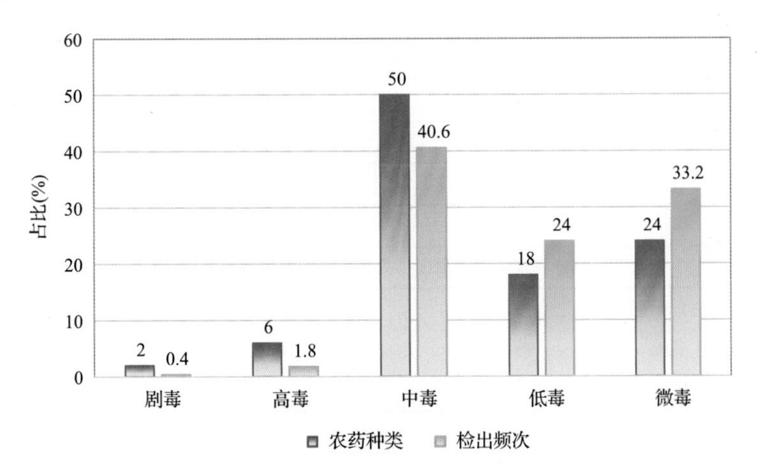

图 13-9　检出农药的毒性分类和占比

13.1.2.7　检出剧毒/高毒类农药的品种和频次

值得特别关注的是，在此次侦测的396例样品中有5种蔬菜1种水果的11例样品检出了4种12频次的剧毒和高毒农药，占样品总量的2.8%，详见图13-10、表13-8及表13-9。

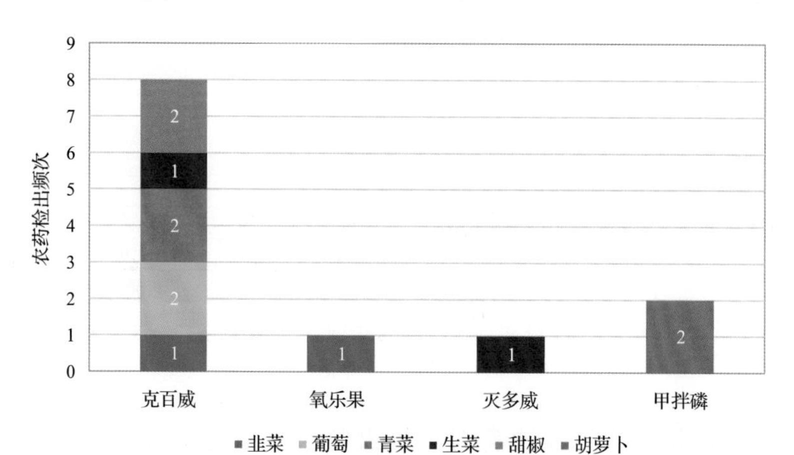

图13-10　检出剧毒/高毒农药的样品情况

*表示允许在水果和蔬菜上使用的农药

表13-8　剧毒农药检出情况

序号	农药名称	检出频次	超标频次	超标率
水果中未检出剧毒农药				
	小计	0	0	超标率：0.0%
从1种蔬菜中检出1种剧毒农药，共计检出2次				
1	甲拌磷*	2	2	100.0%
	小计	2	2	超标率：100.0%
	合计	2	2	超标率：100.0%

表13-9　高毒农药检出情况

序号	农药名称	检出频次	超标频次	超标率
从1种水果中检出1种高毒农药，共计检出2次				
1	克百威	2	0	0.0%
	小计	2	0	超标率：0.0%
从4种蔬菜中检出3种高毒农药，共计检出8次				
1	克百威	6	3	50.0%
2	灭多威	1	0	0.0%
3	氧乐果	1	1	100.0%
	小计	8	4	超标率：50.0%
	合计	10	4	超标率：50.0%

在检出的剧毒和高毒农药中，有 4 种是我国早已禁止在果树和蔬菜上使用的，分别是：克百威、甲拌磷、灭多威和氧乐果。禁用农药的检出情况见表 13-10。

表 13-10　禁用农药检出情况

序号	农药名称	检出频次	超标频次	超标率
从 1 种水果中检出 1 种禁用农药，共计检出 2 次				
1	克百威	2	0	0.0%
小计		2	0	超标率：0.0%
从 5 种蔬菜中检出 5 种禁用农药，共计检出 14 次				
1	克百威	6	3	50.0%
2	丁酰肼	4	0	0.0%
3	甲拌磷*	2	2	100.0%
4	灭多威	1	0	0.0%
5	氧乐果	1	1	100.0%
小计		14	6	超标率：42.9%
合计		16	6	超标率：37.5%

注：超标结果参考 MRL 中国国家标准计算

此次抽检的果蔬样品中，有 1 种蔬菜检出了剧毒农药，为胡萝卜中检出甲拌磷 2 次。

样品中检出剧毒和高毒农药残留水平超过 MRL 中国国家标准的频次为 6 次，其中：甜椒检出克百威超标 2 次；胡萝卜检出甲拌磷超标 2 次；韭菜检出克百威超标 1 次，检出氧乐果超标 1 次。本次检出结果表明，高毒、剧毒农药的使用现象依旧存在，详见表 13-11。

表 13-11　各样本中检出剧毒/高毒农药情况

样品名称	农药名称	检出频次	超标频次	检出浓度(μg/kg)
水果 1 种				
葡萄	克百威▲	2	0	3.4, 16.6
小计		2	0	超标率：0.0%
蔬菜 5 种				
甜椒	克百威▲	2	2	85.4a, 48.2a
生菜	克百威▲	1	0	1.0
生菜	灭多威▲	1	0	90.2
胡萝卜	甲拌磷*▲	2	2	194.8a, 20.3a
青菜	克百威▲	2	0	17.1, 2.0
韭菜	克百威▲	1	1	67.8a
韭菜	氧乐果▲	1	1	1673.8a
小计		10	6	超标率：60.0%
合计		12	6	超标率：50.0%

13.2　农药残留检出水平与最大残留限量标准对比分析

我国于 2014 年 3 月 20 日正式颁布并于 2014 年 8 月 1 日正式实施食品农药残留限量国家标准《食品中农药最大残留限量》(GB 2763—2014)。该标准包括 371 个农药条目，涉及最大残留限量(MRL)标准 3653 项。将 542 频次检出农药的浓度水平与 3653 项 MRL 中国国家标准进行核对，其中只有 277 频次的农药找到了对应的 MRL 标准，占 51.1%，还有 265 频次的侦测数据则无相关 MRL 标准供参考，占 48.9%。

将此次侦测结果与国际上现行 MRL 标准对比发现，在 542 频次的检出结果中有 542 频次的结果找到了对应的 MRL 欧盟标准，占 100.0%，其中，532 频次的结果有明确对应的 MRL 标准，占 98.2%，其余 10 频次按照欧盟一律标准判定，占 1.8%；有 542 频次的结果找到了对应的 MRL 日本标准，占 100.0%，其中，453 频次的结果有明确对应的 MRL 标准，占 83.6%，其余 85 频次按照日本一律标准判定，占 16.4%；有 370 频次的结果找到了对应的 MRL 中国香港标准，占 68.3%；有 287 频次的结果找到了对应的 MRL 美国标准，占 53.0%；有 279 频次的结果找到了对应的 MRL CAC 标准，占 51.5%(见图 13-11 和图 13-12，数据见附表 3 至附表 8)。

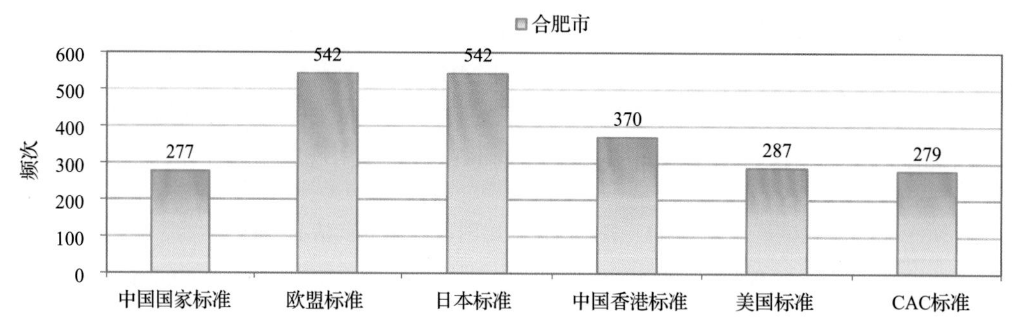

图 13-11　542 频次检出农药可用 MRL 中国国家标准、欧盟标准、日本标准、中国香港标准、美国标准、CAC 标准判定衡量的数量

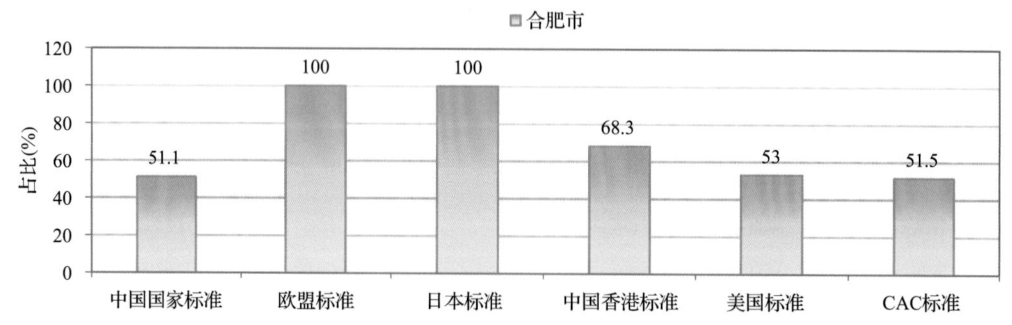

图 13-12　542 频次检出农药可用 MRL 中国国家标准、欧盟标准、日本标准、中国香港标准、美国标准、CAC 标准衡量的占比

13.2.1　超标农药样品分析

本次侦测的 396 例样品中，179 例样品未检出任何残留农药，占样品总量的 45.2%，217 例样品检出不同水平、不同种类的残留农药，占样品总量的 54.8%。在此，我们将本次侦测的农残检出情况与 MRL 中国国家标准、欧盟标准、日本标准、中国香港标准、美国标准和 CAC 标准这 6 大国际主流标准进行对比分析，样品农残检出与超标情况见表 13-12、图 13-13 和图 13-14，详细数据见附表 9 至附表 14。

13.2.2　超标农药种类分析

按照 MRL 中国国家标准、欧盟标准、日本标准、中国香港标准、美国标准和 CAC 标准这 6 大国际主流标准衡量，本次侦测检出的农药超标品种及频次情况见表 13-13。

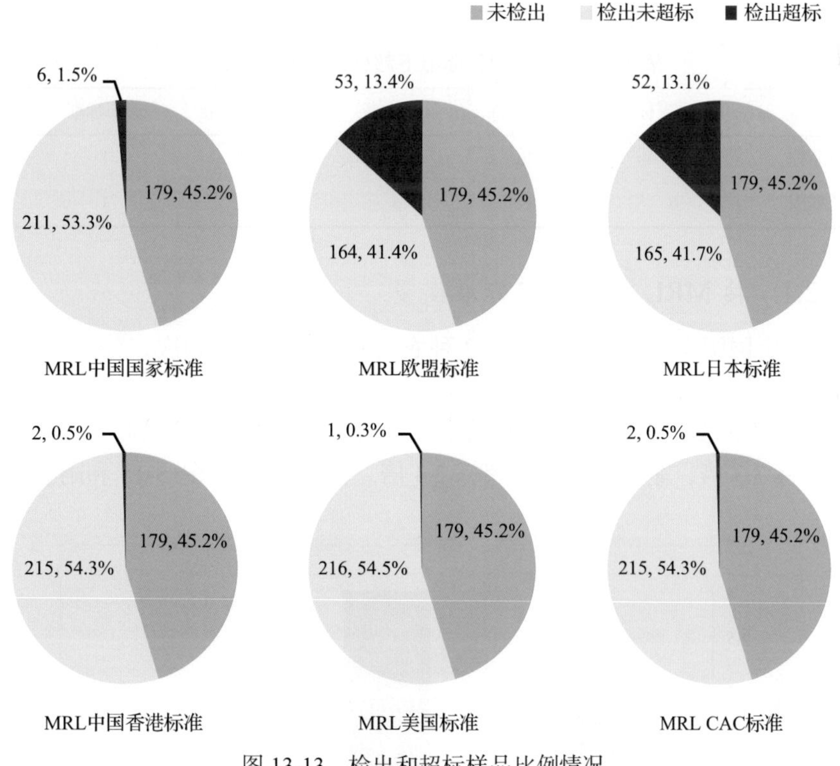

图 13-13　检出和超标样品比例情况

表 13-12　各 MRL 标准下样本农残检出与超标数量及占比

	中国国家标准	欧盟标准	日本标准	中国香港标准	美国标准	CAC 标准
	数量/占比(%)	数量/占比(%)	数量/占比(%)	数量/占比(%)	数量/占比(%)	数量/占比(%)
未检出	179/45.2	179/45.2	179/45.2	179/45.2	179/45.2	179/45.2
检出未超标	211/53.3	164/41.4	165/41.7	215/54.3	216/54.5	215/54.3
检出超标	6/1.5	53/13.4	52/13.1	2/0.5	1/0.3	2/0.5

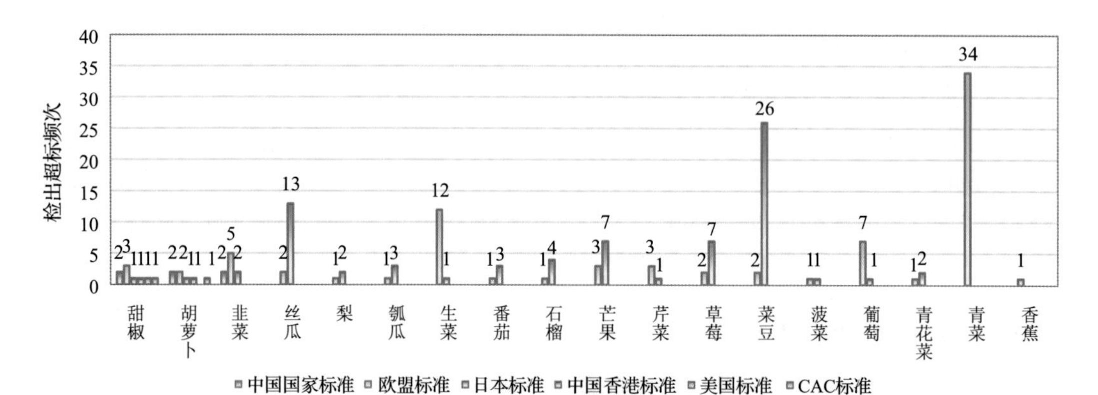

图 13-14 超过 MRL 中国国家标准、欧盟标准、日本标准、中国香港标准、美国标准和 CAC 标准结果在水果蔬菜中的分布

表 13-13 各 MRL 标准下超标农药品种及频次

	中国国家标准	欧盟标准	日本标准	中国香港标准	美国标准	CAC 标准
超标农药品种	3	30	25	1	1	1
超标农药频次	6	82	75	2	1	2

13.2.2.1 按 MRL 中国国家标准衡量

按 MRL 中国国家标准衡量，共有 3 种农药超标，检出 6 频次，分别为剧毒农药甲拌磷，高毒农药克百威和氧乐果。

按超标程度比较，韭菜中氧乐果超标 82.7 倍，胡萝卜中甲拌磷超标 18.5 倍，甜椒中克百威超标 3.3 倍，韭菜中克百威超标 2.4 倍。检测结果见图 13-15 和附表 15。

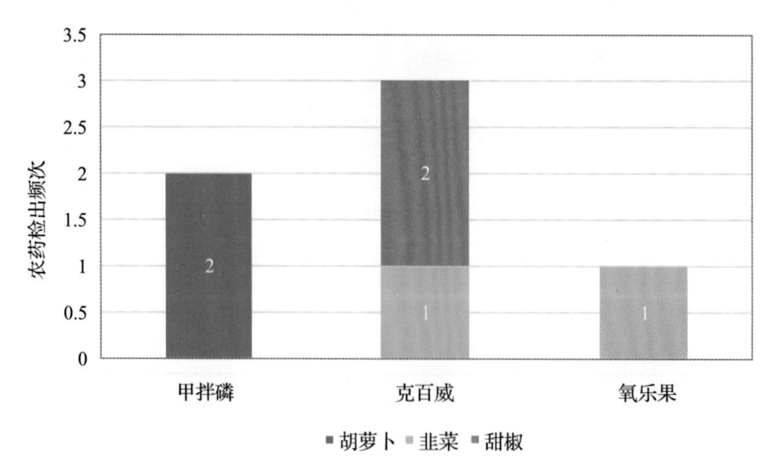

图 13-15 超过 MRL 中国国家标准农药品种及频次

13.2.2.2　按 MRL 欧盟标准衡量

按 MRL 欧盟标准衡量，共有 30 种农药超标，检出 82 频次，分别为剧毒农药甲拌磷，高毒农药克百威和氧乐果，中毒农药噻唑磷、咪鲜胺、戊唑醇、仲丁威、烯唑醇、甲萘威、噻虫嗪、三唑酮、三唑醇、噁霜灵、啶虫脒、氟硅唑、抑霉唑、丙溴磷和异丙威，低毒农药灭蝇胺、烯酰吗啉、嘧霉胺和乙虫腈，微毒农药多菌灵、乙嘧酚、丁酰肼、乙霉威、缬霉威、嘧菌酯、甲氧虫酰肼和甲基硫菌灵。

按超标程度比较，韭菜中氧乐果超标 166.4 倍，青菜中啶虫脒超标 73.8 倍，甜椒中克百威超标 41.7 倍，青菜中甲萘威超标 36.5 倍，菠菜中嘧霉胺超标 22.6 倍。检测结果见图 13-16 和附表 16。

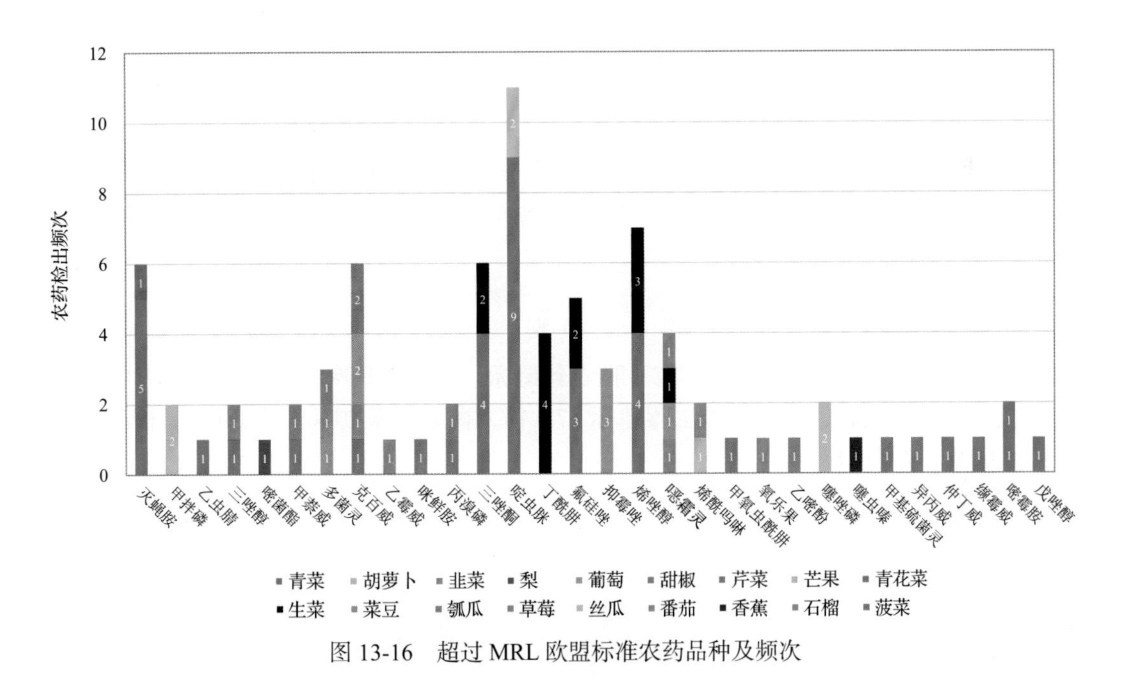

图 13-16　超过 MRL 欧盟标准农药品种及频次

13.2.2.3　按 MRL 日本标准衡量

按 MRL 日本标准衡量，共有 25 种农药超标，检出 75 频次，分别为高毒农药氧乐果，中毒农药甲哌、戊唑醇、烯唑醇、噻虫嗪、三唑酮、苯醚甲环唑、丙环唑、啶虫脒、氟硅唑、哒螨灵、抑霉唑、异丙威和丙溴磷，低毒农药灭蝇胺、烯酰吗啉、嘧霉胺、乙虫腈和乙嘧酚磺酸酯，微毒农药多菌灵、乙嘧酚、缬霉威、丁酰肼、嘧菌酯和甲基硫菌灵。

按超标程度比较，青菜中甲基硫菌灵超标 66.4 倍，菜豆中噻虫嗪超标 37.4 倍，菜豆中多菌灵超标 36.4 倍，菜豆中灭蝇胺超标 31.5 倍，青菜中灭蝇胺超标 28.5 倍。检测结果见图 13-17 和附表 17。

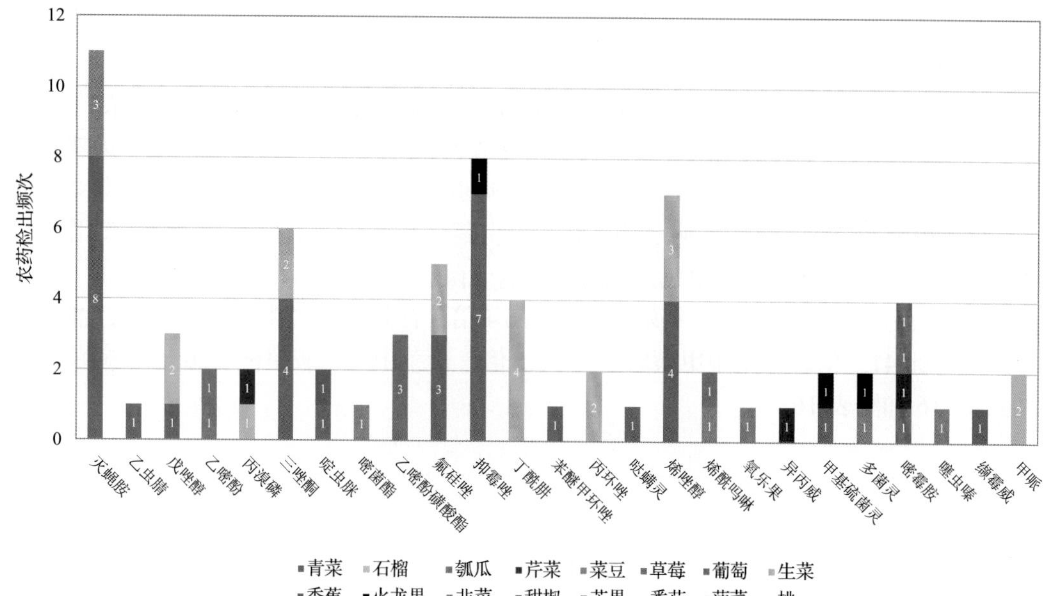

图 13-17　超过 MRL 日本标准农药品种及频次

13.2.2.4　按 MRL 中国香港标准衡量

按 MRL 中国香港标准衡量，有 1 种农药超标，检出 2 频次，为中毒农药噻虫嗪。

按超标程度比较，菜豆中噻虫嗪超标 37.4 倍，香蕉中噻虫嗪超标 2.0 倍。检测结果见图 13-18 和附表 18。

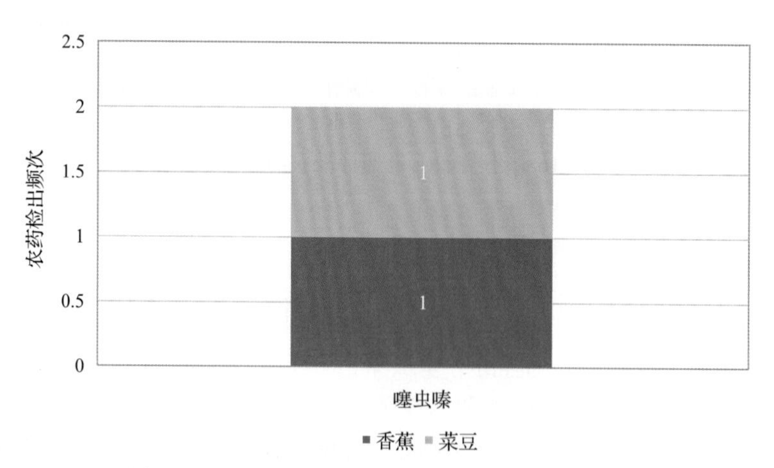

图 13-18　超过 MRL 中国香港标准农药品种及频次

13.2.2.5　按 MRL 美国标准衡量

按 MRL 美国标准衡量，有 1 种农药超标，检出 1 频次，为中毒农药噻虫嗪。

按超标程度比较，菜豆中噻虫嗪超标 18.2 倍。检测结果见图 13-19 和附表 19。

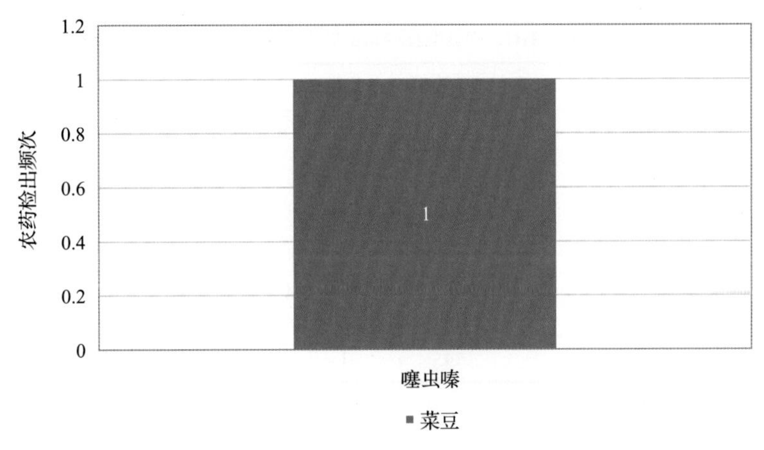

图 13-19　超过 MRL 美国标准农药品种及频次

13.2.2.6　按 MRL CAC 标准衡量

按 MRL CAC 标准衡量，有 1 种农药超标，检出 2 频次，为中毒农药噻虫嗪。

按超标程度比较，菜豆中噻虫嗪超标 37.4 倍，香蕉中噻虫嗪超标 2.0 倍。检测结果见图 13-20 和附表 20。

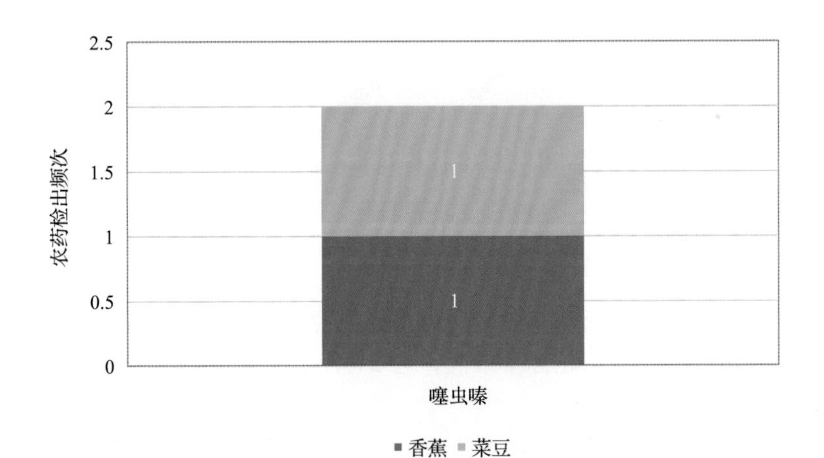

图 13-20　超过 MRL CAC 标准农药品种及频次

13.2.3　22 个采样点超标情况分析

13.2.3.1　按 MRL 中国国家标准衡量

按 MRL 中国国家标准衡量，有 6 个采样点的样品存在不同程度的超标农药检出，其中***市场的超标率最高，为 7.1%，如表 13-14 和图 13-21 所示。

表 13-14 超过 MRL 中国国家标准水果蔬菜在不同采样点分布

序号	采样点	样品总数	超标数量	超标率(%)	行政区域
1	***市场	30	1	3.3	庐阳区
2	***超市(国购店)	29	1	3.4	蜀山区
3	***超市(翡翠路店)	28	1	3.6	蜀山区
4	***超市	15	1	6.7	肥东县
5	***超市(潜山店)	15	1	6.7	蜀山区
6	***市场	14	1	7.1	包河区

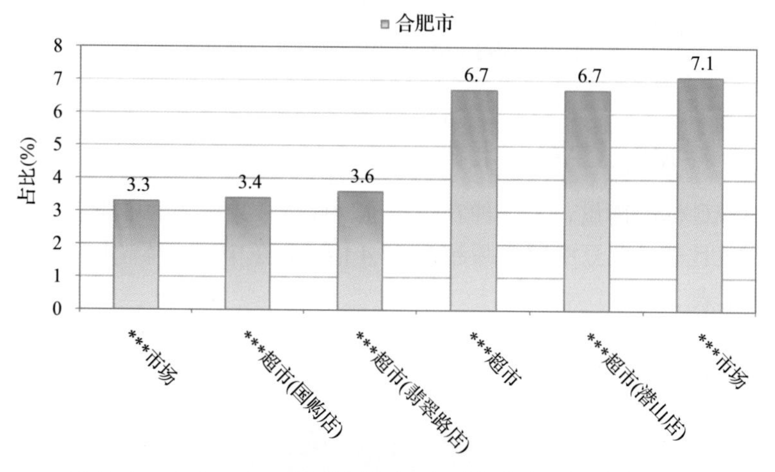

图 13-21 超过 MRL 中国国家标准水果蔬菜在不同采样点分布

13.2.3.2 按 MRL 欧盟标准衡量

按 MRL 欧盟标准衡量，有 20 个采样点的样品存在不同程度的超标农药检出，其中***市场和***超市(肥东店)的超标率最高，为 21.4%，如图 13-22 和表 13-15 所示。

表 13-15 超过 MRL 欧盟标准水果蔬菜在不同采样点分布

序号	采样点	样品总数	超标数量	超标率(%)	行政区域
1	***超市(马鞍山路店)	30	5	16.7	包河区
2	***市场	30	6	20.0	庐阳区
3	***超市(国购店)	29	5	17.2	蜀山区
4	***超市(庐阳店)	29	3	10.3	庐阳区
5	***超市(翡翠路店)	28	3	10.7	蜀山区
6	***超市(水晶城店)	16	3	18.8	肥西县
7	***超市(马鞍山路店)	15	1	6.7	包河区

续表

序号	采样点	样品总数	超标数量	超标率(%)	行政区域
8	***超市	15	3	20.0	肥东县
9	***超市(铜陵路店)	15	2	13.3	瑶海区
10	***超市(长江东路)	15	2	13.3	瑶海区
11	***超市(鼓楼店)	15	2	13.3	庐阳区
12	***市场	15	3	20.0	庐阳区
13	***超市(合肥宝业店)	15	1	6.7	瑶海区
14	***超市(潜山店)	15	3	20.0	蜀山区
15	***超市(大溪地店)	15	1	6.7	蜀山区
16	***超市(元一店)	15	2	13.3	瑶海区
17	***市场	14	3	21.4	包河区
18	***市场	14	1	7.1	包河区
19	***超市(肥东店)	14	3	21.4	肥东县
20	***超市	13	1	7.7	肥西县

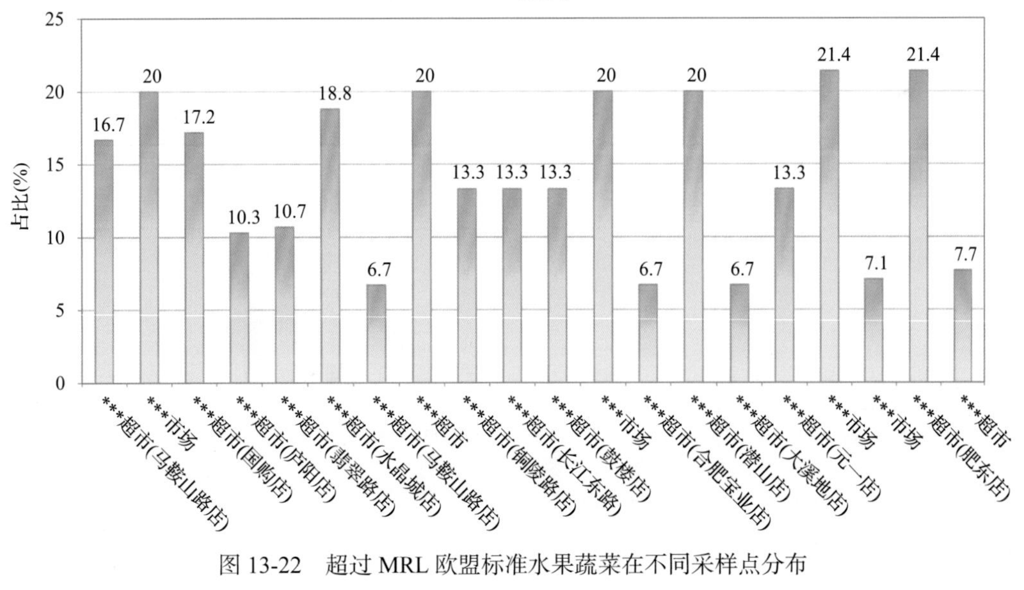

图 13-22　超过 MRL 欧盟标准水果蔬菜在不同采样点分布

13.2.3.3　按 MRL 日本标准衡量

按 MRL 日本标准衡量，有 21 个采样点的样品存在不同程度的超标农药检出，其中***市场的超标率最高，为 28.6%，如图 13-23 和表 13-16 所示。

表 13-16 超过 MRL 日本标准水果蔬菜在不同采样点分布

序号	采样点	样品总数	超标数量	超标率(%)	行政区域
1	***超市(马鞍山路店)	30	4	13.3	包河区
2	***市场	30	4	13.3	庐阳区
3	***超市(国购店)	29	5	17.2	蜀山区
4	***超市(庐阳店)	29	2	6.9	庐阳区
5	***超市(翡翠路店)	28	1	3.6	蜀山区
6	***超市(水晶城店)	16	4	25.0	肥西县
7	***超市(马鞍山路店)	15	2	13.3	包河区
8	***超市	15	2	13.3	肥东县
9	***超市(铜陵路店)	15	1	6.7	瑶海区
10	***超市(长江东路)	15	2	13.3	瑶海区
11	***超市(鼓楼店)	15	1	6.7	庐阳区
12	***市场	15	3	20.0	庐阳区
13	***超市(合肥宝业店)	15	2	13.3	瑶海区
14	***超市(潜山店)	15	2	13.3	蜀山区
15	***超市(大溪地店)	15	4	26.7	蜀山区
16	***超市(元一店)	15	2	13.3	瑶海区
17	***市场	14	4	28.6	包河区
18	***市场	14	2	14.3	包河区
19	***超市(肥东店)	14	2	14.3	肥东县
20	***超市(肥西百大店)	14	1	7.1	肥西县
21	***超市	13	2	15.4	肥西县

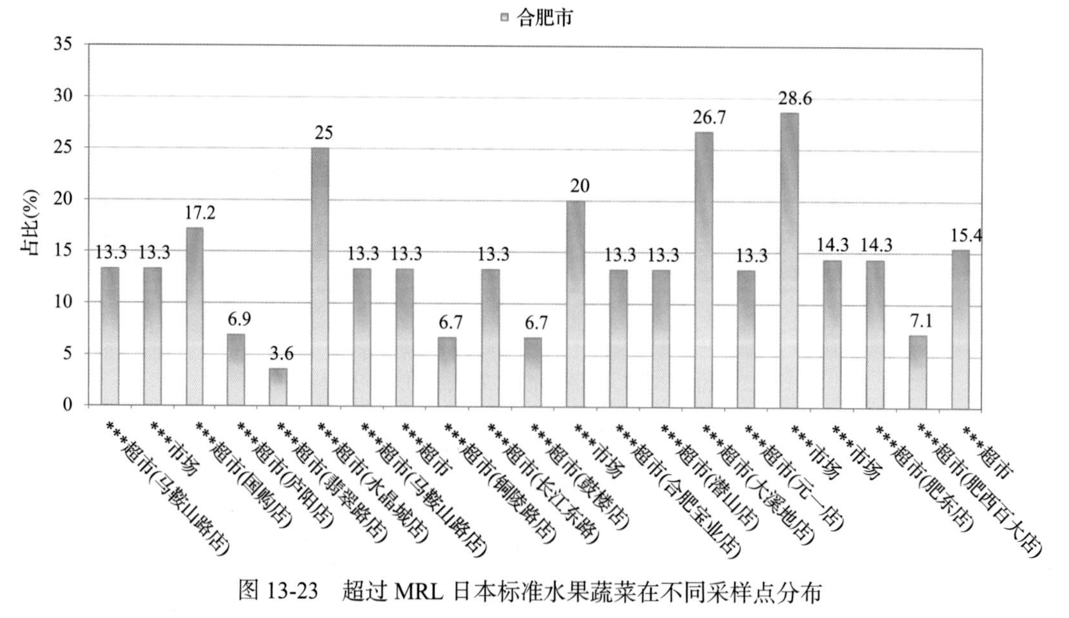

图 13-23 超过 MRL 日本标准水果蔬菜在不同采样点分布

13.2.3.4　按 MRL 中国香港标准衡量

按 MRL 中国香港标准衡量，有 2 个采样点的样品存在不同程度的超标农药检出，其中***超市(元一店)的超标率最高，为 6.7%，如图 13-24 和表 13-17 所示。

表 13-17　超过 MRL 中国香港标准水果蔬菜在不同采样点分布

序号	采样点	样品总数	超标数量	超标率(%)	行政区域
1	***超市(马鞍山路店)	30	1	3.3	包河区
2	***超市(元一店)	15	1	6.7	瑶海区

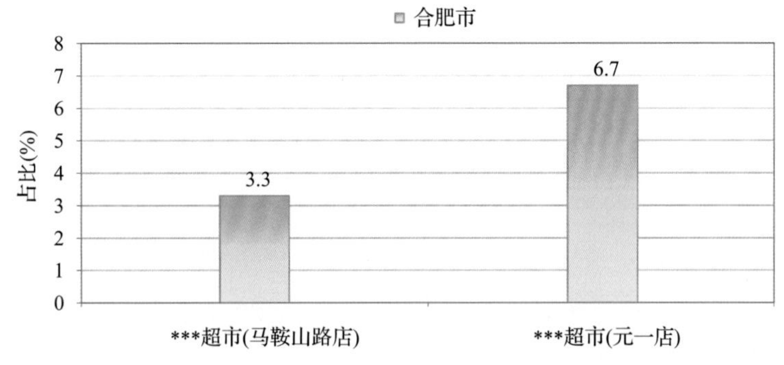

图 13-24　超过 MRL 中国香港标准水果蔬菜在不同采样点分布

13.2.3.5　按 MRL 美国标准衡量

按 MRL 美国标准衡量，有 1 个采样点的样品存在不同程度的超标农药检出，超标率为 6.7%，如图 13-25 和表 13-18 所示。

表 13-18　超过 MRL 美国标准水果蔬菜在不同采样点分布

序号	采样点	样品总数	超标数量	超标率(%)	行政区域
1	***超市(元一店)	15	1	6.7	瑶海区

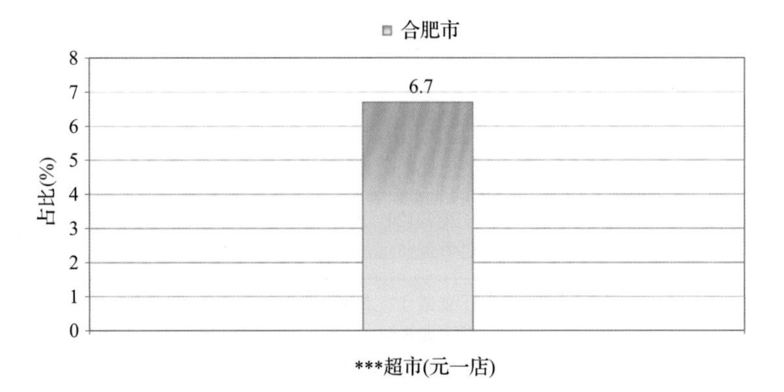

图 13-25　超过 MRL 美国标准水果蔬菜在不同采样点分布

13.2.3.6　按 MRL CAC 标准衡量

按 MRL CAC 标准衡量，有 2 个采样点的样品存在不同程度的超标农药检出，其中***超市(元一店)的超标率最高，为 6.7%，如图 13-26 和表 13-19 所示。

表 13-19　超过 MRL CAC 标准水果蔬菜在不同采样点分布

序号	采样点	样品总数	超标数量	超标率(%)	行政区域
1	***超市(马鞍山路店)	30	1	3.3	包河区
2	***超市(元一店)	15	1	6.7	瑶海区

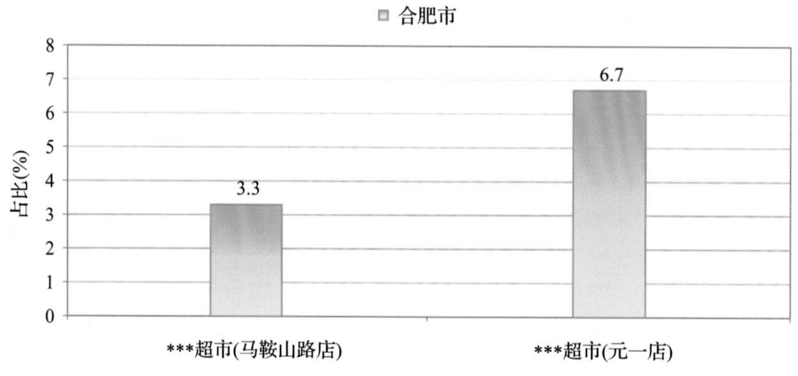

图 13-26　超过 MRL CAC 标准水果蔬菜在不同采样点分布

13.3　水果中农药残留分布

13.3.1　检出农药品种和频次排前 10 的水果

本次残留侦测的水果共 15 种，包括石榴、桃、西瓜、哈密瓜、香蕉、苹果、草莓、葡萄、柚、梨、芒果、橘、菠萝、橙和火龙果。

根据检出农药品种及频次进行排名，将各项排名前 10 位的水果样品检出情况列表说明，详见表 13-20。

表 13-20　检出农药品种和频次排名前 10 的水果

检出农药品种排名前 10(品种)	①葡萄(20),②草莓(10),③苹果(7),④梨(6),⑤芒果(6),⑥桃(6),⑦香蕉(5),⑧西瓜(4),⑨哈密瓜(3),⑩火龙果(3)
检出农药频次排名前 10(频次)	①葡萄(87),②苹果(27),③草莓(24),④梨(17),⑤桃(9),⑥芒果(8),⑦火龙果(6),⑧香蕉(6),⑨哈密瓜(4),⑩石榴(4)

续表

检出禁用、高毒及剧毒农药品种排名前 10（品种）	①葡萄（1）
检出禁用、高毒及剧毒农药频次排名前 10（频次）	①葡萄（2）

13.3.2 超标农药品种和频次排前 10 的水果

鉴于 MRL 欧盟标准和日本标准制定比较全面且覆盖率较高，我们参照 MRL 中国国家标准、欧盟标准和日本标准衡量水果样品中农残检出情况，将超标农药品种及频次排名前 10 的水果列表说明，详见表 13-21。

表 13-21 超标农药品种和频次排名前 10 的水果

超标农药品种排名前 10（农药品种数）	MRL 中国国家标准	
	MRL 欧盟标准	①葡萄（4），②草莓（2），③芒果（2），④梨（1），⑤石榴（1），⑥香蕉（1）
	MRL 日本标准	①草莓（2），②火龙果（2），③石榴（2），④芒果（1），⑤葡萄（1），⑥桃（1），⑦香蕉（1）
超标农药频次排名前 10（农药频次数）	MRL 中国国家标准	
	MRL 欧盟标准	①葡萄（7），②芒果（3），③草莓（2），④梨（1），⑤石榴（1），⑥香蕉（1）
	MRL 日本标准	①葡萄（7），②草莓（4），③石榴（3），④火龙果（2），⑤芒果（1），⑥桃（1），⑦香蕉（1）

通过对各品种水果样本总数及检出率进行综合分析发现，葡萄、苹果和梨的残留污染最为严重，在此，我们参照 MRL 中国国家标准、欧盟标准和日本标准对这 3 种水果的农残检出情况进行进一步分析。

13.3.3 农药残留检出率较高的水果样品分析

13.3.3.1 葡萄

这次共检测 20 例葡萄样品，全部检出了农药残留，检出率为 100.0%，检出农药共计 20 种。其中烯酰吗啉、多菌灵、嘧菌酯、嘧霉胺和抑霉唑检出频次较高，分别检出了 15、14、11、10 和 7 次。葡萄中农药检出品种和频次见图 13-27，超标农药见图 13-28 和表 13-22。

13.3.3.2 苹果

这次共检测 27 例苹果样品，19 例样品中检出了农药残留，检出率为 70.4%，检出农药共计 7 种。其中多菌灵、啶虫脒、吡唑醚菌酯、丙环唑和咪鲜胺检出频次较高，分别检出了 19、3、1、1 和 1 次。苹果中农药检出品种和频次见图 13-29。

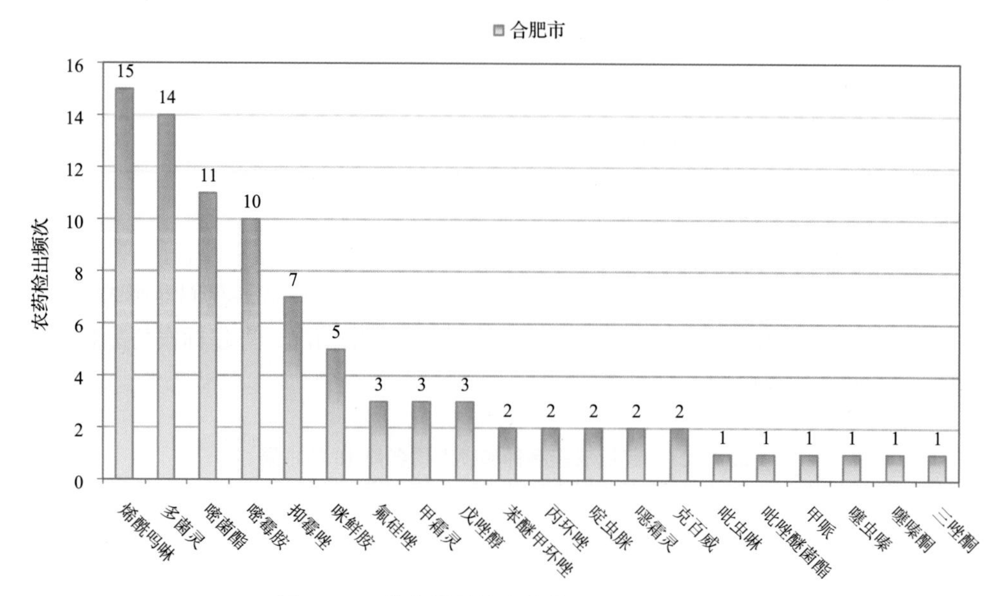

图 13-27　葡萄样品检出农药品种和频次分析

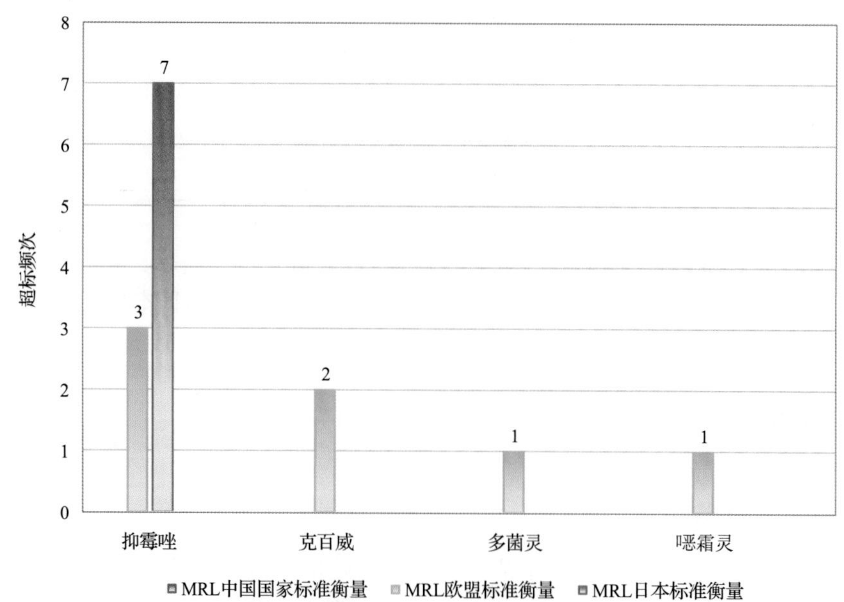

图 13-28　葡萄样品中超标农药分析

表 13-22　葡萄中农药残留超标情况明细表

样品总数			检出农药样品数	样品检出率(%)	检出农药品种总数
20			20	100	20
	超标农药品种	超标农药频次	按照 MRL 中国国家标准、欧盟标准和日本标准衡量超标农药名称及频次		
中国国家标准	0	0			
欧盟标准	4	7	抑霉唑(3),克百威(2),多菌灵(1), 噁霜灵(1)		
日本标准	1	7	抑霉唑(7)		

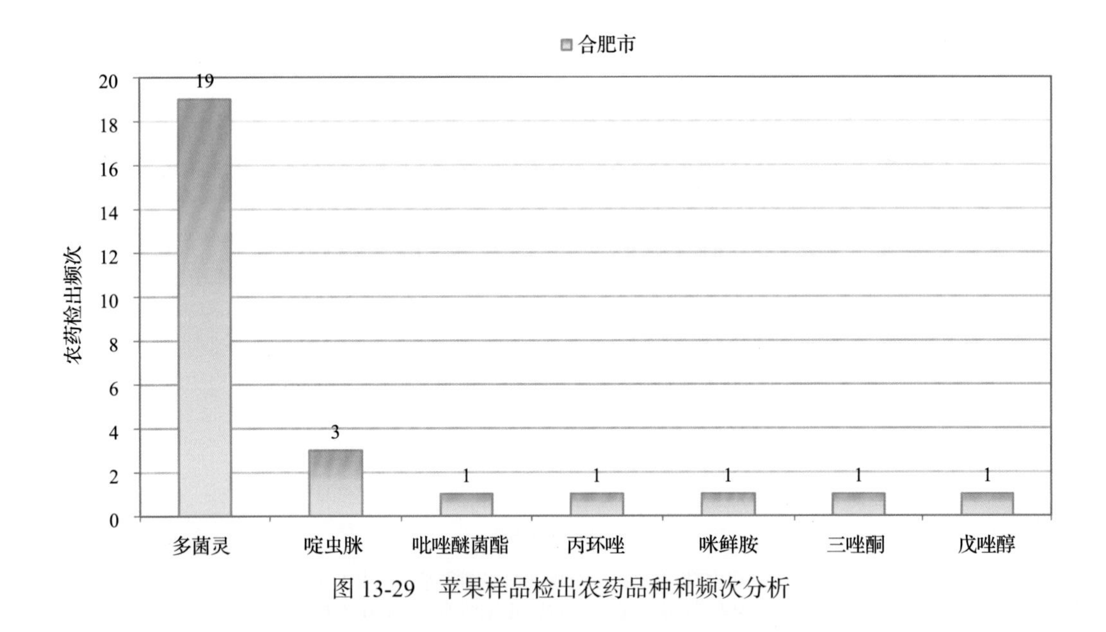

图 13-29　苹果样品检出农药品种和频次分析

13.3.3.3　梨

这次共检测 27 例梨样品，13 例样品中检出了农药残留，检出率为 48.1%，检出农药共计 6 种。其中多菌灵、嘧菌酯、吡唑醚菌酯、啶虫脒和吡虫啉检出频次较高，分别检出了 7、4、2、2 和 1 次。梨中农药检出品种和频次见图 13-30，超标农药见图 13-31 和表 13-23。

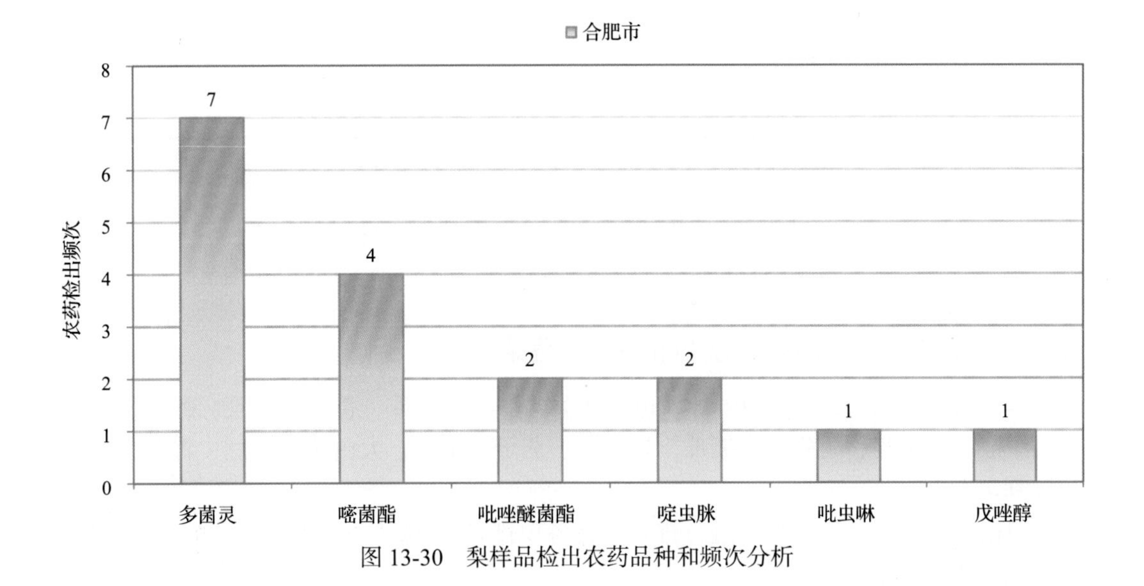

图 13-30　梨样品检出农药品种和频次分析

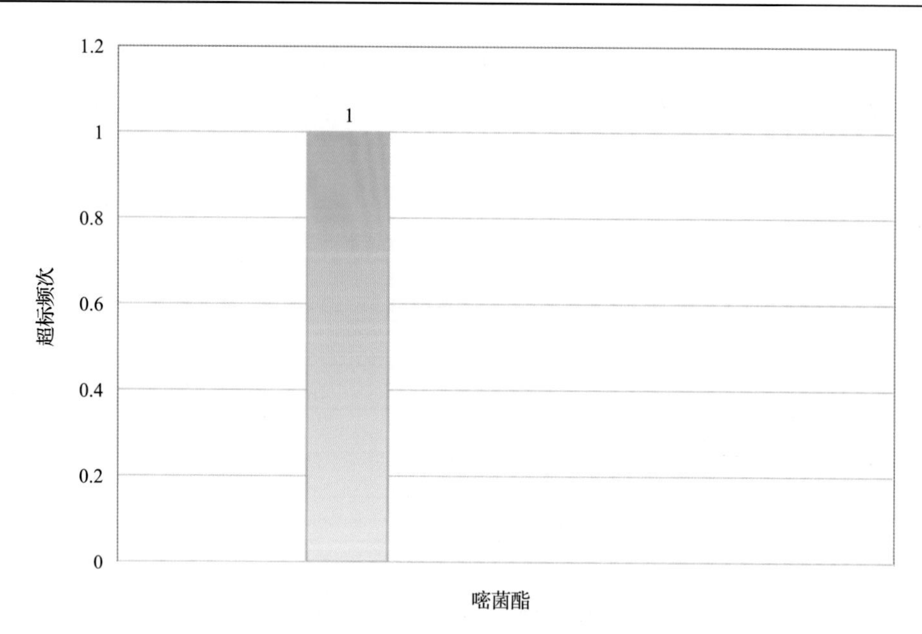

图 13-31　梨样品中超标农药分析

表 13-23　梨中农药残留超标情况明细表

样品总数			检出农药样品数	样品检出率(%)	检出农药品种总数
27			13	48.1	6
	超标农药品种	超标农药频次	按照 MRL 中国国家标准、欧盟标准和日本标准衡量超标农药名称及频次		
中国国家标准	0	0			
欧盟标准	1	1	嘧菌酯(1)		
日本标准	0	0			

13.4　蔬菜中农药残留分布

13.4.1　检出农药品种和频次排前 10 的蔬菜

本次残留侦测的蔬菜共 19 种，包括韭菜、芹菜、黄瓜、番茄、菠菜、豌豆、花椰菜、甜椒、青花菜、胡萝卜、瓠瓜、马铃薯、茄子、生菜、大白菜、菜豆、青菜、丝瓜和竹笋。

根据检出农药品种及频次进行排名，将各项排名前 10 位的蔬菜样品检出情况列表说明，详见表 13-24。

表 13-24　检出农药品种和频次排名前 10 的蔬菜

检出农药品种排名前 10(品种)	①青菜(27),②生菜(20),③黄瓜(14),④番茄(13),⑤甜椒(12),⑥芹菜(10),⑦丝瓜(10),⑧韭菜(9),⑨菜豆(7),⑩瓠瓜(6)
检出农药频次排名前 10(频次)	①青菜(78),②生菜(50),③黄瓜(44),④甜椒(29),⑤番茄(27),⑥韭菜(18),⑦丝瓜(18),⑧芹菜(17),⑨菜豆(10),⑩茄子(10)
检出禁用、高毒及剧毒农药品种排名前 10(品种)	①生菜(3),②韭菜(2),③胡萝卜(1),④青菜(1),⑤甜椒(1)
检出禁用、高毒及剧毒农药频次排名前 10(频次)	①生菜(6),②胡萝卜(2),③韭菜(2),④青菜(2),⑤甜椒(2)

13.4.2　超标农药品种和频次排前 10 的蔬菜

鉴于 MRL 欧盟标准和日本标准制定比较全面且覆盖率较高，我们参照 MRL 中国国家标准、欧盟标准和日本标准衡量蔬菜样品中农残检出情况，将超标农药品种及频次排名前 10 的蔬菜列表说明，详见表 13-25。

表 13-25　超标农药品种和频次排名前 10 的蔬菜

超标农药品种排名前 10 (农药品种数)	MRL 中国国家标准	①韭菜(2),②胡萝卜(1),③甜椒(1)
	MRL 欧盟标准	①青菜(14),②韭菜(5),③生菜(5),④芹菜(3),⑤菜豆(2),⑥甜椒(2),⑦菠菜(1),⑧番茄(1),⑨胡萝卜(1),⑩瓠瓜(1)
	MRL 日本标准	①青菜(11),②菜豆(5),③生菜(5),④芹菜(3),⑤瓠瓜(2),⑥菠菜(1),⑦番茄(1),⑧韭菜(1),⑨甜椒(1)
超标农药频次排名前 10 (农药频次数)	MRL 中国国家标准	①胡萝卜(2),②韭菜(2),③甜椒(2)
	MRL 欧盟标准	①青菜(34),②生菜(12),③韭菜(5),④芹菜(3),⑤甜椒(3),⑥菜豆(2),⑦胡萝卜(2),⑧丝瓜(2),⑨菠菜(1),⑩番茄(1)
	MRL 日本标准	①青菜(26),②生菜(13),③菜豆(7),④芹菜(3),⑤番茄(2),⑥瓠瓜(2),⑦菠菜(1),⑧韭菜(1),⑨甜椒(1)

通过对各品种蔬菜样本总数及检出率进行综合分析发现，青菜、黄瓜和番茄的残留污染最为严重，在此，我们参照 MRL 中国国家标准、欧盟标准和日本标准对这 3 种蔬菜的农残检出情况进行进一步分析。

13.4.3　农药残留检出率较高的蔬菜样品分析

13.4.3.1　青菜

这次共检测 17 例青菜样品，全部检出了农药残留，检出率为 100.0%，检出农药共计 27 种。其中烯酰吗啉、啶虫脒、灭蝇胺、三唑酮和苯醚甲环唑检出频次较高，分别检出了 12、11、8、7 和 5 次。青菜中农药检出品种和频次见图 13-32，超标农药见图 13-33 和表 13-26。

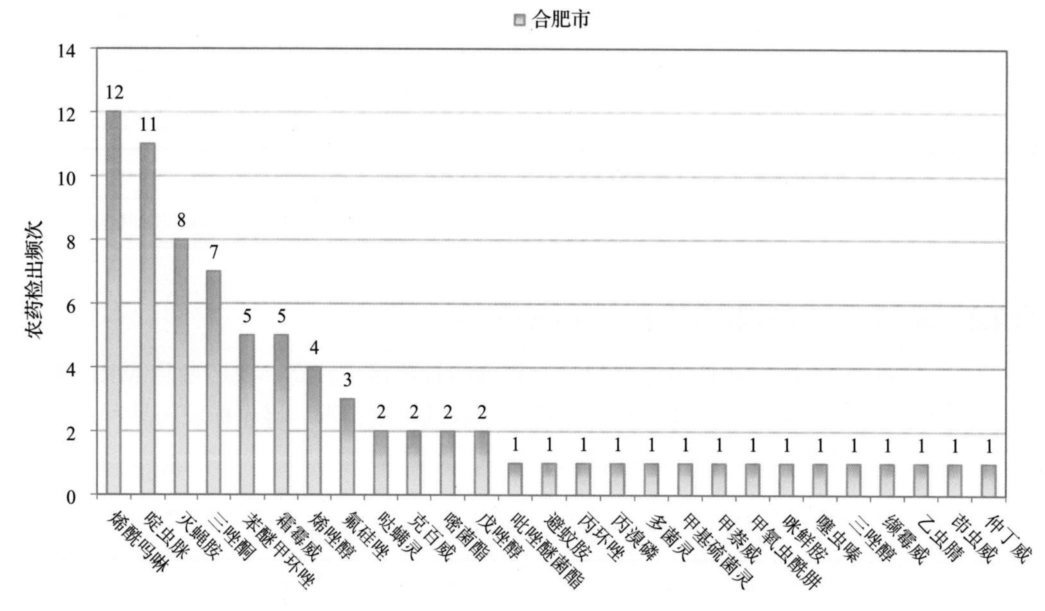

图 13-32　青菜样品检出农药品种和频次分析

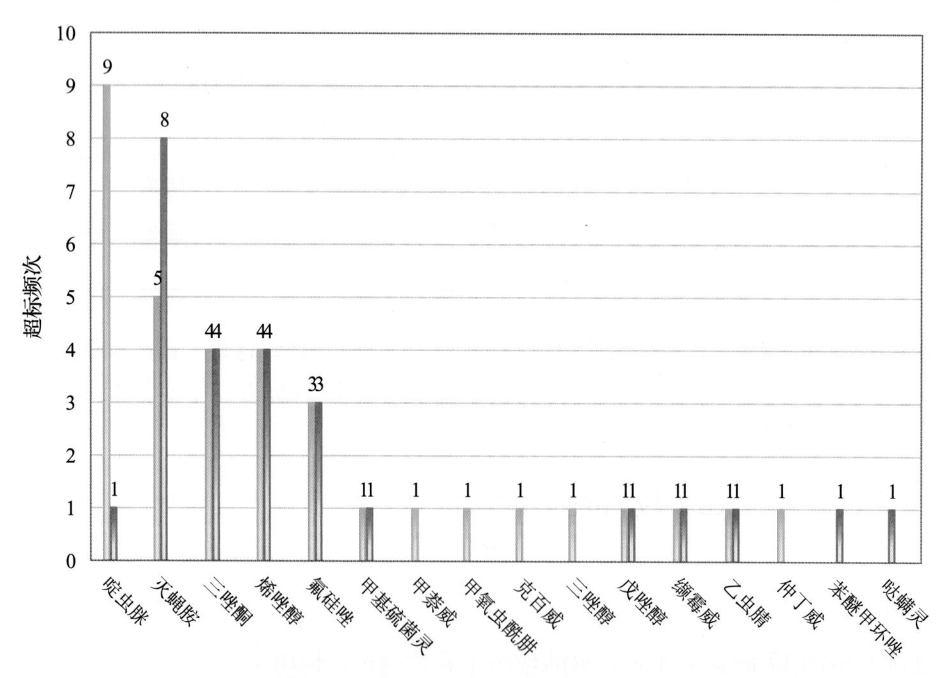

图 13-33　青菜样品中超标农药分析

表 13-26　青菜中农药残留超标情况明细表

样品总数			检出农药样品数	样品检出率(%)	检出农药品种总数
17			17	100	27
	超标农药品种	超标农药频次	按照 MRL 中国国家标准、欧盟标准和日本标准衡量超标农药名称及频次		
中国国家标准	0	0			
欧盟标准	14	34	啶虫脒(9),灭蝇胺(5),三唑酮(4),烯唑醇(4),氟硅唑(3),甲基硫菌灵(1),甲萘威(1),甲氧虫酰肼(1),克百威(1),二唑醇(1),戊唑醇(1),缬霉威(1),乙虫腈(1),仲丁威(1)		
日本标准	11	26	灭蝇胺(8),三唑酮(4),烯唑醇(4),氟硅唑(3),苯醚甲环唑(1),哒螨灵(1),啶虫脒(1),甲基硫菌灵(1),戊唑醇(1),缬霉威(1),乙虫腈(1)		

13.4.3.2　黄瓜

这次共检测 19 例黄瓜样品，13 例样品中检出了农药残留，检出率为 68.4%，检出农药共计 14 种。其中霜霉威、甲霜灵、烯酰吗啉、多菌灵和避蚊胺检出频次较高，分别检出了 9、7、7、6 和 2 次。黄瓜中农药检出品种和频次见图 13-34。

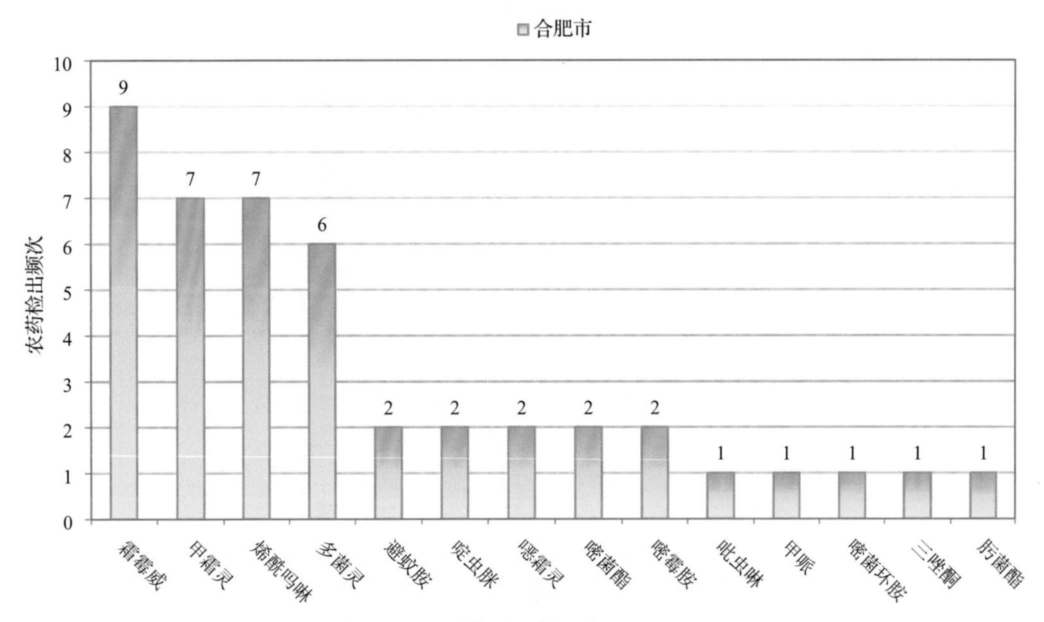

图 13-34　黄瓜样品检出农药品种和频次分析

13.4.3.3　番茄

这次共检测 20 例番茄样品，11 例样品中检出了农药残留，检出率为 55.0%，检出农药共计 13 种。其中烯酰吗啉、嘧菌酯、苯醚甲环唑、啶虫脒和噁霜灵检出频次较高，分别检出了 5、4、3、2 和 2 次。番茄中农药检出品种和频次见图 13-35，超标农药见图 13-36 和表 13-27。

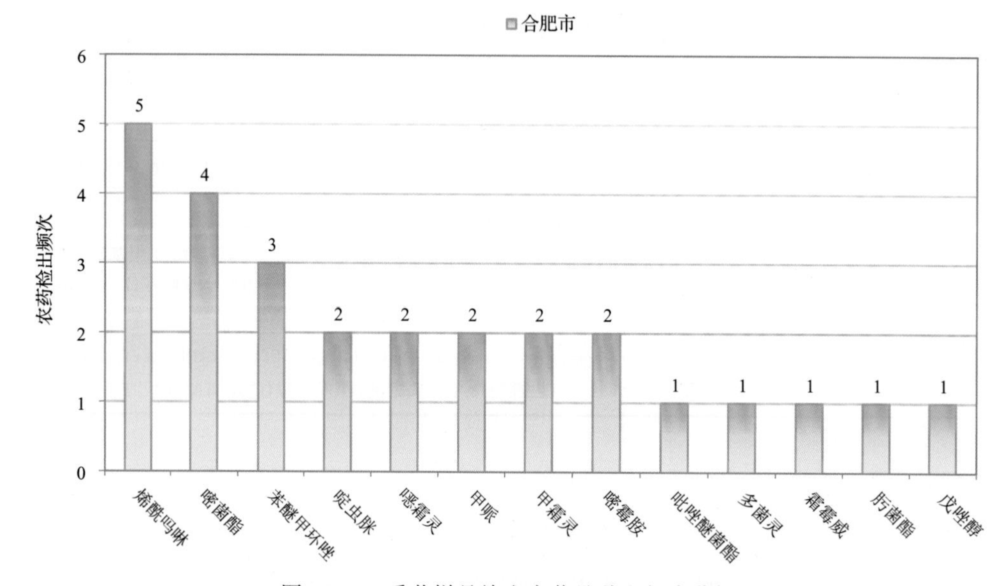

图 13-35　番茄样品检出农药品种和频次分析

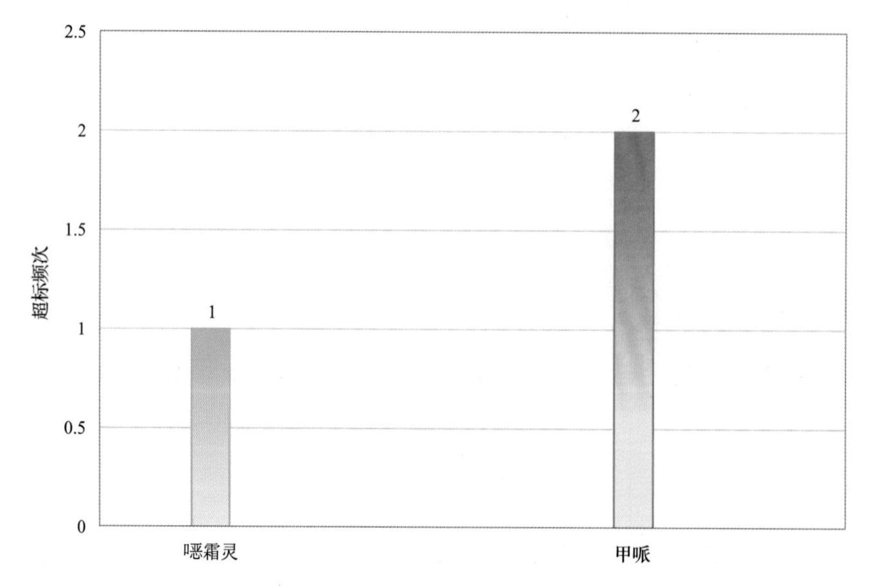

图 13-36　番茄样品中超标农药分析

表 13-27　番茄中农药残留超标情况明细表

样品总数			检出农药样品数	样品检出率(%)	检出农药品种总数
20			11	55	13
	超标农药品种	超标农药频次	按照MRL 中国国家标准、欧盟标准和日本标准衡量超标农药名称及频次		
中国国家标准	0	0			
欧盟标准	1	1	噁霜灵(1)		
日本标准	1	2	甲哌(2)		

13.5 初步结论

13.5.1 合肥市市售水果蔬菜按 MRL 中国国家标准和国际主要 MRL 标准衡量的合格率

本次侦测的 396 例样品中，179 例样品未检出任何残留农药，占样品总量的 45.2%，217 例样品检出不同水平、不同种类的残留农药，占样品总量的 54.8%。在这 217 例检出农药残留的样品中：

按照 MRL 中国国家标准衡量，有 211 例样品检出残留农药但含量没有超标，占样品总数的 53.3%，有 6 例样品检出了超标农药，占样品总数的 1.5%。

按照 MRL 欧盟标准衡量，有 164 例样品检出残留农药但含量没有超标，占样品总数的 41.4%，有 53 例样品检出了超标农药，占样品总数的 13.4%。

按照 MRL 日本标准衡量，有 165 例样品检出残留农药但含量没有超标，占样品总数的 41.7%，有 52 例样品检出了超标农药，占样品总数的 13.1%。

按照 MRL 中国香港标准衡量，有 215 例样品检出残留农药但含量没有超标，占样品总数的 54.3%，有 2 例样品检出了超标农药，占样品总数的 0.5%。

按照 MRL 美国标准衡量，有 216 例样品检出残留农药但含量没有超标，占样品总数的 54.5%，有 1 例样品检出了超标农药，占样品总数的 0.3%。

按照 MRL CAC 标准衡量，有 215 例样品检出残留农药但含量没有超标，占样品总数的 54.3%，有 2 例样品检出了超标农药，占样品总数的 0.5%。

13.5.2 合肥市市售水果蔬菜中检出农药以中低微毒农药为主，占市场主体的 92.0%

这次侦测的 396 例样品包括水果 15 种 175 例，食用菌 1 种 7 例，蔬菜 19 种 214 例，共检出了 50 种农药，检出农药的毒性以中低微毒为主，详见表 13-28。

表 13-28　市场主体农药毒性分布

毒性	检出品种	占比	检出频次	占比
剧毒农药	1	2.0%	2	0.4%
高毒农药	3	6.0%	10	1.8%
中毒农药	25	50.0%	220	40.6%
低毒农药	9	18.0%	130	24.0%
微毒农药	12	24.0%	180	33.2%
中低微毒农药，品种占比 92.0%，频次占比 97.8%				

13.5.3　检出剧毒、高毒和禁用农药现象应该警醒

在此次侦测的 396 例样品中有 5 种蔬菜和 1 种水果的 15 例样品检出了 5 种 16 频次的剧毒和高毒或禁用农药，占样品总量的 3.8%。其中剧毒农药甲拌磷以及高毒农药克百威、灭多威和氧乐果检出频次较高。

按 MRL 中国国家标准衡量，剧毒农药甲拌磷，检出 2 次，超标 2 次；高毒农药克百威，检出 8 次，超标 3 次；氧乐果，检出 1 次，超标 1 次；按超标程度比较，韭菜中氧乐果超标 82.7 倍，胡萝卜中甲拌磷超标 18.5 倍，甜椒中克百威超标 3.3 倍，韭菜中克百威超标 2.4 倍。

剧毒、高毒或禁用农药的检出情况及按照 MRL 中国国家标准衡量的超标情况见表 13-29。

表 13-29　剧毒、高毒或禁用农药的检出及超标明细

序号	农药名称	样品名称	检出频次	超标频次	最大超标倍数	超标率
1.1	甲拌磷*▲	胡萝卜	2	2	18.48	100.0%
2.1	克百威◊▲	甜椒	2	2	3.27	100.0%
2.2	克百威◊▲	葡萄	2	0	0	0.0%
2.3	克百威◊▲	青菜	2	0	0	0.0%
2.4	克百威◊▲	韭菜	1	1	2.39	100.0%
2.5	克百威◊▲	生菜	1	0	0	0.0%
3.1	氧乐果◊▲	韭菜	1	1	82.69	100.0%
4.1	灭多威◊▲	生菜	1	0	0	0.0%
5.1	丁酰肼▲	生菜	4	0	0	0.0%
合计			16	6		37.5%

注：超标倍数参照 MRL 中国国家标准衡量

这些超标的剧毒和高毒农药都是中国政府早有规定禁止在水果蔬菜中使用的，为什么还屡次被检出，应该引起警惕。

13.5.4　残留限量标准与先进国家或地区标准差距较大

542 频次的检出结果与我国公布的《食品中农药最大残留限量》（GB 2763—2014）对比，有 277 频次能找到对应的 MRL 中国国家标准，占 51.1%；还有 265 频次的侦测数据无相关 MRL 标准供参考，占 48.9%。

与国际上现行 MRL 标准对比发现：

有 542 频次能找到对应的 MRL 欧盟标准，占 100.0%；

有 542 频次能找到对应的 MRL 日本标准，占 100.0%；

有 370 频次能找到对应的 MRL 中国香港标准，占 68.3%；

有 287 频次能找到对应的 MRL 美国标准，占 53.0%；

有 279 频次能找到对应的 MRL CAC 标准，占 51.5%。

由上可见，MRL 中国国家标准与先进国家或地区标准还有很大差距，我们无标准，境外有标准，这就会导致我们在国际贸易中，处于受制于人的被动地位。

13.5.5　水果蔬菜单种样品检出 7~27 种农药残留，拷问农药使用的科学性

通过此次监测发现，葡萄、草莓和苹果是检出农药品种最多的 3 种水果，青菜、生菜和黄瓜是检出农药品种最多的 3 种蔬菜，从中检出农药品种及频次详见表 13-30。

表 13-30　单种样品检出农药品种及频次

样品名称	样品总数	检出农药样品数	检出率	检出农药品种数	检出农药(频次)
青菜	17	17	100.0%	27	烯酰吗啉(12),啶虫脒(11),灭蝇胺(8),三唑酮(7),苯醚甲环唑(5),霜霉威(5),烯唑醇(4),氟硅唑(3),哒螨灵(2),克百威(2),嘧菌酯(2),戊唑醇(2),吡唑醚菌酯(1),避蚊胺(1),丙环唑(1),丙溴磷(1),多菌灵(1),甲基硫菌灵(1),甲萘威(1),甲氧虫酰肼(1),咪鲜胺(1),噻虫嗪(1),三唑醇(1),缬霉威(1),乙虫腈(1),茚虫威(1),仲丁威(1)
生菜	10	10	100.0%	20	灭蝇胺(6),多菌灵(5),烯酰吗啉(5),丁酰肼(4),苯醚甲环唑(3),啶虫脒(3),噁霜灵(3),氟硅唑(3),甲霜灵(3),烯唑醇(3),丙环唑(2),三唑酮(2),吡虫啉(1),甲氧虫酰肼(1),克百威(1),嘧霉胺(1),灭多威(1),噻虫嗪(1),霜霉威(1),增效醚(1)
黄瓜	19	13	68.4%	14	霜霉威(9),甲霜灵(7),烯酰吗啉(7),多菌灵(6),避蚊胺(2),啶虫脒(2),噁霜灵(2),嘧菌酯(2),嘧霉胺(2),吡虫啉(1),甲哌(1),嘧菌环胺(1),三唑酮(1),肟菌酯(1)
葡萄	20	20	100.0%	20	烯酰吗啉(15),多菌灵(14),嘧菌酯(11),嘧霉胺(10),抑霉唑(7),咪鲜胺(5),氟硅唑(3),甲霜灵(3),戊唑醇(3),苯醚甲环唑(2),丙环唑(2),啶虫脒(2),噁霜灵(2),克百威(2),吡虫啉(1),吡唑醚菌酯(1),甲哌(1),噻虫嗪(1),噻嗪酮(1),三唑酮(1)
草莓	6	6	100.0%	10	嘧霉胺(6),啶虫脒(5),乙嘧酚磺酸酯(4),嘧菌环胺(3),多菌灵(1),抗蚜威(1),嘧菌酯(1),四氟醚唑(1),乙霉威(1),乙嘧酚(1)
苹果	27	19	70.4%	7	多菌灵(19),啶虫脒(3),吡唑醚菌酯(1),丙环唑(1),咪鲜胺(1),三唑酮(1),戊唑醇(1)

上述 6 种水果蔬菜，检出农药 7~27 种，是多种农药综合防治，还是未严格实施农业良好管理规范(GAP)，抑或根本就是乱施药，值得我们思考。

第14章　LC-Q-TOF/MS侦测合肥市市售水果蔬菜农药残留膳食暴露风险与预警风险评估

14.1　农药残留风险评估方法

14.1.1　合肥市农药残留侦测数据分析与统计

庞国芳院士科研团队建立的农药残留高通量侦测技术以高分辨精确质量数(0.0001 *m/z* 为基准)为识别标准，采用LC-Q-TOF/MS技术对507种农药化学污染物进行侦测。

科研团队于2015年7月~2016年3月在合肥市所属6个区县的22个采样点，随机采集了396例水果蔬菜样品，采样点分布在超市和农贸市场，具体位置如图14-1所示，各月内水果蔬菜样品采集数量如表14-1所示。

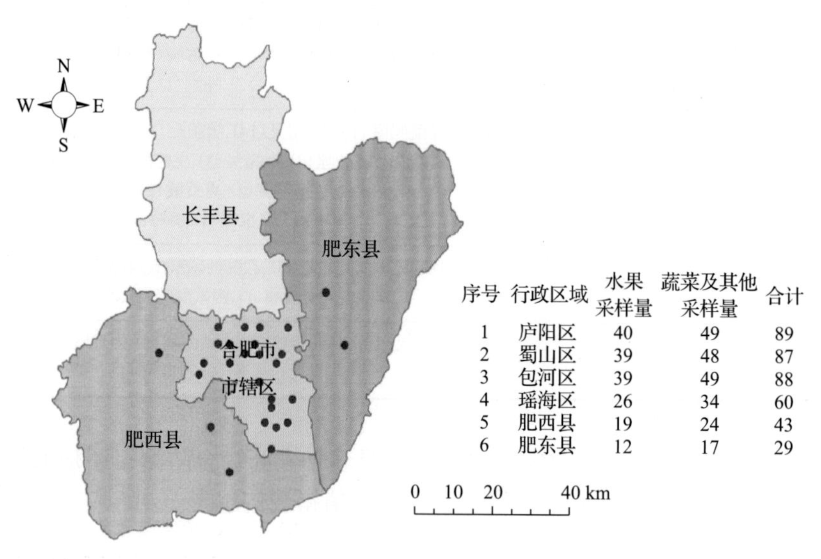

图14-1　LC-Q-TOF/MS侦测合肥市22个采样点396例样品分布示意图

表14-1　合肥市各月内采集水果蔬菜样品数列表

时间	样品数(例)
2015年7月	149
2015年9月	146
2016年3月	101

利用 LC-Q-TOF/MS 技术对 396 例样品中的农药进行侦测，侦测出残留农药 50 种，542 频次。侦测出农药残留水平如表 14-2 和图 14-2 所示。检出频次最高的前 10 种农药如表 14-3 所示。从侦测结果中可以看出，在水果蔬菜中农药残留普遍存在，且有些水果蔬菜存在高浓度的农药残留，这些可能存在膳食暴露风险，对人体健康产生危害，因此，为了定量地评价水果蔬菜中农药残留的风险程度，有必要对其进行风险评价。

表 14-2　侦测出农药的不同残留水平及其所占比例列表

残留水平(μg/kg)	检出频次	占比(%)
1~5(含)	119	22
5~10(含)	80	14.8
10~100(含)	284	52.4
100~1000(含)	57	10.5
>1000	2	0.4
合计	542	100

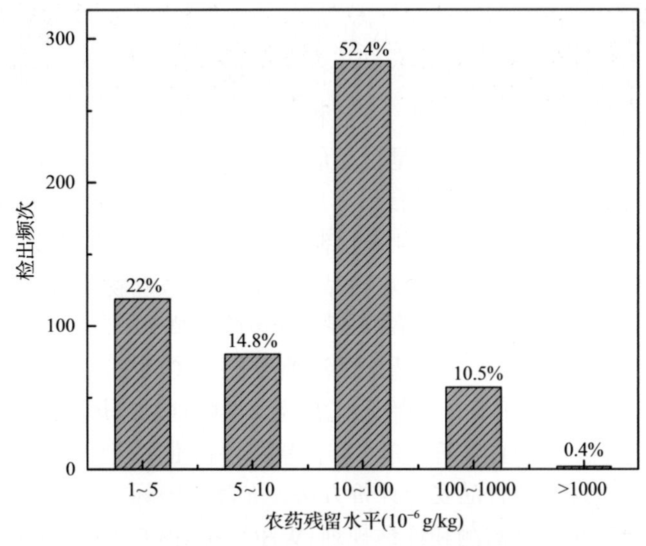

图 14-2　残留农药检出浓度频数分布图

表 14-3　检出频次最高的前 10 种农药列表

序号	农药	检出频次(次)
1	多菌灵	85
2	烯酰吗啉	68
3	嘧菌酯	43
4	啶虫脒	42
5	嘧霉胺	26
6	霜霉威	26
7	灭蝇胺	22

续表

序号	农药	检出频次(次)
8	苯醚甲环唑	20
9	戊唑醇	20
10	甲霜灵	17

14.1.2 农药残留风险评价模型

对合肥市水果蔬菜中农药残留分别开展暴露风险评估和预警风险评估。膳食暴露风险评估利用食品安全指数模型对水果蔬菜中的残留农药对人体可能产生的危害程度进行评价，该模型结合残留监测和膳食暴露评估评价化学污染物的危害；预警风险评价模型运用风险系数(risk index，*R*)，风险系数综合考虑了危害物的超标率、施检频率及其本身敏感性的影响，能直观而全面地反映出危害物在一段时间内的风险程度。

14.1.2.1 食品安全指数模型

为了加强食品安全管理，《中华人民共和国食品安全法》第二章第十七条规定“国家建立食品安全风险评估制度，运用科学方法，根据食品安全风险监测信息、科学数据以及有关信息，对食品、食品添加剂、食品相关产品中生物性、化学性和物理性危害因素进行风险评估”[1]，膳食暴露评估是食品危险度评估的重要组成部分，也是膳食安全性的衡量标准[2]。国际上最早研究膳食暴露风险评估的机构主要是 JMPR(FAO、WHO 农药残留联合会议)，该组织自 1995 年就已制定了急性毒性物质的风险评估急性毒性农药残留摄入量的预测。1960 年美国规定食品中不得加入致癌物质进而提出零阈值理论，渐渐零阈值理论发展成在一定概率条件下可接受风险的概念[3]，后衍变为食品中每日允许最大摄入量(ADI)，而国际食品农药残留法典委员会(CCPR)认为 ADI 不是独立风险评估的唯一标准[4]，1995 年 JMPR 开始研究农药急性膳食暴露风险评估，并对食品国际短期摄入量的计算方法进行了修正，亦对膳食暴露评估准则及评估方法进行了修正[5]，2002 年，在对世界上现行的食品安全评价方法，尤其是国际公认的 CAC 的评价方法、全球环境监测系统/食品污染监测和评估规划(WHO GEMS/Food)及 FAO、WHO 食品添加剂联合专家委员会(JECFA)和 JMPR 对食品安全风险评估工作研究的基础之上，检验检疫食品安全管理的研究人员提出了结合残留监控和膳食暴露评估，以食品安全指数 IFS 计算食品中各种化学污染物对消费者的健康危害程度[6]。IFS 是表示食品安全状态的新方法，可有效地评价某种农药的安全性，进而评价食品中各种农药化学污染物对消费者健康的整体危害程度[7, 8]。从理论上分析，IFS_c 可指出食品中的污染物 c 对消费者健康是否存在危害及危害的程度[9]。其优点在于操作简单且结果容易被接受和理解，不需要大量的数据来对结果进行验证，使用默认的标准假设或者模型即可[10, 11]。

1) IFS_c 的计算

IFS_c 计算公式如下：

$$IFS_c = \frac{EDI_c \times f}{SI_c \times bw} \tag{14-1}$$

式中，c 为所研究的农药；EDI_c 为农药 c 的实际日摄入量估算值，等于 $\Sigma(R_i \times F_i \times E_i \times P_i)$（$i$ 为食品种类；R_i 为食品 i 中农药 c 的残留水平，mg/kg；F_i 为食品 i 的估计日消费量，g/(人·天)；E_i 为食品 i 的可食用部分因子；P_i 为食品 i 的加工处理因子）；SI_c 为安全摄入量，可采用每日允许最大摄入量 ADI；bw 为人平均体重，kg；f 为校正因子，如果安全摄入量采用 ADI，则 f 取 1。

$IFS_c \ll 1$，农药 c 对食品安全没有影响；$IFS_c \leqslant 1$，农药 c 对食品安全的影响可以接受；$IFS_c > 1$，农药 c 对食品安全的影响不可接受。

本次评价中：

$IFS_c \leqslant 0.1$，农药 c 对水果蔬菜安全没有影响；

$0.1 < IFS_c \leqslant 1$，农药 c 对水果蔬菜安全的影响可以接受；

$IFS_c > 1$，农药 c 对水果蔬菜安全的影响不可接受。

本次评价中残留水平 R_i 取值为中国检验检疫科学研究院庞国芳院士课题组以高分辨精确质量数(0.0001 m/z)为基准的 GC-Q-TOF/MS 侦测技术于 2015 年 7 月~2016 年 3 月对合肥市水果蔬菜农药残留的侦测结果，估计日消费量 F_i 取值 0.38 kg/(人·天)，E_i=1，P_i=1，f=1，SI_c 采用《食品安全国家标准　食品中农药最大残留限量》(GB 2763—2016)中 ADI 值(具体数值见表 14-4)，人平均体重(bw)取值 60 kg。

表 14-4　合肥市水果蔬菜中侦测出农药的 ADI 值

序号	农药	ADI	序号	农药	ADI	序号	农药	ADI
1	苯醚甲环唑	0.01	18	抗蚜威	0.02	35	烯唑醇	0.005
2	吡虫啉	0.06	19	克百威	0.001	36	氧乐果	0.0003
3	吡唑醚菌酯	0.03	20	咪鲜胺	0.01	37	乙虫腈	0.005
4	丙环唑	0.07	21	嘧菌环胺	0.03	38	乙霉威	0.004
5	丙溴磷	0.03	22	嘧菌酯	0.2	39	乙嘧酚	0.035
6	哒螨灵	0.01	23	嘧霉胺	0.2	40	异丙威	0.002
7	丁酰肼	0.5	24	灭多威	0.02	41	抑霉唑	0.03
8	啶虫脒	0.07	25	灭蝇胺	0.06	42	茚虫威	0.01
9	多菌灵	0.03	26	噻虫嗪	0.08	43	莠去津	0.02
10	多效唑	0.1	27	噻嗪酮	0.009	44	增效醚	0.2
11	噁霜灵	0.01	28	噻唑磷	0.004	45	仲丁威	0.06
12	氟硅唑	0.007	29	三唑醇	0.03	46	避蚊胺	—
13	甲拌磷	0.0007	30	三唑酮	0.03	47	甲哌	—
14	甲基硫菌灵	0.08	31	霜霉威	0.4	48	四氟醚唑	—
15	甲萘威	0.008	32	肟菌酯	0.04	49	缬霉威	—
16	甲霜灵	0.08	33	戊唑醇	0.03	50	乙嘧酚磺酸酯	—
17	甲氧虫酰肼	0.1	34	烯酰吗啉	0.2			

注：“—”表示为国家标准中无 ADI 值规定；ADI 值单位为 mg/kg bw

2) 计算 IFS_c 的平均值 $\overline{IFS}$，评价农药对食品安全的影响程度

以 $\overline{IFS}$ 评价各种农药对人体健康危害的总程度，评价模型见公式(14-2)。

$$\overline{IFS}=\frac{\sum_{i=1}^{n}IFS_c}{n} \tag{14-2}$$

$\overline{IFS}\ll 1$，所研究消费者人群的食品安全状态很好；$\overline{IFS}\leqslant 1$，所研究消费者人群的食品安全状态可以接受；$\overline{IFS}>1$，所研究消费者人群的食品安全状态不可接受。

本次评价中：

$\overline{IFS}\leqslant 0.1$，所研究消费者人群的水果蔬菜安全状态很好；

$0.1<\overline{IFS}\leqslant 1$，所研究消费者人群的水果蔬菜安全状态可以接受；

$\overline{IFS}>1$，所研究消费者人群的水果蔬菜安全状态不可接受。

14.1.2.2　预警风险评估模型

2003 年，我国检验检疫食品安全管理的研究人员根据 WTO 的有关原则和我国的具体规定，结合危害物本身的敏感性、风险程度及其相应的施检频率，首次提出了食品中危害物风险系数 R 的概念[12]。R 是衡量一个危害物的风险程度大小最直观的参数，即在一定时期内其超标率或阳性检出率的高低，但受其施检频率的高低及其本身的敏感性(受关注程度)影响。该模型综合考察了农药在蔬菜中的超标率、施检频率及其本身敏感性，能直观而全面地反映出农药在一段时间内的风险程度[13]。

1) R 计算方法

危害物的风险系数综合考虑了危害物的超标率或阳性检出率、施检频率和其本身的敏感性影响，并能直观而全面地反映出危害物在一段时间内的风险程度。风险系数 R 的计算公式如式(14-3)：

$$R=aP+\frac{b}{F}+S \tag{14-3}$$

式中，P 为该种危害物的超标率；F 为危害物的施检频率；S 为危害物的敏感因子；a, b 分别为相应的权重系数。

本次评价中 F=1；S=1；a=100；b=0.1，对参数 P 进行计算，计算时首先判断是否为禁用农药，如果为非禁用农药，P=超标的样品数(侦测出的含量高于食品最大残留限量标准值，即 MRL)除以总样品数(包括超标、不超标、未侦测出)；如果为禁用农药，则侦测出即为超标，P=能侦测出的样品数除以总样品数。判断合肥市水果蔬菜农药残留是否超标的标准限值 MRL 分别以 MRL 中国国家标准[14]和 MRL 欧盟标准作为对照，具体值列于本报告附表一中。

2) 评价风险程度

$R\leqslant 1.5$，受检农药处于低度风险；

$1.5<R\leqslant 2.5$，受检农药处于中度风险；

$R>2.5$，受检农药处于高度风险。

14.1.2.3　食品膳食暴露风险和预警风险评估应用程序的开发

1) 应用程序开发的步骤

为成功开发膳食暴露风险和预警风险评估应用程序，与软件工程师多次沟通讨论，逐步提出并描述清楚计算需求，开发了初步应用程序。为明确出不同水果蔬菜、不同农药、不同地域和不同季节的风险水平，向软件工程师提出不同的计算需求，软件工程师对计算需求进行逐一地分析，经过反复的细节沟通，需求分析得到明确后，开始进行解决方案的设计，在保证需求的完整性、一致性的前提下，编写出程序代码，最后设计出满足需求的风险评估专用计算软件，并通过一系列的软件测试和改进，完成专用程序的开发。软件开发基本步骤见图 14-3。

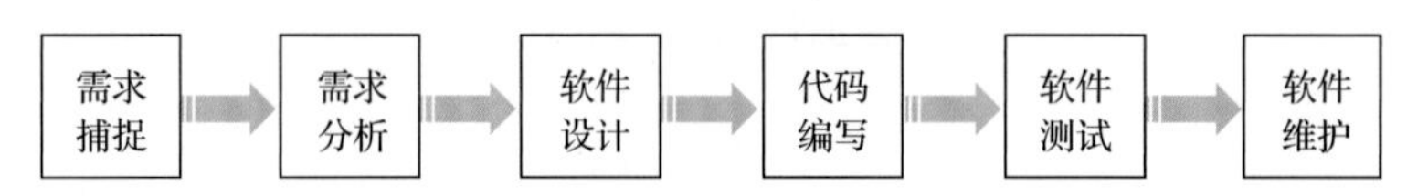

图 14-3　专用程序开发总体步骤

2) 膳食暴露风险评估专业程序开发的基本要求

首先直接利用公式(14-1)，分别计算 LC-Q-TOF/MS 和 GC-Q-TOF/MS 仪器侦测出的各水果蔬菜样品中每种农药 IFS_c，将结果列出。为考察超标农药和禁用农药的使用安全性，分别以我国《食品安全国家标准　食品中农药最大残留限量》(GB 2763—2016)和欧盟食品中农药最大残留限量(以下简称 MRL 中国国家标准和 MRL 欧盟标准)为标准，对侦测出的禁用农药和超标的非禁用农药 IFS_c 单独进行评价；按 IFS_c 大小列表，并找出 IFS_c 值排名前 20 的样本重点关注。

对不同水果蔬菜 i 中每一种侦测出的农药 c 的安全指数进行计算，多个样品时求平均值。若监测数据为该市多个月的数据，则逐月、逐季度分别列出每个月、每个季度内每一种水果蔬菜 i 对应的每一种农药 c 的 IFS_c。

按农药种类，计算整个监测时间段内每种农药的 IFS_c，不区分水果蔬菜。若检测数据为该市多个月的数据，则需分别计算每个月、每个季度内每种农药的 IFS_c。

3) 预警风险评估专业程序开发的基本要求

分别以 MRL 中国国家标准和 MRL 欧盟标准，按公式(14-3)逐个计算不同水果蔬菜、不同农药的风险系数，禁用农药和非禁用农药分别列表。

为清楚了解各种农药的预警风险，不分时间，不分水果蔬菜，按禁用农药和非禁用农药分类，分别计算各种侦测出农药全部检测时段内风险系数。由于有 MRL 中国国家标准的农药种类太少，无法计算超标数，非禁用农药的风险系数只以 MRL 欧盟标准为标准，进行计算。若检测数据为多个月的，则按月计算每个月、每个季度内每种禁用农药残留的风险系数和以 MRL 欧盟标准为标准的非禁用农药残留的风险系数。

4) 风险程度评价专业应用程序的开发方法

采用 Python 计算机程序设计语言，Python 是一个高层次地结合了解释性、编译性、互动性和面向对象的脚本语言。风险评价专用程序主要功能包括：分别读入每例样品 LC-Q-TOF/MS 和 GC-Q-TOF/MS 农药残留检测数据，根据风险评价工作要求，依次对不同农药、不同食品、不同时间、不同采样点的 IFS_c 值和 R 值分别进行数据计算，筛选出禁用农药、超标农药（分别与 MRL 中国国家标准、MRL 欧盟标准限值进行对比）单独重点分析，再分别对各农药、各水果蔬菜种类分类处理，设计出计算和排序程序，编写计算机代码，最后将生成的膳食暴露风险评估和超标风险评估定量计算结果列入设计好的各个表格中，并定性判断风险对目标的影响程度，直接用文字描述风险发生的高低，如"不可接受"、"可以接受"、"没有影响"、"高度风险"、"中度风险"、"低度风险"。

14.2 LC-Q-TOF/MS 侦测合肥市市售水果蔬菜农药残留膳食暴露风险评估

14.2.1 每例水果蔬菜样品中农药残留安全指数分析

基于农药残留侦测数据，发现在 396 例样品中侦测出农药 542 频次，计算样品中每种残留农药的安全指数 IFS_c，并分析农药对样品安全的影响程度，结果详见附表二，农药残留对水果蔬菜样品安全的影响程度频次分布情况如图 14-4 所示。

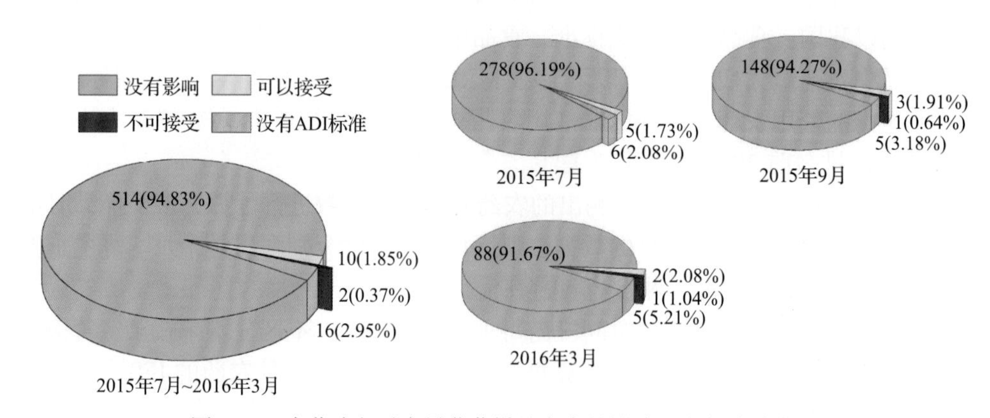

图 14-4　农药残留对水果蔬菜样品安全的影响程度频次分布图

由图 14-4 可以看出，农药残留对样品安全的影响不可接受的频次为 2，占 0.37%；农药残留对样品安全的影响可以接受的频次为 10，占 1.85%；农药残留对样品安全的没有影响的频次为 514，占 94.83%。分析发现，在 3 个月份内只有 2015 年 9 月、2016 年 3 月内分别有 1 种农药对样品安全影响不可接受，其他月份内，农药对样品安全的影响均在可以接受和没有影响的范围内。表 14-5 为对水果蔬菜样品中安全指数不可接受的农药残留列表。

表 14-5　水果蔬菜样品中安全影响不可接受的农药残留列表

序号	样品编号	采样点	基质	农药	含量(mg/kg)	IFS_c
1	20160320-340100-AHCIQ-JC-01A	***超市(国购店)	韭菜	氧乐果	1.6738	35.3358
2	20150904-340100-AHCIQ-HU-05A	***超市	胡萝卜	甲拌磷	0.1948	1.7625

部分样品侦测出禁用农药 5 种 16 频次，为了明确残留的禁用农药对样品安全的影响，分析侦测出禁用农药残留的样品安全指数，禁用农药残留对水果蔬菜样品安全的影响程度频次分布情况如图 14-5 所示，农药残留对样品安全的影响不可接受的频次为 2，占 12.5%；农药残留对样品安全的影响可以接受的频次为 6，占 37.5%；农药残留对样品安全没有影响的频次为 8，占 50%。分析发现，在该 2015 年 9 月、2016 年 3 月分别有一种禁用农药对样品安全影响不可接受，其他月份内，禁用农药对样品安全的影响均在可以接受和没有影响的范围内。表 14-6 列出了水果蔬菜样品中侦测出的禁用农药残留不可接受的安全指数表。

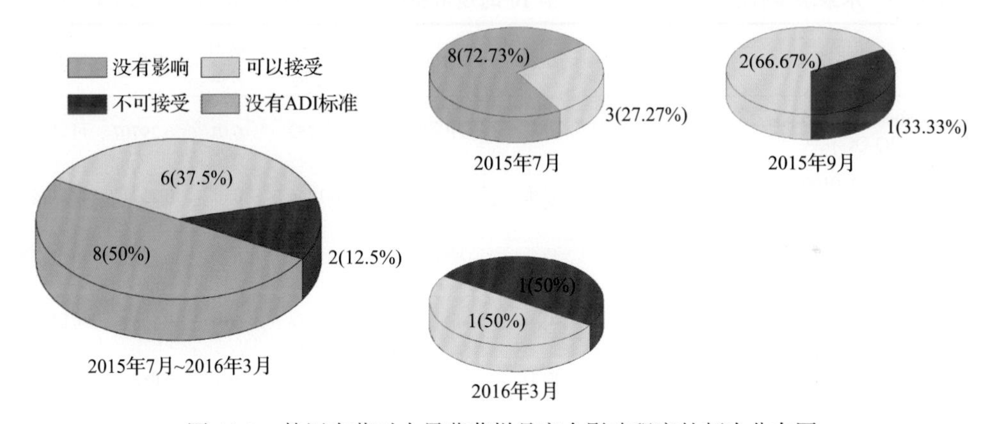

图 14-5　禁用农药对水果蔬菜样品安全影响程度的频次分布图

表 14-6　水果蔬菜样品中侦测出的禁用农药残留不可接受的安全指数表

序号	样品编号	采样点	基质	农药	含量(mg/kg)	IFS_c
1	20160320-340100-AHCIQ-JC-01A	***超市(国购店)	韭菜	氧乐果	1.6738	35.3358
2	20150904-340100-AHCIQ-HU-05A	***超市	胡萝卜	甲拌磷	0.1948	1.7625

此外，本次侦测发现部分样品中非禁用农药残留量超过了 MRL 中国国家标准和欧盟标准，没有发现非禁用农药残留量超过 MRL 中国国家标准。为了明确超标的非禁用农药对样品安全的影响，分析了非禁用农药残留超标的样品安全指数。

残留量超过 MRL 欧盟标准的非禁用农药对水果蔬菜样品安全的影响程度频次分布情况如图 14-6 所示。可以看出超过 MRL 欧盟标准的非禁用农药共 69 频次，其中农药没有 ADI 标准的频次为 1，占 1.45%；农药残留对样品安全无不可接受；农药残留对样品安全的影响可以接受的频次为 4，占 5.8%；农药残留对样品安全没有影响的频次为 64，占 92.75%。

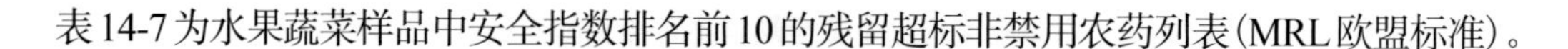
表14-7为水果蔬菜样品中安全指数排名前10的残留超标非禁用农药列表(MRL欧盟标准)。

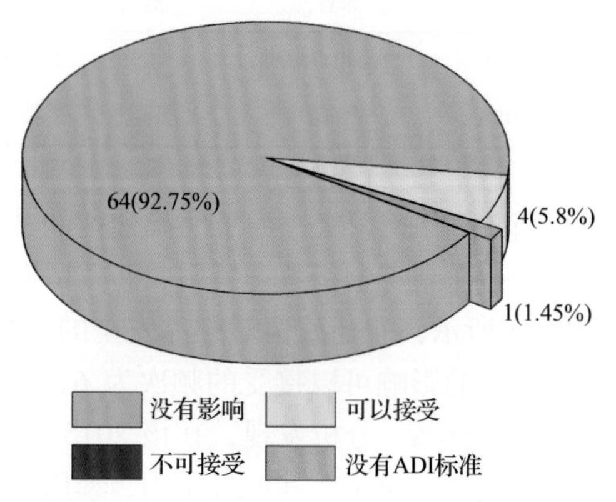

图14-6　残留超标的非禁用农药对水果蔬菜样品安全的影响程度频次分布图(MRL欧盟标准)

表14-7　水果蔬菜样品中安全指数排名前10的残留超标非禁用农药列表(MRL欧盟标准)

序号	样品编号	采样点	基质	农药	含量(mg/kg)	欧盟标准	IFS_c	影响程度
1	20150901-340100-AHCIQ-QC-03A	***超市(铜陵路店)	青菜	甲萘威	0.3752	0.01	0.2970	可以接受
2	20150727-340100-AHCIQ-JC-10A	***超市(肥东店)	韭菜	乙霉威	0.1466	0.05	0.2321	可以接受
3	20160320-340100-AHCIQ-SG-02A	***超市(马鞍山路店)	丝瓜	噻唑磷	0.1403	0.02	0.2221	可以接受
4	20150722-340100-AHCIQ-LE-02A	***超市(国购店)	生菜	烯唑醇	0.0986	0.01	0.1249	可以接受
5	20150722-340100-AHCIQ-GP-03A	***超市(潜山店)	葡萄	多菌灵	0.4367	0.3	0.0922	没有影响
6	20150722-340100-AHCIQ-LE-03A	***超市(潜山店)	生菜	烯唑醇	0.0625	0.01	0.0792	没有影响
7	20150723-340100-AHCIQ-DJ-06A	***超市(元一店)	菜豆	多菌灵	0.3742	0.2	0.0790	没有影响
8	20150724-340100-AHCIQ-QC-09A	***超市(水晶城店)	青菜	烯唑醇	0.0590	0.01	0.0747	没有影响
9	20150722-340100-AHCIQ-QC-01A	***超市(鼓楼店)	青菜	啶虫脒	0.7481	0.01	0.0677	没有影响
10	20150905-340100-AHCIQ-CE-07A	***超市	芹菜	异丙威	0.0204	0.01	0.0646	没有影响

在396例样品中，179例样品未侦测出农药残留，217例样品中侦测出农药残留，计算每例有农药侦测出样品的$\overline{IFS}$值，进而分析样品的安全状态结果如图14-7所示(未侦测出农药的样品安全状态视为很好)。可以看出，0.51%的样品安全状态不可接受；1.26%的样品安全状态可以接受；97.47%的样品安全状态很好。此外，可以看出只有2015年9月和2016年3月分别有一例样品安全状态不可接受，其他月份内的样品安全状态均在很好和可以接受的范围内。表14-8列出了安全状态不可接受的水果蔬菜样品。

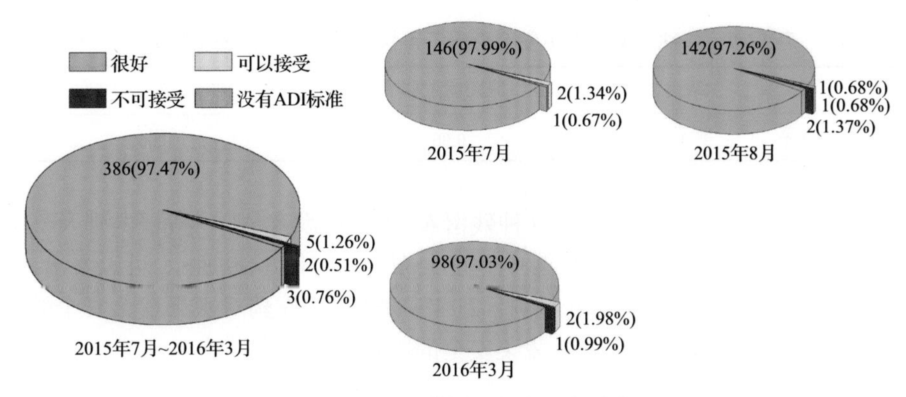

图 14-7　水果蔬菜样品安全状态分布图

表 14-8　水果蔬菜安全状态不可接受的样品列表

序号	样品编号	采样点	基质	$\overline{IFS}$
1	20160320-340100-AHCIQ-JC-01A	***超市(国购店)	韭菜	35.3358
2	20150904-340100-AHCIQ-HU-05A	***超市	胡萝卜	1.7625

14.2.2　单种水果蔬菜中农药残留安全指数分析

本次 35 种水果蔬菜侦测 50 种农药，检出频次为 542 次，其中 5 种农药没有 ADI 标准，45 种农药存在 ADI 标准。菠萝、花椰菜和豌豆和竹笋共 4 种水果蔬菜未侦测出任何农药，对其他的 31 种水果蔬菜按不同种类分别计算侦测出的具有 ADI 标准的各种农药的 IFS_c 值，农药残留对水果蔬菜的安全指数分布图如图 14-8 所示。

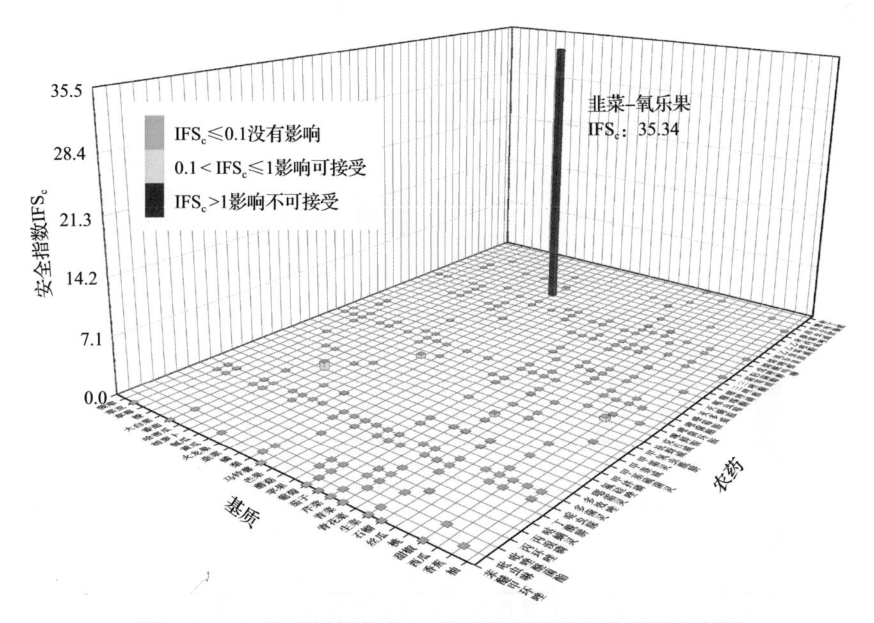

图 14-8　31 种水果蔬菜中 45 种残留农药的安全指数分布图

分析发现韭菜中的氧乐果残留对食品安全影响不可接受，如表 14-9 所示。

表 14-9 单种水果蔬菜中安全影响不可接受的残留农药安全指数表

序号	基质	农药	检出频次	检出率(%)	IFS>1 的频次	IFS>1 的比例(%)	IFS_c
1	韭菜	氧乐果	1	0.06	1	0.06	35.3358

本次侦测中，35 种水果蔬菜和 50 种残留农药（包括没有 ADI 标准）共涉及 234 个分析样本，农药对单种水果蔬菜安全的影响程度分布情况如图 14-9 所示。可以看出，93.16%的样本中农药对水果蔬菜安全没有影响，2.14%的样本中农药对水果蔬菜安全的影响可以接受，0.43%的样本中农药对水果蔬菜安全的影响不可接受。

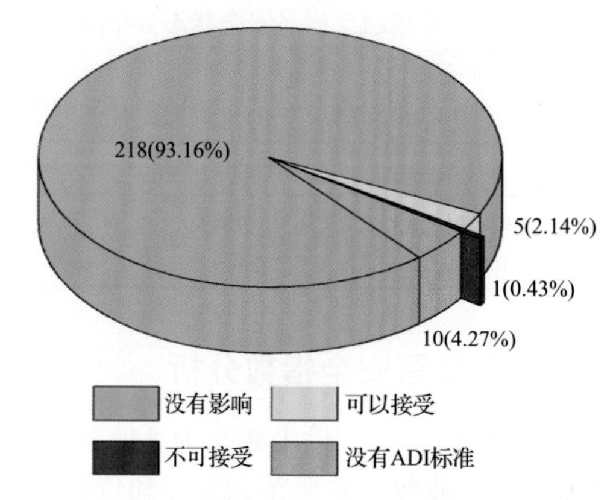

图 14-9 234 个分析样本安全影响程度的频次分布图

此外，分别计算 31 种水果蔬菜中所有侦测出农药 IFS_c 的平均值 $\overline{IFS}$，分析每种水果蔬菜的安全状态，结果如图 14-10 所示，分析发现，1 种水果蔬菜（3.2%）的安全状态不可接受，1 种水果蔬菜（3.2%）的安全状态可以接受，29 种（93.6%）水果蔬菜的安全状态很好。

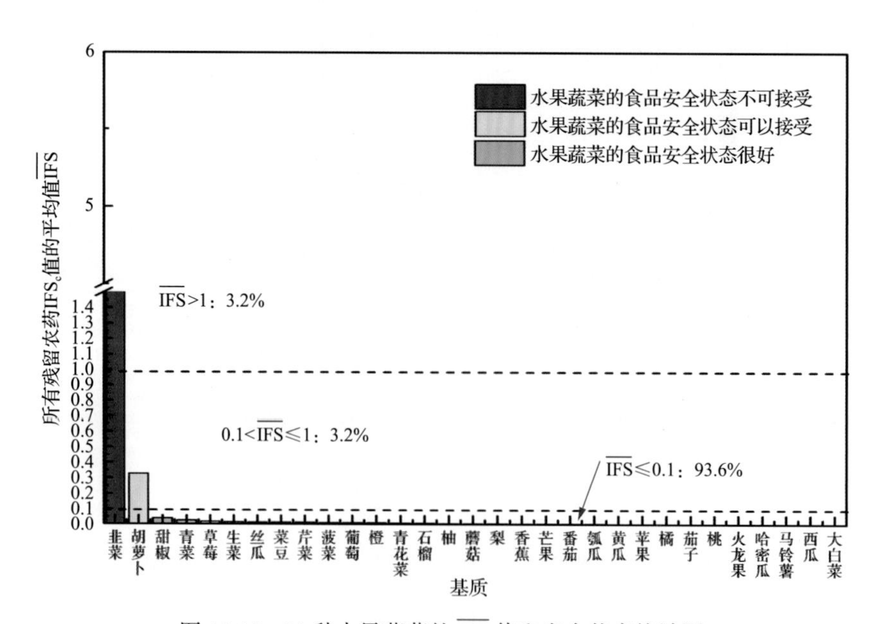

图 14-10 31 种水果蔬菜的 $\overline{IFS}$ 值和安全状态统计图

对每个月内每种水果蔬菜中农药的 IFS_c 进行分析，并计算每月内每种水果蔬菜的 $\overline{IFS}$ 值，以评价每种水果蔬菜的安全状态，结果如图 14-11 所示，可以看出，只有 2016 年 3 月的韭菜的安全状态不可接受，该月份其余水果蔬菜和其他月份的所有水果蔬菜的安全状态均处于很好和可以接受的范围内，各月份内单种水果蔬菜安全状态统计情况如图 14-12 所示。

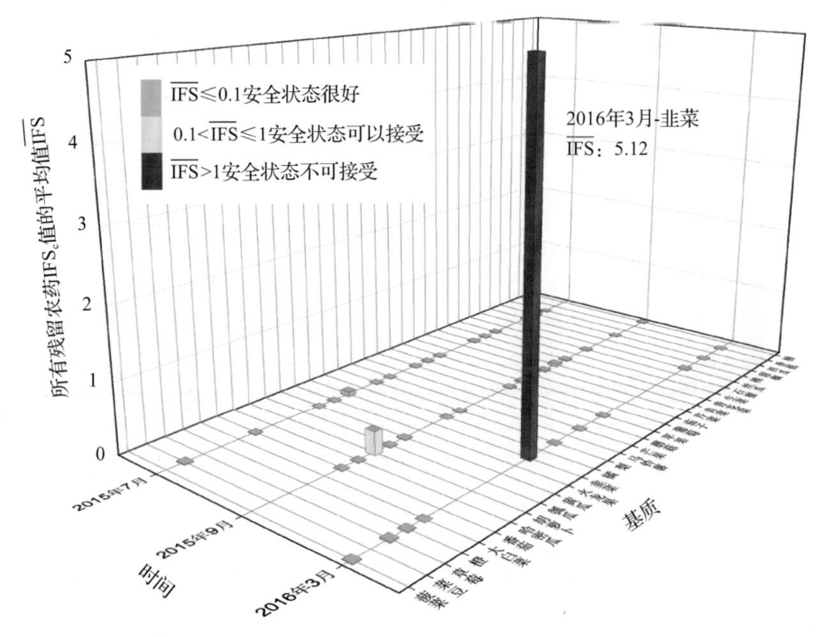

图 14-11　各月内每种水果蔬菜的 $\overline{IFS}$ 值与安全状态分布图

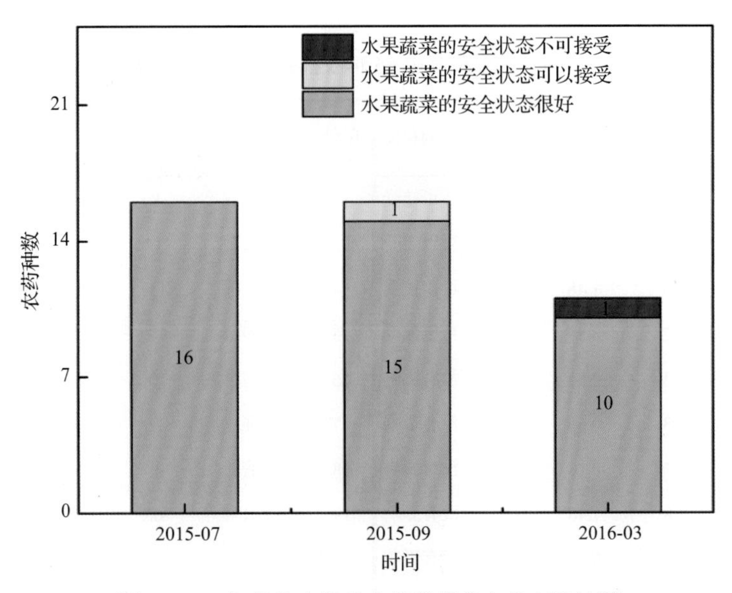

图 14-12　各月份内单种水果蔬菜安全状态统计图

14.2.3　所有水果蔬菜中农药残留安全指数分析

计算所有水果蔬菜中 45 种农药的 $\overline{\text{IFS}}_{\text{c}}$ 值，结果如图 14-13 及表 14-10 所示。

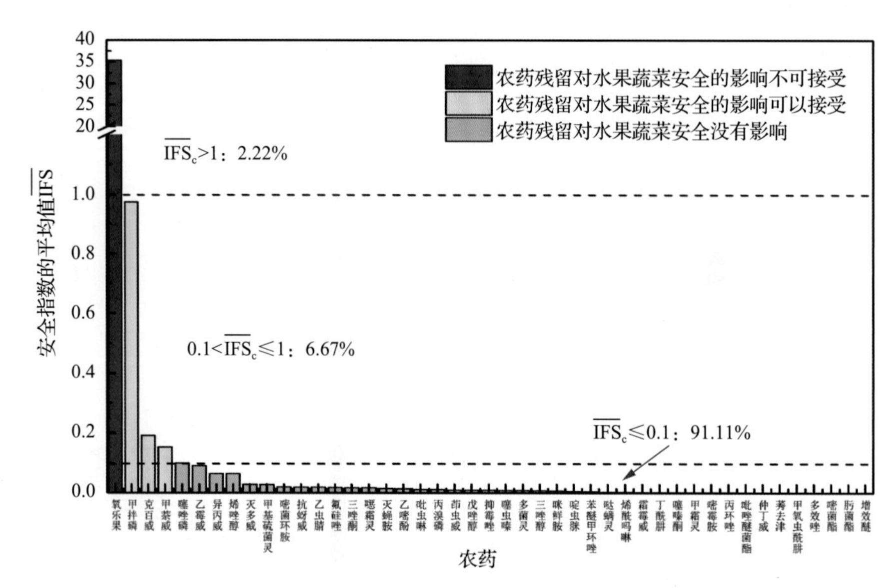

图 14-13　45 种残留农药对水果蔬菜的安全影响程度统计图

分析发现，只有氧乐果的 $\overline{\text{IFS}}_{\text{c}}$ 大于 1，其他农药的 $\overline{\text{IFS}}_{\text{c}}$ 均小于 1，说明氧乐果对水果蔬菜安全的影响不可接受，其他农药对水果蔬菜安全的影响均在没有影响和可接受的范围内，其中 6.67%的农药对水果蔬菜安全的影响可以接受，91.11%的农药对水果蔬菜安全的影响可以接受。

表 14-10　水果蔬菜中 45 种农药残留的安全指数表

序号	农药	检出频次	检出率(%)	$\overline{\text{IFS}}_{\text{c}}$	影响程度	序号	农药	检出频次	检出率(%)	$\overline{\text{IFS}}_{\text{c}}$	影响程度
1	氧乐果	1	0.19	35.3357	不可接受	12	抗蚜威	1	0.18	0.0193	没有影响
2	甲拌磷	2	0.37	0.9731	可以接受	13	乙虫腈	1	0.18	0.0193	没有影响
3	克百威	8	1.48	0.1911	可以接受	14	氟硅唑	11	2.02	0.0184	没有影响
4	甲萘威	2	0.37	0.1530	可以接受	15	三唑酮	17	3.14	0.0177	没有影响
5	噻唑磷	3	0.55	0.0987	没有影响	16	噁霜灵	10	1.85	0.0177	没有影响
6	乙霉威	3	0.55	0.0901	没有影响	17	灭蝇胺	22	4.06	0.0149	没有影响
7	异丙威	1	0.18	0.0646	没有影响	18	乙嘧酚	3	0.55	0.0138	没有影响
8	烯唑醇	8	1.48	0.0641	没有影响	19	吡虫啉	6	1.11	0.0117	没有影响
9	灭多威	1	0.18	0.0286	没有影响	20	丙溴磷	3	0.55	0.0116	没有影响
10	甲基硫菌灵	2	0.37	0.0275	没有影响	21	茚虫威	1	0.19	0.0101	没有影响
11	嘧菌环胺	4	0.74	0.0199	没有影响	22	戊唑醇	20	0.04	0.0098	没有影响

续表

序号	农药	检出频次	检出率(%)	$\overline{IFS_c}$	影响程度	序号	农药	检出频次	检出率(%)	$\overline{IFS_c}$	影响程度
23	抑霉唑	13	0.02	0.0094	没有影响	35	甲霜灵	17	0.03	0.0019	没有影响
24	噻虫嗪	7	0.01	0.0086	没有影响	36	嘧霉胺	26	0.05	0.0018	没有影响
25	多菌灵	85	0.16	0.0084	没有影响	37	丙环唑	9	0.02	0.0017	没有影响
26	三唑醇	2	0.004	0.0079	没有影响	38	吡唑醚菌酯	7	0.01	0.0016	没有影响
27	咪鲜胺	14	0.02	0.0071	没有影响	39	仲丁威	1	0.002	0.0015	没有影响
28	啶虫脒	42	0.08	0.0052	没有影响	40	莠去津	1	0.002	0.0015	没有影响
29	苯醚甲环唑	20	0.04	0.0043	没有影响	41	甲氧虫酰肼	2	0.004	0.0013	没有影响
30	哒螨灵	3	0.005	0.0033	没有影响	42	多效唑	1	0.002	0.0005	没有影响
31	烯酰吗啉	68	0.13	0.0025	没有影响	43	嘧菌酯	43	0.08	0.0004	没有影响
32	霜霉威	26	0.05	0.0024	没有影响	44	肟菌酯	3	0.006	0.0003	没有影响
33	丁酰肼	4	0.007	0.0024	没有影响	45	增效醚	1	0.002	0.0000	没有影响
34	噻嗪酮	1	0.002	0.0020	没有影响						

对每个月内所有水果蔬菜中残留农药的 $\overline{IFS_c}$ 进行分析，结果如图 14-14 所示。分析发现，2016 年 3 月的氧乐果对水果蔬菜安全的影响不可接受，其他农药和其他月份的所有农药对水果蔬菜安全的影响均处于没有影响和可以接受的范围内。每月内不同农药对水果蔬菜安全影响程度的统计如图 14-15 所示。

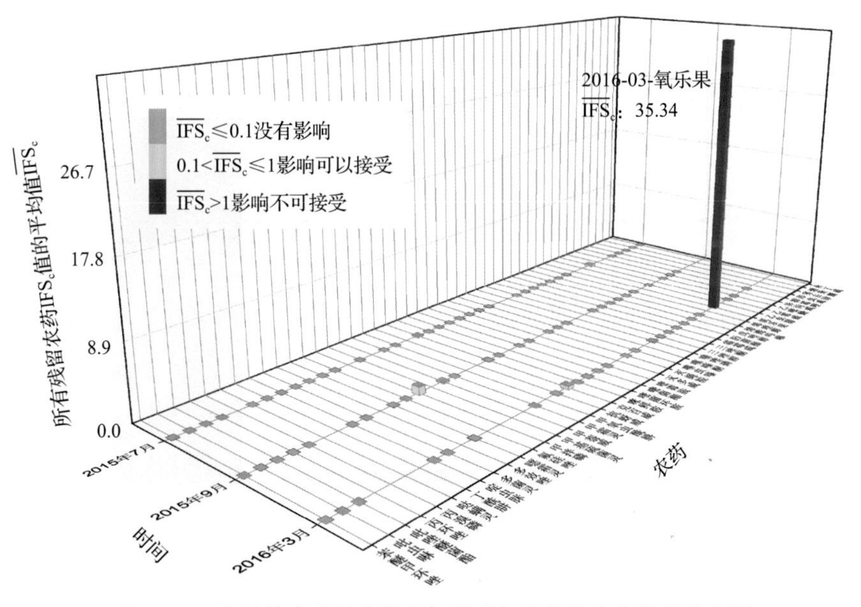

图 14-14　各月份内水果蔬菜中每种残留农药的安全指数分布图

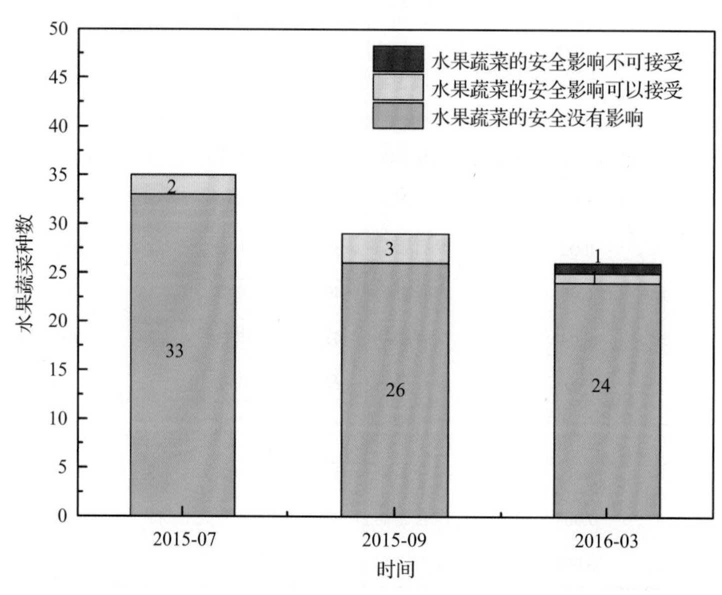

图 14-15　各月份内农药对水果蔬菜安全影响程度的统计图

计算每个月内水果蔬菜的 $\overline{\text{IFS}}$，以分析每月内水果蔬菜的安全状态，结果如图 14-16 所示，可以看出，2016 年 3 月份的水果蔬菜安全状态不可接受，其他月份的水果蔬菜安全状态均处于很好的范围内。

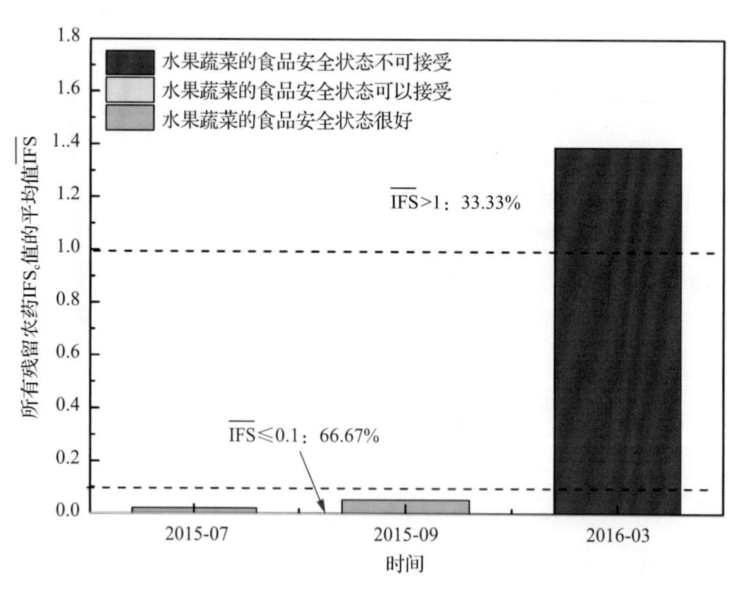

图 14-16　各月份内水果蔬菜的 $\overline{\text{IFS}}$ 值与安全状态统计图

14.3　LC-Q-TOF/MS 侦测合肥市市售水果蔬菜农药残留预警风险评估

基于合肥市水果蔬菜样品中农药残留 LC-Q-TOF/MS 侦测数据，分析禁用农药的检出率，同时参照中华人民共和国国家标准 GB 2763—2016 和欧盟农药最大残留限量(MRL)标准分析非禁用农药残留的超标率，并计算农药残留风险系数。分析单种水果蔬菜中农药残留以及所有水果蔬菜中农药残留的风险程度。

14.3.1　单种水果蔬菜中农药残留风险系数分析

14.3.1.1　单种水果蔬菜中禁用农药残留风险系数分析

侦测出的 50 种残留农药中有 5 种为禁用农药，且它们分布在 6 种水果蔬菜中，计算 6 种水果蔬菜中禁用农药的超标率，根据超标率计算风险系数 R，进而分析水果蔬菜中禁用农药的风险程度，结果如图 14-17 与表 14-11 所示。分析发现 5 种禁用农药在 6 种水果蔬菜中的残留处均于高度风险。

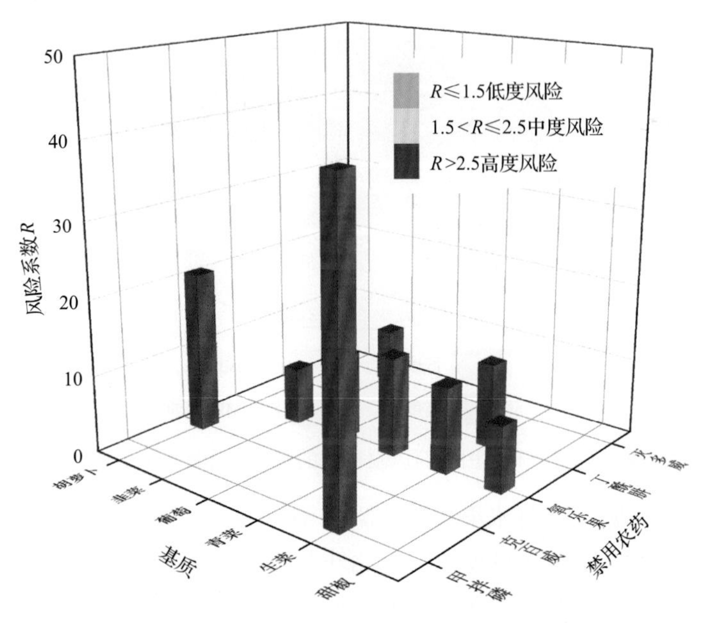

图 14-17　6 种水果蔬菜中 5 种禁用农药的风险系数分布图

表 14-11　6 种水果蔬菜中 5 种禁用农药的风险系数列表

序号	基质	农药	检出频次	检出率(%)	风险系数 R	风险程度
1	生菜	丁酰肼	4	40.00	41.10	高度风险
2	胡萝卜	甲拌磷	2	20.00	21.10	高度风险

续表

序号	基质	农药	检出频次	检出率(%)	风险系数 *R*	风险程度
3	青菜	克百威	2	11.76	12.86	高度风险
4	葡萄	克百威	2	10.00	11.10	高度风险
5	生菜	克百威	1	10.00	11.10	高度风险
6	生菜	灭多威	1	10.00	11.10	高度风险
7	甜椒	克百威	2	7.41	8.51	高度风险
8	韭菜	克百威	1	6.25	7.35	高度风险
9	韭菜	氧乐果	1	6.25	7.35	高度风险

14.3.1.2 基于 MRL 中国国家标准的单种水果蔬菜中非禁用农药残留风险系数分析

参照中华人民共和国国家标准 GB 2763—2016 中农药残留限量计算每种水果蔬菜中每种非禁用农药的超标率，进而计算其风险系数，根据风险系数大小判断残留农药的预警风险程度，水果蔬菜中非禁用农药残留风险程度分布情况如图 14-18 所示。

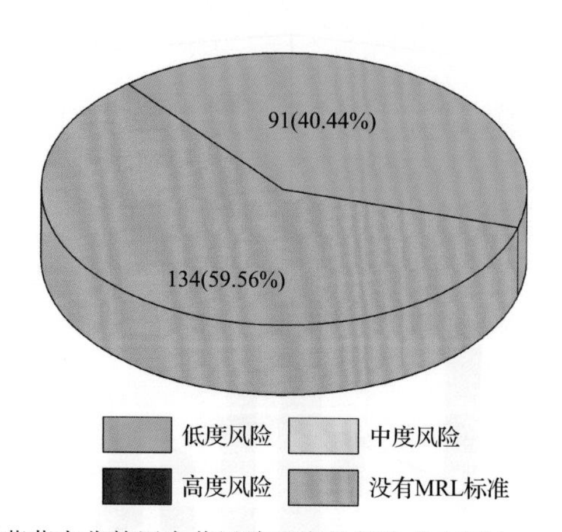

图 14-18 水果蔬菜中非禁用农药风险程度的频次分布图(MRL 中国国家标准)

本次分析中，发现在 31 种水果蔬菜侦测出 45 种残留非禁用农药，涉及样本 225 个，在 225 个样本中，40.44%处于低度风险，此外发现有 134 个样本没有 MRL 中国国家标准值，无法判断其风险程度，有 MRL 中国国家标准值的 91 个样本涉及 26 种水果蔬菜中的 25 种非禁用农药，其风险系数 *R* 值如图 14-19 所示。

14.3.1.3 基于 MRL 欧盟标准的单种水果蔬菜中非禁用农药残留风险系数分析

参照 MRL 欧盟标准计算每种水果蔬菜中每种非禁用农药的超标率，进而计算其风险系数，根据风险系数大小判断农药残留的预警风险程度，水果蔬菜中非禁用农药残留风险程度分布情况如图 14-20 所示。

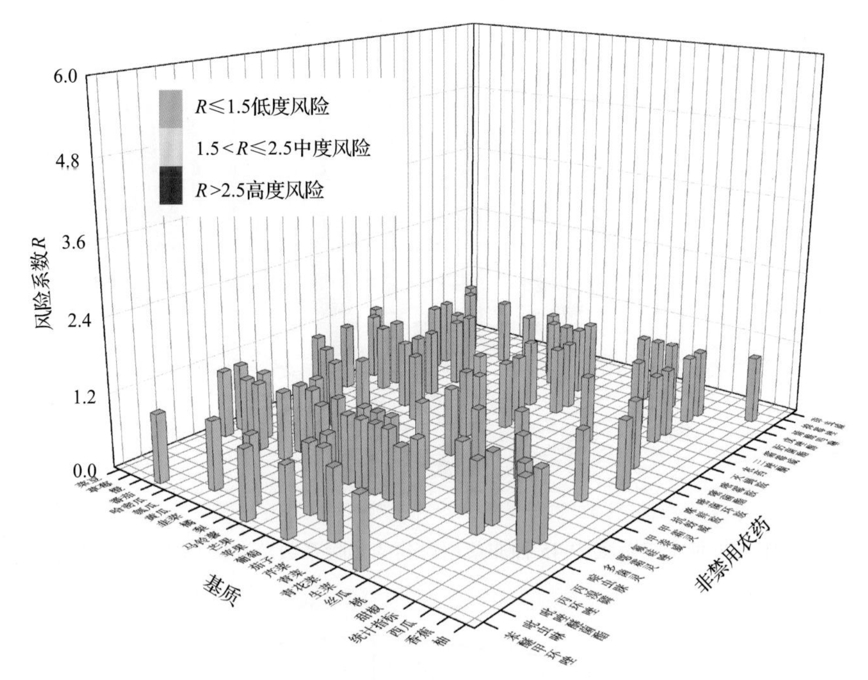

图 14-19　26 种水果蔬菜中 25 种非禁用农药的风险系数分布图(MRL 中国国家标准)

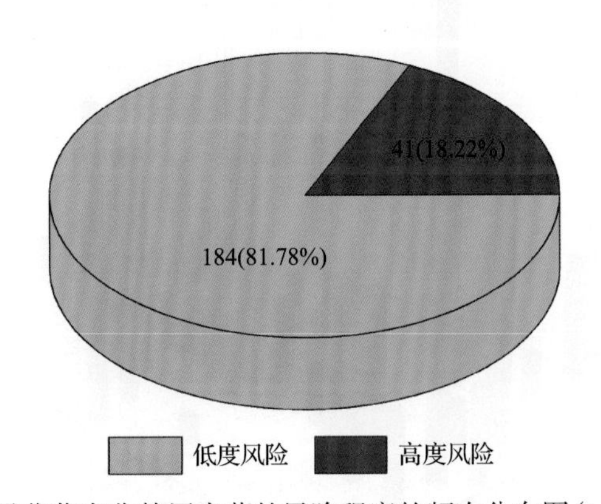

图 14-20　水果蔬菜中非禁用农药的风险程度的频次分布图(MRL 欧盟标准)

本次分析中，发现在 31 种水果蔬菜中共侦测出 45 种非禁用农药，涉及样本 225 个，其中，18.22%处于高度风险，涉及 17 种水果蔬菜和 26 种农药；81.09%处于低度风险，涉及 31 种水果蔬菜和 38 种农药。单种水果蔬菜中的非禁用农药风险系数分布图如图 14-21 所示。单种水果蔬菜中处于高度风险的非禁用农药风险系数如图 14-22 和表 14-12 所示。

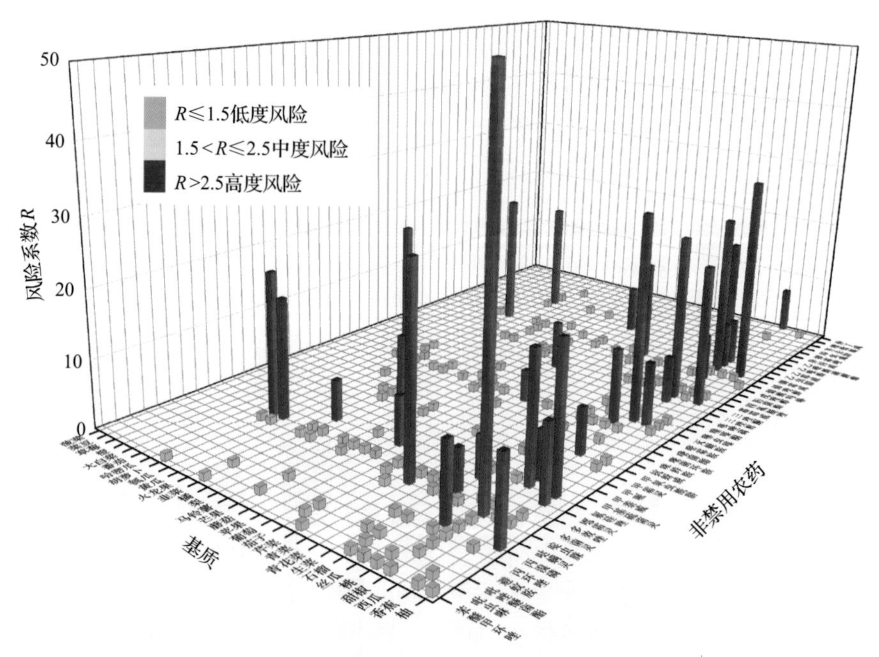

图 14-21　31 种水果蔬菜中 45 种非禁用农药的风险系数分布图(MRL 欧盟标准)

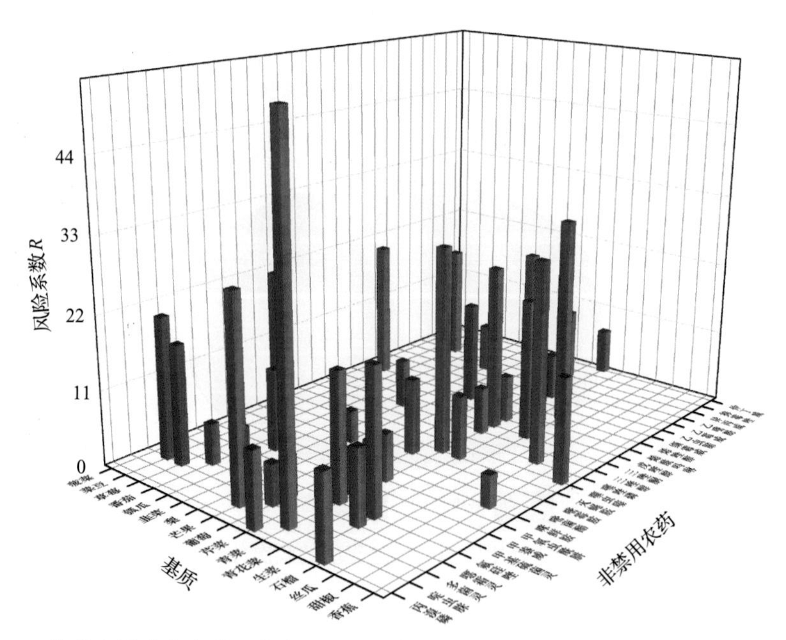

图 14-22　单种水果蔬菜中处于高度风险的非禁用农药的风险系数分布图(MRL 欧盟标准)

表 14-12　单种水果蔬菜中处于高度风险的非禁用农药的风险系数表(MRL 欧盟标准)

序号	基质	农药	超标频次	超标率 P(%)	风险系数 R
1	青菜	啶虫脒	9	52.94	54.04
2	生菜	烯唑醇	3	30.00	31.10

续表

序号	基质	农药	超标频次	超标率 P(%)	风险系数 R
3	青菜	灭蝇胺	5	29.41	30.51
4	芒果	啶虫脒	2	28.57	29.67
5	丝瓜	噻唑磷	2	28.57	29.67
6	青菜	三唑酮	4	23.53	24.63
7	青菜	烯唑醇	4	23.53	24.63
8	菠菜	嘧霉胺	1	20.00	21.10
9	菜豆	多菌灵	1	20.00	21.10
10	菜豆	烯酰吗啉	1	20.00	21.10
11	生菜	三唑酮	2	20.00	21.10
12	生菜	氟硅唑	2	20.00	21.10
13	青菜	氟硅唑	3	17.65	18.75
14	草莓	乙嘧酚	1	16.67	17.77
15	草莓	多菌灵	1	16.67	17.77
16	葡萄	抑霉唑	3	15.00	16.10
17	芒果	烯酰吗啉	1	14.29	15.39
18	香蕉	噻虫嗪	1	14.29	15.39
19	瓠瓜	甲萘威	1	11.11	12.21
20	石榴	丙溴磷	1	11.11	12.21
21	芹菜	丙溴磷	1	10.00	11.10
22	芹菜	嘧霉胺	1	10.00	11.10
23	芹菜	异丙威	1	10.00	11.10
24	生菜	噁霜灵	1	10.00	11.10
25	青花菜	灭蝇胺	1	8.33	9.43
26	韭菜	三唑醇	1	6.25	7.35
27	韭菜	乙霉威	1	6.25	7.35
28	韭菜	噁霜灵	1	6.25	7.35
29	青菜	三唑醇	1	5.88	6.98
30	青菜	乙虫腈	1	5.88	6.98
31	青菜	仲丁威	1	5.88	6.98
32	青菜	戊唑醇	1	5.88	6.98
33	青菜	甲基硫菌灵	1	5.88	6.98
34	青菜	甲氧虫酰肼	1	5.88	6.98
35	青菜	甲萘威	1	5.88	6.98
36	青菜	缬霉威	1	5.88	6.98
37	番茄	噁霜灵	1	5.00	6.10
38	葡萄	噁霜灵	1	5.00	6.10
39	葡萄	多菌灵	1	5.00	6.10
40	梨	嘧菌酯	1	3.70	4.80
41	甜椒	咪鲜胺	1	3.70	4.80

14.3.2　所有水果蔬菜中农药残留风险系数分析

14.3.2.1　所有水果蔬菜中禁用农药残留风险系数分析

在侦测出的 50 种农药中有 5 种为禁用农药，计算所有水果蔬菜中禁用农药的风险系数，结果如表 14-13 所示。禁用农药克百威处于高度风险，甲拌磷和丁酰肼 2 种禁用农药处于中度风险，剩余 2 种禁用农药处于低度风险。

表 14-13　水果蔬菜中 5 种禁用农药的风险系数表

序号	农药	检出频次	检出率(%)	风险系数 R	风险程度
1	克百威	8	2.02	3.12	高度风险
2	丁酰肼	4	1.01	2.11	中度风险
3	甲拌磷	2	0.51	1.61	中度风险
4	灭多威	1	0.25	1.35	低度风险
5	氧乐果	1	0.25	1.35	低度风险

对每个月内的禁用农药的风险系数进行分析，结果如图 14-23 和表 14-14 所示。

14.3.2.2　所有水果蔬菜中非禁用农药残留风险系数分析

参照 MRL 欧盟标准计算所有水果蔬菜中每种非禁用农药残留的风险系数，如图 14-24 与表 14-15 所示。在侦测出的 45 种非禁用农药中，4 种农药（8.89%）残留处于高度风险，10 种农药（22.22%）残留处于中度风险，31 种农药（68.89%）残留处于低度风险。

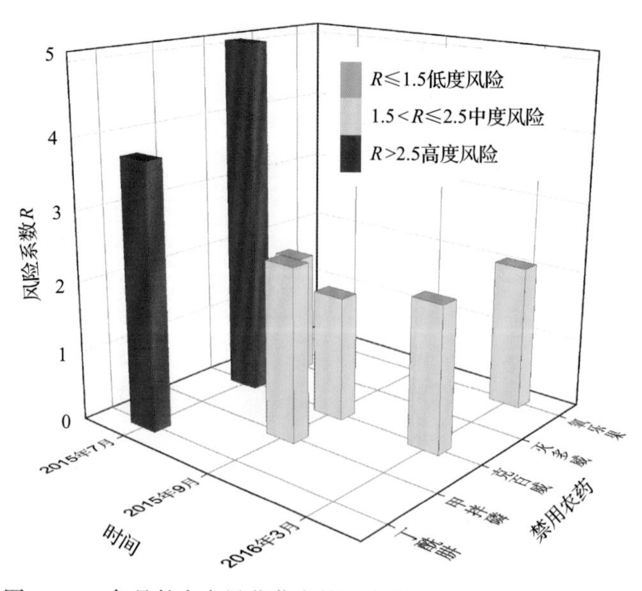

图 14-23　各月份内水果蔬菜中禁用农药残留的风险系数分布图

表 14-14 各月份内水果蔬菜中禁用农药的风险系数表

序号	年月	农药	检出频次	检出率(%)	风险系数 R	风险程度
1	2015 年 7 月	克百威	6	4.03	5.13	高度风险
2	2015 年 7 月	丁酰肼	4	2.68	3.78	高度风险
3	2015 年 7 月	灭多威	1	0.67	1.77	中度风险
4	2015 年 9 月	甲拌磷	2	1.37	2.47	中度风险
5	2015 年 9 月	克百威	1	0.68	1.78	中度风险
6	2016 年 3 月	克百威	1	0.99	2.09	中度风险
7	2016 年 3 月	氧乐果	1	0.99	2.09	中度风险

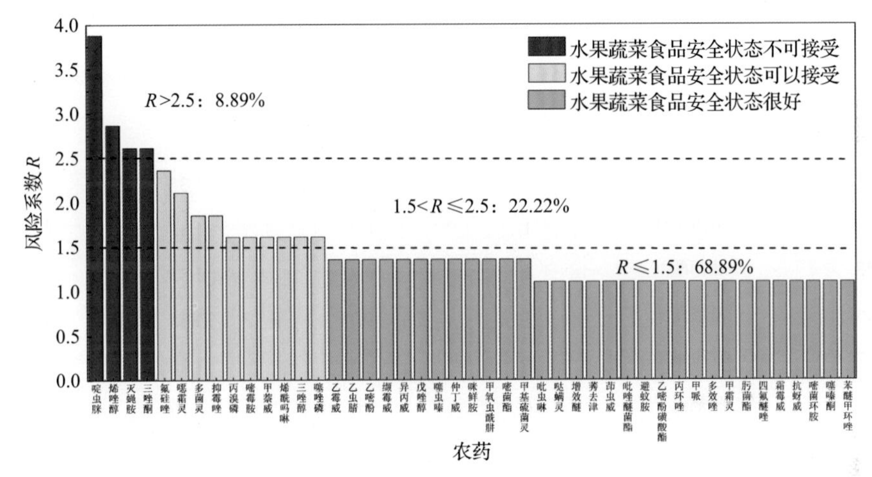

图 14-24 水果蔬菜中 45 种非禁用农药的风险程度统计图

表 14-15 水果蔬菜中 45 种非禁用农药的风险系数表

序号	农药	超标频次	超标率 P(%)	风险系数 R	风险程度
1	啶虫脒	11	2.78	3.88	高度风险
2	烯唑醇	7	1.77	2.87	高度风险
3	灭蝇胺	6	1.52	2.62	高度风险
4	三唑酮	6	1.52	2.62	高度风险
5	氟硅唑	5	1.26	2.36	中度风险
6	噁霜灵	4	1.01	2.11	中度风险
7	多菌灵	3	0.76	1.86	中度风险
8	抑霉唑	3	0.76	1.86	中度风险
9	丙溴磷	2	0.51	1.61	中度风险
10	嘧霉胺	2	0.51	1.61	中度风险
11	甲萘威	2	0.51	1.61	中度风险

续表

序号	农药	超标频次	超标率 *P*(%)	风险系数 *R*	风险程度
12	烯酰吗啉	2	0.51	1.61	中度风险
13	三唑醇	2	0.51	1.61	中度风险
14	噻唑磷	2	0.51	1.61	中度风险
15	乙霉威	1	0.25	1.35	低度风险
16	乙虫腈	1	0.25	1.35	低度风险
17	乙嘧酚	1	0.25	1.35	低度风险
18	缬霉威	1	0.25	1.35	低度风险
19	异丙威	1	0.25	1.35	低度风险
20	戊唑醇	1	0.25	1.35	低度风险
21	噻虫嗪	1	0.25	1.35	低度风险
22	仲丁威	1	0.25	1.35	低度风险
23	咪鲜胺	1	0.25	1.35	低度风险
24	甲氧虫酰肼	1	0.25	1.35	低度风险
25	嘧菌酯	1	0.25	1.35	低度风险
26	甲基硫菌灵	1	0.25	1.35	低度风险
27	吡虫啉	0	0	1.10	低度风险
28	哒螨灵	0	0	1.10	低度风险
29	增效醚	0	0	1.10	低度风险
30	莠去津	0	0	1.10	低度风险
31	茚虫威	0	0	1.10	低度风险
32	吡唑醚菌酯	0	0	1.10	低度风险
33	避蚊胺	0	0	1.10	低度风险
34	乙嘧酚磺酸酯	0	0	1.10	低度风险
35	丙环唑	0	0	1.10	低度风险
36	甲哌	0	0	1.10	低度风险
37	多效唑	0	0	1.10	低度风险
38	甲霜灵	0	0	1.10	低度风险
39	肟菌酯	0	0	1.10	低度风险
40	四氟醚唑	0	0	1.10	低度风险
41	霜霉威	0	0	1.10	低度风险
42	抗蚜威	0	0	1.10	低度风险
43	嘧菌环胺	0	0	1.10	低度风险
44	噻嗪酮	0	0	1.10	低度风险
45	苯醚甲环唑	0	0	1.10	低度风险

对每个月份内的非禁用农药的风险系数分析，每月内非禁用农药风险程度分布图如图 14-25 所示。3 个月份内处于高度风险的农药数排序为 2015 年 7 月(5)>2016 年 3 月(2)>2015 年 9 月(1)。

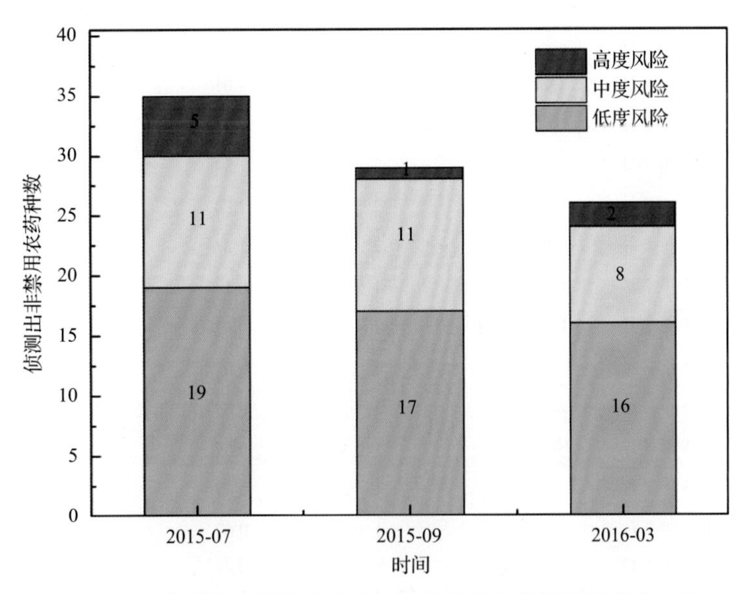

图 14-25　各月份水果蔬菜中非禁用农药残留的风险程度分布图

3 个月份内水果蔬菜中非禁用农药处于中度风险和高度风险的风险系数如图 14-26 和表 14-16 所示。

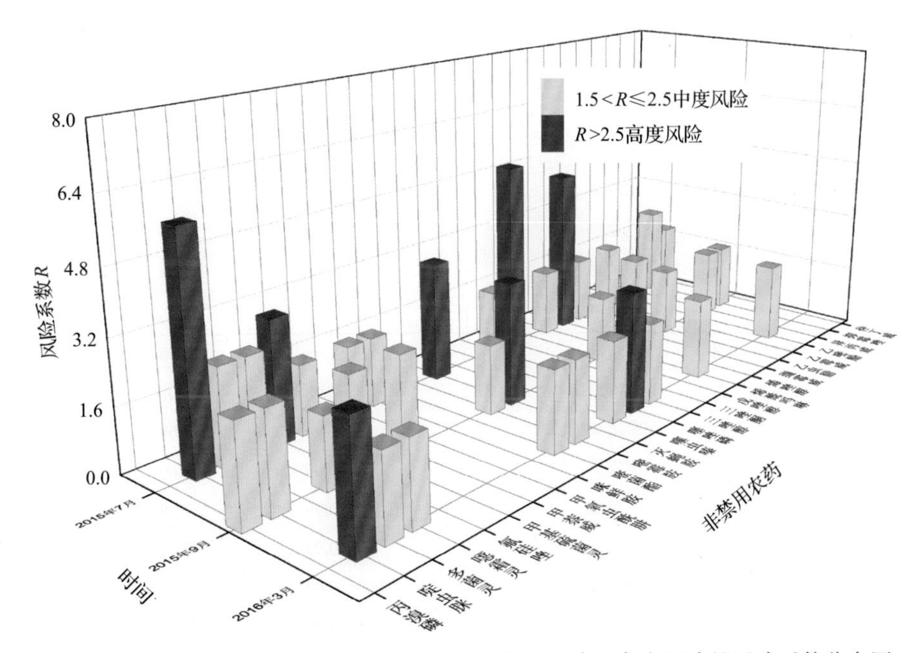

图 14-26　各月份水果蔬菜中非禁用农药处于中度风险和高度风险的风险系数分布图

表 14-16　各月份水果蔬菜中非禁用农药处于中度风险和高度风险的风险系数表

序号	年月	农药	超标频次	超标率 P(%)	风险系数 R	风险程度
1	2015 年 7 月	啶虫脒	7	4.70	5.80	高度风险
2	2015 年 7 月	三唑酮	6	4.03	5.13	高度风险
3	2015 年 7 月	烯唑醇	5	3.36	4.46	高度风险
4	2015 年 7 月	氟硅唑	3	2.01	3.11	高度风险
5	2015 年 7 月	灭蝇胺	3	2.01	3.11	高度风险
6	2015 年 7 月	多菌灵	2	1.34	2.44	中度风险
7	2015 年 7 月	噁霜灵	2	1.34	2.44	中度风险
8	2015 年 7 月	抑霉唑	2	1.34	2.44	中度风险
9	2015 年 7 月	甲基硫菌灵	1	0.67	1.77	中度风险
10	2015 年 7 月	甲氧虫酰肼	1	0.67	1.77	中度风险
11	2015 年 7 月	咪鲜胺	1	0.67	1.77	中度风险
12	2015 年 7 月	三唑醇	1	0.67	1.77	中度风险
13	2015 年 7 月	烯酰吗啉	1	0.67	1.77	中度风险
14	2015 年 7 月	缬霉威	1	0.67	1.77	中度风险
15	2015 年 7 月	乙霉威	1	0.67	1.77	中度风险
16	2015 年 7 月	仲丁威	1	0.67	1.77	中度风险
17	2015 年 9 月	灭蝇胺	3	2.05	3.15	高度风险
18	2015 年 9 月	丙溴磷	2	1.37	2.47	中度风险
19	2015 年 9 月	啶虫脒	2	1.37	2.47	中度风险
20	2015 年 9 月	氟硅唑	2	1.37	2.47	中度风险
21	2015 年 9 月	甲萘威	2	1.37	2.47	中度风险
22	2015 年 9 月	烯唑醇	2	1.37	2.47	中度风险
23	2015 年 9 月	噁霜灵	1	0.68	1.78	中度风险
24	2015 年 9 月	嘧霉胺	1	0.68	1.78	中度风险
25	2015 年 9 月	戊唑醇	1	0.68	1.78	中度风险
26	2015 年 9 月	乙虫腈	1	0.68	1.78	中度风险
27	2015 年 9 月	异丙威	1	0.68	1.78	中度风险
28	2015 年 9 月	抑霉唑	1	0.68	1.78	中度风险
29	2016 年 3 月	啶虫脒	2	1.98	3.08	高度风险
30	2016 年 3 月	噻唑磷	2	1.98	3.08	高度风险
31	2016 年 3 月	多菌灵	1	0.99	2.09	中度风险
32	2016 年 3 月	噁霜灵	1	0.99	2.09	中度风险
33	2016 年 3 月	嘧菌酯	1	0.99	2.09	中度风险
34	2016 年 3 月	嘧霉胺	1	0.99	2.09	中度风险
35	2016 年 3 月	噻虫嗪	1	0.99	2.09	中度风险
36	2016 年 3 月	三唑醇	1	0.99	2.09	中度风险
37	2016 年 3 月	烯酰吗啉	1	0.99	2.09	中度风险
38	2016 年 3 月	乙嘧酚	1	0.99	2.09	中度风险

14.4　LC-Q-TOF/MS 侦测合肥市市售水果蔬菜农药残留风险评估结论与建议

农药残留是影响水果蔬菜安全和质量的主要因素，也是我国食品安全领域备受关注的敏感话题和亟待解决的重大问题之一[15,16]。各种水果蔬菜均存在不同程度的农药残留现象，本研究主要针对合肥市各类水果蔬菜存在的农药残留问题，基于 2015 年 7 月~2016 年 3 月对合肥市 396 例水果蔬菜样品中农药残留侦测得出的 542 个侦测结果，分别采用食品安全指数模型和风险系数模型，开展水果蔬菜中农药残留的膳食暴露风险和预警风险评估。水果蔬菜样品取自超市和农贸市场，符合大众的膳食来源，风险评价时更具有代表性和可信度。

本研究力求通用简单地反映食品安全中的主要问题，且为管理部门和大众容易接受，为政府及相关管理机构建立科学的食品安全信息发布和预警体系提供科学的规律与方法，加强对农药残留的预警和食品安全重大事件的预防，控制食品风险。

14.4.1　合肥市水果蔬菜中农药残留膳食暴露风险评价结论

1) 水果蔬菜样品中农药残留安全状态评价结论

采用食品安全指数模型，对 2015 年 7 月~2016 年 3 月期间合肥市水果蔬菜食品农药残留膳食暴露风险进行评价，根据 IFS_c 的计算结果发现，水果蔬菜中农药的 $\overline{IFS}$ 为 0.8286，说明合肥市水果蔬菜总体处于可以接受的安全状态，但部分禁用农药、高残留农药在蔬菜、水果中仍有侦测出，导致膳食暴露风险的存在，成为不安全因素。

2) 单种水果蔬菜中农药膳食暴露风险不可接受情况评价结论

单种水果蔬菜中农药残留安全指数分析结果显示，农药对单种水果蔬菜安全影响不可接受($IFS_c>1$)的样本数共 1 个，占总样本数的 0.43%，1 个样本为韭菜中氧乐果，说明韭菜中的氧乐果会对消费者身体健康造成较大的膳食暴露风险。氧乐果属于禁用的剧毒农药，且韭菜为较常见的蔬菜，百姓日常食用量较大，长期食用大量残留氧乐果的韭菜会对人体造成不可接受的影响，本次检测发现氧乐果在韭菜样品中多次并大量侦测出，是未严格实施农业良好管理规范(GAP)，抑或是农药滥用，这应该引起相关管理部门的警惕，应加强对韭菜中氧乐果的严格管控。

3) 禁用农药膳食暴露风险评价

本次检测发现部分水果蔬菜样品中有禁用农药侦测出，侦测出禁用农药 5 种，侦测出频次为 16，水果蔬菜样品中的禁用农药 IFS_c 计算结果表明，禁用农药残留膳食暴露风险不可接受的频次为 2，占 12.5%；可以接受的频次为 6，占 37.5%；没有影响的频次为 8，占 50.00%。对于水果蔬菜样品中所有农药而言，膳食暴露风险不可接受的频次为 2，仅占总体频次的 0.37%。可以看出，禁用农药的膳食暴露风险不可接受的比例远高于总体水平，这在一定程度上说明禁用农药更容易导致严重的膳食暴露风险。此外，膳食暴露风险不可接受的残留禁用农药均为氧乐果，因此，应该加强对禁用农药氧乐果的管控力度。为何在国家明令禁止禁用农药喷洒的情况下，还能在多种水果蔬菜中多次侦测出禁用农药残留并造成不可接受的膳食暴露风险，这应该引起相关部门的高度警惕，应该在禁止禁用农药喷洒的同时，严格管控禁用农药的生产和售卖，从根本上杜绝安全隐患。

14.4.2 合肥市水果蔬菜中农药残留预警风险评价结论

1）单种水果蔬菜中禁用农药残留的预警风险评价结论

本次检测过程中，在 6 种水果蔬菜中检测超出 5 种禁用农药，禁用农药为：氧乐果、灭多威、克百威、甲拌磷、丁酰肼，水果蔬菜为：韭菜、生菜、青菜、葡萄、甜椒、胡萝卜，水果蔬菜中禁用农药的风险系数分析结果显示，5 种禁用农药在 6 种水果蔬菜中的残留均处于高度风险，说明在单种水果蔬菜中禁用农药的残留会导致较高的预警风险。

2）单种水果蔬菜中非禁用农药残留的预警风险评价结论

以 MRL 中国国家标准为标准，计算水果蔬菜中非禁用农药风险系数情况下，225 个样本中，91 个处于低度风险（40.44%），134 个样本没有 MRL 中国国家标准（59.56%）。以 MRL 欧盟标准为标准，计算水果蔬菜中非禁用农药风险系数情况下，发现有 41 个处于高度风险（18.22%），184 个处于低度风险（81.78%）。基于两种 MRL 标准，评价的结果差异显著，可以看出 MRL 欧盟标准比中国国家标准更加严格和完善，过于宽松的 MRL 中国国家标准值能否有效保障人体的健康有待研究。

14.4.3 加强合肥市水果蔬菜食品安全建议

我国食品安全风险评价体系仍不够健全，相关制度不够完善，多年来，由于农药用药次数多、用药量大或用药间隔时间短，产品残留量大，农药残留所造成的食品安全问题日益严峻，给人体健康带来了直接或间接的危害。据估计，美国与农药有关的癌症患者数约占全国癌症患者总数的 50%，中国更高。同样，农药对其他生物也会形成直接杀伤和慢性危害，植物中的农药可经过食物链逐级传递并不断蓄积，对人和动物构成潜在威胁，并影响生态系统。

基于本次农药残留侦测数据的风险评价结果，提出以下几点建议：

1）加快食品安全标准制定步伐

我国食品标准中对农药每日允许最大摄入量 ADI 的数据严重缺乏，在本次评价所涉及的 50 种农药中，仅有 90.0%的农药具有 ADI 值，而 10%的农药中国尚未规定相应的 ADI 值，亟待完善。

我国食品中农药最大残留限量值的规定严重缺乏，对评估涉及到的不同水果蔬菜中不同农药 234 个 MRL 限值进行统计来看，我国仅制定出 99 个标准，我国标准完整率仅为 42.3%，欧盟的完整率达到 100%（表 14-17）。因此，中国更应加快 MRL 标准的制定步伐。

表 14-17 我国国家食品标准农药的 ADI、MRL 值与欧盟标准的数量差异

分类		中国 ADI	MRL 中国国家标准	MRL 欧盟标准
标准限值(个)	有	45	99	234
	无	5	135	0
总数(个)		50	234	234
无标准限值比例(%)		10.0	57.7	0

此外，MRL 中国国家标准限值普遍高于欧盟标准限值，这些标准中共有 16 个高于欧盟。过高的 MRL 值难以保障人体健康，建议继续加强对限值基准和标准的科学研究，将农产品中的危险性减少到尽可能低的水平。

2) 加强农药的源头控制和分类监管

在合肥市某些水果蔬菜中仍有禁用农药残留，利用 LC-Q-TOF/MS 技术侦测出 5 种禁用农药，检出频次为 16 次，残留禁用农药均存在较大的膳食暴露风险和预警风险。早已列入黑名单的禁用农药在我国并未真正退出，有些药物由于价格便宜、工艺简单，此类高毒农药一直生产和使用。建议在我国采取严格有效的控制措施，从源头控制禁用农药。

对于非禁用农药，在我国作为“田间地头”最典型单位的县级蔬果产地中，农药残留的检测几乎缺失。建议根据农药的毒性，对高毒、剧毒、中毒农药实现分类管理，减少使用高毒和剧毒高残留农药，进行分类监管。

3) 加强农药生物基准和降解技术研究

市售果蔬中残留农药的品种多、频次高、禁用农药多次检出这一现状，说明了我国的田间土壤和水体因农药长期、频繁、不合理的使用而遭到严重污染。为此，建议中国相关部门出台相关政策，鼓励高校及科研院所积极开展分子生物学、酶学等研究，加强土壤、水体中残留农药的生物修复及降解新技术研究，切实加大农药监管力度，以控制农药的面源污染问题。

综上所述，在本工作基础上，根据蔬菜残留危害，可进一步针对其成因提出和采取严格管理、大力推广无公害蔬菜种植与生产、健全食品安全控制技术体系、加强蔬菜食品质量检测体系建设和积极推行蔬菜食品质量追溯制度等相应对策。建立和完善食品安全综合评价指数与风险监测预警系统，对食品安全进行实时、全面的监控与分析，为我国的食品安全科学监管与决策提供新的技术支持，可实现各类检验数据的信息化系统管理，降低食品安全事故的发生。

第 15 章　GC-Q-TOF/MS 侦测合肥市 396 例市售水果蔬菜样品农药残留报告

从合肥市所属 6 个区县，随机采集了 396 例水果蔬菜样品，使用 GC-Q-TOF/MS 对 507 种农药化学污染物示范侦测。

15.1　样品种类、数量与来源

15.1.1　样品采集与检测

为了真实反映百姓餐桌上水果蔬菜中农药残留污染状况，本次所有检测样品均由检验人员于 2015 年 7 月至 2016 年 3 月期间，从合肥市所属 22 个采样点，包括 4 个农贸市场 18 个超市，以随机购买方式采集，总计 27 批 396 例样品，从中检出农药 113 种，958 频次。采样及监测概况见表 15-1 及图 15-1，样品及采样点明细见表 15-2 及表 15-3（侦测原始数据见附表 1）。

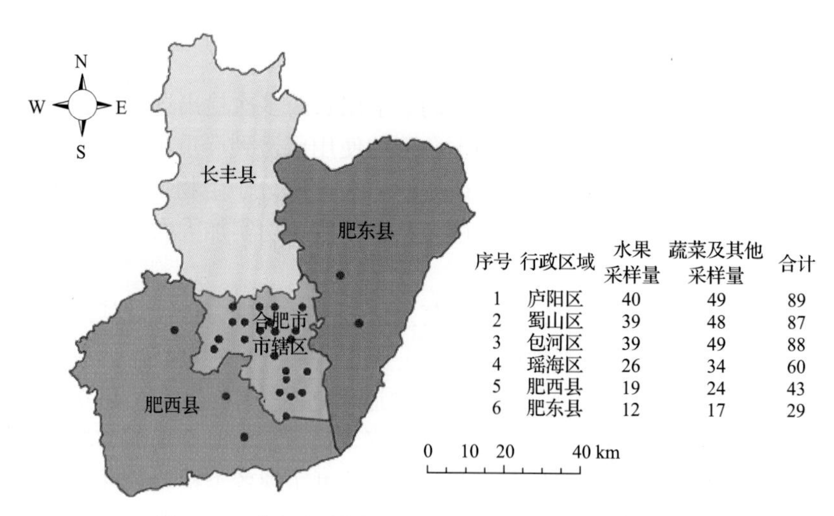

图 15-1　合肥市所属 22 个采样点 396 例样品分布图

表 15-1　农药残留监测总体概况

采样地区	合肥市所属 6 个区县
采样点(超市+农贸市场)	22
样本总数	396

续表

采样地区	合肥市所属 6 个区县
检出农药品种/频次	113/958
各采样点样本农药残留检出率范围	53.3%~100.0%

表 15-2　样品分类及数量

样品分类	样品名称(数量)	数量小计
1. 水果		175
1)仁果类水果	苹果(27),梨(27)	54
2)核果类水果	桃(10)	10
3)浆果和其他小型水果	草莓(6),葡萄(20)	26
4)瓜果类水果	西瓜(10),哈密瓜(9)	19
5)热带和亚热带水果	石榴(9),香蕉(7),芒果(7),菠萝(7),火龙果(9)	39
6)柑橘类水果	柚(10),橘(10),橙(7)	27
2. 食用菌		7
1)蘑菇类	蘑菇(7)	7
3. 蔬菜		214
1)豆类蔬菜	豌豆(6),菜豆(5)	11
2)鳞茎类蔬菜	韭菜(16)	16
3)叶菜类蔬菜	芹菜(10),菠菜(5),生菜(10),大白菜(7),青菜(17)	49
4)芸薹属类蔬菜	花椰菜(7),青花菜(12)	19
5)瓜类蔬菜	黄瓜(19),瓠瓜(9),丝瓜(7)	35
6)茄果类蔬菜	番茄(20),甜椒(27),茄子(10)	57
7)其他类蔬菜	竹笋(7)	7
8)根茎类和薯芋类蔬菜	胡萝卜(10),马铃薯(10)	20
合计	1.水果 15 种 2.食用菌 1 种 3.蔬菜 19 种	396

表 15-3　合肥市采样点信息

采样点序号	行政区域	采样点
农贸市场(4)		
1	包河区	***市场
2	包河区	***市场

续表

采样点序号	行政区域	采样点
3	庐阳区	***市场
4	庐阳区	***市场
超市(18)		
1	包河区	***超市(乐城生活广场店)
2	包河区	***超市(马鞍山路店)
3	包河区	***超市(马鞍山路店)
4	庐阳区	***超市(鼓楼店)
5	庐阳区	***超市(庐阳店)
6	瑶海区	***超市(元一店)
7	瑶海区	***超市(合肥宝业店)
8	瑶海区	***超市(铜陵路店)
9	瑶海区	***超市(长江东路)
10	肥东县	***超市(肥东店)
11	肥东县	***超市
12	肥西县	***超市(肥西百大店)
13	肥西县	***超市
14	肥西县	***超市(水晶城店)
15	蜀山区	***超市(潜山店)
16	蜀山区	***超市(国购店)
17	蜀山区	***超市(大溪地店)
18	蜀山区	***超市(翡翠路店)

15.1.2　检测结果

这次使用的检测方法是庞国芳院士团队最新研发的不需使用标准品对照，而以高分辨精确质量数(0.0001 *m/z*)为基准的GC-Q-TOF/MS检测技术，对于396例样品，每个样品均侦测了507种农药化学污染物的残留现状。通过本次侦测，在396例样品中共计检出农药化学污染物113种，检出958频次。

15.1.2.1　各采样点样品检出情况

统计分析发现27个采样点中，被测样品的农药检出率范围为53.3%~100.0%。其中，***超市(合肥宝业店)的检出率最高，为100.0%。***超市(潜山店)的检出率最低，为53.3%，见图15-2。

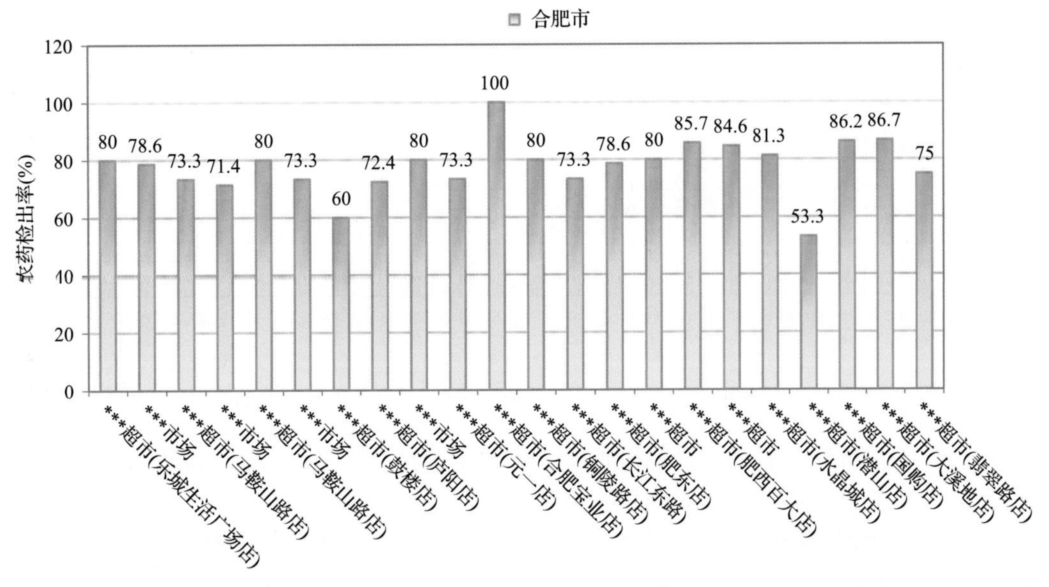

图 15-2 各采样点样品中的农药检出率

15.1.2.2 检出农药的品种总数与频次

统计分析发现，对于 396 例样品中 507 种农药化学污染物的侦测，共检出农药 958 频次，涉及农药 113 种，结果如图 15-3 所示。其中毒死蜱检出频次最高，共检出 69 次。检出频次排名前 10 的农药如下：①毒死蜱(69)；②二苯胺(57)；③嘧霉胺(45)；④腐霉利(44)；⑤芬螨酯(41)；⑥戊唑醇(32)；⑦萘乙酸(30)；⑧三唑酮(23)；⑨哒螨灵(22)；⑩醚菊酯(22)。

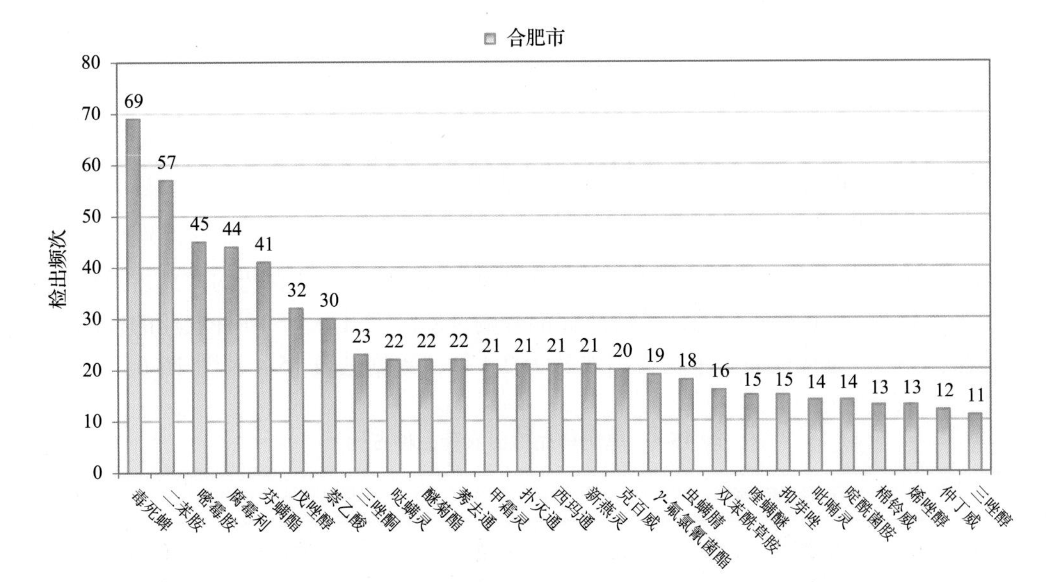

图 15-3 检出农药品种及频次(仅列出 11 频次及以上的数据)

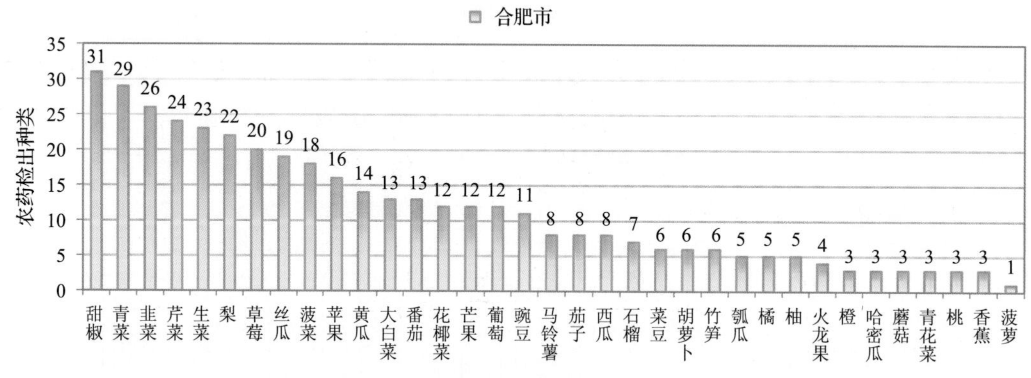

图 15-4　单种水果蔬菜检出农药的种类数(仅列出 1 种及以上的数据)

由图 15-4 可见，甜椒、青菜和韭菜这 3 种果蔬样品中检出的农药品种数较高，均超过 25 种，其中，甜椒检出农药品种最多，为 31 种。由图 15-5 可见，韭菜、梨、青菜和甜椒这 4 种果蔬样品中的农药检出频次较高，均超过 70 次，其中，韭菜检出农药频次最高，为 96 次。

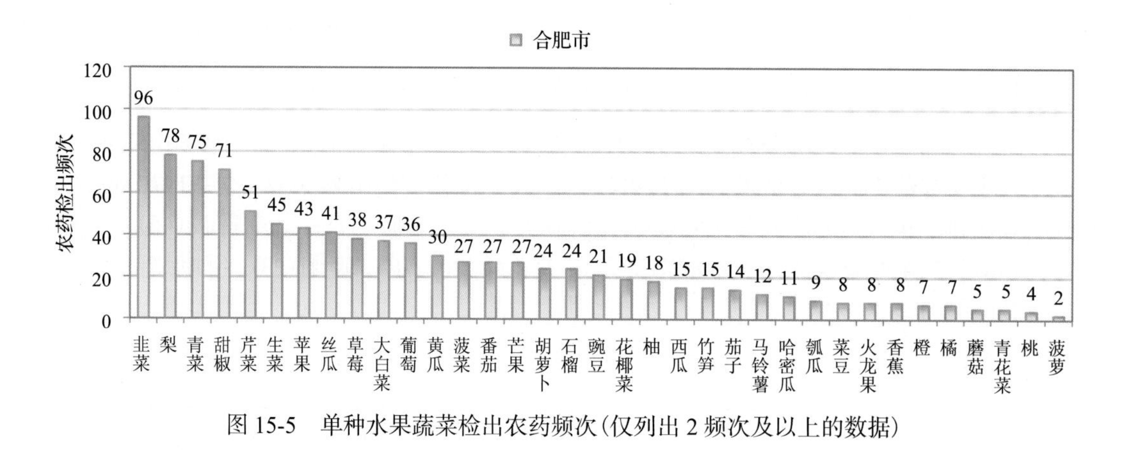

图 15-5　单种水果蔬菜检出农药频次(仅列出 2 频次及以上的数据)

15.1.2.3　单例样品农药检出种类与占比

对单例样品检出农药种类和频次进行统计发现，未检出农药的样品占总样品数的 22.5%，检出 1 种农药的样品占总样品数的 23.5%，检出 2~5 种农药的样品占总样品数的 42.7%，检出 6~10 种农药的样品占总样品数的 9.8%，检出大于 10 种农药的样品占总样品数的 1.5%。每例样品中平均检出农药为 2.4 种，数据见表 15-4 及图 15-6。

表 15-4　单例样品检出农药品种占比

检出农药品种数	样品数量/占比(%)
未检出	89/22.5
1 种	93/23.5
2~5 种	169/42.7

续表

检出农药品种数	样品数量/占比(%)
6~10 种	39/9.8
大于 10 种	6/1.5
单例样品平均检出农药品种	2.4 种

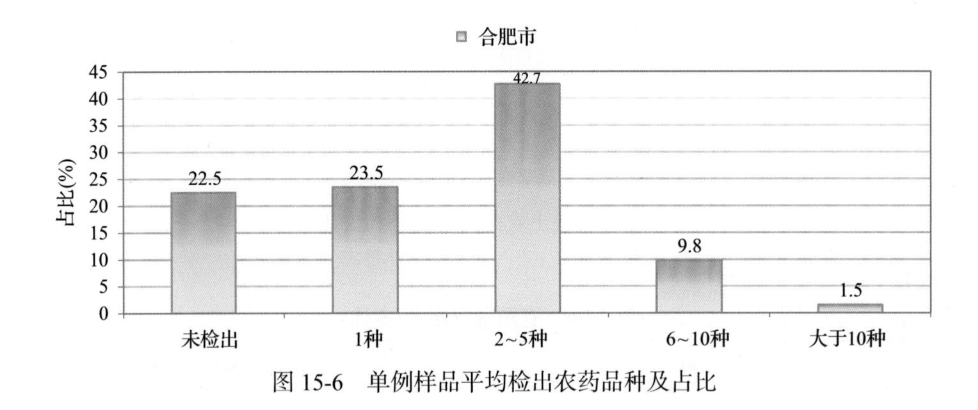

图 15-6　单例样品平均检出农药品种及占比

15.1.2.4　检出农药类别与占比

所有检出农药按功能分类，包括杀虫剂、杀菌剂、除草剂、植物生长调节剂、增效剂和其他共 6 类。其中杀虫剂与杀菌剂为主要检出的农药类别，分别占总数的 44.2%和 30.1%，见表 15-5 及图 15-7。

15.1.2.5　检出农药的残留水平

按检出农药残留水平进行统计，残留水平在 1~5μg/kg(含)的农药占总数的 33.1%，在 5~10μg/kg(含)的农药占总数的 17.6%，在 10~100μg/kg(含)的农药占总数的 43.9%，在 100~1000μg/kg(含)的农药占总数的 5.1%，在>1000μg/kg 的农药占总数的 0.2%。

由此可见，这次检测的 27 批 396 例水果蔬菜样品中农药多数处于较低残留水平。结果见表 15-6 及图 15-8，数据见附表 2。

表 15-5　检出农药所属类别/占比

农药类别	数量/占比(%)
杀虫剂	50/44.2
杀菌剂	34/30.1
除草剂	22/19.5
植物生长调节剂	5/4.4
增效剂	1/0.9
其他	1/0.9

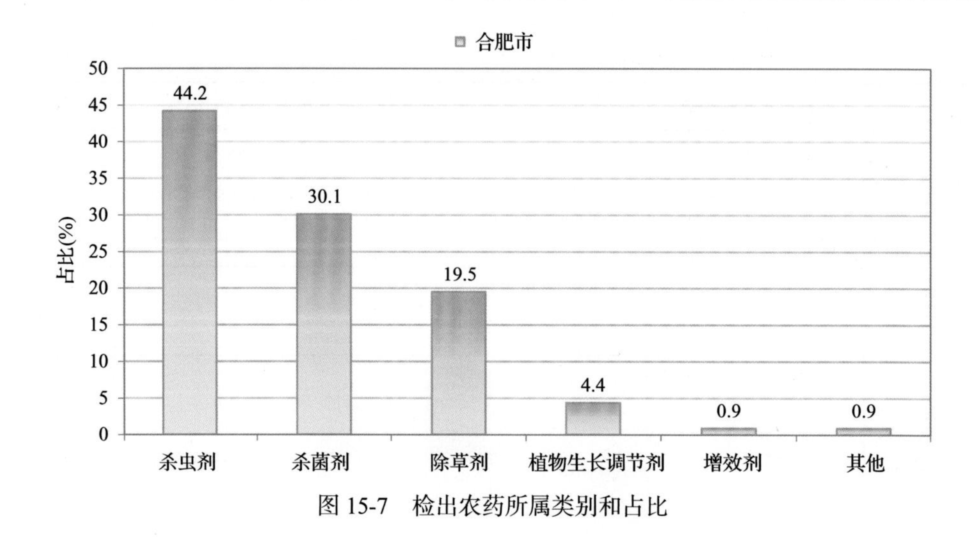

图 15-7　检出农药所属类别和占比

表 15-6　农药残留水平/占比

残留水平(μg/kg)	检出频次数/占比(%)
1~5(含)	317/33.1
5~10(含)	169/17.6
10~100(含)	421/43.9
100~1000(含)	49/5.1
>1000	2/0.2

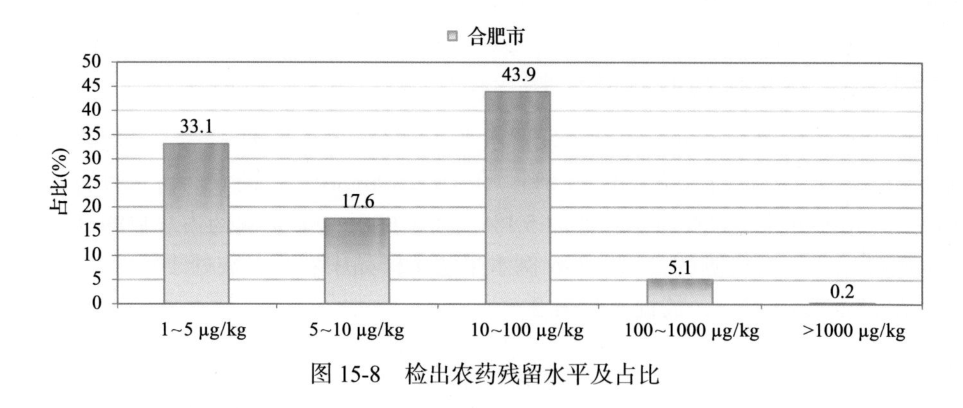

图 15-8　检出农药残留水平及占比

15.1.2.6　检出农药的毒性类别、检出频次和超标频次及占比

对这次检出的 113 种 958 频次的农药，按剧毒、高毒、中毒、低毒和微毒这五个毒性类别进行分类，从中可以看出，合肥市目前普遍使用的农药为中低微毒农药，品种占 91.2%，频次占 95.3%。结果见表 15-7 及图 15-9。

表 15-7　检出农药毒性类别/占比

毒性分类	农药品种/占比(%)	检出频次/占比(%)	超标频次/超标率(%)
剧毒农药	3/2.7	4/0.4	2/50.0
高毒农药	7/6.2	41/4.3	8/19.5
中毒农药	37/32.7	359/37.5	3/0.8
低毒农药	45/39.8	376/39.2	0/0.0
微毒农药	21/18.6	178/18.6	3/1.7

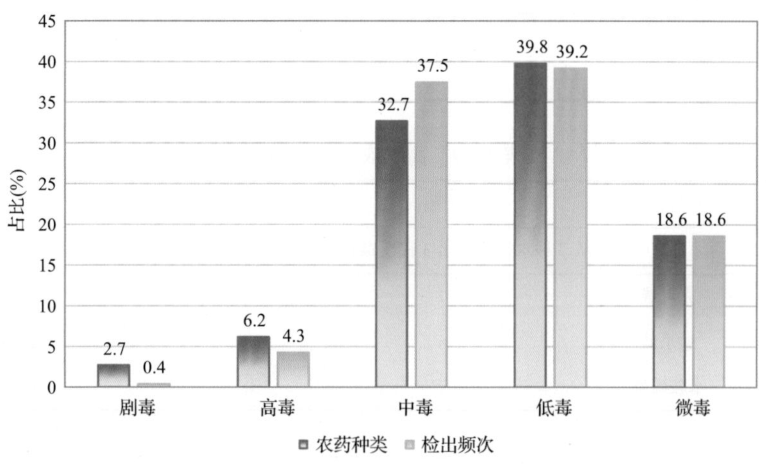

图 15-9　检出农药的毒性分类和占比

15.1.2.7　检出剧毒/高毒类农药的品种和频次

值得特别关注的是，在此次侦测的 396 例样品中有 7 种蔬菜 7 种水果 1 种食用菌的 44 例样品检出了 10 种 45 频次的剧毒和高毒农药，占样品总量的 11.1%，详见图 15-10、表 15-8 及表 15-9。

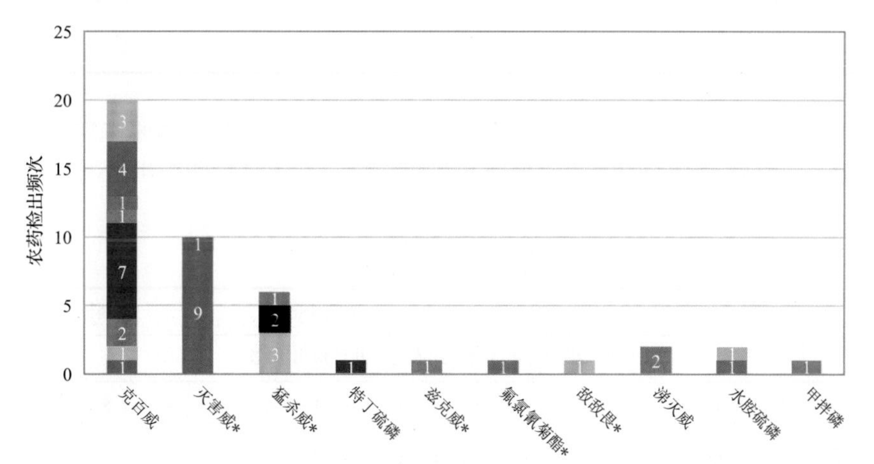

图 15-10　检出剧毒/高毒农药的样品情况

*表示允许在水果和蔬菜上使用的农药

表 15-8　剧毒农药检出情况

序号	农药名称	检出频次	超标频次	超标率
水果中未检出剧毒农药				
	小计	0	0	超标率：0.0%
从 2 种蔬菜中检出 2 种剧毒农药，共计检出 2 次				
1	甲拌磷*	1	1	100.0%
2	特丁硫磷*	1	1	100.0%
	小计	2	2	超标率：100.0%
	合计	2	2	超标率：100.0%

表 15-9　高毒农药检出情况

序号	农药名称	检出频次	超标频次	超标率
从 7 种水果中检出 3 种高毒农药，共计检出 15 次				
1	克百威	7	4	57.1%
2	猛杀威	6	0	0.0%
3	水胺硫磷	2	0	0.0%
	小计	15	4	超标率：26.7%
从 6 种蔬菜中检出 5 种高毒农药，共计检出 26 次				
1	克百威	13	4	30.8%
2	灭害威	10	0	0.0%
3	敌敌畏	1	0	0.0%
4	氟氯氰菊酯	1	0	0.0%
5	兹克威	1	0	0.0%
	小计	26	4	超标率：15.4%
	合计	41	8	超标率：19.5%

在检出的剧毒和高毒农药中，有 5 种是我国早已禁止在果树和蔬菜上使用的，分别是：克百威、甲拌磷、特丁硫磷、涕灭威和水胺硫磷。禁用农药的检出情况见表 15-10。

表 15-10　禁用农药检出情况

序号	农药名称	检出频次	超标频次	超标率
从 5 种水果中检出 3 种禁用农药，共计检出 10 次				
1	克百威	7	4	57.1%
2	水胺硫磷	2	0	0.0%
3	硫丹	1	0	0.0%
	小计	10	4	超标率：40.0%

续表

序号	农药名称	检出频次	超标频次	超标率
从 7 种蔬菜中检出 5 种禁用农药，共计检出 23 次				
1	克百威	13	4	30.8%
2	氟虫腈	5	2	40.0%
3	硫丹	3	0	0.0%
4	甲拌磷*	1	1	100.0%
5	特丁硫磷*	1	1	100.0%
小计		23	8	超标率：34.8%
合计		33	12	超标率：36.4%

注：超标结果参考 MRL 中国国家标准计算

此次抽检的果蔬样品中，有 2 种蔬菜检出了剧毒农药，分别是：丝瓜中检出甲拌磷 1 次；芹菜中检出特丁硫磷 1 次。

样品中检出剧毒和高毒农药残留水平超过 MRL 中国国家标准的频次为 10 次，其中：石榴检出克百威超标 4 次；丝瓜检出甲拌磷超标 1 次；甜椒检出克百威超标 2 次；芹菜检出克百威超标 1 次，检出特丁硫磷超标 1 次；韭菜检出克百威超标 1 次。本次检出结果表明，高毒、剧毒农药的使用现象依旧存在。详见表 15-11。

表 15-11　各样本中检出剧毒/高毒农药情况

样品名称	农药名称	检出频次	超标频次	检出浓度(μg/kg)
水果 7 种				
梨	猛杀威	3	0	10.1, 16.0, 107.1
梨	克百威▲	1	0	9.0
橘	水胺硫磷▲	1	0	13.0
橙	水胺硫磷▲	1	0	6.3
石榴	克百威▲	4	4	96.4[a], 93.8[a], 24.3[a], 147.2[a]
苹果	猛杀威	2	0	13.8, 19.6
葡萄	克百威▲	2	0	3.0, 2.3
香蕉	猛杀威	1	0	25.4
小计		15	4	超标率：26.7%
蔬菜 7 种				
丝瓜	甲拌磷*▲	1	1	11.3[a]
甜椒	克百威▲	3	2	7.2, 41.2[a], 21.7[a]
甜椒	敌敌畏	1	0	12.2
生菜	克百威▲	1	0	3.3
生菜	氟氯氰菊酯	1	0	2.3
花椰菜	灭害威	1	0	24.7

续表

样品名称	农药名称	检出频次	超标频次	检出浓度(μg/kg)
芹菜	克百威▲	7	1	7.2, 5.6, 13.9, 11.7, 4.2, 21.7[a], 4.2
芹菜	特丁硫磷*▲	1	1	66.2a
青菜	克百威▲	1	0	1.1
青菜	兹克威	1	0	15.1
韭菜	灭害威	9	0	3.3, 40.5, 30.2, 173.3, 3.6, 9.7, 38.3, 5.8, 26.3
韭菜	克百威▲	1	1	23.0[a]
小计		28	6	超标率：21.4%
合计		43	10	超标率：23.3%

15.2　农药残留检出水平与最大残留限量标准对比分析

我国于 2014 年 3 月 20 日正式颁布并于 2014 年 8 月 1 日正式实施食品农药残留限量国家标准《食品中农药最大残留限量》(GB 2763—2014)。该标准包括 371 个农药条目，涉及最大残留限量(MRL)标准 3653 项。将 958 频次检出农药的浓度水平与 3653 项 MRL 中国国家标准进行核对，其中只有 220 频次的农药找到了对应的 MRL 标准，占 23.0%，还有 738 频次的侦测数据则无相关 MRL 标准供参考，占 77.0%。

将此次侦测结果与国际上现行 MRL 标准对比发现,在 958 频次的检出结果中有 958 频次的结果找到了对应的 MRL 欧盟标准，占 100.0%，其中，631 频次的结果有明确对应的 MRL，占 65.9%，其余 327 频次按照欧盟一律标准判定，占 34.1%；有 958 频次的结果找到了对应的 MRL 日本标准，占 100.0%，其中，492 频次的结果有明确对应的 MRL，占 51.4%，其余 466 频次按照日本一律标准判定，占 48.6%；有 247 频次的结果找到了对应的 MRL 中国香港标准，占 25.8%；有 249 频次的结果找到了对应的 MRL 美国标准，占 26.0%；有 164 频次的结果找到了对应的 MRL CAC 标准，占 17.1%(见图 15-11 和图 15-12，数据见附表 3 至附表 8)。

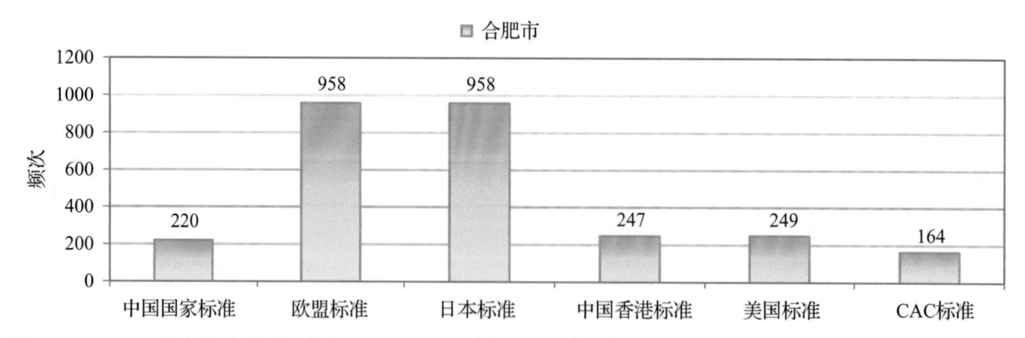

图 15-11　958 频次检出农药可用 MRL 中国国家标准、欧盟标准、日本标准、中国香港标准、美国标准、CAC 标准判定衡量的数量

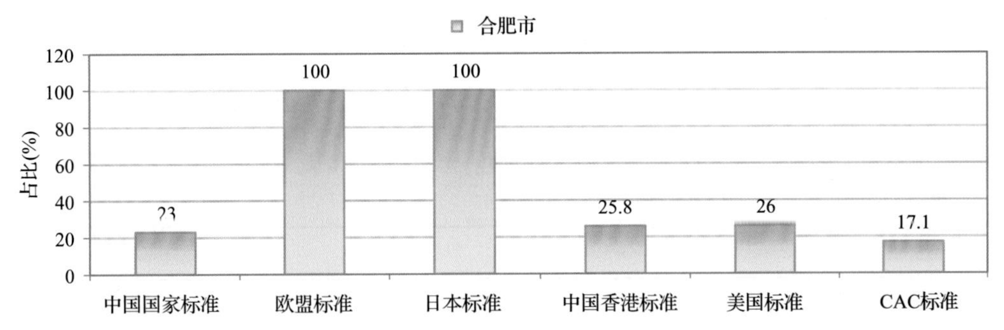

图 15-12　958 频次检出农药可用 MRL 中国国家标准、欧盟标准、日本标准、中国香港标准、美国标准、CAC 标准衡量的占比

15.2.1　超标农药样品分析

本次侦测的 396 例样品中，89 例样品未检出任何残留农药，占样品总量的 22.5%，307 例样品检出不同水平、不同种类的残留农药，占样品总量的 77.5%。在此，我们将本次侦测的农残检出情况与 MRL 中国国家标准、欧盟标准、日本标准、中国香港标准、美国标准和 CAC 标准这 6 大国际主流标准进行对比分析，样品农残检出与超标情况见表 15-12、图 15-13 和图 15-14，详细数据见附表 9 至附表 14。

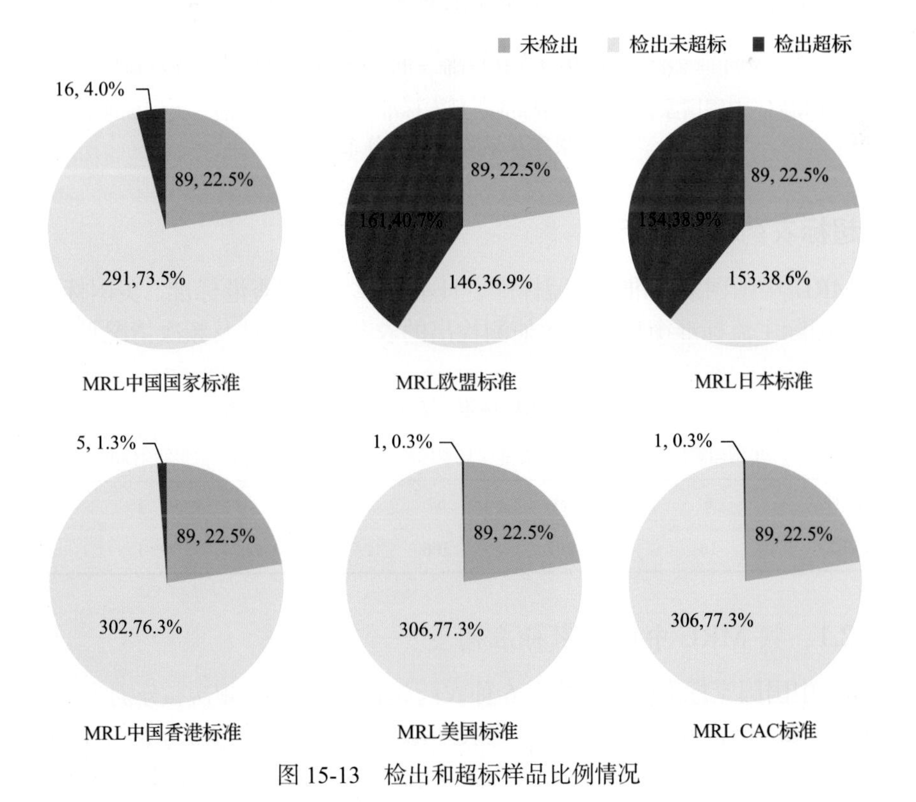

图 15-13　检出和超标样品比例情况

表 15-12　各 MRL 标准下样本农残检出与超标数量及占比

	中国国家标准	欧盟标准	日本标准	中国香港标准	美国标准	CAC 标准
	数量/占比(%)	数量/占比(%)	数量/占比(%)	数量/占比(%)	数量/占比(%)	数量/占比(%)
未检出	89/22.5	89/22.5	89/22.5	89/22.5	89/22.5	89/22.5
检出未超标	291/73.5	146/36.9	153/38.6	302/76.3	306/77.3	306/77.3
检出超标	16/4.0	161/40.7	154/38.9	5/1.3	1/0.3	1/0.3

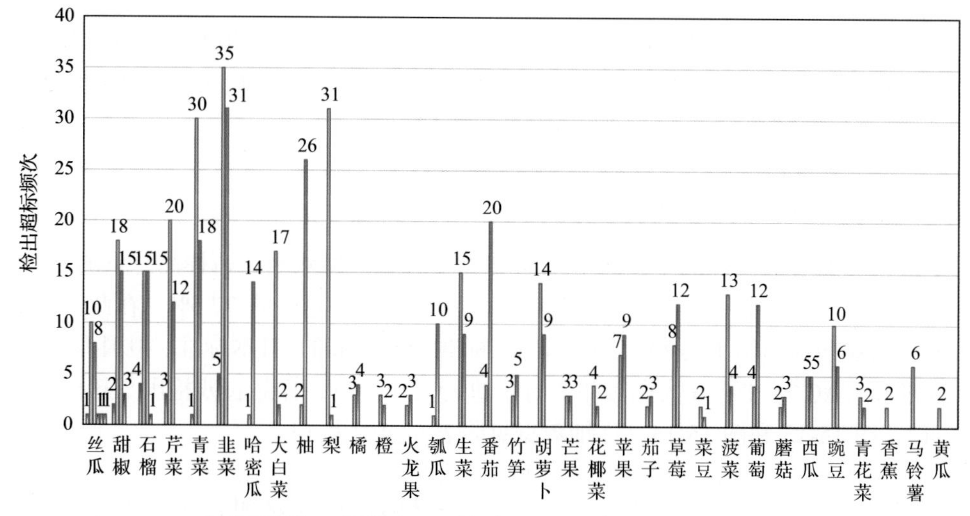

图 15-14　超过 MRL 中国国家标准、欧盟标准、日本标准、中国香港标准、美国标准和 CAC 标准结果在水果蔬菜中的分布

15.2.2　超标农药种类分析

按照 MRL 中国国家标准、欧盟标准、日本标准、中国香港标准、美国标准和 CAC 标准这 6 大国际主流标准衡量，本次侦测检出的农药超标品种及频次情况见表 15-13。

表 15-13　各 MRL 标准下超标农药品种及频次

	中国国家标准	欧盟标准	日本标准	中国香港标准	美国标准	CAC 标准
超标农药品种	6	71	67	3	1	1
超标农药频次	16	297	266	5	1	1

15.2.2.1　按 MRL 中国国家标准衡量

按 MRL 中国国家标准衡量，共有 6 种农药超标，检出 16 频次，分别为剧毒农药特丁硫磷和甲拌磷，高毒农药克百威，中毒农药氟虫腈和毒死蜱，微毒农药腐霉利。

按超标程度比较，石榴中克百威超标 6.4 倍，芹菜中特丁硫磷超标 5.6 倍，韭菜中氟虫腈超标 4.4 倍，甜椒中克百威超标 1.1 倍，韭菜中腐霉利超标 0.7 倍。检测结果见图

15-15 和附表 15。

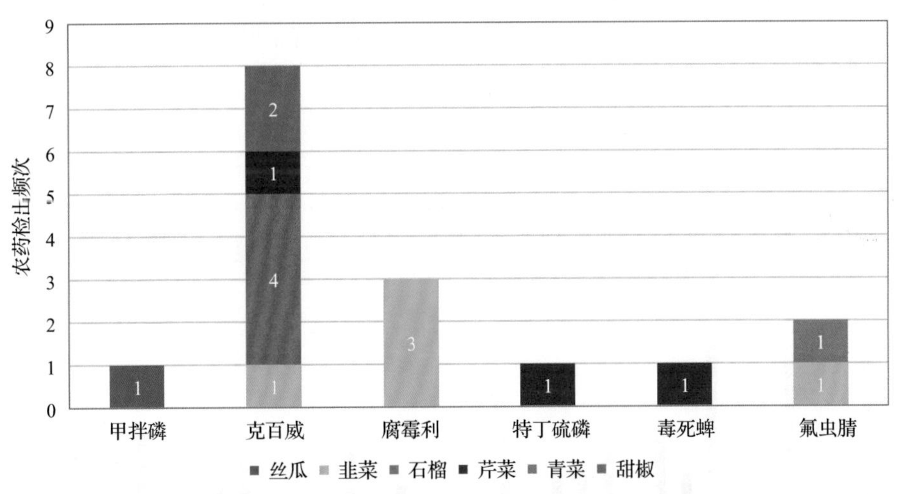

图 15-15 超过 MRL 中国国家标准农药品种及频次

15.2.2.2 按 MRL 欧盟标准衡量

按 MRL 欧盟标准衡量，共有 71 种农药超标，检出 297 频次，分别为剧毒农药涕灭威、特丁硫磷和甲拌磷，高毒农药猛杀威、克百威、水胺硫磷、兹克威、敌敌畏和灭害威，中毒农药联苯菊酯、氟虫腈、戊唑醇、仲丁威、毒死蜱、烯唑醇、甲霜灵、喹螨醚、三唑醇、γ-氟氯氰菌酯、双苯酰草胺、虫螨腈、稻瘟灵、噁霜灵、唑虫酰胺、氟硅唑、哒螨灵、丙溴磷、异丙威、棉铃威和烯丙菊酯，低毒农药嘧霉胺、异丙乐灵、茚草酮、杀螨醚、螺螨酯、呋菌胺、吡喃灵、己唑醇、西玛通、丁羟茴香醚、庚酰草胺、烯虫炔酯、五氯苯甲腈、环酯草醚、扑灭通、胺菊酯、整形醇、四氢吩胺、莠去通、新燕灵、氟唑菌酰胺、西玛津、甲醚菊酯、抑芽唑、杀螨酯、马拉硫磷、芬螨酯、萘乙酸、炔螨特、啶斑肟和 3,5-二氯苯胺，微毒农药萘乙酰胺、乙霉威、腐霉利、嘧菌酯、五氯硝基苯、解草腈、百菌清、生物苄呋菊酯、醚菌酯和烯虫酯。

按超标程度比较，菠菜中腐霉利超标 132.6 倍，竹笋中腐霉利超标 77.2 倍，石榴中丙溴磷超标 46.3 倍，生菜中虫螨腈超标 31.9 倍，甜椒中百菌清超标 28.9 倍。检测结果见图 15-16 和附表 16。

15.2.2.3 按 MRL 日本标准衡量

按 MRL 日本标准衡量，共有 67 种农药超标，检出 266 频次，分别为剧毒农药涕灭威和特丁硫磷，高毒农药猛杀威、克百威、水胺硫磷、兹克威和灭害威，中毒农药联苯菊酯、仲丁威、氟虫腈、多效唑、戊唑醇、毒死蜱、烯唑醇、γ-氟氯氰菌酯、喹螨醚、双苯酰草胺、虫螨腈、稻瘟灵、嗪草酮、唑虫酰胺、氟硅唑、哒螨灵、四氟醚唑、异丙威、丙溴磷和烯丙菊酯，低毒农药茚草酮、嘧霉胺、异丙乐灵、杀螨醚、螺螨酯、呋菌胺、吡喃灵、丁羟茴香醚、西玛通、庚酰草胺、烯虫炔酯、五氯苯甲腈、环酯草醚、扑灭通、胺菊酯、整形醇、四氢吩胺、莠去通、新燕灵、氟唑菌酰胺、甲醚菊酯、抑芽唑、芬螨酯、杀螨酯、乙嘧酚磺酸酯、萘乙酸、炔螨特、啶斑肟和 3,5-二氯苯胺，微毒农药萘乙酰胺、氟丙菊酯、乙氧呋草黄、腐霉利、嘧菌酯、解草腈、五氯硝基苯、生物苄呋菊酯、啶酰菌胺、醚菌酯和烯虫酯。

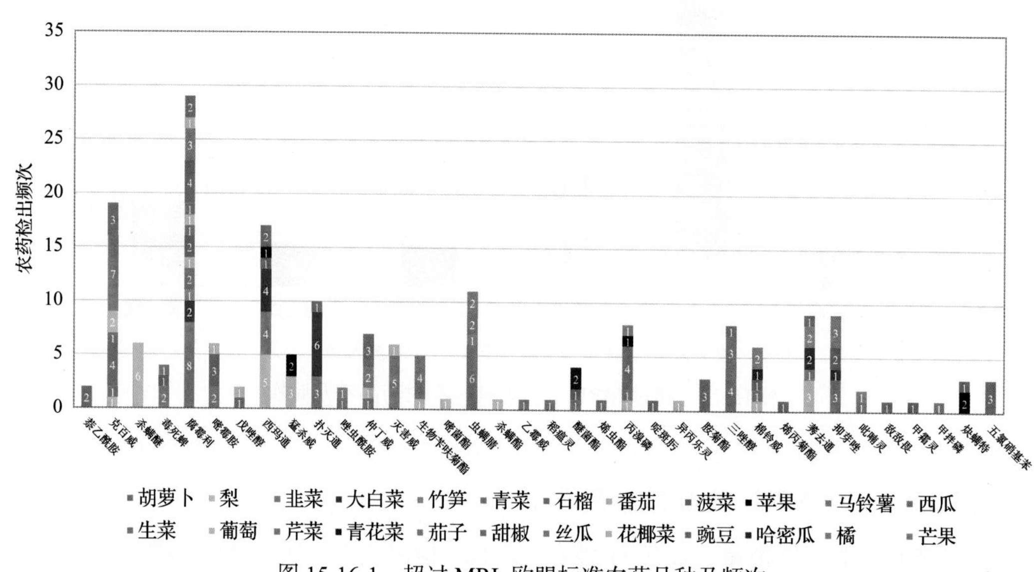

图 15-16-1　超过 MRL 欧盟标准农药品种及频次

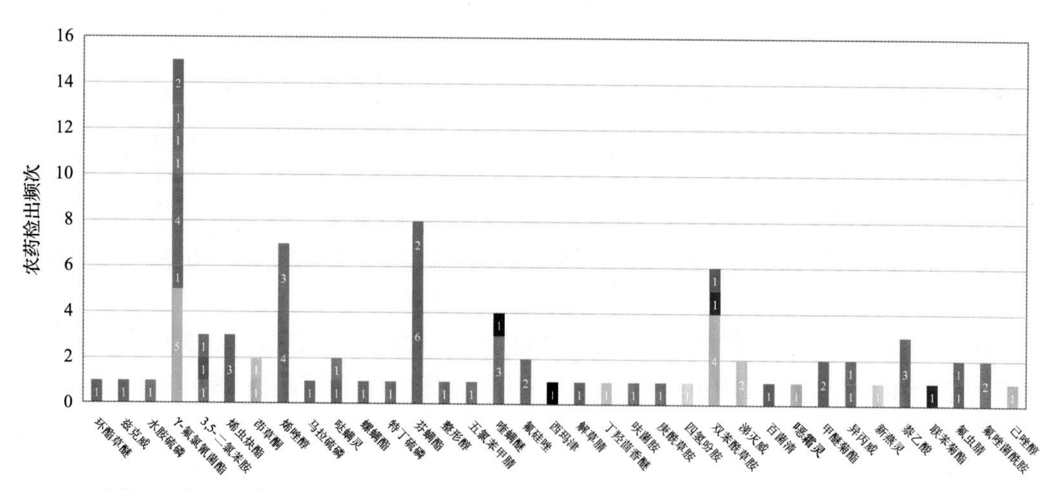

图 15-16-2　超过 MRL 欧盟标准农药品种及频次

按超标程度比较，石榴中丙溴磷超标 46.3 倍，竹笋中腐霉利超标 38.1 倍，马铃薯中虫螨腈超标 25.2 倍，生菜中烯唑醇超标 23.6 倍，马铃薯中 γ-氟氯氰菌酯超标 22.9 倍。检测结果见图 15-17 和附表 17。

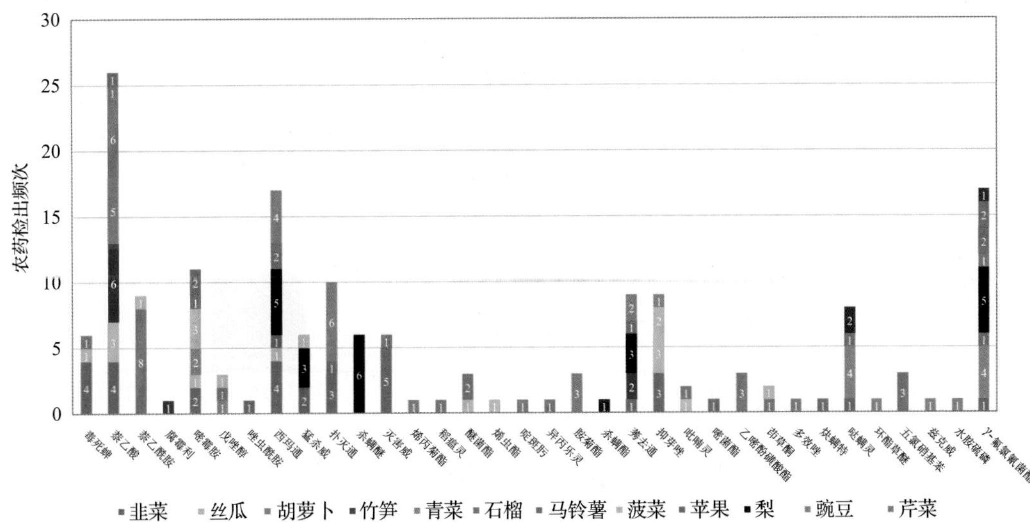

图 15-17-1　超过 MRL 日本标准农药品种及频次

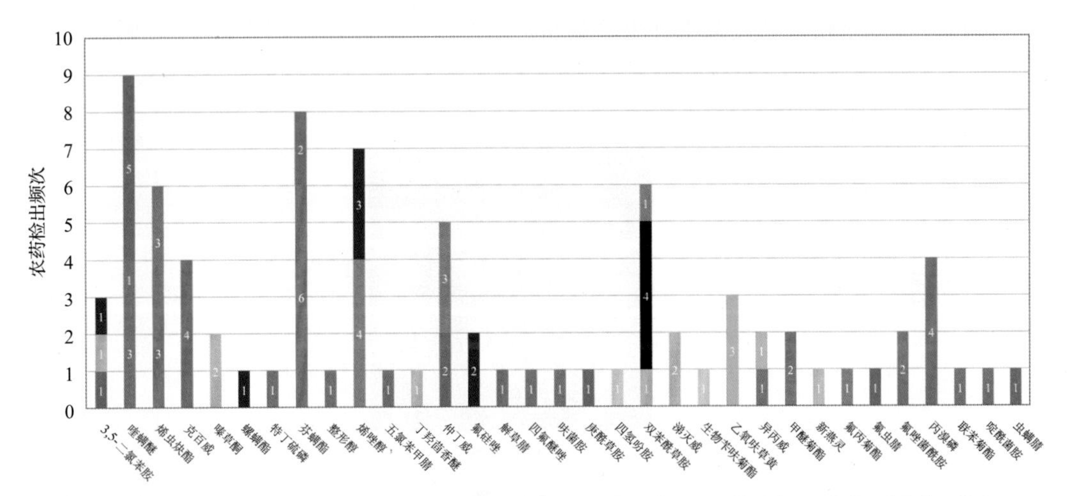

图 15-17-2　超过 MRL 日本标准农药品种及频次

15.2.2.4　按 MRL 中国香港标准衡量

按 MRL 中国香港标准衡量，共有 3 种农药超标，检出 5 频次，分别为中毒农药戊唑醇和毒死蜱，微毒农药腐霉利。

按超标程度比较，番茄中戊唑醇超标 3.7 倍，韭菜中腐霉利超标 0.7 倍，芹菜中毒死蜱超标 0.6 倍。检测结果见图 15-18 和附表 18。

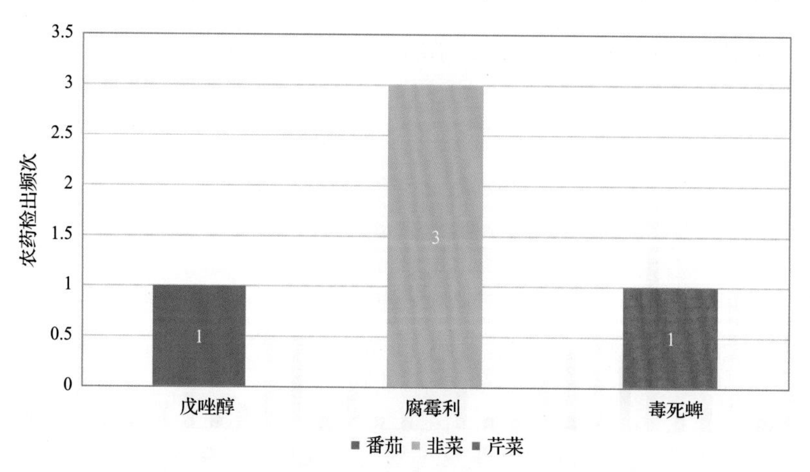

图 15-18　超过 MRL 中国香港标准农药品种及频次

15.2.2.5　按 MRL 美国标准衡量

按 MRL 美国标准衡量，有 1 种农药超标，检出 1 频次，为中毒农药唑虫酰胺。按超标程度比较，马铃薯中唑虫酰胺超标 7.3 倍。检测结果见图 15-19 和附表 19。

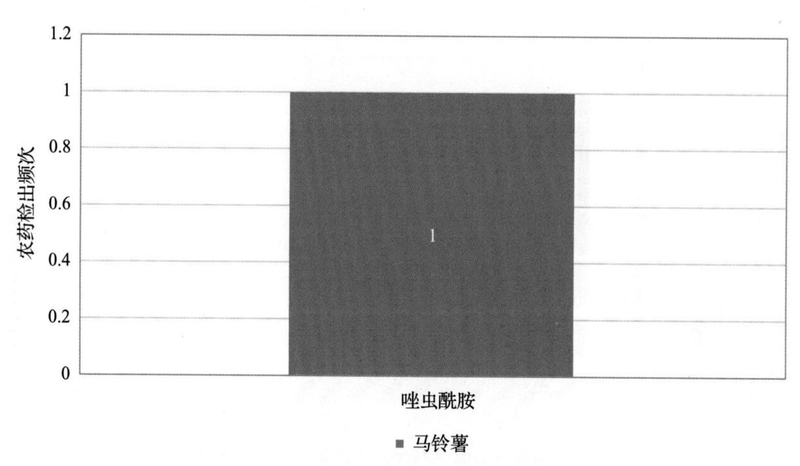

图 15-19　超过 MRL 美国标准农药品种及频次

15.2.2.6　按 MRL CAC 标准衡量

按 MRL CAC 标准衡量，有 1 种农药超标，检出 1 频次，为中毒农药戊唑醇。按超标程度比较，番茄中戊唑醇超标 0.3 倍。检测结果见图 15-20 和附表 20。

15.2.3　22 个采样点超标情况分析

15.2.3.1　按 MRL 中国国家标准衡量

按 MRL 中国国家标准衡量，有 12 个采样点的样品存在不同程度的超标农药检出，其中***超市的超标率最高，为 15.4%，如图 15-21 和表 15-14 所示。

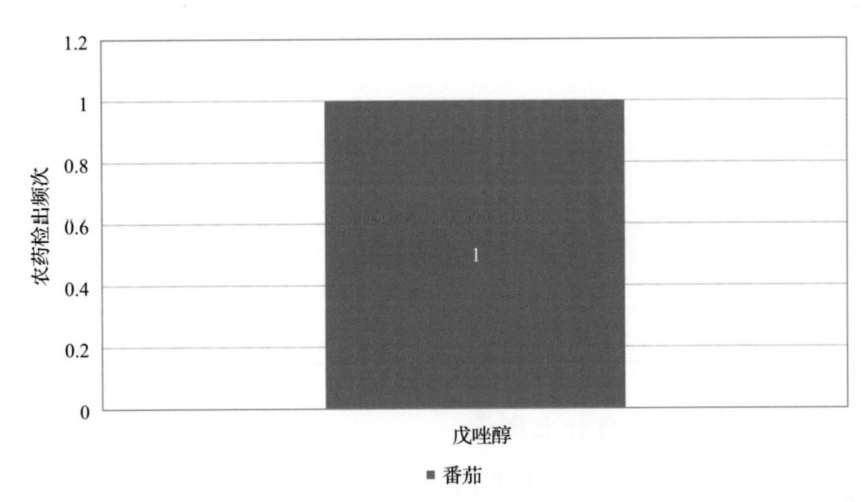

图 15-20　超过 MRL CAC 标准农药品种及频次

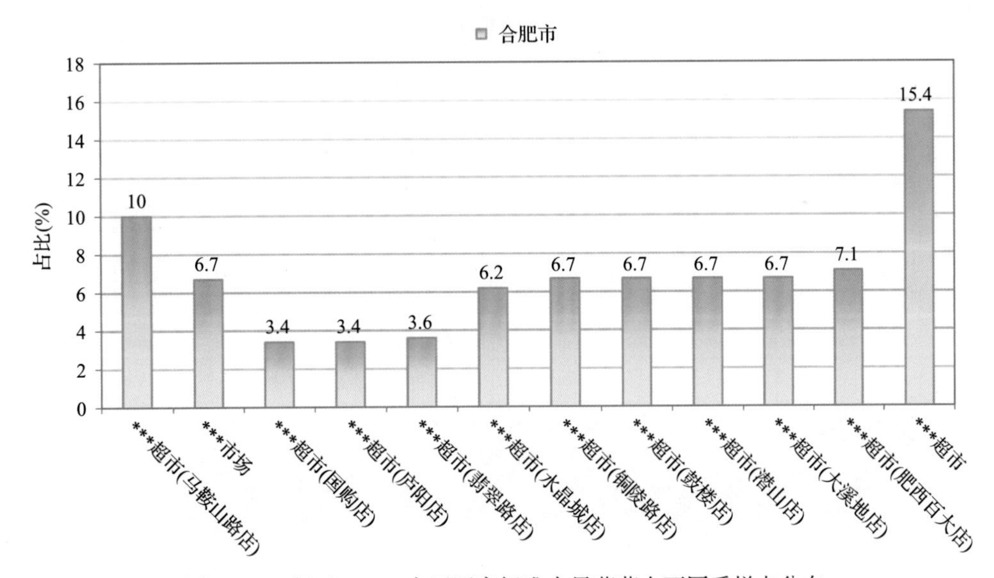

图 15-21　超过 MRL 中国国家标准水果蔬菜在不同采样点分布

表 15-14　超过 MRL 中国国家标准水果蔬菜在不同采样点分布

序号	采样点	样品总数	超标数量	超标率(%)	行政区域
1	***超市(马鞍山路店)	30	3	10.0	包河区
2	***市场	30	2	6.7	庐阳区
3	***超市(国购店)	29	1	3.4	蜀山区
4	***超市(庐阳店)	29	1	3.4	庐阳区
5	***超市(翡翠路店)	28	1	3.6	蜀山区

续表

序号	采样点	样品总数	超标数量	超标率(%)	行政区域
6	***超市(水晶城店)	16	1	6.2	肥西县
7	***超市(铜陵路店)	15	1	6.7	瑶海区
8	***超市(鼓楼店)	15	1	6.7	庐阳区
9	***超市(潜山店)	15	1	6.7	蜀山区
10	***超市(大溪地店)	15	1	6.7	蜀山区
11	***超市(肥西百大店)	14	1	7.1	肥西县
12	***超市	13	2	15.4	肥西县

15.2.3.2 按 MRL 欧盟标准衡量

按 MRL 欧盟标准衡量，所有采样点的样品存在不同程度的超标农药检出，其中***超市(合肥宝业店)的超标率最高，为 73.3%，如图 15-22 和表 15-15 所示。

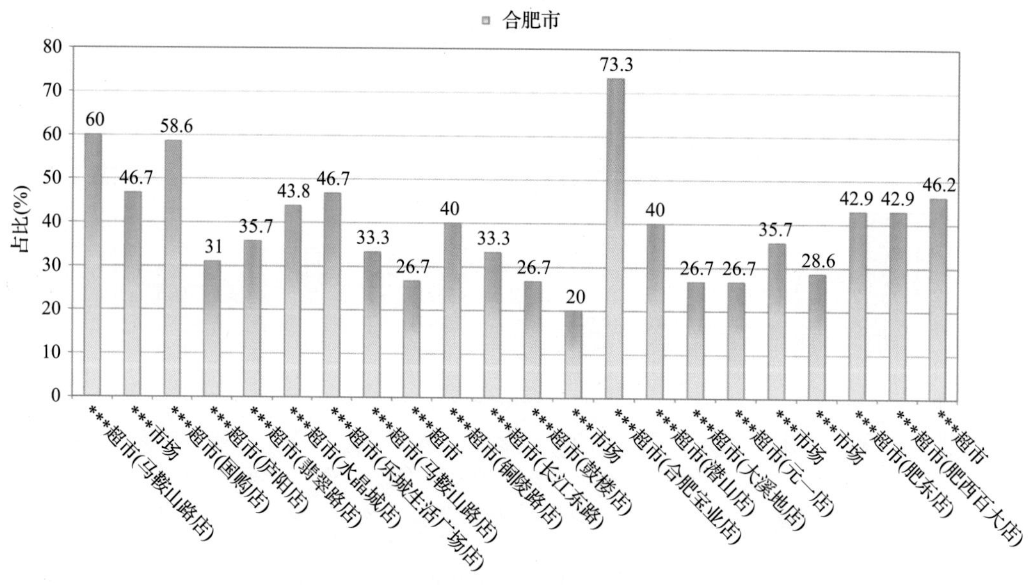

图 15-22　超过 MRL 欧盟标准水果蔬菜在不同采样点分布

表 15-15　超过 MRL 欧盟标准水果蔬菜在不同采样点分布

序号	采样点	样品总数	超标数量	超标率(%)	行政区域
1	***超市(马鞍山路店)	30	18	60.0	包河区
2	***市场	30	14	46.7	庐阳区
3	***超市(国购店)	29	17	58.6	蜀山区
4	***超市(庐阳店)	29	9	31.0	庐阳区
5	***超市(翡翠路店)	28	10	35.7	蜀山区

续表

序号	采样点	样品总数	超标数量	超标率(%)	行政区域
6	***超市(水晶城店)	16	7	43.8	肥西县
7	***超市(乐城生活广场店)	15	7	46.7	包河区
8	***超市(马鞍山路店)	15	5	33.3	包河区
9	***超市	15	4	26.7	肥东县
10	***超市(铜陵路店)	15	6	40.0	瑶海区
11	***超市(长江东路)	15	5	33.3	瑶海区
12	***超市(鼓楼店)	15	4	26.7	庐阳区
13	***市场	15	3	20.0	庐阳区
14	***超市(合肥宝业店)	15	11	73.3	瑶海区
15	***超市(潜山店)	15	6	40.0	蜀山区
16	***超市(大溪地店)	15	4	26.7	蜀山区
17	***超市(元一店)	15	4	26.7	瑶海区
18	***市场	14	5	35.7	包河区
19	***市场	14	4	28.6	包河区
20	***超市(肥东店)	14	6	42.9	肥东县
21	***超市(肥西百大店)	14	6	42.9	肥西县
22	***超市	13	6	46.2	肥西县

15.2.3.3　按 MRL 日本标准衡量

按 MRL 日本标准衡量，所有采样点的样品存在不同程度的超标农药检出，其中***超市(合肥宝业店)的超标率最高，为 86.7%，如图 15-23 和表 15-16 所示。

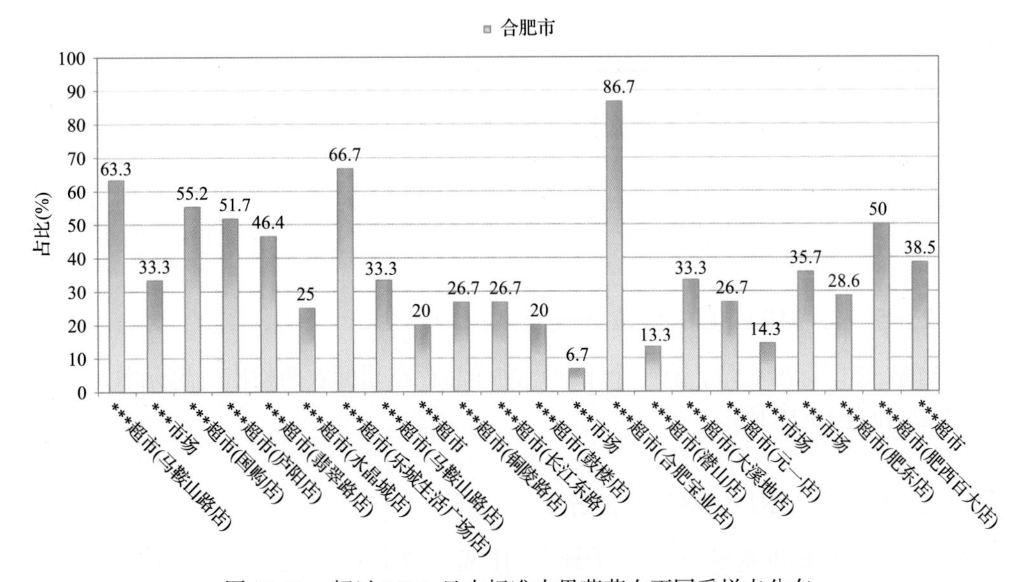

图 15-23　超过 MRL 日本标准水果蔬菜在不同采样点分布

表 15-16　超过 MRL 日本标准水果蔬菜在不同采样点分布

序号	采样点	样品总数	超标数量	超标率(%)	行政区域
1	***超市(马鞍山路店)	30	19	63.3	包河区
2	***市场	30	10	33.3	庐阳区
3	***超市(国购店)	29	16	55.2	蜀山区
4	***超市(庐阳店)	29	15	51.7	庐阳区
5	***超市(翡翠路店)	28	13	46.4	蜀山区
6	***超市(水晶城店)	16	4	25.0	肥西县
7	***超市(乐城生活广场店)	15	10	66.7	包河区
8	***超市(马鞍山路店)	15	5	33.3	包河区
9	***超市	15	3	20.0	肥东县
10	***超市(铜陵路店)	15	4	26.7	瑶海区
11	***超市(长江东路)	15	4	26.7	瑶海区
12	***超市(鼓楼店)	15	3	20.0	庐阳区
13	***市场	15	1	6.7	庐阳区
14	***超市(合肥宝业店)	15	13	86.7	瑶海区
15	***超市(潜山店)	15	2	13.3	蜀山区
16	***超市(大溪地店)	15	5	33.3	蜀山区
17	***超市(元一店)	15	4	26.7	瑶海区
18	***市场	14	2	14.3	包河区
19	***市场	14	5	35.7	包河区
20	***超市(肥东店)	14	4	28.6	肥东县
21	***超市(肥西百大店)	14	7	50.0	肥西县
22	***超市	13	5	38.5	肥西县

15.2.3.4　按 MRL 中国香港标准衡量

按 MRL 中国香港标准衡量，有 4 个采样点的样品存在不同程度的超标农药检出，其中***超市(肥西百大店)的超标率最高，为 7.1%，如图 15-24 和表 15-17 所示。

15.2.3.5　按 MRL 美国标准衡量

按 MRL 美国标准衡量，有 1 个采样点的样品存在超标农药检出，超标率为 6.7%，如图 15-25 和表 15-18 所示。

15.2.3.6　按 MRL CAC 标准衡量

按 MRL CAC 标准衡量，有 1 个采样点的样品存在超标农药检出，超标率均为 3.3%，如图 15-26 和表 15-19 所示。

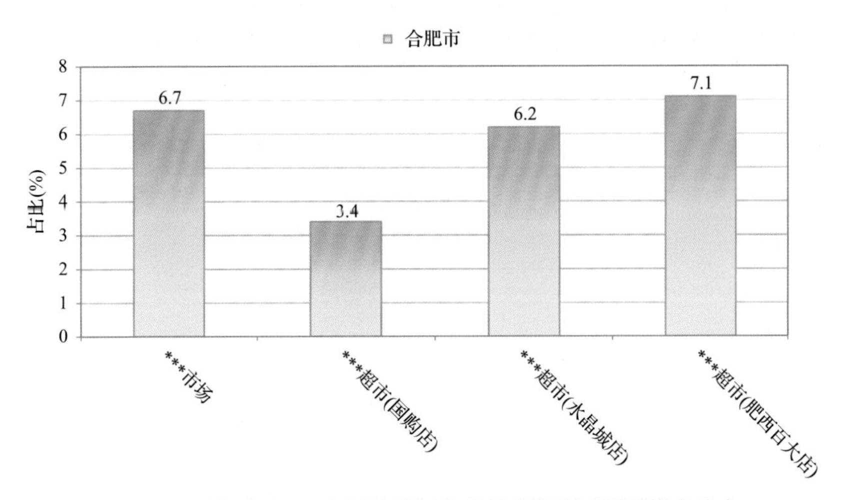

图 15-24 超过 MRL 中国香港标准水果蔬菜在不同采样点分布

表 15-17 超过 MRL 中国香港标准水果蔬菜在不同采样点分布

序号	采样点	样品总数	超标数量	超标率(%)	行政区域
1	***市场	30	2	6.7	庐阳区
2	***超市(国购店)	29	1	3.4	蜀山区
3	***超市(水晶城店)	16	1	6.2	肥西县
4	***超市(肥西百大店)	14	1	7.1	肥西县

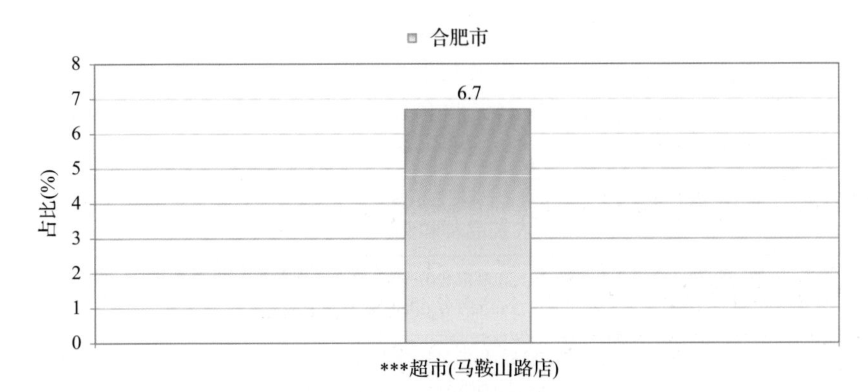

图 15-25 超过 MRL 美国标准水果蔬菜在不同采样点分布

表 15-18 超过 MRL 美国标准水果蔬菜在不同采样点分布

序号	采样点	样品总数	超标数量	超标率(%)	行政区域
1	***超市(马鞍山路店)	15	1	6.7	包河区

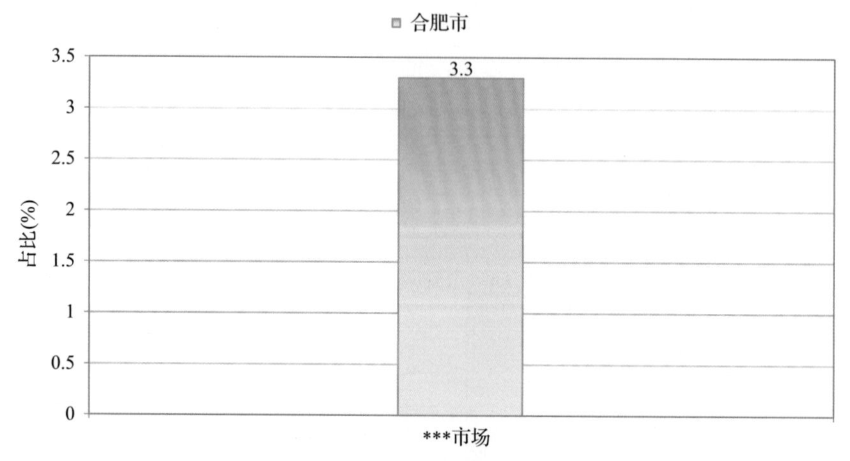

图 15-26　超过 MRL CAC 标准水果蔬菜在不同采样点分布

表 15-19　超过 MRL CAC 标准水果蔬菜在不同采样点分布

序号	采样点	样品总数	超标数量	超标率(%)	行政区域
1	***市场	30	1	3.3	庐阳区

15.3　水果中农药残留分布

15.3.1　检出农药品种和频次排前 10 的水果

本次残留侦测的水果共 15 种，包括石榴、桃、西瓜、哈密瓜、香蕉、苹果、草莓、葡萄、柚、梨、芒果、橘、菠萝、橙和火龙果。

根据检出农药品种及频次进行排名，将各项排名前 10 位的水果样品检出情况列表说明，详见表 15-20。

表 15-20　检出农药品种和频次排名前 10 的水果

检出农药品种排名前 10(品种)	①梨(22),②草莓(20),③苹果(16),④芒果(12),⑤葡萄(12),⑥西瓜(8),⑦石榴(7),⑧橘(5),⑨柚(5),⑩火龙果(4)
检出农药频次排名前 10(频次)	①梨(78),②苹果(43),③草莓(38),④葡萄(36),⑤芒果(27),⑥石榴(24),⑦柚(18),⑧西瓜(15),⑨哈密瓜(11),⑩火龙果(8)
检出禁用、高毒及剧毒农药品种排名前 10(品种)	①梨(3),②橙(1),③橘(1),④苹果(1),⑤葡萄(1),⑥石榴(1),⑦香蕉(1)
检出禁用、高毒及剧毒农药频次排名前 10(频次)	①梨(5),②石榴(4),③苹果(2),④葡萄(2),⑤橙(1),⑥橘(1),⑦香蕉(1)

15.3.2 超标农药品种和频次排前 10 的水果

鉴于 MRL 欧盟标准和日本标准制定比较全面且覆盖率较高，我们参照 MRL 中国国家标准、欧盟标准和日本标准衡量水果样品中农残检出情况，将超标农药品种及频次排名前 10 的水果列表说明，详见表 15-21。

表 15-21 超标农药品种和频次排名前 10 的水果

超标农药品种排名前 10（农药品种数）	MRL 中国国家标准	①石榴(1)
	MRL 欧盟标准	①梨(11),②石榴(6),③苹果(5),④草莓(4),⑤葡萄(3),⑥橙(2),⑦火龙果(2),⑧橘(2),⑨芒果(2),⑩西瓜(2)
	MRL 日本标准	①梨(6),②石榴(6),③草莓(5),④芒果(4),⑤香蕉(3),⑥橙(2),⑦火龙果(2),⑧苹果(2),⑨柚(2),⑩菠萝(1)
超标农药频次排名前 10（农药频次数）	MRL 中国国家标准	①石榴(4)
	MRL 欧盟标准	①梨(31),②石榴(15),③草莓(8),④苹果(7),⑤西瓜(5),⑥葡萄(4),⑦橙(3),⑧橘(3),⑨芒果(3),⑩火龙果(2)
	MRL 日本标准	①梨(26),②石榴(15),③草莓(9),④芒果(5),⑤香蕉(5),⑥橙(4),⑦苹果(3),⑧菠萝(2),⑨火龙果(2),⑩柚(2)

通过对各品种水果样本总数及检出率进行综合分析发现，梨、苹果和葡萄的残留污染最为严重，在此，我们参照 MRL 中国国家标准、欧盟标准和日本标准对这 3 种水果的农残检出情况进行进一步分析。

15.3.3 农药残留检出率较高的水果样品分析

15.3.3.1 梨

这次共检测 27 例梨样品，20 例样品中检出了农药残留，检出率为 74.1%，检出农药共计 22 种。其中毒死蜱、吡喃灵、扑灭通、杀螨醚和莠去通检出频次较高，分别检出了 14、7、6、6 和 6 次。梨中农药检出品种和频次见图 15-27，超标农药见图 15-28 和表 15-22。

15.3.3.2 苹果

这次共检测 27 例苹果样品，22 例样品中检出了农药残留，检出率为 81.5%，检出农药共计 16 种。其中毒死蜱、芬螨酯、二苯胺、烯虫酯和猛杀威检出频次较高，分别检出了 15、7、3、3 和 2 次。苹果中农药检出品种和频次见图 15-29，超标农药见图 15-30 和表 15-23。

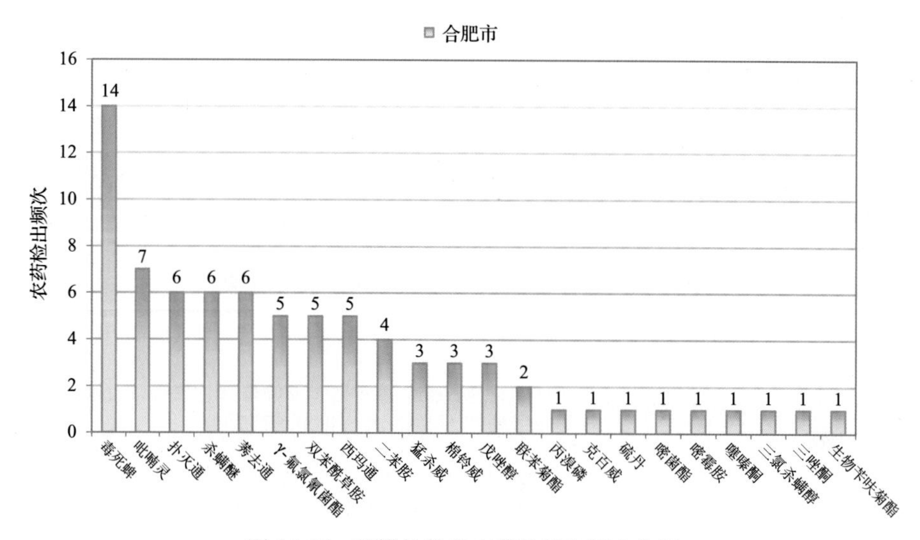

图 15-27　梨样品检出农药品种和频次分析

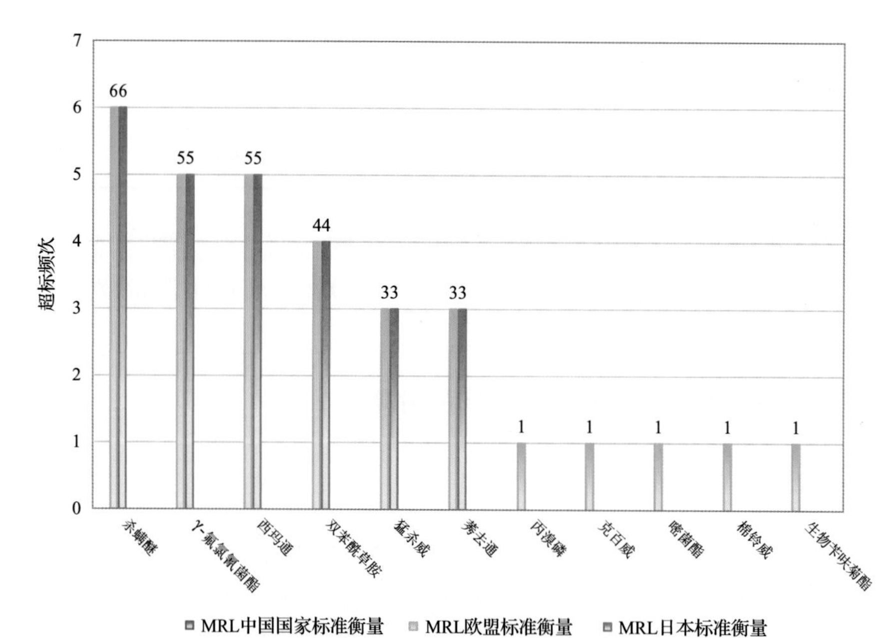

图 15-28　梨样品中超标农药分析

表 15-22　梨中农药残留超标情况明细表

	样品总数		检出农药样品数	样品检出率(%)	检出农药品种总数
	27		20	74.1	22
	超标农药品种	超标农药频次	按照 MRL 中国国家标准、欧盟标准和日本标准衡量超标农药名称及频次		
中国国家标准	0	0			
欧盟标准	11	31	杀螨醚(6),γ-氟氯氰菌酯(5),西玛通(5),双苯酰草胺(4),猛杀威(3),莠去通(3),丙溴磷(1),克百威(1),嘧菌酯(1),棉铃威(1),生物苄呋菊酯(1)		
日本标准	6	26	杀螨醚(6),γ-氟氯氰菌酯(5),西玛通(5),双苯酰草胺(4),猛杀威(3),莠去通(3)		

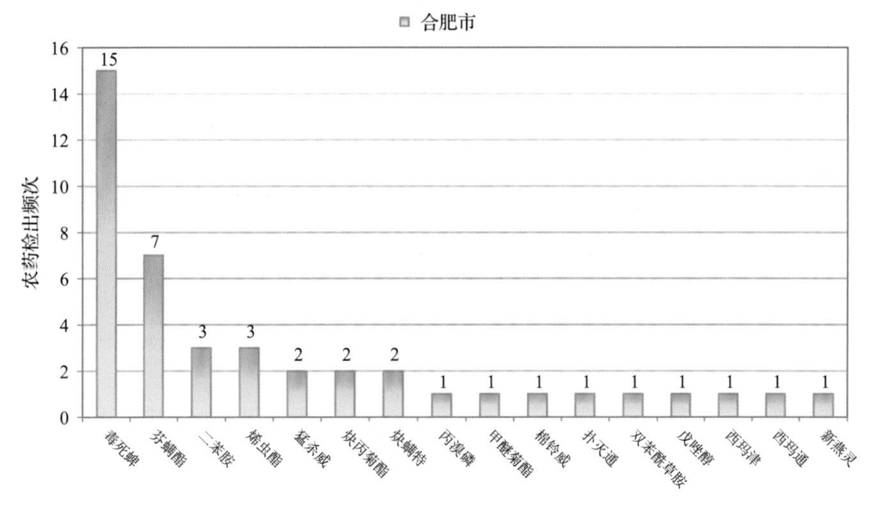

图15-29 苹果样品检出农药品种和频次分析

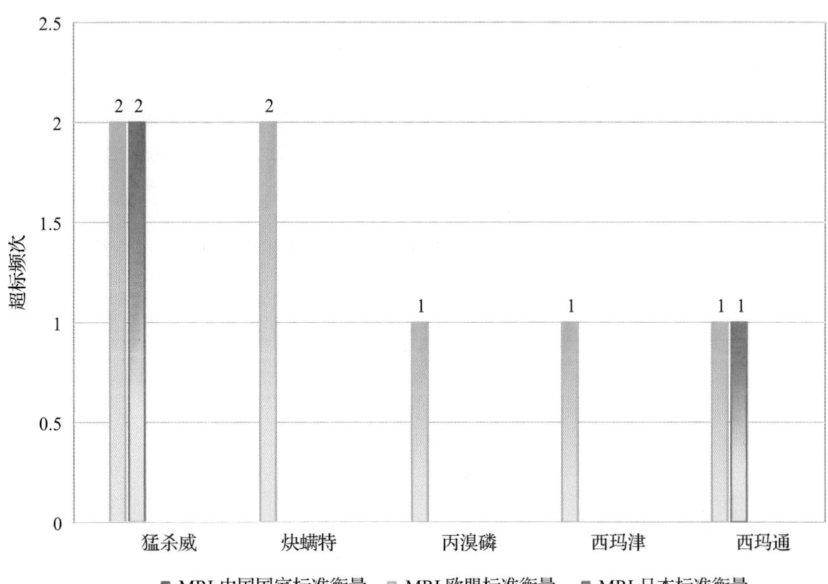

图15-30 苹果样品中超标农药分析

表15-23 苹果中农药残留超标情况明细表

样品总数			检出农药样品数	样品检出率(%)	检出农药品种总数
27			22	81.5	16
	超标农药品种	超标农药频次	按照MRL中国国家标准、欧盟标准和日本标准衡量超标农药名称及频次		
中国国家标准	0	0			
欧盟标准	5	7	猛杀威(2),炔螨特(2),丙溴磷(1),西玛津(1),西玛通(1)		
日本标准	2	3	猛杀威(2),西玛通(1)		

15.3.3.3　葡萄

这次共检测 20 例葡萄样品，15 例样品中检出了农药残留，检出率为 75.0%，检出农药共计 12 种。其中嘧霉胺、嘧菌酯、腐霉利、戊唑醇和甲霜灵检出频次较高，分别检出了 11、5、4、4 和 3 次。葡萄中农药检出品种和频次见图 15-31，超标农药见图 15-32 和表 15-24。

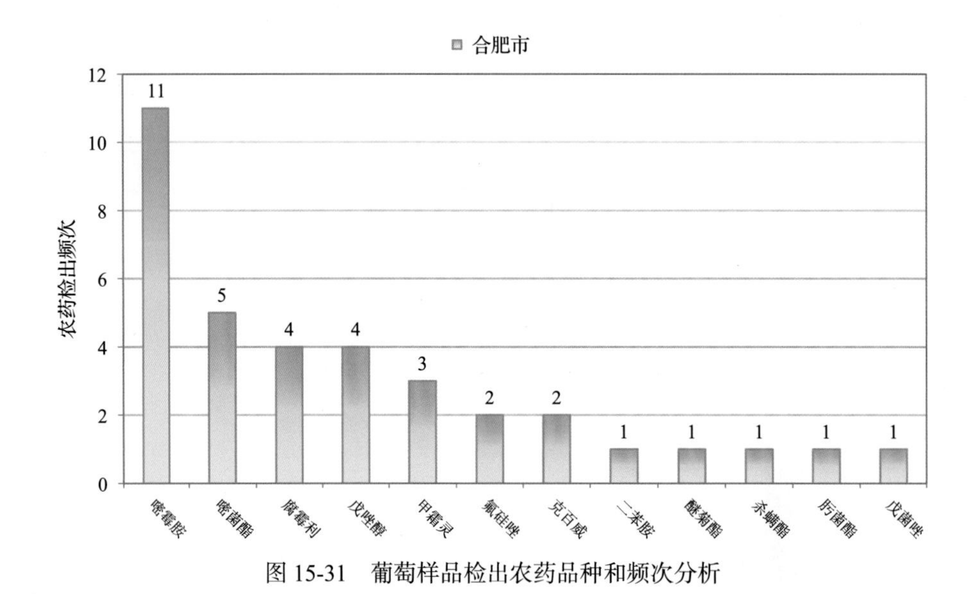

图 15-31　葡萄样品检出农药品种和频次分析

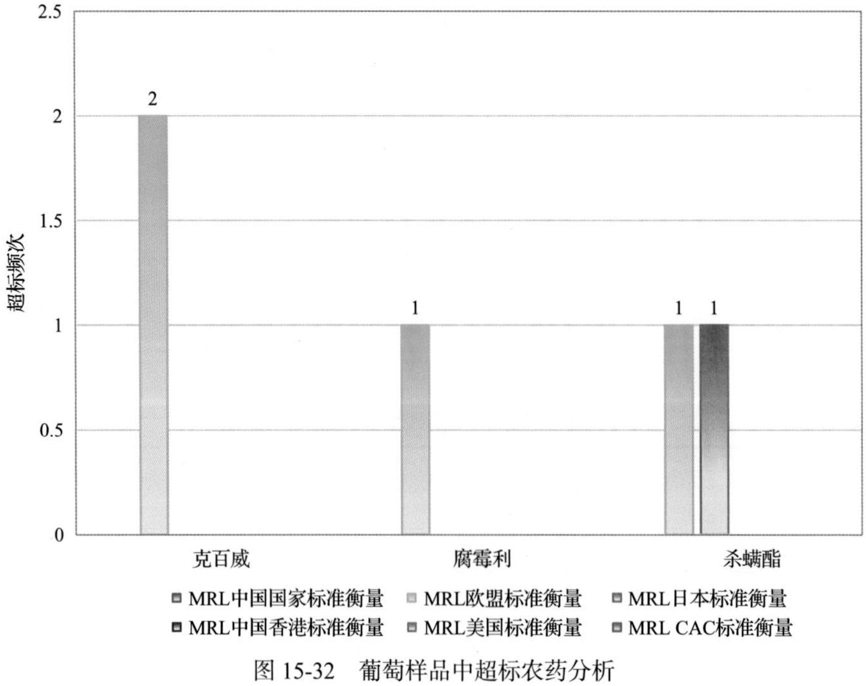

图 15-32　葡萄样品中超标农药分析

表 15-24　葡萄中农药残留超标情况明细表

样品总数			检出农药样品数	样品检出率(%)	检出农药品种总数
20			15	75	12
	超标农药品种	超标农药频次	按照 MRL 中国国家标准、欧盟标准和日本标准衡量超标农药名称及频次		
中国国家标准	0	0			
欧盟标准	3	4	克百威(2),腐霉利(1),杀螨酯(1)		
日本标准	1	1	杀螨酯(1)		

15.4　蔬菜中农药残留分布

15.4.1　检出农药品种和频次排前 10 的蔬菜

本次残留侦测的蔬菜共 19 种，包括韭菜、芹菜、黄瓜、番茄、菠菜、豌豆、花椰菜、甜椒、青花菜、胡萝卜、瓠瓜、马铃薯、茄子、生菜、大白菜、菜豆、青菜、丝瓜和竹笋。

根据检出农药品种及频次进行排名，将各项排名前 10 位的蔬菜样品检出情况列表说明，详见表 15-25。

表 15-25　检出农药品种和频次排名前 10 的蔬菜

检出农药品种排名前 10(品种)	①甜椒(31),②青菜(29),③韭菜(26),④芹菜(24),⑤生菜(23),⑥丝瓜(19),⑦菠菜(18),⑧黄瓜(14),⑨大白菜(13),⑩番茄(13)
检出农药频次排名前 10(频次)	①韭菜(96),②青菜(75),③甜椒(71),④芹菜(51),⑤生菜(45),⑥丝瓜(41)⑦大白菜(37),⑧黄瓜(30),⑨菠菜(27),⑩番茄(27)
检出禁用、高毒及剧毒农药品种排名前 10(品种)	①韭菜(3),②芹菜(3),③青菜(3),④生菜(2),⑤丝瓜(2),⑥甜椒(2),⑦花椰菜(1),⑧黄瓜(1)
检出禁用、高毒及剧毒农药频次排名前 10(频次)	①韭菜(11),②芹菜(9),③青菜(6),④甜椒(4),⑤生菜(2),⑥丝瓜(2),⑦花椰菜(1),⑧黄瓜(1)

15.4.2　超标农药品种和频次排前 10 的蔬菜

鉴于 MRL 欧盟标准和日本标准制定比较全面且覆盖率较高，我们参照 MRL 中国国家标准、欧盟标准和日本标准衡量蔬菜样品中农残检出情况，将超标农药品种及频次排名前 10 的蔬菜列表说明，详见表 15-26。

表 15-26 超标农药品种和频次排名前 10 的蔬菜

超标农药品种排名前 10（农药品种数）	MRL 中国国家标准	①韭菜(3),②芹菜(3),③青菜(1),④丝瓜(1),⑤甜椒(1)
	MRL 欧盟标准	①韭菜(14),②青菜(14),③芹菜(12),④甜椒(11),⑤菠菜(9),⑥生菜(9),⑦大白菜(7),⑧胡萝卜(5),⑨马铃薯(5),⑩丝瓜(5)
	MRL 日本标准	①韭菜(13),②芹菜(10),③菠菜(9),④青菜(8),⑤甜椒(8),⑥生菜(6),⑦大白菜(5),⑧胡萝卜(5),⑨马铃薯(5),⑩花椰菜(4)
超标农药频次排名前 10（农药频次数）	MRL 中国国家标准	①韭菜(5),②芹菜(3),③甜椒(2),④青菜(1),⑤丝瓜(1)
	MRL 欧盟标准	①韭菜(35),②青菜(30),③芹菜(20),④甜椒(18),⑤大白菜(17),⑥生菜(15),⑦胡萝卜(14),⑧菠菜(13),⑨丝瓜(10),⑩豌豆(10)
	MRL 日本标准	①韭菜(31),②胡萝卜(20),③青菜(18),④甜椒(15),⑤大白菜(14),⑥菠菜(12),⑦芹菜(12),⑧豌豆(12),⑨生菜(10),⑩花椰菜(9)

通过对各品种蔬菜样本总数及检出率进行综合分析发现，甜椒、青菜和韭菜的残留污染最为严重，在此，我们参照 MRL 中国国家标准、欧盟标准和日本标准对这 3 种蔬菜的农残检出情况进行进一步分析。

15.4.3 农药残留检出率较高的蔬菜样品分析

15.4.3.1 甜椒

这次共检测 27 例甜椒样品，24 例样品中检出了农药残留，检出率为 88.9%，检出农药共计 31 种。其中敌草胺、二苯胺、喹螨醚、哒螨灵和腐霉利检出频次较高，分别检出了 7、7、6、4 和 4 次。甜椒中农药检出品种和频次见图 15-33，超标农药见图 15-34 和表 15-27。

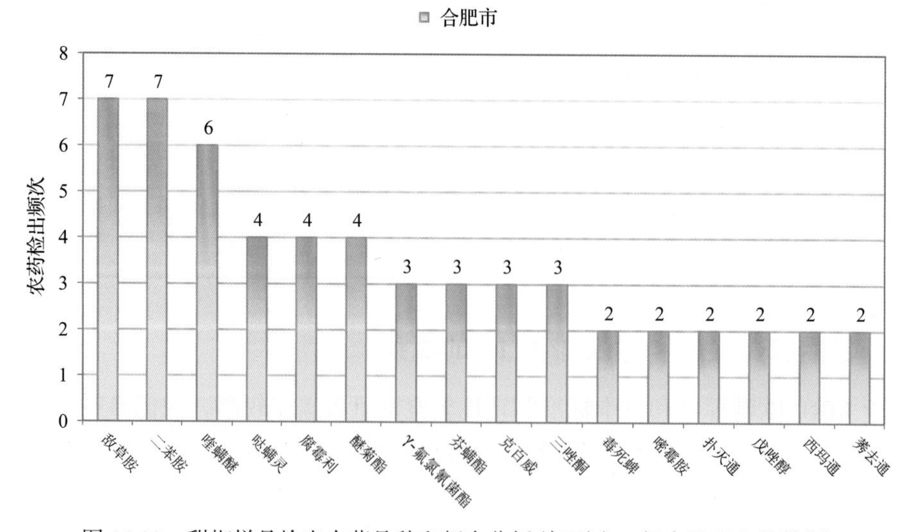

图 15-33 甜椒样品检出农药品种和频次分析(仅列出 2 频次及以上的数据)

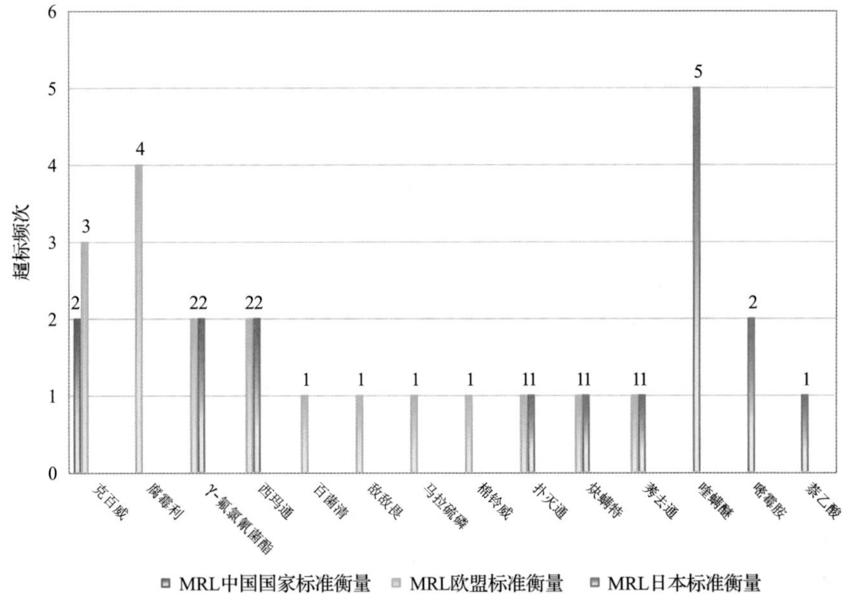

图 15-34　甜椒样品中超标农药分析

表 15-27　甜椒中农药残留超标情况明细表

样品总数			检出农药样品数	样品检出率(%)	检出农药品种总数
27			24	88.9	31
	超标农药品种	超标农药频次	按照MRL 中国国家标准、欧盟标准和日本标准衡量超标农药名称及频次		
中国国家标准	1	2	克百威(2)		
欧盟标准	11	18	腐霉利(4),克百威(3),γ-氟氯氰菌酯(2),西玛通(2),百菌清(1),敌敌畏(1),马拉硫磷(1),棉铃威(1),扑灭通(1),炔螨特(1),莠去通(1)		
日本标准	8	15	喹螨醚(5),γ-氟氯氰菌酯(2),嘧霉胺(2),西玛通(2),萘乙酸(1),扑灭通(1),炔螨特(1),莠去通(1)		

15.4.3.2　青菜

这次共检测 17 例青菜样品，15 例样品中检出了农药残留，检出率为 88.2%，检出农药共计 29 种。其中烯唑醇、虫螨腈、三唑醇、哒螨灵和三唑酮检出频次较高，分别检出了 8、7、7、6 和 5 次。青菜中农药检出品种和频次见图 15-35，超标农药见图 15-36 和表 15-28。

15.4.3.3　韭菜

这次共检测 16 例韭菜样品，全部检出了农药残留，检出率为 100.0%，检出农药共计 26 种。其中腐霉利、毒死蜱、灭害威、嘧霉胺和戊唑醇检出频次较高，分别检出了 13、10、9、6 和 6 次。韭菜中农药检出品种和频次见图 15-37，超标农药见图 15-38 和表 15-29。

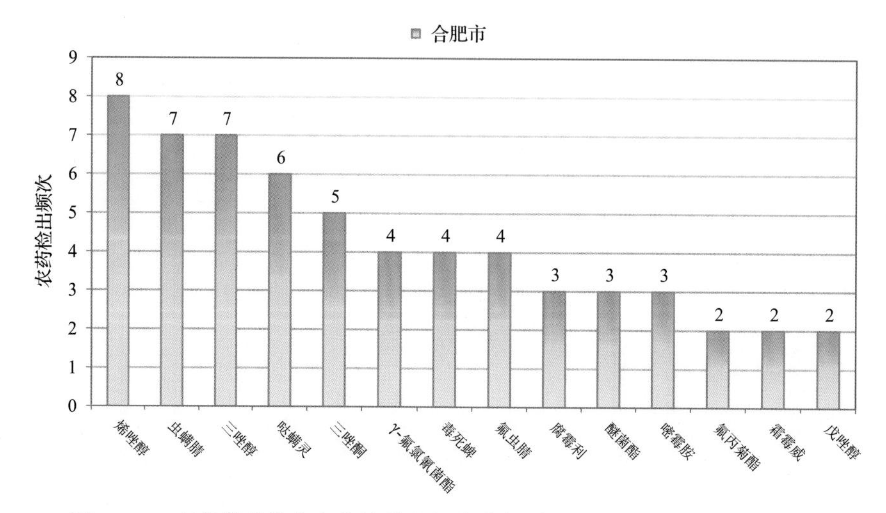

图 15-35　青菜样品检出农药品种和频次分析(仅列出 2 频次及以上的数据)

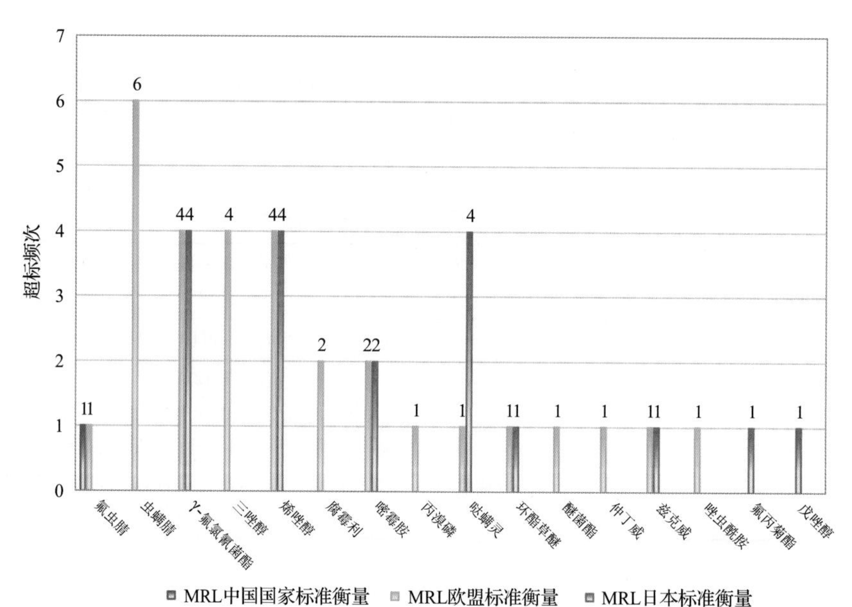

图 15-36　青菜样品中超标农药分析

表 15-28　青菜中农药残留超标情况明细表

样品总数			检出农药样品数	样品检出率(%)	检出农药品种总数
17			15	88.2	29
	超标农药品种	超标农药频次	按照 MRL 中国国家标准、欧盟标准和日本标准衡量超标农药名称及频次		
中国国家标准	1	1	氟虫腈(1)		
欧盟标准	14	30	虫螨腈(6),γ-氟氯氰菌酯(4),三唑醇(4),烯唑醇(4),腐霉利(2),嘧霉胺(2),丙溴磷(1),哒螨灵(1),氟虫腈(1),环酯草醚(1),醚菌酯(1),仲丁威(1),兹克威(1),唑虫酰胺(1)		
日本标准	8	18	γ-氟氯氰菌酯(4),哒螨灵(4),烯唑醇(4),嘧霉胺(2),氟丙菊酯(1),环酯草醚(1),戊唑醇(1),兹克威(1)		

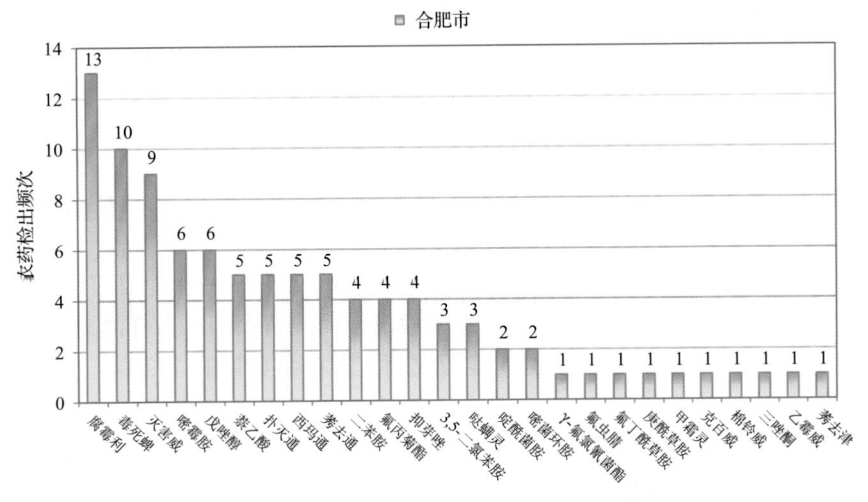

图 15-37　韭菜样品检出农药品种和频次分析

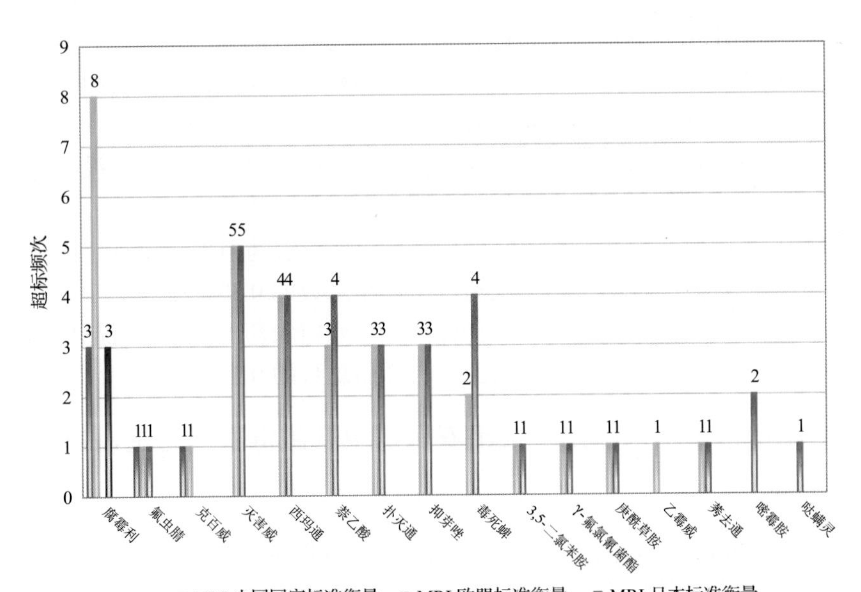

图 15-38　韭菜样品中超标农药分析

表 15-29　韭菜中农药残留超标情况明细表

样品总数			检出农药样品数	样品检出率(%)	检出农药品种总数
16			16	100	26
	超标农药品种	超标农药频次	按照 MRL 中国国家标准、欧盟标准和日本标准衡量超标农药名称及频次		
中国国家标准	3	5	腐霉利(3),氟虫腈(1),克百威(1)		
欧盟标准	14	35	腐霉利(8),灭害威(5),西玛通(4),萘乙酸(3),扑灭通(3),抑芽唑(3),毒死蜱(2),3,5-二氯苯胺(1),γ-氟氯氰菌酯(1),氟虫腈(1),庚酰草胺(1),克百威(1),乙霉威(1),莠去通(1)		
日本标准	13	31	灭害威(5),毒死蜱(4),萘乙酸(4),西玛通(4),扑灭通(3),抑芽唑(3),嘧霉胺(2),3,5-二氯苯胺(1),γ-氟氯氰菌酯(1),哒螨灵(1),氟虫腈(1),庚酰草胺(1),莠去通(1)		

15.5 初 步 结 论

15.5.1 合肥市市售水果蔬菜按 MRL 中国国家标准和国际主要 MRL 标准衡量的合格率

本次侦测的 396 例样品中，89 例样品未检出任何残留农药，占样品总量的 22.5%，307 例样品检出不同水平、不同种类的残留农药，占样品总量的 77.5%。在这 307 例检出农药残留的样品中：

按照 MRL 中国国家标准衡量，有 291 例样品检出残留农药但含量没有超标，占样品总数的 73.5%，有 16 例样品检出了超标农药，占样品总数的 4.0%。

按照 MRL 欧盟标准衡量，有 146 例样品检出残留农药但含量没有超标，占样品总数的 36.9%，有 161 例样品检出了超标农药，占样品总数的 40.7%。

按照 MRL 日本标准衡量，有 153 例样品检出残留农药但含量没有超标，占样品总数的 38.6%，有 154 例样品检出了超标农药，占样品总数的 38.9%。

按照 MRL 中国香港标准衡量，有 302 例样品检出残留农药但含量没有超标，占样品总数的 76.3%，有 5 例样品检出了超标农药，占样品总数的 1.3%。

按照 MRL 美国标准衡量，有 306 例样品检出残留农药但含量没有超标，占样品总数的 77.3%，有 1 例样品检出了超标农药，占样品总数的 0.3%。

按照 MRL CAC 标准衡量，有 306 例样品检出残留农药但含量没有超标，占样品总数的 77.3%，有 1 例样品检出了超标农药，占样品总数的 0.3%。

15.5.2 合肥市市售水果蔬菜中检出农药以中低微毒农药为主，占市场主体的 91.2%

这次侦测的 396 例样品包括水果 15 种 175 例，食用菌 1 种 7 例，蔬菜 19 种 214 例，共检出了 113 种农药，检出农药的毒性以中低微毒为主，详见表 15-30。

表 15-30　市场主体农药毒性分布

毒性	检出品种	占比	检出频次	占比
剧毒农药	3	2.7%	4	0.4%
高毒农药	7	6.2%	41	4.3%
中毒农药	37	32.7%	359	37.5%
低毒农药	45	39.8%	376	39.2%
微毒农药	21	18.6%	178	18.6%
中低微毒农药，品种占比 91.2%，频次占比 95.3%				

15.5.3 检出剧毒、高毒和禁用农药现象应该警醒

在此次侦测的 396 例样品中有 8 种蔬菜和 7 种水果的 51 例样品检出了 12 种 54 频

次的剧毒和高毒或禁用农药，占样品总量的 12.9%。其中剧毒农药涕灭威、甲拌磷和特丁硫磷以及高毒农药克百威、灭害威和猛杀威检出频次较高。

按 MRL 中国国家标准衡量，剧毒农药甲拌磷，检出 1 次，超标 1 次；特丁硫磷，检出 1 次，超标 1 次；高毒农药克百威，检出 20 次，超标 8 次；按超标程度比较，石榴中克百威超标 6.4 倍，芹菜中特丁硫磷超标 5.6 倍，甜椒中克百威超标 1.1 倍，韭菜中克百威超标 0.1 倍，丝瓜中甲拌磷超标 0.1 倍。

剧毒、高毒或禁用农药的检出情况及按照 MRL 中国国家标准衡量的超标情况见表 15-31。

表 15-31　剧毒、高毒或禁用农药的检出及超标明细

序号	农药名称	样品名称	检出频次	超标频次	最大超标倍数	超标率
1.1	涕灭威*▲	蘑菇	2	0	0	0.0%
2.1	特丁硫磷*▲	芹菜	1	1	5.62	100.0%
3.1	甲拌磷*▲	丝瓜	1	1	0.13	100.0%
4.1	克百威◊▲	芹菜	7	1	0.085	14.3%
4.2	克百威◊▲	石榴	4	4	6.36	100.0%
4.3	克百威◊▲	甜椒	3	2	1.06	66.7%
4.4	克百威◊▲	葡萄	2	0	0	0.0%
4.5	克百威◊▲	韭菜	1	1	0.15	100.0%
4.6	克百威◊▲	梨	1	0	0	0.0%
4.7	克百威◊▲	生菜	1	0	0	0.0%
4.8	克百威◊▲	青菜	1	0	0	0.0%
5.1	兹克威◊	青菜	1	0	0	0.0%
6.1	敌敌畏◊	甜椒	1	0	0	0.0%
7.1	氟氯氰菊酯◊	生菜	1	0	0	0.0%
8.1	水胺硫磷◊▲	橘	1	0	0	0.0%
8.2	水胺硫磷◊▲	橙	1	0	0	0.0%
9.1	灭害威◊	韭菜	9	0	0	0.0%
9.2	灭害威◊	花椰菜	1	0	0	0.0%
10.1	猛杀威◊	梨	3	0	0	0.0%
10.2	猛杀威◊	苹果	2	0	0	0.0%
10.3	猛杀威◊	香蕉	1	0	0	0.0%
11.1	氟虫腈▲	青菜	4	1	0.325	25.0%
11.2	氟虫腈▲	韭菜	1	1	4.43	100.0%
12.1	硫丹▲	丝瓜	1	0	0	0.0%
12.2	硫丹▲	梨	1	0	0	0.0%
12.3	硫丹▲	芹菜	1	0	0	0.0%
12.4	硫丹▲	黄瓜	1	0	0	0.0%
合计			54	12		22.2%

注：超标倍数参照 MRL 中国国家标准衡量

这些超标的剧毒和高毒农药都是中国政府早有规定禁止在水果蔬菜中使用的，为什么还屡次被检出，应该引起警惕。

15.5.4　残留限量标准与先进国家或地区标准差距较大

958 频次的检出结果与我国公布的 GB 2763—2014《食品中农药最大残留限量》对比，有 220 频次能找到对应的 MRL 中国国家标准，占 23.0%；还有 738 频次的侦测数据无相关 MRL 标准供参考，占 77.0%。

与国际上现行 MRL 标准对比发现：

有 958 频次能找到对应的 MRL 欧盟标准，占 100.0%；

有 958 频次能找到对应的 MRL 日本标准，占 100.0%；

有 247 频次能找到对应的 MRL 中国香港标准，占 25.8%；

有 249 频次能找到对应的 MRL 美国标准，占 26.0%；

有 164 频次能找到对应的 MRL CAC 标准，占 17.1%。

由上可见，MRL 中国国家标准与先进国家或地区标准还有很大差距，我们无标准，境外有标准，这就会导致我们在国际贸易中，处于受制于人的被动地位。

15.5.5　水果蔬菜单种样品检出 16~31 种农药残留，拷问农药使用的科学性

通过此次监测发现，梨、草莓和苹果是检出农药品种最多的 3 种水果，甜椒、青菜和韭菜是检出农药品种最多的 3 种蔬菜，从中检出农药品种及频次详见表 15-32。

表 15-32　单种样品检出农药品种及频次

样品名称	样品总数	检出农药样品数	检出率	检出农药品种数	检出农药（频次）
甜椒	27	24	88.9%	31	敌草胺(7),二苯胺(7),喹螨醚(6),哒螨灵(4),腐霉利(4),醚菊酯(4),γ-氟氯氰菌酯(3),芬螨酯(3),克百威(3),三唑酮(3),毒死蜱(2),嘧霉胺(2),扑灭通(2),戊唑醇(2),西玛通(2),莠去通(2),百菌清(1),敌敌畏(1),啶酰菌胺(1),甲霜灵(1),腈菌唑(1),马拉硫磷(1),醚菌酯(1),棉铃威(1),萘乙酸(1),炔螨特(1),烯唑醇(1),乙霉威(1),异丙威(1),莠去津(1),仲草丹(1)
青菜	17	15	88.2%	29	烯唑醇(8),虫螨腈(7),三唑醇(7),哒螨灵(6),三唑酮(5),γ-氟氯氰菌酯(4),毒死蜱(4),氟虫腈(4),腐霉利(3),醚菌酯(3),嘧霉胺(3),氟丙菊酯(2),霜霉威(2),戊唑醇(2),吡丙醚(1),丙溴磷(1),毒草胺(1),二甲戊灵(1),芬螨酯(1),氟吡禾灵(1),环酯草醚(1),克百威(1),喹螨醚(1),联苯菊酯(1),氯氰菊酯(1),五氯苯甲腈(1),仲丁威(1),兹克威(1),唑虫酰胺(1)
韭菜	16	16	100.0%	26	腐霉利(13),毒死蜱(10),灭害威(9),嘧霉胺(6),戊唑醇(6),萘乙酸(5),扑灭通(5),西玛通(5),莠去通(5),二苯胺(4),氟丙菊酯(4),抑芽唑(4),3,5-二氯苯胺(3),哒螨灵(3),啶酰菌胺(2),嘧菌环胺(2),γ-氟氯氰菌酯(1),氟虫腈(1),氟丁酰草胺(1),庚酰草胺(1),甲霜灵(1),克百威(1),棉铃威(1),三唑酮(1),乙霉威(1),莠去津(1)

续表

样品名称	样品总数	检出农药样品数	检出率	检出农药品种数	检出农药(频次)
梨	27	20	74.1%	22	毒死蜱(14),吡喃灵(7),扑灭通(6),杀螨醚(6),莠去通(6),γ-氟氯氰菌酯(5),双苯酰草胺(5),西玛通(5),二苯胺(4),猛杀威(3),棉铃威(3),戊唑醇(3),联苯菊酯(2),丙溴磷(1),克百威(1),硫丹(1),嘧菌酯(1),嘧霉胺(1),噻嗪酮(1),三氯杀螨醇(1),三唑酮(1),生物苄呋菊酯(1)
草莓	6	6	100.0%	20	嘧霉胺(6),二苯胺(4),腐霉利(3),联苯肼酯(3),烯虫炔酯(3),乙嘧酚磺酸酯(3),吡咪唑(2),腈菌唑(2),百菌清(1),吡喃灵(1),多效唑(1),己唑醇(1),甲霜灵(1),抗蚜威(1),嘧菌酯(1),萘乙酸(1),三唑酮(1),四氟醚唑(1),乙霉威(1),茚草酮(1)
苹果	27	22	81.5%	16	毒死蜱(15),芬螨酯(7),二苯胺(3),烯虫酯(3),猛杀威(2),炔丙菊酯(2),炔螨特(2),丙溴磷(1),甲醚菊酯(1),棉铃威(1),扑灭通(1),双苯酰草胺(1),戊唑醇(1),西玛津(1),西玛通(1),新燕灵(1)

上述 6 种水果蔬菜，检出农药 16~31 种，是多种农药综合防治，还是未严格实施农业良好管理规范(GAP)，抑或根本就是乱施药，值得我们思考。

第 16 章　GC-Q-TOF/MS 侦测合肥市市售水果蔬菜农药残留膳食暴露风险与预警风险评估

16.1　农药残留风险评估方法

16.1.1　合肥市农药残留侦测数据分析与统计

庞国芳院士科研团队建立的农药残留高通量侦测技术以高分辨精确质量数(0.0001 *m/z* 为基准)为识别标准，采用 GC-Q-TOF/MS 技术对 507 种农药化学污染物进行侦测。

科研团队于 2015 年 7 月~2016 年 3 月在合肥市所属 6 个区县的 22 个采样点，随机采集了 396 例水果蔬菜样品，采样点分布在超市和农贸市场，具体位置如图 16-1 所示，各月内水果蔬菜样品采集数量如表 16-1 所示。

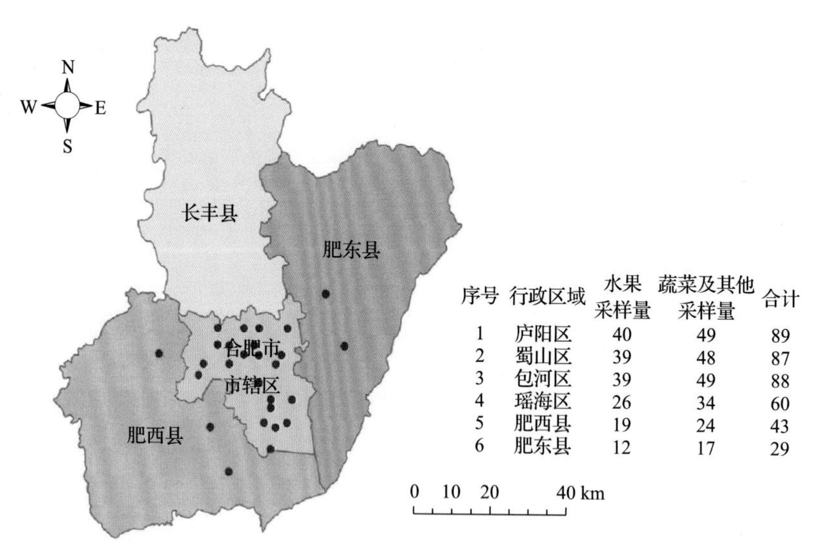

序号	行政区域	水果采样量	蔬菜及其他采样量	合计
1	庐阳区	40	49	89
2	蜀山区	39	48	87
3	包河区	39	49	88
4	瑶海区	26	34	60
5	肥西县	19	24	43
6	肥东县	12	17	29

图 16-1　GC-Q-TOF/MS 侦测合肥市 22 个采样点 396 例样品分布示意图

表 16-1　合肥市各月内采集水果蔬菜样品数列表

时间	样品数(例)
2015 年 7 月	149
2015 年 9 月	146
2016 年 3 月	101

利用 GC-Q-TOF/MS 技术对 396 例样品中的农药进行侦测，侦测出残留农药 113 种，957 频次。侦测出农药残留水平如表 16-2 和图 16-2 所示。检出频次最高的前 10 种农药如表 16-3 所示。从侦测结果中可以看出，在水果蔬菜中农药残留普遍存在，且有些水果蔬菜存在高浓度的农药残留，这些可能存在膳食暴露风险，对人体健康产生危害，因此，为了定量地评价水果蔬菜中农药残留的风险程度，有必要对其进行风险评价。

表 16-2 侦测出农药的不同残留水平及其所占比例列表

残留水平(μg/kg)	检出频次	占比(%)
1~5(含)	316	33.0
5~10(含)	164	17.2
10~100(含)	426	44.5
100~1000(含)	49	5.1
>1000	2	0.2
合计	957	100

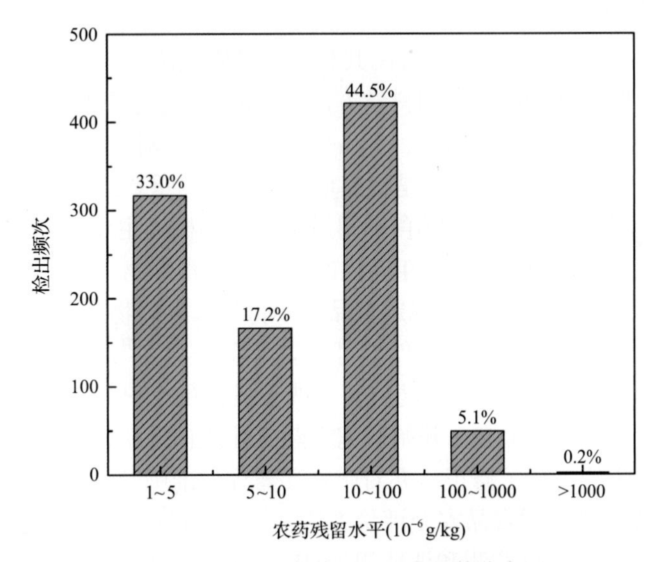

图 16-2 残留农药侦测出浓度频数分布图

表 16-3 检出频次最高的前 10 种农药列表

序号	农药	检出频次(次)
1	毒死蜱	69
2	二苯胺	57
3	嘧霉胺	45
4	腐霉利	44
5	芬螨酯	41
6	戊唑醇	32
7	萘乙酸	30

续表

序号	农药	检出频次(次)
8	三唑酮	23
9	哒螨灵	22
10	醚菊酯	22

16.1.2 农药残留风险评价模型

对合肥市水果蔬菜中农药残留分别开展暴露风险评估和预警风险评估。膳食暴露风险评估利用食品安全指数模型对水果蔬菜中的残留农药对人体可能产生的危害程度进行评价，该模型结合残留监测和膳食暴露评估评价化学污染物的危害；预警风险评价模型运用风险系数(risk index，*R*)，风险系数综合考虑了危害物的超标率、施检频率及其本身敏感性的影响，能直观而全面地反映出危害物在一段时间内的风险程度。

16.1.2.1 食品安全指数模型

为了加强食品安全管理，《中华人民共和国食品安全法》第二章第十七条规定“国家建立食品安全风险评估制度，运用科学方法，根据食品安全风险监测信息、科学数据以及有关信息，对食品、食品添加剂、食品相关产品中生物性、化学性和物理性危害因素进行风险评估”[1]，膳食暴露评估是食品危险度评估的重要组成部分，也是膳食安全性的衡量标准[2]。国际上最早研究膳食暴露风险评估的机构主要是 JMPR(FAO、WHO 农药残留联合会议)，该组织自 1995 年就已制定了急性毒性物质的风险评估急性毒性农药残留摄入量的预测。1960 年美国规定食品中不得加入致癌物质进而提出零阈值理论，渐渐零阈值理论发展成在一定概率条件下可接受风险的概念[3]，后衍变为食品中每日允许最大摄入量(ADI)，而国际食品农药残留法典委员会(CCPR)认为 ADI 不是独立风险评估的唯一标准[4]，1995 年 JMPR 开始研究农药急性膳食暴露风险评估，并对食品国际短期摄入量的计算方法进行了修正，亦对膳食暴露评估准则及评估方法进行了修正[5]，2002 年，在对世界上现行的食品安全评价方法，尤其是国际公认的 CAC 的评价方法、全球环境监测系统/食品污染监测和评估规划(WHO GEMS/Food)及 FAO、WHO 食品添加剂联合专家委员会(JECFA)和 JMPR 对食品安全风险评估工作研究的基础之上，检验检疫食品安全管理的研究人员提出了结合残留监控和膳食暴露评估，以食品安全指数 IFS 计算食品中各种化学污染物对消费者的健康危害程度[6]。IFS 是表示食品安全状态的新方法，可有效地评价某种农药的安全性，进而评价食品中各种农药化学污染物对消费者健康的整体危害程度[7, 8]。从理论上分析，IFS_c 可指出食品中的污染物 c 对消费者健康是否存在危害及危害的程度[9]。其优点在于操作简单且结果容易被接受和理解，不需要大量的数据来对结果进行验证，使用默认的标准假设或者模型即可[10, 11]。

1) IFS_c 的计算

IFS_c 计算公式如下：

$$IFS_c = \frac{EDI_c \times f}{SI_c \times bw} \tag{16-1}$$

式中，c 为所研究的农药；EDI_c 为农药 c 的实际日摄入量估算值，等于 $\Sigma(R_i \times F_i \times E_i \times P_i)$（$i$ 为食品种类；R_i 为食品 i 中农药 c 的残留水平，mg/kg；F_i 为食品 i 的估计日消费量，g/(人·天)；E_i 为食品 i 的可食用部分因子；P_i 为食品 i 的加工处理因子）；SI_c 为安全摄入量，可采用每日允许最大摄入量 ADI；bw 为人平均体重，kg；f 为校正因子，如果安全摄入量采用 ADI，则 f 取 1。

$IFS_c \ll 1$，农药 c 对食品安全没有影响；$IFS_c \leqslant 1$，农药 c 对食品安全的影响可以接受；$IFS_c > 1$，农药 c 对食品安全的影响不可接受。

本次评价中：

$IFS_c \leqslant 0.1$，农药 c 对水果蔬菜安全没有影响；

$0.1 < IFS_c \leqslant 1$，农药 c 对水果蔬菜安全的影响可以接受；

$IFS_c > 1$，农药 c 对水果蔬菜安全的影响不可接受。

本次评价中残留水平 R_i 取值为中国检验检疫科学研究院庞国芳院士课题组利用以高分辨精确质量数（0.0001 m/z）为基准的 GC-Q-TOF/MS 侦测技术于 2015 年 7 月~2016 年 3 月对合肥市水果蔬菜农药残留的侦测结果，估计日消费量 F_i 取值 0.38 kg/(人·天)，E_i=1，P_i=1，f=1，SI_c 采用《食品安全国家标准　食品中农药最大残留限量》（GB 2763—2016）中 ADI 值（具体数值见表 16-4），人平均体重（bw）取值 60 kg。

表 16-4　合肥市水果蔬菜中侦测出农药的 ADI 值

序号	农药	ADI	序号	农药	ADI	序号	农药	ADI
1	氟虫腈	0.0002	16	环酯草醚	0.0056	31	嗪草酮	0.013
2	特丁硫磷	0.0006	17	唑虫酰胺	0.006	32	稻瘟灵	0.016
3	甲拌磷	0.0007	18	硫丹	0.006	33	西玛津	0.018
4	氟吡禾灵	0.0007	19	氟硅唑	0.007	34	百菌清	0.02
5	克百威	0.001	20	苯硫威	0.0075	35	氯氰菊酯	0.02
6	异丙威	0.002	21	噻嗪酮	0.009	36	抗蚜威	0.02
7	乐果	0.002	22	联苯菊酯	0.01	37	莠去津	0.02
8	三氯杀螨醇	0.002	23	螺螨酯	0.01	38	乙草胺	0.02
9	涕灭威	0.003	24	毒死蜱	0.01	39	戊唑醇	0.03
10	水胺硫磷	0.003	25	炔螨特	0.01	40	丙溴磷	0.03
11	乙霉威	0.004	26	哒螨灵	0.01	41	虫螨腈	0.03
12	敌敌畏	0.004	27	五氯硝基苯	0.01	42	三唑醇	0.03
13	烯唑醇	0.005	28	噁霜灵	0.01	43	二甲戊灵	0.03
14	喹螨醚	0.005	29	氟吡菌酰胺	0.01	44	嘧菌环胺	0.03
15	己唑醇	0.005	30	联苯肼酯	0.01	45	三唑酮	0.03

续表

序号	农药	ADI	序号	农药	ADI	序号	农药	ADI
46	生物苄呋菊酯	0.03	69	γ-氟氯氰菌酯	—	92	扑灭通	—
47	戊菌唑	0.03	70	杀螨酯	—	93	呋菌胺	—
48	腈菌唑	0.03	71	灭害威	—	94	庚酰草胺	—
49	醚菊酯	0.03	72	西玛通	—	95	丁羟茴香醚	—
50	啶酰菌胺	0.04	73	烯丙菊酯	—	96	异丙乐灵	—
51	肟菌酯	0.04	74	芬螨酯	—	97	氟丙菊酯	—
52	氟氯氰菊酯	0.04	75	猛杀威	—	98	敌草胺	—
53	氯菊酯	0.05	76	双苯酰草胺	—	99	新燕灵	—
54	仲丁威	0.06	77	啶斑肟	—	100	甲醚菊酯	—
55	甲霜灵	0.08	78	萘乙酰胺	—	101	整形醇	—
56	二苯胺	0.08	79	抑芽唑	—	102	氟唑菌酰胺	—
57	腐霉利	0.1	80	四氢吩胺	—	103	兹克威	—
58	吡丙醚	0.1	81	胺菊酯	—	104	五氯苯甲腈	—
59	多效唑	0.1	82	乙嘧酚磺酸酯	—	105	解草腈	—
60	丁草胺	0.1	83	烯虫炔酯	—	106	四氟醚唑	—
61	萘乙酸	0.15	84	3,5-二氯苯胺	—	107	去乙基阿特拉津	—
62	嘧霉胺	0.2	85	烯虫酯	—	108	氟丁酰草胺	—
63	嘧菌酯	0.2	86	杀螨醚	—	109	吡咪唑	—
64	增效醚	0.2	87	棉铃威	—	110	五氯苯胺	—
65	马拉硫磷	0.3	88	乙氧呋草黄	—	111	炔丙菊酯	—
66	醚菌酯	0.4	89	莠去通	—	112	3,4,5-混杀威	—
67	霜霉威	0.4	90	茚草酮	—	113	仲草丹	—
68	毒草胺	0.54	91	吡喃灵	—			

注："—"表示为国家标准中无 ADI 值规定；ADI 值单位为 mg/kg bw

2) 计算 IFS_c 的平均值 $\overline{IFS}$，评价农药对食品安全的影响程度

以 $\overline{IFS}$ 评价各种农药对人体健康危害的总程度，评价模型见公式(16-2)。

$$\overline{IFS} = \frac{\sum_{i=1}^{n} IFS_c}{n} \tag{16-2}$$

$\overline{IFS} \ll 1$，所研究消费者人群的食品安全状态很好；$\overline{IFS} \leqslant 1$，所研究消费者人群的食品安全状态可以接受；$\overline{IFS} > 1$，所研究消费者人群的食品安全状态不可接受。

本次评价中：

$\overline{IFS} \leqslant 0.1$，所研究消费者人群的水果蔬菜安全状态很好；

$0.1 < \overline{\text{IFS}} \leqslant 1$，所研究消费者人群的水果蔬菜安全状态可以接受；

$\overline{\text{IFS}} > 1$，所研究消费者人群的水果蔬菜安全状态不可接受。

16.1.2.2 预警风险评估模型

2003 年，我国检验检疫食品安全管理的研究人员根据 WTO 的有关原则和我国的具体规定，结合危害物本身的敏感性、风险程度及其相应的施检频率，首次提出了食品中危害物风险系数 R 的概念[12]。R 是衡量一个危害物的风险程度大小最直观的参数，即在一定时期内其超标率或阳性检出率的高低，但受其施检频率的高低及其本身的敏感性(受关注程度)影响。该模型综合考察了农药在蔬菜中的超标率、施检频率及其本身敏感性，能直观而全面地反映出农药在一段时间内的风险程度[13]。

1) R 计算方法

危害物的风险系数综合考虑了危害物的超标率或阳性检出率、施检频率和其本身的敏感性影响，并能直观而全面地反映出危害物在一段时间内的风险程度。风险系数 R 的计算公式如式(16-3)：

$$R = aP + \frac{b}{F} + S \tag{16-3}$$

式中，P 为该种危害物的超标率；F 为危害物的施检频率；S 为危害物的敏感因子；a, b 分别为相应的权重系数。

本次评价中 F=1；S=1；a=100；b=0.1，对参数 P 进行计算，计算时首先判断是否为禁用农药，如果为非禁用农药，P=超标的样品数(侦测出的含量高于食品最大残留限量标准值，即 MRL)除以总样品数(包括超标、不超标、未侦测出)；如果为禁用农药，则侦测出即为超标，P=能侦测出的样品数除以总样品数。判断合肥市水果蔬菜农药残留是否超标的标准限值 MRL 分别以 MRL 中国国家标准[14]和 MRL 欧盟标准作为对照，具体值列于本报告附表一中。

2) 评价风险程度

$R \leqslant 1.5$，受检农药处于低度风险；

$1.5 < R \leqslant 2.5$，受检农药处于中度风险；

$R > 2.5$，受检农药处于高度风险。

16.1.2.3 食品膳食暴露风险和预警风险评估应用程序的开发

1) 应用程序开发的步骤

为成功开发膳食暴露风险和预警风险评估应用程序，与软件工程师多次沟通讨论，逐步提出并描述清楚计算需求，开发了初步应用程序。为明确出不同水果蔬菜、不同农药、不同地域和不同季节的风险水平，向软件工程师提出不同的计算需求，软件工程师对计算需求进行逐一地分析，经过反复的细节沟通，需求分析得到明确后，开始进行解决方案的设计，在保证需求的完整性、一致性的前提下，编写出程序代码，最后设计出满足需求的风险评估专用计算软件，并通过一系列的软件测试和改进，完成专用程序的开发。软件开发基本步骤见图 16-3。

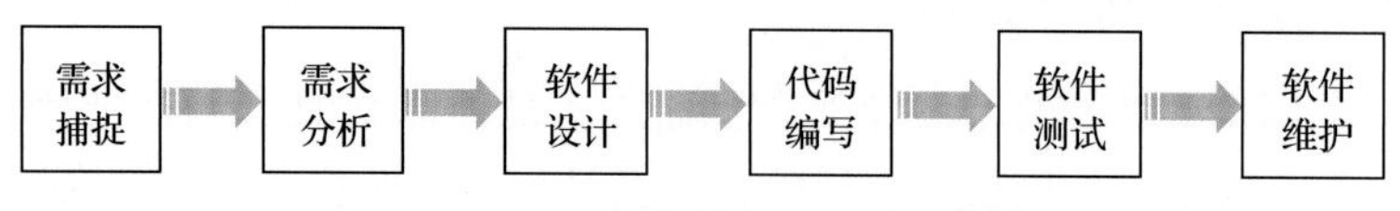

图 16-3　专用程序开发总体步骤

2) 膳食暴露风险评估专业程序开发的基本要求

首先直接利用公式(16-1)，分别计算 LC-Q-TOF/MS 和 GC-Q-TOF/MS 仪器侦测出的各水果蔬菜样品中每种农药 IFS_c，将结果列出。为考察超标农药和禁用农药的使用安全性，分别以我国《食品安全国家标准　食品中农药最大残留限量》(GB 2763—2016) 和欧盟食品中农药最大残留限量(以下简称 MRL 中国国家标准和 MRL 欧盟标准) 为标准，对侦测出的禁用农药和超标的非禁用农药 IFS_c 单独进行评价；按 IFS_c 大小列表，并找出 IFS_c 值排名前 20 的样本重点关注。

对不同水果蔬菜 i 中每一种侦测出的农药 c 的安全指数进行计算，多个样品时求平均值。若监测数据为该市多个月的数据，则逐月、逐季度分别列出每个月、每个季度内每一种水果蔬菜 i 对应的每一种农药 c 的 IFS_c。

按农药种类，计算整个监测时间段内每种农药的 IFS_c，不区分水果蔬菜。若检测数据为该市多个月的数据，则需分别计算每个月、每个季度内每种农药的 IFS_c。

3) 预警风险评估专业程序开发的基本要求

分别以 MRL 中国国家标准和 MRL 欧盟标准，按公式(16-3) 逐个计算不同水果蔬菜、不同农药的风险系数，禁用农药和非禁用农药分别列表。

为清楚了解各种农药的预警风险，不分时间，不分水果蔬菜，按禁用农药和非禁用农药分类，分别计算各种侦测出农药全部检测时段内风险系数。由于有 MRL 中国国家标准的农药种类太少，无法计算超标数，非禁用农药的风险系数只以 MRL 欧盟标准为标准，进行计算。若检测数据为多个月的，则按月计算每个月、每个季度内每种禁用农药残留的风险系数和以 MRL 欧盟标准为标准的非禁用农药残留的风险系数。

4) 风险程度评价专业应用程序的开发方法

采用 Python 计算机程序设计语言，Python 是一个高层次地结合了解释性、编译性、互动性和面向对象的脚本语言。风险评价专用程序主要功能包括：分别读入每例样品 LC-Q-TOF/MS 和 GC-Q-TOF/MS 农药残留检测数据，根据风险评价工作要求，依次对不同农药、不同食品、不同时间、不同采样点的 IFS_c 值和 R 值分别进行数据计算，筛选出禁用农药、超标农药(分别与 MRL 中国国家标准、MRL 欧盟标准限值进行对比) 单独重点分析，再分别对各农药、各水果蔬菜种类分类处理，设计出计算和排序程序，编写计算机代码，最后将生成的膳食暴露风险评估和超标风险评估定量计算结果列入设计好的各个表格中，并定性判断风险对目标的影响程度，直接用文字描述风险发生的高低，如“不可接受”、“可以接受”、“没有影响”、“高度风险”、“中度风险”、“低度风险”。

16.2　GC-Q-TOF/MS 侦测合肥市市售水果蔬菜农药残留膳食暴露风险评估

16.2.1　每例水果蔬菜样品中农药残留安全指数分析

基于农药残留侦测数据，发现在 396 例样品中侦测出农药 957 频次，计算样品中每种残留农药的安全指数 IFS_c，并分析农药对样品安全的影响程度，结果详见附表二，农药残留对水果蔬菜样品安全的影响程度频次分布情况如图 16-4 所示。

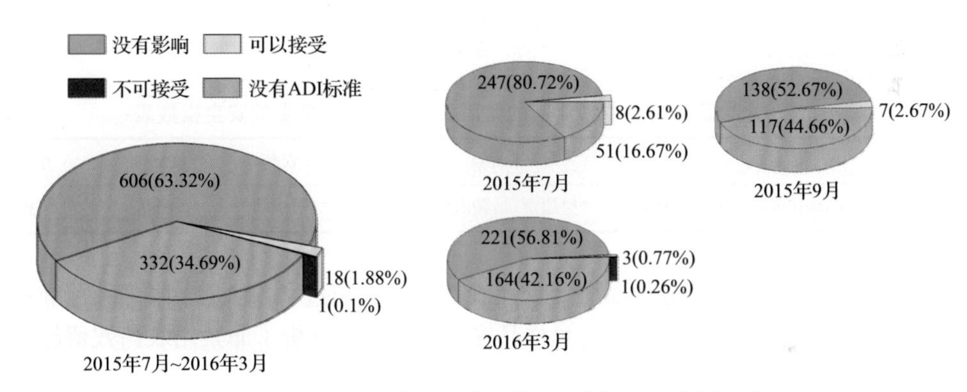

图 16-4　农药残留对水果蔬菜样品安全的影响程度频次分布图

由图 16-4 可以看出，农药残留对样品安全的影响不可接受的频次为 1，占 0.1%；农药残留对样品安全的影响可以接受的频次为 18，占 1.88%；农药残留对样品安全的没有影响的频次为 606，占 63.32%。分析发现，在 3 个月份内只有 2016 年 3 月有 1 种农药对样品安全影响不可接受，其他月份内，农药对样品安全的影响均在可以接受和没有影响的范围内。表 16-5 为对水果蔬菜样品中安全指数不可接受的农药残留列表。

表 16-5　水果蔬菜样品中安全影响不可接受的农药残留列表

序号	样品编号	采样点	基质	农药	含量(mg/kg)	IFS_c
1	20160320-340100-AHCIQ-JC-02A	***超市(马鞍山路店)	韭菜	氟虫腈	0.1086	3.4390

部分样品侦测出禁用农药 8 种 35 频次，为了明确残留的禁用农药对样品安全的影响，分析侦测出禁用农药残留的样品安全指数，禁用农药残留对水果蔬菜样品安全的影响程度频次分布情况如图 16-5 所示，农药残留对样品安全的影响不可接受的频次为 1，占 2.86%；农药残留对样品安全的影响可以接受的频次为 12，占 34.29%；农药残留对样品安全没有影响的频次为 22，占 62.86%。由图中可以看出一种禁用农药对样品安全影响不可接受，其他月份内，禁用农药对样品安全的影响均在可以接受和没有影响的范

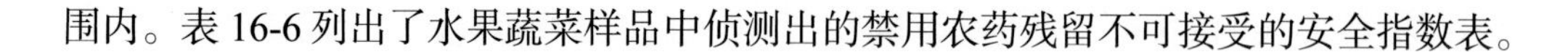
围内。表 16-6 列出了水果蔬菜样品中侦测出的禁用农药残留不可接受的安全指数表。

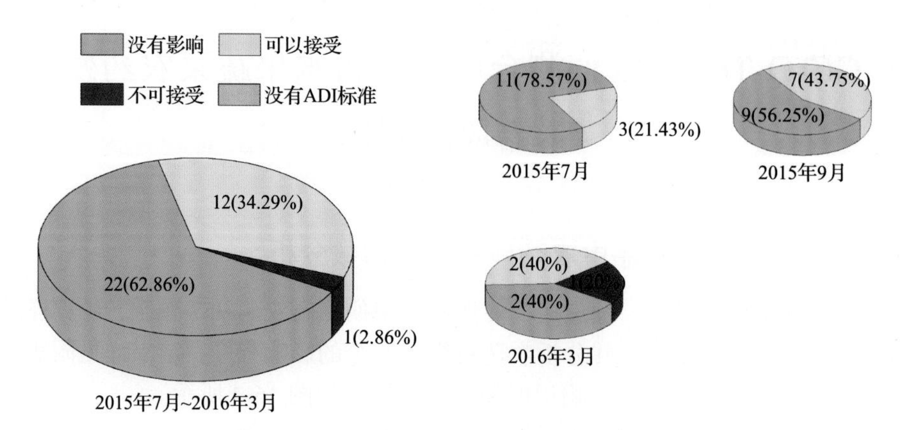

图 16-5　禁用农药对水果蔬菜样品安全影响程度的频次分布图

表 16-6　水果蔬菜样品中侦测出的禁用农药残留不可接受的安全指数表

序号	样品编号	采样点	基质	农药	含量(mg/kg)	IFS_c
1	20160320-340100-AHCIQ-JC-02A	***超市(马鞍山路店)	韭菜	氟虫腈	0.1086	3.4390

此外，本次侦测发现部分样品中非禁用农药残留量超过了 MRL 中国国家标准和欧盟标准，为了明确超标的非禁用农药对样品安全的影响，分析了非禁用农药残留超标的样品安全指数。

水果蔬菜残留量超过 MRL 中国国家标准的非禁用农药共 4 频次，农药残留对样品安全没有影响的频次为 4，占 100%。表 16-7 为水果蔬菜样品中侦测出的非禁用农药残留安全指数表。

表 16-7　水果蔬菜样品中侦测出的非禁用农药残留安全指数表(MRL 中国国家标准)

序号	样品编号	采样点	基质	农药	含量(mg/kg)	中国国家标准	IFS_c	影响程度
1	20150905-340100-AHCIQ-CE-06A	***超市(肥西百大店)	芹菜	毒死蜱	0.0810	0.05	0.0513	没有影响
2	20150722-340100-AHCIQ-JC-02A	***超市(国购店)	韭菜	腐霉利	0.3396	0.2	0.0215	没有影响
3	20150724-340100-AHCIQ-JC-09A	***超市(水晶城店)	韭菜	腐霉利	0.2673	0.2	0.0169	没有影响
4	20150724-340100-AHCIQ-JC-08A	***市场	韭菜	腐霉利	0.2222	0.2	0.0141	没有影响

残留量超过 MRL 欧盟标准的非禁用农药对水果蔬菜样品安全的影响程度频次分布情况如图 16-6 所示。可以看出超过 MRL 欧盟标准的非禁用农药共 271 频次，其中农药没有 ADI 的频次为 140，占 51.66%；农药残留对样品安全不可接受的频次为 0，农药残

留对样品安全的影响可以接受的频次为 5，占 1.85%；农药残留对样品安全没有影响的频次为 126，占 46.49%。表 16-8 为水果蔬菜样品中安全指数排名前 10 的残留超标非禁用农药列表(MRL 欧盟标准)。

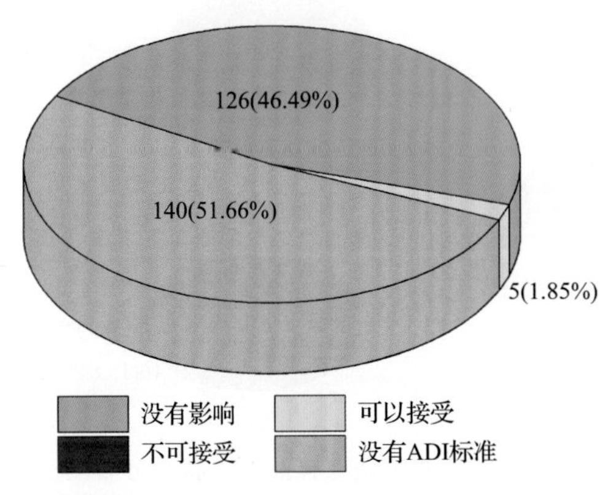

图 16-6　残留超标的非禁用农药对水果蔬菜样品安全的影响程度频次分布图(MRL 欧盟标准)

表 16-8　水果蔬菜样品中安全指数排名前 10 的残留超标非禁用农药列表(MRL 欧盟标准)

序号	样品编号	采样点	基质	农药	含量(mg/kg)	欧盟标准	IFS_c	影响程度
1	20150723-340100-AHCIQ-LE-05A	***超市(长江东路)	生菜	烯唑醇	0.2455	0.01	0.3110	可以接受
2	20150724-340100-AHCIQ-TO-08A	***市场	番茄	戊唑醇	0.9354	0.9	0.1975	可以接受
3	20150727-340100-AHCIQ-QC-10A	***超市(肥东店)	青菜	唑虫酰胺	0.1328	0.01	0.1402	可以接受
4	20150727-340100-AHCIQ-JC-10A	***超市(肥东店)	韭菜	乙霉威	0.0706	0.05	0.1118	可以接受
5	20150722-340100-AHCIQ-LE-03A	***超市(潜山店)	生菜	烯唑醇	0.0809	0.01	0.1025	可以接受
6	20150906-340100-AHCIQ-SL-08A	***超市(大溪地店)	石榴	丙溴磷	0.4728	0.01	0.0998	没有影响
7	20160320-340100-AHCIQ-PP-02A	***超市(马鞍山路店)	甜椒	百菌清	0.2989	0.01	0.0947	没有影响
8	20150723-340100-AHCIQ-PO-04A	***超市(马鞍山路店)	马铃薯	唑虫酰胺	0.0834	0.01	0.0880	没有影响
9	20160322-340100-AHCIQ-BO-07A	***超市(乐城生活广场店)	菠菜	腐霉利	1.3361	0.01	0.0846	没有影响
10	20150723-340100-AHCIQ-LE-05A	***超市(长江东路)	生菜	虫螨腈	0.3289	0.01	0.0694	没有影响

在 396 例样品中，89 例样品未侦测出农药残留，307 例样品中侦测出农药残留，计算每例有农药侦测出样品的 $\overline{IFS}$ 值，进而分析样品的安全状态结果如图 16-7 所示(未侦测出农药的样品安全状态视为很好)。可以看出，1.77%的样品安全状态可以接受；84.34%

的样品安全状态很好。此外，3 个月份内的样品安全状态均在很好和可以接受的范围内。表 16-9 列出了安全状态排名前 10 的水果蔬菜样品。

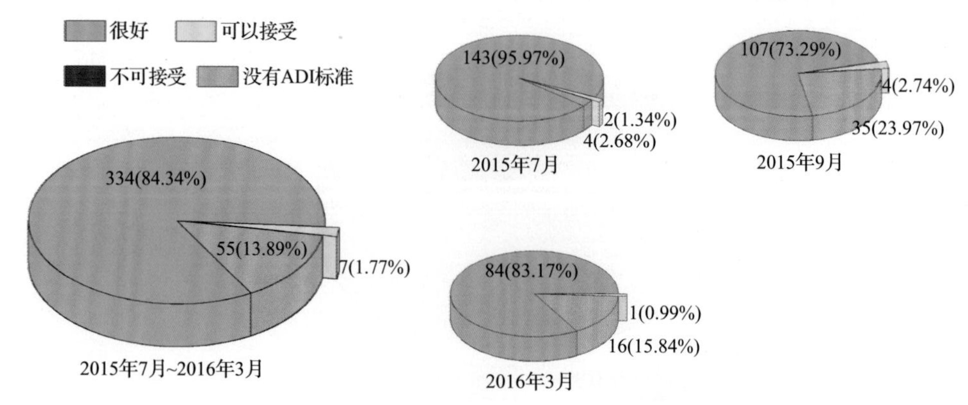

图 16-7 水果蔬菜样品安全状态分布图

表 16-9 水果蔬菜安全状态排名前 10 的样品列表

序号	样品编号	采样点	基质	$\overline{IFS}$	影响成都
1	20160320-340100-AHCIQ-JC-02A	***超市（马鞍山路店）	韭菜	0.5739	可以接受
2	20150906-340100-AHCIQ-SL-08A	***超市（大溪地店）	石榴	0.2684	可以接受
3	20150901-340100-AHCIQ-CE-03A	***超市（铜陵路店）	芹菜	0.2347	可以接受
4	20150906-340100-AHCIQ-SL-09A	***超市（马鞍山路店）	石榴	0.2214	可以接受
5	20150722-340100-AHCIQ-QC-01A	***超市（鼓楼店）	青菜	0.2187	可以接受
6	20150905-340100-AHCIQ-SL-07A	***超市	石榴	0.2158	可以接受
7	20150727-340100-AHCIQ-MU-10A	***超市（肥东店）	蘑菇	0.1064	可以接受
8	20150907-340100-AHCIQ-SL-10A	***超市（庐阳店）	石榴	0.0813	没有影响
9	20160320-340100-AHCIQ-PE-04A	***超市（庐阳店）	梨	0.0759	没有影响
10	20150905-340100-AHCIQ-CE-06A	***超市（肥西百大店）	芹菜	0.0697	没有影响

16.2.2 单种水果熟菜中农药残留安全指数分析

本次 35 种水果蔬菜侦测 113 种农药，检出频次为 957 次，其中 45 种农药没有 ADI，68 种农药存在 ADI 标准。水果蔬菜全部侦测出农药，胡萝卜、香蕉、菠萝等 3 种水果蔬菜侦测出农药残留全部没有 ADI，对其他的 32 种水果蔬菜按不同种类分别计算侦测出的具有 ADI 标准的各种农药的 IFS_c 值，农药残留对水果蔬菜的安全指数分布图如图 16-8 所示。

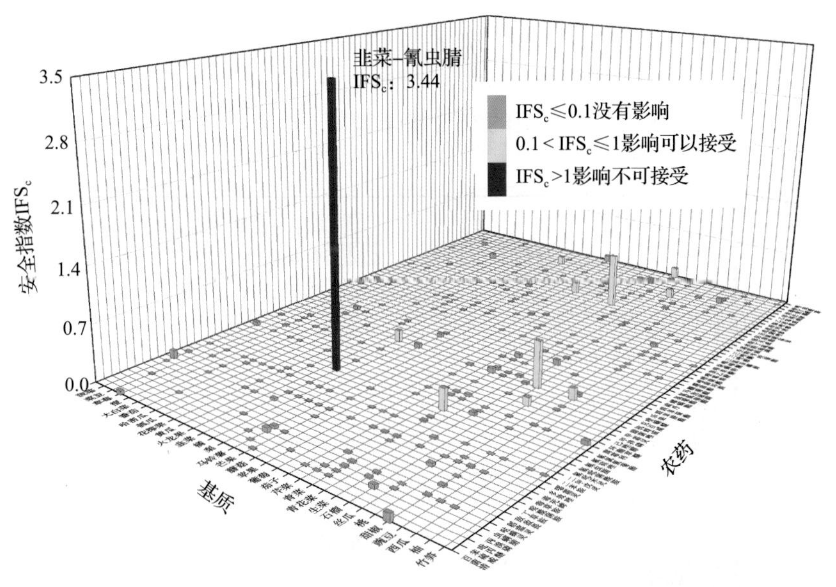

图16-8　32种水果蔬菜中68种残留农药的安全指数分布图

分析发现1种水果蔬菜(韭菜)中的氰虫腈残留对食品安全影响不可接受,如表16-10所示。

表16-10　单种水果蔬菜中安全影响不可接受的残留农药安全指数表

序号	基质	农药	检出频次	检出率(%)	IFS>1的频次	IFS>1的比例(%)	IFS$_c$
1	韭菜	氰虫腈	1	1.04	1	1.04	3.4390

本次侦测中,32种水果蔬菜和113种残留农药(包括没有ADI)共涉及402个分析样本，农药对单种水果蔬菜安全的影响程度分布情况如图16-9所示。可以看出，65.42%的样本中农药对水果蔬菜安全没有影响，2.74%的样本中农药对水果蔬菜安全的影响可以接受，0.25%的样本中农药对水果蔬菜安全的影响不可接受。

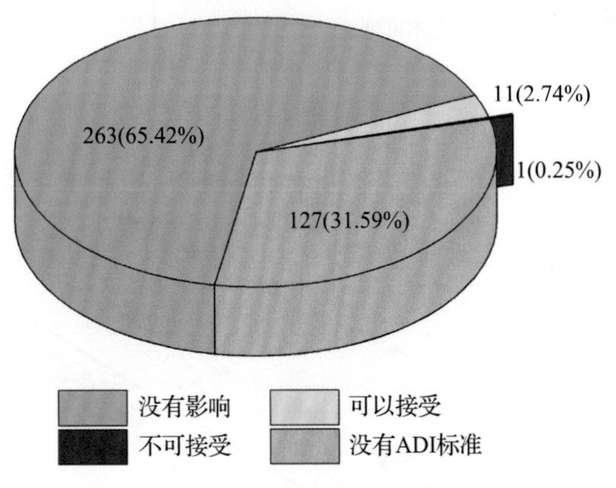

图16-9　402个分析样本影响程度的频次分布图

此外，分别计算 32 种水果蔬菜中所有侦测出农药 IFS_c 的平均值 $\overline{\text{IFS}}$，分析每种水果蔬菜的安全状态，结果如图 16-10 所示，分析发现，2 种水果蔬菜(6.25%)的安全状态可以接受，30 种(93.75%)水果蔬菜的安全状态很好。

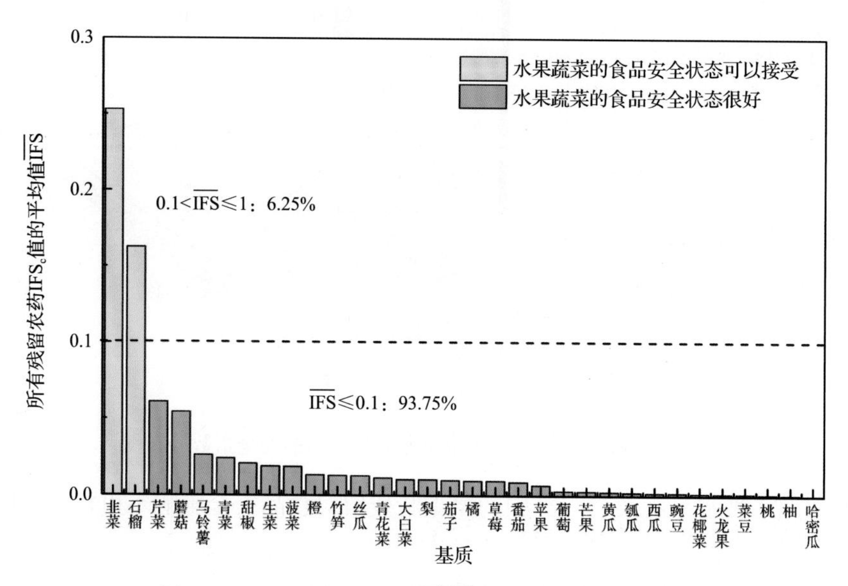

图 16-10　32 种水果蔬菜的 $\overline{\text{IFS}}$ 值和安全状态统计图

对每个月内每种水果蔬菜中农药的 IFS_c 进行分析，并计算每月内每种水果蔬菜的 $\overline{\text{IFS}}$ 值，以评价每种水果蔬菜的安全状态，结果如图 16-11 所示，所有水果蔬菜的安全状态均处于很好和可以接受的范围内，各月份内单种水果蔬菜安全状态统计情况如图 16-12 所示。

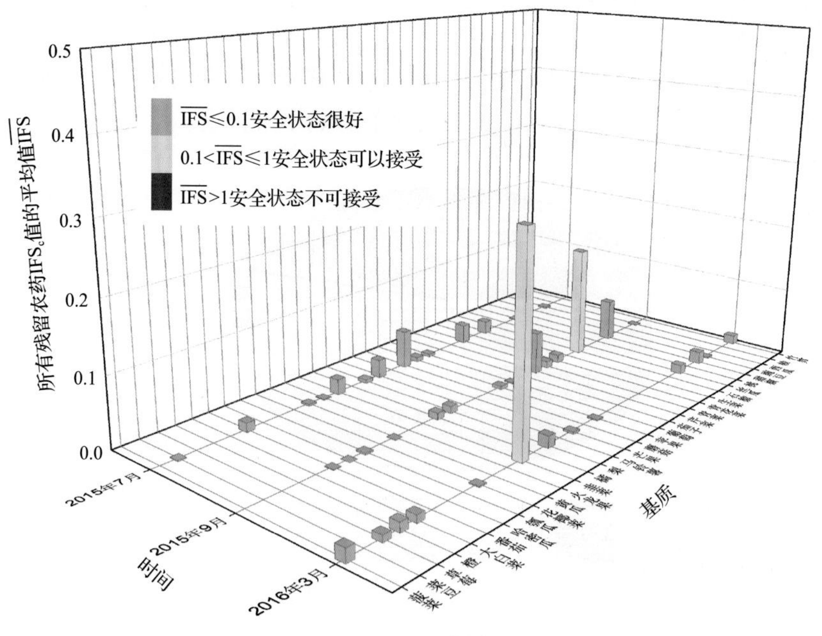

图 16-11　各月内每种水果蔬菜的 $\overline{\text{IFS}}$ 值与安全状态分布图

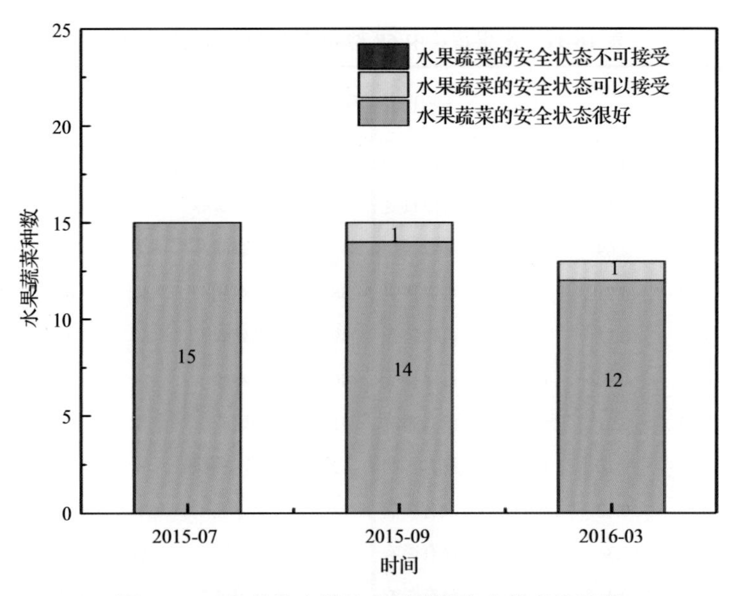

图 16-12　各月份内单种水果蔬菜安全状态统计图

16.2.3　所有水果蔬菜中农药残留安全指数分析

计算所有水果蔬菜中 68 种农药的 $\overline{\mathrm{IFS}}$ 值，结果如图 16-13 及表 16-11 所示。

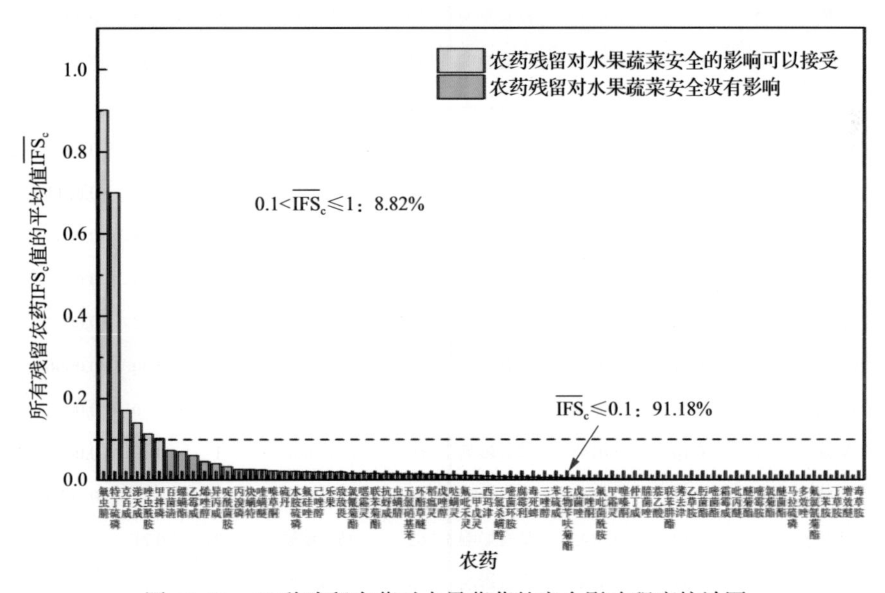

图 16-13　68 种残留农药对水果蔬菜的安全影响程度统计图

分析发现，所有农药的 $\overline{\mathrm{IFS}}_\mathrm{c}$ 均小于 1，所有农药对水果蔬菜安全的影响均在没有影响和可接受的范围内，其中 8.82%的农药对水果蔬菜安全的影响可以接受，91.18%的农药对水果蔬菜安全没有影响。

表 16-11　水果蔬菜中 68 种农药残留的安全指数表

序号	农药	检出频次	检出率(%)	$\overline{IFS_c}$	影响程度
1	氟虫腈	5	0.52	0.9012	可以接受
2	特丁硫磷	1	0.10	0.6988	可以接受
3	克百威	20	2.09	0.1716	可以接受
4	涕灭威	2	0.21	0.1404	可以接受
5	唑虫酰胺	2	0.21	0.1141	可以接受
6	甲拌磷	1	0.10	0.1022	可以接受
7	百菌清	2	0.21	0.0720	没有影响
8	螺螨酯	1	0.10	0.0686	没有影响
9	乙霉威	4	0.42	0.0598	没有影响
10	烯唑醇	13	1.36	0.0447	没有影响
11	异丙威	3	0.31	0.0395	没有影响
12	啶酰菌胺	14	1.46	0.0327	没有影响
13	丙溴磷	8	0.84	0.0253	没有影响
14	炔螨特	3	0.31	0.0248	没有影响
15	喹螨醚	15	1.57	0.0241	没有影响
16	嗪草酮	2	0.21	0.0226	没有影响
17	硫丹	4	0.42	0.0207	没有影响
18	水胺硫磷	2	0.21	0.0204	没有影响
19	氟硅唑	6	0.63	0.0203	没有影响
20	己唑醇	1	0.10	0.0195	没有影响
21	乐果	1	0.10	0.0193	没有影响
22	敌敌畏	1	0.10	0.0193	没有影响
23	氯氰菊酯	3	0.31	0.0164	没有影响
24	噁霜灵	2	0.21	0.0158	没有影响
25	联苯菊酯	10	1.04	0.0154	没有影响
26	抗蚜威	1	0.10	0.0147	没有影响
27	虫螨腈	18	1.88	0.0146	没有影响
28	五氯硝基苯	5	0.52	0.0145	没有影响
29	环酯草醚	3	0.31	0.0142	没有影响
30	稻瘟灵	1	0.10	0.0140	没有影响
31	戊唑醇	32	3.34	0.0129	没有影响
32	哒螨灵	22	2.30	0.0111	没有影响
33	氟吡禾灵	1	0.10	0.0109	没有影响
34	二甲戊灵	2	0.21	0.0100	没有影响
35	西玛津	2	0.21	0.0091	没有影响
36	三氯杀螨醇	1	0.10	0.0086	没有影响
37	嘧菌环胺	3	0.31	0.0070	没有影响
38	腐霉利	44	4.60	0.0067	没有影响
39	毒死蜱	69	7.21	0.0067	没有影响
40	三唑醇	11	1.15	0.0061	没有影响
41	苯硫威	5	0.52	0.0060	没有影响
42	生物苄呋菊酯	8	0.84	0.0044	没有影响
43	戊菌唑	1	0.10	0.0043	没有影响
44	三唑酮	23	2.40	0.0031	没有影响
45	氟吡菌酰胺	5	0.52	0.0031	没有影响
46	甲霜灵	21	2.19	0.0026	没有影响
47	噻嗪酮	1	0.10	0.0020	没有影响
48	仲丁威	12	1.25	0.0020	没有影响
49	腈菌唑	3	0.31	0.0018	没有影响
50	萘乙酸	30	3.13	0.0015	没有影响
51	联苯肼酯	3	0.31	0.0015	没有影响
52	莠去津	6	0.63	0.0014	没有影响
53	乙草胺	1	0.10	0.0013	没有影响
54	肟菌酯	4	0.42	0.0011	没有影响
55	嘧菌酯	9	0.94	0.0009	没有影响
56	霜霉威	7	0.73	0.0007	没有影响
57	吡丙醚	4	0.42	0.0007	没有影响
58	醚菊酯	22	2.30	0.0006	没有影响
59	嘧霉胺	45	4.70	0.0006	没有影响
60	氯菊酯	1	0.10	0.0005	没有影响
61	醚菌酯	7	0.73	0.0005	没有影响
62	马拉硫磷	2	0.21	0.0004	没有影响
63	多效唑	2	0.21	0.0004	没有影响
64	氟氯氰菊酯	1	0.10	0.0004	没有影响
65	二苯胺	57	5.96	0.0003	没有影响
66	丁草胺	1	0.10	0.0002	没有影响
67	增效醚	2	0.21	0.0000	没有影响
68	毒草胺	1	0.10	0.0000	没有影响

对每个月内所有水果蔬菜中残留农药的 $\overline{IFS_c}$ 进行分析，结果如图 16-14 所示。分析发现，2016 年 3 月氰虫腈的对水果蔬菜安全的影响不可接受，该三个月份的其他农药和其他月份的所有农药对水果蔬菜安全的影响均处于没有影响和可以接受的范围内。每月内不同农药对水果蔬菜安全影响程度的统计如图 16-15 所示。

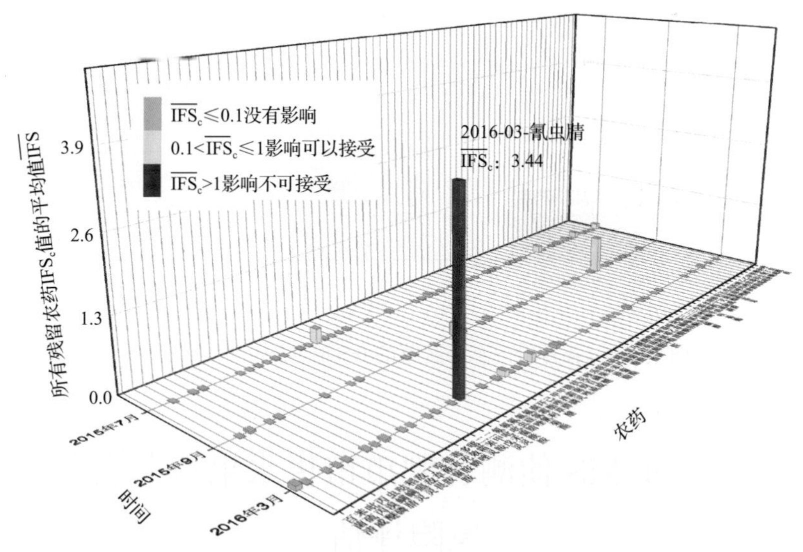

图 16-14　各月份内水果蔬菜中每种残留农药的安全指数分布图

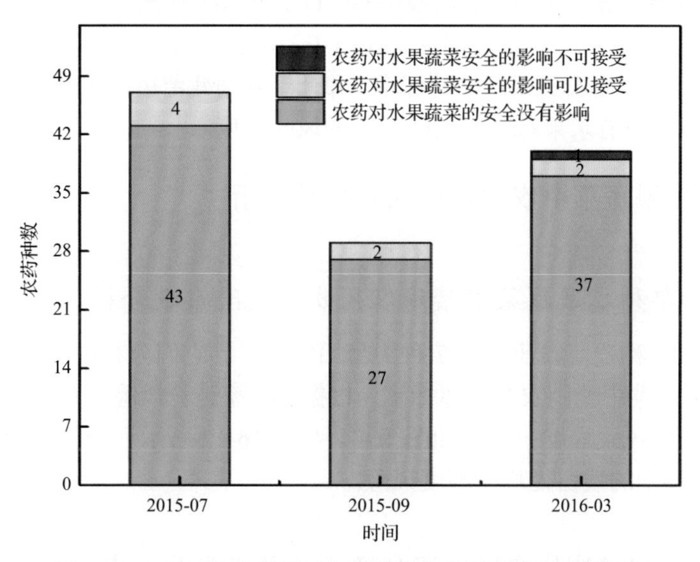

图 16-15　各月份内农药对水果蔬菜安全影响程度的统计图

计算每个月内水果蔬菜的 $\overline{IFS}$，以分析每月内水果蔬菜的安全状态，结果如图 16-16 所示，可以看出，在所有月份的水果蔬菜安全状态处于很好和可以接受的范围内。分析发现，在 33.33%的月份内，水果蔬菜安全状态可以接受，66.67%的月份内水果蔬菜安全状态很好。

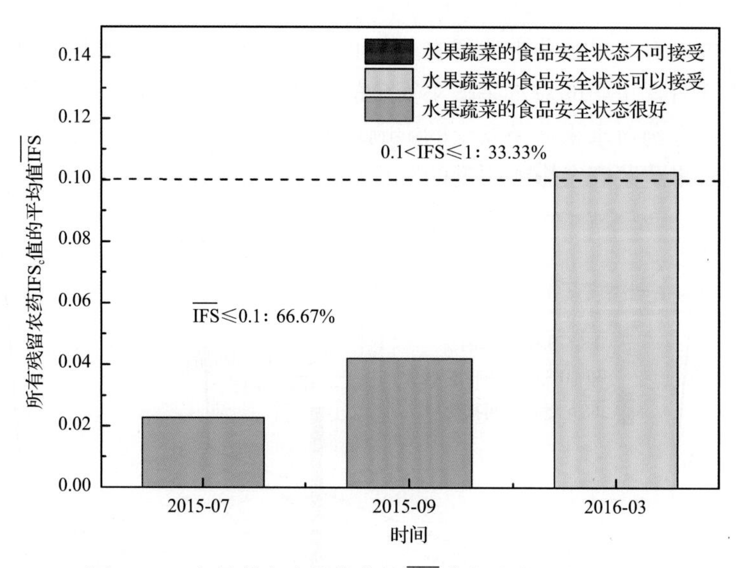

图 16-16 各月份内水果蔬菜的 $\overline{IFS}$ 值与安全状态统计图

16.3 GC-Q-TOF/MS 侦测合肥市市售水果蔬菜农药残留预警风险评估

基于合肥市水果蔬菜样品中农药残留 GC-Q-TOF/MS 侦测数据，分析禁用农药的检出率，同时参照中华人民共和国国家标准 GB2763—2016 和欧盟农药最大残留限量(MRL)标准分析非禁用农药残留的超标率，并计算农药残留风险系数。分析单种水果蔬菜中农药残留以及所有水果蔬菜中农药残留的风险程度。

16.3.1 单种水果蔬菜中农药残留风险系数分析

16.3.1.1 单种水果蔬菜中禁用农药残留风险系数分析

侦测出的 113 种残留农药中有 7 种为禁用农药，且它们分布在 13 种水果蔬菜中，计算 13 种水果蔬菜中禁用农药的超标率，根据超标率计算风险系数 R，进而分析水果蔬菜中禁用农药的风险程度，结果如图 16-17 与表 16-12 所示。分析发现 7 种禁用农药在 13 种水果蔬菜中的残留处均于高度风险。

16.3.1.2 基于 MRL 中国国家标准的单种水果蔬菜中非禁用农药残留风险系数分析

参照中华人民共和国国家标准 GB2763—2016 中农药残留限量计算每种水果蔬菜中每种非禁用农药的超标率，进而计算其风险系数，根据风险系数大小判断残留农药的预警风险程度，水果蔬菜中非禁用农药残留程度分布情况如图 16-18 所示。

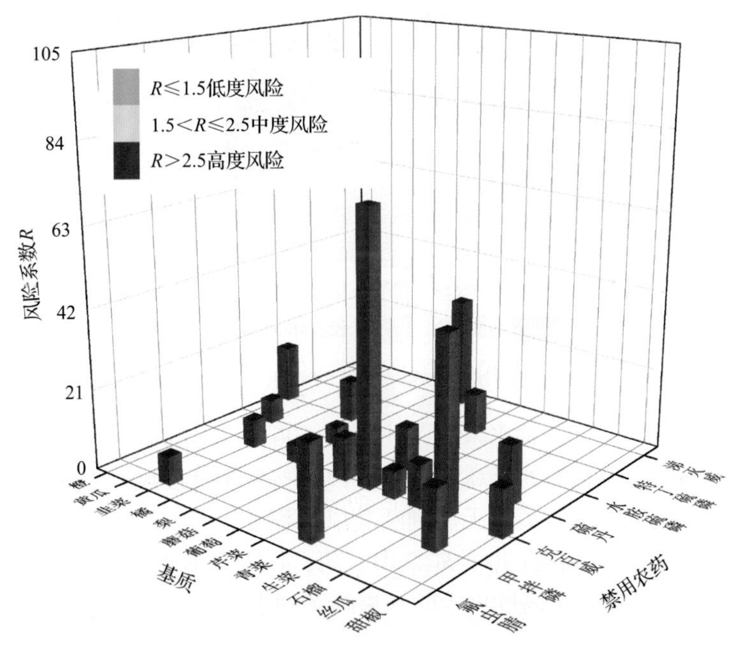

图 16-17 13 种水果蔬菜中 7 种禁用农药的风险系数分布图

表 16-12 13 种水果蔬菜中 7 种禁用农药的风险系数列表

序号	基质	农药	检出频次	检出率(%)	风险系数 R	风险程度
1	芹菜	克百威	7	70.00	71.10	高度风险
2	石榴	克百威	4	44.44	45.54	高度风险
3	蘑菇	涕灭威	2	28.57	29.67	高度风险
4	青菜	氟虫腈	4	23.53	24.63	高度风险
5	橙	水胺硫磷	1	14.29	15.39	高度风险
6	丝瓜	甲拌磷	1	14.29	15.39	高度风险
7	丝瓜	硫丹	1	14.29	15.39	高度风险
8	甜椒	克百威	3	11.11	12.21	高度风险
9	橘	水胺硫磷	1	10.00	11.10	高度风险
10	葡萄	克百威	2	10.00	11.10	高度风险
11	芹菜	特丁硫磷	1	10.00	11.10	高度风险
12	芹菜	硫丹	1	10.00	11.10	高度风险
13	生菜	克百威	1	10.00	11.10	高度风险
14	韭菜	克百威	1	6.25	7.35	高度风险
15	韭菜	氟虫腈	1	6.25	7.35	高度风险
16	青菜	克百威	1	5.88	6.98	高度风险
17	黄瓜	硫丹	1	5.26	6.36	高度风险
18	梨	克百威	1	3.70	4.80	高度风险
19	梨	硫丹	1	3.70	4.80	高度风险

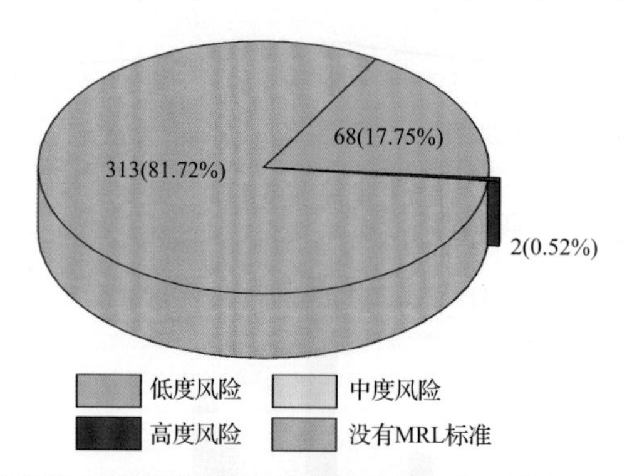

图 16-18　水果蔬菜中非禁用农药风险程度的频次分布图(MRL 中国国家标准)

本次分析中，发现在 35 种水果蔬菜侦测出 106 种残留非禁用农药，涉及样本 383 个，在 383 个样本中，0.52%处于高度风险，17.75%处于低度风险，此外发现有 313 个样本没有 MRL 中国国家标准值，无法判断其风险程度，有 MRL 中国国家标准值的 70 个样本涉及 21 种水果蔬菜中的 30 种非禁用农药，其风险系数 *R* 值如图 16-19 所示。表 16-13 为非禁用农药残留处于高度风险的水果蔬菜列表。

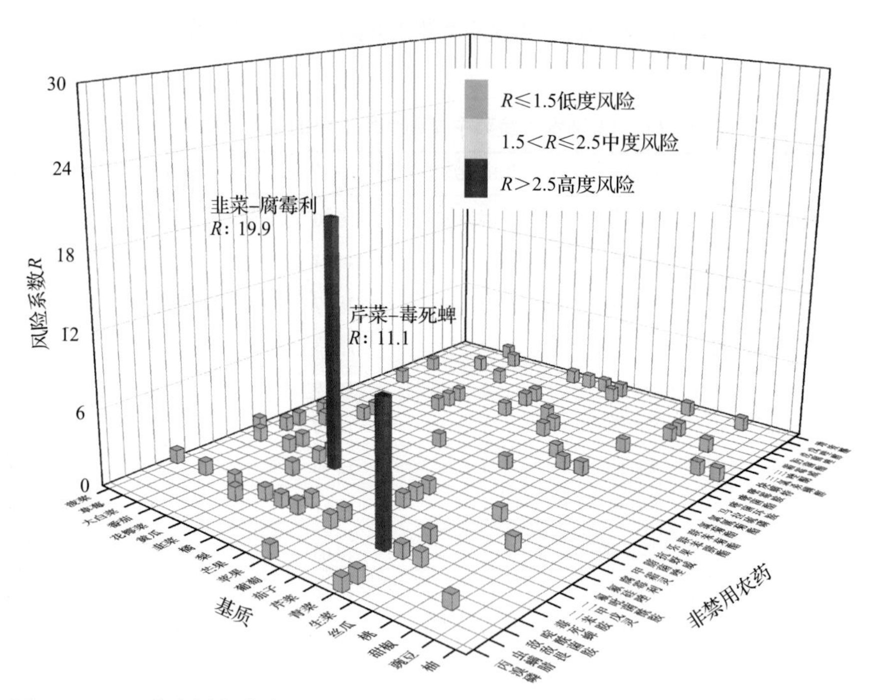

图 16-19　21 种水果蔬菜中 30 种非禁用农药的风险系数分布图(MRL 中国国家标准)

表 16-13　单种水果蔬菜中处于高度风险的非禁用农药风险系数表(MRL 中国国家标准)

序号	基质	农药	超标频次	超标率 *P*(%)	风险系数 *R*
1	韭菜	腐霉利	3	18.75	19.85
2	芹菜	毒死蜱	1	10.00	11.10

16.3.1.3　基于 MRL 欧盟标准的单种水果蔬菜中非禁用农药残留风险系数分析

参照 MRL 欧盟标准计算每种水果蔬菜中每种非禁用农药的超标率，进而计算其风险系数，根据风险系数大小判断农药残留的预警风险程度，水果蔬菜中非禁用农药残留风险程度分布情况如图 16-20 所示。

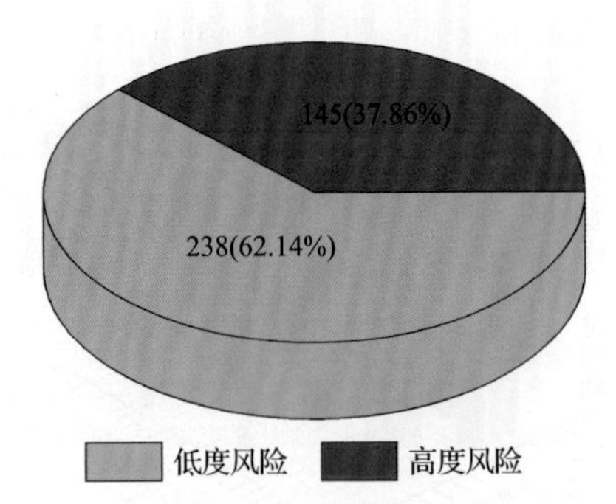

图 16-20　水果蔬菜中非禁用农药的风险程度的频次分布图(MRL 欧盟标准)

本次分析中，发现在 35 种水果蔬菜中共侦测出 106 种非禁用农药，涉及样本 383 个，其中，37.86%处于高度风险，涉及 32 种水果蔬菜和 65 种农药；62.14%处于低度风险，涉及 34 种水果蔬菜和 82 种农药。单种水果蔬菜中的非禁用农药风险系数分布图如图 16-21 所示。单种水果蔬菜中处于高度风险的非禁用农药风险系数如图 16-22 和表 16-14 所示。

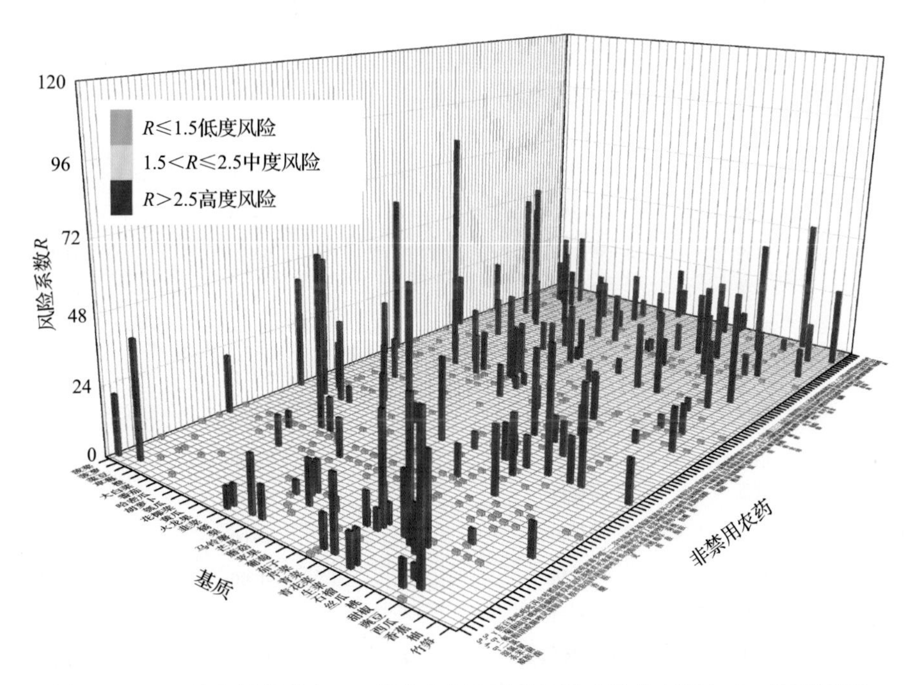

图 16-21　35 种水果蔬菜中 106 种非禁用农药的风险系数分布图(MRL 欧盟标准)

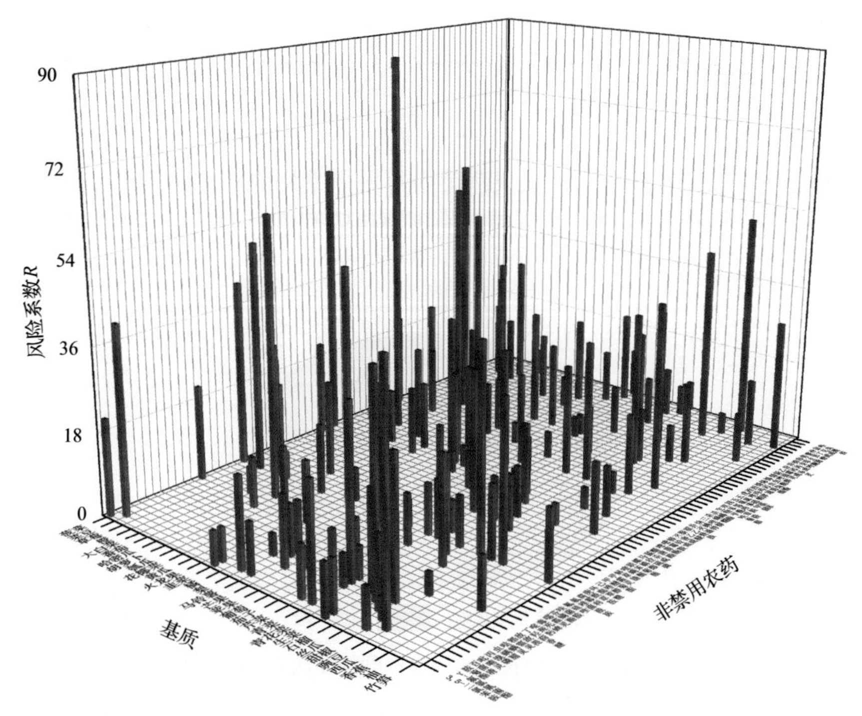

图 16-22　单种水果蔬菜中处于高度风险的非禁用农药的风险系数分布图(MRL 欧盟标准)

表 16-14　单种水果蔬菜中处于高度风险的非禁用农药的风险系数表(MRL 欧盟标准)

序号	基质	农药	超标频次	超标率 P(%)	风险系数 R
1	大白菜	扑灭通	6	85.71	86.81
2	菠菜	嘧霉胺	3	60.00	61.10
3	胡萝卜	芬螨酯	6	60.00	61.10
4	大白菜	西玛通	4	57.14	58.24
5	草莓	烯虫炔酯	3	50.00	51.10
6	草莓	腐霉利	3	50.00	51.10
7	韭菜	腐霉利	8	50.00	51.10
8	豌豆	仲丁威	3	50.00	51.10
9	豌豆	胺菊酯	3	50.00	51.10
10	石榴	丙溴磷	4	44.44	45.54
11	丝瓜	抑芽唑	3	42.86	43.96
12	丝瓜	腐霉利	3	42.86	43.96
13	菠菜	抑芽唑	2	40.00	41.10
14	菠菜	腐霉利	2	40.00	41.10
15	菜豆	γ-氟氯氰菌酯	2	40.00	41.10
16	西瓜	生物苄呋菊酯	4	40.00	41.10
17	青菜	虫螨腈	6	35.29	36.39
18	石榴	五氯硝基苯	3	33.33	34.43

续表

序号	基质	农药	超标频次	超标率 *P*(%)	风险系数 *R*
19	豌豆	腐霉利	2	33.33	34.43
20	韭菜	灭害威	5	31.25	32.35
21	胡萝卜	烯虫炔酯	3	30.00	31.10
22	芹菜	喹螨醚	3	30.00	31.10
23	生菜	三唑醇	3	30.00	31.10
24	生菜	烯唑醇	3	30.00	31.10
25	橙	抑芽唑	2	28.57	29.67
26	大白菜	腐霉利	2	28.57	29.67
27	大白菜	莠去通	2	28.57	29.67
28	芒果	氟唑菌酰胺	2	28.57	29.67
29	丝瓜	虫螨腈	2	28.57	29.67
30	竹笋	莠去通	2	28.57	29.67
31	韭菜	西玛通	4	25.00	26.10
32	青菜	γ-氟氯氰菌酯	4	23.53	24.63
33	青菜	三唑醇	4	23.53	24.63
34	青菜	烯唑醇	4	23.53	24.63
35	梨	杀螨醚	6	22.22	23.32
36	石榴	芬螨酯	2	22.22	23.32
37	菠菜	3,5-二氯苯胺	1	20.00	21.10
38	菠菜	双苯酰草胺	1	20.00	21.10
39	菠菜	毒死蜱	1	20.00	21.10
40	菠菜	甲霜灵	1	20.00	21.10
41	菠菜	西玛通	1	20.00	21.10
42	菠菜	醚菌酯	1	20.00	21.10
43	胡萝卜	甲醚菊酯	2	20.00	21.10
44	胡萝卜	萘乙酰胺	2	20.00	21.10
45	橘	棉铃威	2	20.00	21.10
46	马铃薯	仲丁威	2	20.00	21.10
47	生菜	氟硅唑	2	20.00	21.10
48	生菜	虫螨腈	2	20.00	21.10
49	韭菜	扑灭通	3	18.75	19.85
50	韭菜	抑芽唑	3	18.75	19.85
51	韭菜	萘乙酸	3	18.75	19.85
52	梨	γ-氟氯氰菌酯	5	18.52	19.62
53	梨	西玛通	5	18.52	19.62
54	草莓	己唑醇	1	16.67	17.77
55	草莓	茚草酮	1	16.67	17.77
56	青花菜	醚菌酯	2	16.67	17.77

续表

序号	基质	农药	超标频次	超标率 P(%)	风险系数 R
57	豌豆	三唑醇	1	16.67	17.77
58	豌豆	烯丙菊酯	1	16.67	17.77
59	梨	双苯酰草胺	4	14.81	15.91
60	甜椒	腐霉利	4	14.81	15.91
61	橙	烯虫酯	1	14.29	15.39
62	大白菜	双苯酰草胺	1	14.29	15.39
63	大白菜	抑芽唑	1	14.29	15.39
64	大白菜	联苯菊酯	1	14.29	15.39
65	花椰菜	嘧霉胺	1	14.29	15.39
66	花椰菜	异丙乐灵	1	14.29	15.39
67	花椰菜	灭害威	1	14.29	15.39
68	花椰菜	腐霉利	1	14.29	15.39
69	芒果	吡喃灵	1	14.29	15.39
70	丝瓜	吡喃灵	1	14.29	15.39
71	香蕉	猛杀威	1	14.29	15.39
72	香蕉	苗草酮	1	14.29	15.39
73	竹笋	腐霉利	1	14.29	15.39
74	韭菜	毒死蜱	2	12.50	13.60
75	青菜	嘧霉胺	2	11.76	12.86
76	青菜	腐霉利	2	11.76	12.86
77	哈密瓜	棉铃威	1	11.11	12.21
78	瓠瓜	芬螨酯	1	11.11	12.21
79	火龙果	四氢吩胺	1	11.11	12.21
80	火龙果	生物苄呋菊酯	1	11.11	12.21
81	梨	猛杀威	3	11.11	12.21
82	梨	莠去通	3	11.11	12.21
83	石榴	戊唑醇	1	11.11	12.21
84	石榴	解草腈	1	11.11	12.21
85	黄瓜	生物苄呋菊酯	2	10.53	11.63
86	胡萝卜	啶斑肟	1	10.00	11.10
87	马铃薯	γ-氟氯氰菌酯	1	10.00	11.10
88	马铃薯	哒螨灵	1	10.00	11.10
89	马铃薯	唑虫酰胺	1	10.00	11.10
90	马铃薯	虫螨腈	1	10.00	11.10
91	茄子	异丙威	1	10.00	11.10
92	茄子	烯虫酯	1	10.00	11.10
93	芹菜	γ-氟氯氰菌酯	1	10.00	11.10
94	芹菜	丙溴磷	1	10.00	11.10

续表

序号	基质	农药	超标频次	超标率 *P*(%)	风险系数 *R*
95	芹菜	五氯苯甲腈	1	10.00	11.10
96	芹菜	呋菌胺	1	10.00	11.10
97	芹菜	异丙威	1	10.00	11.10
98	芹菜	整形醇	1	10.00	11.10
99	芹菜	毒死蜱	1	10.00	11.10
100	芹菜	稻瘟灵	1	10.00	11.10
101	芹菜	腐霉利	1	10.00	11.10
102	生菜	3,5-二氯苯胺	1	10.00	11.10
103	生菜	γ-氟氯氰菌酯	1	10.00	11.10
104	生菜	腐霉利	1	10.00	11.10
105	生菜	螺螨酯	1	10.00	11.10
106	西瓜	棉铃威	1	10.00	11.10
107	柚	丁羟茴香醚	1	10.00	11.10
108	柚	新燕灵	1	10.00	11.10
109	青花菜	喹螨醚	1	8.33	9.43
110	苹果	炔螨特	2	7.41	8.51
111	苹果	猛杀威	2	7.41	8.51
112	甜椒	γ-氟氯氰菌酯	2	7.41	8.51
113	甜椒	西玛通	2	7.41	8.51
114	韭菜	3,5-二氯苯胺	1	6.25	7.35
115	韭菜	γ-氟氯氰菌酯	1	6.25	7.35
116	韭菜	乙霉威	1	6.25	7.35
117	韭菜	庚酰草胺	1	6.25	7.35
118	韭菜	莠去通	1	6.25	7.35
119	青菜	丙溴磷	1	5.88	6.98
120	青菜	仲丁威	1	5.88	6.98
121	青菜	兹克威	1	5.88	6.98
122	青菜	哒螨灵	1	5.88	6.98
123	青菜	唑虫酰胺	1	5.88	6.98
124	青菜	环酯草醚	1	5.88	6.98
125	青菜	醚菌酯	1	5.88	6.98
126	番茄	仲丁威	1	5.00	6.10
127	番茄	噁霜灵	1	5.00	6.10
128	番茄	戊唑醇	1	5.00	6.10
129	番茄	腐霉利	1	5.00	6.10

续表

序号	基质	农药	超标频次	超标率 P(%)	风险系数 R
130	葡萄	杀螨酯	1	5.00	6.10
131	葡萄	腐霉利	1	5.00	6.10
132	梨	丙溴磷	1	3.70	4.80
133	梨	嘧菌酯	1	3.70	4.80
134	梨	棉铃威	1	3.70	4.80
135	梨	生物苄呋菊酯	1	3.70	4.80
136	苹果	丙溴磷	1	3.70	4.80
137	苹果	西玛津	1	3.70	4.80
138	苹果	西玛通	1	3.70	4.80
139	甜椒	扑灭通	1	3.70	4.80
140	甜椒	敌敌畏	1	3.70	4.80
141	甜椒	棉铃威	1	3.70	4.80
142	甜椒	炔螨特	1	3.70	4.80
143	甜椒	百菌清	1	3.70	4.80
144	甜椒	莠去通	1	3.70	4.80
145	甜椒	马拉硫磷	1	3.70	4.80

16.3.2 所有水果蔬菜中农药残留风险系数分析

16.3.2.1 所有水果蔬菜中禁用农药残留风险系数分析

在侦测出的 113 种农药中有 7 种为禁用农药，计算所有水果蔬菜中禁用农药的风险系数，结果如表 16-15 所示。禁用农药克百威处于高度风险，甲拌磷和特丁硫磷这 2 种禁用农药处于低度风险，剩余 4 种禁用农药处于中度风险。

表 16-15 水果蔬菜中 7 种禁用农药的风险系数表

序号	农药	检出频次	检出率(%)	风险系数 R	风险程度
1	克百威	20	5.05	6.15	高度风险
2	氟虫腈	5	1.26	2.36	中度风险
3	硫丹	4	1.01	2.11	中度风险
4	水胺硫磷	2	0.51	1.61	中度风险
5	涕灭威	2	0.51	1.61	中度风险
6	甲拌磷	1	0.25	1.35	低度风险
7	特丁硫磷	1	0.25	1.35	低度风险

对每个月内的禁用农药的风险系数进行分析，结果如图 16-23 和表 16-16 所示。

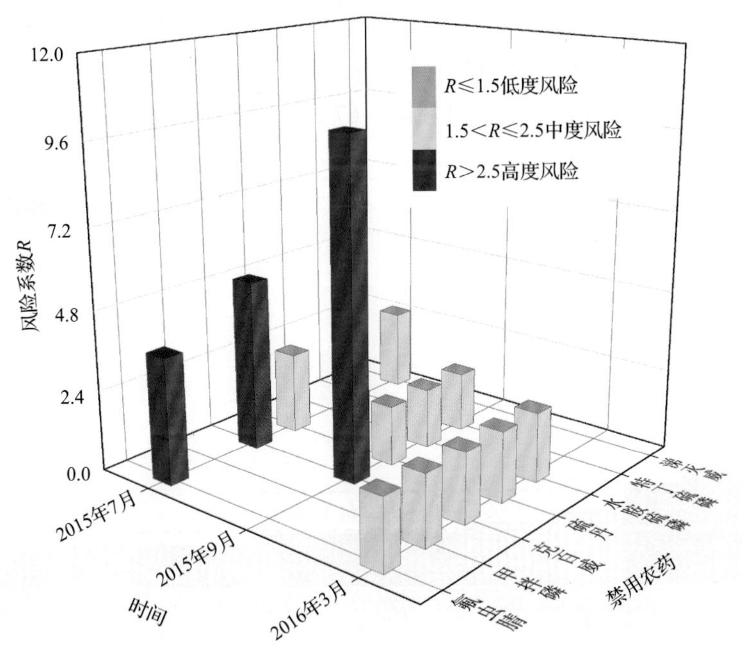

图 16-23　各月份内水果蔬菜中禁用农药残留的风险系数分布图

表 16-16　各月份内水果蔬菜中禁用农药的风险系数表

序号	年月	农药	检出频次	检出率(%)	风险系数 R	风险程度
1	2015 年 7 月	克百威	6	4.03	5.13	高度风险
2	2015 年 7 月	氟虫腈	4	2.68	3.78	高度风险
3	2015 年 7 月	硫丹	2	1.34	2.44	中度风险
4	2015 年 7 月	涕灭威	2	1.34	2.44	中度风险
5	2015 年 9 月	克百威	13	8.90	10.00	高度风险
6	2015 年 9 月	硫丹	1	0.68	1.78	中度风险
7	2015 年 9 月	水胺硫磷	1	0.68	1.78	中度风险
8	2015 年 9 月	特丁硫磷	1	0.68	1.78	中度风险
9	2016 年 3 月	氟虫腈	1	0.99	2.09	中度风险
10	2016 年 3 月	甲拌磷	1	0.99	2.09	中度风险
11	2016 年 3 月	克百威	1	0.99	2.09	中度风险
12	2016 年 3 月	硫丹	1	0.99	2.09	中度风险
13	2016 年 3 月	水胺硫磷	1	0.99	2.09	中度风险

16.3.2.2 所有水果蔬菜中非禁用农药残留风险系数分析

参照MRL欧盟标准计算所有水果蔬菜中每种非禁用农药残留的风险系数，如图16-24与表16-17所示。在侦测出的106种非禁用农药中，20种农药（18.87%）残留处于高度风险，19种农药（17.92%）残留处于中度风险，67种农药（63.21%）残留处于低度风险。

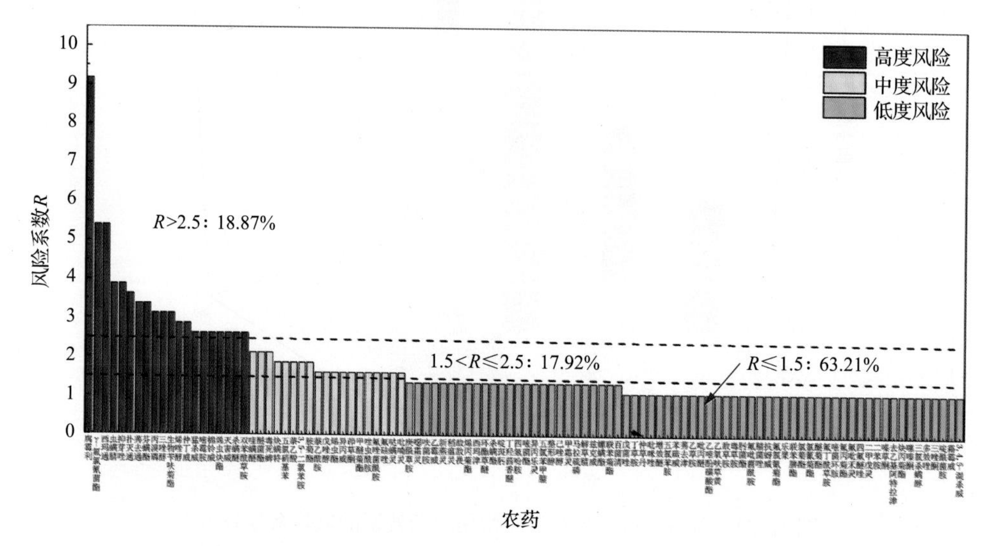

图16-24 水果蔬菜中106种非禁用农药的风险程度统计图

表16-17 水果蔬菜中106种非禁用农药的风险系数表

序号	农药	超标频次	超标率 P(%)	风险系数 R	风险程度
1	腐霉利	32	8.08	9.18	高度风险
2	γ-氟氯氰菌酯	17	4.29	5.39	高度风险
3	西玛通	17	4.29	5.39	高度风险
4	虫螨腈	11	2.78	3.88	高度风险
5	抑芽唑	11	2.78	3.88	高度风险
6	扑灭通	10	2.53	3.63	高度风险
7	莠去通	9	2.27	3.37	高度风险
8	芬螨酯	9	2.27	3.37	高度风险
9	丙溴磷	8	2.02	3.12	高度风险
10	三唑醇	8	2.02	3.12	高度风险
11	生物苄呋菊酯	8	2.02	3.12	高度风险
12	烯唑醇	7	1.77	2.87	高度风险
13	仲丁威	7	1.77	2.87	高度风险
14	猛杀威	6	1.52	2.62	高度风险
15	嘧霉胺	6	1.52	2.62	高度风险
16	棉铃威	6	1.52	2.62	高度风险

续表

序号	农药	超标频次	超标率 P(%)	风险系数 R	风险程度
17	烯虫炔酯	6	1.52	2.62	高度风险
18	灭害威	6	1.52	2.62	高度风险
19	杀螨醚	6	1.52	2.62	高度风险
20	双苯酰草胺	6	1.52	2.62	高度风险
21	喹螨醚	4	1.01	2.11	中度风险
22	醚菌酯	4	1.01	2.11	中度风险
23	毒死蜱	4	1.01	2.11	中度风险
24	炔螨特	3	0.76	1.86	中度风险
25	五氯硝基苯	3	0.76	1.86	中度风险
26	萘乙酸	3	0.76	1.86	中度风险
27	3,5-二氯苯胺	3	0.76	1.86	中度风险
28	胺菊酯	3	0.76	1.86	中度风险
29	萘乙酰胺	2	0.51	1.61	中度风险
30	戊唑醇	2	0.51	1.61	中度风险
31	烯虫酯	2	0.51	1.61	中度风险
32	异丙威	2	0.51	1.61	中度风险
33	茚草酮	2	0.51	1.61	中度风险
34	甲醚菊酯	2	0.51	1.61	中度风险
35	唑虫酰胺	2	0.51	1.61	中度风险
36	氟唑菌酰胺	2	0.51	1.61	中度风险
37	氟硅唑	2	0.51	1.61	中度风险
38	哒螨灵	2	0.51	1.61	中度风险
39	吡喃灵	2	0.51	1.61	中度风险
40	庚酰草胺	1	0.25	1.35	低度风险
41	噁霜灵	1	0.25	1.35	低度风险
42	呋菌胺	1	0.25	1.35	低度风险
43	乙霉威	1	0.25	1.35	低度风险
44	新燕灵	1	0.25	1.35	低度风险
45	稻瘟灵	1	0.25	1.35	低度风险
46	敌敌畏	1	0.25	1.35	低度风险
47	烯丙菊酯	1	0.25	1.35	低度风险
48	西玛津	1	0.25	1.35	低度风险
49	环酯草醚	1	0.25	1.35	低度风险
50	杀螨酯	1	0.25	1.35	低度风险
51	啶斑肟	1	0.25	1.35	低度风险
52	丁羟茴香醚	1	0.25	1.35	低度风险
53	四氢吩胺	1	0.25	1.35	低度风险
54	嘧菌酯	1	0.25	1.35	低度风险

续表

序号	农药	超标频次	超标率 P(%)	风险系数 R	风险程度
55	异丙乐灵	1	0.25	1.35	低度风险
56	五氯苯甲腈	1	0.25	1.35	低度风险
57	整形醇	1	0.25	1.35	低度风险
58	己唑醇	1	0.25	1.35	低度风险
59	甲霜灵	1	0.25	1.35	低度风险
60	马拉硫磷	1	0.25	1.35	低度风险
61	解草腈	1	0.25	1.35	低度风险
62	兹克威	1	0.25	1.35	低度风险
63	螺螨酯	1	0.25	1.35	低度风险
64	联苯菊酯	1	0.25	1.35	低度风险
65	百菌清	1	0.25	1.35	低度风险
66	戊菌唑	0	0	1.10	低度风险
67	丁草胺	0	0	1.10	低度风险
68	仲草丹	0	0	1.10	低度风险
69	吡咪唑	0	0	1.10	低度风险
70	增效醚	0	0	1.10	低度风险
71	五氯苯胺	0	0	1.10	低度风险
72	苯硫威	0	0	1.10	低度风险
73	莠去津	0	0	1.10	低度风险
74	乙草胺	0	0	1.10	低度风险
75	吡丙醚	0	0	1.10	低度风险
76	乙嘧酚磺酸酯	0	0	1.10	低度风险
77	乙氧呋草黄	0	0	1.10	低度风险
78	敌草胺	0	0	1.10	低度风险
79	毒草胺	0	0	1.10	低度风险
80	肟菌酯	0	0	1.10	低度风险
81	氟吡菌酰胺	0	0	1.10	低度风险
82	腈菌唑	0	0	1.10	低度风险
83	抗蚜威	0	0	1.10	低度风险
84	氟氯氰菊酯	0	0	1.10	低度风险
85	乐果	0	0	1.10	低度风险
86	联苯肼酯	0	0	1.10	低度风险
87	氯菊酯	0	0	1.10	低度风险
88	氯氰菊酯	0	0	1.10	低度风险
89	醚菊酯	0	0	1.10	低度风险
90	氟丁酰草胺	0	0	1.10	低度风险
91	嘧菌环胺	0	0	1.10	低度风险
92	氟丙菊酯	0	0	1.10	低度风险

续表

序号	农药	超标频次	超标率 P(%)	风险系数 R	风险程度
93	氟吡禾灵	0	0	1.10	低度风险
94	四氟醚唑	0	0	1.10	低度风险
95	二甲戊灵	0	0	1.10	低度风险
96	二苯胺	0	0	1.10	低度风险
97	嗪草酮	0	0	1.10	低度风险
98	去乙基阿特拉津	0	0	1.10	低度风险
99	炔丙菊酯	0	0	1.10	低度风险
100	噻嗪酮	0	0	1.10	低度风险
101	三氯杀螨醇	0	0	1.10	低度风险
102	多效唑	0	0	1.10	低度风险
103	三唑酮	0	0	1.10	低度风险
104	啶酰菌胺	0	0	1.10	低度风险
105	霜霉威	0	0	1.10	低度风险
106	3,4,5-混杀威	0	0	1.10	低度风险

对每个月份内的非禁用农药的风险系数分析，每月内非禁用农药风险程度分布图如图 16-25 所示。3 个月份内处于高度风险的农药数排序为 2016 年 3 月(19)>2015 年 9 月(9)>2015 年 7 月(7)。

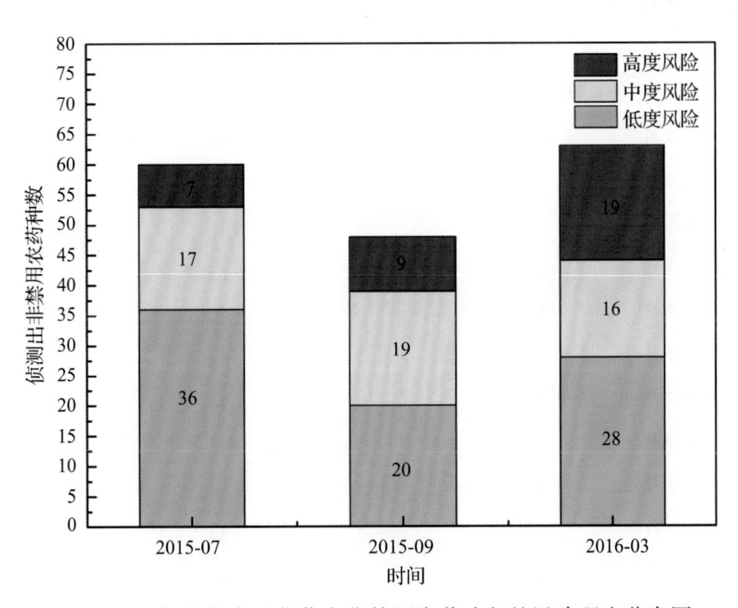

图 16-25　各月份水果蔬菜中非禁用农药残留的风险程度分布图

3 个月份内水果蔬菜中非禁用农药处于中度风险和高度风险的风险系数如图 16-26 和表 16-18 所示。

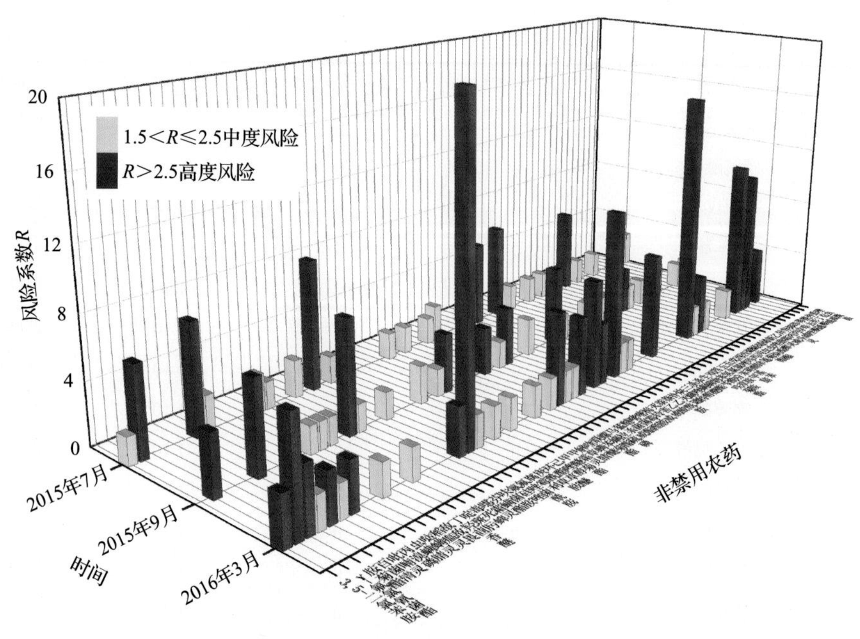

图 16-26　各月份水果蔬菜中非禁用农药处于中度风险和高度风险的风险系数分布图

表 16-18　各月份水果蔬菜中非禁用农药处于中度风险和高度风险的风险系数表

序号	年月	农药	超标频次	超标率 P(%)	风险系数 R	风险程度
1	2015 年 7 月	腐霉利	11	7.38	8.48	高度风险
2	2015 年 7 月	虫螨腈	9	6.04	7.14	高度风险
3	2015 年 7 月	生物苄呋菊酯	8	5.37	6.47	高度风险
4	2015 年 7 月	γ-氟氯氰菌酯	7	4.70	5.80	高度风险
5	2015 年 7 月	三唑醇	7	4.70	5.80	高度风险
6	2015 年 7 月	烯唑醇	7	4.70	5.80	高度风险
7	2015 年 7 月	仲丁威	4	2.68	3.78	高度风险
8	2015 年 7 月	哒螨灵	2	1.34	2.44	中度风险
9	2015 年 7 月	毒死蜱	2	1.34	2.44	中度风险
10	2015 年 7 月	氟硅唑	2	1.34	2.44	中度风险
11	2015 年 7 月	棉铃威	2	1.34	2.44	中度风险
12	2015 年 7 月	炔螨特	2	1.34	2.44	中度风险
13	2015 年 7 月	唑虫酰胺	2	1.34	2.44	中度风险
14	2015 年 7 月	3,5-二氯苯胺	1	0.67	1.77	中度风险
15	2015 年 7 月	噁霜灵	1	0.67	1.77	中度风险
16	2015 年 7 月	环酯草醚	1	0.67	1.77	中度风险
17	2015 年 7 月	螺螨酯	1	0.67	1.77	中度风险
18	2015 年 7 月	猛杀威	1	0.67	1.77	中度风险

续表

序号	年月	农药	超标频次	超标率 P(%)	风险系数 R	风险程度
19	2015 年 7 月	嘧霉胺	1	0.67	1.77	中度风险
20	2015 年 7 月	四氢吩胺	1	0.67	1.77	中度风险
21	2015 年 7 月	戊唑醇	1	0.67	1.77	中度风险
22	2015 年 7 月	西玛通	1	0.67	1.77	中度风险
23	2015 年 7 月	乙霉威	1	0.67	1.77	中度风险
24	2015 年 7 月	抑芽唑	1	0.67	1.77	中度风险
25	2015 年 9 月	芬螨酯	9	6.16	7.26	高度风险
26	2015 年 9 月	丙溴磷	7	4.79	5.89	高度风险
27	2015 年 9 月	杀螨醚	6	4.11	5.21	高度风险
28	2015 年 9 月	γ-氟氯氰菌酯	4	2.74	3.84	高度风险
29	2015 年 9 月	喹螨醚	4	2.74	3.84	高度风险
30	2015 年 9 月	棉铃威	4	2.74	3.84	高度风险
31	2015 年 9 月	醚菌酯	3	2.05	3.15	高度风险
32	2015 年 9 月	五氯硝基苯	3	2.05	3.15	高度风险
33	2015 年 9 月	烯虫炔酯	3	2.05	3.15	高度风险
34	2015 年 9 月	甲醚菊酯	2	1.37	2.47	中度风险
35	2015 年 9 月	萘乙酰胺	2	1.37	2.47	中度风险
36	2015 年 9 月	异丙威	2	1.37	2.47	中度风险
37	2015 年 9 月	稻瘟灵	1	0.68	1.78	中度风险
38	2015 年 9 月	丁羟茴香醚	1	0.68	1.78	中度风险
39	2015 年 9 月	啶斑肟	1	0.68	1.78	中度风险
40	2015 年 9 月	毒死蜱	1	0.68	1.78	中度风险
41	2015 年 9 月	呋菌胺	1	0.68	1.78	中度风险
42	2015 年 9 月	腐霉利	1	0.68	1.78	中度风险
43	2015 年 9 月	解草腈	1	0.68	1.78	中度风险
44	2015 年 9 月	嘧霉胺	1	0.68	1.78	中度风险
45	2015 年 9 月	杀螨酯	1	0.68	1.78	中度风险
46	2015 年 9 月	五氯苯甲腈	1	0.68	1.78	中度风险
47	2015 年 9 月	戊唑醇	1	0.68	1.78	中度风险
48	2015 年 9 月	西玛津	1	0.68	1.78	中度风险
49	2015 年 9 月	烯虫酯	1	0.68	1.78	中度风险
50	2015 年 9 月	新燕灵	1	0.68	1.78	中度风险
51	2015 年 9 月	整形醇	1	0.68	1.78	中度风险
52	2015 年 9 月	兹克威	1	0.68	1.78	中度风险
53	2016 年 3 月	腐霉利	20	19.80	20.90	高度风险

续表

序号	年月	农药	超标频次	超标率 P(%)	风险系数 R	风险程度
54	2016 年 3 月	西玛通	16	15.84	16.94	高度风险
55	2016 年 3 月	扑灭通	10	9.90	11.00	高度风险
56	2016 年 3 月	抑芽唑	10	9.90	11.00	高度风险
57	2016 年 3 月	莠去通	9	8.91	10.01	高度风险
58	2016 年 3 月	γ-氟氯氰菌酯	6	5.94	7.04	高度风险
59	2016 年 3 月	灭害威	6	5.94	7.04	高度风险
60	2016 年 3 月	双苯酰草胺	6	5.94	7.04	高度风险
61	2016 年 3 月	猛杀威	5	4.95	6.05	高度风险
62	2016 年 3 月	嘧霉胺	4	3.96	5.06	高度风险
63	2016 年 3 月	胺菊酯	3	2.97	4.07	高度风险
64	2016 年 3 月	萘乙酸	3	2.97	4.07	高度风险
65	2016 年 3 月	烯虫炔酯	3	2.97	4.07	高度风险
66	2016 年 3 月	仲丁威	3	2.97	4.07	高度风险
67	2016 年 3 月	3,5-二氯苯胺	2	1.98	3.08	高度风险
68	2016 年 3 月	吡喃灵	2	1.98	3.08	高度风险
69	2016 年 3 月	虫螨腈	2	1.98	3.08	高度风险
70	2016 年 3 月	氟唑菌酰胺	2	1.98	3.08	高度风险
71	2016 年 3 月	茚草酮	2	1.98	3.08	高度风险
72	2016 年 3 月	百菌清	1	0.99	2.09	中度风险
73	2016 年 3 月	丙溴磷	1	0.99	2.09	中度风险
74	2016 年 3 月	敌敌畏	1	0.99	2.09	中度风险
75	2016 年 3 月	毒死蜱	1	0.99	2.09	中度风险
76	2016 年 3 月	庚酰草胺	1	0.99	2.09	中度风险
77	2016 年 3 月	己唑醇	1	0.99	2.09	中度风险
78	2016 年 3 月	甲霜灵	1	0.99	2.09	中度风险
79	2016 年 3 月	联苯菊酯	1	0.99	2.09	中度风险
80	2016 年 3 月	马拉硫磷	1	0.99	2.09	中度风险
81	2016 年 3 月	醚菌酯	1	0.99	2.09	中度风险
82	2016 年 3 月	嘧菌酯	1	0.99	2.09	中度风险
83	2016 年 3 月	炔螨特	1	0.99	2.09	中度风险
84	2016 年 3 月	三唑醇	1	0.99	2.09	中度风险
85	2016 年 3 月	烯丙菊酯	1	0.99	2.09	中度风险
86	2016 年 3 月	烯虫酯	1	0.99	2.09	中度风险
87	2016 年 3 月	异丙乐灵	1	0.99	2.09	中度风险

16.4　GC-Q-TOF/MS 侦测合肥市市售水果蔬菜农药残留风险评估结论与建议

农药残留是影响水果蔬菜安全和质量的主要因素，也是我国食品安全领域备受关注的敏感话题和亟待解决的重大问题之一[15,16]。各种水果蔬菜均存在不同程度的农药残留现象，本研究主要针对合肥市各类水果蔬菜存在的农药残留问题，基于 2015 年 7 月~2016 年 3 月对合肥市 396 例水果蔬菜样品中农药残留侦测得出的 957 个侦测结果，分别采用食品安全指数模型和风险系数模型，开展水果蔬菜中农药残留的膳食暴露风险和预警风险评估。水果蔬菜样品取自超市和农贸市场，符合大众的膳食来源，风险评价时更具有代表性和可信度。

本研究力求通用简单地反映食品安全中的主要问题，且为管理部门和大众容易接受，为政府及相关管理机构建立科学的食品安全信息发布和预警体系提供科学的规律与方法，加强对农药残留的预警和食品安全重大事件的预防，控制食品风险。

16.4.1　合肥市水果蔬菜中农药残留膳食暴露风险评价结论

1) 水果蔬菜样品中农药残留安全状态评价结论

采用食品安全指数模型，对 2015 年 7 月~2016 年 3 月期间合肥市水果蔬菜食品农药残留膳食暴露风险进行评价，根据 IFS_c 的计算结果发现，水果蔬菜中农药的 $\overline{IFS}$ 为 0.0428，说明合肥市水果蔬菜总体处于很好的安全状态，但部分禁用农药、高残留农药在蔬菜、水果中仍有侦测出，导致膳食暴露风险的存在，成为不安全因素。

2) 单种水果蔬菜中农药膳食暴露风险不可接受情况评价结论

单种水果蔬菜中农药残留安全指数分析结果显示，农药对单种水果蔬菜安全影响不可接受（$IFS_c>1$）的样本数共 1 个，占总样本数的 0.25%，1 个样本为韭菜中的氰虫腈，说明韭菜中的氟虫腈会对消费者身体健康造成较大的膳食暴露风险。氟虫腈属于禁用的剧毒农药，且韭菜为较常见的蔬菜，百姓日常食用量较大，长期食用大量残留氟虫腈的韭菜会对人体造成不可接受的影响，本次检测发现氟虫腈在韭菜样品中多次并大量侦测出，是未严格实施农业良好管理规范（GAP），抑或是农药滥用，这应该引起相关管理部门的警惕，应加强对韭菜中氟虫腈的严格管控。

3) 禁用农药膳食暴露风险评价

本次检测发现部分水果蔬菜样品中有禁用农药侦测出，侦测出禁用农药 8 种，检出频次为 35，水果蔬菜样品中的禁用农药 IFS_c 计算结果表明，禁用农药残留膳食暴露风险不可接受的频次为 1，占 2.86%；可以接受的频次为 12，占 34.29%；没有影响的频次为 22，占 62.86%。对于水果蔬菜样品中所有农药而言，膳食暴露风险不可接受的频次为 1，仅占总体频次的 0.1%。可以看出，禁用农药的膳食暴露风险不可接受的比例远高于总体水平，这在一定程度上说明禁用农药更容易导致严重的膳食暴露风险。此外，膳食暴露风险不可接受的残留禁用农药均为氟虫腈，因此，应该加强对禁用农药氟虫腈的管控力度。为何在国家明令禁止禁用农药喷洒的情况下，还能在多种水果蔬菜中多次侦测出禁用农药残留并造成不可接受的膳食暴露风险，这应该引起相关部门的高度警惕，应该在禁止禁用农药喷洒的同时，严格管控禁用农药的生产和售卖，从根本上杜绝安全隐患。

16.4.2 合肥市水果蔬菜中农药残留预警风险评价结论

1）单种水果蔬菜中禁用农药残留的预警风险评价结论

本次检测过程中，在 13 种水果蔬菜中检测超出 7 种禁用农药，禁用农药为：水胺硫磷、硫丹、克百威、氟虫腈、涕灭威、特丁硫磷、甲拌磷，水果蔬菜为：橙、黄瓜、韭菜、橘、梨、蘑菇、葡萄、芹菜、青菜、生菜、石榴、丝瓜、甜椒，水果蔬菜中禁用农药的风险系数分析结果显示，7 种禁用农药在 13 种水果蔬菜中的残留均处于高度风险，说明在单种水果蔬菜中禁用农药的残留会导致较高的预警风险。

2）单种水果蔬菜中非禁用农药残留的预警风险评价结论

以 MRL 中国国家标准为标准，计算水果蔬菜中非禁用农药风险系数情况下，383 个样本中，2 个处于高度风险(0.52%)，68 个处于低度风险(17.75%)，313 个样本没有 MRL 中国国家标准(81.72%)。以 MRL 欧盟标准为标准，计算水果蔬菜中非禁用农药风险系数情况下，发现有 145 个处于高度风险(37.86%)，238 个处于低度风险(62.14%)。基于两种 MRL 标准，评价的结果差异显著，可以看出 MRL 欧盟标准比中国国家标准更加严格和完善，过于宽松的 MRL 中国国家标准值能否有效保障人体的健康有待研究。

16.4.3 加强合肥市水果蔬菜食品安全建议

我国食品安全风险评价体系仍不够健全，相关制度不够完善，多年来，由于农药用药次数多、用药量大或用药间隔时间短，产品残留量大，农药残留所造成的食品安全问题日益严峻，给人体健康带来了直接或间接的危害。据估计，美国与农药有关的癌症患者数约占全国癌症患者总数的 50%，中国更高。同样，农药对其他生物也会形成直接杀伤和慢性危害，植物中的农药可经过食物链逐级传递并不断蓄积，对人和动物构成潜在威胁，并影响生态系统。

基于本次农药残留侦测数据的风险评价结果，提出以下几点建议：

1）加快食品安全标准制定步伐

我国食品标准中对农药每日允许最大摄入量 ADI 的数据严重缺乏，在本次评价所涉及的 113 种农药中，仅有 60.2%的农药具有 ADI 值，而 39.8%的农药中国尚未规定相应的 ADI 值，亟待完善。

我国食品中农药最大残留限量值的规定严重缺乏，对评估涉及的不同水果蔬菜中不同农药 402 个 MRL 限值进行统计来看，我国仅制定出 86 个标准，我国标准完整率仅为 21.4%，欧盟的完整率达到 100%(表 16-19)。因此，中国更应加快 MRL 标准的制定步伐。

表 16-19　我国国家食品标准农药的 ADI、MRL 值与欧盟标准的数量差异

分类		中国 ADI	MRL 中国国家标准	MRL 欧盟标准
标准限值(个)	有	68	86	402
	无	45	316	0
总数(个)		113	402	402
无标准限值比例(%)		39.8	78.6	0

此外，MRL 中国国家标准限值普遍高于欧盟标准限值，这些标准中共有 53 个高于欧盟。过高的 MRL 值难以保障人体健康，建议继续加强对限值基准和标准的科学研究，将农产品中的危险性减少到尽可能低的水平。

2) 加强农药的源头控制和分类监管

在合肥市某些水果蔬菜中仍有禁用农药残留，利用 GC-Q-TOF/MS 技术侦测出 8 种禁用农药，检出频次为 35 次，残留禁用农药均存在较大的膳食暴露风险和预警风险。早已列入黑名单的禁用农药在我国并未真正退出，有些药物由于价格便宜、工艺简单，此类高毒农药一直生产和使用。建议在我国采取严格有效的控制措施，从源头控制禁用农药。

对于非禁用农药，在我国作为“田间地头”最典型单位的县级蔬果产地中，农药残留的检测几乎缺失。建议根据农药的毒性，对高毒、剧毒、中毒农药实现分类管理，减少使用高毒和剧毒高残留农药，进行分类监管。

3) 加强农药生物基准和降解技术研究

市售果蔬中残留农药的品种多、频次高、禁用农药多次检出这一现状，说明了我国的田间土壤和水体因农药长期、频繁、不合理的使用而遭到严重污染。为此，建议中国相关部门出台相关政策，鼓励高校及科研院所积极开展分子生物学、酶学等研究，加强土壤、水体中残留农药的生物修复及降解新技术研究，切实加大农药监管力度，以控制农药的面源污染问题。

综上所述，在本工作基础上，根据蔬菜残留危害，可进一步针对其成因提出和采取严格管理、大力推广无公害蔬菜种植与生产、健全食品安全控制技术体系、加强蔬菜食品质量检测体系建设和积极推行蔬菜食品质量追溯制度等相应对策。建立和完善食品安全综合评价指数与风险监测预警系统，对食品安全进行实时、全面的监控与分析，为我国的食品安全科学监管与决策提供新的技术支持，可实现各类检验数据的信息化系统管理，降低食品安全事故的发生。

参考文献

[1] 全国人民代表大会常务委员会. 中华人民共和国食品安全法[Z]. 2015-04-24.

[2] 钱永忠, 李耘. 农产品质量安全风险评估: 原理、方法和应用[M]. 北京: 中国标准出版社, 2007.

[3] 高仁君, 陈隆智, 郑明奇, 等. 农药对人体健康影响的风险评估[J]. 农药学学报, 2004, 6(3): 8-14.

[4] 高仁君, 王蔚, 陈隆智, 等. JMPR 农药残留急性膳食摄入量计算方法[J]. 中国农学通报, 2006, 22(4): 101-104.

[5] FAO/WHO Recommendation for the revision of the guidelines for predicting dietary intake of pesticide residues, Report of a FAO/WHO Consultation, 2-6 May 1995, York, United Kingdom.

[6] 李聪, 张艺兵, 李朝伟, 等. 暴露评估在食品安全状态评价中的应用[J]. 检验检疫学刊, 2002, 12(1): 11-12.

[7] Liu Y, Li S, Ni Z, et al. Pesticides in persimmons, jujubes and soil from China: Residue levels, risk assessment and relationship between fruits and soils[J]. Science of the Total Environment, 2016, 542(Pt A): 620-628.

[8] Claeys W L, Schmit J F O, Bragard C, et al. Exposure of several Belgian consumer groups to pesticide residues through fresh fruit and vegetable consumption[J]. Food Control, 2011, 22(3): 508-516.

[9] Quijano L, Yusà V, Font G, et al. Chronic cumulative risk assessment of the exposure to organophosphorus, carbamate and pyrethroid and pyrethrin pesticides through fruit and vegetables consumption in the region of Valencia (Spain)[J]. Food & Chemical Toxicology, 2016, 89: 39-46.

[10] Fang L, Zhang S, Chen Z, et al. Risk assessment of pesticide residues in dietary intake of celery in China[J]. Regulatory Toxicology & Pharmacology, 2015, 73(2): 578-586.

[11] Nuapia Y, Chimuka L, Cukrowska E. Assessment of organochlorine pesticide residues in raw food samples from open markets in two African cities[J]. Chemosphere, 2016, 164: 480-487.

[12] 秦燕, 李辉, 李聪. 危害物的风险系数及其在食品检测中的应用[J]. 检验检疫学刊, 2003, 13(5): 13-14.

[13] 金征宇. 食品安全导论[M]. 北京: 化学工业出版社, 2005.

[14] 中华人民共和国国家卫生和计划生育委员会, 中华人民共和国农业部, 中华人民共和国国家食品药品监督管理总局. GB 2763—2016 食品安全国家标准 食品中农药最大残留限量[S]. 2016.

[15] Chen C, Qian Y Z, Chen Q, et al. Evaluation of pesticide residues in fruits and vegetables from Xiamen, China[J]. Food Control, 2011, 22: 1114-1120.

[16] Lehmann E, Turrero N, Kolia M, et al. Dietary risk assessment of pesticides from vegetables and drinking water in gardening areas in Burkina Faso[J]. Science of the Total Environment, 2017, 601-602: 1208-1216.